U0158633

“两洋一海”内孤立波遥感调查图集

孟俊敏　孙丽娜　张　杰　著

海洋出版社

2023年·北京

图书在版编目(CIP)数据

“两洋一海”内孤立波遥感调查图集 / 孟俊敏, 孙丽娜, 张杰著. — 北京 : 海洋出版社, 2023.6
ISBN 978-7-5210-1123-4

Ⅰ. ①两… Ⅱ. ①孟… ②孙… ③张… Ⅲ. ①海水－内波－遥感地面调查－图集 Ⅳ. ①P731.24-64

中国国家版本馆CIP数据核字(2023)第097830号

审图号：GS 京（2023）0894号

“两洋一海”内孤立波遥感调查图集
“LIANGYANG YIHAI ” NEIGULIBO YAOGAN DIAOCHA TUJI

责任编辑：程净净
责任印制：安　森

海洋出版社 出版发行
http://www.oceanpress.com.cn
北京市海淀区大慧寺路 8 号　邮编：100081
鸿博昊天科技有限公司印刷　新华书店总经销
2023年6月第1版　2023年6月第1次印刷
开本：889mm × 1194mm　1 / 16　印张：39.5
字数：500千字　定价：458.00元

发行部：010-62100090　总编室：010-62100034

前言

海洋内波是指发生在海洋内部的波动，所涉范围较广，在实际研究中更为关注的是以孤立子形态存在的内波，即内孤立波。2014 年中国 372 潜艇遇到“水下断崖”事件；2021 年 4 月 21 日印度尼西亚海军“南伽拉”号潜艇在巴厘岛附近海域沉没，潜艇上 53 名船员全部遇难；乃至更久的美国“长尾鲨”号潜艇失事事件，都推测是遭遇了强内孤立波所致。这进一步引起了人们对海洋内孤立波的关注。

内孤立波虽然发生在水下，但其在传播过程中会引起跃层上下流场的变化，进而改变了海表层流场，进一步使得海面的短重力波和毛细重力波发生集聚和平滑效应，即辐聚和辐散，这在卫星传感器中呈现或明或暗交替变化的条带特征。卫星遥感已成为大范围观测海洋内孤立波的最佳手段，内孤立波在遥感图像中表现出曼妙多姿的形态，吸引了众多学者的关注和研究。早在 2007 年，美国学者 Jackson 就利用当时为数不多的光学卫星传感器 MODIS 开展了全球海洋内孤立波遥感调查研究，让我们研究内波的学者对全球海洋内孤立波的分布和特征有了整体的认识。由于工作量庞大，后续的学者仅针对局部小区域进行了内孤立波研究。内孤立波的发生具有一定的区域性，不同区域的内孤立波特征具有显著差异，卫星遥感图像可以清晰地展示内孤立波在海表面的二维特征，多幅图像的内孤立波特征叠加，可清晰展示内孤立波位置的空间分布。笔者长期从事海洋内孤立波的科学研究，对内孤立波的卫星遥感图像一直具有浓烈的兴趣和深厚的情感，收集了数万幅内波遥感图像，浏览内波图像成为本人的一项爱好，那些错落有致、排列规则的内波条纹在笔者看来是一种自然美。笔者曾经多次设想将海量的内孤立波遥感图像归纳整理，与学者们一起分享，但由于种种原因，未能如愿。幸运的是，在“全球变化与海气相互作用”连续两期项目的支持下，本人带领团队承担了关于“两洋一海”（南海、东印度洋和西太平洋）的内孤立波遥感调查任务，开展了 2010—2020 年连续 10 年的内孤立波遥感调查。鉴于此，笔者带领团队整理了 10 年来从事“两洋一海”内孤立波遥感调查的成果，编制了该图集，详细介绍了“两洋一海”不同区域的内孤立波特征，绘制了“两洋一海”的内孤立波位置空间分布和月、季、年分布图，详细展示了不同区域内孤立波的时空分布特征。

全书共分 8 章，第 1 章为概述，介绍了什么是内孤立波，内孤立波的特征以及内波的观测手段；第 2 章介绍了海洋内孤立波遥感成像的原理、内孤立波在遥感图像中的判定；第 3 章介绍了南海及周边海域典型海洋内孤立波遥感图像，包括南海北部海域、海南岛附近海域、越南沿岸、纳土纳群岛附近海域、苏禄海、苏拉威西海、马鲁古海、龙目海峡以及班达海等内孤立波典型发生海域；第 4 章介绍了东印度洋典型海洋内孤立波遥感图像，主要区域包括安达曼海、马六甲海峡、孟加拉湾等内孤立波典型发生海域；第 5 章介绍了西太平洋典型海洋内孤立波遥感图像，主要区域包括日本海、小笠原诸岛附近海域、日本东部沿海、对马海峡、济州岛附近海域、渤海、黄海、长江口附近海域、台湾东北部海域等内孤立波发生重点海域；第 6 ~ 8 章分别展示了南海及周边海域、东印度洋和西太平洋内孤立波分布的各种专题图。

内孤立波是特定海域固有的一种动力过程，其发生往往具有一定的周期性。本书系统性总结了“两洋一海”内孤立波可能的发生区域，并详细阐述了每个区域的内孤立波特征，希望能为不同专业的学者提供参考和帮助。书中直观展示了典型海域内孤立波卫星遥感图像和时空分布图，简洁明了，力图为读者提供关于“两洋一海”内孤立波的整体认识的基本素材。同时，我们也希望拙著的出版能够为我国周边海域内孤立波的研究和应用尽绵薄之力。

本书的出版得益于研究团队 10 余年关于内孤立波遥感调查的工作经验和积累，感谢团队中每一位辛苦付出的同志，同时感谢“全球变化与海气相互作用”专项Ⅰ期和Ⅱ期、国家自然科学基金面上项目（61471136）、国家自然科学基金青年项目（42006164）等项目的资助。

由于海洋内孤立波特征的复杂性，以及所用卫星遥感观测的限制，加之作者水平有限，书中难免有疏漏和不足之处，敬请读者批评指正！

孟俊敏

2023 年 6 月 8 日

目　录

第 1 章　概述

1.1　什么是内波

海洋内波是发生在密度稳定层化的海水内部的波动现象，当层化水体受到扰动时便会激发生成内波。作为一种波动现象，海洋内波的最大振幅出现于海水密度分层界面，波动频率介于惯性频率与浮性频率之间。当内波的波动频率较高时，其恢复力主要是重力与浮力的合力，即约化重力；当内波的波动频率较低时，其恢复力主要是地转科氏力。在真实的海洋中，不同层结间的海水密度梯度很小，密度跃层附近的相对密度差大约为百分之一。在这样的情况下，即使存在微小的扰动也会引发海洋内部的强烈波动并最终演化为内波。作为一种遍布于世界各大海域的中尺度现象，内波与海洋动力学、海洋水声学、海洋生物学、海洋光学、海洋沉积学、海洋工程学及军事海洋学有着密切的联系，因此，对内波的科学研究一直备受关注。

宏观上的内波，可根据频率与周期将其分为三类：第一类是周期及波长较短的高频随机内波，其周期大约为几分钟到几个小时，空间尺度为几十米到几百米；第二类是频率接近局地惯性频率的近惯性内波，其周期通常超过 12 h，空间范围为几十千米以上；第三类是具有准潮汐周期的潮成内波，其中把线性或弱非线性潮成内波称为内潮波。实际研究和遥感观测更为关注的是内孤立波，其通常以孤波或波列的形式存在。非线性内孤立波的最早记录可追溯到 19 世纪，当时 Wallace（1869）报告说："在远东群岛的海面上看到了带有可听见的碎浪和白浪的孤立条纹"。今天，这些特征被解释为内孤立波的海表面表现。

1.2　内孤立波特征

内孤立波的产生取决于地形、潮汐强迫、海水分层、旋转等，并在整个激发、演化和耗散过程中对海洋起着不可缺失的调节作用。首先，内孤立波提供了从大尺度到小尺度能量的混合级串。此外，内孤立波促进了营养物质、沉积物、污染物在海洋上下层的循环，改变了局地生物的生产力。

内孤立波的海洋动力学参数包括周期、波长、振幅、速度及波包内孤子数等。一般来说，内孤立波的生成周期为半日潮汐周期，在频散和弱非线性之间的平衡允许下，其在耗散之前能够保持形状传播很长距离，整个生存周期可由几个小时至几十个小时不等。内孤立波的特征波长介于几十米到几千米之间，波峰线延展长度为几百米至几百千米。其振幅变化较为悬殊，通常在

20 ～ 200 m 范围内，目前测得最大的内孤立波振幅达到 240 m，对海洋军事活动构成巨大威胁。内孤立波的传播速度受水深和海水分层的影响较大，大部分都在 0.5 ～ 3 m/s 范围内。在一个内孤立波波包中，孤立子数目从几个到几十个不等，这主要取决于生成机制和与生成点的距离。

1.3 内孤立波观测常用手段

20 世纪 60—70 年代，现代海洋学中对内孤立波的研究越来越关注，随着观测技术的进步和发展，非线性内孤立波在全球海洋周围被广泛研究。原位观测是内孤立波研究的最真实、最可靠的手段，通过温度盐度深度仪（CTD）、声学多普勒流速剖面仪（ADCP）、热敏电阻链等能够准确获得其振幅、流速等要素特征。然而，原位观测所需费用昂贵，且受恶劣天气、复杂地形海况的影响，无法大范围地开展内孤立波的研究。

相比之下，遥感观测技术的发展弥补了这一缺憾，目前已普遍应用于内孤立波探测研究。内孤立波在传播过程中，变化的水下流场改变了海表层流场，干扰或平滑了海面短尺度重力波并产生辐聚和辐散效应，产生了能够在天空或太空中都可见的海面粗糙度交替变化特征。因此，飞机或卫星携带的电磁传感器能够应用于远程监测内孤立波。目前，常用的遥感观测手段包括光学遥感和合成孔径雷达（SAR）遥感。光学遥感属于被动遥感，内孤立波传播时调制了海表面微尺度波的重新分布，改变了海表面粗糙度大小，进而决定了太阳耀斑区内的辐射亮度，最终在光学影像中表现为亮暗程度不同的像元，形成交替条带特征。光学遥感具有探测周期短、空间覆盖范围广、可实现大面积同步观测等手段，已经成为观测内孤立波的常用手段。SAR 遥感则采用主动成像的方式，内孤立波改变的水体特征，影响了海表面流场与传感器电磁波之间的相互作用，从而改变了 SAR 传感器接收的后向散射系数，在 SAR 遥感图像中呈现亮暗或暗亮相间的条带。与光学遥感相比，SAR 内孤立波探测具有全天时、全天候、远距离、大范围、高分辨率、多极化等观测优势，对光学遥感和原位观测提供了有力补充。

1.4 本书章节安排

本书各章节的编排结构如下：第 1 章为概述，主要介绍了什么是内波、内孤立波的特征以及内孤立波观测的常用手段；第 2 章介绍了海洋内孤立波在遥感图像中的成像原理和判定；第 3 章为南海及周边海域典型海洋内孤立波遥感图像；第 4 章为东印度洋典型海洋内孤立波遥感图像；第 5 章为西太平洋典型海洋内孤立波遥感图像；第 6 章为南海及周边海域内孤立波分布专题图；第 7 章为东印度洋内孤立波分布专题图；第 8 章为西太平洋内孤立波分布专题图。

第 2 章　海洋内孤立波遥感成像原理与判定

2.1　内孤立波遥感成像原理

合成孔径雷达（Synthetic Aperture Radar，SAR）是一种脉冲多普勒雷达，它通过发射短脉冲获得较高的距离分辨率，通过孔径合成得到较高的方位分辨率。SAR 作为一种工作在微波波段的主动式传感器，通过工作微波与海表面微尺度波共振相互作用成像，其具有不依赖太阳光照和气候条件，能够全天候、全天时监测目标的优势。

内孤立波在 SAR 遥感图像中成像主要是由于内孤立波在传播过程中会导致流场的变化，进而调制了海表面微尺度波的分布，形成辐聚、辐散区，海表面的粗糙度也随之发生了变化，在 SAR 图像上表现为明暗相间的条带（Alpers, 1985），如图 2.1 所示。SAR 通过获得海面后向散射的电磁能量成像，因此，其成像质量受微波波长、观测几何、海面粗糙等情况的影响。

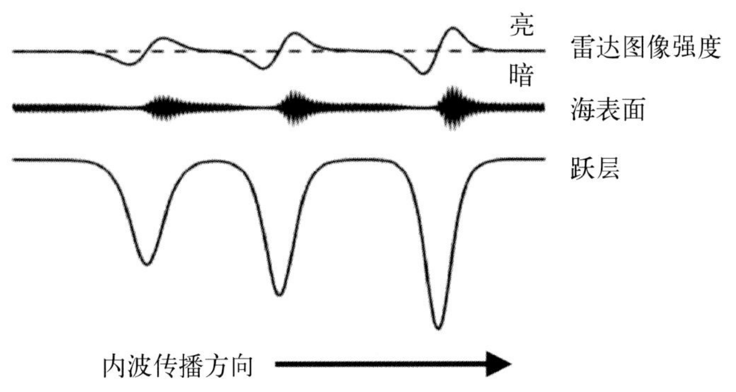

图 2.1　内波、海表面和雷达关系的示意图

内孤立波在光学遥感图像中成像机理与 SAR 类似，内孤立波在传播过程中引起海表层流场的变化，调制了海表面微尺度波发生辐聚辐散，改变了海表面的面倾斜角，即改变了海面的坡度场，进而调制了遥感器接收太阳光的反射强度，使得内孤立波在光学遥感图像中呈现亮暗相间的条带。

2.2　内孤立波的判定与典型样例

海洋内孤立波在光学和 SAR 遥感图像中主要表现为先亮后暗或先暗后亮的条带，特殊情况下表现为或亮或暗的条带，成像特征受海底地形、海洋水文条件，以及风、浪、流等多种背景环境因素的影响。一般满足以下特征则判定为海洋内孤立波。

（1）在 SAR 遥感图像上，呈现先亮后暗的条带为下降型内波，先暗后亮的条带为上升型内波；

（2）以波包形式传播的海洋内波，每个波包包含若干个单孤波，单孤波间距依次递减；

（3）海洋内波波峰线长度和振幅分级排列，最大的在波包前端，最小的在尾部；

（4）沿海洋内波传播方向，波包中每个内波的波峰线长度和间距呈现递减趋势；

（5）陆坡处向岸传播的海洋内波，波峰线基本与地形等深线平行；

（6）海峡、海岛周边区域的海洋内波，多呈现不规则形状，传播方向复杂。

内孤立波典型样例如下：

（1）单孤子形态的内孤立波（图 2.2）

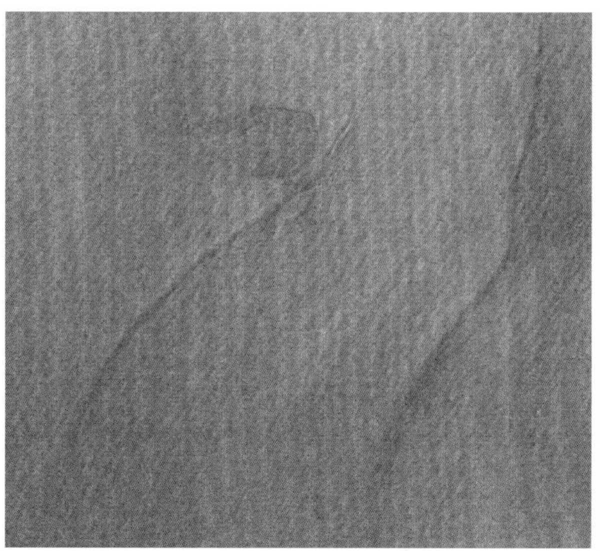

图 2.2　单孤子形态的内孤立波典型遥感图像

（2）波列形态的内孤立波（图 2.3）

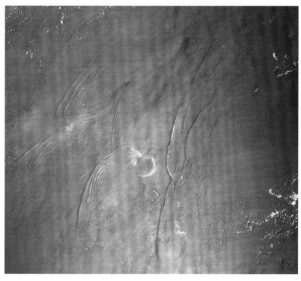

图 2.3　波列形态的内孤立波典型遥感图像

（3）海峡处的内孤立波（图 2.4）

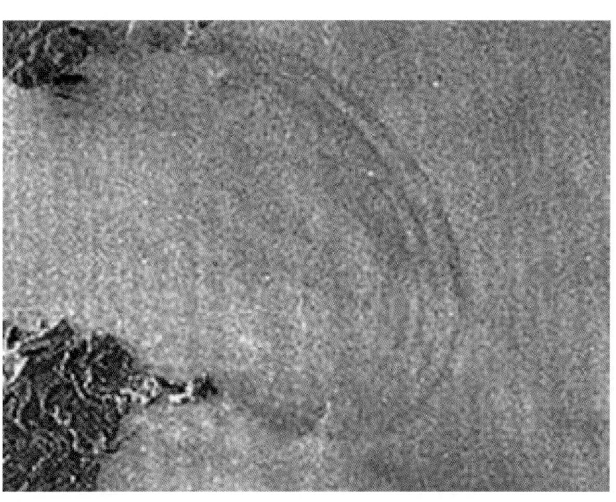

图 2.4　海峡处的内孤立波典型遥感图像

（4）浅海大陆架的内孤立波（图 2.5）

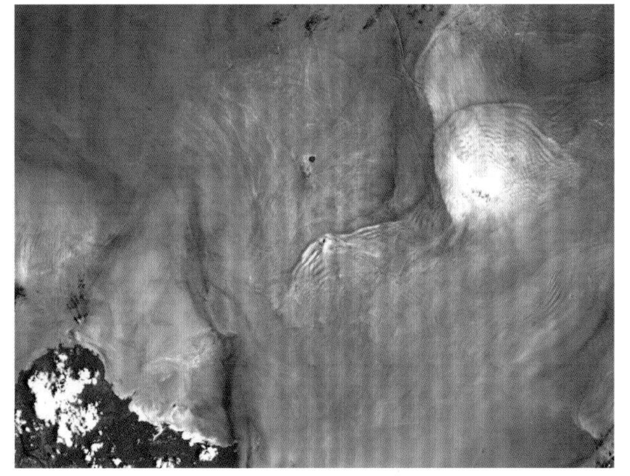
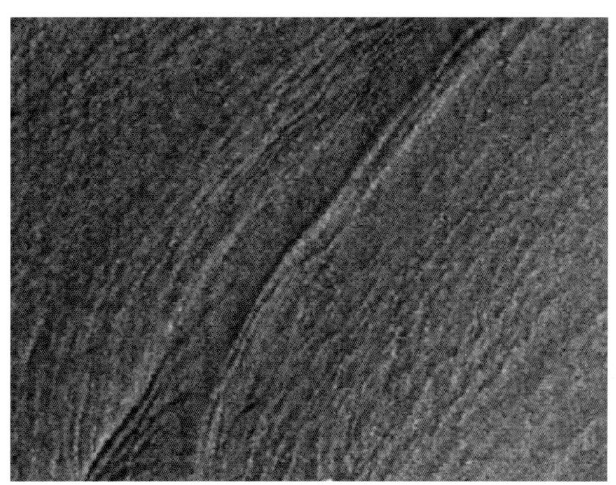

图 2.5　浅海大陆架的内孤立波典型遥感图像

（5）易混淆的大气内波（图 2.6）

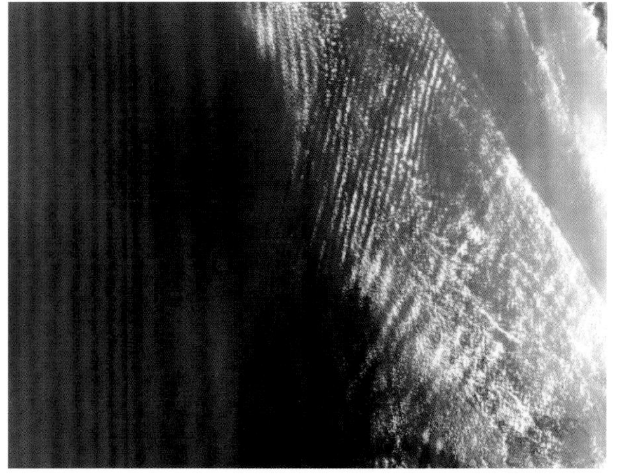

图 2.6　大气内波典型遥感图像

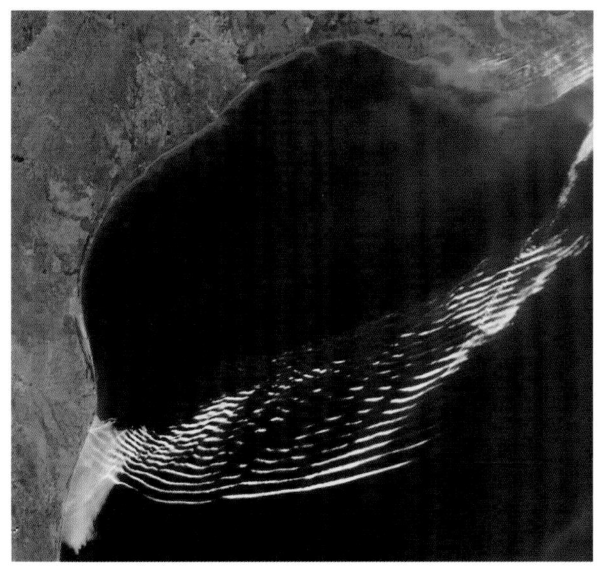

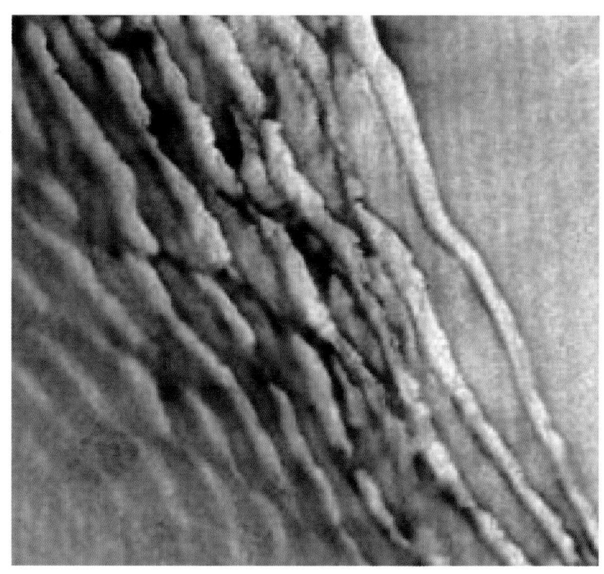

图 2.6　大气内波典型遥感图像（续）

利用 2011 年的 MODIS 和 ENVISAT ASAR 遥感图像绘制的全球内孤立波分布如图 2.7 所示。全球海域内孤立波主要发生于南海、安达曼海、日本海、东海、苏禄海、苏拉威西海、马达加斯加岛东北部海域、美国东海岸海域、非洲西南部海域、大西洋中部海域，以及霍尔木兹海峡与直布罗陀海峡等。而与中国邻近或密切相关的“两洋一海”，即南海、西太平洋及东印度洋是内孤立波频发的海域，且这些区域内的内孤立波特征显著、空间尺度较大、生成周期稳定，对海域内的海洋动力学、军事海洋学等产生了重要影响。

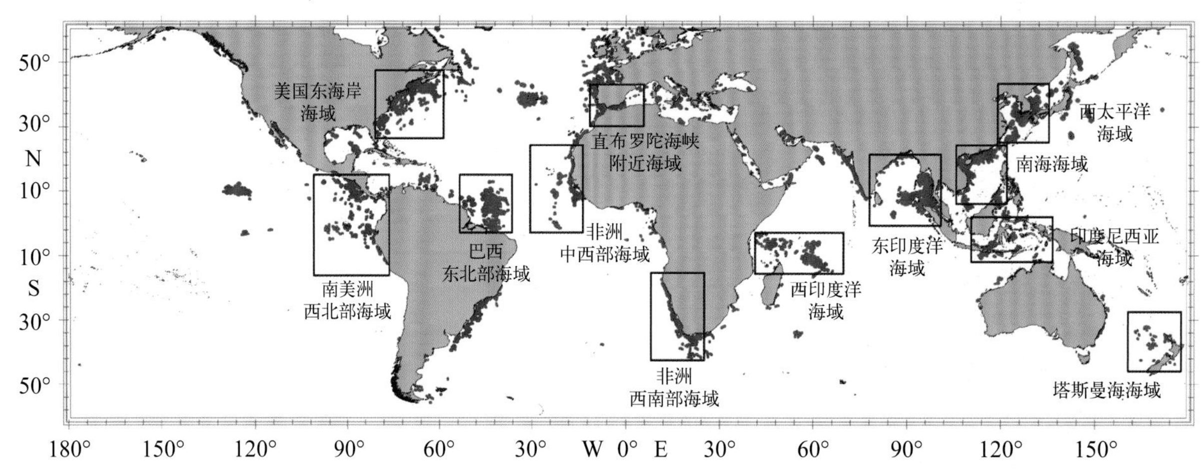

图 2.7　基于 2011 年 MODIS 和 ENVISAT ASAR 数据的全球海洋内孤立波分布

第 3 章　南海及周边海域典型海洋内孤立波遥感图像

3.1　吕宋海峡中的内孤立波

南海北部内孤立波的生成源区一直是南海内波研究的热点（蔡树群等，2011）。目前普遍认同的说法有，源于吕宋海峡中的巴士海峡和巴林塘海峡、源于吕宋海峡中的巴坦岛和萨布唐岛之间的狭窄水道、源于陆架坡折处的内潮波，以及由不同发生源生成的内波汇聚而成（王隽，2012）。因此，整个吕宋海峡都可能是南海北部内孤立波的发生源。吕宋海峡位于我国台湾岛和菲律宾吕宋岛之间，包括了巴士海峡、巴林塘海峡和巴布延海峡。由于时间较短、演化并不充分，因此，吕宋海峡中的水体主要表现为正压潮特性，较少观测到内孤立波。图 3.1 是在 2006 年 11 月 27 日 01:56:00 UTC 获取的 ENVISAT ASAR 图像，图像展示了南海北部吕宋海峡及其西部深海盆地的内孤立波现象。其中，在 120.5°E 处存在内孤立波，但由于发展并不充分，未显示出显著的孤立波特征；而在 118.5°E 处存在一个较强的内孤立波，其南北延伸长约 120 km，向西传播。

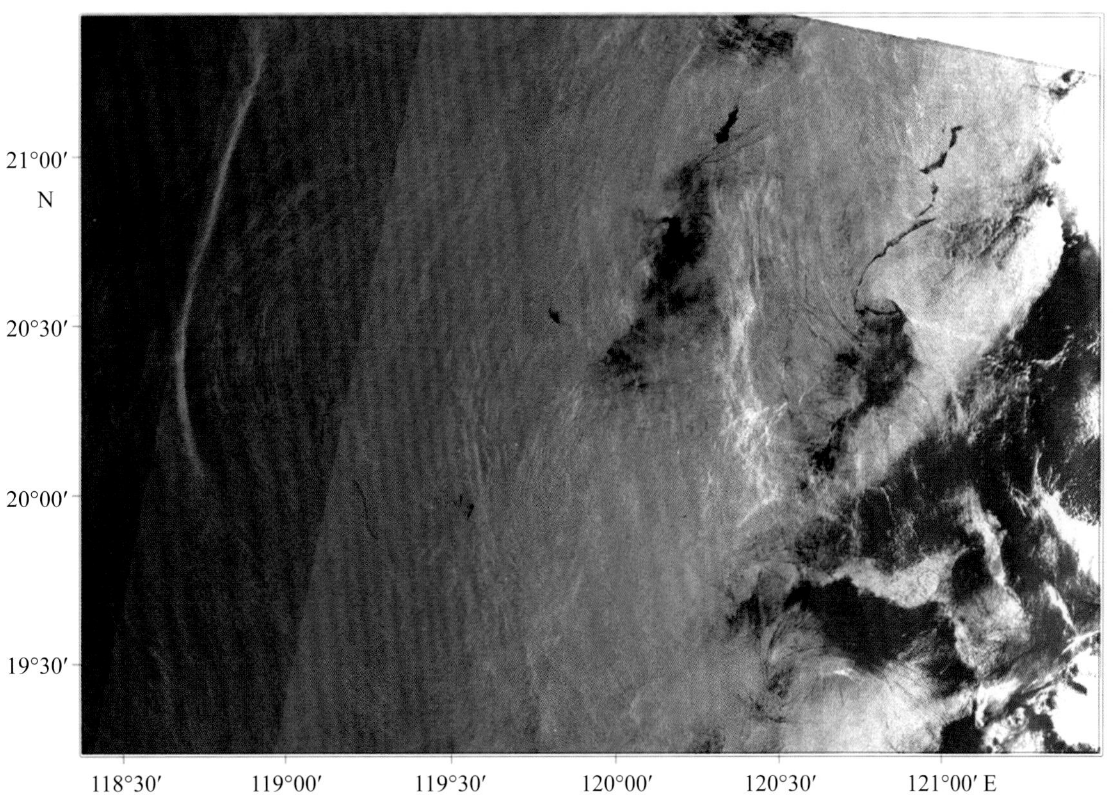

图 3.1　吕宋海峡附近海域的内孤立波 ENVISAT ASAR 遥感图像（一）

图像获取时间为 2006 年 11 月 27 日 01:56:00 UTC，覆盖范围大约为 327 km × 240 km

图 3.2 是在 2006 年 9 月 2 日 01:59:00 UTC 获取的 ENVISAT ASAR 图像，图像清晰地记录了吕宋海峡中内孤立波最初被激发生成时的海面特征，内孤立波多集中在 120.8° E 附近，且海面呈现出杂乱的水质点辐聚现象。

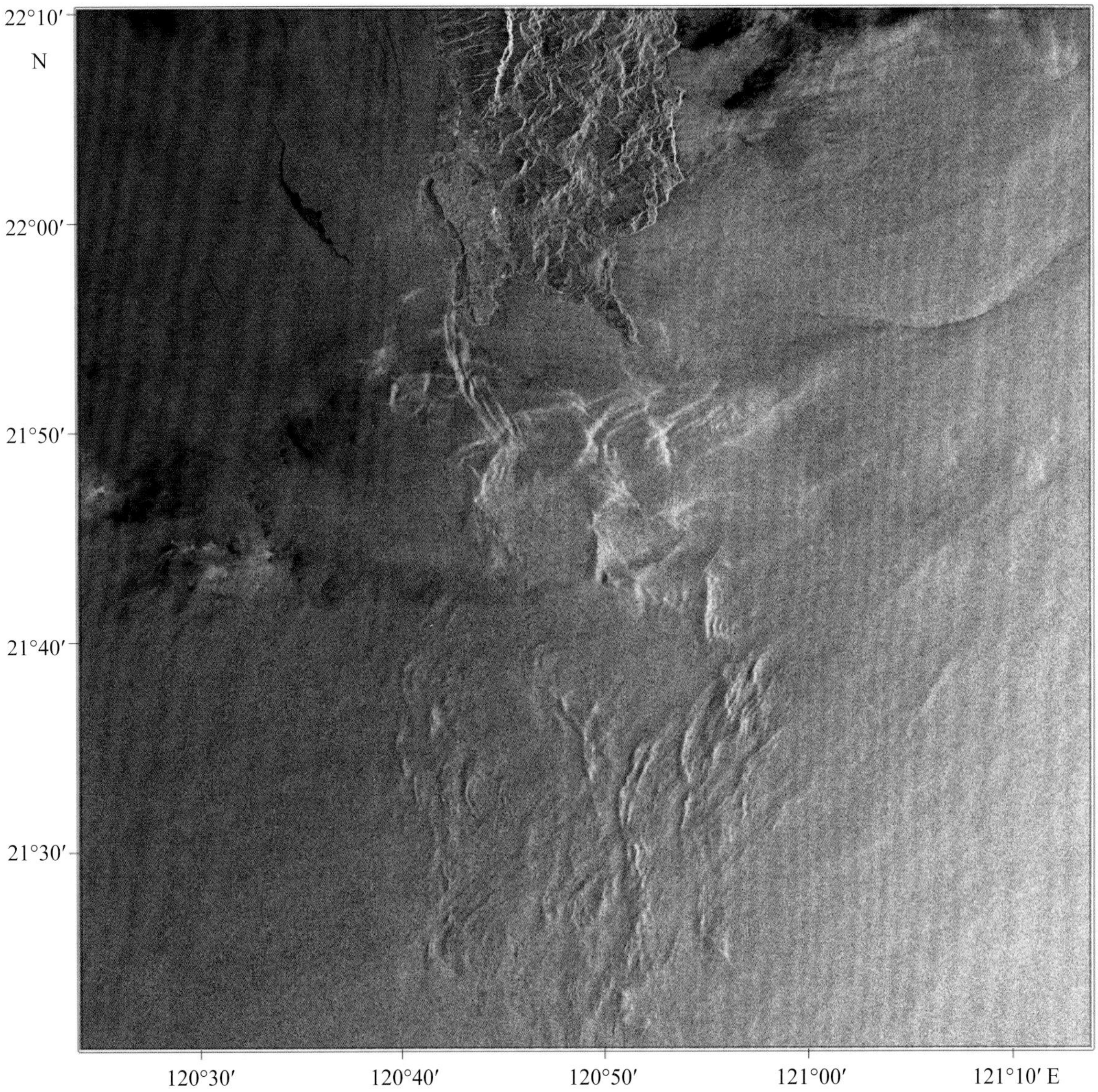

22°10′ N
22°00′
21°50′
21°40′
21°30′
120°30′ 120°40′ 120°50′ 121°00′ 121°10′ E

图 3.2　吕宋海峡附近海域的内孤立波 ENVISAT ASAR 遥感图像（二）
图像获取时间为 2006 年 9 月 2 日 01:59:00 UTC，覆盖范围大约为 86 km × 91 km

图 3.3 为一景 ERS-1 SAR 图像，获取时间为 1994 年 10 月 8 日 02:24 UTC。图像记录了在吕宋海峡南部生成的一组向东南方向传播的内孤立波波包，波包中含有 5 个以上的孤立子，且孤立子尺度较小。

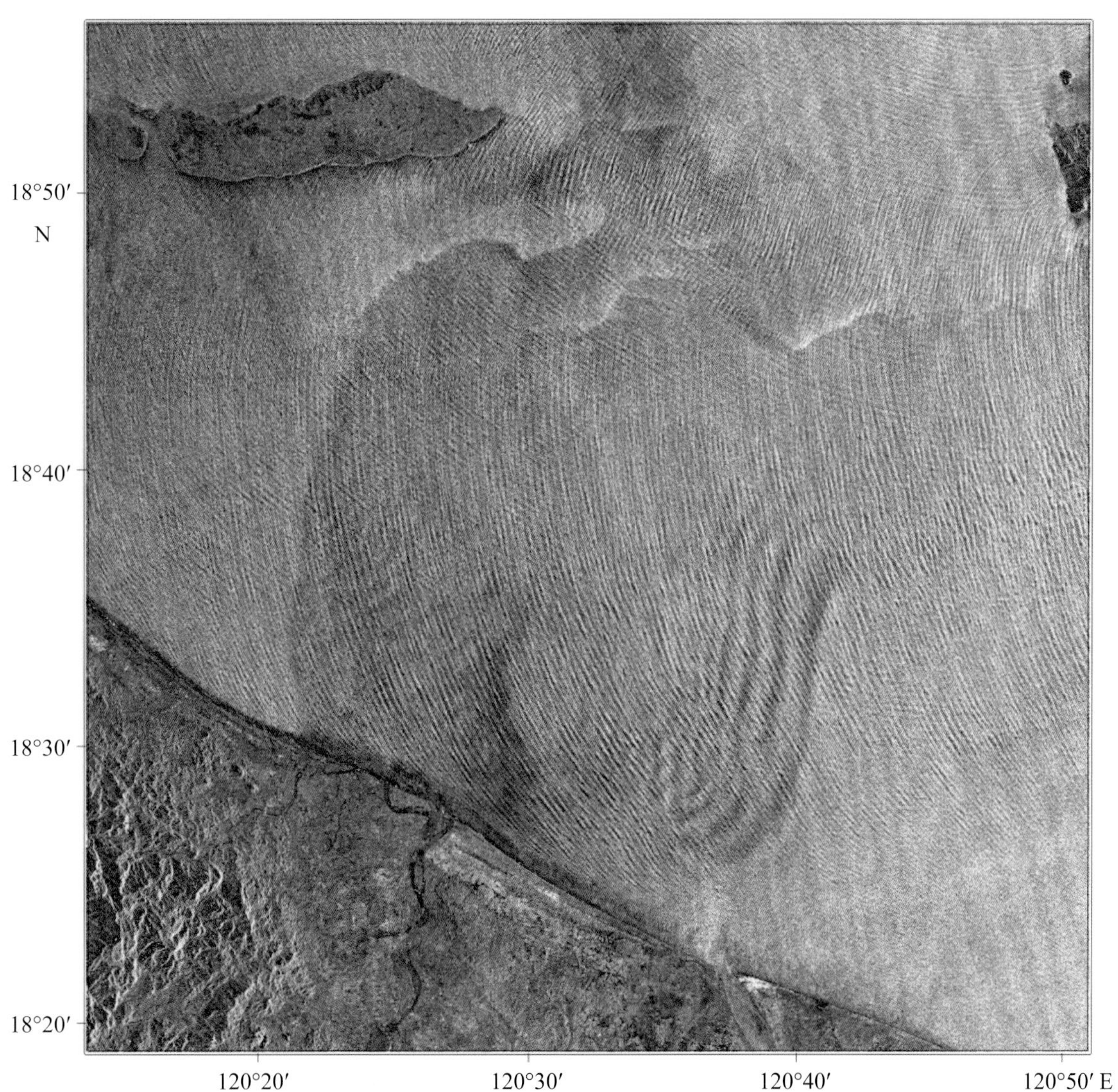

图 3.3　吕宋海峡南部内孤立波 ERS-1 SAR 遥感图像

图像获取时间为 1994 年 10 月 8 日 02:24 UTC，覆盖范围大约为 66 km × 68 km

3.2　深海盆处的内孤立波

内波在吕宋海峡产生后，起初主要表现为正压潮特性，未体现出孤立波的特征。随后其在西部深海盆地经历了较长时间的非线性演化，逐步转化为内孤立波（Cai et al., 2012）。吕宋海峡与东沙环礁之间的深海盆地水深范围为 1000 ～ 4000 m，盆地中的内孤立波主要以单孤子的形态出现，空间影响范围较小，波峰线长度通常不足 100 km。但此处内孤立波的传播速度较快，速度范围为 2.5 ～ 3.5 m/s。

图 3.4 是在 2009 年 8 月 4 日 14:10:03 UTC 获取的一幅内孤立波 ENVISAT ASAR 遥感图像，可以看到在 117.5°—119.5°E 的深海盆地存在 3 个前后相邻的大型内孤立波，它们先后生成于 3 个潮汐周期，均向西北方向传播，波峰线长度超过 200 km，根据潮周期计算得到的传播速度为 2.0 ～ 2.5 m/s。

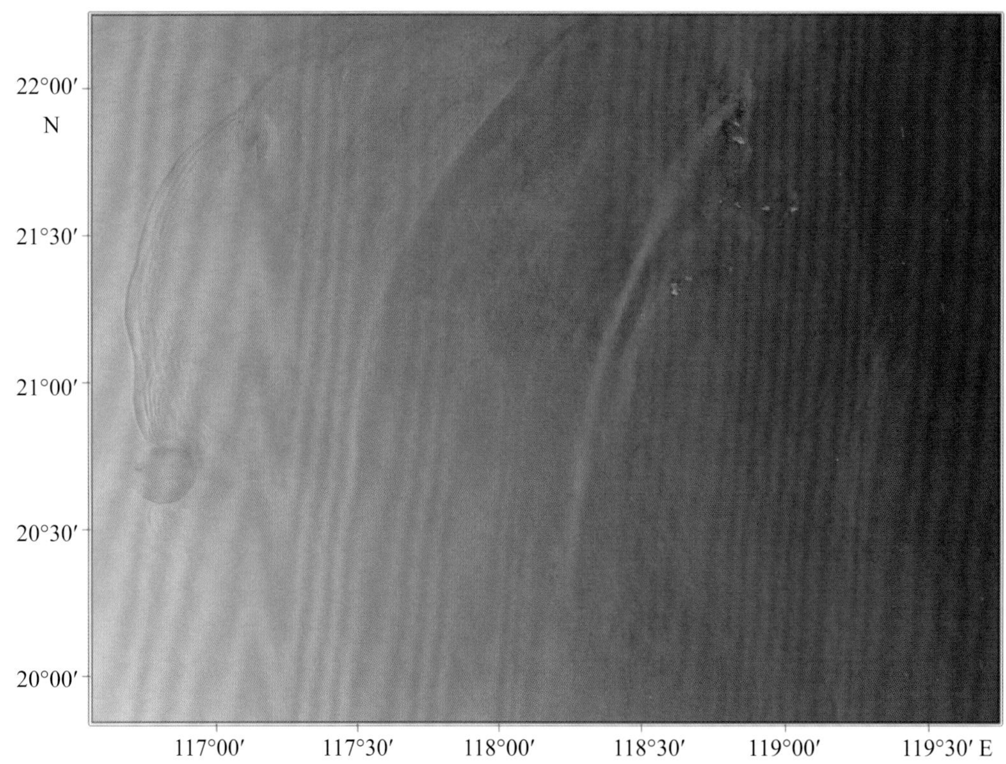

图 3.4　南海东北部深海盆处的内孤立波 ENVISAT ASAR 遥感图像
图像获取时间为 2009 年 8 月 4 日 14:10:03 UTC，覆盖范围大约为 335 km × 266 km

3.3　东沙环礁附近海域的内孤立波

3.3.1　东沙环礁以东的单孤子和双孤子

东沙环礁是我国东沙群岛中的珊瑚环礁，与东沙岛处于同一圆形的礁盘上，整个礁盘东西长 24 km，南北宽 21 km，面积约 420 km^2，礁盘内水深不超过 20 m。东沙环礁处于南海北部内孤立波的重要传播路径中，在其附近产生了大量独特的内孤立波特征。

内波自吕宋海峡生成并传播 2 ~ 3 d 后即可达到东沙环礁，此时内孤立波已经历较为充分的非线性演化，非线性特征显著，可根据与东沙环礁的相互作用将其称为“入射波”（Li et al., 2013）。由于吕宋海峡中的潮汐为半日周期，在一天内可激发生成两次内波，因此在遥感图像中，东沙环礁东侧常出现间隔稳定、特性一致的内孤立波孤子或波包（孙丽娜等，2019）。其主要显现为南北延伸上百千米的直线状形态，常以单孤子或少于 3 个孤子组成的波包形式存在。波峰线较长，能够达到 250 km，超过 100 km 的孤立子数约占 90%。内孤立波的平均传播速度约为 2.57 m/s，实测振幅超过 100 m。

图 3.5 是在 2013 年 6 月 25 日 10:16:43 UTC 获取的一幅内孤立波 RADARSAT-2 SAR 遥感图像，图 3.6 是在 2010 年 7 月 17 日 03:00 UTC 获取的一幅 MODIS 遥感图像。图像展示了东沙环礁的东侧，即 117.0°E 以东的海域，存在多个内孤立波波包或孤立子。它们生成于前后相邻的几个潮周期，孤子能量较强，传播速度较快。

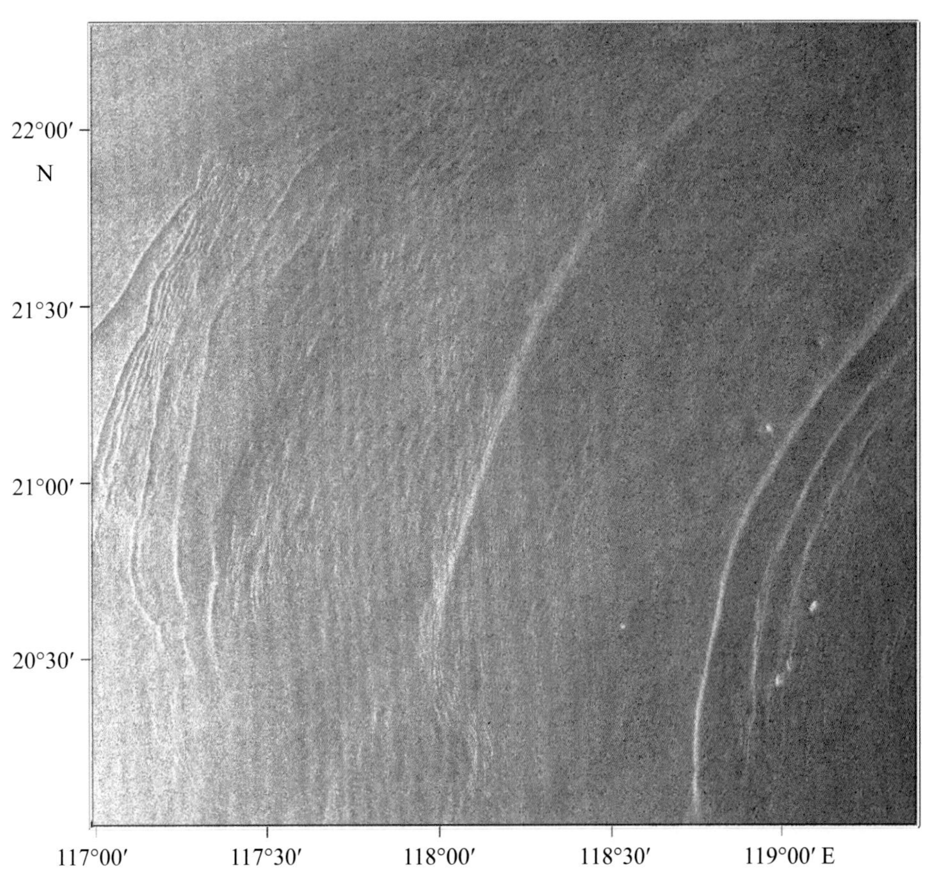

图 3.5　东沙环礁以东的内孤立波 RADARSAT-2 SAR 遥感图像

图像获取时间为 2013 年 6 月 25 日 10:16:43 UTC，覆盖范围大约为 251 km × 250 km

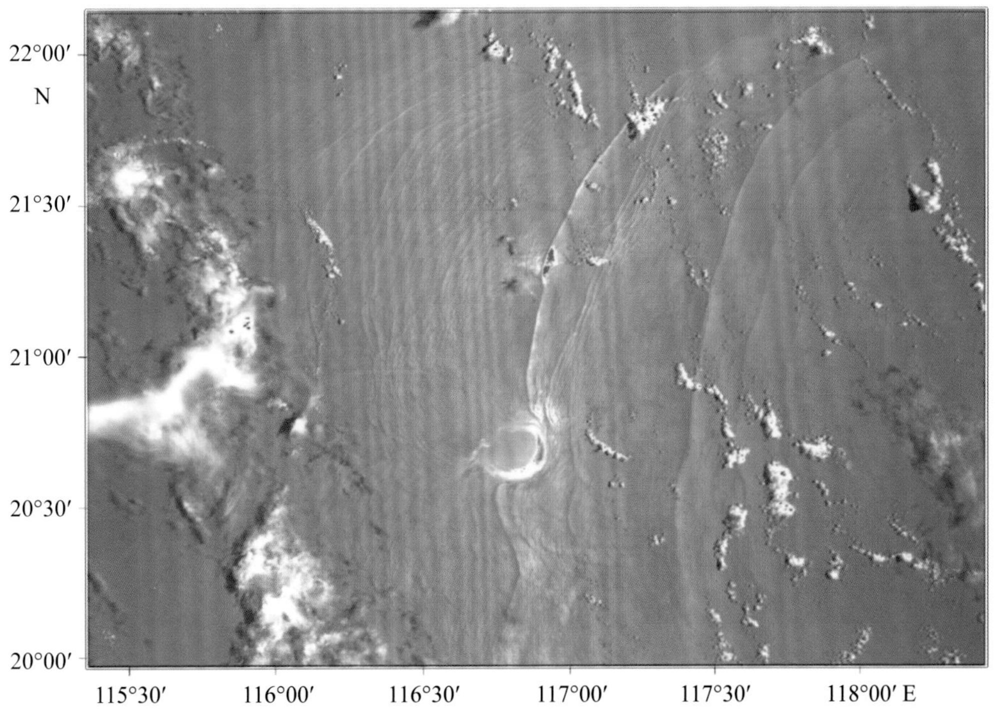

图 3.6　东沙环礁附近海域的内孤立波 MODIS 遥感图像

图像获取时间为 2010 年 7 月 17 日 03:00 UTC，覆盖范围大约为 330 km × 250 km

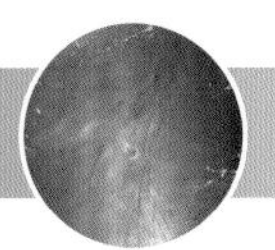

3.3.2 东沙环礁内孤立波的分裂与融合

在东沙环礁附近，内孤立波常年存在、特征显著且发生规律稳定。内孤立波以极强的孤子形态到达东沙环礁附近，并与东沙环礁发生相互作用。由于地形阻碍，内孤子被分裂，在绕过东沙环礁后具体表现为南北两个分支（Fu et al., 2012）。此时，内孤立波以波包的形式存在，波包内孤子间距较窄。之后，内孤立波继续向西传播，波包得以延伸展宽，因此，出现了南北分支相互融合的现象（Farmer et al., 2011）。融合后的内孤立波仍以较大的空间范围影响海域生态环境，波峰线长度可达上百千米，传播速度超过 1 m/s；但其振幅相应减少，通常小于 50 m。

图 3.7 和图 3.8 是典型的东沙环礁附近海域的内孤立波 SAR 遥感图像，获取时间分别为 2008 年 9 月 15 日 02:16:12 UTC 和 1998 年 6 月 23 日 14:40:42 UTC，可以看到在东沙环礁东侧存在一个空间尺度较大的入射内孤立波，而在东沙环礁的西侧是由南北两个绕射波波包相互融合所形成的波包。

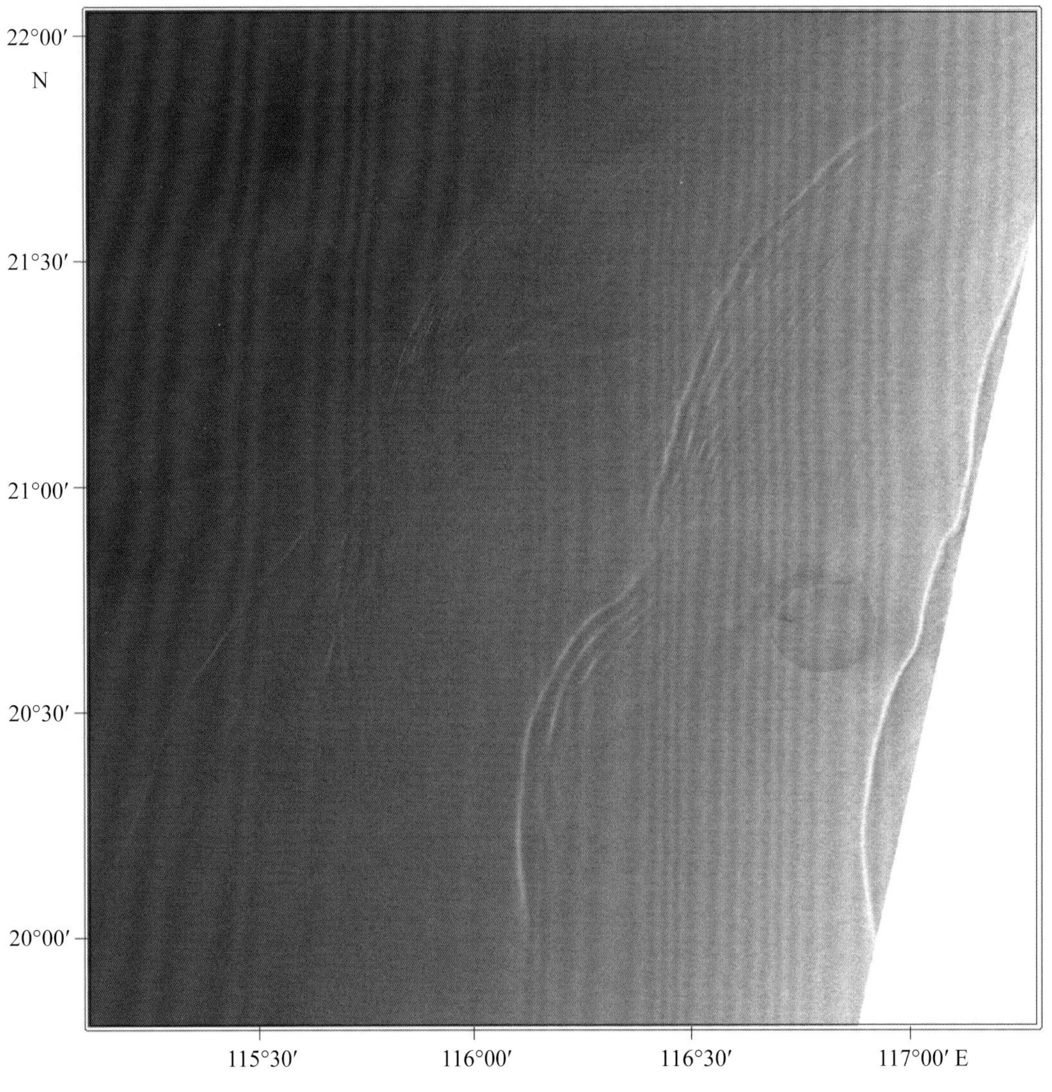

图 3.7 东沙环礁附近海域的内孤立波 ENVISAT ASAR 遥感图像（一）

图像获取时间为 2008 年 9 月 15 日 02:16:12 UTC，覆盖范围大约为 228 km ×248 km

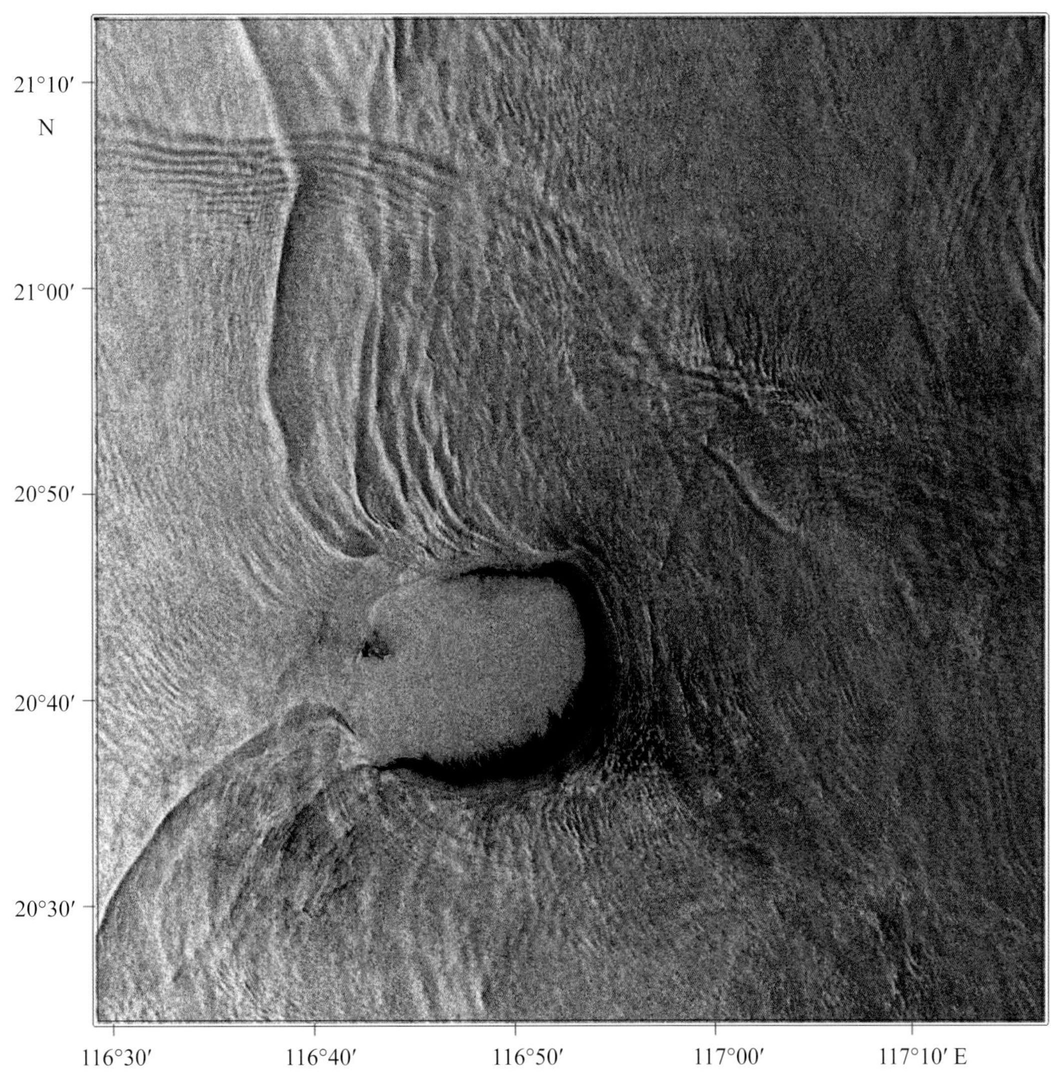

图 3.8　东沙环礁附近海域的内孤立波 EPRS-2 SAR 遥感图像

图像获取时间为 1998 年 6 月 23 日 14:40:42 UTC，覆盖范围大约为 82 km × 89 km

3.3.3　东沙环礁内孤立波的折射与反射

东沙环礁附近大陆架地形变化剧烈，在 116.5°—117.5°E 范围内水深变化超过 1500 m。因此，内孤立波在此处的特性十分显著，根据其与东沙环礁的相互作用，可分为入射波、反射波和折射波（Bai et al., 2017）。在东沙环礁的东侧，主要分布着南北延伸可达 200 km 的入射波，以及圆弧状的反射波；而在东沙环礁西侧则分为南北两支的折射波。其中入射波的速度和波峰线长度最大，范围分别为 2.5 ～ 3 m/s 和 150 ～ 250 km，振幅可达百米；反射波常以波包的形式出现，孤子数量多为 2 ～ 5 个，平均传播速度约为 1.6 m/s，振幅通常仅为二三十米；折射波的速度最小，常低于 1.5 m/s，但其波包内的孤子数量最多，一般超过 5 个，振幅范围为 40 ～ 80 m（Zhang et al., 2022）。

图 3.9 为 2017 年 8 月 5 日 03:00 UTC 获取的 MODIS 遥感影像，影像中同时存在入射波、反射波和折射波。与此区域内孤立波的特征一致，图像中的反射波和折射波均以波包的形式出现，而入射波则表现为单孤子形态。较为独特的是，入射波和反射波在传播过程中发生了碰撞，但这并未改变它们的特性，沿各自的传播方向继续演化。

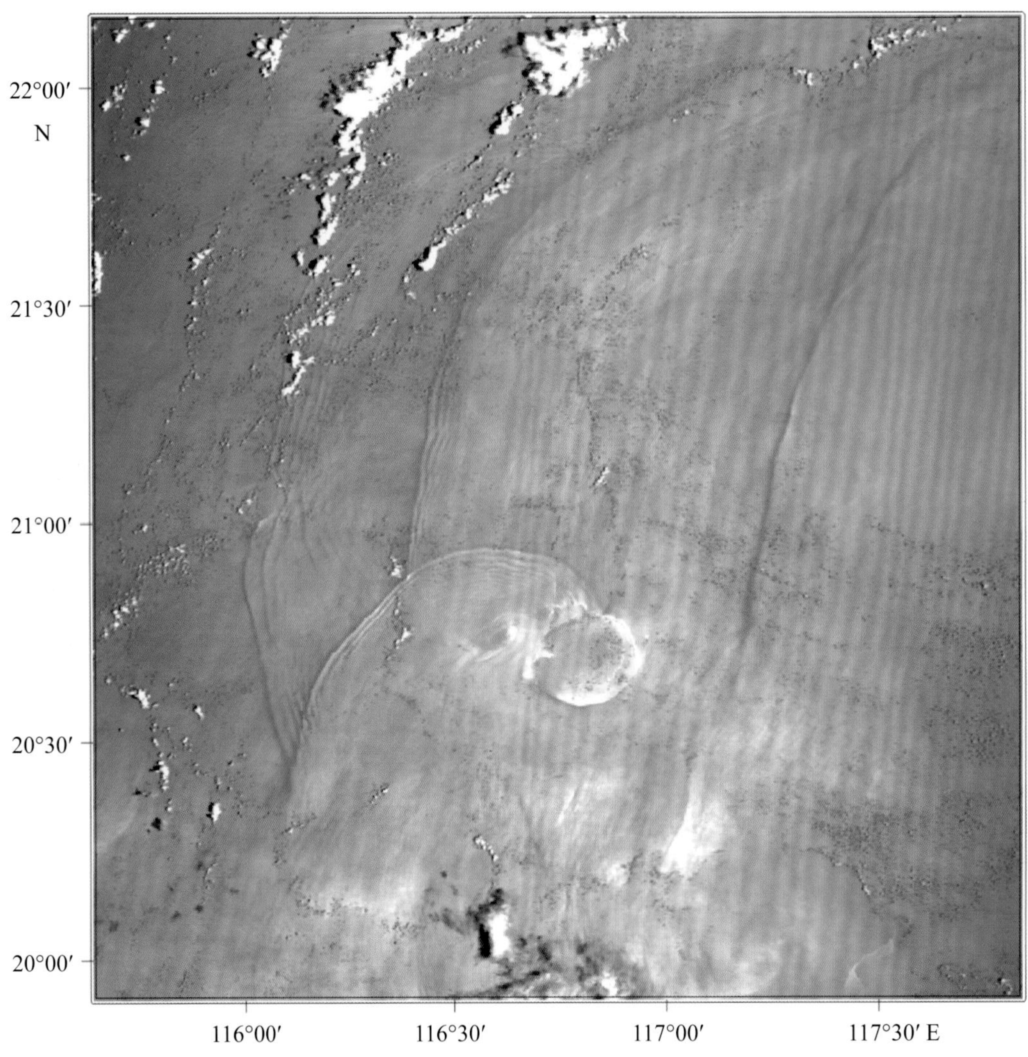

图 3.9　东沙环礁附近海域的内孤立波 MODIS 遥感图像
图像获取时间为 2017 年 8 月 5 日 03:00 UTC，覆盖范围大约为 229 km × 248 km

图 3.10 和图 3.11 为典型的内孤立波 ENVISAT ASAR 遥感图像，获取时间分别为 2004 年 5 月 5 日 02:13:29 UTC 和 2008 年 1 月 11 日 02:10:30 UTC。分别获取到 117.30°E 存在一个南北延伸超过 200 km 的入射内孤立波；在 117.00°E 附近存在一个向东传播的反射内孤立波波包，且在东沙环礁的南北两端各存在一个绕射内孤立波波包。

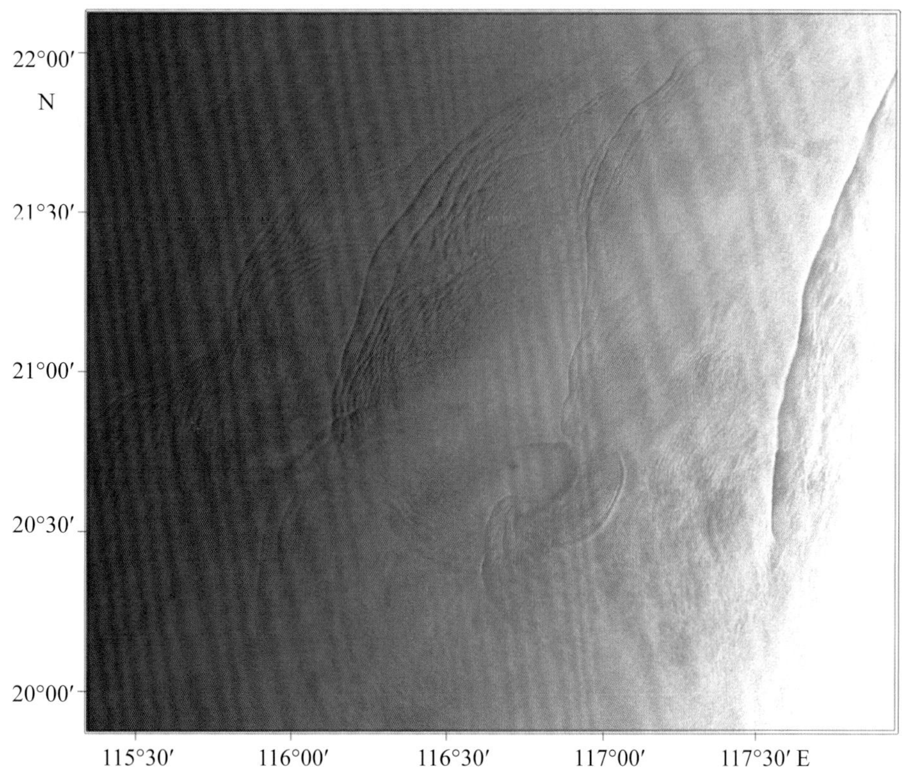

图 3.10　东沙环礁附近海域的内孤立波 ENVISAT ASAR 遥感图像（二）
图像获取时间为 2004 年 5 月 5 日 02:13:29 UTC，覆盖范围大约为 227 km × 249 km

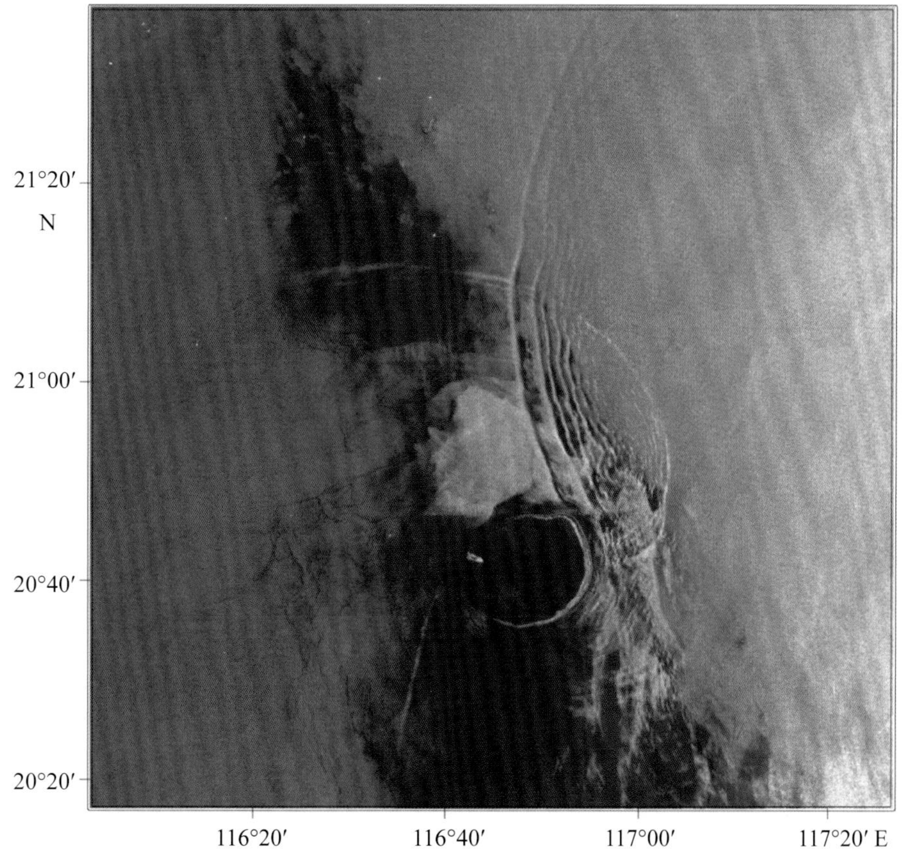

图 3.11　东沙环礁附近海域的内孤立波 ENVISAT ASAR 遥感图像（三）
图像获取时间为 2008 年 1 月 11 日 02:10:30 UTC，覆盖范围大约为 144 km × 148 km

3

3.3.4 东沙环礁西北部内孤立波

北卫滩环礁和南卫滩环礁位于东沙环礁的西北侧，处在珠江口大陆架前缘的大陆坡上。北卫滩环礁平均水深 64 m，而南卫滩环礁最浅水深 58 m，两者之间相距 9 km，中间有 300 m 余深的海谷。

内孤立波在与东沙环礁相互作用后，一部分绕过东沙环礁继续向西传播，具体表现为南北两个分支并会在传播过程中发生分支融合现象。随后，其以波包的形态继续向西传播，波包内孤子数量较多、孤子间距较窄，在传播到 115°E 附近时，内孤立波与北卫滩环礁和南卫滩环礁再次发生碰撞作用。与东沙环礁附近的特征类似，由于环礁的阻碍，内孤立波在此又可分为入射波、折射波和反射波。其中，反射波出现的概率较小，而折射波则绕过南卫滩环礁和北卫滩环礁后继续以南北分支的形态向西传播，但其传播速度小于 1 m/s。

图 3.12 是在 2009 年 6 月 22 日 02:16:15 UTC 获取的一幅内孤立波 ENVISAT ASAR 遥感图像，影像中共有 3 个较为明显的内孤立波波包，其中最右侧的波包为入射波绕过东沙岛后形成的南北两个分支；中间的内波波包，即位于 115°E 附近的内孤立波即将与北卫滩发生相互作用，分别产生向东传播的折射波和继续向西北传播的绕射波。

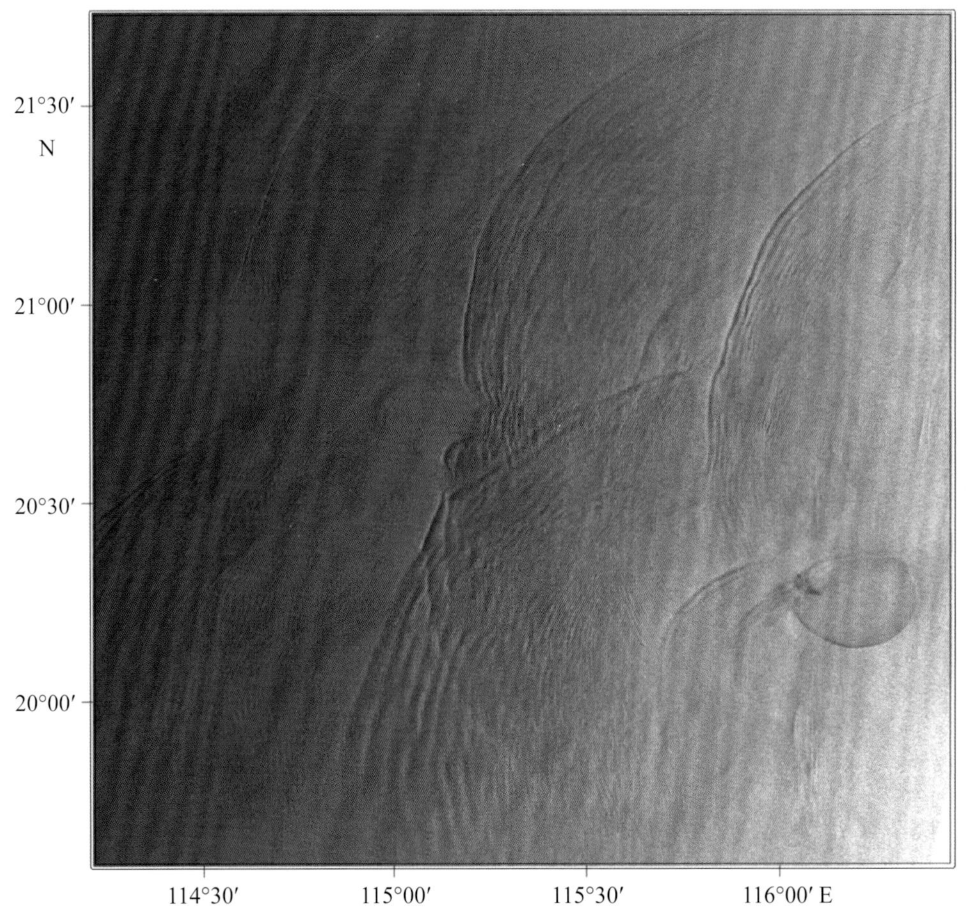

图 3.12 东沙环礁西北部内孤立波 ENVISAT ASAR 遥感图像

图像获取时间为 2009 年 6 月 22 日 02:16:15 UTC，覆盖范围大约为 232 km × 237 km

3.3.5　东沙环礁附近第二模态内孤立波

模态是内孤立波的一个重要特征，根据内孤立波的海洋垂向结构可将其分为第一模态、第二模态或更高阶的模态（崔海吉等，2021）。在 SAR 影像中，可沿传播方向看内孤立波的条纹顺序判别其模态，如第一模态呈亮暗条纹，而第二模态呈暗亮条纹。在光学影像中，则需根据相邻内孤立波的亮暗变化及水深条件判断其模态，即沿传播方向看，若相邻内孤立波的亮暗特征发生变化，且海水分层情况一致，则可判断存在第二模态。东沙环礁附近的内孤立波常为第一模态，但也存在第二模态内孤立波。

东沙环礁附近的第二模态内孤立波常出现于夏季，多跟随在第一模态内孤立波之后，空间范围集中于东沙环礁西北侧的大陆架，波峰线长度主要在 20 ~ 60 km 范围内。实测结果表明，此处第二模态内孤立波的振幅在 30 ~ 50 m 范围内，传播速度在 1.0 ~ 1.5 m/s 范围内（Chen et al., 2020）。

图 3.13 是在 2016 年 7 月 16 日 03:32:32 UTC 获取的一幅内孤立波 GF-1 光学遥感图像，在影像的左侧存在一个特征显著且尺度较大的第一模态内孤立波，而影像的右侧存在一个第二模态内孤立波波包。此第二模态内孤立波波包由其前方的第一模态内孤立波与局部海水环境发生作用后产生，波包内含有十几个孤立子，且孤子均呈现亮暗亮的海面特征。图 3.14 是 2019 年 6 月 21 日 03:19:13 UTC 获取的一幅内孤立波 GF-1 光学遥感图像，图中间较大的先暗后亮的内孤立波是第一模态内孤立波，其左侧较小尺度的先亮后暗的内孤立波是第二模态内孤立波。图 3.15 是一幅包含第一模态和第二模态的内孤立波 ENVISAT ASAR 遥感图像，图像的获取时间为 2010 年 9 月 4 日 02:18:54 UTC，第二模态的内孤立波尺度一般较小。

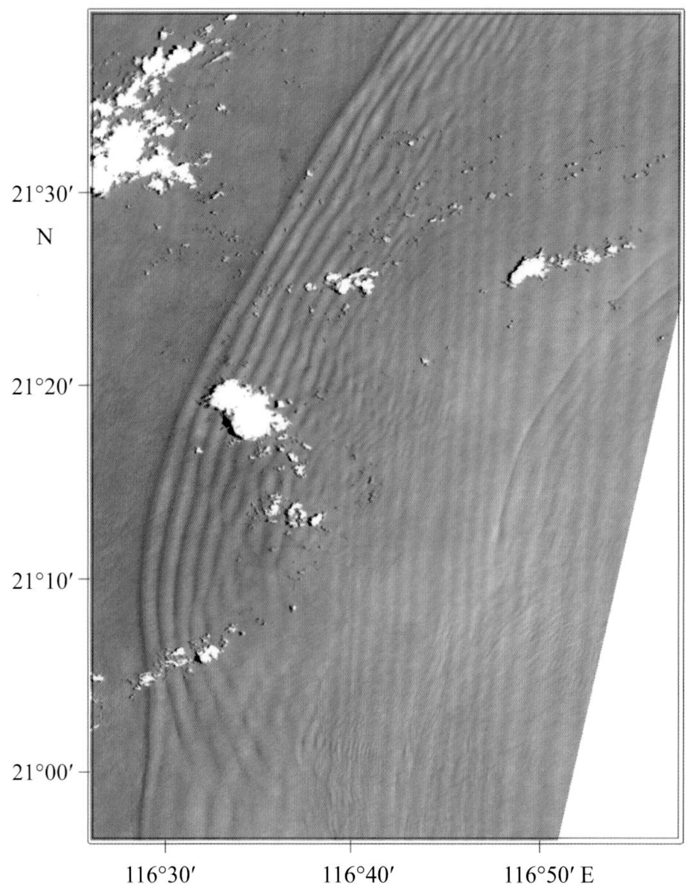

图 3.13　东沙环礁附近第二模态内孤立波 GF-1 遥感图像（一）

图像获取时间为 2016 年 7 月 16 日 03:32:32 UTC，覆盖范围大约为 54 km ×78 km

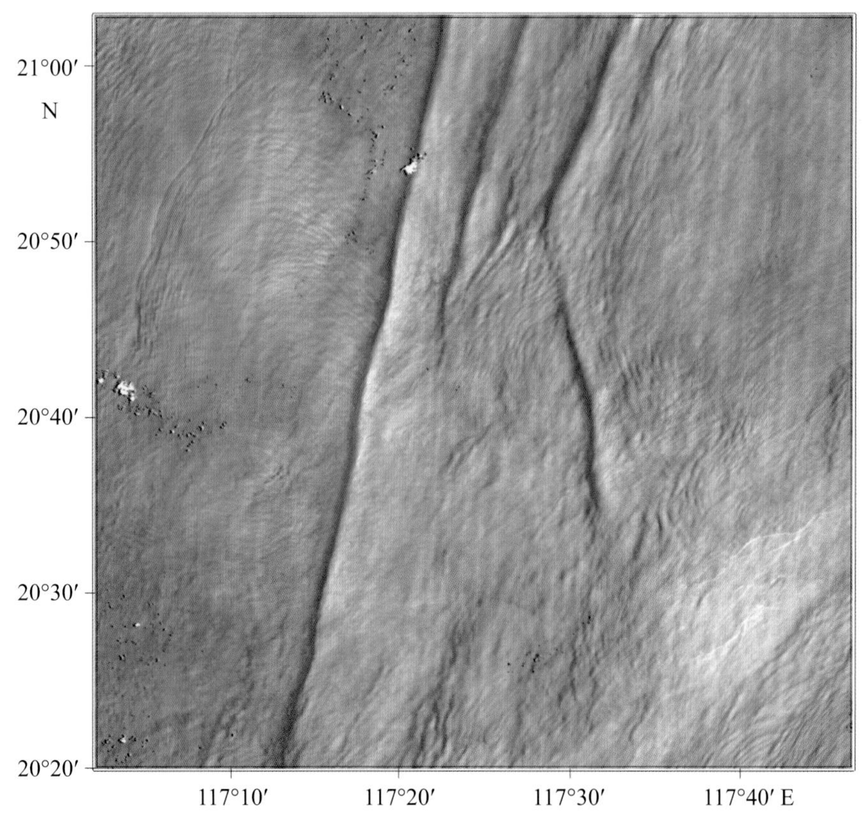

图 3.14　东沙环礁附近第二模态内孤立波 GF-1 遥感图像（二）

图像获取时间为 2019 年 6 月 21 日 03:19:13 UTC，覆盖范围大约为 77 km ×78 km

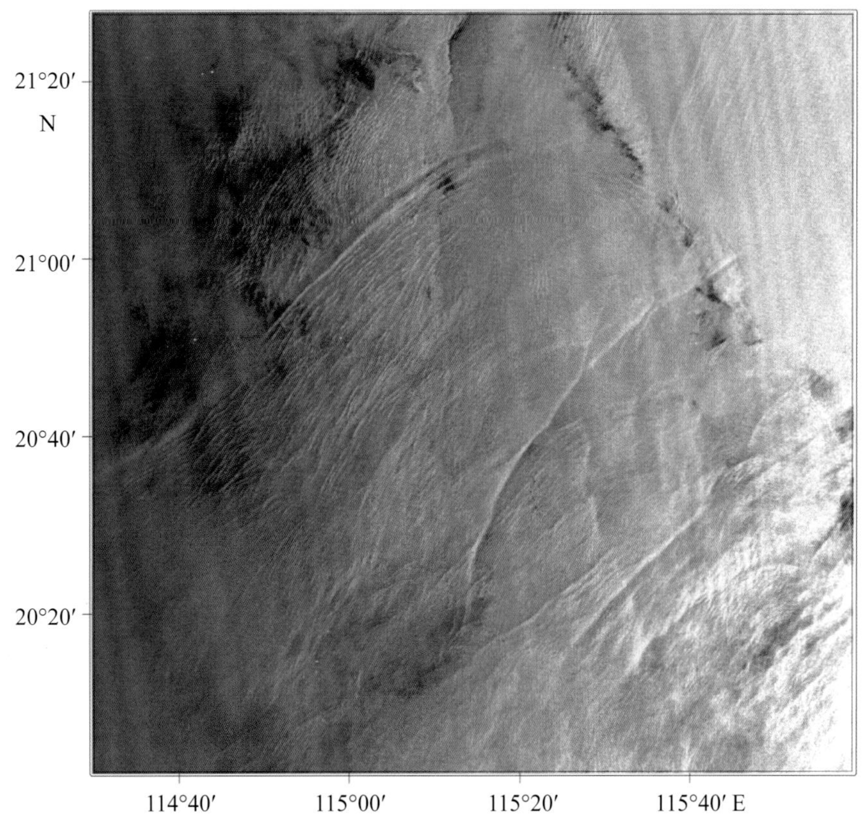

图 3.15　东沙环礁附近第二模态内孤立波 ENVISAT ASAR 遥感图像

图像获取时间为 2010 年 9 月 4 日 02:18:54 UTC，覆盖范围大约为 154 km × 157 km

3.4　南海北部传播最远位置的内孤立波

南海北部的内孤立波在经历了东沙环礁、北卫滩等海底地形的阻碍后，一部分向西南方向传播并到达海南岛附近海域，另一部分则向西北方向传播，最终耗散在靠近大陆的大陆架。这些向西北方向传播的内孤立波，以小型波包的方式广泛分布于广东省沿岸的小于 50 m 水深的大陆架上，是南海北部内孤立波到达的最北端。其形态特征各异，波峰线长度小于 100 km，传播方向较为一致，传播速度不超过 0.5 m/s。虽然其尺度和能量较小，但由于其分布范围广、出现频率高，因此，对近岸大陆架的工程建设和生态环境产生了巨大的影响。

图 3.16 是在 2012 年 7 月 29 日 03:05 UTC 获取的一幅内孤立波 MODIS 光学遥感图像，在影像中遍布了大量向大陆沿岸传播的内孤立波，其主要以波包形式存在，且波包内的孤子呈现细长带弧状，孤子间的间距较小。

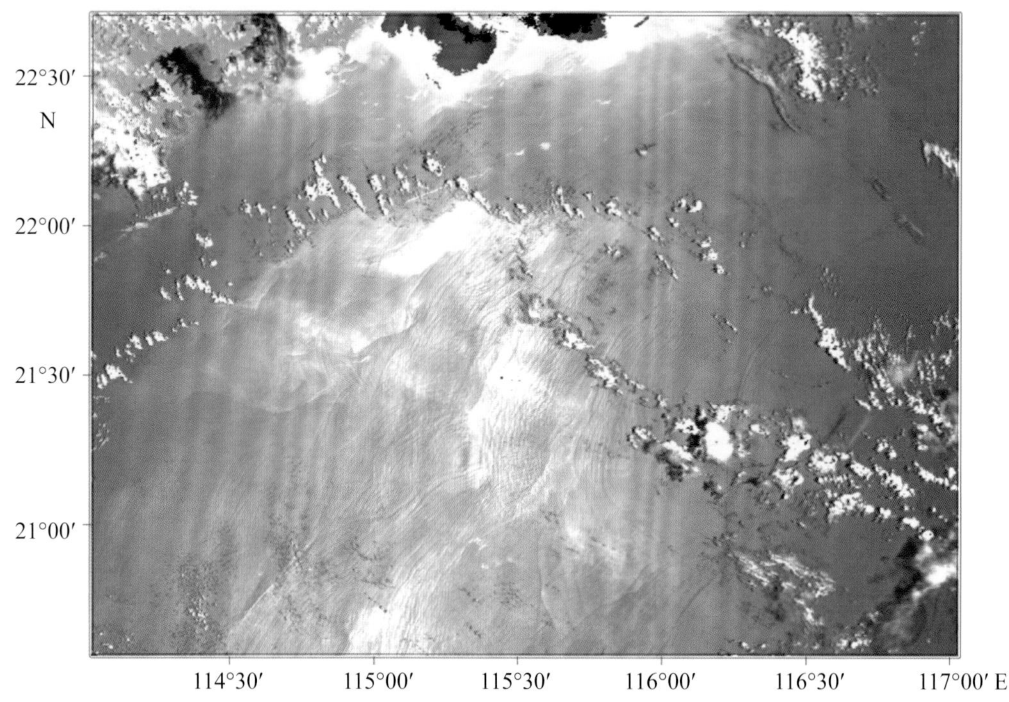

图 3.16 南海北部内孤立波 MODIS 遥感图像

图像获取时间为 2012 年 7 月 29 日 03:05 UTC，覆盖范围大约为 312 km ×235 km

图 3.17 是在 2009 年 7 月 27 日 02:16:07 UTC 获取的 ENVISAR ASAR 遥感图像，影像记录了内孤立波经过东沙环礁后向西北大陆架传播的特点。由图可知，内孤立波能够以波包的形态传播至 22°N，波包内的孤子数量及孤子波峰线长度均较大。

图 3.17 南海北部内孤立波 ENVISAT ASAR 遥感图像

图像获取时间为 2009 年 7 月 27 日 02:16:07 UTC，覆盖范围大约为 313 km ×235 km

3.5　海南岛附近海域内孤立波

海南岛的东部和南部（西南部）也是内孤立波频现的海域，其主要源自海南岛东南侧的陆架坡折处，由陆架坡折处上的海流或潮流产生。其中位于东部的内孤立波形态在整体上趋于一致，由于潮流的作用，其主要呈现为西南—东北走向。在靠近深海的一侧，内孤立波的尺度较大，波峰线长度可超过 100 km，传播速度可达 1.5 m/s；而在靠近海南岛大陆架的一侧，则由于地形阻碍和能量耗散，内孤立波发生了破碎，在空间上呈现为断断续续的零星状分布。位于海南岛南部（西南部）的内孤立波多呈现为波波相互作用、叠加的形态，其原因主要在于出入北部湾的海水不断地改变着内孤立波的传播特征，导致其传播方向多变、空间形态多样化。

图 3.18 是在 2007 年 6 月 11 日 02:37:29 UTC 获取的海南岛南部海域的一幅内孤立波 ENVISAT ASAR 遥感图像，由图可见，海南岛至越南之间存在较多的内孤立波，内孤立波主要向西传播。图 3.19 是海南岛东部海域的内孤立波 MODIS 遥感图像，图像的获取时间为 2007 年 6 月 29 日 05:50 UTC，由图可见，海南岛东部海域有一些小尺度的内孤立波自东向西传播，最终耗散于海南岛东部沿岸。

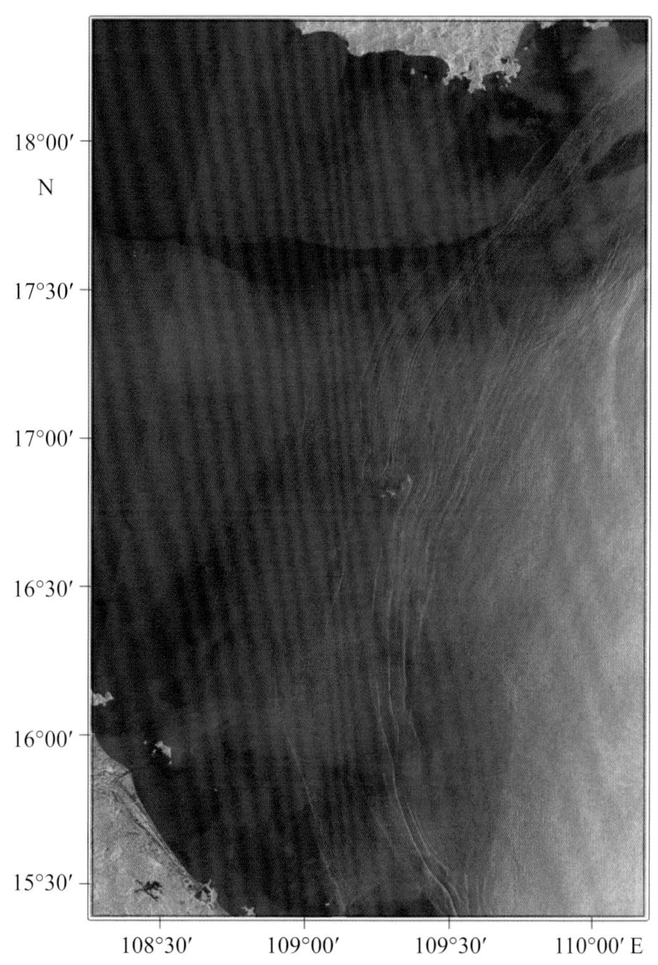

图 3.18　海南岛南部海域内孤立波 ENVISAT ASAR 遥感图像

图像获取时间为 2007 年 6 月 11 日 02:37:29 UTC，覆盖范围大约为 207 km ×333 km

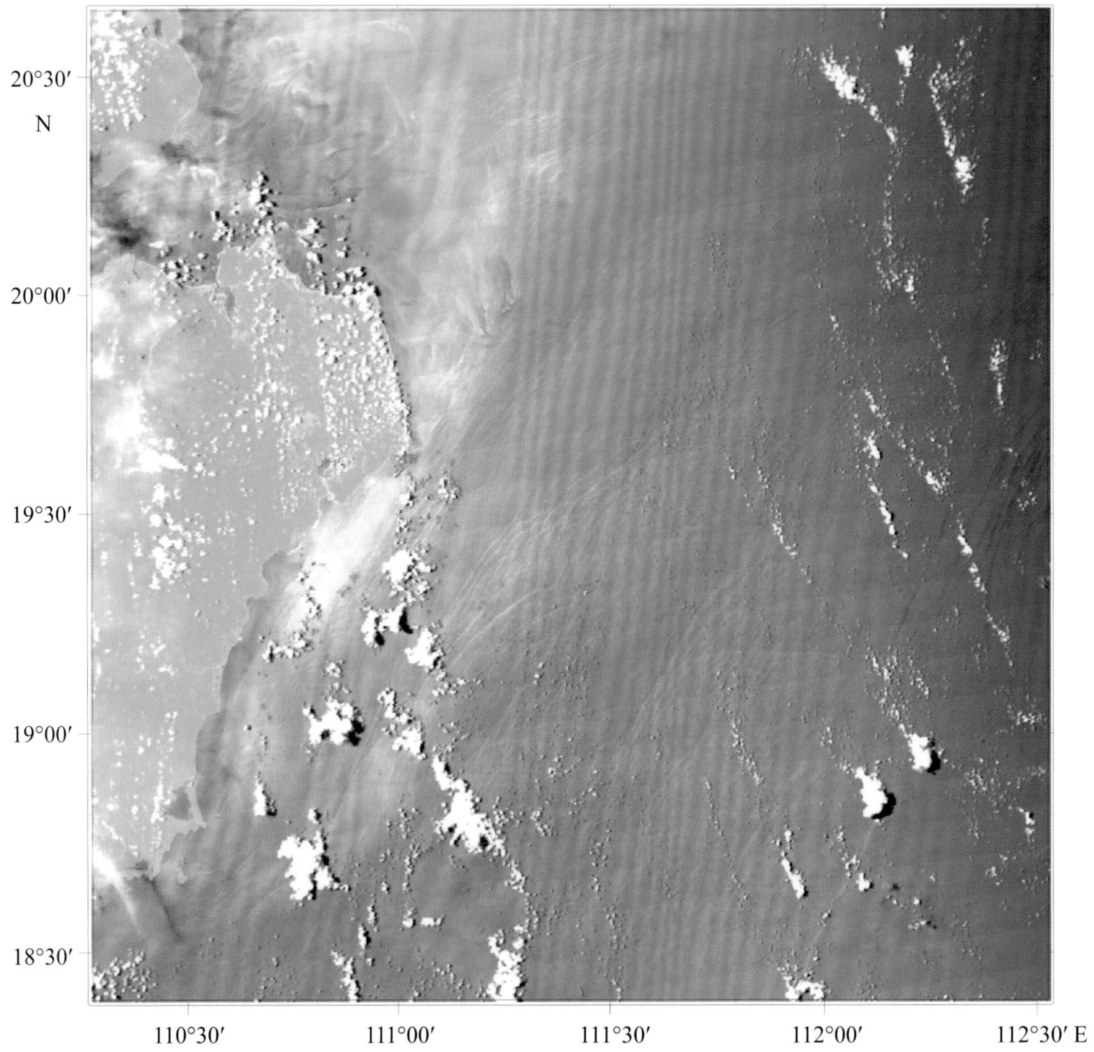

20°30′ N
20°00′
19°30′
19°00′
18°30′
110°30′ 111°00′ 111°30′ 112°00′ 112°30′ E

图 3.19　海南岛东部海域内孤立波 MODIS 遥感图像

图像获取时间为 2007 年 6 月 29 日 05:50 UTC，覆盖范围大约为 238 km × 249 km

3.6　越南沿岸内孤立波

越南沿岸有较多的内孤立波发生，该海域内孤立波主要是海流或潮流与陆架坡折处相互作用产生，向西或西偏北方向传播至越南沿岸。该海域的内孤立波主要发生在每年的 4—9 月，冬季探测到的比较少（孙丽娜等，2018）。

图 3.20 是在 2011 年 9 月 3 日 02:42:51 UTC 获取的一幅内孤立波 ENVISAT ASAR 遥感图像，图像中的两列内孤立波向越南沿岸传播，其中靠近越南沿岸的内孤立波尺度较小，波峰线长度为几十千米；远距离的内孤立波尺度相对大一些，波峰线长度可达百余千米。

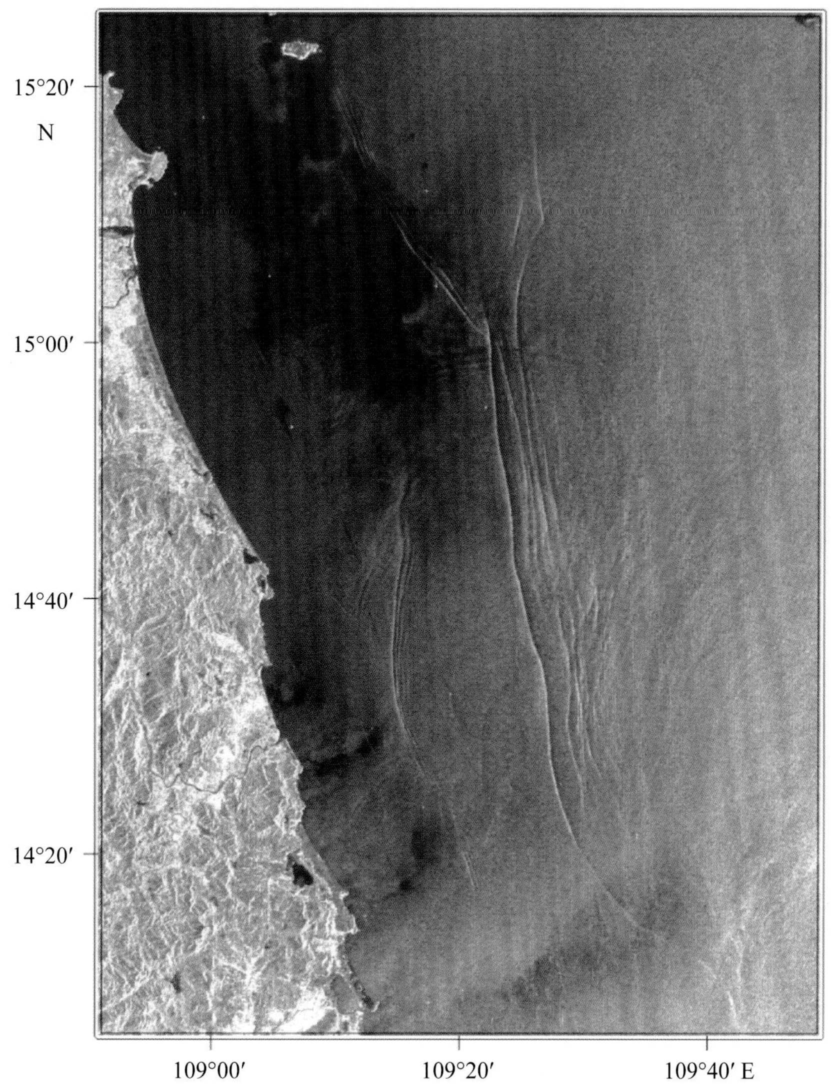

图 3.20　越南沿岸内孤立波 ENVISAT ASAR 遥感图像

图像获取时间为 2011 年 9 月 3 日 02:42:51 UTC，覆盖范围大约为 104 km × 147 km

3.7　纳土纳群岛附近海域内孤立波

纳土纳群岛位于南海西南部海域，其东北部海域有较多的小尺度内孤立波，该海域的内孤立波是典型的大陆架内孤立波，主要由海洋向大陆架传播。纳土纳群岛附近海域的内孤立波主要发生在每年的 3—5 月，7—10 月内孤立波很少发生。图 3.21 是一幅纳土纳群岛附近海域的内孤立波 ENVISAT ASAR 图像，获取时间为 2012 年 2 月 22 日 02:37:19 UTC。纳土纳群岛的内孤立波主要在其东北部的大陆坡折处产生，向纳土纳群岛沿岸传播。内孤立波的水平尺度较小，波峰线长度约可达 100 km，传播速度大约为 0.5 ～ 0.9 m/s。

3

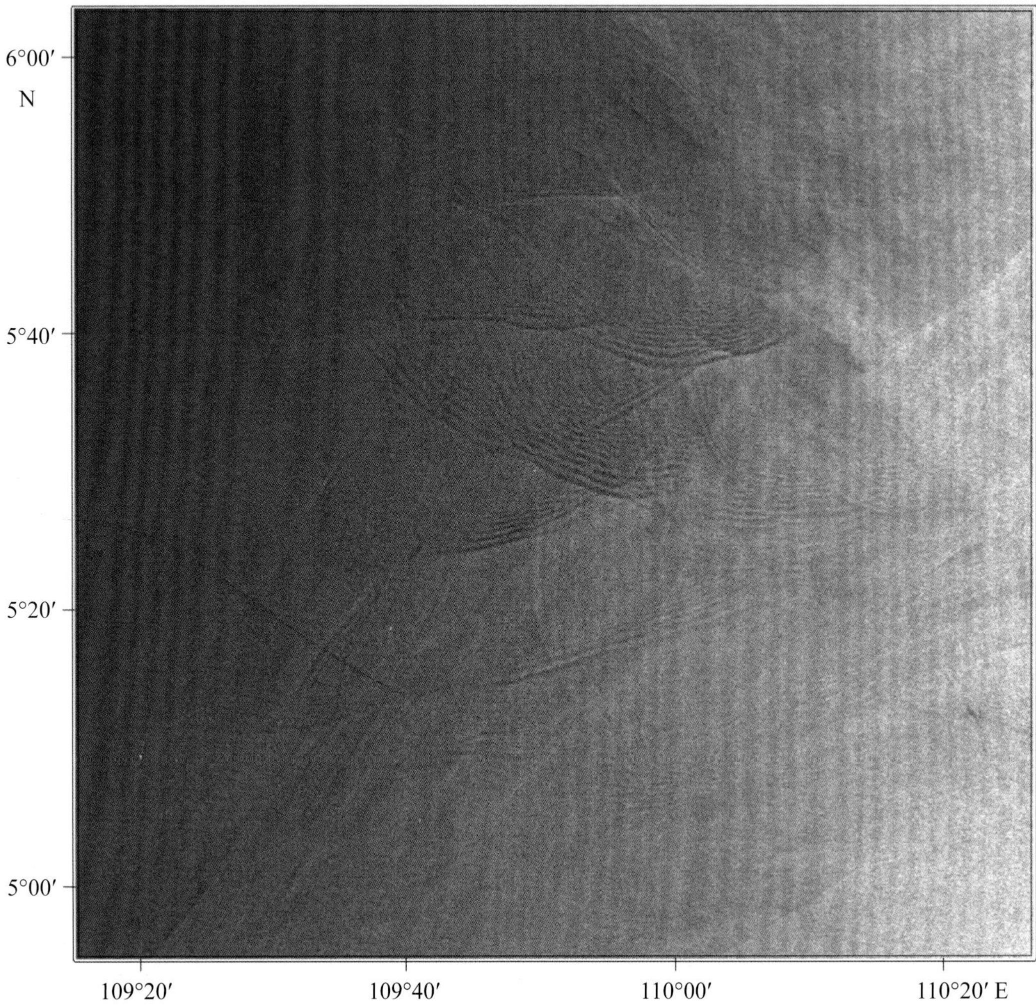

图 3.21　纳土纳群岛附近海域内孤立波 ENVISAT ASAR 遥感图像

图像获取时间为 2012 年 2 月 22 日 02:37:19 UTC，覆盖范围大约为 131 km × 125 km

3.8　苏禄海内孤立波

苏禄海位于西南太平洋，周围被菲律宾的苏禄群岛、巴拉望岛、棉兰老岛以及马来西亚的沙巴地区围绕，与南海和苏拉威西海相通。苏禄海是全球内孤立波频发的海域之一，研究表明，该海域内孤立波主要由半日潮产生，发生源位置主要在苏禄海南部的科肯岛、潘古塔兰岛以及班加劳岛附近海域（张涛，2020）。图 3.22 和图 3.23 分别为苏禄海内孤立波 MODIS 光学遥感图像和 ENVISAT ASAR 遥感图像，MODIS 遥感图像的获取时间为 2015 年 3 月 20 日 02:45 UTC，ENVISAT ASAR 图像的获取时间为 2005 年 3 月 1 日 02:45 UTC。苏禄海内孤立波由南向北贯穿整个苏禄海，内孤立波波峰线长度可达 500 km 以上，传播速度大约为 2 m/s。

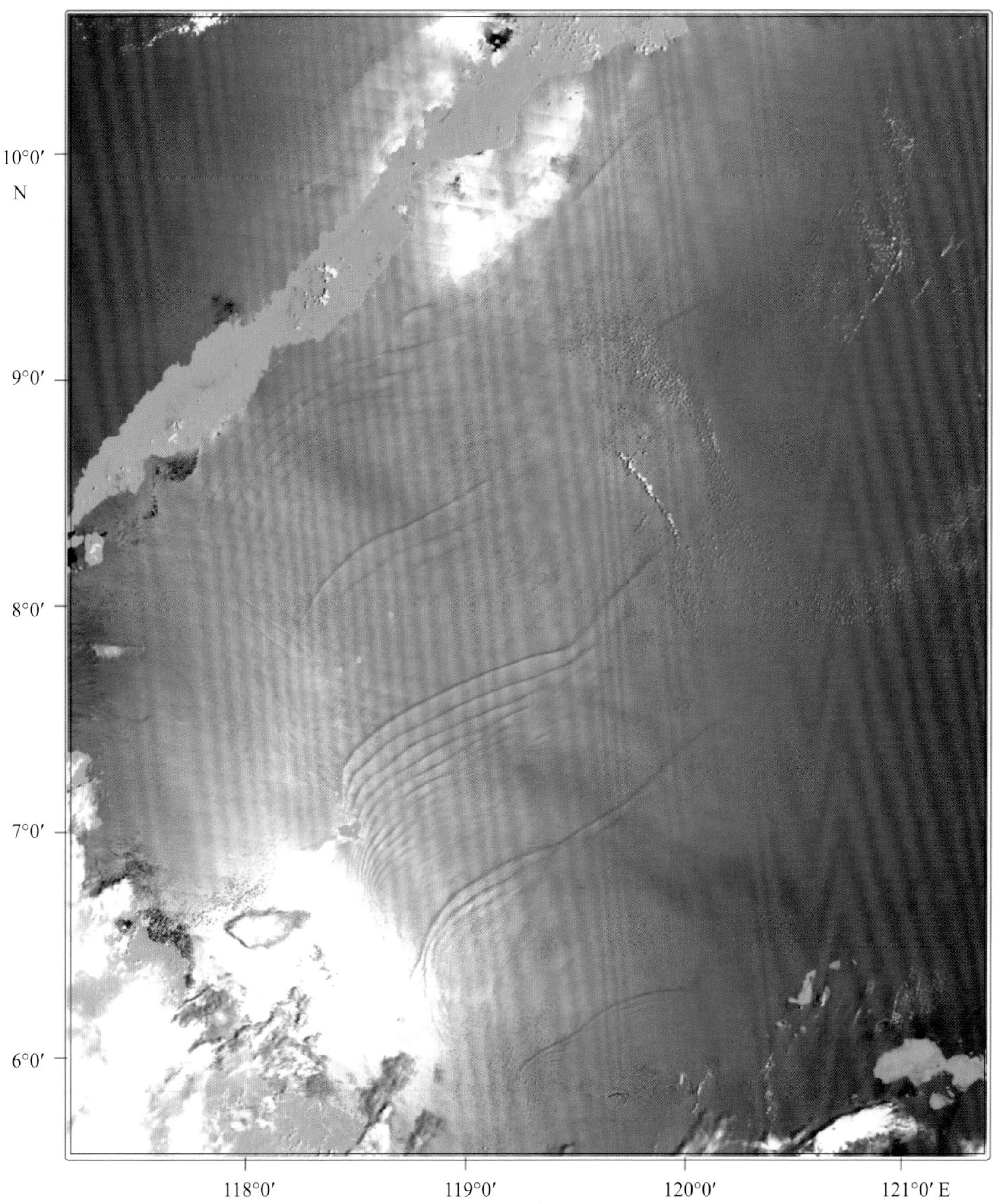

图 3.22　苏禄海内孤立波 MODIS 遥感图像

图像获取时间为 2015 年 3 月 20 日 02:45 UTC，覆盖范围大约为 461 km ×555 km

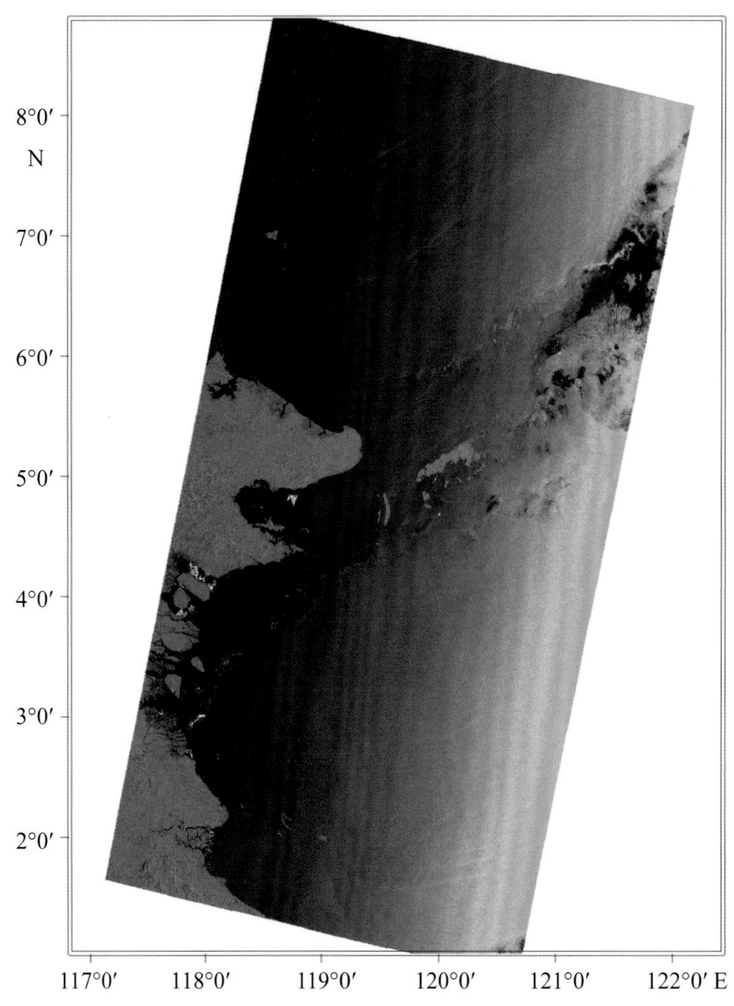

图 3.23　苏禄海内孤立波 ENVISAT ASAR 遥感图像

图像获取时间为 2005 年 3 月 1 日 02:45 UTC，覆盖范围大约为 402 km ×814 km

3.9　苏拉威西海内孤立波

苏拉威西海位于苏禄海的南侧，北侧通过锡布图水道与苏禄海连接，南侧通过望加锡海峡与爪哇海连接，平均水深为 4000 ~ 5000 m，海底深而平坦，与苏禄海相似，是典型的海洋盆地。苏拉威西海的内孤立波同样尺度较大，并且传播更快，传播速度可达 3 m/s。与苏禄海中单一方向传播的内孤立波不同，苏拉威西海中同时存在沿东南方向传播内孤立波和沿东西方向传播的内孤立波。沿东南方向传播的内孤立波主要是在锡布图水道产生，在印度尼西亚海岸耗散，而沿东西方向传播的内孤立波 MODIS 的生成源尚不清楚，但与苏拉威西海东部的桑义赫岛链有关。图 3.24 为苏拉威西海内孤立波 MODIS 遥感图像，图像的获取时间为 2020 年 3 月 15 日 05:15 UTC，从图中可以看到两列内孤立波，一列向西传播，一列向南传播。图 3.25 为苏拉威西海内孤立波 ENVISAT ASAR 遥感图像，图像的获取时间为 2005 年 3 月 30 日 01:38:40 UTC，图中向南偏东方向传播的内孤立波波列清晰可见，每个波包中含有两个尺度较大的孤立子。

图 3.24　苏拉威西海内孤立波 MODIS 遥感图像

图像获取时间为 2020 年 3 月 15 日 05:15 UTC，覆盖范围大约为 741 km ×627 km

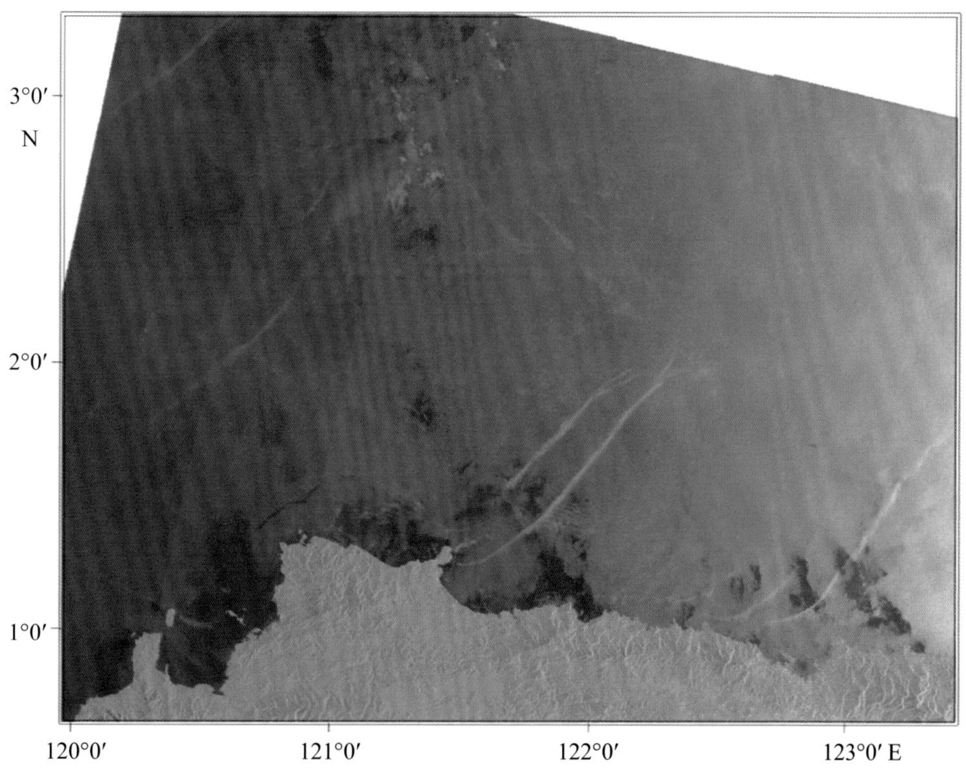

图 3.25　苏拉威西海内孤立波 ENVISAT ASAR 遥感图像

图像获取时间为 2005 年 3 月 30 日 01:38:40 UTC，覆盖范围大约为 368 km ×292 km

3.10 马鲁古海内孤立波

马鲁古海是印度尼西亚东北部的岛间海，位于苏拉威西岛与马鲁古群岛之间。海区东西长 830 km，南北宽 600 km，面积 30.7×10^4 km^2，拥有一系列海沟、海盆和海脊，水深多在 1000 ~ 2000 m 范围内。该海域内孤立波主要在马鲁古海南部的敏莪里岛和奥比岛之间海域产生，向北传播进入马鲁古海。

图 3.26 为一幅马鲁古海的内孤立波 MODIS 遥感图像，图像的获取时间为 2016 年 3 月 28 日 02:10 UTC。图 3.27 为一幅 ENVISAT ASAR 卫星遥感图像，图像的获取时间为 2005 年 4 月 25 日 01:21:22 UTC，两幅图像都清晰地展示了马鲁古海自南向北传播的内孤立波，每个波包含有 4 ~ 6 个孤立子，内孤立波的传播距离可达 630 km，传播速度为 2.3 ~ 2.9 m/s。

图 3.26　马鲁古海内孤立波 MODIS 遥感图像

图像获取时间为 2016 年 3 月 28 日 02:10 UTC，覆盖范围大约为 563 km × 666 km

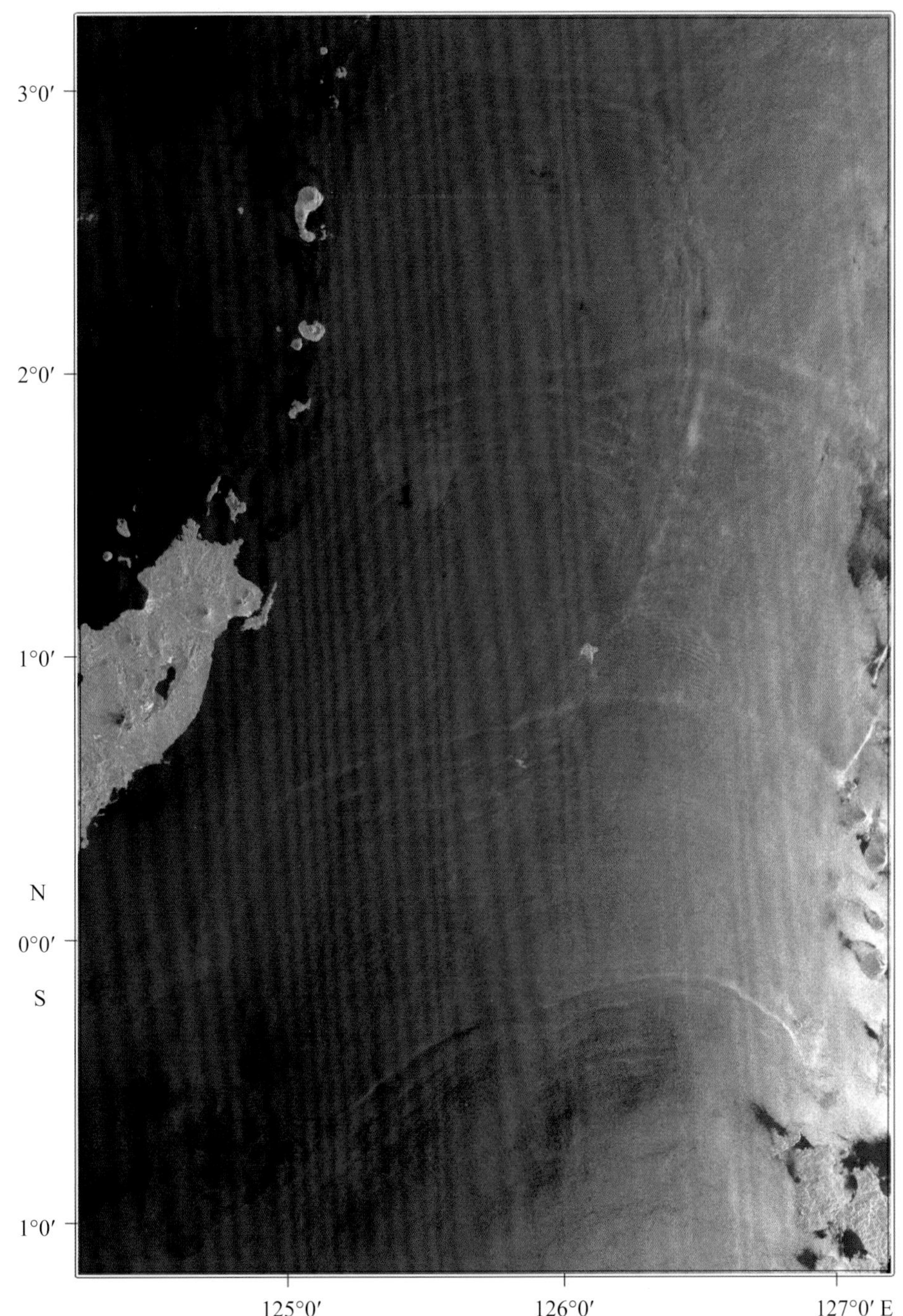

图 3.27　马鲁古海内孤立波 ENVISAT ASAR 遥感图像

图像获取时间为 2005 年 4 月 25 日 01:21:22 UTC，覆盖范围大约为 330 km ×488 km

3.11　龙目海峡内孤立波

龙目海峡主要有两种类型的内孤立波：一种是向北传播的我们熟知的“圆弧型”内孤立波，一种是向南传播的“非规则”内孤立波。研究发现，向北传播的内孤立波往往出现于冬季季风期，内孤立波呈现明显的弧形，并且数量大，而南向传播的大型弧形内孤立波多破碎成小型内孤立波，并且数量上少于北向传播的内孤立波，这是由于强大的印尼贯穿流冲击形成的（Matthews et al., 2011）。图 3.28 为龙目海峡内孤立波 MODIS 遥感图像，图像的获取时间为 2018 年 4 月 4 日 05:50 UTC，图像展示了龙目海峡南北两支内孤立波，向北传播的内孤立波覆盖面积比较大，且内孤立波的条带为比较规则的半圆形。图 3.29 为龙目海峡内孤立波 ENVISAT ASAR 遥感图像，图像的获取时间为 2004 年 4 月 25 日 01:51:37 UTC，图像也清晰地展示了两个内孤立波波包向北传播。

7°0′ S
8°0′
9°0′
114°0′ 115°0′ 116°0′ 117°0′ E

图 3.28　龙目海峡内孤立波 MODIS 遥感图像

图像获取时间为 2018 年 4 月 4 日 05:50 UTC，覆盖范围大约为 419 km ×391 km

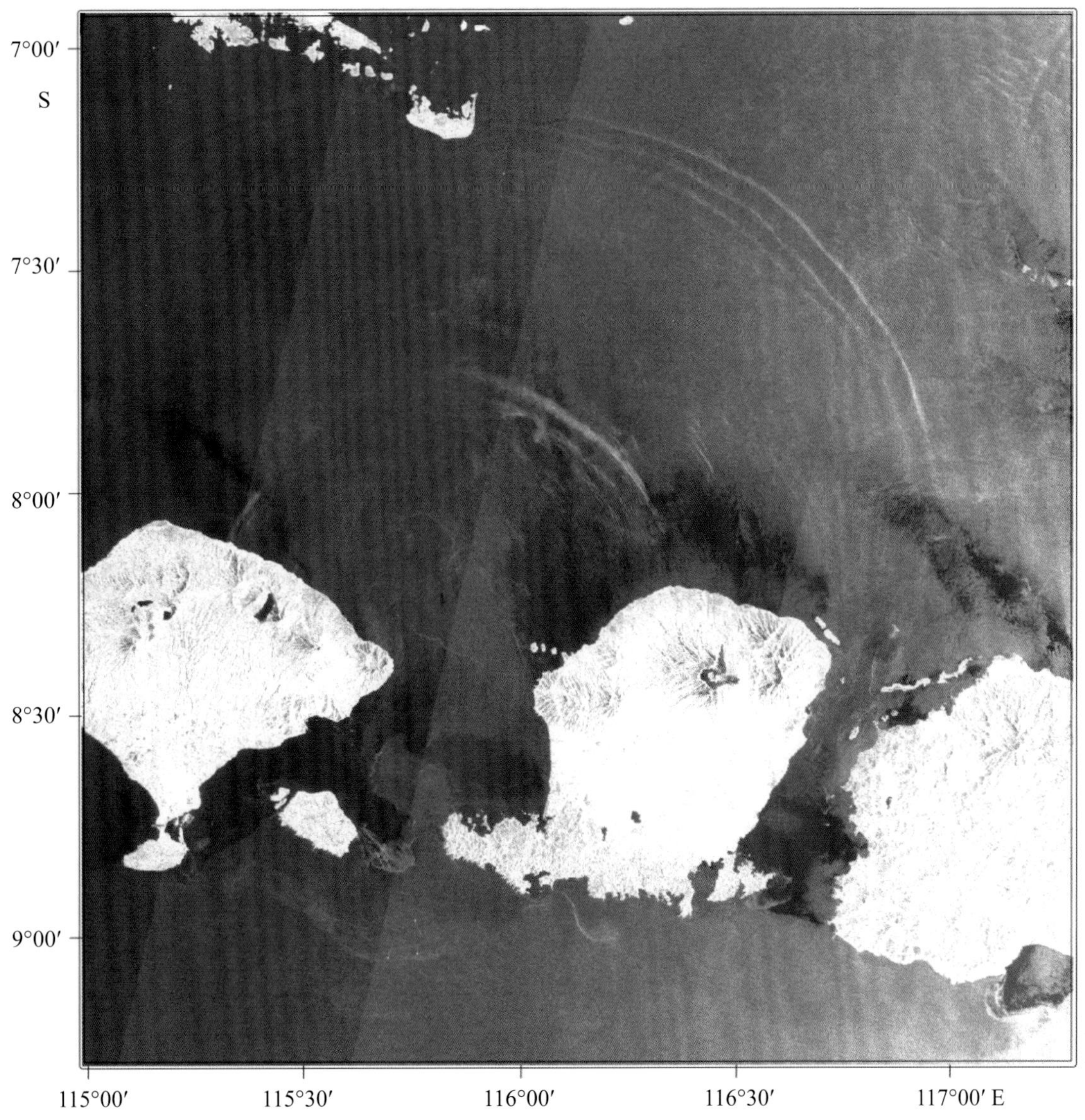

图 3.29　龙目海峡内孤立波 ENVISAT ASAR 遥感图像

图像获取时间为 2004 年 4 月 25 日 01:51:37 UTC，覆盖范围大约为 251 km ×261 km

3.12　班达海内孤立波

班达海位于印度尼西亚东部，西与弗洛勒斯海、西南与萨武海、南与帝汶海、东南与阿拉弗拉海、北与塞兰海及马鲁古海相连，为印度尼西亚马鲁古海南部诸岛所环抱，平均水深 3064 m。图 3.33 为班达海内孤立波 MODIS 遥感图像，图像的获取时间为 2010 年 9 月 11 日 02:20 UTC，图像展示了班达海的内孤立波主要在班达海南部的阿洛群岛和韦塔岛之间产生，向北传播进入班达海。

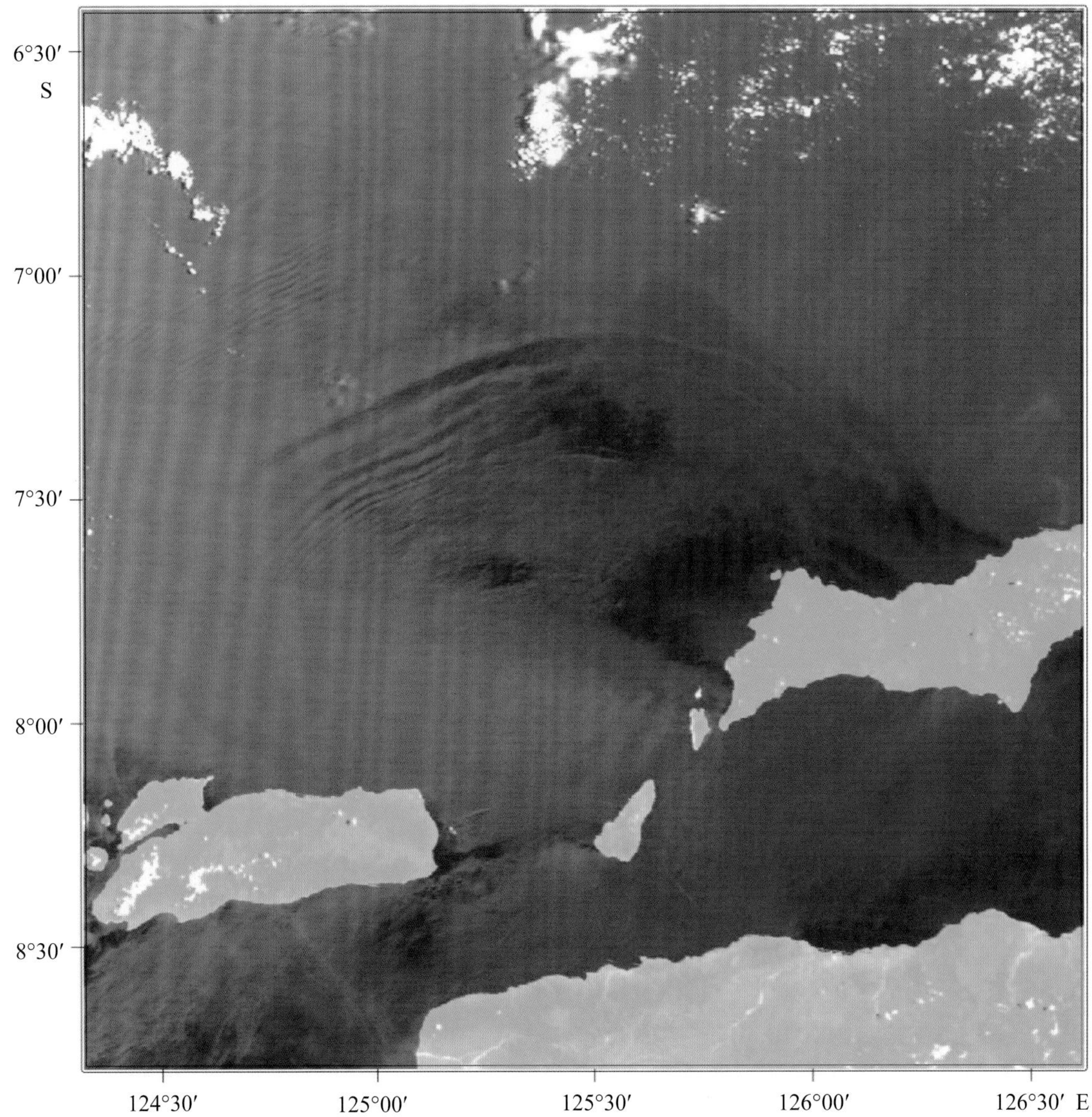

3

6°30′ S
7°00′
7°30′
8°00′
8°30′
124°30′ 125°00′ 125°30′ 126°00′ 126°30′ E

图 3.30　班达海内孤立波 MODIS 遥感图像

图像获取时间为 2010 年 9 月 11 日 02:20 UTC，覆盖范围大约为 252 km × 260 km

第 4 章　东印度洋典型海洋内孤立波遥感图像

东印度洋内孤立波的主要发生区域包括安达曼海、马六甲海峡和孟加拉湾等，安达曼海北部海域、中部海域和南部海域的内孤立波具有较大差异，孟加拉湾北部海域和南部海域的内孤立波也不同。本章将详细介绍以上具体海区的内孤立波特征。

4.1　安达曼海内孤立波

安达曼海的内孤立波发生非常活跃且规模较大，主要分布于安达曼海南部、中部和北部海域。安达曼海南部海域的内孤立波主要是由来自印度洋的半日潮通过大尼科巴岛和苏门答腊岛之间的格雷特海峡，与海底山脊相互作用产生，一部分内孤立波向东或东北方向传播进入安达曼海，一部分内孤立波向西部传播进入印度洋；安达曼海中部海域的内孤立波主要是在卡尔尼科巴岛和小尼科巴岛之间产生，分别向东西两个方向传播，进入安达曼海和印度洋；安达曼海北部海域的内孤立波主要在安达曼群岛北部海域产生，向西部传播进入安达曼海，也有部分内孤立波在安达曼海中部产生，向安达曼群岛传播（Sun et al., 2019；张昊等，2020）。

图 4.1 为安达曼海内孤立波 ENVISAT ASAR 遥感图像，图像的获取时间为 2004 年 3 月 7 日，图像清晰地展示了安达曼海北部、中部和南部的内孤立波形态特征。

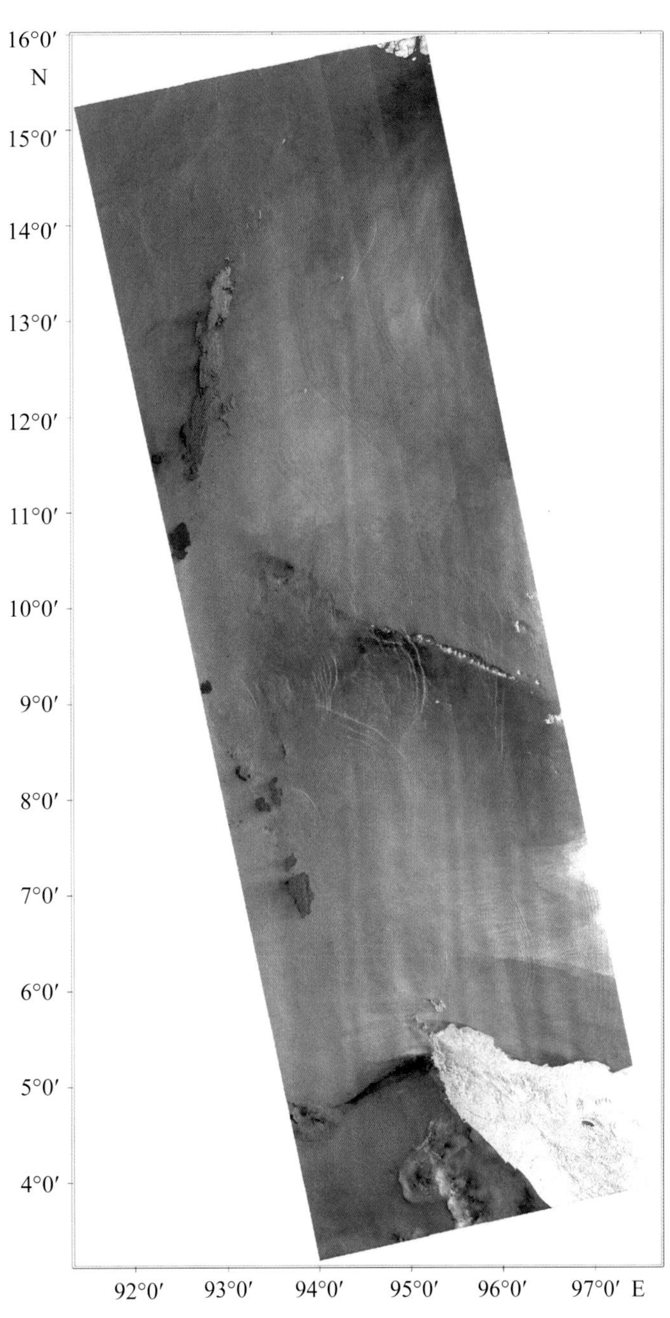

图 4.1　安达曼海内孤立波 ENVISAT ASAR 遥感图像

图像获取时间为 2004 年 3 月 7 日 15:49:34—15:51:40 UTC，覆盖范围大约为 405 km × 1357 km

4.1.1 安达曼海北部海域内孤立波

安达曼海北部海域存在大量特征显著的内孤立波，其主要分为三部分。一部分为空间尺度较小、分布于安达曼海北部水深小于 50 m 的大陆架上的内孤立波。其波峰线长度大致在 30 ~ 80 km 范围内，波包间距通常小于 25 km，主要向东北方向传播，最北端到达距离缅甸沿岸约 30 km 处。第二部分主要为在科科海峡产生的内孤立波，它们穿越安达曼海北部深海区域往东向岸传播。内波在传播过程中遇到了地形剧烈变化约 2000 m 的大陆架，因此产生并形成一个强烈反射波，它们主要往西南方向的安达曼群岛传播，最终耗散于岸边。安达曼海北部内孤立波前导波的平均长度约为 107 km，平均波包面积约为 1860 km^2。传播方向主要为东向以及西南向，其中沿西南方向传播的内波占比达到 35%。

图 4.2 是在 2015 年 3 月 20 日 04:25 UTC 获取的一幅安达曼海北部海域的内孤立波 MODIS 光学遥感图像，该海域主要的内孤立波分为两支，一支在安达曼群岛北部产生，向东南方向传播进入安达曼海；另一支在安达曼海北部海域陆坡处产生，向西南方向传播，最终耗散于安达曼海群岛。

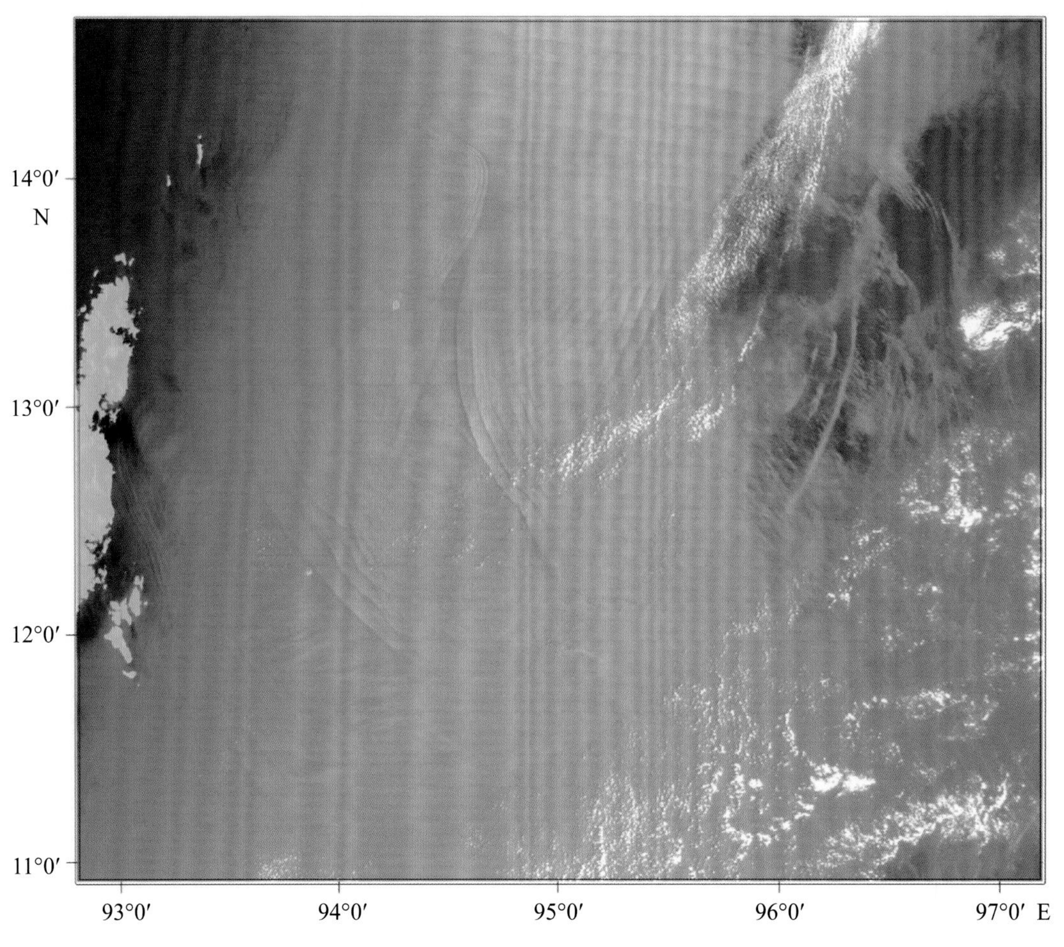

图 4.2 安达曼海北部海域内孤立波 MODIS 遥感图像

图像获取时间为 2015 年 3 月 20 日 04:25 UTC，覆盖范围大约为 478 km × 416 km

4.1.2　安达曼海中部海域内孤立波

十度海峡及尼科巴群岛中间的海槽是内孤立波生成的热点区域，内孤立波在此既会向东部传播进入安达曼海中部海域，也可向西传播进入孟加拉湾。其中，在安达曼海中部海域，内孤立波规律明显、特征一致，不同波源产生的内孤立波在穿越深海到达陆架地区后相互碰撞叠加，最终在深度小于 50 m 的陆架浅滩破碎耗散。 此区域内孤立波的空间尺度较大，前导波波峰线最大可达到 350 km，平均长度约为 133 km，超过 70% 的内孤立波沿东偏北方向传播。生成周期规律性显著，在一幅 MODIS 影像上，最多可以观察到 5 ～ 6 个连续的内孤立波波包。

图 4.3 是在 2011 年 3 月 20 日 07:10 UTC 获取的一幅内孤立波 MODIS 光学遥感图像，可以看到，在安达曼海中部海域，内孤立波主要在尼科巴群岛附近海域产生，分别向东西两侧传播进入安达曼海和孟加拉湾。图 4.4 为安达曼海中部海域的内孤立波 ENVISAT ASAR 卫星遥感图像，图像的获取时间为 2010 年 3 月 5 日 15:52:22 UTC，可以清楚地看到由三组内孤立波分别从尼科巴群岛的岛屿之间产生，向安达曼海和孟加拉湾传播。

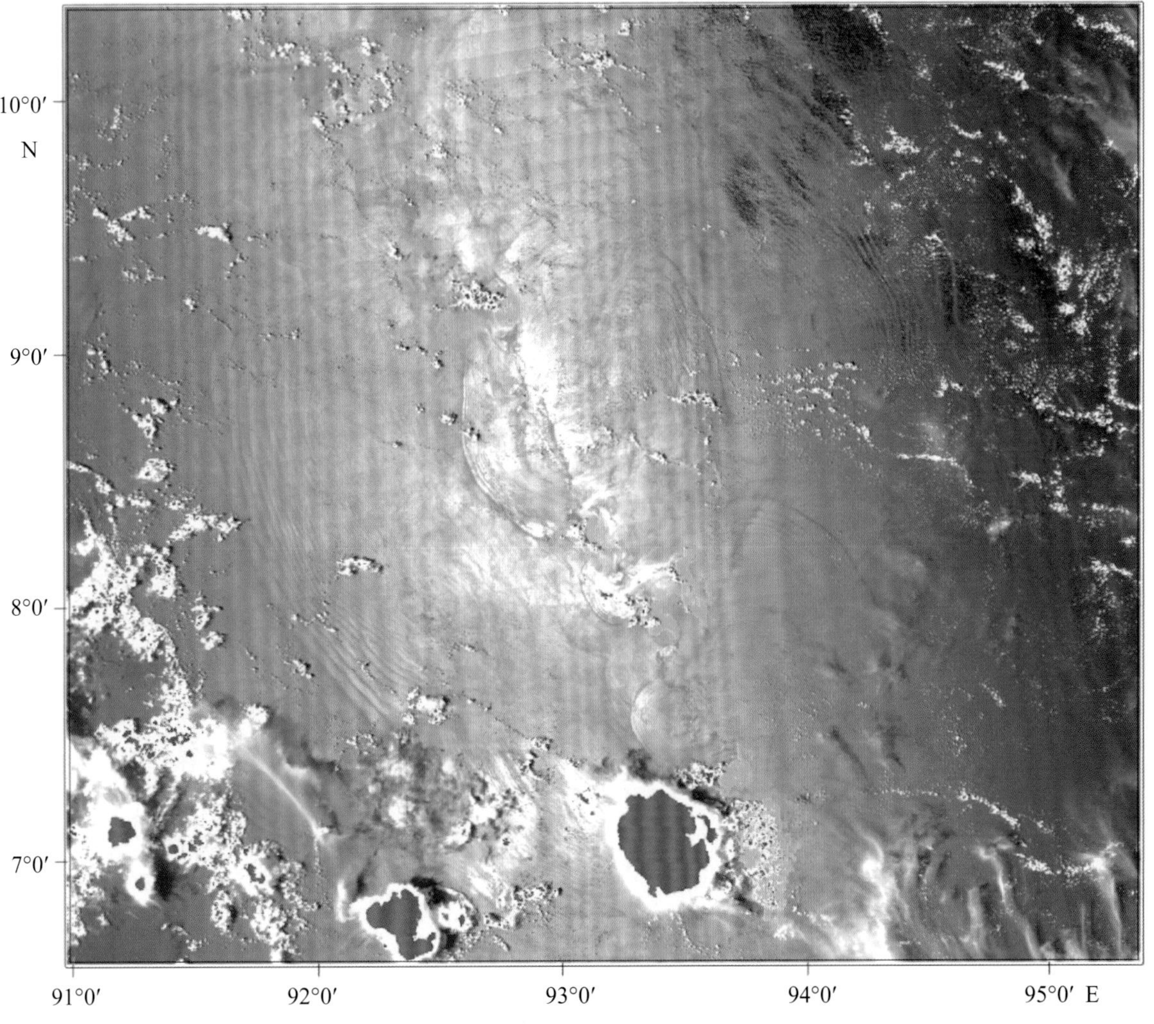

图 4.3　安达曼海中部海域内孤立波 MODIS 遥感图像

图像获取时间为 2011 年 3 月 20 日 07:10 UTC，覆盖范围大约为 485 km ×416 km

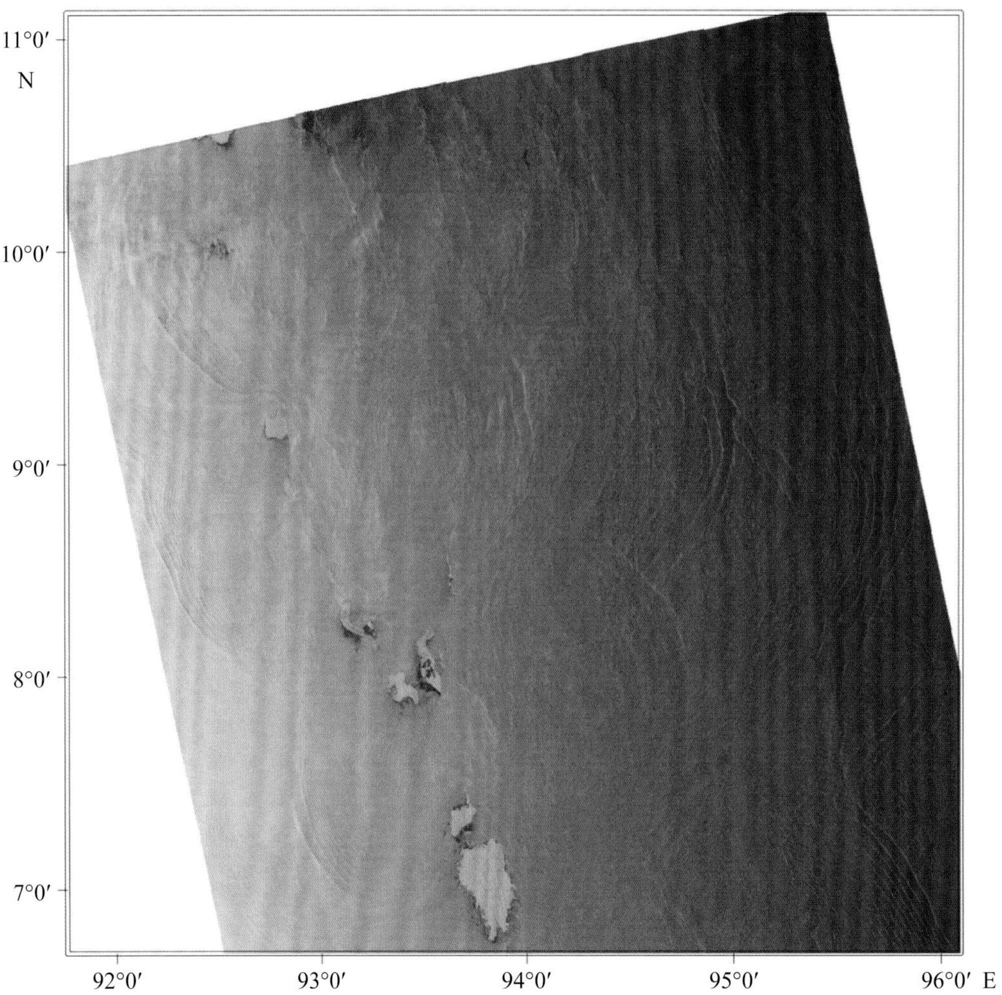

图 4.4　安达曼海中部海域内孤立波 ENVISAT ASAR 遥感图像

图像获取时间为 2010 年 3 月 5 日 15: 52: 22 UTC，覆盖范围大约为 477 km × 489 km

4.1.3　安达曼海南部海域内孤立波

在安达曼海南部、苏门答腊岛北部的浅海区域存在显著的内孤立波波群，它们产生于苏门答腊岛西北部的海峡，其中一部分向东北方向传播，最终与安达曼海中部海域的内孤立波相互作用耗散于沿岸地区。另一部分内孤立波沿东南方向传播，其传播距离与生存时间较短。受水深与复杂海底地形的影响，这个区域观察到的内孤立波在传播过程中形状与传播速度变化更为明显。前导波波峰线的平均长度约为 131 km，大部分波峰线长度在 50 ~ 200 km 范围内；沿东北和东南方向传播的内孤立波观测比例分别超过 65% 与 25%。

图 4.5 是 2011 年 7 月 17 日 04:15 UTC 获取的一幅安达曼海南部海域的内孤立波 MODIS 光学遥感图像，可以看到内孤立波呈规则的波包形态向安达曼海传播。图 4.6 为安达曼海南部海域内孤立波 ENVISAT ASAR 卫星遥感图像，图像的获取时间为 2003 年 3 月 20 日 15:43:13 UTC。安达曼海南部海域的内孤立波在向东传播的过程中，与安达曼海中部海域的内孤立波相遇，相互作用后仍沿原来的方向继续传播。

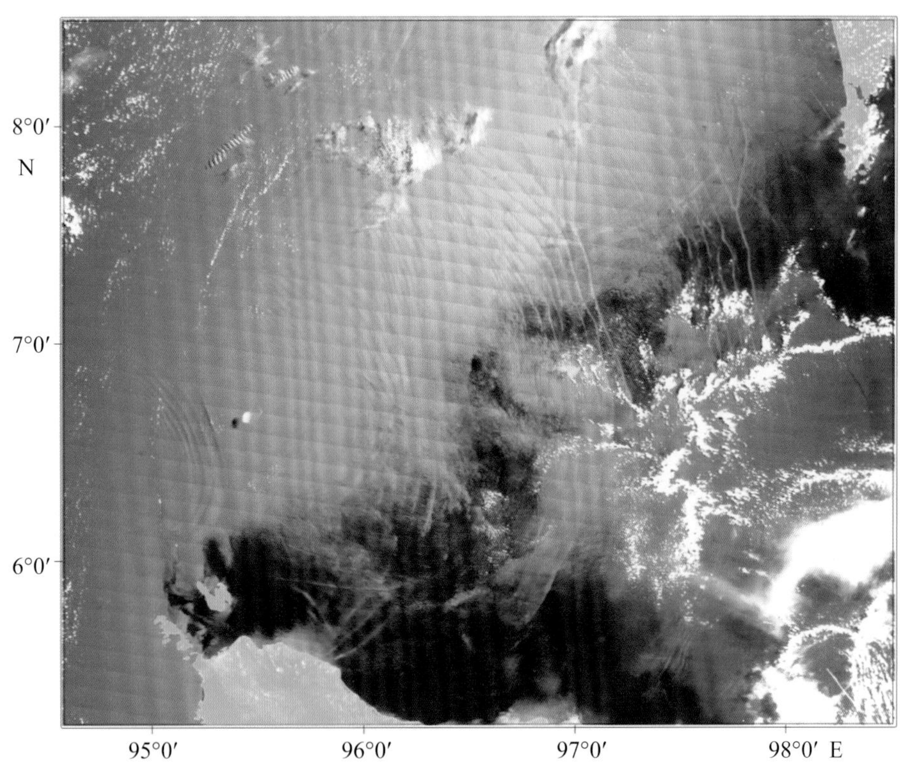

图 4.5　安达曼海南部海域内孤立波 MODIS 遥感图像

图像获取时间为 2011 年 7 月 17 日 04:15 UTC，覆盖范围大约为 436 km × 358 km

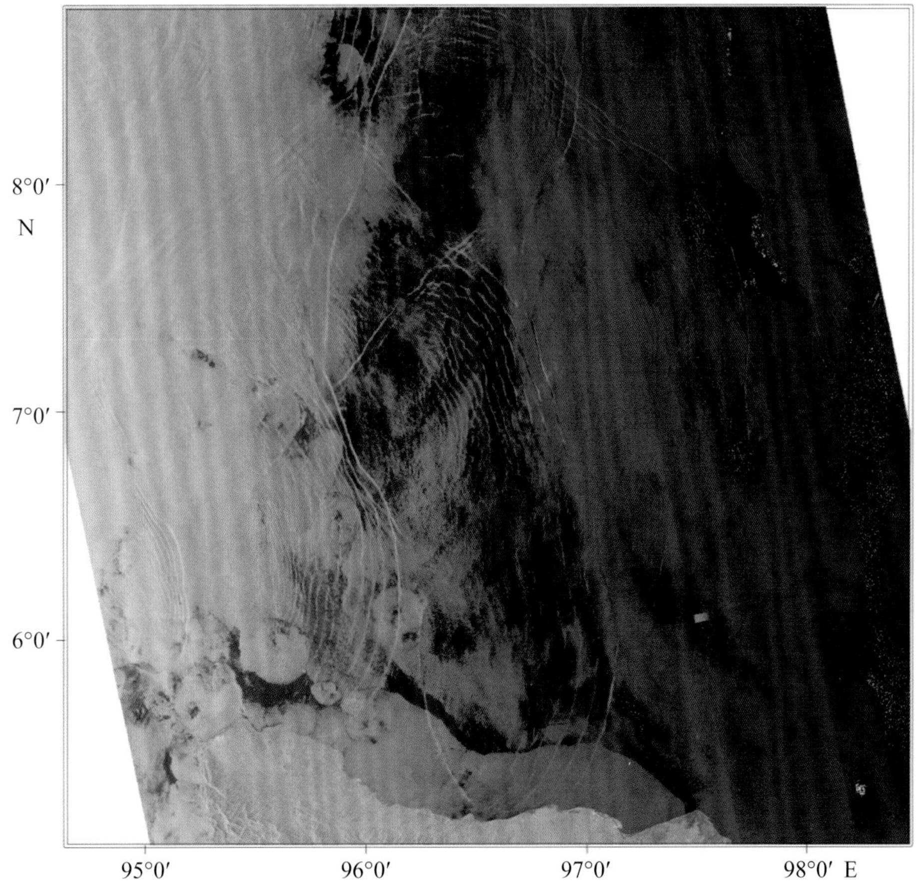

图 4.6　安达曼海南部海域内孤立波 ENVISAT ASAR 遥感图像（一）

图像获取时间为 2003 年 3 月 20 日 15:43:13 UTC，覆盖范围大约为 423 km × 407 km

图 4.7 为一幅内孤立波 ENVISAT ASAR 遥感图像，获取时间为 2004 年 9 月 1 日 15:55:06 UTC。图像展示了格雷特海峡产生的内孤立波向南传播进入孟加拉湾，这种现象比较罕见。

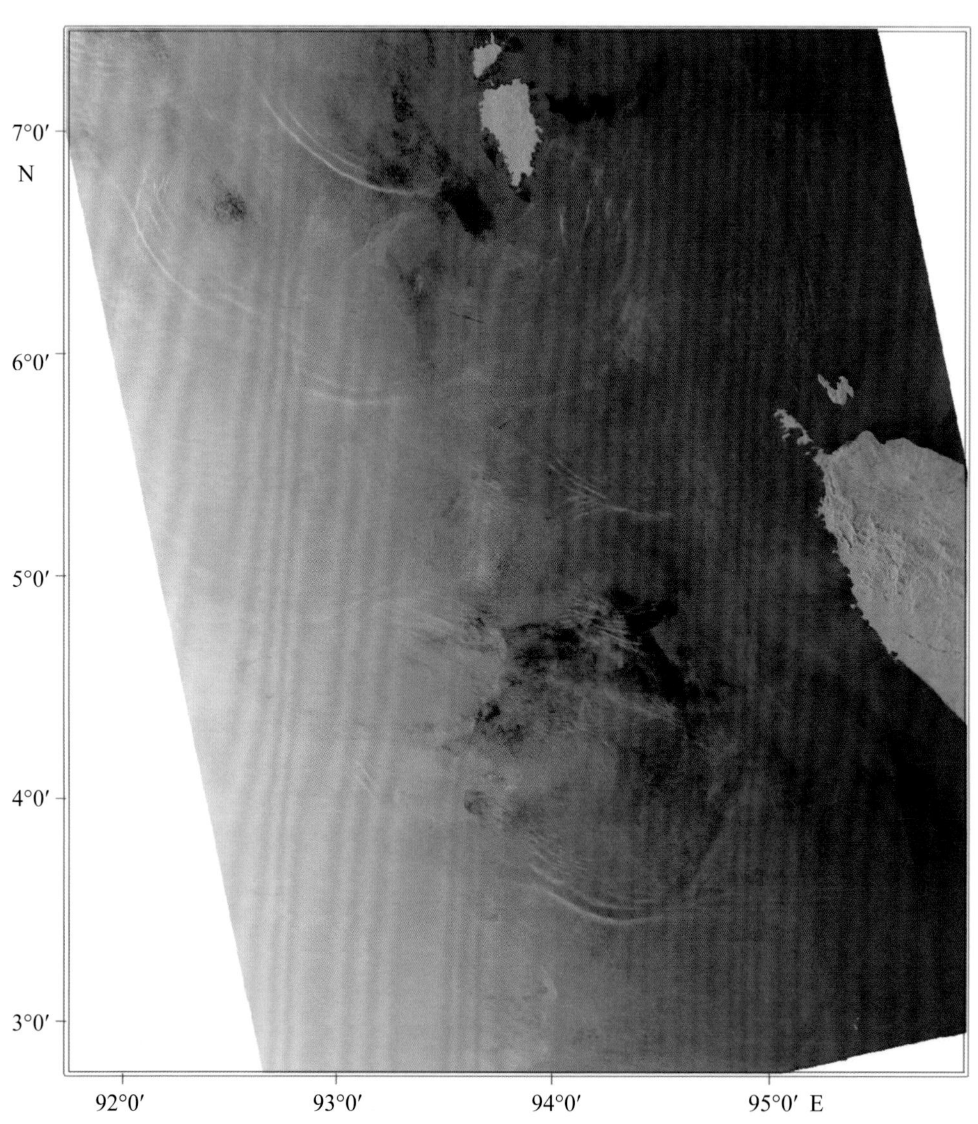

图 4.7　安达曼海南部海域内孤立波 ENVISAT ASAR 遥感图像（二）

图像获取时间为 2004 年 9 月 1 日 15:55:06 UTC，覆盖范围大约为 462 km × 518 km

4.2　马六甲海峡内孤立波

马六甲海峡位于马来半岛与印度尼西亚的苏门答腊岛之间，全长约 1080 km，西北部最宽达 370 km，东南部的新加坡海峡最窄处只有 37 km，是连接沟通太平洋与印度洋的国际水道。研究发现，马六甲海峡内孤立波多以波包形式出现，大多向岸传播，波峰线最长可达 39 km，振幅在 4.7 ~ 23.9 m 范围内，波包传播速度在 0.12 ~ 0.40 m/s 范围内分布（Ning et al., 2020）。图 4.8 为马六甲海峡内孤立波 Sentinel-1A 遥感图像，图像的获取时间为 2017 年 2 月 20 日 11:34:06 UTC，从图中可以看到多个内孤立波波包，大多数的内孤立波主要是向岸传播。

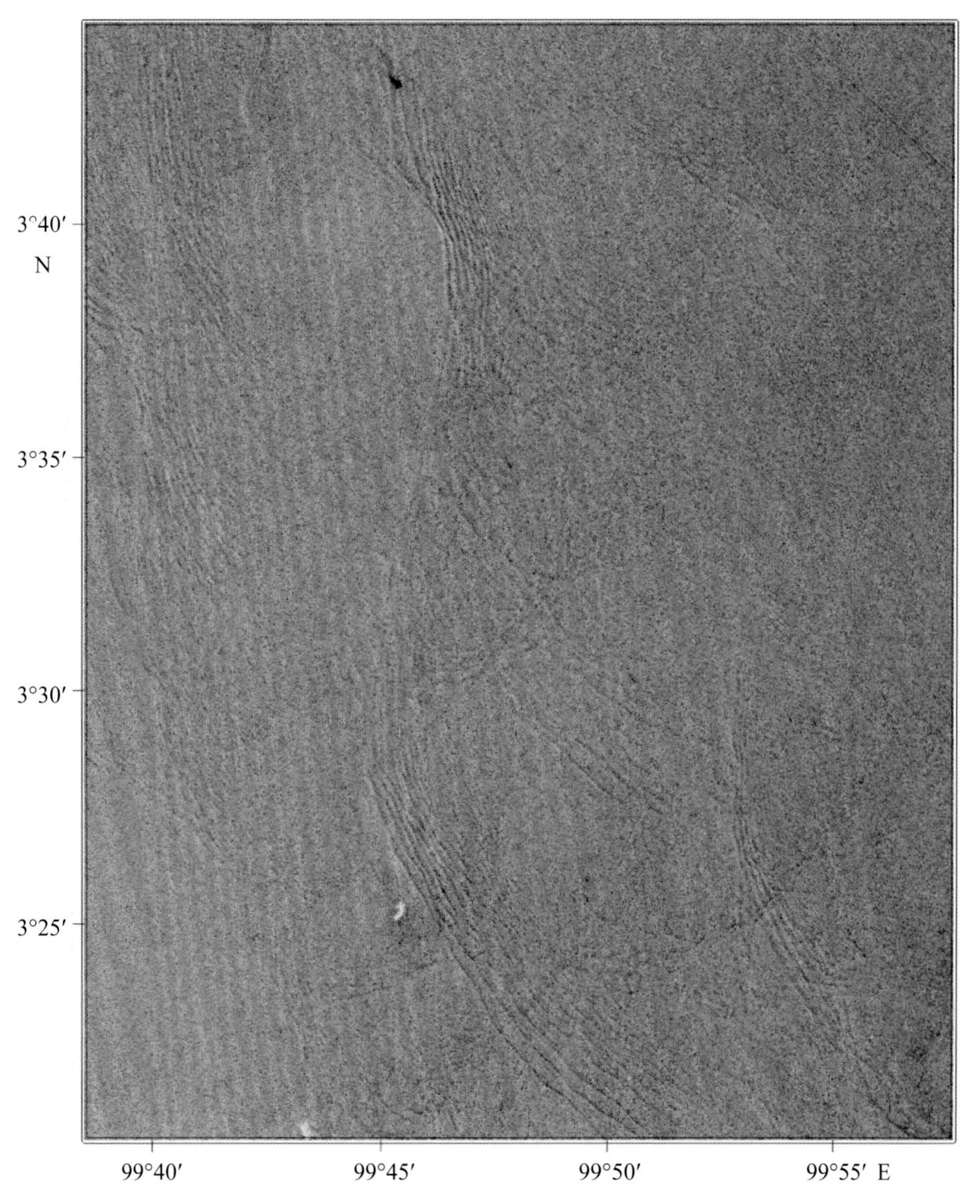

图 4.8　马六甲海峡内孤立波 Sentinel-1A 遥感图像

图像获取时间为 2017 年 2 月 20 日 11:34:06 UTC，覆盖范围大约为 35 km × 44 km

4.3　孟加拉湾内孤立波

4.3.1　孟加拉湾北部海域内孤立波

孟加拉湾位于印度洋北部，是世界第一大海湾，深度为 2000 ~ 4000 m，南半部较深，深海盆大致呈“U”字形。东部有很直、长达 5000 km 的 90°E 海脊，以及由陆架沉积物冲积而成的恒河三角洲。90°E 海脊的顶峰，水深约为 2134 m，其北端覆盖着恒河三角洲的沉积物。孟加拉湾北部大陆棚由于大量河流的注入，产生一定的密度跃层，有利于内孤立波的生成。大量卫星遥感图像表明，孟加拉湾北部具有较多的内孤立波发生，内孤立波多以波包的形式存在，每个波包含有若干个孤立子，振幅为 1.5 ~ 8 m，波长范围为 0.4 ~ 1.1 km，传播速度在 0.12 ~ 0.5 m/s 范围内，传播方向一般是向海岸传播（Acharyulu et al., 2020）。孟加拉湾南部海域，大量内孤立波在尼科巴群岛附近海域产生，向西偏南方向传播进入孟加拉湾。该海域的内孤立波尺度较大，波峰线长度达上百千米，多以波包的形式传播，最远传播至斯里兰卡，传播速度可达 2 m/s。

图 4.9 为孟加拉湾北部海域内孤立波 Sentinel-1A 遥感图像，图像的获取时间为 2017 年 4 月 14 日 23:56:16 UTC。从图中可以看出，该海域内孤立波表现为典型的河流入海口的内孤立波特征，内孤立波尺度较小，每个波包中含有多个孤立子，孤立子间距很小。

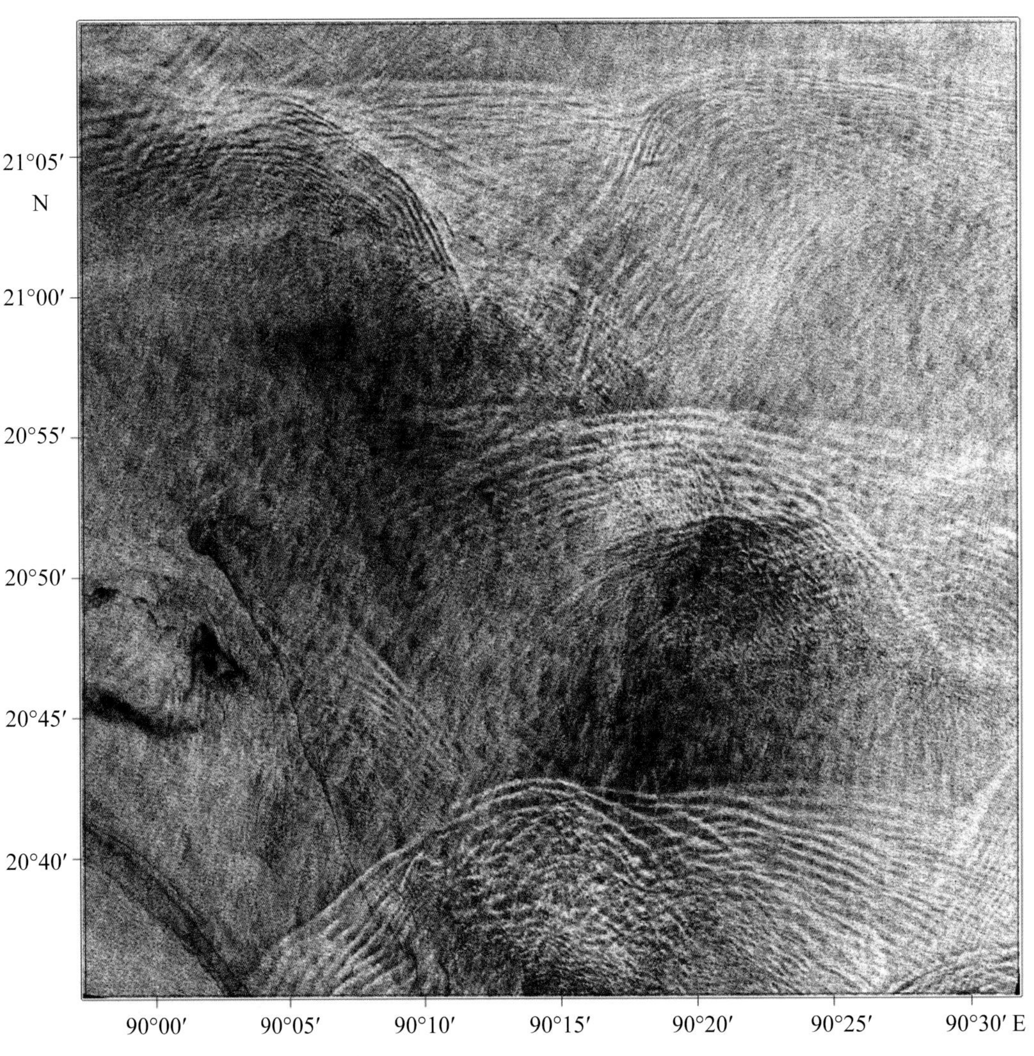

图 4.9　孟加拉湾北部海域内孤立波 Sentinel-1A 遥感图像

图像获取时间为 2017 年 4 月 14 日 23:56:16 UTC，覆盖范围大约为 59 km × 63 km

4.3.2　孟加拉湾南部海域内孤立波

图 4.10 为孟加拉湾南部海域内孤立波 MODIS 遥感图像，图像的获取时间为 2016 年 4 月 9 日 07:15 UTC，内孤立波主要在尼科巴群岛附近海域产生，向西传播进入孟加拉湾南部。由于孟加拉湾水深较深，内孤立波在向孟加拉湾传播过程中，能量逐渐耗散，在遥感图像中表现的条带特征逐渐减弱。

图 4.10　孟加拉湾南部海域内孤立波 MODIS 遥感图像

图像获取时间为 2016 年 4 月 9 日 07:15 UTC，覆盖范围大约为 491 km ×431 km

第 5 章　西太平洋典型海洋内孤立波遥感图像

西太平洋内孤立波的主要发生区域包括日本海、小笠原诸岛、日本东部沿海、对马海峡、济州岛附近海域、渤海、黄海、长江口附近海域、台湾东北部海域等。本章将详细介绍以上具体海区的内孤立波特征。

5.1　日本海内孤立波

日本海是东北亚地区最大的半封闭陆架边缘海，被亚欧大陆和日本岛环绕。总面积约 98×10^4 km^2，平均深度为 1752 m，包含三个海盆——日本海盆、对马海盆和大和海盆，以及一个海山——大和隆起。日本海通过对马海峡和津轻海峡与太平洋相连，通过宗谷海峡和鞑靼海峡与鄂霍次克海相连，拥有深度超过 3000 m 的日本海盆，陆架较短，且发育欠佳。日本海面积虽不大，但表现出明显的大洋特征，如具有较深的海盆，随季节变化明显的温盐度，亚极地海洋锋和海洋涡旋，以及丰富的寒、暖流系统和深层对流系统等。

特殊的地理位置和复杂的地形使得该海域的内孤立波较为复杂，基于现场观测的日本海内波研究主要集中在以下三个海区：韩国东部沿岸海域、加莫夫半岛附近海域和彼得大帝湾附近海域。韩国东海岸海域有高频非线性内孤立波产生，向韩国沿岸传播，产生周期为 19 h，此处内波主要由近惯性内波产生。日本海彼得大帝湾靠近陆架 20 ~ 40 m 深度范围的季节性跃层具有显著变化，温跃层分布不均匀导致了内波动力学变化，并利用非线性开尔文理论分析了海水温度的变化（Novotryasov，2009），此海域内波振幅约 10 m（Yaroshchuk et al., 2016）。

遥感观测表明，日本海内孤立波不仅在大陆架沿海区分布密集，深海盆地也探测到了大量内孤立波；北部 45°N 附近海域有少量内孤立波出现，大和海盆、大和隆起的西南部海域没有发现内孤立波。日本海内波的波长最长可达 14.5 km，前导波波峰线长度在 4 ~ 250 km 范围内、传播速度为 0.7 ~ 1.8 m/s，主要由半日潮激发产生，浅海区内孤立波振幅约为 10 m，深海区可达 60 m 以上，内孤立波主要发生在每年的 6—9 月，冬季鲜有内孤立波发生（Mitnik et al., 1996；孙丽娜等，2018）。

图 5.1 是一幅日本海东部沿岸的 GF-1 卫星遥感图像，获取时间为 2014 年 7 月 24 日 02:40:13 UTC。从图中可以看到多个内孤立波波包，从日本海向东部沿岸传播，内孤立波长度较小。图 5.2 为日本海 MODIS 卫星遥感图像，获取时间为 2018 年 7 月 20 日 02:25 UTC，图像展示了日本海内部的内孤立波形态特征，内孤立波从对马海峡向东北方向传播，进入日本海。

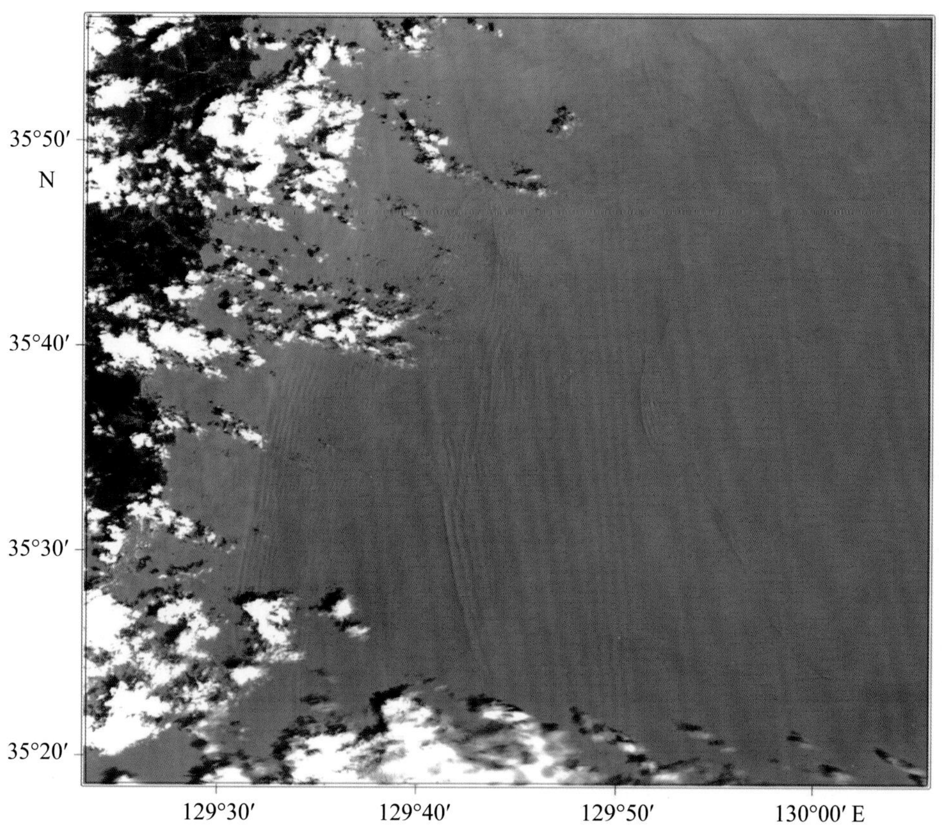

图 5.1　日本海内孤立波 GF-1 遥感图像

图像获取时间为 2014 年 7 月 24 日 02:40:13 UTC，覆盖范围大约为 64 km ×69 km

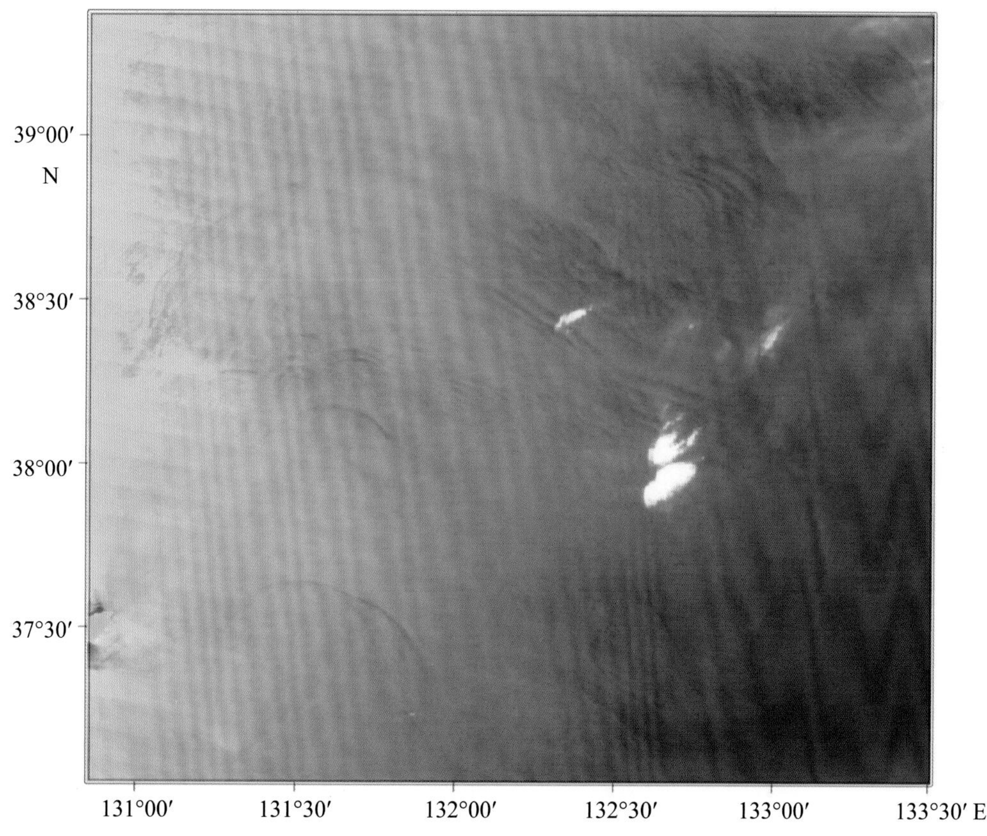

图 5.2　日本海内孤立波 MODIS 遥感图像

图像获取时间为 2018 年 7 月 20 日 02:25 UTC，覆盖范围大约为 64 km ×69 km

5.2 小笠原诸岛内孤立波

小笠原诸岛是日本在西太平洋的一个群岛，位于太平洋西部日本与菲律宾海之间，东京以南 1000 km 余。群岛由 30 多个小岛组成，其中著名的有小笠原岛、父岛、母岛和硫黄岛等，总面积 104.41 km^2。卫星遥感图像表明，在小笠原诸岛附近海域，常有东西向传播的内孤立波，主要发生在每年 7 月和 8 月。内孤立波尺度较小，波峰线长度一般为几千米至几十千米。图 5.3 和图 5.4 为小笠原诸岛附近海域的内孤立波 GF-1 卫星遥感图像，图像清晰地展示了小笠原诸岛东西两侧的内孤立波，向西传播的内孤立波波包中含有 20 余条单孤波，内孤立波的尺度都比较小。

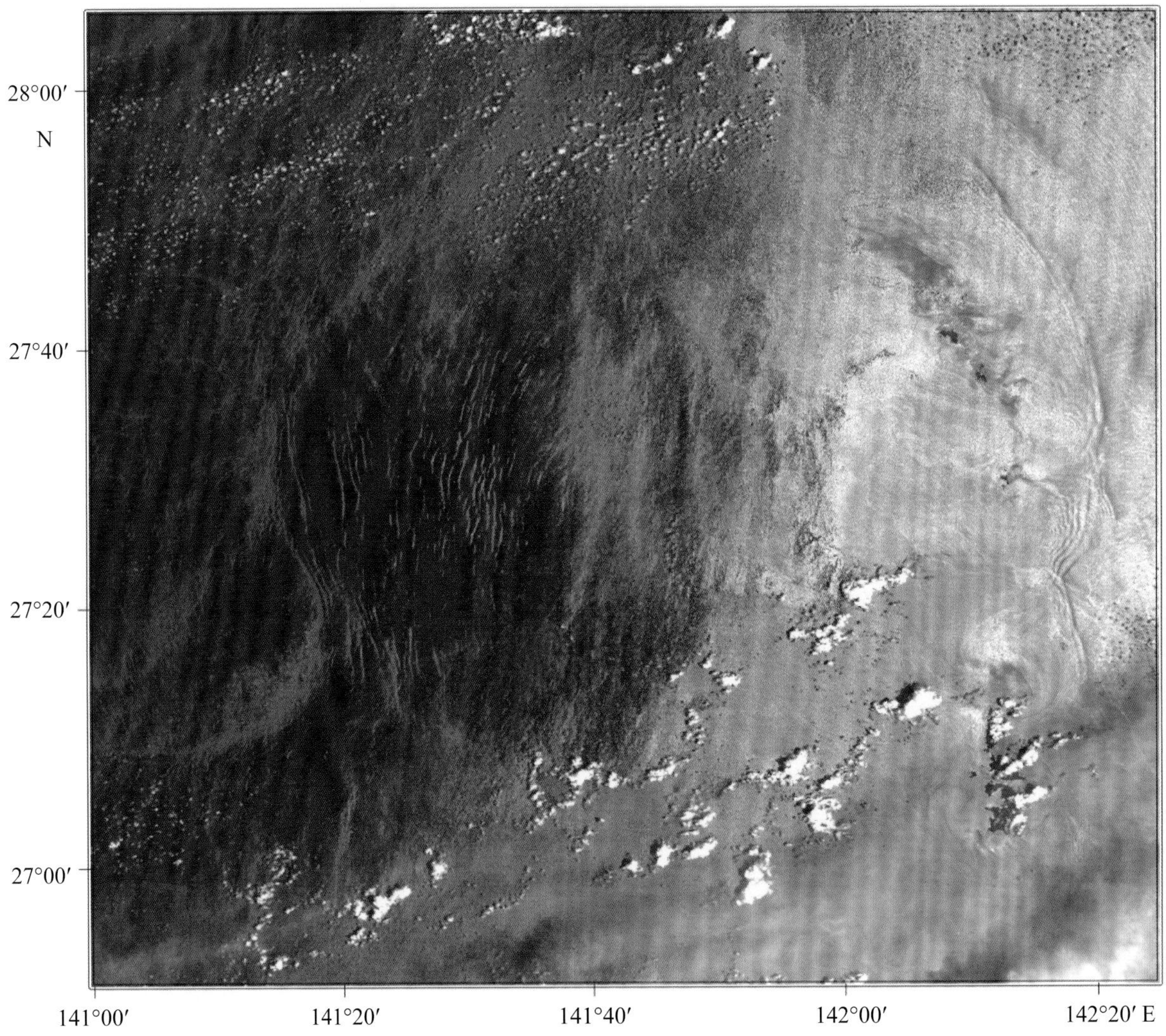

图 5.3　小笠原诸岛内孤立波 GF-1 遥感图像（一）

图像获取时间为 2021 年 7 月 27 日 01:12:05 UTC，覆盖范围大约为 140 km × 138 km

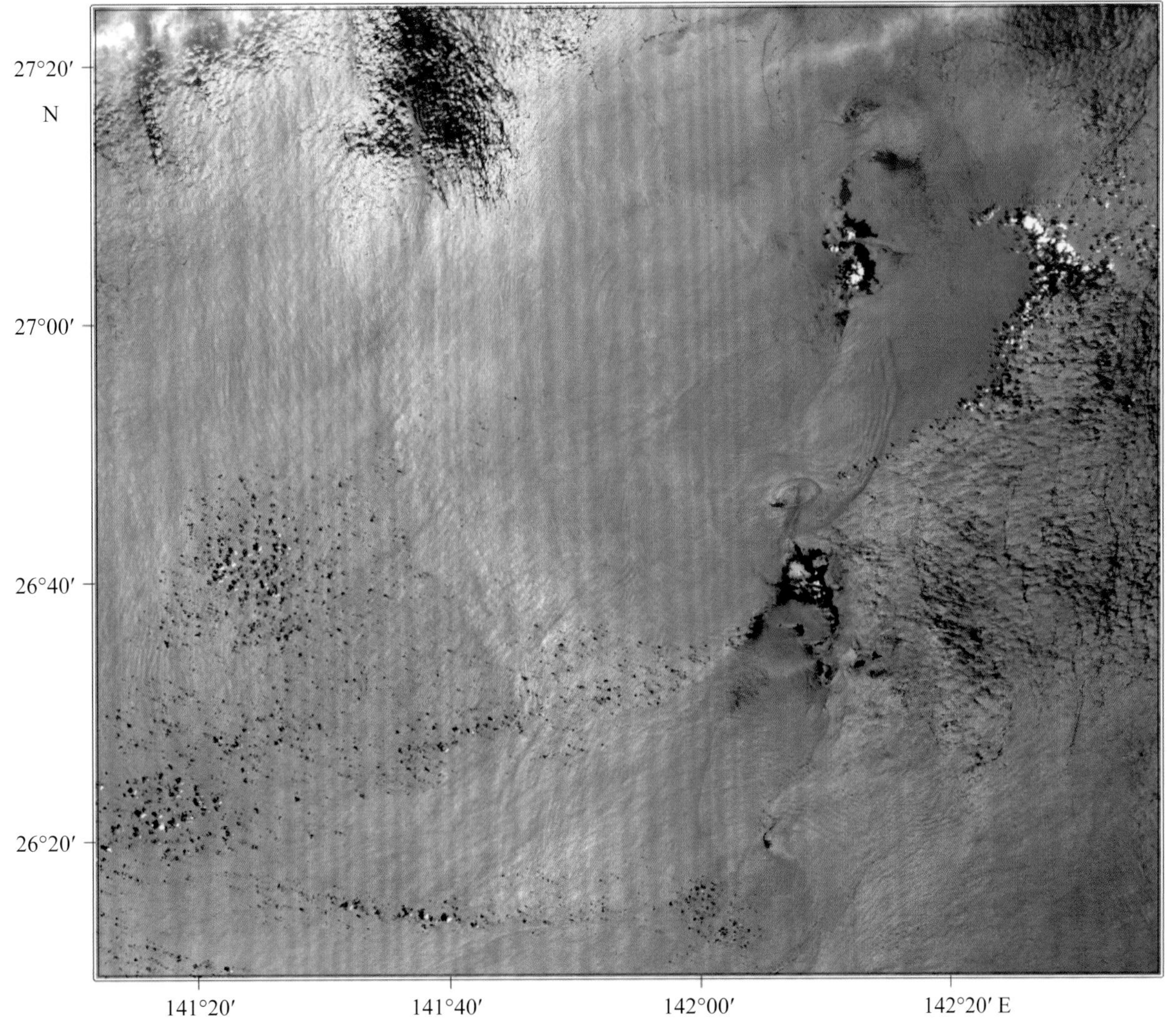

图 5.4　小笠原诸岛内孤立波 GF-1 遥感图像（二）

图像获取时间为 2021 年 8 月 25 日 01:17:23 UTC，覆盖范围大约为 141 km × 138 km

5.3　日本东部沿海内孤立波

日本本州岛东部沿岸，具有较为广泛的大陆架，遥感观测到有较多的小尺度内孤立波。内孤立波主要发生在每年的 6—9 月，传播方向主要是向岸传播，传播方向不唯一。图 5.5 为日本本州岛东部沿海的内孤立波 HJ-1A 卫星遥感图像，图像获取时间为 2019 年 8 月 2 日 00:40:01 UTC，图像展示了较多的内孤立波由海向岸传播，且该海域内孤立波具有多个发生源。

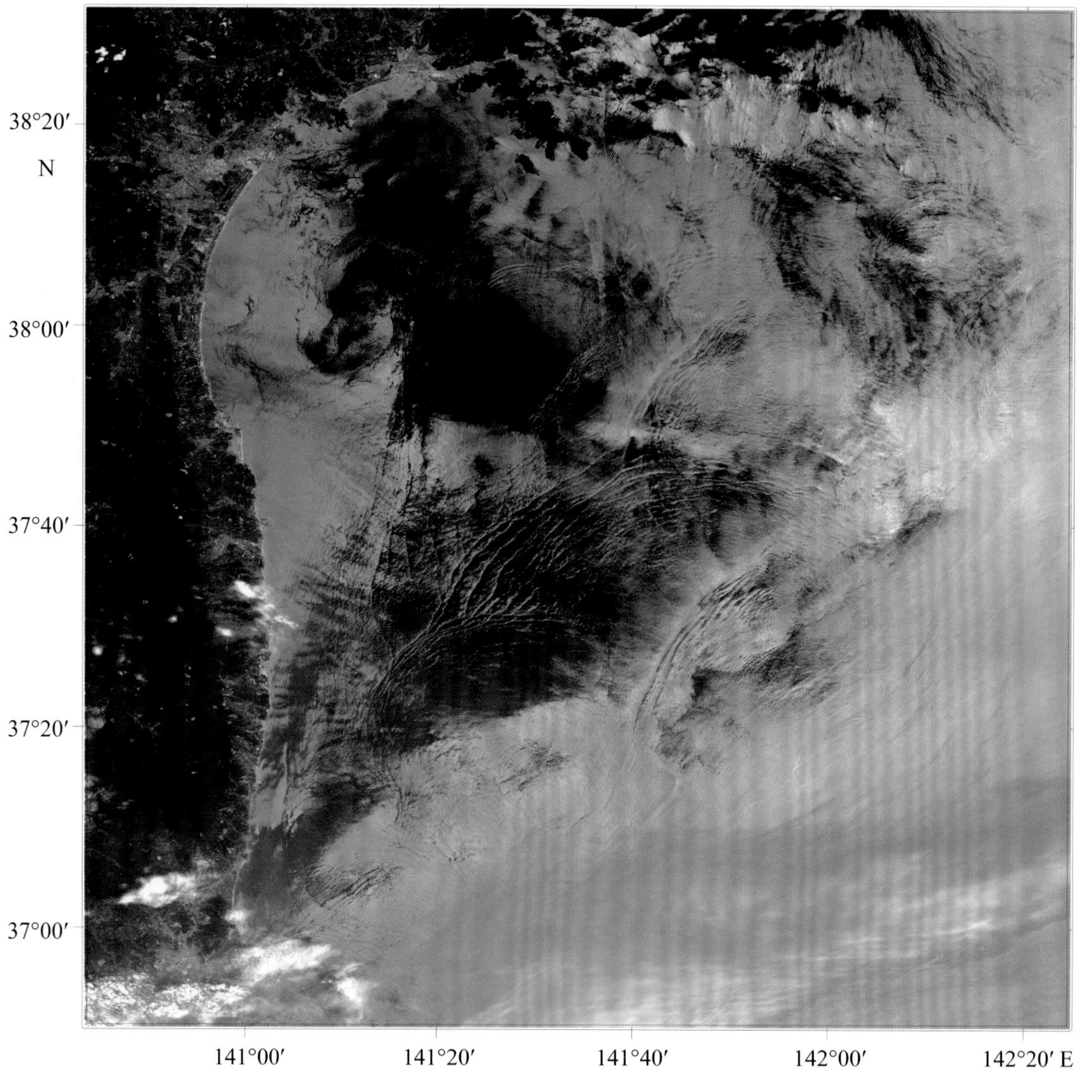

图 5.5　日本东部沿海内孤立波 HJ-1A 遥感图像

图像获取时间为 2019 年 8 月 2 日 00:40:01 UTC，覆盖范围大约为 150 km × 186 km

5.4　对马海峡内孤立波

对马海峡是从日本通往中国东海、黄海和进出太平洋必经的航道出口，人们称它为进出日本海的“咽喉”，交通战略位置非常重要。对马海峡由东北向西南延伸，长约 222 km，最窄处 41.6 km，水深 50 ~ 100 m，最深处可达 131 m。大陆架十分发达，海峡底部比较平缓。研究表明，对马海峡海域的内波分布比较复杂，各个方向都有传播，发生时间主要集中在每年的 7—8 月（孙丽娜等，2018）。图 5.6 为对马海峡内孤立波 HJ-2A 卫星遥感图像，图像的获取时间为 2021 年 7 月 28 日 02:30:00 UTC，对马海峡四周均具有较多的小尺度内孤立波，内孤立波的传播方向具有多样性。

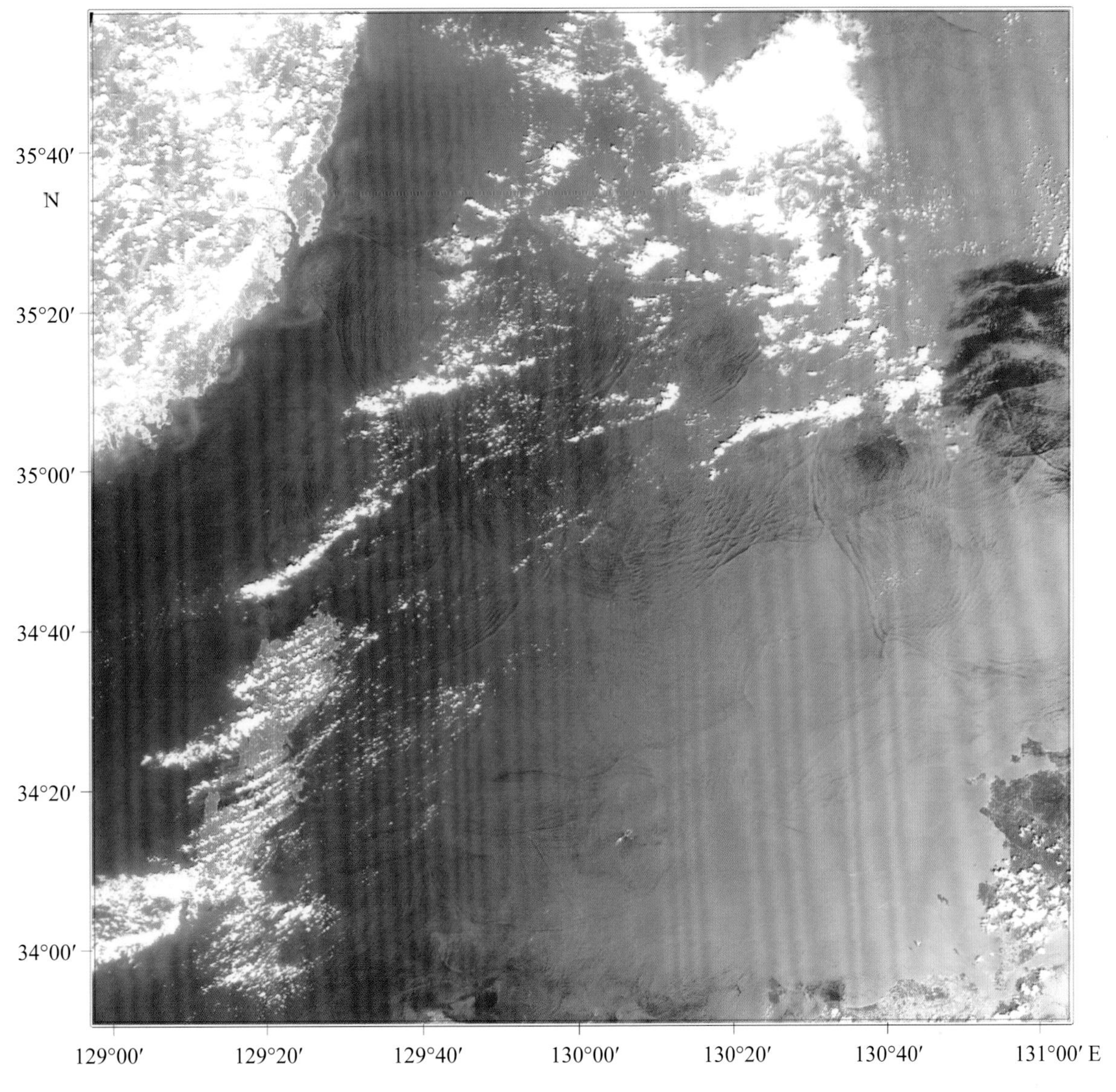

图 5.6　对马海峡内孤立波 HJ-2A 遥感图像

图像获取时间为 2021 年 7 月 28 日 02:30:00 UTC，覆盖范围大约为 196 km × 232 km

5.5　济州岛附近海域内孤立波

济州岛是韩国的最大岛屿，位于韩国西南海域，面积 1845 km²。冬季干燥多风，夏季潮湿多雨，年平均气温在 16℃左右。济州岛地处 33°N 线附近，却具有南国气候的特征，是韩国平均气温最高、降水最多的地方。济州岛的气候温和，具有韩国“夏威夷”之称。卫星遥感图像发现，济州岛周边海域具有较多的内孤立波，大多表现为尺度较小、传播方向复杂。济州岛西部海域的内孤立波主要是由北向南或西南方向传播；北部海域的内孤立波主要向东西两个方向传播，也有部分内孤立波向北传播。图 5.7 为济州岛附近海域的 GF-1 卫星遥感图像，图像获取时间为 2021 年 7 月 26 日 02:41:35 UTC，济州岛周围存在很多尺度较小的内孤立波，内孤立波向不同方向传播。

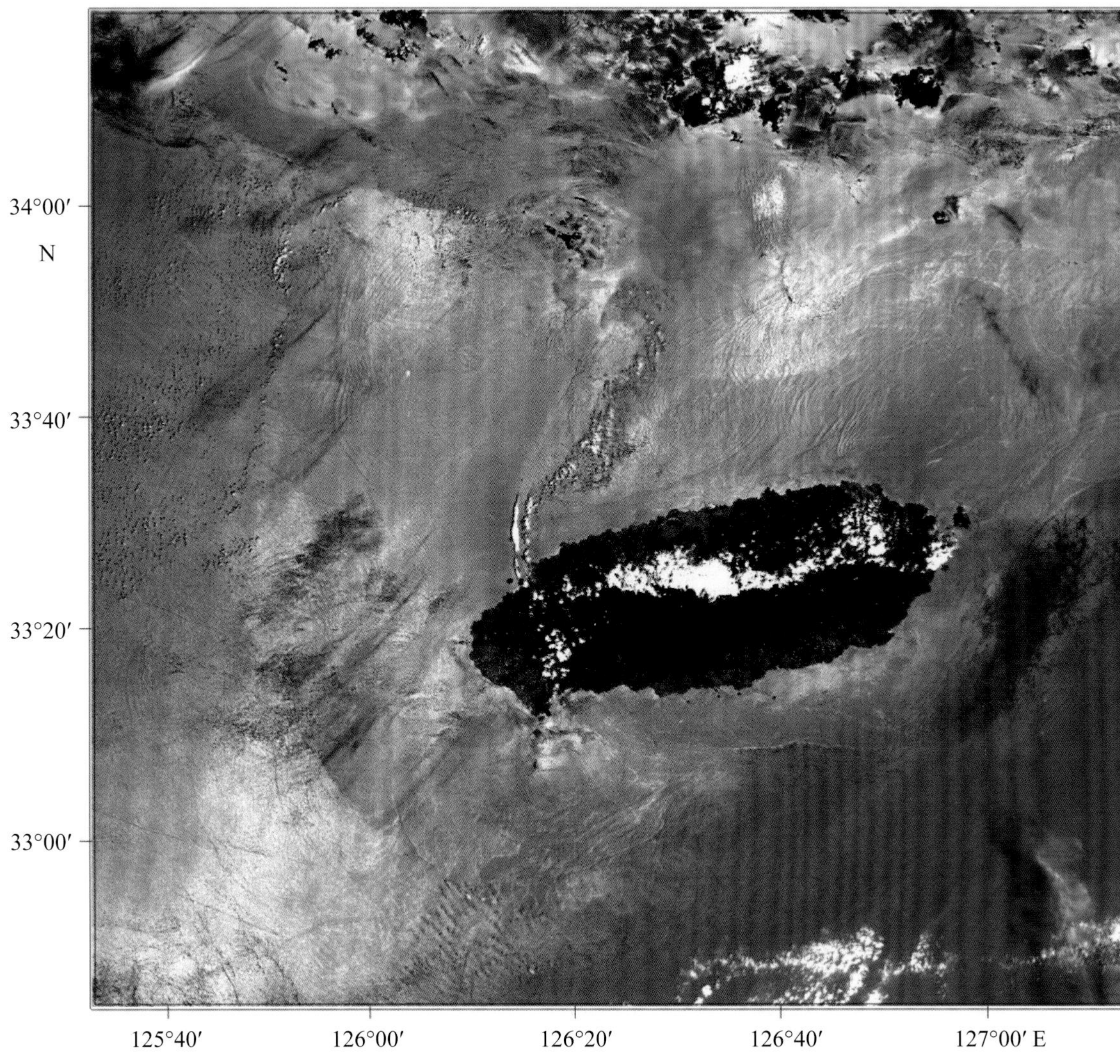

34°00′ N
33°40′
33°20′
33°00′
125°40′ 126°00′ 126°20′ 126°40′ 127°00′ E

图 5.7　济州岛附近海域内孤立波 GF-1 遥感图像

图像获取时间为 2021 年 7 月 26 日 02:41:35 UTC，覆盖范围大约为 158 km × 172 km

5.6　渤海内孤立波

渤海地处中国大陆东部北端，是一个近封闭的内海，东面以辽东半岛的老铁山岬经庙岛群岛至山东半岛北端的蓬莱岬的连线与黄海分界。平均水深 18 m，全海区 50% 以上水深不到 20 m，其中，东部的老铁山水道最深，可达 86 m。海水热力动态深受陆地的影响，表层水温季节变化明显。夏季水温可达 24 ~ 25℃，冬季水温在 0℃左右，除秦皇岛、葫芦岛一带外，普遍有结冰现象，但冰层不厚，一般为 15 ~ 30 cm，冰期 1 ~ 3 个月不等。研究发现，渤海的辽东半岛附近海域有大量内孤立波出现，主要位于老铁山水道附近，内孤立波尺度较小，传播方向复杂，主要发生在每年的 7—9 月。图 5.8 为渤海的 Sentinel-1A 卫星遥感图像，图像的获取时间为 2017 年 8 月 9 日 09:48:42 UTC，内孤立波大多由东向西或西北方向传播。

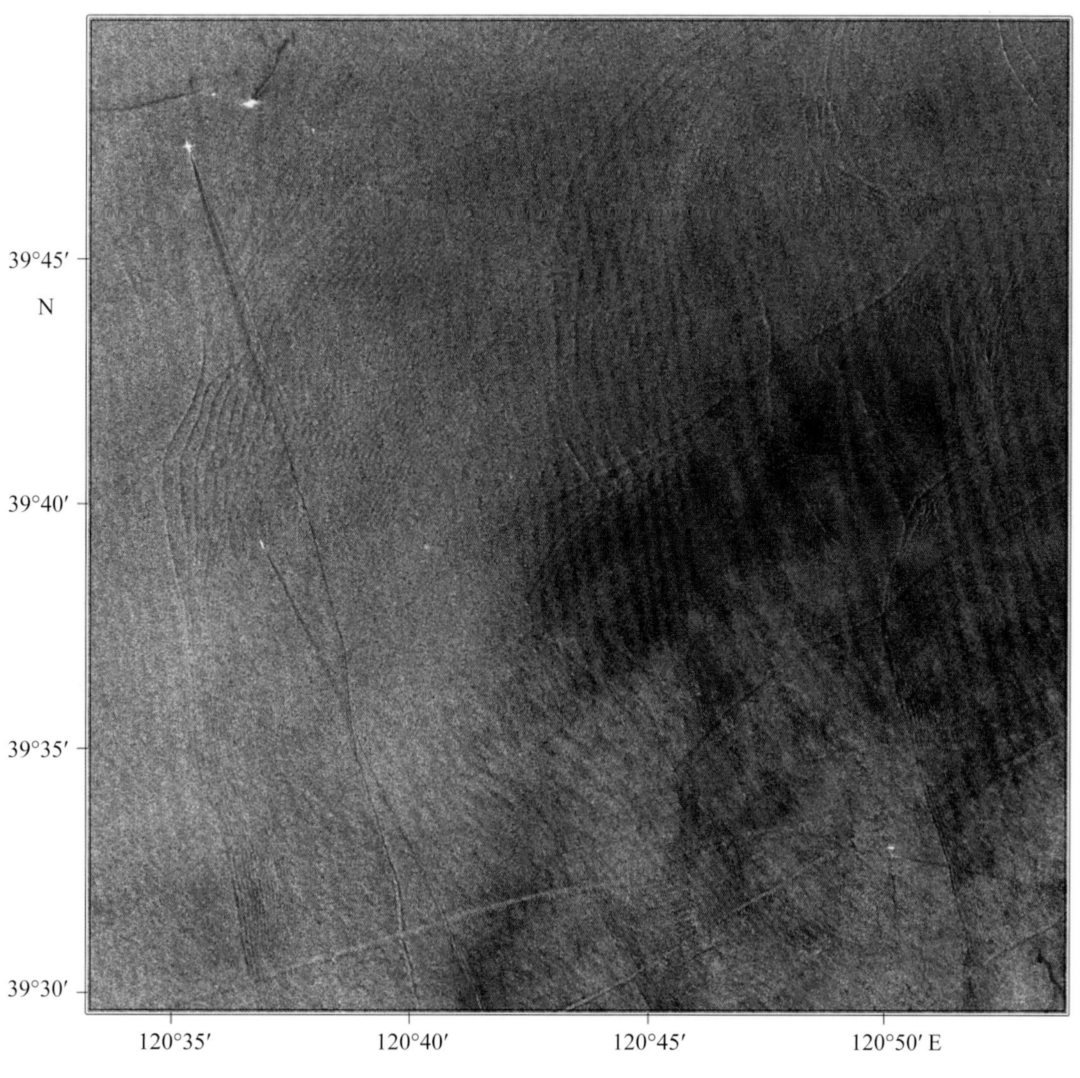

图 5.8　渤海内孤立波 Sentinel-1A 遥感图像

图像获取时间为 2017 年 8 月 9 日 09:48:42 UTC，覆盖范围大约为 29 km ×37 km

5.7　黄海内孤立波

黄海是太平洋西部最大的边缘海，位于中国大陆与朝鲜半岛之间。平均水深 44 m，海底比较平坦，最大深度 140 m。黄海海流较弱，环流主要由黄海暖流（及其余脉）和黄海沿岸流组成，流向终年比较稳定，流速皆有夏弱冬强的变化。黄海暖流是对马暖流在济州岛西南方伸入黄海的一个分支，它大致沿黄海槽向北流动，平均流速约 10 cm/s。黄海冷水团是一个温差大、盐差小，以低温为主要特征的水体，其实际上是冬季时残留在海底洼地中的黄海中央水团。

黄海的温度和盐度地区差异显著，季节变化和日变化较大，具有明显的陆缘海特性。由南向北、由海区中央向近岸，温度和盐度都几乎均匀地降低。冬季，随着黄海暖流势力加强，高温高盐水舌一直伸入黄海北部，温度和盐度水平梯度较大，温度和盐度的垂直分布从上到下均匀一致。黄海是中国近海温跃层最强而盐跃层最弱的区域。温跃层主要是由于海面增温和风混

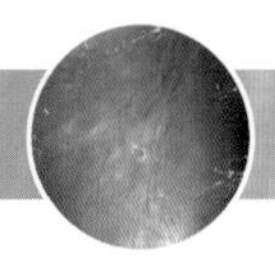

合造成的季节性跃层，有时也出现“双跃层”现象。黄海的温跃层，4—5 月开始普遍出现，跃层深度多在 5 ~ 15 m 范围内，厚度大部分小于 15 m；6 月以后，它的强度和范围逐步增大，至 7—8 月，达到最强，深度最浅，厚度最小；9 月以后开始衰退，到 11 月则基本上消失。跃层持续时间达 8 个月，强温跃层区位于北黄海中部和青岛外海。因此，黄海的内孤立波主要发生在跃层较强的 7 月和 8 月，具体分布在北黄海沿岸、青岛外海以及济州岛附近海域，在崂山湾也现场观测到了内孤立波（Li et al., 2015）。

图 5.9 为北黄海内孤立波 Sentinel-1A 卫星遥感图像，图像的获取时间为 2017 年 7 月 11 日 09:40:19 UTC，图像展示了多条内孤立波由西向东传播，每个波包中均含有多个孤立子。图 5.10 为青岛外海内孤立波 Sentinel-1A 卫星遥感图像，图像的获取时间为 2017 年 7 月 21 日 09:55:50 UTC，该海域的内孤立波多而密集，主要向东北方向传播。

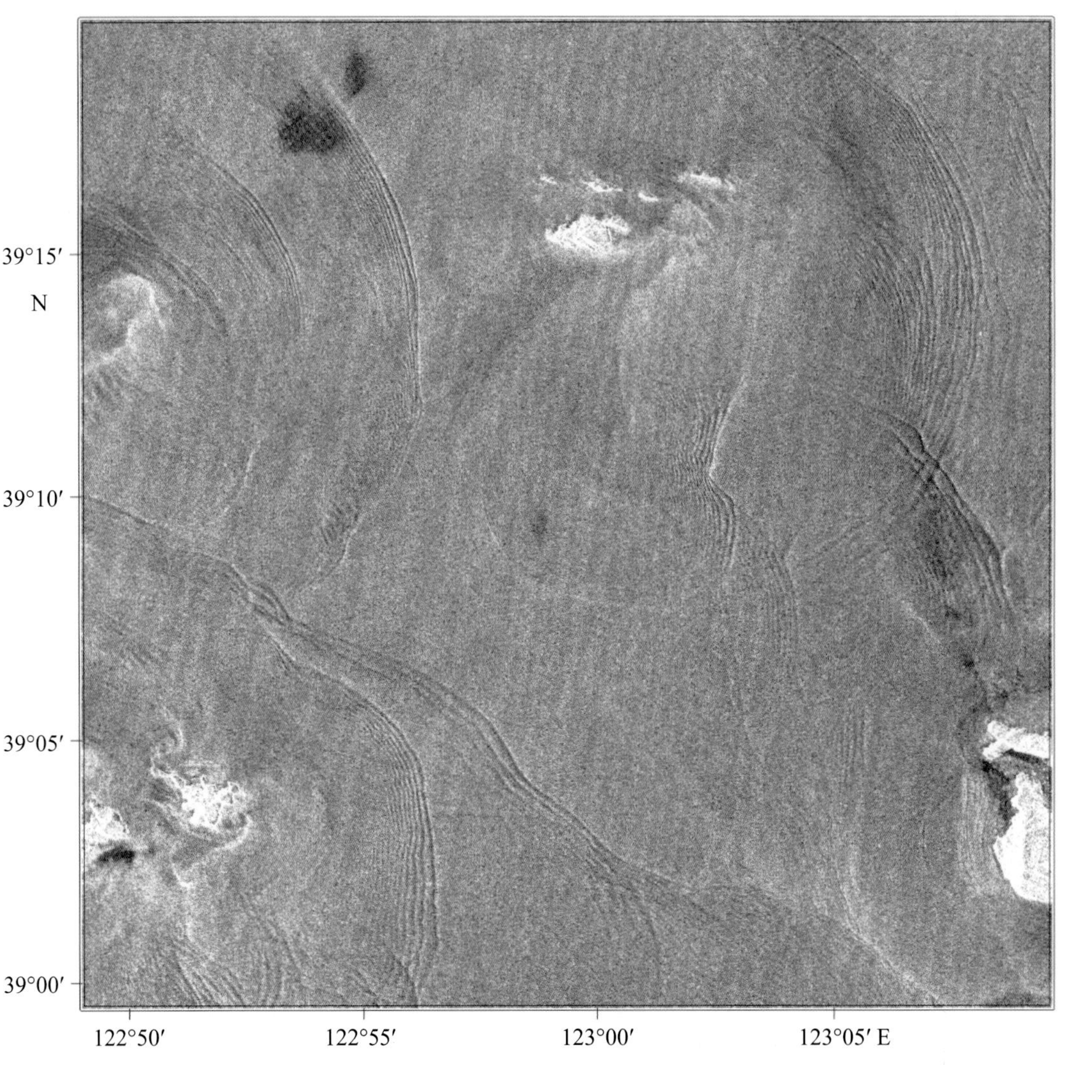

图 5.9　北黄海内孤立波 Sentinel-1A 遥感图像

图像获取时间为 2017 年 7 月 11 日 09:40:19 UTC，覆盖范围大约为 29 km × 37 km

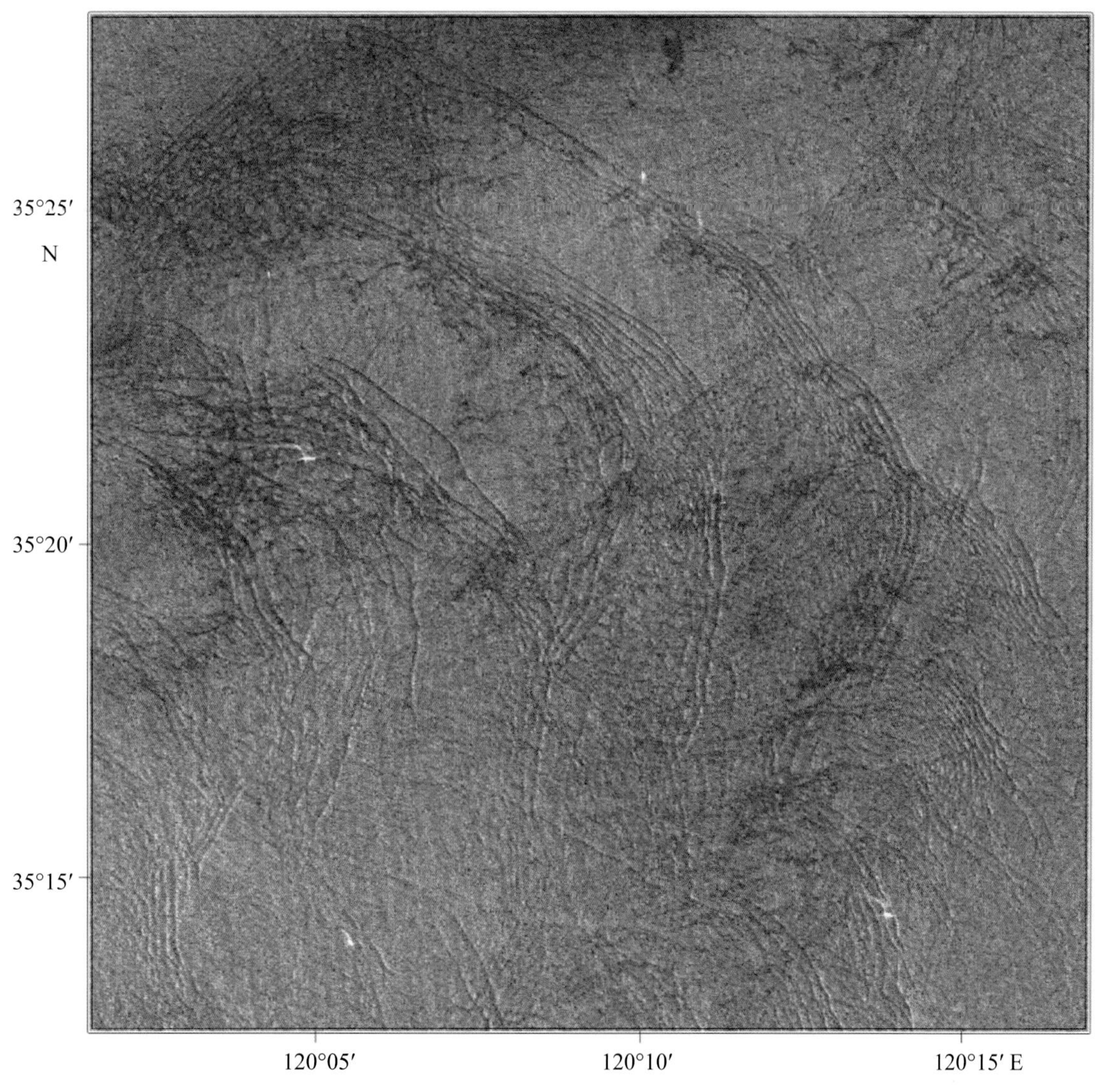

图 5.10　青岛外海内孤立波 Sentinel-1A 遥感图像
图像获取时间为 2017 年 7 月 21 日 09:55:50 UTC，覆盖范围大约为 23 km ×27 km

5.8　长江口附近海域内孤立波

东海具有广泛的大陆架，又有多条内陆河水注入。因而，东海形成一支巨大的低盐水系，成为中国近海营养盐比较丰富的水域，其盐度在 34 以上。研究发现，长江口附近海域具有较多的内孤立波，该海域内孤立波主要是由潮汐与海底地形相互作用产生，多发生于大陆架。时间上，内孤立波的分布具有一定的季节变化，主要发生在每年的 4—9 月（Zhao et al., 2014）。图 5.11 为长江口内孤立波 GF-1 卫星遥感图像，图像的获取时间为 2019 年 6 月 8 日 03:00:04 UTC，从图中可以看出多个内孤立波波包，内孤立波大都向岸传播。图 5.12 为长江口内孤立波 GF-1 卫星遥感图像，图像的获取时间为 2020 年 7 月 22 日 02:45:02 UTC，图像展示了多个内孤立波波包，且传播方向复杂。

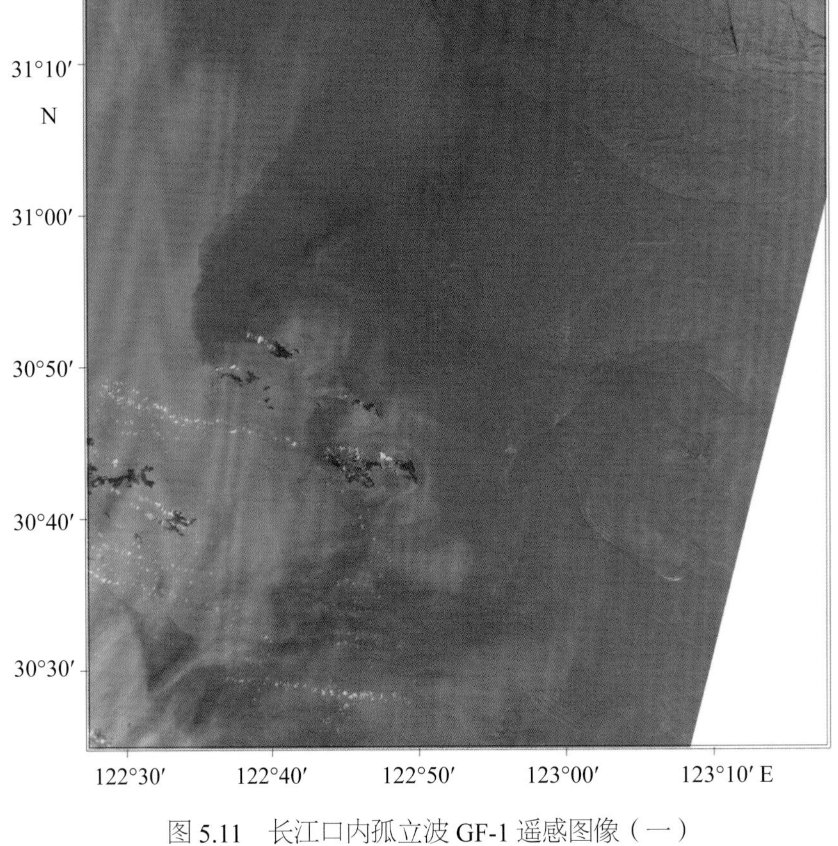

图 5.11 长江口内孤立波 GF-1 遥感图像（一）

图像获取时间为 2019 年 6 月 8 日 03:00:04 UTC，覆盖范围大约为 80 km ×92 km

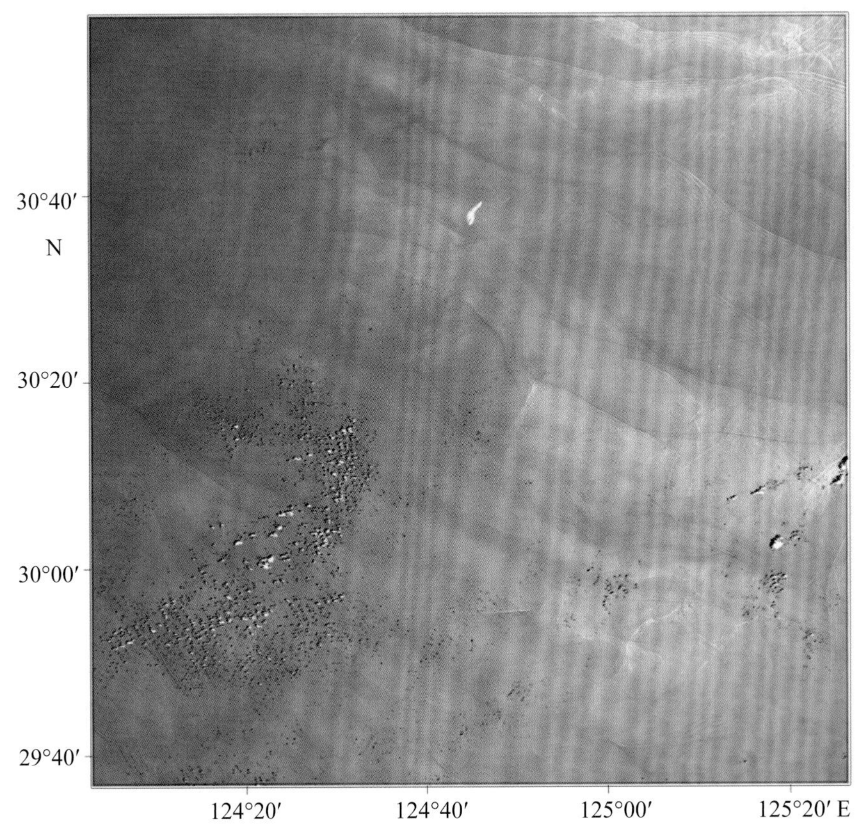

图 5.12 长江口内孤立波 GF-1 遥感图像（二）

图像获取时间为 2020 年 7 月 22 日 02:45:02 UTC，覆盖范围大约为 80 km ×92 km

5.9　台湾东北部海域内孤立波

台湾东北部海域是中国近海海洋内孤立波多发海域之一，受黑潮次表层水常年入侵、上升流及复杂地形构造的影响，该海域的内孤立波分布较为复杂。20 世纪 90 年代，Liu 等（1994）利用 SAR 卫星图像研究了台湾东北部海域的内孤立波特征，并对此海域复杂内孤立波的生成机制进行了研究。Werner 等（2005）基于多源遥感卫星给出了台湾岛东北部海域内孤立波统计分布图。孟俊敏（2002）基于 1995—2000 年的 SAR 影像资料研究了台湾东北部海域的内孤立波激发源分布，初步研究了该海域的内孤立波时空分布特性。图 5.13 为台湾东北部海域内孤立波 GF-1 卫星遥感图像，图像的获取时间为 2021 年 7 月 10 日 02:36:49 UTC，图像展示了台湾东北部海域的内孤立波分布，波峰线都比较短且分布复杂，各种传播方向的内孤立波相互交错。

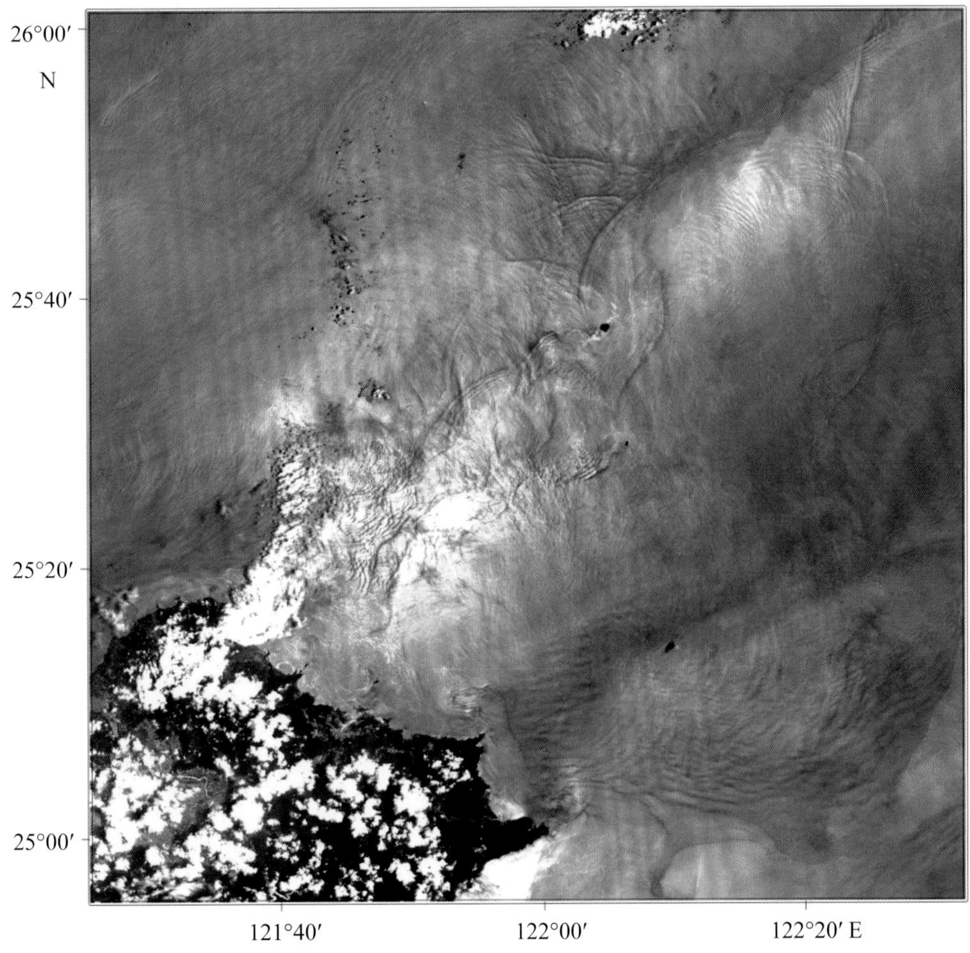

图 5.13　台湾东北部海域内孤立波 GF-1 遥感图像

图像获取时间为 2021 年 7 月 10 日 02:36:49 UTC，覆盖范围大约为 112 km × 121 km

第 6 章　南海及周边海域海洋内孤立波分布图

南海调查范围为 101°E—125°E，10°S—23°N，调查海域覆盖南海、越南沿岸、苏禄海、苏拉威西海、爪哇海以及龙目海峡等内孤立波主要发生区。所用卫星遥感数据时间覆盖范围为 2010 年 5 月 30 日至 2020 年 5 月 30 日，利用光学卫星遥感图像和 SAR 遥感图像共计 3452 景，制作了南海内孤立波月、季、半年以及年的位置和频次分布专题图 188 幅。所用光学遥感图像覆盖整个调查区域，SAR 图像覆盖范围如图 6.1 所示。

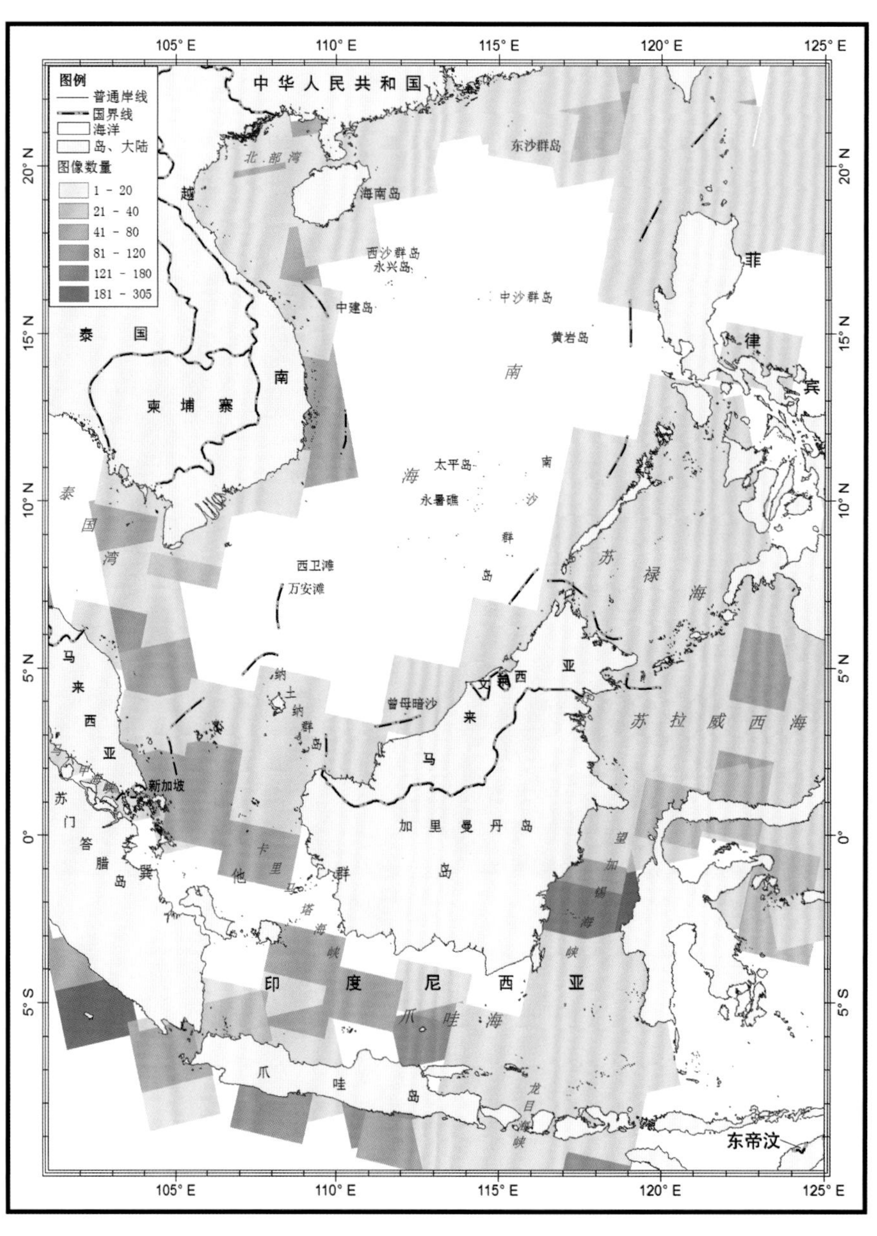

图 6.1　南海 SAR 图像覆盖范围

6.1　南海内孤立波 2010 年分布图

南海海洋内波位置和频次月分布专题图

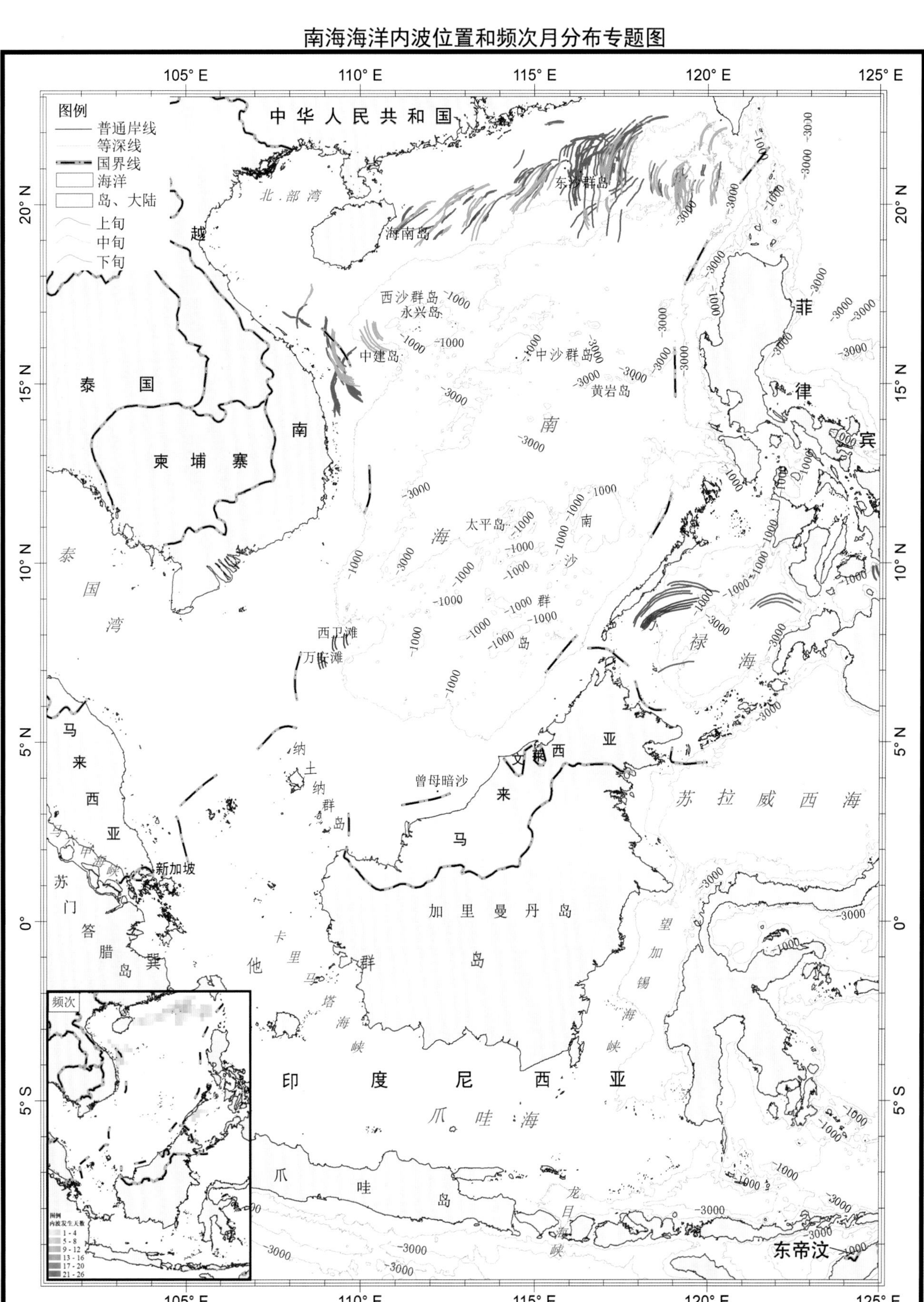

调查数据源：MODIS、SAR数据　　比例尺：1:14 000 000　　高程基准：1985国家高程基准
数据空间分辨率：250m　　坐标系：CGCS2000　　制图单位：自然资源部第一海洋研究所
数据时间：2010年6月　　投影信息：墨卡托投影　　制图时间：2022年1月

南海海洋内波位置和频次月分布专题图

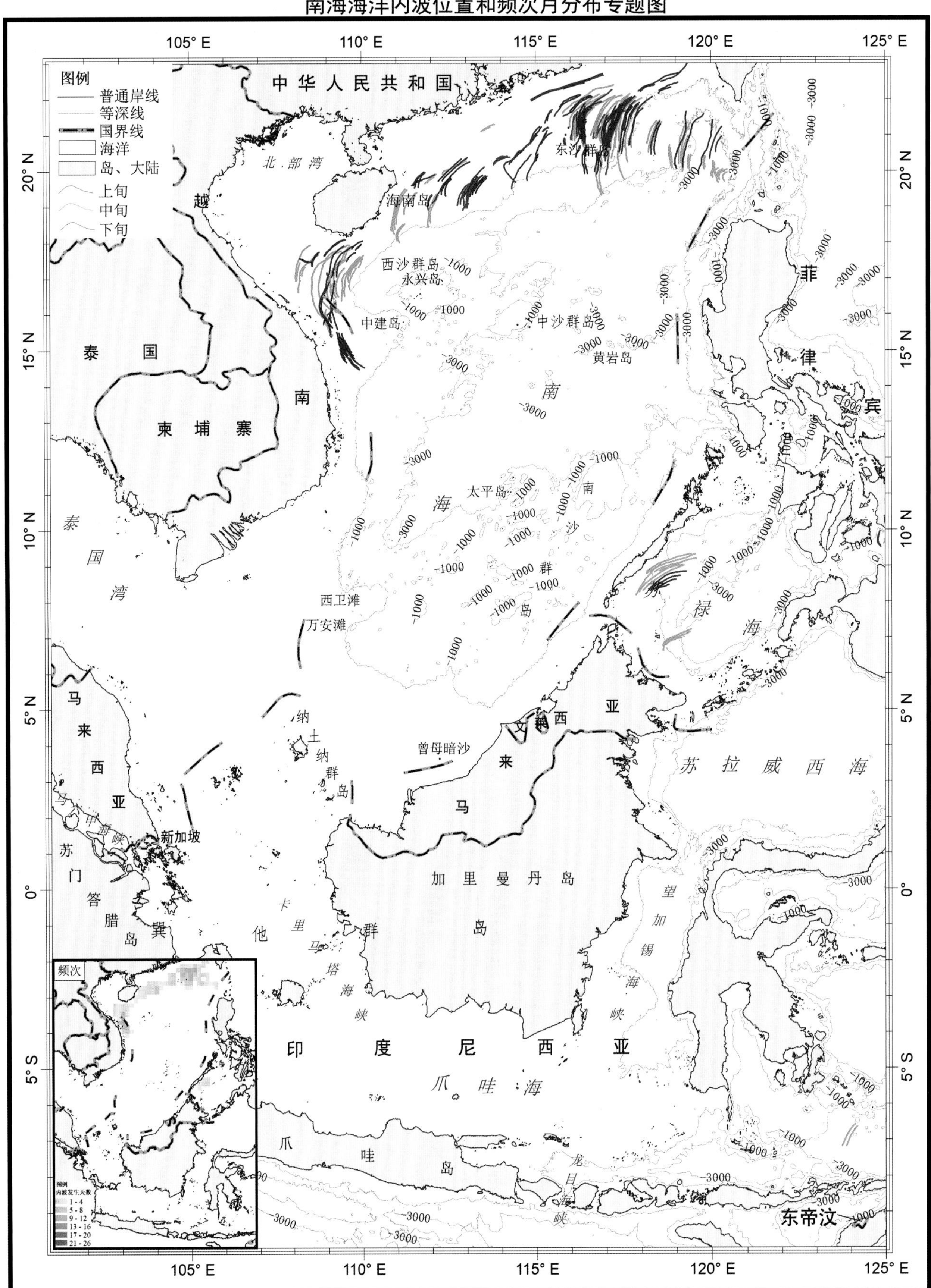

调查数据源：MODIS、SAR数据　　比例尺：1:14 000 000　　高程基准：1985国家高程基准

数据空间分辨率：250m　　坐标系：CGCS2000　　制图单位：自然资源部第一海洋研究所

数据时间：2010年7月　　投影信息：墨卡托投影　　制图时间：2022年1月

南海海洋内波位置和频次月分布专题图

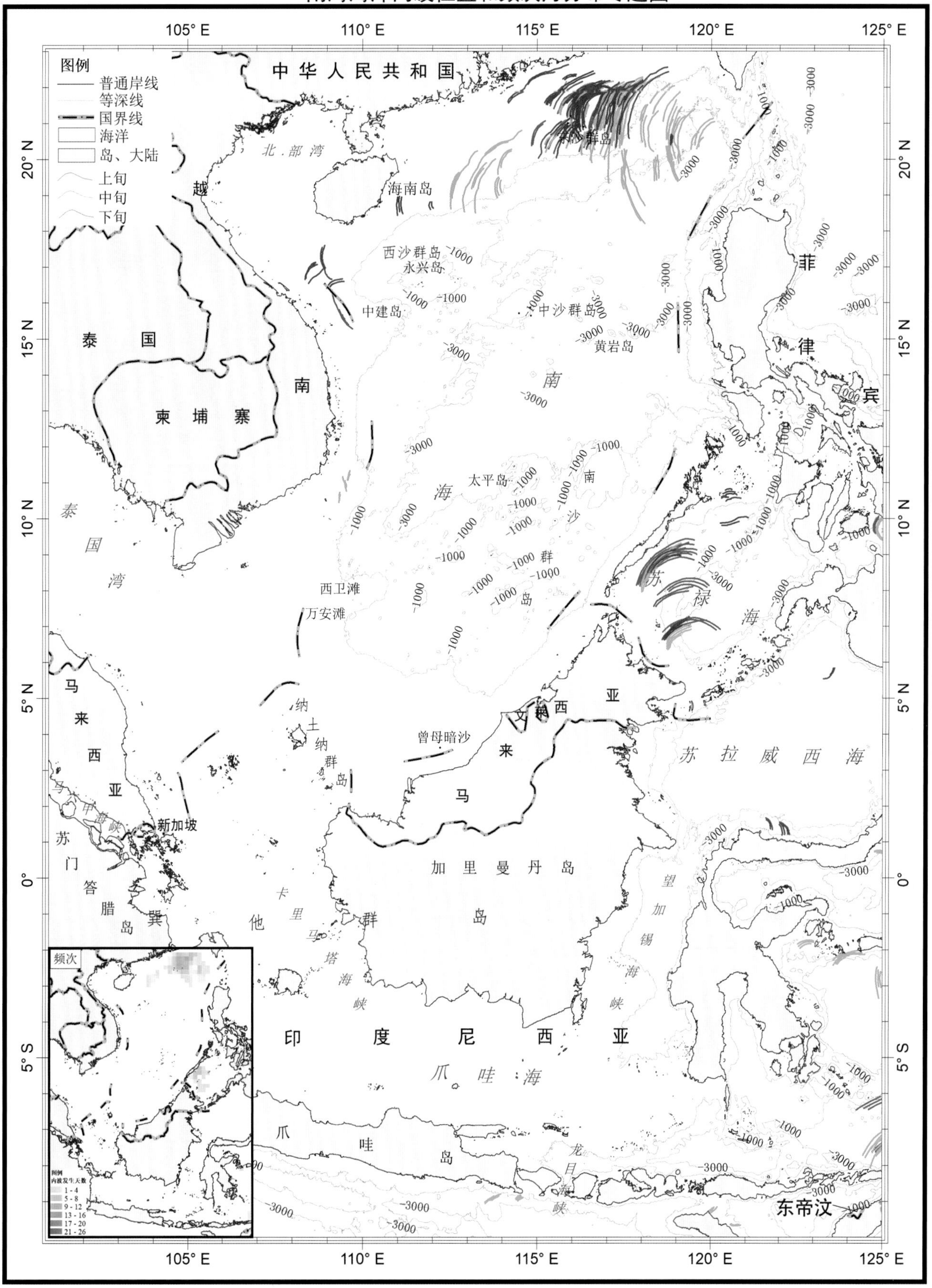

调查数据源：MODIS、SAR数据　　比例尺：1:14 000 000　　高程基准：1985国家高程基准

数据空间分辨率：250m　　坐标系：CGCS2000　　制图单位：自然资源部第一海洋研究所

数据时间：2010年8月　　投影信息：墨卡托投影　　制图时间：2022年1月

南海海洋内波位置和频次月分布专题图

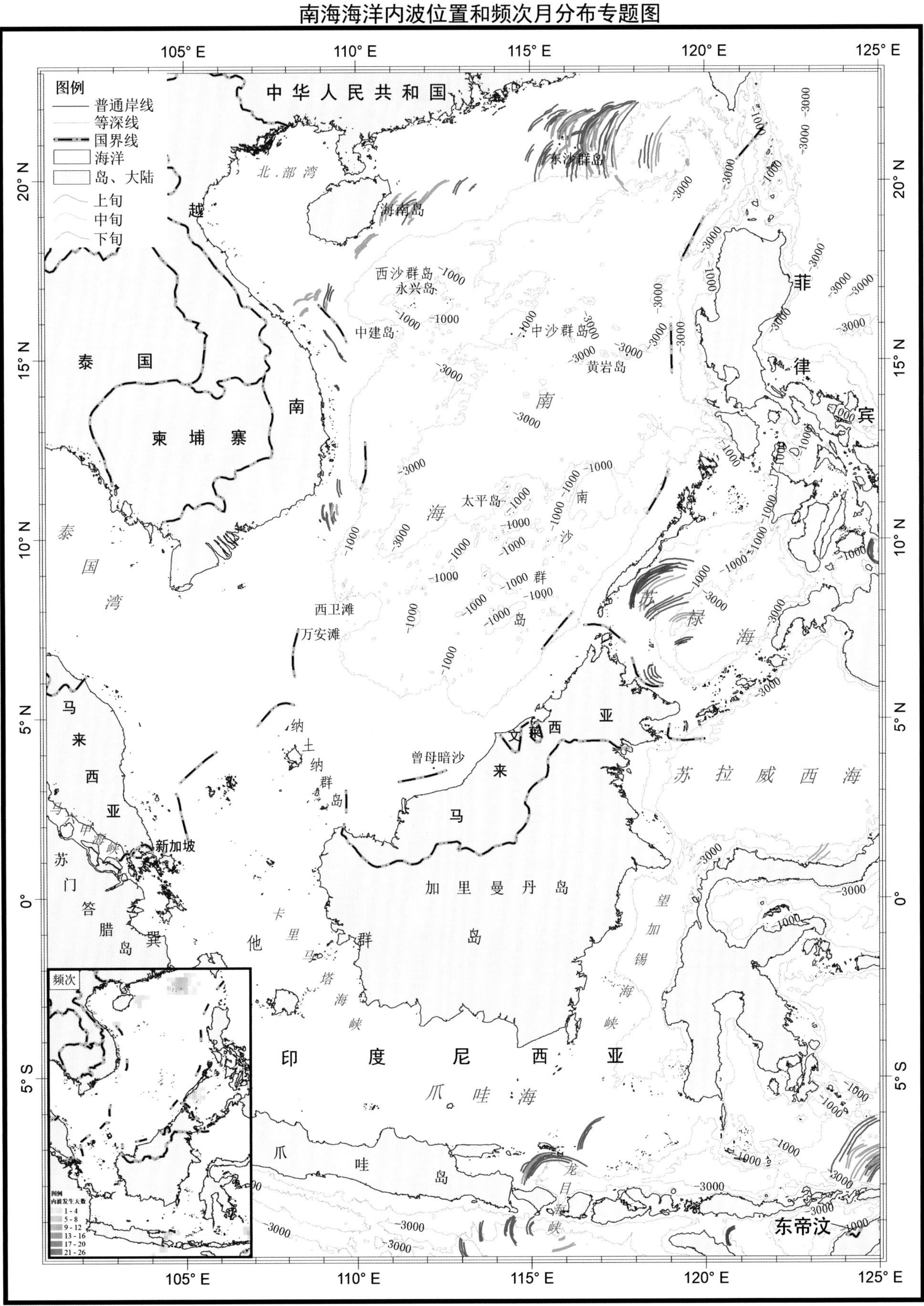

调查数据源：MODIS、SAR数据
数据空间分辨率：250m
数据时间：2010年9月

比例尺：1:14 000 000
坐标系：CGCS2000
投影信息：墨卡托投影

高程基准：1985国家高程基准
制图单位：自然资源部第一海洋研究所
制图时间：2022年1月

南海海洋内波位置和频次月分布专题图

图例
普通岸线
等深线
国界线
海洋
岛、大陆
上旬
中旬
下旬

中华人民共和国
北部湾
海南岛
越南
泰国
柬埔寨
泰国湾
西沙群岛
永兴岛
中建岛
中沙群岛
黄岩岛
东沙群岛
南海
南沙群岛
太平岛
西卫滩
万安滩
菲律宾
苏禄海
苏拉威西海
马来西亚
文莱
曾母暗沙
纳土纳群岛
新加坡
马六甲海峡
苏门答腊岛
加里曼丹岛
卡里马塔海峡
望加锡海峡
印度尼西亚
爪哇海
爪哇岛
龙目海峡
东帝汶

频次

调查数据源：MODIS、SAR数据
数据空间分辨率：250m
数据时间：2010年10月

比例尺：1:14 000 000
坐标系：CGCS2000
投影信息：墨卡托投影

高程基准：1985国家高程基准
制图单位：自然资源部第一海洋研究所
制图时间：2022年1月

南海海洋内波位置和频次月分布专题图

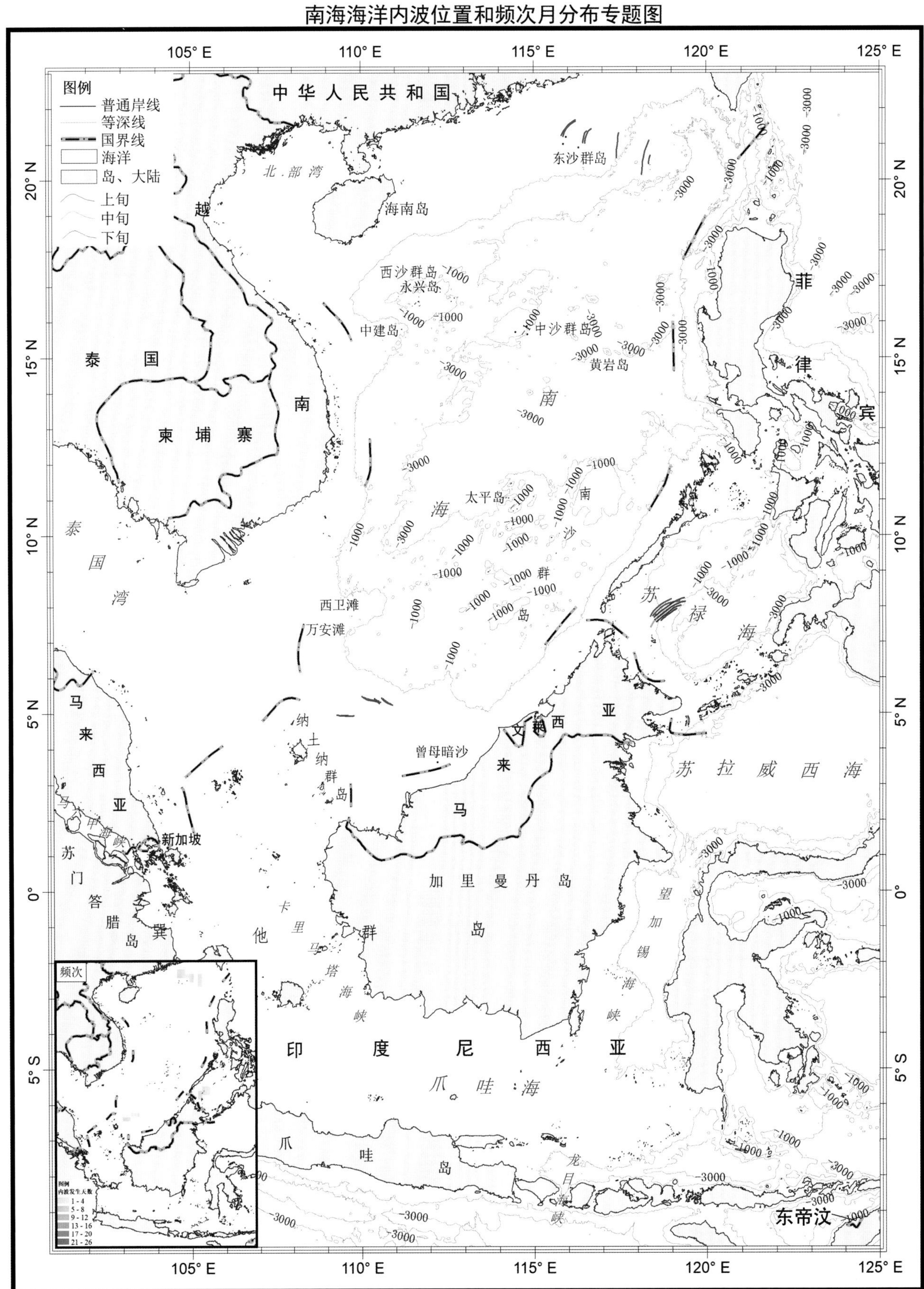

调查数据源：MODIS、SAR数据
数据空间分辨率：250m
数据时间：2010年11月

比例尺：1:14 000 000
坐标系：CGCS2000
投影信息：墨卡托投影

高程基准：1985国家高程基准
制图单位：自然资源部第一海洋研究所
制图时间：2022年1月

南海海洋内波位置和频次月分布专题图

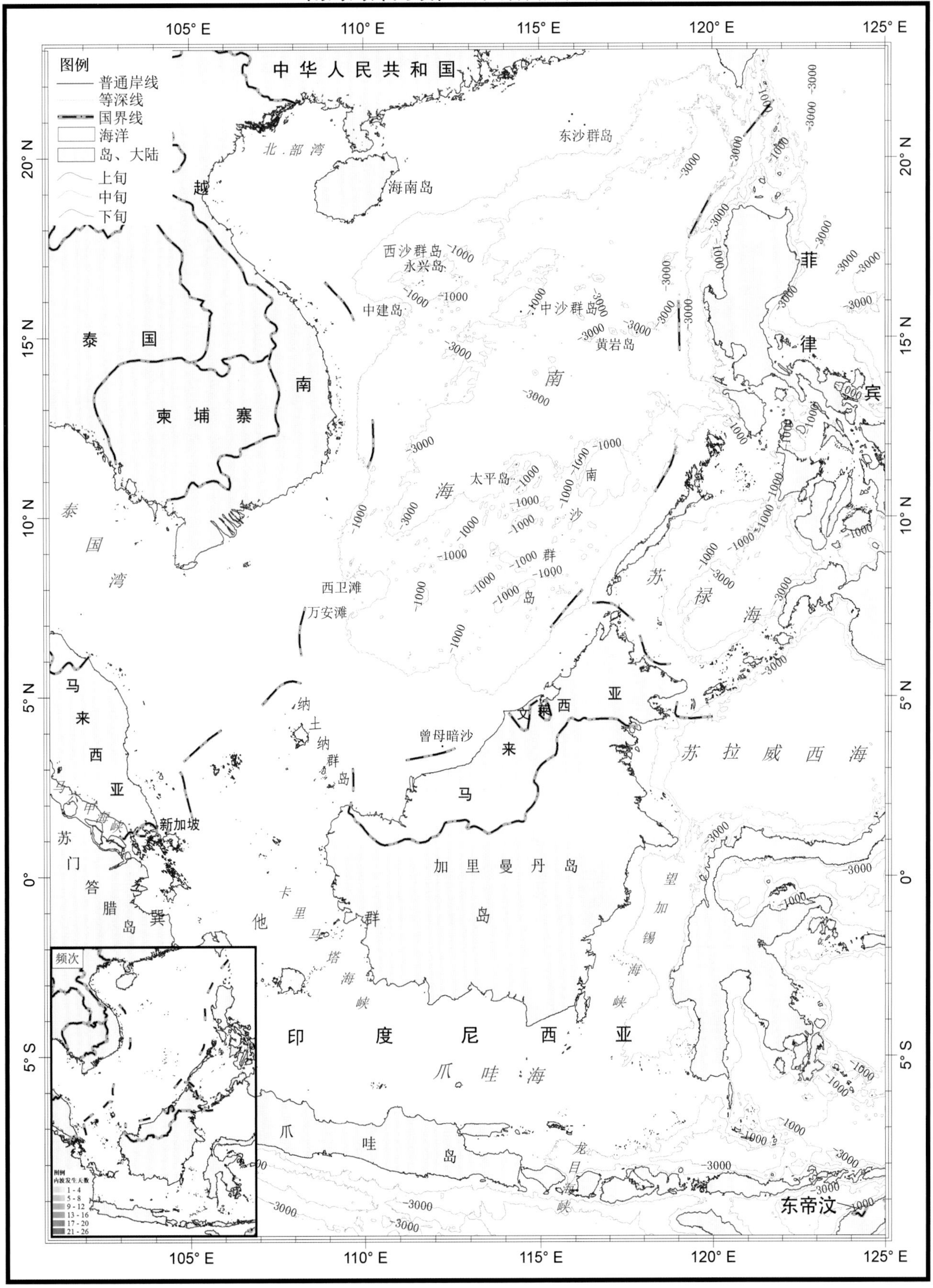

105° E　110° E　115° E　120° E　125° E

图例
普通岸线
等深线
国界线
海洋
岛、大陆
上旬
中旬
下旬

中华人民共和国
北部湾
海南岛
东沙群岛
越
西沙群岛
永兴岛
中建岛
中沙群岛
黄岩岛
菲
律
宾
泰　国
柬　埔　寨
南
南
海
太平岛
南
沙
群
岛
泰
国
湾
西卫滩
万安滩
苏
禄
海
马
来
西
亚
纳
土
纳
群
岛
曾母暗沙
文莱
马
来
西
亚
苏　拉　威　西　海
马
六
甲
海
峡
新加坡
苏
门
答
腊
岛
加　里　曼　丹　岛
卡
里
马
塔
海
峡
望
加
锡
海
峡
印　度　尼　西　亚
爪　哇　海
爪
哇
岛
龙
目
海
峡
东帝汶

频次
图例
内波发生天数
1 - 4
5 - 8
9 - 12
13 - 16
17 - 20
21 - 26

20° N　15° N　10° N　5° N　0°　5° S

调查数据源：MODIS、SAR数据
数据空间分辨率：250m
数据时间：2010年12月

比例尺：1:14 000 000
坐标系：CGCS2000
投影信息：墨卡托投影

高程基准：1985国家高程基准
制图单位：自然资源部第一海洋研究所
制图时间：2022年1月

南海海洋内波位置和频次季分布专题图

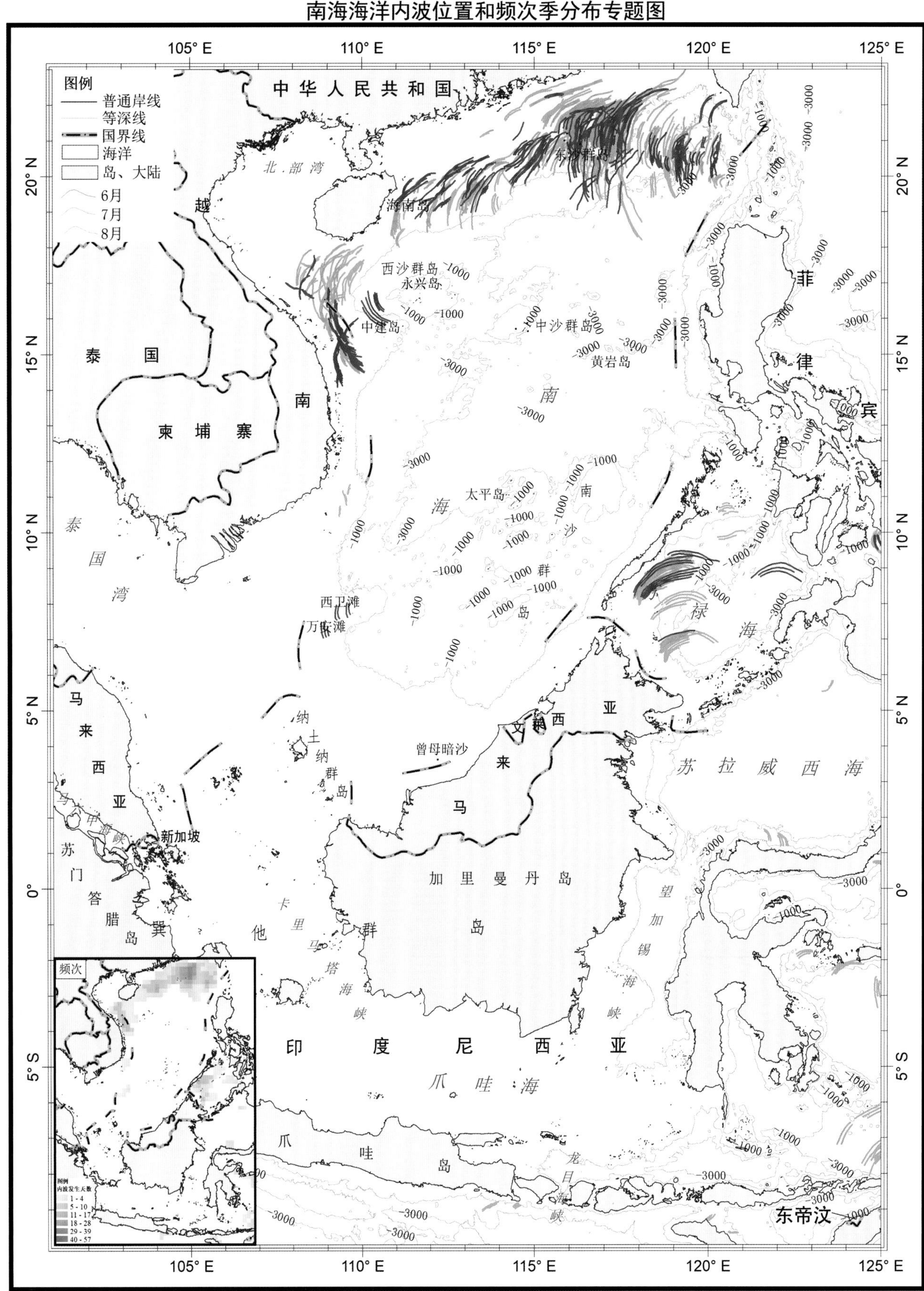

调查数据源：MODIS、SAR数据　　比例尺：1:14 000 000　　高程基准：1985国家高程基准
数据空间分辨率：250m　　坐标系：CGCS2000　　制图单位：自然资源部第一海洋研究所
数据时间：2010年夏季　　投影信息：墨卡托投影　　制图时间：2022年1月

南海海洋内波位置和频次季分布专题图

图例
普通岸线
等深线
国界线
海洋
岛、大陆
9月
10月
11月

频次

调查数据源：MODIS、SAR数据	比例尺：1:14 000 000	高程基准：1985国家高程基准
数据空间分辨率：250m	坐标系：CGCS2000	制图单位：自然资源部第一海洋研究所
数据时间：2010年秋季	投影信息：墨卡托投影	制图时间：2022年1月

南海海洋内波位置和频次季分布专题图

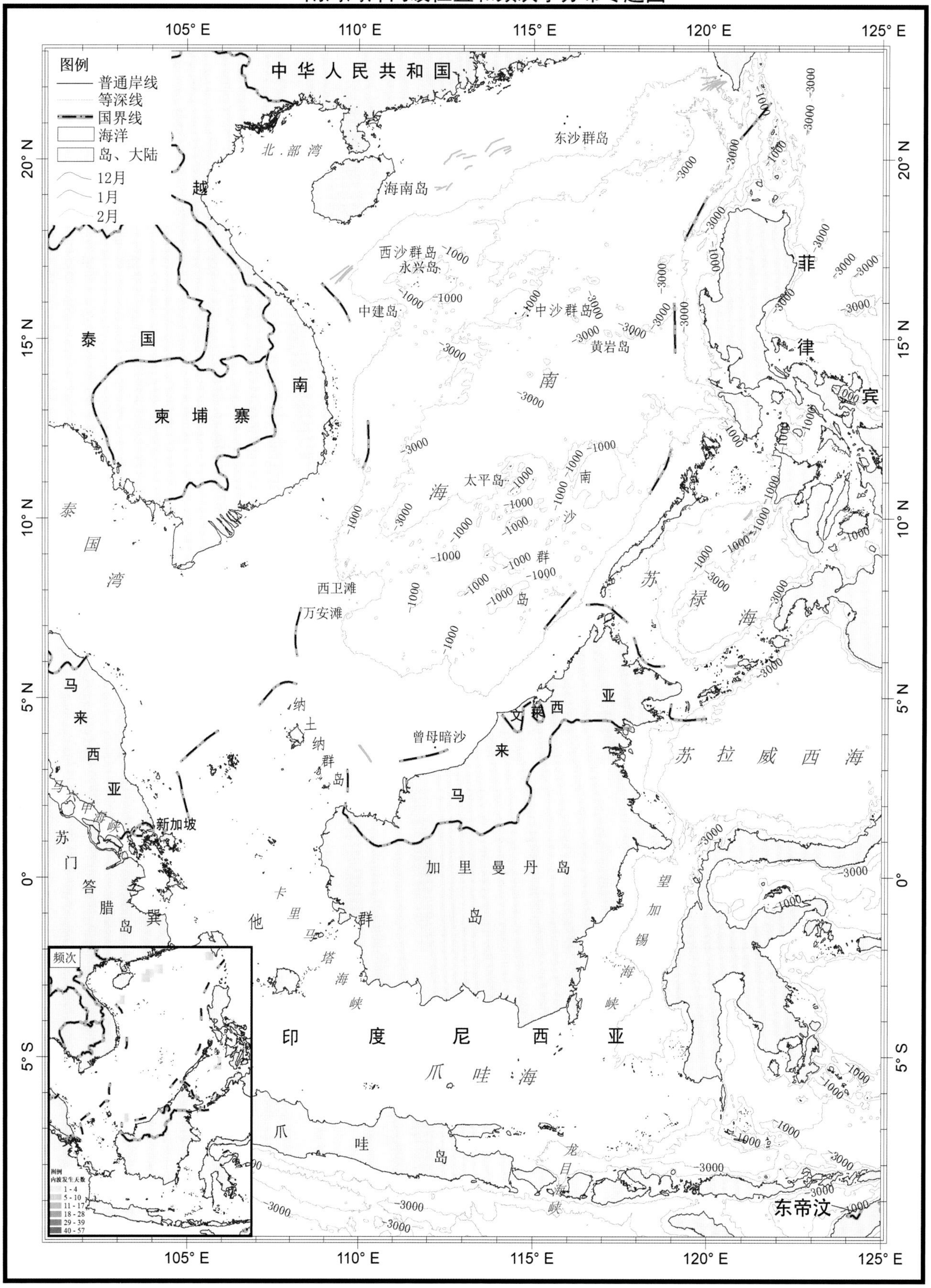

图例
普通岸线
等深线
国界线
海洋
岛、大陆
12月
1月
2月

105° E　110° E　115° E　120° E　125° E
20° N　15° N　10° N　5° N　0°　5° S

中华人民共和国
北部湾
海南岛
东沙群岛
西沙群岛
永兴岛
中建岛
中沙群岛
黄岩岛
越
南
泰国
柬埔寨
泰国湾
南海
太平岛
南沙群岛
西卫滩
万安滩
菲律宾
苏禄海
马来西亚
文莱
曾母暗沙
纳土纳群岛
新加坡
马六甲海峡
苏门答腊岛
加里曼丹岛
苏拉威西海
望加锡海峡
卡里马塔海峡
印度尼西亚
爪哇海
爪哇岛
龙目海峡
东帝汶
-1000
-3000

频次
图例
内波发生天数
1 - 4
5 - 10
11 - 17
18 - 28
29 - 39
40 - 57

调查数据源：MODIS、SAR数据
数据空间分辨率：250m
数据时间：2010年冬季

比例尺：1:14 000 000
坐标系：CGCS2000
投影信息：墨卡托投影

高程基准：1985国家高程基准
制图单位：自然资源部第一海洋研究所
制图时间：2022年1月

南海海洋内波位置和频次半年分布专题图

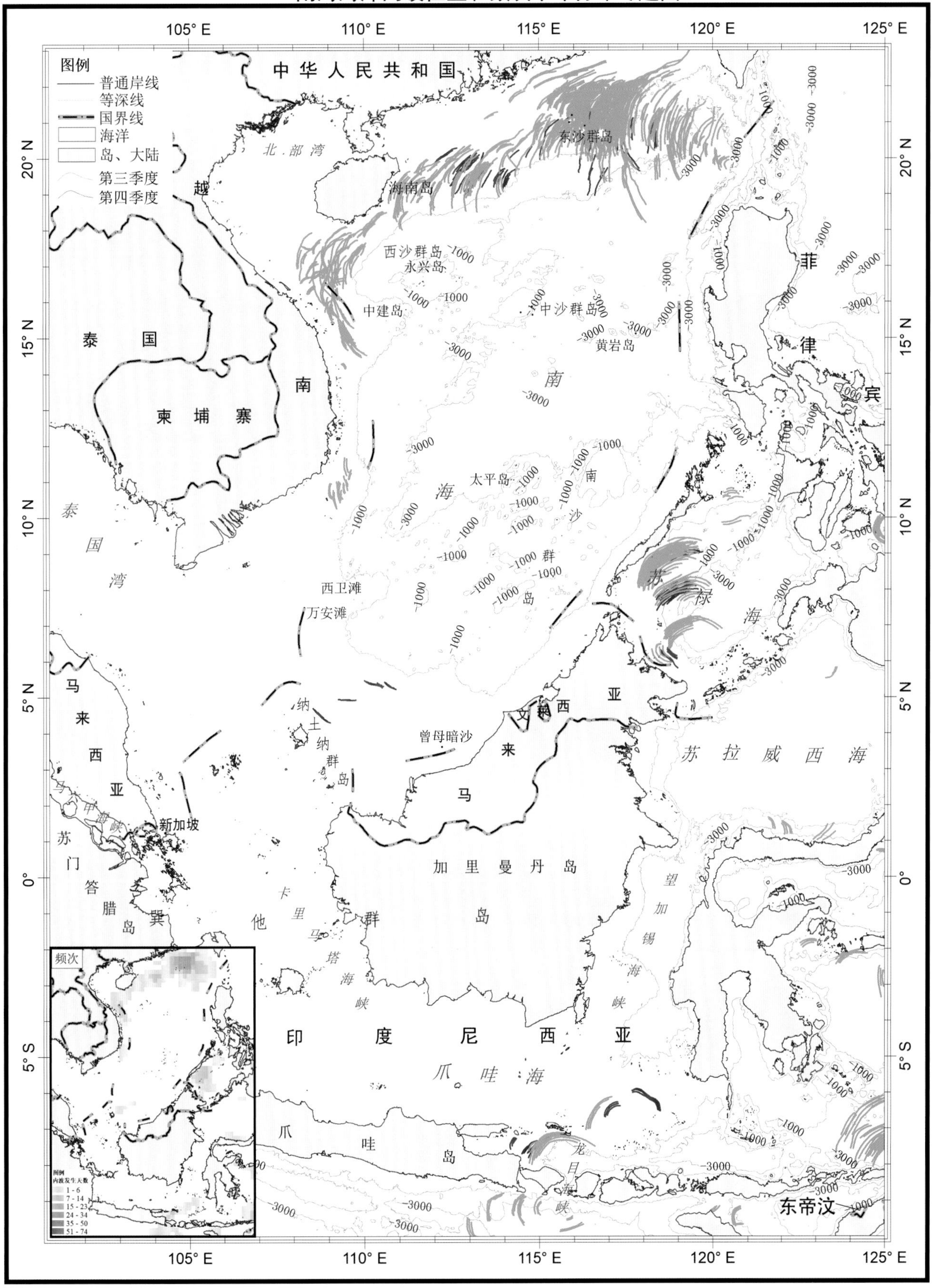

图例
普通岸线
等深线
国界线
海洋
岛、大陆
第三季度
第四季度

调查数据源：MODIS、SAR数据
数据空间分辨率：250m
数据时间：2010年下半年

比例尺：1:14 000 000
坐标系：CGCS2000
投影信息：墨卡托投影

高程基准：1985国家高程基准
制图单位：自然资源部第一海洋研究所
制图时间：2022年1月

6.2 南海内孤立波 2011 年分布图

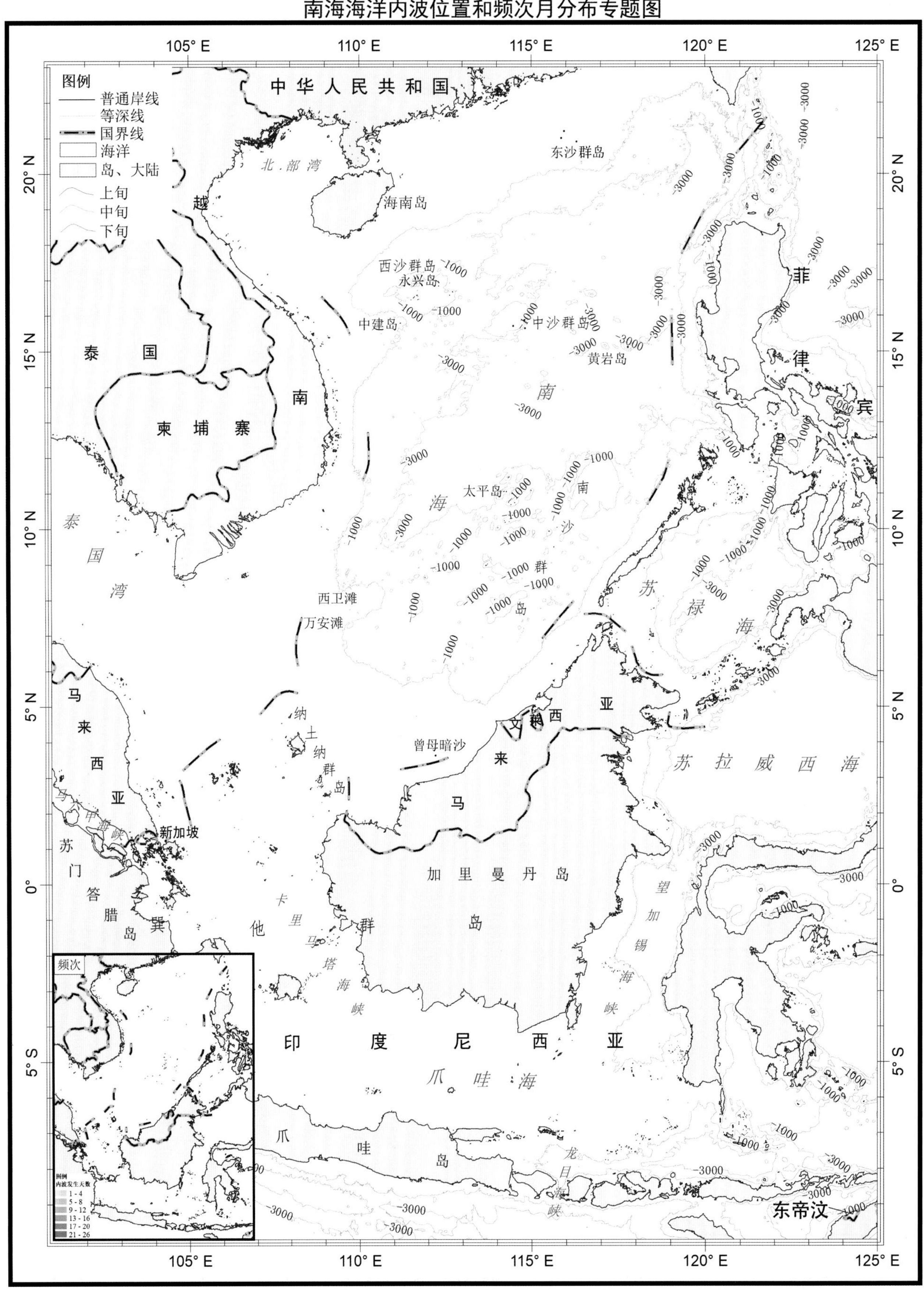

调查数据源：MODIS、SAR数据
数据空间分辨率：250m
数据时间：2011年1月

比例尺：1:14 000 000
坐标系：CGCS2000
投影信息：墨卡托投影

高程基准：1985国家高程基准
制图单位：自然资源部第一海洋研究所
制图时间：2022年1月

南海海洋内波位置和频次月分布专题图

图例
普通岸线
等深线
国界线
海洋
岛、大陆
上旬
中旬
下旬

频次
图例
内波发生天数
1-4
5-8
9-12
13-16
17-20
21-26

调查数据源：MODIS、SAR数据　　比例尺：1:14 000 000　　高程基准：1985国家高程基准
数据空间分辨率：250m　　坐标系：CGCS2000　　制图单位：自然资源部第一海洋研究所
数据时间：2011年2月　　投影信息：墨卡托投影　　制图时间：2022年1月

南海海洋内波位置和频次月分布专题图

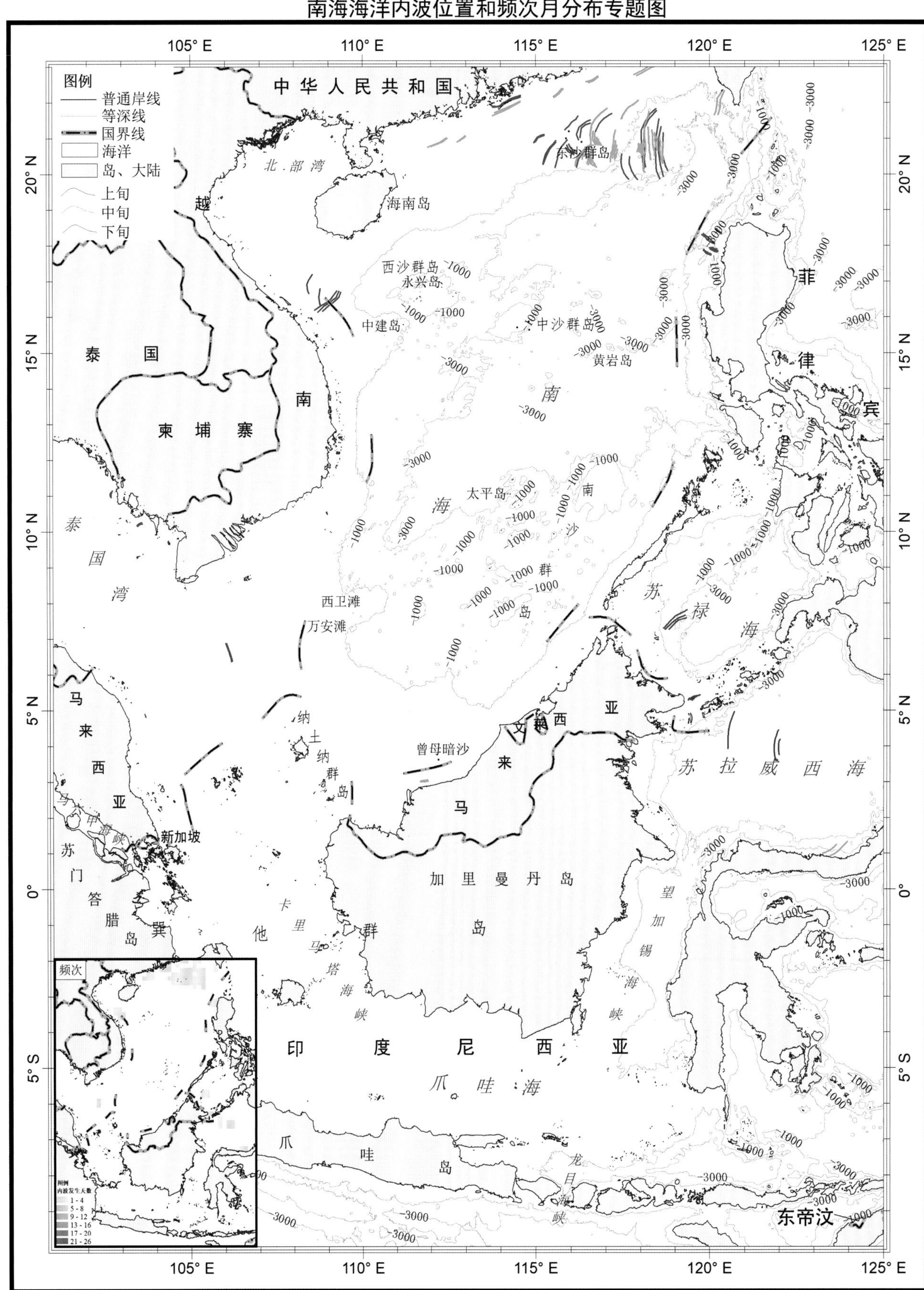

调查数据源：MODIS、SAR数据
数据空间分辨率：250m
数据时间：2011年3月

比例尺：1:14 000 000
坐标系：CGCS2000
投影信息：墨卡托投影

高程基准：1985国家高程基准
制图单位：自然资源部第一海洋研究所
制图时间：2022年1月

南海海洋内波位置和频次月分布专题图

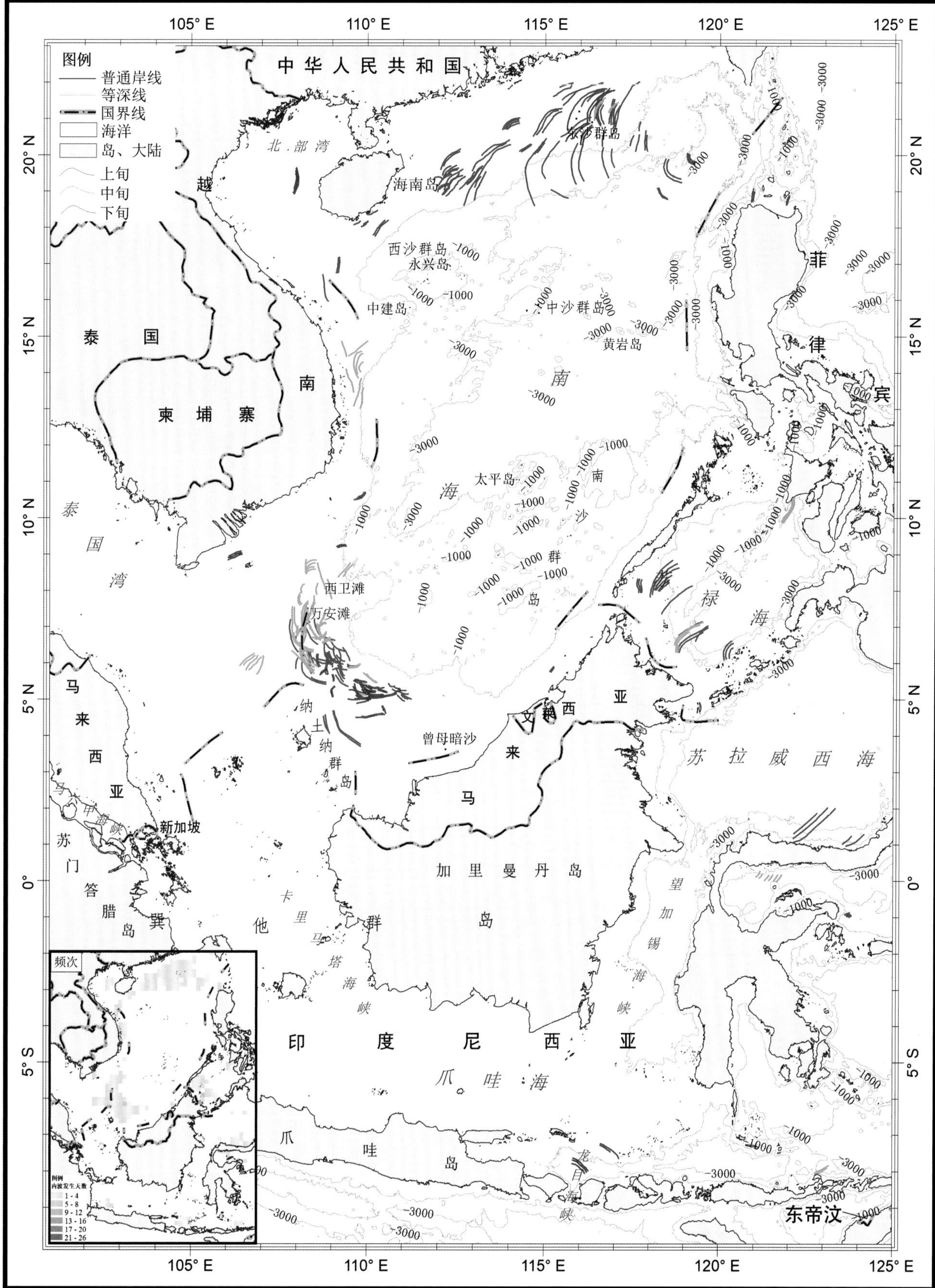

调查数据源：MODIS、SAR数据　　比例尺：1:14 000 000　　高程基准：1985国家高程基准

数据空间分辨率：250m　　坐标系：CGCS2000　　制图单位：自然资源部第一海洋研究所

数据时间：2011年4月　　投影信息：墨卡托投影　　制图时间：2022年1月

南海海洋内波位置和频次月分布专题图

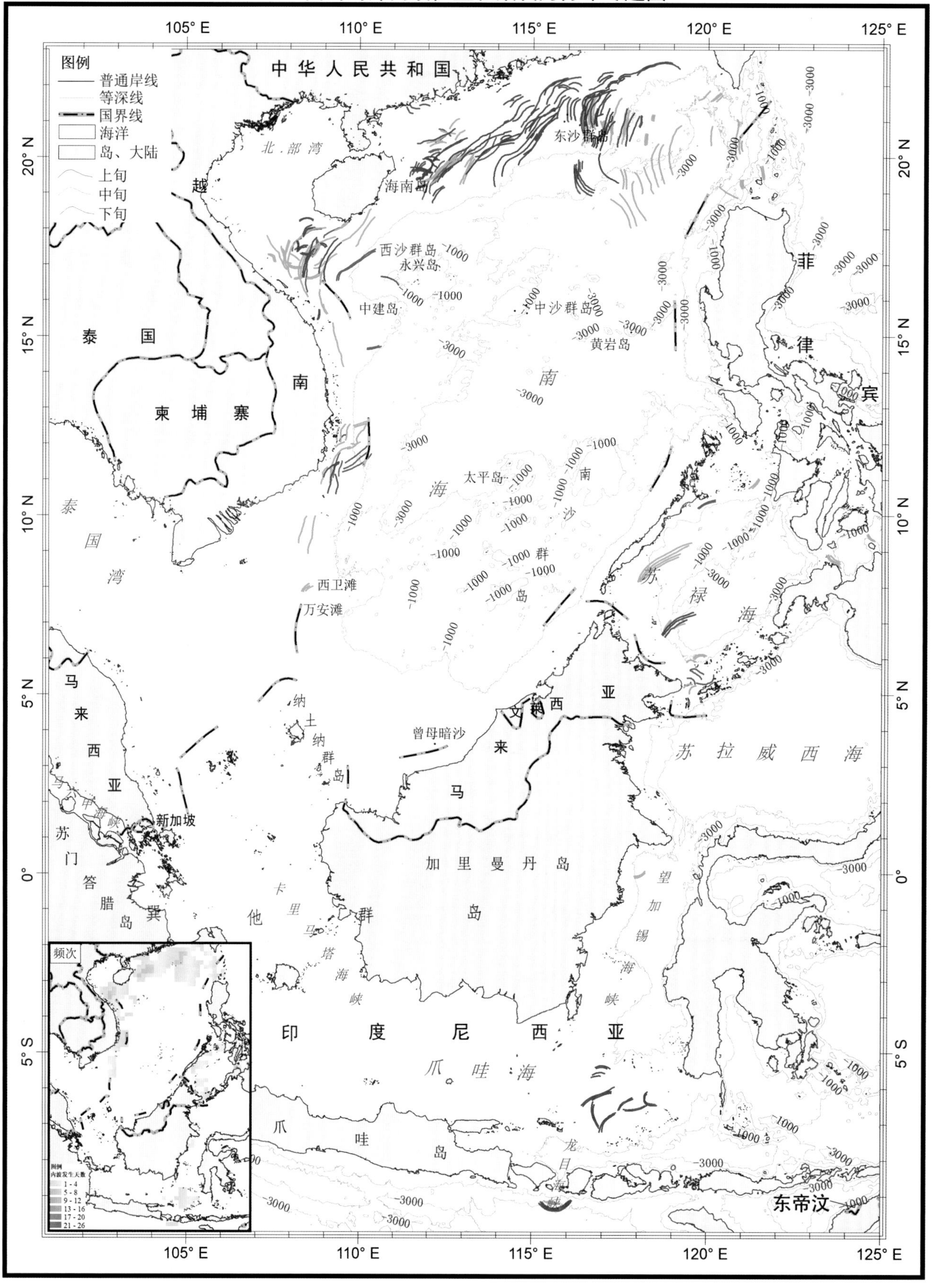

调查数据源：MODIS、SAR数据
数据空间分辨率：250m
数据时间：2011年5月

比例尺：1:14 000 000
坐标系：CGCS2000
投影信息：墨卡托投影

高程基准：1985国家高程基准
制图单位：自然资源部第一海洋研究所
制图时间：2022年1月

南海海洋内波位置和频次月分布专题图

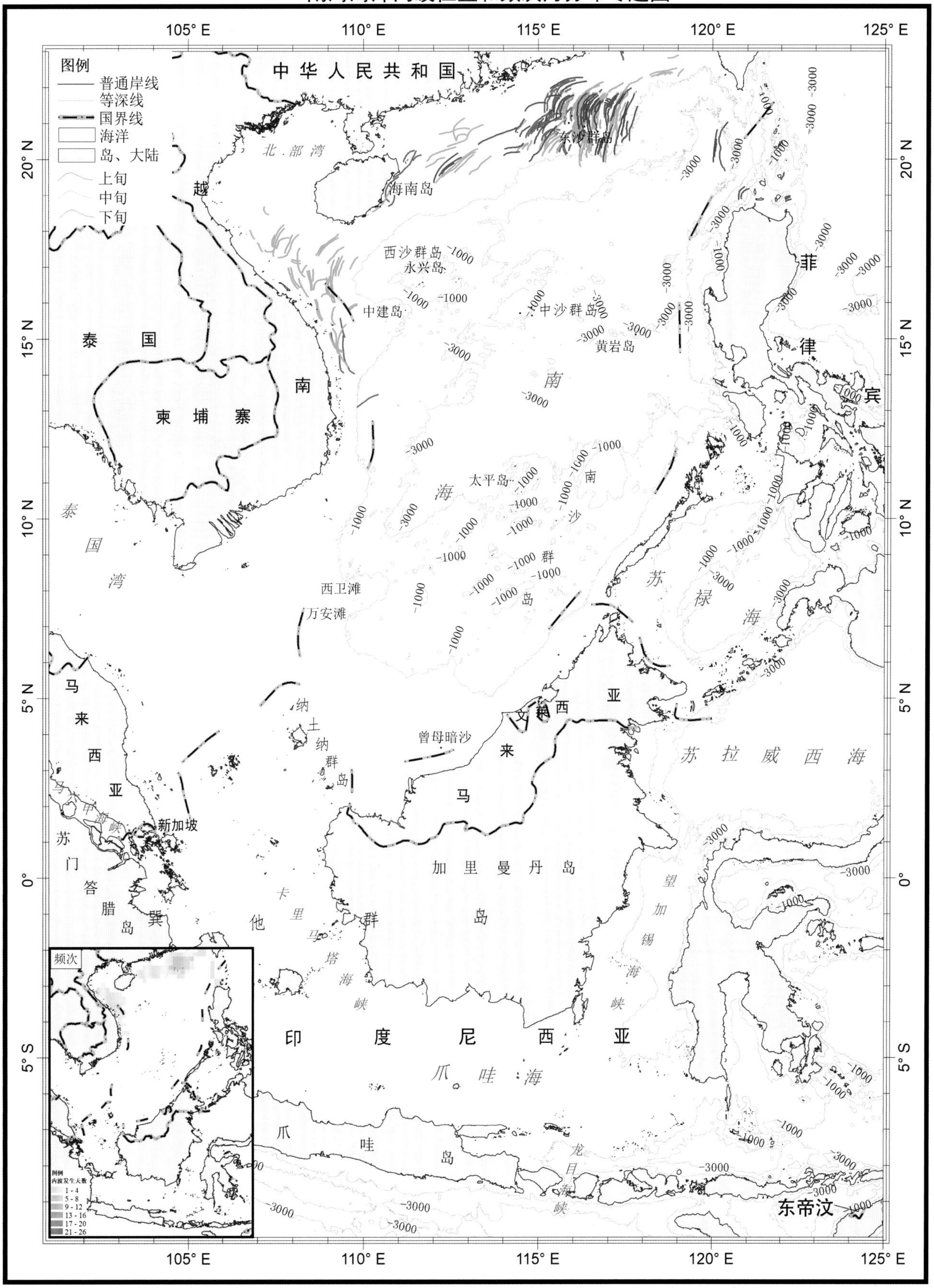

图例
普通岸线
等深线
国界线
海洋
岛、大陆
上旬
中旬
下旬

频次

调查数据源：MODIS、SAR数据
数据空间分辨率：250m
数据时间：2011年6月

比例尺：1:14 000 000
坐标系：CGCS2000
投影信息：墨卡托投影

高程基准：1985国家高程基准
制图单位：自然资源部第一海洋研究所
制图时间：2022年1月

南海海洋内波位置和频次月分布专题图

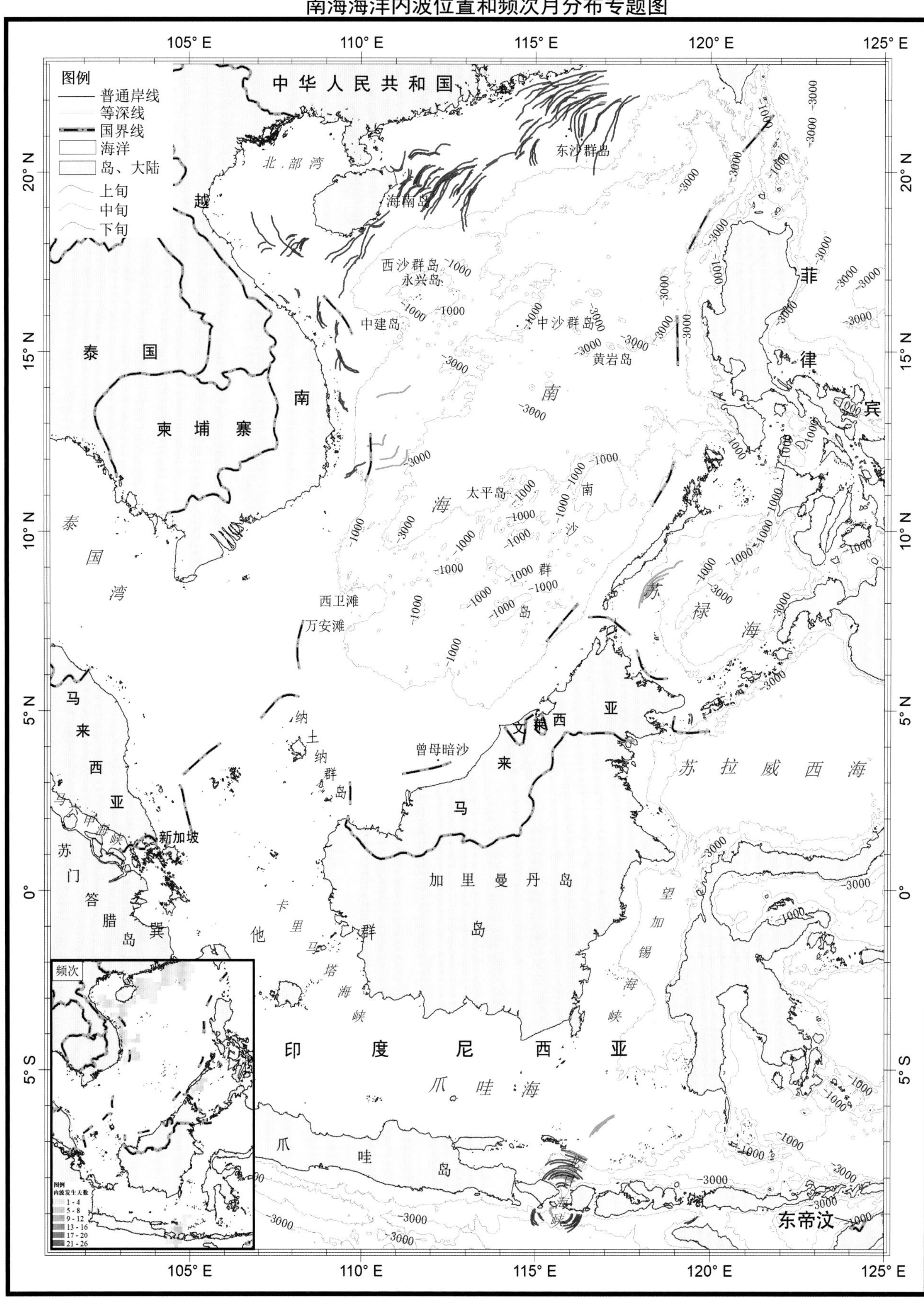

调查数据源：MODIS、SAR数据
数据空间分辨率：250m
数据时间：2011年7月

比例尺：1:14 000 000
坐标系：CGCS2000
投影信息：墨卡托投影

高程基准：1985国家高程基准
制图单位：自然资源部第一海洋研究所
制图时间：2022年1月

南海海洋内波位置和频次月分布专题图

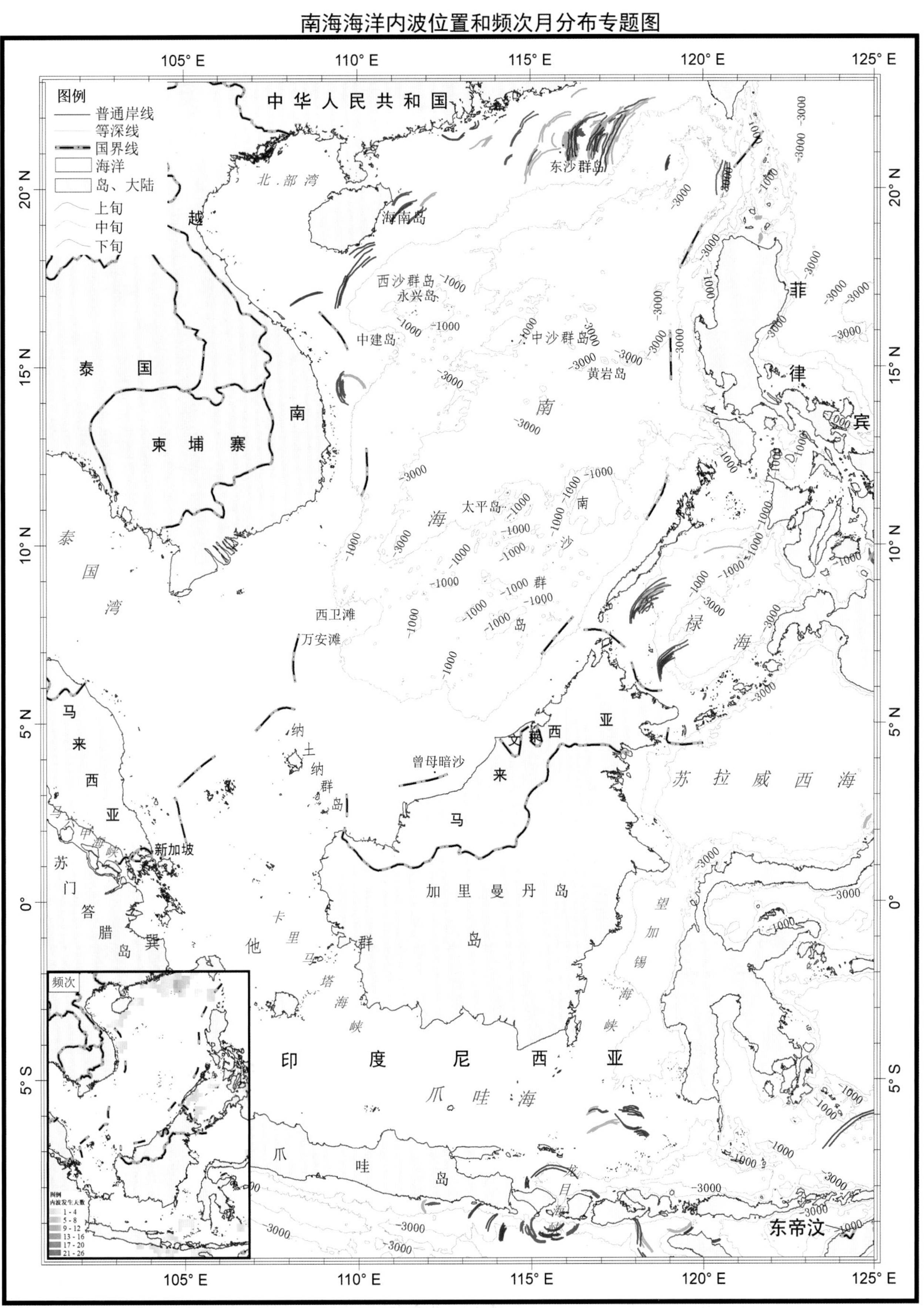

调查数据源：MODIS、SAR数据　　比例尺：1:14 000 000　　高程基准：1985国家高程基准

数据空间分辨率：250m　　坐标系：CGCS2000　　制图单位：自然资源部第一海洋研究所

数据时间：2011年8月　　投影信息：墨卡托投影　　制图时间：2022年1月

南海海洋内波位置和频次月分布专题图

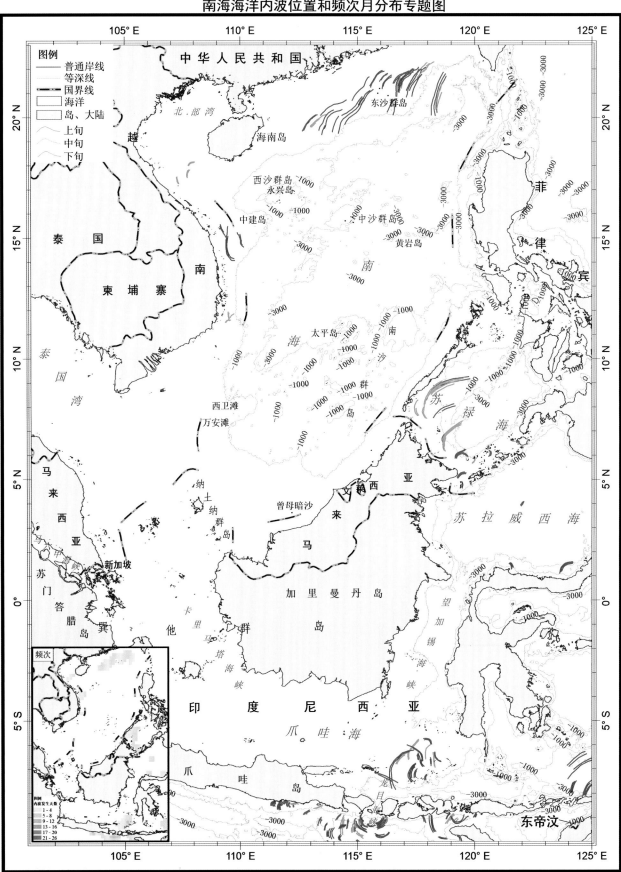

图例
普通岸线
等深线
国界线
海洋
岛、大陆
上旬
中旬
下旬

频次
图例
内波发生天数
1-4
5-8
9-12
13-16
17-20
21-26

调查数据源：MODIS、SAR数据
数据空间分辨率：250m
数据时间：2011年9月

比例尺：1:14 000 000
坐标系：CGCS2000
投影信息：墨卡托投影

高程基准：1985国家高程基准
制图单位：自然资源部第一海洋研究所
制图时间：2022年1月

南海海洋内波位置和频次月分布专题图

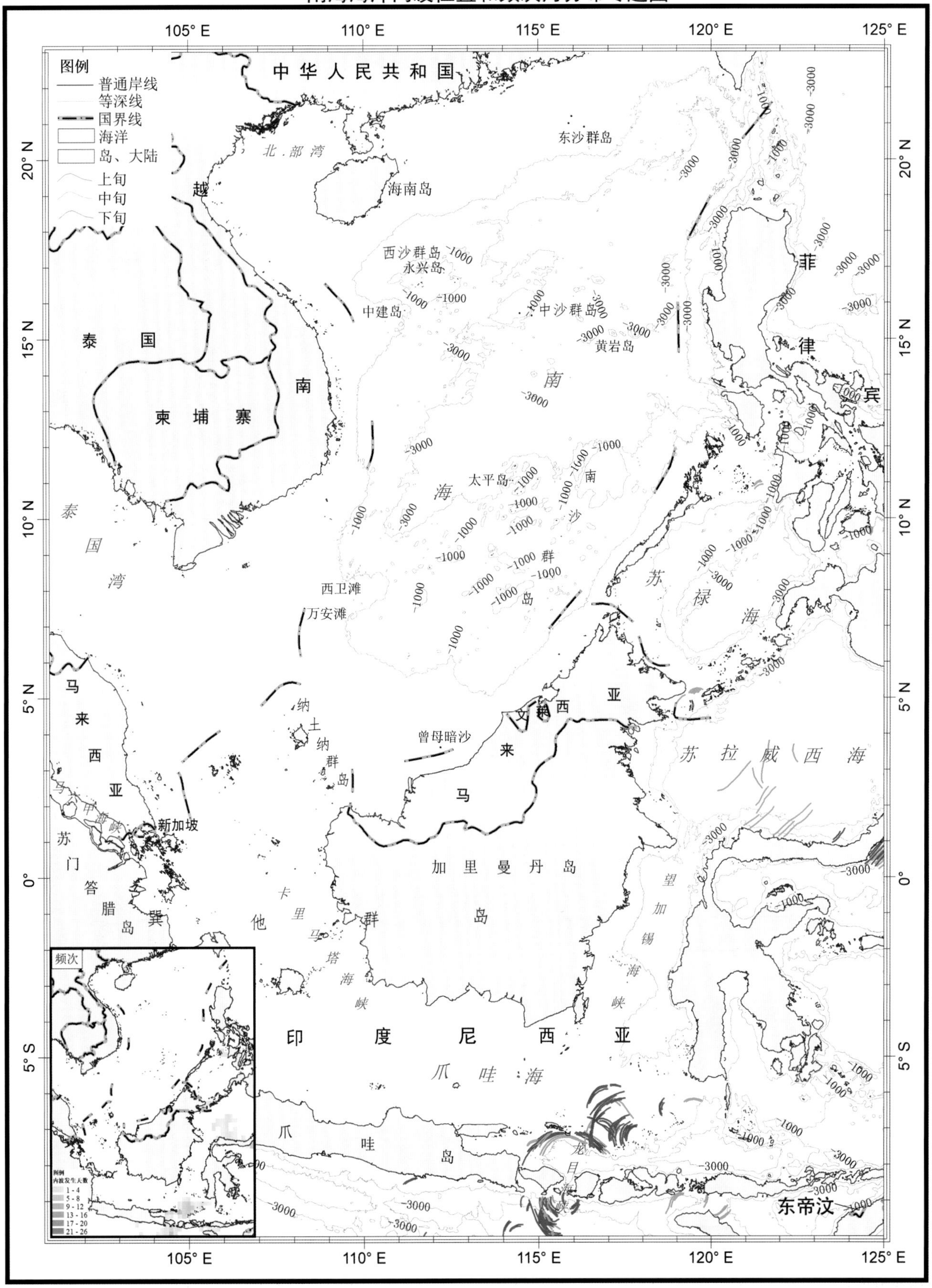

105° E　110° E　115° E　120° E　125° E

图例
普通岸线
等深线
国界线
海洋
岛、大陆
上旬
中旬
下旬

中华人民共和国
北部湾
海南岛
东沙群岛
西沙群岛
永兴岛
中建岛
中沙群岛
黄岩岛
越南
泰国
柬埔寨
泰国湾
南海
太平岛
南沙群岛
西卫滩
万安滩
菲律宾
苏禄海
马来西亚
文莱
纳土纳群岛
曾母暗沙
苏拉威西海
新加坡
苏门答腊岛
马六甲海峡
卡里马塔海峡
加里曼丹岛
望加锡海峡
印度尼西亚
爪哇海
爪哇岛
龙目海峡
东帝汶

频次
图例
内波发生天数
1 - 4
5 - 8
9 - 12
13 - 16
17 - 20
21 - 26

20° N　15° N　10° N　5° N　0°　5° S

调查数据源：MODIS、SAR数据
数据空间分辨率：250m
数据时间：2011年10月
比例尺：1:14 000 000
坐标系：CGCS2000
投影信息：墨卡托投影
高程基准：1985国家高程基准
制图单位：自然资源部第一海洋研究所
制图时间：2022年1月

南海海洋内波位置和频次月分布专题图

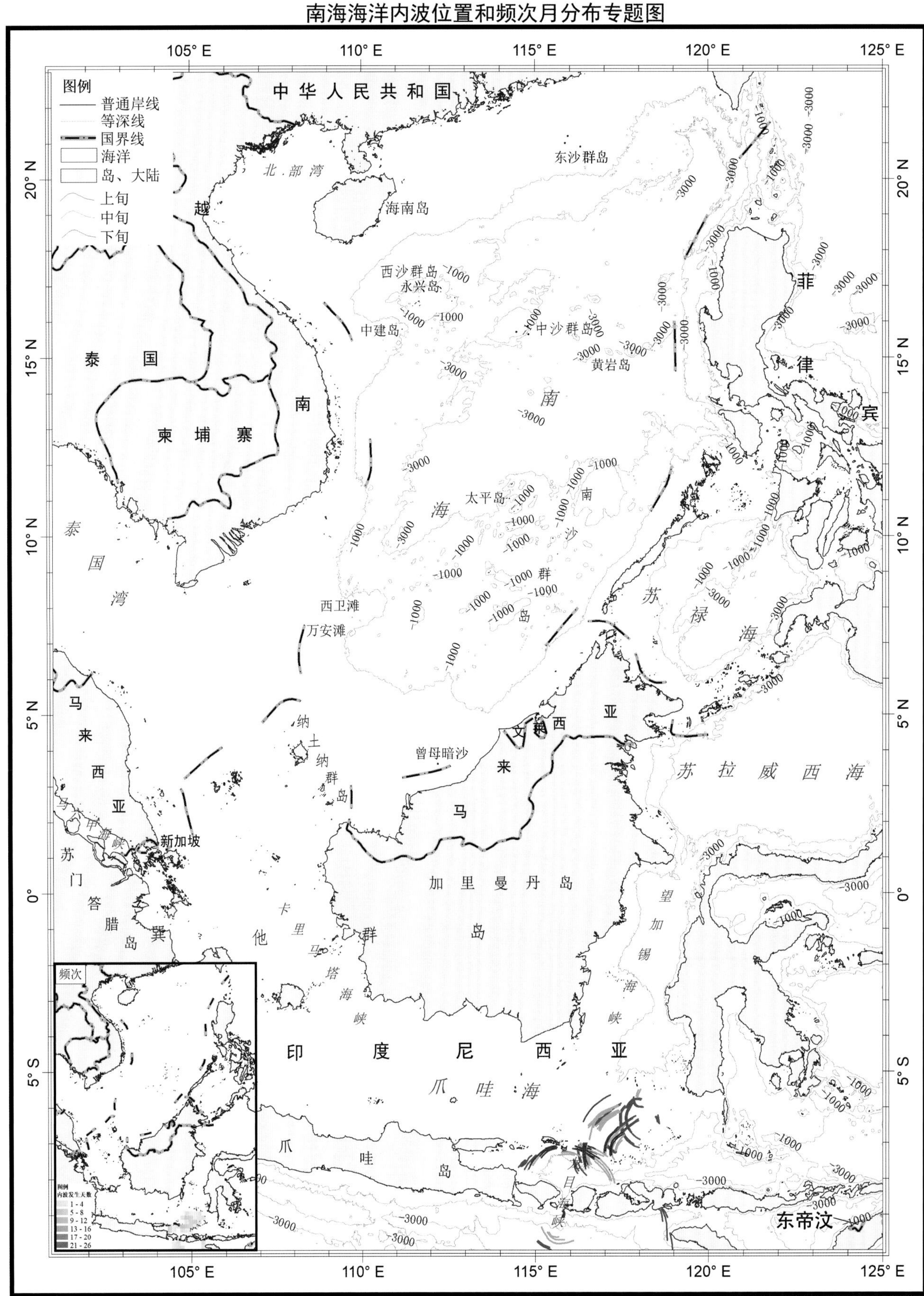

调查数据源：MODIS、SAR数据　　比例尺：1:14 000 000　　高程基准：1985国家高程基准

数据空间分辨率：250m　　坐标系：CGCS2000　　制图单位：自然资源部第一海洋研究所

数据时间：2011年11月　　投影信息：墨卡托投影　　制图时间：2022年1月

南海海洋内波位置和频次月分布专题图

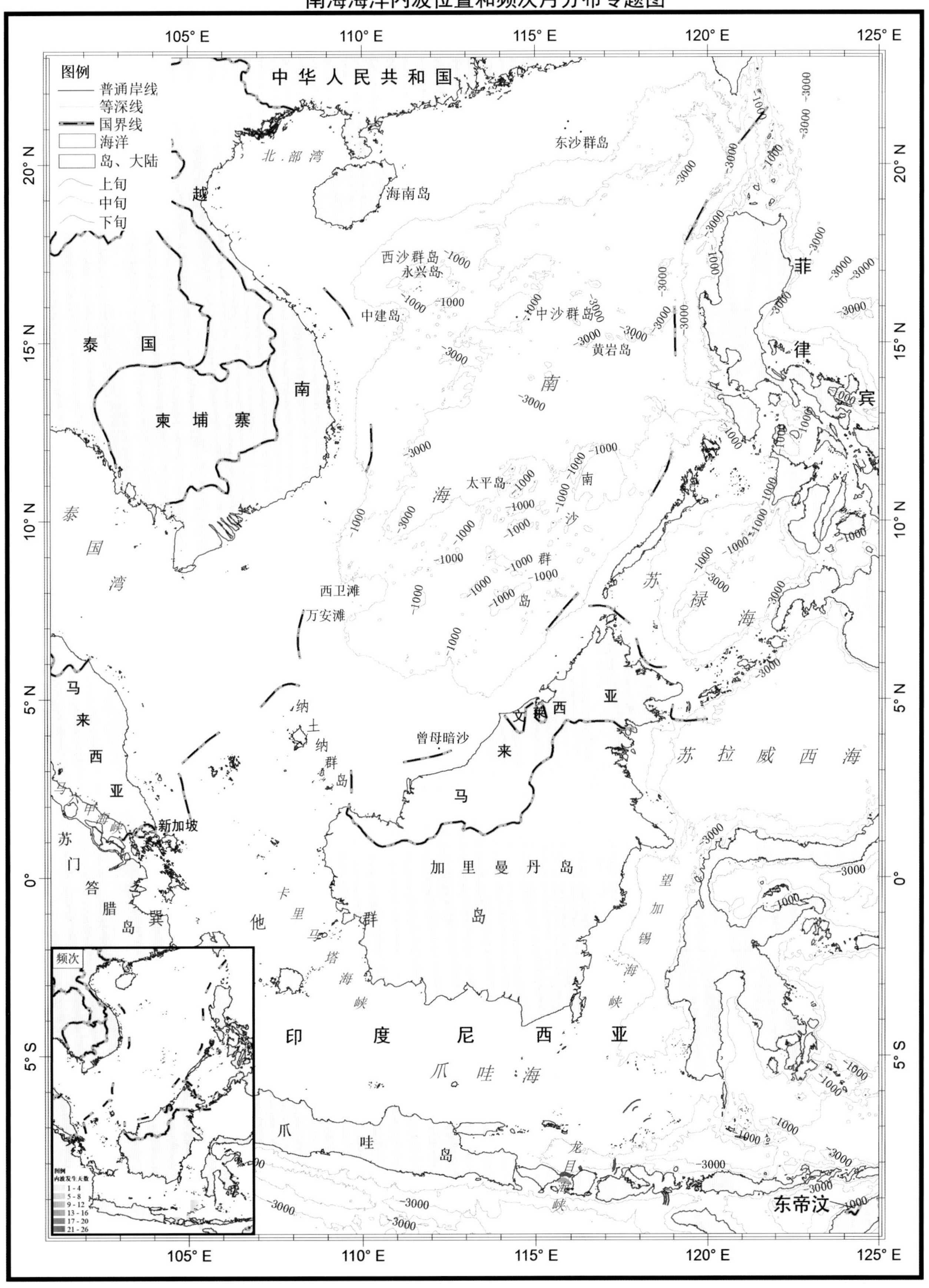

调查数据源：MODIS、SAR数据　　比例尺：1:14 000 000　　高程基准：1985国家高程基准

数据空间分辨率：250m　　坐标系：CGCS2000　　制图单位：自然资源部第一海洋研究所

数据时间：2011年12月　　投影信息：墨卡托投影　　制图时间：2022年1月

南海海洋内波位置和频次季分布专题图

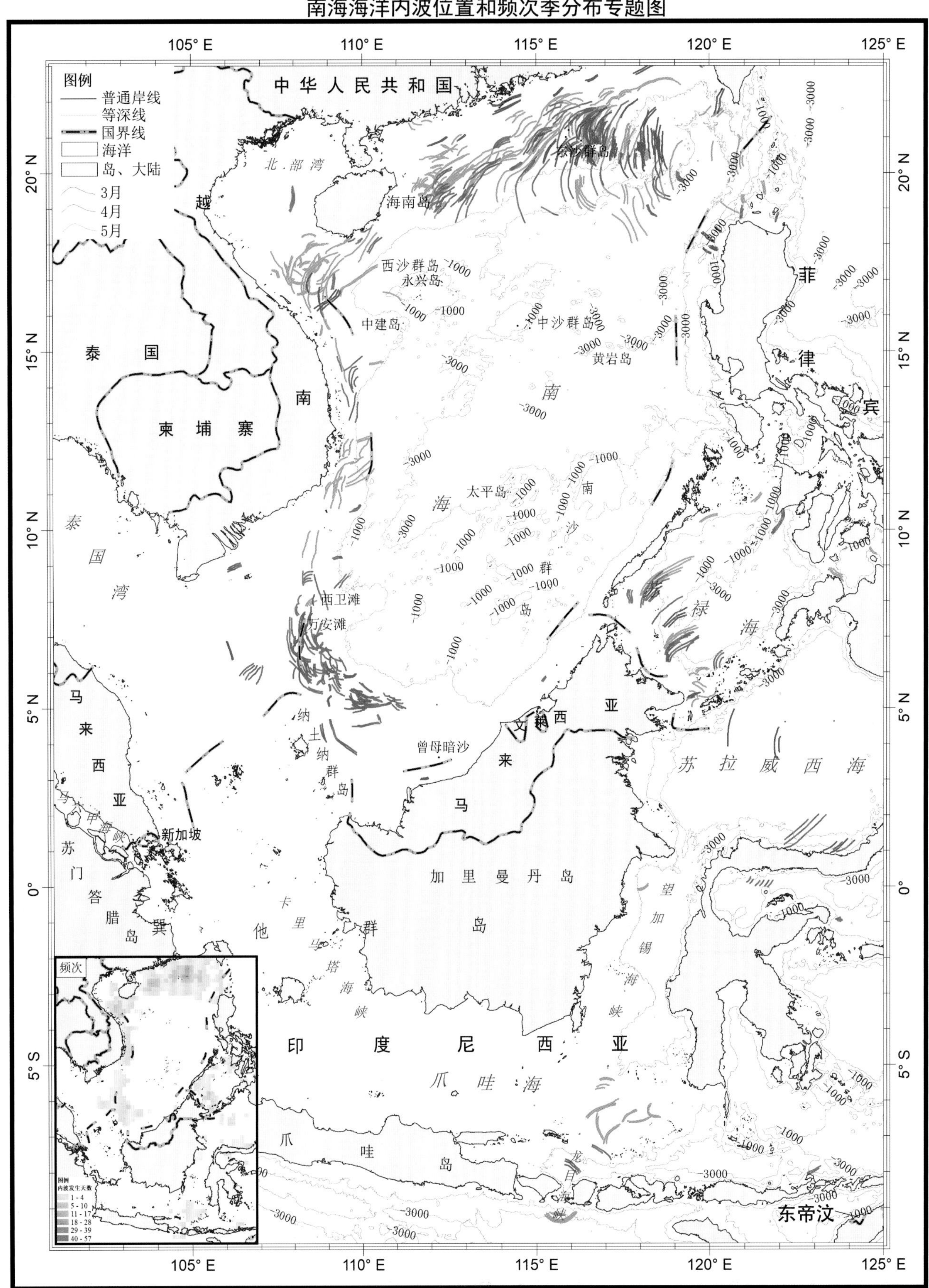

调查数据源：MODIS、SAR数据
数据空间分辨率：250m
数据时间：2011年春季

比例尺：1:14 000 000
坐标系：CGCS2000
投影信息：墨卡托投影

高程基准：1985国家高程基准
制图单位：自然资源部第一海洋研究所
制图时间：2022年1月

南海海洋内波位置和频次季分布专题图

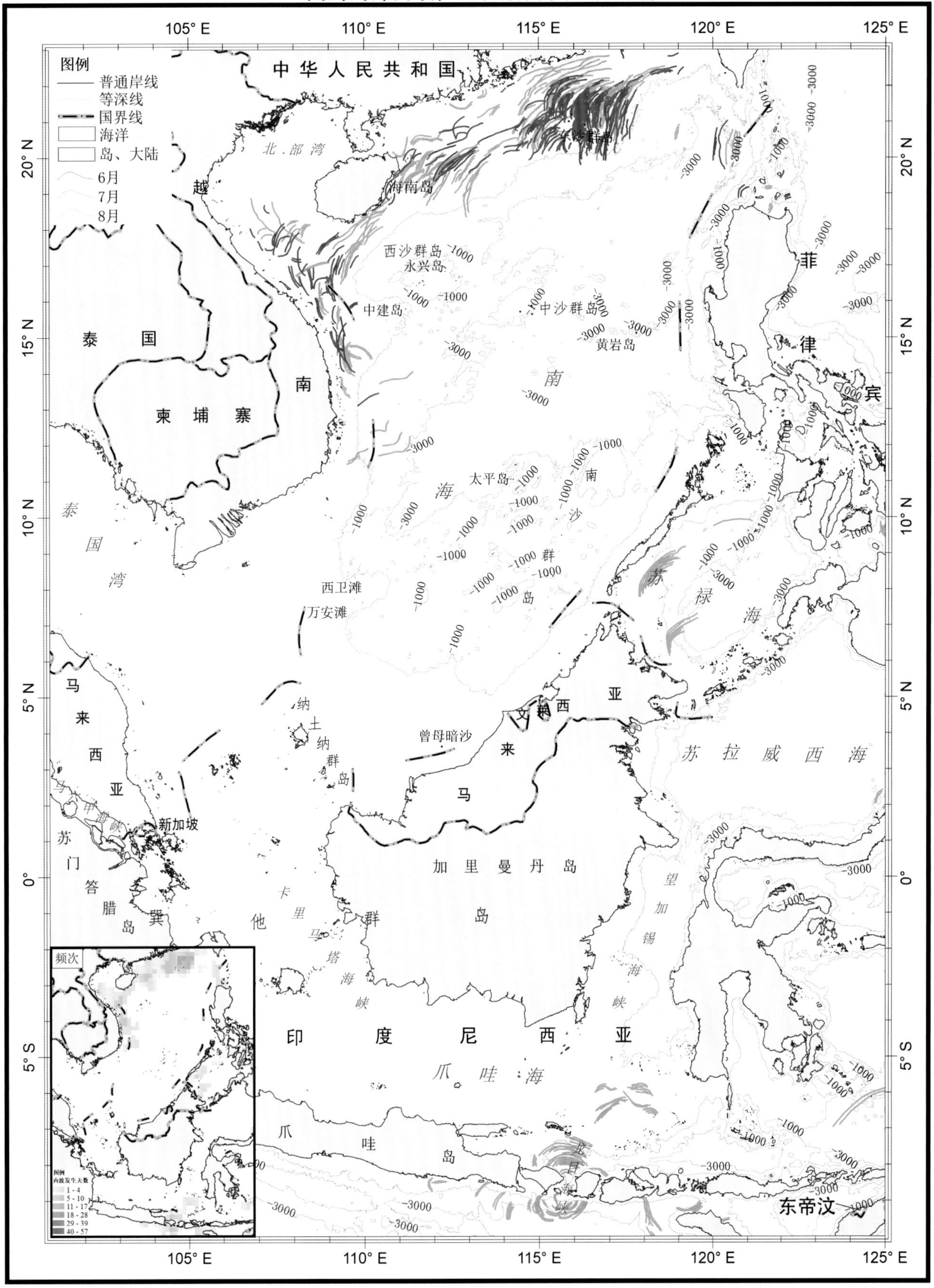

图例
普通岸线
等深线
国界线
海洋
岛、大陆
6月
7月
8月

中华人民共和国
北部湾
海南岛
东沙群岛
西沙群岛
永兴岛
中建岛
中沙群岛
黄岩岛
越
南
泰国
柬埔寨
泰国湾
南海
太平岛
南沙群岛
西卫滩
万安滩
菲律宾
苏禄海
马来西亚
文莱
纳土纳群岛
曾母暗沙
新加坡
马六甲海峡
苏门答腊岛
加里曼丹岛
卡里马塔海峡
望加锡海峡
印度尼西亚
爪哇海
爪哇岛
龙目海峡
东帝汶
苏拉威西海

频次
图例
内波发生天数
1 - 4
5 - 10
11 - 17
18 - 28
29 - 39
40 - 57

调查数据源：MODIS、SAR数据　比例尺：1:14 000 000　高程基准：1985国家高程基准
数据空间分辨率：250m　坐标系：CGCS2000　制图单位：自然资源部第一海洋研究所
数据时间：2011年夏季　投影信息：墨卡托投影　制图时间：2022年1月

南海海洋内波位置和频次季分布专题图

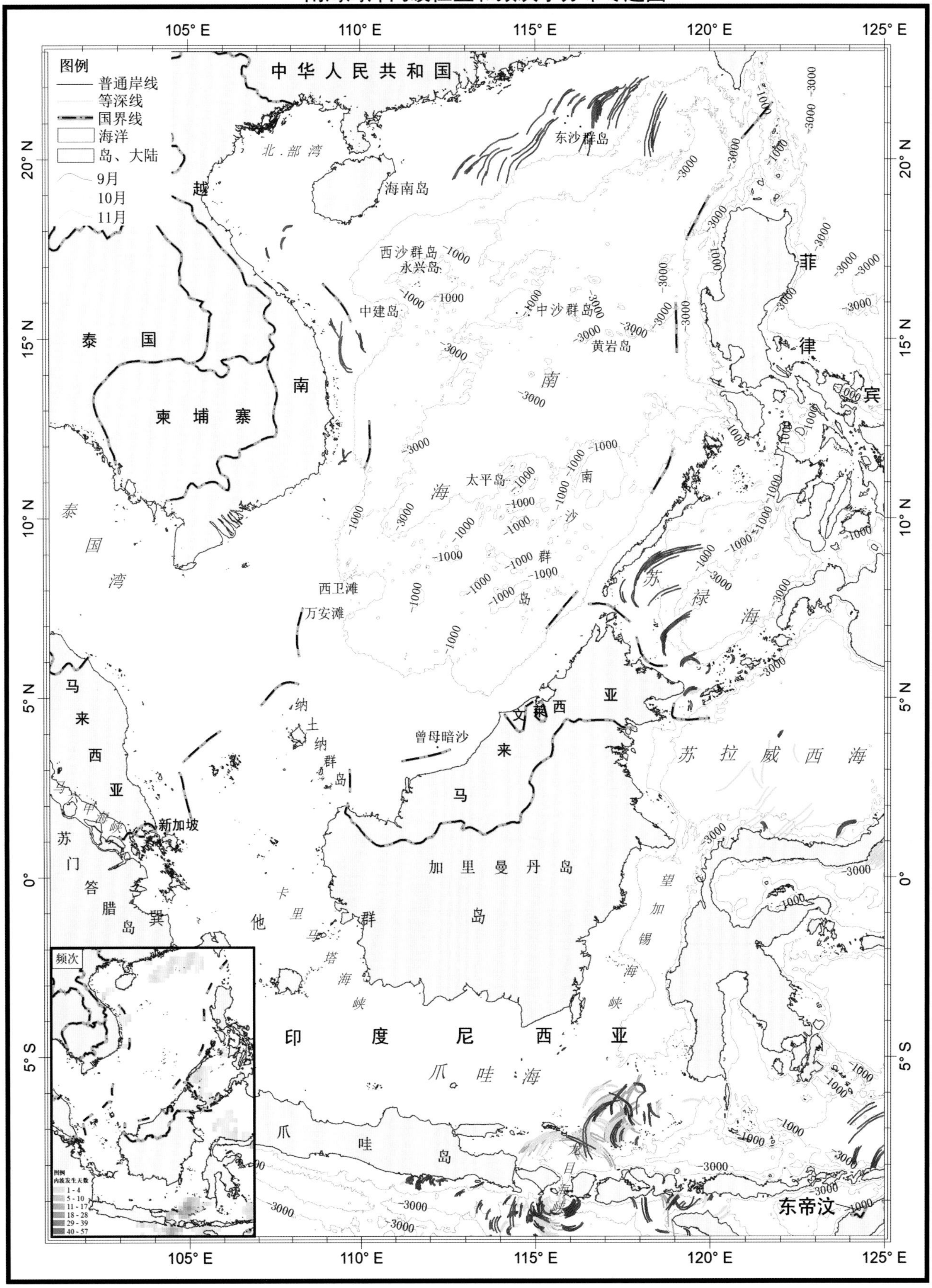

105° E 110° E 115° E 120° E 125° E

20° N 15° N 10° N 5° N 0° 5° S

图例
普通岸线
等深线
国界线
海洋
岛、大陆
9月
10月
11月

中华人民共和国
北部湾
海南岛
东沙群岛
越
西沙群岛
永兴岛
中建岛
中沙群岛
黄岩岛
菲
律
宾
泰 国
柬 埔 寨
南
泰国湾
南
海
太平岛
南沙群岛
西卫滩
万安滩
苏禄海
马来西亚
纳土纳群岛
曾母暗沙
文莱
马来西亚
新加坡
马六甲海峡
苏门答腊岛
加里曼丹岛
卡里马塔海峡
他
群
岛
苏拉威西海
望加锡海峡
印 度 尼 西 亚
爪哇海
爪哇岛
龙目海峡
东帝汶

频次

调查数据源：MODIS、SAR数据
数据空间分辨率：250m
数据时间：2011年秋季

比例尺：1:14 000 000
坐标系：CGCS2000
投影信息：墨卡托投影

高程基准：1985国家高程基准
制图单位：自然资源部第一海洋研究所
制图时间：2022年1月

南海海洋内波位置和频次季分布专题图

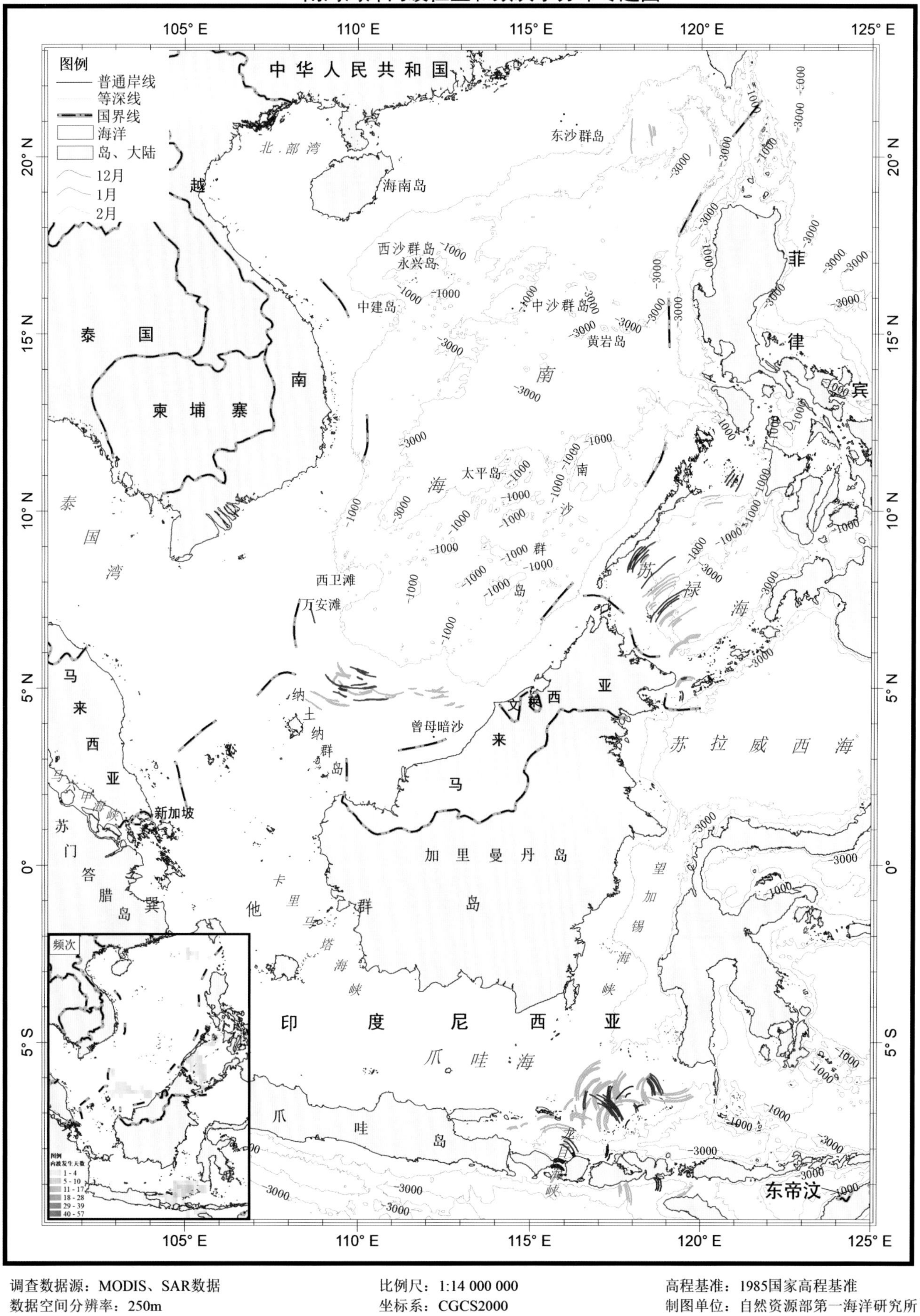

调查数据源：MODIS、SAR数据
数据空间分辨率：250m
数据时间：2011年冬季

比例尺：1:14 000 000
坐标系：CGCS2000
投影信息：墨卡托投影

高程基准：1985国家高程基准
制图单位：自然资源部第一海洋研究所
制图时间：2022年1月

南海海洋内波位置和频次半年分布专题图

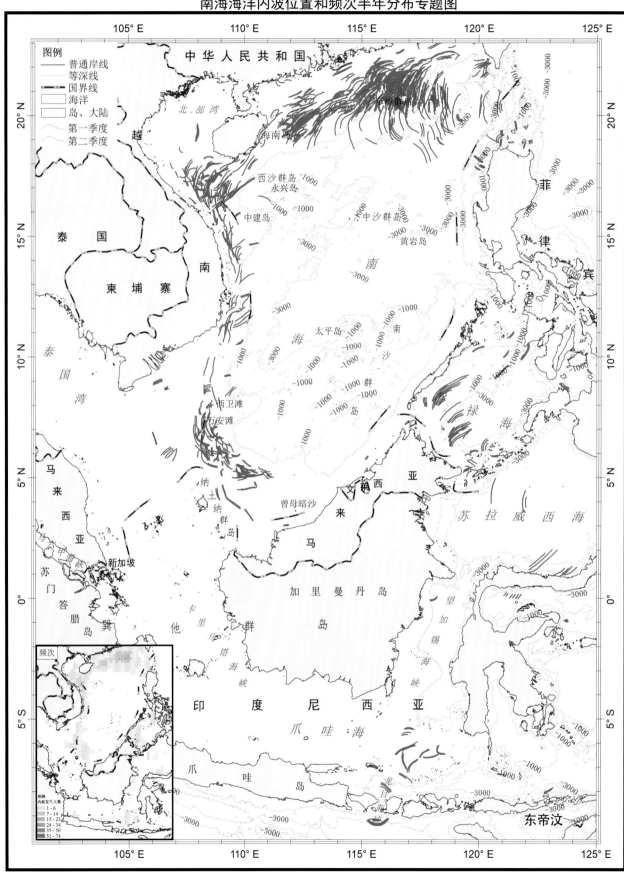

图例
- 普通岸线
- 等深线
- 国界线
- 海洋
- 岛、大陆
- 第一季度
- 第二季度

调查数据源：MODIS、SAR数据	比例尺：1:14 000 000	高程基准：1985国家高程基准
数据空间分辨率：250m	坐标系：CGCS2000	制图单位：自然资源部第一海洋研究所
数据时间：2011年上半年	投影信息：墨卡托投影	制图时间：2022年1月

南海海洋内波位置和频次半年分布专题图

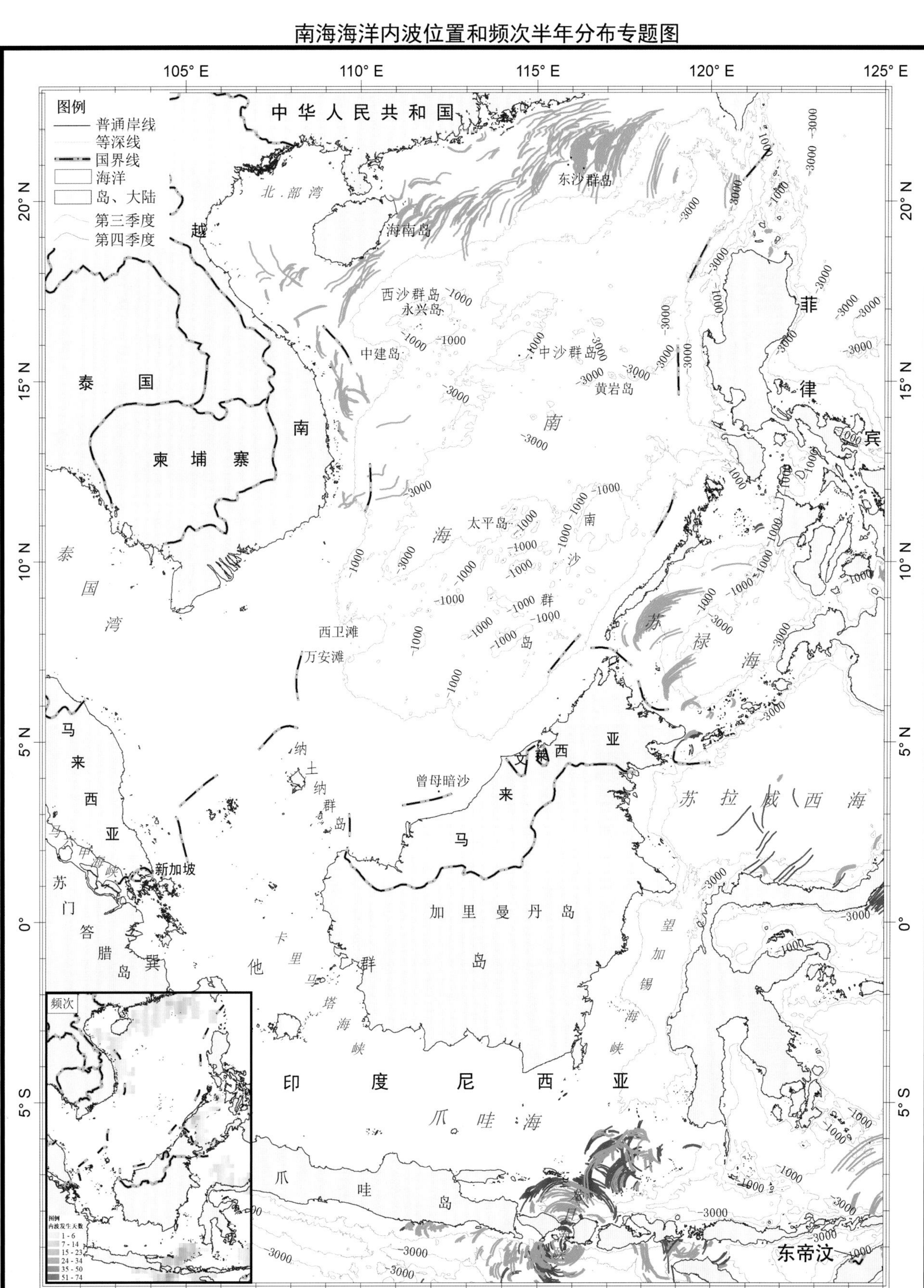

调查数据源：MODIS、SAR数据　　比例尺：1:14 000 000　　高程基准：1985国家高程基准

数据空间分辨率：250m　　坐标系：CGCS2000　　制图单位：自然资源部第一海洋研究所

数据时间：2011年下半年　　投影信息：墨卡托投影　　制图时间：2022年1月

南海海洋内波位置和频次年分布专题图

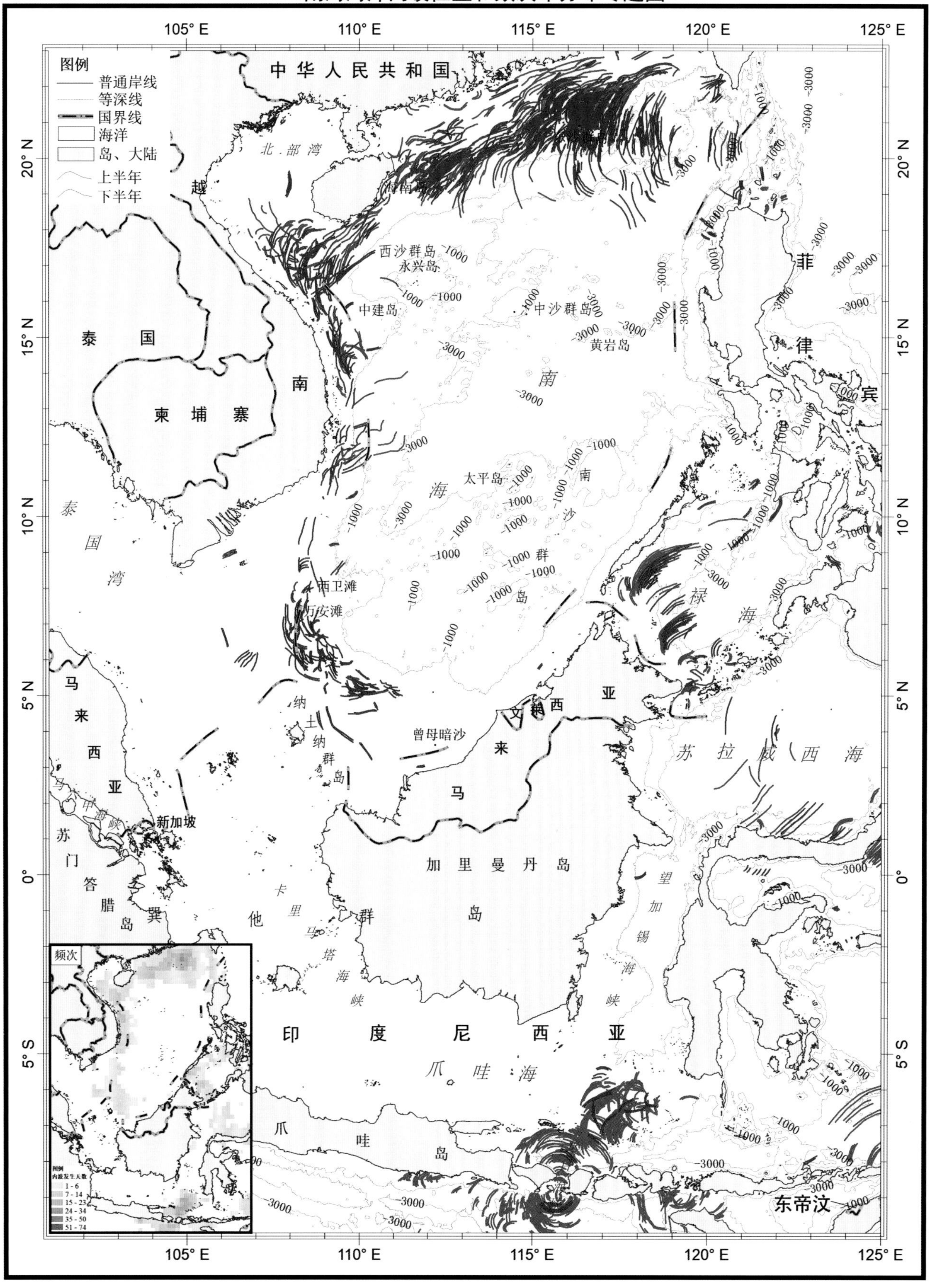

图例
普通岸线
等深线
国界线
海洋
岛、大陆
上半年
下半年

频次

调查数据源：MODIS、SAR数据
数据空间分辨率：250m
数据时间：2011年全年

比例尺：1:14 000 000
坐标系：CGCS2000
投影信息：墨卡托投影

高程基准：1985国家高程基准
制图单位：自然资源部第一海洋研究所
制图时间：2022年1月

6.3　南海内孤立波 2012 年分布图

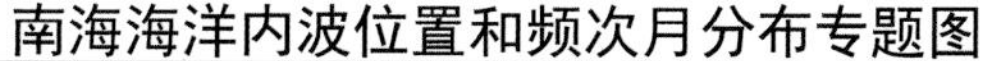

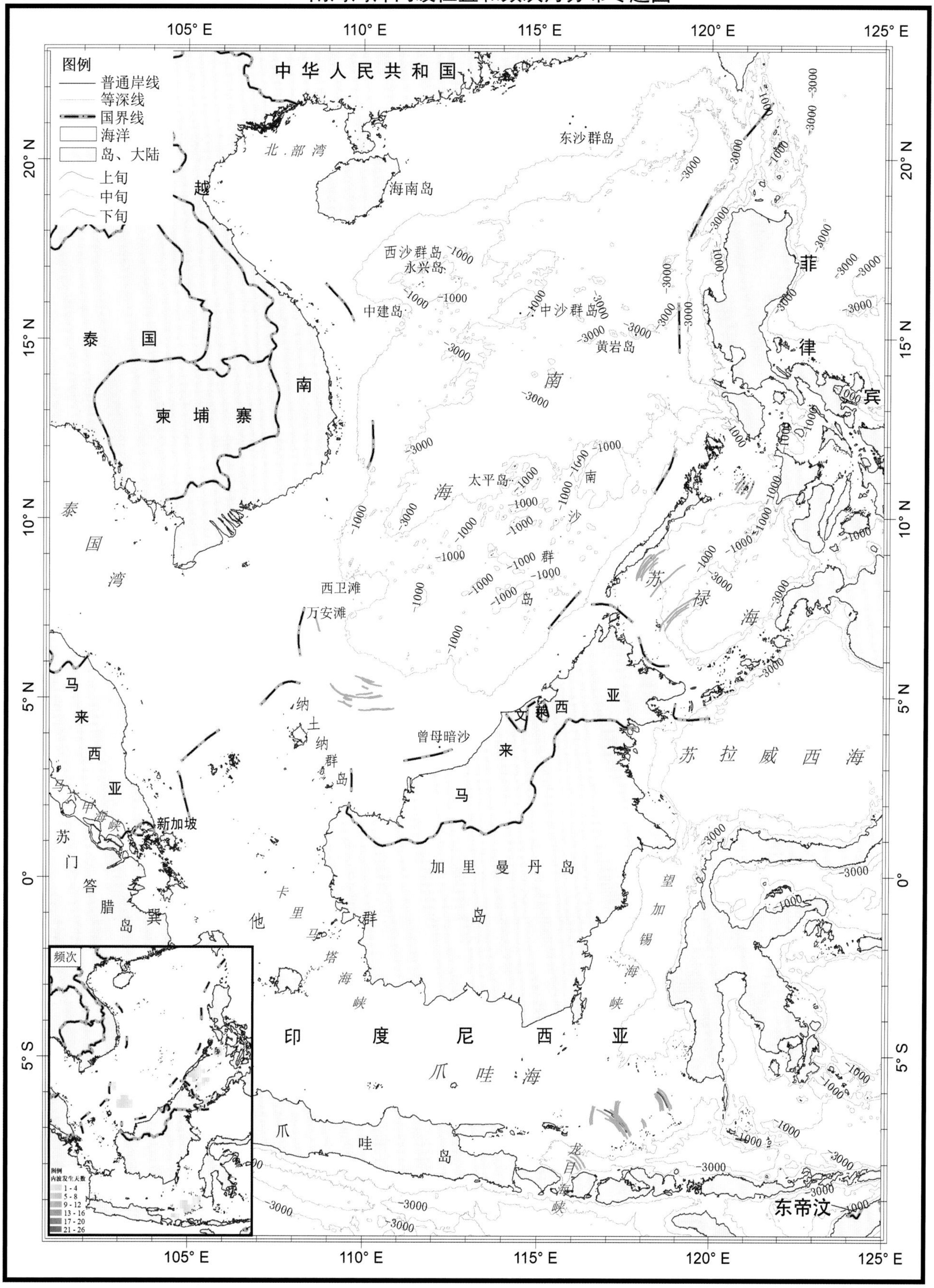

调查数据源：MODIS、SAR数据　　比例尺：1:14 000 000　　高程基准：1985国家高程基准

数据空间分辨率：250m　　坐标系：CGCS2000　　制图单位：自然资源部第一海洋研究所

数据时间：2012年1月　　投影信息：墨卡托投影　　制图时间：2022年1月

南海海洋内波位置和频次月分布专题图

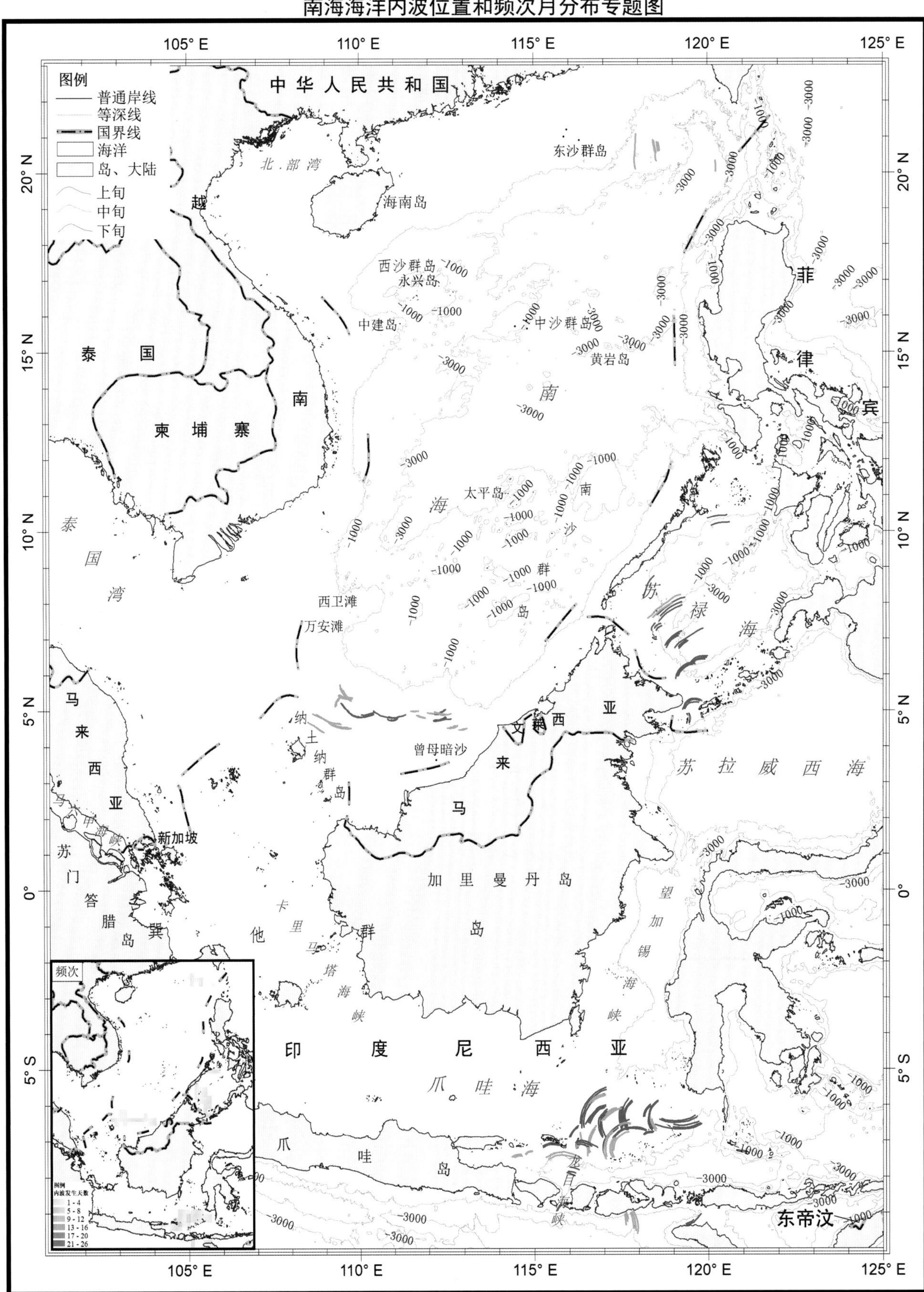

调查数据源：MODIS、SAR数据
数据空间分辨率：250m
数据时间：2012年2月

比例尺：1:14 000 000
坐标系：CGCS2000
投影信息：墨卡托投影

高程基准：1985国家高程基准
制图单位：自然资源部第一海洋研究所
制图时间：2022年1月

南海海洋内波位置和频次月分布专题图

调查数据源：MODIS、SAR数据　　比例尺：1:14 000 000　　高程基准：1985国家高程基准

数据空间分辨率：250m　　坐标系：CGCS2000　　制图单位：自然资源部第一海洋研究所

数据时间：2012年3月　　投影信息：墨卡托投影　　制图时间：2022年1月

南海海洋内波位置和频次月分布专题图

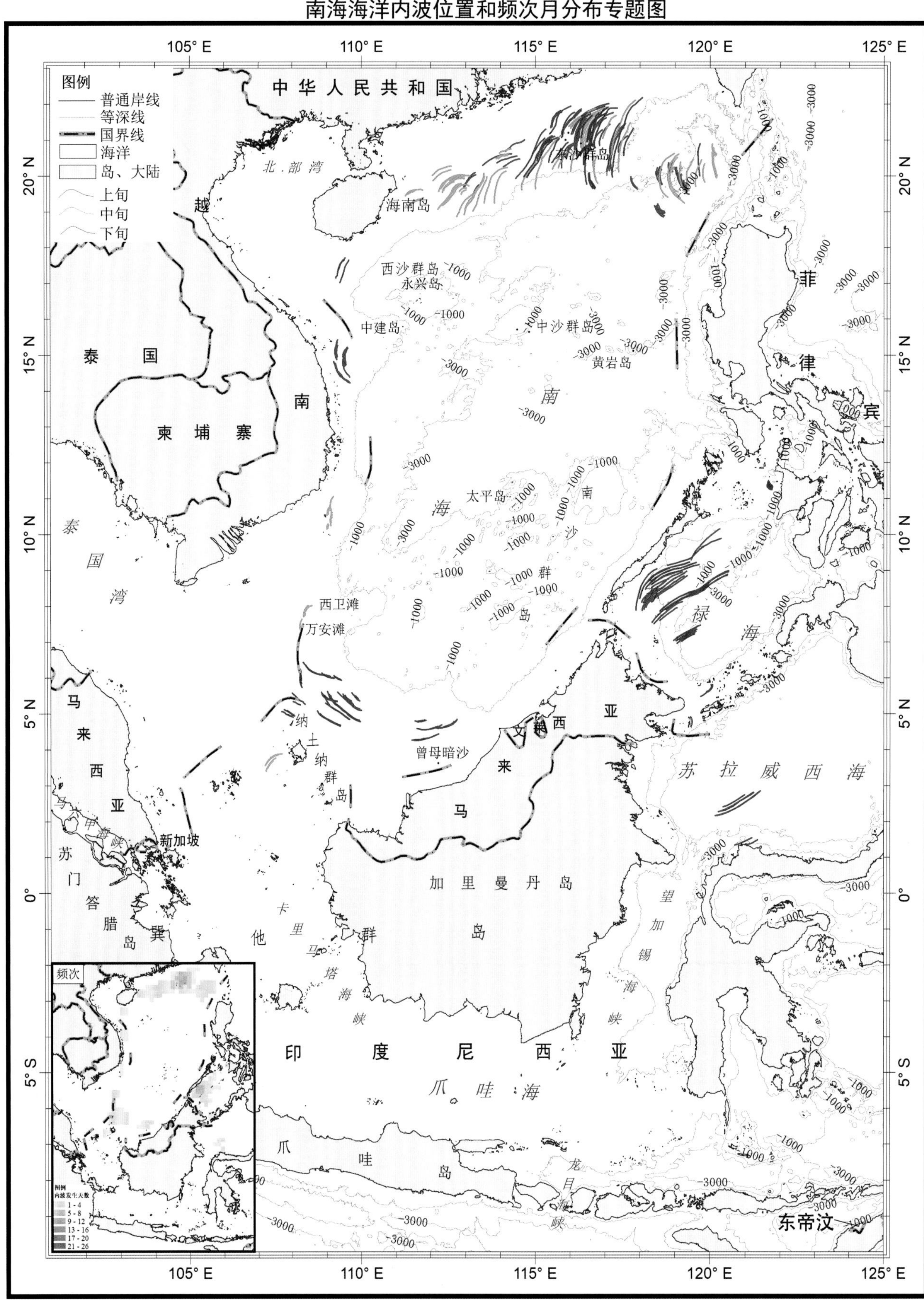

调查数据源：MODIS、SAR数据
数据空间分辨率：250m
数据时间：2012年4月

比例尺：1:14 000 000
坐标系：CGCS2000
投影信息：墨卡托投影

高程基准：1985国家高程基准
制图单位：自然资源部第一海洋研究所
制图时间：2022年1月

南海海洋内波位置和频次月分布专题图

图例
普通岸线
等深线
国界线
海洋
岛、大陆
上旬
中旬
下旬

中华人民共和国
北部湾
越
海南岛
东沙群岛
西沙群岛
永兴岛
中建岛
中沙群岛
黄岩岛
泰　国
柬　埔　寨
南
南　海
太平岛
南　沙　群　岛
泰国湾
西卫滩
万安滩
菲　律　宾
苏禄海
文莱
马　来　西　亚
马来西亚
曾母暗沙
纳土纳群岛
新加坡
马六甲海峡
苏门答腊岛
廖内群岛
卡里马塔海峡
加里曼丹岛
苏拉威西海
望加锡海峡
印　度　尼　西　亚
爪哇海
爪哇岛
龙目海峡
东帝汶

频次
例例
内波发生天数
1 - 4
5 - 8
9 - 12
13 - 16
17 - 20
21 - 26

调查数据源：MODIS、SAR数据
数据空间分辨率：250m
数据时间：2012年5月

比例尺：1:14 000 000
坐标系：CGCS2000
投影信息：墨卡托投影

高程基准：1985国家高程基准
制图单位：自然资源部第一海洋研究所
制图时间：2022年1月

南海海洋内波位置和频次月分布专题图

图例
普通岸线
等深线
国界线
海洋
岛、大陆
上旬
中旬
下旬

中华人民共和国
北部湾
海南岛
东沙群岛
西沙群岛
永兴岛
中建岛
中沙群岛
黄岩岛
越
南
泰国
柬埔寨
泰国湾
南海
太平岛
南沙群岛
西卫滩
万安滩
菲律宾
苏禄海
马来西亚
文莱
曾母暗沙
纳土纳群岛
新加坡
马六甲海峡
苏门答腊岛
加里曼丹岛
卡里马塔海峡
望加锡海峡
苏拉威西海
印度尼西亚
爪哇海
爪哇岛
龙目海峡
东帝汶

频次
图例 内波发生天数
1 - 4
5 - 8
9 - 12
13 - 16
17 - 20
21 - 26

调查数据源：MODIS、SAR数据	比例尺：1:14 000 000	高程基准：1985国家高程基准
数据空间分辨率：250m	坐标系：CGCS2000	制图单位：自然资源部第一海洋研究所
数据时间：2012年6月	投影信息：墨卡托投影	制图时间：2022年1月

南海海洋内波位置和频次月分布专题图

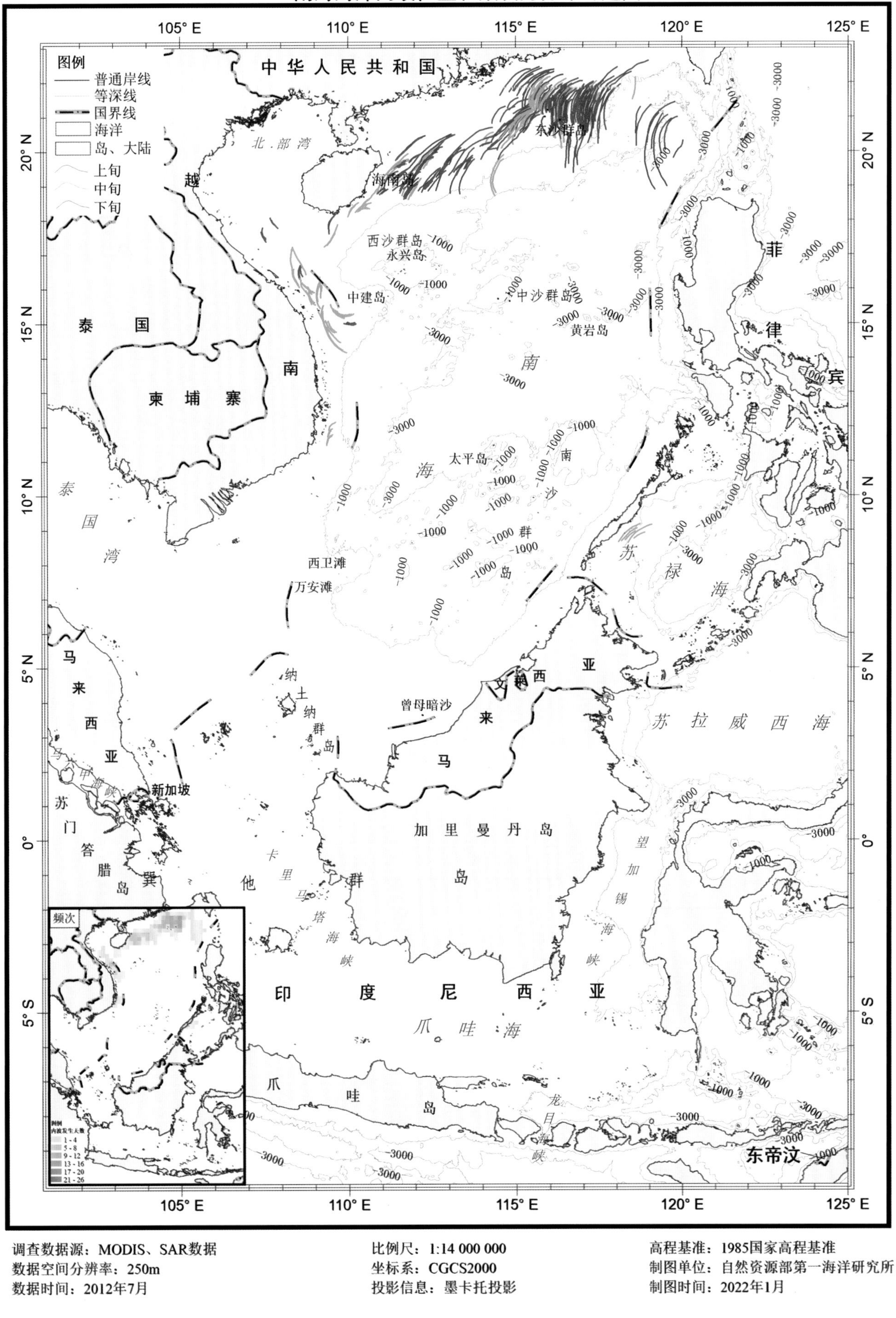

图例
普通岸线
等深线
国界线
海洋
岛、大陆
上旬
中旬
下旬

105° E 110° E 115° E 120° E 125° E

20° N 15° N 10° N 5° N 0° 5° S

中华人民共和国
北部湾
海南岛
东沙群岛
西沙群岛
永兴岛
中建岛
中沙群岛
黄岩岛
越
南
泰国
柬埔寨
泰国湾
南海
太平岛
南沙群岛
西卫滩
万安滩
菲律宾
苏禄海
苏拉威西海
马来西亚
文莱
纳土纳群岛
曾母暗沙
新加坡
马六甲海峡
苏门答腊岛
卡里马塔海峡
加里曼丹岛
望加锡海峡
印度尼西亚
爪哇海
爪哇岛
龙目海峡
东帝汶

频次
图例
内波发生天数
1 - 4
5 - 8
9 - 12
13 - 16
17 - 20
21 - 26

调查数据源：MODIS、SAR数据
数据空间分辨率：250m
数据时间：2012年7月

比例尺：1:14 000 000
坐标系：CGCS2000
投影信息：墨卡托投影

高程基准：1985国家高程基准
制图单位：自然资源部第一海洋研究所
制图时间：2022年1月

南海海洋内波位置和频次月分布专题图

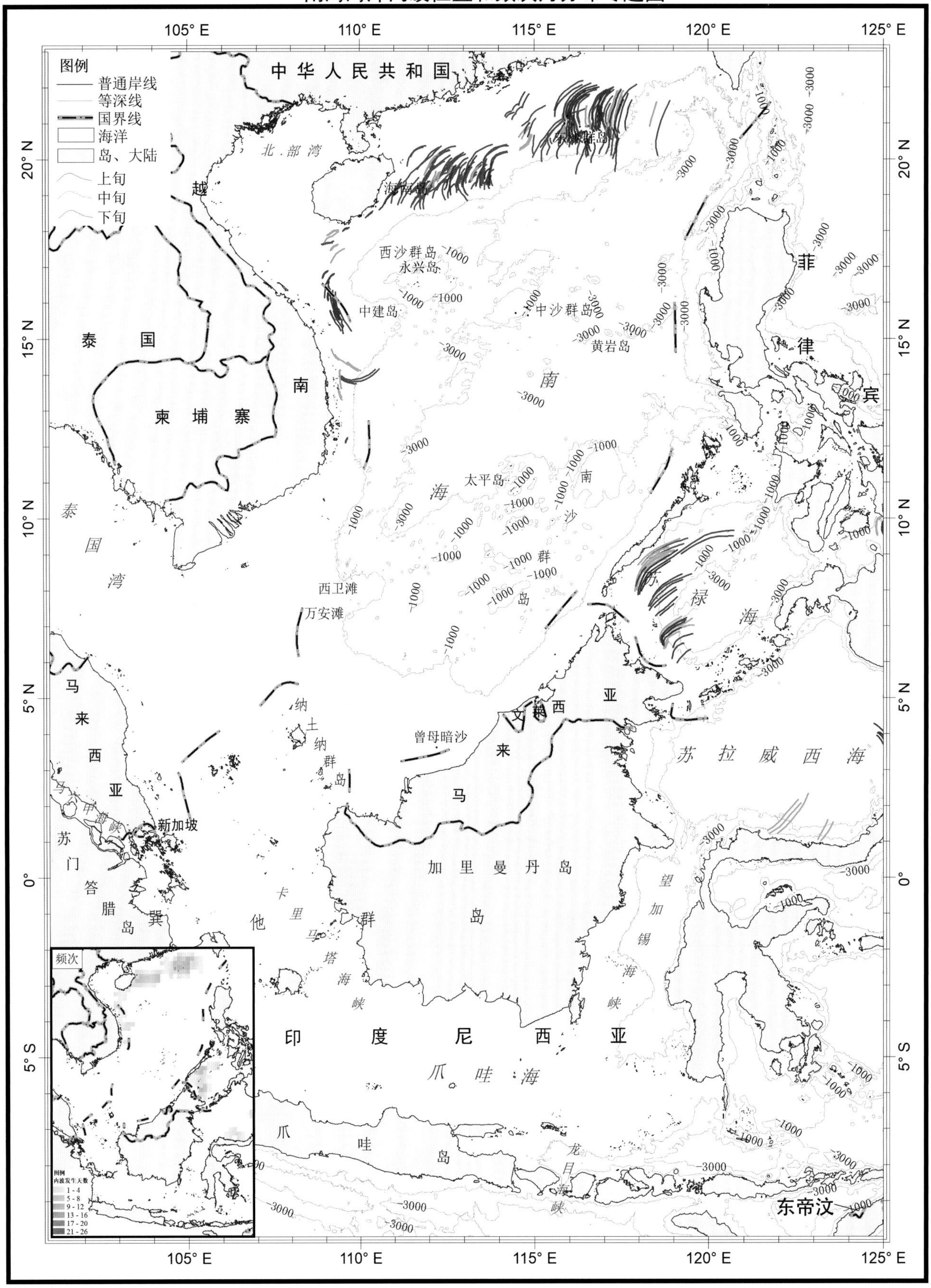

105° E 110° E 115° E 120° E 125° E

20° N 15° N 10° N 5° N 0° 5° S

图例
普通岸线
等深线
国界线
海洋
岛、大陆
上旬
中旬
下旬

中华人民共和国
北部湾
海南岛
东沙群岛
越
泰国
南
柬埔寨
西沙群岛
永兴岛
中建岛
中沙群岛
黄岩岛
南
海
太平岛
南
沙
群
岛
菲
律
宾
泰国湾
西卫滩
万安滩
苏
禄
海
马来西亚
纳
土
纳
群
岛
曾母暗沙
文莱
马来西亚
苏拉威西海
新加坡
马六甲海峡
苏门答腊岛
加里曼丹岛
卡里马塔海峡
他
群
望加锡海峡
印度尼西亚
爪哇海
爪哇岛
龙目海峡
东帝汶

-1000
-3000

频次
图例
内波发生天数
1 - 4
5 - 8
9 - 12
13 - 16
17 - 20
21 - 26

调查数据源：MODIS、SAR数据
数据空间分辨率：250m
数据时间：2012年8月

比例尺：1:14 000 000
坐标系：CGCS2000
投影信息：墨卡托投影

高程基准：1985国家高程基准
制图单位：自然资源部第一海洋研究所
制图时间：2022年1月

6

南海海洋内波位置和频次月分布专题图

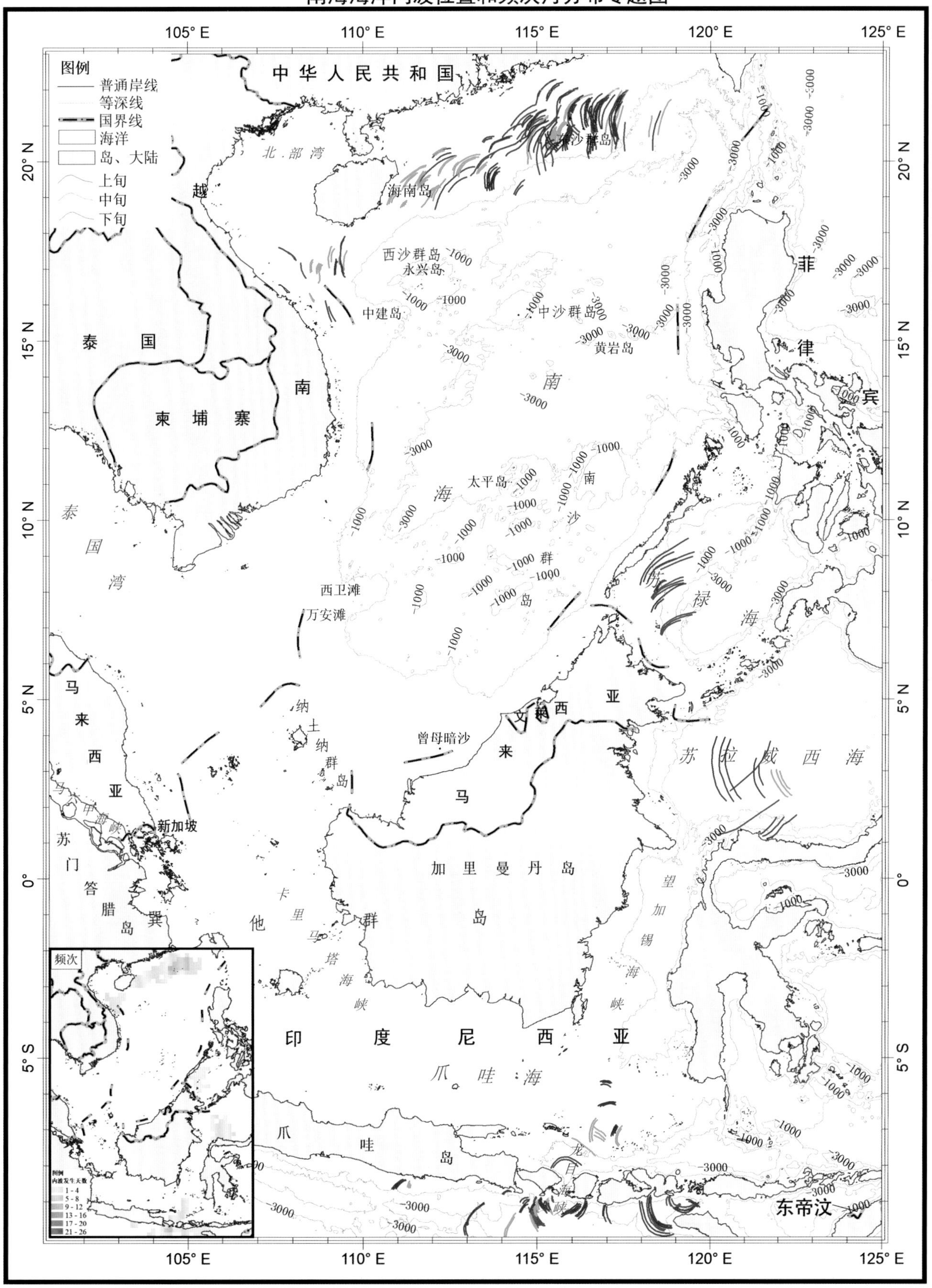

调查数据源：MODIS、SAR数据　比例尺：1:14 000 000　高程基准：1985国家高程基准

数据空间分辨率：250m　坐标系：CGCS2000　制图单位：自然资源部第一海洋研究所

数据时间：2012年9月　投影信息：墨卡托投影　制图时间：2022年1月

南海海洋内波位置和频次月分布专题图

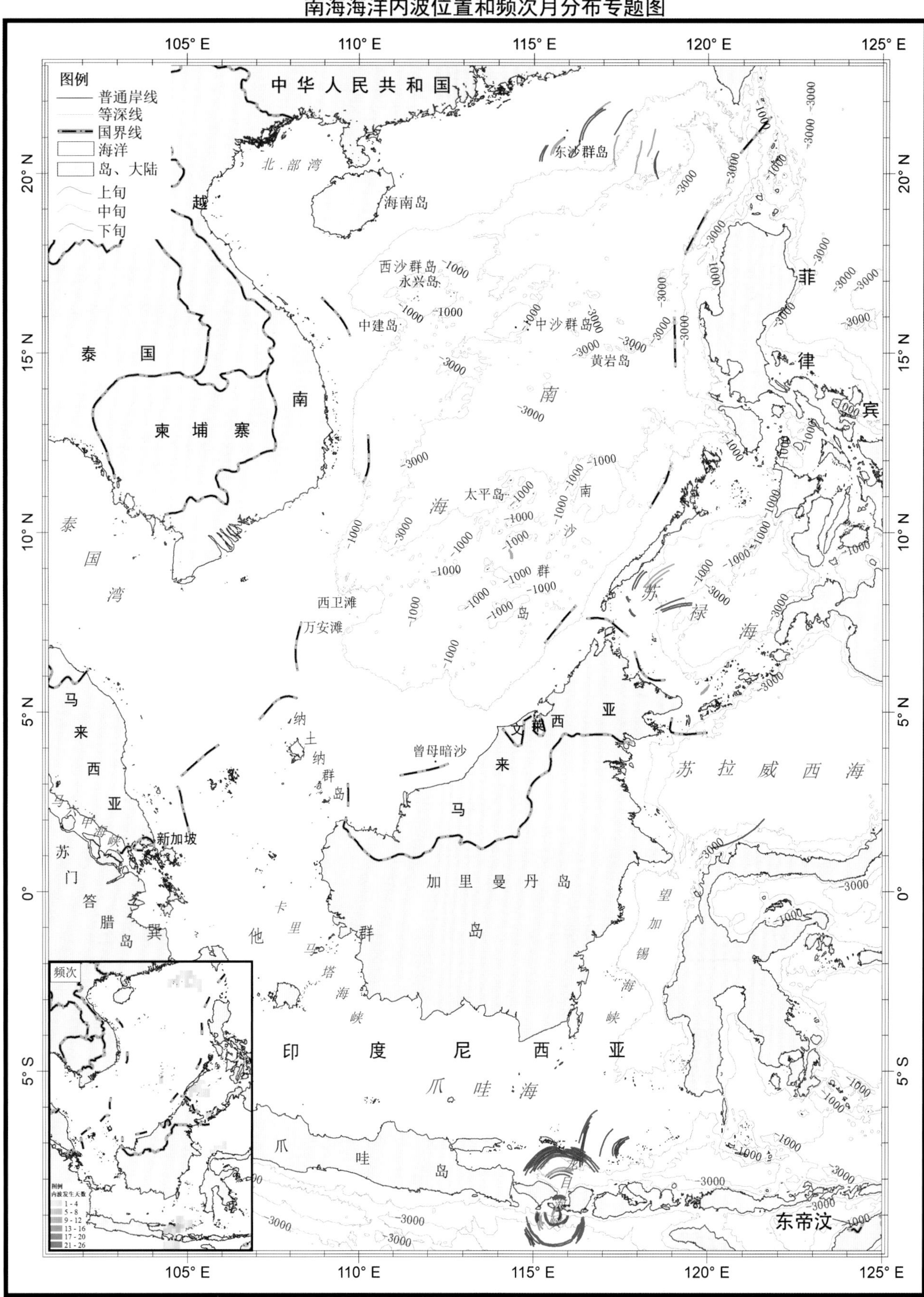

调查数据源：MODIS、SAR数据
数据空间分辨率：250m
数据时间：2012年10月
比例尺：1:14 000 000
坐标系：CGCS2000
投影信息：墨卡托投影
高程基准：1985国家高程基准
制图单位：自然资源部第一海洋研究所
制图时间：2022年1月

南海海洋内波位置和频次月分布专题图

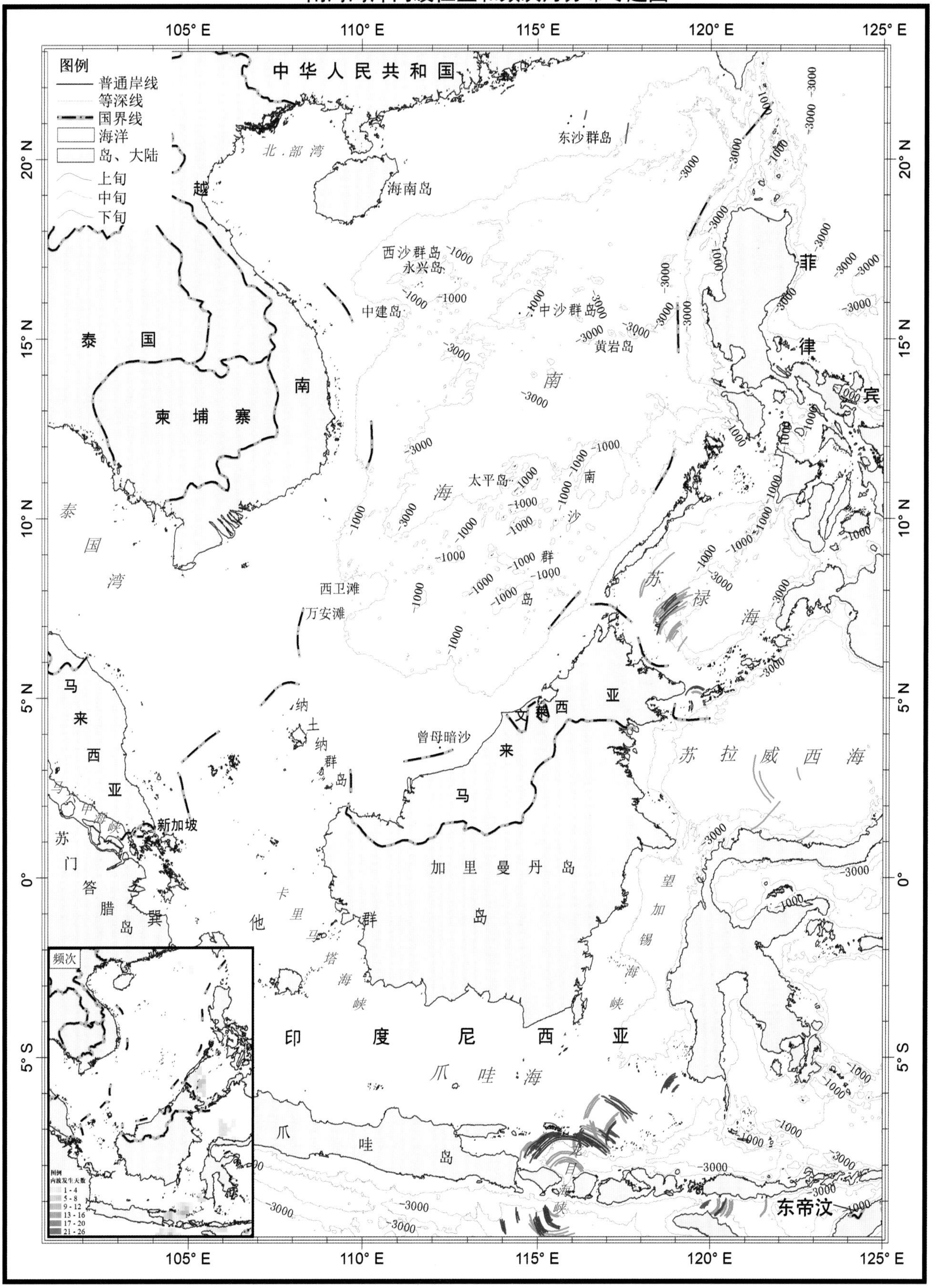

调查数据源：MODIS、SAR数据
数据空间分辨率：250m
数据时间：2012年11月

比例尺：1:14 000 000
坐标系：CGCS2000
投影信息：墨卡托投影

高程基准：1985国家高程基准
制图单位：自然资源部第一海洋研究所
制图时间：2022年1月

南海海洋内波位置和频次月分布专题图

图例
普通岸线
等深线
国界线
海洋
岛、大陆
上旬
中旬
下旬

105° E 110° E 115° E 120° E 125° E
20° N 15° N 10° N 5° N 0° 5° S

中华人民共和国
东沙群岛
北部湾
海南岛
越
南
西沙群岛
永兴岛
中建岛
中沙群岛
黄岩岛
泰国
柬埔寨
泰国湾
南海
太平岛
南沙群岛
西卫滩
万安滩
菲律宾
苏禄海
马来西亚
文莱
曾母暗沙
纳土纳群岛
新加坡
苏拉威西海
马六甲海峡
苏门答腊岛
加里曼丹岛
卡里马塔海峡
望加锡海峡
印度尼西亚
爪哇海
爪哇岛
龙目海峡
东帝汶

频次
图例
内波发生天数
1 - 4
5 - 8
9 - 12
13 - 16
17 - 20
21 - 26

调查数据源：MODIS、SAR数据
数据空间分辨率：250m
数据时间：2012年12月

比例尺：1:14 000 000
坐标系：CGCS2000
投影信息：墨卡托投影

高程基准：1985国家高程基准
制图单位：自然资源部第一海洋研究所
制图时间：2022年1月

南海海洋内波位置和频次季分布专题图

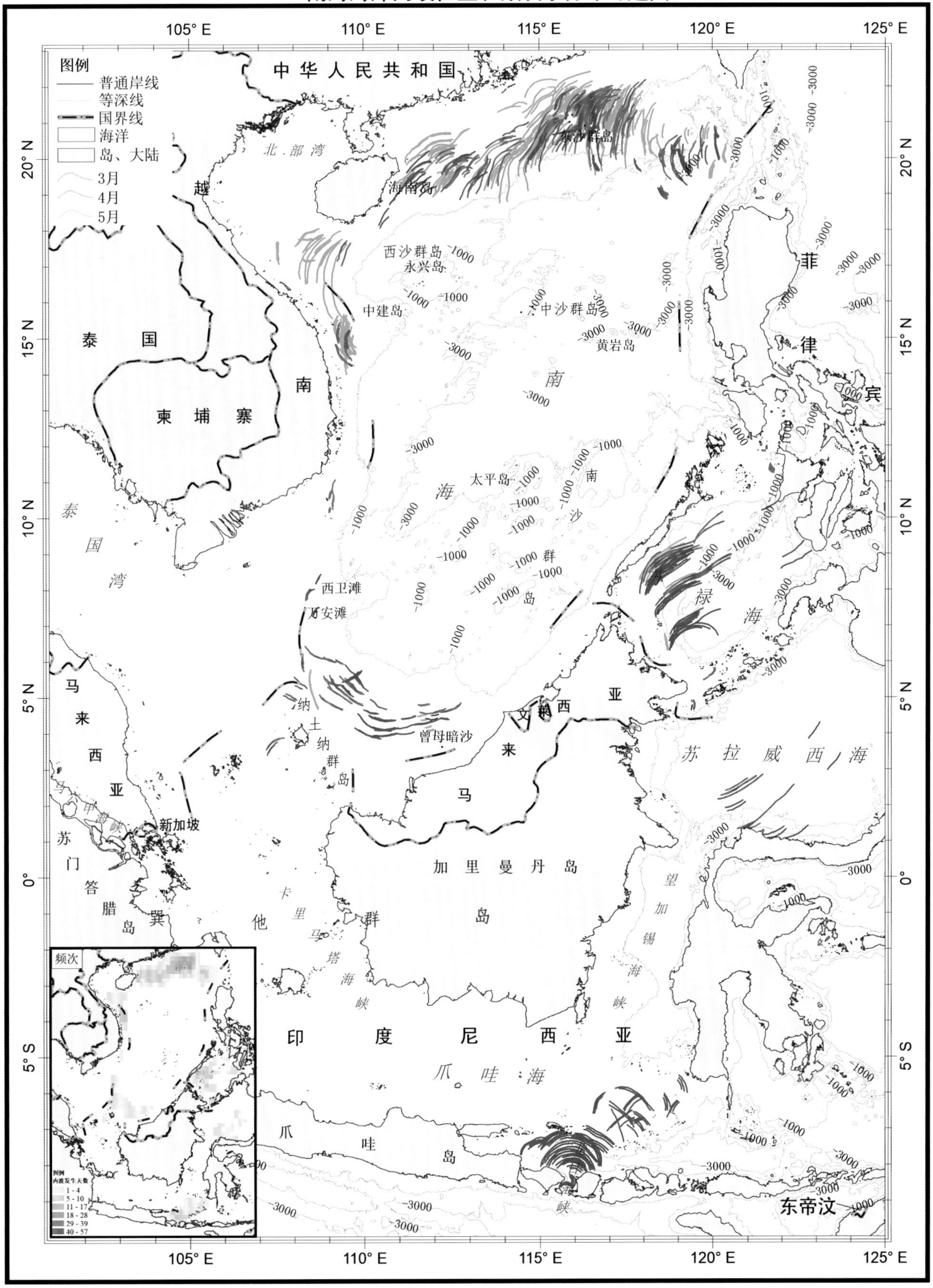

调查数据源：MODIS、SAR数据
数据空间分辨率：250m
数据时间：2012年春季

比例尺：1:14 000 000
坐标系：CGCS2000
投影信息：墨卡托投影

高程基准：1985国家高程基准
制图单位：自然资源部第一海洋研究所
制图时间：2022年1月

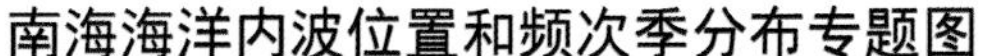

南海海洋内波位置和频次季分布专题图

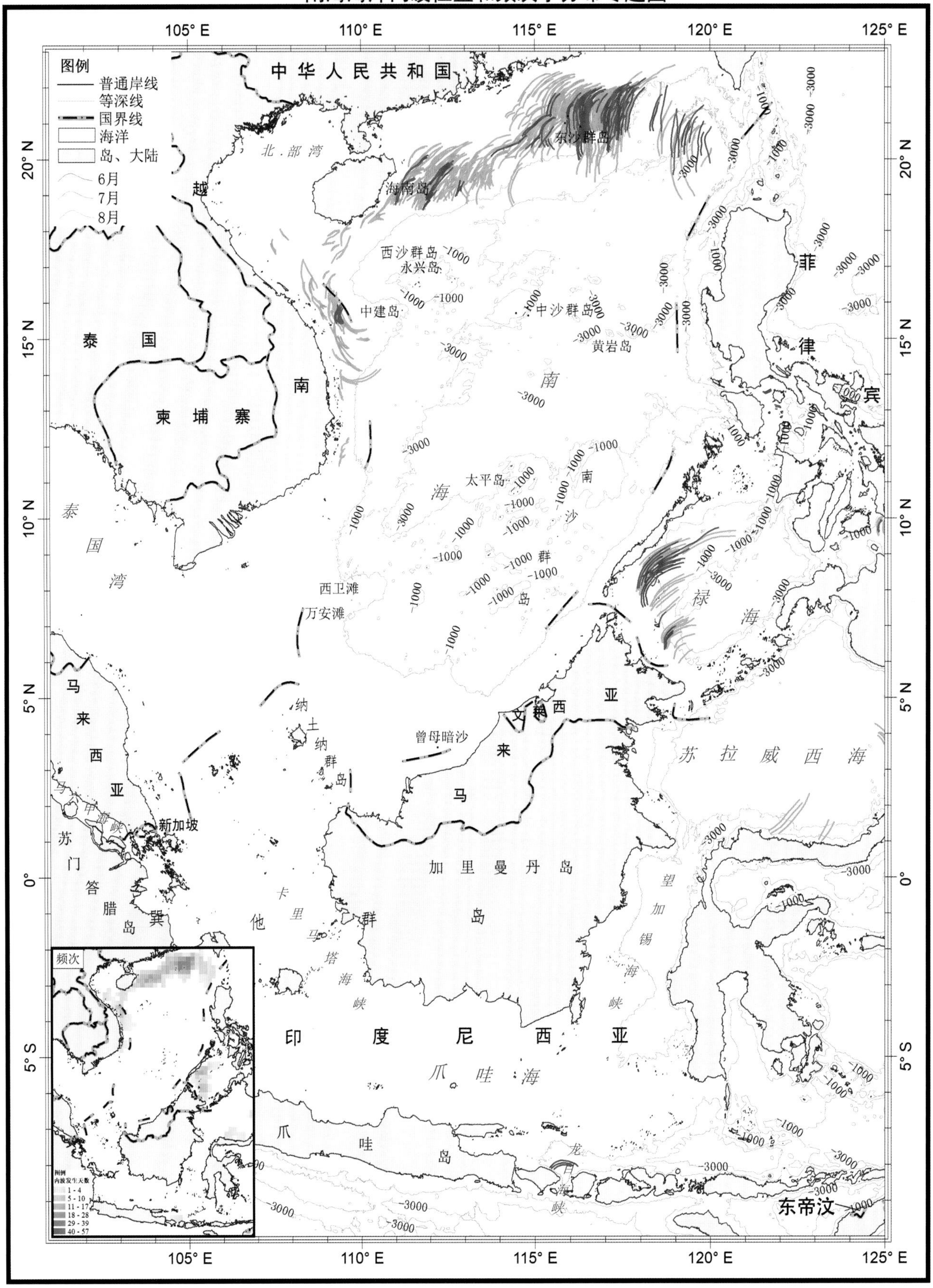

图例
普通岸线
等深线
国界线
海洋
岛、大陆
6月
7月
8月

中华人民共和国
北部湾
海南岛
东沙群岛
西沙群岛
永兴岛
中建岛
中沙群岛
黄岩岛
越
泰国
柬埔寨
南
南海
太平岛
南沙群岛
西卫滩
万安滩
泰国湾
菲律宾
苏禄海
马来西亚
文莱
曾母暗沙
纳土纳群岛
新加坡
马六甲海峡
苏门答腊岛
加里曼丹岛
卡里马塔海峡
望加锡海峡
苏拉威西海
印度尼西亚
爪哇海
爪哇岛
龙目海峡
东帝汶

频次
附例
内波发生天数
1 - 4
5 - 10
11 - 17
18 - 28
29 - 39
40 - 57

调查数据源：MODIS、SAR数据
数据空间分辨率：250m
数据时间：2012年夏季

比例尺：1:14 000 000
坐标系：CGCS2000
投影信息：墨卡托投影

高程基准：1985国家高程基准
制图单位：自然资源部第一海洋研究所
制图时间：2022年1月

南海海洋内波位置和频次季分布专题图

图例
普通岸线
等深线
国界线
海洋
岛、大陆
9月
10月
11月

中华人民共和国
北部湾
越
海南岛
东沙群岛
西沙群岛
永兴岛
中建岛
中沙群岛
黄岩岛
菲
律
宾
泰国
柬埔寨
南
泰国湾
南海
太平岛
南沙群岛
西卫滩
万安滩
马来西亚
纳土纳群岛
曾母暗沙
文莱
马来西亚
苏禄海
苏拉威西海
马六甲海峡
新加坡
苏门答腊岛
加里曼丹岛
卡里马塔海峡
他
群
岛
异
望加锡海峡
印度尼西亚
爪哇海
爪哇岛
龙目海峡
东帝汶

频次
图例
内波发生天数
1 - 4
5 - 10
11 - 17
18 - 28
29 - 39
40 - 57

调查数据源：MODIS、SAR数据
数据空间分辨率：250m
数据时间：2012年秋季

比例尺：1:14 000 000
坐标系：CGCS2000
投影信息：墨卡托投影

高程基准：1985国家高程基准
制图单位：自然资源部第一海洋研究所
制图时间：2022年1月

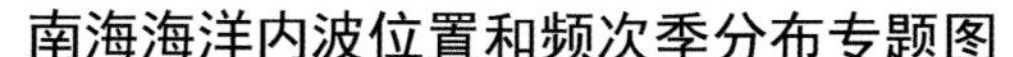

南海海洋内波位置和频次季分布专题图

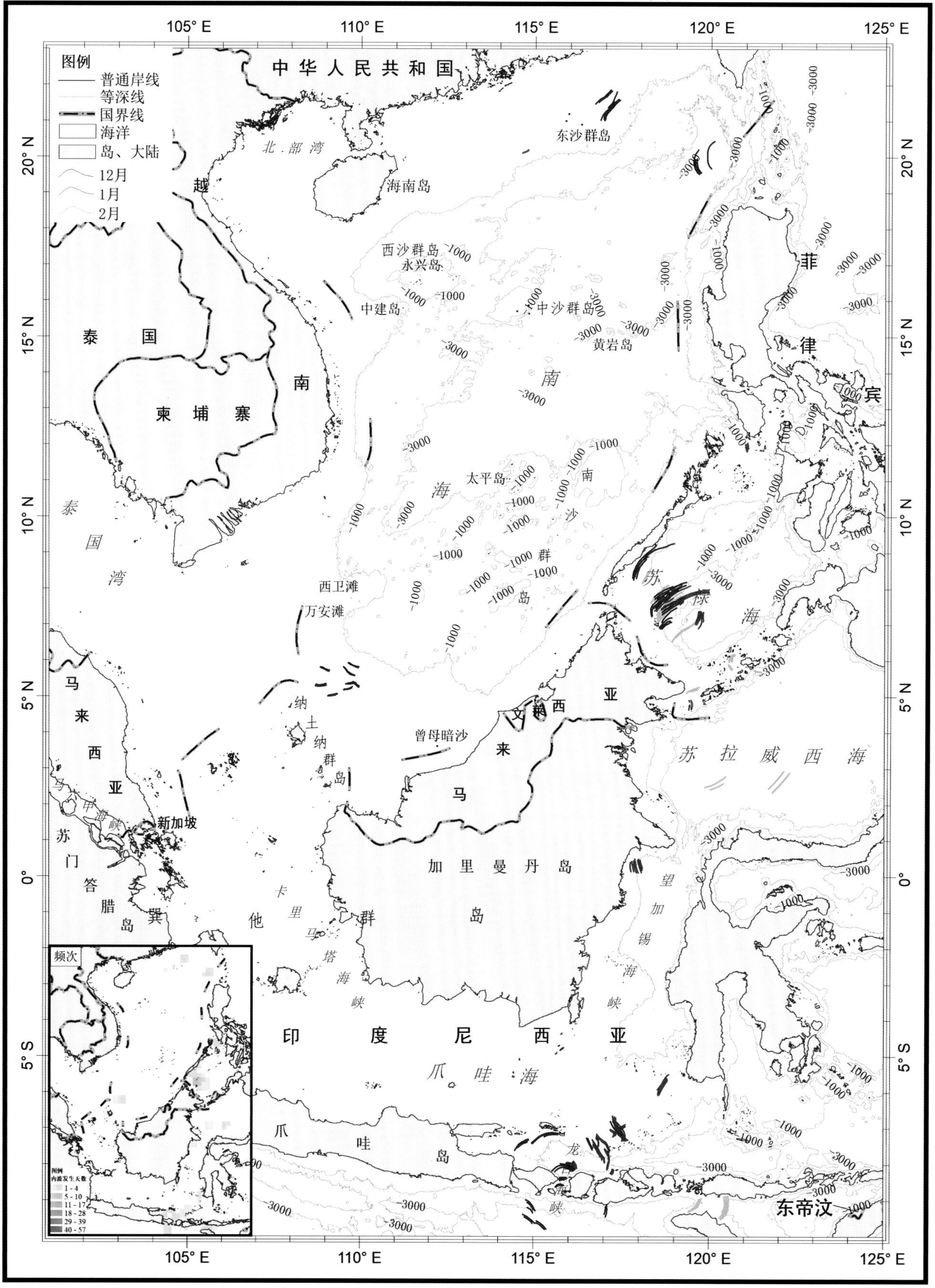

图例
普通岸线
等深线
国界线
海洋
岛、大陆
12月
1月
2月

105° E　110° E　115° E　120° E　125° E
20° N　15° N　10° N　5° N　0°　5° S

中华人民共和国
北部湾
海南岛
东沙群岛
西沙群岛
永兴岛
中建岛
中沙群岛
黄岩岛
越
南
泰国
柬埔寨
泰国湾
南海
太平岛
南沙群岛
西卫滩
万安滩
菲律宾
苏禄海
苏拉威西海
马来西亚
文莱
曾母暗沙
纳土纳群岛
马六甲海峡
新加坡
苏门答腊岛
加里曼丹岛
卡里马塔海峡
望加锡海峡
印度尼西亚
爪哇海
爪哇岛
龙目海峡
东帝汶
-1000
-3000

频次
图例
内波发生天数
1 - 4
5 - 10
11 - 17
18 - 28
29 - 39
40 - 57

调查数据源：MODIS、SAR数据
数据空间分辨率：250m
数据时间：2012年冬季

比例尺：1:14 000 000
坐标系：CGCS2000
投影信息：墨卡托投影

高程基准：1985国家高程基准
制图单位：自然资源部第一海洋研究所
制图时间：2022年1月

6

南海海洋内波位置和频次半年分布专题图

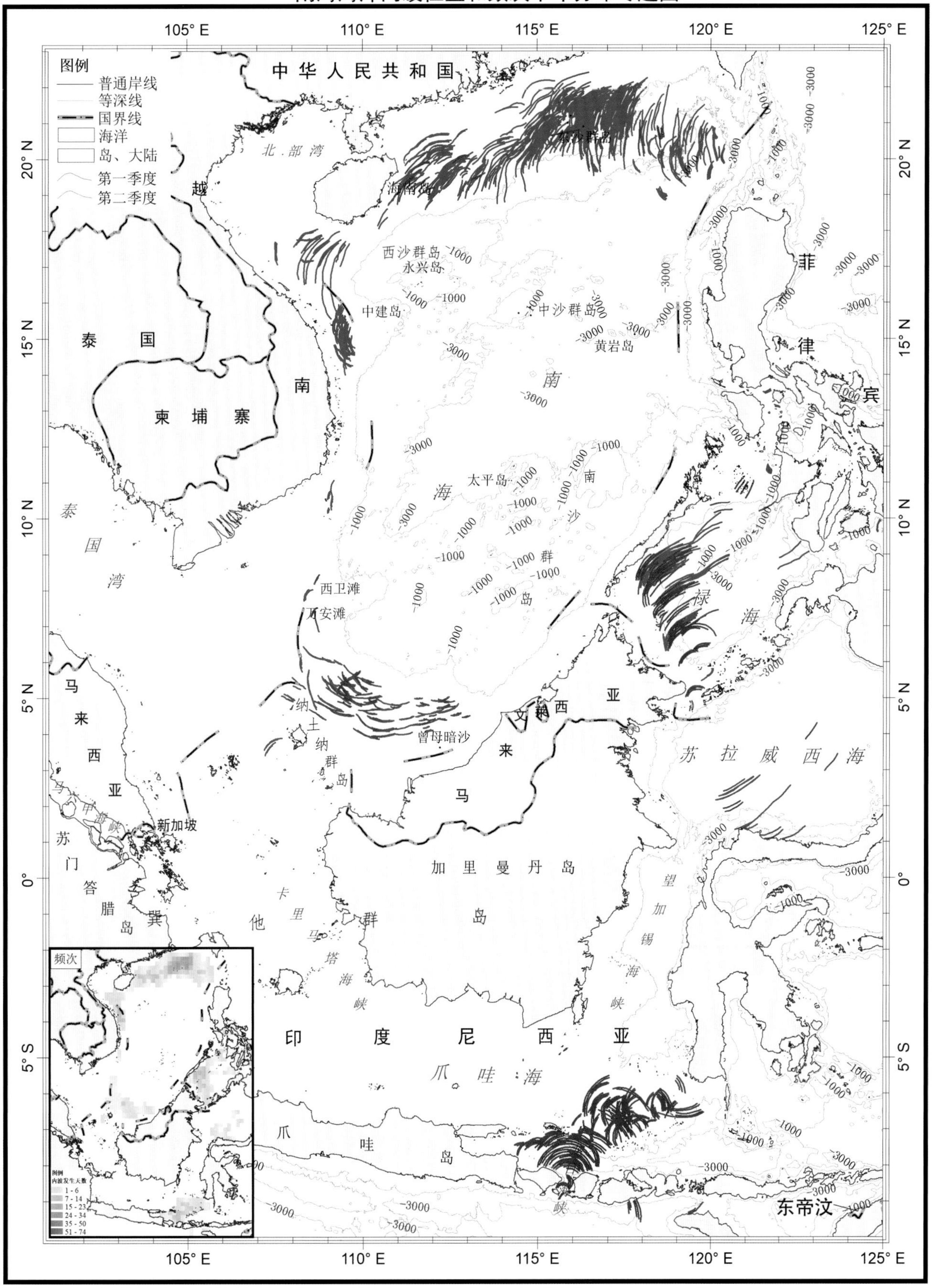

图例
- 普通岸线
- 等深线
- 国界线
- 海洋
- 岛、大陆
- 第一季度
- 第二季度

频次

图例 内波发生天数：1 - 6，7 - 14，15 - 23，24 - 34，35 - 50，51 - 74

调查数据源：MODIS、SAR数据　　比例尺：1:14 000 000　　高程基准：1985国家高程基准

数据空间分辨率：250m　　坐标系：CGCS2000　　制图单位：自然资源部第一海洋研究所

数据时间：2012年上半年　　投影信息：墨卡托投影　　制图时间：2022年1月

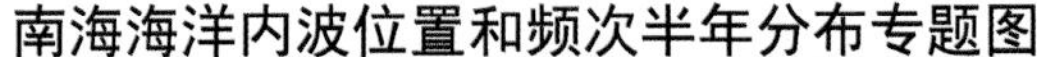

南海海洋内波位置和频次半年分布专题图

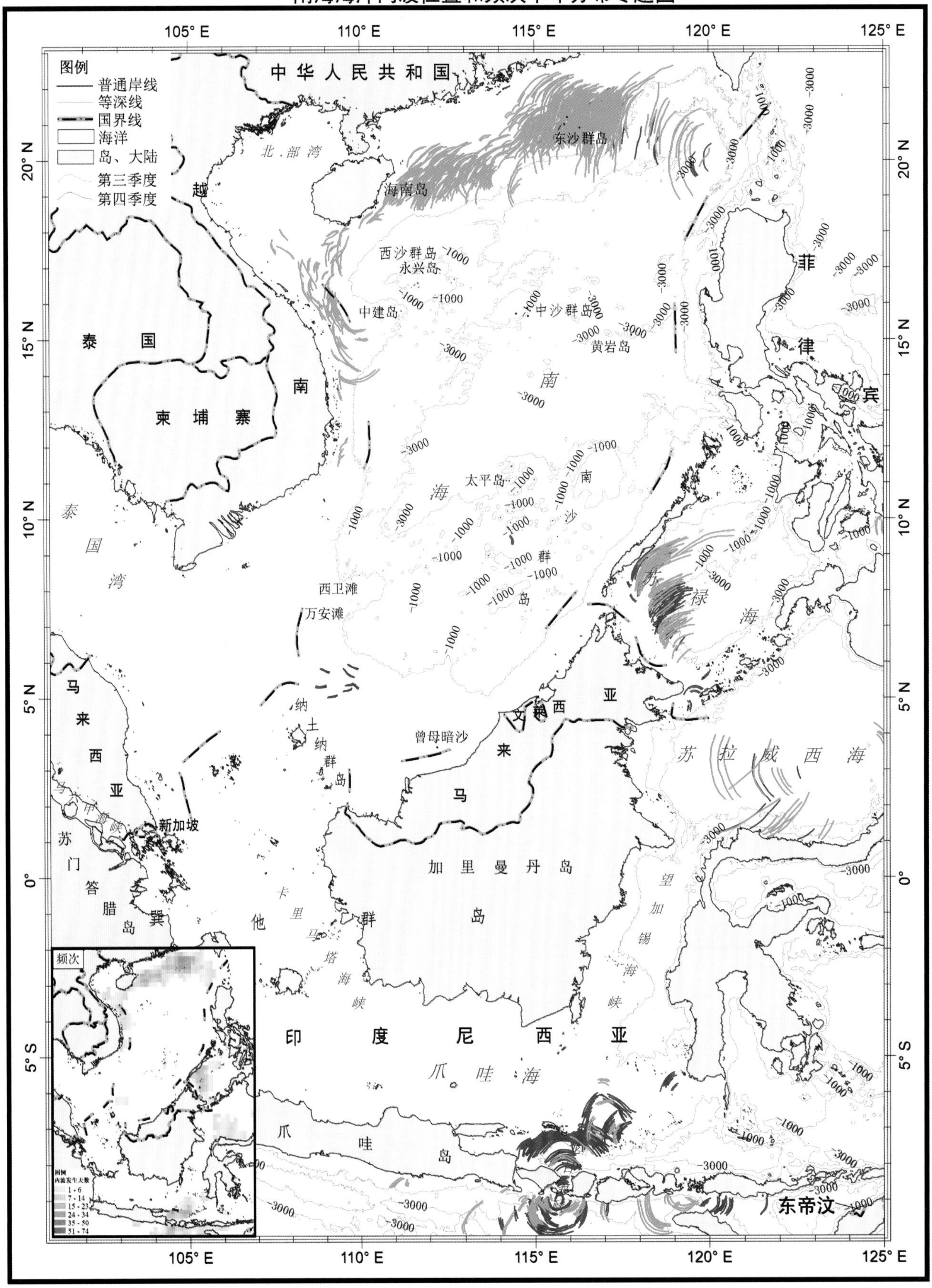

调查数据源：MODIS、SAR数据
数据空间分辨率：250m
数据时间：2012年下半年

比例尺：1:14 000 000
坐标系：CGCS2000
投影信息：墨卡托投影

高程基准：1985国家高程基准
制图单位：自然资源部第一海洋研究所
制图时间：2022年1月

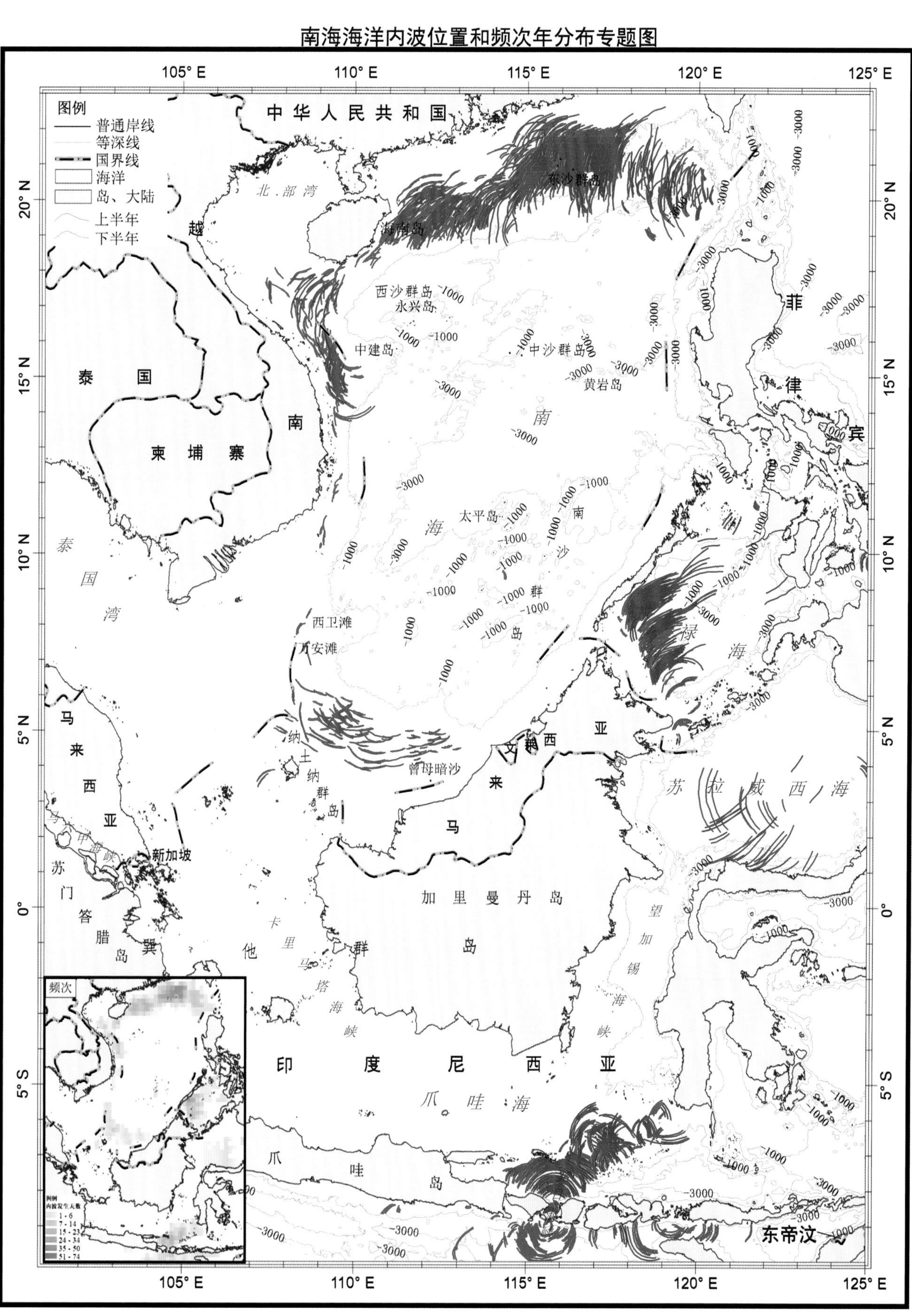

调查数据源：MODIS、SAR数据
数据空间分辨率：250m
数据时间：2012年全年

比例尺：1:14 000 000
坐标系：CGCS2000
投影信息：墨卡托投影

高程基准：1985国家高程基准
制图单位：自然资源部第一海洋研究所
制图时间：2022年1月

6.4 南海内孤立波 2013 年分布图

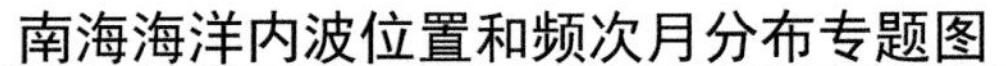

图例
普通岸线
等深线
国界线
海洋
岛、大陆
上旬
中旬
下旬

频次
图例
内波发生天数
1-4
5-8
9-12
13-16
17-20
21-26

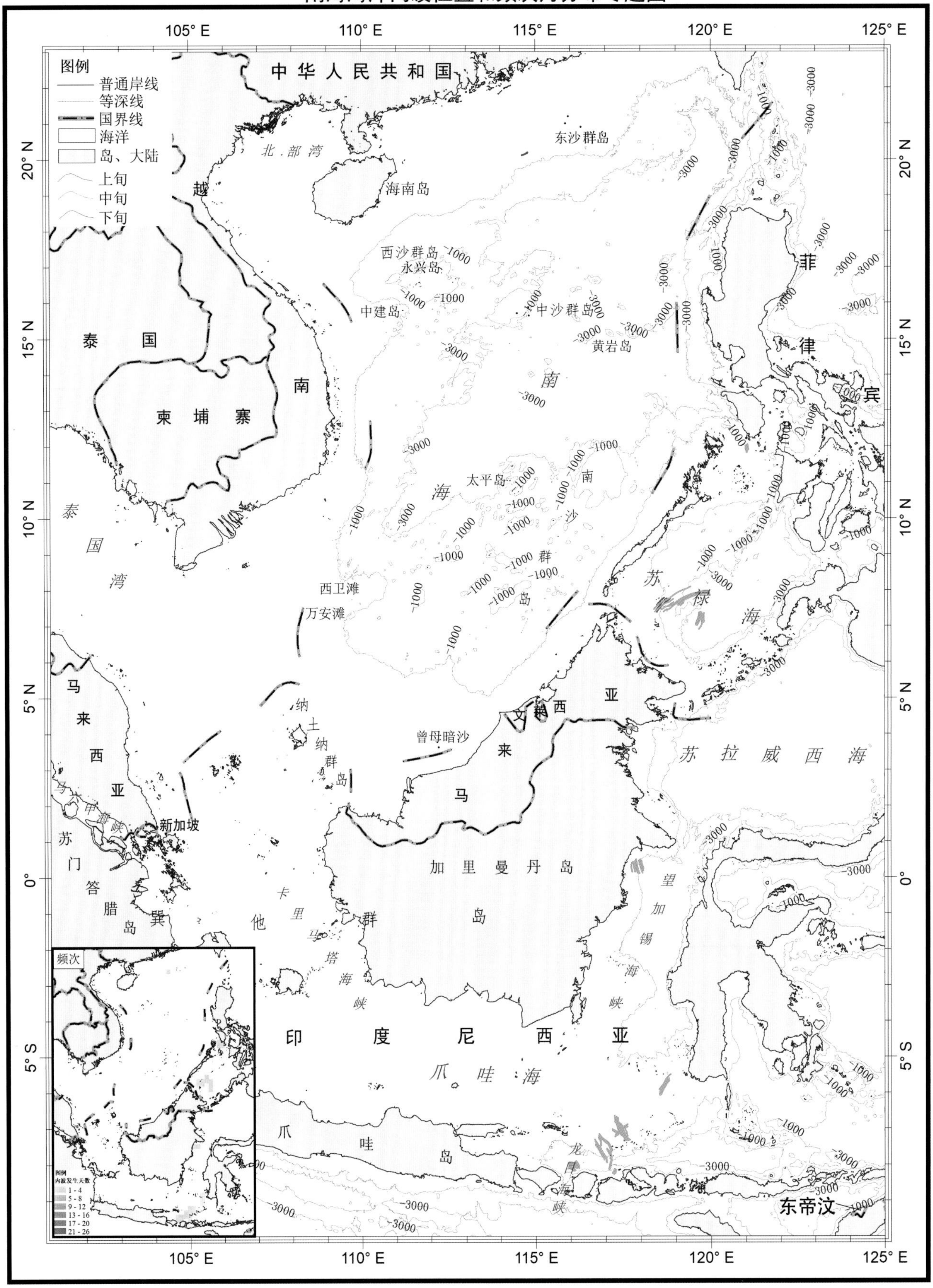

调查数据源：MODIS、SAR数据
数据空间分辨率：250m
数据时间：2013年1月

比例尺：1:14 000 000
坐标系：CGCS2000
投影信息：墨卡托投影

高程基准：1985国家高程基准
制图单位：自然资源部第一海洋研究所
制图时间：2022年1月

南海海洋内波位置和频次月分布专题图

图例
普通岸线
等深线
国界线
海洋
岛、大陆
上旬
中旬
下旬

频次
图例
内波发生天数
1 - 4
5 - 8
9 - 12
13 - 16
17 - 20
21 - 26

调查数据源：MODIS、SAR数据
数据空间分辨率：250m
数据时间：2013年2月

比例尺：1:14 000 000
坐标系：CGCS2000
投影信息：墨卡托投影

高程基准：1985国家高程基准
制图单位：自然资源部第一海洋研究所
制图时间：2022年1月

南海海洋内波位置和频次月分布专题图

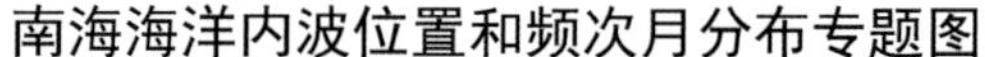

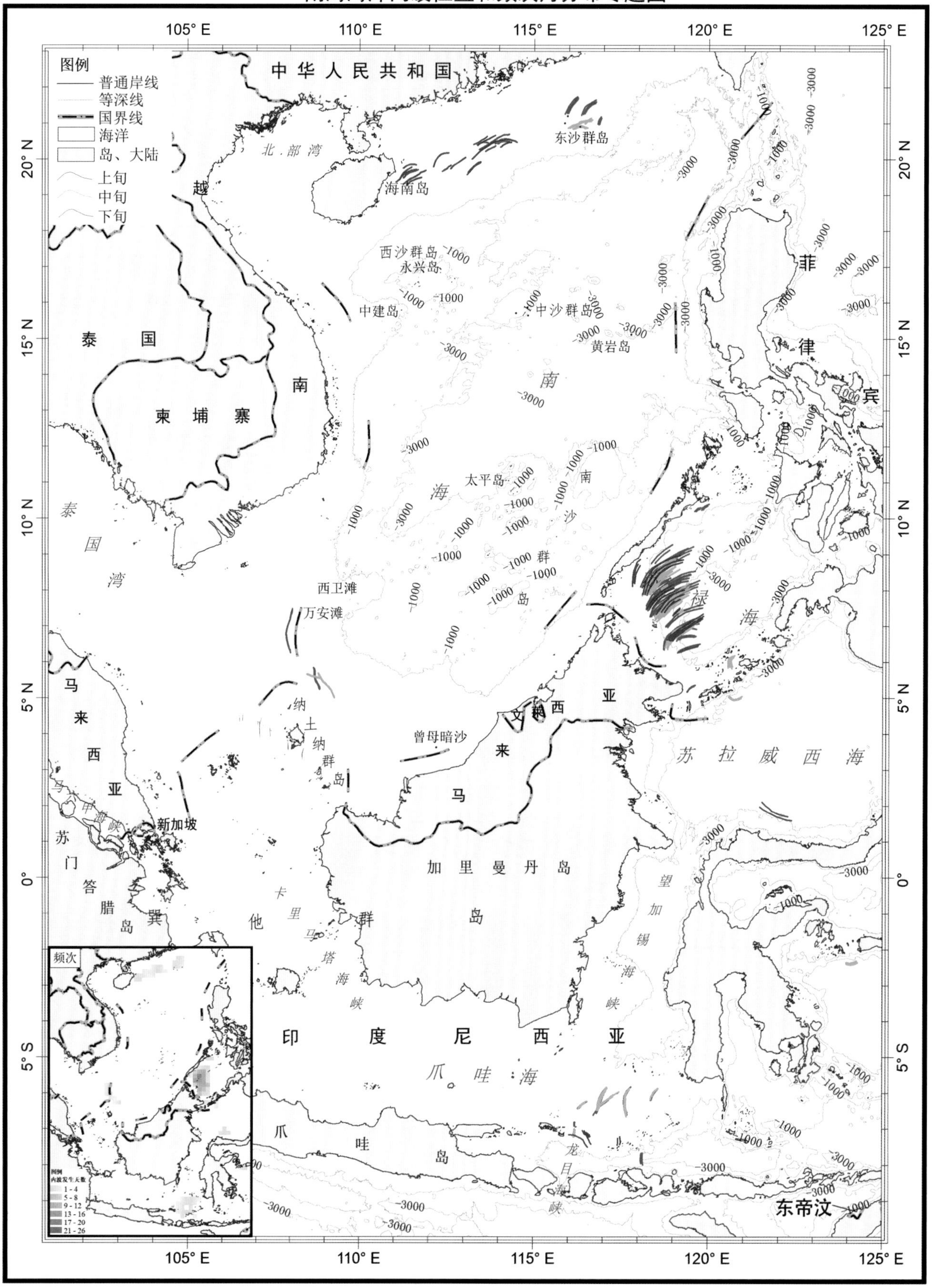

调查数据源：MODIS、SAR数据
数据空间分辨率：250m
数据时间：2013年3月

比例尺：1:14 000 000
坐标系：CGCS2000
投影信息：墨卡托投影

高程基准：1985国家高程基准
制图单位：自然资源部第一海洋研究所
制图时间：2022年1月

南海海洋内波位置和频次月分布专题图

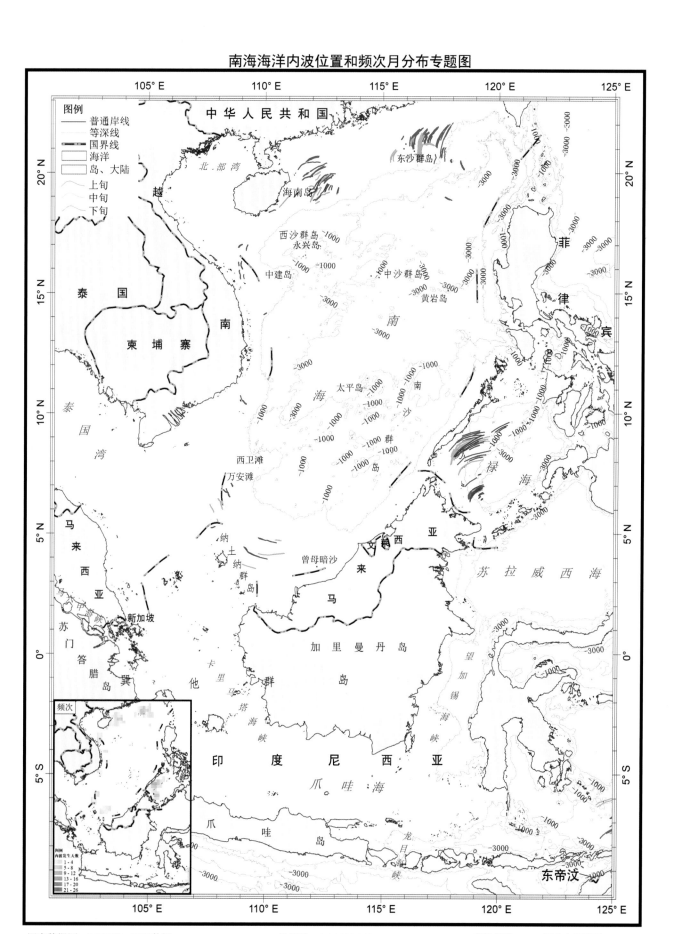

图例
普通岸线
等深线
国界线
海洋
岛、大陆
上旬
中旬
下旬

频次
内波发生天数
1 - 4
5 - 8
9 - 12
13 - 16
17 - 20
21 - 26

调查数据源：MODIS、SAR数据　　比例尺：1:14 000 000　　高程基准：1985国家高程基准
数据空间分辨率：250m　　坐标系：CGCS2000　　制图单位：自然资源部第一海洋研究所
数据时间：2013年4月　　投影信息：墨卡托投影　　制图时间：2022年1月

南海海洋内波位置和频次月分布专题图

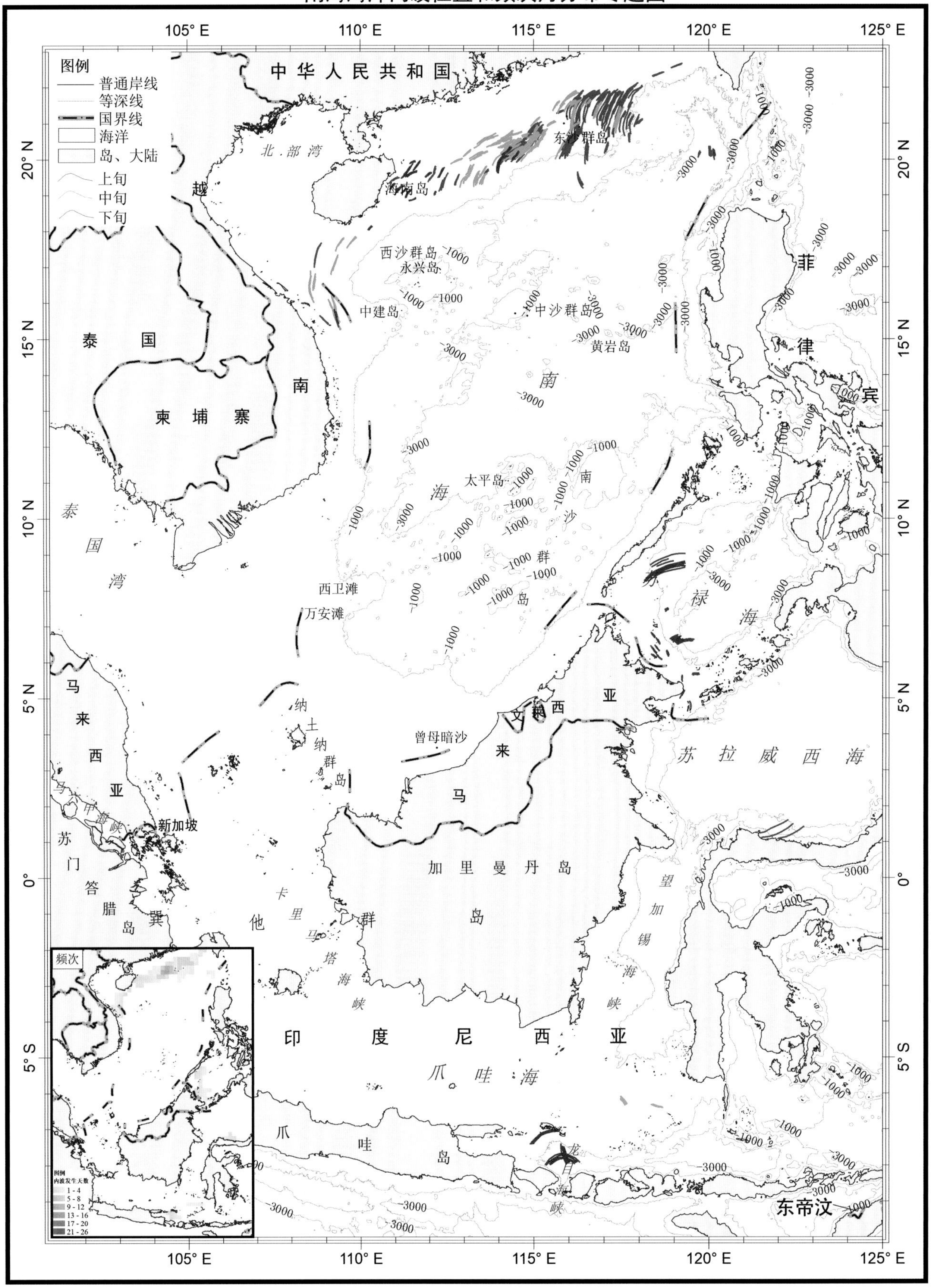

105° E 110° E 115° E 120° E 125° E

20° N 15° N 10° N 5° N 0° 5° S

图例
普通岸线
等深线
国界线
海洋
岛、大陆
上旬
中旬
下旬

中华人民共和国
北部湾
海南岛
东沙群岛
越
西沙群岛
永兴岛
中建岛
中沙群岛
黄岩岛
泰国
柬埔寨
南
南海
太平岛
南沙群岛
泰国湾
西卫滩
万安滩
菲律宾
禄海
马来西亚
纳土纳群岛
曾母暗沙
文莱
马来
马六甲海峡
新加坡
苏门答腊岛
卡里马塔海峡
加里曼丹岛
他群
望加锡海峡
苏拉威西海
印度尼西亚
爪哇海
爪哇岛
龙目海峡
东帝汶

-1000 -3000

频次
图例
内波发生天数
1 - 4
5 - 8
9 - 12
13 - 16
17 - 20
21 - 26

调查数据源：MODIS、SAR数据
数据空间分辨率：250m
数据时间：2013年5月

比例尺：1:14 000 000
坐标系：CGCS2000
投影信息：墨卡托投影

高程基准：1985国家高程基准
制图单位：自然资源部第一海洋研究所
制图时间：2022年1月

6

南海海洋内波位置和频次月分布专题图

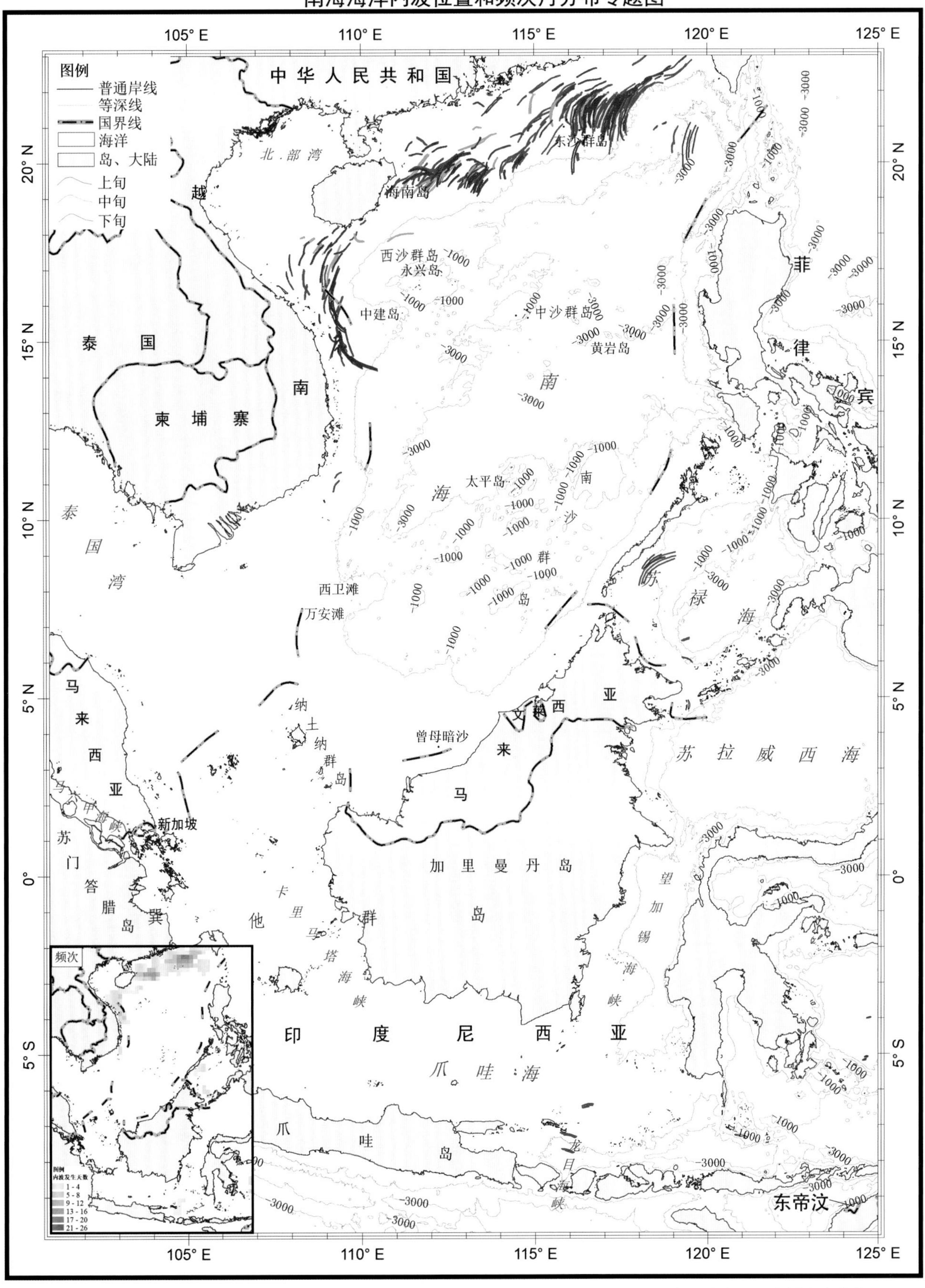

调查数据源：MODIS、SAR数据
数据空间分辨率：250m
数据时间：2013年6月

比例尺：1:14 000 000
坐标系：CGCS2000
投影信息：墨卡托投影

高程基准：1985国家高程基准
制图单位：自然资源部第一海洋研究所
制图时间：2022年1月

南海海洋内波位置和频次月分布专题图

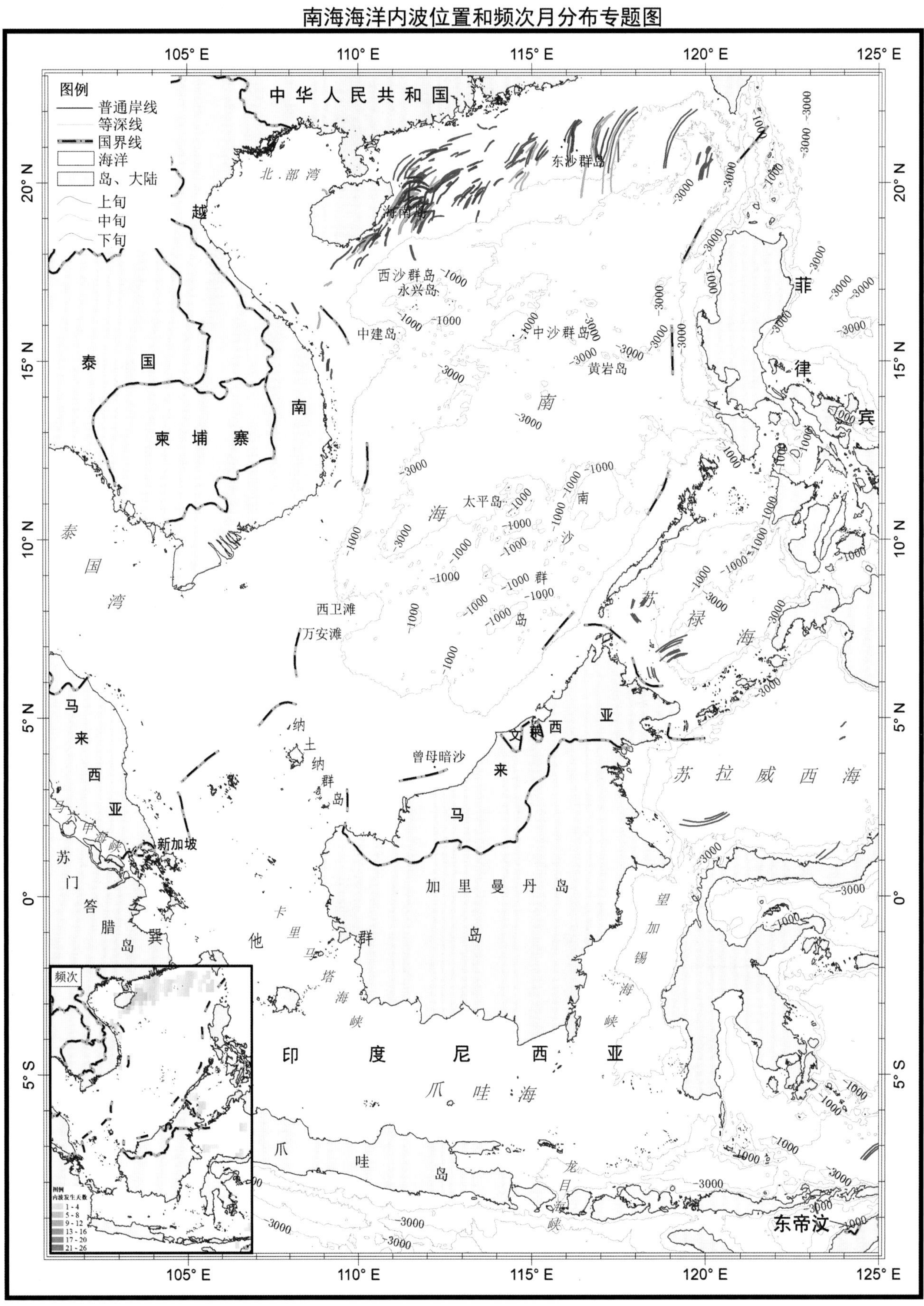

调查数据源：MODIS、SAR数据
数据空间分辨率：250m
数据时间：2013年7月

比例尺：1:14 000 000
坐标系：CGCS2000
投影信息：墨卡托投影

高程基准：1985国家高程基准
制图单位：自然资源部第一海洋研究所
制图时间：2022年1月

南海海洋内波位置和频次月分布专题图

图例
普通岸线
等深线
国界线
海洋
岛、大陆
上旬
中旬
下旬

频次
图例
内波发生天数
1 - 4
5 - 8
9 - 12
13 - 16
17 - 20
21 - 26

调查数据源：MODIS、SAR数据
数据空间分辨率：250m
数据时间：2013年8月

比例尺：1:14 000 000
坐标系：CGCS2000
投影信息：墨卡托投影

高程基准：1985国家高程基准
制图单位：自然资源部第一海洋研究所
制图时间：2022年1月

南海海洋内波位置和频次月分布专题图

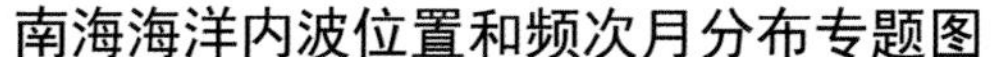

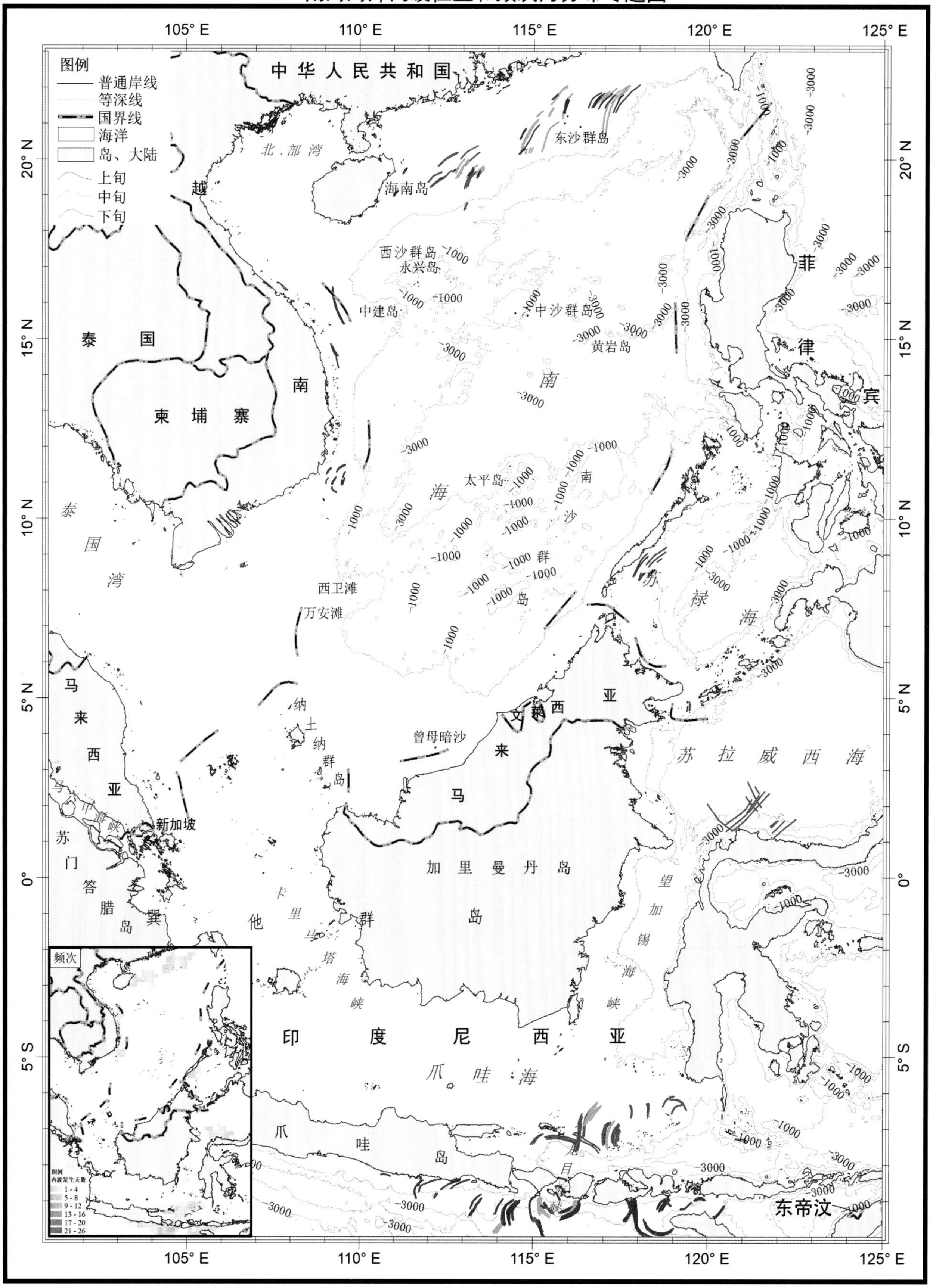

调查数据源：MODIS、SAR数据
数据空间分辨率：250m
数据时间：2013年9月

比例尺：1:14 000 000
坐标系：CGCS2000
投影信息：墨卡托投影

高程基准：1985国家高程基准
制图单位：自然资源部第一海洋研究所
制图时间：2022年1月

南海海洋内波位置和频次月分布专题图

图例
普通岸线
等深线
国界线
海洋
岛、大陆
上旬
中旬
下旬

频次
图例
内波发生天数
1 - 4
5 - 8
9 - 12
13 - 16
17 - 20
21 - 26

调查数据源：MODIS、SAR数据
数据空间分辨率：250m
数据时间：2013年10月

比例尺：1:14 000 000
坐标系：CGCS2000
投影信息：墨卡托投影

高程基准：1985国家高程基准
制图单位：自然资源部第一海洋研究所
制图时间：2022年1月

南海海洋内波位置和频次月分布专题图

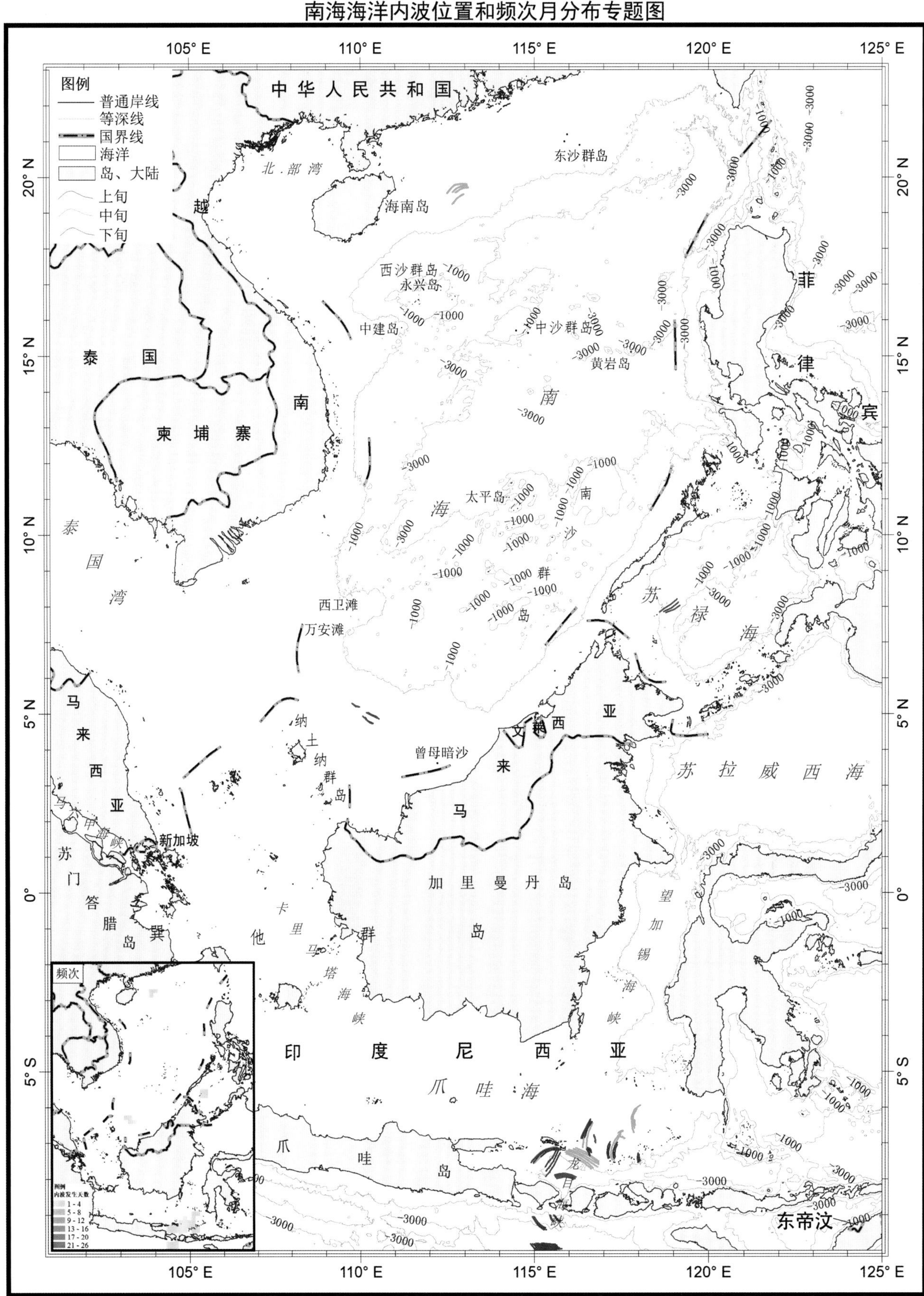

调查数据源：MODIS、SAR数据　　比例尺：1:14 000 000　　高程基准：1985国家高程基准

数据空间分辨率：250m　　坐标系：CGCS2000　　制图单位：自然资源部第一海洋研究所

数据时间：2013年11月　　投影信息：墨卡托投影　　制图时间：2022年1月

南海海洋内波位置和频次月分布专题图

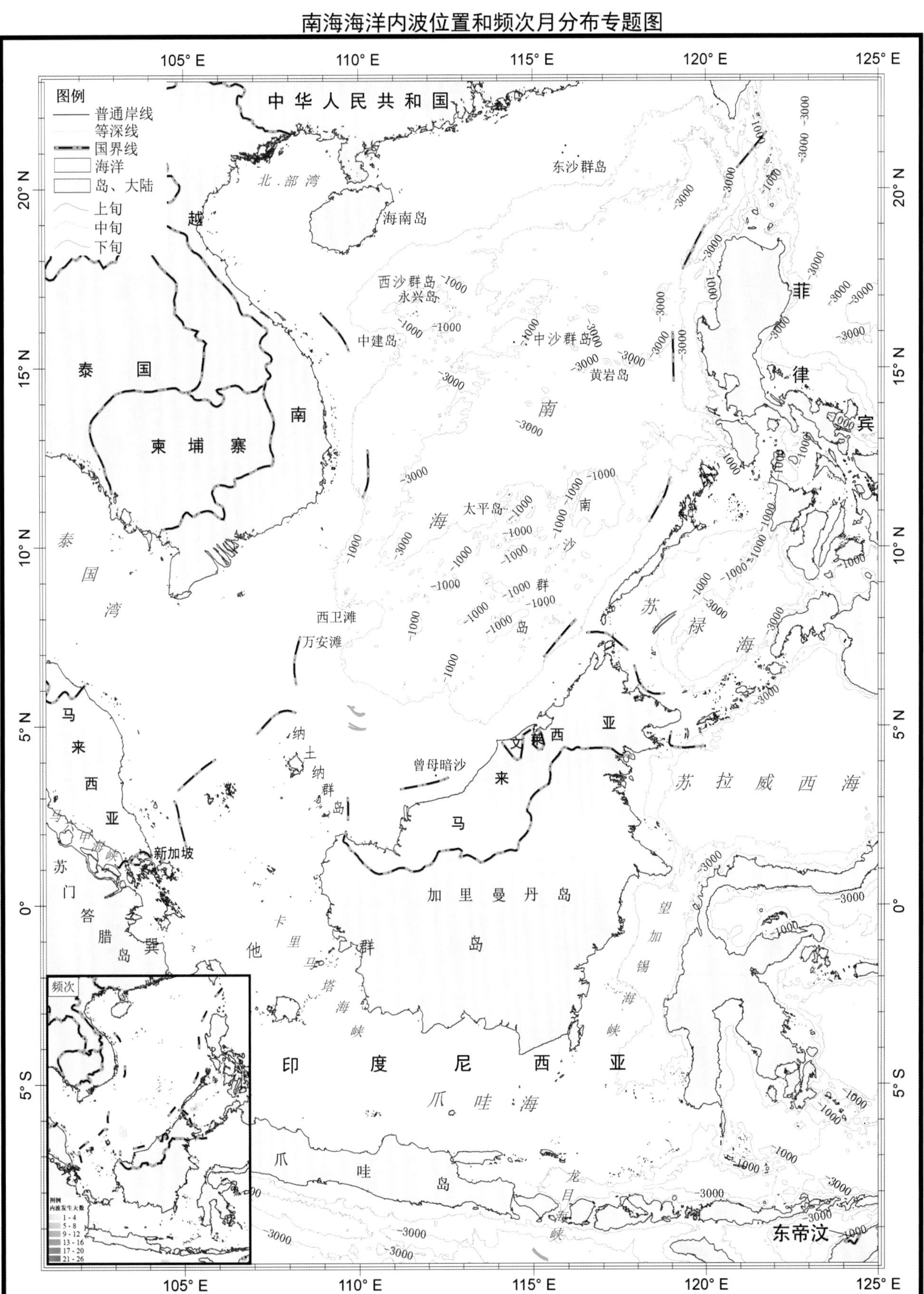

调查数据源：MODIS、SAR数据
数据空间分辨率：250m
数据时间：2013年12月

比例尺：1:14 000 000
坐标系：CGCS2000
投影信息：墨卡托投影

高程基准：1985国家高程基准
制图单位：自然资源部第一海洋研究所
制图时间：2022年1月

南海海洋内波位置和频次季分布专题图

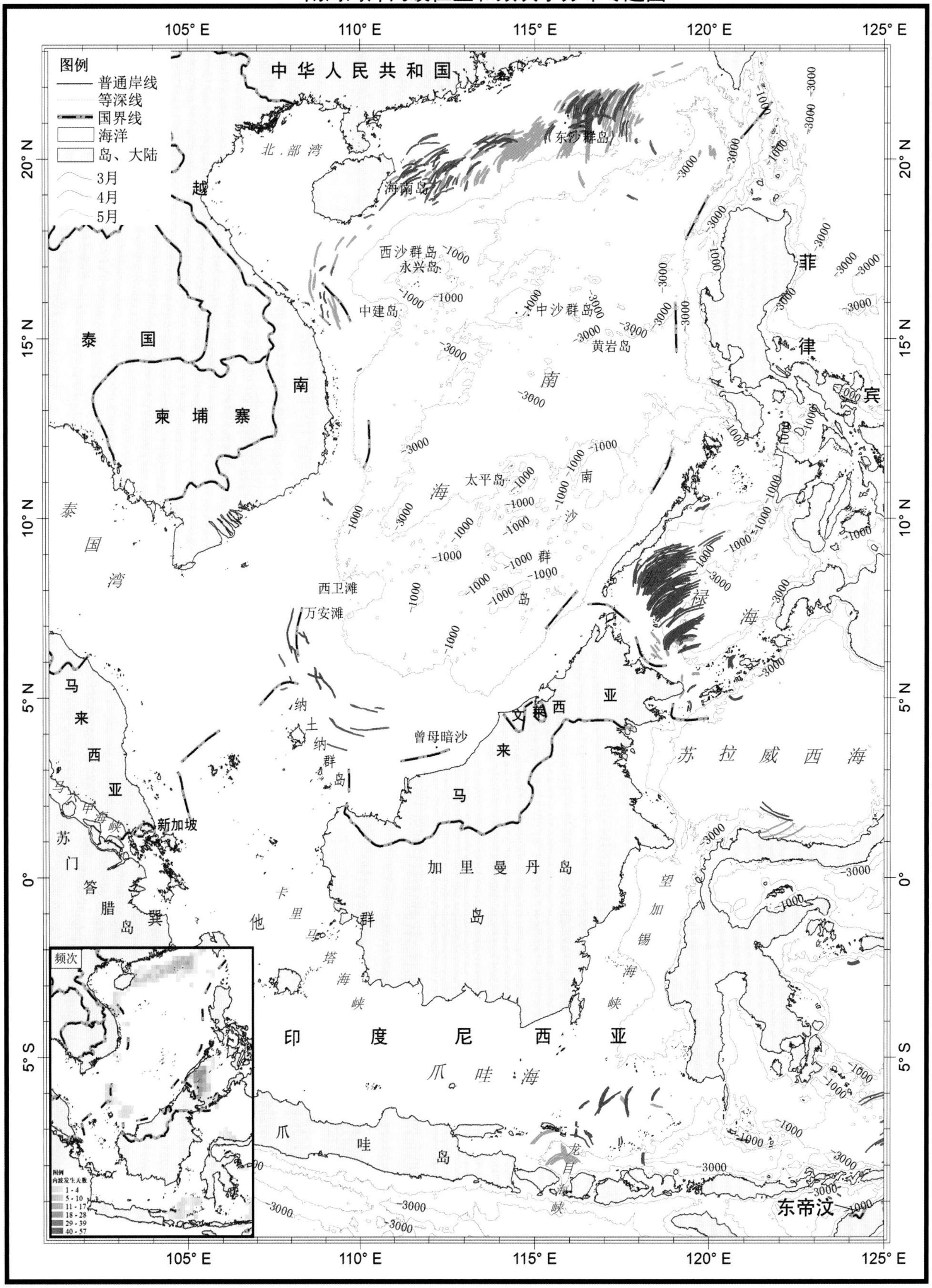

调查数据源：MODIS、SAR数据
数据空间分辨率：250m
数据时间：2013年春季

比例尺：1:14 000 000
坐标系：CGCS2000
投影信息：墨卡托投影

高程基准：1985国家高程基准
制图单位：自然资源部第一海洋研究所
制图时间：2022年1月

南海海洋内波位置和频次季分布专题图

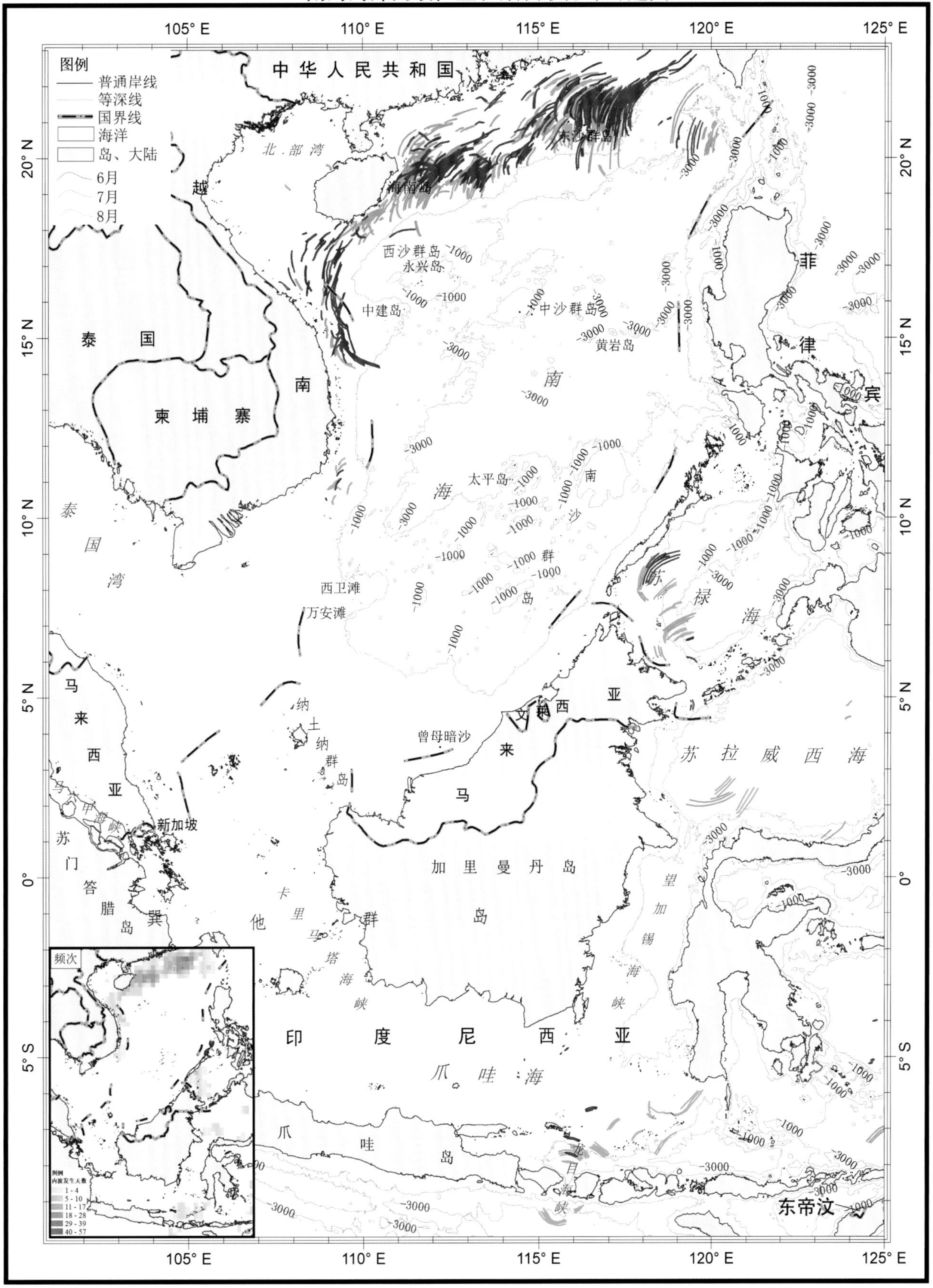

调查数据源：MODIS、SAR数据
数据空间分辨率：250m
数据时间：2013年夏季

比例尺：1:14 000 000
坐标系：CGCS2000
投影信息：墨卡托投影

高程基准：1985国家高程基准
制图单位：自然资源部第一海洋研究所
制图时间：2022年1月

南海海洋内波位置和频次季分布专题图

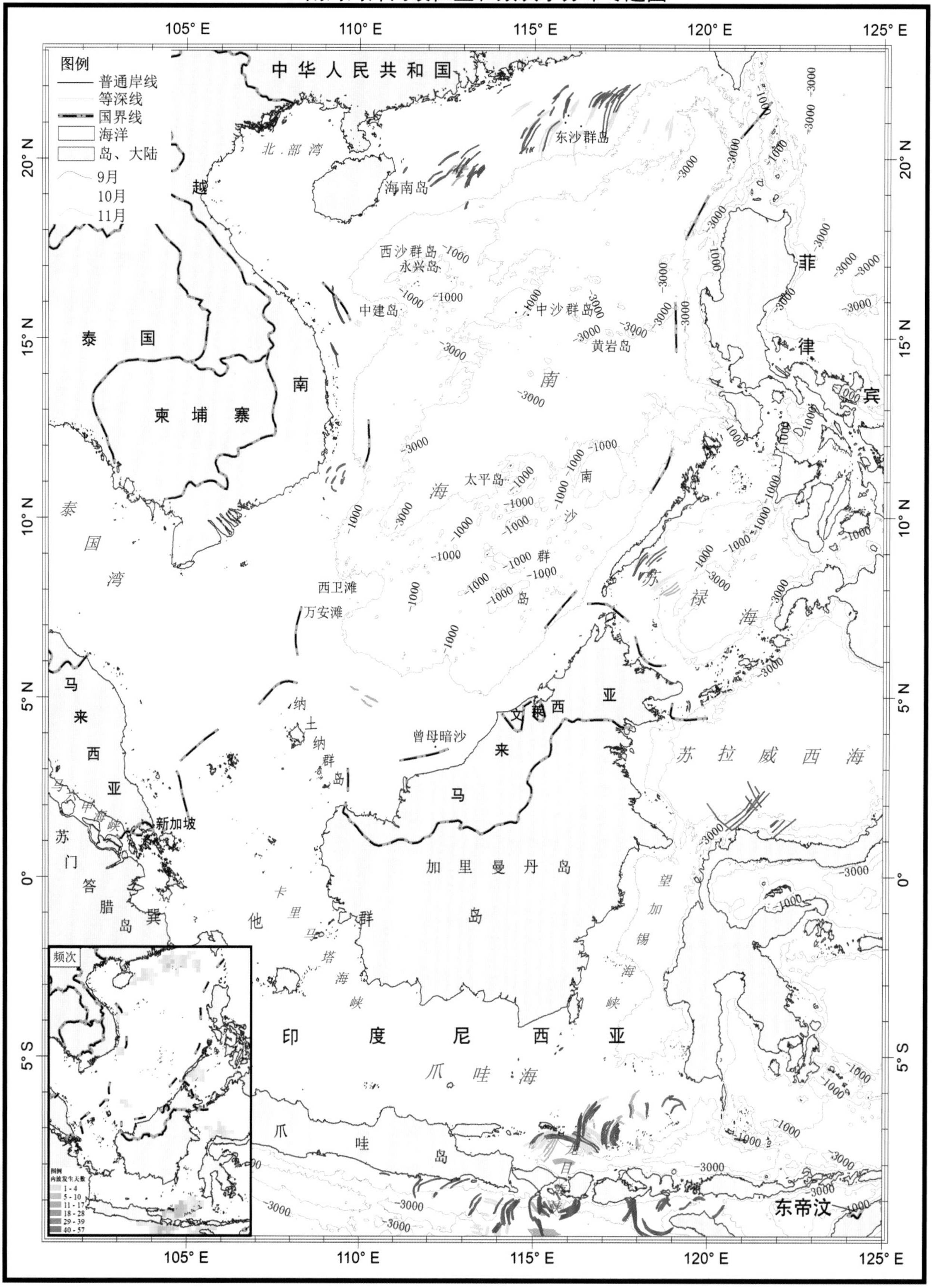
图例
普通岸线
等深线
国界线
海洋
岛、大陆
9月
10月
11月
中华人民共和国
北部湾
海南岛
东沙群岛
越
南
泰国
柬埔寨
泰国湾
西沙群岛
永兴岛
中建岛
中沙群岛
黄岩岛
南海
太平岛
南沙群岛
西卫滩
万安滩
菲律宾
苏禄海
纳土纳群岛
曾母暗沙
文莱
马来西亚
苏拉威西海
马六甲海峡
新加坡
苏门答腊岛
加里曼丹岛
卡里马塔海峡
望加锡海峡
印度尼西亚
爪哇海
爪哇岛
东帝汶
频次
内波发生天数
1 - 4
5 - 10
11 - 17
18 - 28
29 - 39
40 - 57
105° E
110° E
115° E
120° E
125° E
20° N
15° N
10° N
5° N
0°
5° S

调查数据源：MODIS、SAR数据
数据空间分辨率：250m
数据时间：2013年秋季

比例尺：1:14 000 000
坐标系：CGCS2000
投影信息：墨卡托投影

高程基准：1985国家高程基准
制图单位：自然资源部第一海洋研究所
制图时间：2022年1月

南海海洋内波位置和频次季分布专题图

105° E　110° E　115° E　120° E　125° E

20° N　15° N　10° N　5° N　0°　5° S

图例
普通岸线
等深线
国界线
海洋
岛、大陆
12月
1月
2月

中华人民共和国
北部湾
海南岛
东沙群岛
西沙群岛
永兴岛
中建岛
中沙群岛
黄岩岛
越
泰国
柬埔寨
南
南海
太平岛
南沙群岛
泰国湾
西卫滩
万安滩
菲律宾
苏禄海
马来西亚
纳土纳群岛
曾母暗沙
文莱
马来西亚
苏拉威西海
新加坡
马六甲海峡
苏门答腊岛
卡里马塔海峡
加里曼丹岛
群岛
他
望加锡海峡
印度尼西亚
爪哇海
爪哇岛
龙目海峡
东帝汶

频次
图例
内波发生天数
1 - 4
5 - 10
11 - 17
18 - 28
29 - 39
40 - 57

调查数据源：MODIS、SAR数据
数据空间分辨率：250m
数据时间：2013年冬季

比例尺：1:14 000 000
坐标系：CGCS2000
投影信息：墨卡托投影

高程基准：1985国家高程基准
制图单位：自然资源部第一海洋研究所
制图时间：2022年1月

南海海洋内波位置和频次半年分布专题图

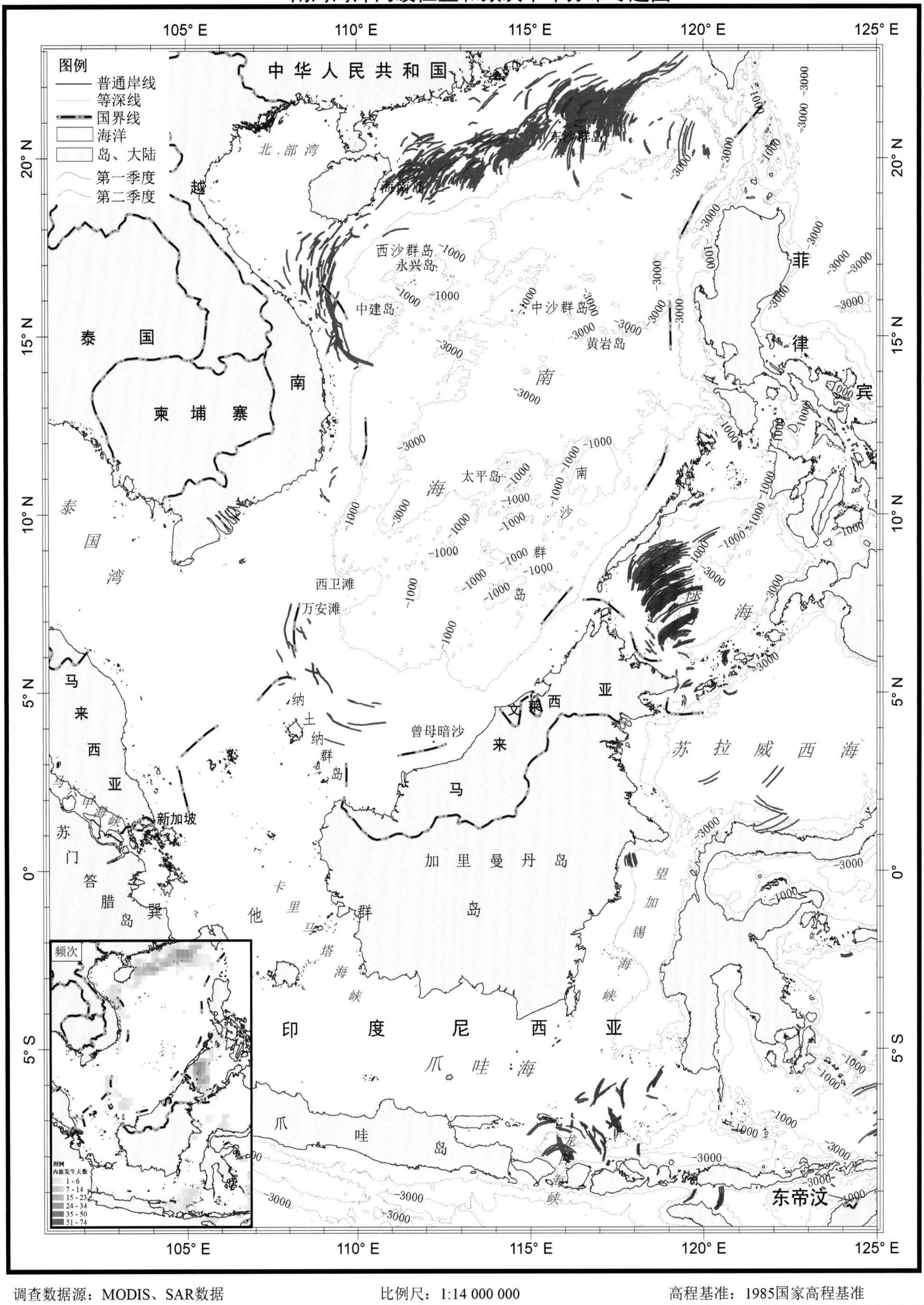

105° E 110° E 115° E 120° E 125° E

20° N 15° N 10° N 5° N 0° 5° S

图例
普通岸线
等深线
国界线
海洋
岛、大陆
第一季度
第二季度

中华人民共和国
北部湾
海南岛
东沙群岛
西沙群岛
永兴岛
中建岛
中沙群岛
黄岩岛
越
南
泰国
柬埔寨
泰国湾
南海
太平岛
南沙群岛
西卫滩
万安滩
纳土纳群岛
曾母暗沙
文莱
马来西亚
新加坡
马六甲海峡
苏门答腊岛
卡里马塔海峡
加里曼丹岛
印度尼西亚
爪哇海
爪哇岛
龙目海峡
望加锡海峡
苏拉威西海
苏禄海
菲律宾
东帝汶

-1000 -3000

频次
图例
内波发生天数
1 - 6
7 - 14
15 - 23
24 - 34
35 - 50
51 - 74

调查数据源：MODIS、SAR数据
数据空间分辨率：250m
数据时间：2013年上半年

比例尺：1:14 000 000
坐标系：CGCS2000
投影信息：墨卡托投影

高程基准：1985国家高程基准
制图单位：自然资源部第一海洋研究所
制图时间：2022年1月

6

南海海洋内波位置和频次半年分布专题图

图例
- 普通岸线
- 等深线
- 国界线
- 海洋
- 岛、大陆
- 第三季度
- 第四季度

频次

图例 内波发生天数：1 - 6；7 - 14；15 - 23；24 - 34；35 - 50；51 - 74

调查数据源：MODIS、SAR数据　　比例尺：1:14 000 000　　高程基准：1985国家高程基准

数据空间分辨率：250m　　坐标系：CGCS2000　　制图单位：自然资源部第一海洋研究所

数据时间：2013年下半年　　投影信息：墨卡托投影　　制图时间：2022年1月

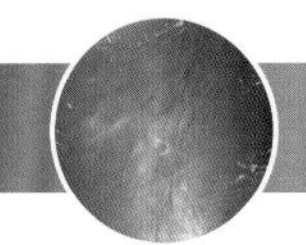

南海海洋内波位置和频次年分布专题图

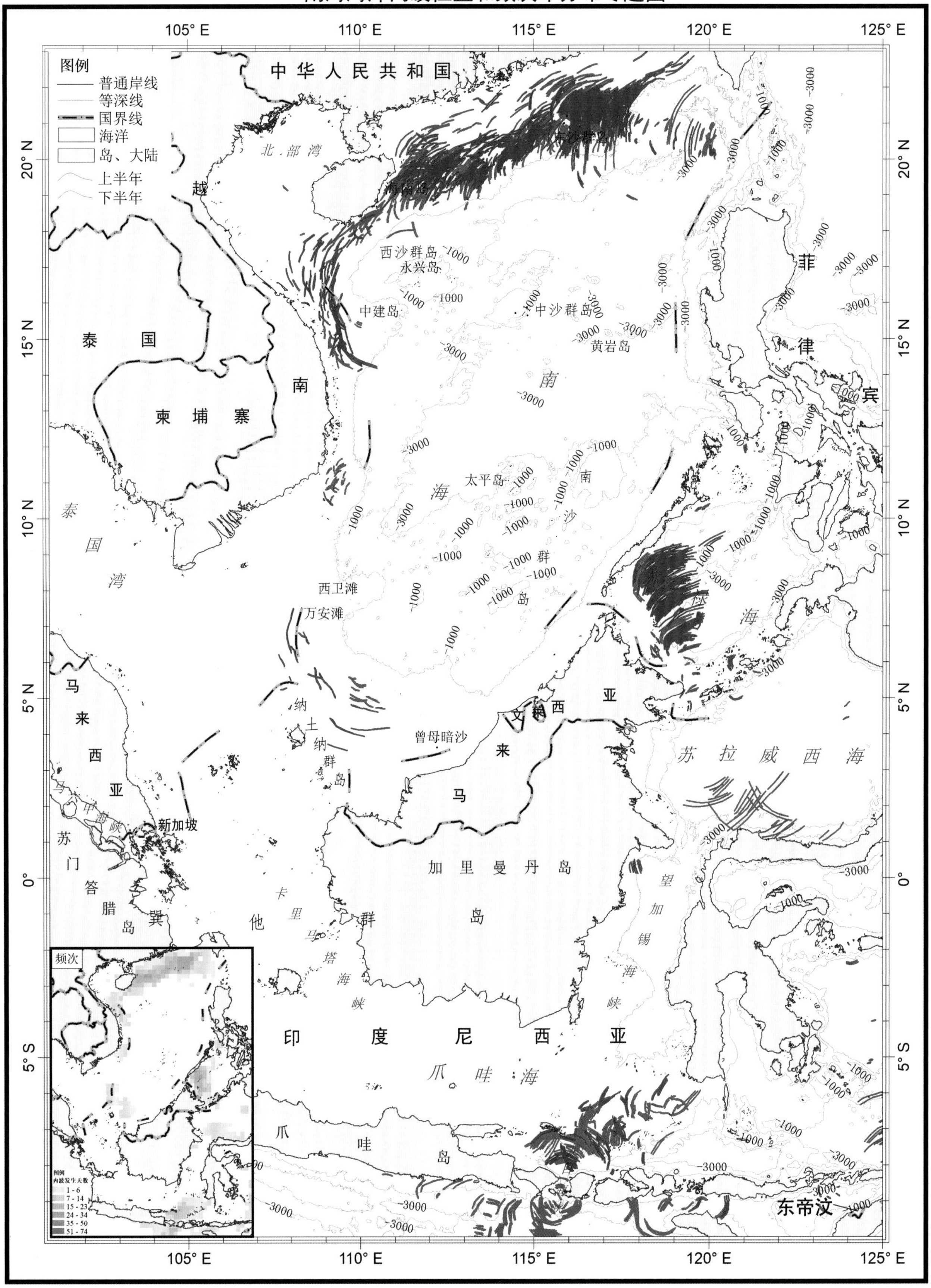

图例
普通岸线
等深线
国界线
海洋
岛、大陆
上半年
下半年

频次

图例
内波发生天数
1 - 6
7 - 14
15 - 23
24 - 34
35 - 50
51 - 74

调查数据源：MODIS、SAR数据
数据空间分辨率：250m
数据时间：2013年全年

比例尺：1:14 000 000
坐标系：CGCS2000
投影信息：墨卡托投影

高程基准：1985国家高程基准
制图单位：自然资源部第一海洋研究所
制图时间：2022年1月

6.5　南海内孤立波 2014 年分布图

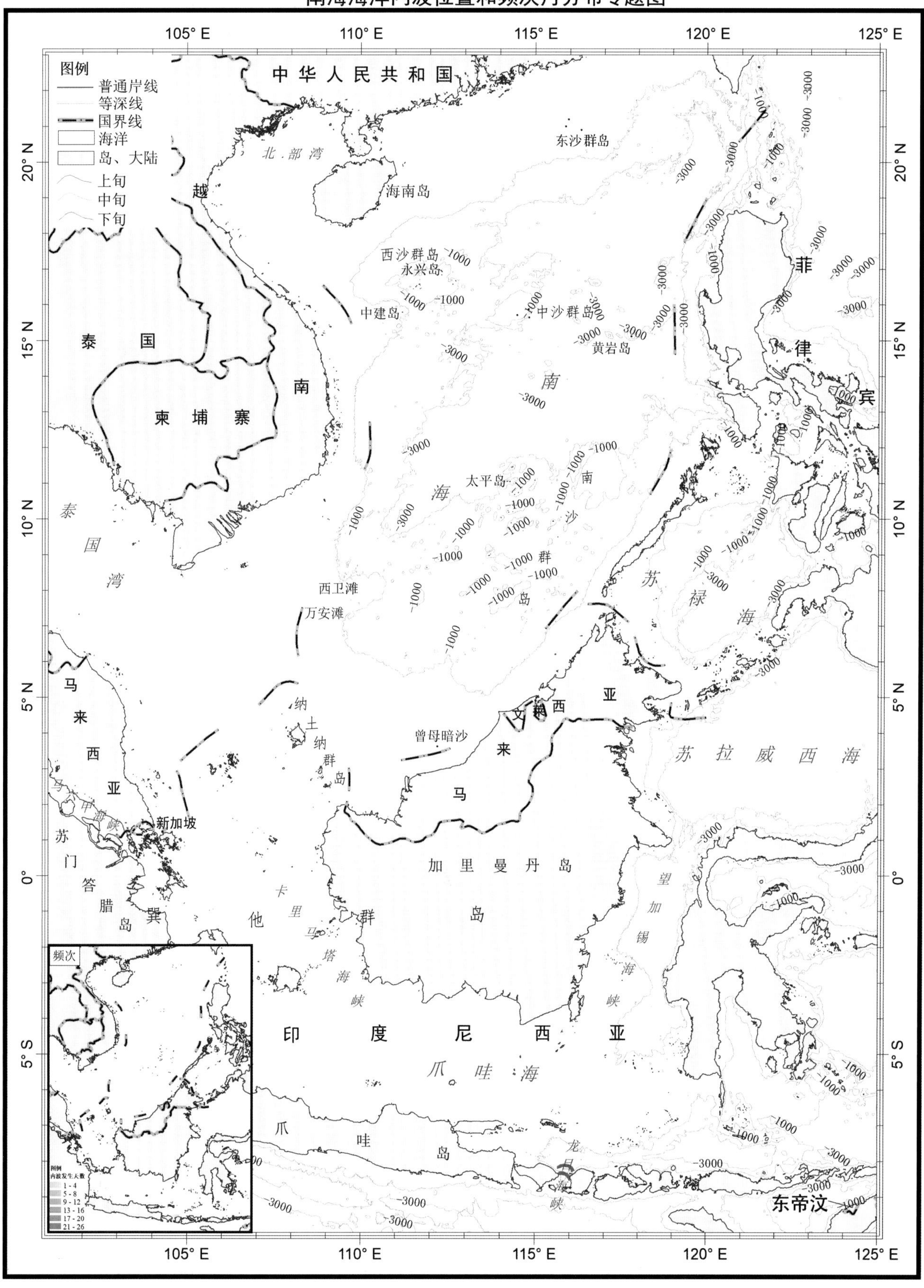

调查数据源：MODIS、SAR数据
数据空间分辨率：250m
数据时间：2014年1月

比例尺：1:14 000 000
坐标系：CGCS2000
投影信息：墨卡托投影

高程基准：1985国家高程基准
制图单位：自然资源部第一海洋研究所
制图时间：2022年1月

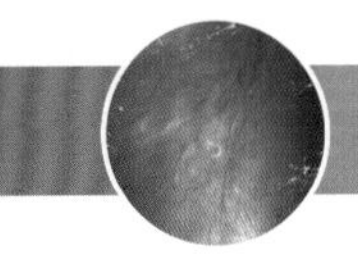

南海海洋内波位置和频次月分布专题图

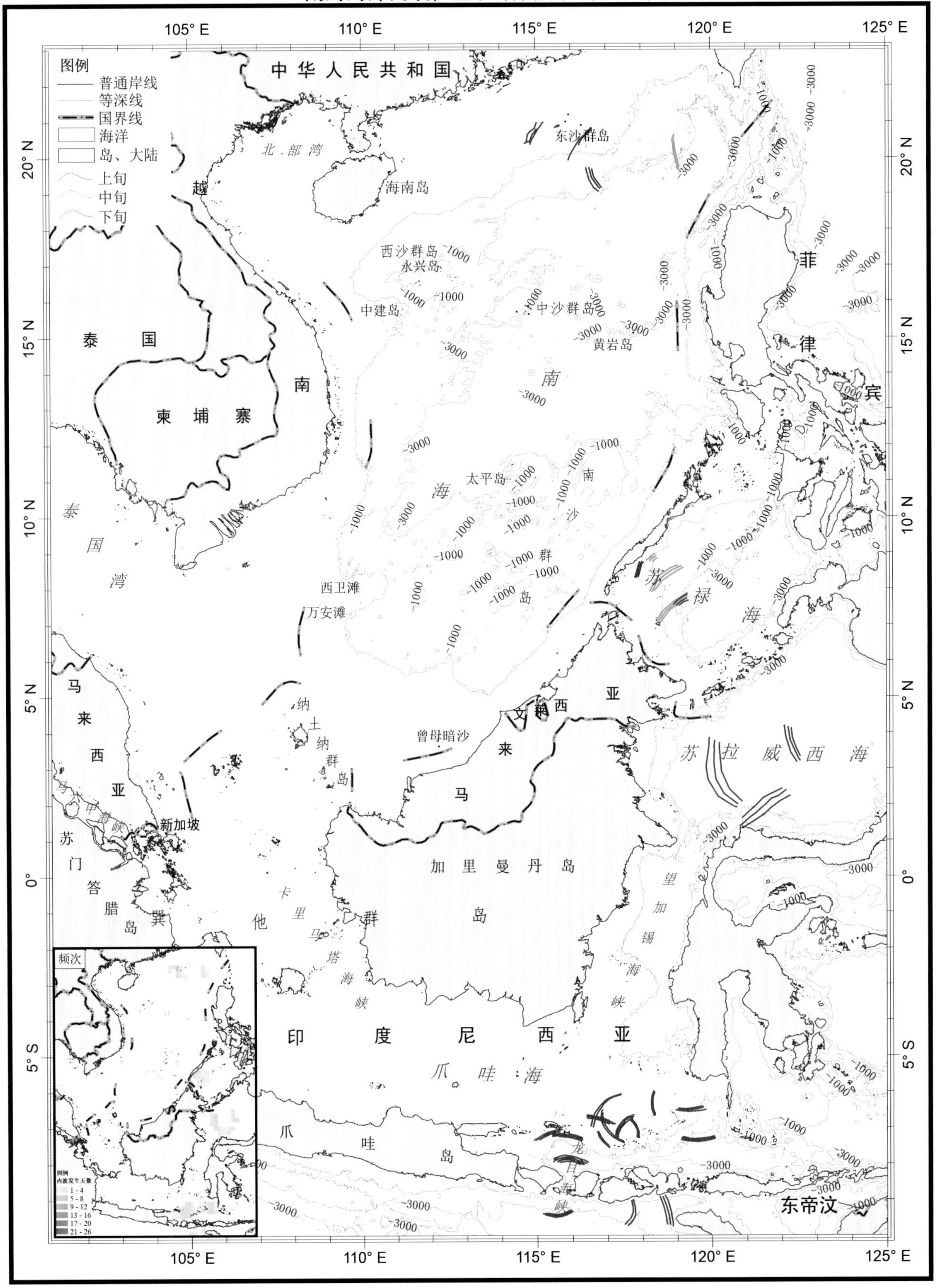

图例
- 普通岸线
- 等深线
- 国界线
- 海洋
- 岛、大陆
- 上旬
- 中旬
- 下旬

频次

图例 内波发生天数
- 1 - 4
- 5 - 8
- 9 - 12
- 13 - 16
- 17 - 20
- 21 - 26

调查数据源：MODIS、SAR数据
数据空间分辨率：250m
数据时间：2014年2月

比例尺：1:14 000 000
坐标系：CGCS2000
投影信息：墨卡托投影

高程基准：1985国家高程基准
制图单位：自然资源部第一海洋研究所
制图时间：2022年1月

南海海洋内波位置和频次月分布专题图

图例
普通岸线
等深线
国界线
海洋
岛、大陆
上旬
中旬
下旬

频次
图例
内波发生天数
1 - 4
5 - 8
9 - 12
13 - 16
17 - 20
21 - 26

调查数据源：MODIS、SAR数据
数据空间分辨率：250m
数据时间：2014年3月

比例尺：1:14 000 000
坐标系：CGCS2000
投影信息：墨卡托投影

高程基准：1985国家高程基准
制图单位：自然资源部第一海洋研究所
制图时间：2022年1月

南海海洋内波位置和频次月分布专题图

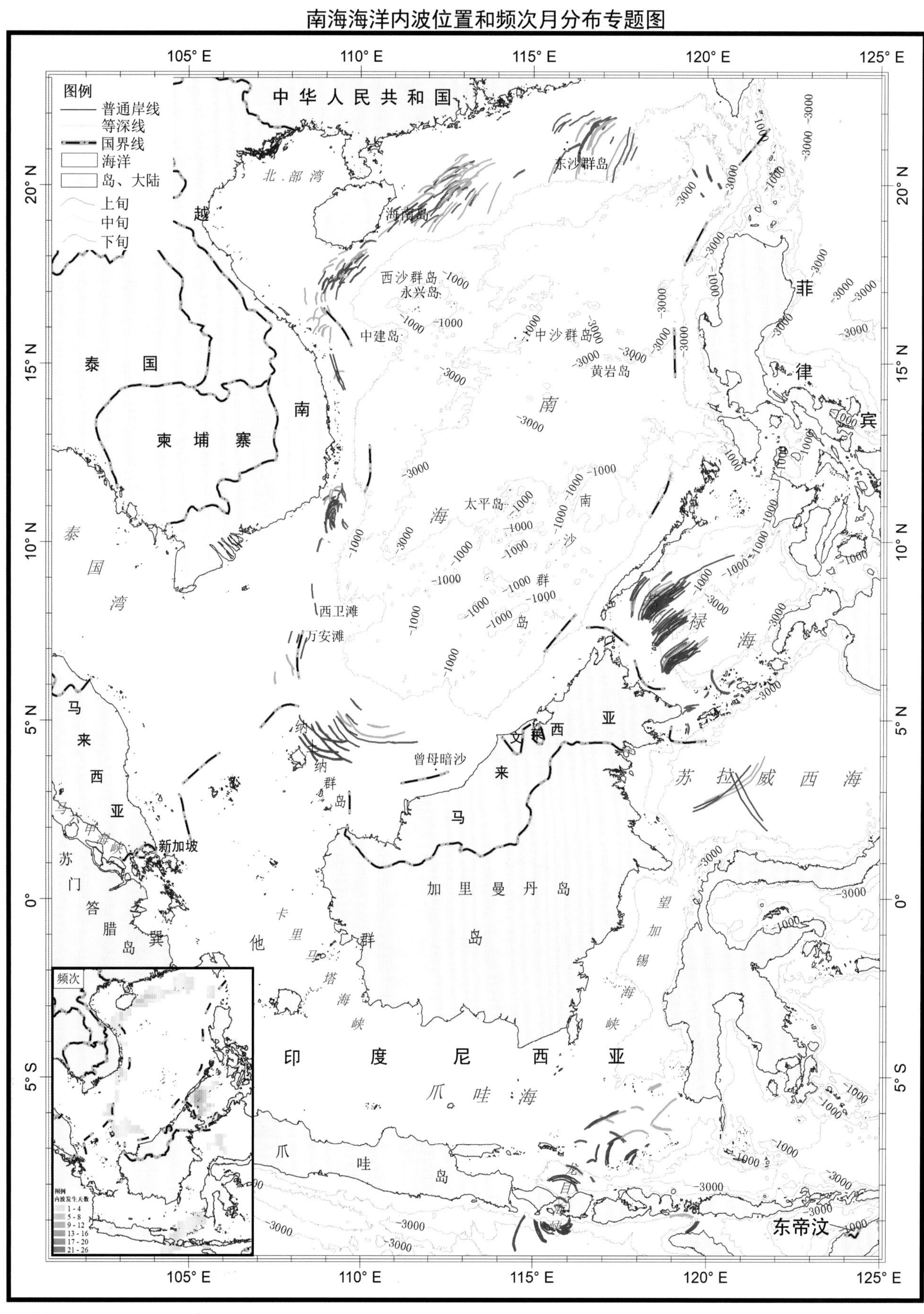

调查数据源：MODIS、SAR数据
数据空间分辨率：250m
数据时间：2014年4月

比例尺：1:14 000 000
坐标系：CGCS2000
投影信息：墨卡托投影

高程基准：1985国家高程基准
制图单位：自然资源部第一海洋研究所
制图时间：2022年1月

南海海洋内波位置和频次月分布专题图

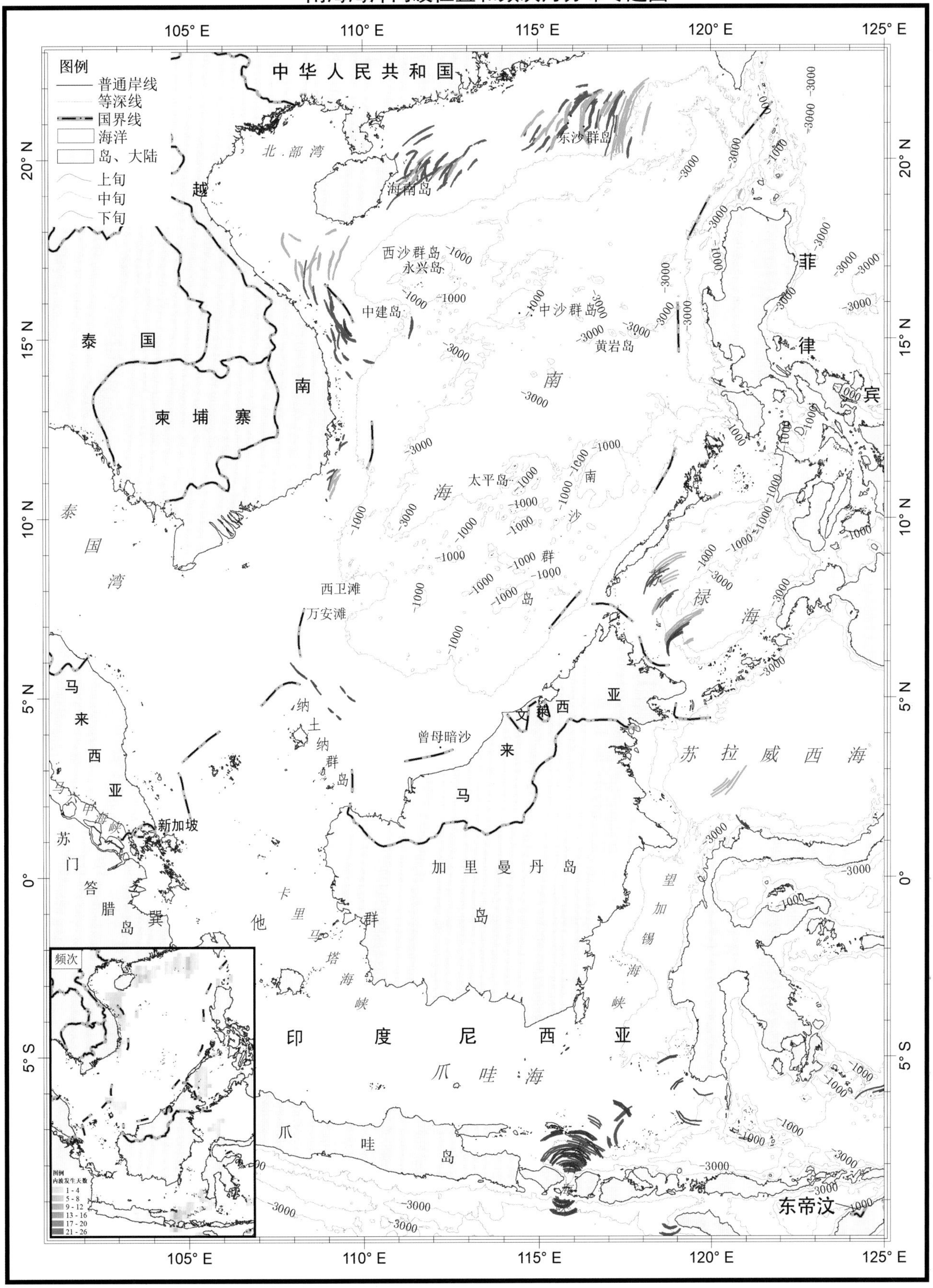

调查数据源：MODIS、SAR数据
数据空间分辨率：250m
数据时间：2014年5月

比例尺：1:14 000 000
坐标系：CGCS2000
投影信息：墨卡托投影

高程基准：1985国家高程基准
制图单位：自然资源部第一海洋研究所
制图时间：2022年1月

南海海洋内波位置和频次月分布专题图

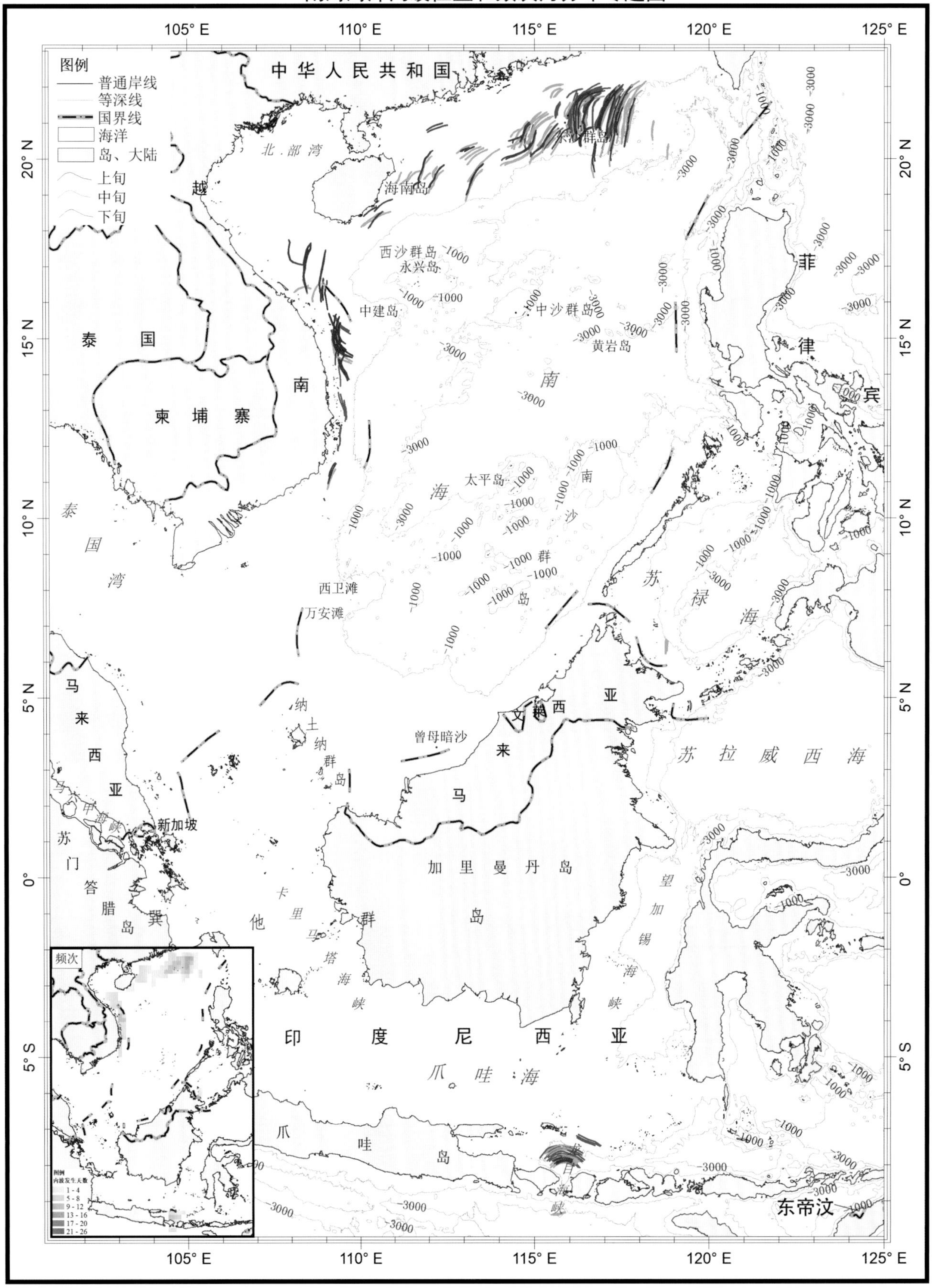

图例
普通岸线
等深线
国界线
海洋
岛、大陆
上旬
中旬
下旬

频次
图例
内波发生天数
1 - 4
5 - 8
9 - 12
13 - 16
17 - 20
21 - 26

调查数据源：MODIS、SAR数据
数据空间分辨率：250m
数据时间：2014年6月

比例尺：1:14 000 000
坐标系：CGCS2000
投影信息：墨卡托投影

高程基准：1985国家高程基准
制图单位：自然资源部第一海洋研究所
制图时间：2022年1月

南海海洋内波位置和频次月分布专题图

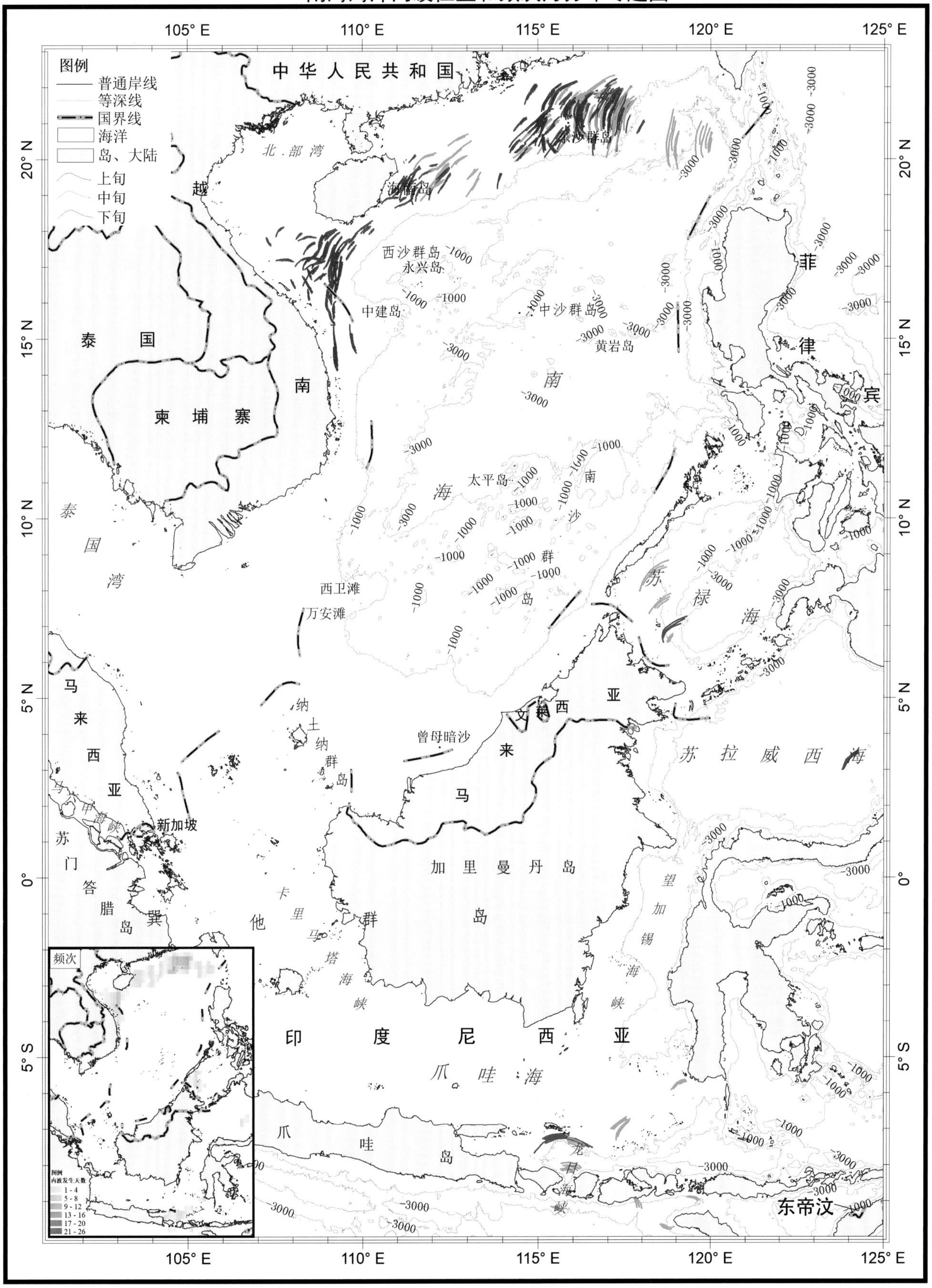

调查数据源：MODIS、SAR数据　　比例尺：1:14 000 000　　高程基准：1985国家高程基准

数据空间分辨率：250m　　坐标系：CGCS2000　　制图单位：自然资源部第一海洋研究所

数据时间：2014年7月　　投影信息：墨卡托投影　　制图时间：2022年1月

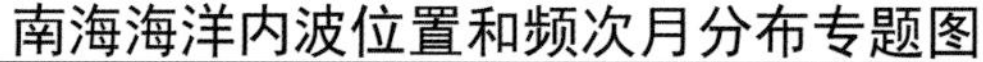

南海海洋内波位置和频次月分布专题图

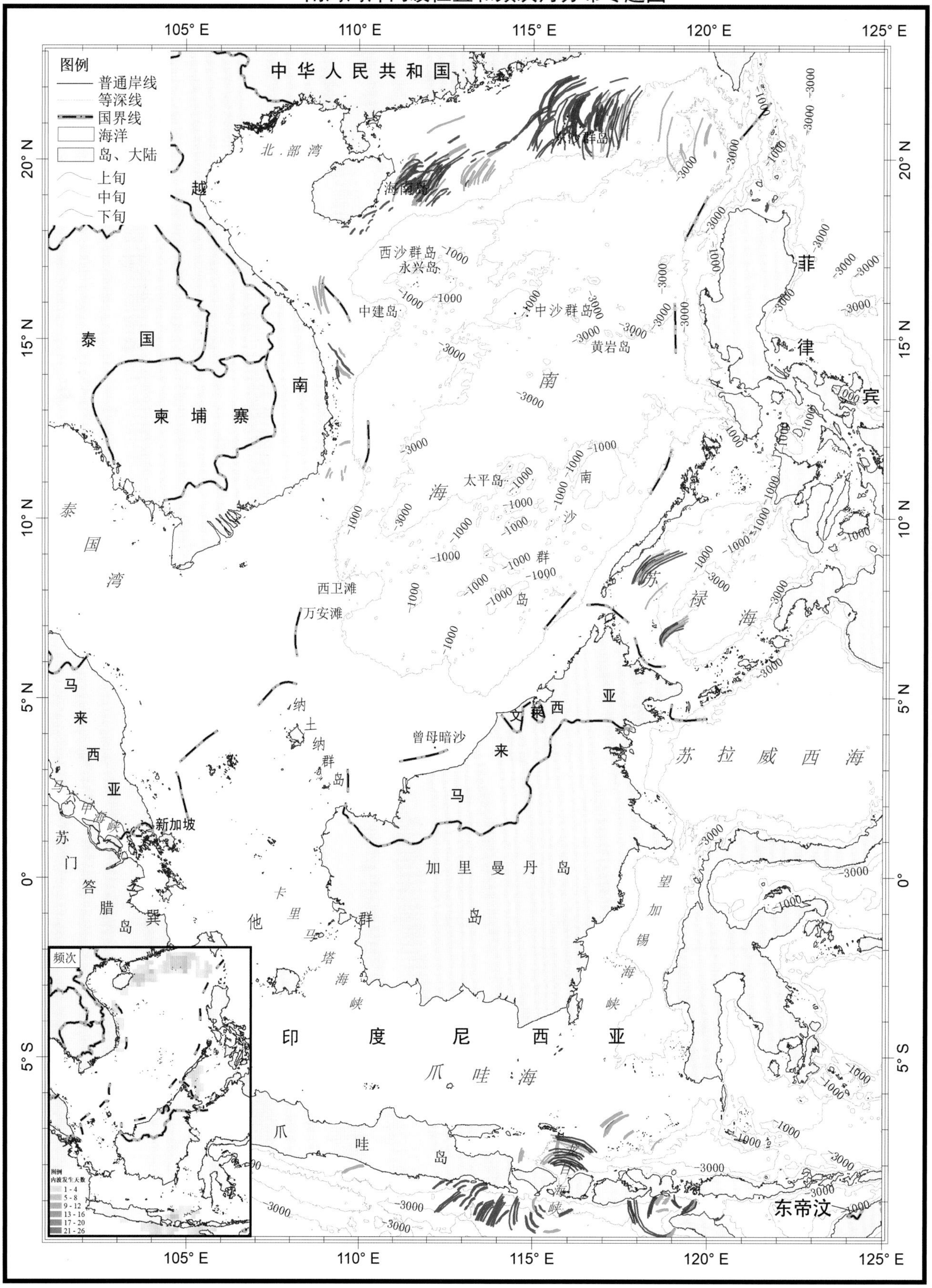

调查数据源：MODIS、SAR数据
数据空间分辨率：250m
数据时间：2014年8月

比例尺：1:14 000 000
坐标系：CGCS2000
投影信息：墨卡托投影

高程基准：1985国家高程基准
制图单位：自然资源部第一海洋研究所
制图时间：2022年1月

南海海洋内波位置和频次月分布专题图

图例
普通岸线
等深线
国界线
海洋
岛、大陆
上旬
中旬
下旬

频次

图例
内波发生天数
1 - 4
5 - 8
9 - 12
13 - 16
17 - 20
21 - 26

调查数据源：MODIS、SAR数据　　比例尺：1:14 000 000　　高程基准：1985国家高程基准

数据空间分辨率：250m　　坐标系：CGCS2000　　制图单位：自然资源部第一海洋研究所

数据时间：2014年9月　　投影信息：墨卡托投影　　制图时间：2022年1月

南海海洋内波位置和频次月分布专题图

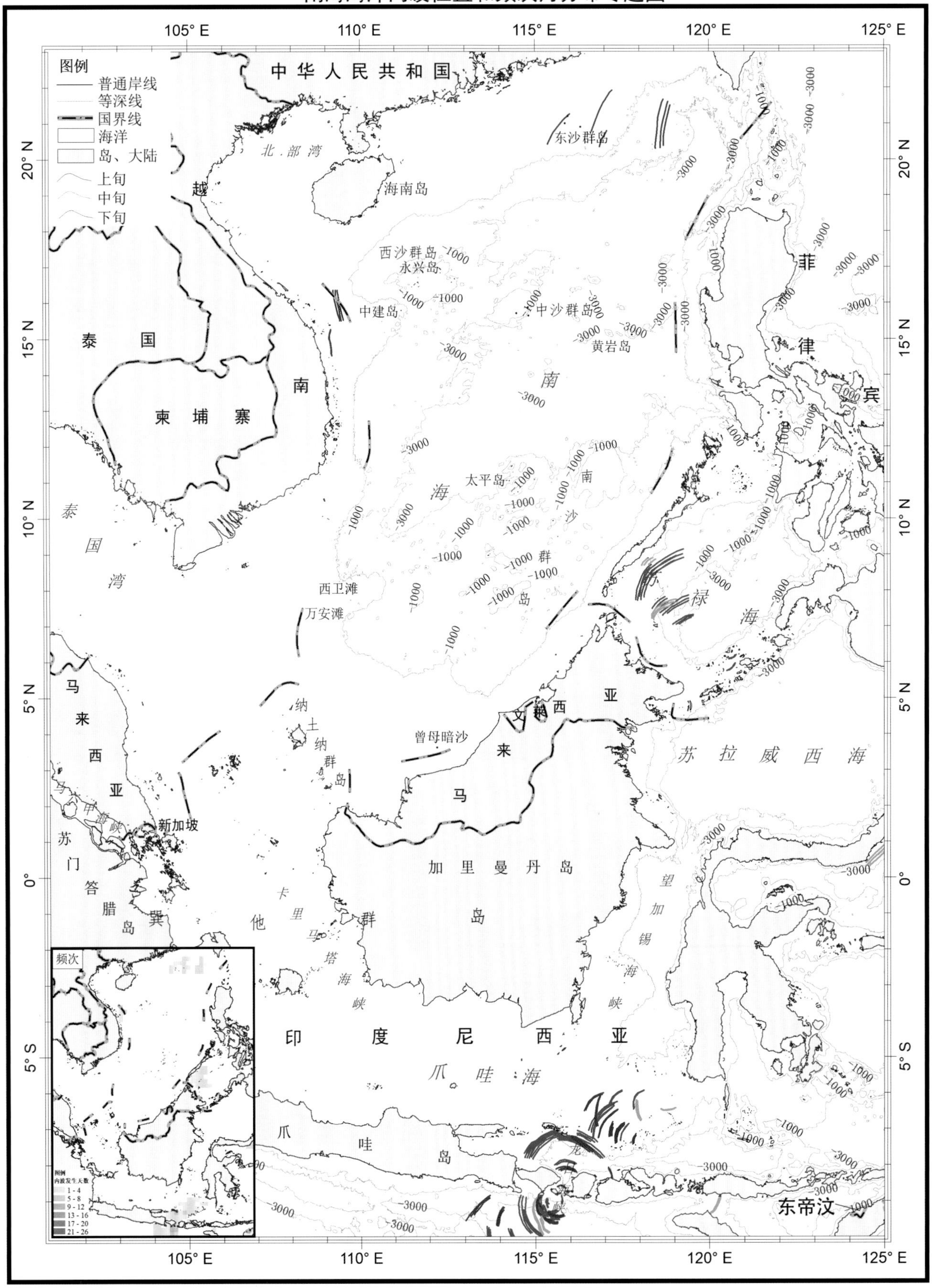

图例
普通岸线
等深线
国界线
海洋
岛、大陆
上旬
中旬
下旬

105° E 110° E 115° E 120° E 125° E

20° N 15° N 10° N 5° N 0° 5° S

中华人民共和国
越
泰国
柬埔寨
南
北部湾
海南岛
东沙群岛
西沙群岛
永兴岛
中建岛
中沙群岛
黄岩岛
南海
太平岛
南沙群岛
西卫滩
万安滩
泰国湾
马来西亚
新加坡
苏门答腊岛
纳土纳群岛
曾母暗沙
文莱
马来西亚
加里曼丹岛
卡里马塔海峡
望加锡海峡
苏禄海
苏拉威西海
菲律宾
印度尼西亚
爪哇海
爪哇岛
龙
东帝汶

-1000 -3000

频次
图例
内波发生天数
1-4
5-8
9-12
13-16
17-20
21-26

调查数据源：MODIS、SAR数据
数据空间分辨率：250m
数据时间：2014年10月

比例尺：1:14 000 000
坐标系：CGCS2000
投影信息：墨卡托投影

高程基准：1985国家高程基准
制图单位：自然资源部第一海洋研究所
制图时间：2022年1月

南海海洋内波位置和频次月分布专题图

图例
普通岸线
等深线
国界线
海洋
岛、大陆
上旬
中旬
下旬

频次

图例
内波发生天数
1 - 4
5 - 8
9 - 12
13 - 16
17 - 20
21 - 26

调查数据源：MODIS、SAR数据
数据空间分辨率：250m
数据时间：2014年11月

比例尺：1:14 000 000
坐标系：CGCS2000
投影信息：墨卡托投影

高程基准：1985国家高程基准
制图单位：自然资源部第一海洋研究所
制图时间：2022年1月

南海海洋内波位置和频次月分布专题图

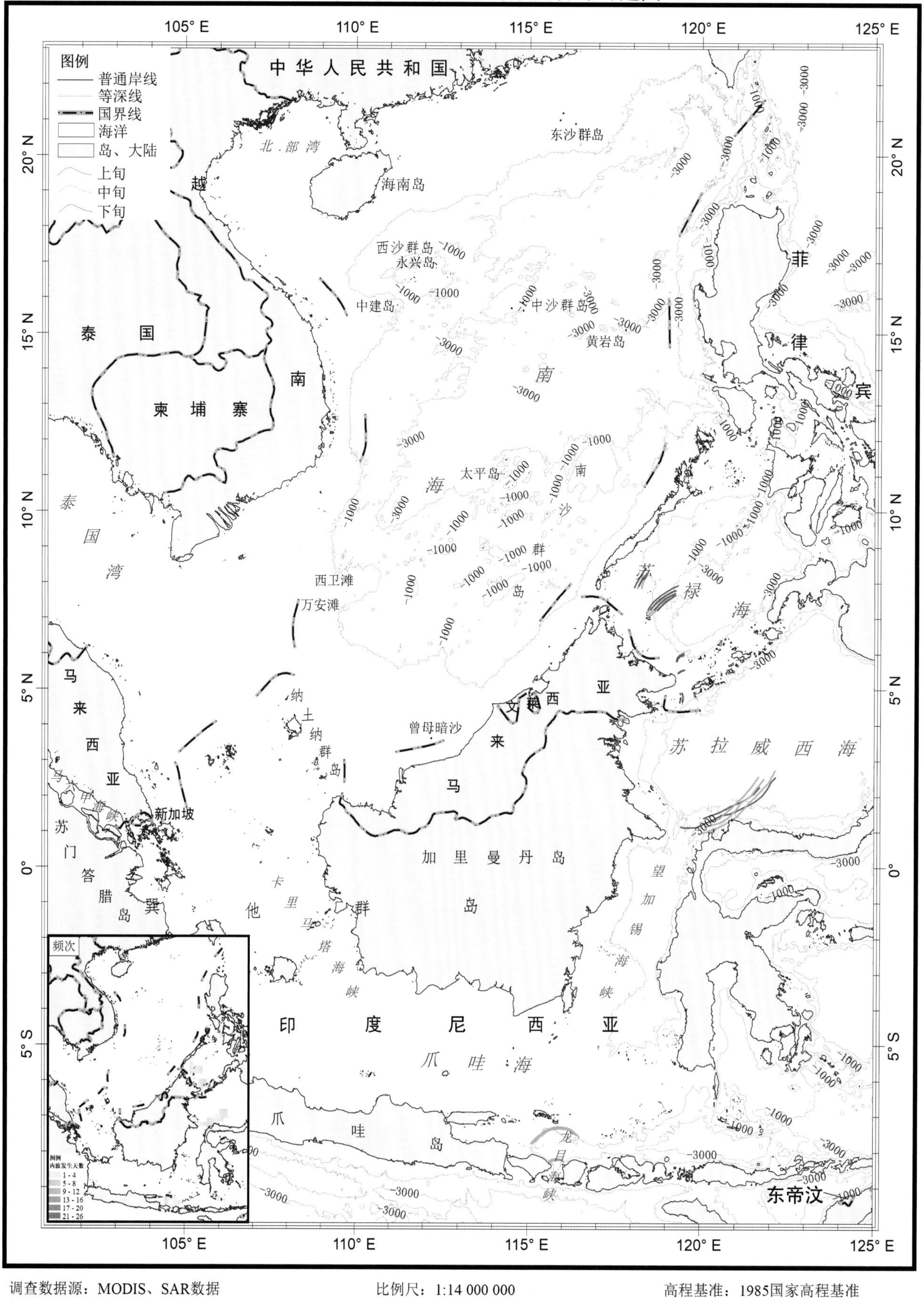

图例
- 普通岸线
- 等深线
- 国界线
- 海洋
- 岛、大陆
- 上旬
- 中旬
- 下旬

调查数据源：MODIS、SAR数据
数据空间分辨率：250m
数据时间：2014年12月

比例尺：1:14 000 000
坐标系：CGCS2000
投影信息：墨卡托投影

高程基准：1985国家高程基准
制图单位：自然资源部第一海洋研究所
制图时间：2022年1月

南海海洋内波位置和频次季分布专题图

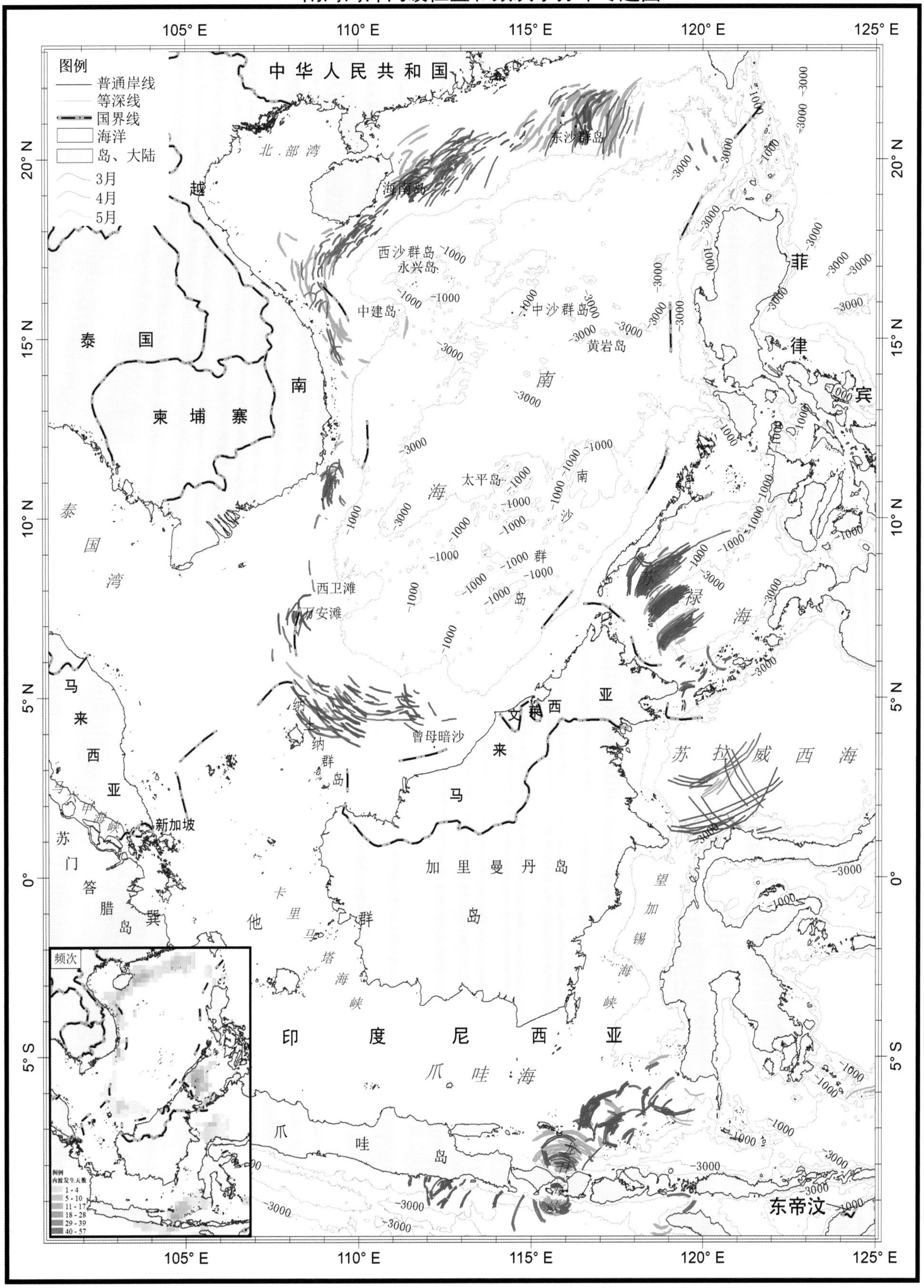

调查数据源：MODIS、SAR数据　　比例尺：1:14 000 000　　高程基准：1985国家高程基准

数据空间分辨率：250m　　坐标系：CGCS2000　　制图单位：自然资源部第一海洋研究所

数据时间：2014年春季　　投影信息：墨卡托投影　　制图时间：2022年1月

南海海洋内波位置和频次季分布专题图

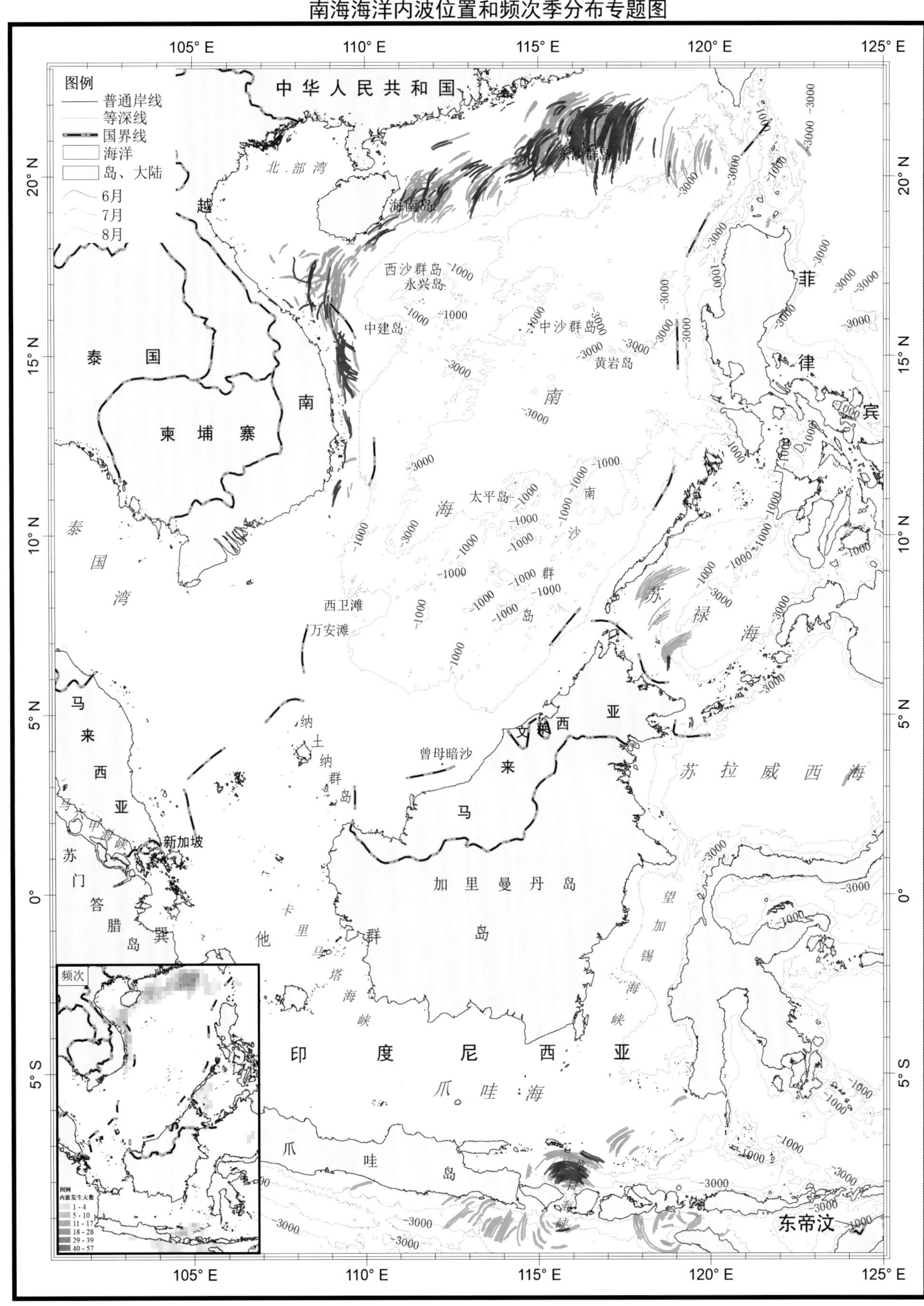

调查数据源：MODIS、SAR数据
数据空间分辨率：250m
数据时间：2014年夏季

比例尺：1:14 000 000
坐标系：CGCS2000
投影信息：墨卡托投影

高程基准：1985国家高程基准
制图单位：自然资源部第一海洋研究所
制图时间：2022年1月

南海海洋内波位置和频次季分布专题图

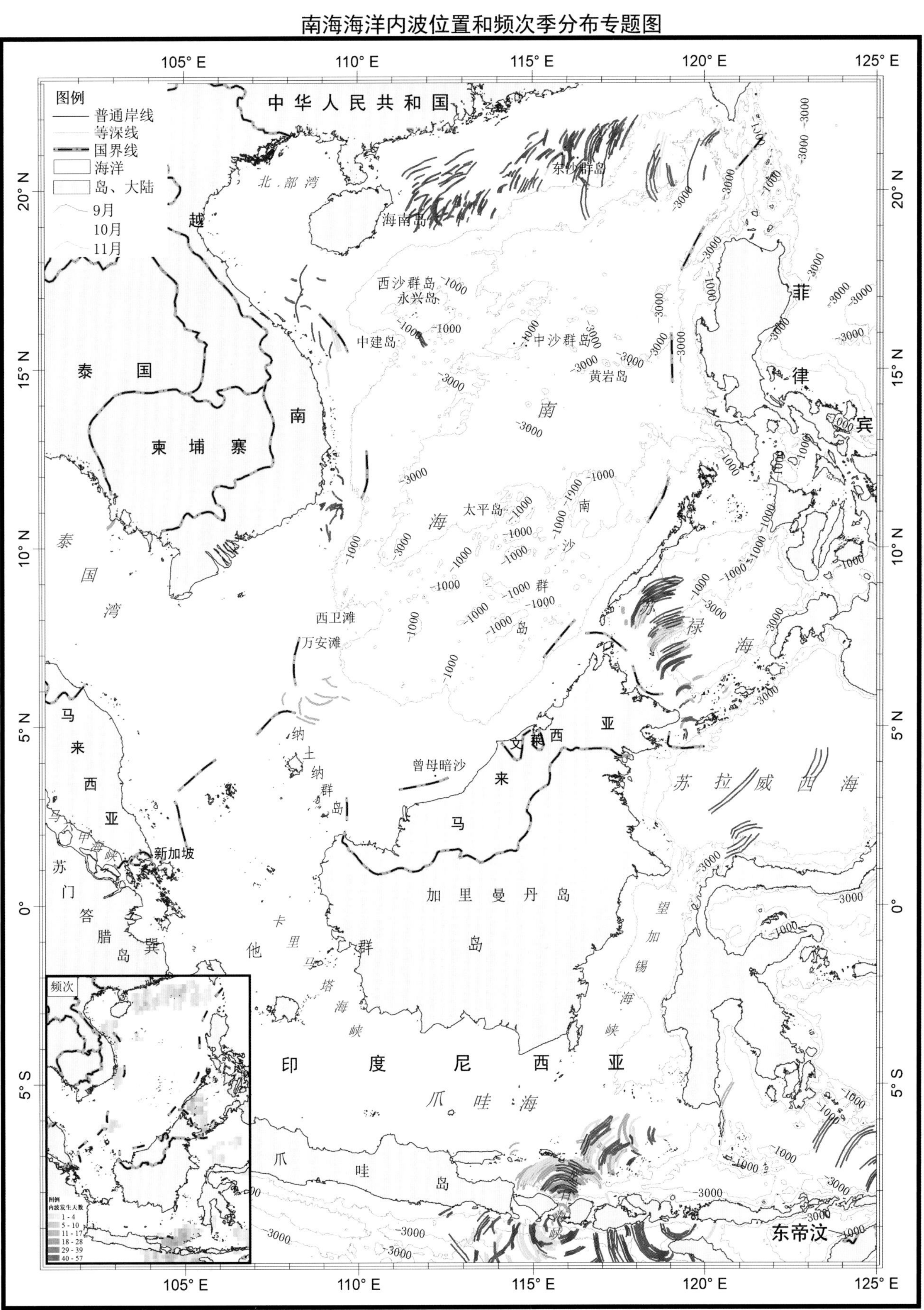

调查数据源：MODIS、SAR数据
数据空间分辨率：250m
数据时间：2014年秋季

比例尺：1:14 000 000
坐标系：CGCS2000
投影信息：墨卡托投影

高程基准：1985国家高程基准
制图单位：自然资源部第一海洋研究所
制图时间：2022年1月

南海海洋内波位置和频次季分布专题图

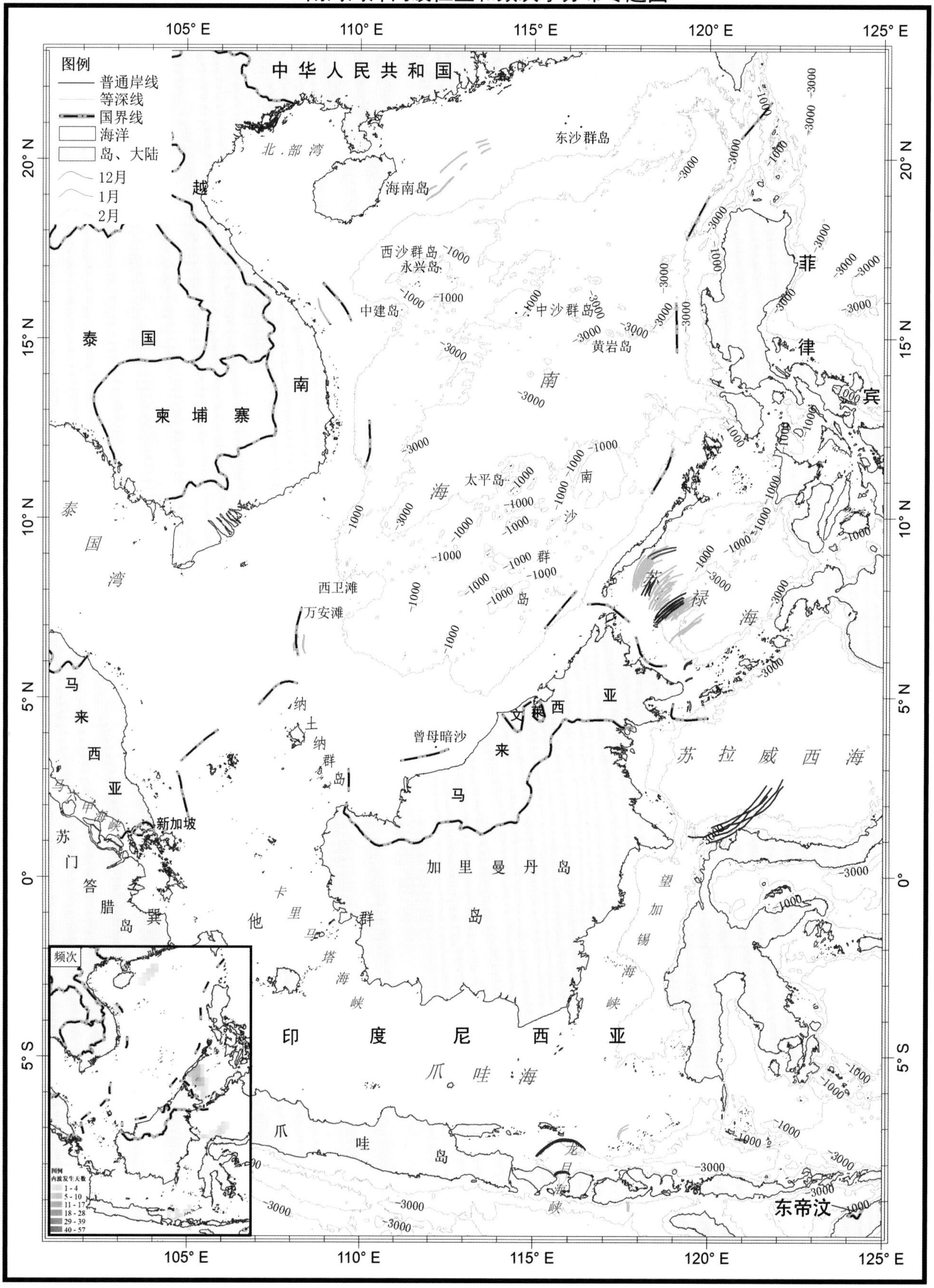

图例：普通岸线、等深线、国界线、海洋、岛、大陆、12月、1月、2月

调查数据源：MODIS、SAR数据	比例尺：1:14 000 000	高程基准：1985国家高程基准
数据空间分辨率：250m	坐标系：CGCS2000	制图单位：自然资源部第一海洋研究所
数据时间：2014年冬季	投影信息：墨卡托投影	制图时间：2022年1月

南海海洋内波位置和频次半年分布专题图

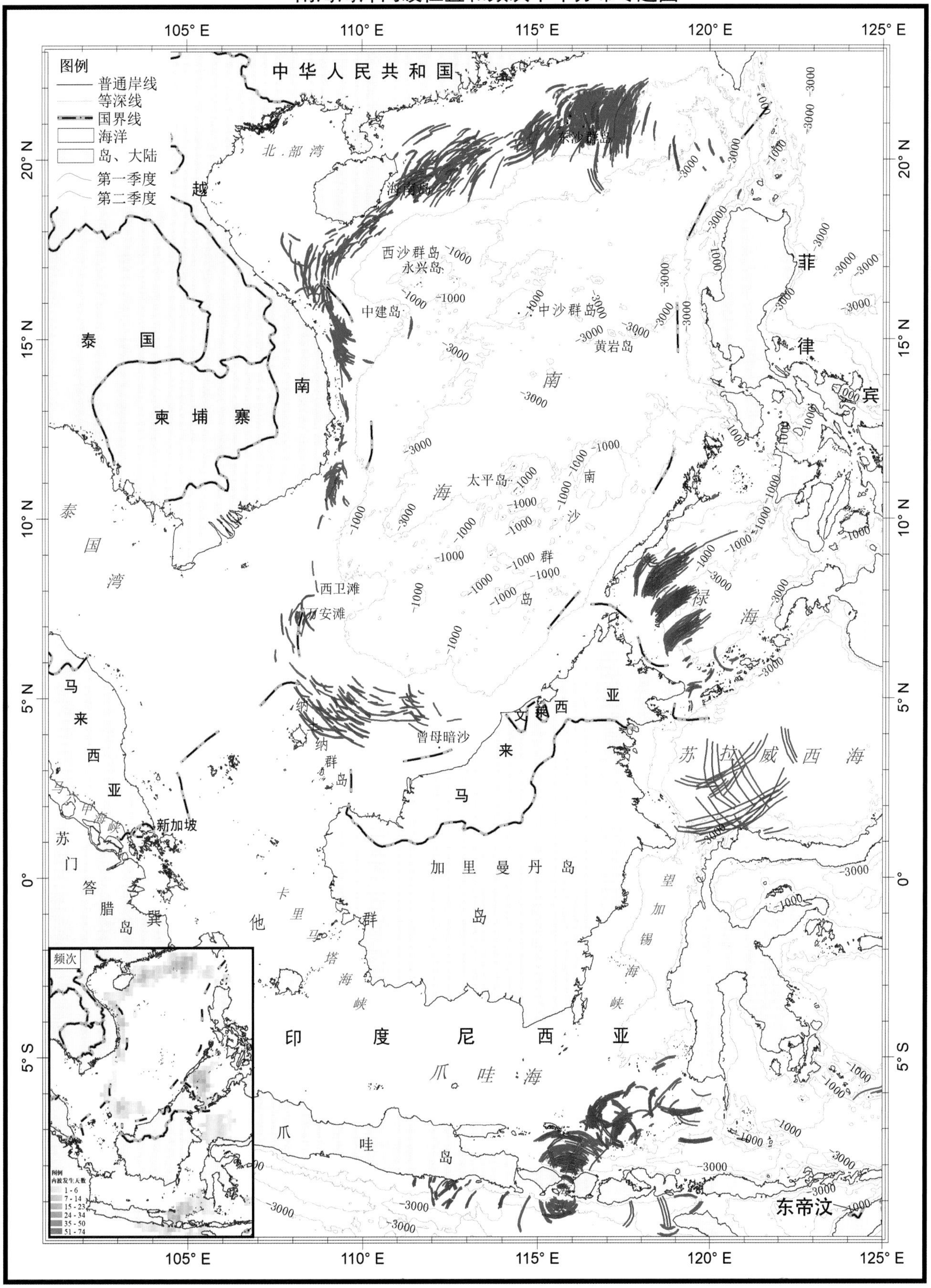

图例
普通岸线
等深线
国界线
海洋
岛、大陆
第一季度
第二季度

调查数据源：MODIS、SAR数据
数据空间分辨率：250m
数据时间：2014年上半年

比例尺：1:14 000 000
坐标系：CGCS2000
投影信息：墨卡托投影

高程基准：1985国家高程基准
制图单位：自然资源部第一海洋研究所
制图时间：2022年1月

南海海洋内波位置和频次半年分布专题图

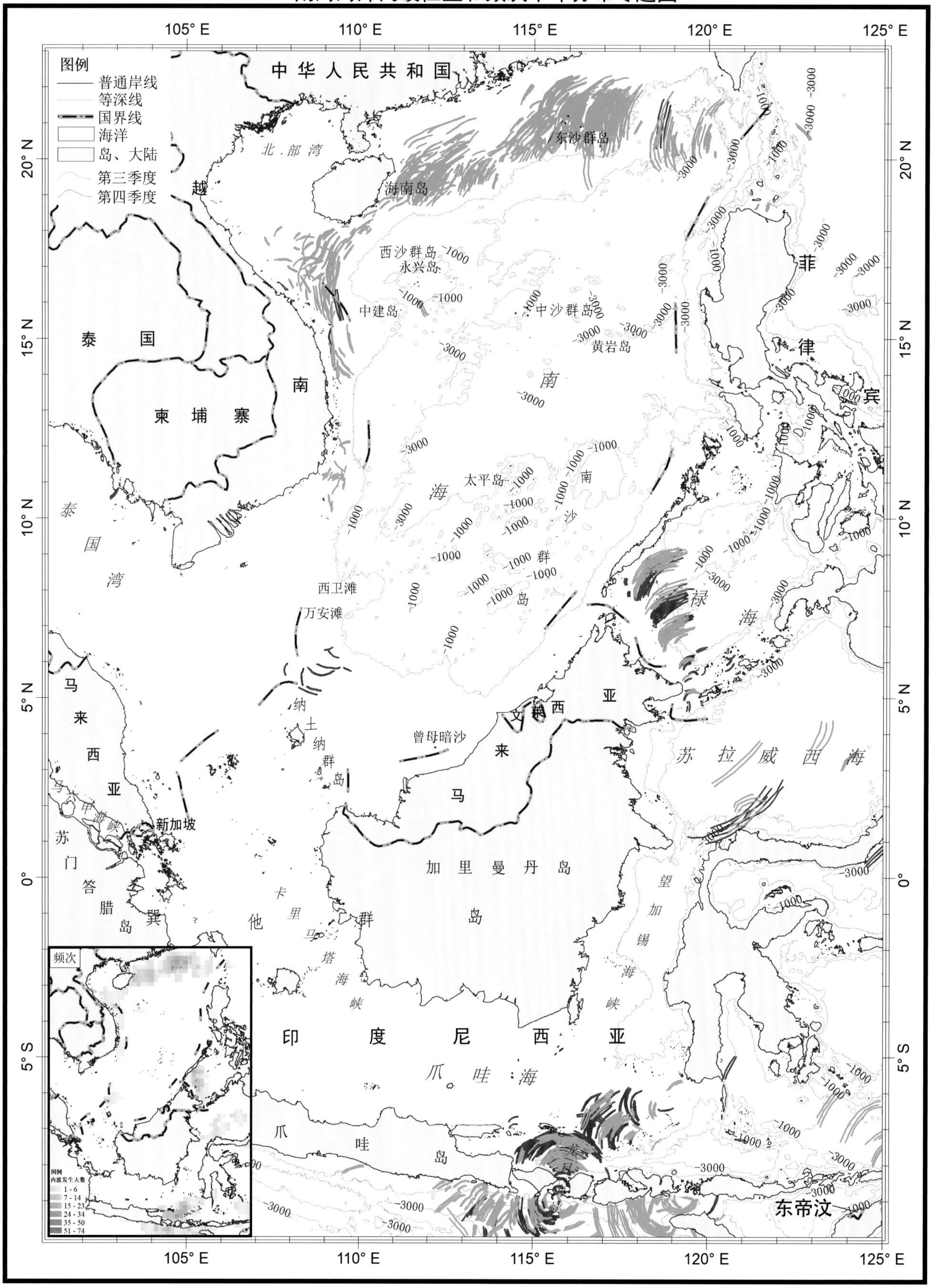

105° E 110° E 115° E 120° E 125° E

图例
普通岸线
等深线
国界线
海洋
岛、大陆
第三季度
第四季度

中华人民共和国
北部湾
海南岛
东沙群岛
西沙群岛
永兴岛
中建岛
中沙群岛
黄岩岛
越
南
泰国
柬埔寨
泰国湾
南海
太平岛
南沙群岛
西卫滩
万安滩
曾母暗沙
纳土纳群岛
马来西亚
新加坡
马六甲海峡
苏门答腊岛
文莱
加里曼丹岛
卡里马塔海峡
望加锡海峡
苏禄海
苏拉威西海
菲律宾
印度尼西亚
爪哇海
爪哇岛
龙目
东帝汶

频次
图例
内波发生天数
1 - 6
7 - 14
15 - 23
24 - 34
35 - 50
51 - 74

20° N 15° N 10° N 5° N 0° 5° S

调查数据源：MODIS、SAR数据
数据空间分辨率：250m
数据时间：2014年下半年

比例尺：1:14 000 000
坐标系：CGCS2000
投影信息：墨卡托投影

高程基准：1985国家高程基准
制图单位：自然资源部第一海洋研究所
制图时间：2022年1月

南海海洋内波位置和频次年分布专题图

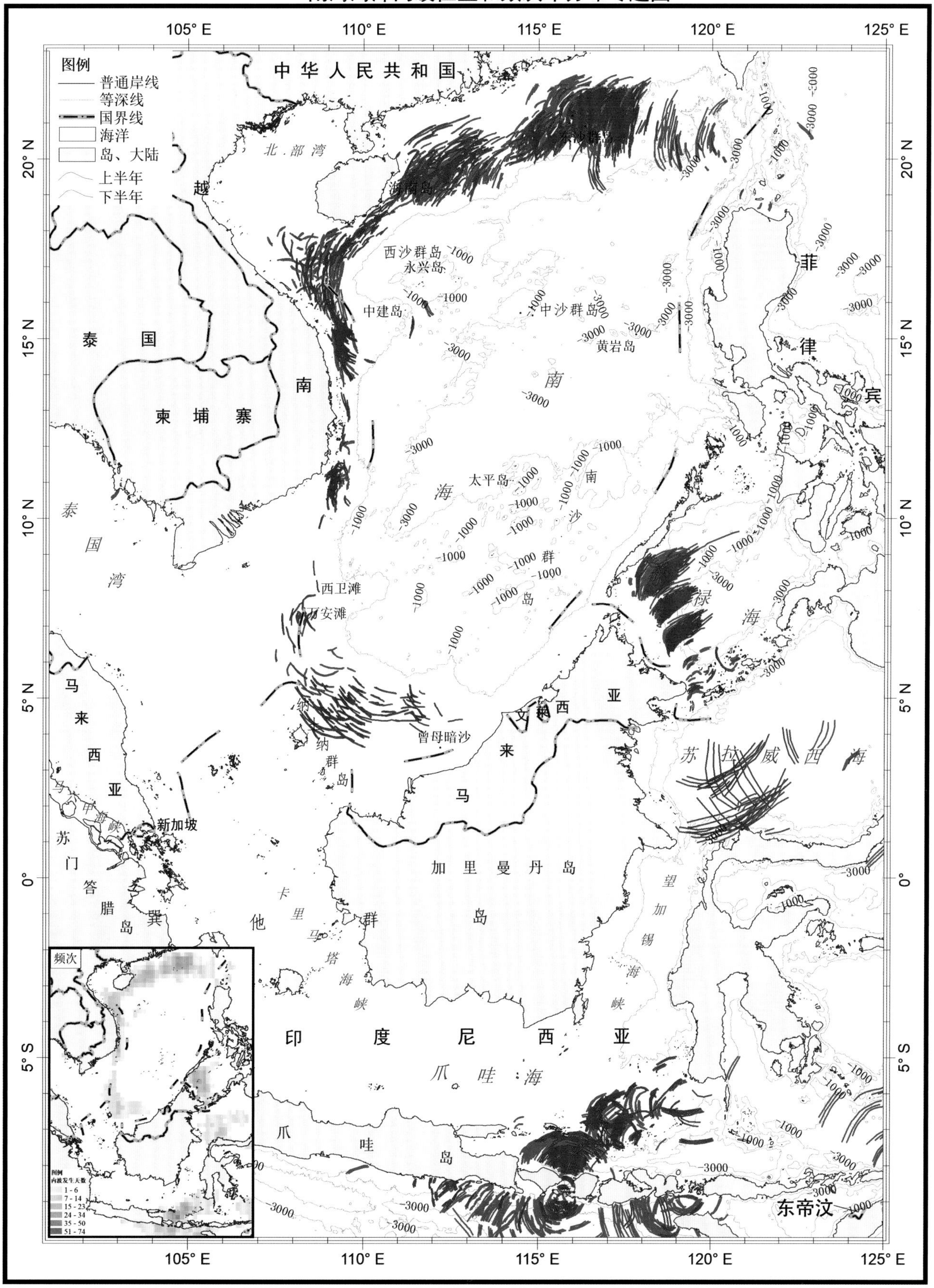

105° E　110° E　115° E　120° E　125° E

20° N　15° N　10° N　5° N　0°　5° S

图例
普通岸线
等深线
国界线
海洋
岛、大陆
上半年
下半年

中华人民共和国
北部湾
东沙群岛
海南岛
越
南
泰　国
柬　埔　寨
西沙群岛
永兴岛
中建岛
中沙群岛
黄岩岛
南
海
南沙群岛
太平岛
菲
律
宾
泰国湾
西卫滩
万安滩
马来西亚
文莱
纳土纳群岛
曾母暗沙
马来西亚
苏禄海
苏拉威西海
新加坡
马六甲海峡
苏门答腊岛
加里曼丹岛
卡里马塔海峡
异他群岛
望加锡海峡
印　度　尼　西　亚
爪哇海
爪哇岛
东帝汶

-1000
-3000

频次
图例
内波发生天数
1 - 6
7 - 14
15 - 23
24 - 34
35 - 50
51 - 74

调查数据源：MODIS、SAR数据
数据空间分辨率：250m
数据时间：2014年全年

比例尺：1:14 000 000
坐标系：CGCS2000
投影信息：墨卡托投影

高程基准：1985国家高程基准
制图单位：自然资源部第一海洋研究所
制图时间：2022年1月

6.6 南海内孤立波 2015 年分布图

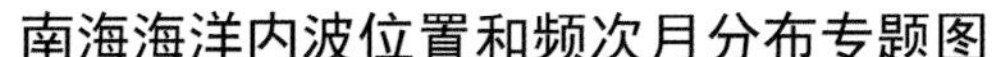

图例
普通岸线
等深线
国界线
海洋
岛、大陆
上旬
中旬
下旬

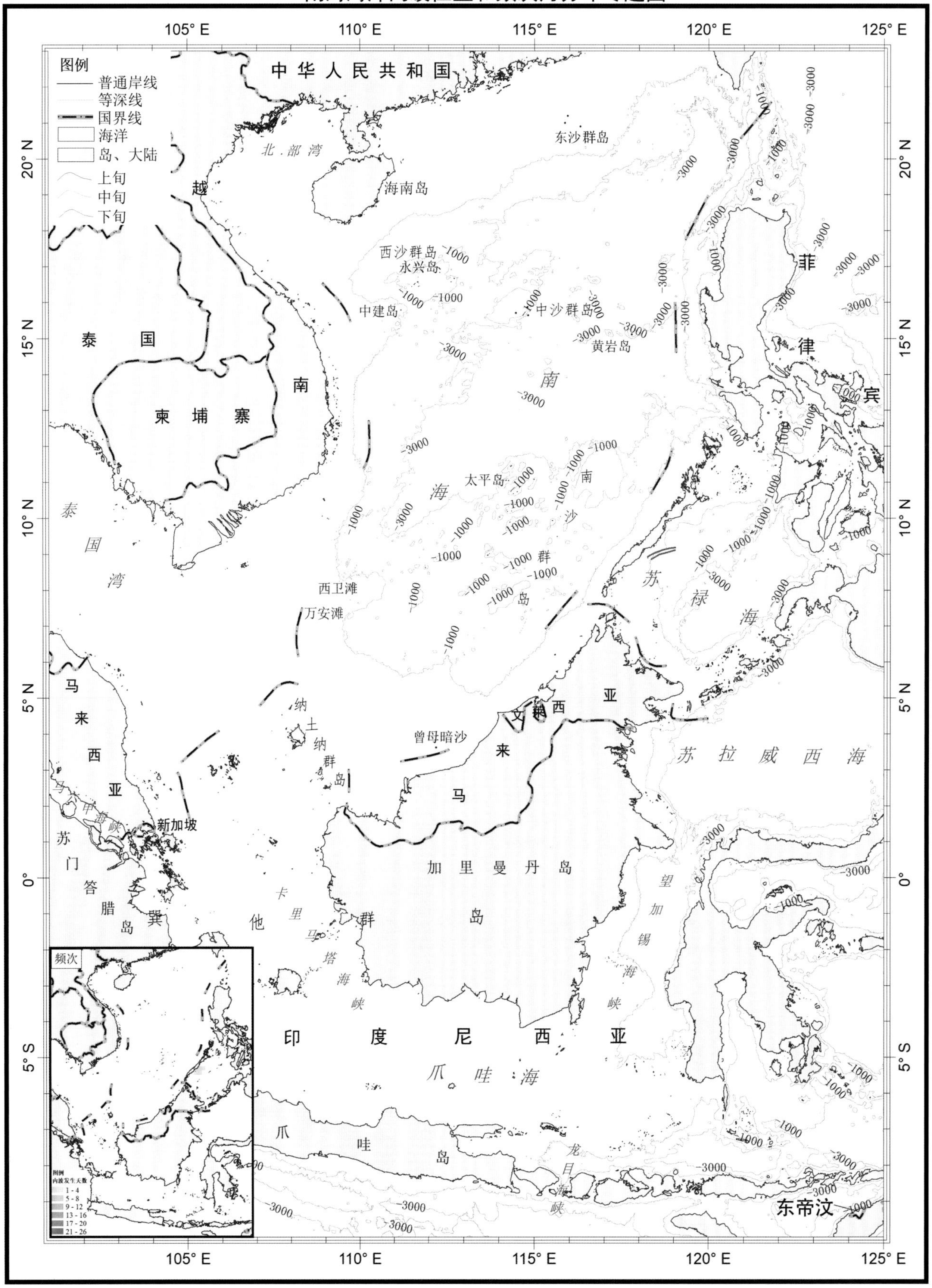

调查数据源：MODIS、SAR数据
数据空间分辨率：250m
数据时间：2015年1月

比例尺：1:14 000 000
坐标系：CGCS2000
投影信息：墨卡托投影

高程基准：1985国家高程基准
制图单位：自然资源部第一海洋研究所
制图时间：2022年1月

南海海洋内波位置和频次月分布专题图

图例
普通岸线
等深线
国界线
海洋
岛、大陆
上旬
中旬
下旬

频次

图例
内波发生天数
1 - 4
5 - 8
9 - 12
13 - 16
17 - 20
21 - 26

调查数据源：MODIS、SAR数据
数据空间分辨率：250m
数据时间：2015年2月

比例尺：1:14 000 000
坐标系：CGCS2000
投影信息：墨卡托投影

高程基准：1985国家高程基准
制图单位：自然资源部第一海洋研究所
制图时间：2022年1月

南海海洋内波位置和频次月分布专题图

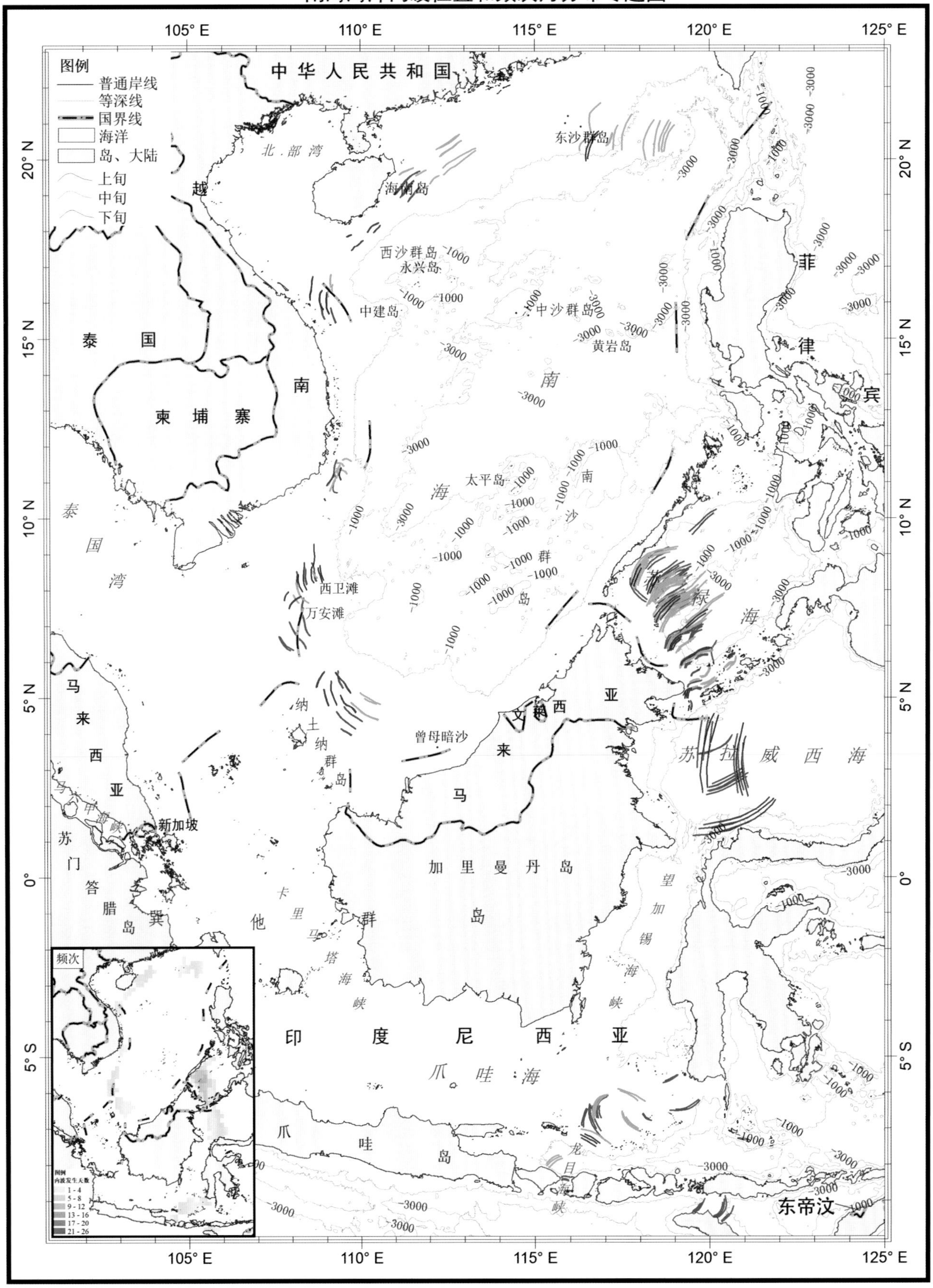

图例
普通岸线
等深线
国界线
海洋
岛、大陆
上旬
中旬
下旬

频次

调查数据源：MODIS、SAR数据
数据空间分辨率：250m
数据时间：2015年3月

比例尺：1:14 000 000
坐标系：CGCS2000
投影信息：墨卡托投影

高程基准：1985国家高程基准
制图单位：自然资源部第一海洋研究所
制图时间：2022年1月

南海海洋内波位置和频次月分布专题图

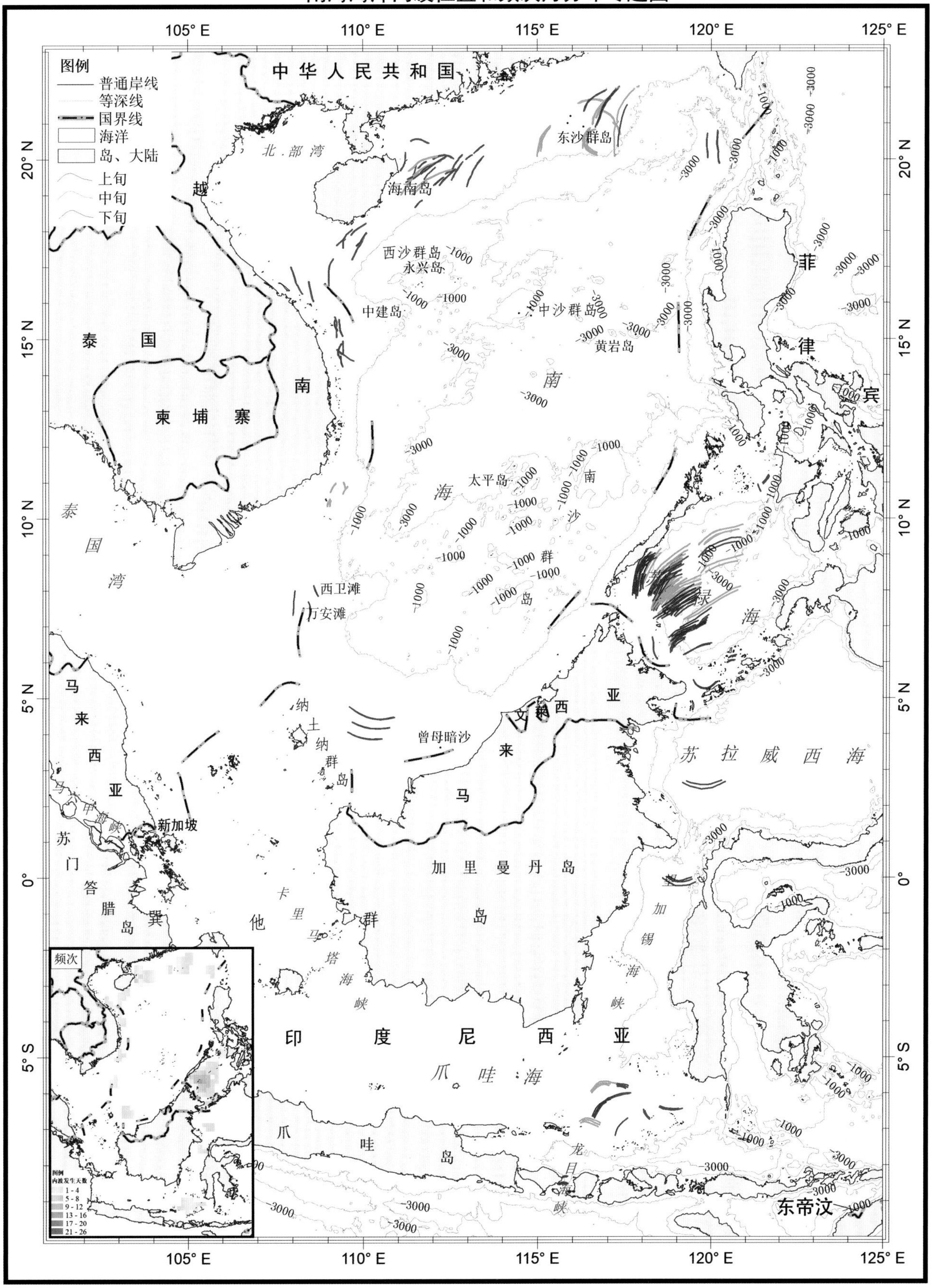

图例
普通岸线
等深线
国界线
海洋
岛、大陆
上旬
中旬
下旬

中华人民共和国
北部湾
海南岛
东沙群岛
西沙群岛
永兴岛
中建岛
中沙群岛
黄岩岛
越
南
泰国
柬埔寨
泰国湾
南海
太平岛
南沙群岛
西卫滩
万安滩
菲律宾
苏禄海
马来西亚
纳土纳群岛
曾母暗沙
文莱
苏拉威西海
新加坡
苏门答腊岛
马六甲海峡
加里曼丹岛
卡里马塔海峡
望加锡海峡
廖内群岛
印度尼西亚
爪哇海
爪哇岛
龙目海峡
东帝汶

频次
图例
内波发生天数
1 - 4
5 - 8
9 - 12
13 - 16
17 - 20
21 - 26

调查数据源：MODIS、SAR数据
数据空间分辨率：250m
数据时间：2015年4月
比例尺：1:14 000 000
坐标系：CGCS2000
投影信息：墨卡托投影
高程基准：1985国家高程基准
制图单位：自然资源部第一海洋研究所
制图时间：2022年1月

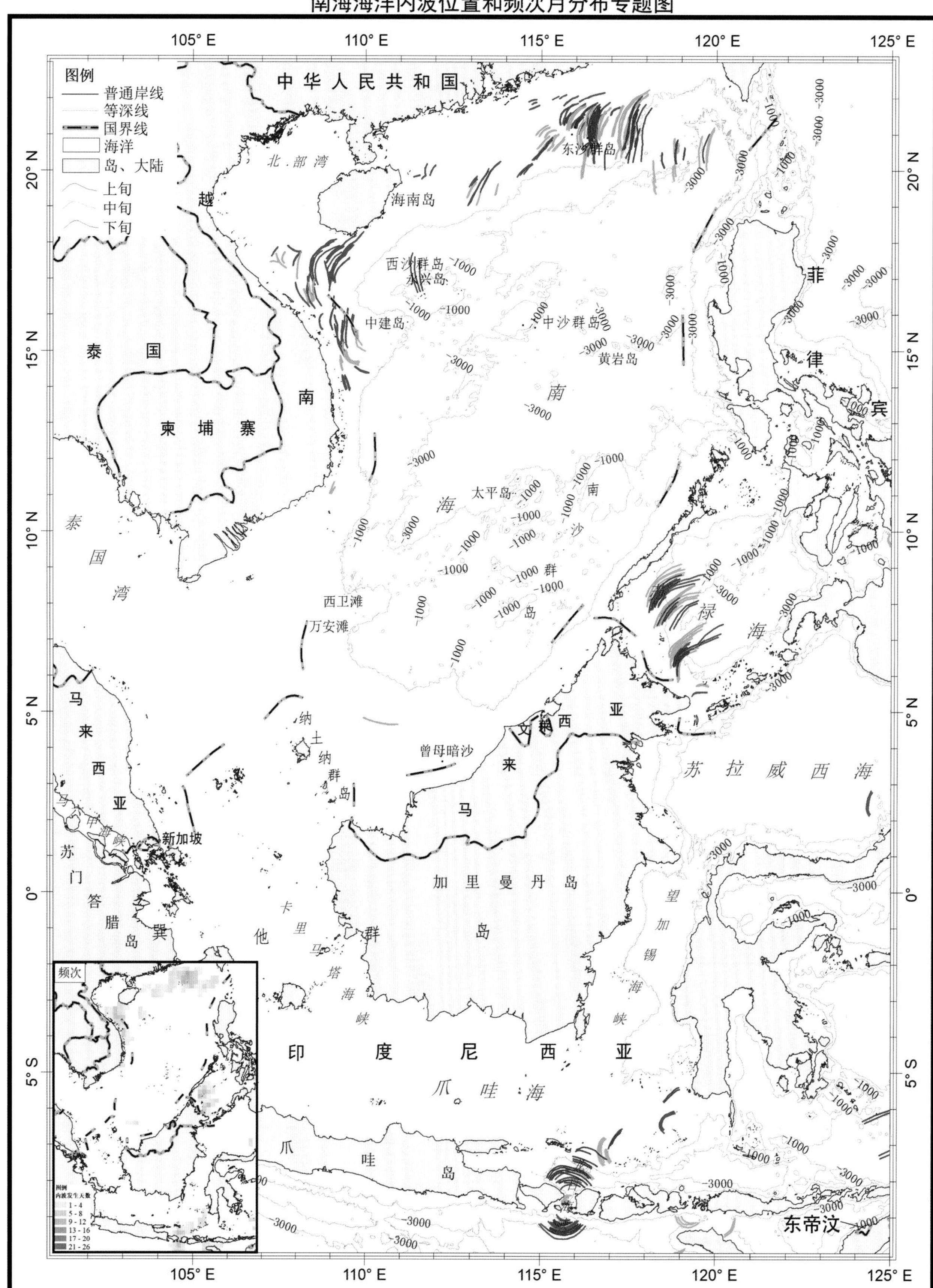

调查数据源：MODIS、SAR数据
数据空间分辨率：250m
数据时间：2015年5月

比例尺：1:14 000 000
坐标系：CGCS2000
投影信息：墨卡托投影

高程基准：1985国家高程基准
制图单位：自然资源部第一海洋研究所
制图时间：2022年1月

南海海洋内波位置和频次月分布专题图

图例
普通岸线
等深线
国界线
海洋
岛、大陆
上旬
中旬
下旬

中华人民共和国　北部湾　海南岛　东沙群岛　西沙群岛　永兴岛　中建岛　中沙群岛　黄岩岛　越南　泰国　柬埔寨　泰国湾　南海　太平岛　南沙群岛　西卫滩　万安滩　纳土纳群岛　曾母暗沙　文莱　马来西亚　新加坡　马六甲海峡　苏门答腊岛　菲律宾　苏禄海　苏拉威西海　加里曼丹岛　卡里马塔海峡　望加锡海峡　印度尼西亚　爪哇海　爪哇岛　东帝汶

频次

图例
内波发生天数
1 - 4
5 - 8
9 - 12
13 - 16
17 - 20
21 - 26

调查数据源：MODIS、SAR数据
数据空间分辨率：250m
数据时间：2015年6月

比例尺：1:14 000 000
坐标系：CGCS2000
投影信息：墨卡托投影

高程基准：1985国家高程基准
制图单位：自然资源部第一海洋研究所
制图时间：2022年1月

南海海洋内波位置和频次月分布专题图

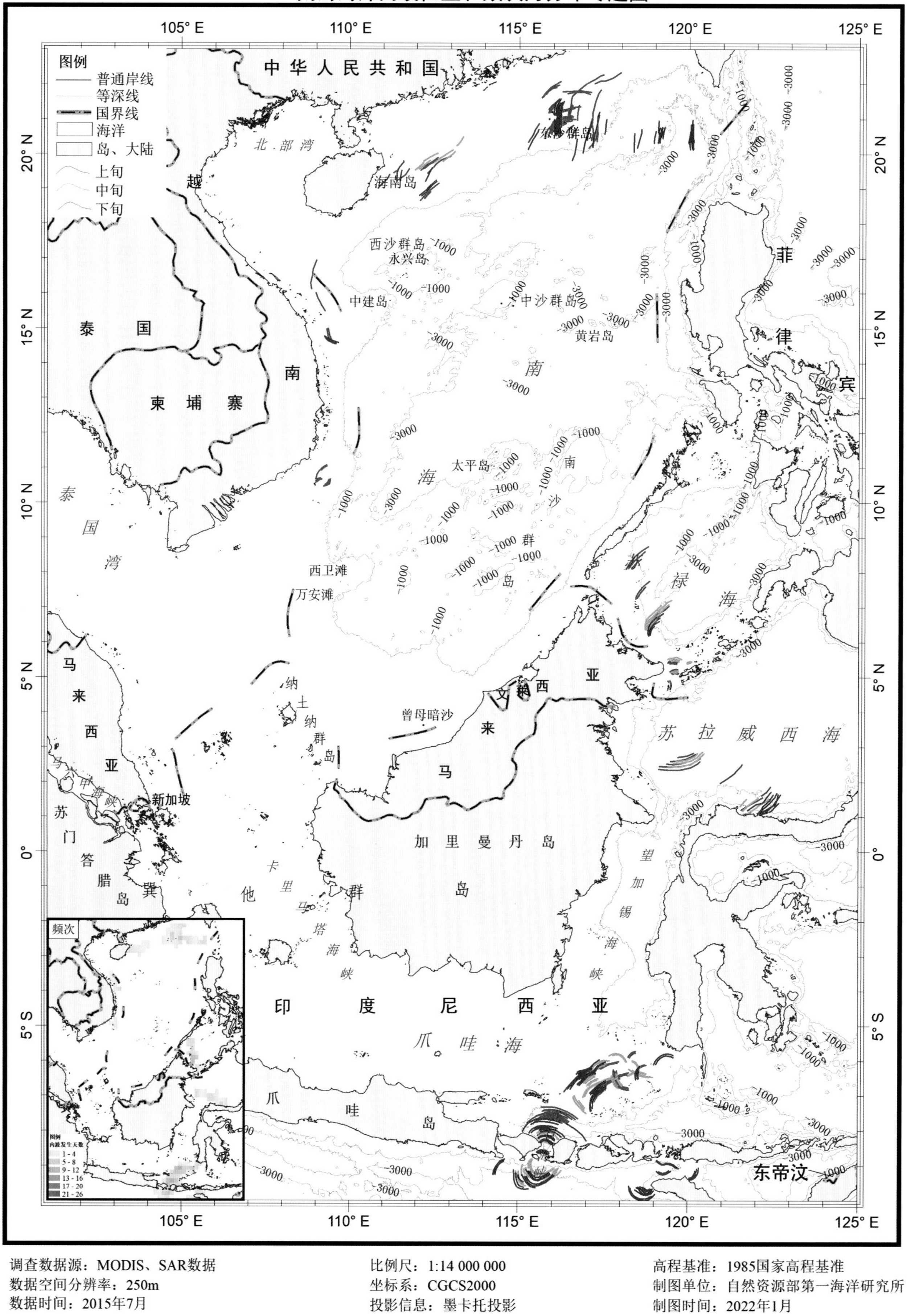

图例
普通岸线
等深线
国界线
海洋
岛、大陆
上旬
中旬
下旬

105° E 110° E 115° E 120° E 125° E

20° N 15° N 10° N 5° N 0° 5° S

中华人民共和国 越 泰国 柬埔寨 南 菲律宾 马来西亚 文莱 印度尼西亚 苏门答腊岛 加里曼丹岛 爪哇岛 东帝汶

北部湾 海南岛 东沙群岛 西沙群岛 永兴岛 中建岛 中沙群岛 黄岩岛 南海 太平岛 南沙群岛 西卫滩 万安滩 曾母暗沙 纳土纳群岛 新加坡 泰国湾 苏禄海 苏拉威西海 望加锡海峡 卡里马塔海峡 爪哇海 马六甲海峡

频次

图例
内波发生天数
1-4
5-8
9-12
13-16
17-20
21-26

调查数据源：MODIS、SAR数据
数据空间分辨率：250m
数据时间：2015年7月

比例尺：1:14 000 000
坐标系：CGCS2000
投影信息：墨卡托投影

高程基准：1985国家高程基准
制图单位：自然资源部第一海洋研究所
制图时间：2022年1月

南海海洋内波位置和频次月分布专题图

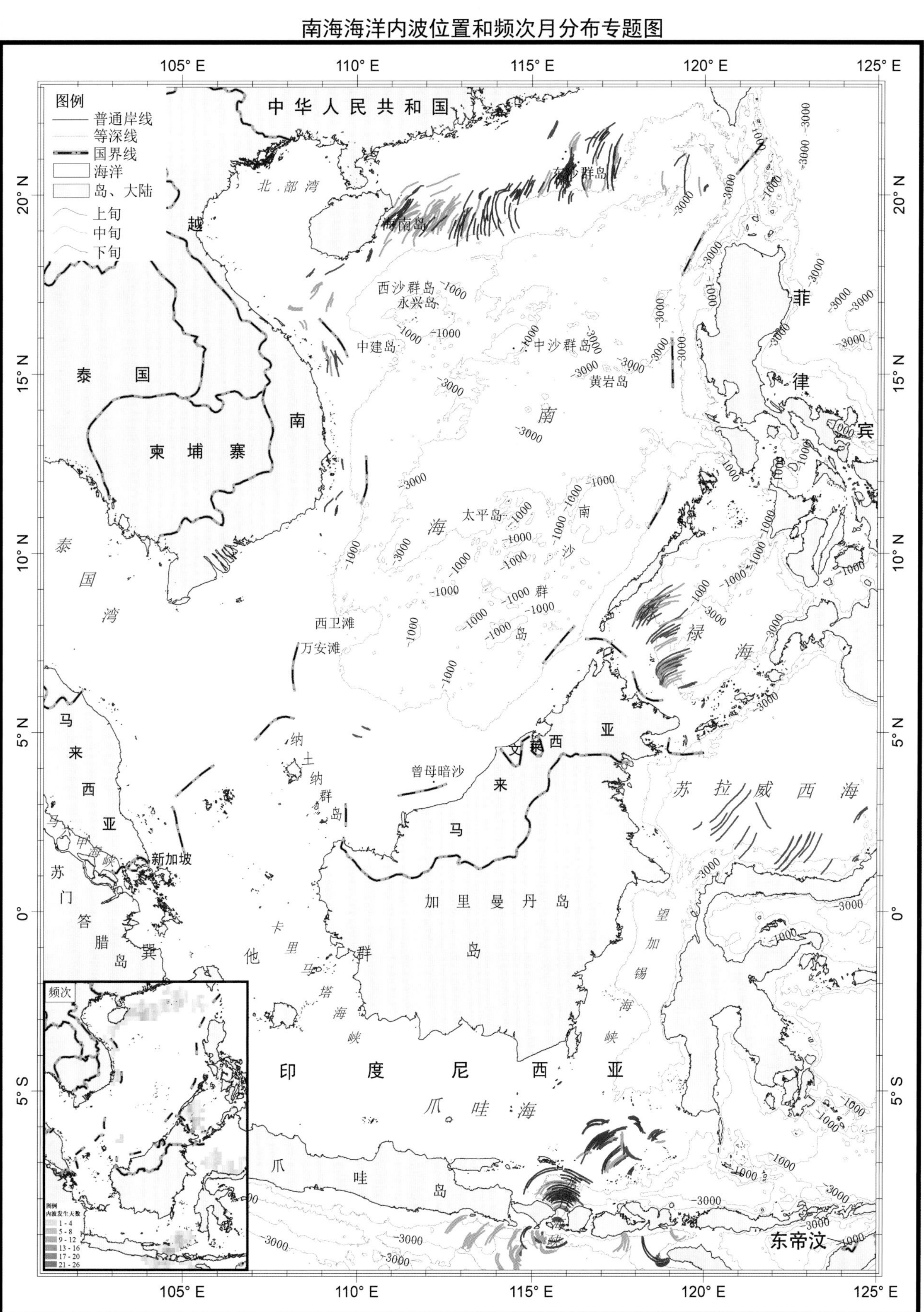

调查数据源：MODIS、SAR数据
数据空间分辨率：250m
数据时间：2015年8月

比例尺：1:14 000 000
坐标系：CGCS2000
投影信息：墨卡托投影

高程基准：1985国家高程基准
制图单位：自然资源部第一海洋研究所
制图时间：2022年1月

南海海洋内波位置和频次月分布专题图

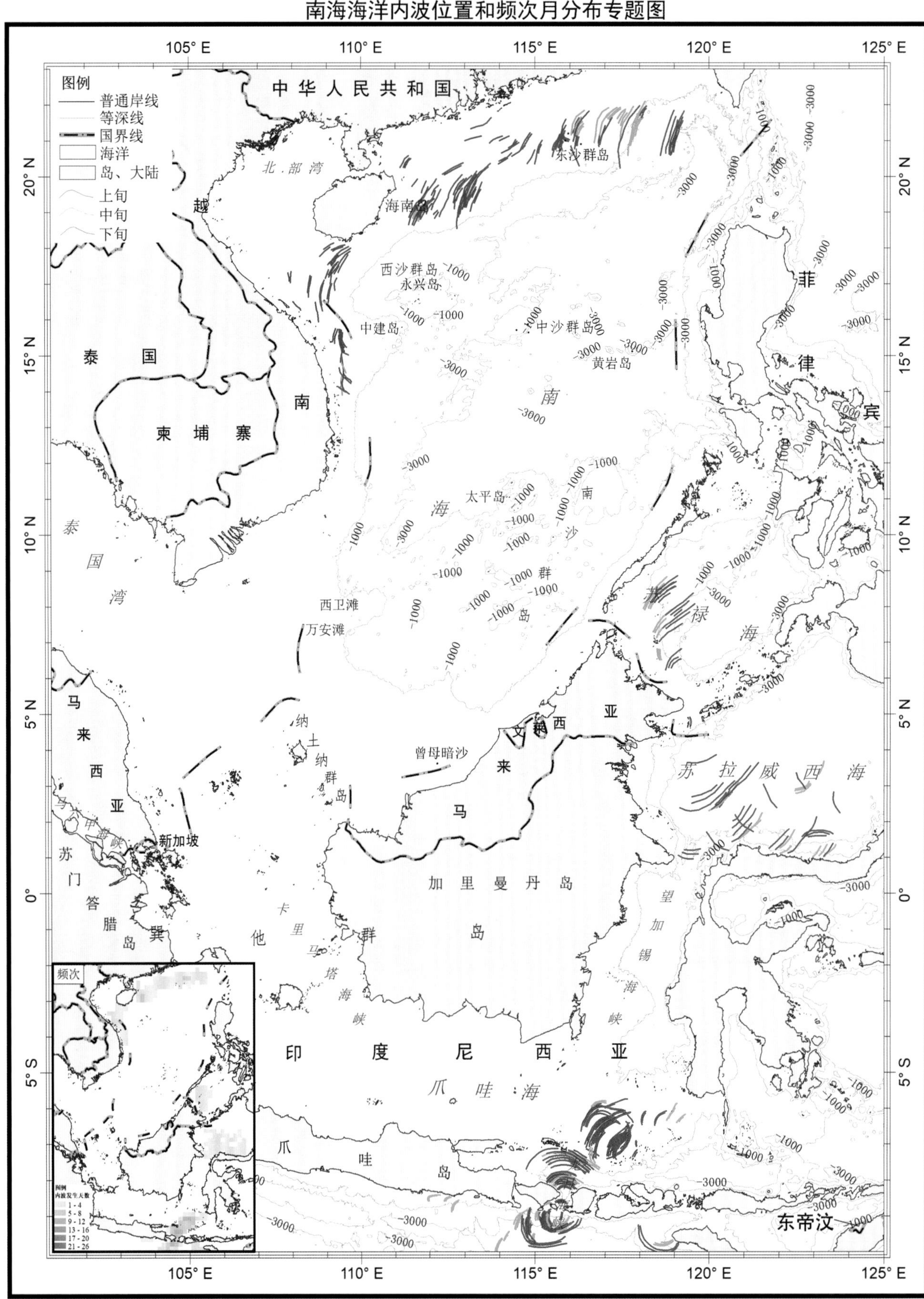

调查数据源：MODIS、SAR数据
数据空间分辨率：250m
数据时间：2015年9月

比例尺：1:14 000 000
坐标系：CGCS2000
投影信息：墨卡托投影

高程基准：1985国家高程基准
制图单位：自然资源部第一海洋研究所
制图时间：2022年1月

南海海洋内波位置和频次月分布专题图

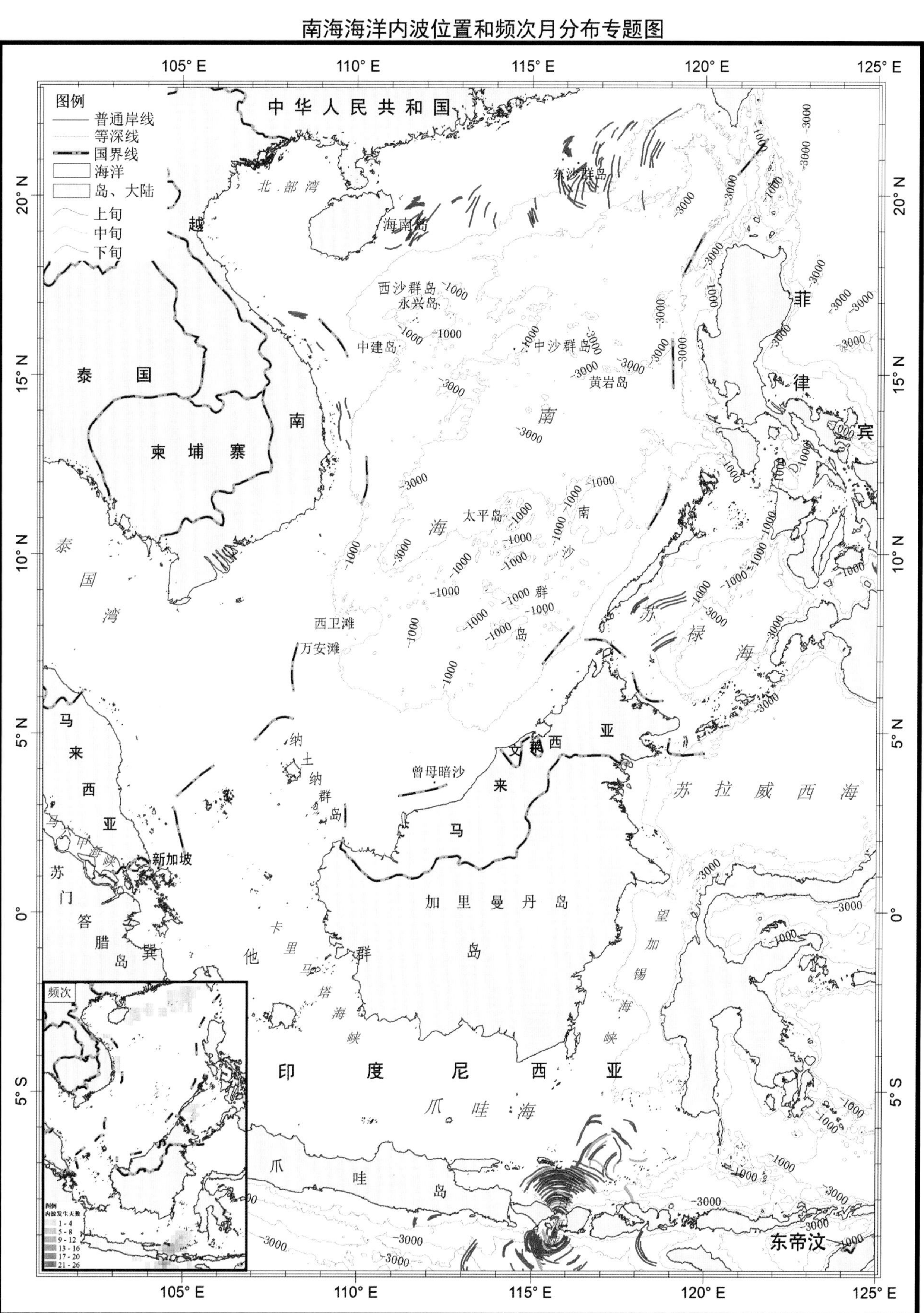

调查数据源：MODIS、SAR数据
数据空间分辨率：250m
数据时间：2015年10月

比例尺：1:14 000 000
坐标系：CGCS2000
投影信息：墨卡托投影

高程基准：1985国家高程基准
制图单位：自然资源部第一海洋研究所
制图时间：2022年1月

南海海洋内波位置和频次月分布专题图

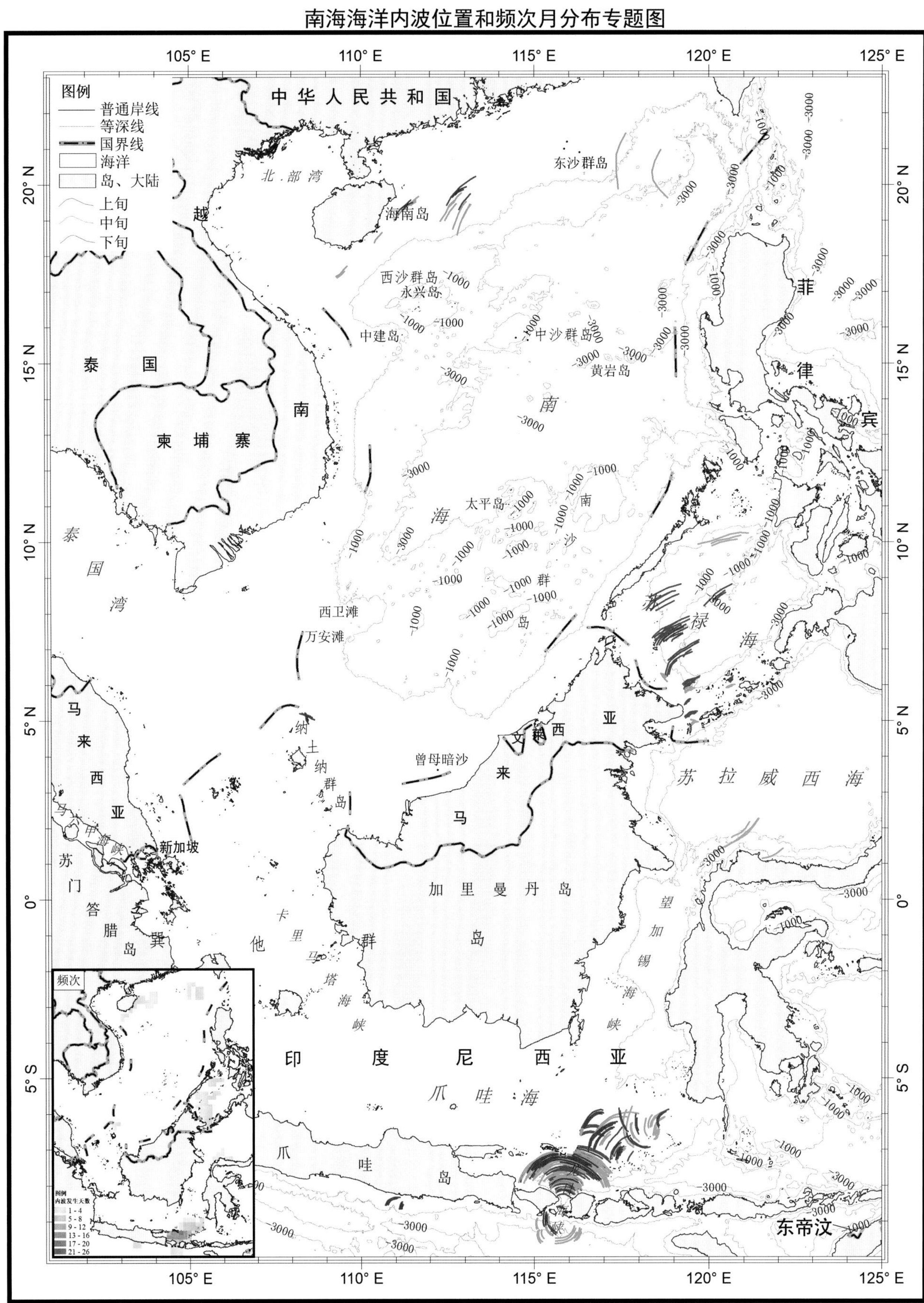

调查数据源：MODIS、SAR数据
数据空间分辨率：250m
数据时间：2015年11月

比例尺：1:14 000 000
坐标系：CGCS2000
投影信息：墨卡托投影

高程基准：1985国家高程基准
制图单位：自然资源部第一海洋研究所
制图时间：2022年1月

南海海洋内波位置和频次月分布专题图

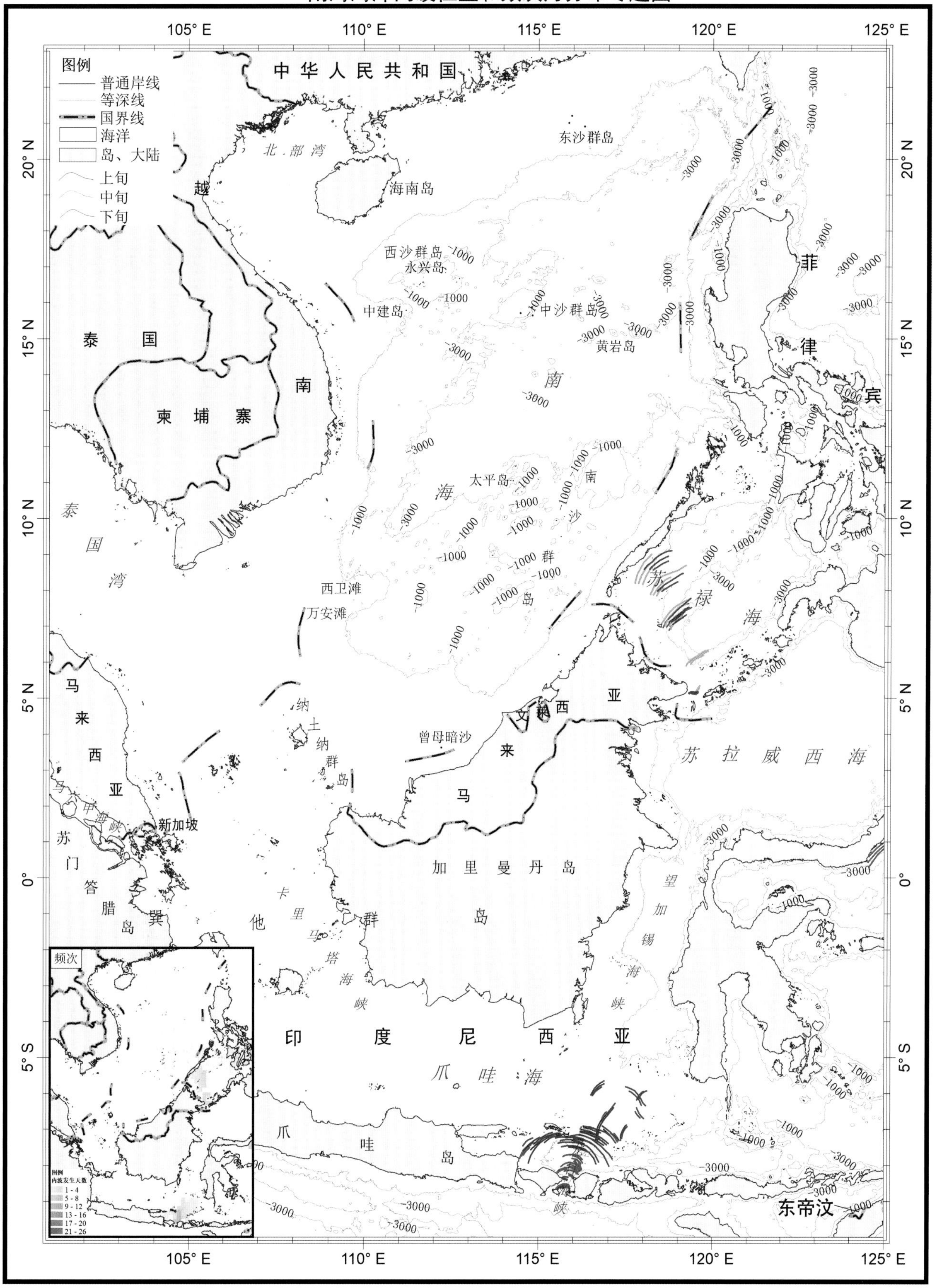

105° E　110° E　115° E　120° E　125° E

20° N　15° N　10° N　5° N　0°　5° S

图例
普通岸线
等深线
国界线
海洋
岛、大陆
上旬
中旬
下旬

中华人民共和国
北部湾
海南岛
东沙群岛
越
西沙群岛
永兴岛
中建岛
中沙群岛
黄岩岛
菲
律
宾
泰　国
南
柬　埔　寨
南
海
太平岛
南
沙
群
岛
泰
国
湾
西卫滩
万安滩
苏
禄
海
马
来
西
亚
纳
土
纳
群
岛
曾母暗沙
文莱
马　来　西　亚
苏拉威西海
新加坡
马六甲海峡
苏
门
答
腊
岛
加里曼丹岛
卡
里
马
塔
海
峡
望
加
锡
海
峡
印　度　尼　西　亚
爪　哇　海
爪
哇
岛
峡
东帝汶
-1000
-3000

频次
图例
内波发生天数
1 - 4
5 - 8
9 - 12
13 - 16
17 - 20
21 - 26

调查数据源：MODIS、SAR数据
数据空间分辨率：250m
数据时间：2015年12月

比例尺：1:14 000 000
坐标系：CGCS2000
投影信息：墨卡托投影

高程基准：1985国家高程基准
制图单位：自然资源部第一海洋研究所
制图时间：2022年1月

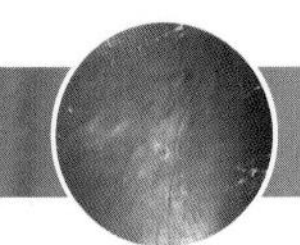

南海海洋内波位置和频次季分布专题图

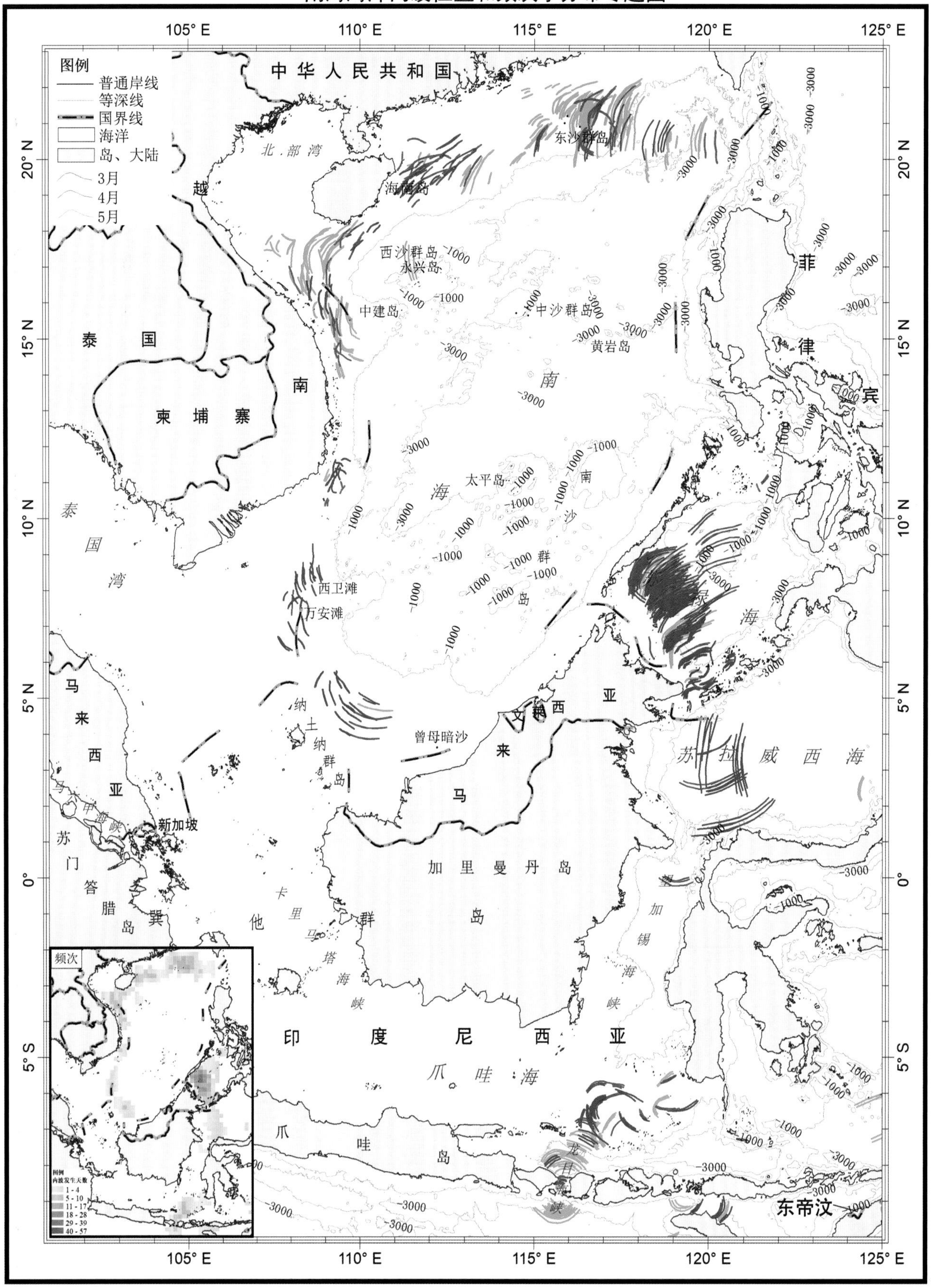

图例
普通岸线
等深线
国界线
海洋
岛、大陆
3月
4月
5月

中华人民共和国
北部湾
海南岛
东沙群岛
西沙群岛
永兴岛
中建岛
中沙群岛
黄岩岛
越
南
泰　国
柬　埔　寨
泰国湾
南　海
太平岛
南沙群岛
西卫滩
万安滩
菲
律
宾
苏　禄　海
苏　拉　威　西　海
马来西亚
纳土纳群岛
曾母暗沙
文莱
马　来　西　亚
马六甲海峡
新加坡
苏门答腊岛
加　里　曼　丹　岛
卡里马塔海峡
望加锡海峡
印　度　尼　西　亚
爪　哇　海
爪　哇　岛
龙目海峡
东帝汶

频次

图例
内波发生天数
1 - 4
5 - 10
11 - 17
18 - 28
29 - 39
40 - 57

调查数据源：MODIS、SAR数据
数据空间分辨率：250m
数据时间：2015年春季

比例尺：1:14 000 000
坐标系：CGCS2000
投影信息：墨卡托投影

高程基准：1985国家高程基准
制图单位：自然资源部第一海洋研究所
制图时间：2022年1月

南海海洋内波位置和频次季分布专题图

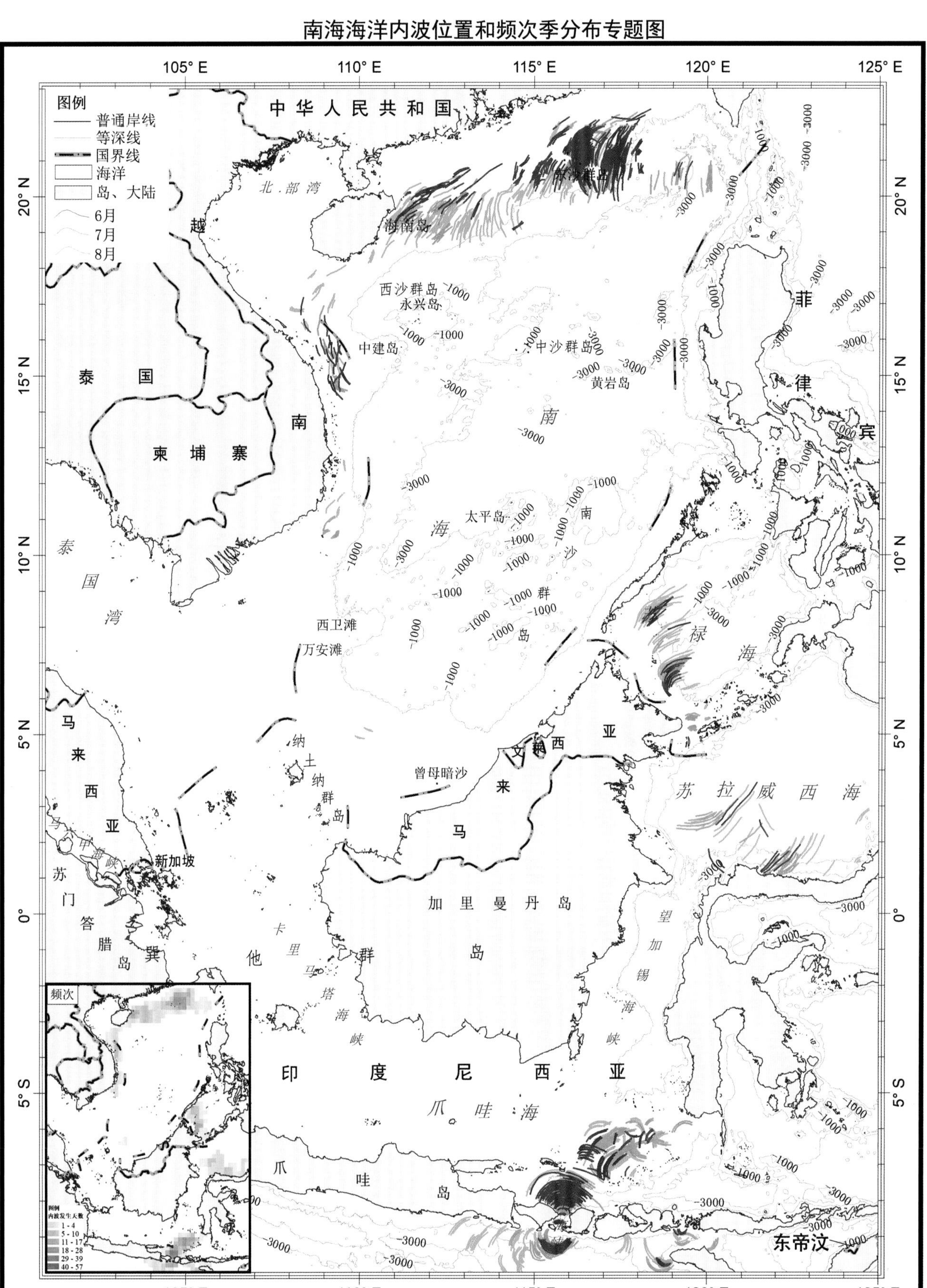

调查数据源：MODIS、SAR数据
数据空间分辨率：250m
数据时间：2015年夏季

比例尺：1:14 000 000
坐标系：CGCS2000
投影信息：墨卡托投影

高程基准：1985国家高程基准
制图单位：自然资源部第一海洋研究所
制图时间：2022年1月

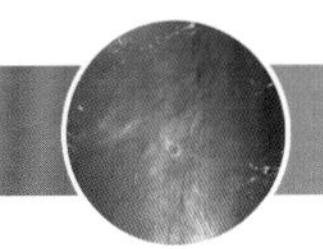

南海海洋内波位置和频次季分布专题图

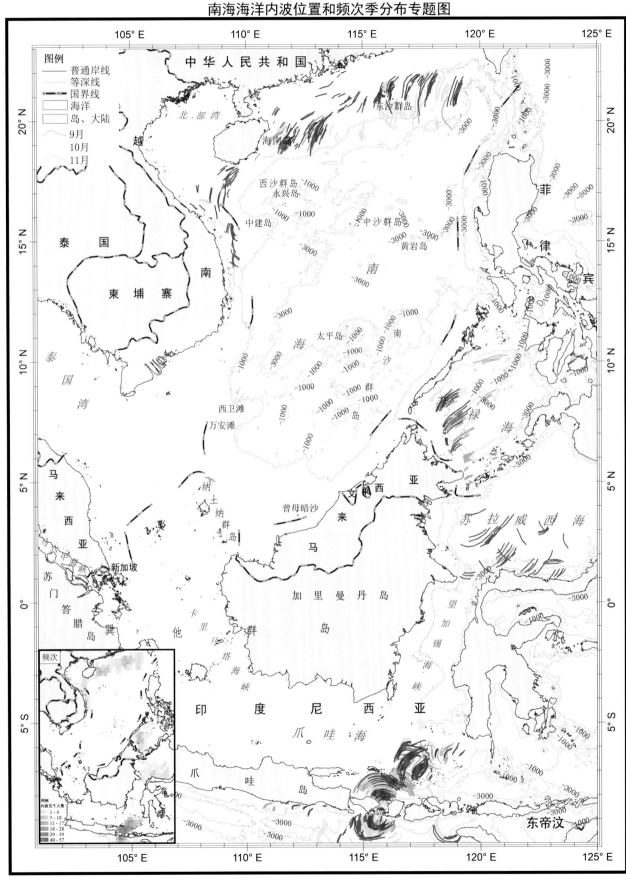

图例
普通岸线
等深线
国界线
海洋
岛、大陆
9月
10月
11月

105° E 110° E 115° E 120° E 125° E

20° N 15° N 10° N 5° N 0° 5° S

中华人民共和国
北部湾
海南岛
东沙群岛
越
泰国
柬埔寨
南
西沙群岛
永兴岛
中建岛
中沙群岛
黄岩岛
菲律宾
南海
太平岛
南沙群岛
泰国湾
西卫滩
万安滩
马来西亚
纳土纳群岛
曾母暗沙
文莱
苏禄海
苏拉威西海
马六甲海峡
新加坡
苏门答腊岛
加里曼丹岛
望加锡海峡
卡里马塔海峡
他
群
印度尼西亚
爪哇海
爪哇岛
东帝汶

-1000 -3000

频次
图例
内波发生天数
1 - 4
5 - 10
11 - 17
18 - 28
29 - 39
40 - 57

调查数据源：MODIS、SAR数据
数据空间分辨率：250m
数据时间：2015年秋季

比例尺：1:14 000 000
坐标系：CGCS2000
投影信息：墨卡托投影

高程基准：1985国家高程基准
制图单位：自然资源部第一海洋研究所
制图时间：2022年1月

南海海洋内波位置和频次季分布专题图

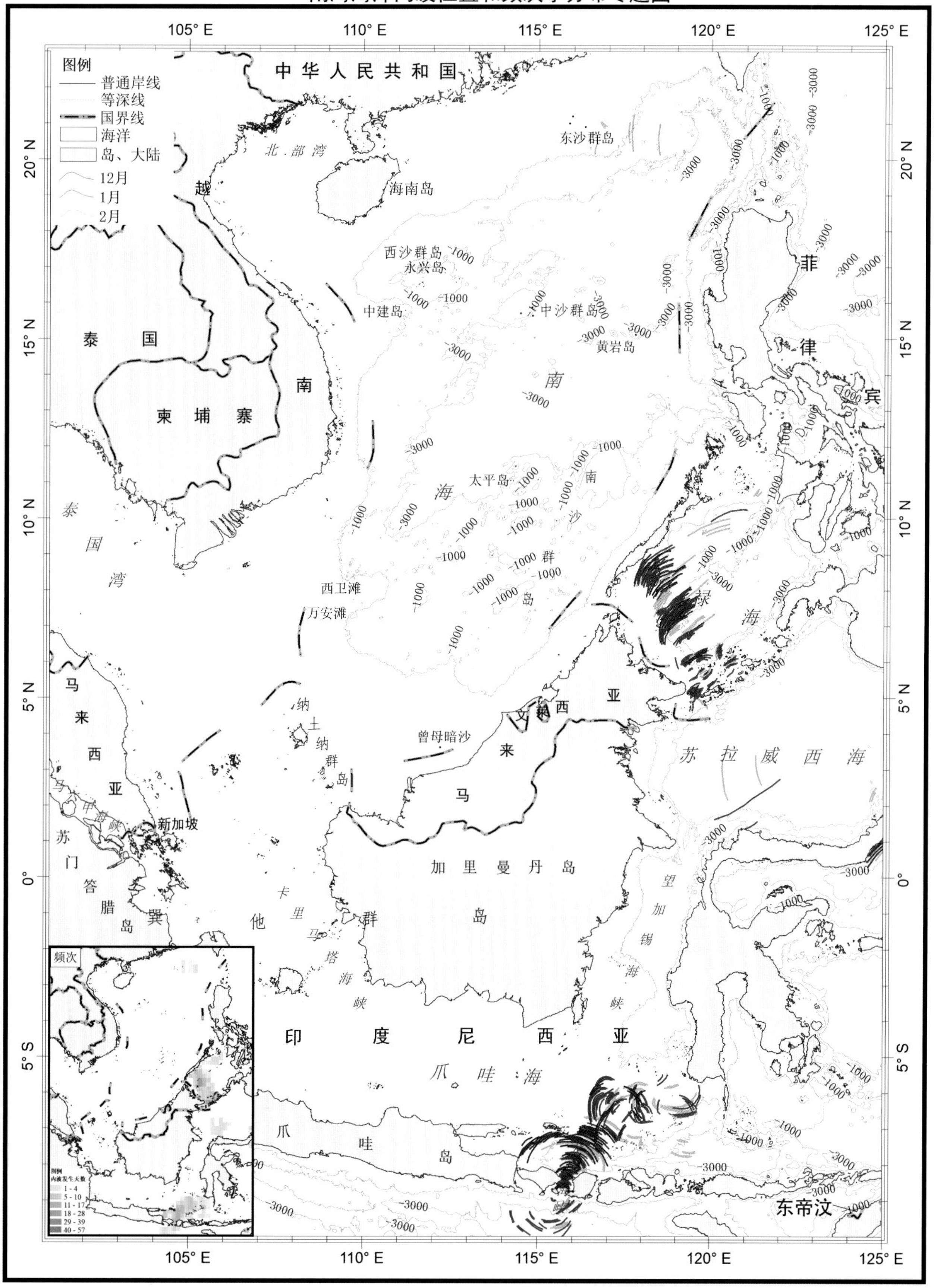

图例
普通岸线
等深线
国界线
海洋
岛、大陆
12月
1月
2月

调查数据源：MODIS、SAR数据
数据空间分辨率：250m
数据时间：2015年冬季

比例尺：1:14 000 000
坐标系：CGCS2000
投影信息：墨卡托投影

高程基准：1985国家高程基准
制图单位：自然资源部第一海洋研究所
制图时间：2022年1月

南海海洋内波位置和频次半年分布专题图

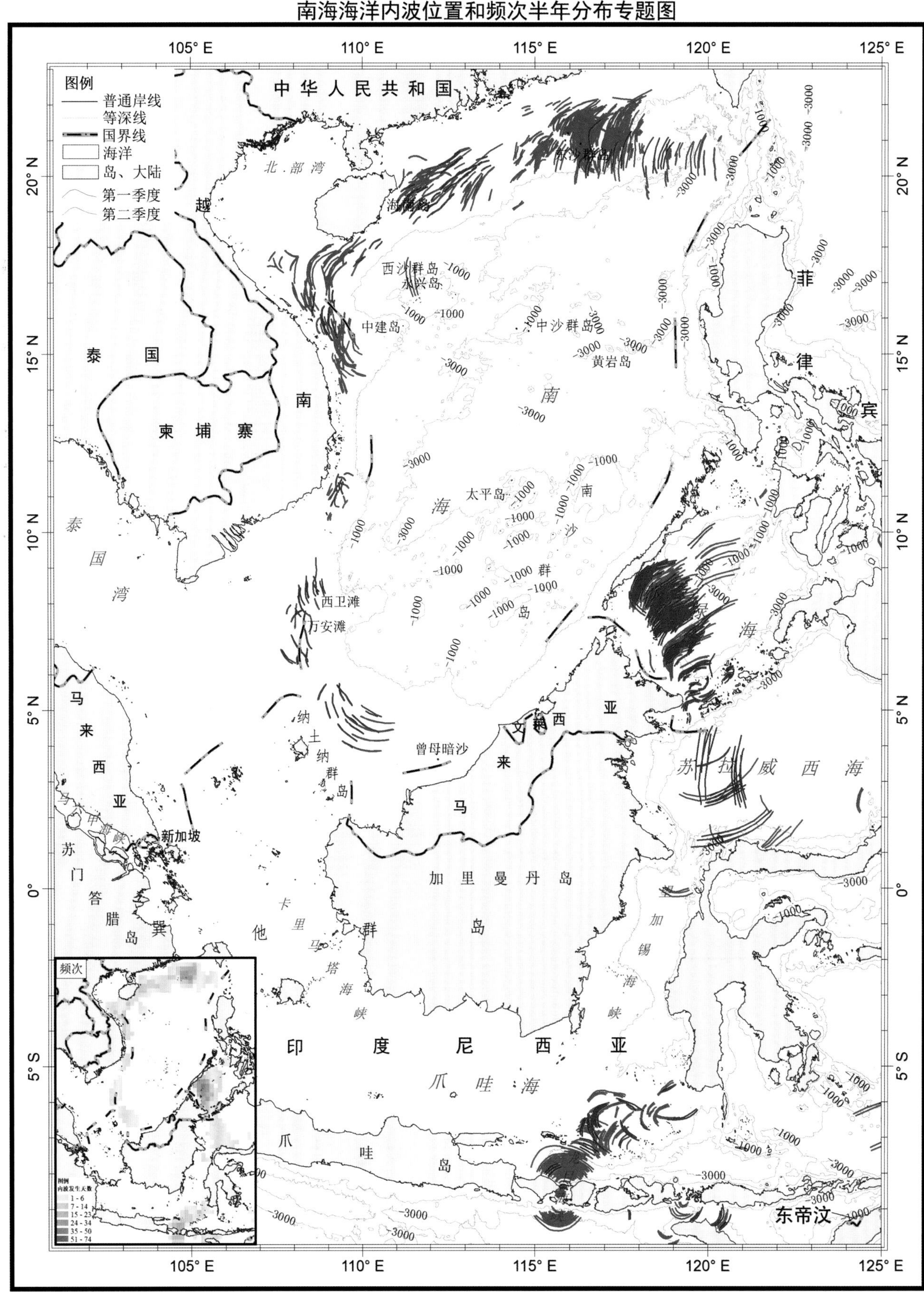

调查数据源：MODIS、SAR数据　　比例尺：1:14 000 000　　高程基准：1985国家高程基准
数据空间分辨率：250m　　坐标系：CGCS2000　　制图单位：自然资源部第一海洋研究所
数据时间：2015年上半年　　投影信息：墨卡托投影　　制图时间：2022年1月

南海海洋内波位置和频次半年分布专题图

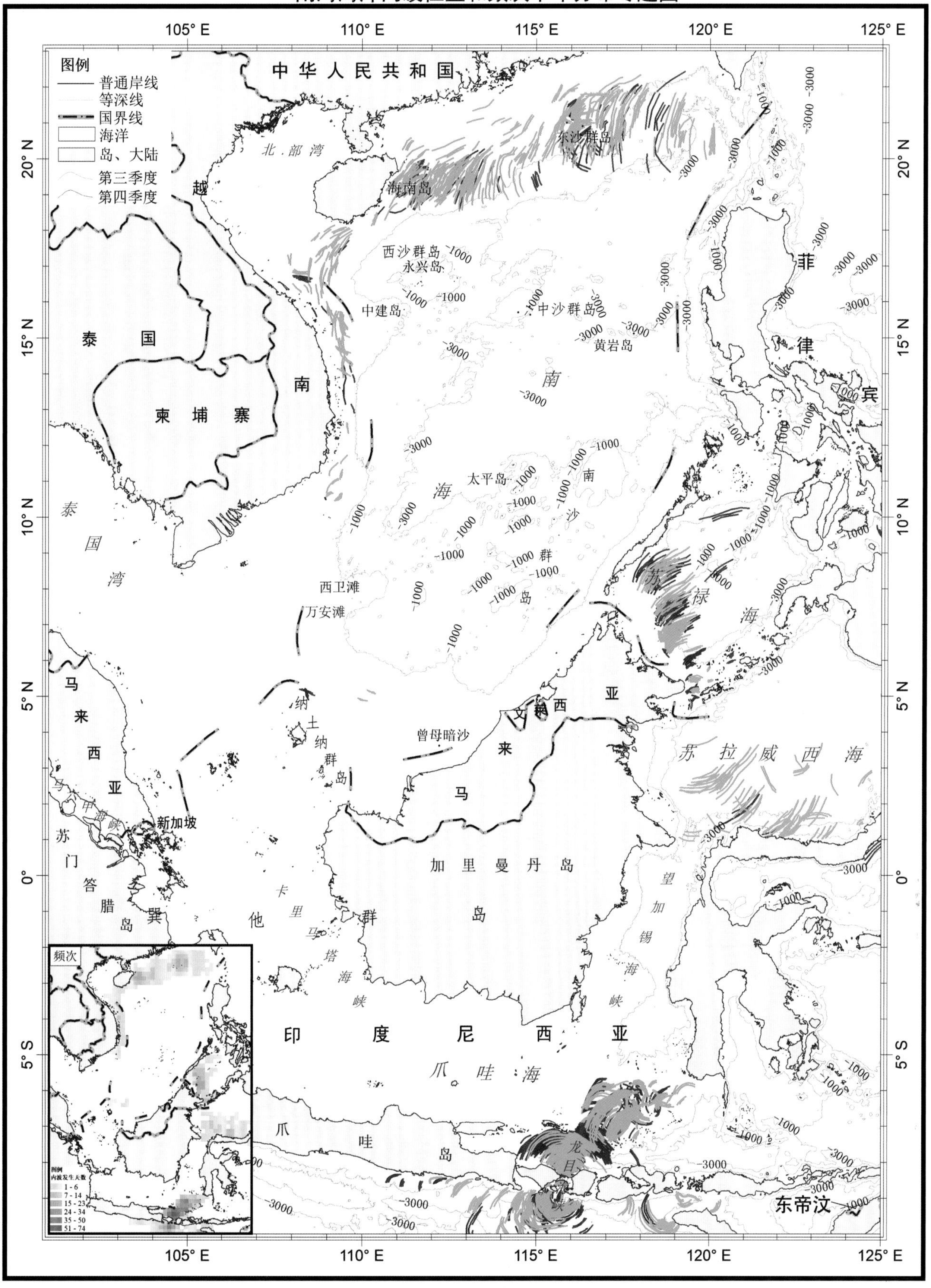
105° E
110° E
115° E
120° E
125° E
20° N
15° N
10° N
5° N
0°
5° S
图例
普通岸线
等深线
国界线
海洋
岛、大陆
第三季度
第四季度
中华人民共和国
北部湾
越
海南岛
东沙群岛
西沙群岛
永兴岛
中建岛
中沙群岛
黄岩岛
泰国
柬埔寨
南
菲
律
宾
南
海
太平岛
南
沙
群
岛
泰国湾
西卫滩
万安滩
苏
禄
海
马
来
西
亚
纳
土
纳
群
岛
曾母暗沙
文莱
马
来
西
亚
苏拉威西海
新加坡
苏门答腊岛
马六甲海峡
卡里马塔海峡
加里曼丹岛
群岛
他
望加锡海峡
印度尼西亚
爪哇海
爪哇岛
龙目
东帝汶
频次
图例
内波发生天数
1 - 6
7 - 14
15 - 23
24 - 34
35 - 50
51 - 74
-1000
-3000

调查数据源：MODIS、SAR数据　　比例尺：1:14 000 000　　高程基准：1985国家高程基准

数据空间分辨率：250m　　坐标系：CGCS2000　　制图单位：自然资源部第一海洋研究所

数据时间：2015年下半年　　投影信息：墨卡托投影　　制图时间：2022年1月

南海海洋内波位置和频次年分布专题图

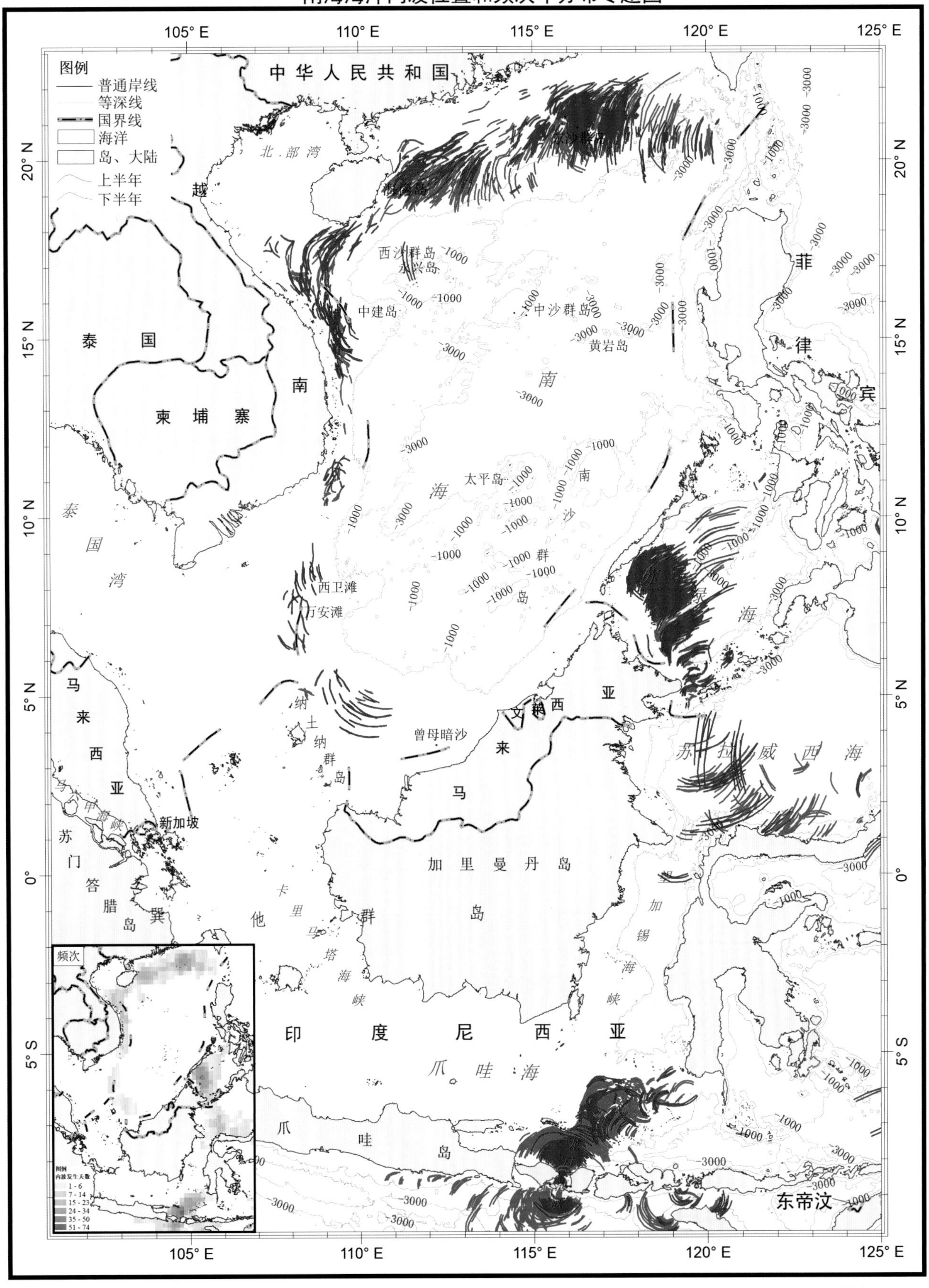

图例
普通岸线
等深线
国界线
海洋
岛、大陆
上半年
下半年

频次

图例
内波发生天数
1 - 6
7 - 14
15 - 23
24 - 34
35 - 50
51 - 74

调查数据源：MODIS、SAR数据
数据空间分辨率：250m
数据时间：2015年全年

比例尺：1:14 000 000
坐标系：CGCS2000
投影信息：墨卡托投影

高程基准：1985国家高程基准
制图单位：自然资源部第一海洋研究所
制图时间：2022年1月

6.7　南海内孤立波 2016 年分布图

南海海洋内波位置和频次月分布专题图

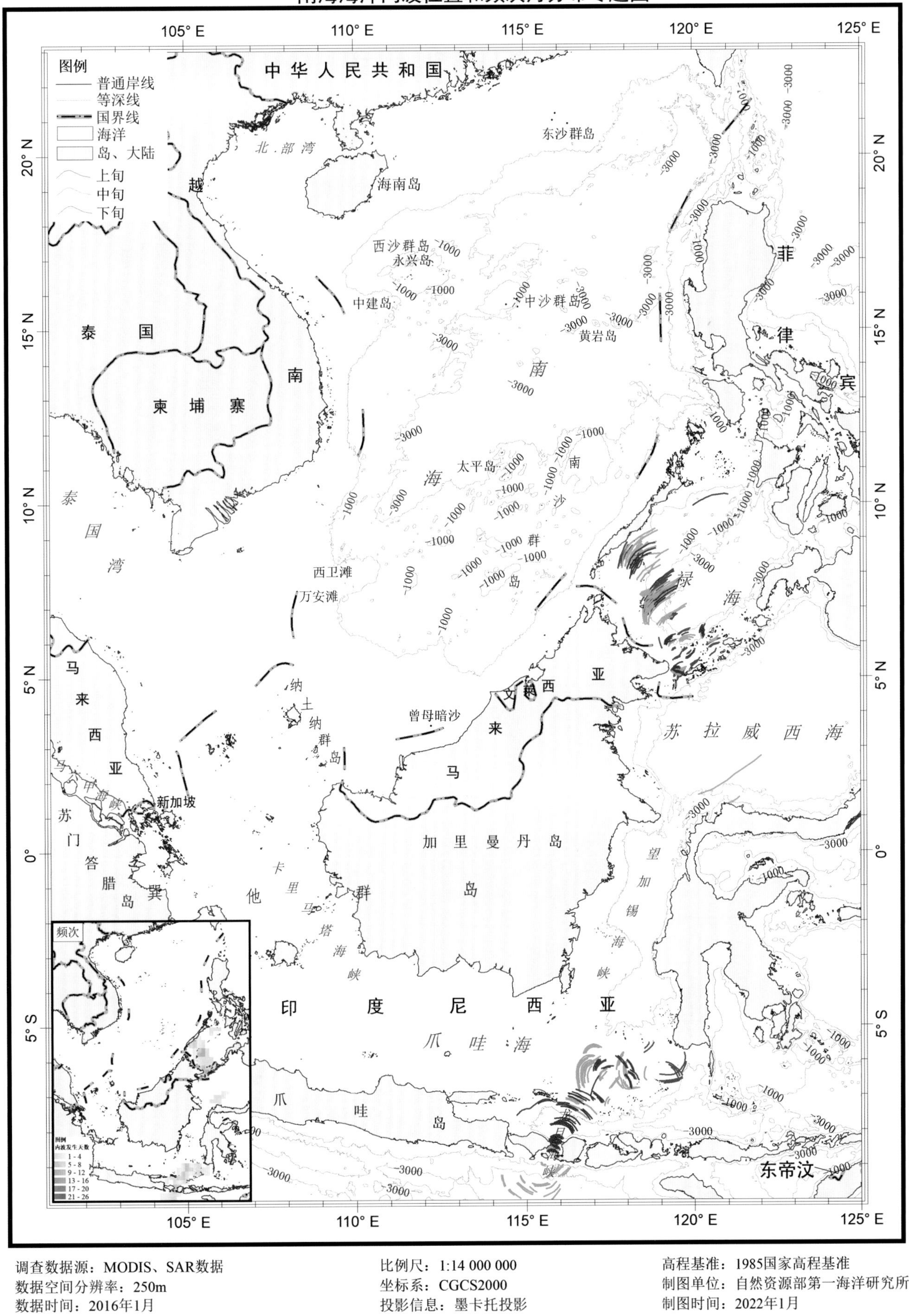

调查数据源：MODIS、SAR数据
数据空间分辨率：250m
数据时间：2016年1月

比例尺：1:14 000 000
坐标系：CGCS2000
投影信息：墨卡托投影

高程基准：1985国家高程基准
制图单位：自然资源部第一海洋研究所
制图时间：2022年1月

南海海洋内波位置和频次月分布专题图

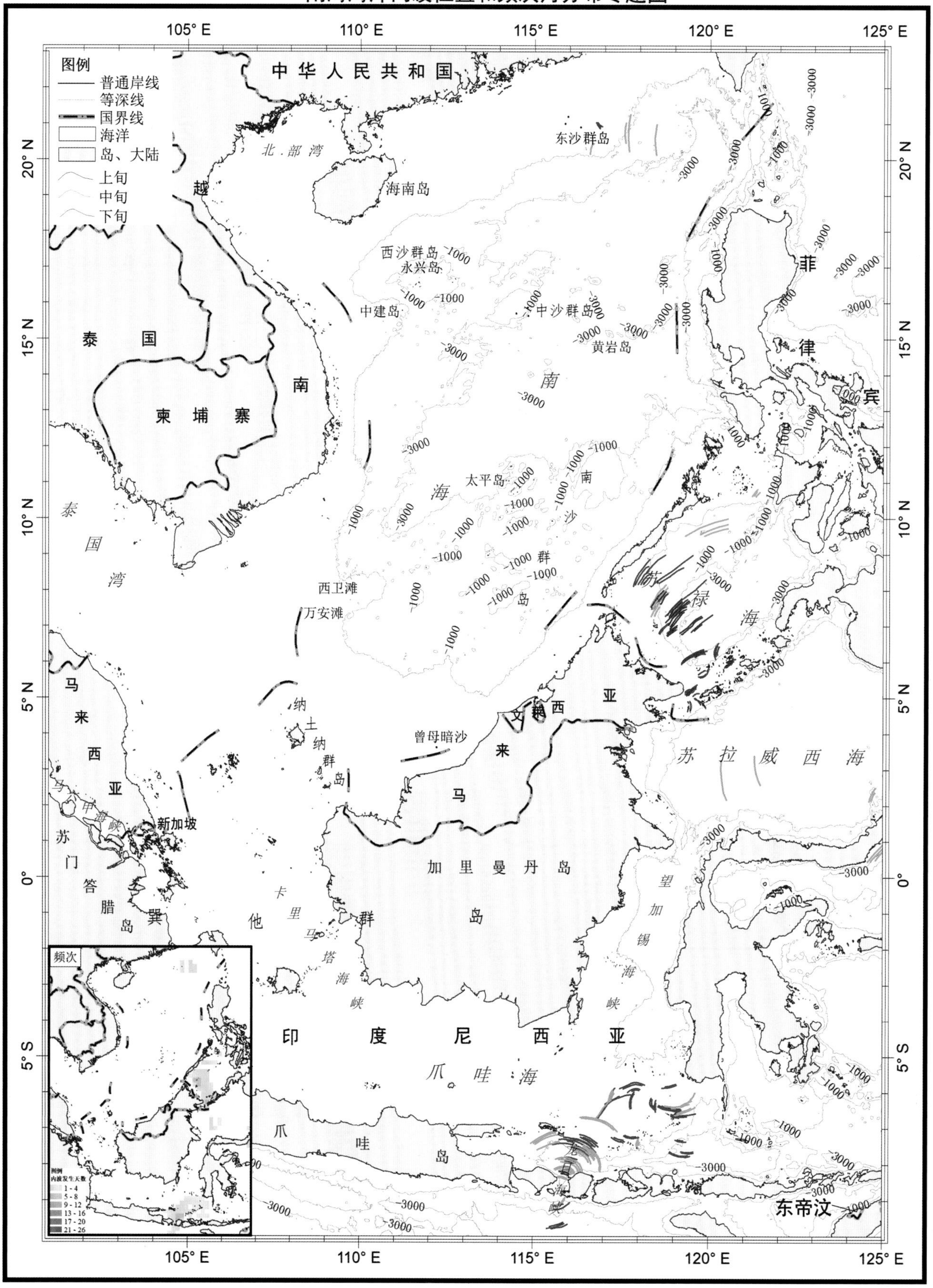

图例
普通岸线
等深线
国界线
海洋
岛、大陆
上旬
中旬
下旬

频次

调查数据源：MODIS、SAR数据
数据空间分辨率：250m
数据时间：2016年2月

比例尺：1:14 000 000
坐标系：CGCS2000
投影信息：墨卡托投影

高程基准：1985国家高程基准
制图单位：自然资源部第一海洋研究所
制图时间：2022年1月

南海海洋内波位置和频次月分布专题图

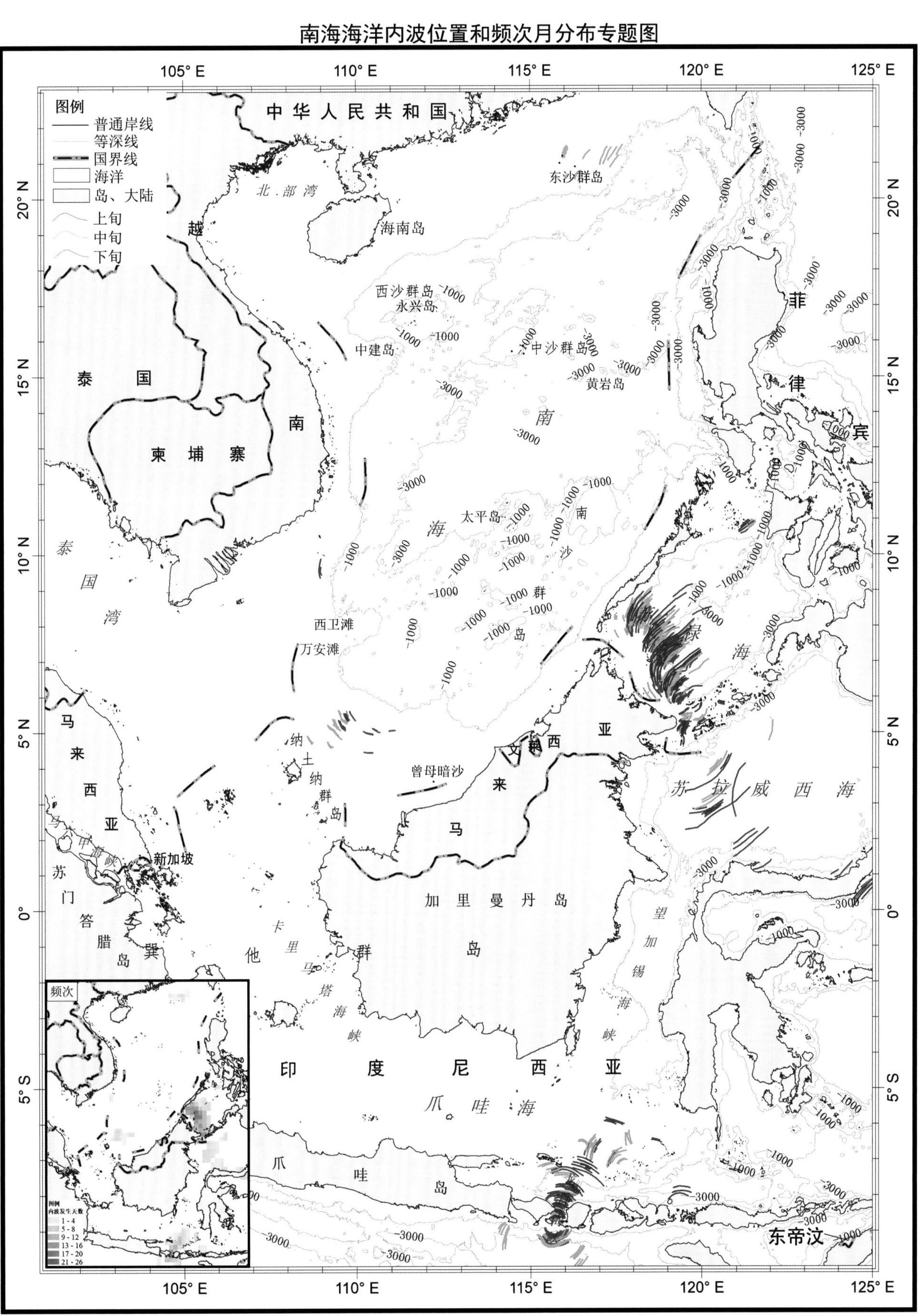

调查数据源：MODIS、SAR数据
数据空间分辨率：250m
数据时间：2016年3月

比例尺：1:14 000 000
坐标系：CGCS2000
投影信息：墨卡托投影

高程基准：1985国家高程基准
制图单位：自然资源部第一海洋研究所
制图时间：2022年1月

南海海洋内波位置和频次月分布专题图

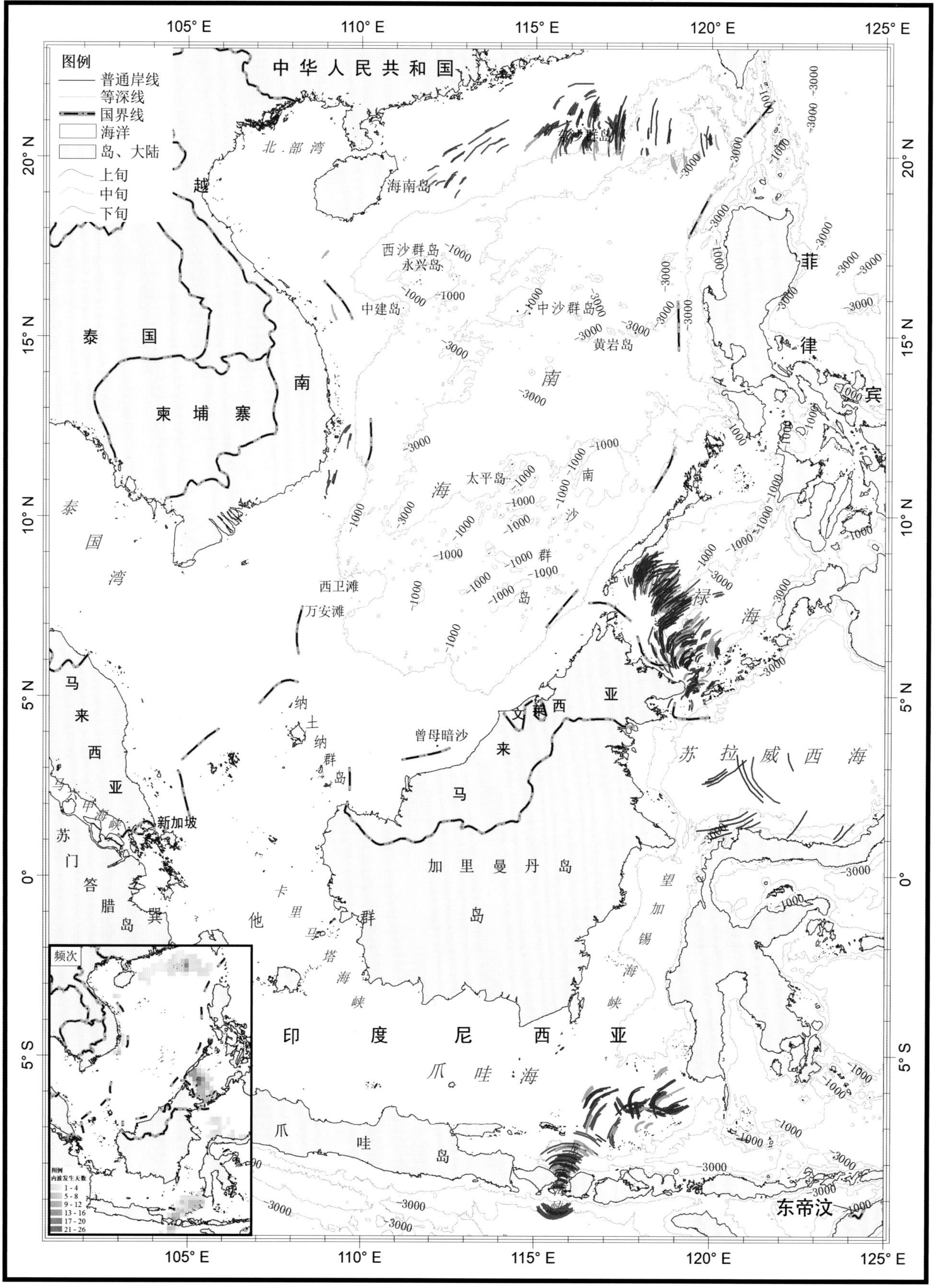

调查数据源：MODIS、SAR数据
数据空间分辨率：250m
数据时间：2016年4月

比例尺：1:14 000 000
坐标系：CGCS2000
投影信息：墨卡托投影

高程基准：1985国家高程基准
制图单位：自然资源部第一海洋研究所
制图时间：2022年1月

南海海洋内波位置和频次月分布专题图

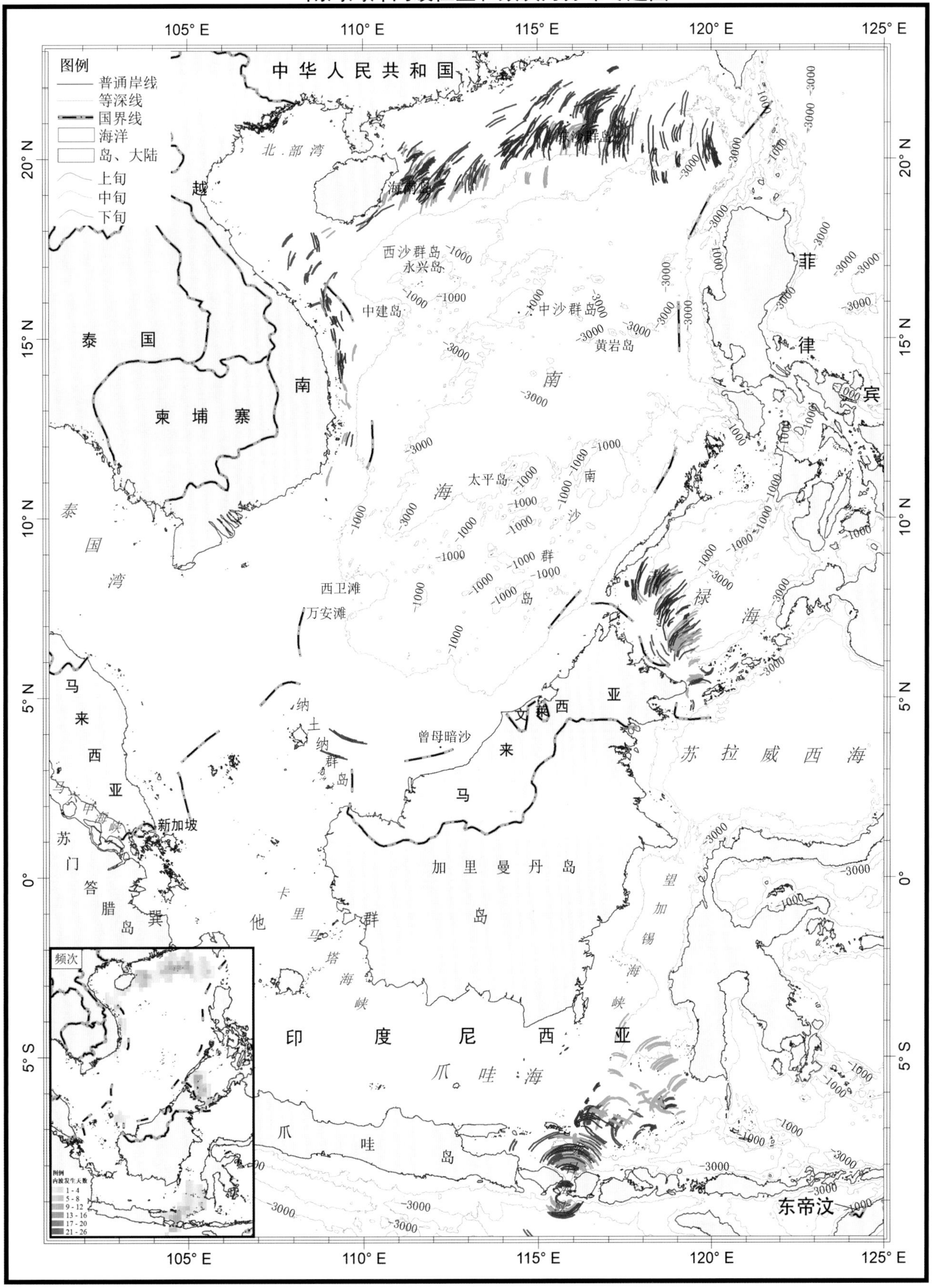

调查数据源：MODIS、SAR数据
数据空间分辨率：250m
数据时间：2016年5月

比例尺：1:14 000 000
坐标系：CGCS2000
投影信息：墨卡托投影

高程基准：1985国家高程基准
制图单位：自然资源部第一海洋研究所
制图时间：2022年1月

南海海洋内波位置和频次月分布专题图

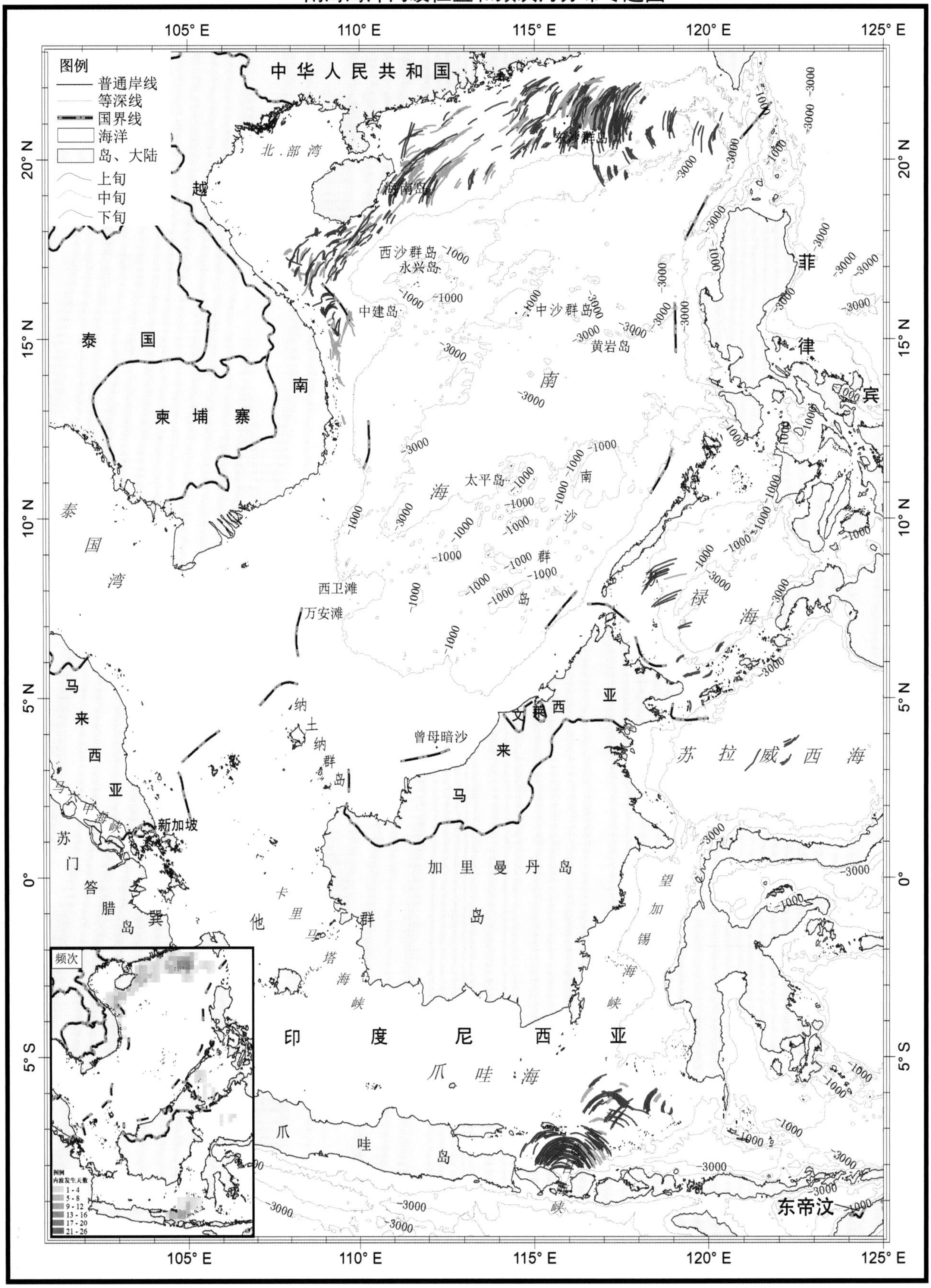

105° E 110° E 115° E 120° E 125° E

20° N 15° N 10° N 5° N 0° 5° S

图例
普通岸线
等深线
国界线
海洋
岛、大陆
上旬
中旬
下旬

中华人民共和国
北部湾
越
海南岛
东沙群岛
西沙群岛
永兴岛
中建岛
中沙群岛
黄岩岛
泰国
柬埔寨
南
菲
律
宾
南海
太平岛
南沙群岛
泰国湾
西卫滩
万安滩
禄海
马来西亚
纳土纳群岛
曾母暗沙
文莱
马来
苏拉威西海
马六甲海峡
新加坡
苏门答腊岛
加里曼丹岛
望加锡海峡
卡里马塔海峡
他群
印度尼西亚
爪哇海
爪哇岛
东帝汶

频次
图例
内波发生天数
1 - 4
5 - 8
9 - 12
13 - 16
17 - 20
21 - 26

调查数据源：MODIS、SAR数据
数据空间分辨率：250m
数据时间：2016年6月

比例尺：1:14 000 000
坐标系：CGCS2000
投影信息：墨卡托投影

高程基准：1985国家高程基准
制图单位：自然资源部第一海洋研究所
制图时间：2022年1月

南海海洋内波位置和频次月分布专题图

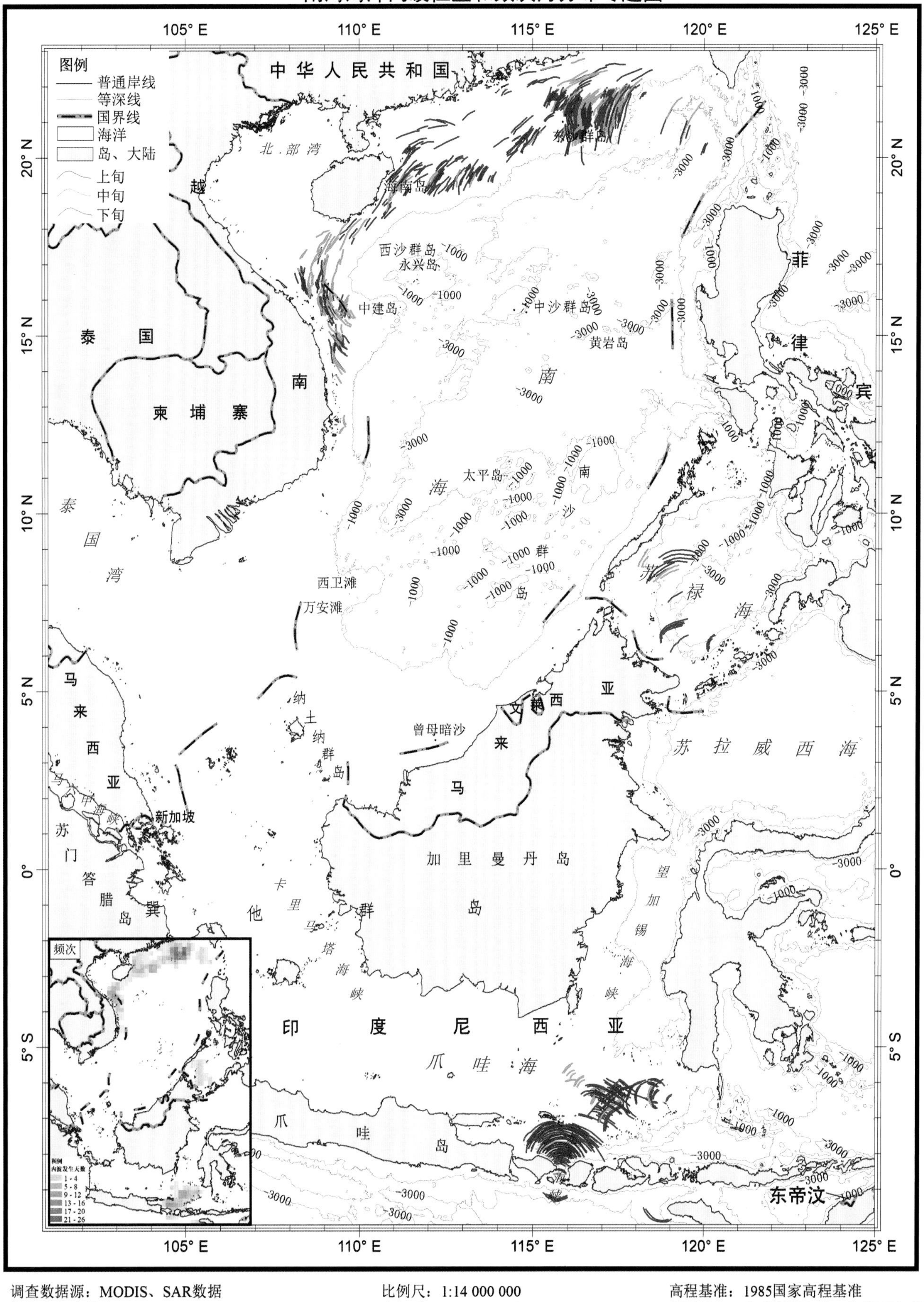

调查数据源：MODIS、SAR数据
数据空间分辨率：250m
数据时间：2016年7月

比例尺：1:14 000 000
坐标系：CGCS2000
投影信息：墨卡托投影

高程基准：1985国家高程基准
制图单位：自然资源部第一海洋研究所
制图时间：2022年1月

南海海洋内波位置和频次月分布专题图

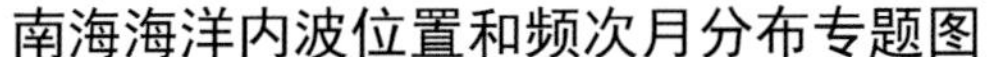

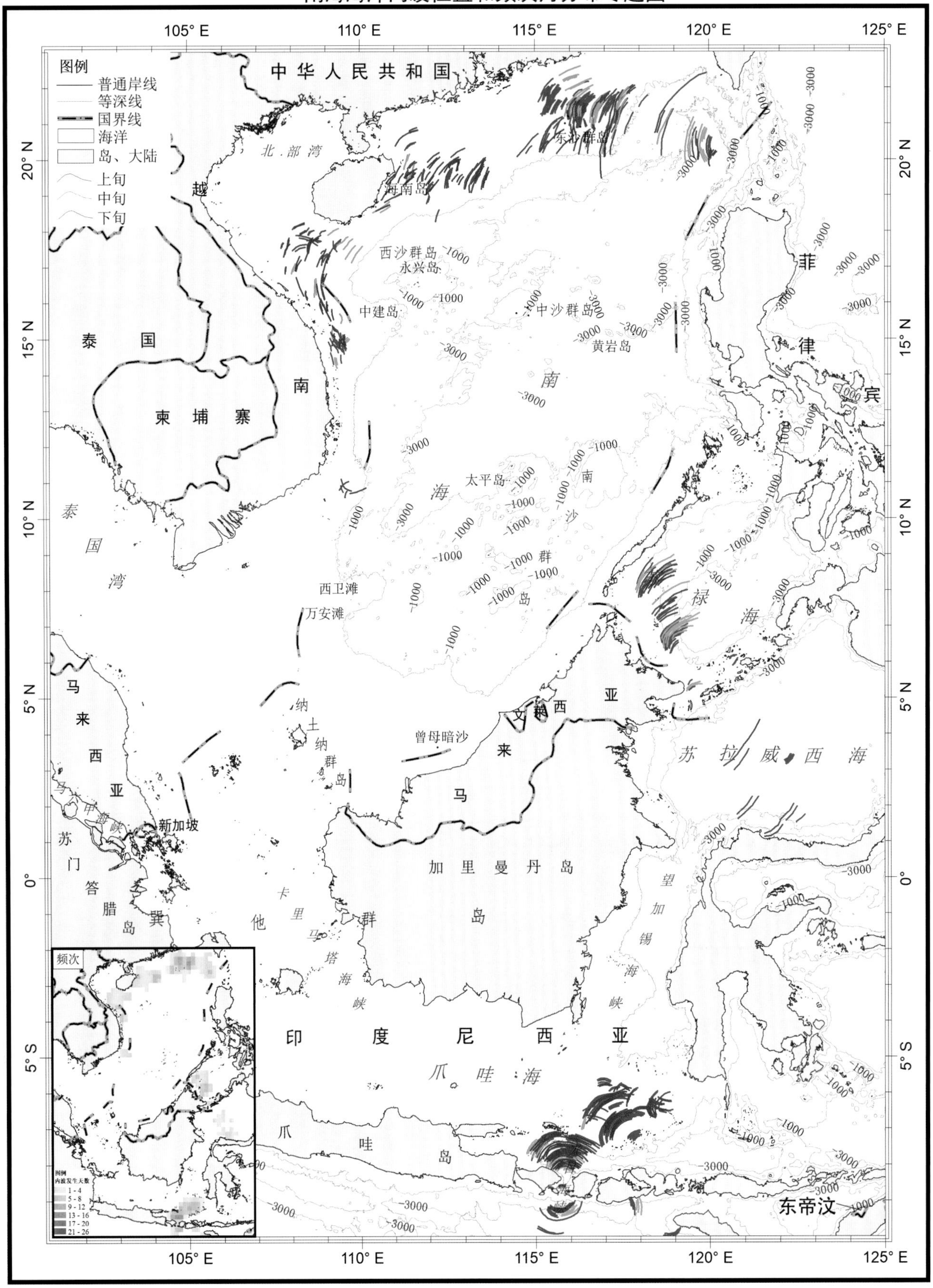

图例
普通岸线
等深线
国界线
海洋
岛、大陆
上旬
中旬
下旬

频次
图例
内波发生天数
1 - 4
5 - 8
9 - 12
13 - 16
17 - 20
21 - 26

中华人民共和国
北部湾
海南岛
东沙群岛
西沙群岛
永兴岛
中建岛
中沙群岛
黄岩岛
越
泰国
柬埔寨
南
南海
太平岛
南沙群岛
泰国湾
西卫滩
万安滩
菲律宾
禄海
苏拉威西海
马来西亚
新加坡
马六甲海峡
苏门答腊岛
纳土纳群岛
曾母暗沙
文莱
加里曼丹岛
卡里马塔海峡
群岛
望加锡海峡
印度尼西亚
爪哇海
爪哇岛
东帝汶

调查数据源：MODIS、SAR数据	比例尺：1:14 000 000	高程基准：1985国家高程基准
数据空间分辨率：250m	坐标系：CGCS2000	制图单位：自然资源部第一海洋研究所
数据时间：2016年8月	投影信息：墨卡托投影	制图时间：2022年1月

南海海洋内波位置和频次月分布专题图

调查数据源：MODIS、SAR数据　　比例尺：1:14 000 000　　高程基准：1985国家高程基准

数据空间分辨率：250m　　坐标系：CGCS2000　　制图单位：自然资源部第一海洋研究所

数据时间：2016年9月　　投影信息：墨卡托投影　　制图时间：2022年1月

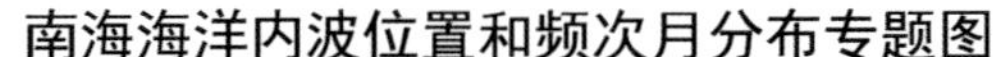

南海海洋内波位置和频次月分布专题图

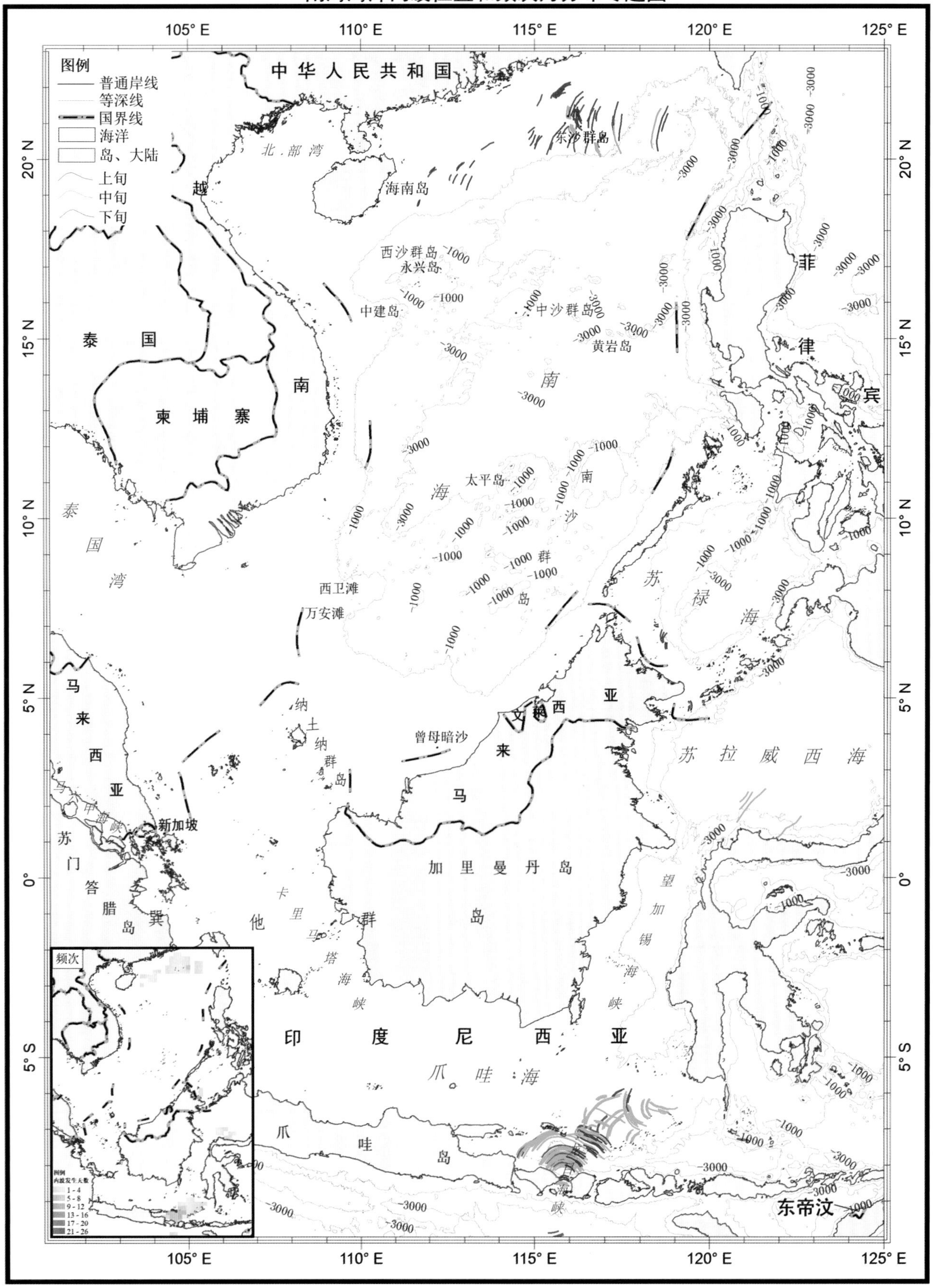

105° E
110° E
115° E
120° E
125° E
20° N
15° N
10° N
5° N
0°
5° S
图例
普通岸线
等深线
国界线
海洋
岛、大陆
上旬
中旬
下旬
中华人民共和国
北部湾
海南岛
东沙群岛
西沙群岛
永兴岛
中建岛
中沙群岛
黄岩岛
越
南
泰国
柬埔寨
菲律宾
南海
太平岛
南沙群岛
泰国湾
西卫滩
万安滩
苏禄海
马来西亚
文莱
曾母暗沙
纳土纳群岛
苏拉威西海
新加坡
马六甲海峡
苏门答腊岛
加里曼丹岛
卡里马塔海峡
望加锡海峡
印度尼西亚
爪哇海
爪哇岛
东帝汶
频次

调查数据源：MODIS、SAR数据
数据空间分辨率：250m
数据时间：2016年10月

比例尺：1:14 000 000
坐标系：CGCS2000
投影信息：墨卡托投影

高程基准：1985国家高程基准
制图单位：自然资源部第一海洋研究所
制图时间：2022年1月

南海海洋内波位置和频次月分布专题图

图例
- 普通岸线
- 等深线
- 国界线
- 海洋
- 岛、大陆
- 上旬
- 中旬
- 下旬

频次

图例
内波发生次数
- 1 - 4
- 5 - 8
- 9 - 12
- 13 - 16
- 17 - 20
- 21 - 26

调查数据源：MODIS、SAR数据　　比例尺：1:14 000 000　　高程基准：1985国家高程基准

数据空间分辨率：250m　　坐标系：CGCS2000　　制图单位：自然资源部第一海洋研究所

数据时间：2016年11月　　投影信息：墨卡托投影　　制图时间：2022年1月

南海海洋内波位置和频次月分布专题图

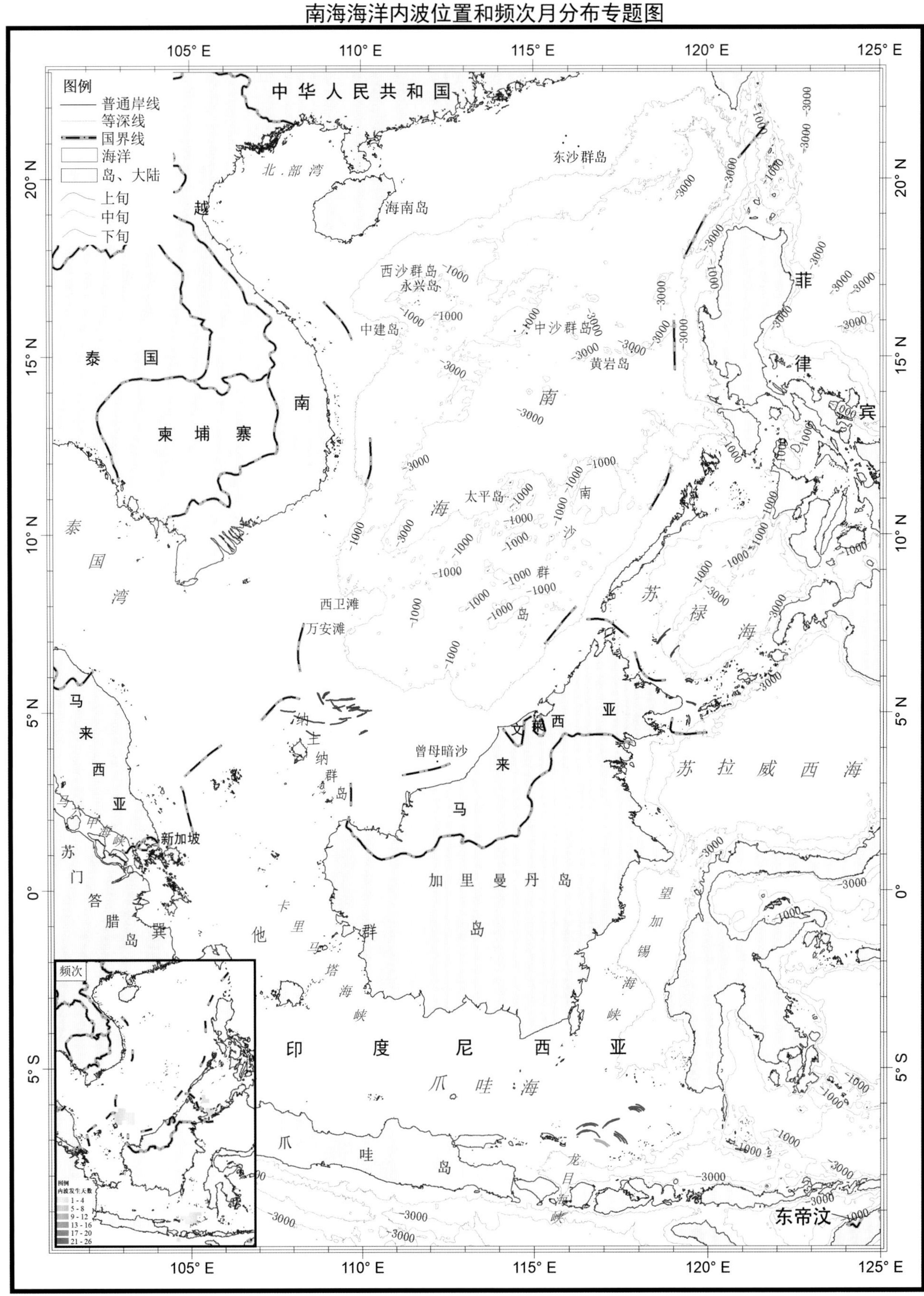

调查数据源：MODIS、SAR数据　比例尺：1:14 000 000　高程基准：1985国家高程基准

数据空间分辨率：250m　坐标系：CGCS2000　制图单位：自然资源部第一海洋研究所

数据时间：2016年12月　投影信息：墨卡托投影　制图时间：2022年1月

南海海洋内波位置和频次季分布专题图

105° E　110° E　115° E　120° E　125° E

图例
普通岸线
等深线
国界线
海洋
岛、大陆
3月
4月
5月

中华人民共和国
北部湾
海南岛
东沙群岛
西沙群岛
永兴岛
中建岛
中沙群岛
黄岩岛
越
南
泰国
柬埔寨
泰国湾
南海
太平岛
南沙群岛
西卫滩
万安滩
菲律宾
苏禄海
马来西亚
纳土纳群岛
曾母暗沙
文莱
新加坡
马六甲海峡
苏门答腊岛
加里曼丹岛
卡里马塔海峡
望加锡海峡
苏拉威西海
印度尼西亚
爪哇海
爪哇岛
东帝汶

频次
图例
内波发生天数
1 - 4
5 - 10
11 - 17
18 - 28
29 - 39
40 - 57

调查数据源：MODIS、SAR数据
数据空间分辨率：250m
数据时间：2016年春季

比例尺：1:14 000 000
坐标系：CGCS2000
投影信息：墨卡托投影

高程基准：1985国家高程基准
制图单位：自然资源部第一海洋研究所
制图时间：2022年1月

南海海洋内波位置和频次季分布专题图

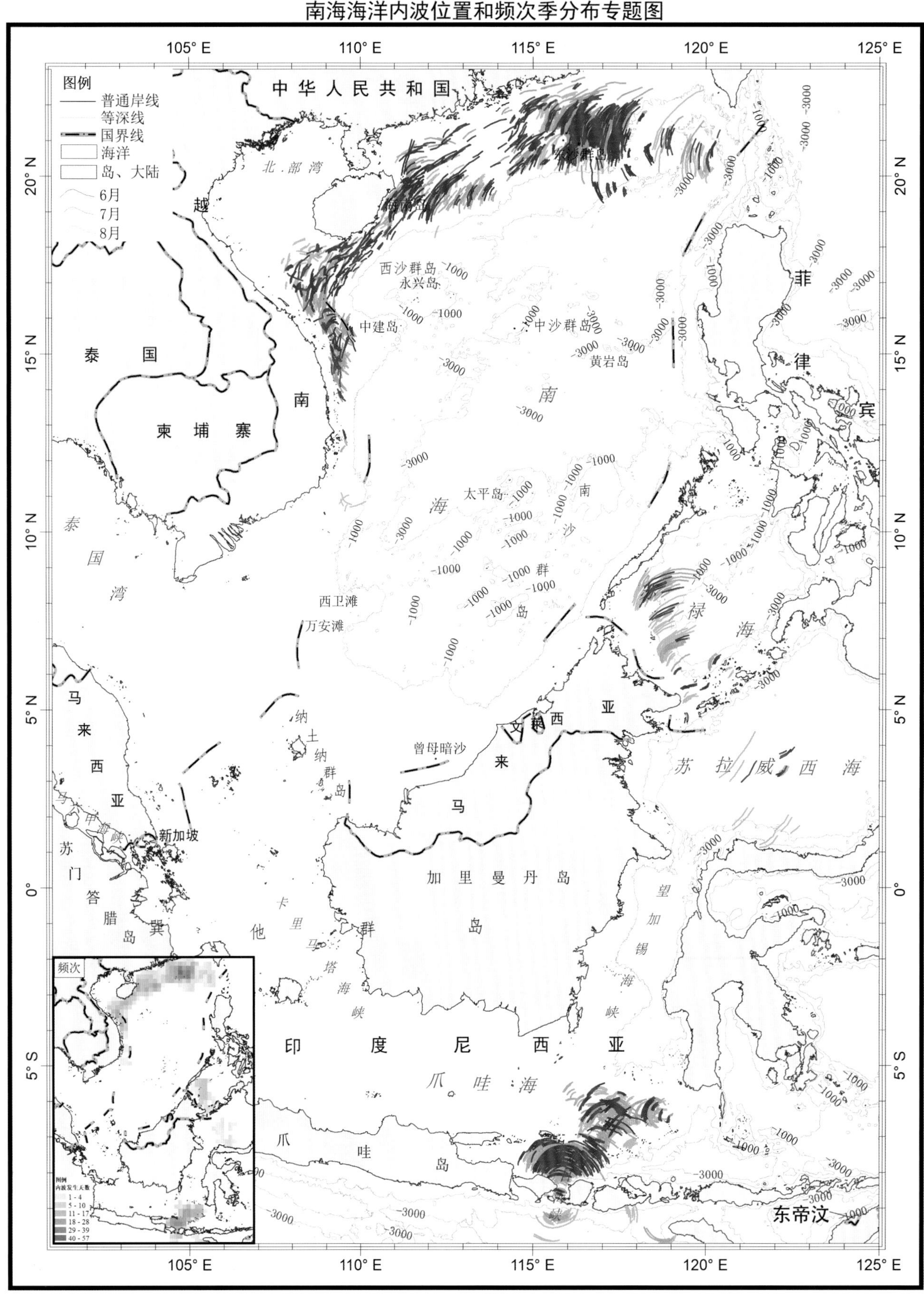

调查数据源：MODIS、SAR数据
数据空间分辨率：250m
数据时间：2016年夏季

比例尺：1:14 000 000
坐标系：CGCS2000
投影信息：墨卡托投影

高程基准：1985国家高程基准
制图单位：自然资源部第一海洋研究所
制图时间：2022年1月

南海海洋内波位置和频次季分布专题图

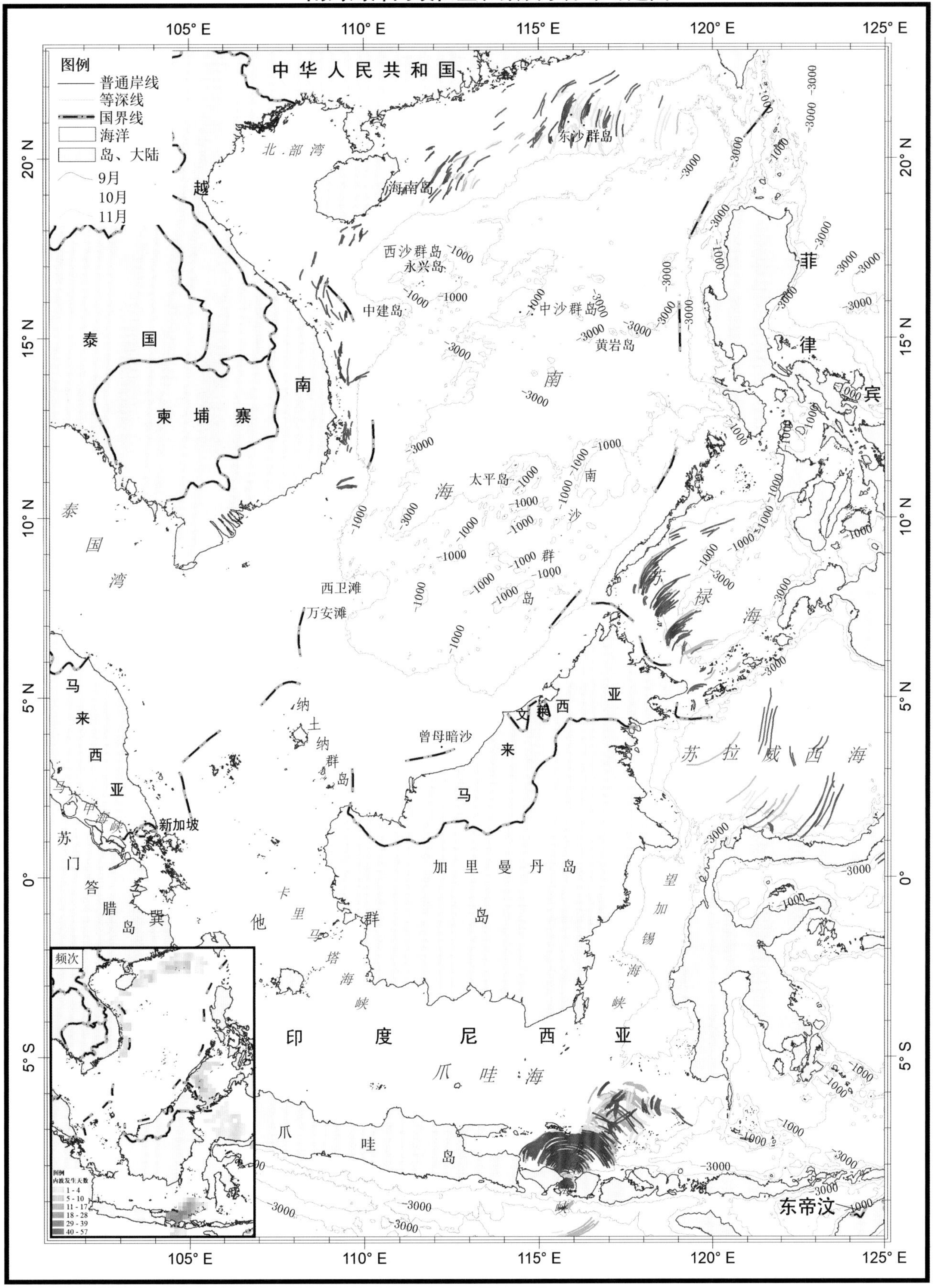

调查数据源：MODIS、SAR数据
数据空间分辨率：250m
数据时间：2016年秋季

比例尺：1:14 000 000
坐标系：CGCS2000
投影信息：墨卡托投影

高程基准：1985国家高程基准
制图单位：自然资源部第一海洋研究所
制图时间：2022年1月

南海海洋内波位置和频次季分布专题图

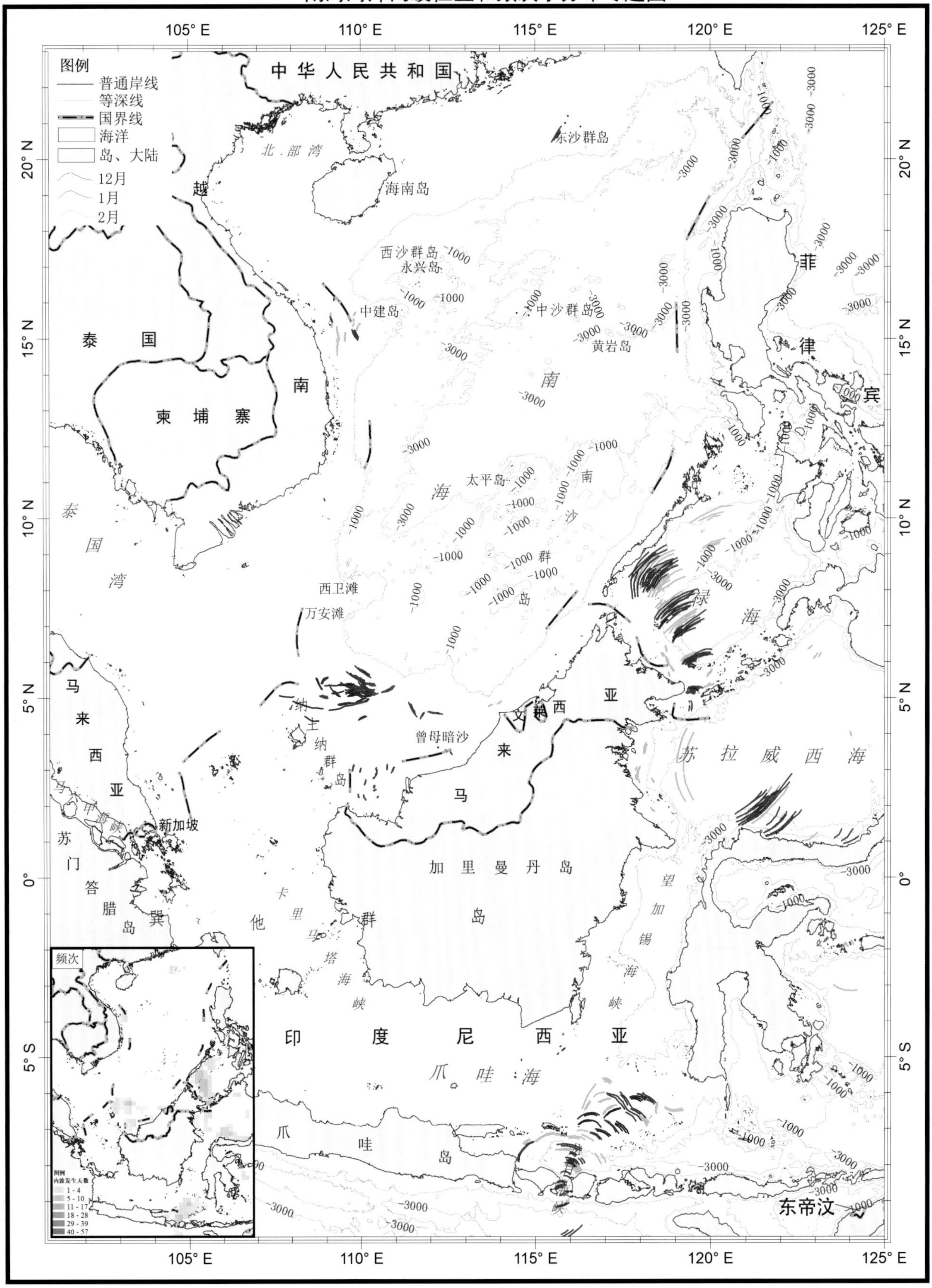

图例
普通岸线
等深线
国界线
海洋
岛、大陆
12月
1月
2月

105° E 110° E 115° E 120° E 125° E

中华人民共和国
东沙群岛
北部湾
海南岛
越
西沙群岛
永兴岛
中建岛
中沙群岛
黄岩岛
菲
律
宾
泰 国
柬 埔 寨
南
南
海
太平岛
南
沙
群
岛
泰
国
湾
西卫滩
万安滩
绿
海
马
来
西
亚
纳
土
纳
群
岛
曾母暗沙
文莱
马
来
西
亚
苏拉威西海
马甲海峡
新加坡
苏
门
答
腊
岛
加里曼丹岛
群
岛
卡
里
马
塔
海
峡
望
加
锡
海
峡
印 度 尼 西 亚
爪 哇 海
爪 哇 岛
东帝汶

频次
图例
内波发生天数
1 - 4
5 - 10
11 - 17
18 - 28
29 - 39
40 - 57

20° N 15° N 10° N 5° N 0° 5° S

调查数据源：MODIS、SAR数据
数据空间分辨率：250m
数据时间：2016年冬季

比例尺：1:14 000 000
坐标系：CGCS2000
投影信息：墨卡托投影

高程基准：1985国家高程基准
制图单位：自然资源部第一海洋研究所
制图时间：2022年1月

南海海洋内波位置和频次半年分布专题图

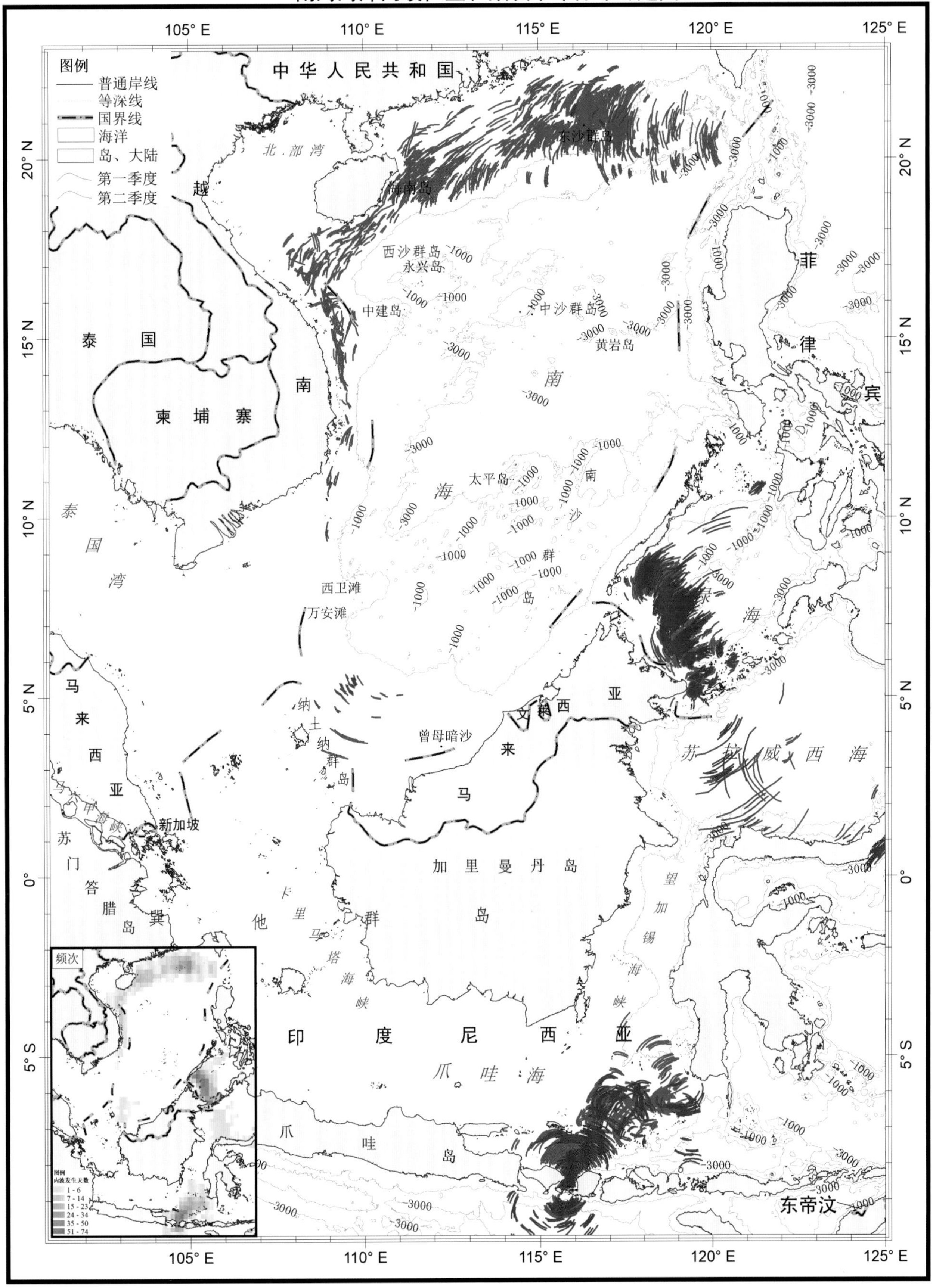

图例
普通岸线
等深线
国界线
海洋
岛、大陆
第一季度
第二季度

调查数据源：MODIS、SAR数据
数据空间分辨率：250m
数据时间：2016年上半年

比例尺：1:14 000 000
坐标系：CGCS2000
投影信息：墨卡托投影

高程基准：1985国家高程基准
制图单位：自然资源部第一海洋研究所
制图时间：2022年1月

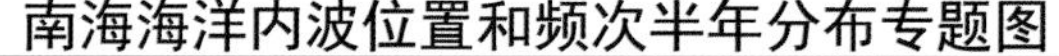

南海海洋内波位置和频次半年分布专题图

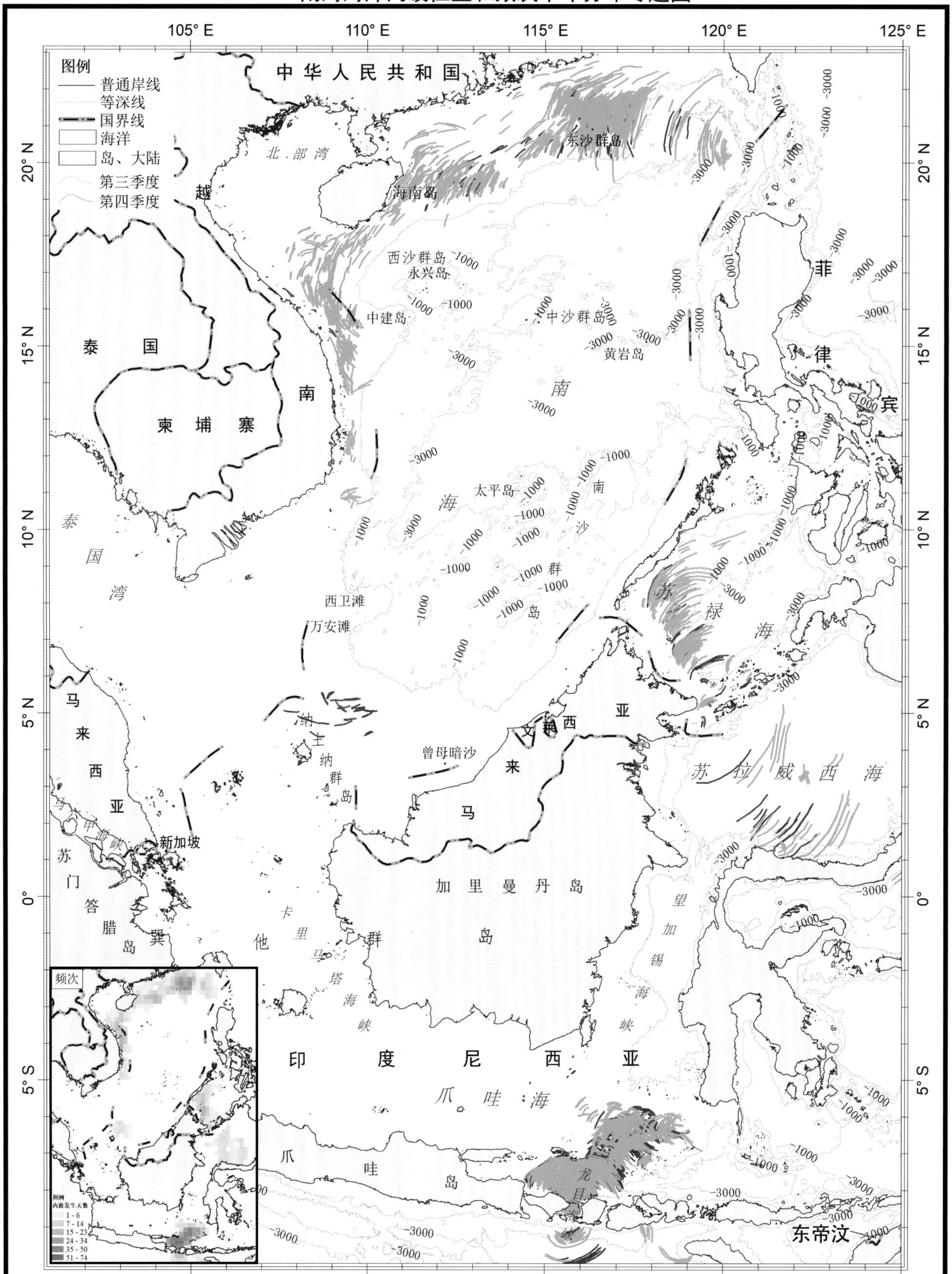

调查数据源：MODIS、SAR数据
数据空间分辨率：250m
数据时间：2016年下半年

比例尺：1:14 000 000
坐标系：CGCS2000
投影信息：墨卡托投影

高程基准：1985国家高程基准
制图单位：自然资源部第一海洋研究所
制图时间：2022年1月

南海海洋内波位置和频次年分布专题图

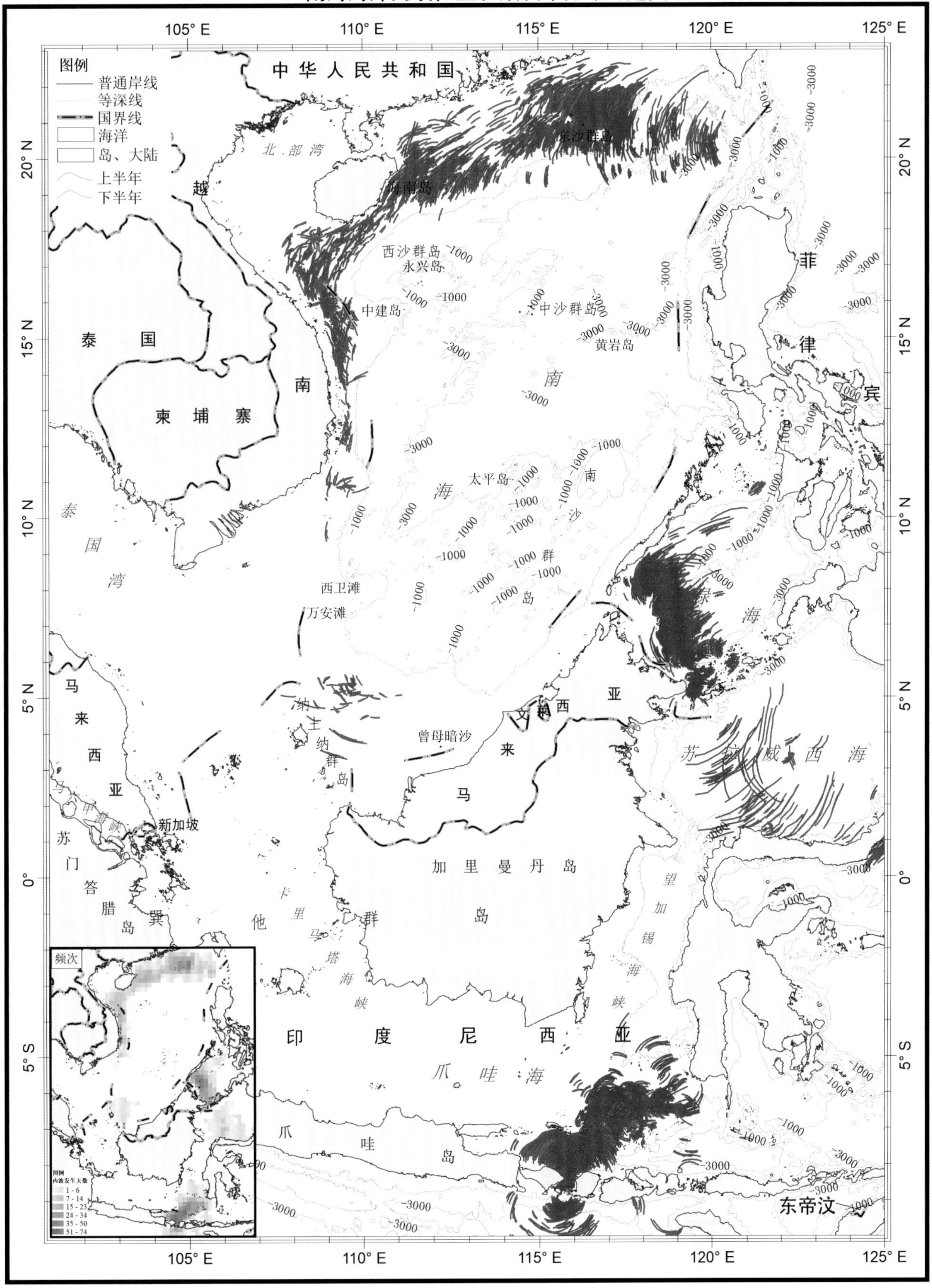

图例
普通岸线
等深线
国界线
海洋
岛、大陆
上半年
下半年

调查数据源：MODIS、SAR数据
数据空间分辨率：250m
数据时间：2016年全年

比例尺：1:14 000 000
坐标系：CGCS2000
投影信息：墨卡托投影

高程基准：1985国家高程基准
制图单位：自然资源部第一海洋研究所
制图时间：2022年1月

6.8 南海内孤立波 2017 年分布图

南海海洋内波位置和频次月分布专题图

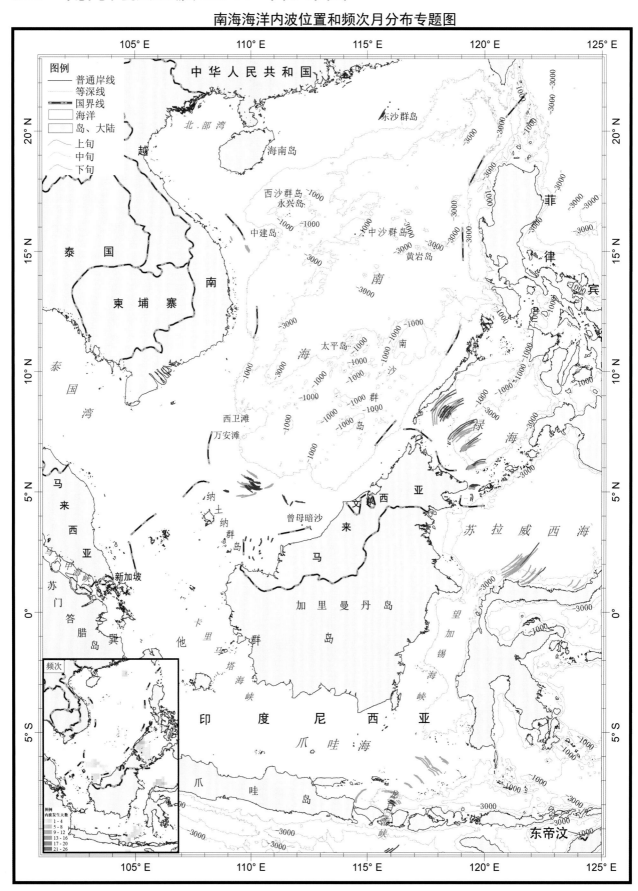

图例
普通岸线
等深线
国界线
海洋
岛、大陆
上旬
中旬
下旬

中华人民共和国
北部湾
海南岛
东沙群岛
西沙群岛
永兴岛
中建岛
中沙群岛
黄岩岛
越
南
泰国
柬埔寨
泰国湾
菲律宾
南海
太平岛
南沙群岛
西卫滩
万安滩
曾母暗沙
纳土纳群岛
马来西亚
文莱
新加坡
马六甲海峡
苏门答腊岛
卡里马塔海峡
加里曼丹岛
望加锡海峡
苏拉威西海
苏禄海
印度尼西亚
爪哇海
爪哇岛
龙目海峡
东帝汶

频次
图例
内波发生天数
1 - 4
5 - 8
9 - 12
13 - 16
17 - 20
21 - 26

调查数据源：MODIS、SAR数据
数据空间分辨率：250m
数据时间：2017年1月

比例尺：1:14 000 000
坐标系：CGCS2000
投影信息：墨卡托投影

高程基准：1985国家高程基准
制图单位：自然资源部第一海洋研究所
制图时间：2022年1月

南海海洋内波位置和频次月分布专题图

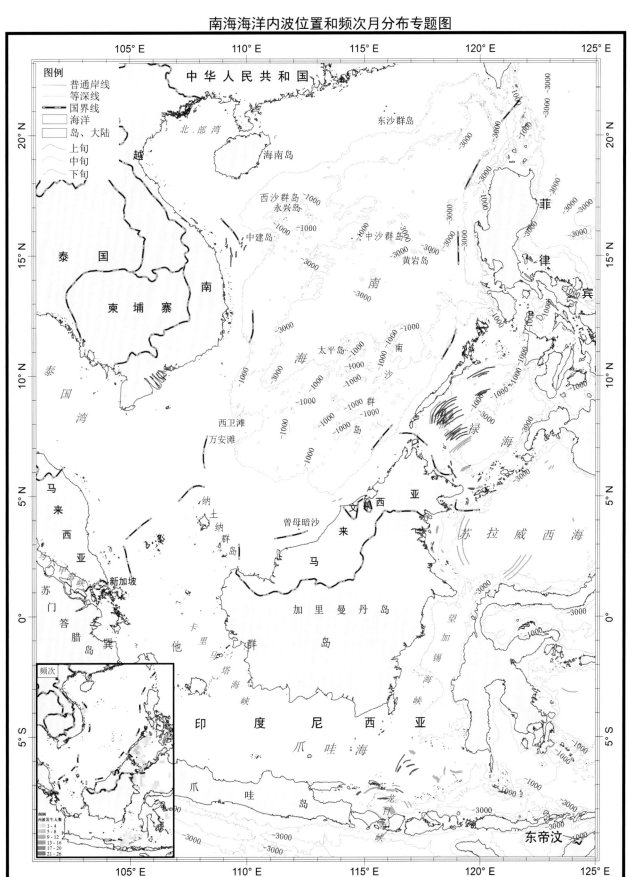

图例
- 普通岸线
- 等深线
- 国界线
- 海洋
- 岛、大陆
- 上旬
- 中旬
- 下旬

频次

调查数据源：MODIS、SAR数据　　比例尺：1:14 000 000　　高程基准：1985国家高程基准
数据空间分辨率：250m　　坐标系：CGCS2000　　制图单位：自然资源部第一海洋研究所
数据时间：2017年2月　　投影信息：墨卡托投影　　制图时间：2022年1月

南海海洋内波位置和频次月分布专题图

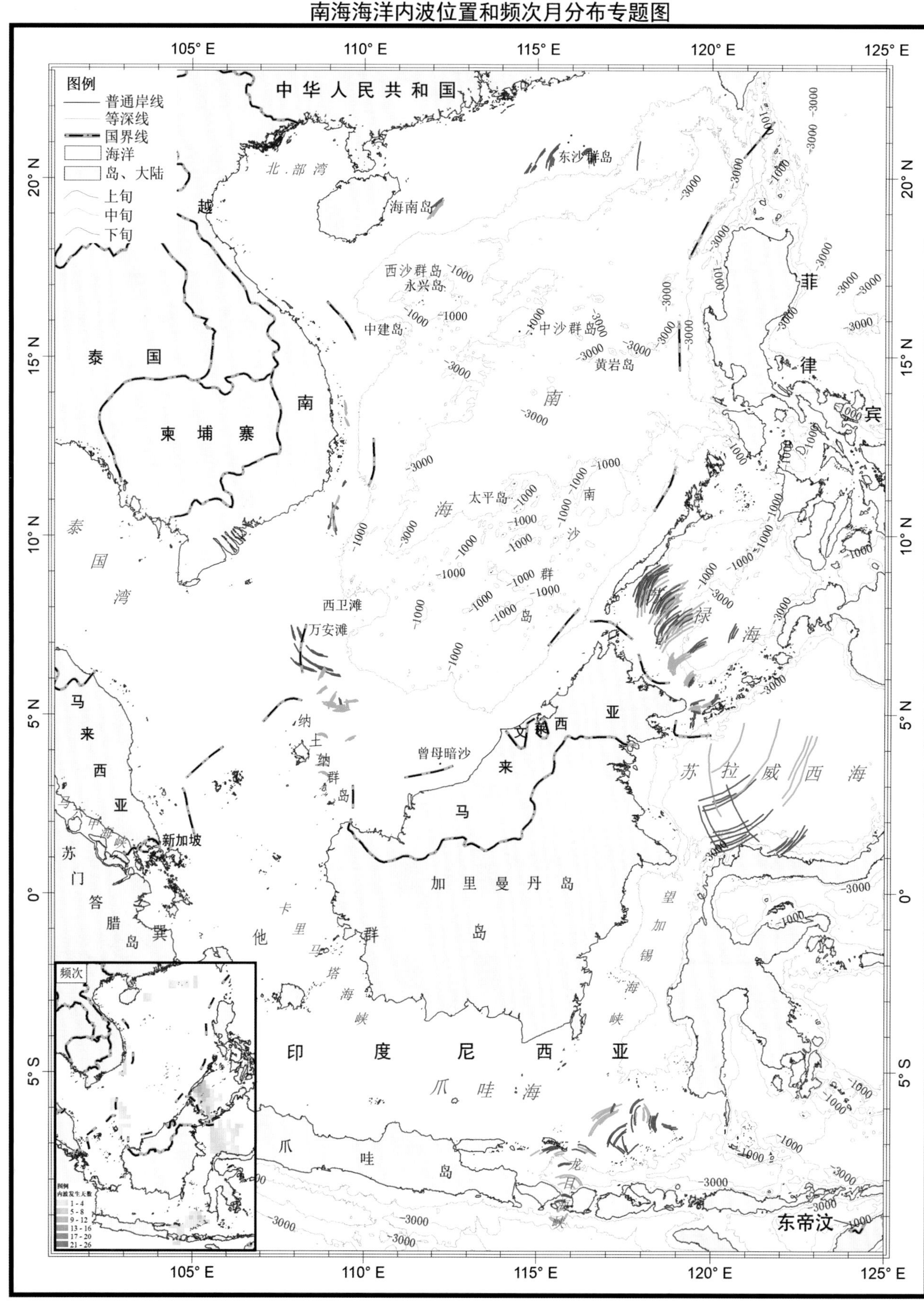

调查数据源：MODIS、SAR数据
数据空间分辨率：250m
数据时间：2017年3月

比例尺：1:14 000 000
坐标系：CGCS2000
投影信息：墨卡托投影

高程基准：1985国家高程基准
制图单位：自然资源部第一海洋研究所
制图时间：2022年1月

南海海洋内波位置和频次月分布专题图

图例
普通岸线
等深线
国界线
海洋
岛、大陆
上旬
中旬
下旬

中华人民共和国
北部湾
海南岛
越
泰国
柬埔寨
南
西沙群岛
永兴岛
中建岛
中沙群岛
黄岩岛
东沙群岛
菲律宾
南海
太平岛
南沙群岛
西卫滩
万安滩
泰国湾
纳土纳群岛
曾母暗沙
文莱
马来西亚
新加坡
苏门答腊岛
苏拉威西海
加里曼丹岛
卡里马塔海峡
望加锡海峡
印度尼西亚
爪哇海
爪哇岛
东帝汶

频次

调查数据源：MODIS、SAR数据	比例尺：1:14 000 000	高程基准：1985国家高程基准
数据空间分辨率：250m	坐标系：CGCS2000	制图单位：自然资源部第一海洋研究所
数据时间：2017年4月	投影信息：墨卡托投影	制图时间：2022年1月

南海海洋内波位置和频次月分布专题图

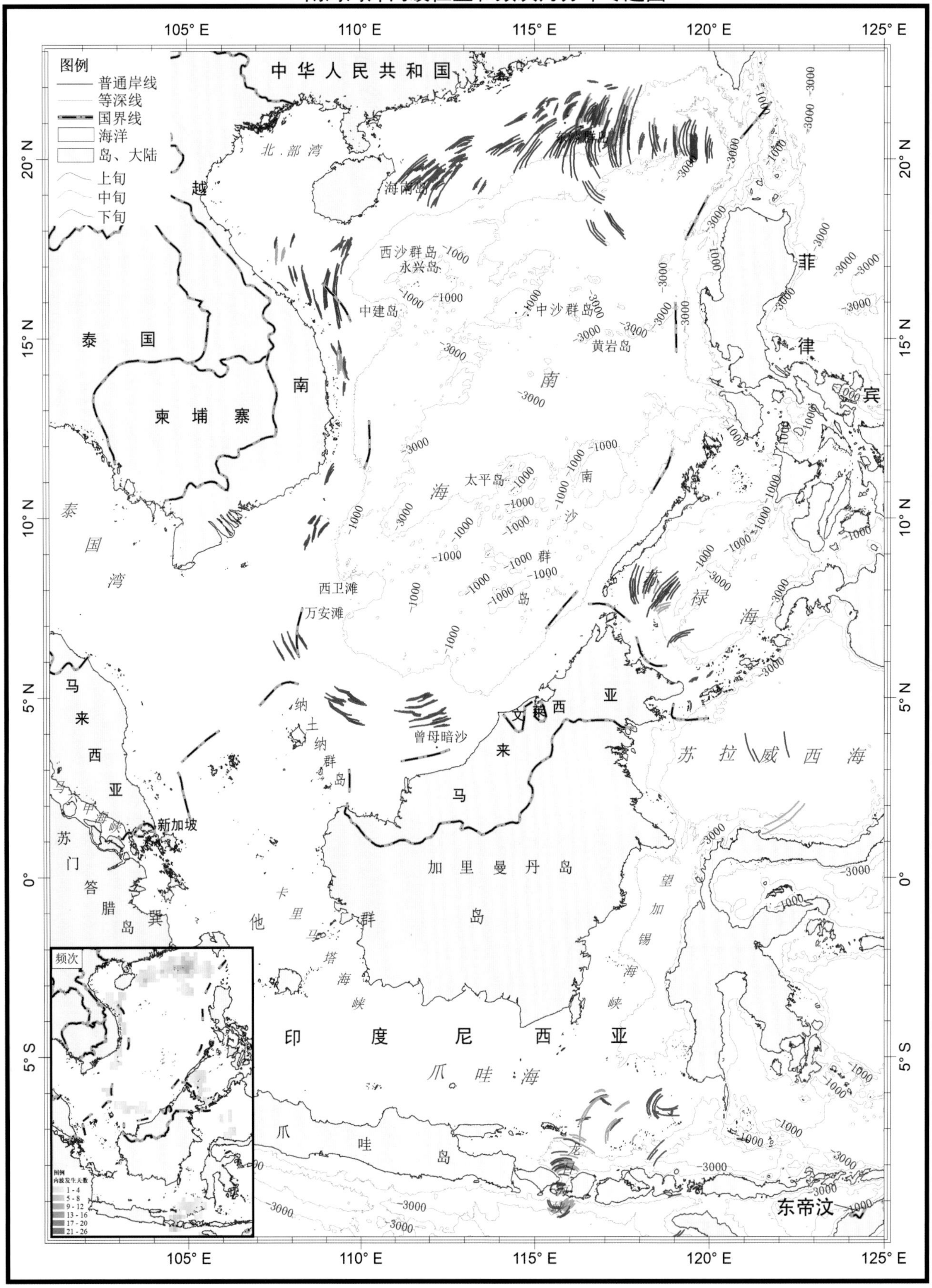

105° E　110° E　115° E　120° E　125° E

20° N　15° N　10° N　5° N　0°　5° S

图例
普通岸线
等深线
国界线
海洋
岛、大陆
上旬
中旬
下旬

中华人民共和国
北部湾
海南岛
东沙群岛
越
泰国
柬埔寨
南
西沙群岛
永兴岛
中建岛
中沙群岛
黄岩岛
菲
律
宾
南
海
太平岛
南
沙
群
岛
西卫滩
万安滩
泰
国
湾
马
来
西
亚
纳
土
纳
群
岛
曾母暗沙
文莱
马
来
西
亚
苏拉威西海
苏禄海
新加坡
马六甲海峡
苏
门
答
腊
岛
加里曼丹岛
卡里马塔海峡
望加锡海峡
印度尼西亚
爪哇海
爪哇岛
东帝汶

频次
图例
内波发生天数
1 - 4
5 - 8
9 - 12
13 - 16
17 - 20
21 - 26

调查数据源：MODIS、SAR数据
数据空间分辨率：250m
数据时间：2017年5月

比例尺：1:14 000 000
坐标系：CGCS2000
投影信息：墨卡托投影

高程基准：1985国家高程基准
制图单位：自然资源部第一海洋研究所
制图时间：2022年1月

南海海洋内波位置和频次月分布专题图

105° E　110° E　115° E　120° E　125° E

20° N　15° N　10° N　5° N　0°　5° S

图例
普通岸线
等深线
国界线
海洋
岛、大陆
上旬
中旬
下旬

中华人民共和国
北部湾
海南岛
东沙群岛
越
南
泰　国
柬　埔　寨
泰国湾
西沙群岛
永兴岛
中建岛
中沙群岛
黄岩岛
南海
太平岛
南沙群岛
西卫滩
万安滩
曾母暗沙
纳土纳群岛
菲律宾
苏禄海
苏拉威西海
文莱
马来西亚
马来西亚
新加坡
马六甲海峡
苏门答腊岛
加里曼丹岛
卡里马塔海峡
望加锡海峡
印　度　尼　西　亚
爪哇海
爪哇岛
东帝汶

-1000　-3000

频次
图例
内波发生天数
1-4
5-8
9-12
13-16
17-20
21-26

调查数据源：MODIS、SAR数据
数据空间分辨率：250m
数据时间：2017年6月
比例尺：1:14 000 000
坐标系：CGCS2000
投影信息：墨卡托投影
高程基准：1985国家高程基准
制图单位：自然资源部第一海洋研究所
制图时间：2022年1月

南海海洋内波位置和频次月分布专题图

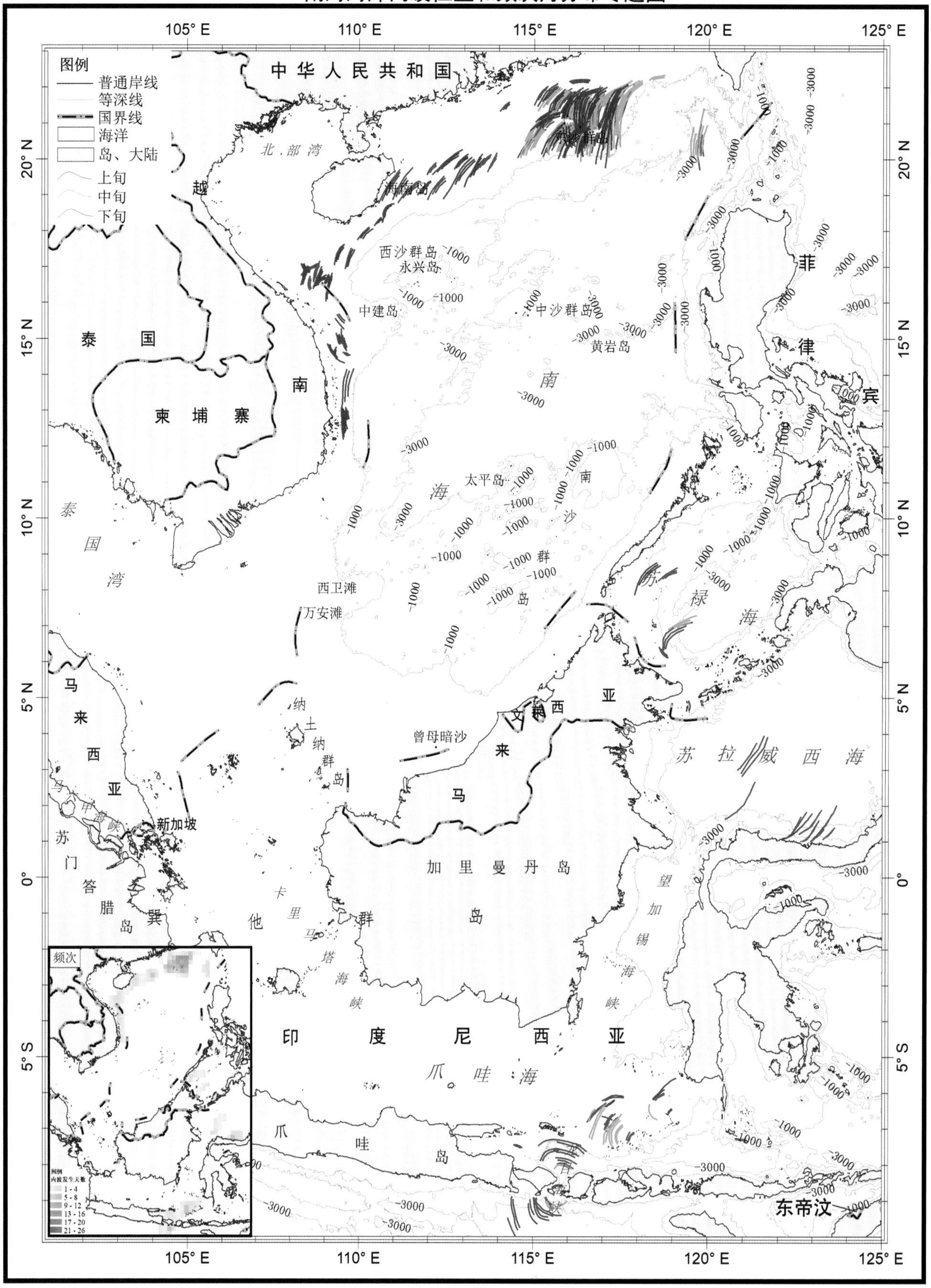

105° E 110° E 115° E 120° E 125° E

图例
普通岸线
等深线
国界线
海洋
岛、大陆
上旬
中旬
下旬

中华人民共和国
北部湾
海南岛
东沙群岛
越
西沙群岛
永兴岛
中建岛
中沙群岛
黄岩岛
菲
律
宾
泰国
柬埔寨
南
南
海
南
沙
群
岛
太平岛
泰国湾
西卫滩
万安滩
马来西亚
纳土纳群岛
曾母暗沙
文莱
马来西亚
苏禄海
苏拉威西海
马六甲海峡
新加坡
苏门答腊岛
加里曼丹岛
卡里马塔海峡
他
群
岛
异
望加锡海峡
印度尼西亚
爪哇海
爪哇岛
东帝汶

20° N
15° N
10° N
5° N
0°
5° S

频次
图例
内波发生天数
1 - 4
5 - 8
9 - 12
13 - 16
17 - 20
21 - 26

-1000 -3000

调查数据源：MODIS、SAR数据
数据空间分辨率：250m
数据时间：2017年7月

比例尺：1:14 000 000
坐标系：CGCS2000
投影信息：墨卡托投影

高程基准：1985国家高程基准
制图单位：自然资源部第一海洋研究所
制图时间：2022年1月

6

南海海洋内波位置和频次月分布专题图

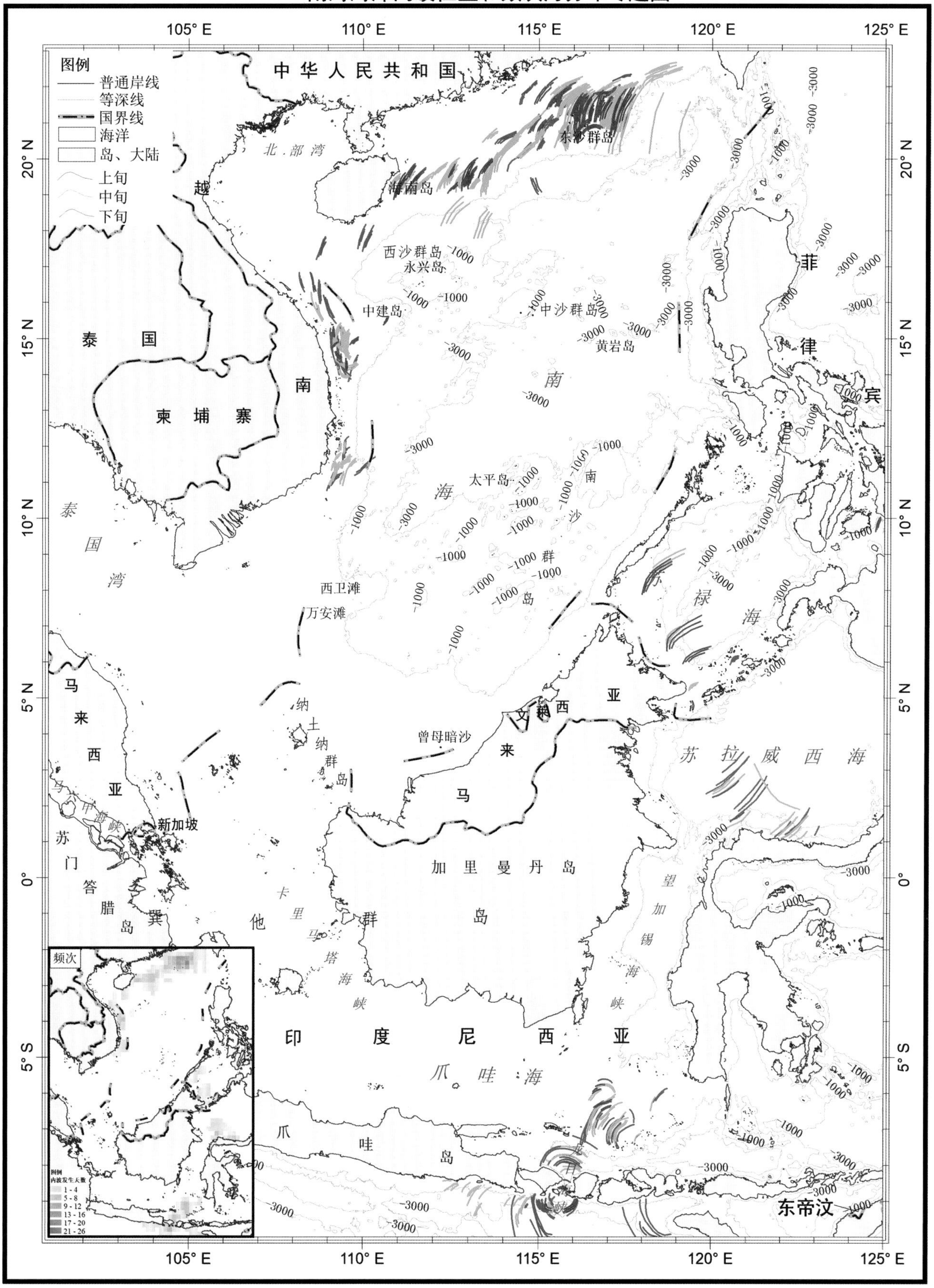

图例
普通岸线
等深线
国界线
海洋
岛、大陆
上旬
中旬
下旬

频次

调查数据源：MODIS、SAR数据　　比例尺：1:14 000 000　　高程基准：1985国家高程基准
数据空间分辨率：250m　　坐标系：CGCS2000　　制图单位：自然资源部第一海洋研究所
数据时间：2017年8月　　投影信息：墨卡托投影　　制图时间：2022年1月

南海海洋内波位置和频次月分布专题图

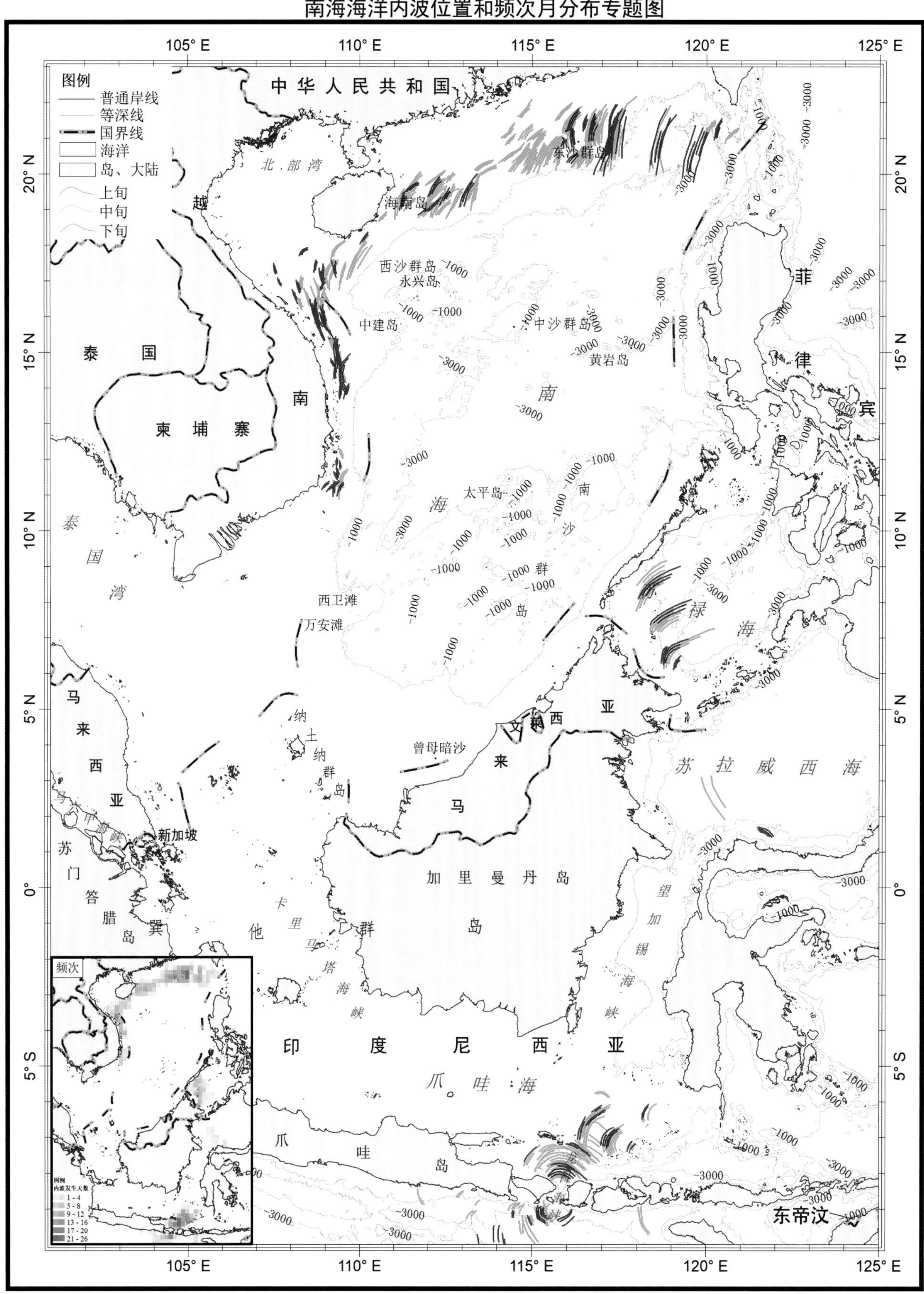

调查数据源：MODIS、SAR数据
数据空间分辨率：250m
数据时间：2017年9月

比例尺：1:14 000 000
坐标系：CGCS2000
投影信息：墨卡托投影

高程基准：1985国家高程基准
制图单位：自然资源部第一海洋研究所
制图时间：2022年1月

南海海洋内波位置和频次月分布专题图

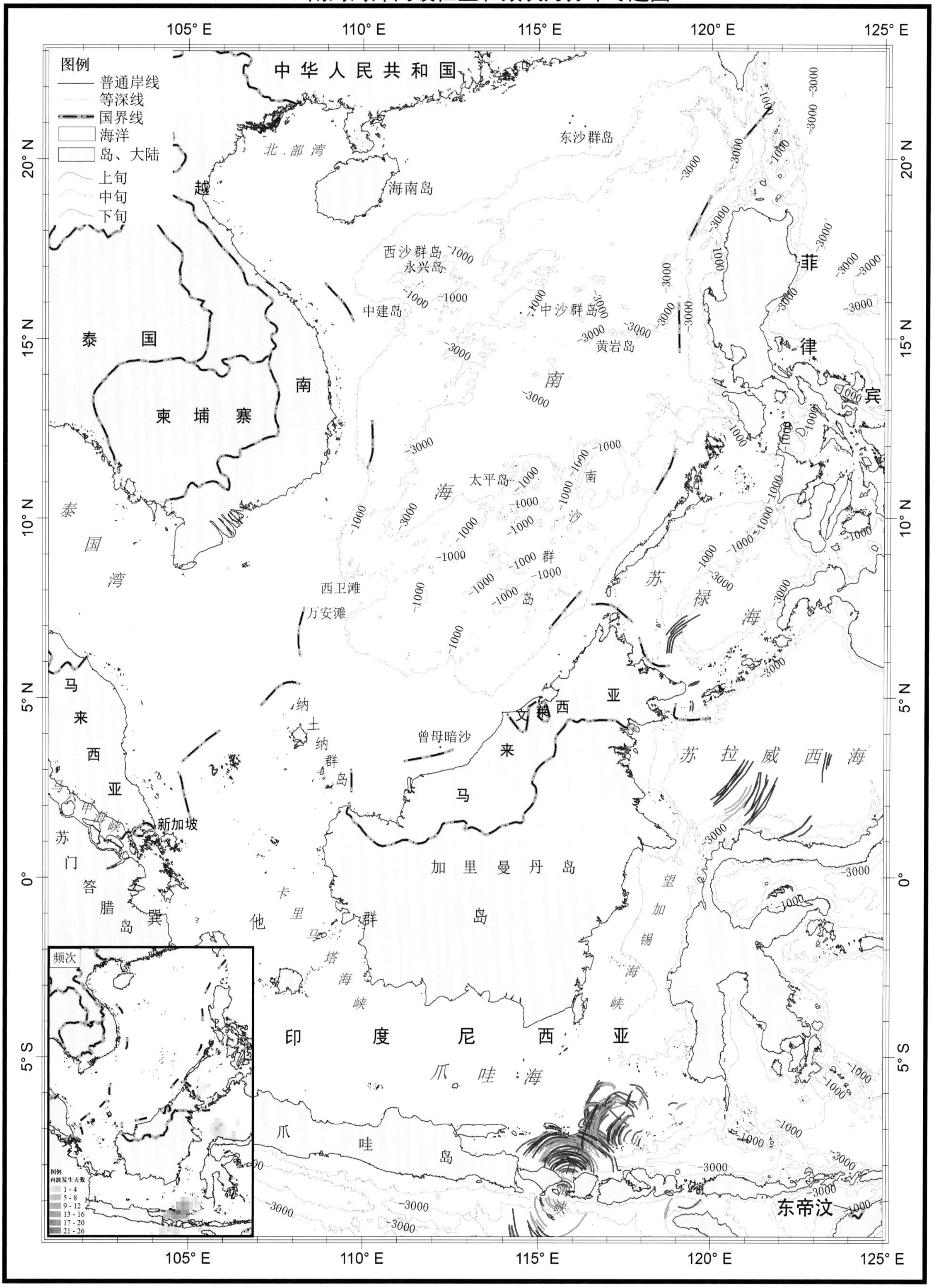

105° E　110° E　115° E　120° E　125° E

20° N　15° N　10° N　5° N　0°　5° S

图例
普通岸线
等深线
国界线
海洋
岛、大陆
上旬
中旬
下旬

中华人民共和国
北部湾
海南岛
东沙群岛
西沙群岛
永兴岛
中建岛
中沙群岛
黄岩岛
越
南
泰国
柬埔寨
菲
律
宾
南
海
太平岛
南沙群岛
泰国湾
西卫滩
万安滩
苏禄海
马来西亚
纳土纳群岛
曾母暗沙
文莱
马来西亚
新加坡
苏门答腊岛
马六甲海峡
苏拉威西海
加里曼丹岛
卡里马塔海峡
望加锡海峡
印度尼西亚
爪哇海
爪哇岛
东帝汶
-1000
-3000

频次
图例
内波发生天数
1 - 4
5 - 8
9 - 12
13 - 16
17 - 20
21 - 26

调查数据源：MODIS、SAR数据
数据空间分辨率：250m
数据时间：2017年10月

比例尺：1:14 000 000
坐标系：CGCS2000
投影信息：墨卡托投影

高程基准：1985国家高程基准
制图单位：自然资源部第一海洋研究所
制图时间：2022年1月

南海海洋内波位置和频次月分布专题图

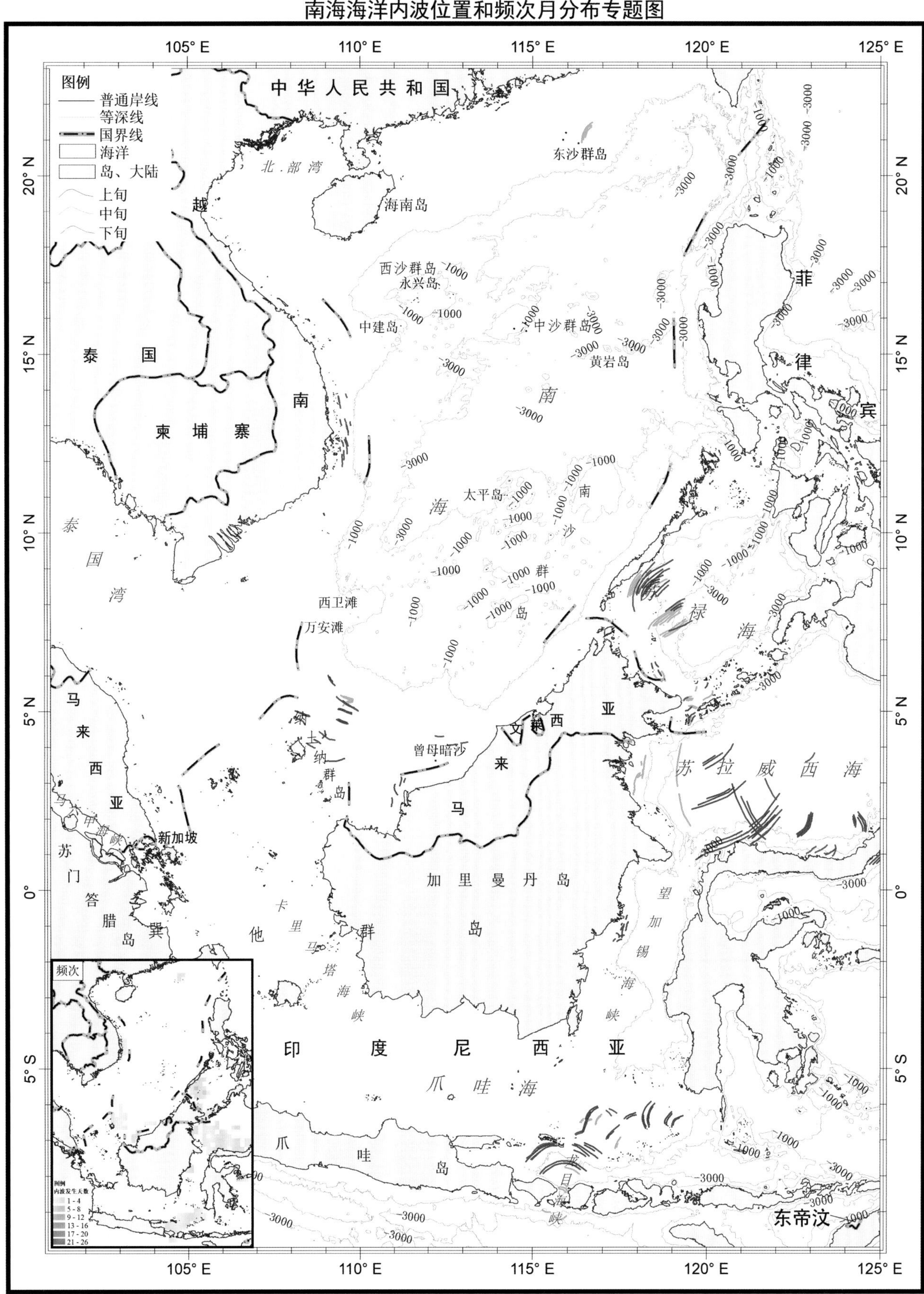

调查数据源：MODIS、SAR数据
数据空间分辨率：250m
数据时间：2017年11月

比例尺：1:14 000 000
坐标系：CGCS2000
投影信息：墨卡托投影

高程基准：1985国家高程基准
制图单位：自然资源部第一海洋研究所
制图时间：2022年1月

南海海洋内波位置和频次月分布专题图

图例
普通岸线
等深线
国界线
海洋
岛、大陆
上旬
中旬
下旬

105° E 110° E 115° E 120° E 125° E

20° N 15° N 10° N 5° N 0° 5° S

中华人民共和国
北部湾
海南岛
东沙群岛
西沙群岛
永兴岛
中建岛
中沙群岛
黄岩岛
越
南
泰国
柬埔寨
泰国湾
南海
太平岛
南沙群岛
西卫滩
万安滩
曾母暗沙
纳土纳群岛
文莱
马来西亚
新加坡
苏门答腊岛
马六甲海峡
加里曼丹岛
卡里马塔海峡
望加锡海峡
苏禄海
苏拉威西海
菲律宾
印度尼西亚
爪哇海
爪哇岛
东帝汶

频次
图例
内波发生天数
1 - 4
5 - 8
9 - 12
13 - 16
17 - 20
21 - 26

调查数据源：MODIS、SAR数据
数据空间分辨率：250m
数据时间：2017年12月

比例尺：1:14 000 000
坐标系：CGCS2000
投影信息：墨卡托投影

高程基准：1985国家高程基准
制图单位：自然资源部第一海洋研究所
制图时间：2022年1月

南海海洋内波位置和频次季分布专题图

图例
普通岸线
等深线
国界线
海洋
岛、大陆
3月
4月
5月

中华人民共和国
北部湾
海南岛
越
泰国
柬埔寨
南
泰国湾
西沙群岛
永兴岛
中建岛
中沙群岛
黄岩岛
东沙群岛
南海
太平岛
南沙群岛
西卫滩
万安滩
纳土纳群岛
曾母暗沙
文莱
马来西亚
新加坡
马六甲海峡
苏门答腊岛
卡里马塔海峡
加里曼丹岛
望加锡海峡
苏禄海
苏拉威西海
菲律宾
印度尼西亚
爪哇海
爪哇岛
东帝汶

频次

调查数据源：MODIS、SAR数据	比例尺：1:14 000 000	高程基准：1985国家高程基准
数据空间分辨率：250m	坐标系：CGCS2000	制图单位：自然资源部第一海洋研究所
数据时间：2017年春季	投影信息：墨卡托投影	制图时间：2022年1月

南海海洋内波位置和频次季分布专题图

图例
普通岸线
等深线
国界线
海洋
岛、大陆
6月
7月
8月

频次

图例
内波发生天数
1 - 4
5 - 10
11 - 17
18 - 28
29 - 39
40 - 57

调查数据源：MODIS、SAR数据　　比例尺：1:14 000 000　　高程基准：1985国家高程基准

数据空间分辨率：250m　　坐标系：CGCS2000　　制图单位：自然资源部第一海洋研究所

数据时间：2017年夏季　　投影信息：墨卡托投影　　制图时间：2022年1月

南海海洋内波位置和频次季分布专题图

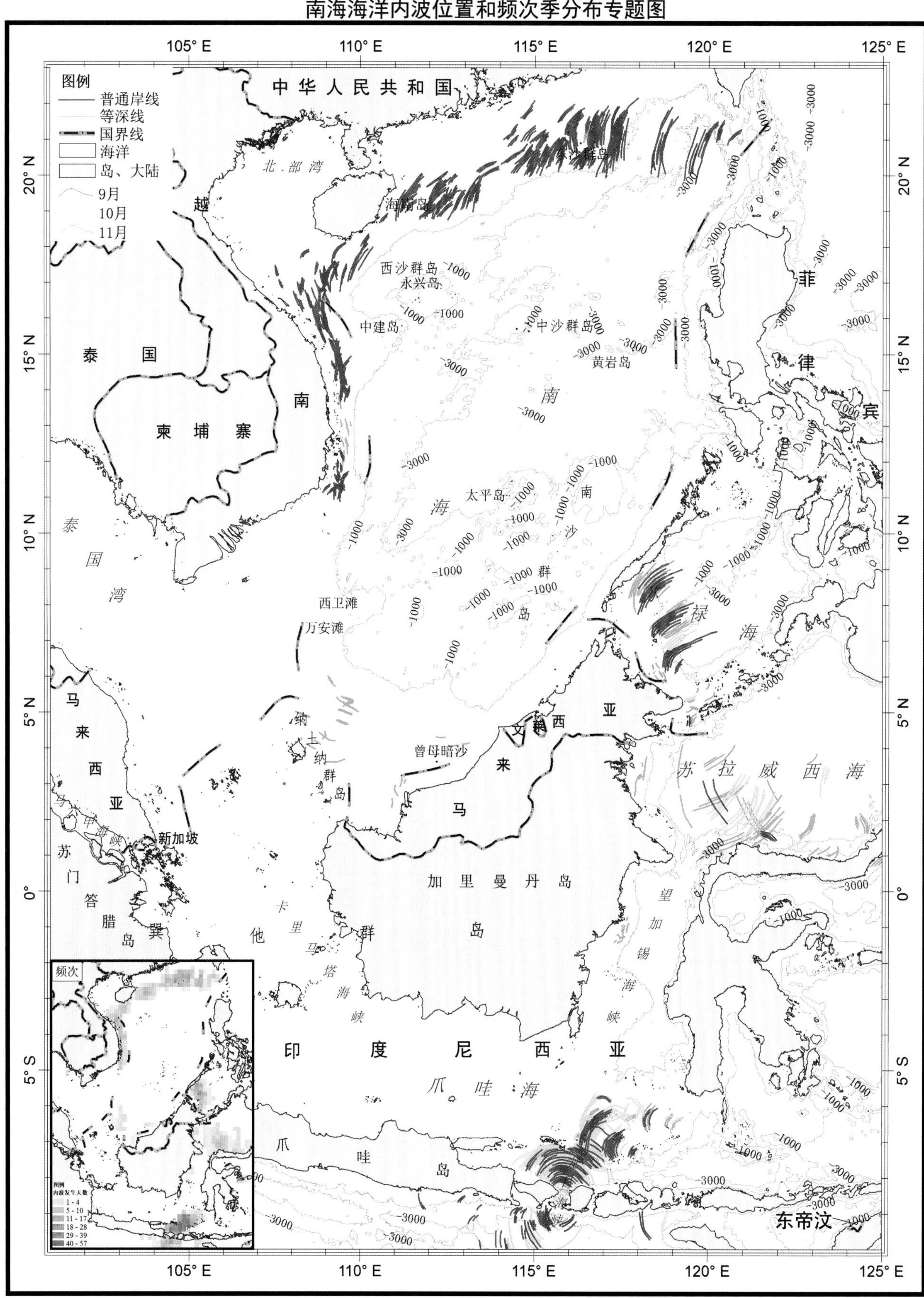

调查数据源：MODIS、SAR数据
数据空间分辨率：250m
数据时间：2017年秋季

比例尺：1:14 000 000
坐标系：CGCS2000
投影信息：墨卡托投影

高程基准：1985国家高程基准
制图单位：自然资源部第一海洋研究所
制图时间：2022年1月

南海海洋内波位置和频次季分布专题图

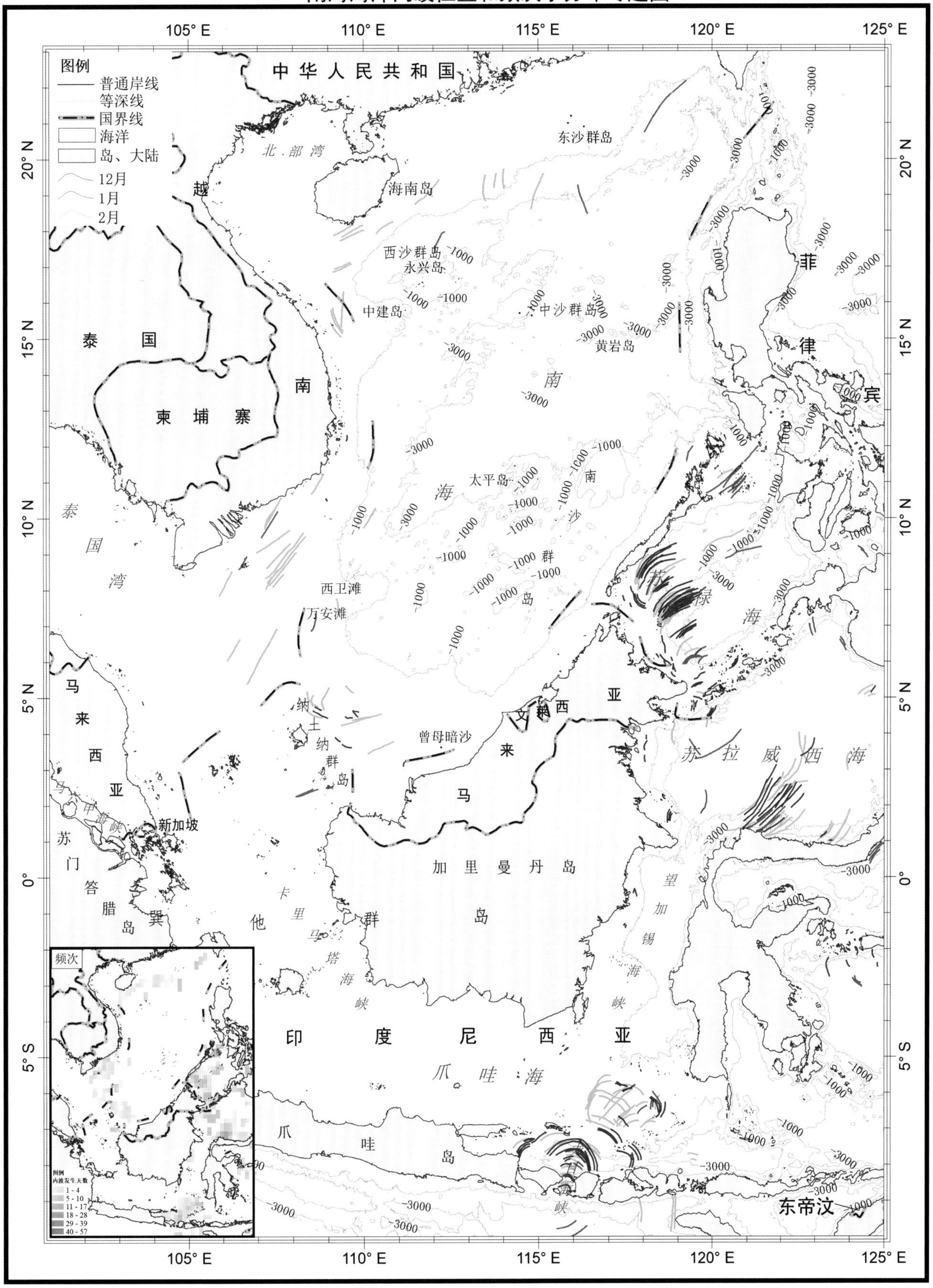

图例
普通岸线
等深线
国界线
海洋
岛、大陆
12月
1月
2月

中华人民共和国
北部湾
海南岛
东沙群岛
西沙群岛
永兴岛
中建岛
中沙群岛
黄岩岛
越南
泰国
柬埔寨
泰国湾
南海
太平岛
南沙群岛
西卫滩
万安滩
菲律宾
苏禄海
苏拉威西海
马来西亚
文莱
曾母暗沙
纳土纳群岛
新加坡
马六甲海峡
苏门答腊岛
加里曼丹岛
卡里马塔海峡
望加锡海峡
印度尼西亚
爪哇海
爪哇岛
东帝汶

频次
图例
内波发生天数
1 - 4
5 - 10
11 - 17
18 - 28
29 - 39
40 - 57

调查数据源：MODIS、SAR数据
数据空间分辨率：250m
数据时间：2017年冬季

比例尺：1:14 000 000
坐标系：CGCS2000
投影信息：墨卡托投影

高程基准：1985国家高程基准
制图单位：自然资源部第一海洋研究所
制图时间：2022年1月

南海海洋内波位置和频次半年分布专题图

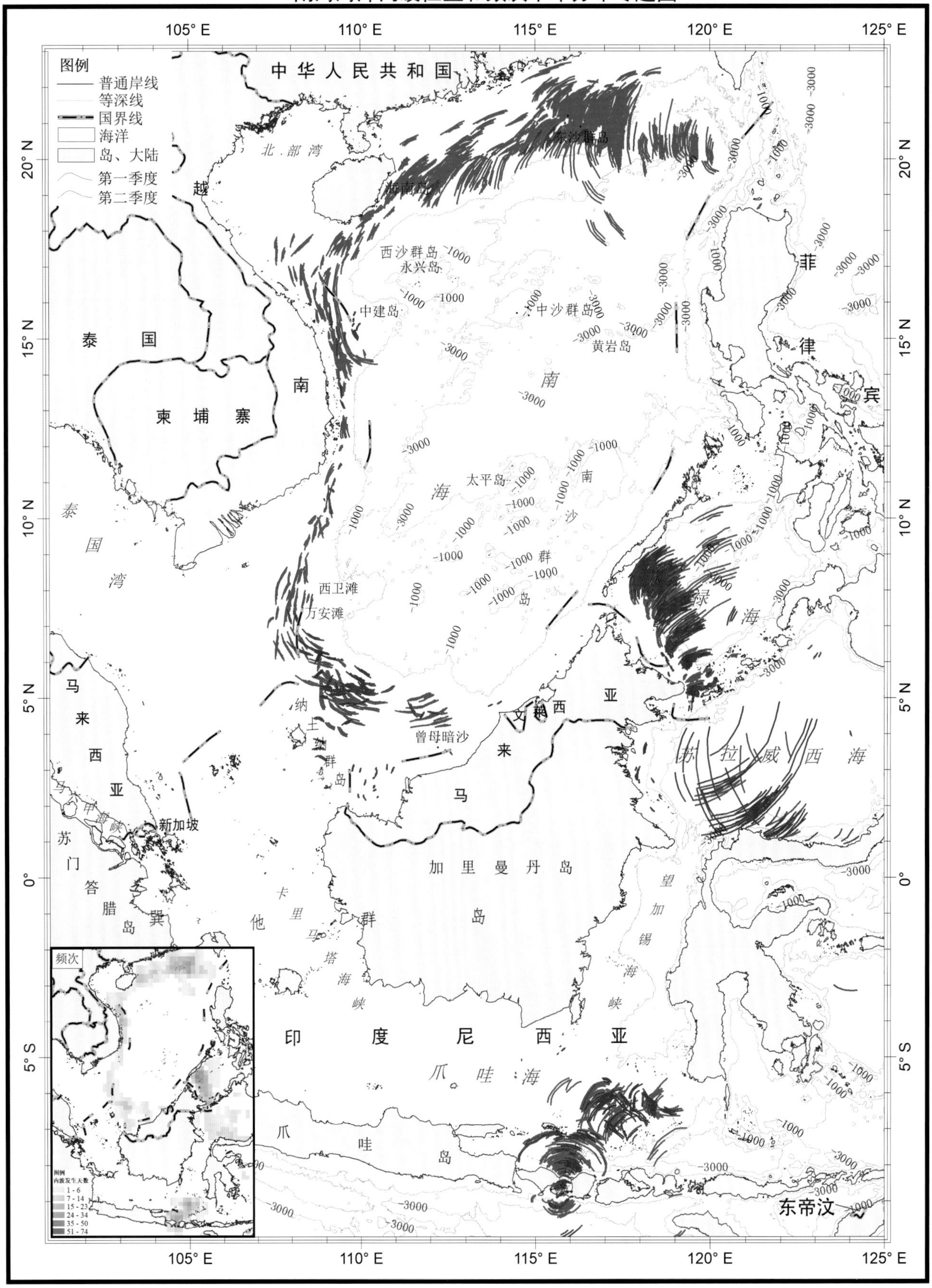

图例
普通岸线
等深线
国界线
海洋
岛、大陆
第一季度
第二季度

105° E 110° E 115° E 120° E 125° E

20° N 15° N 10° N 5° N 0° 5° S

中华人民共和国
北部湾
越
海南岛
东沙群岛
西沙群岛
永兴岛
中建岛
中沙群岛
黄岩岛
泰国
柬埔寨
南
菲
律
宾
南
海
太平岛
南
沙
群
岛
泰国湾
西卫滩
万安滩
苏
禄
海
马来西亚
纳
土
纳
群
岛
曾母暗沙
文莱
西
亚
来
马
苏拉威西海
新加坡
马六甲海峡
苏门答腊岛
加里曼丹岛
卡里马塔海峡
廖内群岛
望加锡海峡
印度尼西亚
爪哇海
爪哇岛
东帝汶

频次
图例
内波发生天数
1-6
7-14
15-23
24-34
35-50
51-74

调查数据源：MODIS、SAR数据
数据空间分辨率：250m
数据时间：2017年上半年
比例尺：1:14 000 000
坐标系：CGCS2000
投影信息：墨卡托投影
高程基准：1985国家高程基准
制图单位：自然资源部第一海洋研究所
制图时间：2022年1月

南海海洋内波位置和频次半年分布专题图

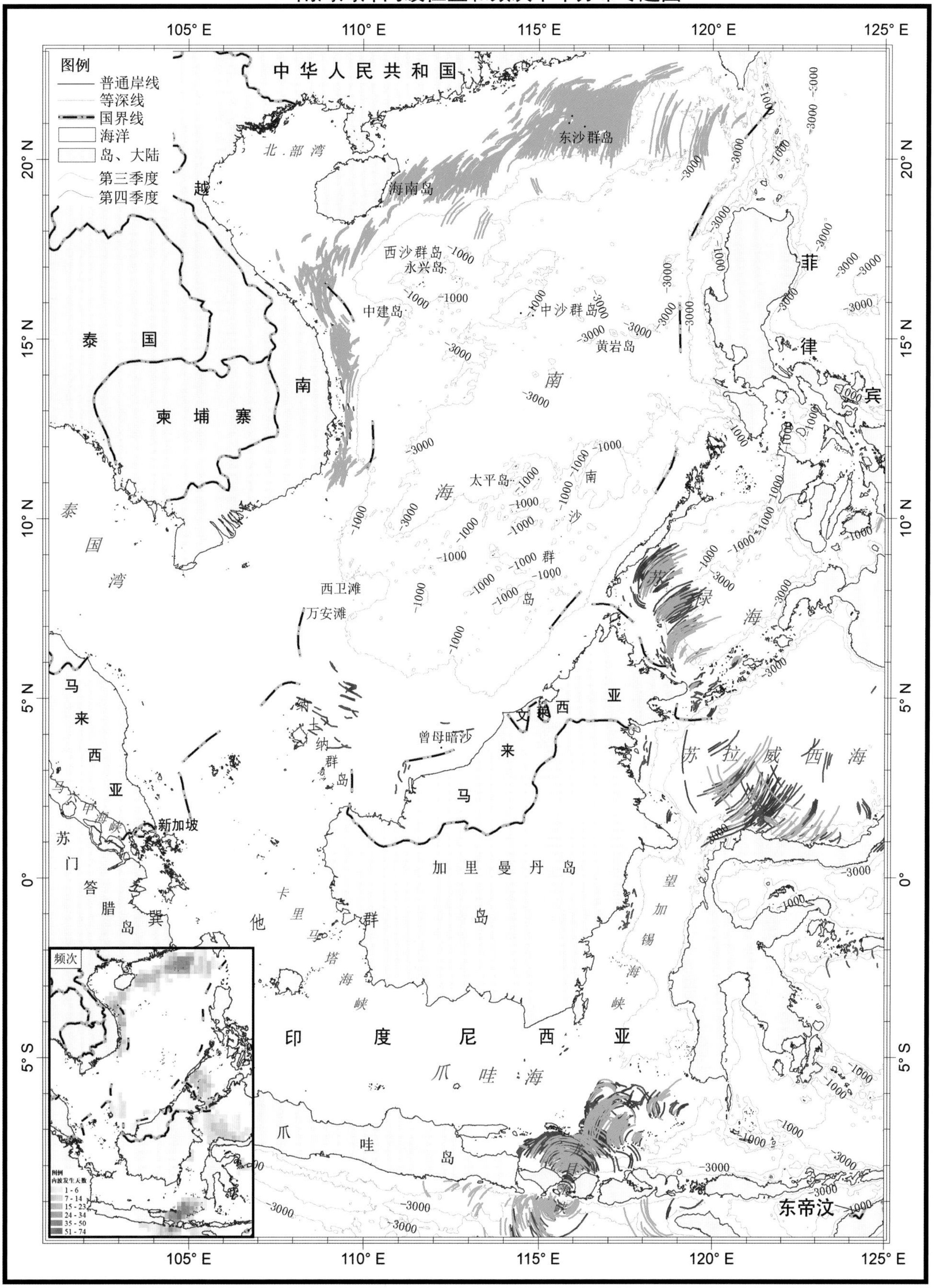

图例
普通岸线
等深线
国界线
海洋
岛、大陆
第三季度
第四季度

105° E　110° E　115° E　120° E　125° E

20° N　15° N　10° N　5° N　0°　5° S

中华人民共和国　北部湾　海南岛　东沙群岛　西沙群岛　永兴岛　中建岛　中沙群岛　黄岩岛　越南　泰国　柬埔寨　泰国湾　南海　南沙群岛　太平岛　西卫滩　万安滩　曾母暗沙　文莱　马来西亚　新加坡　马六甲海峡　苏门答腊岛　纳土纳群岛　加里曼丹岛　卡里马塔海峡　望加锡海峡　苏禄海　苏拉威西海　菲律宾　印度尼西亚　爪哇海　爪哇岛　东帝汶　卡里他群岛

-1000　-3000

频次
图例
内波发生人数
1 - 6
7 - 14
15 - 23
24 - 34
35 - 50
51 - 74

调查数据源：MODIS、SAR数据　　比例尺：1:14 000 000　　高程基准：1985国家高程基准
数据空间分辨率：250m　　坐标系：CGCS2000　　制图单位：自然资源部第一海洋研究所
数据时间：2017年下半年　　投影信息：墨卡托投影　　制图时间：2022年1月

南海海洋内波位置和频次年分布专题图

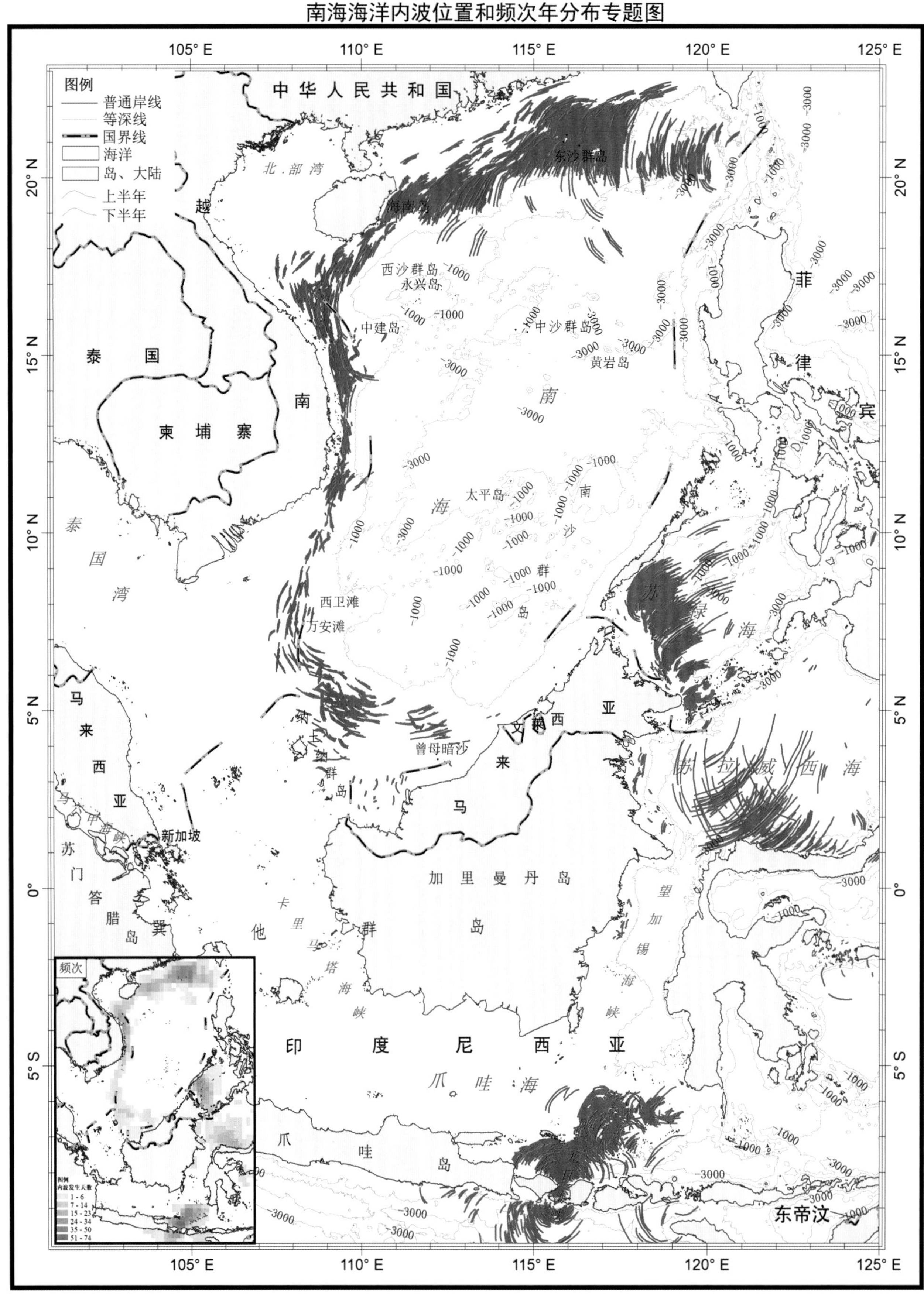

调查数据源：MODIS、SAR数据
数据空间分辨率：250m
数据时间：2017年全年

比例尺：1:14 000 000
坐标系：CGCS2000
投影信息：墨卡托投影

高程基准：1985国家高程基准
制图单位：自然资源部第一海洋研究所
制图时间：2022年1月

6.9　南海内孤立波 2018 年分布图

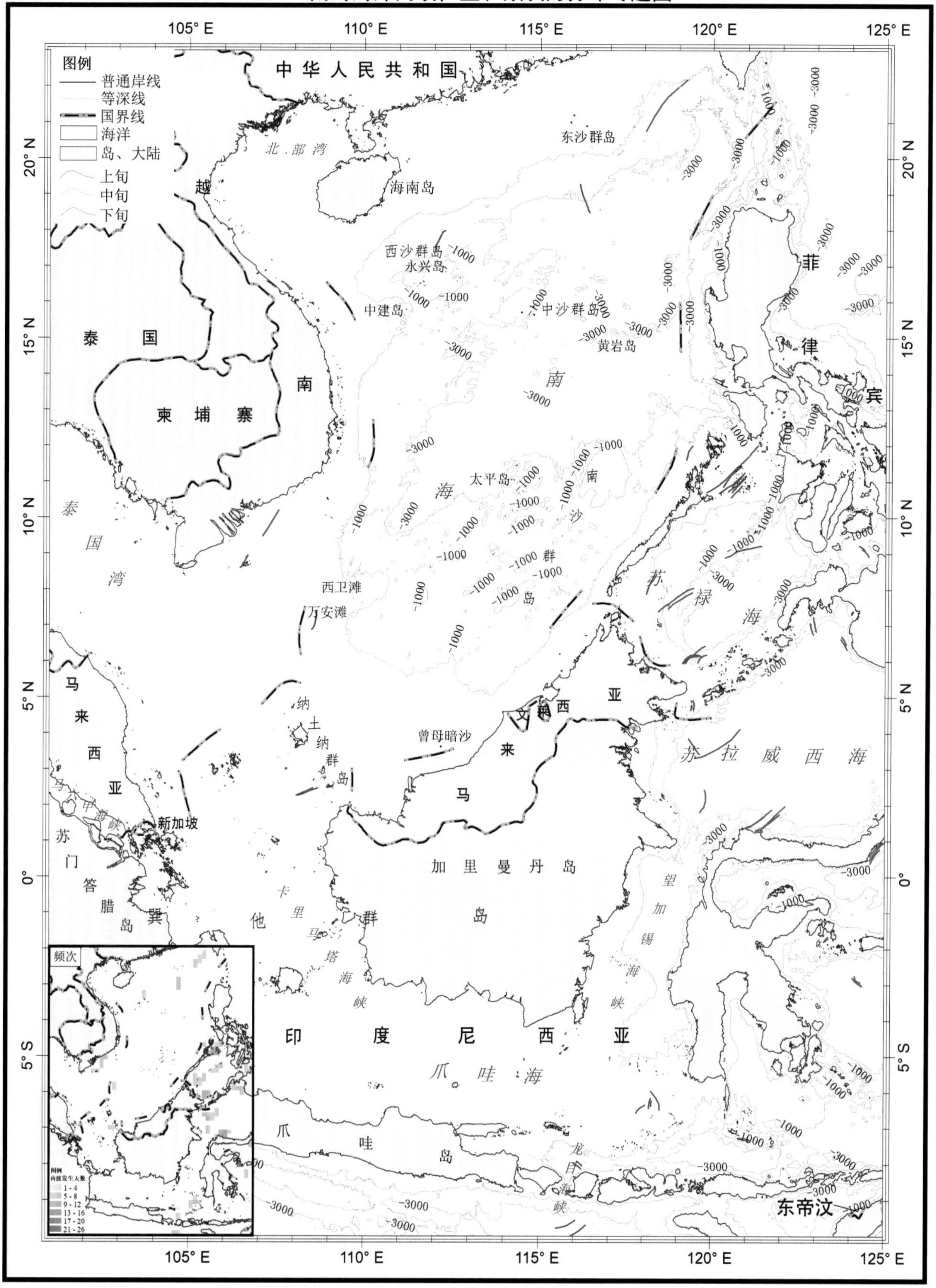

调查数据源：MODIS、SAR数据	比例尺：1:14 000 000	高程基准：1985国家高程基准
数据空间分辨率：250m	坐标系：CGCS2000	制图单位：自然资源部第一海洋研究所
数据时间：2018年1月	投影信息：墨卡托投影	制图时间：2022年1月

南海海洋内波位置和频次月分布专题图

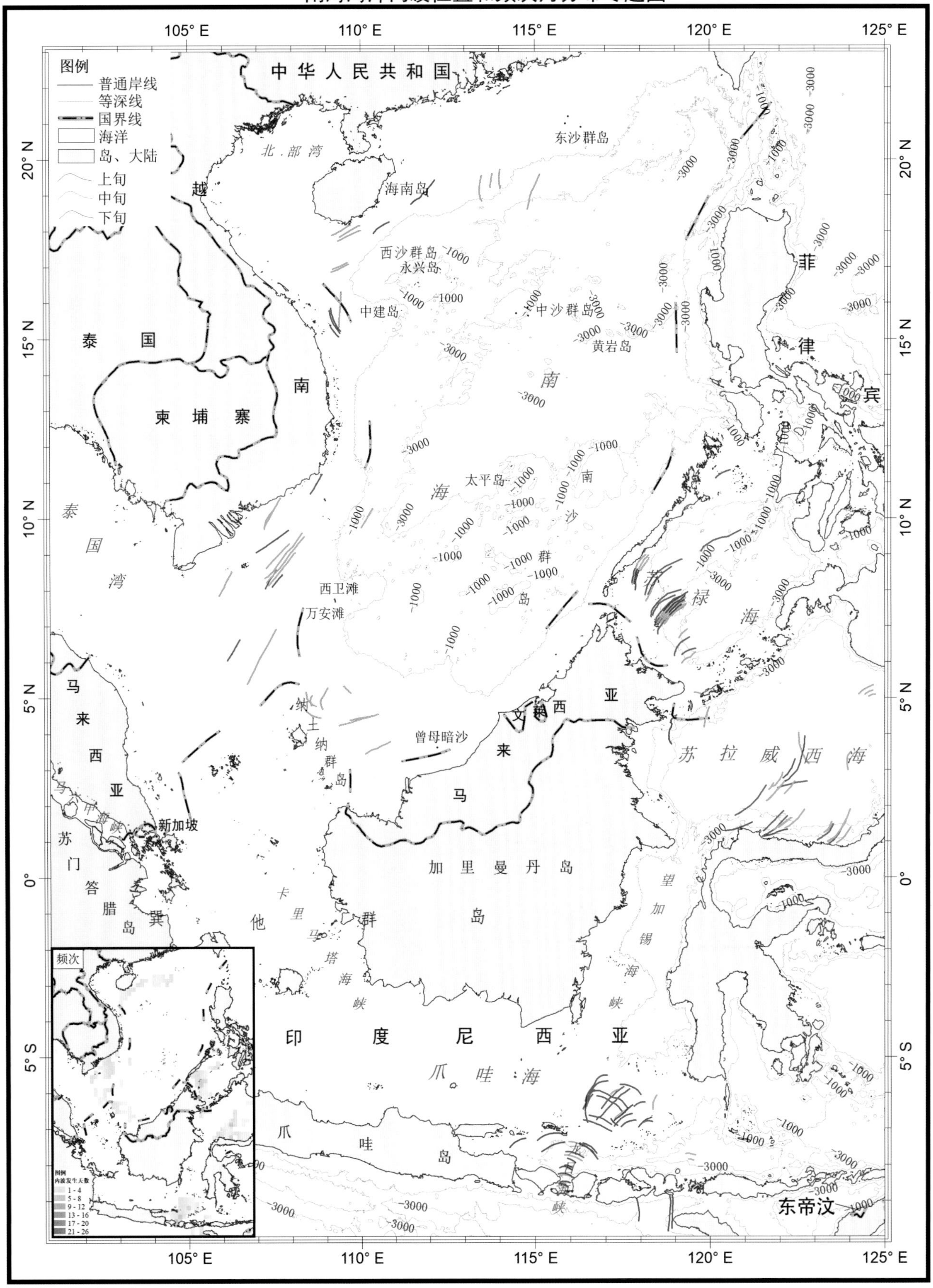

调查数据源：MODIS、SAR数据
数据空间分辨率：250m
数据时间：2018年2月

比例尺：1:14 000 000
坐标系：CGCS2000
投影信息：墨卡托投影

高程基准：1985国家高程基准
制图单位：自然资源部第一海洋研究所
制图时间：2022年1月

南海海洋内波位置和频次月分布专题图

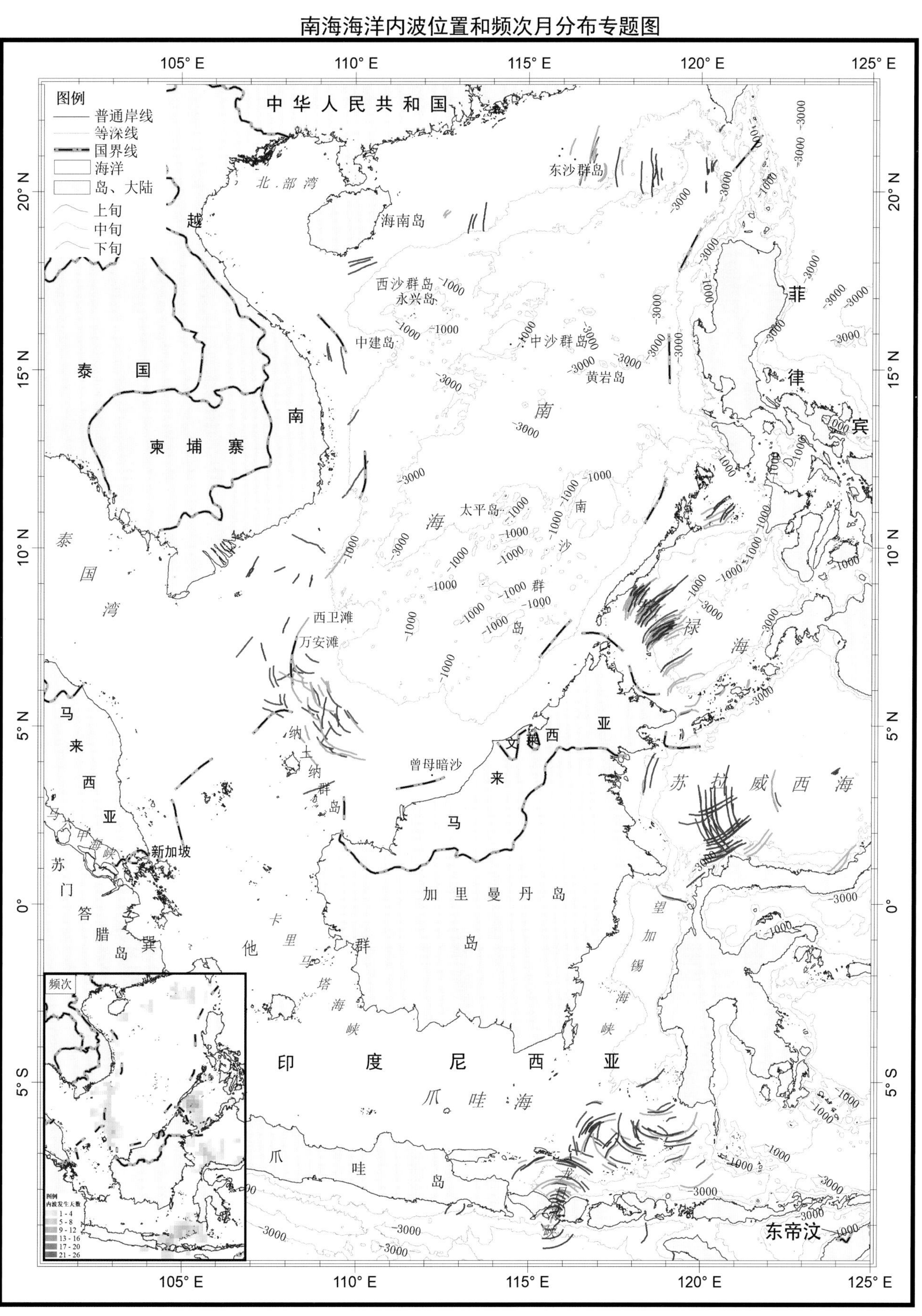

调查数据源：MODIS、SAR数据
数据空间分辨率：250m
数据时间：2018年3月

比例尺：1:14 000 000
坐标系：CGCS2000
投影信息：墨卡托投影

高程基准：1985国家高程基准
制图单位：自然资源部第一海洋研究所
制图时间：2022年1月

南海海洋内波位置和频次月分布专题图

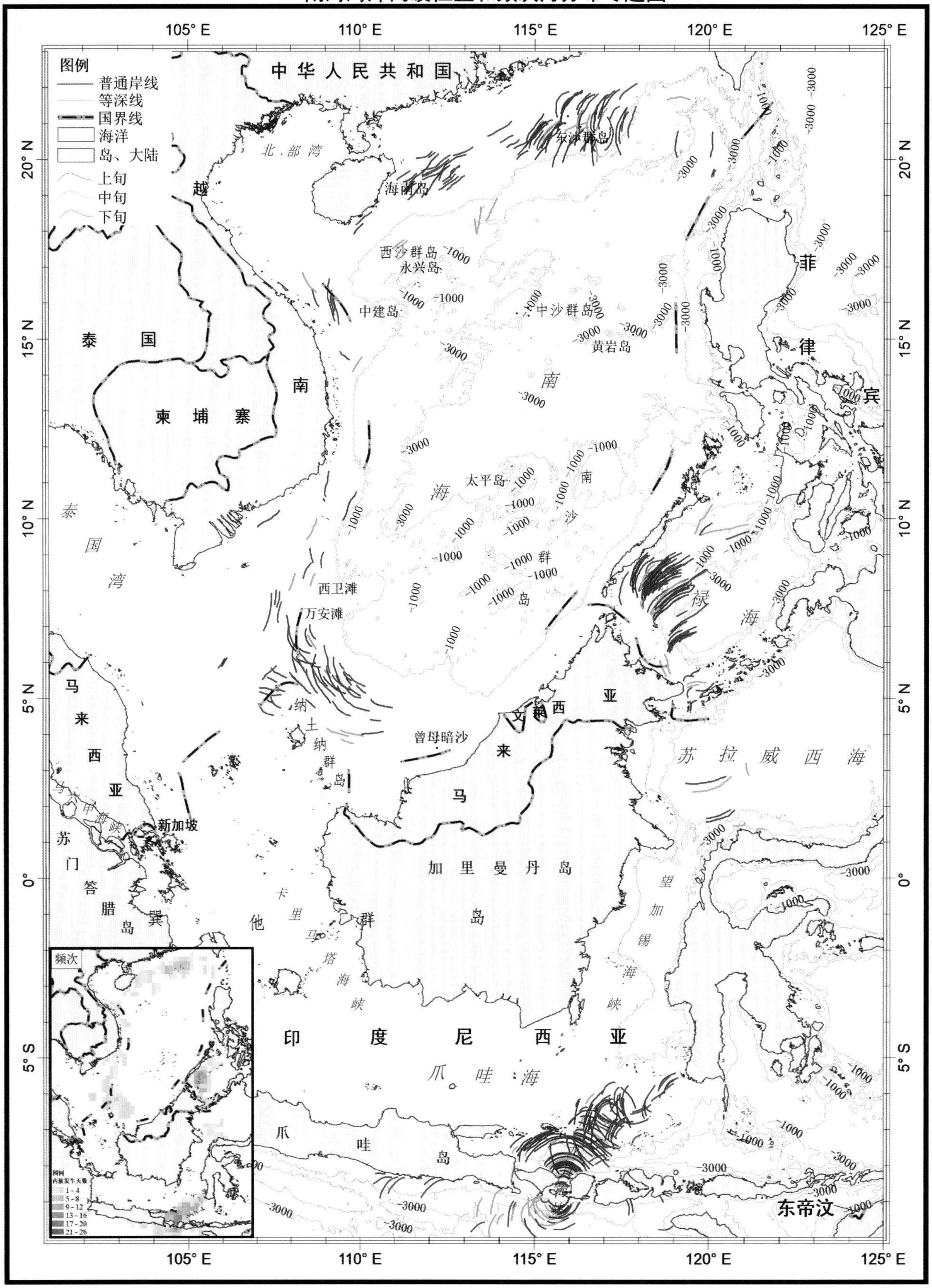

调查数据源：MODIS、SAR数据
数据空间分辨率：250m
数据时间：2018年4月

比例尺：1:14 000 000
坐标系：CGCS2000
投影信息：墨卡托投影

高程基准：1985国家高程基准
制图单位：自然资源部第一海洋研究所
制图时间：2022年1月

南海海洋内波位置和频次月分布专题图

图例
- 普通岸线
- 等深线
- 国界线
- 海洋
- 岛、大陆
- 上旬
- 中旬
- 下旬

频次

图例 内波发生天数
- 1 - 4
- 5 - 8
- 9 - 12
- 13 - 16
- 17 - 20
- 21 - 26

调查数据源：MODIS、SAR数据
数据空间分辨率：250m
数据时间：2018年5月

比例尺：1:14 000 000
坐标系：CGCS2000
投影信息：墨卡托投影

高程基准：1985国家高程基准
制图单位：自然资源部第一海洋研究所
制图时间：2022年1月

图例
普通岸线
等深线
国界线
海洋
岛、大陆
上旬
中旬
下旬

中华人民共和国
越
泰国
柬埔寨
南
马来西亚
文莱
菲律宾
印度尼西亚
新加坡
东帝汶
北部湾
海南岛
西沙群岛
永兴岛
中建岛
中沙群岛
黄岩岛
东沙群岛
南海
南沙群岛
太平岛
西卫滩
万安滩
曾母暗沙
纳土纳群岛
泰国湾
苏禄海
苏拉威西海
望加锡海峡
卡里马塔海峡
加里曼丹岛
苏门答腊岛
马六甲海峡
爪哇海
爪哇岛
龙目海峡

频次
图例
内波发生天数
1 - 4
5 - 8
9 - 12
13 - 16
17 - 20
21 - 26

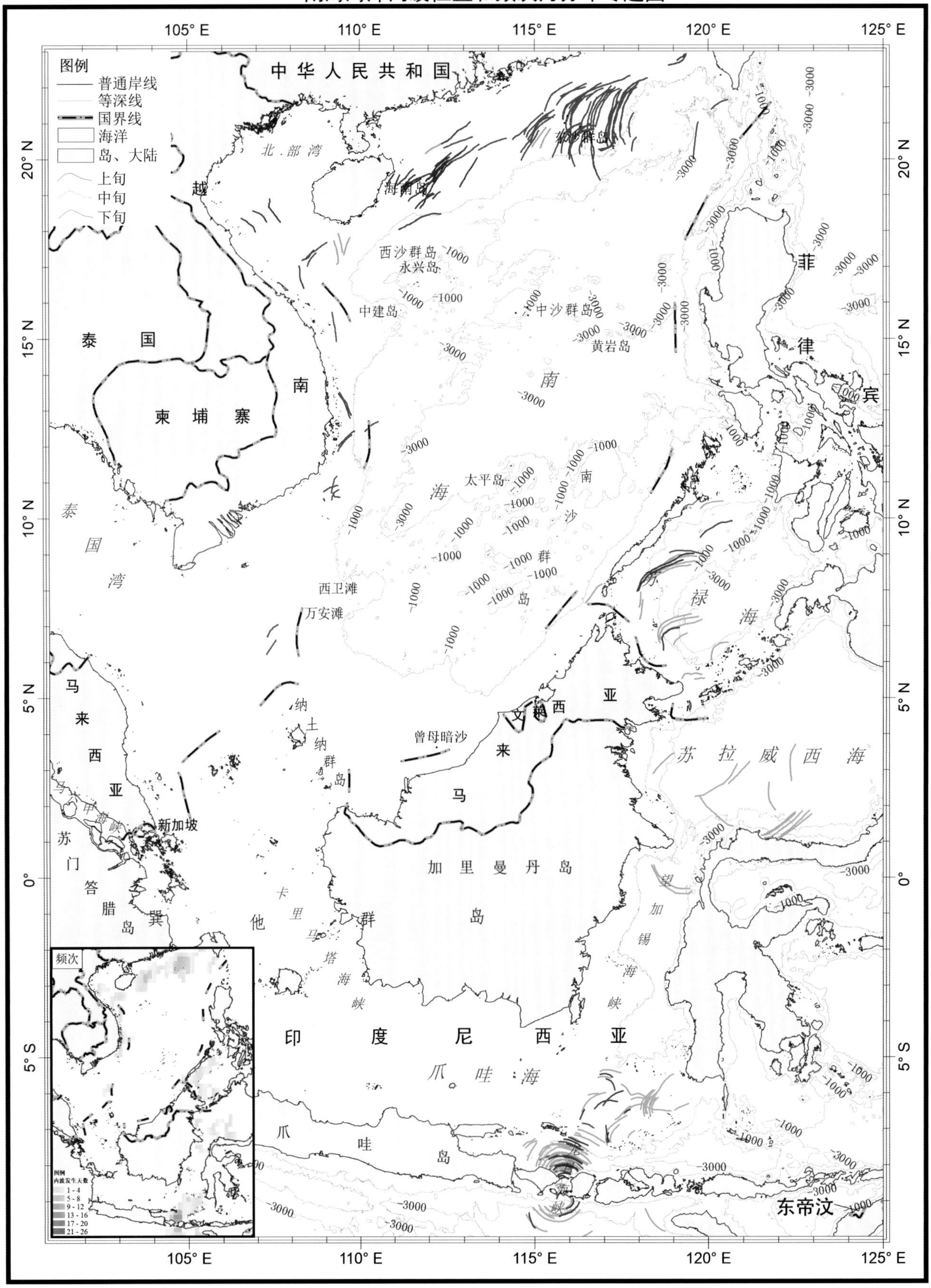

调查数据源：MODIS、SAR数据
数据空间分辨率：250m
数据时间：2018年6月

比例尺：1:14 000 000
坐标系：CGCS2000
投影信息：墨卡托投影

高程基准：1985国家高程基准
制图单位：自然资源部第一海洋研究所
制图时间：2022年1月

南海海洋内波位置和频次月分布专题图

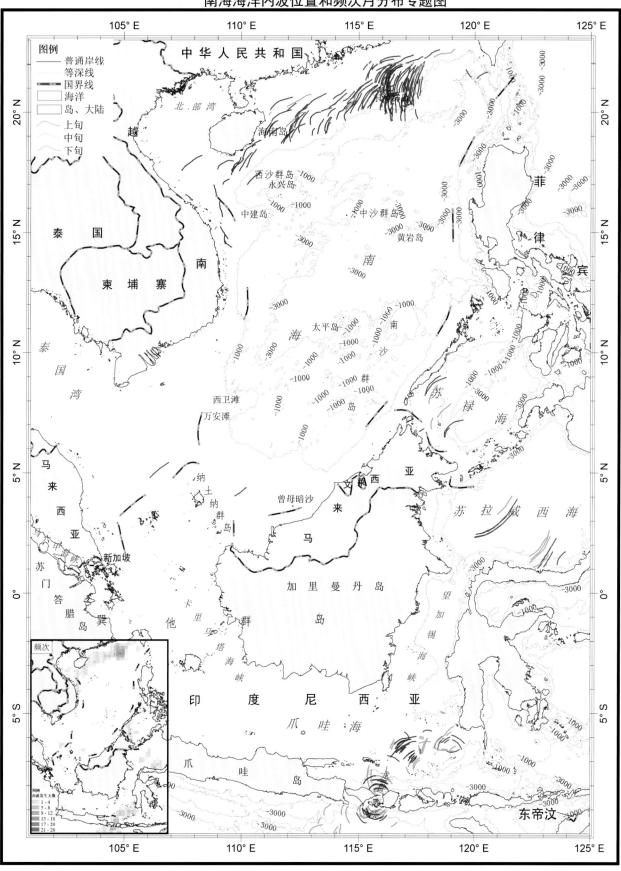

图例
普通岸线
等深线
国界线
海洋
岛、大陆
上旬
中旬
下旬

频次

图例
内波发生天数
1 - 4
5 - 8
9 - 12
13 - 16
17 - 20
21 - 26

调查数据源：MODIS、SAR数据
数据空间分辨率：250m
数据时间：2018年7月

比例尺：1:14 000 000
坐标系：CGCS2000
投影信息：墨卡托投影

高程基准：1985国家高程基准
制图单位：自然资源部第一海洋研究所
制图时间：2022年1月

南海海洋内波位置和频次月分布专题图

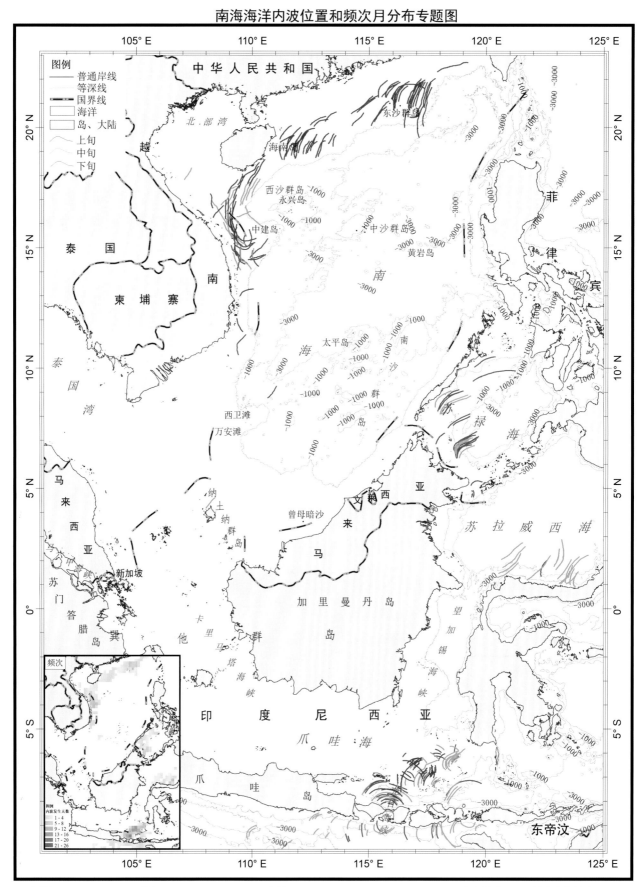

图例
普通岸线
等深线
国界线
海洋
岛、大陆
上旬
中旬
下旬

频次

图例
内波发生天数
1 - 4
5 - 8
9 - 12
13 - 16
17 - 20
21 - 26

调查数据源：MODIS、SAR数据
数据空间分辨率：250m
数据时间：2018年8月

比例尺：1:14 000 000
坐标系：CGCS2000
投影信息：墨卡托投影

高程基准：1985国家高程基准
制图单位：自然资源部第一海洋研究所
制图时间：2022年1月

南海海洋内波位置和频次月分布专题图

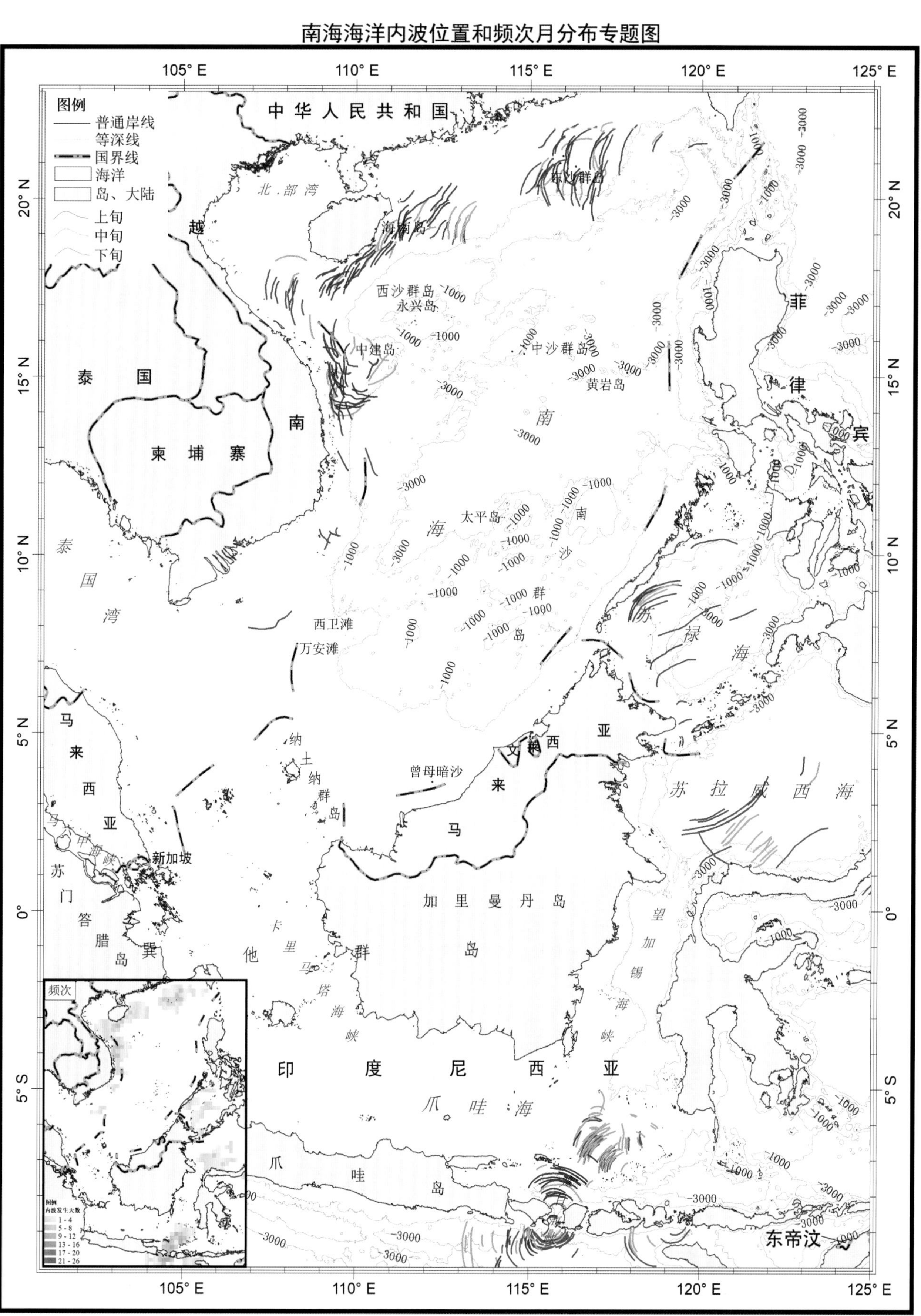

调查数据源：MODIS、SAR数据
数据空间分辨率：250m
数据时间：2018年9月

比例尺：1:14 000 000
坐标系：CGCS2000
投影信息：墨卡托投影

高程基准：1985国家高程基准
制图单位：自然资源部第一海洋研究所
制图时间：2022年1月

南海海洋内波位置和频次月分布专题图

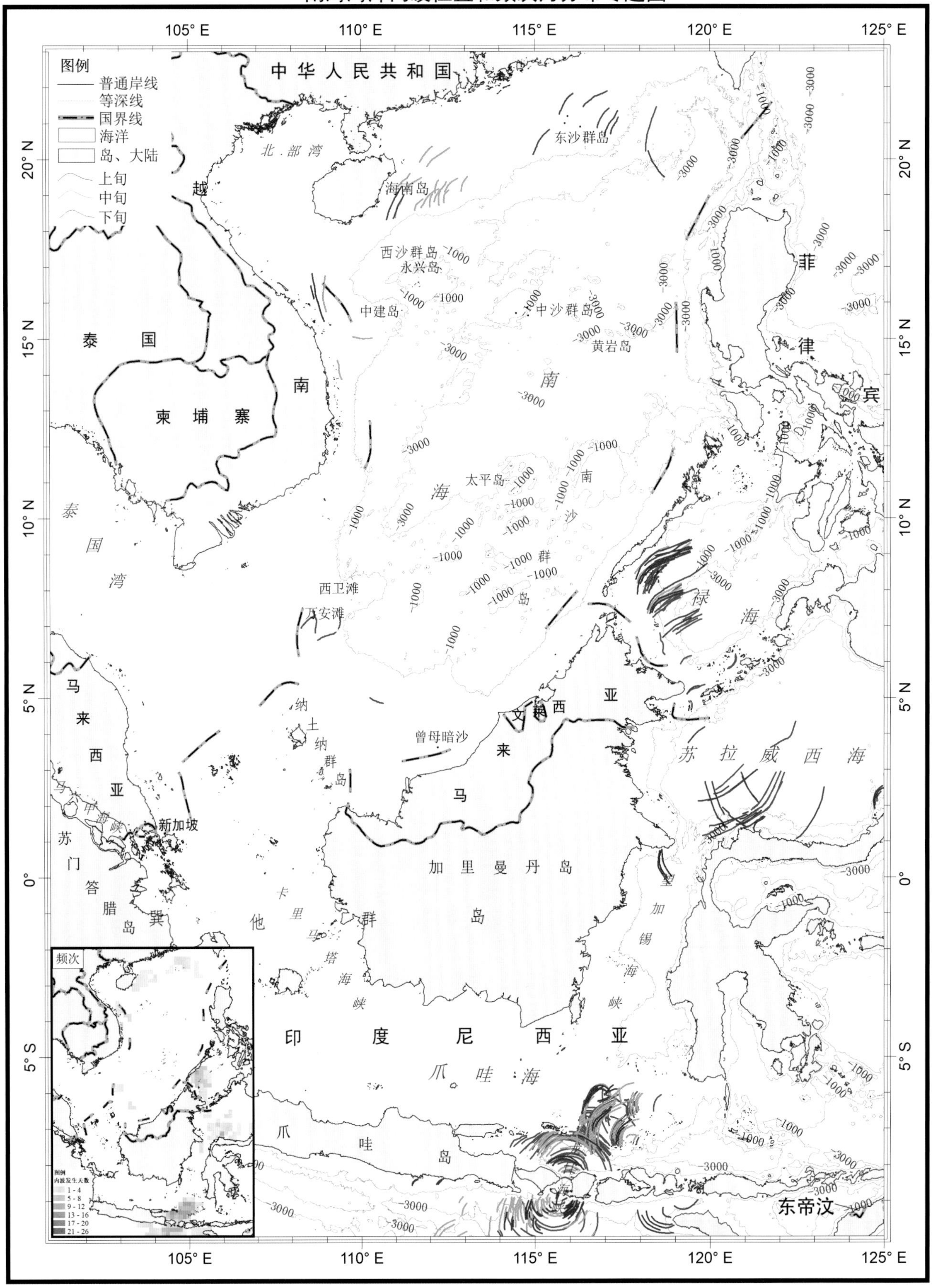

图例
普通岸线
等深线
国界线
海洋
岛、大陆
上旬
中旬
下旬

频次

调查数据源：MODIS、SAR数据
数据空间分辨率：250m
数据时间：2018年10月

比例尺：1:14 000 000
坐标系：CGCS2000
投影信息：墨卡托投影

高程基准：1985国家高程基准
制图单位：自然资源部第一海洋研究所
制图时间：2022年1月

南海海洋内波位置和频次月分布专题图

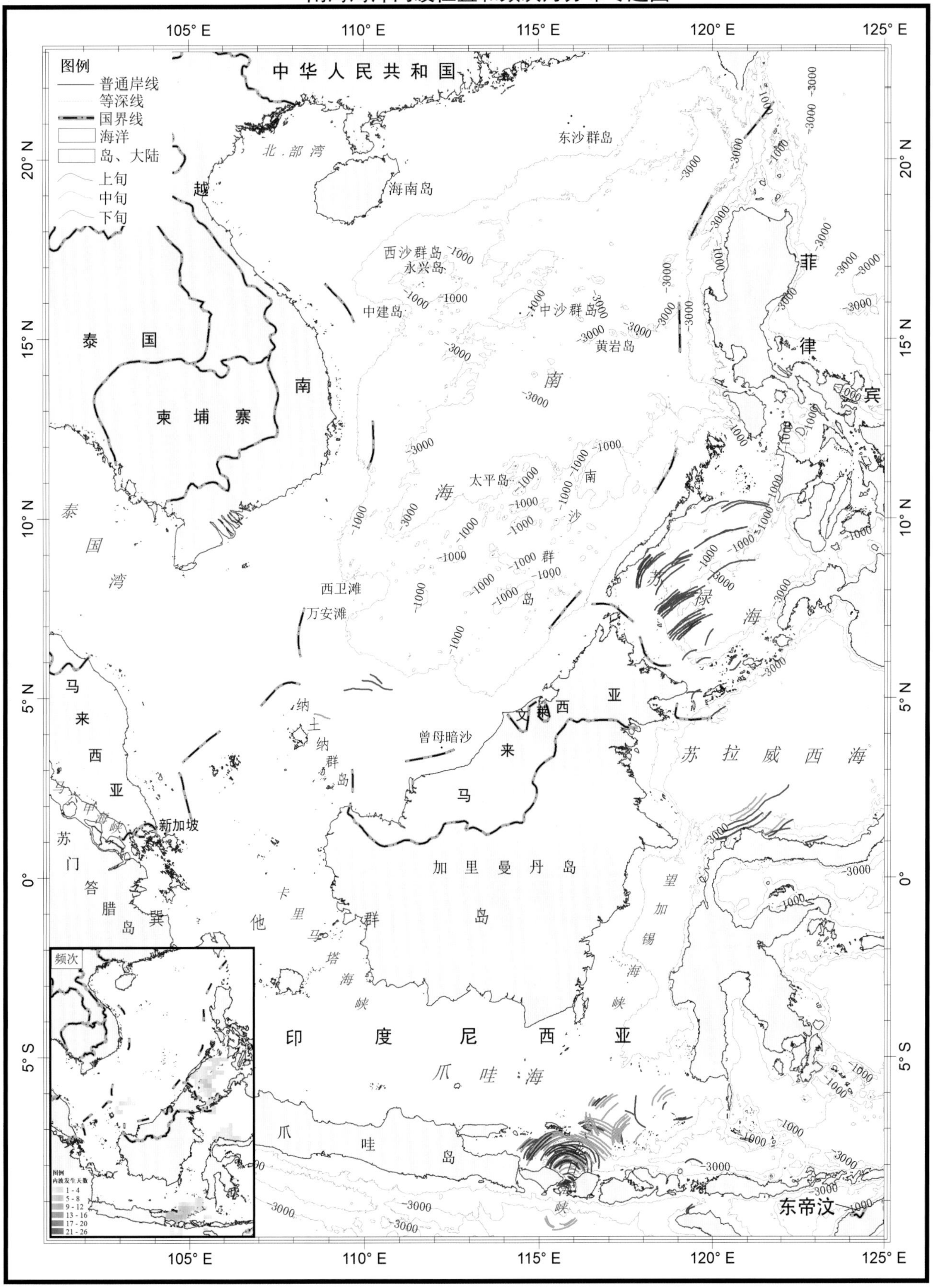

105° E　110° E　115° E　120° E　125° E

20° N　15° N　10° N　5° N　0°　5° S

图例
普通岸线
等深线
国界线
海洋
岛、大陆
上旬
中旬
下旬

中华人民共和国
北部湾
海南岛
东沙群岛
西沙群岛
永兴岛
中建岛
中沙群岛
黄岩岛
越
南
泰国
柬埔寨
泰国湾
南海
太平岛
南沙群岛
西卫滩
万安滩
纳土纳群岛
曾母暗沙
文莱
马来西亚
新加坡
马六甲海峡
苏门答腊岛
加里曼丹岛
卡里马塔海峡
望加锡海峡
苏拉威西海
苏禄海
菲律宾
印度尼西亚
爪哇海
爪哇岛
东帝汶
-1000
-3000

频次
图例
内波发生天数
1 - 4
5 - 8
9 - 12
13 - 16
17 - 20
21 - 26

调查数据源：MODIS、SAR数据
数据空间分辨率：250m
数据时间：2018年11月

比例尺：1:14 000 000
坐标系：CGCS2000
投影信息：墨卡托投影

高程基准：1985国家高程基准
制图单位：自然资源部第一海洋研究所
制图时间：2022年1月

南海海洋内波位置和频次月分布专题图

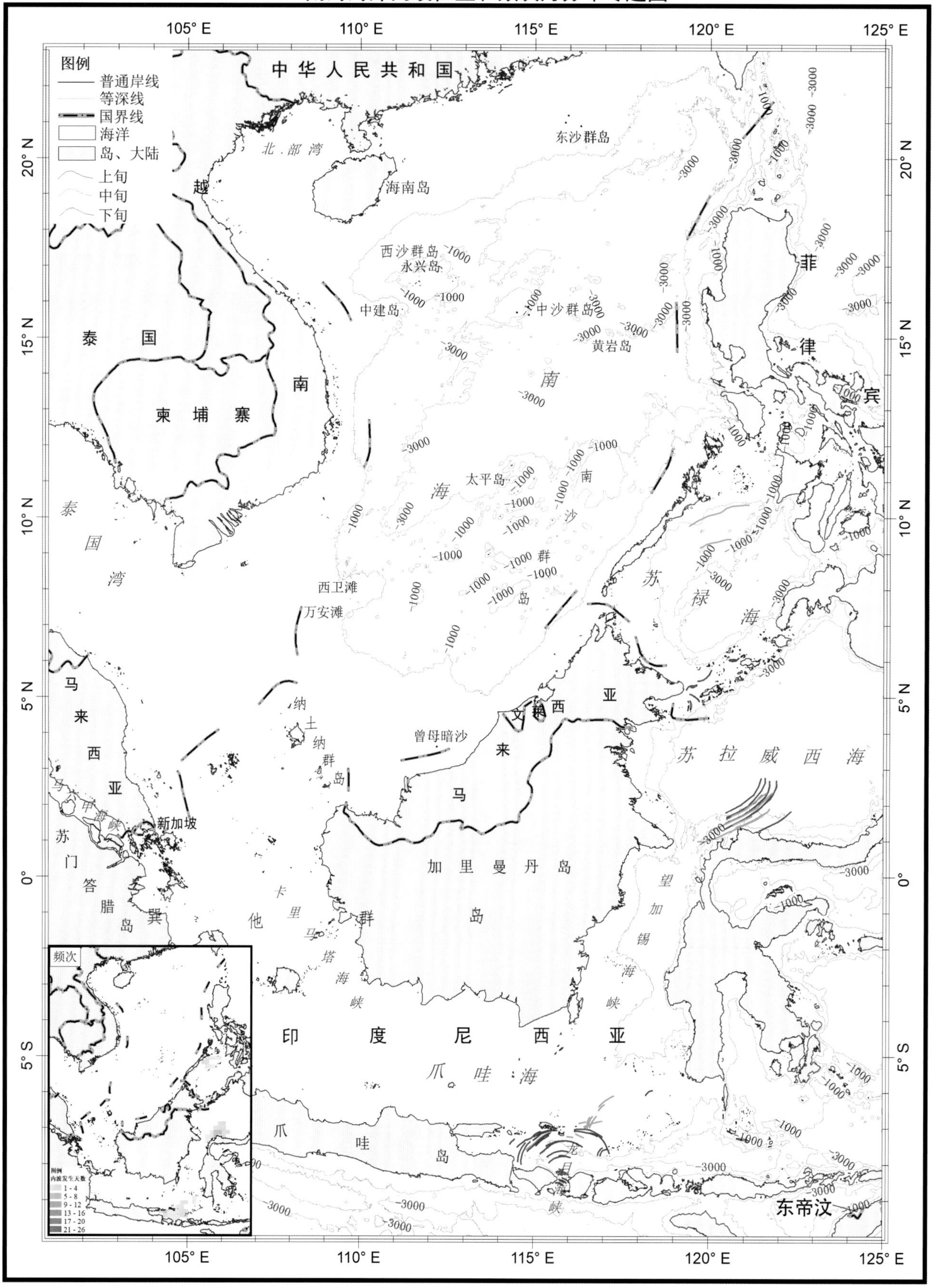

调查数据源：MODIS、SAR数据
数据空间分辨率：250m
数据时间：2018年12月

比例尺：1:14 000 000
坐标系：CGCS2000
投影信息：墨卡托投影

高程基准：1985国家高程基准
制图单位：自然资源部第一海洋研究所
制图时间：2022年1月

南海海洋内波位置和频次季分布专题图

图例
普通岸线
等深线
国界线
海洋
岛、大陆
3月
4月
5月

频次
图例
内波发生天数
1 - 4
5 - 10
11 - 17
18 - 28
29 - 39
40 - 57

调查数据源：MODIS、SAR数据
数据空间分辨率：250m
数据时间：2018年春季

比例尺：1:14 000 000
坐标系：CGCS2000
投影信息：墨卡托投影

高程基准：1985国家高程基准
制图单位：自然资源部第一海洋研究所
制图时间：2022年1月

南海海洋内波位置和频次季分布专题图

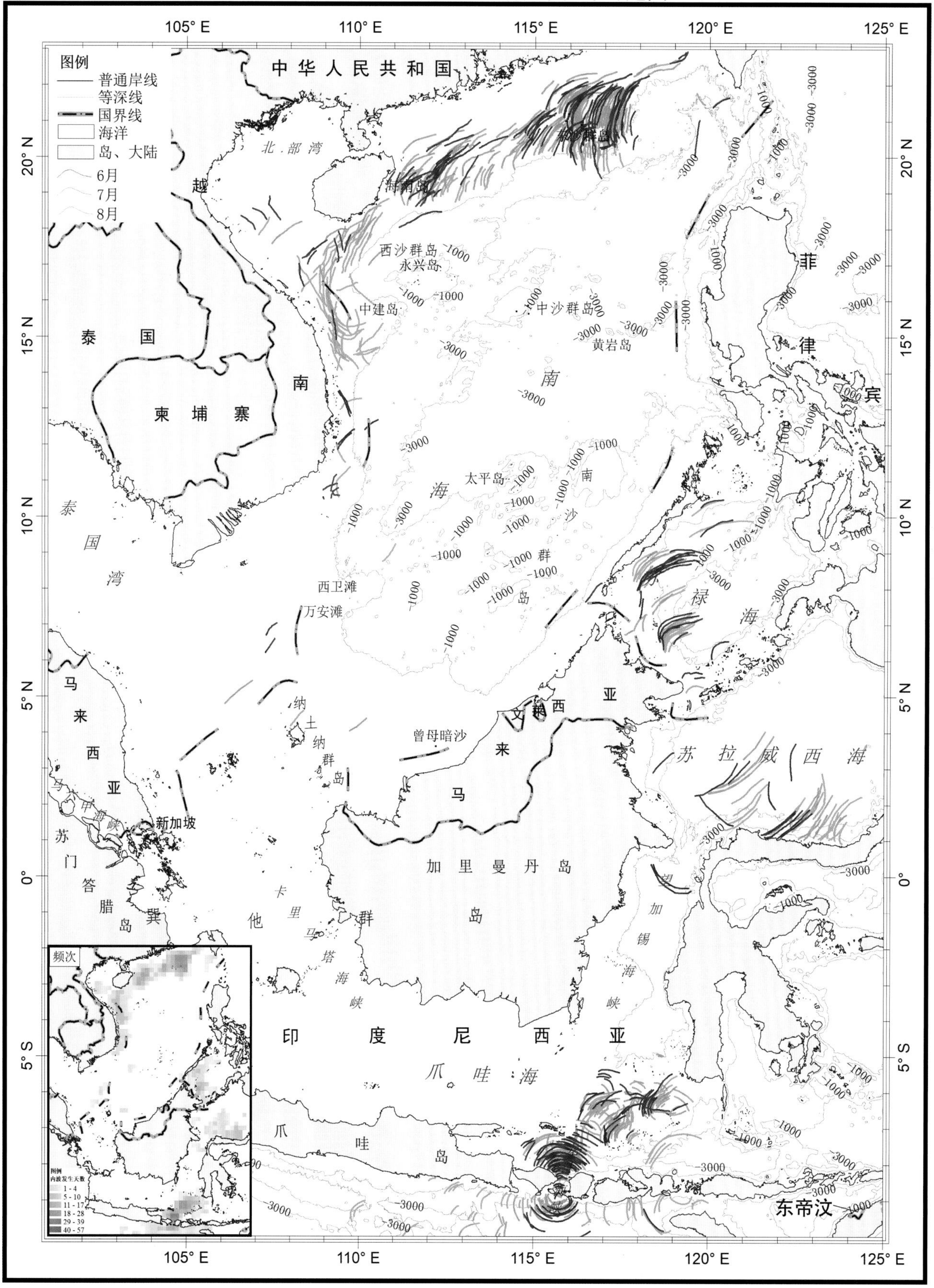

图例
- 普通岸线
- 等深线
- 国界线
- 海洋
- 岛、大陆
- 6月
- 7月
- 8月

频次

图例 内波发生天数：1 - 4；5 - 10；11 - 17；18 - 28；29 - 39；40 - 57

调查数据源：MODIS、SAR数据
数据空间分辨率：250m
数据时间：2018年夏季

比例尺：1:14 000 000
坐标系：CGCS2000
投影信息：墨卡托投影

高程基准：1985国家高程基准
制图单位：自然资源部第一海洋研究所
制图时间：2022年1月

南海海洋内波位置和频次季分布专题图

图例
普通岸线
等深线
国界线
海洋
岛、大陆
9月
10月
11月

频次
图例 内波发生天数
1 - 4
5 - 10
11 - 17
18 - 28
29 - 39
40 - 57

调查数据源：MODIS、SAR数据
数据空间分辨率：250m
数据时间：2018年秋季

比例尺：1:14 000 000
坐标系：CGCS2000
投影信息：墨卡托投影

高程基准：1985国家高程基准
制图单位：自然资源部第一海洋研究所
制图时间：2022年1月

南海海洋内波位置和频次季分布专题图

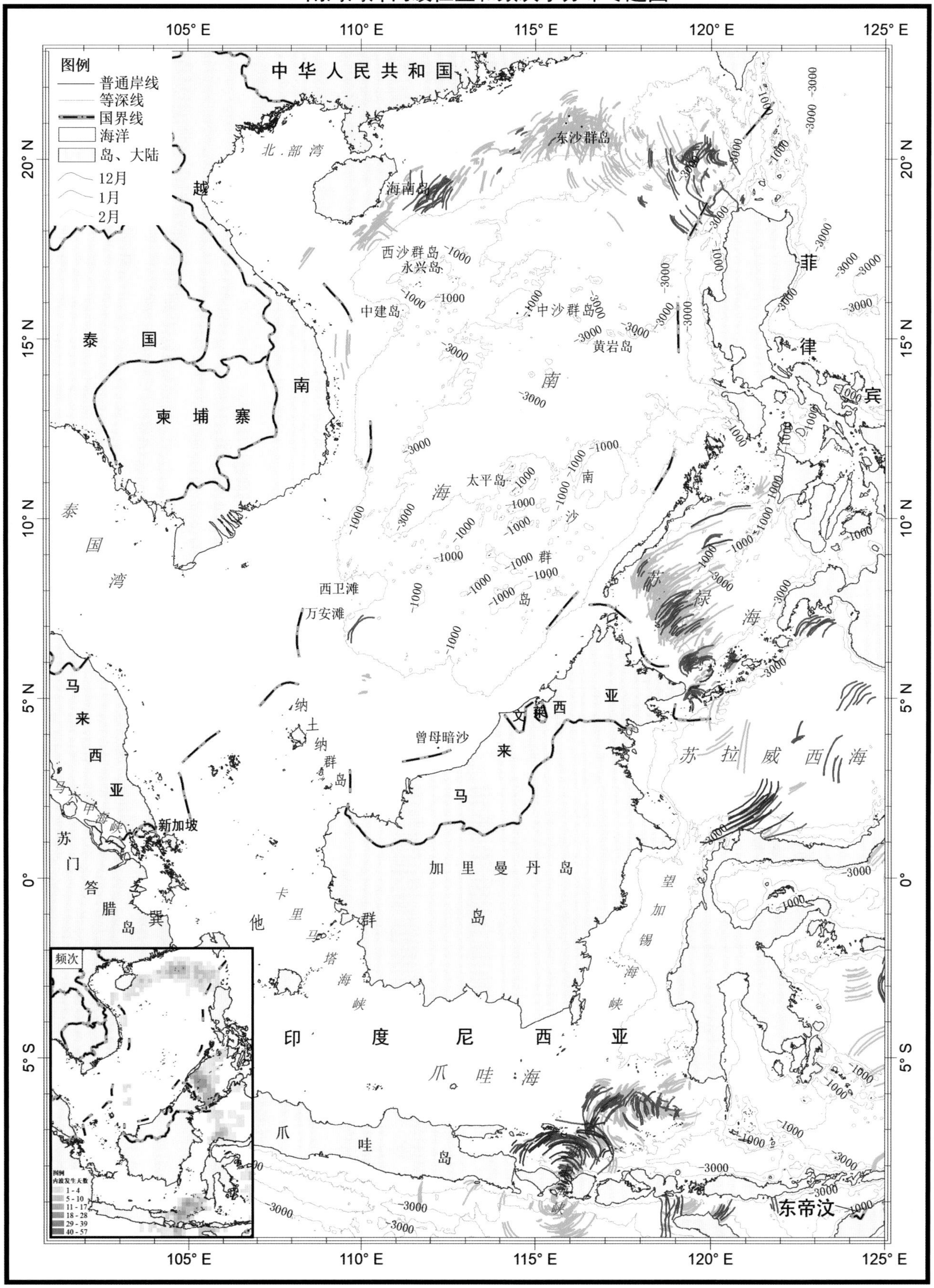

105° E
110° E
115° E
120° E
125° E
20° N
15° N
10° N
5° N
0°
5° S
图例
普通岸线
等深线
国界线
海洋
岛、大陆
12月
1月
2月
中华人民共和国
北部湾
越
海南岛
东沙群岛
西沙群岛
永兴岛
中建岛
中沙群岛
黄岩岛
泰国
柬埔寨
南
南海
太平岛
南沙群岛
菲律宾
泰国湾
西卫滩
万安滩
苏禄海
马来西亚
纳土纳群岛
曾母暗沙
文莱
新加坡
马六甲海峡
苏门答腊岛
苏拉威西海
加里曼丹岛
卡里马塔海峡
他
群
岛
望加锡海峡
印度尼西亚
爪哇海
爪哇岛
东帝汶
-1000
-3000
频次
图例
内波发生天数
1 - 4
5 - 10
11 - 17
18 - 28
29 - 39
40 - 57

调查数据源：MODIS、SAR数据
数据空间分辨率：250m
数据时间：2018年冬季

比例尺：1:14 000 000
坐标系：CGCS2000
投影信息：墨卡托投影

高程基准：1985国家高程基准
制图单位：自然资源部第一海洋研究所
制图时间：2022年1月

6

南海海洋内波位置和频次半年分布专题图

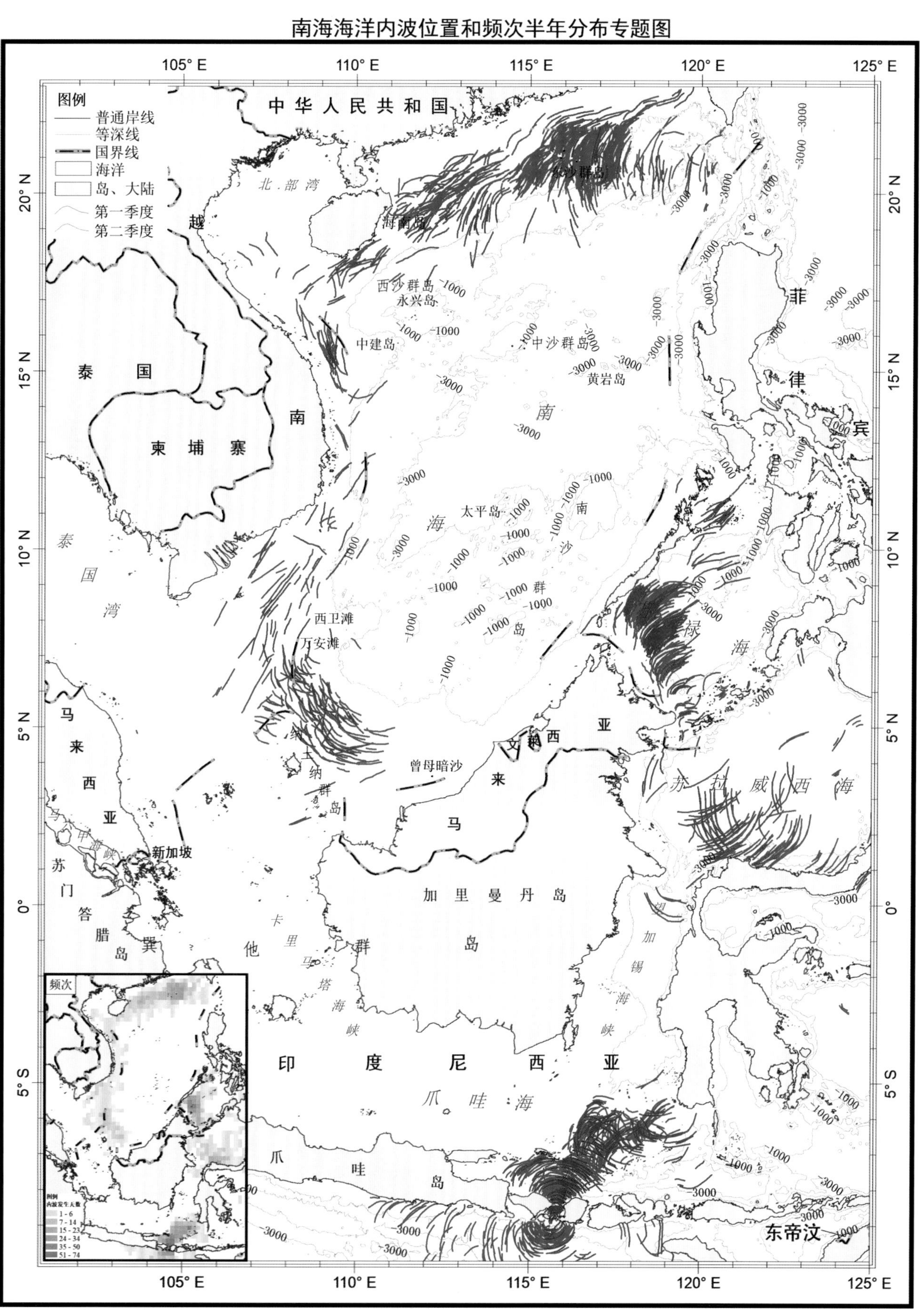

调查数据源：MODIS、SAR数据
数据空间分辨率：250m
数据时间：2018年上半年

比例尺：1:14 000 000
坐标系：CGCS2000
投影信息：墨卡托投影

高程基准：1985国家高程基准
制图单位：自然资源部第一海洋研究所
制图时间：2022年1月

南海海洋内波位置和频次半年分布专题图

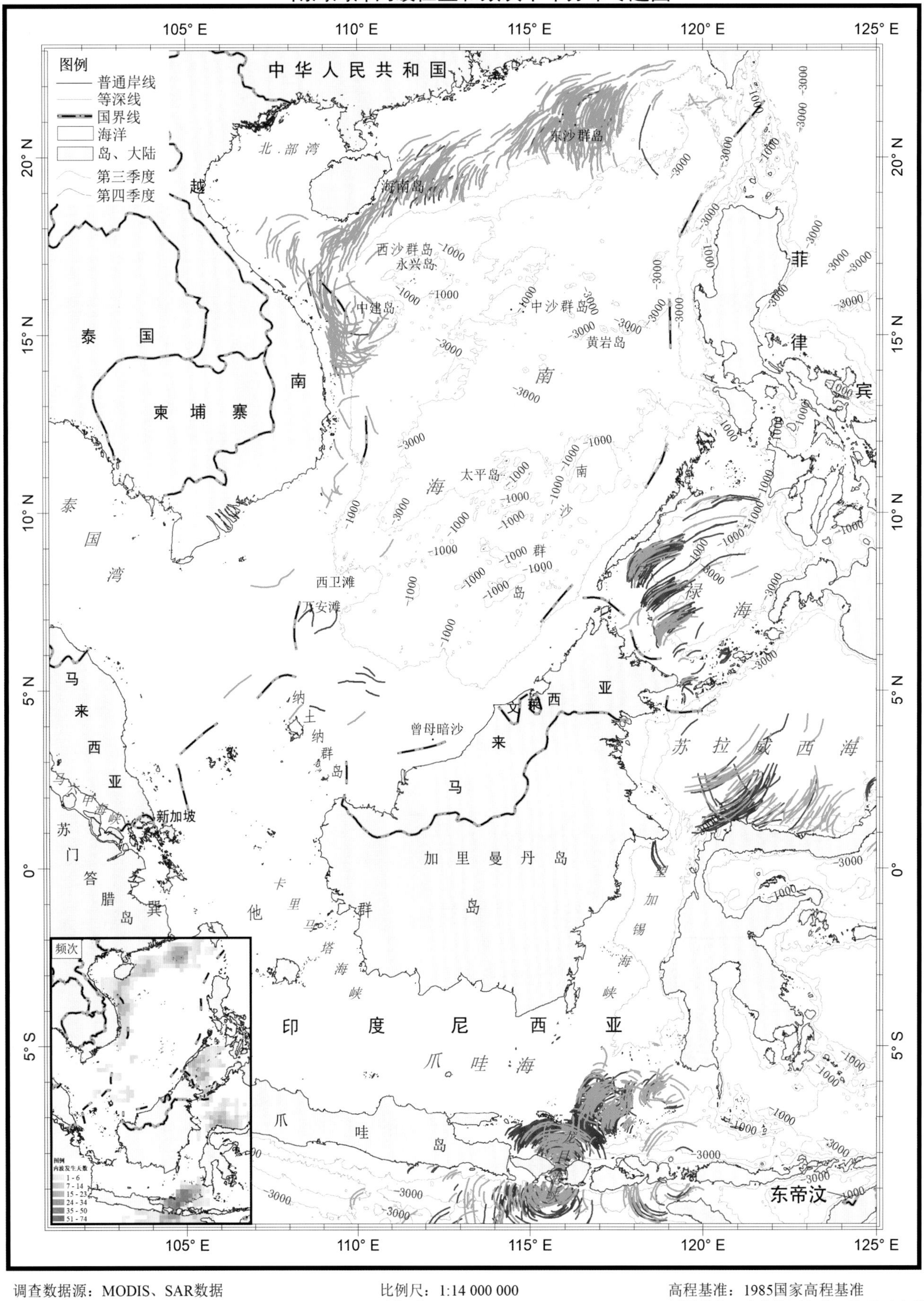

调查数据源：MODIS、SAR数据
数据空间分辨率：250m
数据时间：2018年下半年

比例尺：1:14 000 000
坐标系：CGCS2000
投影信息：墨卡托投影

高程基准：1985国家高程基准
制图单位：自然资源部第一海洋研究所
制图时间：2022年1月

南海海洋内波位置和频次年分布专题图

图例
普通岸线
等深线
国界线
海洋
岛、大陆
上半年
下半年

频次

图例
内波发生大数
1 - 6
7 - 14
15 - 23
24 - 34
35 - 50
51 - 74

调查数据源：MODIS、SAR数据　　比例尺：1:14 000 000　　高程基准：1985国家高程基准
数据空间分辨率：250m　　坐标系：CGCS2000　　制图单位：自然资源部第一海洋研究所
数据时间：2018年全年　　投影信息：墨卡托投影　　制图时间：2022年1月

6.10 南海内孤立波 2019 年分布图

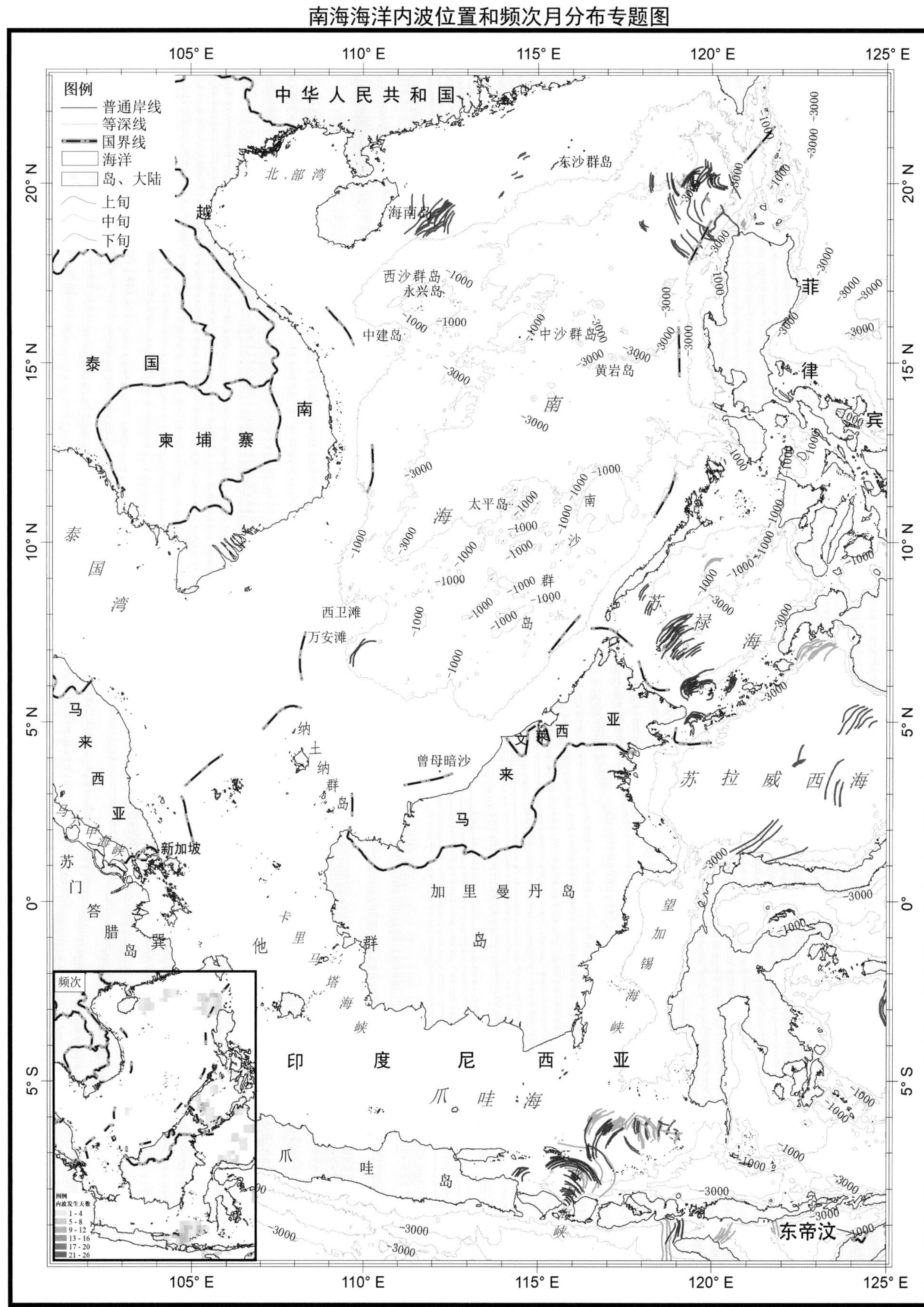

调查数据源：MODIS、SAR数据
数据空间分辨率：250m
数据时间：2019年1月

比例尺：1:14 000 000
坐标系：CGCS2000
投影信息：墨卡托投影

高程基准：1985国家高程基准
制图单位：自然资源部第一海洋研究所
制图时间：2022年1月

南海海洋内波位置和频次月分布专题图

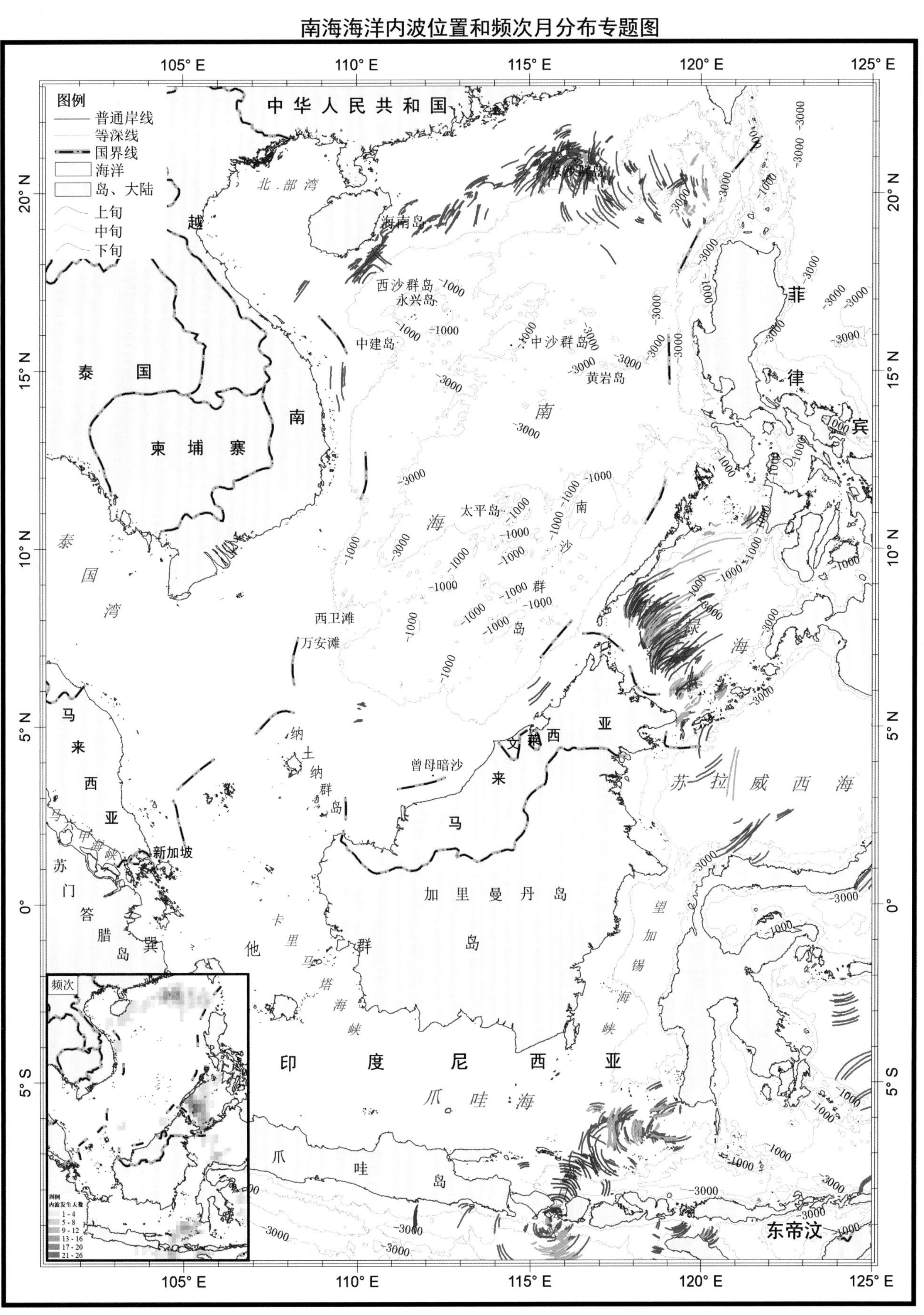

调查数据源：MODIS、SAR数据
数据空间分辨率：250m
数据时间：2019年2月

比例尺：1:14 000 000
坐标系：CGCS2000
投影信息：墨卡托投影

高程基准：1985国家高程基准
制图单位：自然资源部第一海洋研究所
制图时间：2022年1月

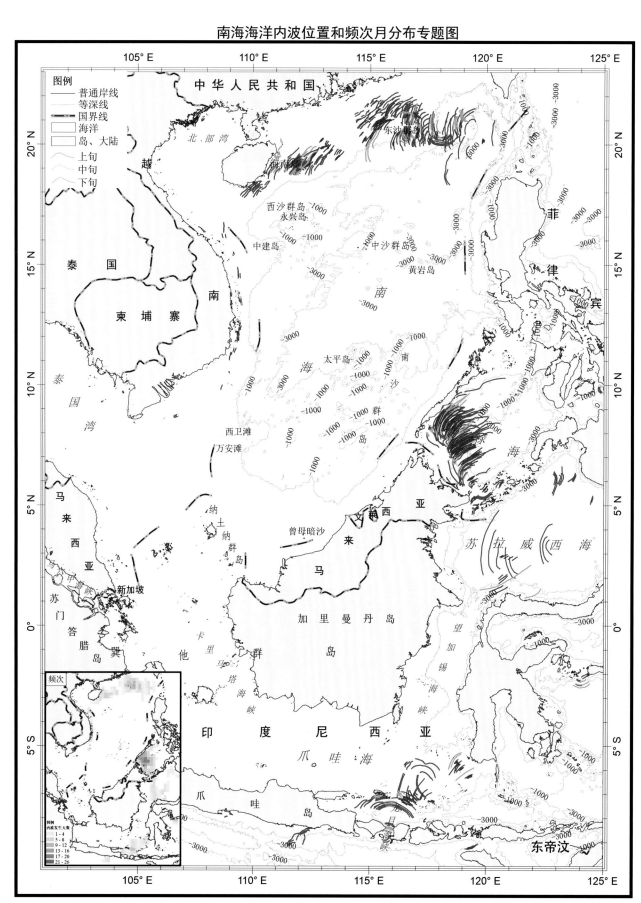

南海海洋内波位置和频次月分布专题图

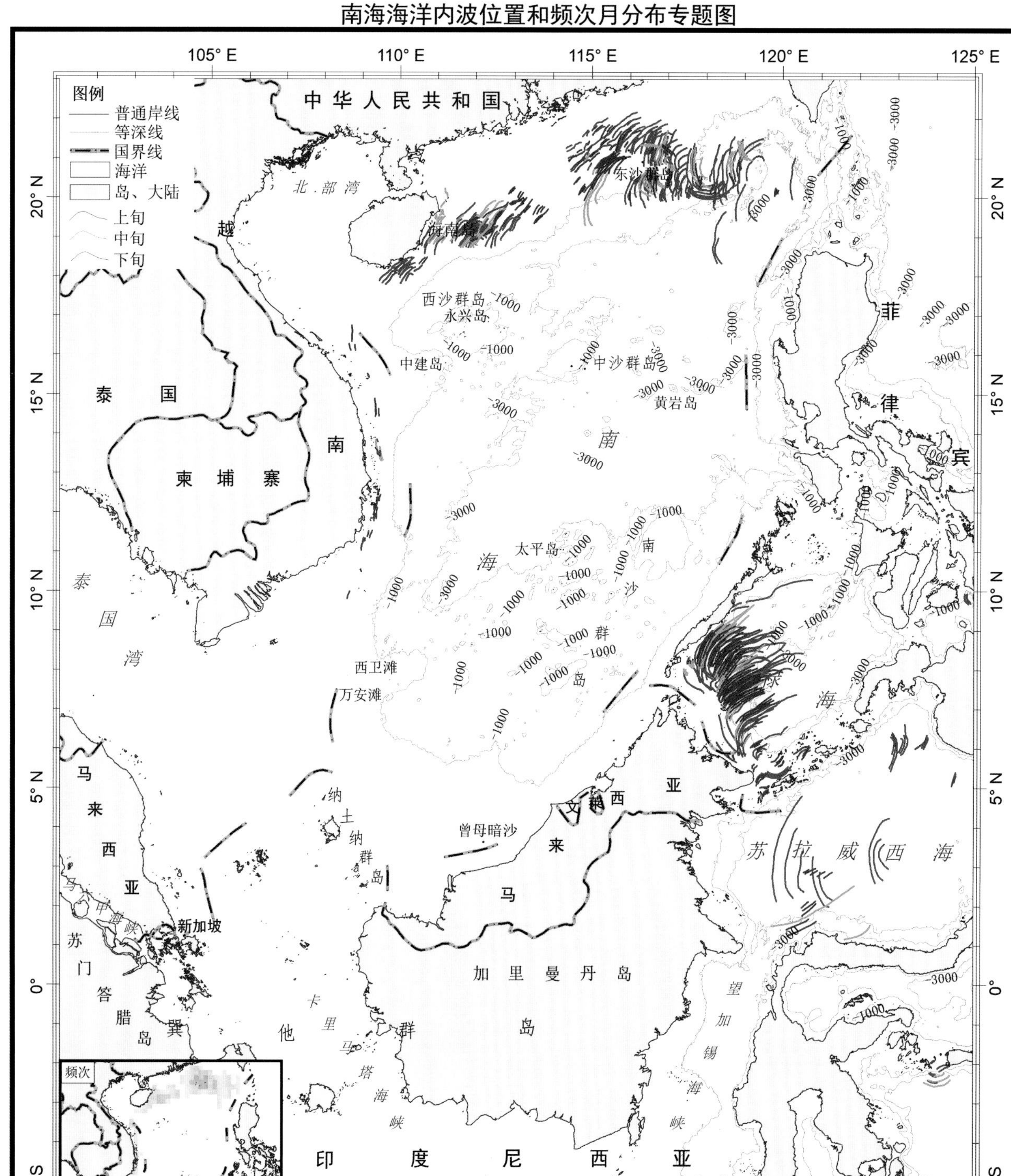

调查数据源：MODIS、SAR数据
数据空间分辨率：250m
数据时间：2019年3月

比例尺：1:14 000 000
坐标系：CGCS2000
投影信息：墨卡托投影

高程基准：1985国家高程基准
制图单位：自然资源部第一海洋研究所
制图时间：2022年1月

南海海洋内波位置和频次月分布专题图

图例
普通岸线
等深线
国界线
海洋
岛、大陆
上旬
中旬
下旬

频次
图例
内波发生天数
1 - 4
5 - 8
9 - 12
13 - 16
17 - 20
21 - 26

调查数据源：MODIS、SAR数据　　比例尺：1:14 000 000　　高程基准：1985国家高程基准
数据空间分辨率：250m　　坐标系：CGCS2000　　制图单位：自然资源部第一海洋研究所
数据时间：2019年4月　　投影信息：墨卡托投影　　制图时间：2022年1月

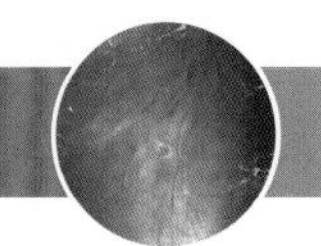

南海海洋内波位置和频次月分布专题图

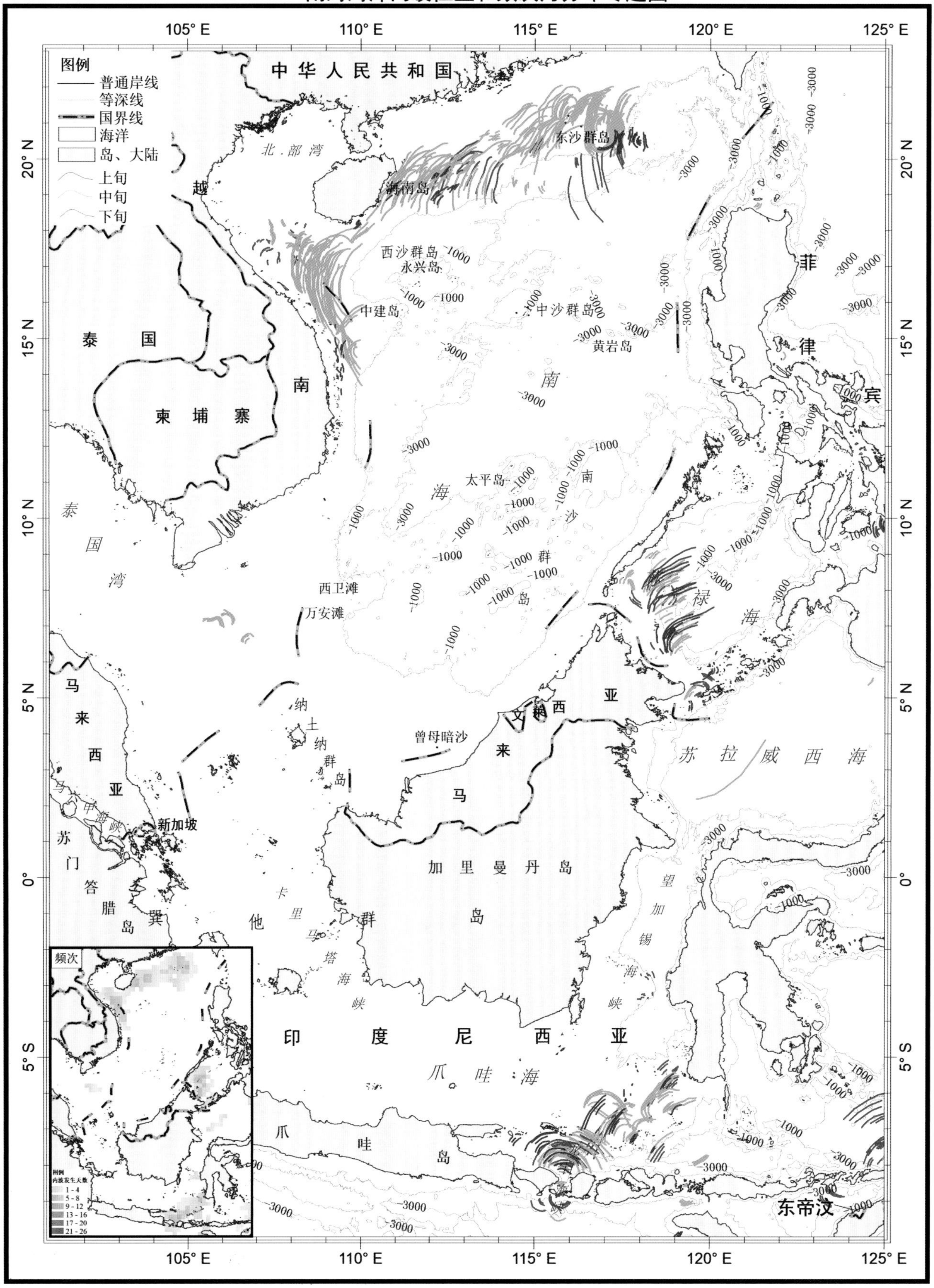

图例
普通岸线
等深线
国界线
海洋
岛、大陆
上旬
中旬
下旬

频次
图例
内波发生天数
1 - 4
5 - 8
9 - 12
13 - 16
17 - 20
21 - 26

调查数据源：MODIS、SAR数据
数据空间分辨率：250m
数据时间：2019年5月

比例尺：1:14 000 000
坐标系：CGCS2000
投影信息：墨卡托投影

高程基准：1985国家高程基准
制图单位：自然资源部第一海洋研究所
制图时间：2022年1月

南海海洋内波位置和频次月分布专题图

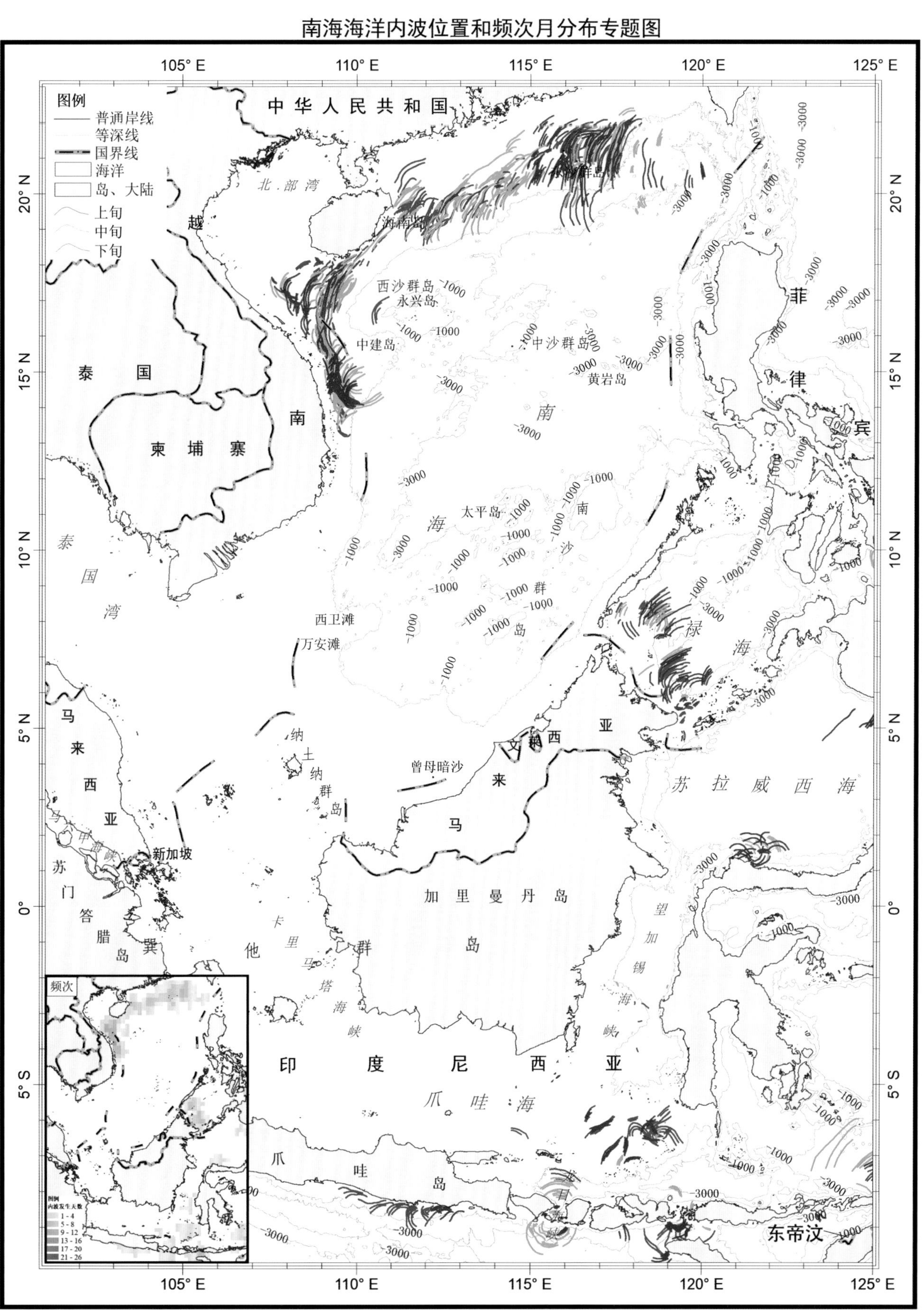

调查数据源：MODIS、SAR数据
数据空间分辨率：250m
数据时间：2019年6月

比例尺：1:14 000 000
坐标系：CGCS2000
投影信息：墨卡托投影

高程基准：1985国家高程基准
制图单位：自然资源部第一海洋研究所
制图时间：2022年1月

南海海洋内波位置和频次月分布专题图

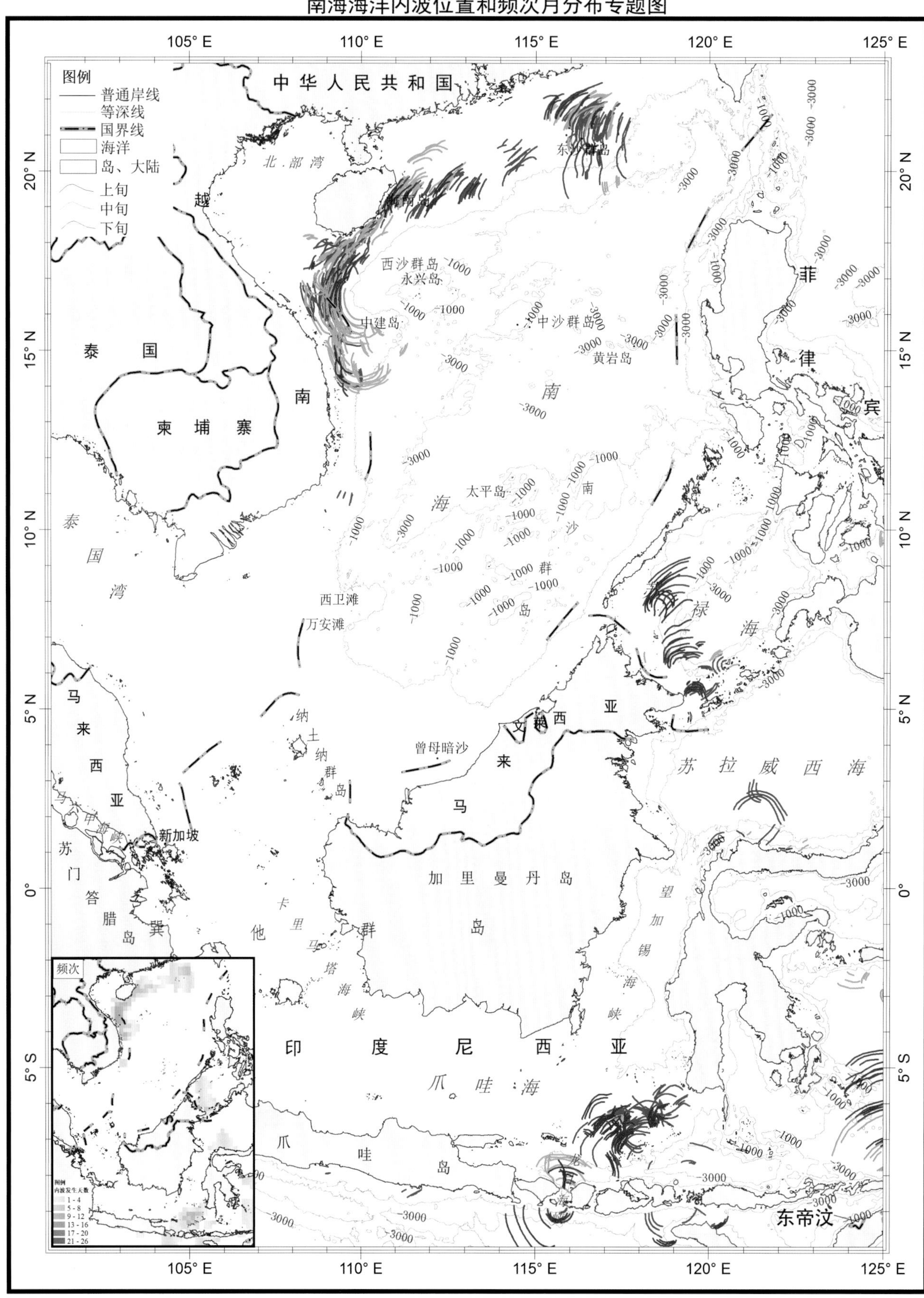

调查数据源：MODIS、SAR数据
数据空间分辨率：250m
数据时间：2019年7月

比例尺：1:14 000 000
坐标系：CGCS2000
投影信息：墨卡托投影

高程基准：1985国家高程基准
制图单位：自然资源部第一海洋研究所
制图时间：2022年1月

南海海洋内波位置和频次月分布专题图

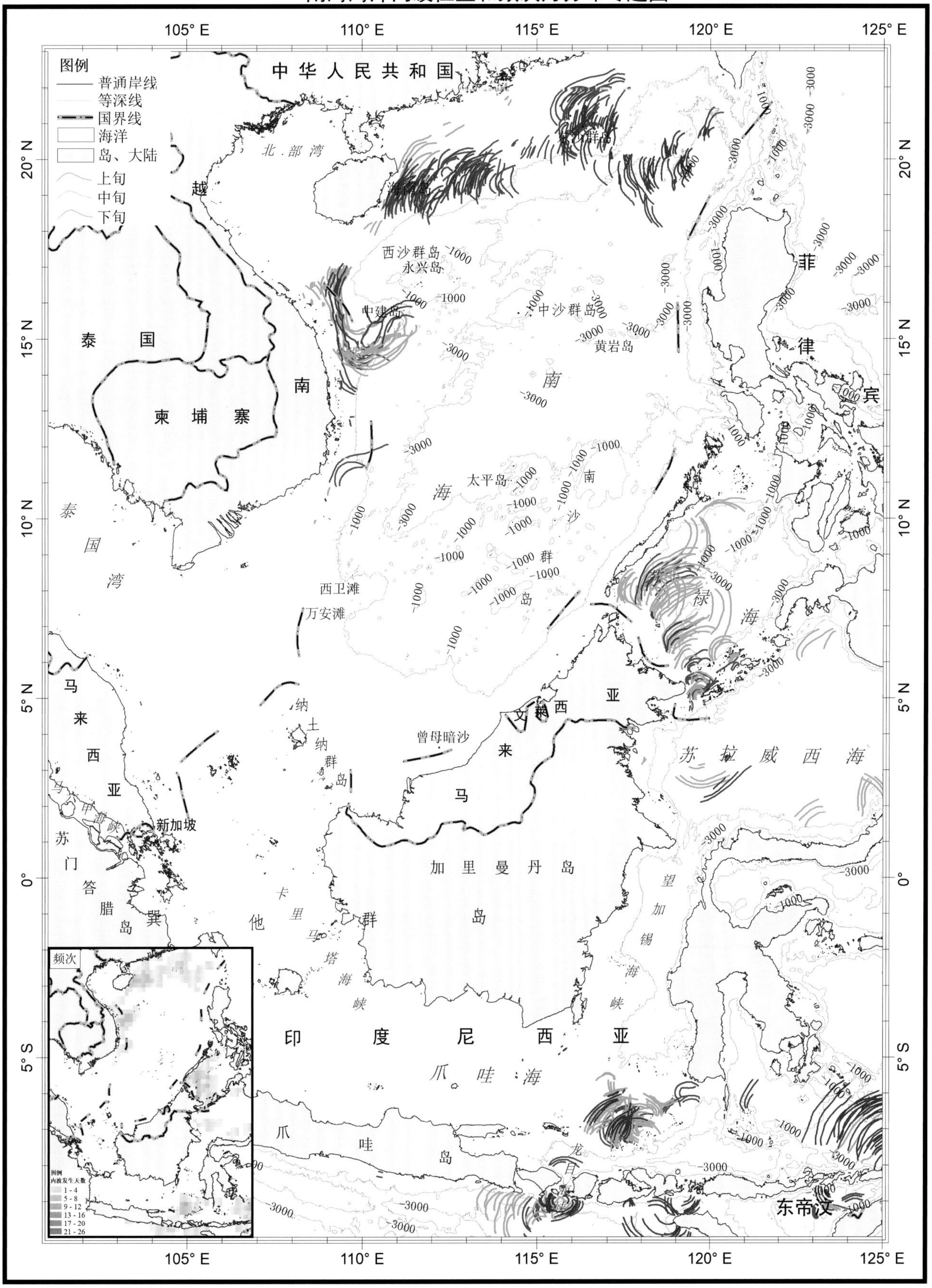

调查数据源：MODIS、SAR数据
数据空间分辨率：250m
数据时间：2019年8月

比例尺：1:14 000 000
坐标系：CGCS2000
投影信息：墨卡托投影

高程基准：1985国家高程基准
制图单位：自然资源部第一海洋研究所
制图时间：2022年1月

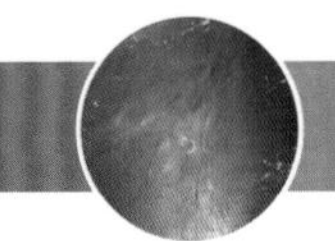

南海海洋内波位置和频次月分布专题图

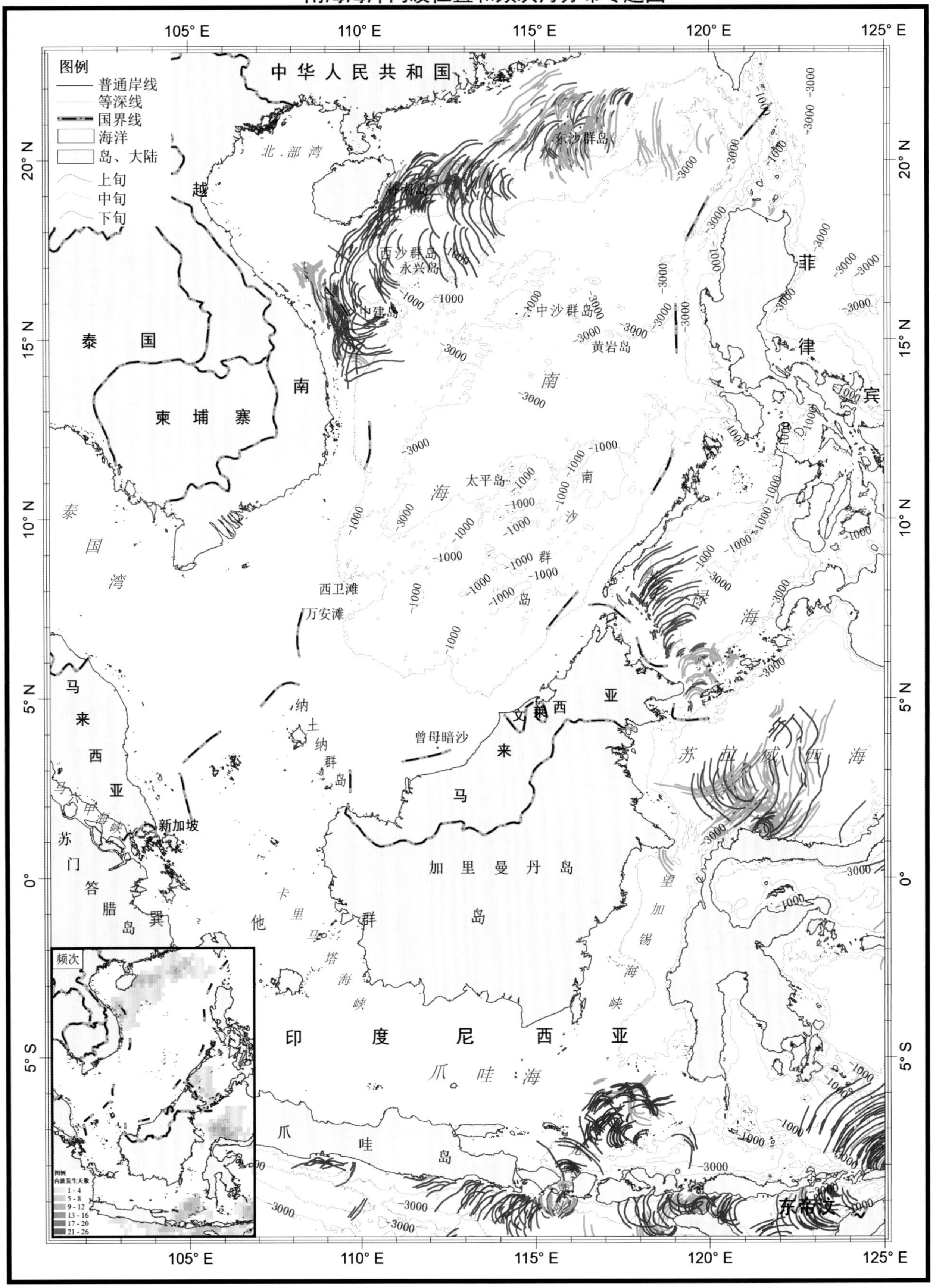

图例
普通岸线
等深线
国界线
海洋
岛、大陆
上旬
中旬
下旬

频次

图例
内波发生天数
1 - 4
5 - 8
9 - 12
13 - 16
17 - 20
21 - 26

调查数据源：MODIS、SAR数据
数据空间分辨率：250m
数据时间：2019年9月

比例尺：1:14 000 000
坐标系：CGCS2000
投影信息：墨卡托投影

高程基准：1985国家高程基准
制图单位：自然资源部第一海洋研究所
制图时间：2022年1月

南海海洋内波位置和频次月分布专题图

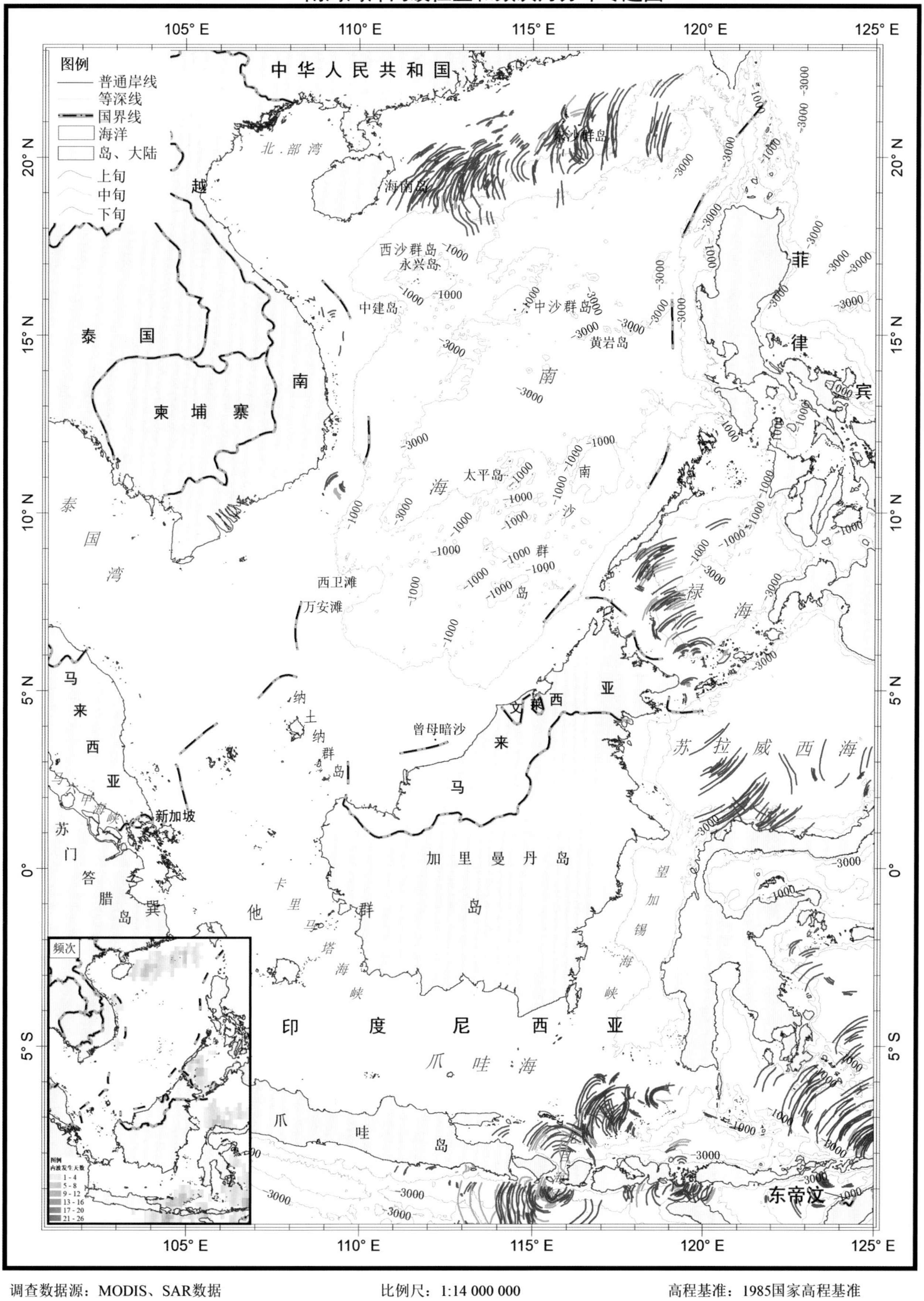

105° E　110° E　115° E　120° E　125° E

图例
普通岸线
等深线
国界线
海洋
岛、大陆
上旬
中旬
下旬

中华人民共和国
北部湾
海南岛
东沙群岛
越
西沙群岛
永兴岛
中建岛
中沙群岛
黄岩岛
泰国
柬埔寨
南
菲
律
宾
南
海
太平岛
南
沙
群
岛
泰
国
湾
西卫滩
万安滩
苏禄海
马
来
西
亚
纳
土
纳
群
岛
文莱
西　亚
曾母暗沙
来
马
苏拉威西海
新加坡
马六甲海峡
苏
门
答
腊
岛
加里曼丹岛
群　岛
望
加
锡
海
峡
卡
里
马
塔
海
峡
印　度　尼　西　亚
爪　哇　海
爪
哇
岛
东帝汶

频次
图例
内波发生天数
1 - 4
5 - 8
9 - 12
13 - 16
17 - 20
21 - 26

20° N　15° N　10° N　5° N　0°　5° S

-1000　-3000

调查数据源：MODIS、SAR数据
数据空间分辨率：250m
数据时间：2019年10月

比例尺：1:14 000 000
坐标系：CGCS2000
投影信息：墨卡托投影

高程基准：1985国家高程基准
制图单位：自然资源部第一海洋研究所
制图时间：2022年1月

南海海洋内波位置和频次月分布专题图

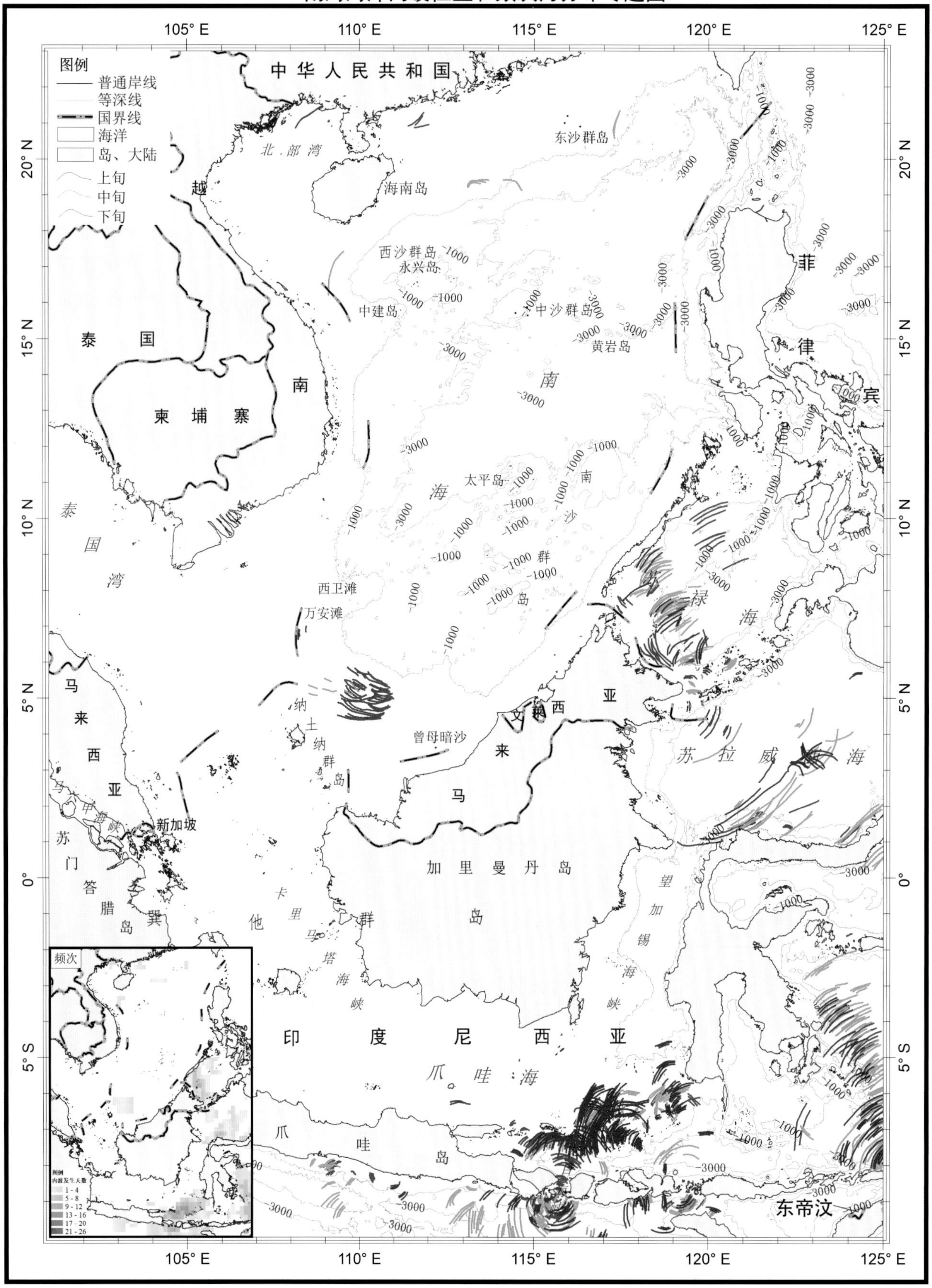

105° E 110° E 115° E 120° E 125° E

20° N 15° N 10° N 5° N 0° 5° S

图例
普通岸线
等深线
国界线
海洋
岛、大陆
上旬
中旬
下旬

中华人民共和国
北部湾
海南岛
东沙群岛
越
西沙群岛
永兴岛
中建岛
中沙群岛
黄岩岛
菲律宾
泰国
柬埔寨
南海
泰国湾
太平岛
南沙群岛
西卫滩
万安滩
马来西亚
纳土纳群岛
曾母暗沙
文莱
马来
苏禄海
苏拉威海
马六甲海峡
新加坡
苏门答腊岛
加里曼丹岛
卡里马塔海峡
望加锡海峡
印度尼西亚
爪哇海
爪哇岛
东帝汶
-1000
-3000

频次
图例
内波发生天数
1 - 4
5 - 8
9 - 12
13 - 16
17 - 20
21 - 26

调查数据源：MODIS、SAR数据
数据空间分辨率：250m
数据时间：2019年11月

比例尺：1:14 000 000
坐标系：CGCS2000
投影信息：墨卡托投影

高程基准：1985国家高程基准
制图单位：自然资源部第一海洋研究所
制图时间：2022年1月

6

南海海洋内波位置和频次月分布专题图

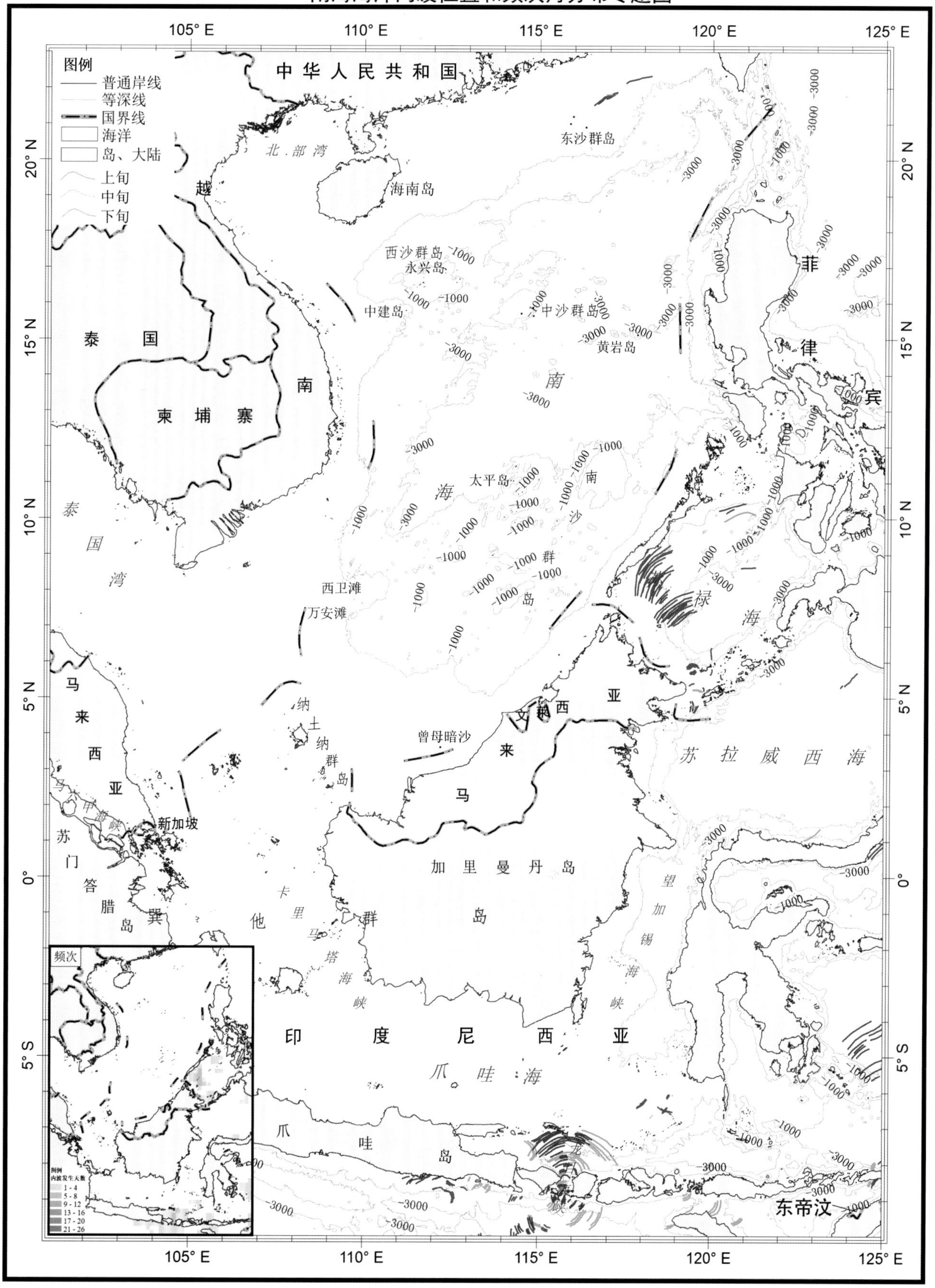

调查数据源：MODIS、SAR数据
数据空间分辨率：250m
数据时间：2019年12月

比例尺：1:14 000 000
坐标系：CGCS2000
投影信息：墨卡托投影

高程基准：1985国家高程基准
制图单位：自然资源部第一海洋研究所
制图时间：2022年1月

南海海洋内波位置和频次季分布专题图

105° E 110° E 115° E 120° E 125° E

20° N 15° N 10° N 5° N 0° 5° S

图例
普通岸线
等深线
国界线
海洋
岛、大陆
3月
4月
5月

中华人民共和国
北部湾
海南岛
东沙群岛
越
西沙群岛
永兴岛
中建岛
中沙群岛
黄岩岛
泰国
柬埔寨
南
南
海
菲
律
宾
太平岛
南沙群岛
泰国湾
西卫滩
万安滩
马来西亚
纳土纳群岛
曾母暗沙
文莱
马来西亚
苏拉威西海
苏禄海
新加坡
马六甲海峡
苏门答腊岛
加里曼丹岛
卡里马塔海峡
望加锡海峡
印度尼西亚
爪哇海
爪哇岛
东帝汶

频次
图例
内波发生天数
1 - 4
5 - 10
11 - 17
18 - 28
29 - 39
40 - 57

调查数据源：MODIS、SAR数据
数据空间分辨率：250m
数据时间：2019年春季

比例尺：1:14 000 000
坐标系：CGCS2000
投影信息：墨卡托投影

高程基准：1985国家高程基准
制图单位：自然资源部第一海洋研究所
制图时间：2022年1月

南海海洋内波位置和频次季分布专题图

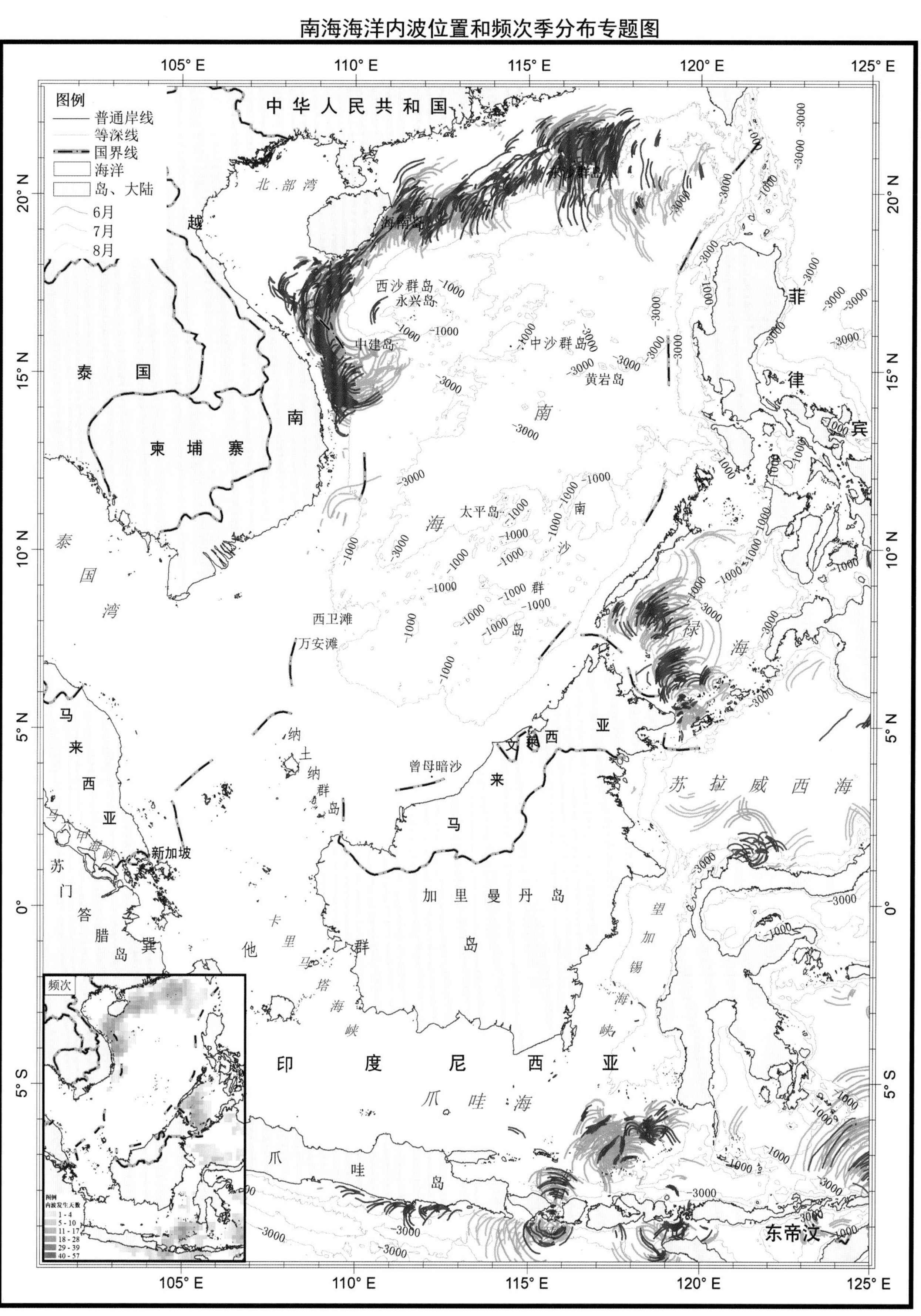

调查数据源：MODIS、SAR数据　　比例尺：1:14 000 000　　高程基准：1985国家高程基准

数据空间分辨率：250m　　坐标系：CGCS2000　　制图单位：自然资源部第一海洋研究所

数据时间：2019年夏季　　投影信息：墨卡托投影　　制图时间：2022年1月

南海海洋内波位置和频次季分布专题图

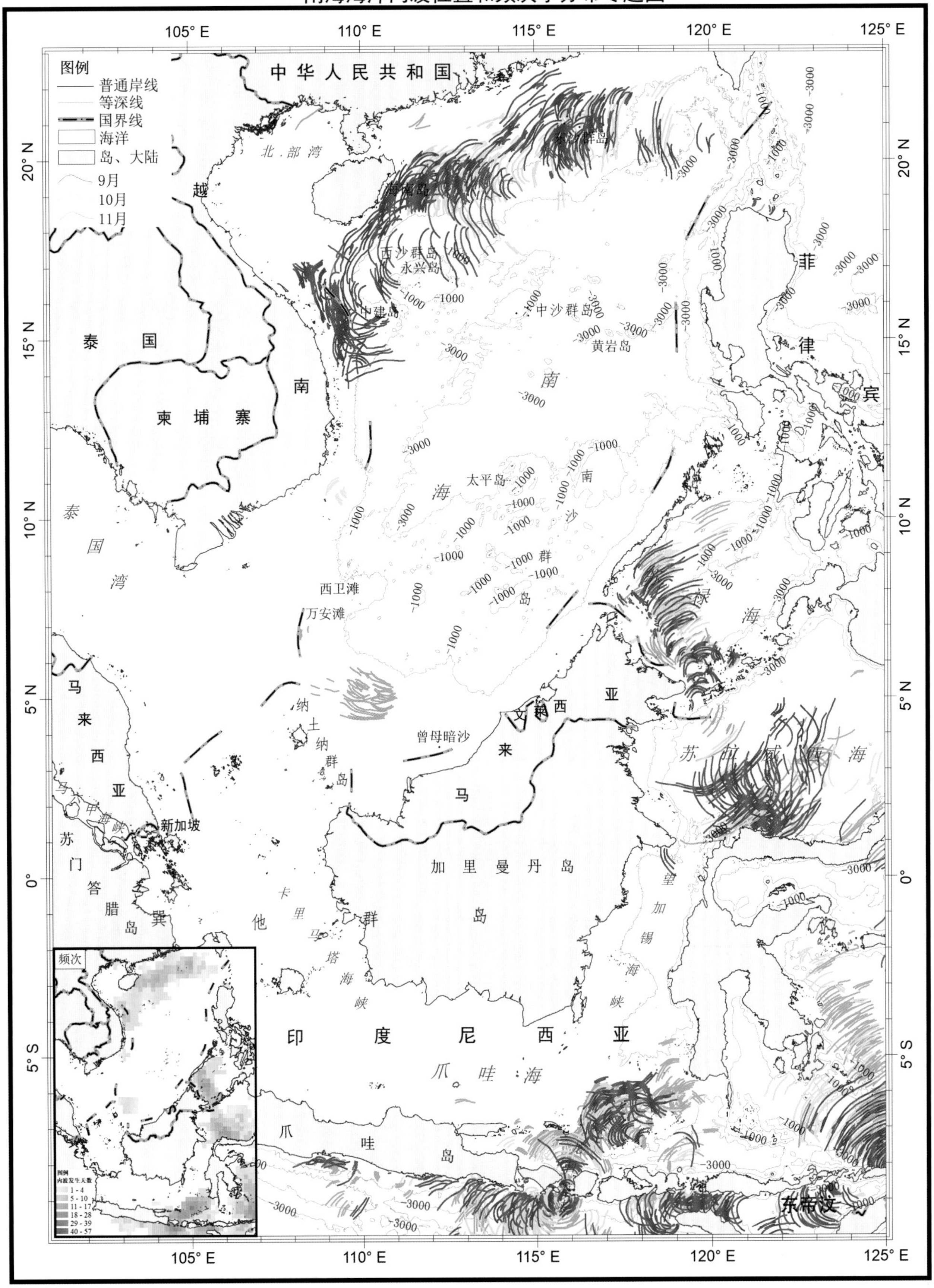

图例
普通岸线
等深线
国界线
海洋
岛、大陆
9月
10月
11月

频次

调查数据源：MODIS、SAR数据
数据空间分辨率：250m
数据时间：2019年秋季

比例尺：1:14 000 000
坐标系：CGCS2000
投影信息：墨卡托投影

高程基准：1985国家高程基准
制图单位：自然资源部第一海洋研究所
制图时间：2022年1月

南海海洋内波位置和频次季分布专题图

调查数据源：MODIS、SAR数据　　比例尺：1:14 000 000　　高程基准：1985国家高程基准

数据空间分辨率：250m　　坐标系：CGCS2000　　制图单位：自然资源部第一海洋研究所

数据时间：2019年冬季　　投影信息：墨卡托投影　　制图时间：2022年1月

南海海洋内波位置和频次半年分布专题图

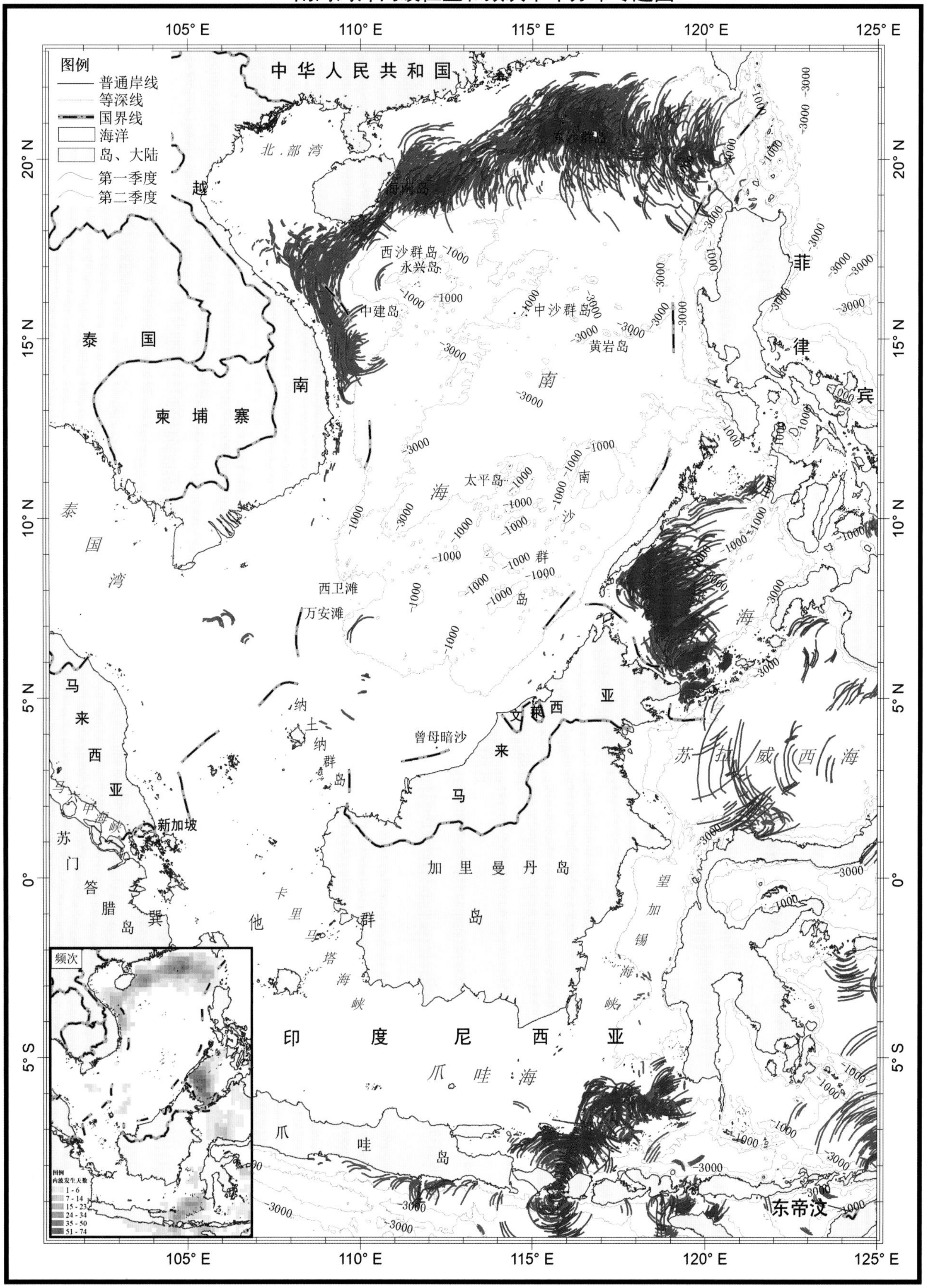

调查数据源：MODIS、SAR数据
数据空间分辨率：250m
数据时间：2019年上半年

比例尺：1:14 000 000
坐标系：CGCS2000
投影信息：墨卡托投影

高程基准：1985国家高程基准
制图单位：自然资源部第一海洋研究所
制图时间：2022年1月

南海海洋内波位置和频次半年分布专题图

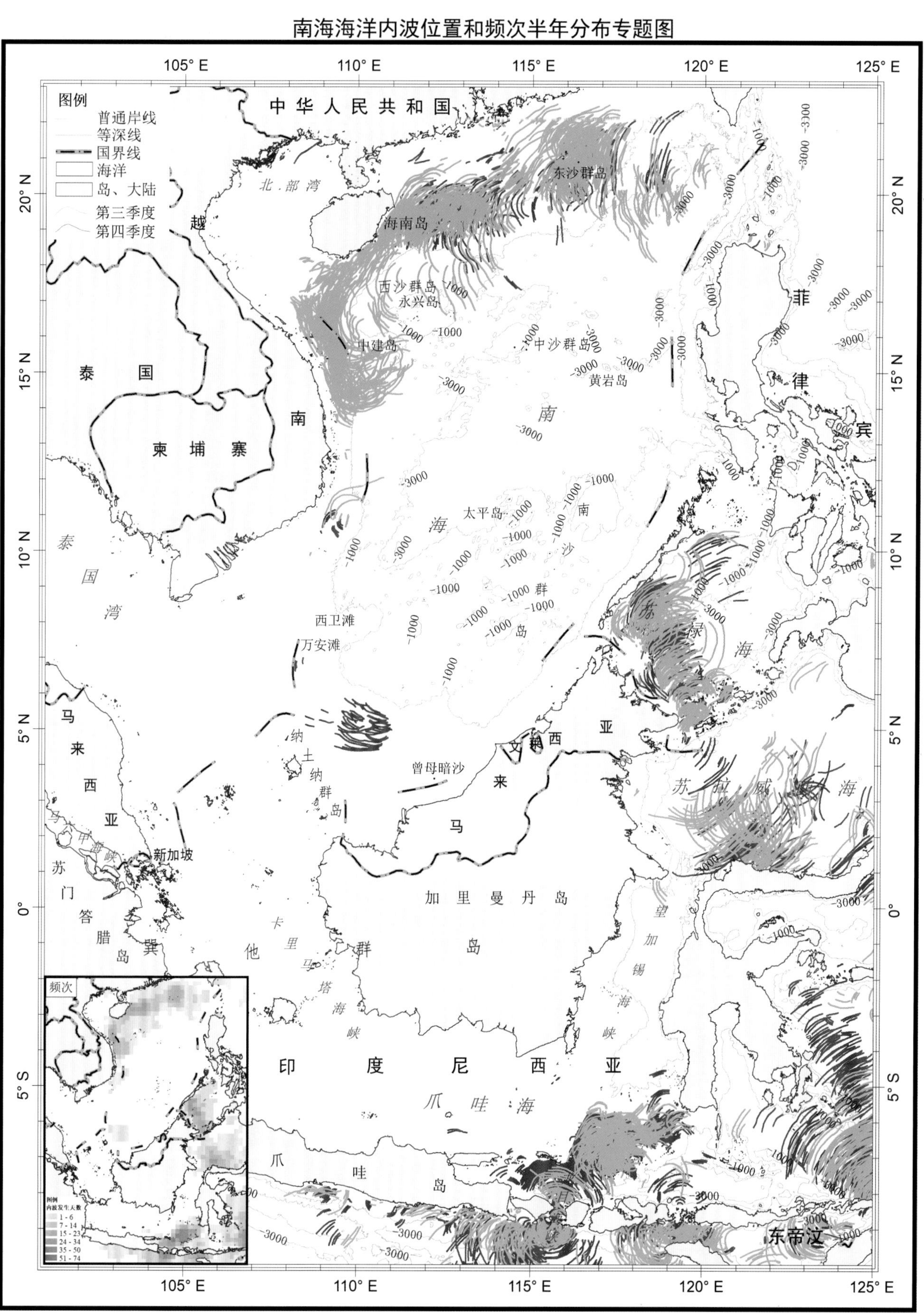

调查数据源：MODIS、SAR数据
数据空间分辨率：250m
数据时间：2019年下半年

比例尺：1:14 000 000
坐标系：CGCS2000
投影信息：墨卡托投影

高程基准：1985国家高程基准
制图单位：自然资源部第一海洋研究所
制图时间：2022年1月

南海海洋内波位置和频次年分布专题图

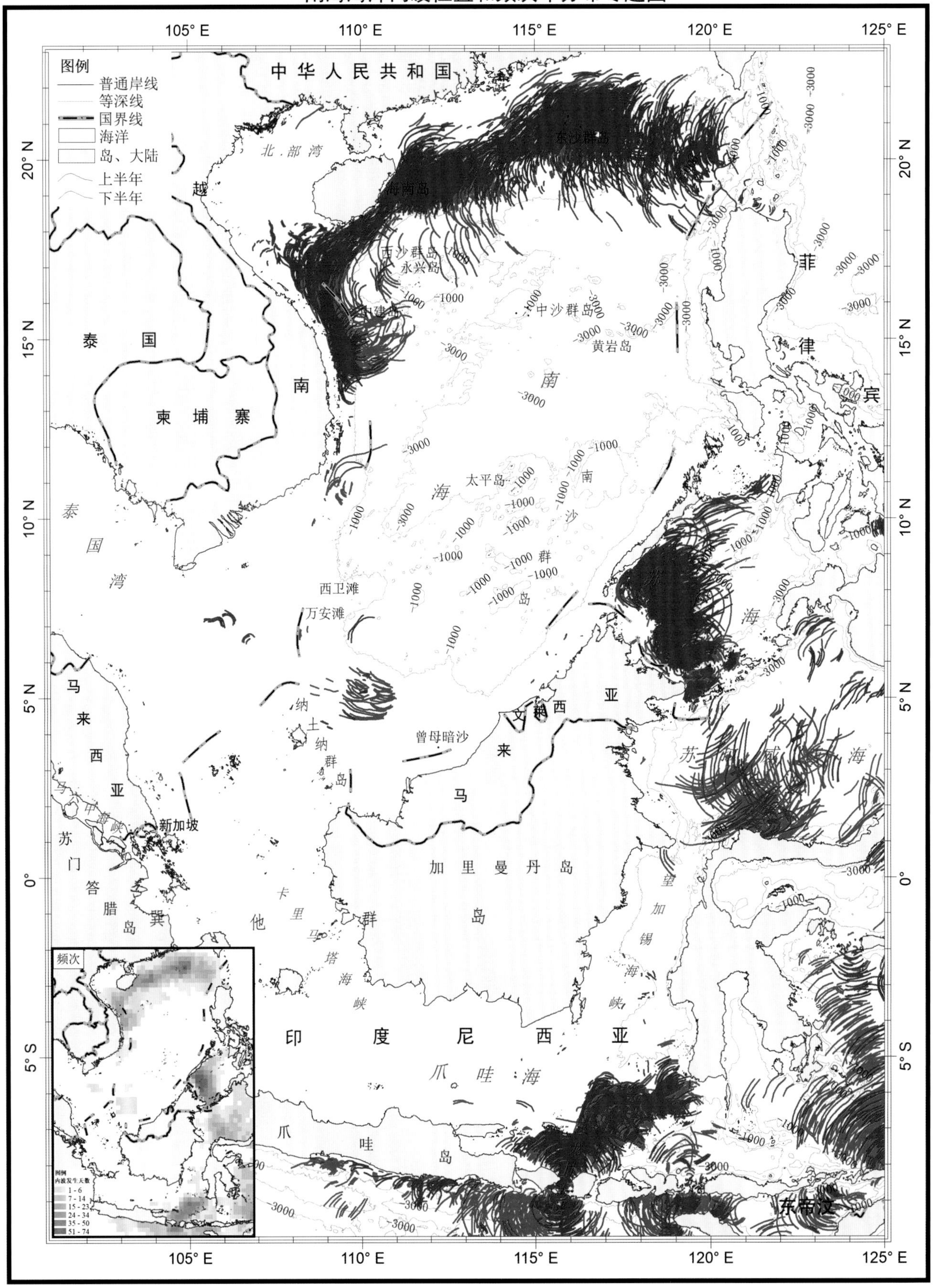

105° E　110° E　115° E　120° E　125° E

20° N　15° N　10° N　5° N　0°　5° S

图例
普通岸线
等深线
国界线
海洋
岛、大陆
上半年
下半年

中华人民共和国
北部湾
越
海南岛
东沙群岛
西沙群岛
永兴岛
中沙群岛
黄岩岛
菲
律
宾
泰　国
柬　埔　寨
南
泰国湾
南
海
太平岛
南沙群岛
西卫滩
万安滩
苏禄海
曾母暗沙
纳土纳群岛
文莱
马来西亚
马来西亚
新加坡
苏门答腊岛
马六甲海峡
加里曼丹岛
卡里马塔海峡
望加锡海峡
苏拉威西海
印度尼西亚
爪哇海
爪哇岛
东帝汶

频次
图例
内波发生天数
1 - 6
7 - 14
15 - 23
24 - 34
35 - 50
51 - 74

调查数据源：MODIS、SAR数据
数据空间分辨率：250m
数据时间：2019年全年

比例尺：1:14 000 000
坐标系：CGCS2000
投影信息：墨卡托投影

高程基准：1985国家高程基准
制图单位：自然资源部第一海洋研究所
制图时间：2022年1月

6.11　南海内孤立波 2020 年分布图

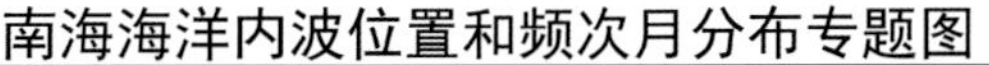

图例
普通岸线
等深线
国界线
海洋
岛、大陆
上旬
中旬
下旬

频次
图例
内波发生天数
1 - 4
5 - 8
9 - 12
13 - 16
17 - 20
21 - 26

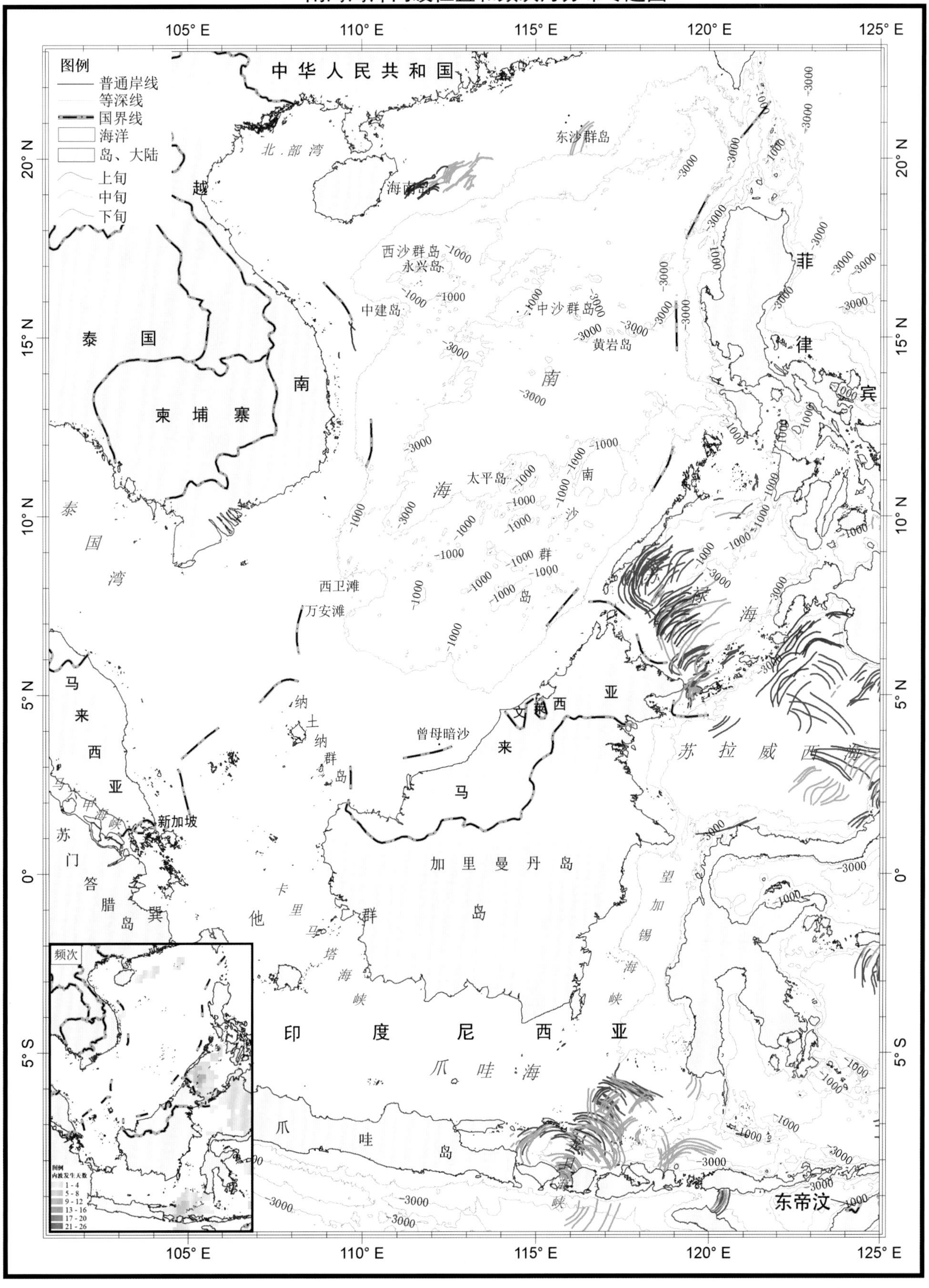

调查数据源：MODIS、SAR数据
数据空间分辨率：250m
数据时间：2020年1月

比例尺：1:14 000 000
坐标系：CGCS2000
投影信息：墨卡托投影

高程基准：1985国家高程基准
制图单位：自然资源部第一海洋研究所
制图时间：2022年1月

南海海洋内波位置和频次月分布专题图

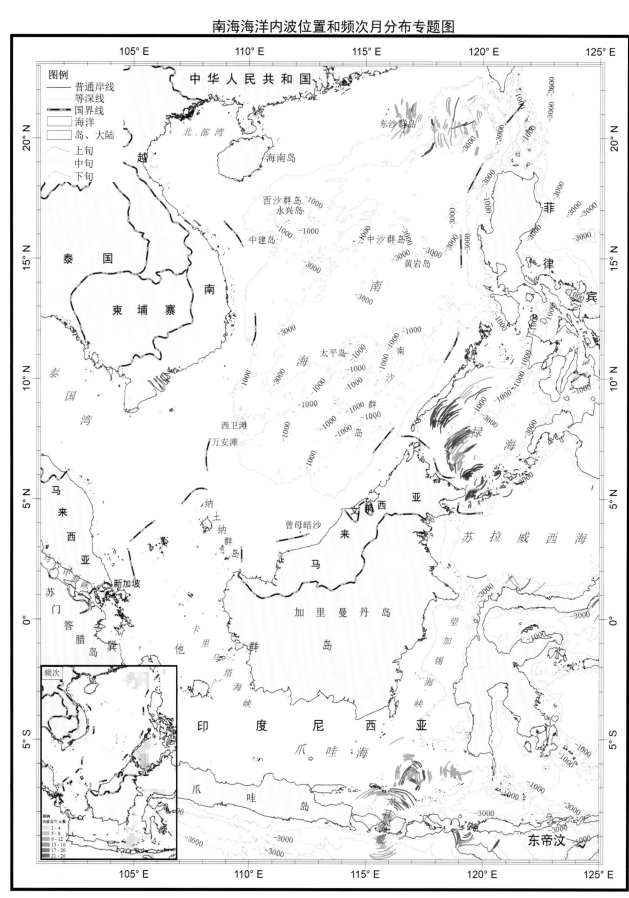

图例
普通岸线
等深线
国界线
海洋
岛、大陆
上旬
中旬
下旬

频次

图例
内波发生天数
1 - 4
5 - 8
9 - 12
13 - 16
17 - 20
21 - 26

中华人民共和国
北部湾
海南岛
东沙群岛
西沙群岛
永兴岛
中建岛
中沙群岛
黄岩岛
越
南
泰国
柬埔寨
泰国湾
太平岛
南沙群岛
西卫滩
万安滩
南海
菲律宾
苏禄海
马来西亚
新加坡
纳土纳群岛
曾母暗沙
文莱
苏拉威西海
马六甲海峡
苏门答腊岛
卡里马塔海峡
加里曼丹岛
望加锡海峡
印度尼西亚
爪哇海
爪哇岛
龙目海峡
东帝汶

调查数据源：MODIS、SAR数据
数据空间分辨率：250m
数据时间：2020年2月

比例尺：1:14 000 000
坐标系：CGCS2000
投影信息：墨卡托投影

高程基准：1985国家高程基准
制图单位：自然资源部第一海洋研究所
制图时间：2022年1月

南海海洋内波位置和频次月分布专题图

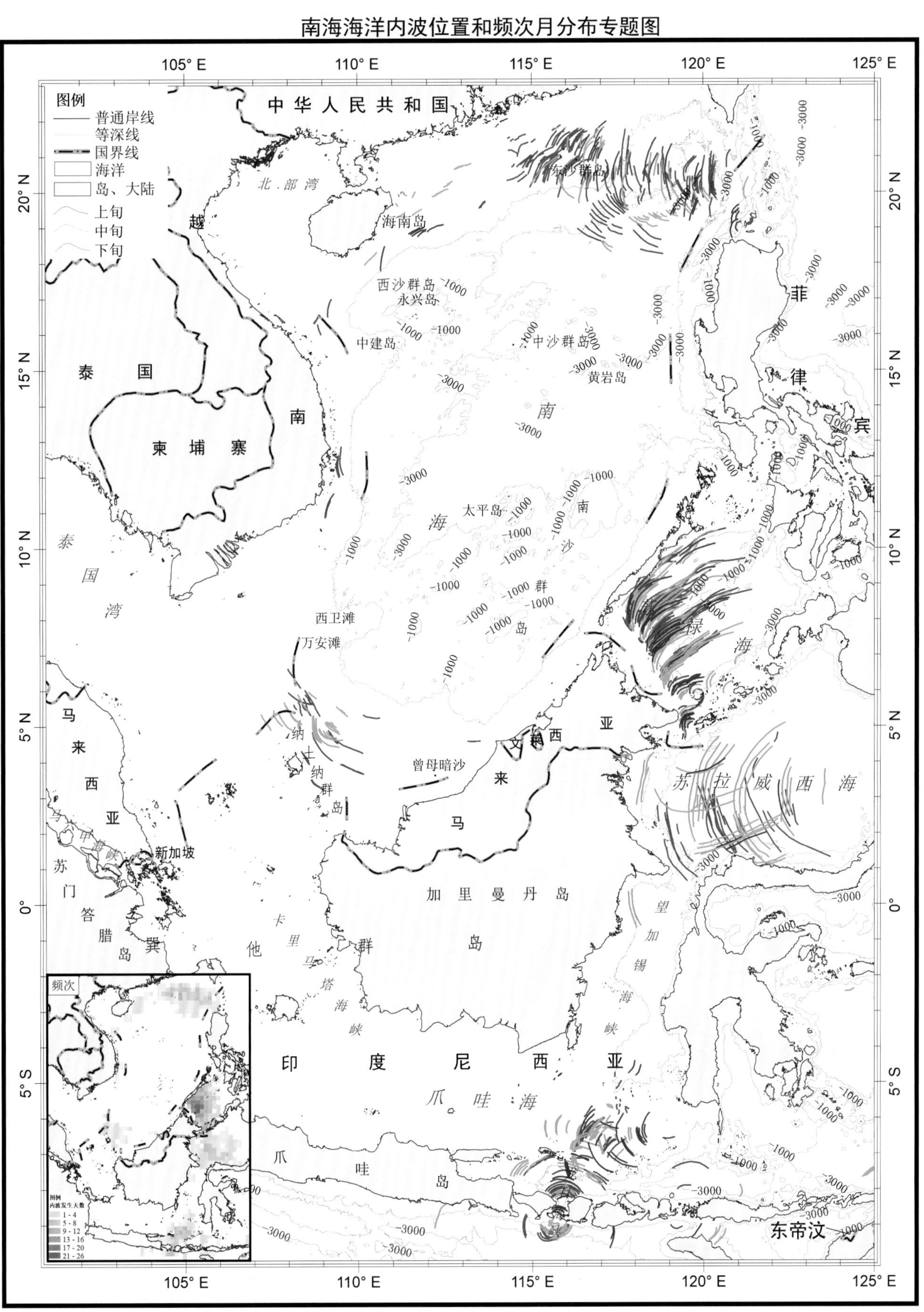

调查数据源：MODIS、SAR数据
数据空间分辨率：250m
数据时间：2020年3月

比例尺：1:14 000 000
坐标系：CGCS2000
投影信息：墨卡托投影

高程基准：1985国家高程基准
制图单位：自然资源部第一海洋研究所
制图时间：2022年1月

南海海洋内波位置和频次月分布专题图

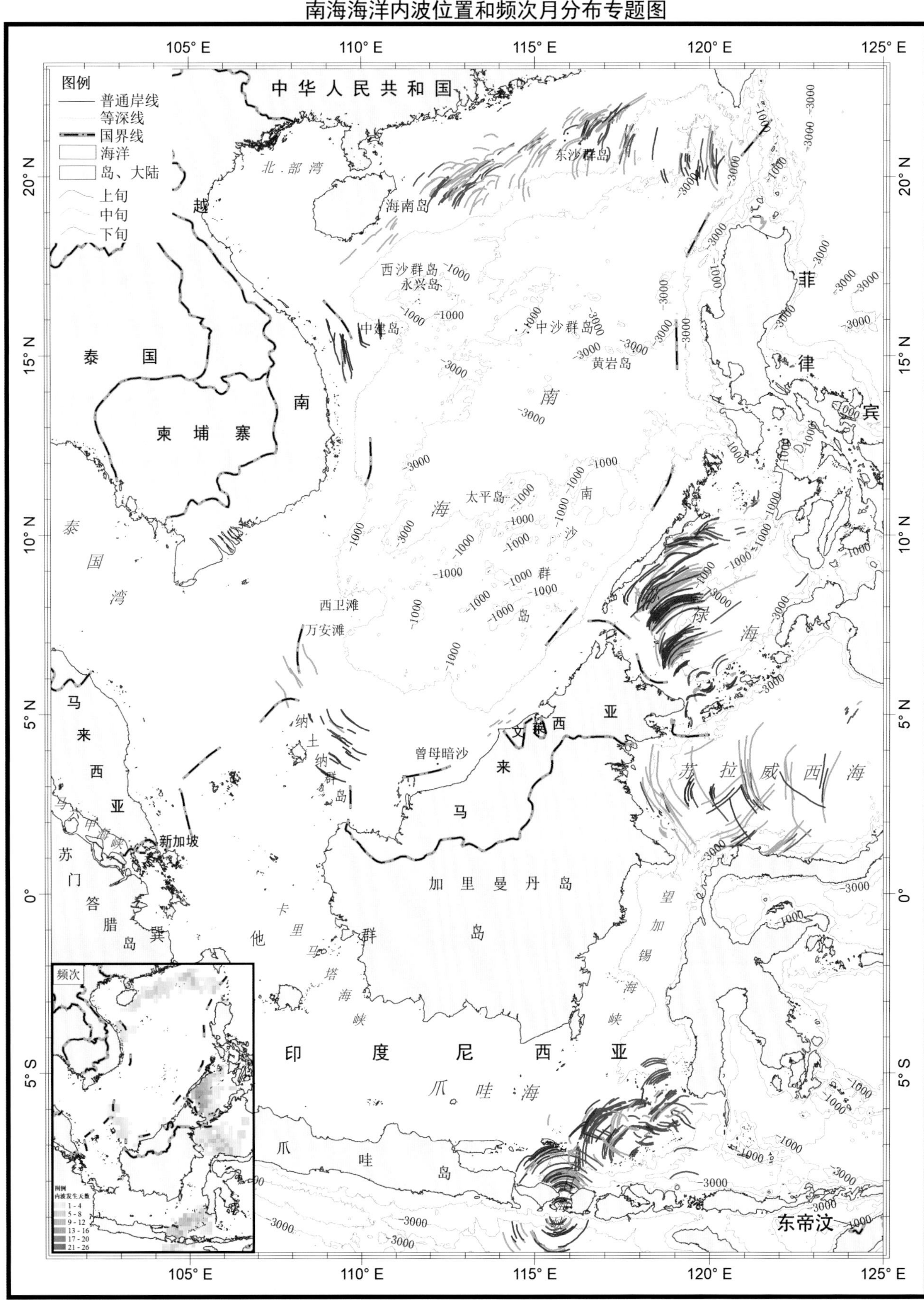

调查数据源：MODIS、SAR数据
数据空间分辨率：250m
数据时间：2020年4月
比例尺：1:14 000 000
坐标系：CGCS2000
投影信息：墨卡托投影
高程基准：1985国家高程基准
制图单位：自然资源部第一海洋研究所
制图时间：2022年1月

南海海洋内波位置和频次月分布专题图

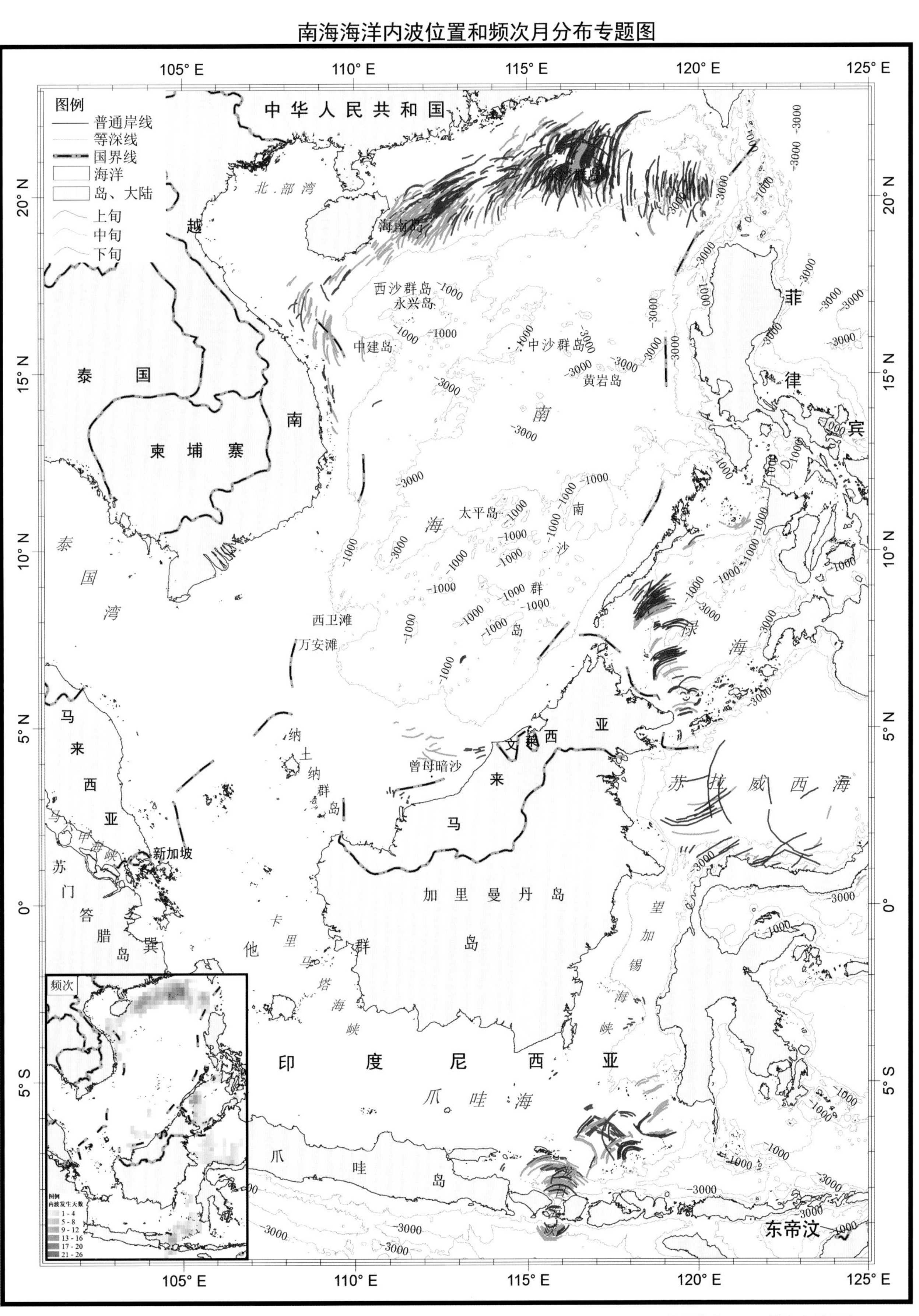

调查数据源：MODIS、SAR数据
数据空间分辨率：250m
数据时间：2020年5月

比例尺：1:14 000 000
坐标系：CGCS2000
投影信息：墨卡托投影

高程基准：1985国家高程基准
制图单位：自然资源部第一海洋研究所
制图时间：2022年1月

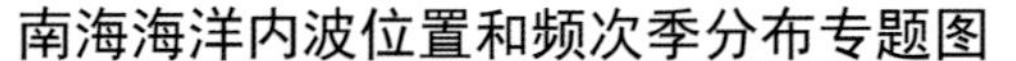

南海海洋内波位置和频次季分布专题图

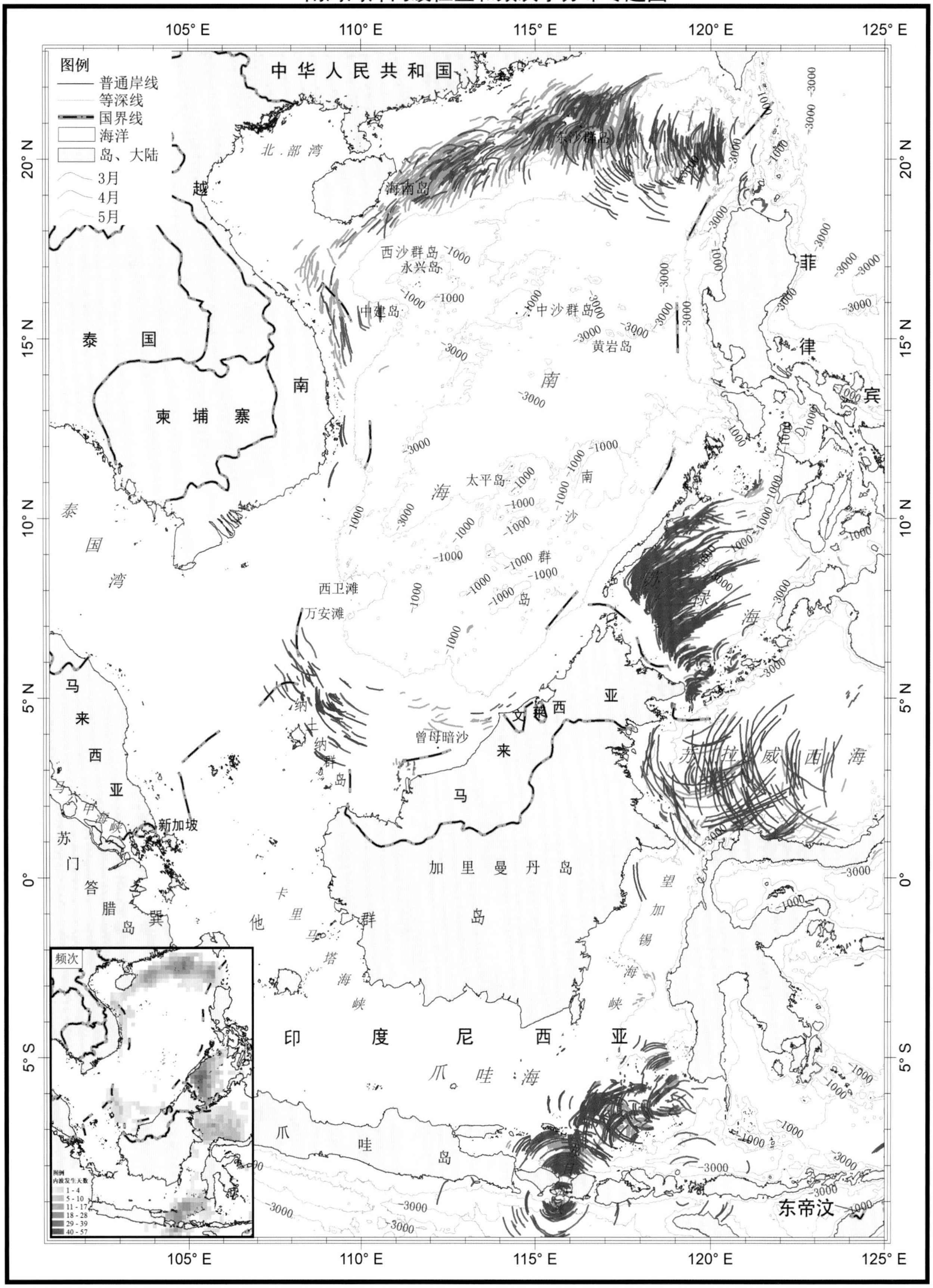

调查数据源：MODIS、SAR数据
数据空间分辨率：250m
数据时间：2020年春季

比例尺：1:14 000 000
坐标系：CGCS2000
投影信息：墨卡托投影

高程基准：1985国家高程基准
制图单位：自然资源部第一海洋研究所
制图时间：2022年1月

第 7 章　东印度洋海洋内孤立波分布图

东印度洋调查范围为 79°E—105°E，10°S—23°N，调查海域覆盖孟加拉湾、安达曼海以及马六甲海峡等内孤立波主要发生区。所用卫星遥感数据时间覆盖范围为 2010 年 5 月 30 日至 2020 年 5 月 30 日，利用光学卫星遥感图像和 SAR 遥感图像共计 4540 景，制作了东印度洋内孤立波月、季、半年以及年的位置和频次分布专题图 188 幅。所用光学遥感图像覆盖整个调查区域，SAR 图像覆盖范围如图 7.1 所示。

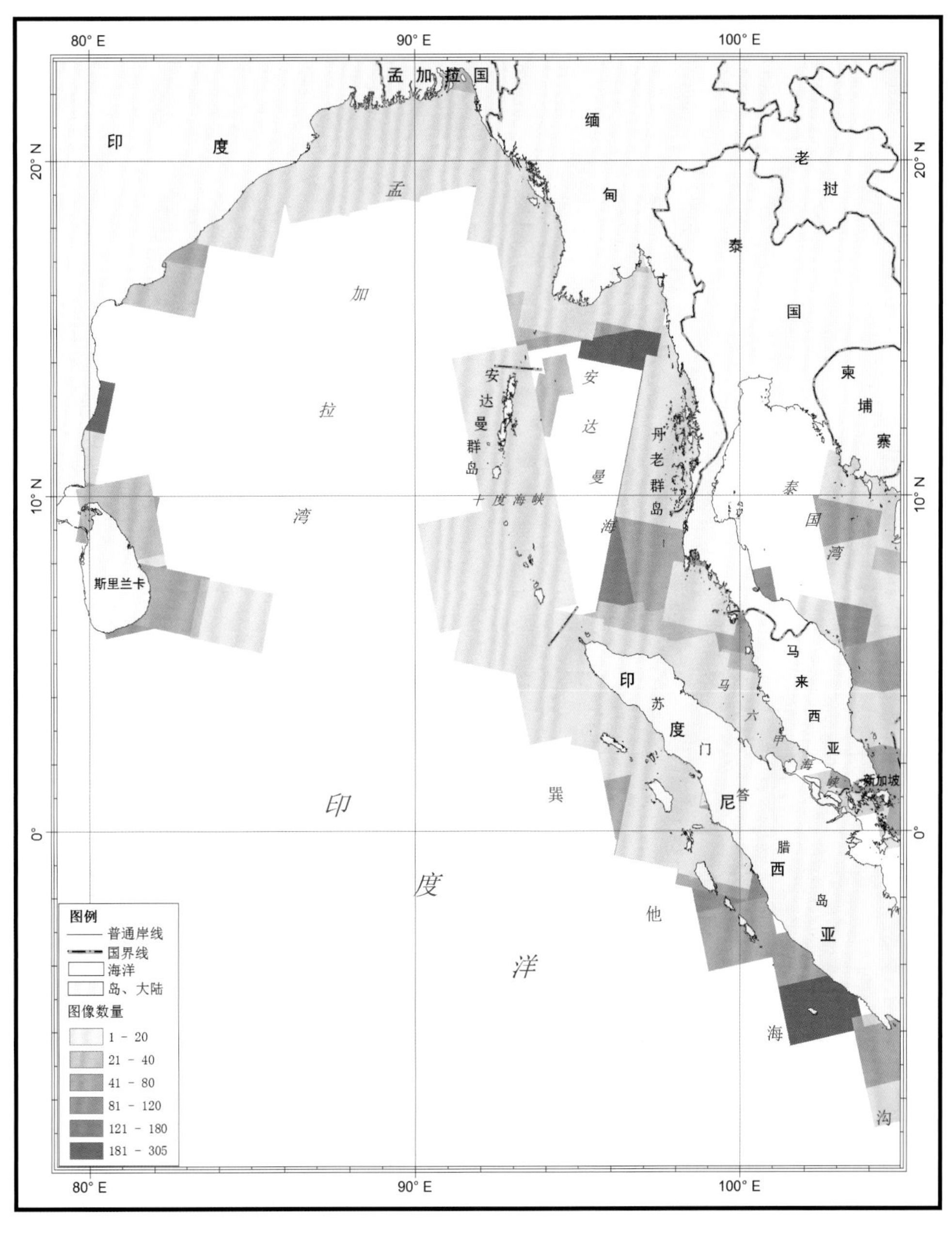

图 7.1　东印度洋 SAR 图像覆盖范围

7.1 东印度洋内孤立波 2010 年分布图

东印度洋海洋内波位置和频次月分布专题图

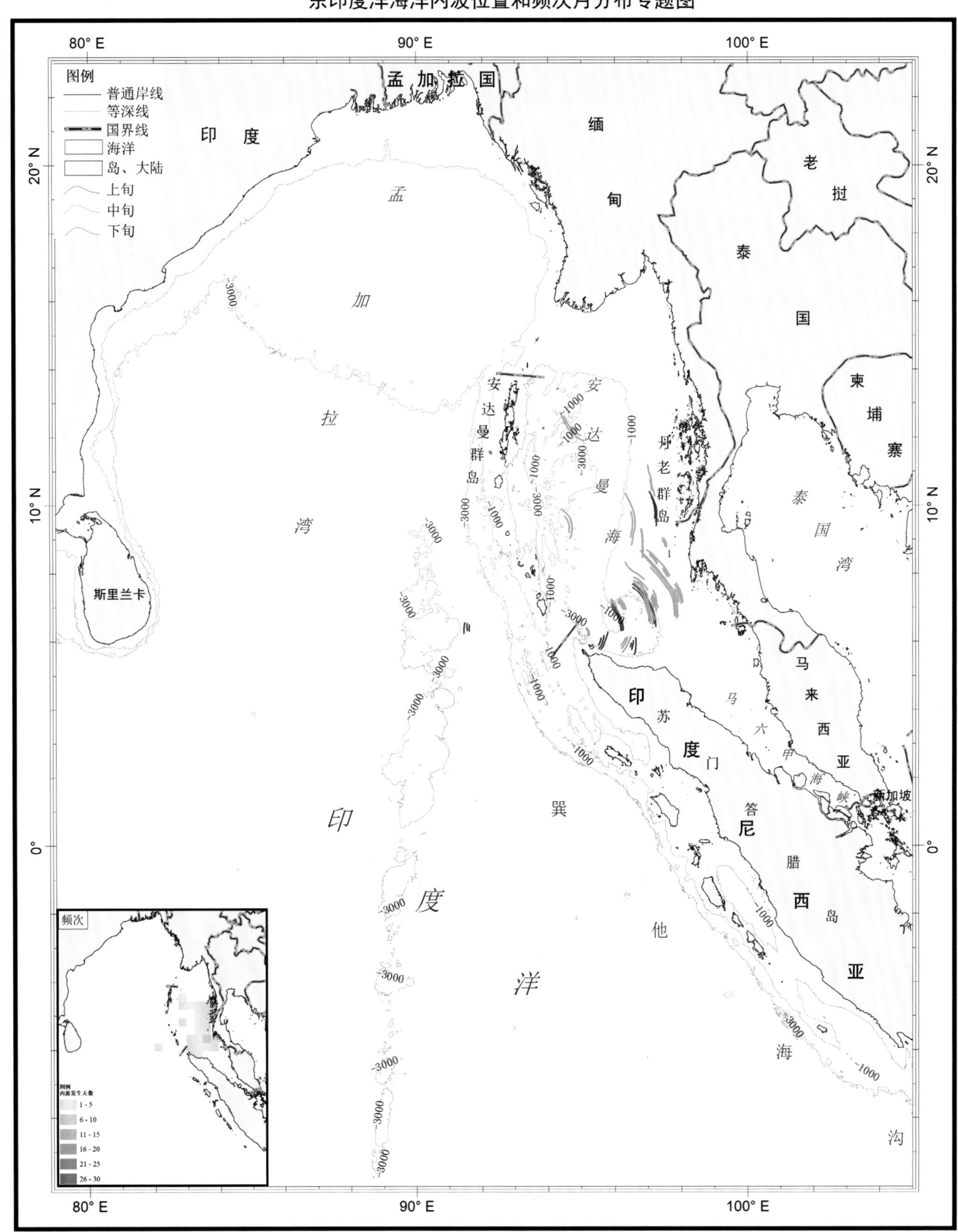

调查数据源：MODIS、SAR数据
数据空间分辨率：250m
数据时间：2010年6月

比例尺：1:14 000 000
坐标系：CGCS2000
投影信息：墨卡托投影

高程基准：1985国家高程基准
制图单位：自然资源部第一海洋研究所
制图时间：2022年1月

东印度洋海洋内波位置和频次月分布专题图

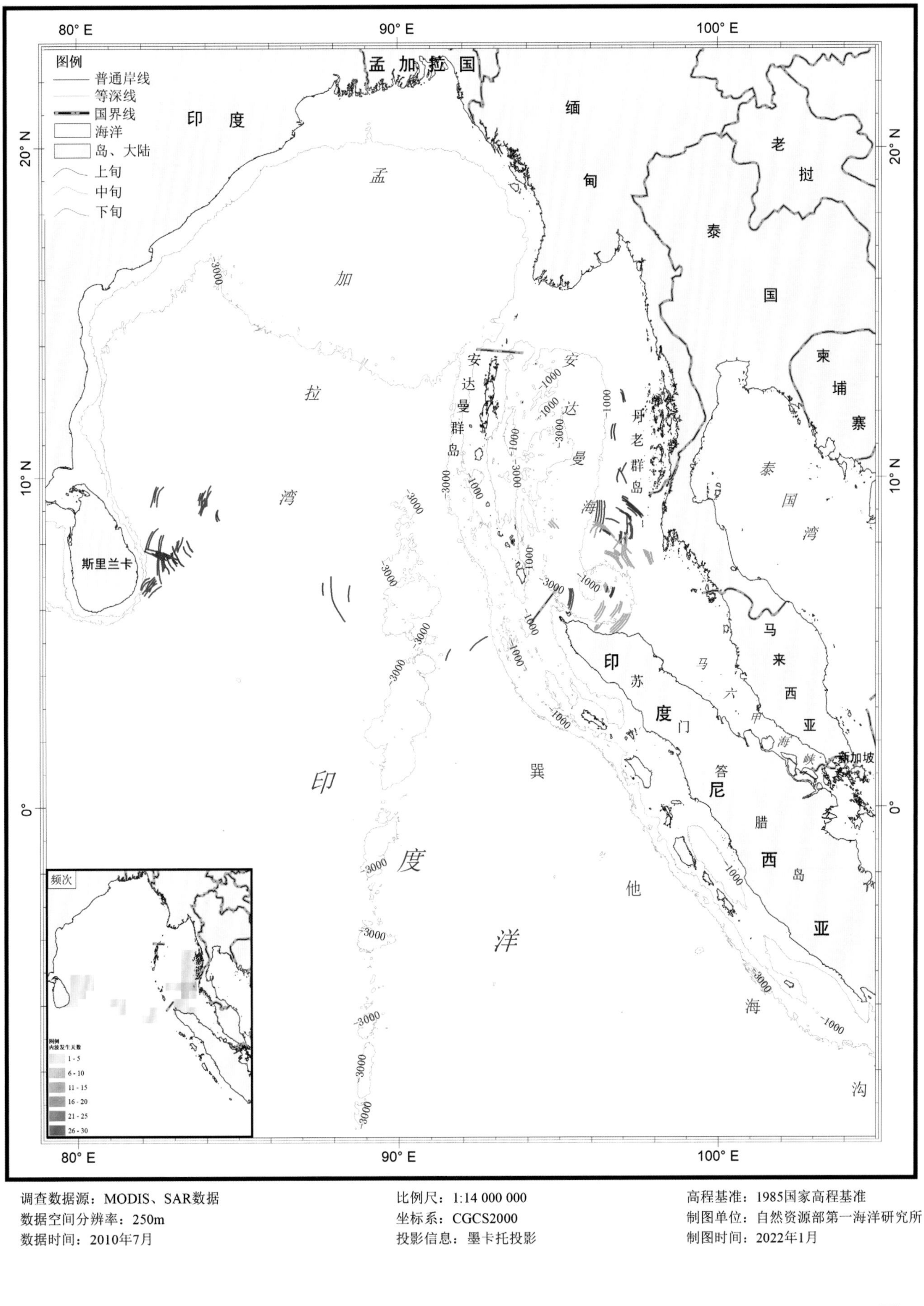

80° E 90° E 100° E

20° N 10° N 0°

图例
普通岸线
等深线
国界线
海洋
岛、大陆
上旬
中旬
下旬

孟加拉国 印度 缅甸 老挝 泰国 柬埔寨 斯里兰卡 马来西亚 新加坡 印度尼西亚

孟加拉湾 安达曼群岛 安达曼海 丹老群岛 泰国湾 马六甲海峡 苏门答腊岛 印度洋 巽他海沟

频次

图例
内波发生天数
1 - 5
6 - 10
11 - 15
16 - 20
21 - 25
26 - 30

调查数据源：MODIS、SAR数据
数据空间分辨率：250m
数据时间：2010年7月

比例尺：1:14 000 000
坐标系：CGCS2000
投影信息：墨卡托投影

高程基准：1985国家高程基准
制图单位：自然资源部第一海洋研究所
制图时间：2022年1月

东印度洋海洋内波位置和频次月分布专题图

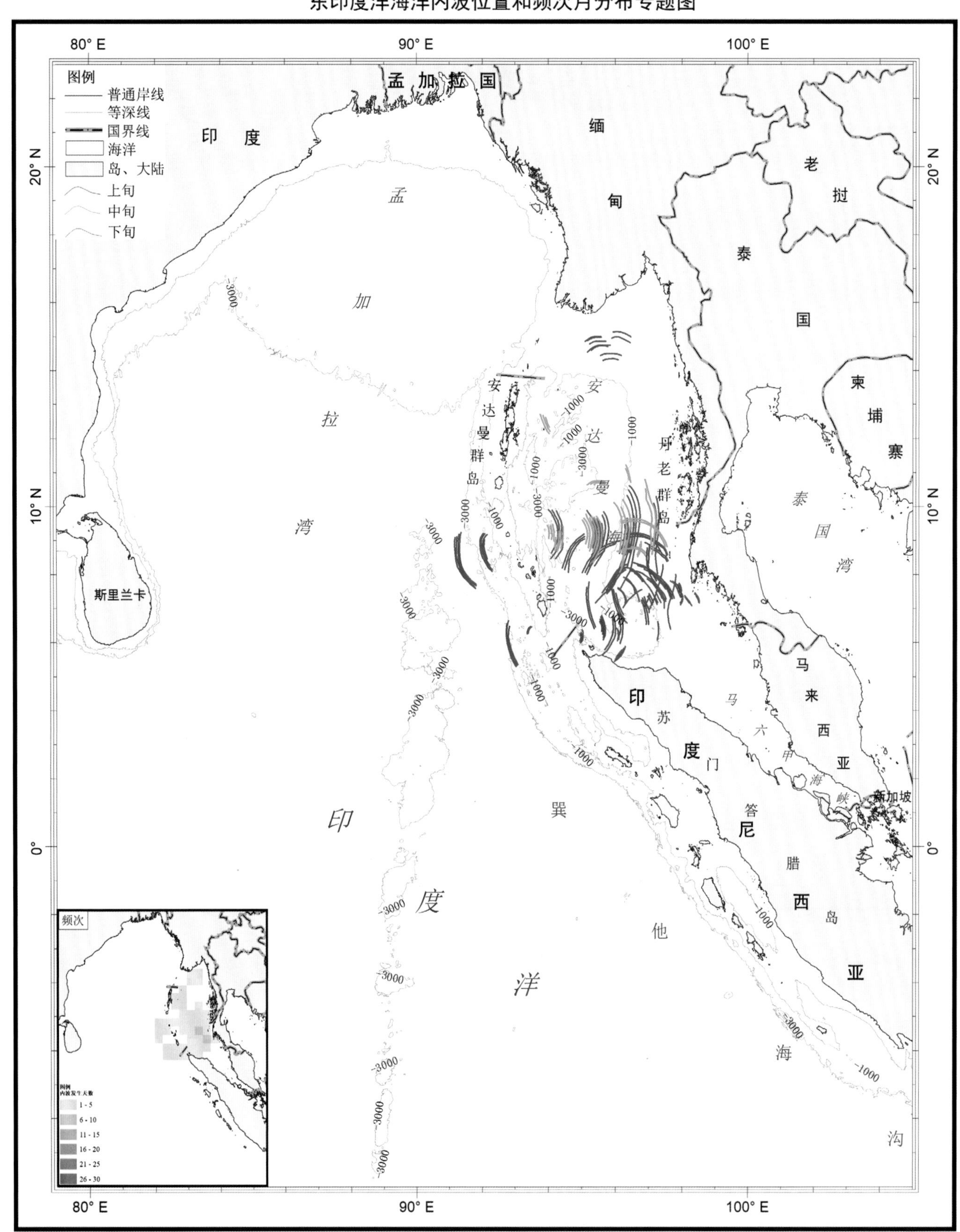

调查数据源：MODIS、SAR数据
数据空间分辨率：250m
数据时间：2010年8月
比例尺：1:14 000 000
坐标系：CGCS2000
投影信息：墨卡托投影
高程基准：1985国家高程基准
制图单位：自然资源部第一海洋研究所
制图时间：2022年1月

东印度洋海洋内波位置和频次月分布专题图

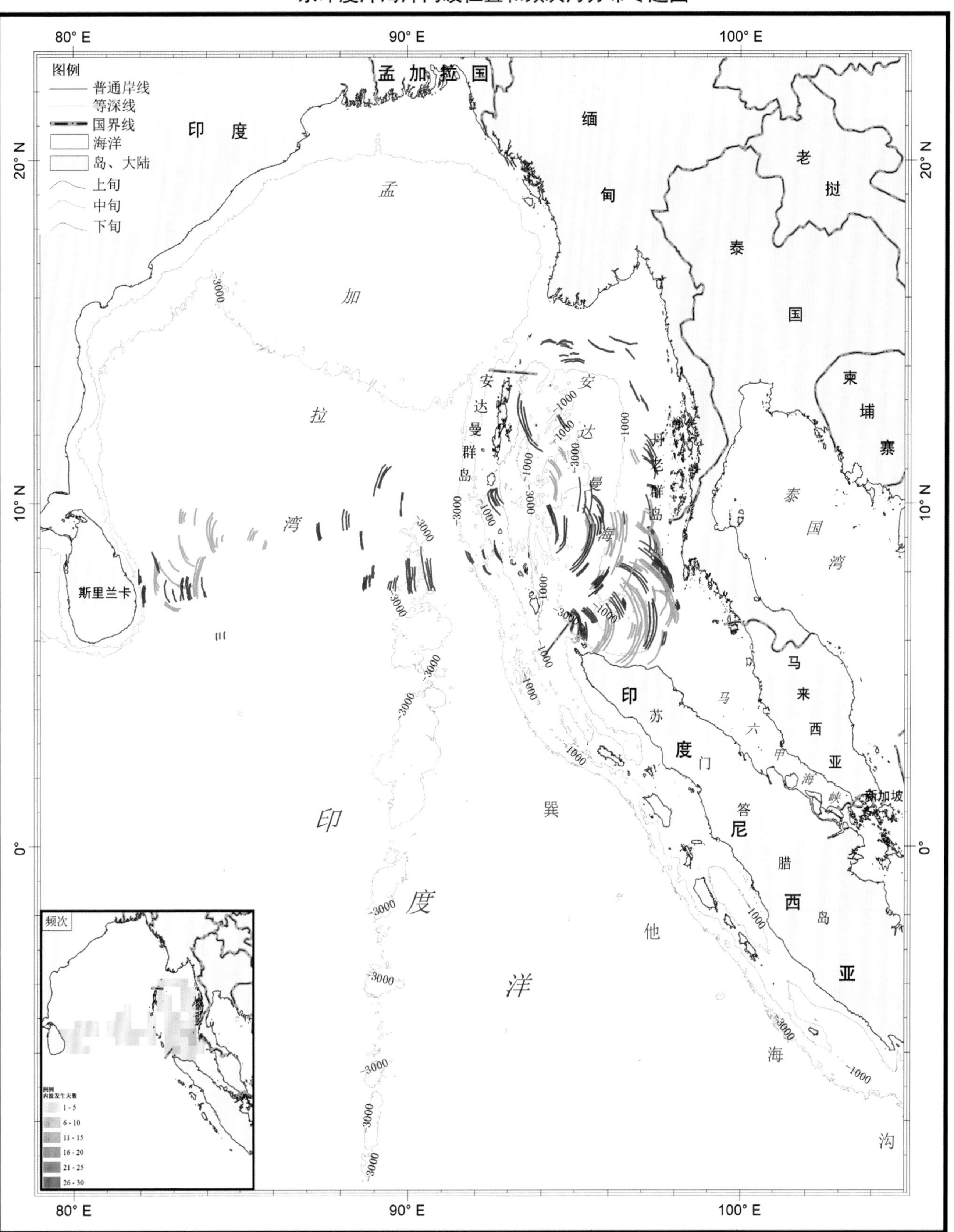

调查数据源：MODIS、SAR数据
数据空间分辨率：250m
数据时间：2010年9月
比例尺：1:14 000 000
坐标系：CGCS2000
投影信息：墨卡托投影
高程基准：1985国家高程基准
制图单位：自然资源部第一海洋研究所
制图时间：2022年1月

东印度洋海洋内波位置和频次月分布专题图

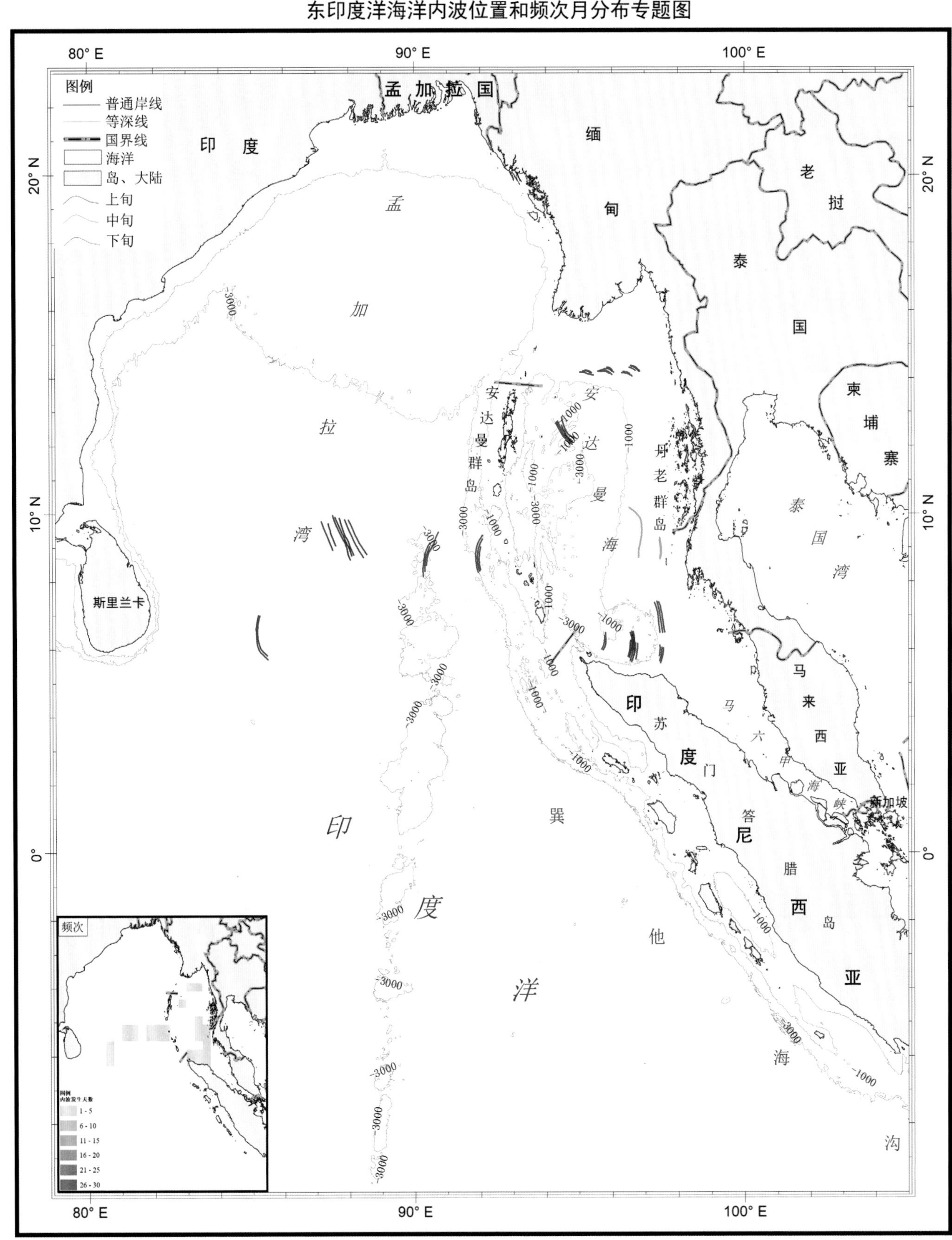

调查数据源：MODIS、SAR数据
数据空间分辨率：250m
数据时间：2010年10月

比例尺：1:14 000 000
坐标系：CGCS2000
投影信息：墨卡托投影

高程基准：1985国家高程基准
制图单位：自然资源部第一海洋研究所
制图时间：2022年1月

东印度洋海洋内波位置和频次月分布专题图

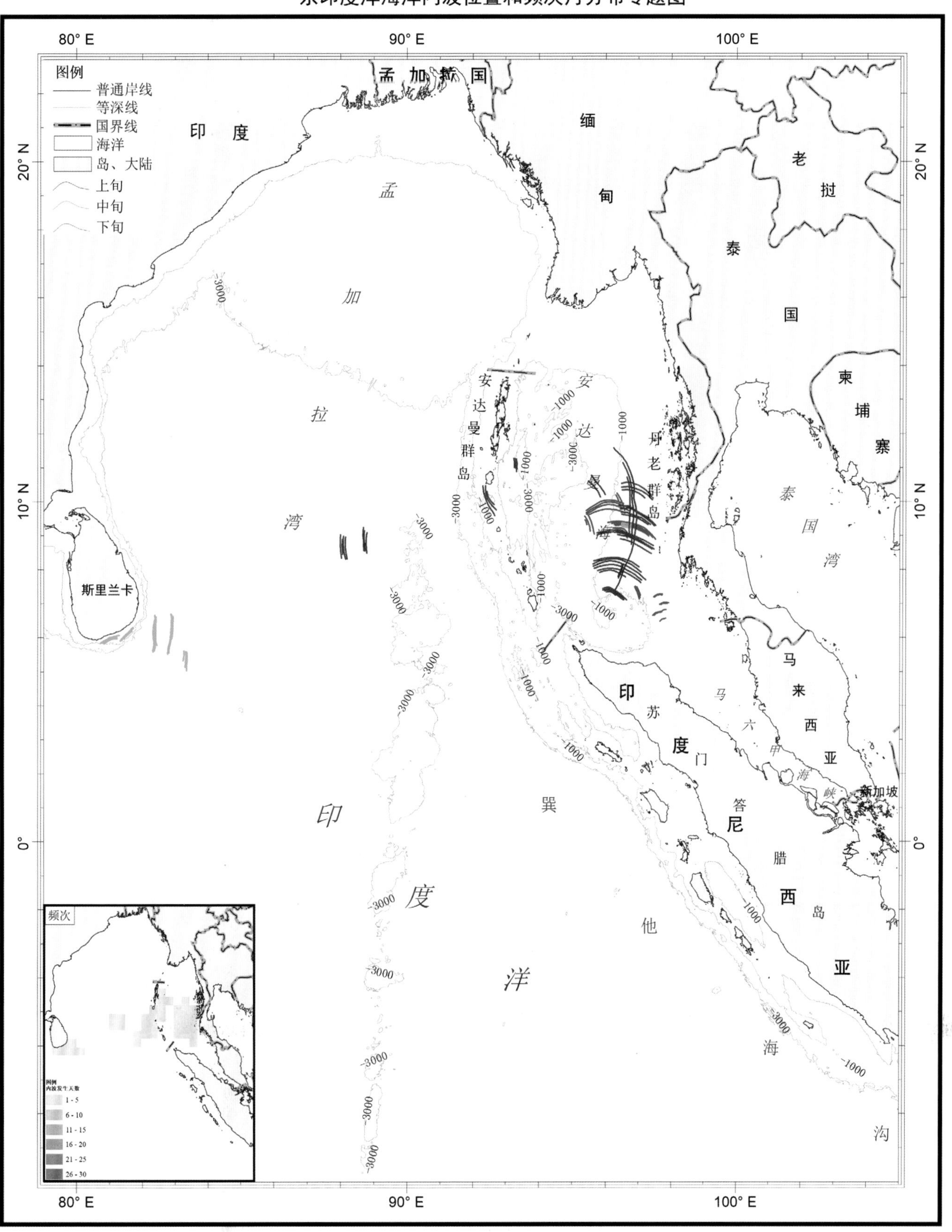

调查数据源：MODIS、SAR数据
数据空间分辨率：250m
数据时间：2010年11月

比例尺：1:14 000 000
坐标系：CGCS2000
投影信息：墨卡托投影

高程基准：1985国家高程基准
制图单位：自然资源部第一海洋研究所
制图时间：2022年1月

东印度洋海洋内波位置和频次月分布专题图

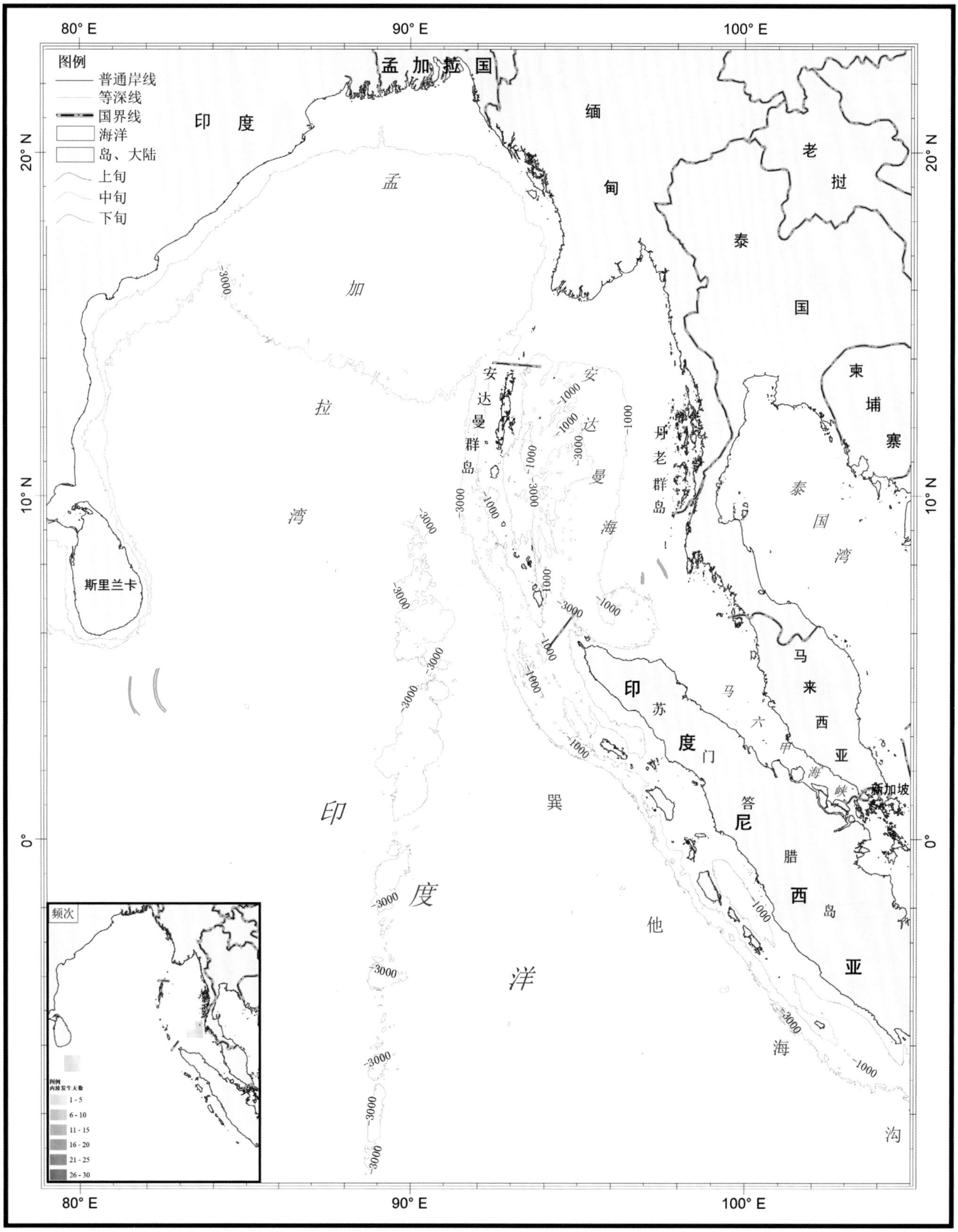

图例
普通岸线
等深线
国界线
海洋
岛、大陆
上旬
中旬
下旬

80° E 90° E 100° E
20° N 10° N 0°

孟加拉国 印度 缅甸 老挝 泰国 柬埔寨 孟加拉湾 安达曼群岛 安达曼海 丹老群岛 泰国湾 斯里兰卡 马来西亚 新加坡 印度尼西亚 苏门答腊岛 马六甲海峡 印度洋 巽他海沟

频次
图例
内波发生天数
1-5
6-10
11-15
16-20
21-25
26-30

调查数据源：MODIS、SAR数据
数据空间分辨率：250m
数据时间：2010年12月

比例尺：1:14 000 000
坐标系：CGCS2000
投影信息：墨卡托投影

高程基准：1985国家高程基准
制图单位：自然资源部第一海洋研究所
制图时间：2022年1月

东印度洋海洋内波位置和频次季分布专题图

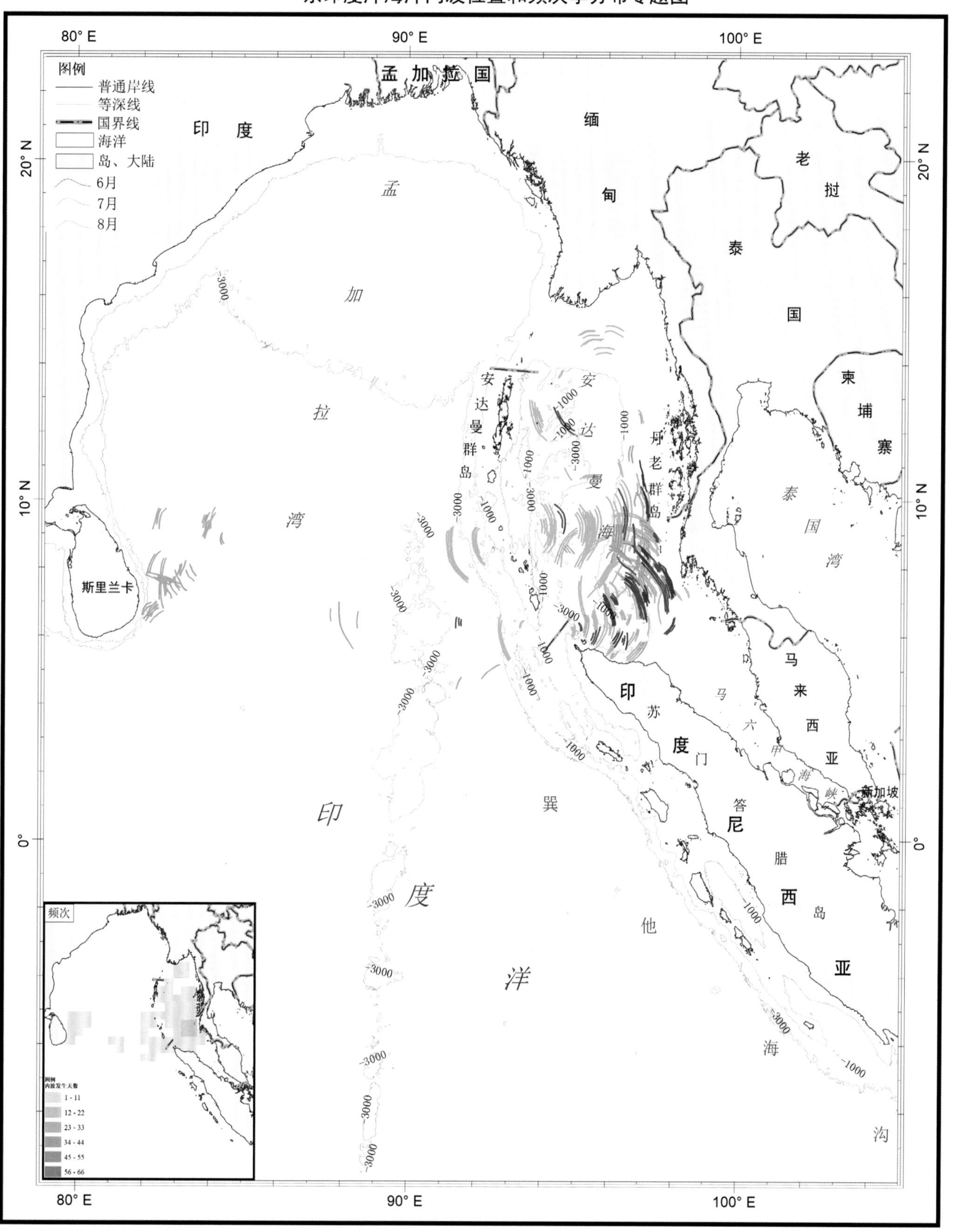

调查数据源：MODIS、SAR数据
数据空间分辨率：250m
数据时间：2010年夏季

比例尺：1:14 000 000
坐标系：CGCS2000
投影信息：墨卡托投影

高程基准：1985国家高程基准
制图单位：自然资源部第一海洋研究所
制图时间：2022年1月

东印度洋海洋内波位置和频次季分布专题图

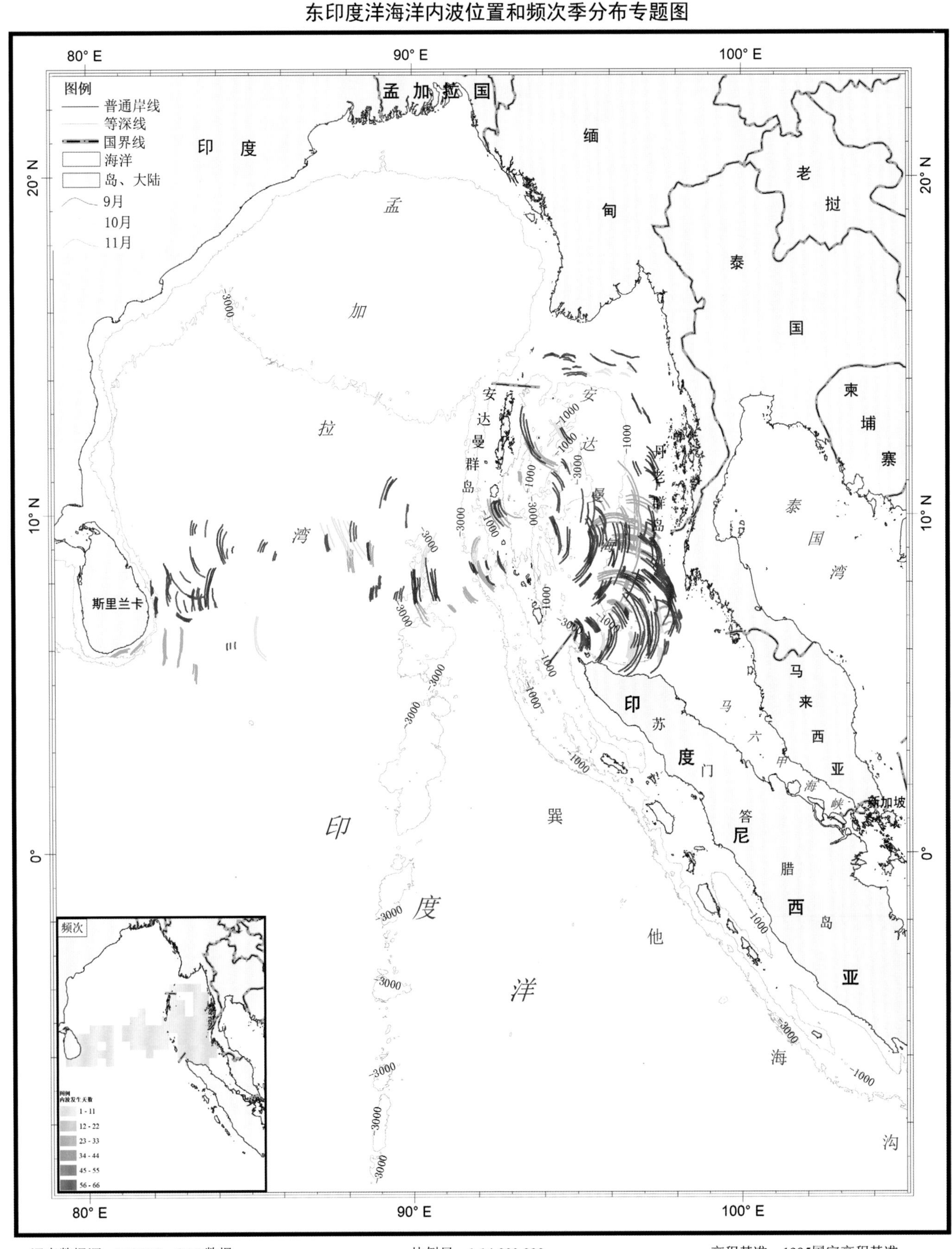

调查数据源：MODIS、SAR数据
数据空间分辨率：250m
数据时间：2010年秋季

比例尺：1:14 000 000
坐标系：CGCS2000
投影信息：墨卡托投影

高程基准：1985国家高程基准
制图单位：自然资源部第一海洋研究所
制图时间：2022年1月

东印度洋海洋内波位置和频次季分布专题图

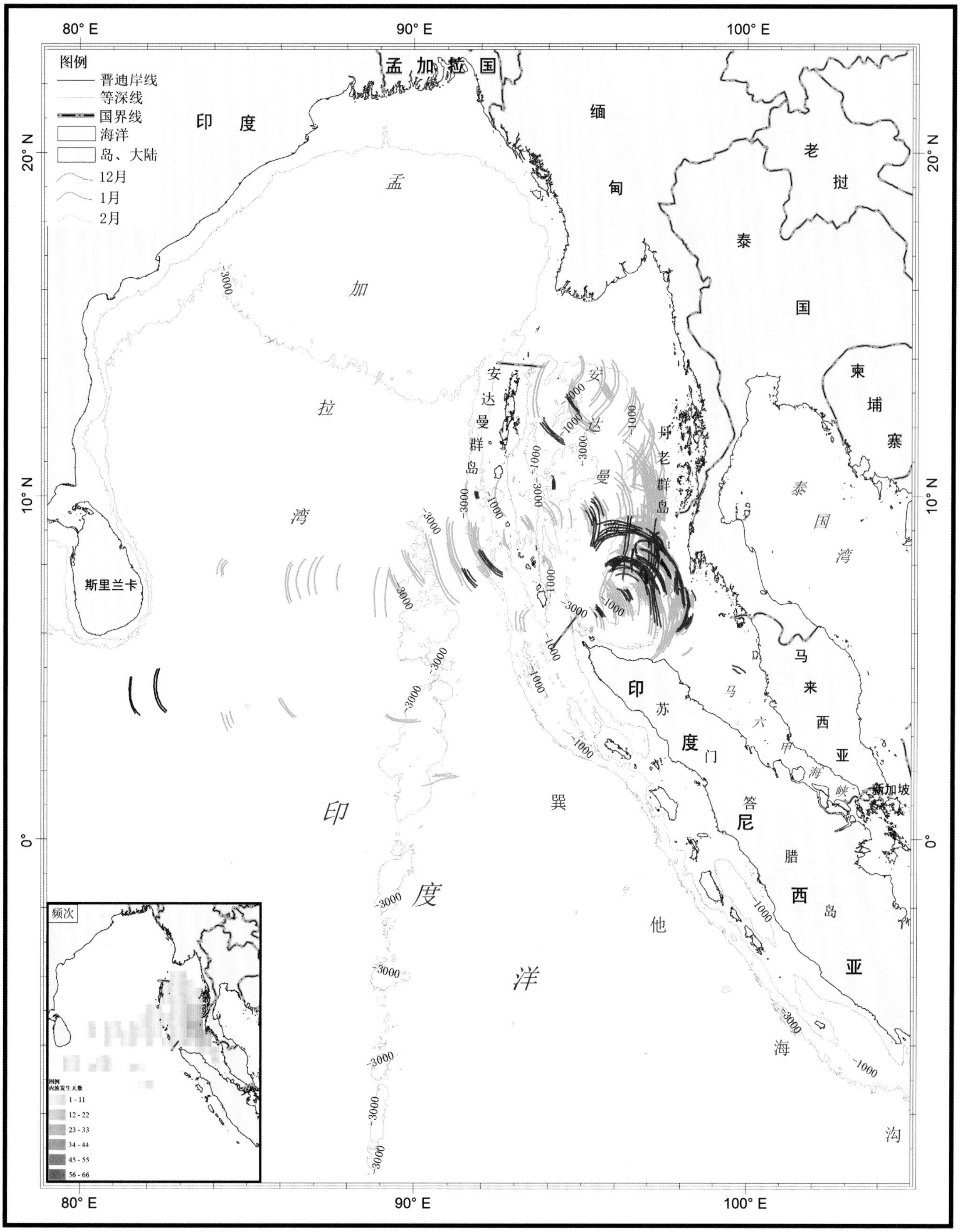

调查数据源：MODIS、SAR数据
数据空间分辨率：250m
数据时间：2010年冬季

比例尺：1:14 000 000
坐标系：CGCS2000
投影信息：墨卡托投影

高程基准：1985国家高程基准
制图单位：自然资源部第一海洋研究所
制图时间：2022年1月

东印度洋海洋内波位置和频次半年分布专题图

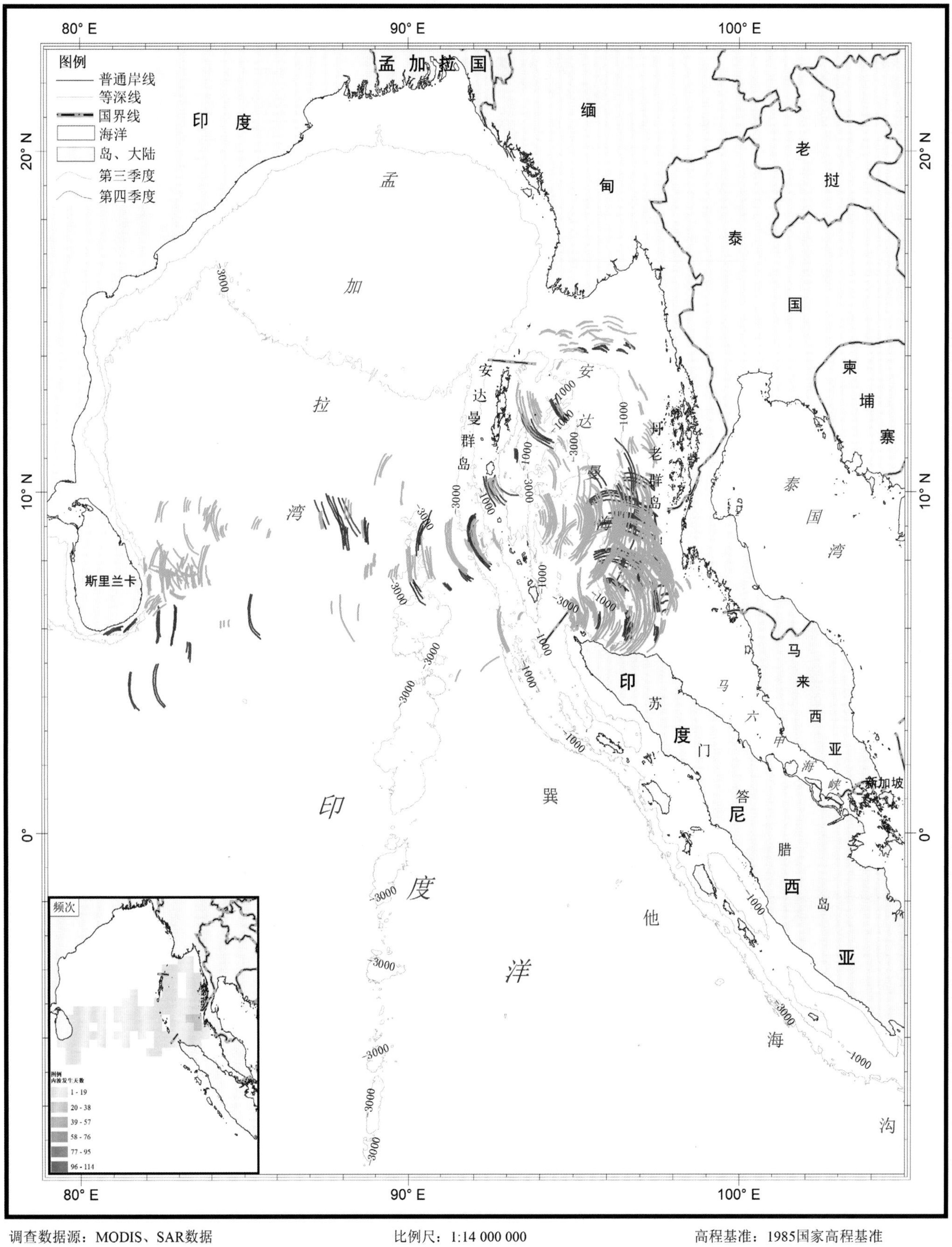

80° E 90° E 100° E

图例
普通岸线
等深线
国界线
海洋
岛、大陆
第三季度
第四季度

孟加拉国
印度
缅甸
老挝
泰国
柬埔寨
孟加拉湾
安达曼群岛
安达曼海
丹老群岛
泰国湾
斯里兰卡
马来西亚
新加坡
印度尼西亚
苏门答腊
马六甲海峡
西岛
印度洋
巽他海沟

20° N
10° N
0°

-3000
-1000

频次
图例
内波发生天数
1 - 19
20 - 38
39 - 57
58 - 76
77 - 95
96 - 114

调查数据源：MODIS、SAR数据
数据空间分辨率：250m
数据时间：2010年下半年

比例尺：1:14 000 000
坐标系：CGCS2000
投影信息：墨卡托投影

高程基准：1985国家高程基准
制图单位：自然资源部第一海洋研究所
制图时间：2022年1月

7.2　东印度洋内孤立波 2011 年分布图

东印度洋海洋内波位置和频次月分布专题图

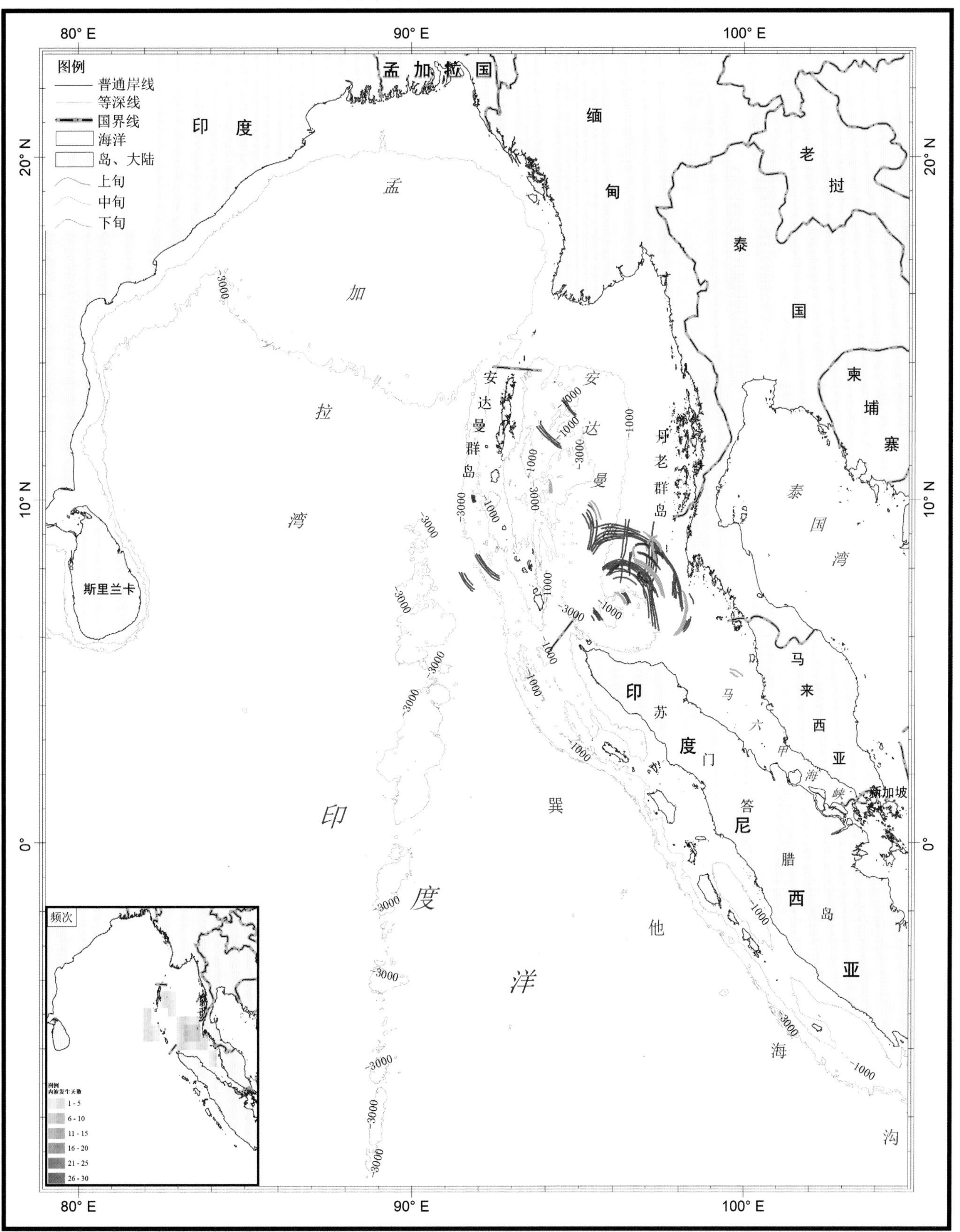

调查数据源：MODIS、SAR数据　　比例尺：1:14 000 000　　高程基准：1985国家高程基准

数据空间分辨率：250m　　坐标系：CGCS2000　　制图单位：自然资源部第一海洋研究所

数据时间：2011年1月　　投影信息：墨卡托投影　　制图时间：2022年1月

东印度洋海洋内波位置和频次月分布专题图

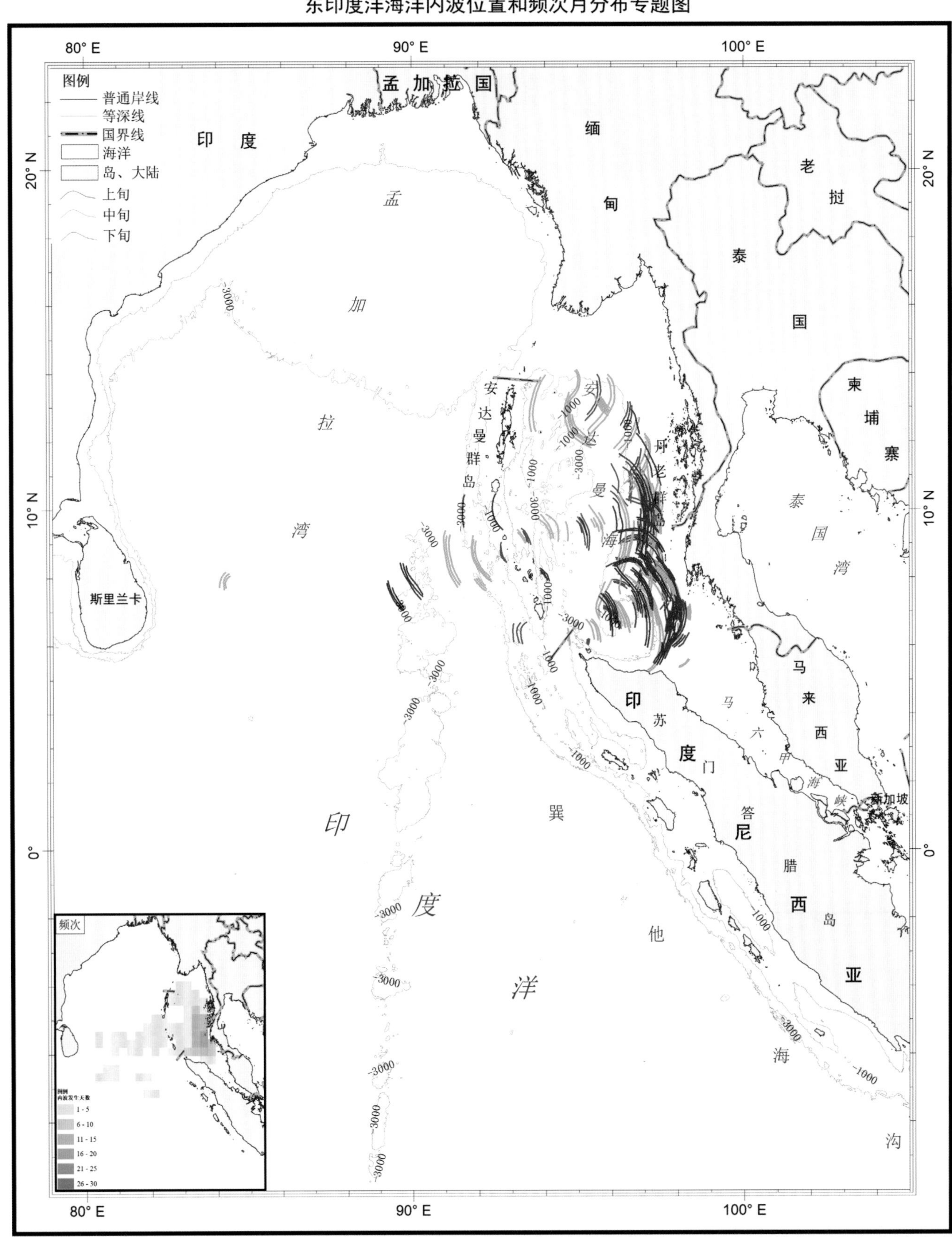

调查数据源：MODIS、SAR数据
数据空间分辨率：250m
数据时间：2011年2月

比例尺：1:14 000 000
坐标系：CGCS2000
投影信息：墨卡托投影

高程基准：1985国家高程基准
制图单位：自然资源部第一海洋研究所
制图时间：2022年1月

东印度洋海洋内波位置和频次月分布专题图

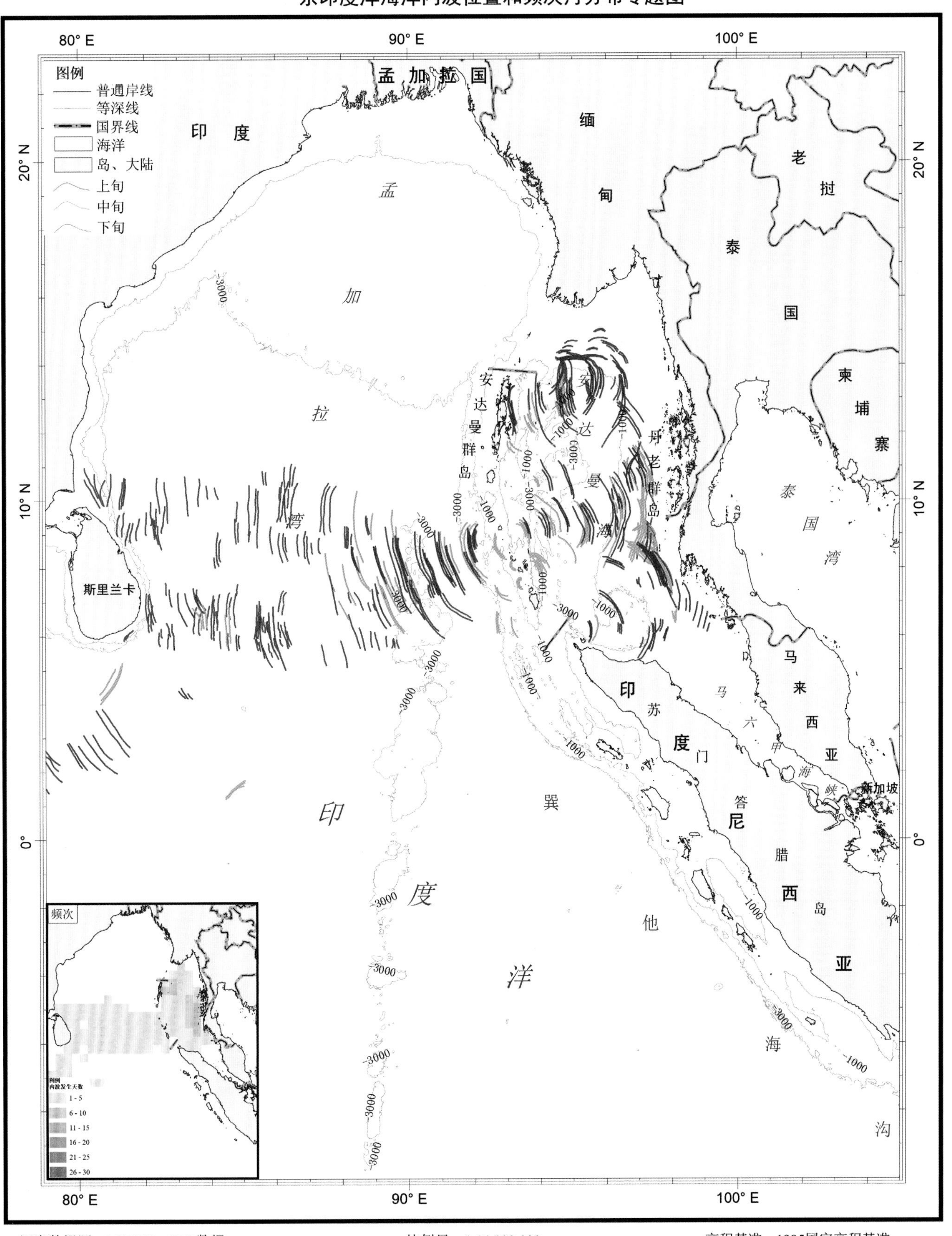

调查数据源：MODIS、SAR数据
数据空间分辨率：250m
数据时间：2011年3月

比例尺：1:14 000 000
坐标系：CGCS2000
投影信息：墨卡托投影

高程基准：1985国家高程基准
制图单位：自然资源部第一海洋研究所
制图时间：2022年1月

东印度洋海洋内波位置和频次月分布专题图

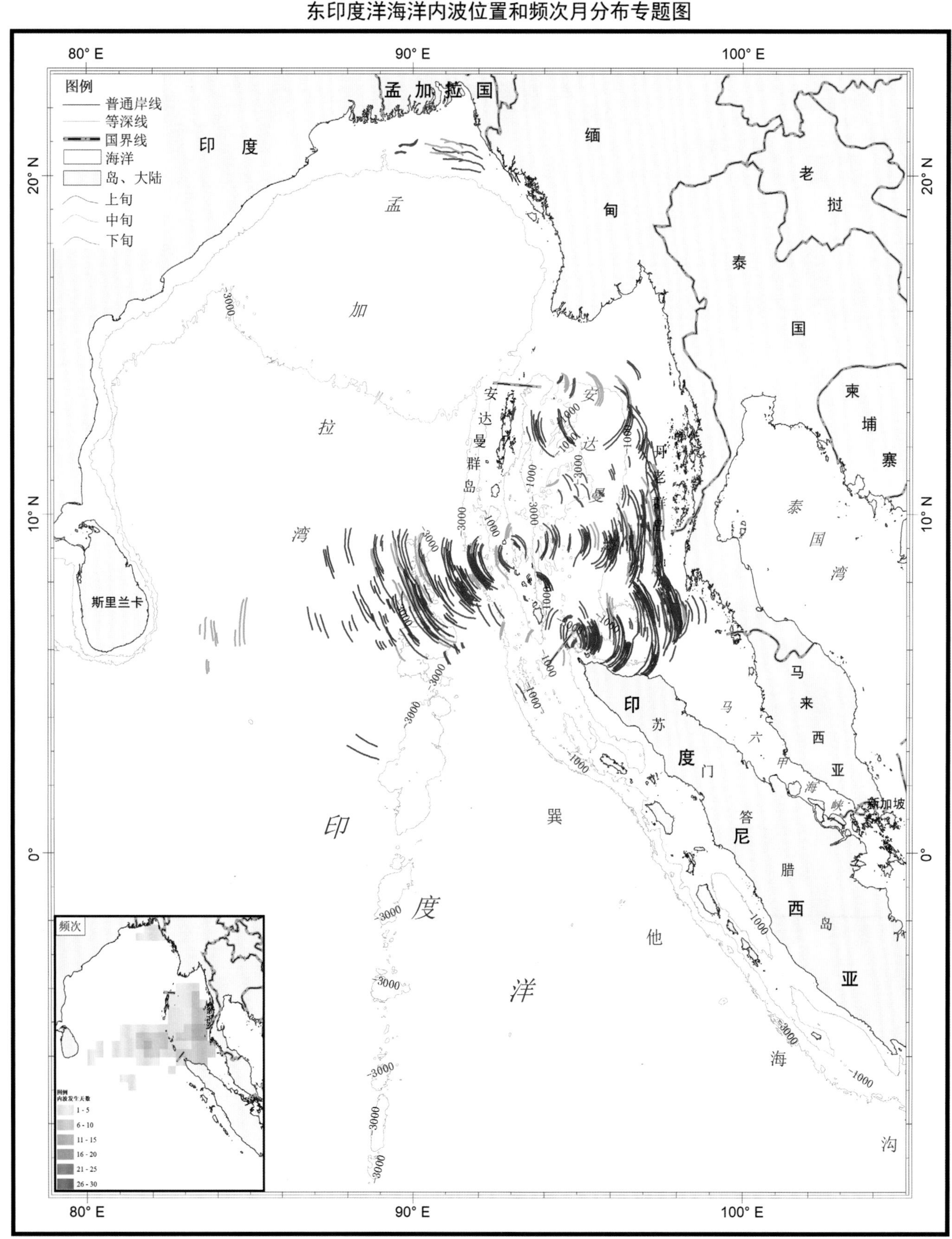

调查数据源：MODIS、SAR数据　　比例尺：1:14 000 000　　高程基准：1985国家高程基准

数据空间分辨率：250m　　坐标系：CGCS2000　　制图单位：自然资源部第一海洋研究所

数据时间：2011年4月　　投影信息：墨卡托投影　　制图时间：2022年1月

东印度洋海洋内波位置和频次月分布专题图

图例
普通岸线
等深线
国界线
海洋
岛、大陆
上旬
中旬
下旬

频次
图例
内波发生天数
1 - 5
6 - 10
11 - 15
16 - 20
21 - 25
26 - 30

调查数据源：MODIS、SAR数据
数据空间分辨率：250m
数据时间：2011年5月

比例尺：1:14 000 000
坐标系：CGCS2000
投影信息：墨卡托投影

高程基准：1985国家高程基准
制图单位：自然资源部第一海洋研究所
制图时间：2022年1月

东印度洋海洋内波位置和频次月分布专题图

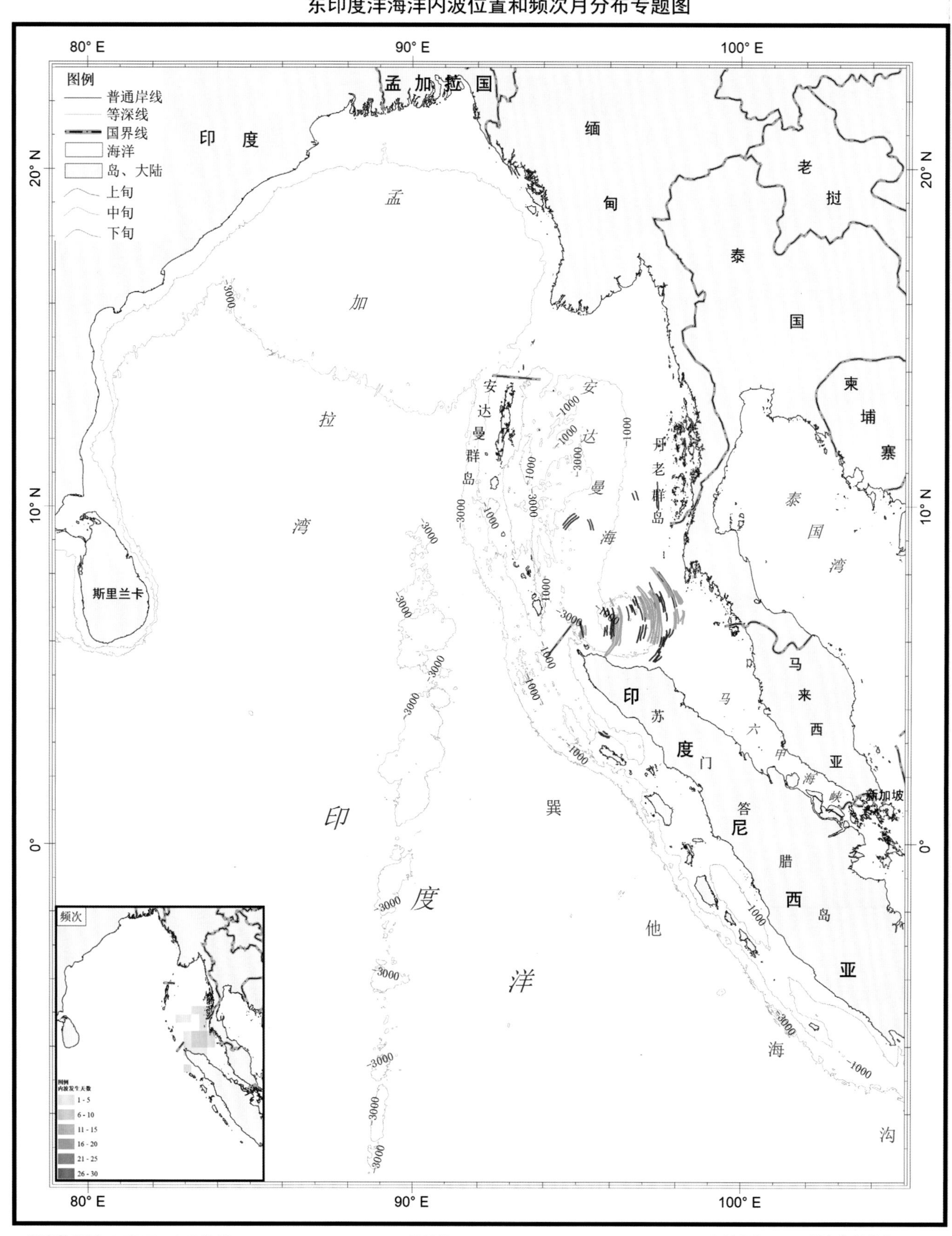

调查数据源：MODIS、SAR数据
数据空间分辨率：250m
数据时间：2011年6月

比例尺：1:14 000 000
坐标系：CGCS2000
投影信息：墨卡托投影

高程基准：1985国家高程基准
制图单位：自然资源部第一海洋研究所
制图时间：2022年1月

东印度洋海洋内波位置和频次月分布专题图

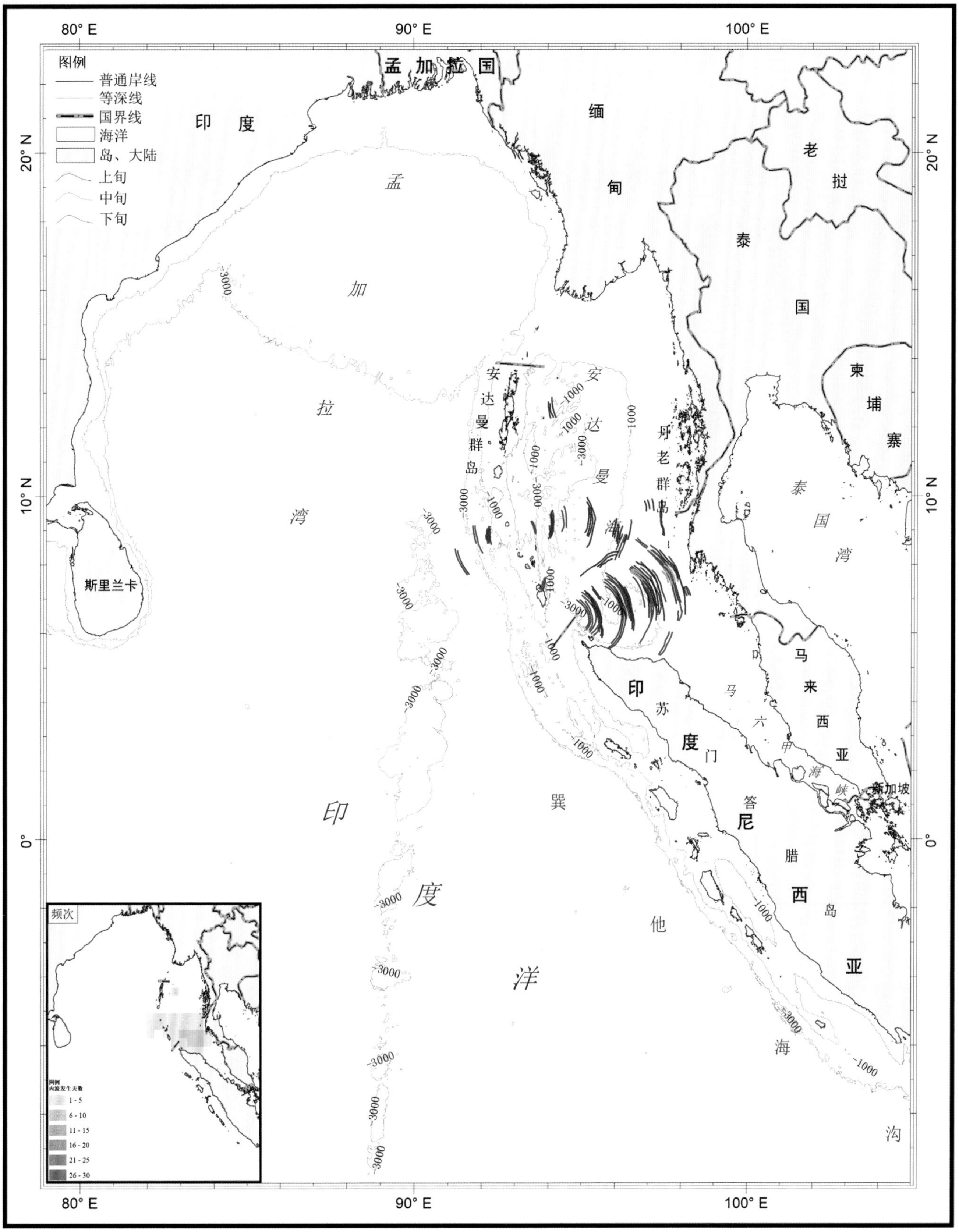

调查数据源：MODIS、SAR数据
数据空间分辨率：250m
数据时间：2011年7月

比例尺：1:14 000 000
坐标系：CGCS2000
投影信息：墨卡托投影

高程基准：1985国家高程基准
制图单位：自然资源部第一海洋研究所
制图时间：2022年1月

东印度洋海洋内波位置和频次月分布专题图

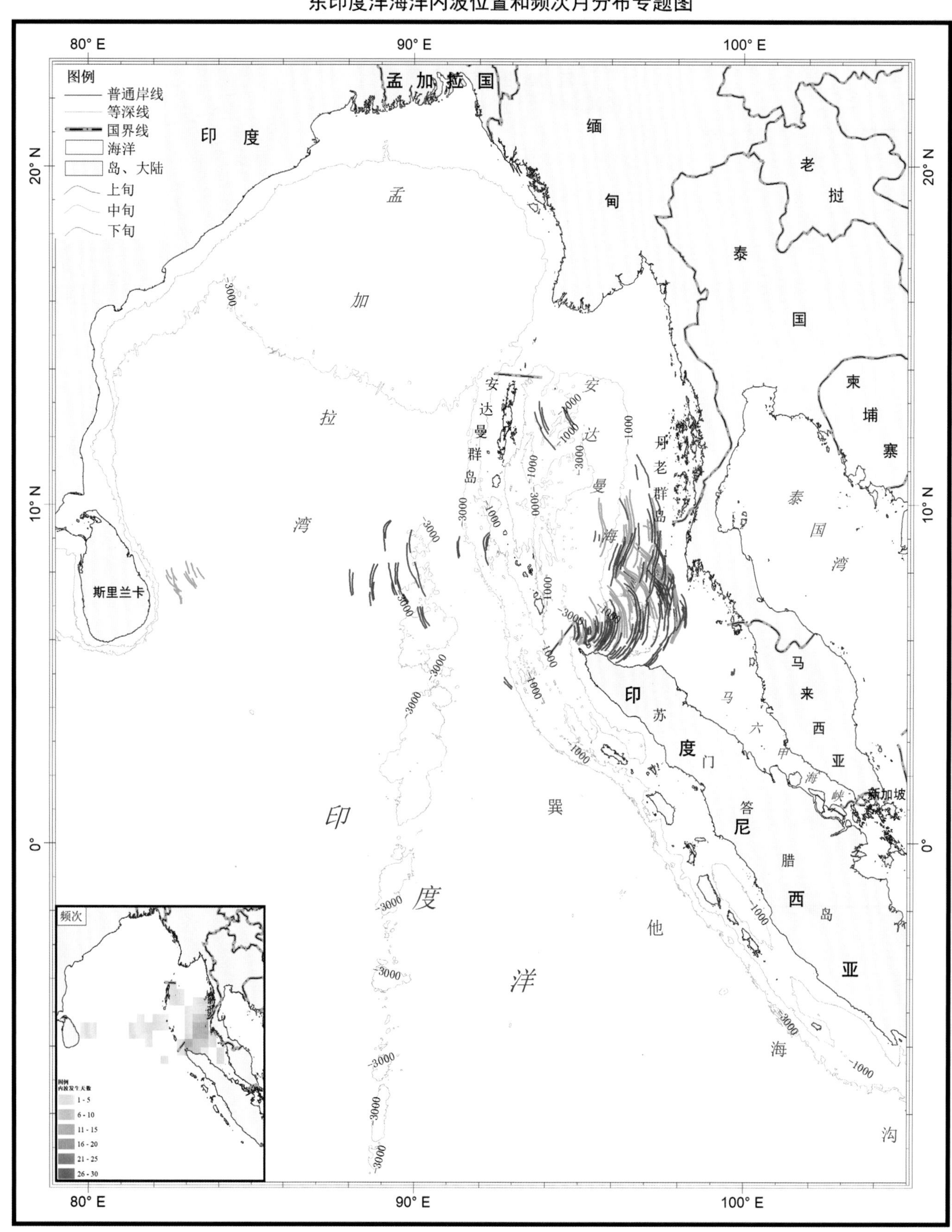

调查数据源：MODIS、SAR数据
数据空间分辨率：250m
数据时间：2011年8月

比例尺：1:14 000 000
坐标系：CGCS2000
投影信息：墨卡托投影

高程基准：1985国家高程基准
制图单位：自然资源部第一海洋研究所
制图时间：2022年1月

东印度洋海洋内波位置和频次月分布专题图

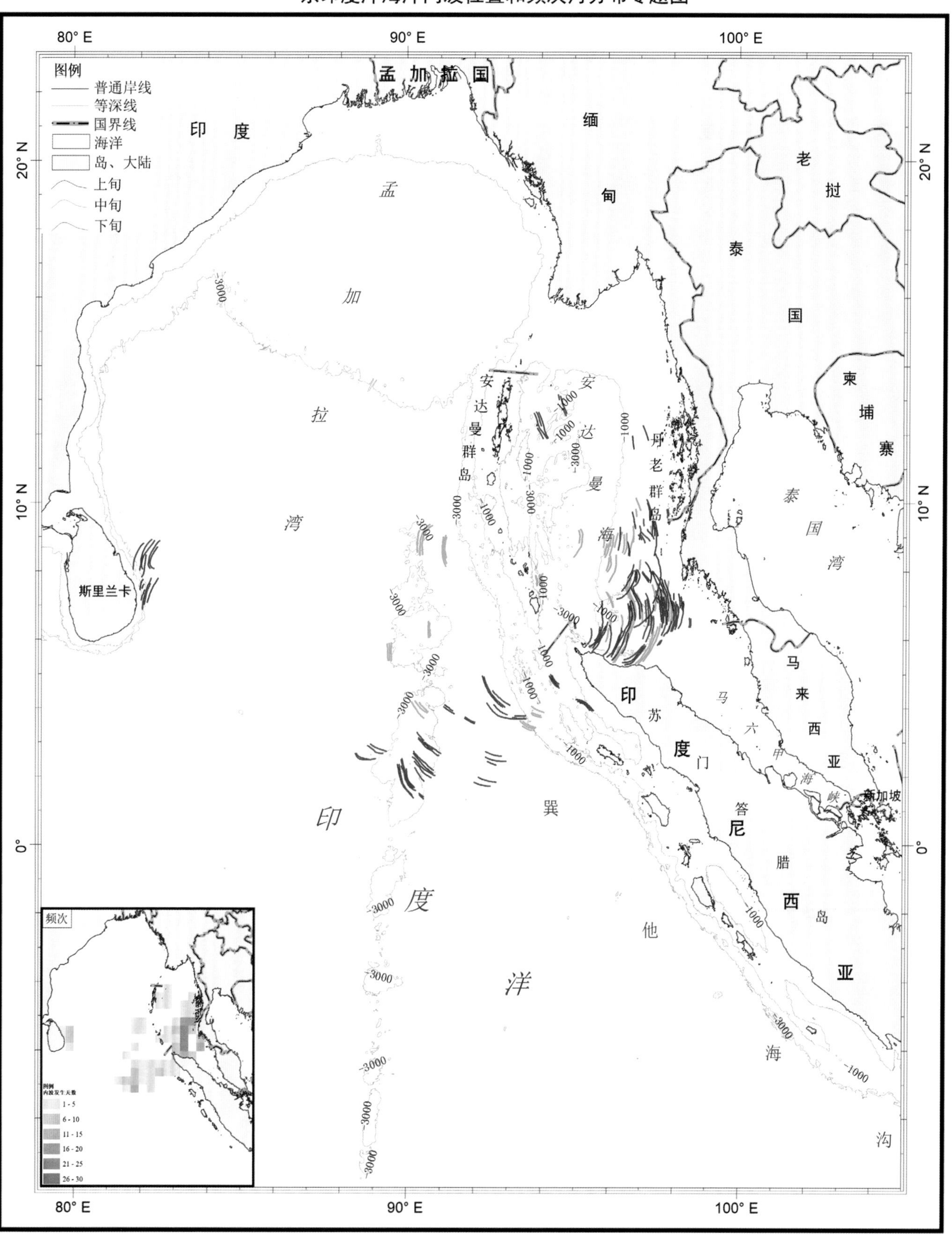

调查数据源：MODIS、SAR数据　　比例尺：1:14 000 000　　高程基准：1985国家高程基准

数据空间分辨率：250m　　坐标系：CGCS2000　　制图单位：自然资源部第一海洋研究所

数据时间：2011年9月　　投影信息：墨卡托投影　　制图时间：2022年1月

东印度洋海洋内波位置和频次月分布专题图

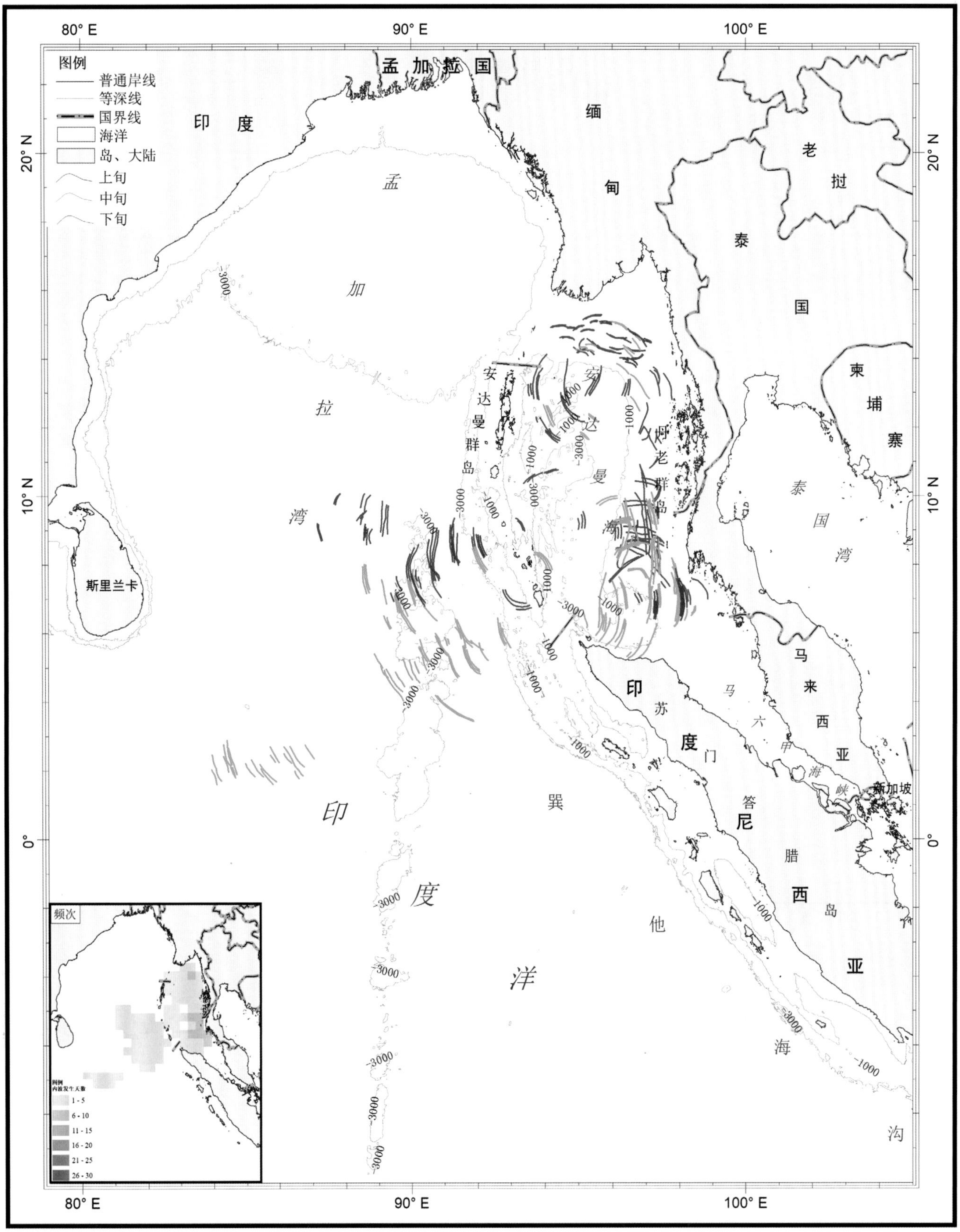

图例
普通岸线
等深线
国界线
海洋
岛、大陆
上旬
中旬
下旬

频次
图例
内波发生天数
1 - 5
6 - 10
11 - 15
16 - 20
21 - 25
26 - 30

调查数据源：MODIS、SAR数据	比例尺：1:14 000 000	高程基准：1985国家高程基准
数据空间分辨率：250m	坐标系：CGCS2000	制图单位：自然资源部第一海洋研究所
数据时间：2011年10月	投影信息：墨卡托投影	制图时间：2022年1月

东印度洋海洋内波位置和频次月分布专题图

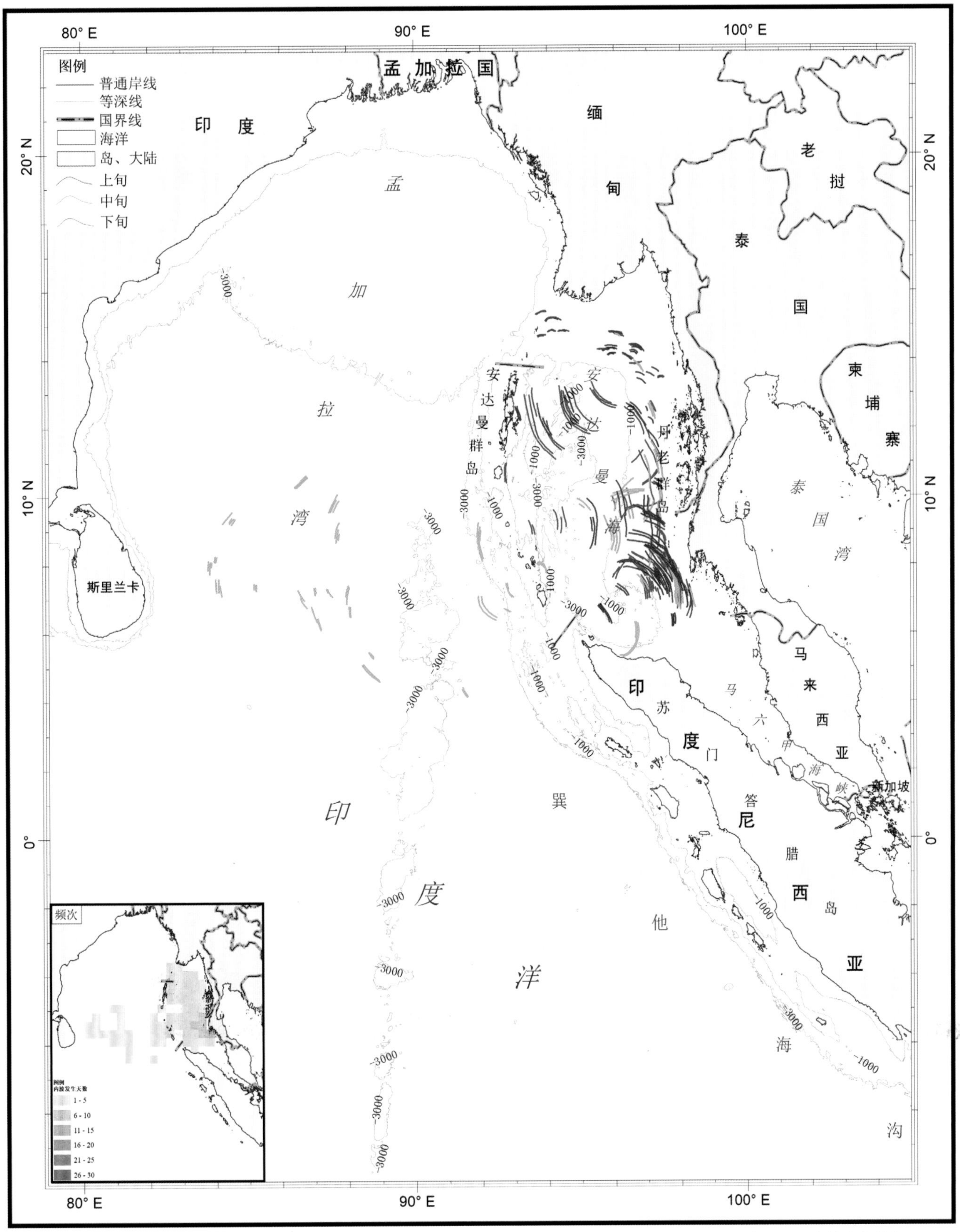

调查数据源：MODIS、SAR数据
数据空间分辨率：250m
数据时间：2011年11月

比例尺：1:14 000 000
坐标系：CGCS2000
投影信息：墨卡托投影

高程基准：1985国家高程基准
制图单位：自然资源部第一海洋研究所
制图时间：2022年1月

东印度洋海洋内波位置和频次月分布专题图

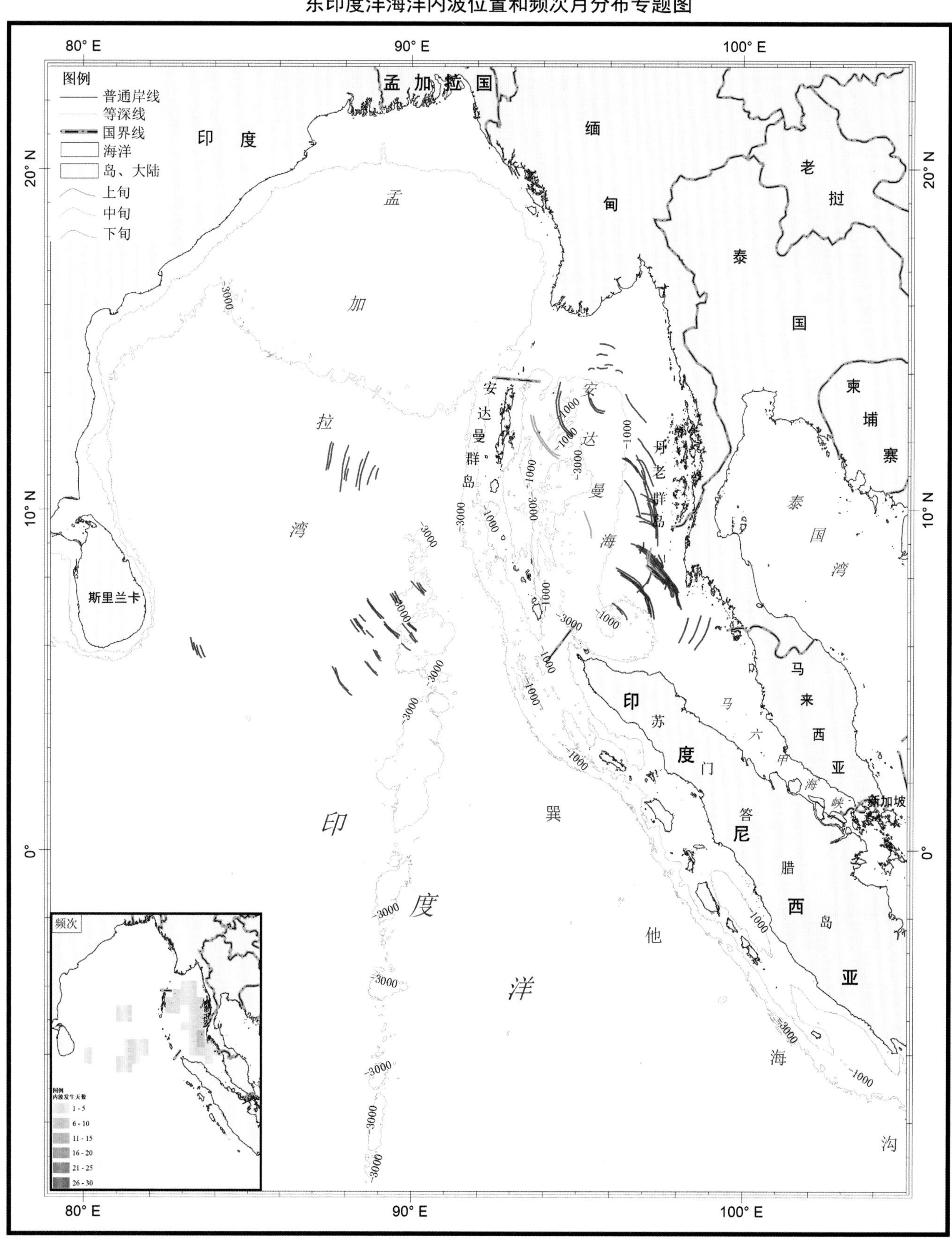

调查数据源：MODIS、SAR数据
数据空间分辨率：250m
数据时间：2011年12月

比例尺：1:14 000 000
坐标系：CGCS2000
投影信息：墨卡托投影

高程基准：1985国家高程基准
制图单位：自然资源部第一海洋研究所
制图时间：2022年1月

东印度洋海洋内波位置和频次季分布专题图

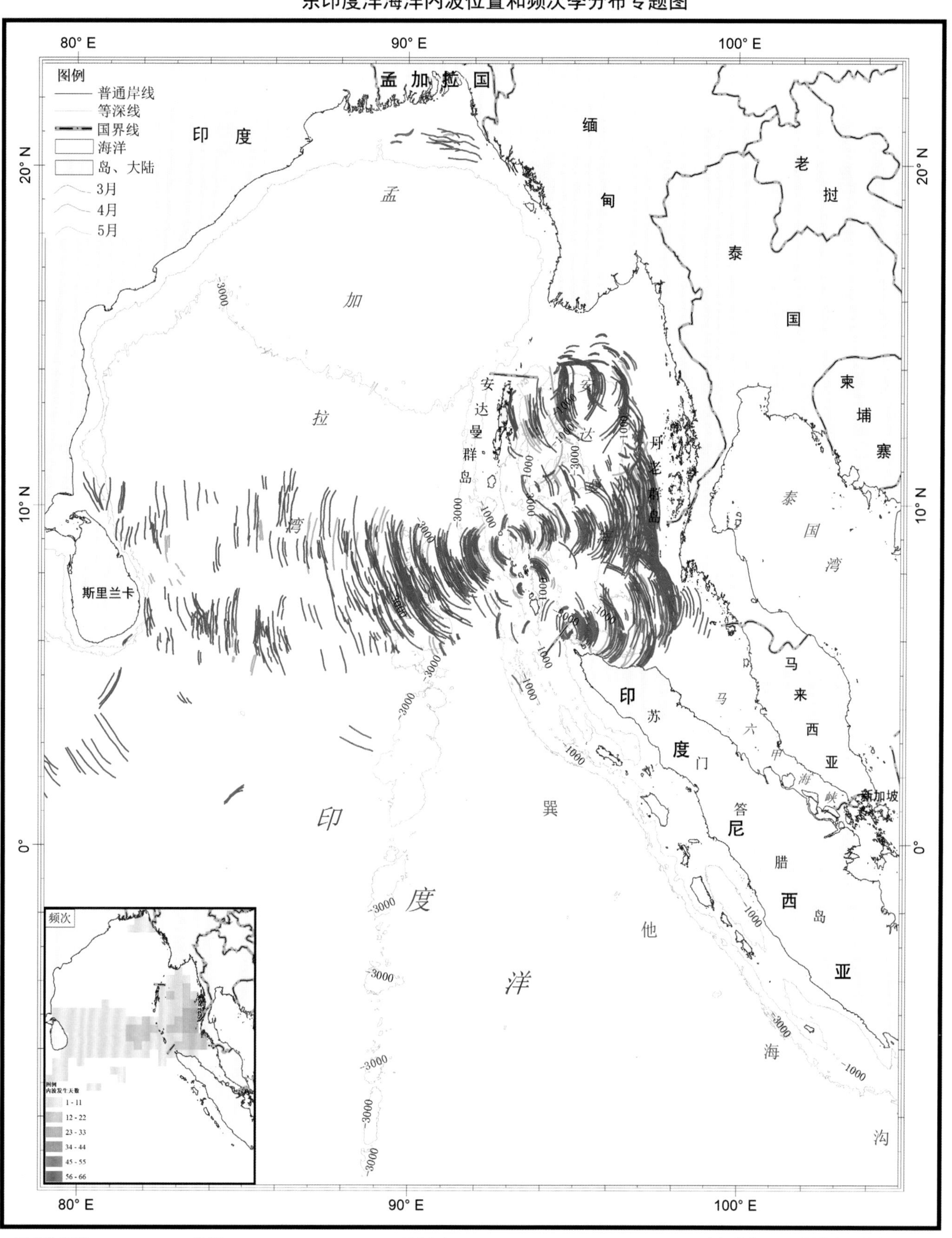

调查数据源：MODIS、SAR数据
数据空间分辨率：250m
数据时间：2011年春季

比例尺：1:14 000 000
坐标系：CGCS2000
投影信息：墨卡托投影

高程基准：1985国家高程基准
制图单位：自然资源部第一海洋研究所
制图时间：2022年1月

东印度洋海洋内波位置和频次季分布专题图

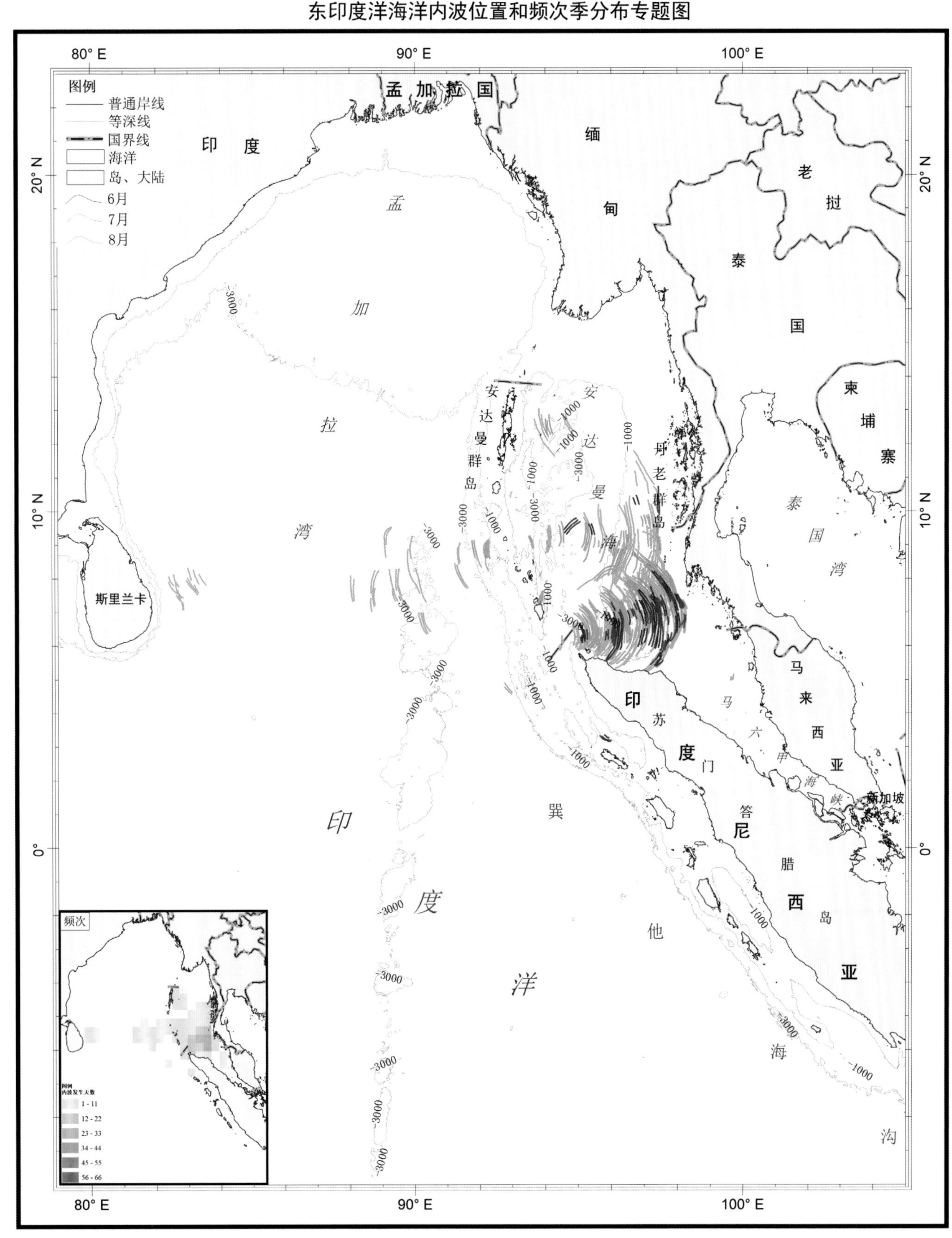

调查数据源：MODIS、SAR数据
数据空间分辨率：250m
数据时间：2011年夏季

比例尺：1:14 000 000
坐标系：CGCS2000
投影信息：墨卡托投影

高程基准：1985国家高程基准
制图单位：自然资源部第一海洋研究所
制图时间：2022年1月

东印度洋海洋内波位置和频次季分布专题图

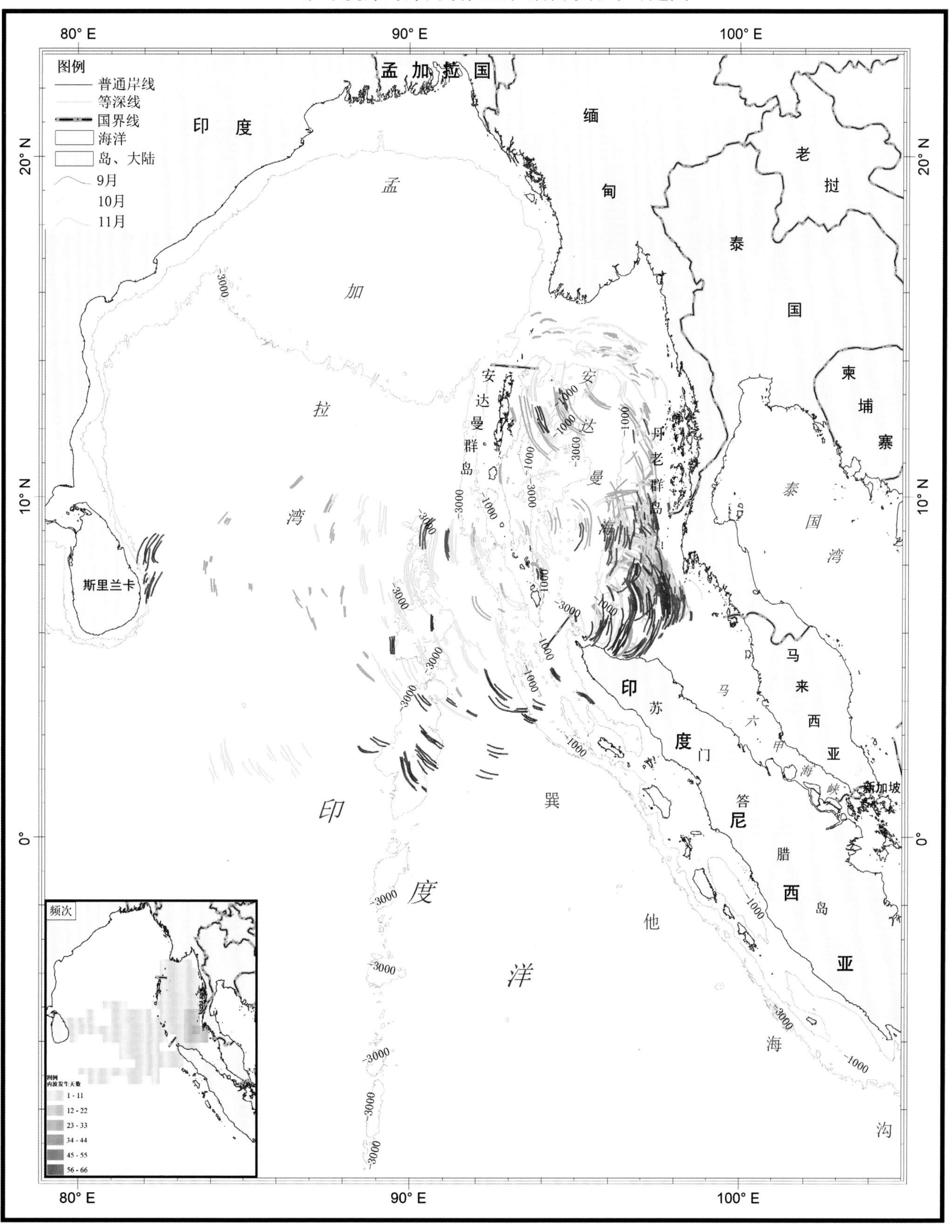

调查数据源：MODIS、SAR数据　　比例尺：1:14 000 000　　高程基准：1985国家高程基准

数据空间分辨率：250m　　坐标系：CGCS2000　　制图单位：自然资源部第一海洋研究所

数据时间：2011年秋季　　投影信息：墨卡托投影　　制图时间：2022年1月

东印度洋海洋内波位置和频次季分布专题图

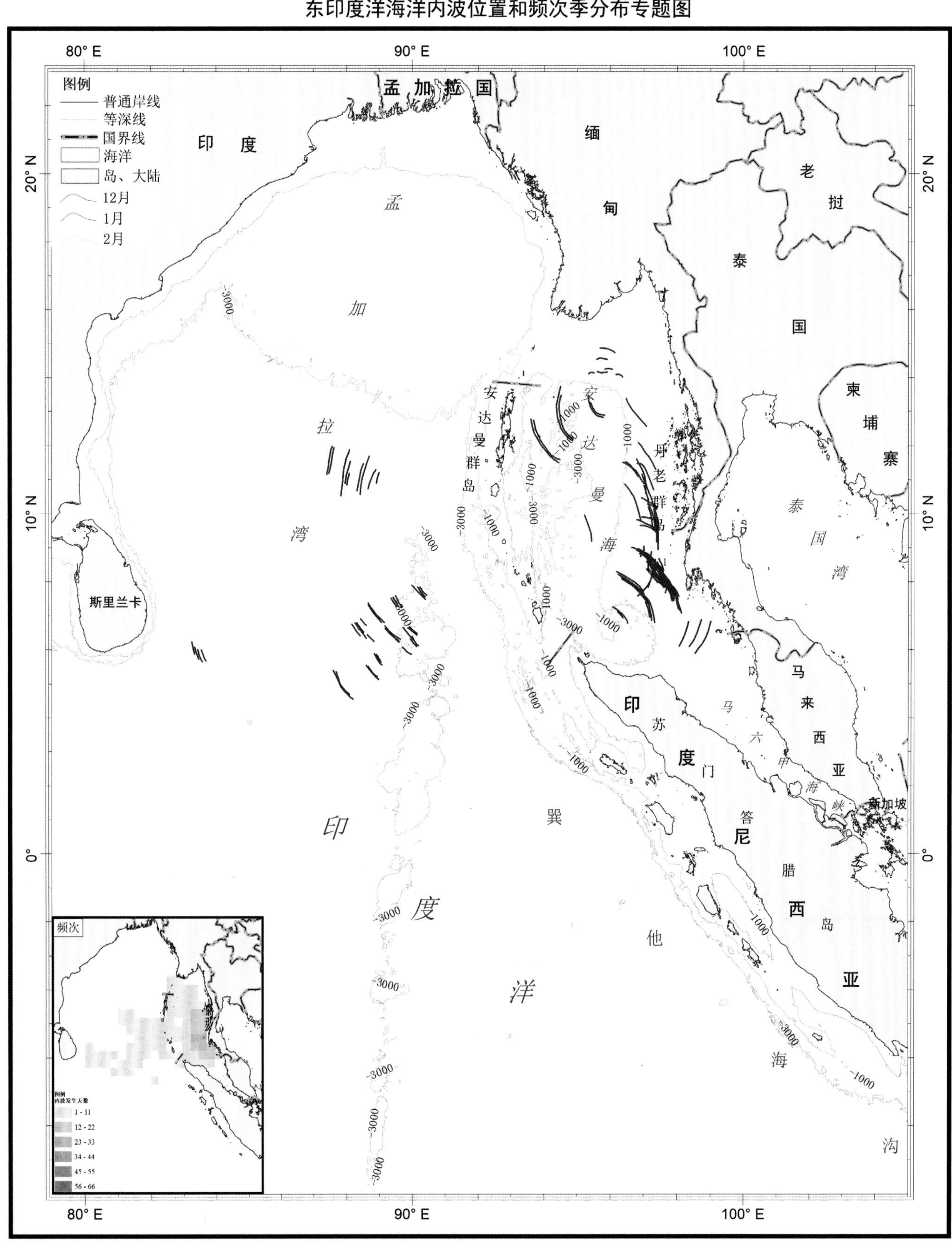

调查数据源：MODIS、SAR数据
数据空间分辨率：250m
数据时间：2011年冬季

比例尺：1:14 000 000
坐标系：CGCS2000
投影信息：墨卡托投影

高程基准：1985国家高程基准
制图单位：自然资源部第一海洋研究所
制图时间：2022年1月

东印度洋海洋内波位置和频次半年分布专题图

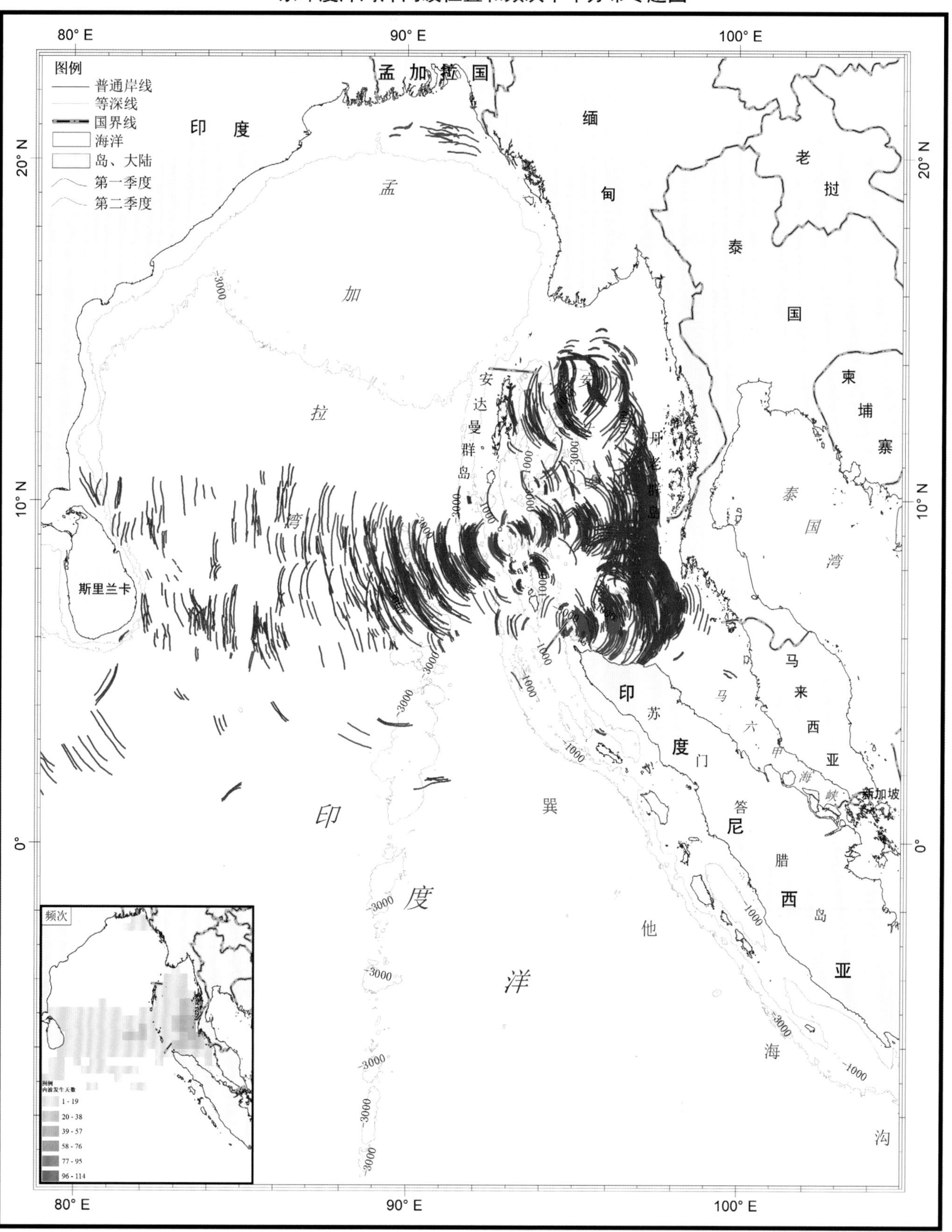

调查数据源：MODIS、SAR数据
数据空间分辨率：250m
数据时间：2011年上半年

比例尺：1:14 000 000
坐标系：CGCS2000
投影信息：墨卡托投影

高程基准：1985国家高程基准
制图单位：自然资源部第一海洋研究所
制图时间：2022年1月

东印度洋海洋内波位置和频次半年分布专题图

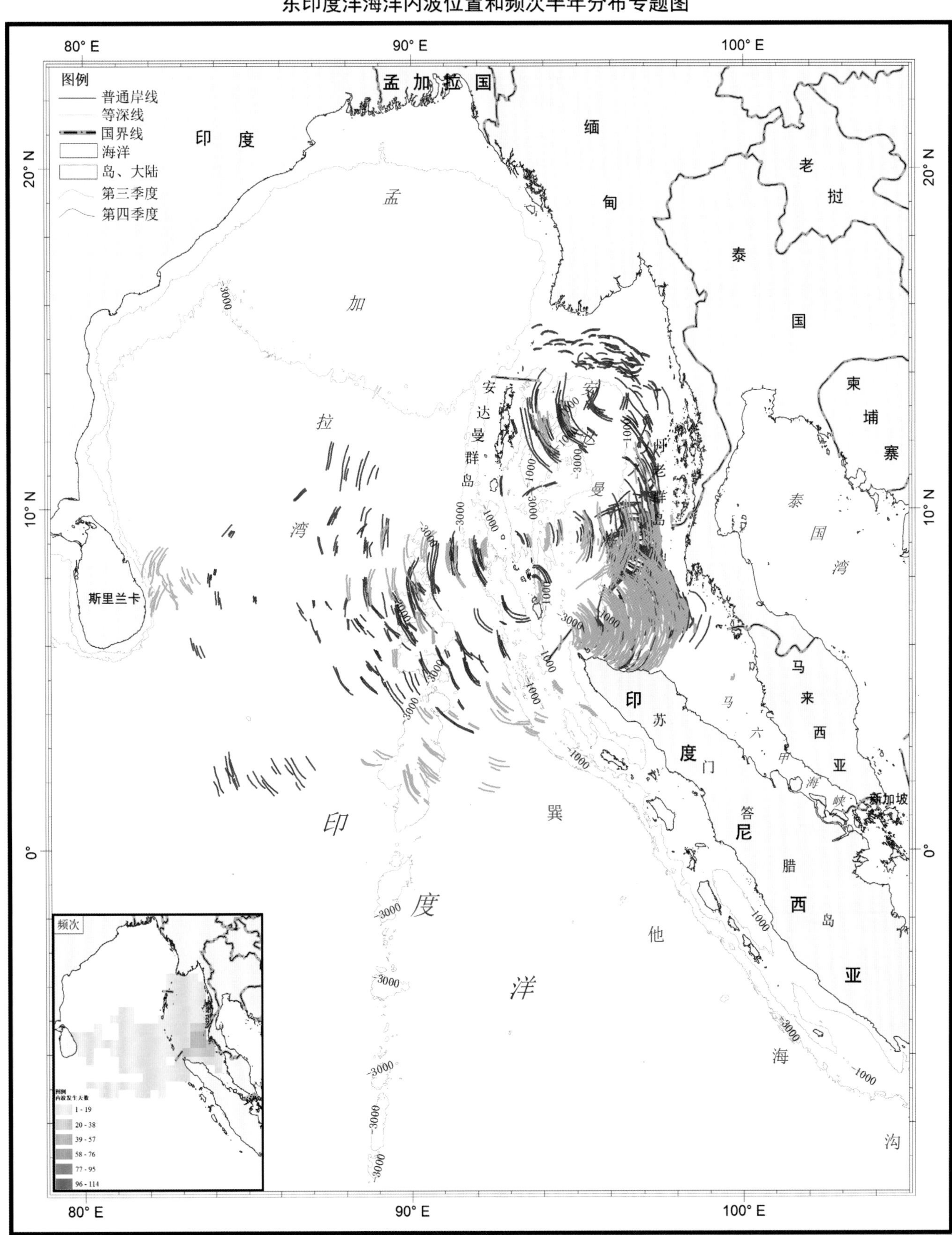

调查数据源：MODIS、SAR数据
数据空间分辨率：250m
数据时间：2011年下半年

比例尺：1:14 000 000
坐标系：CGCS2000
投影信息：墨卡托投影

高程基准：1985国家高程基准
制图单位：自然资源部第一海洋研究所
制图时间：2022年1月

东印度洋海洋内波位置和频次年分布专题图

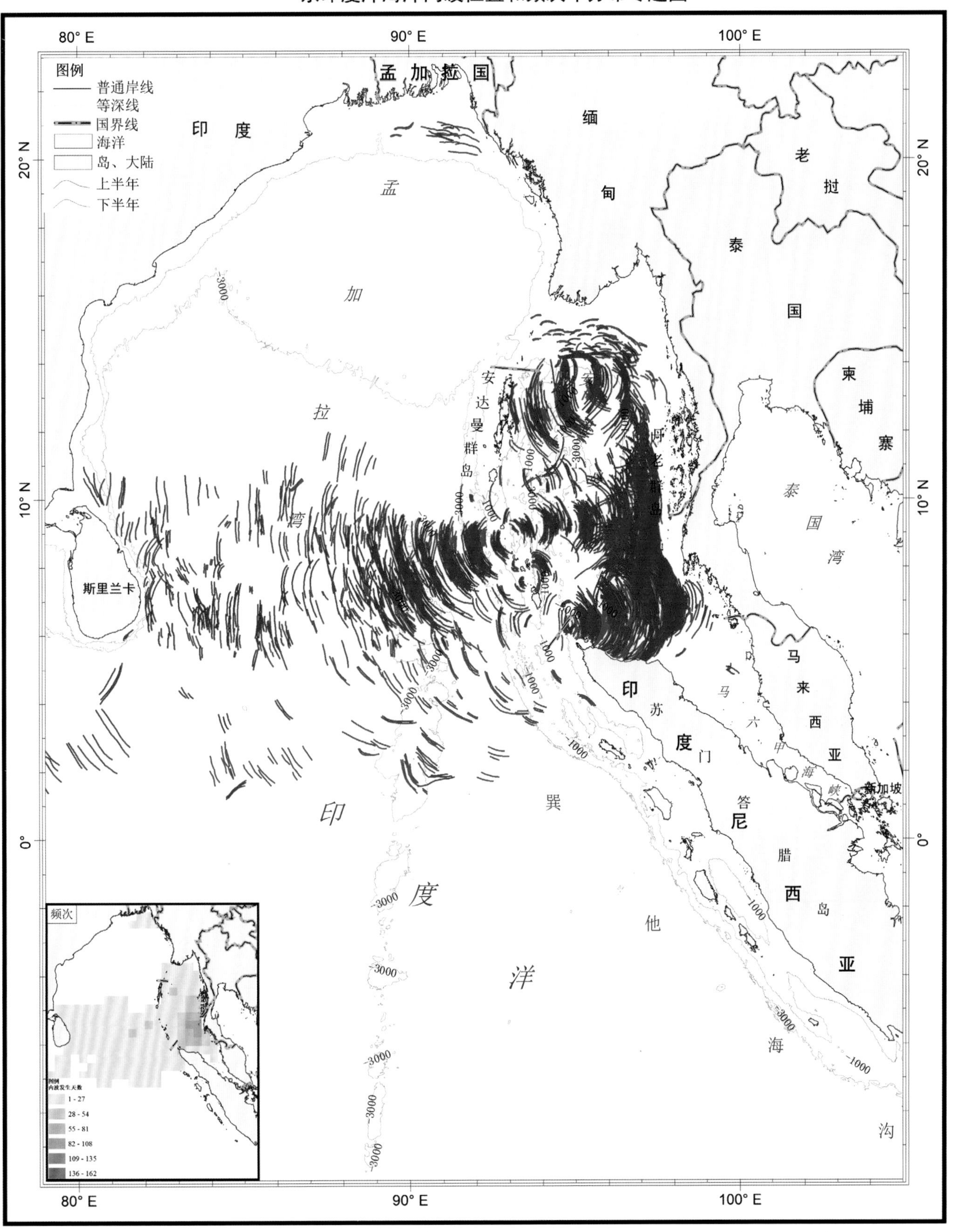

调查数据源：MODIS、SAR数据　　比例尺：1:14 000 000　　高程基准：1985国家高程基准

数据空间分辨率：250m　　坐标系：CGCS2000　　制图单位：自然资源部第一海洋研究所

数据时间：2011年全年　　投影信息：墨卡托投影　　制图时间：2022年1月

7.3 东印度洋内孤立波2012年分布图

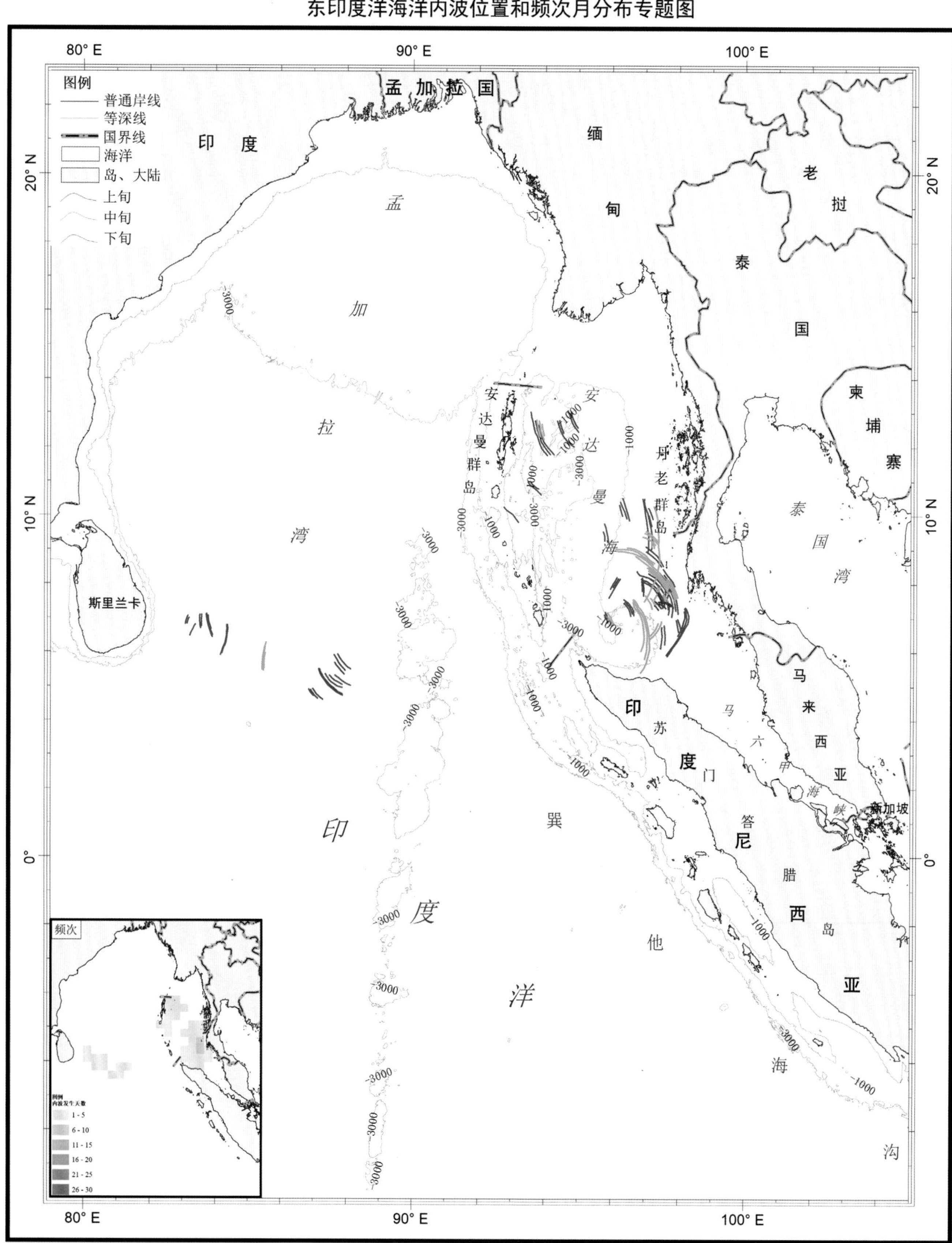

调查数据源：MODIS、SAR数据
数据空间分辨率：250m
数据时间：2012年1月

比例尺：1:14 000 000
坐标系：CGCS2000
投影信息：墨卡托投影

高程基准：1985国家高程基准
制图单位：自然资源部第一海洋研究所
制图时间：2022年1月

东印度洋海洋内波位置和频次月分布专题图

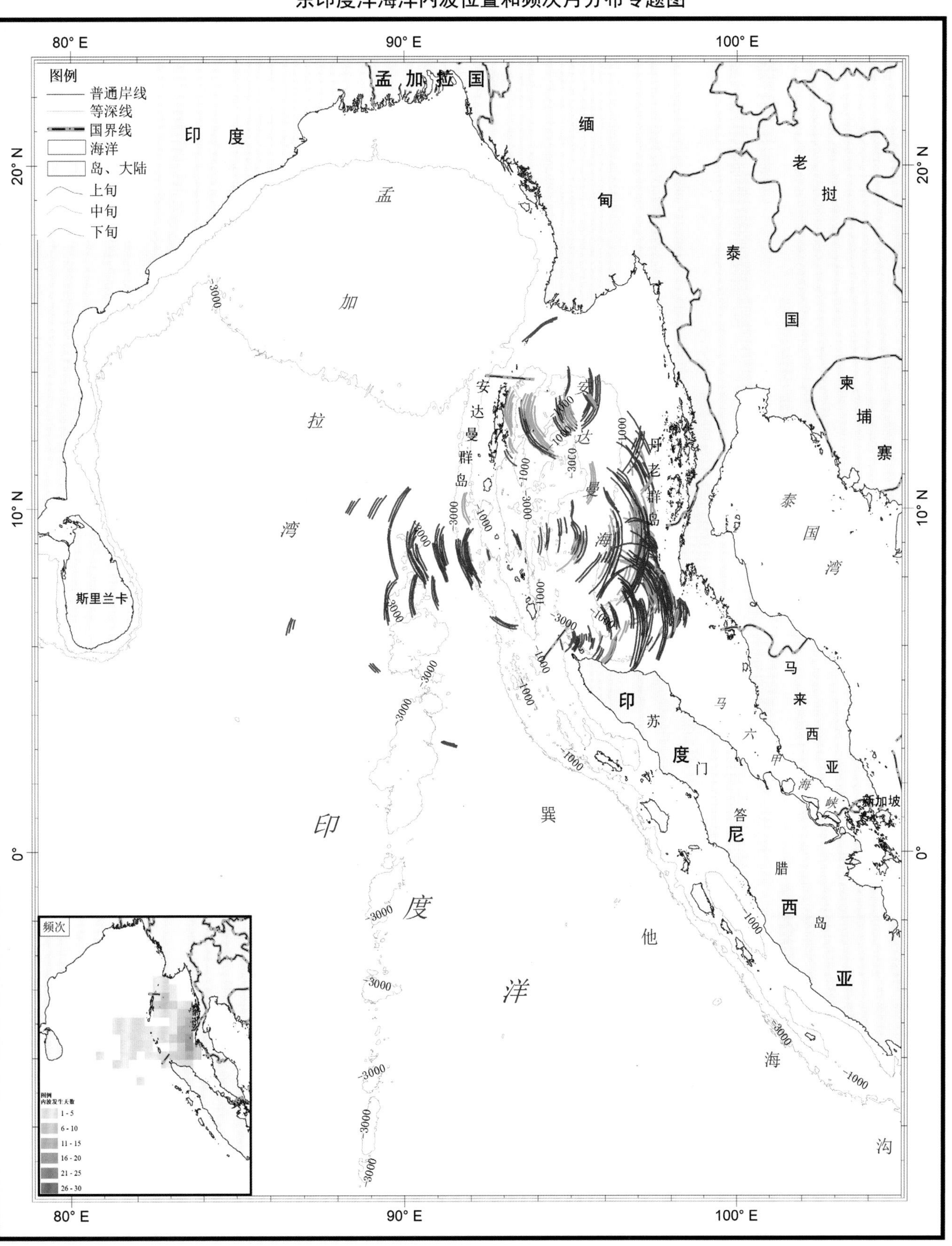

调查数据源：MODIS、SAR数据
数据空间分辨率：250m
数据时间：2012年2月

比例尺：1:14 000 000
坐标系：CGCS2000
投影信息：墨卡托投影

高程基准：1985国家高程基准
制图单位：自然资源部第一海洋研究所
制图时间：2022年1月

东印度洋海洋内波位置和频次月分布专题图

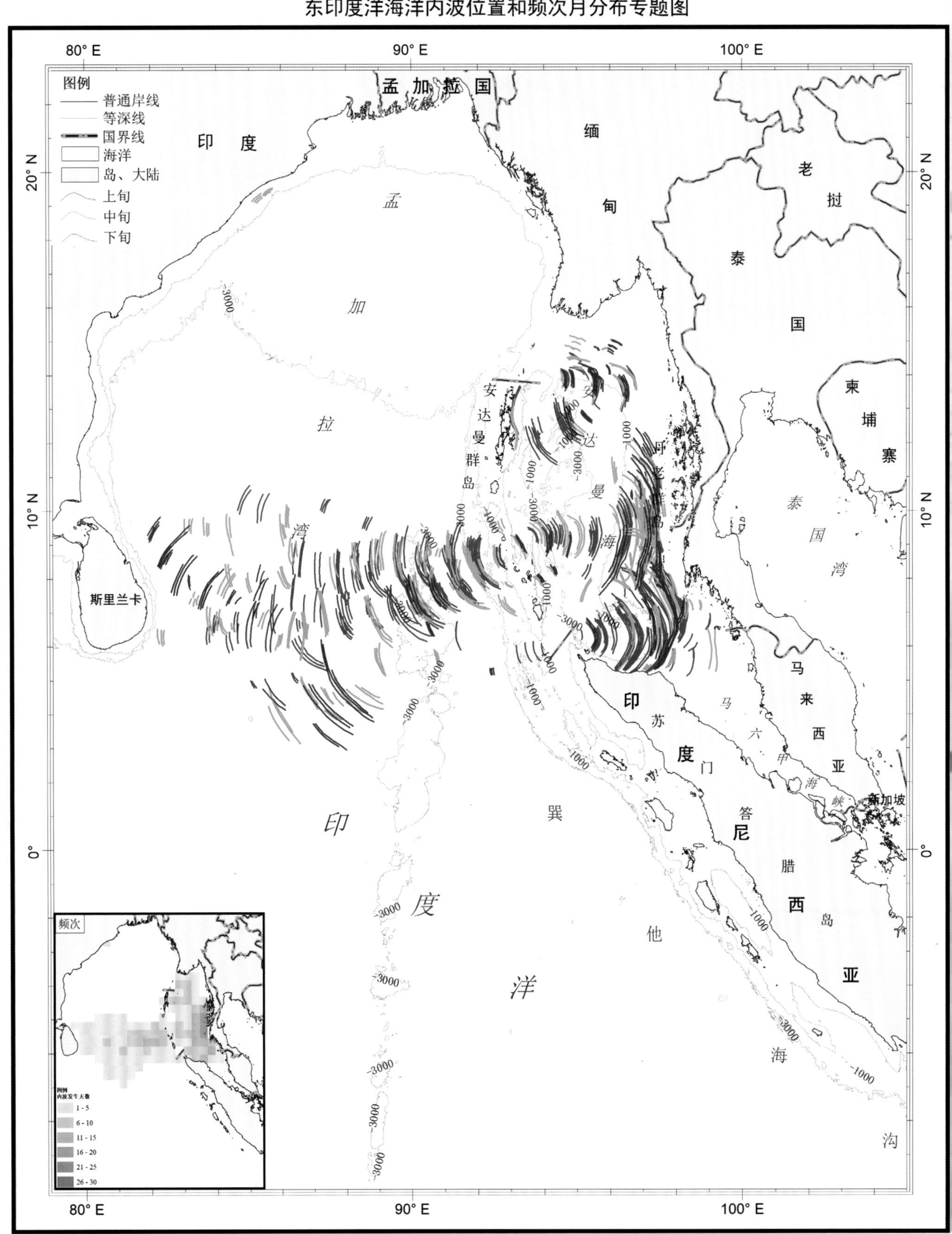

调查数据源：MODIS、SAR数据
数据空间分辨率：250m
数据时间：2012年3月
比例尺：1:14 000 000
坐标系：CGCS2000
投影信息：墨卡托投影
高程基准：1985国家高程基准
制图单位：自然资源部第一海洋研究所
制图时间：2022年1月

东印度洋海洋内波位置和频次月分布专题图

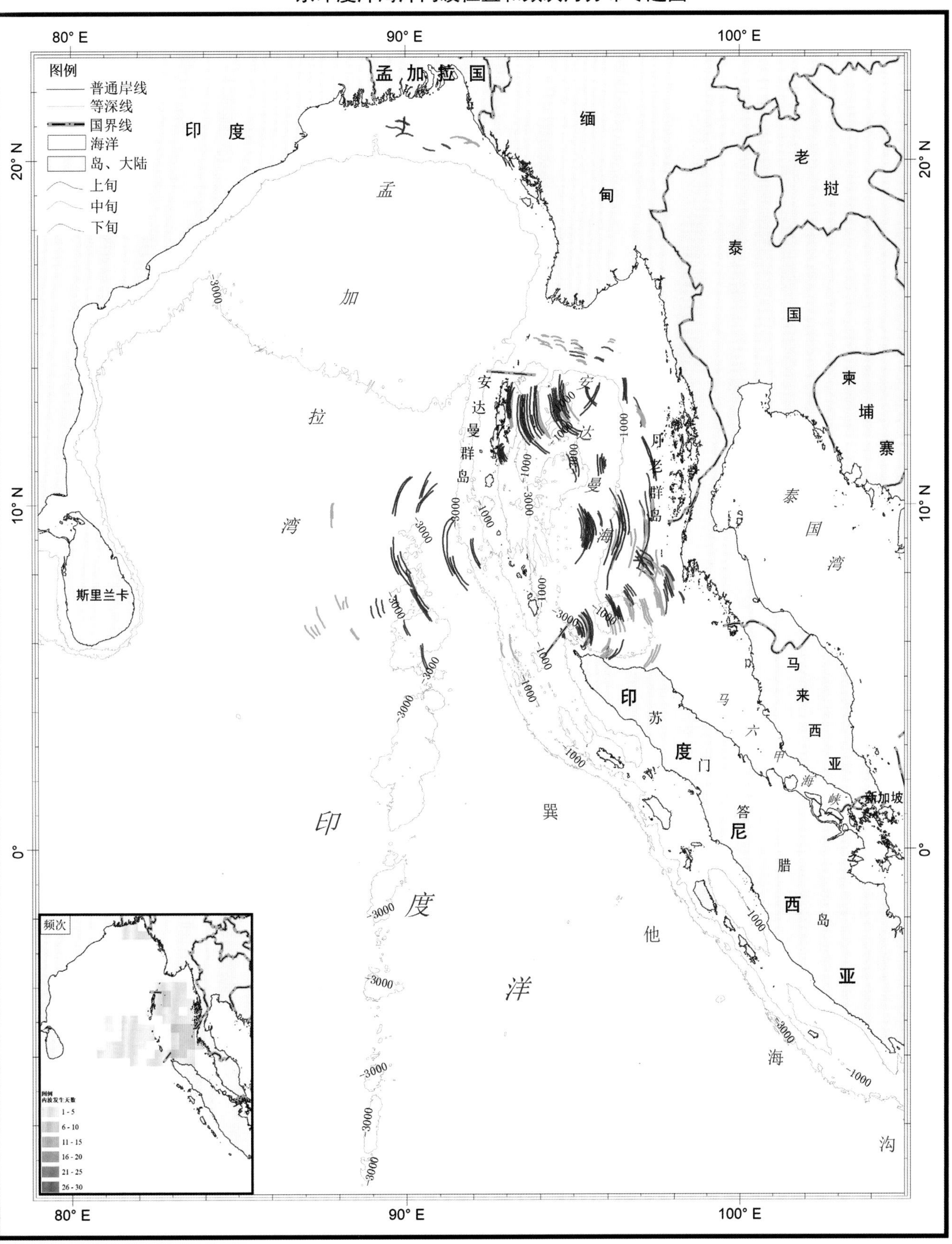

调查数据源：MODIS、SAR数据　　比例尺：1:14 000 000　　高程基准：1985国家高程基准

数据空间分辨率：250m　　坐标系：CGCS2000　　制图单位：自然资源部第一海洋研究所

数据时间：2012年4月　　投影信息：墨卡托投影　　制图时间：2022年1月

东印度洋海洋内波位置和频次月分布专题图

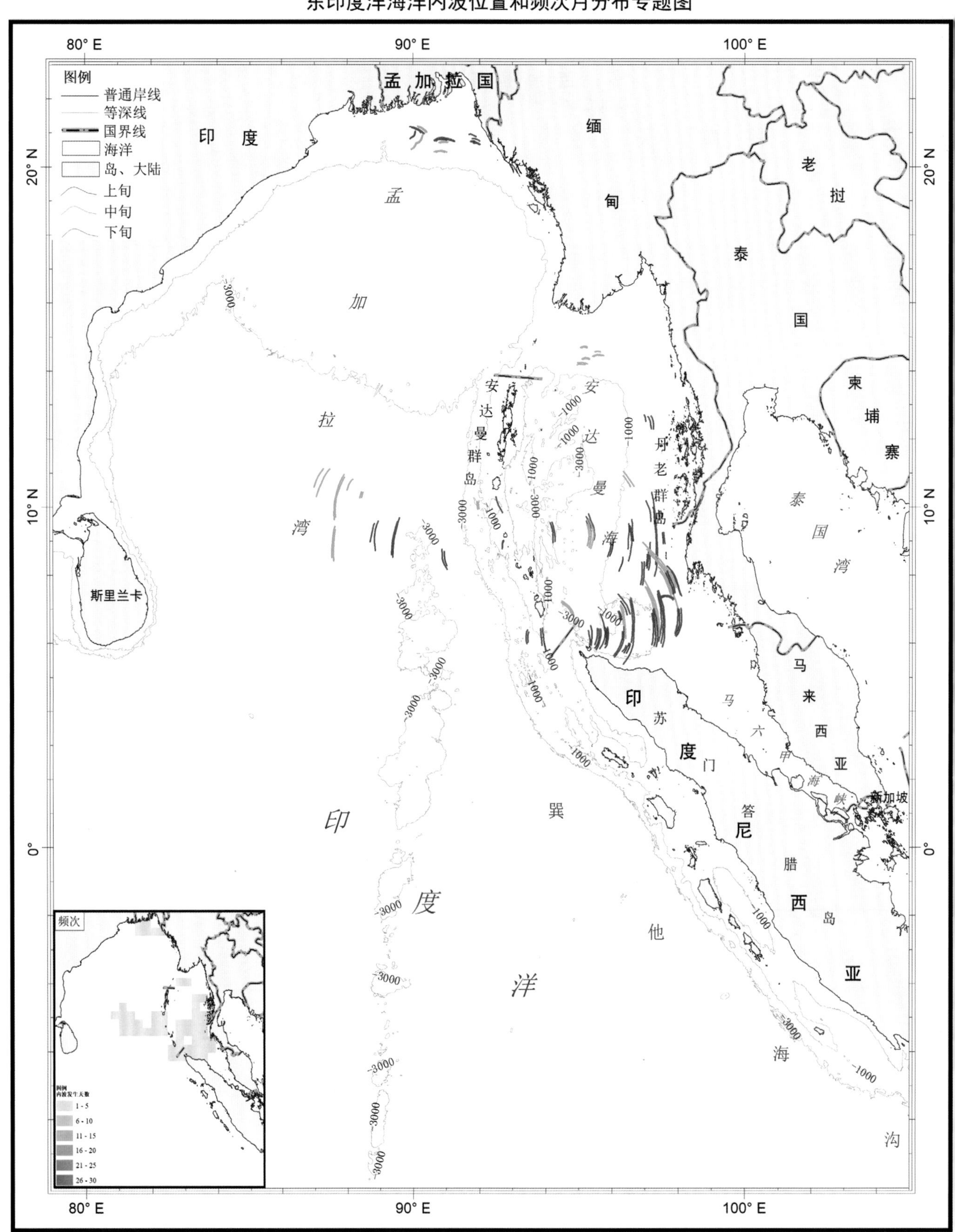

调查数据源：MODIS、SAR数据
数据空间分辨率：250m
数据时间：2012年5月

比例尺：1:14 000 000
坐标系：CGCS2000
投影信息：墨卡托投影

高程基准：1985国家高程基准
制图单位：自然资源部第一海洋研究所
制图时间：2022年1月

东印度洋海洋内波位置和频次月分布专题图

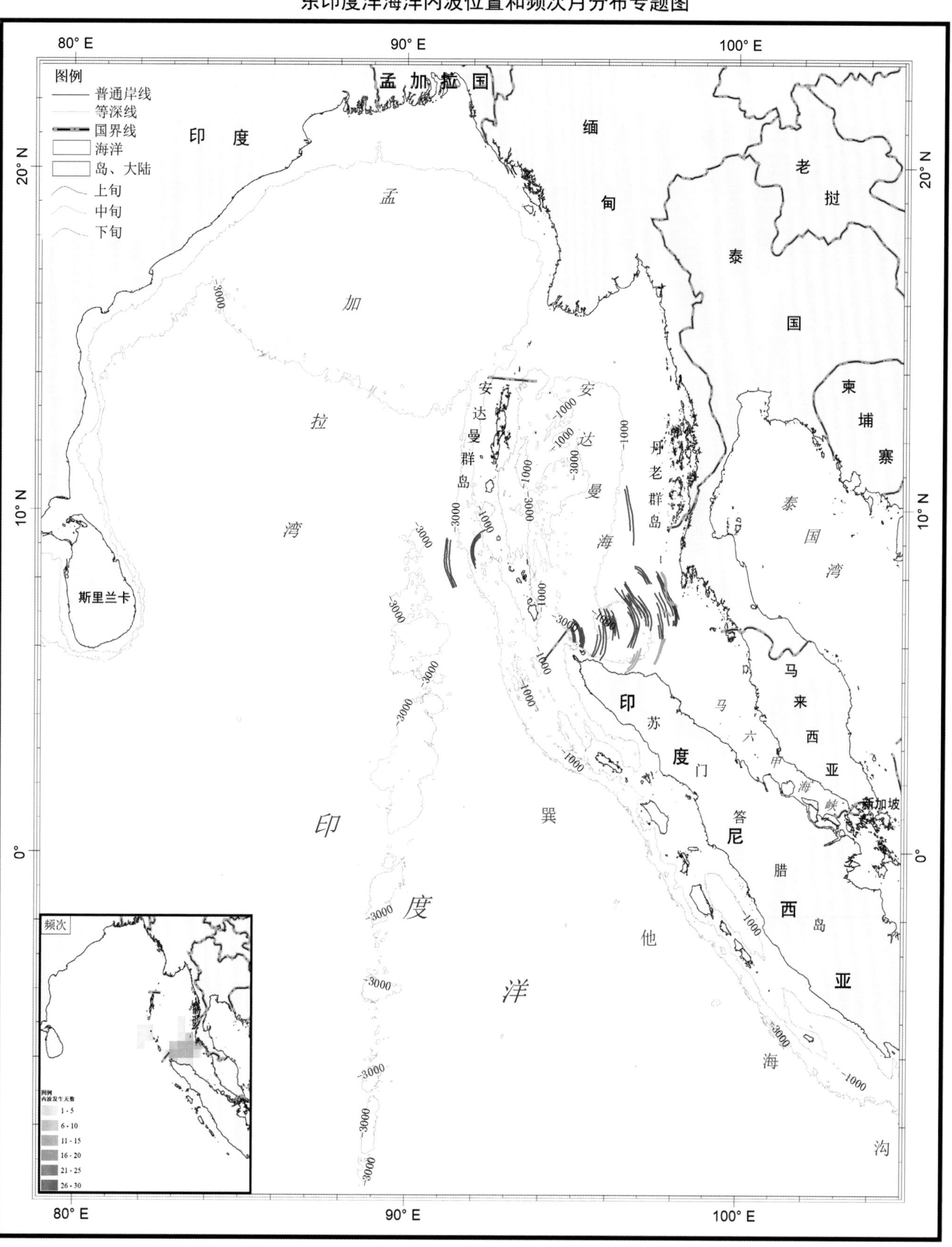

调查数据源：MODIS、SAR数据
数据空间分辨率：250m
数据时间：2012年6月

比例尺：1:14 000 000
坐标系：CGCS2000
投影信息：墨卡托投影

高程基准：1985国家高程基准
制图单位：自然资源部第一海洋研究所
制图时间：2022年1月

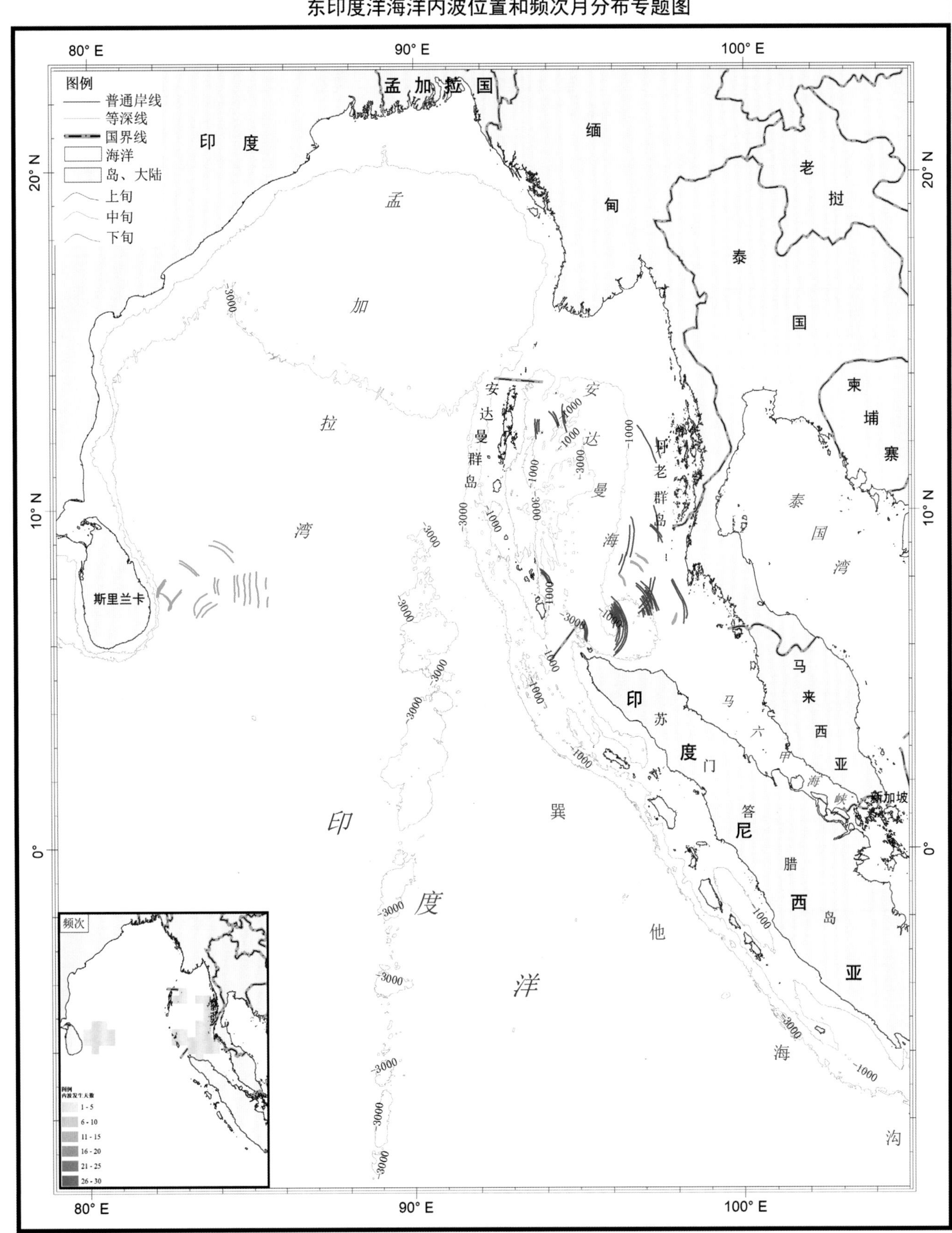

调查数据源：MODIS、SAR数据
数据空间分辨率：250m
数据时间：2012年7月

比例尺：1:14 000 000
坐标系：CGCS2000
投影信息：墨卡托投影

高程基准：1985国家高程基准
制图单位：自然资源部第一海洋研究所
制图时间：2022年1月

东印度洋海洋内波位置和频次月分布专题图

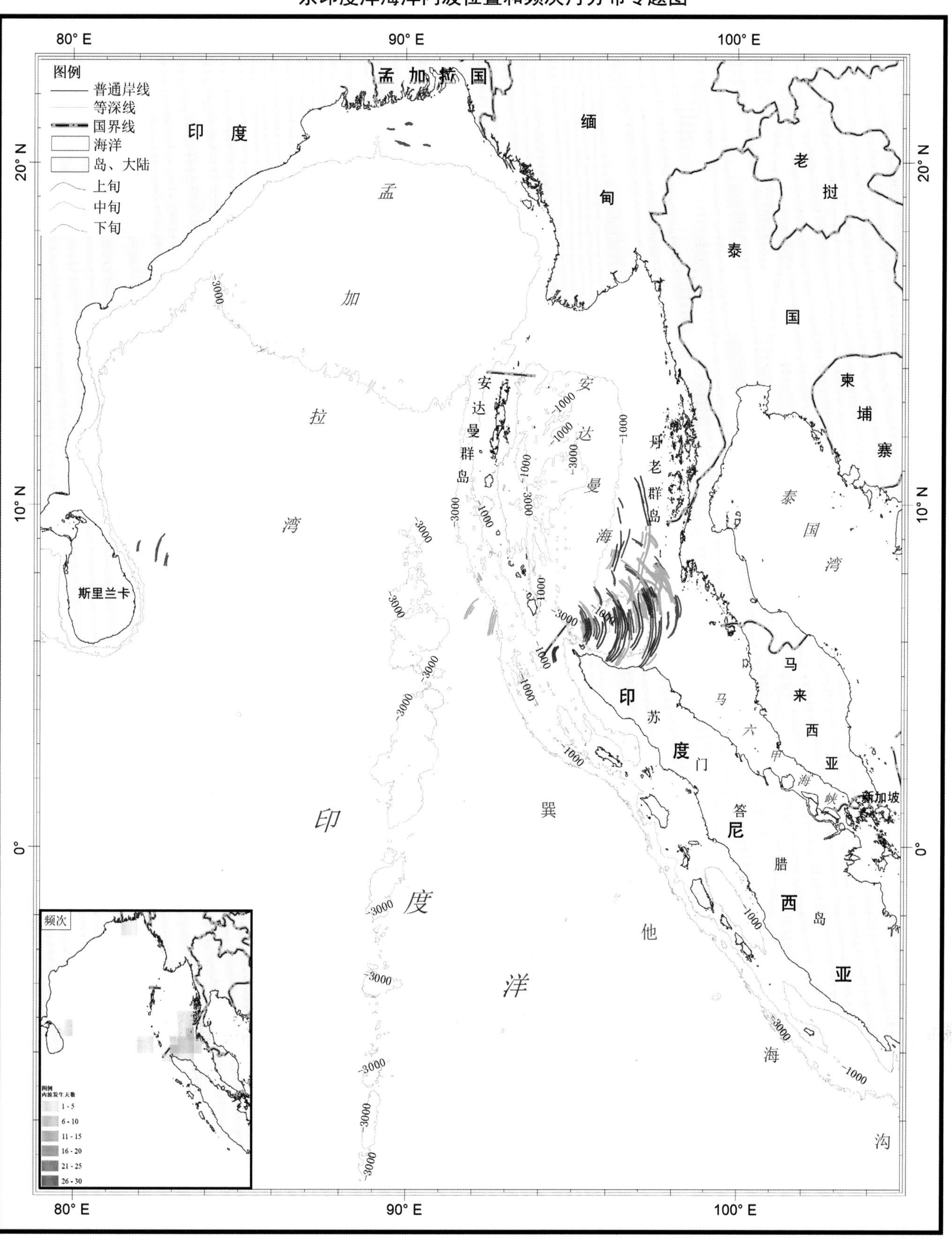

调查数据源：MODIS、SAR数据
数据空间分辨率：250m
数据时间：2012年8月

比例尺：1:14 000 000
坐标系：CGCS2000
投影信息：墨卡托投影

高程基准：1985国家高程基准
制图单位：自然资源部第一海洋研究所
制图时间：2022年1月

东印度洋海洋内波位置和频次月分布专题图

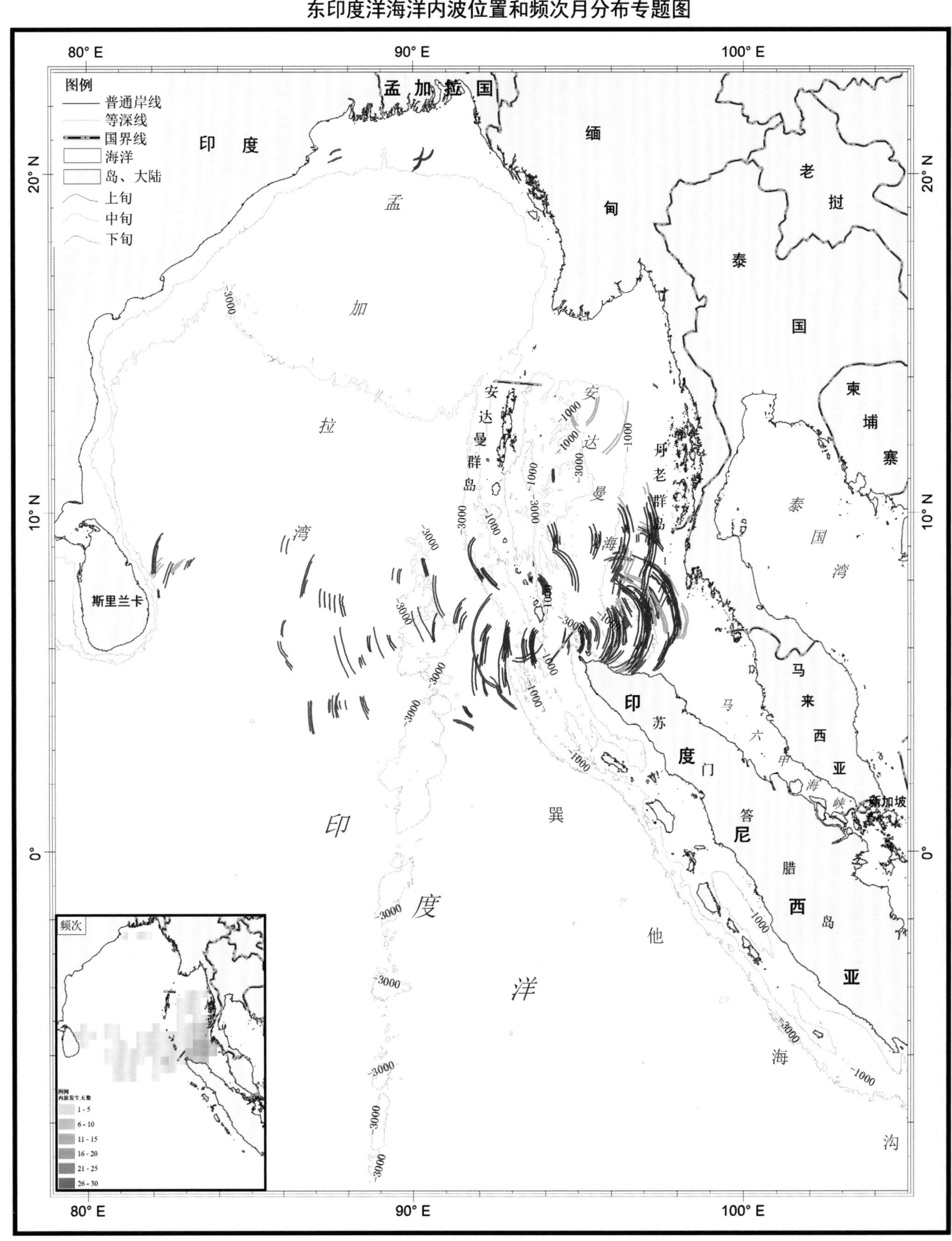

调查数据源：MODIS、SAR数据
数据空间分辨率：250m
数据时间：2012年9月

比例尺：1:14 000 000
坐标系：CGCS2000
投影信息：墨卡托投影

高程基准：1985国家高程基准
制图单位：自然资源部第一海洋研究所
制图时间：2022年1月

东印度洋海洋内波位置和频次月分布专题图

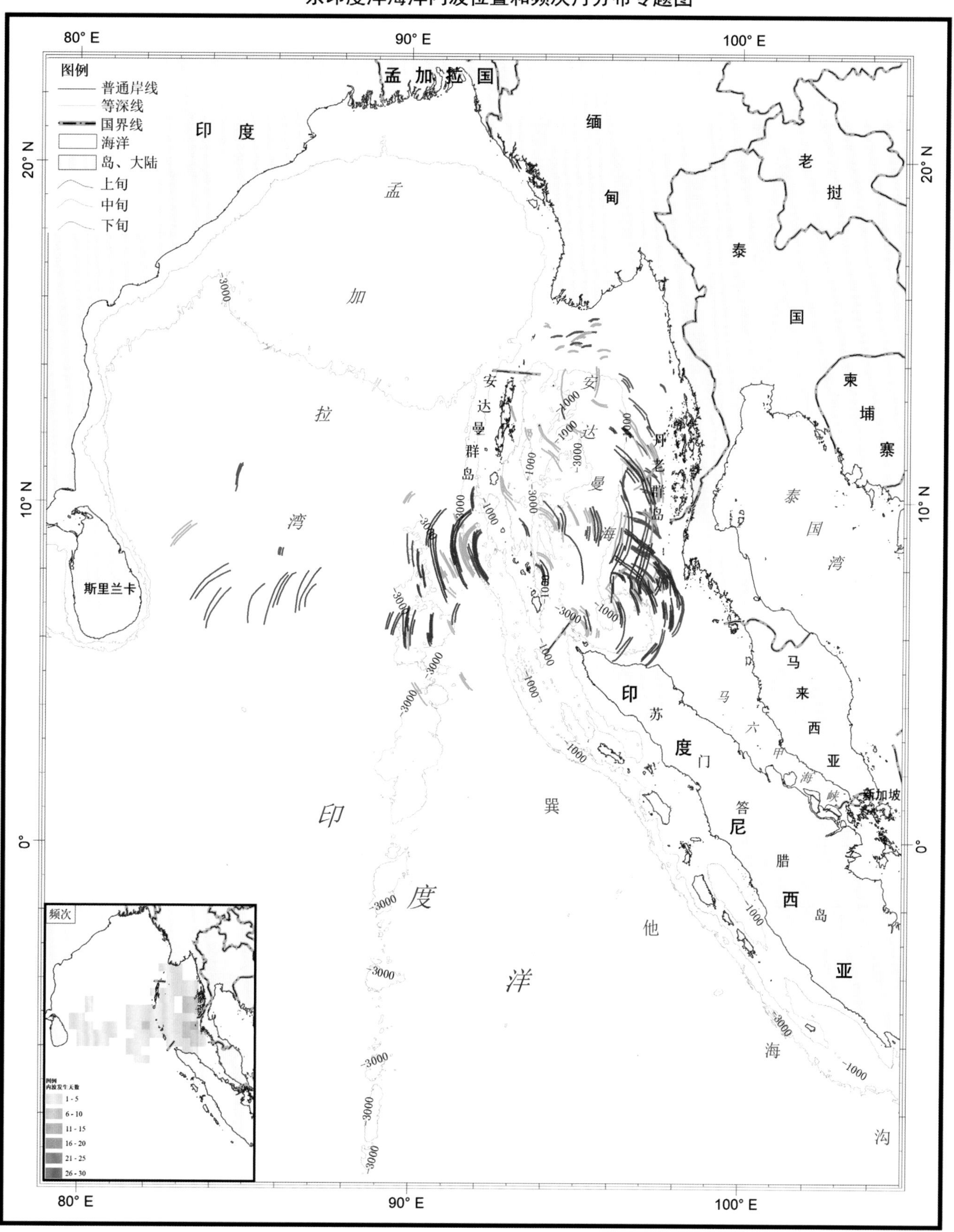

调查数据源：MODIS、SAR数据
数据空间分辨率：250m
数据时间：2012年10月

比例尺：1:14 000 000
坐标系：CGCS2000
投影信息：墨卡托投影

高程基准：1985国家高程基准
制图单位：自然资源部第一海洋研究所
制图时间：2022年1月

东印度洋海洋内波位置和频次月分布专题图

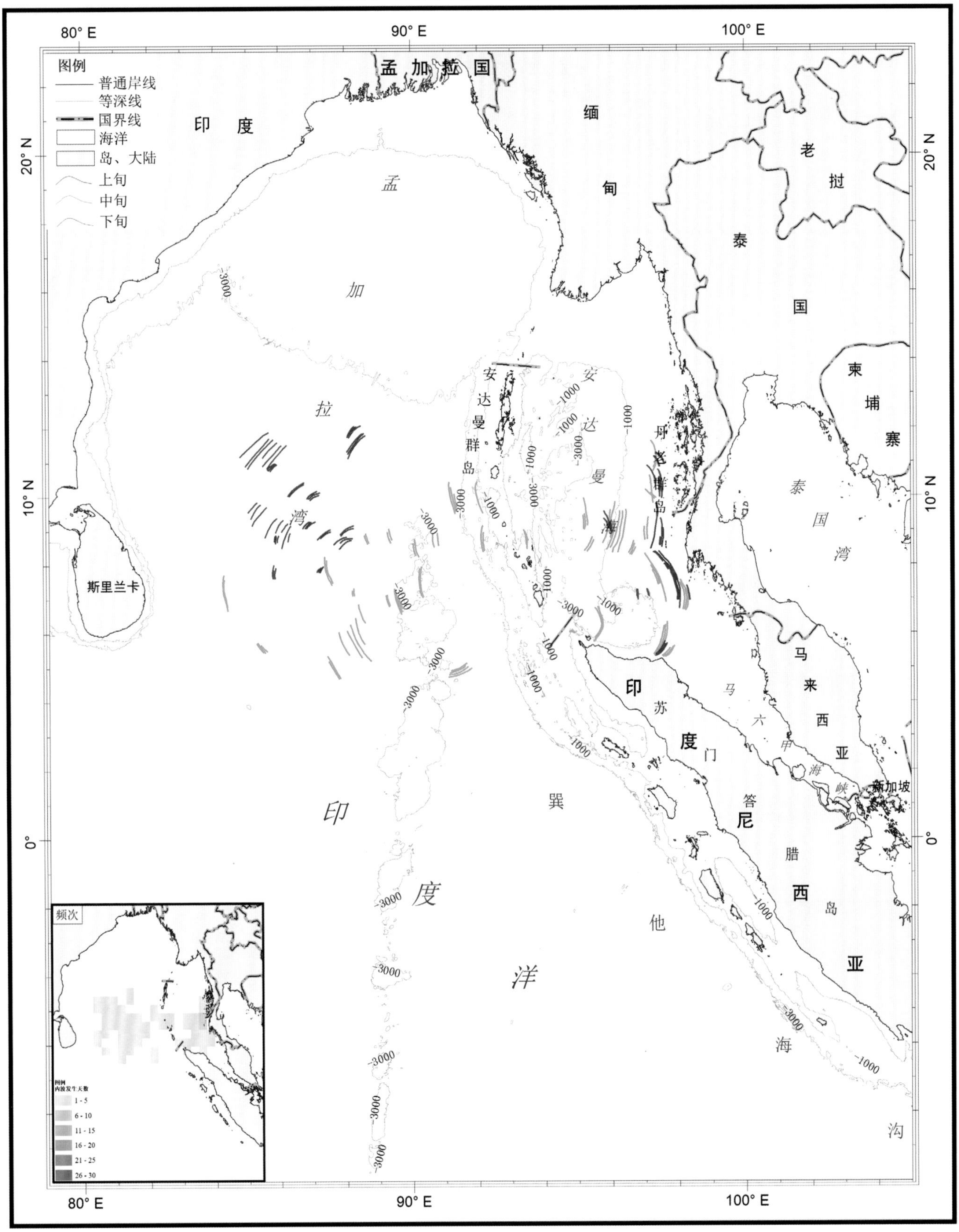

图例
普通岸线
等深线
国界线
海洋
岛、大陆
上旬
中旬
下旬

频次

调查数据源：MODIS、SAR数据
数据空间分辨率：250m
数据时间：2012年11月

比例尺：1:14 000 000
坐标系：CGCS2000
投影信息：墨卡托投影

高程基准：1985国家高程基准
制图单位：自然资源部第一海洋研究所
制图时间：2022年1月

东印度洋海洋内波位置和频次月分布专题图

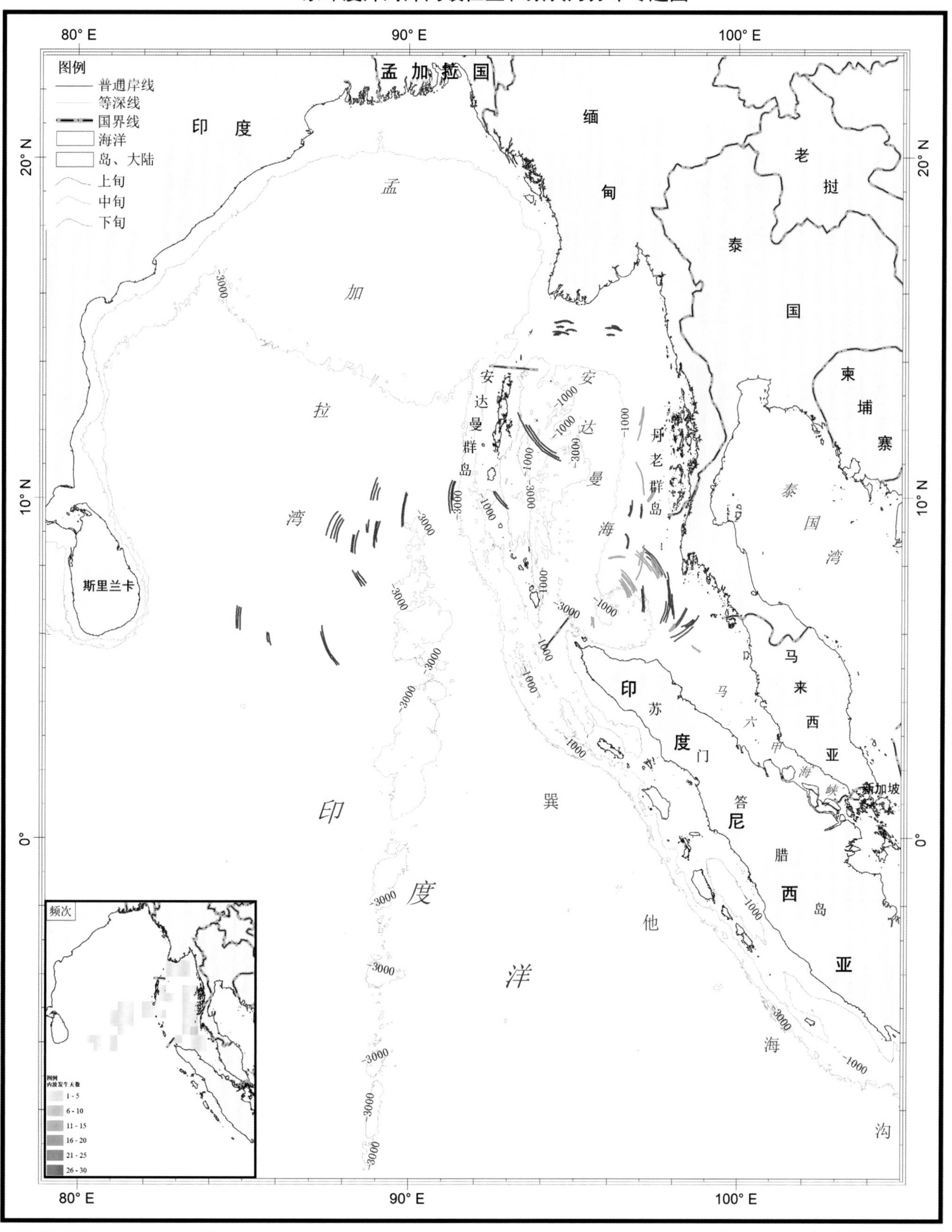

调查数据源：MODIS、SAR数据
数据空间分辨率：250m
数据时间：2012年12月

比例尺：1:14 000 000
坐标系：CGCS2000
投影信息：墨卡托投影

高程基准：1985国家高程基准
制图单位：自然资源部第一海洋研究所
制图时间：2022年1月

东印度洋海洋内波位置和频次季分布专题图

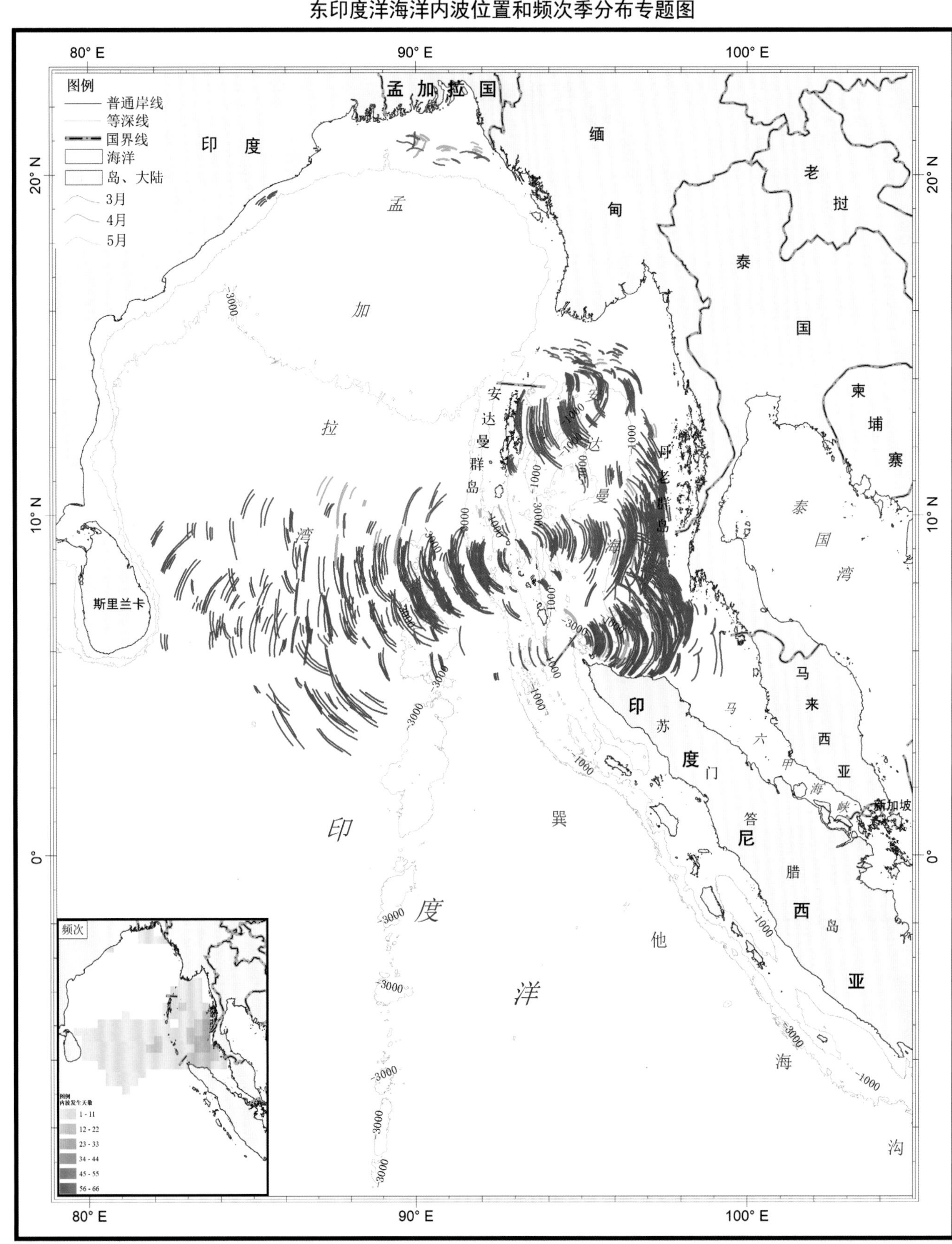

调查数据源：MODIS、SAR数据
数据空间分辨率：250m
数据时间：2012年春季

比例尺：1:14 000 000
坐标系：CGCS2000
投影信息：墨卡托投影

高程基准：1985国家高程基准
制图单位：自然资源部第一海洋研究所
制图时间：2022年1月

东印度洋海洋内波位置和频次季分布专题图

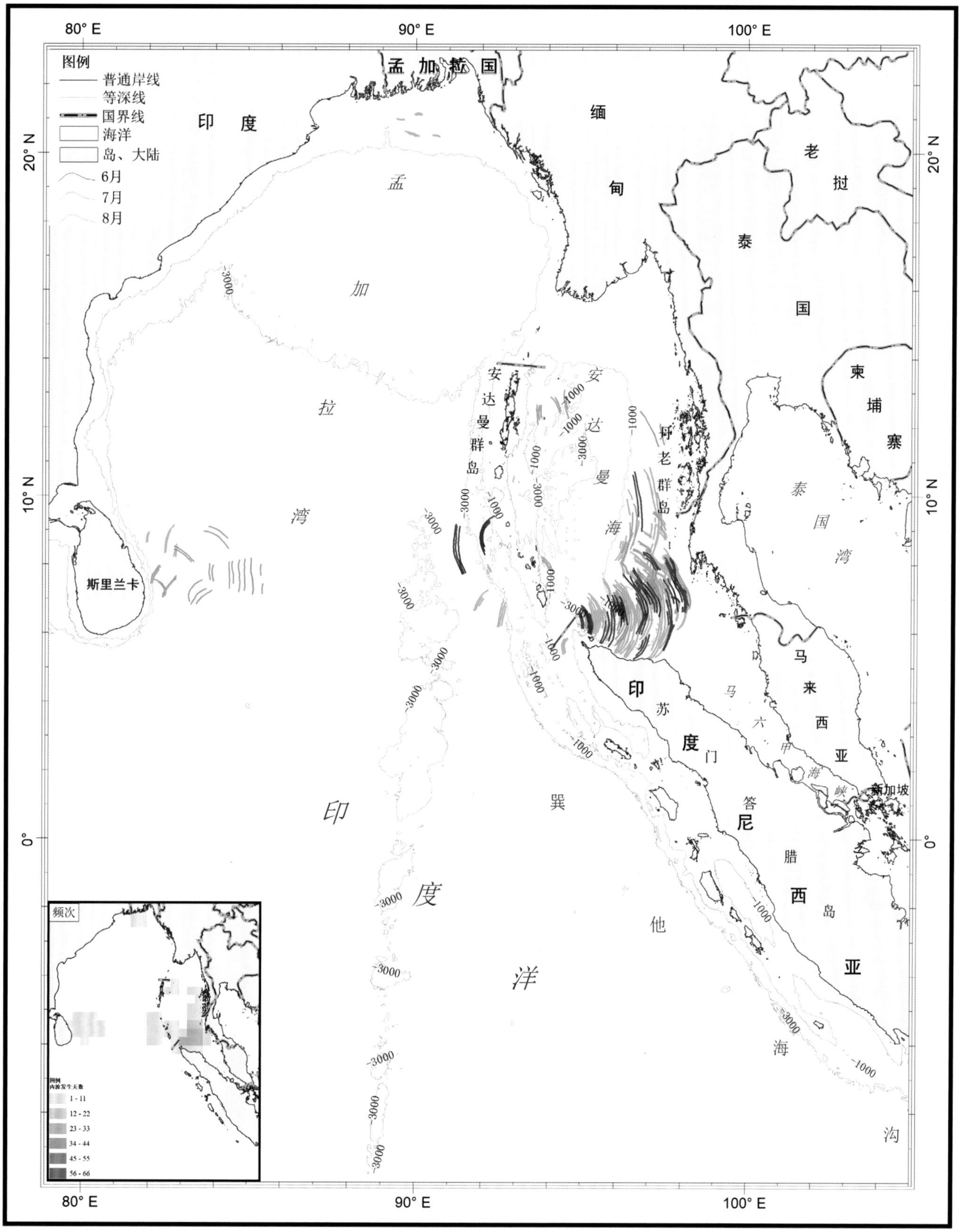

80° E　90° E　100° E

图例
普通岸线
等深线
国界线
海洋
岛、大陆
6月
7月
8月

孟加拉国　印度　缅甸　老挝　泰国　柬埔寨　孟加拉湾　安达曼群岛　安达曼海　尼科巴群岛　斯里兰卡　泰国湾　马来西亚　马六甲海峡　新加坡　苏门答腊岛　印度尼西亚　印度洋　巽他海沟

20° N　10° N　0°

-3000　-1000

频次

图例
内波发生天数
1 - 11
12 - 22
23 - 33
34 - 44
45 - 55
56 - 66

调查数据源：MODIS、SAR数据
数据空间分辨率：250m
数据时间：2012年夏季

比例尺：1:14 000 000
坐标系：CGCS2000
投影信息：墨卡托投影

高程基准：1985国家高程基准
制图单位：自然资源部第一海洋研究所
制图时间：2022年1月

东印度洋海洋内波位置和频次季分布专题图

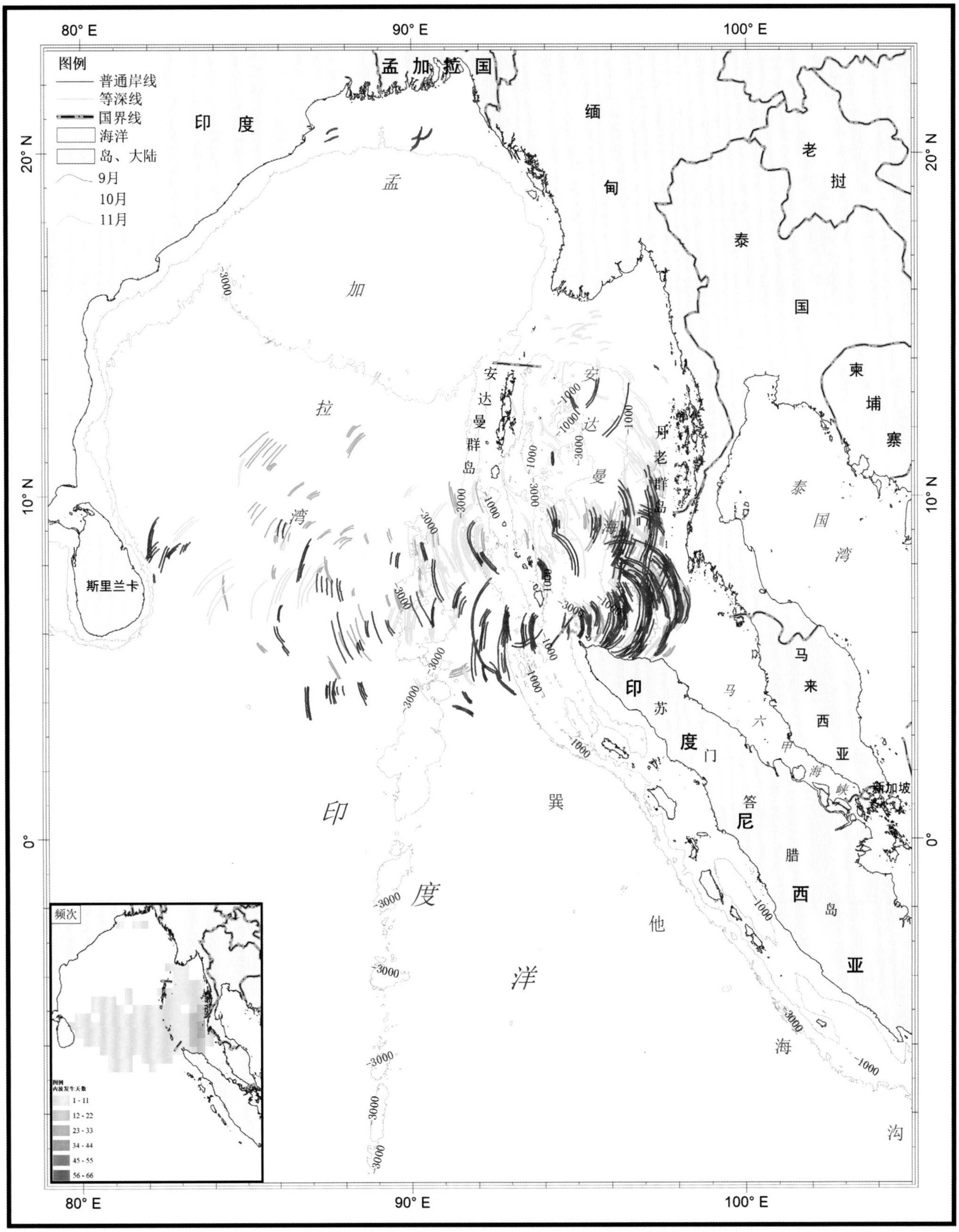

图例
普通岸线
等深线
国界线
海洋
岛、大陆
9月
10月
11月

频次
图例
内波发生天数
1 - 11
12 - 22
23 - 33
34 - 44
45 - 55
56 - 66

调查数据源：MODIS、SAR数据
数据空间分辨率：250m
数据时间：2012年秋季

比例尺：1:14 000 000
坐标系：CGCS2000
投影信息：墨卡托投影

高程基准：1985国家高程基准
制图单位：自然资源部第一海洋研究所
制图时间：2022年1月

东印度洋海洋内波位置和频次季分布专题图

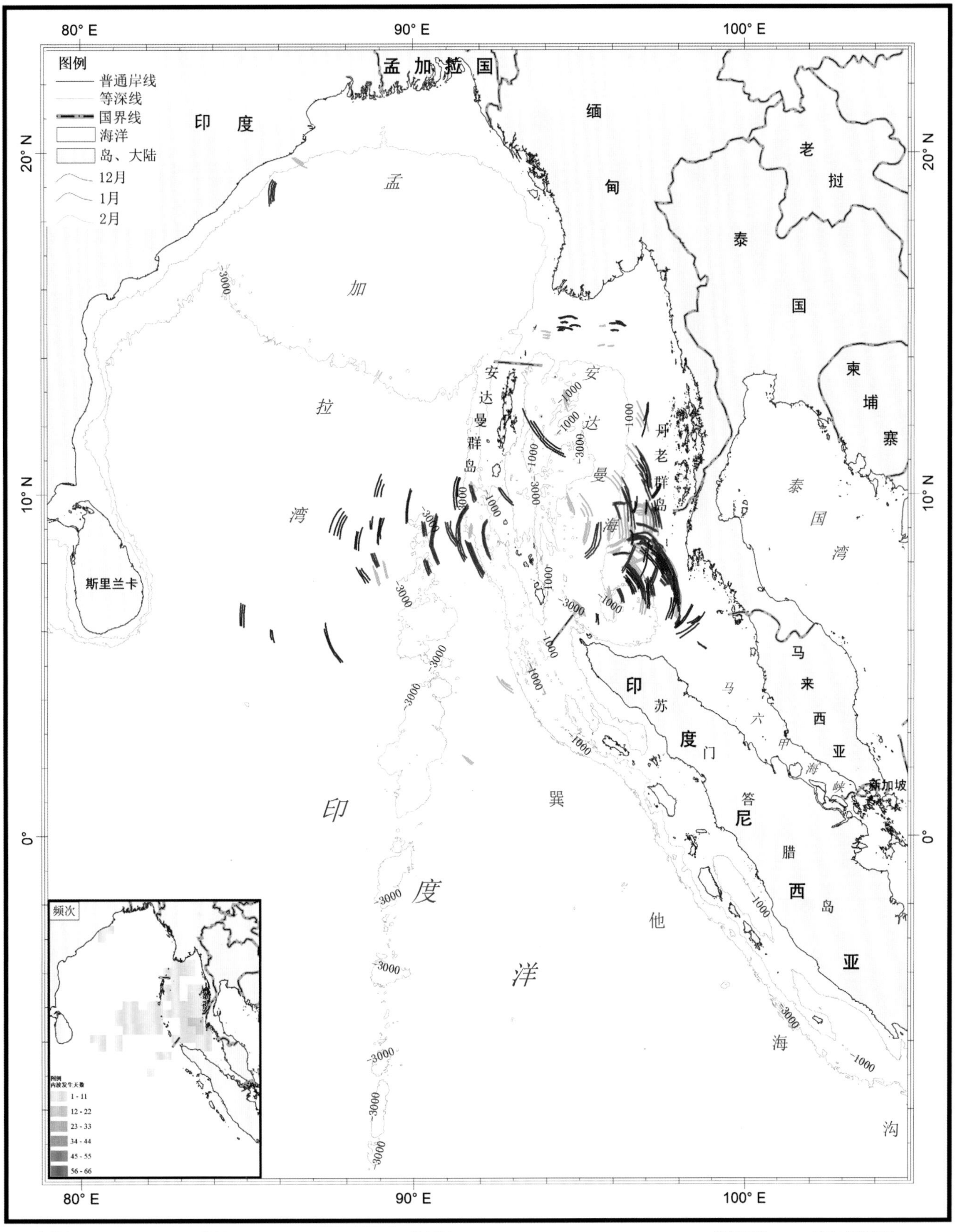

80° E　90° E　100° E

图例
普通岸线
等深线
国界线
海洋
岛、大陆
12月
1月
2月

孟加拉国　印度　缅甸　老挝　泰国　柬埔寨　斯里兰卡　马来西亚　新加坡　印度尼西亚

孟加拉湾　安达曼群岛　安达曼海　丹老群岛　泰国湾　马六甲海峡　苏门答腊岛　印度洋　巽他海沟

20° N　10° N　0°

-3000　-1000

频次
图例
内波发生天数
1 - 11
12 - 22
23 - 33
34 - 44
45 - 55
56 - 66

调查数据源：MODIS、SAR数据
数据空间分辨率：250m
数据时间：2012年冬季

比例尺：1:14 000 000
坐标系：CGCS2000
投影信息：墨卡托投影

高程基准：1985国家高程基准
制图单位：自然资源部第一海洋研究所
制图时间：2022年1月

东印度洋海洋内波位置和频次半年分布专题图

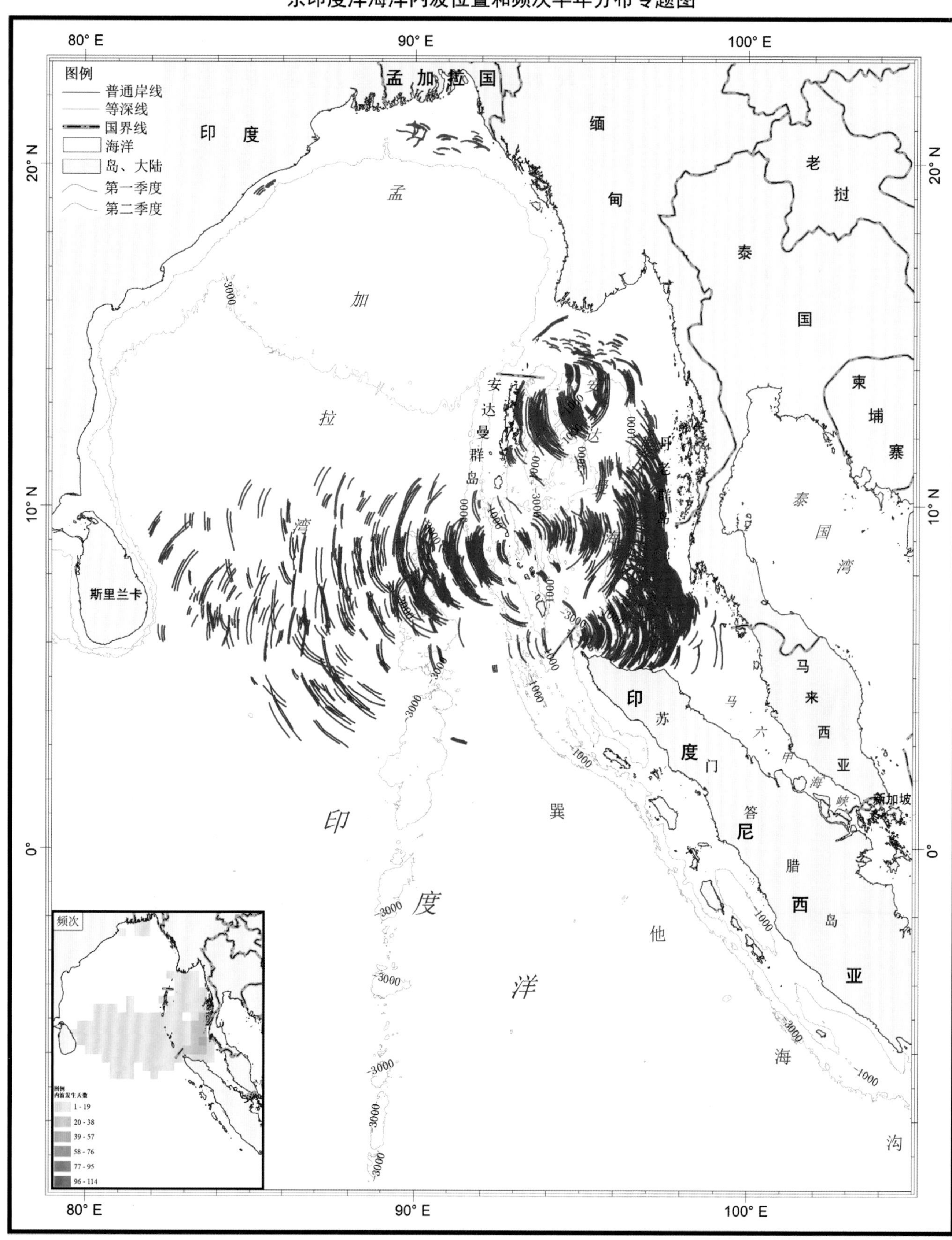

调查数据源：MODIS、SAR数据
数据空间分辨率：250m
数据时间：2012年上半年

比例尺：1:14 000 000
坐标系：CGCS2000
投影信息：墨卡托投影

高程基准：1985国家高程基准
制图单位：自然资源部第一海洋研究所
制图时间：2022年1月

东印度洋海洋内波位置和频次半年分布专题图

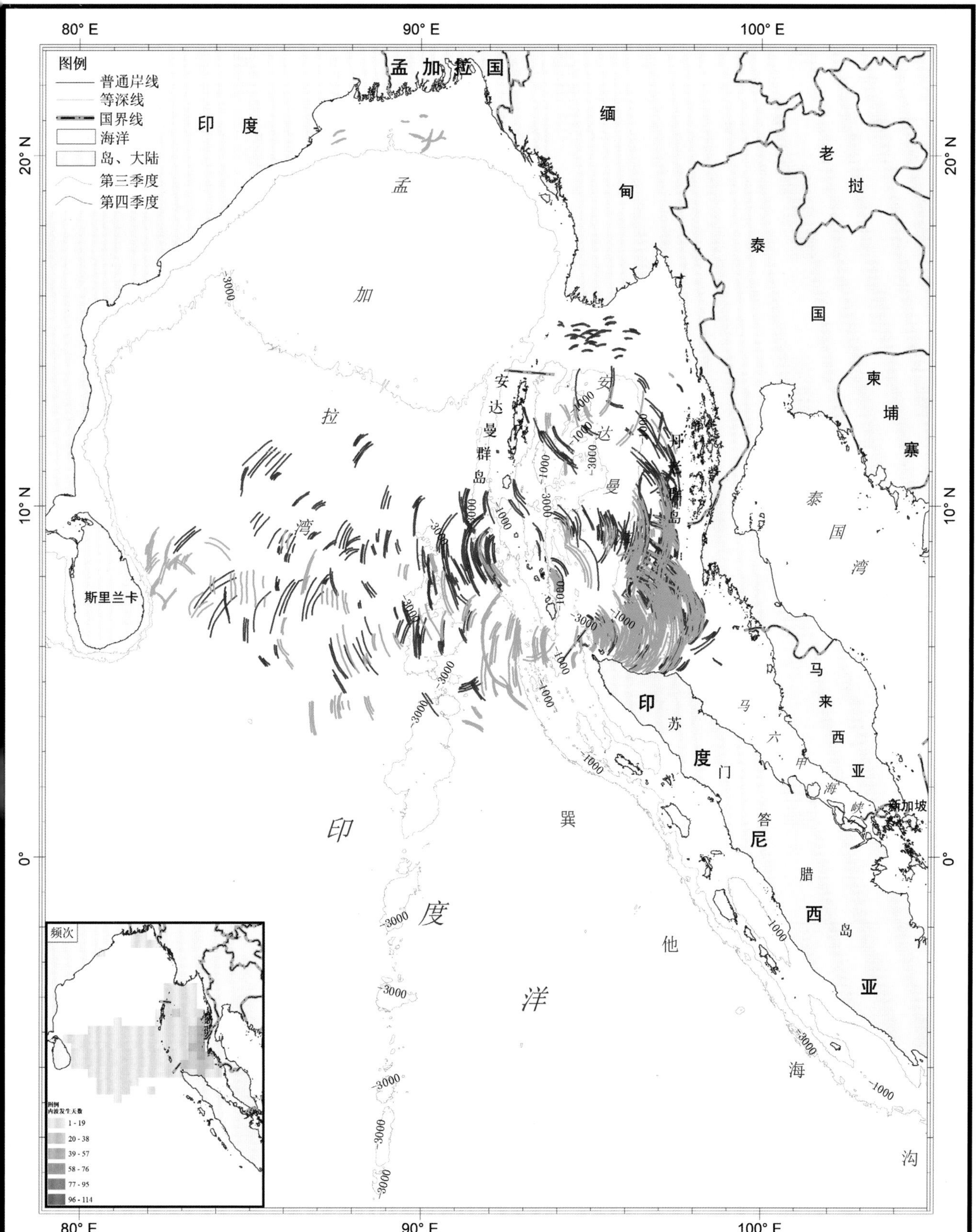

调查数据源：MODIS、SAR数据　　比例尺：1:14 000 000　　高程基准：1985国家高程基准

数据空间分辨率：250m　　坐标系：CGCS2000　　制图单位：自然资源部第一海洋研究所

数据时间：2012年下半年　　投影信息：墨卡托投影　　制图时间：2022年1月

东印度洋海洋内波位置和频次年分布专题图

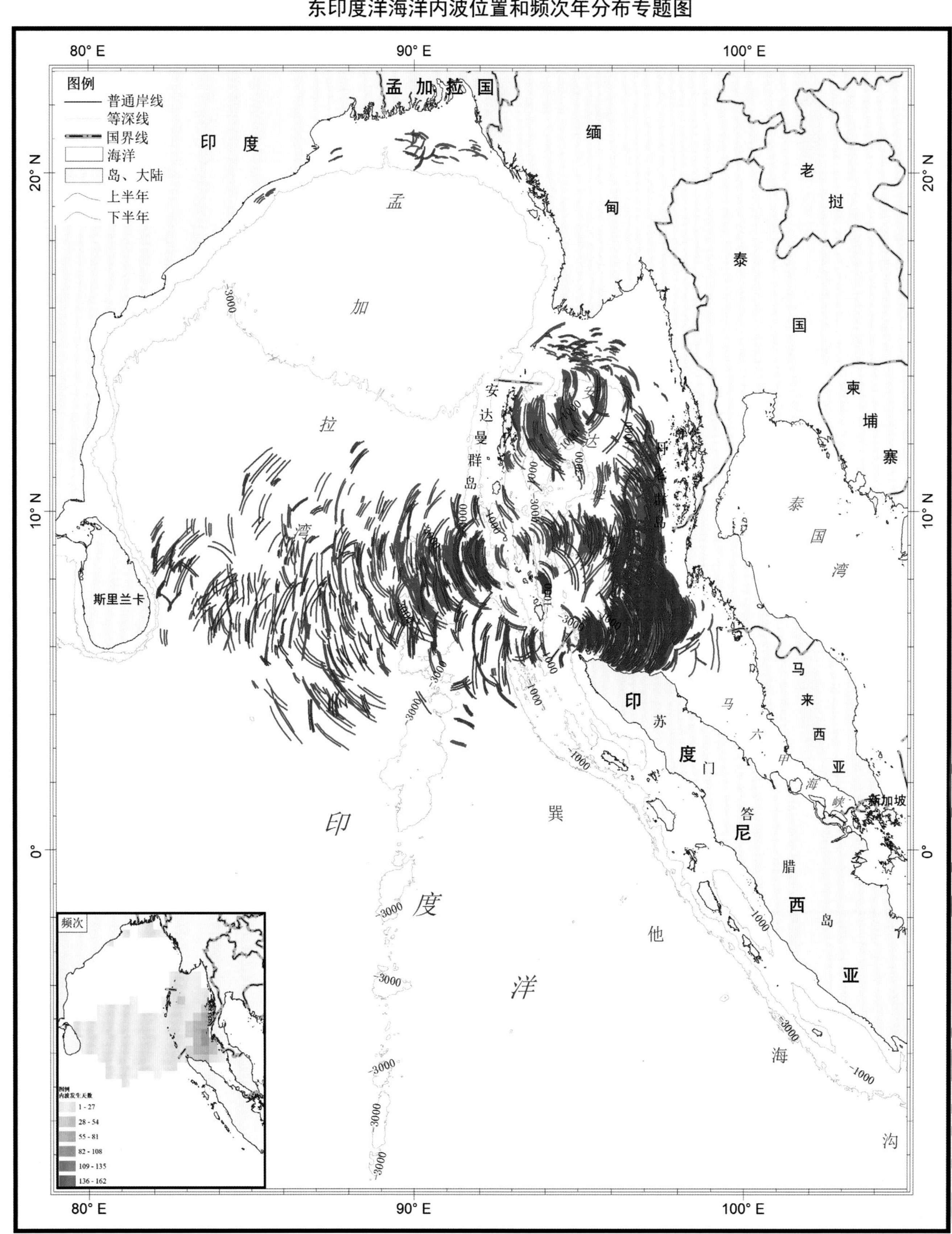

调查数据源：MODIS、SAR数据
数据空间分辨率：250m
数据时间：2012年全年

比例尺：1:14 000 000
坐标系：CGCS2000
投影信息：墨卡托投影

高程基准：1985国家高程基准
制图单位：自然资源部第一海洋研究所
制图时间：2022年1月

7.4　东印度洋内孤立波 2013 年分布图

东印度洋海洋内波位置和频次月分布专题图

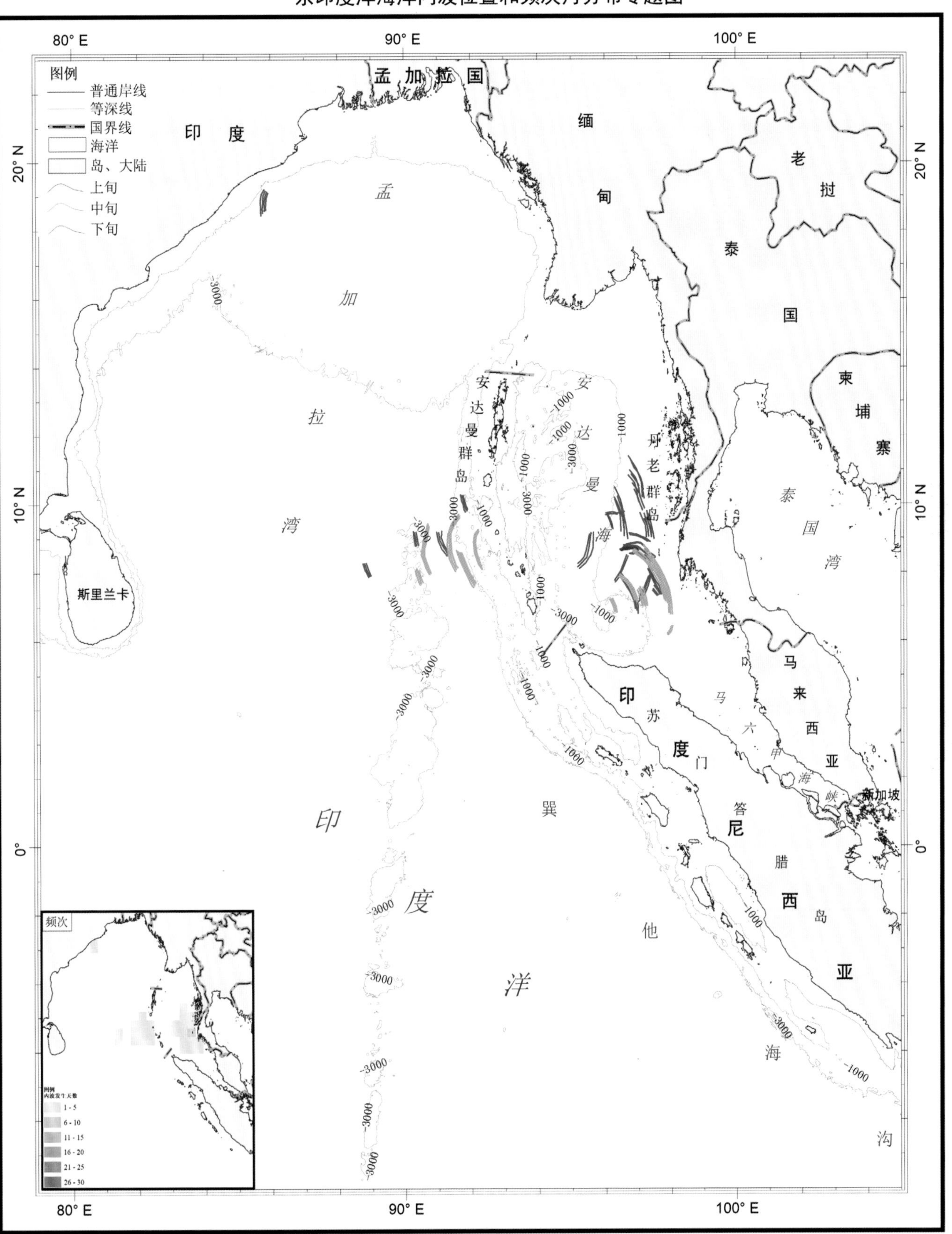

调查数据源：MODIS、SAR数据
数据空间分辨率：250m
数据时间：2013年1月
比例尺：1:14 000 000
坐标系：CGCS2000
投影信息：墨卡托投影
高程基准：1985国家高程基准
制图单位：自然资源部第一海洋研究所
制图时间：2022年1月

东印度洋海洋内波位置和频次月分布专题图

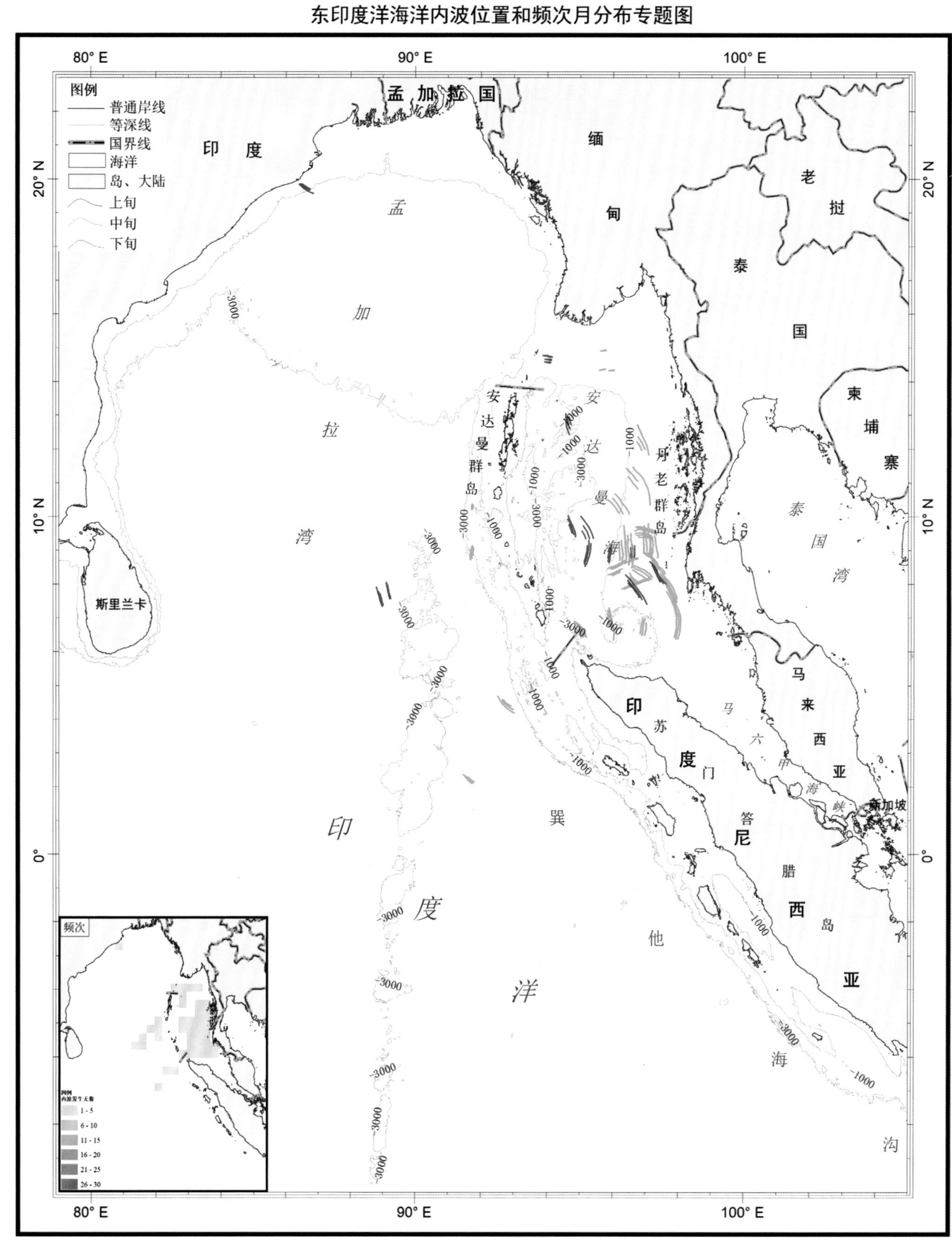

调查数据源：MODIS、SAR数据
数据空间分辨率：250m
数据时间：2013年2月

比例尺：1:14 000 000
坐标系：CGCS2000
投影信息：墨卡托投影

高程基准：1985国家高程基准
制图单位：自然资源部第一海洋研究所
制图时间：2022年1月

东印度洋海洋内波位置和频次月分布专题图

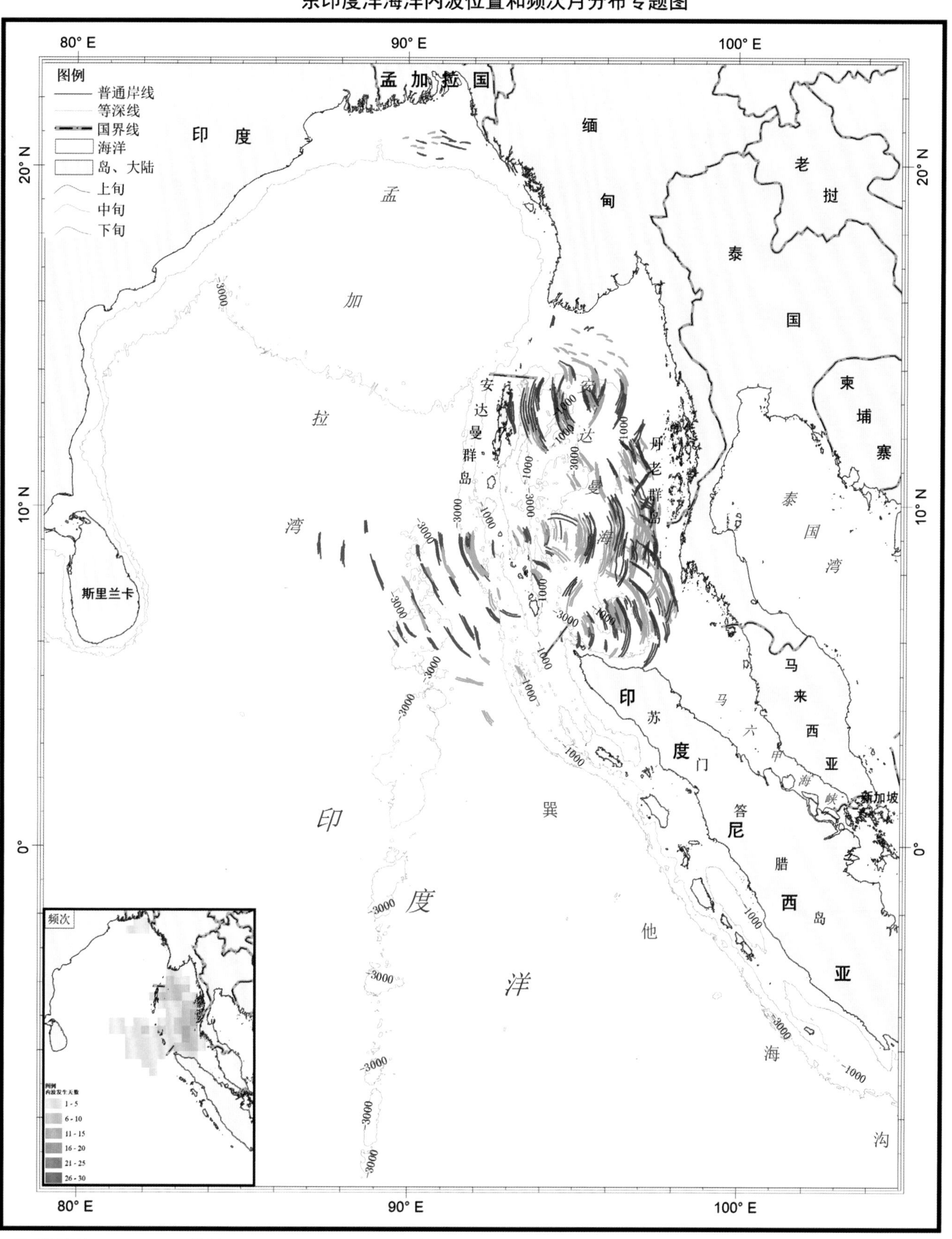

调查数据源：MODIS、SAR数据
数据空间分辨率：250m
数据时间：2013年3月

比例尺：1:14 000 000
坐标系：CGCS2000
投影信息：墨卡托投影

高程基准：1985国家高程基准
制图单位：自然资源部第一海洋研究所
制图时间：2022年1月

东印度洋海洋内波位置和频次月分布专题图

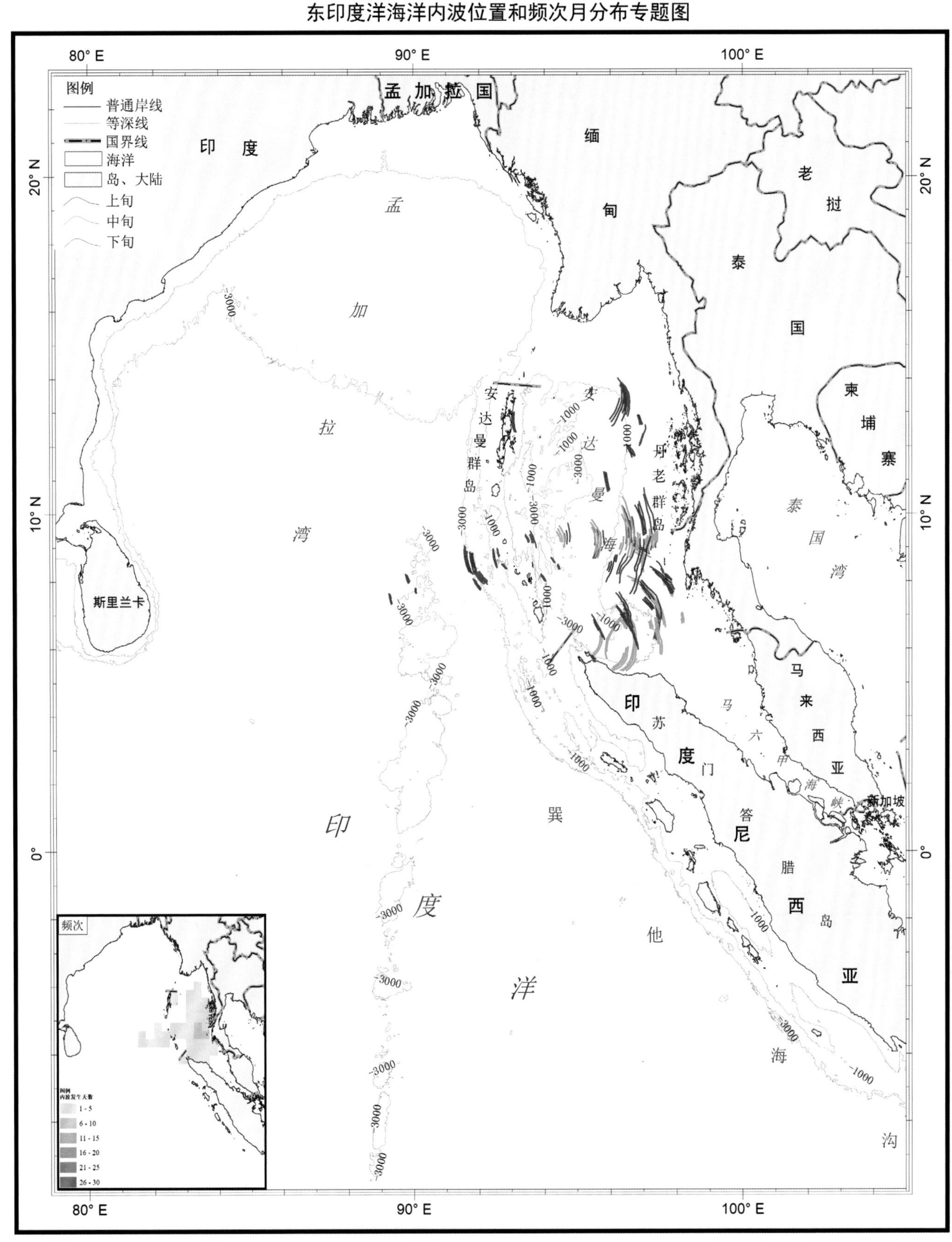

调查数据源：MODIS、SAR数据
数据空间分辨率：250m
数据时间：2013年4月

比例尺：1:14 000 000
坐标系：CGCS2000
投影信息：墨卡托投影

高程基准：1985国家高程基准
制图单位：自然资源部第一海洋研究所
制图时间：2022年1月

东印度洋海洋内波位置和频次月分布专题图

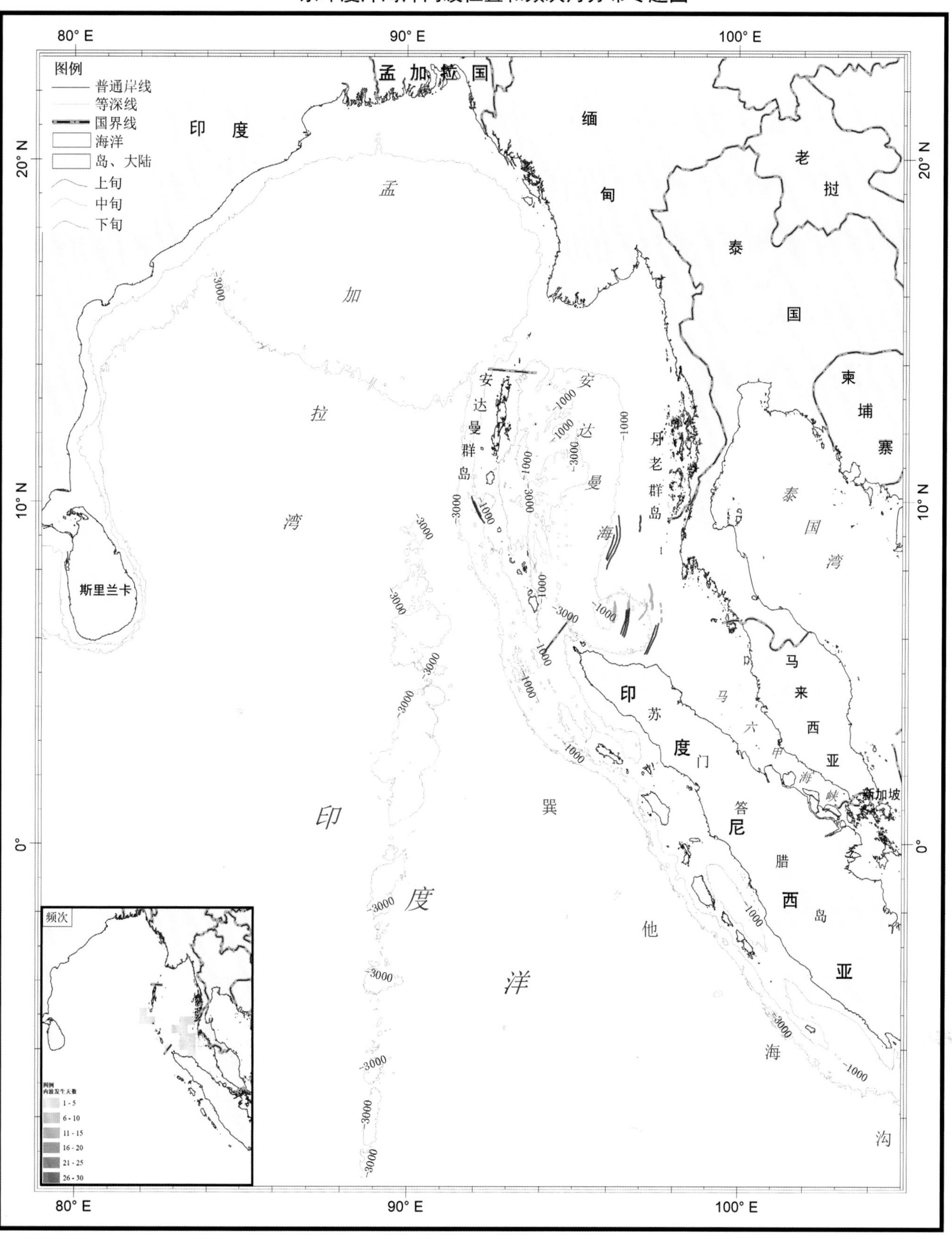

调查数据源：MODIS、SAR数据
数据空间分辨率：250m
数据时间：2013年5月

比例尺：1:14 000 000
坐标系：CGCS2000
投影信息：墨卡托投影

高程基准：1985国家高程基准
制图单位：自然资源部第一海洋研究所
制图时间：2022年1月

东印度洋海洋内波位置和频次月分布专题图

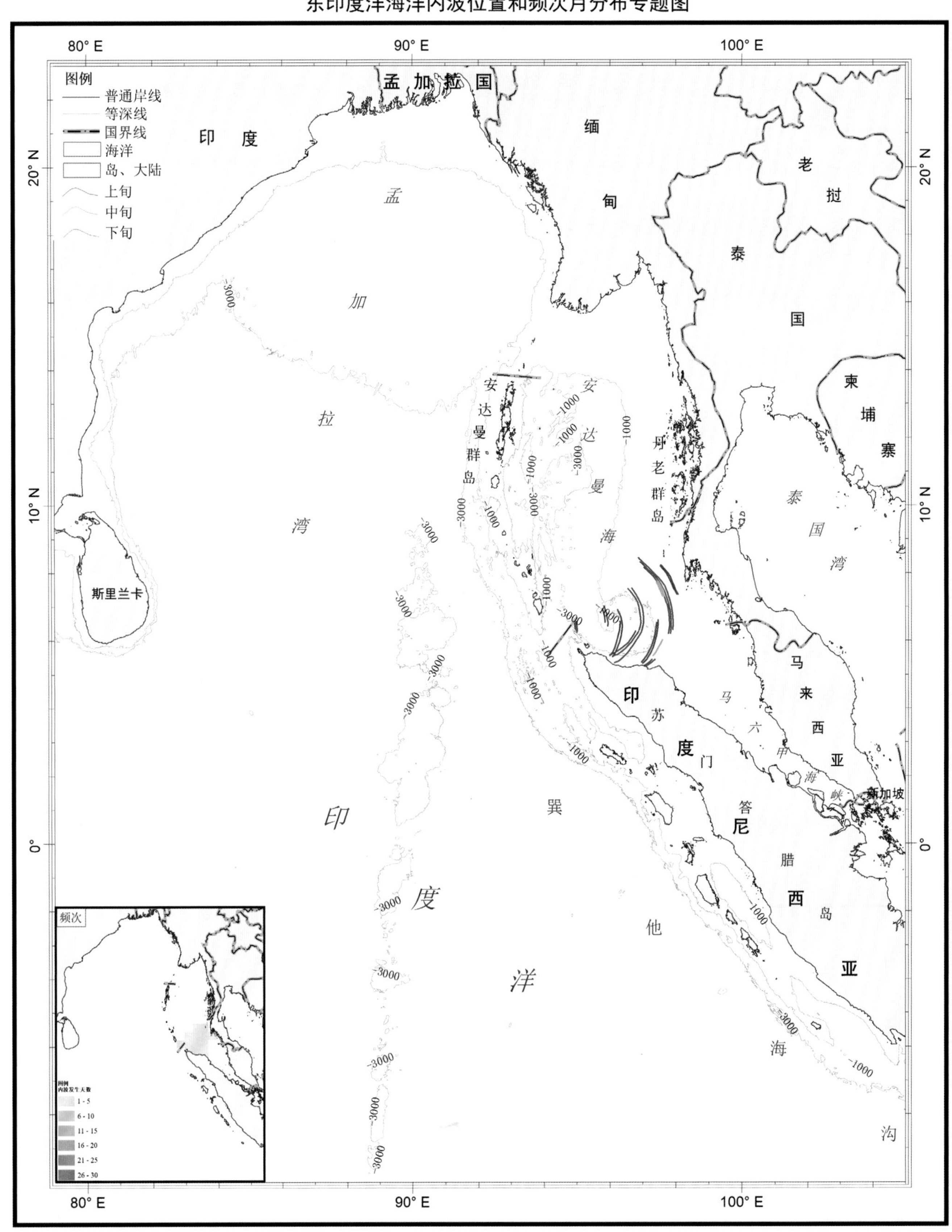

调查数据源：MODIS、SAR数据
数据空间分辨率：250m
数据时间：2013年6月

比例尺：1:14 000 000
坐标系：CGCS2000
投影信息：墨卡托投影

高程基准：1985国家高程基准
制图单位：自然资源部第一海洋研究所
制图时间：2022年1月

东印度洋海洋内波位置和频次月分布专题图

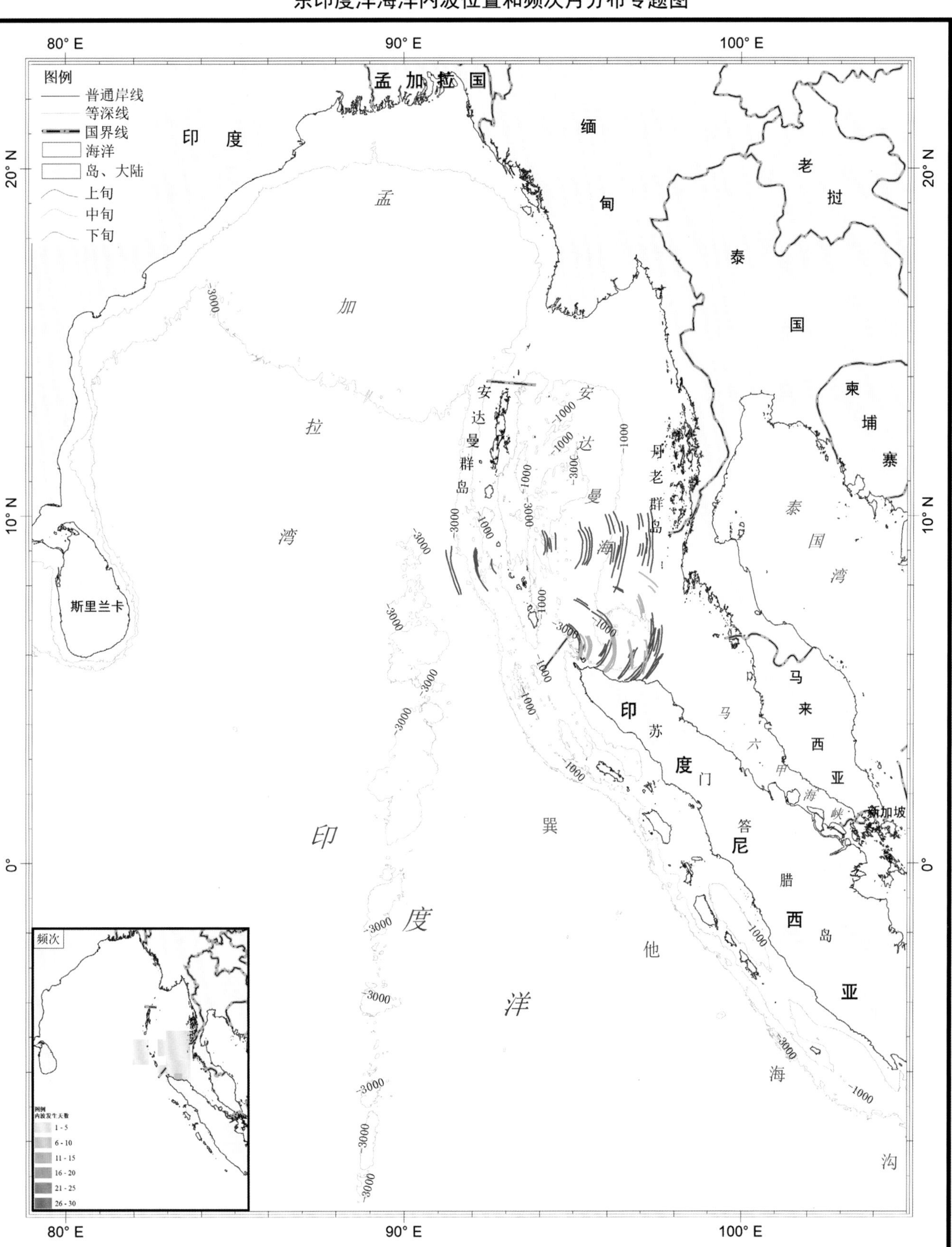

调查数据源：MODIS、SAR数据
数据空间分辨率：250m
数据时间：2013年7月

比例尺：1:14 000 000
坐标系：CGCS2000
投影信息：墨卡托投影

高程基准：1985国家高程基准
制图单位：自然资源部第一海洋研究所
制图时间：2022年1月

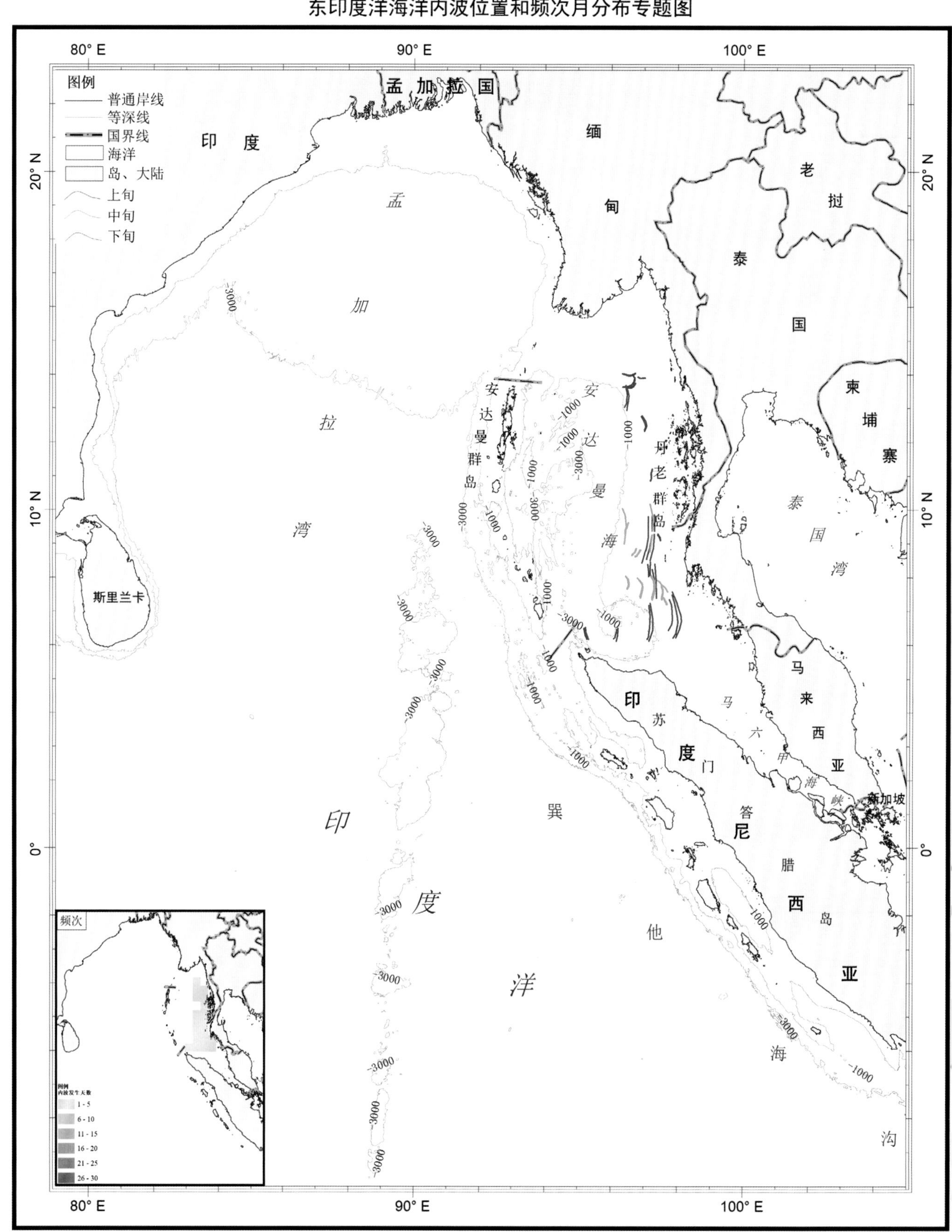

调查数据源：MODIS、SAR数据
数据空间分辨率：250m
数据时间：2013年8月

比例尺：1:14 000 000
坐标系：CGCS2000
投影信息：墨卡托投影

高程基准：1985国家高程基准
制图单位：自然资源部第一海洋研究所
制图时间：2022年1月

东印度洋海洋内波位置和频次月分布专题图

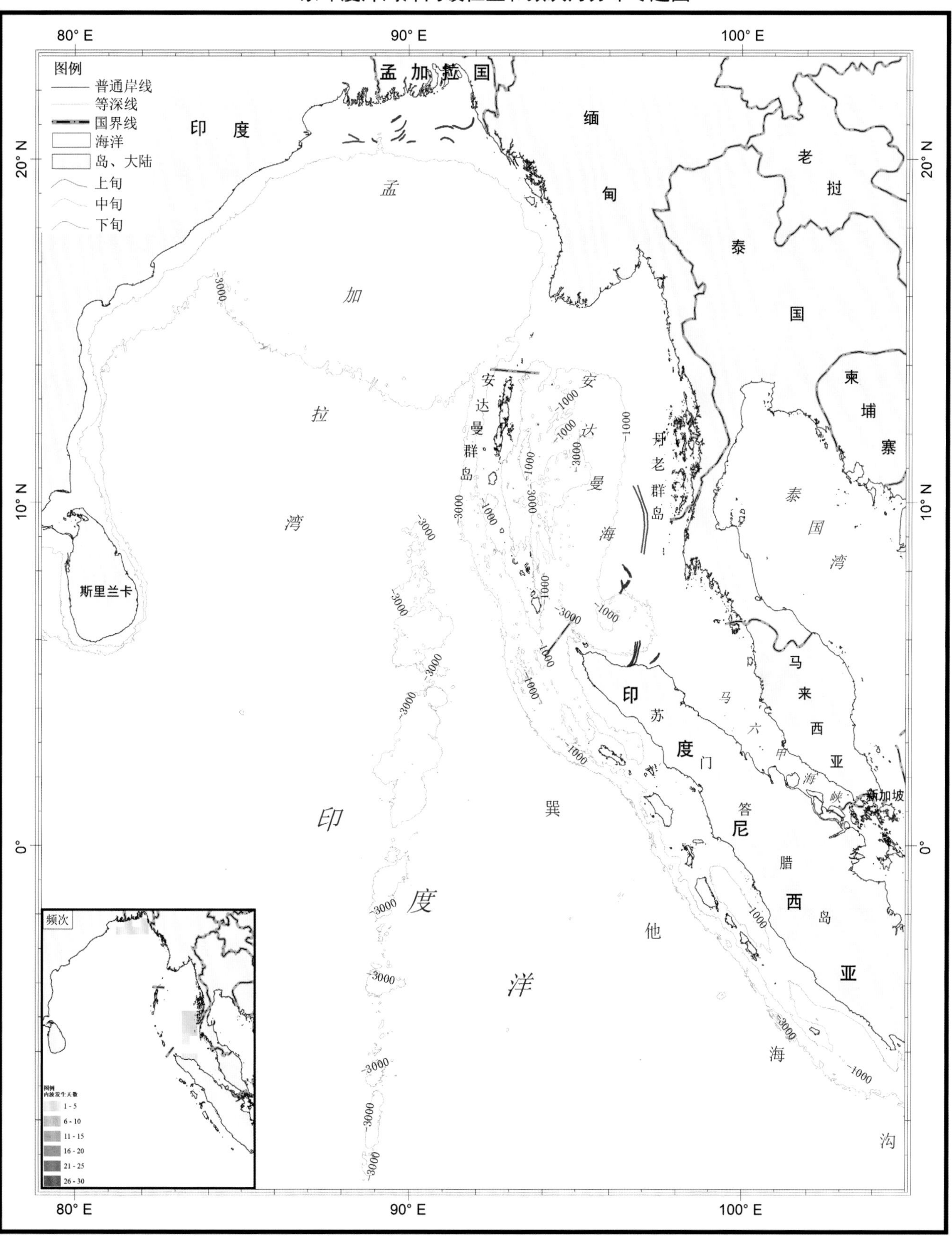

调查数据源：MODIS、SAR数据
数据空间分辨率：250m
数据时间：2013年9月

比例尺：1:14 000 000
坐标系：CGCS2000
投影信息：墨卡托投影

高程基准：1985国家高程基准
制图单位：自然资源部第一海洋研究所
制图时间：2022年1月

东印度洋海洋内波位置和频次月分布专题图

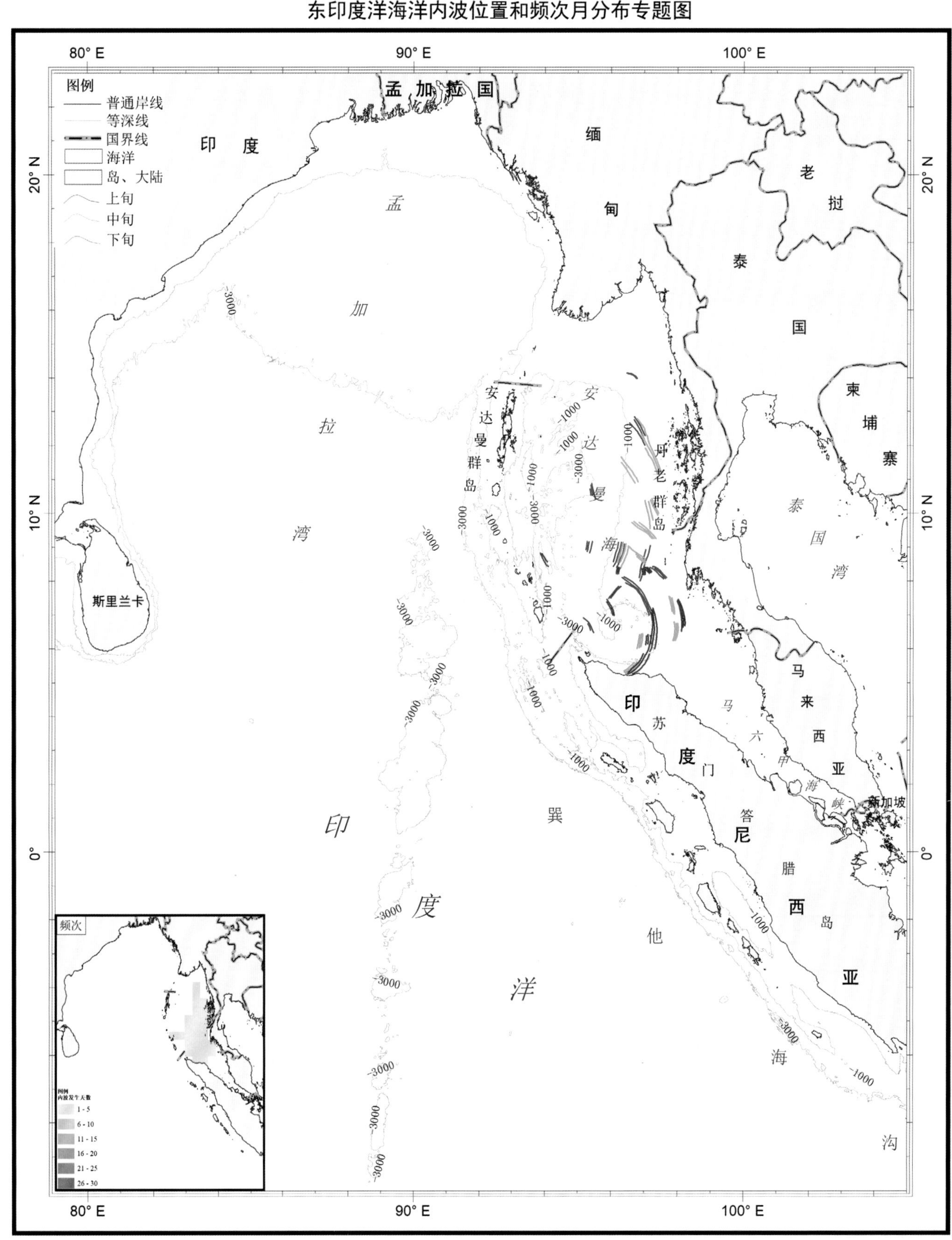

调查数据源：MODIS、SAR数据
数据空间分辨率：250m
数据时间：2013年10月

比例尺：1:14 000 000
坐标系：CGCS2000
投影信息：墨卡托投影

高程基准：1985国家高程基准
制图单位：自然资源部第一海洋研究所
制图时间：2022年1月

东印度洋海洋内波位置和频次月分布专题图

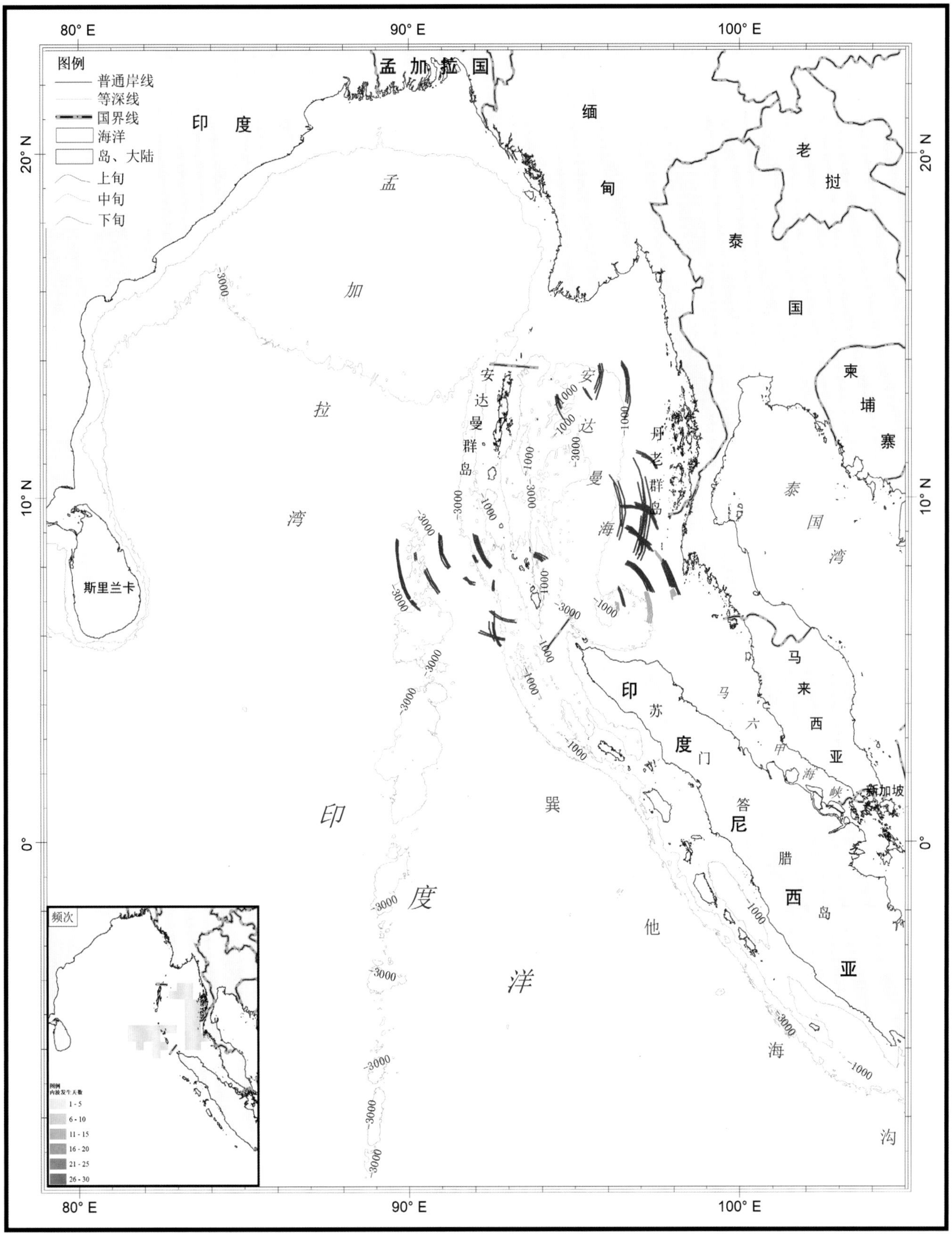

调查数据源：MODIS、SAR数据
数据空间分辨率：250m
数据时间：2013年11月

比例尺：1:14 000 000
坐标系：CGCS2000
投影信息：墨卡托投影

高程基准：1985国家高程基准
制图单位：自然资源部第一海洋研究所
制图时间：2022年1月

东印度洋海洋内波位置和频次月分布专题图

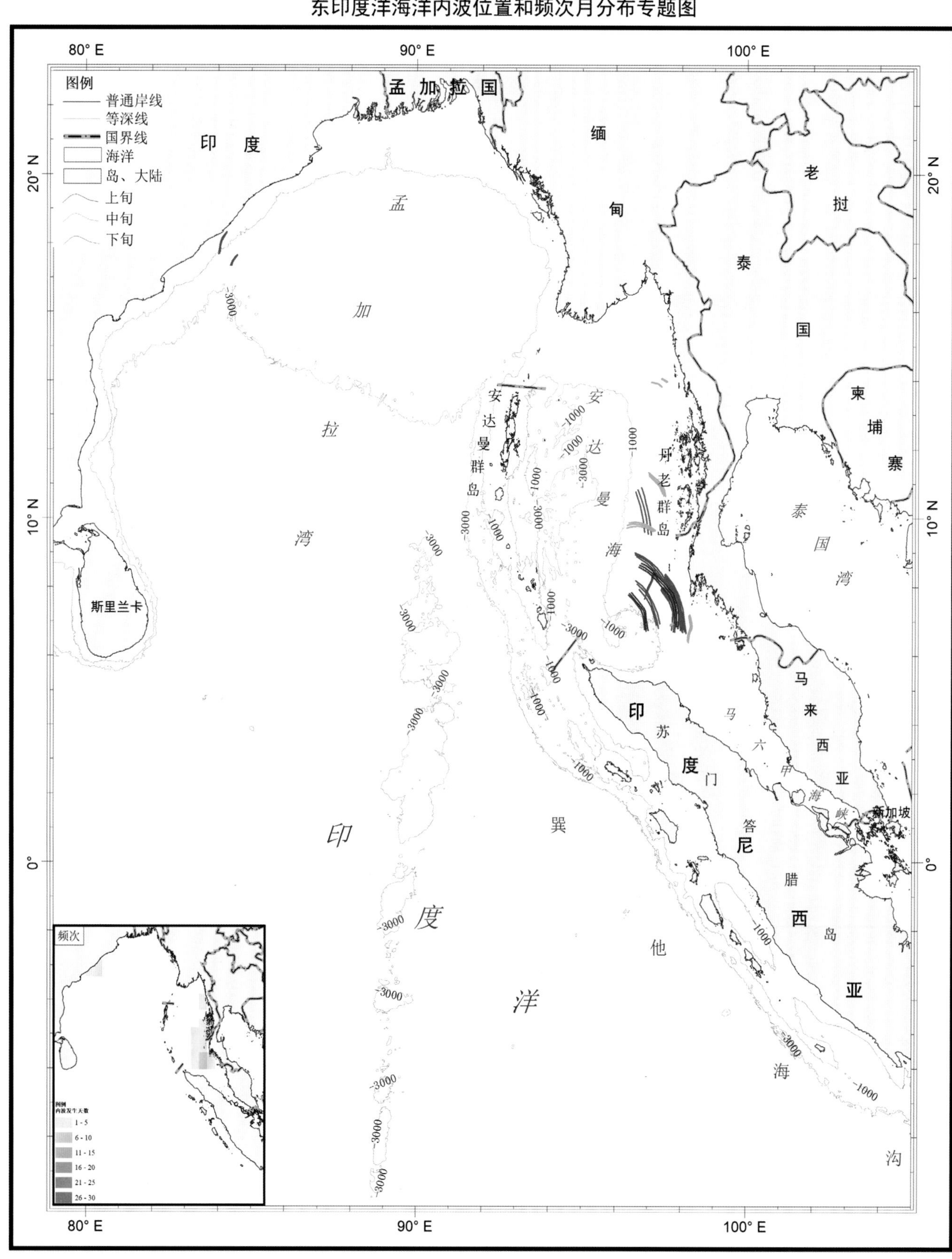

调查数据源：MODIS、SAR数据
数据空间分辨率：250m
数据时间：2013年12月

比例尺：1:14 000 000
坐标系：CGCS2000
投影信息：墨卡托投影

高程基准：1985国家高程基准
制图单位：自然资源部第一海洋研究所
制图时间：2022年1月

东印度洋海洋内波位置和频次季分布专题图

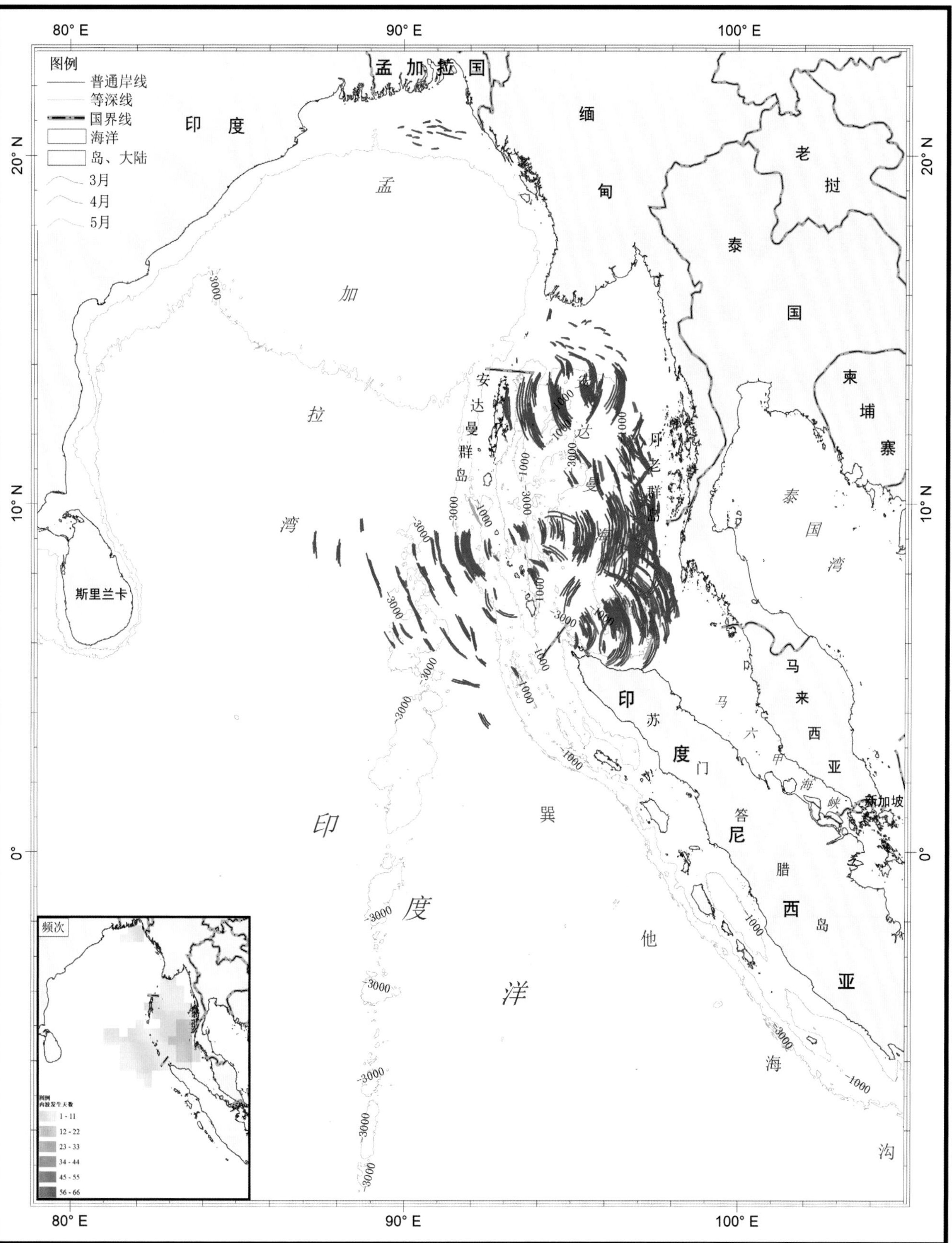

调查数据源：MODIS、SAR数据
数据空间分辨率：250m
数据时间：2013年春季

比例尺：1:14 000 000
坐标系：CGCS2000
投影信息：墨卡托投影

高程基准：1985国家高程基准
制图单位：自然资源部第一海洋研究所
制图时间：2022年1月

东印度洋海洋内波位置和频次季分布专题图

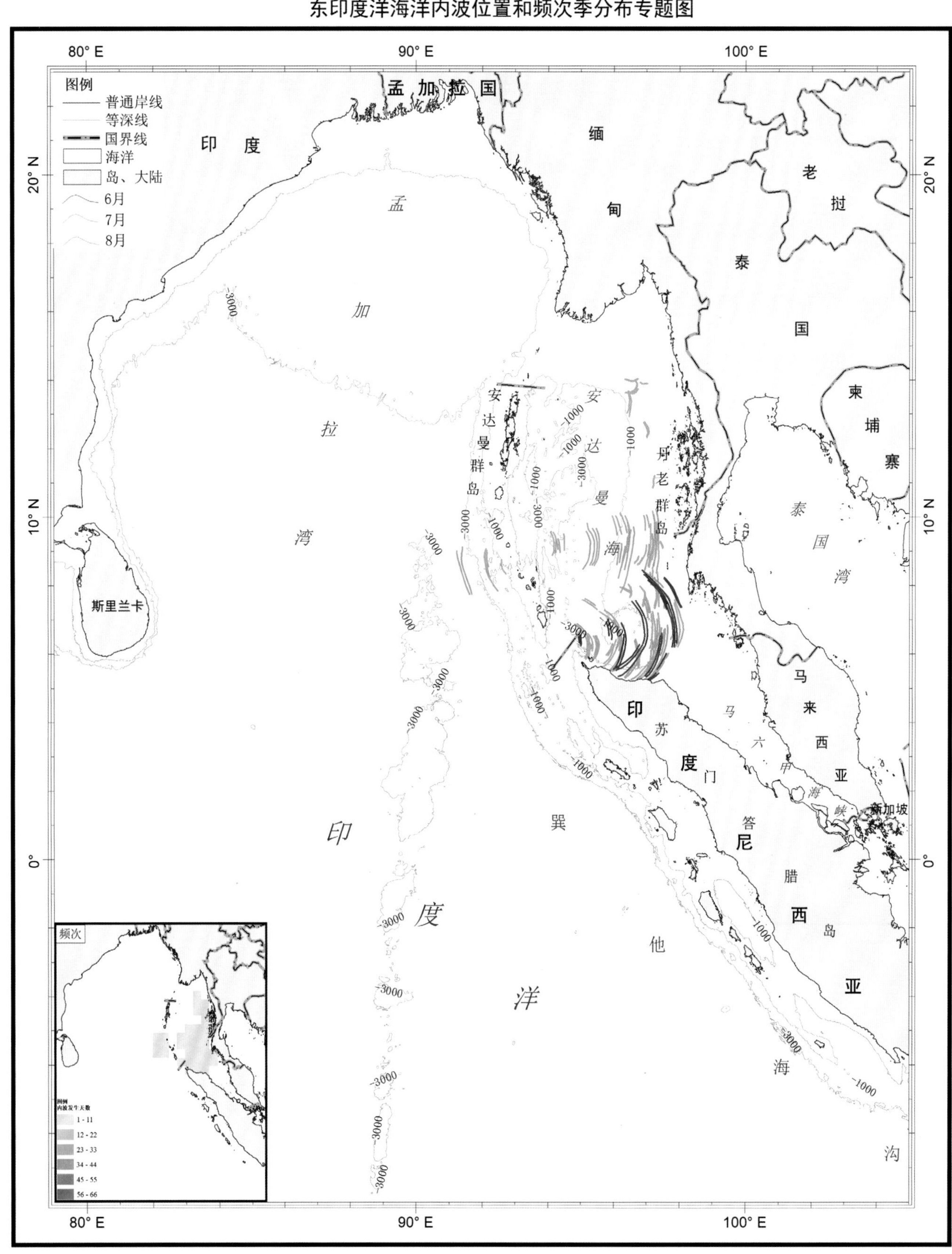

调查数据源：MODIS、SAR数据
数据空间分辨率：250m
数据时间：2013年夏季

比例尺：1:14 000 000
坐标系：CGCS2000
投影信息：墨卡托投影

高程基准：1985国家高程基准
制图单位：自然资源部第一海洋研究所
制图时间：2022年1月

东印度洋海洋内波位置和频次季分布专题图

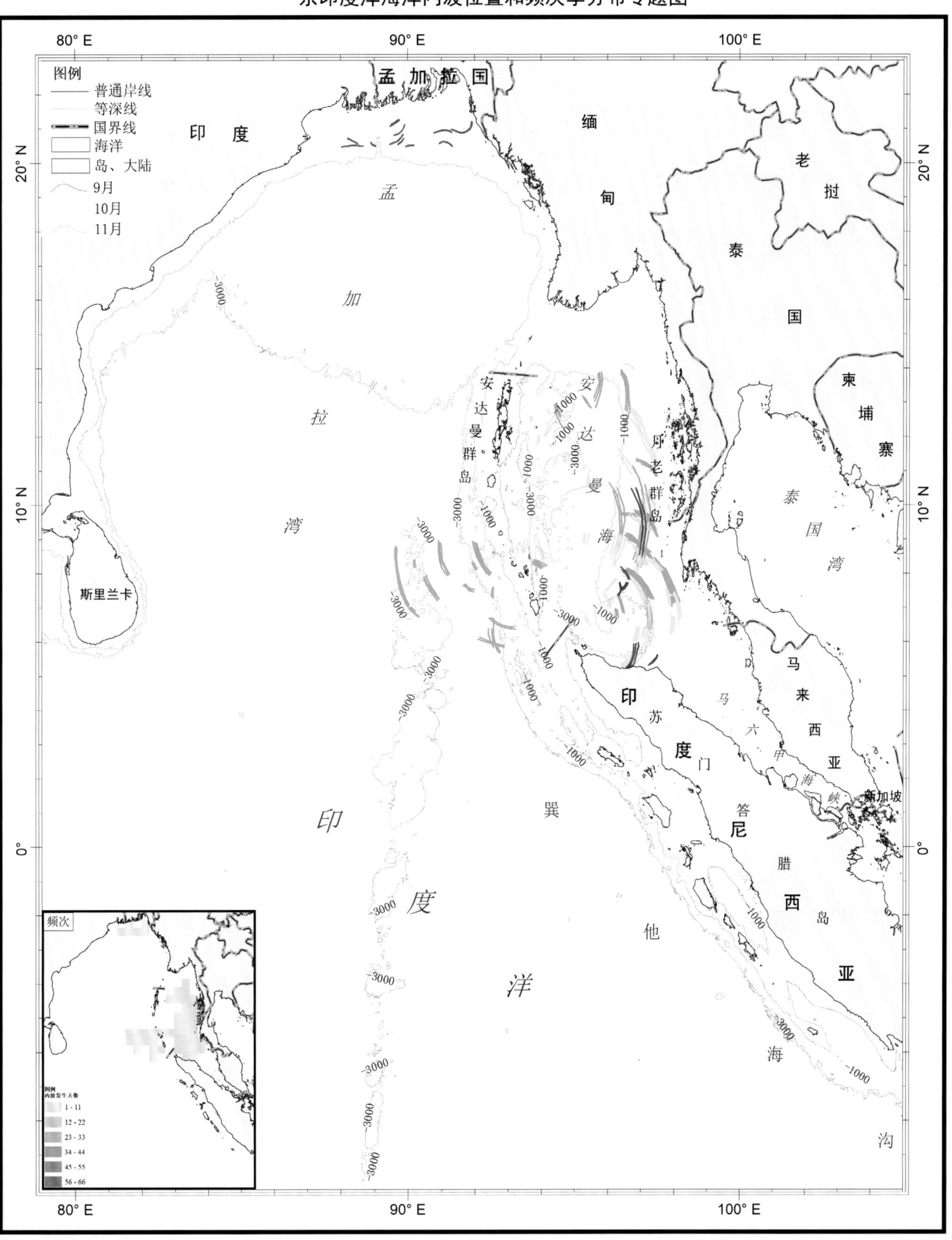

调查数据源：MODIS、SAR数据
数据空间分辨率：250m
数据时间：2013年秋季

比例尺：1:14 000 000
坐标系：CGCS2000
投影信息：墨卡托投影

高程基准：1985国家高程基准
制图单位：自然资源部第一海洋研究所
制图时间：2022年1月

东印度洋海洋内波位置和频次季分布专题图

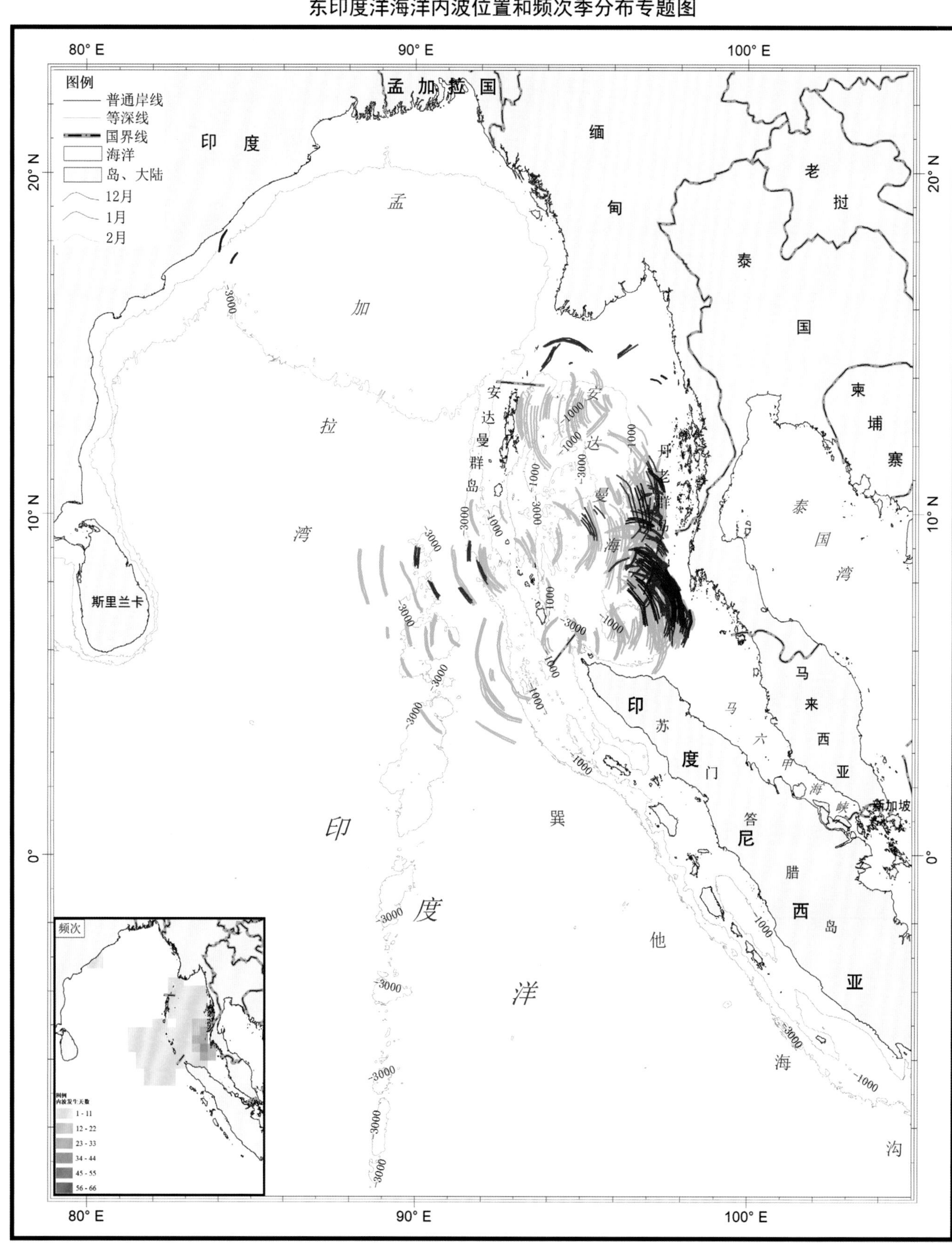

调查数据源：MODIS、SAR数据
数据空间分辨率：250m
数据时间：2013年冬季

比例尺：1:14 000 000
坐标系：CGCS2000
投影信息：墨卡托投影

高程基准：1985国家高程基准
制图单位：自然资源部第一海洋研究所
制图时间：2022年1月

东印度洋海洋内波位置和频次半年分布专题图

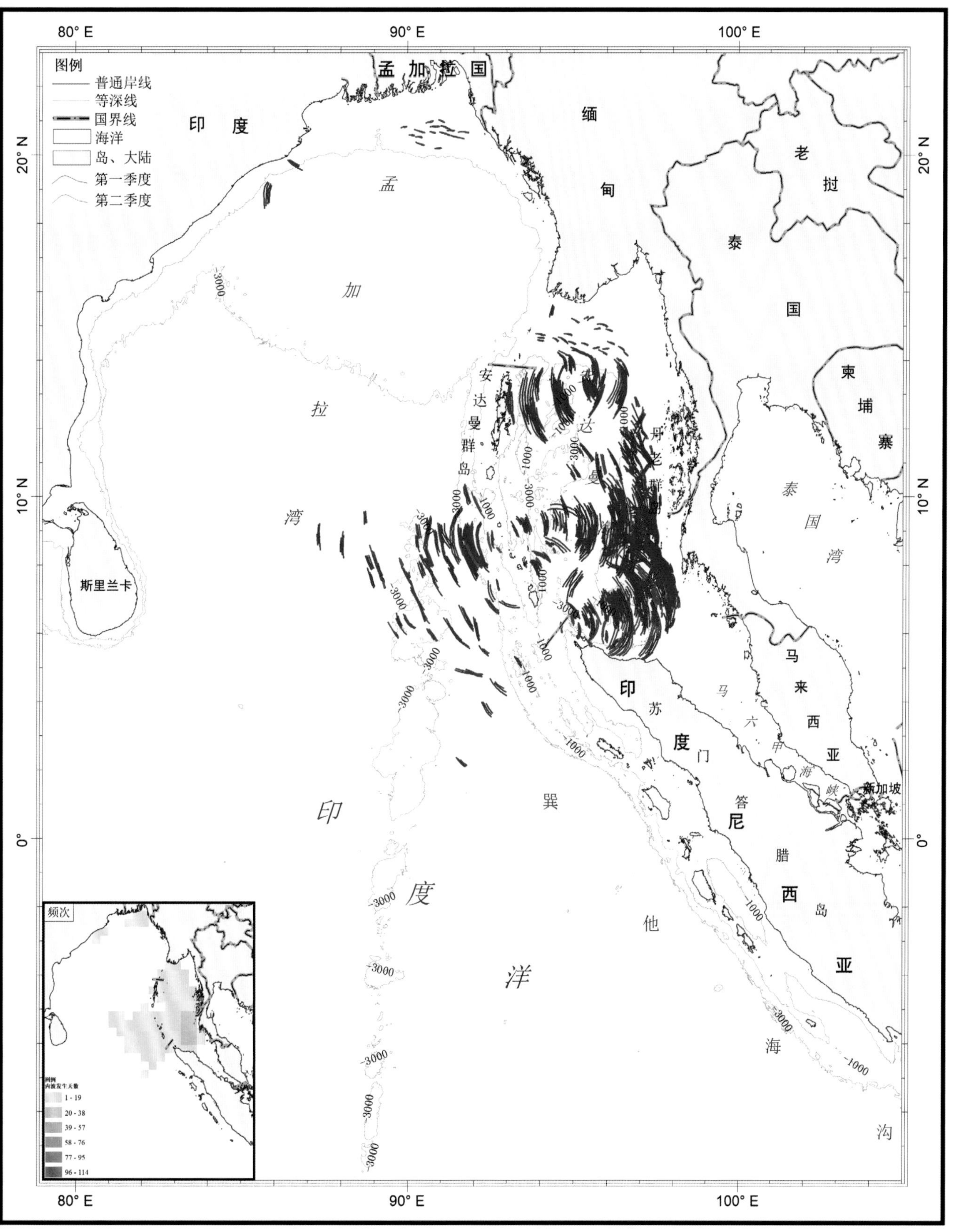

调查数据源：MODIS、SAR数据
数据空间分辨率：250m
数据时间：2013年上半年

比例尺：1:14 000 000
坐标系：CGCS2000
投影信息：墨卡托投影

高程基准：1985国家高程基准
制图单位：自然资源部第一海洋研究所
制图时间：2022年1月

东印度洋海洋内波位置和频次半年分布专题图

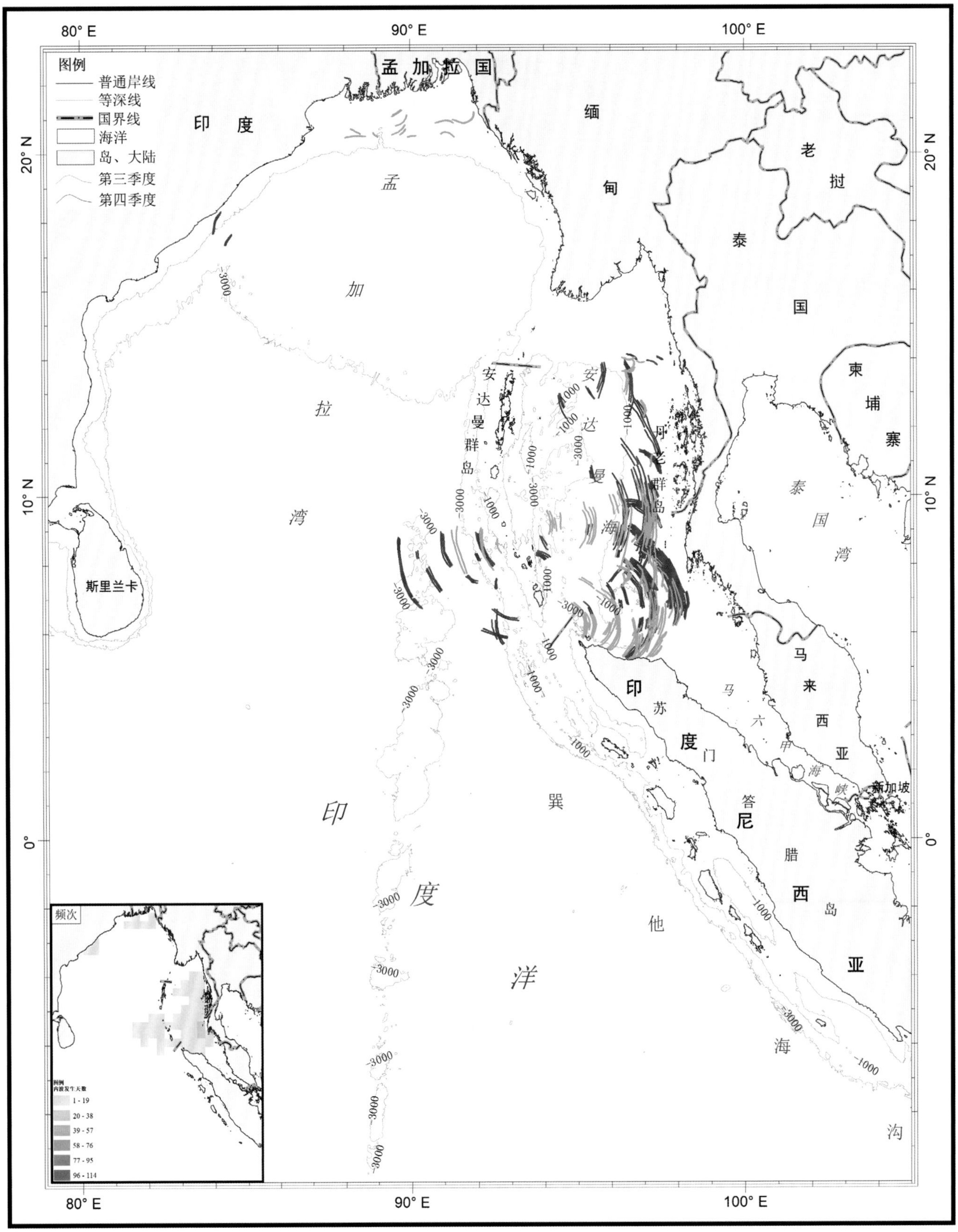

图例
普通岸线
等深线
国界线
海洋
岛、大陆
第三季度
第四季度

80° E 90° E 100° E
20° N 10° N 0°

孟加拉国 印度 缅甸 老挝 泰国 柬埔寨 斯里兰卡 马来西亚 新加坡 印度尼西亚
孟加拉湾 安达曼群岛 安达曼海 丹老群岛 泰国湾 苏门答腊岛 马六甲海峡 印度洋 巽他海沟

频次
图例
内波发生天数
1 - 19
20 - 38
39 - 57
58 - 76
77 - 95
96 - 114

调查数据源：MODIS、SAR数据
数据空间分辨率：250m
数据时间：2013年下半年

比例尺：1:14 000 000
坐标系：CGCS2000
投影信息：墨卡托投影

高程基准：1985国家高程基准
制图单位：自然资源部第一海洋研究所
制图时间：2022年1月

东印度洋海洋内波位置和频次年分布专题图

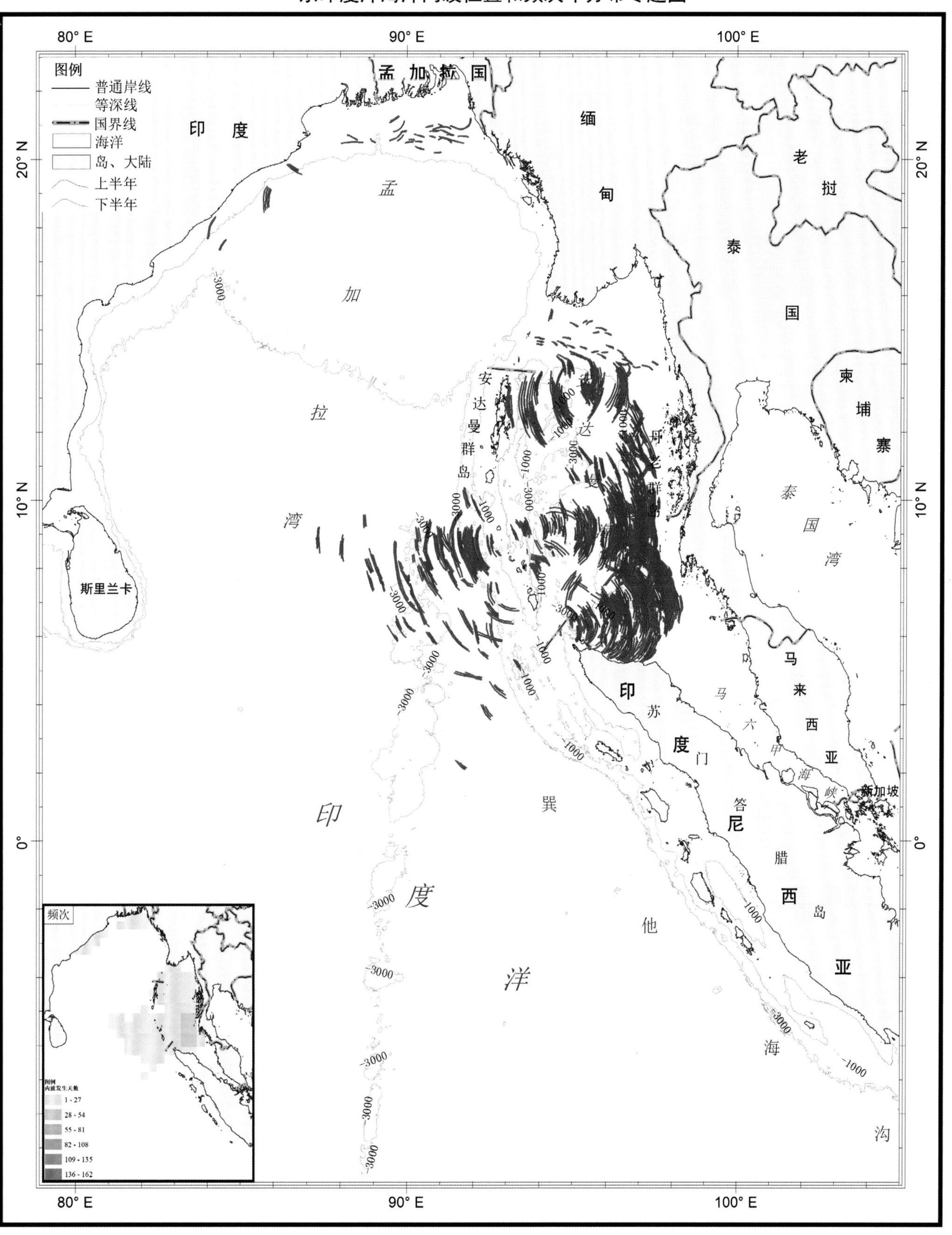

调查数据源：MODIS、SAR数据　　比例尺：1:14 000 000　　高程基准：1985国家高程基准
数据空间分辨率：250m　　坐标系：CGCS2000　　制图单位：自然资源部第一海洋研究所
数据时间：2013年全年　　投影信息：墨卡托投影　　制图时间：2022年1月

7.5 东印度洋内孤立波 2014 年分布图

东印度洋海洋内波位置和频次月分布专题图

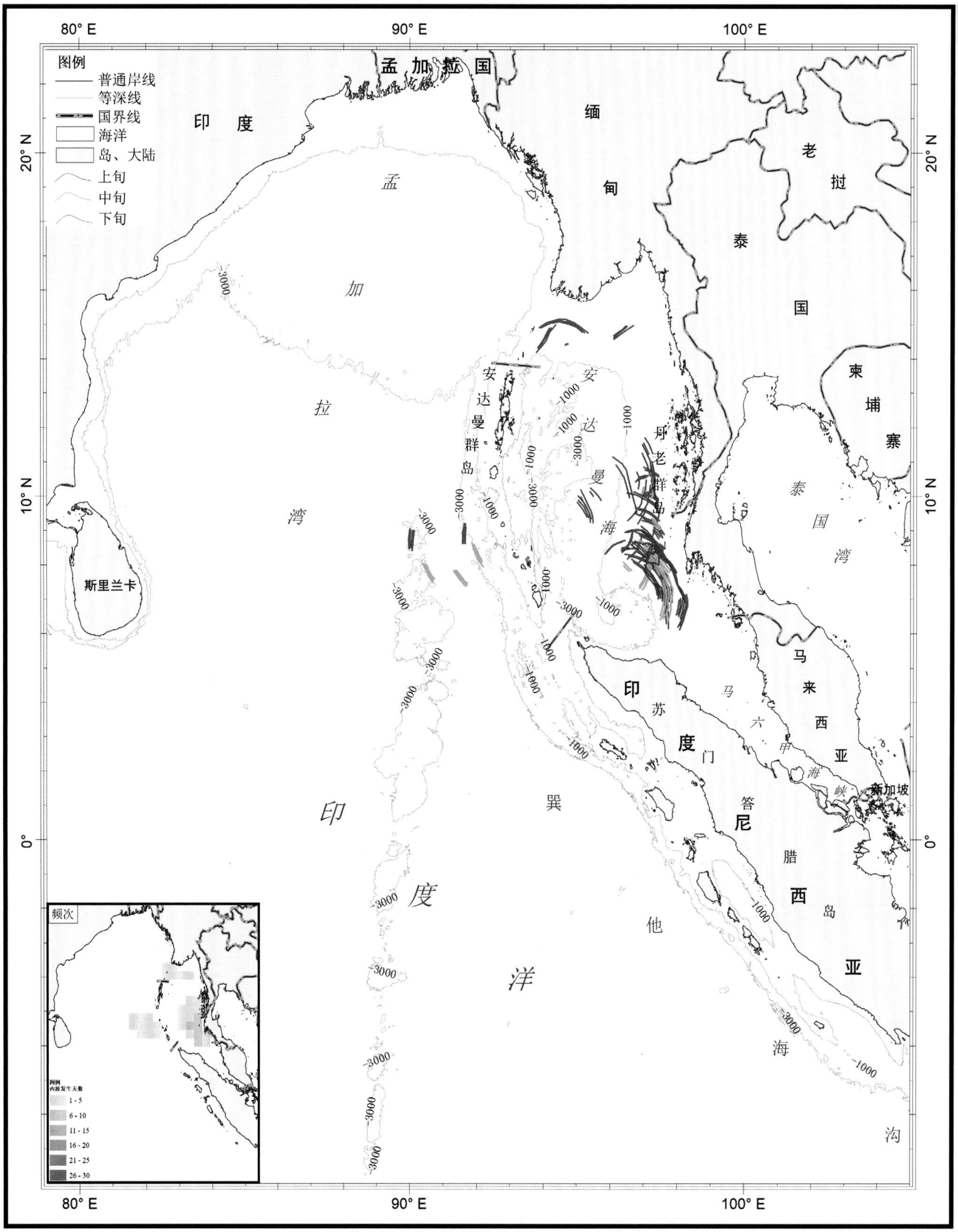

图例
普通岸线
等深线
国界线
海洋
岛、大陆
上旬
中旬
下旬

频次

图例
内波发生天数
1 - 5
6 - 10
11 - 15
16 - 20
21 - 25
26 - 30

80° E　90° E　100° E
20° N　10° N　0°

调查数据源：MODIS、SAR数据
数据空间分辨率：250m
数据时间：2014年1月

比例尺：1:14 000 000
坐标系：CGCS2000
投影信息：墨卡托投影

高程基准：1985国家高程基准
制图单位：自然资源部第一海洋研究所
制图时间：2022年1月

东印度洋海洋内波位置和频次月分布专题图

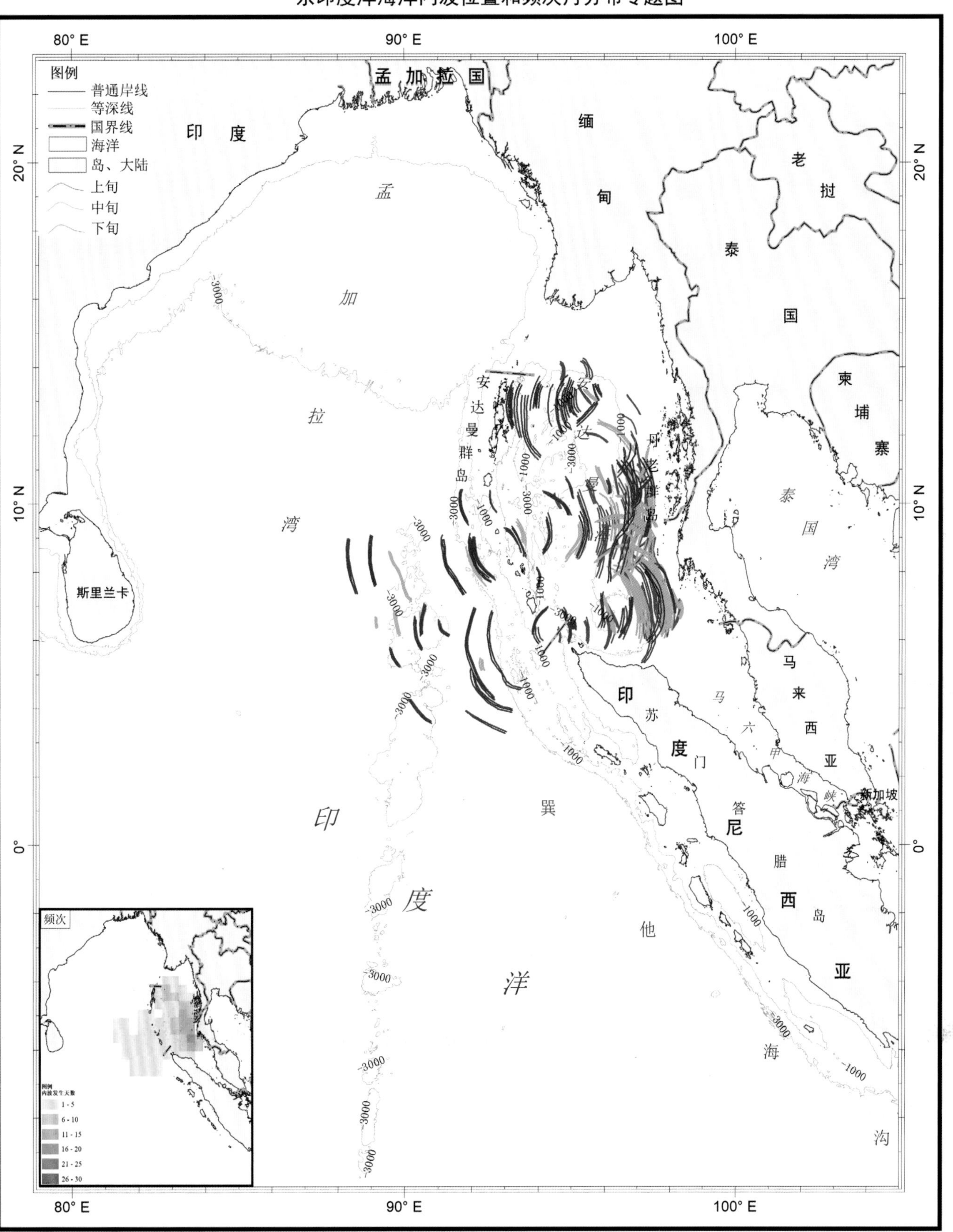

调查数据源：MODIS、SAR数据
数据空间分辨率：250m
数据时间：2014年2月
比例尺：1:14 000 000
坐标系：CGCS2000
投影信息：墨卡托投影
高程基准：1985国家高程基准
制图单位：自然资源部第一海洋研究所
制图时间：2022年1月

东印度洋海洋内波位置和频次月分布专题图

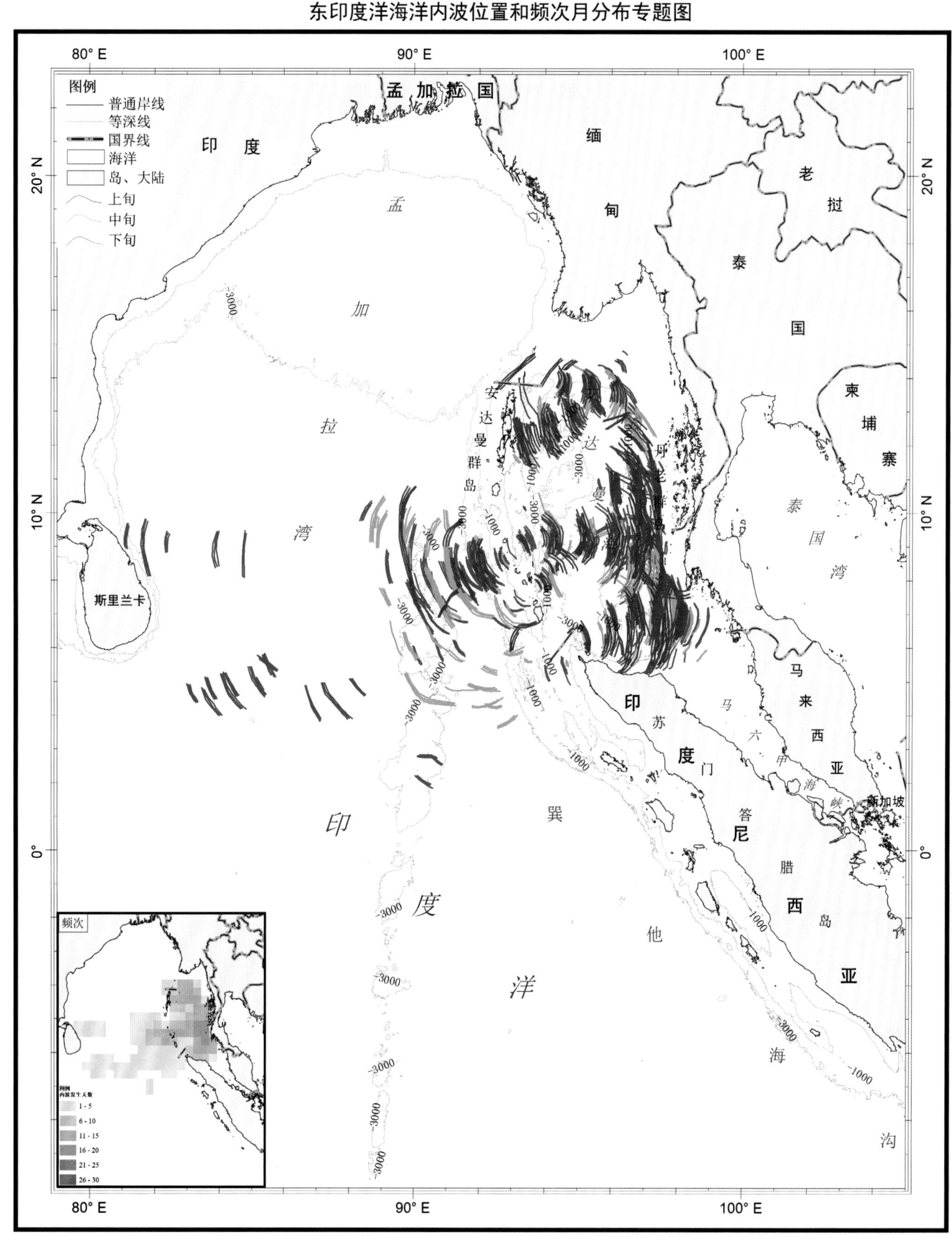

调查数据源：MODIS、SAR数据　　比例尺：1:14 000 000　　高程基准：1985国家高程基准

数据空间分辨率：250m　　坐标系：CGCS2000　　制图单位：自然资源部第一海洋研究所

数据时间：2014年3月　　投影信息：墨卡托投影　　制图时间：2022年1月

东印度洋海洋内波位置和频次月分布专题图

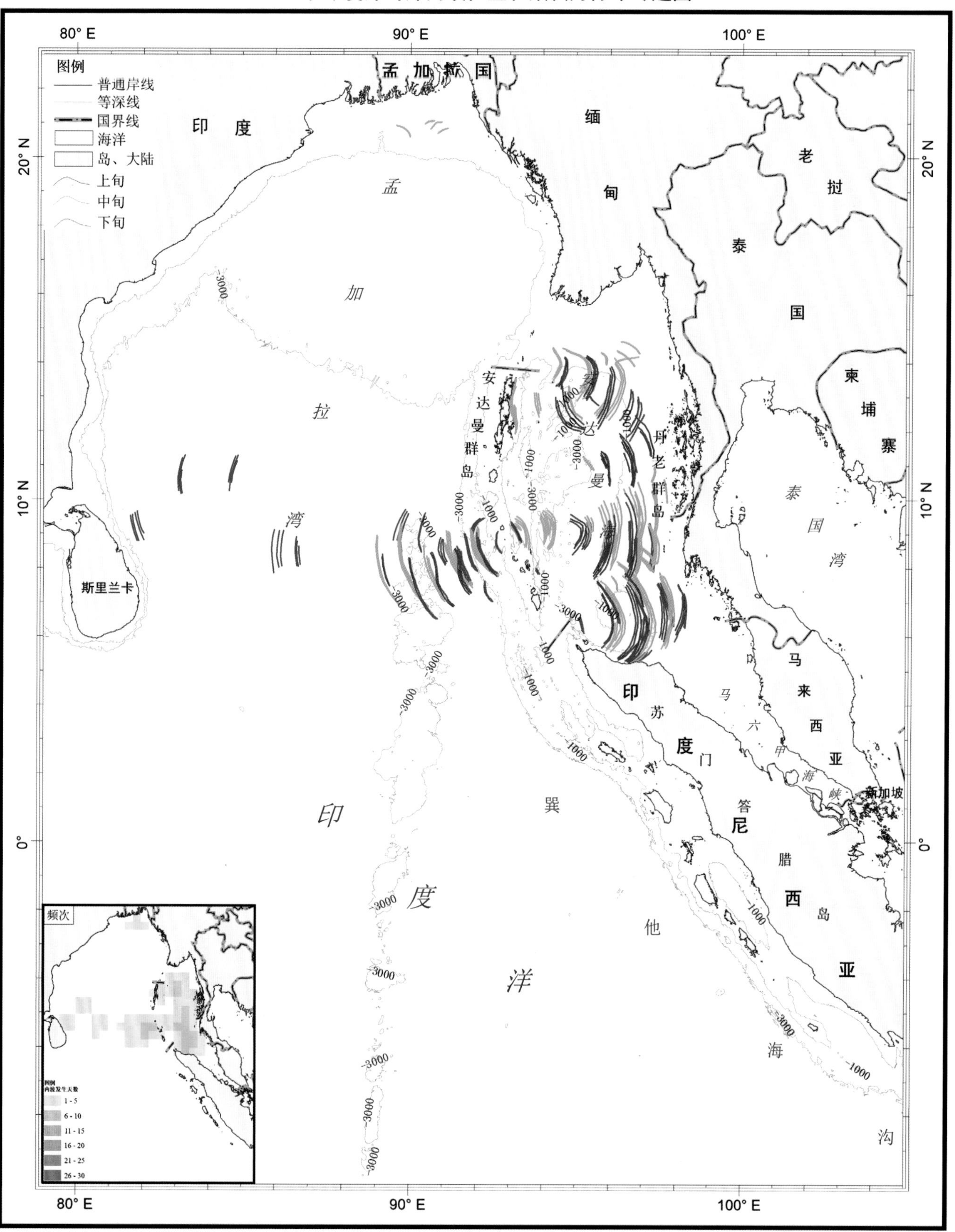

调查数据源：MODIS、SAR数据　　比例尺：1:14 000 000　　高程基准：1985国家高程基准

数据空间分辨率：250m　　坐标系：CGCS2000　　制图单位：自然资源部第一海洋研究所

数据时间：2014年4月　　投影信息：墨卡托投影　　制图时间：2022年1月

东印度洋海洋内波位置和频次月分布专题图

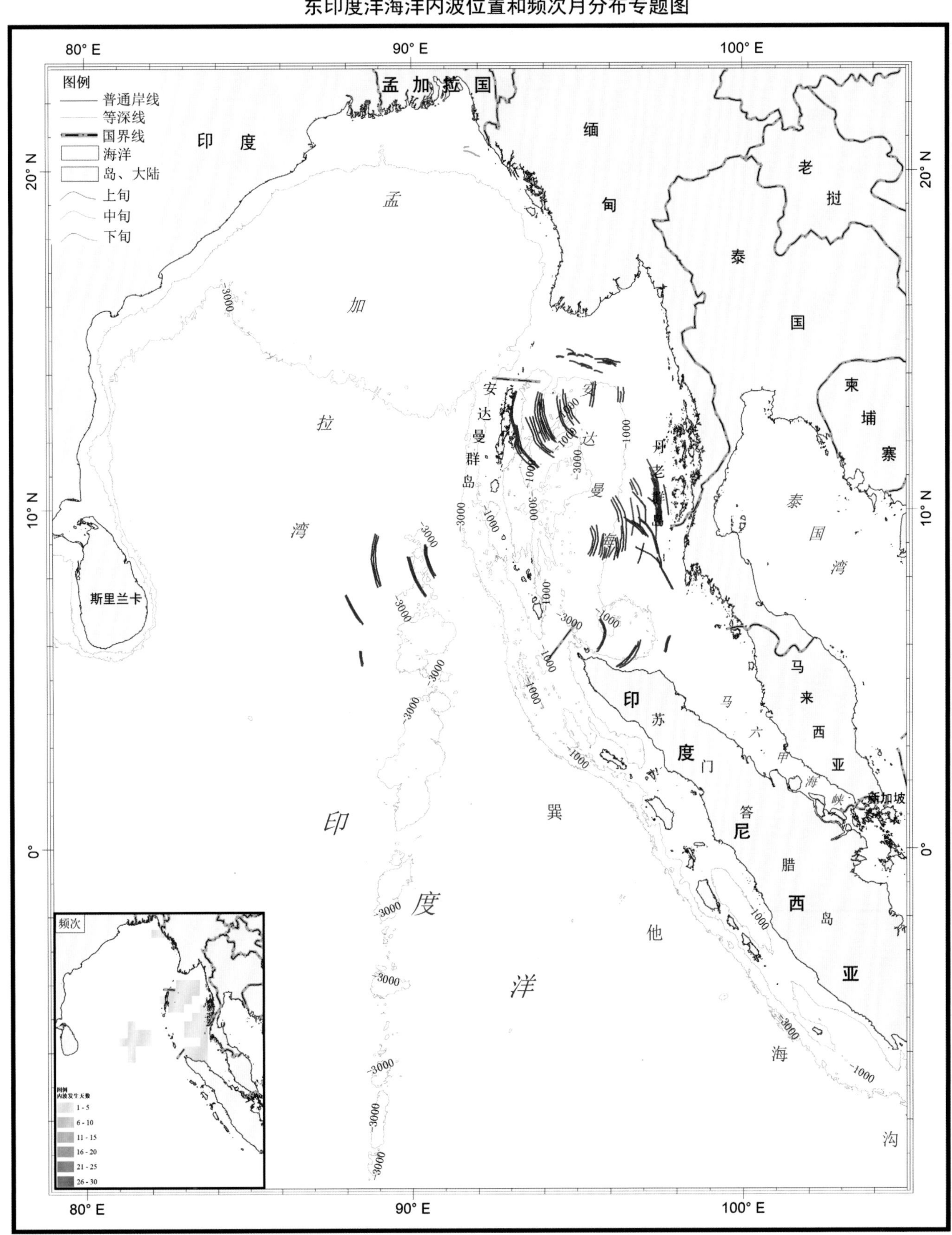

调查数据源：MODIS、SAR数据
数据空间分辨率：250m
数据时间：2014年5月

比例尺：1:14 000 000
坐标系：CGCS2000
投影信息：墨卡托投影

高程基准：1985国家高程基准
制图单位：自然资源部第一海洋研究所
制图时间：2022年1月

东印度洋海洋内波位置和频次月分布专题图

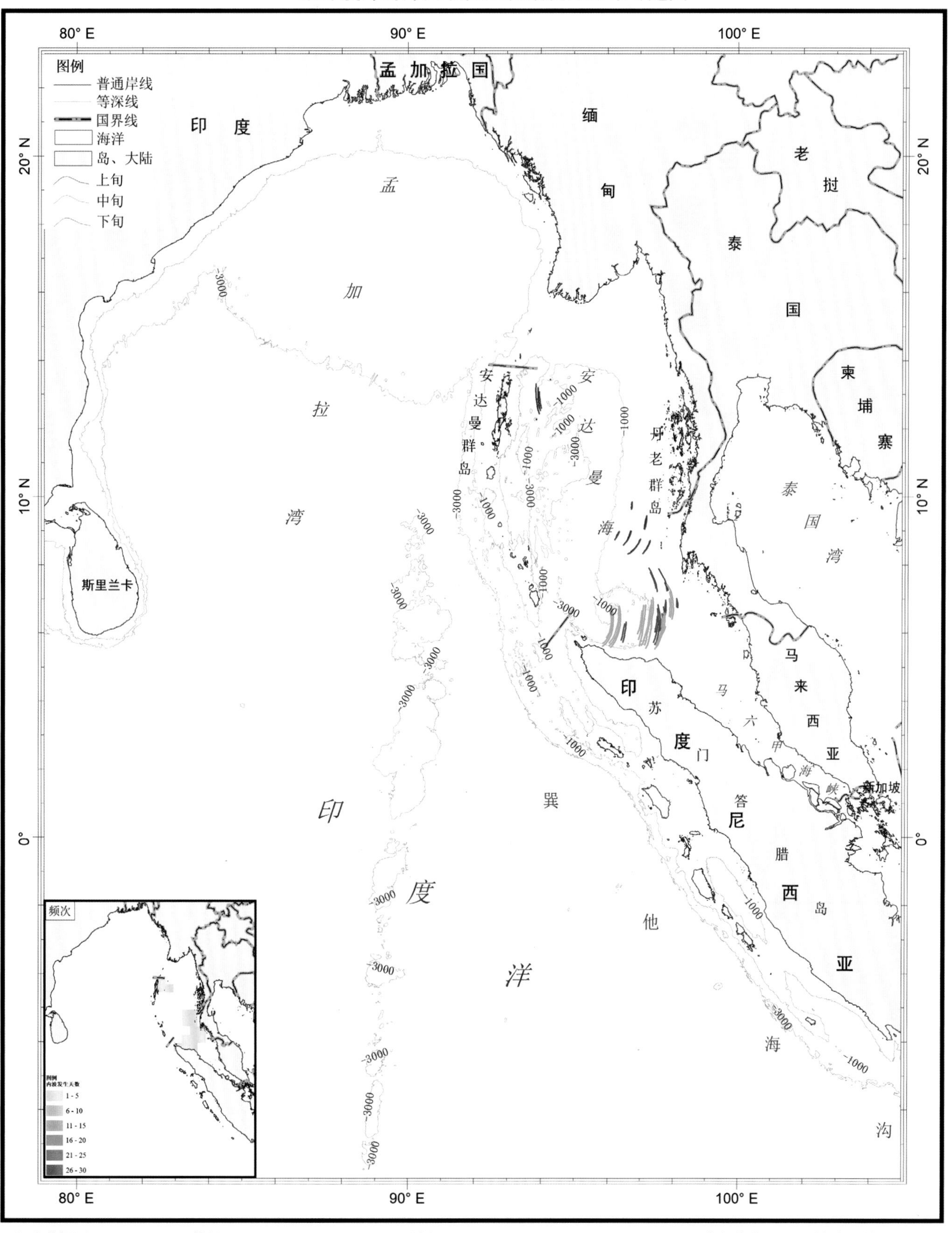

调查数据源：MODIS、SAR数据
数据空间分辨率：250m
数据时间：2014年6月

比例尺：1:14 000 000
坐标系：CGCS2000
投影信息：墨卡托投影

高程基准：1985国家高程基准
制图单位：自然资源部第一海洋研究所
制图时间：2022年1月

东印度洋海洋内波位置和频次月分布专题图

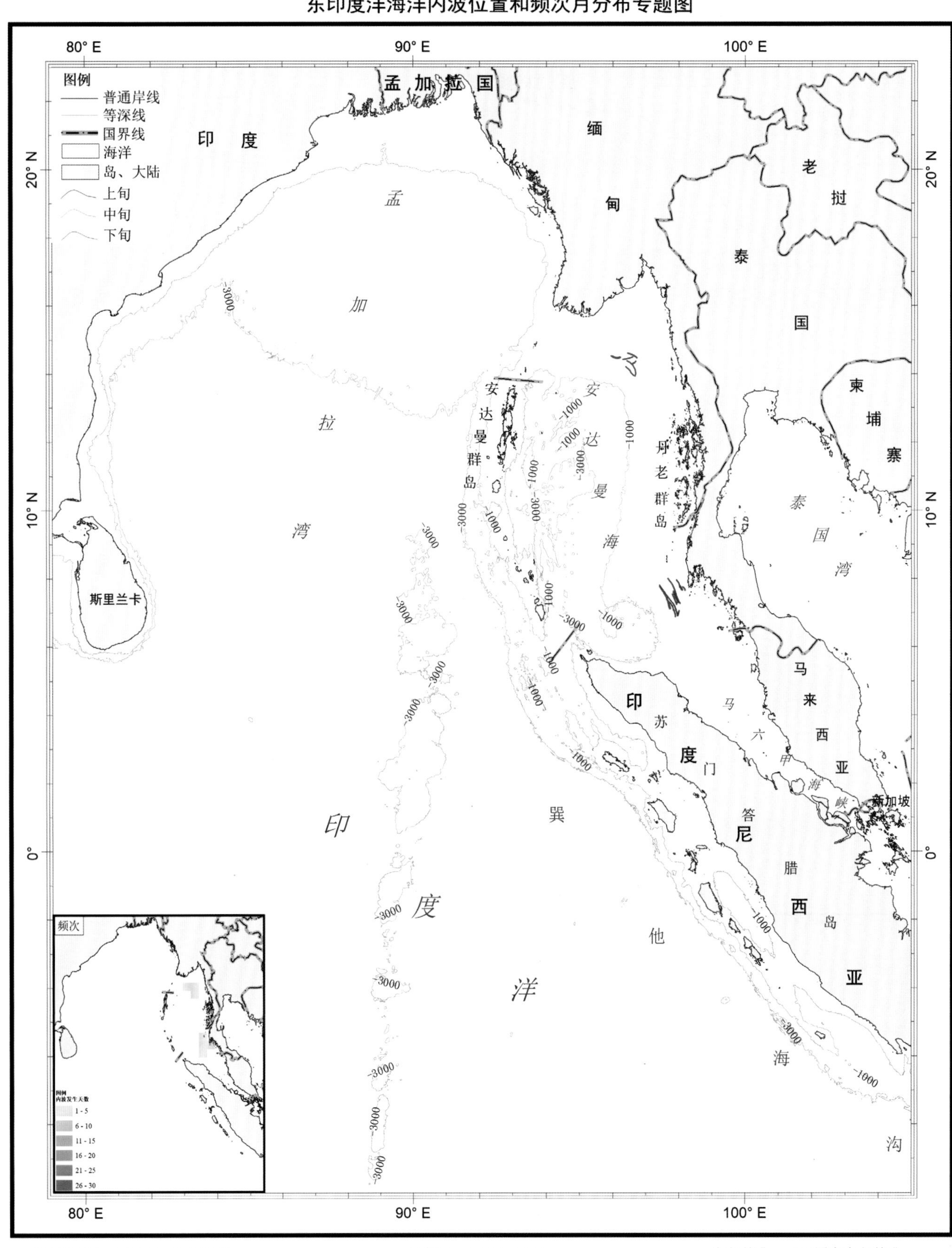

调查数据源：MODIS、SAR数据
数据空间分辨率：250m
数据时间：2014年7月

比例尺：1:14 000 000
坐标系：CGCS2000
投影信息：墨卡托投影

高程基准：1985国家高程基准
制图单位：自然资源部第一海洋研究所
制图时间：2022年1月

东印度洋海洋内波位置和频次月分布专题图

图例
普通岸线
等深线
国界线
海洋
岛、大陆
上旬
中旬
下旬

频次
图例
内波发生天数
1 - 5
6 - 10
11 - 15
16 - 20
21 - 25
26 - 30

调查数据源：MODIS、SAR数据
数据空间分辨率：250m
数据时间：2014年8月

比例尺：1:14 000 000
坐标系：CGCS2000
投影信息：墨卡托投影

高程基准：1985国家高程基准
制图单位：自然资源部第一海洋研究所
制图时间：2022年1月

东印度洋海洋内波位置和频次月分布专题图

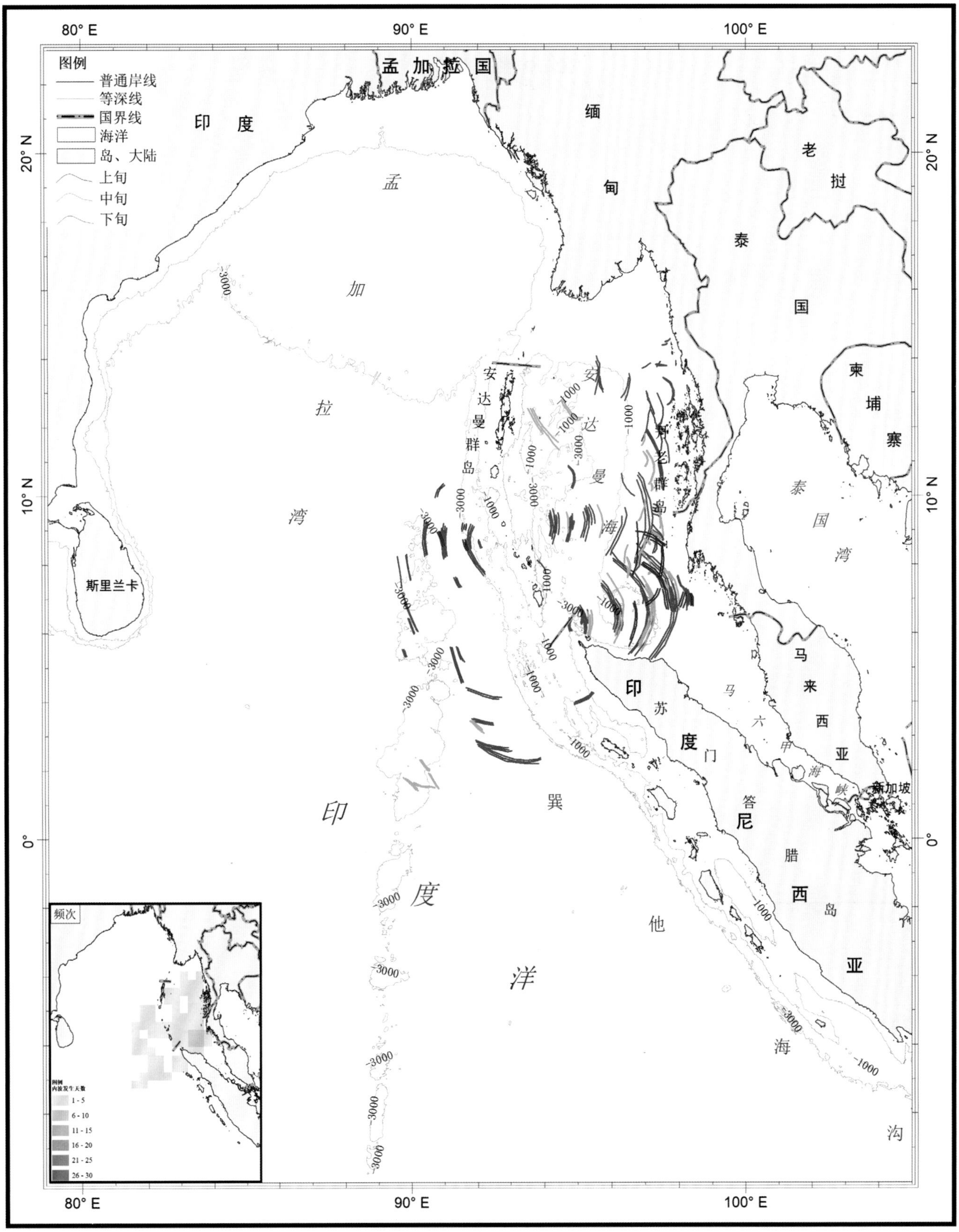

80° E 90° E 100° E

图例
普通岸线
等深线
国界线
海洋
岛、大陆
上旬
中旬
下旬

孟加拉国 印度 缅甸 老挝 泰国 柬埔寨 斯里兰卡 马来西亚 新加坡 印度尼西亚

孟加拉湾 安达曼群岛 安达曼海 丹老群岛 泰国湾 马六甲海峡 苏门答腊 印度洋 巽他海沟

20° N 10° N 0°

频次
图例
内波发生天数
1 - 5
6 - 10
11 - 15
16 - 20
21 - 25
26 - 30

调查数据源：MODIS、SAR数据
数据空间分辨率：250m
数据时间：2014年9月

比例尺：1:14 000 000
坐标系：CGCS2000
投影信息：墨卡托投影

高程基准：1985国家高程基准
制图单位：自然资源部第一海洋研究所
制图时间：2022年1月

东印度洋海洋内波位置和频次月分布专题图

图例
普通岸线
等深线
国界线
海洋
岛、大陆
上旬
中旬
下旬

频次

图例
内波发生天数
1 - 5
6 - 10
11 - 15
16 - 20
21 - 25
26 - 30

调查数据源：MODIS、SAR数据
数据空间分辨率：250m
数据时间：2014年10月

比例尺：1:14 000 000
坐标系：CGCS2000
投影信息：墨卡托投影

高程基准：1985国家高程基准
制图单位：自然资源部第一海洋研究所
制图时间：2022年1月

东印度洋海洋内波位置和频次月分布专题图

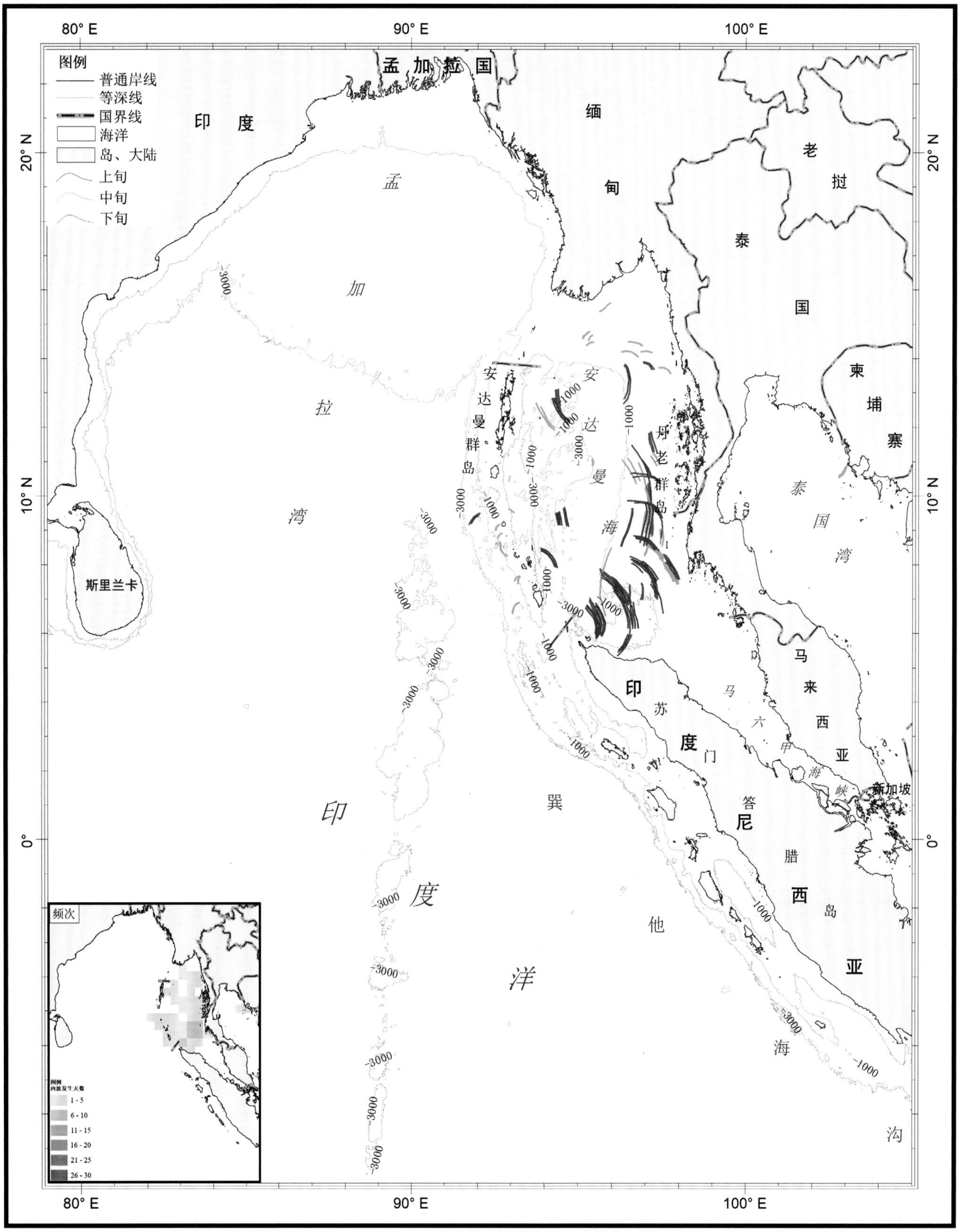

80° E　90° E　100° E
20° N　10° N　0°

图例
普通岸线
等深线
国界线
海洋
岛、大陆
上旬
中旬
下旬

孟加拉国
印度
缅甸
老挝
泰国
柬埔寨
孟加拉湾
斯里兰卡
安达曼群岛
安达曼海
丹老群岛
泰国湾
马来西亚
新加坡
印度尼西亚
苏门答腊
马六甲海峡
印度洋
巽他海沟
-3000
-1000

频次
图例
内波发生天数
1-5
6-10
11-15
16-20
21-25
26-30

调查数据源：MODIS、SAR数据
数据空间分辨率：250m
数据时间：2014年11月
比例尺：1:14 000 000
坐标系：CGCS2000
投影信息：墨卡托投影
高程基准：1985国家高程基准
制图单位：自然资源部第一海洋研究所
制图时间：2022年1月

东印度洋海洋内波位置和频次月分布专题图

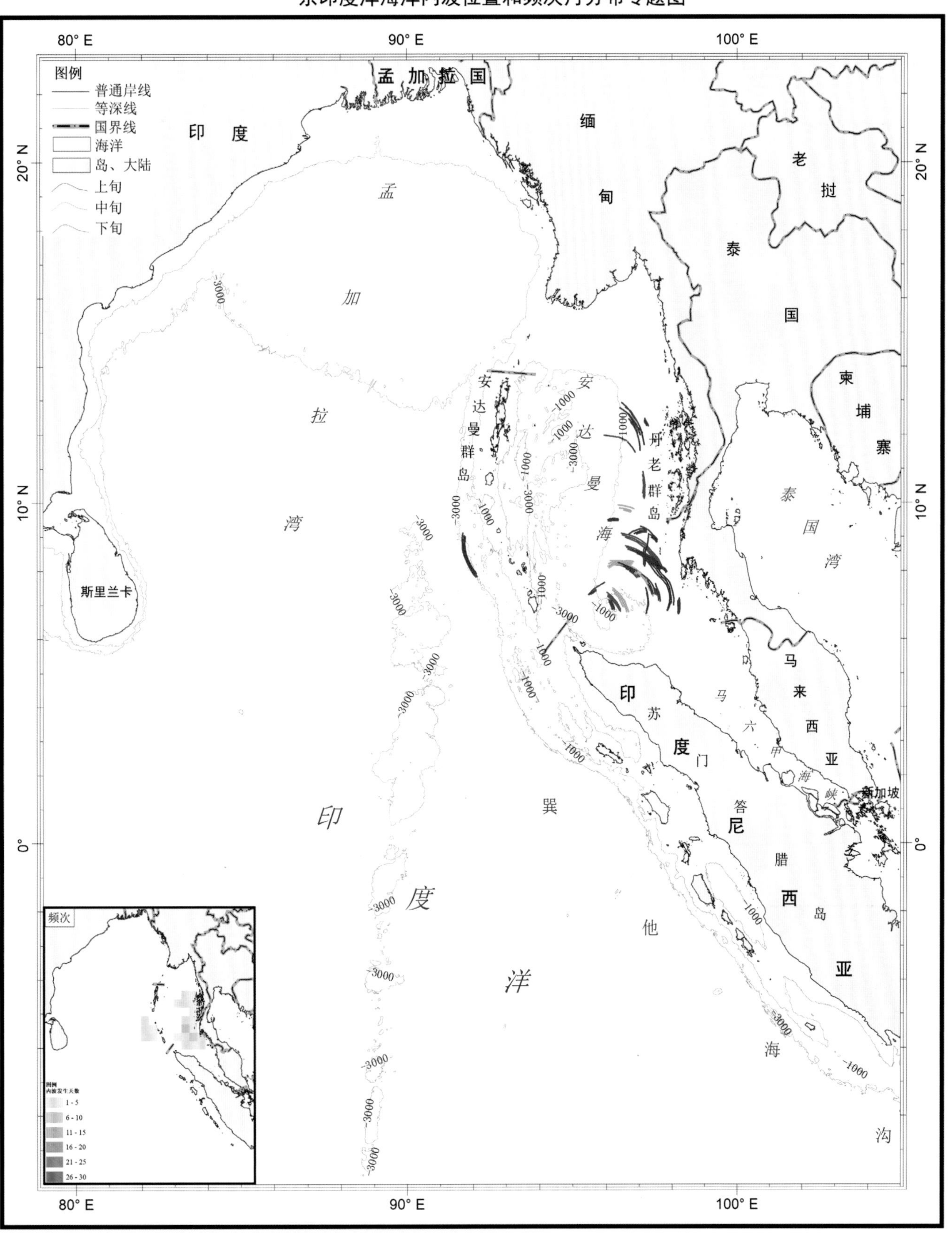

调查数据源：MODIS、SAR数据
数据空间分辨率：250m
数据时间：2014年12月

比例尺：1:14 000 000
坐标系：CGCS2000
投影信息：墨卡托投影

高程基准：1985国家高程基准
制图单位：自然资源部第一海洋研究所
制图时间：2022年1月

东印度洋海洋内波位置和频次季分布专题图

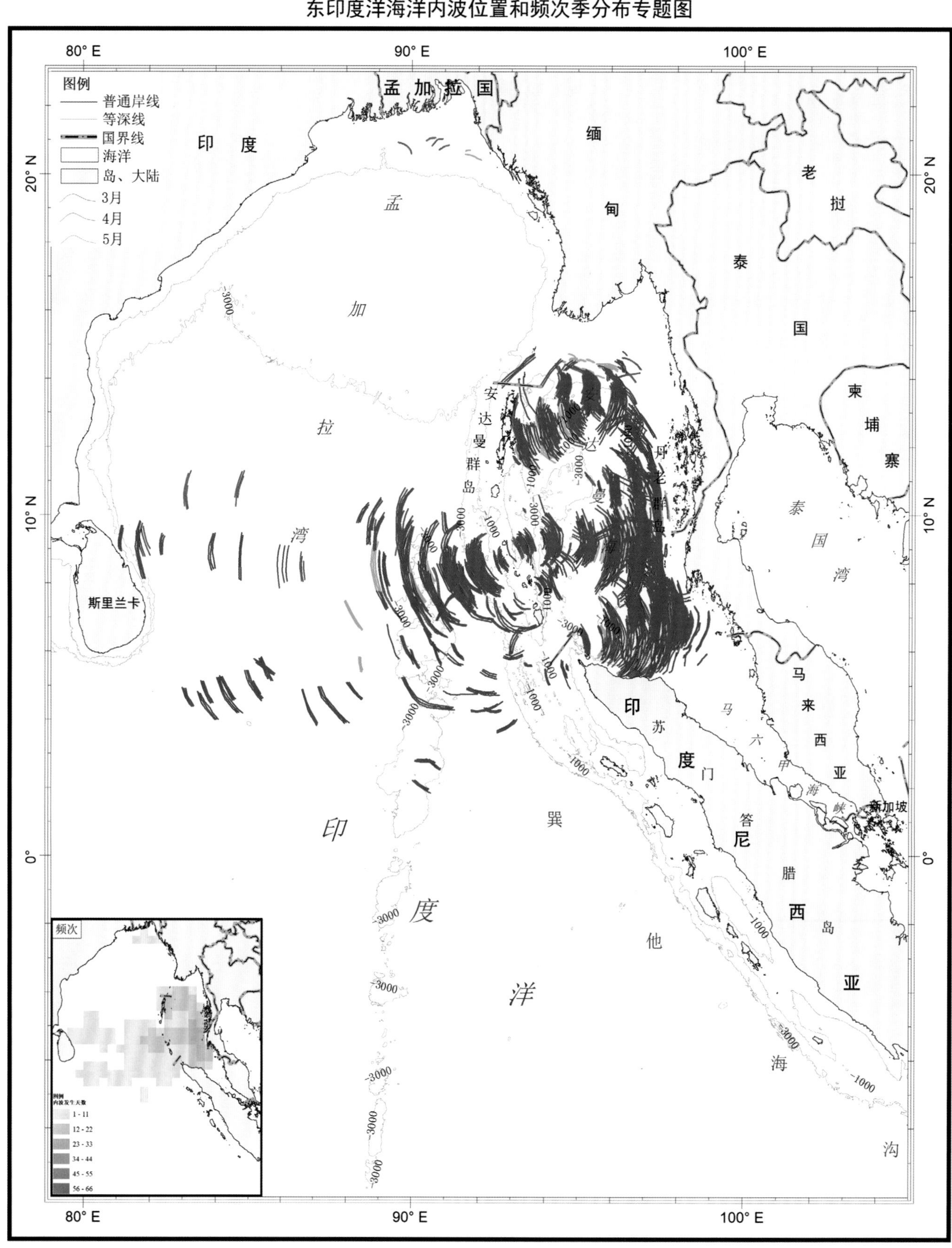

调查数据源：MODIS、SAR数据
数据空间分辨率：250m
数据时间：2014年春季

比例尺：1:14 000 000
坐标系：CGCS2000
投影信息：墨卡托投影

高程基准：1985国家高程基准
制图单位：自然资源部第一海洋研究所
制图时间：2022年1月

东印度洋海洋内波位置和频次季分布专题图

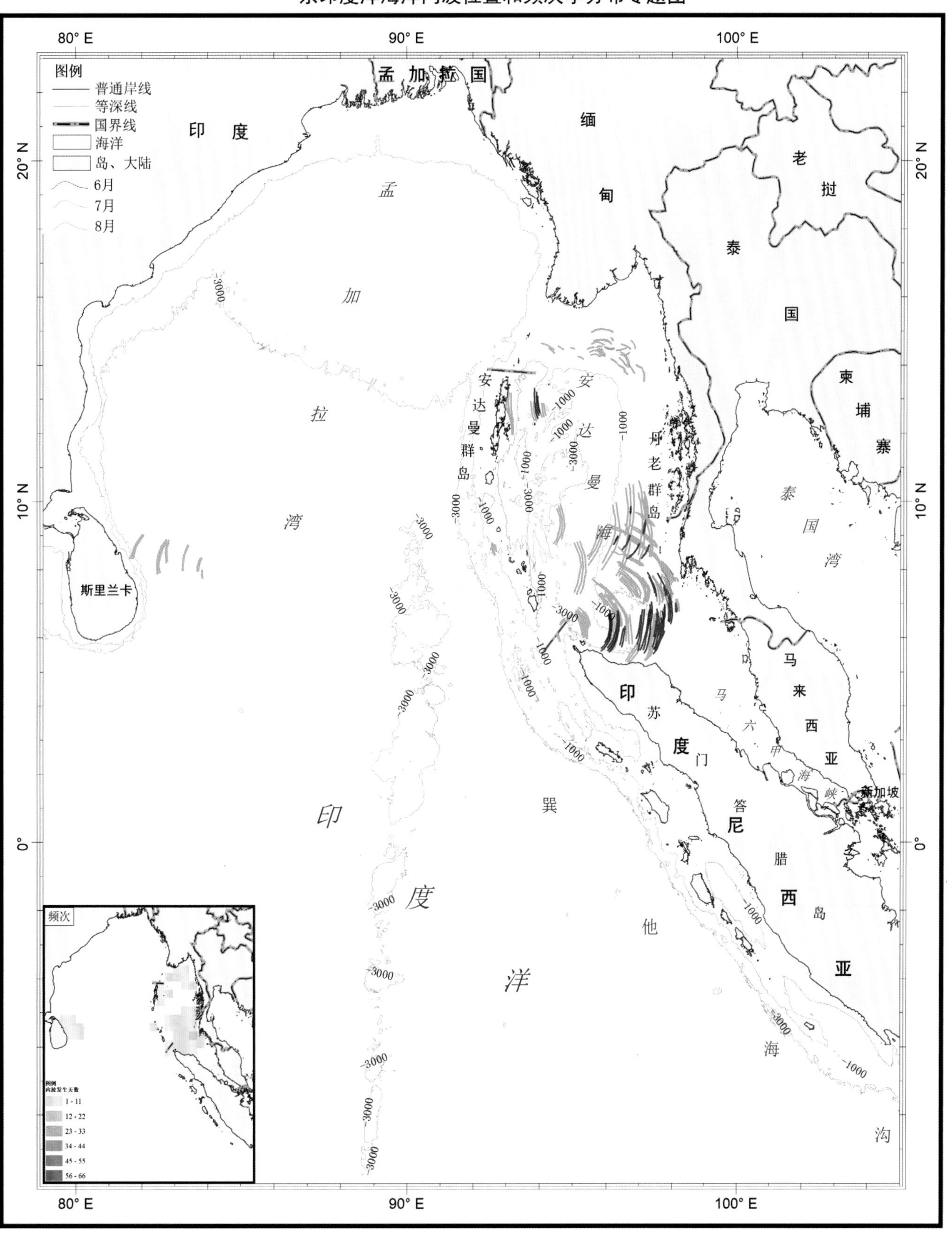

调查数据源：MODIS、SAR数据
数据空间分辨率：250m
数据时间：2014年夏季

比例尺：1:14 000 000
坐标系：CGCS2000
投影信息：墨卡托投影

高程基准：1985国家高程基准
制图单位：自然资源部第一海洋研究所
制图时间：2022年1月

东印度洋海洋内波位置和频次季分布专题图

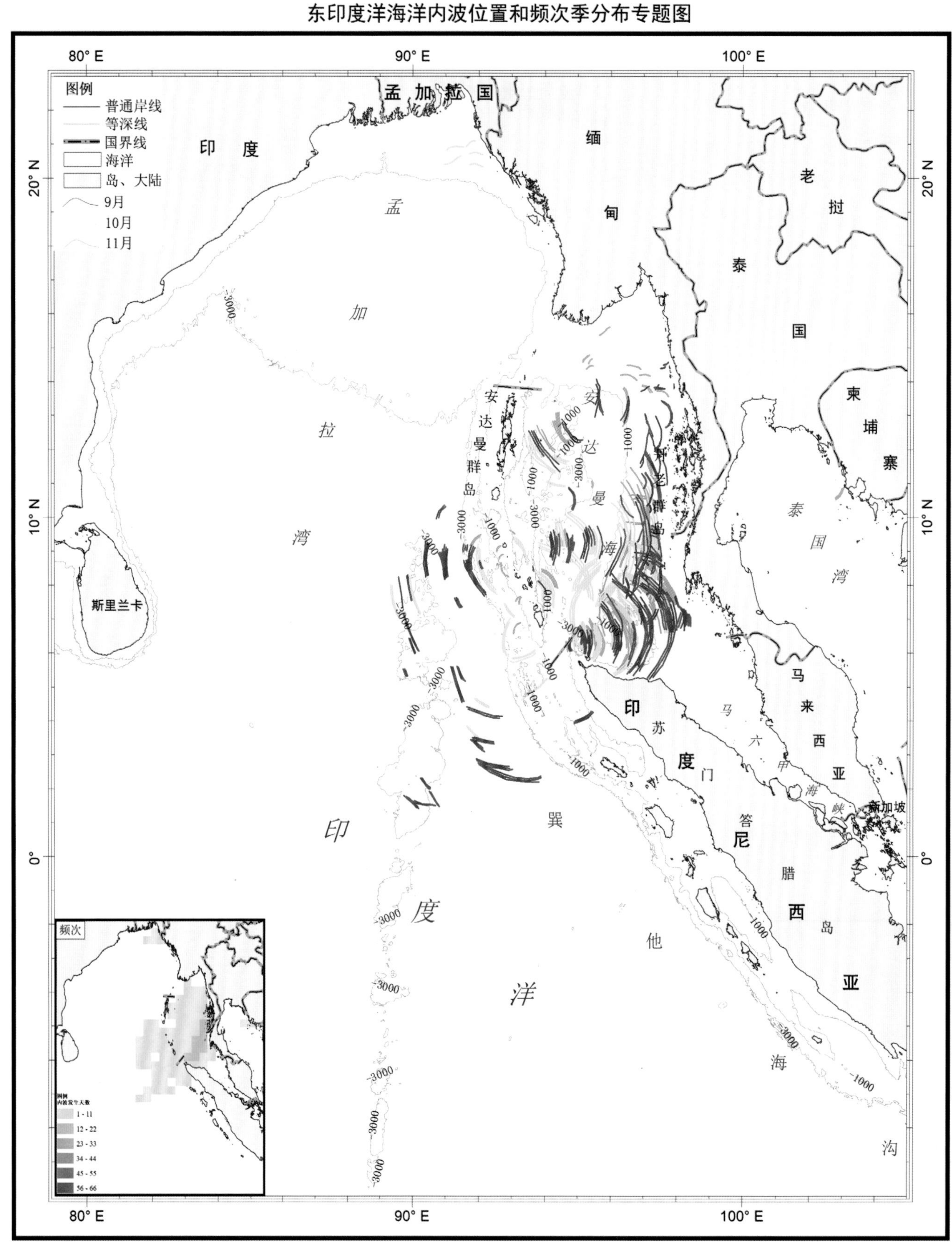

调查数据源：MODIS、SAR数据
数据空间分辨率：250m
数据时间：2014年秋季

比例尺：1:14 000 000
坐标系：CGCS2000
投影信息：墨卡托投影

高程基准：1985国家高程基准
制图单位：自然资源部第一海洋研究所
制图时间：2022年1月

东印度洋海洋内波位置和频次季分布专题图

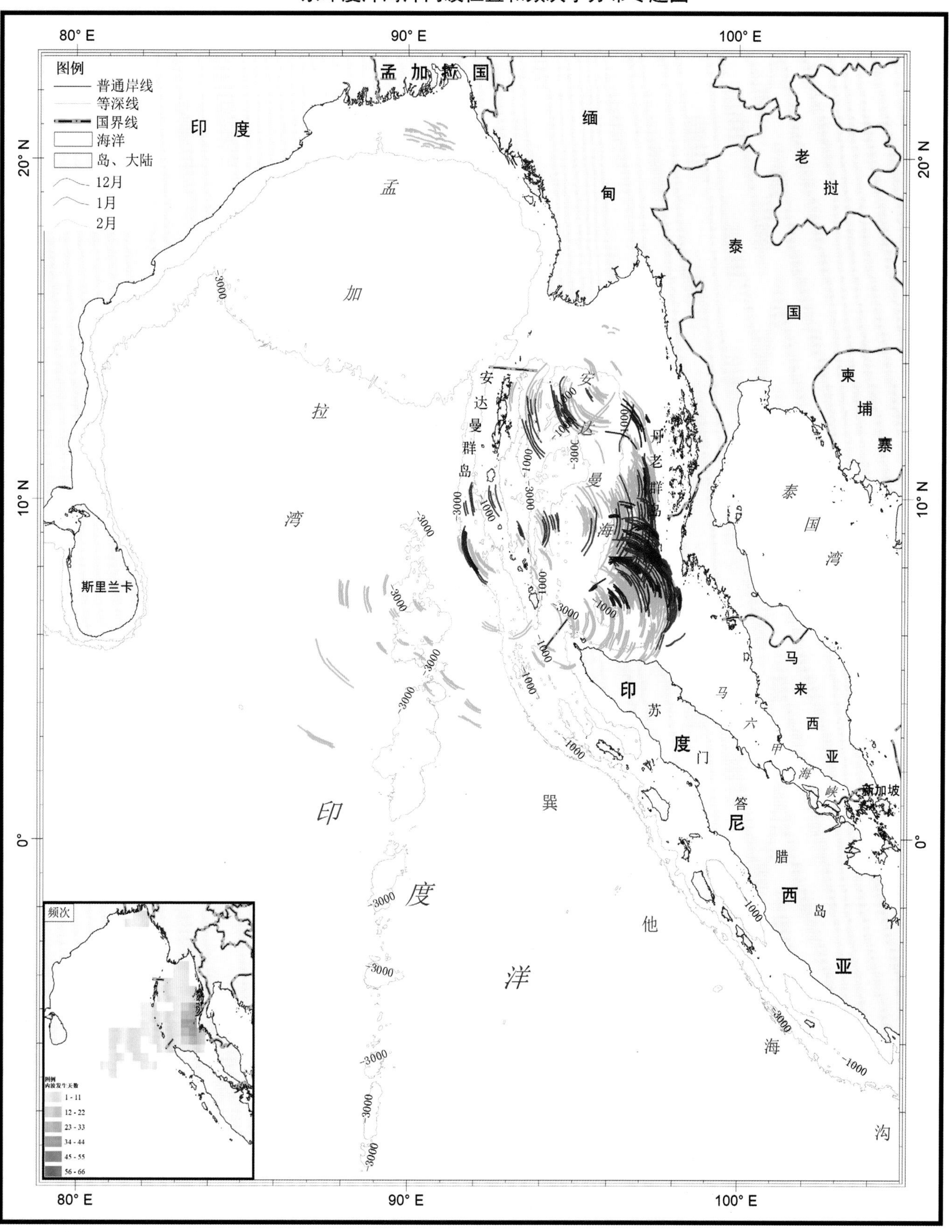

调查数据源：MODIS、SAR数据　　比例尺：1:14 000 000　　高程基准：1985国家高程基准

数据空间分辨率：250m　　坐标系：CGCS2000　　制图单位：自然资源部第一海洋研究所

数据时间：2014年冬季　　投影信息：墨卡托投影　　制图时间：2022年1月

东印度洋海洋内波位置和频次半年分布专题图

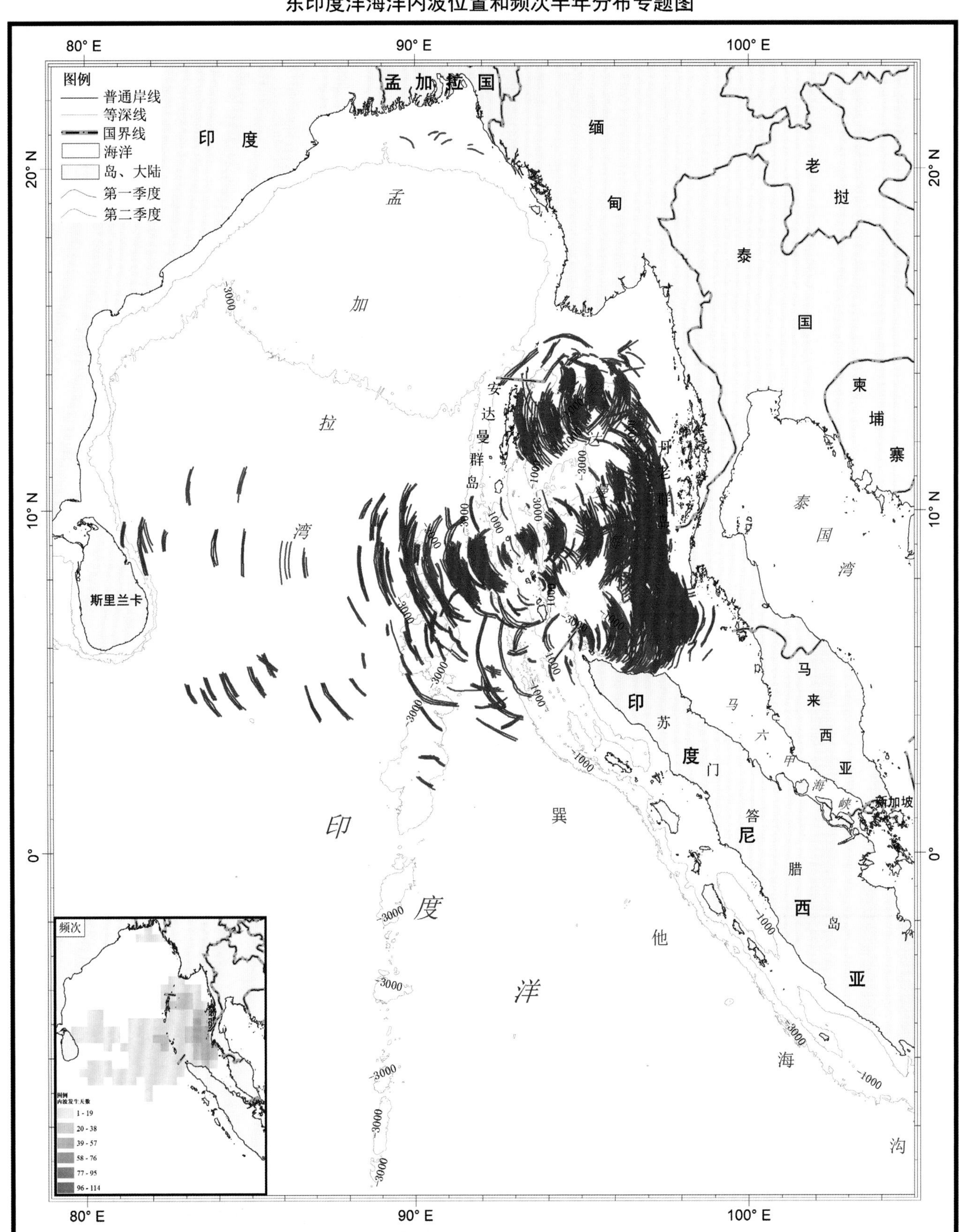

调查数据源：MODIS、SAR数据
数据空间分辨率：250m
数据时间：2014年上半年

比例尺：1:14 000 000
坐标系：CGCS2000
投影信息：墨卡托投影

高程基准：1985国家高程基准
制图单位：自然资源部第一海洋研究所
制图时间：2022年1月

东印度洋海洋内波位置和频次半年分布专题图

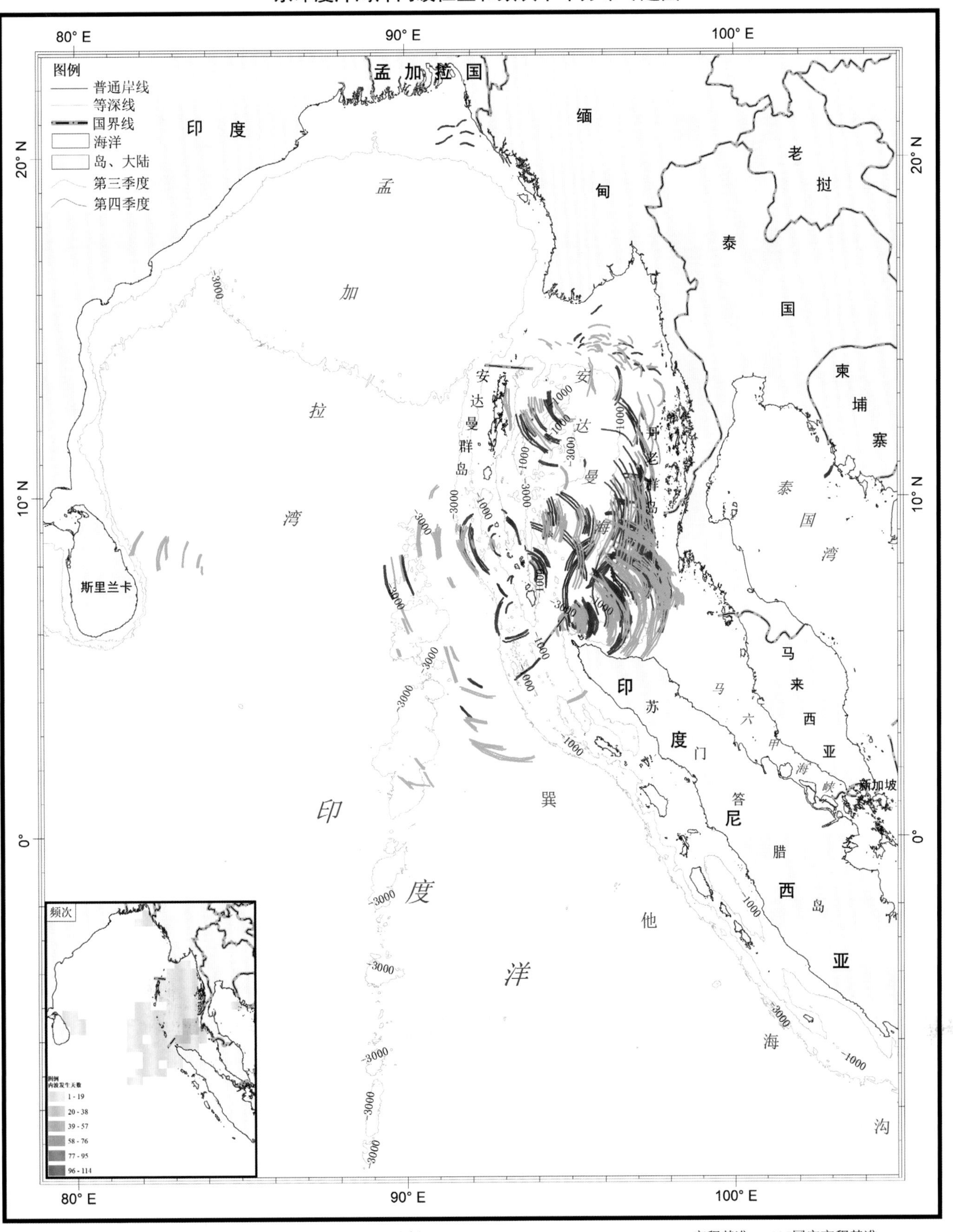

调查数据源：MODIS、SAR数据
数据空间分辨率：250m
数据时间：2014年下半年

比例尺：1:14 000 000
坐标系：CGCS2000
投影信息：墨卡托投影

高程基准：1985国家高程基准
制图单位：自然资源部第一海洋研究所
制图时间：2022年1月

东印度洋海洋内波位置和频次年分布专题图

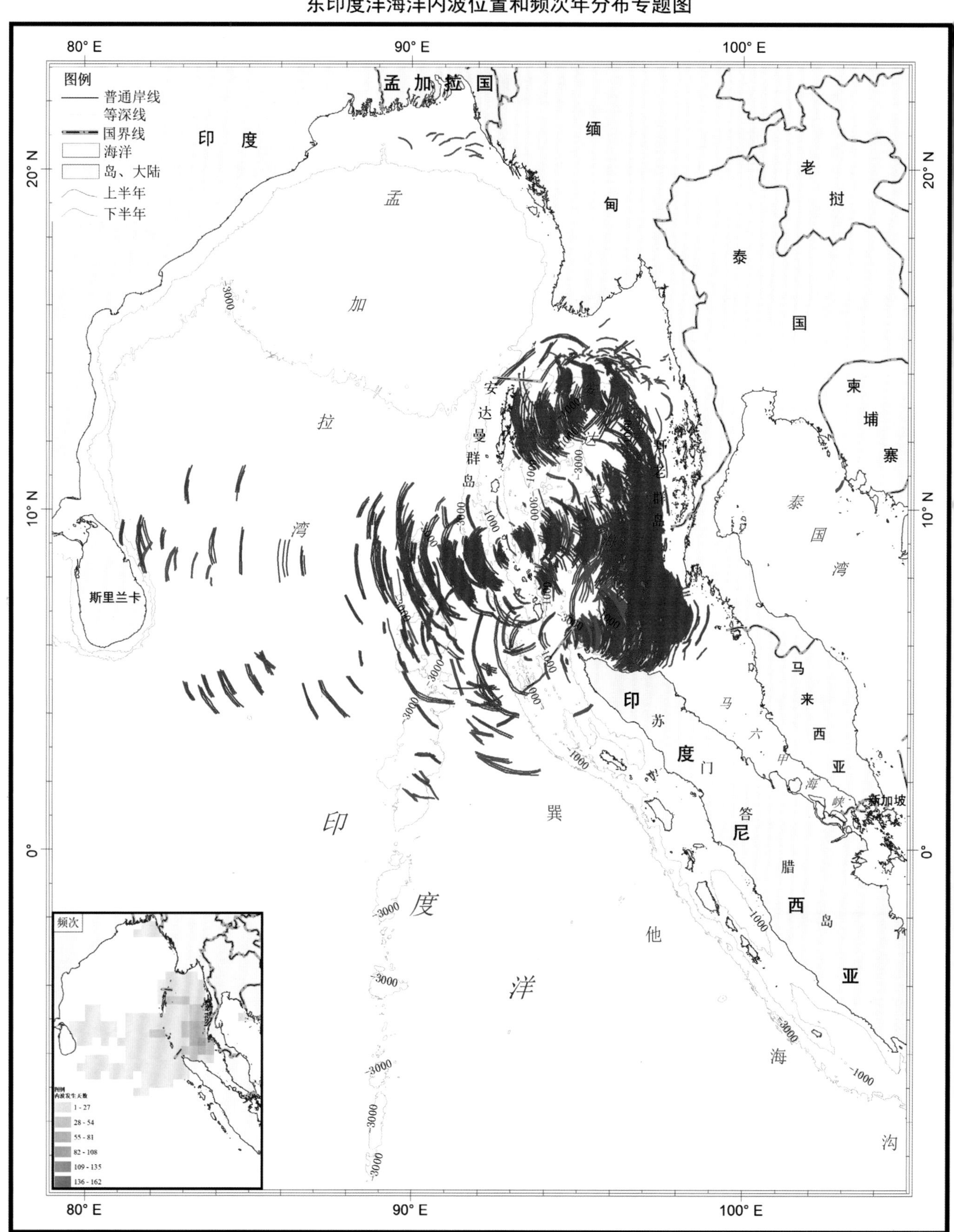

调查数据源：MODIS、SAR数据
数据空间分辨率：250m
数据时间：2014年全年

比例尺：1:14 000 000
坐标系：CGCS2000
投影信息：墨卡托投影

高程基准：1985国家高程基准
制图单位：自然资源部第一海洋研究所
制图时间：2022年1月

7.6　东印度洋内孤立波 2015 年分布图

东印度洋海洋内波位置和频次月分布专题图

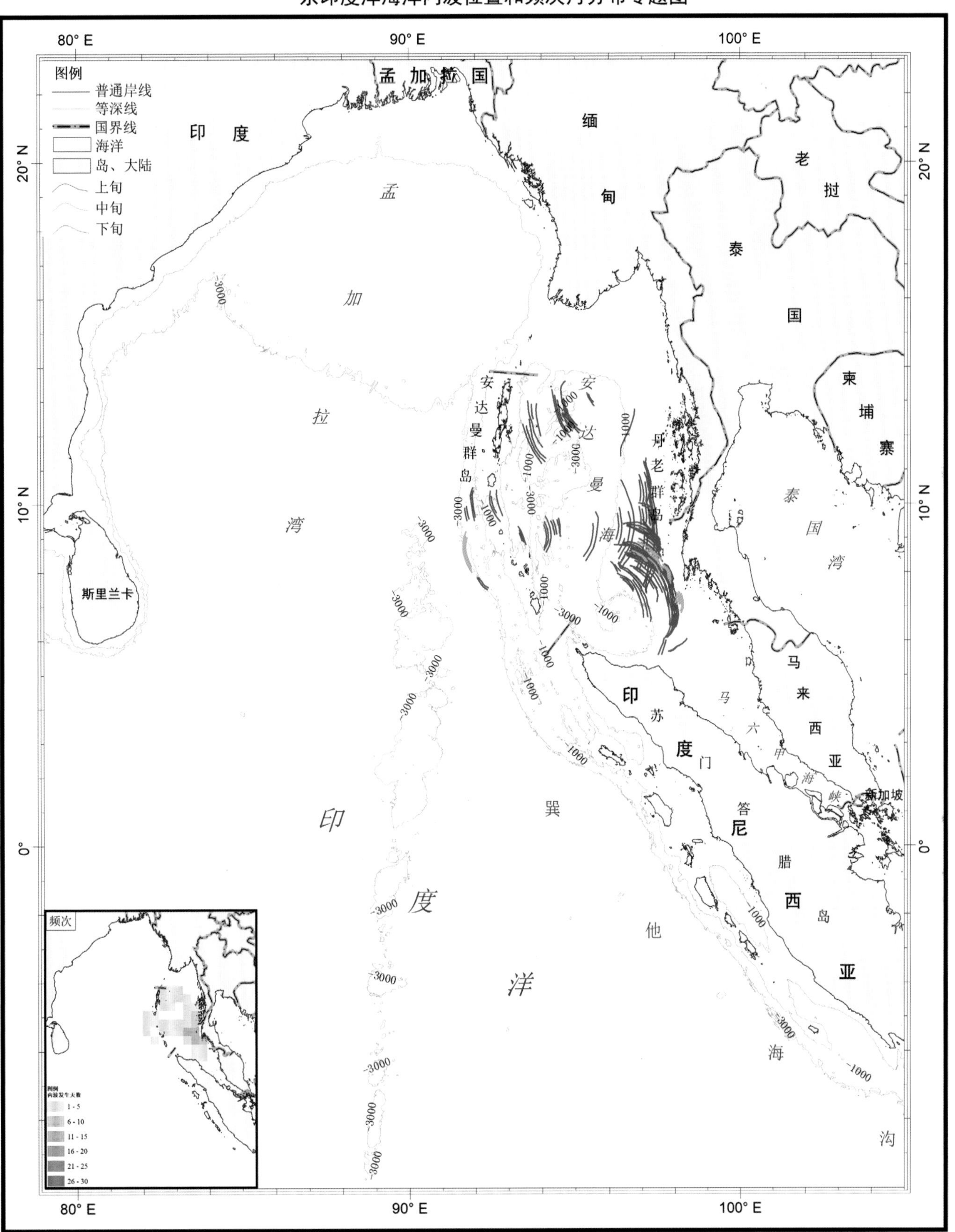

调查数据源：MODIS、SAR数据
数据空间分辨率：250m
数据时间：2015年1月

比例尺：1:14 000 000
坐标系：CGCS2000
投影信息：墨卡托投影

高程基准：1985国家高程基准
制图单位：自然资源部第一海洋研究所
制图时间：2022年1月

东印度洋海洋内波位置和频次月分布专题图

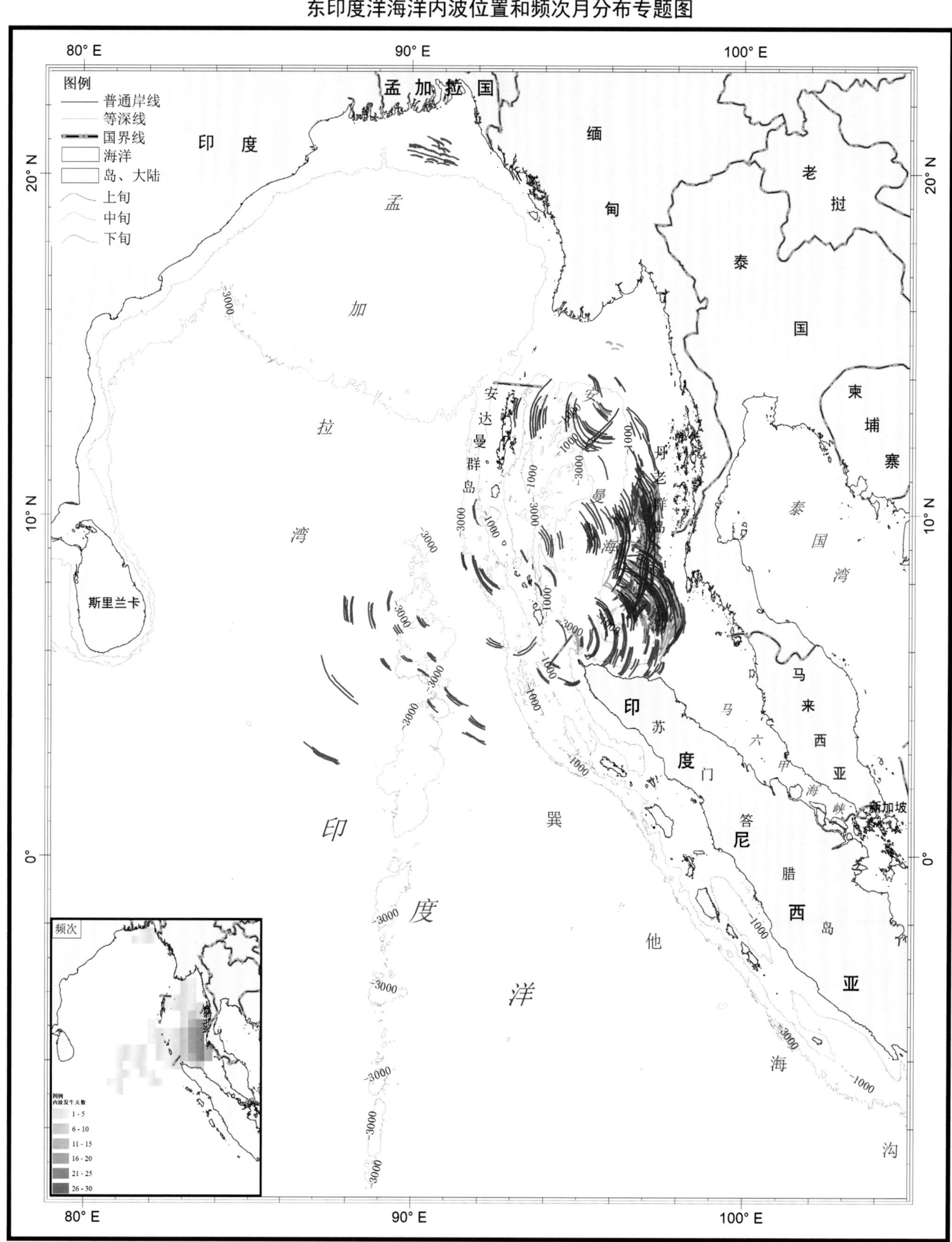

调查数据源：MODIS、SAR数据
数据空间分辨率：250m
数据时间：2015年2月

比例尺：1:14 000 000
坐标系：CGCS2000
投影信息：墨卡托投影

高程基准：1985国家高程基准
制图单位：自然资源部第一海洋研究所
制图时间：2022年1月

东印度洋海洋内波位置和频次月分布专题图

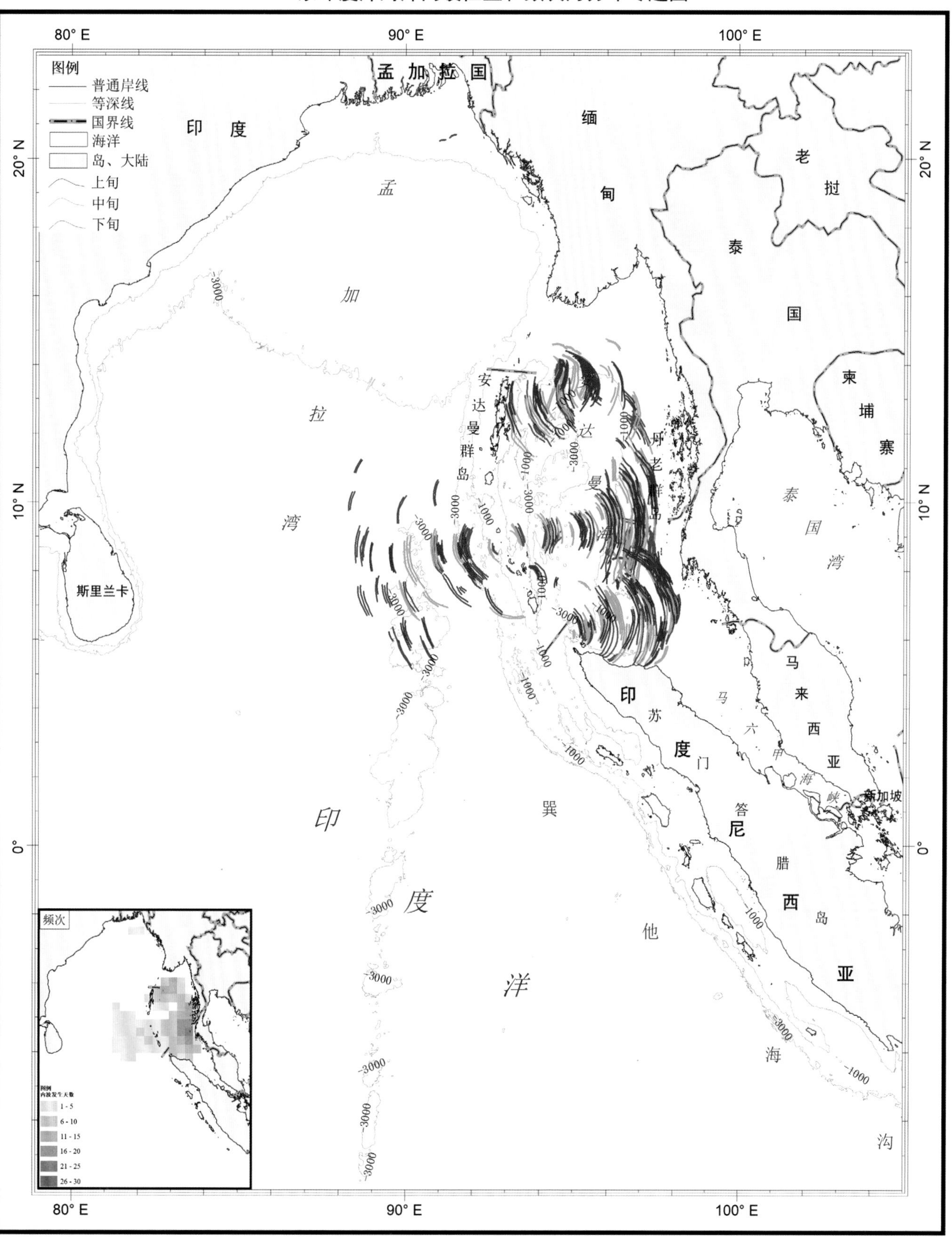

调查数据源：MODIS、SAR数据
数据空间分辨率：250m
数据时间：2015年3月

比例尺：1:14 000 000
坐标系：CGCS2000
投影信息：墨卡托投影

高程基准：1985国家高程基准
制图单位：自然资源部第一海洋研究所
制图时间：2022年1月

东印度洋海洋内波位置和频次月分布专题图

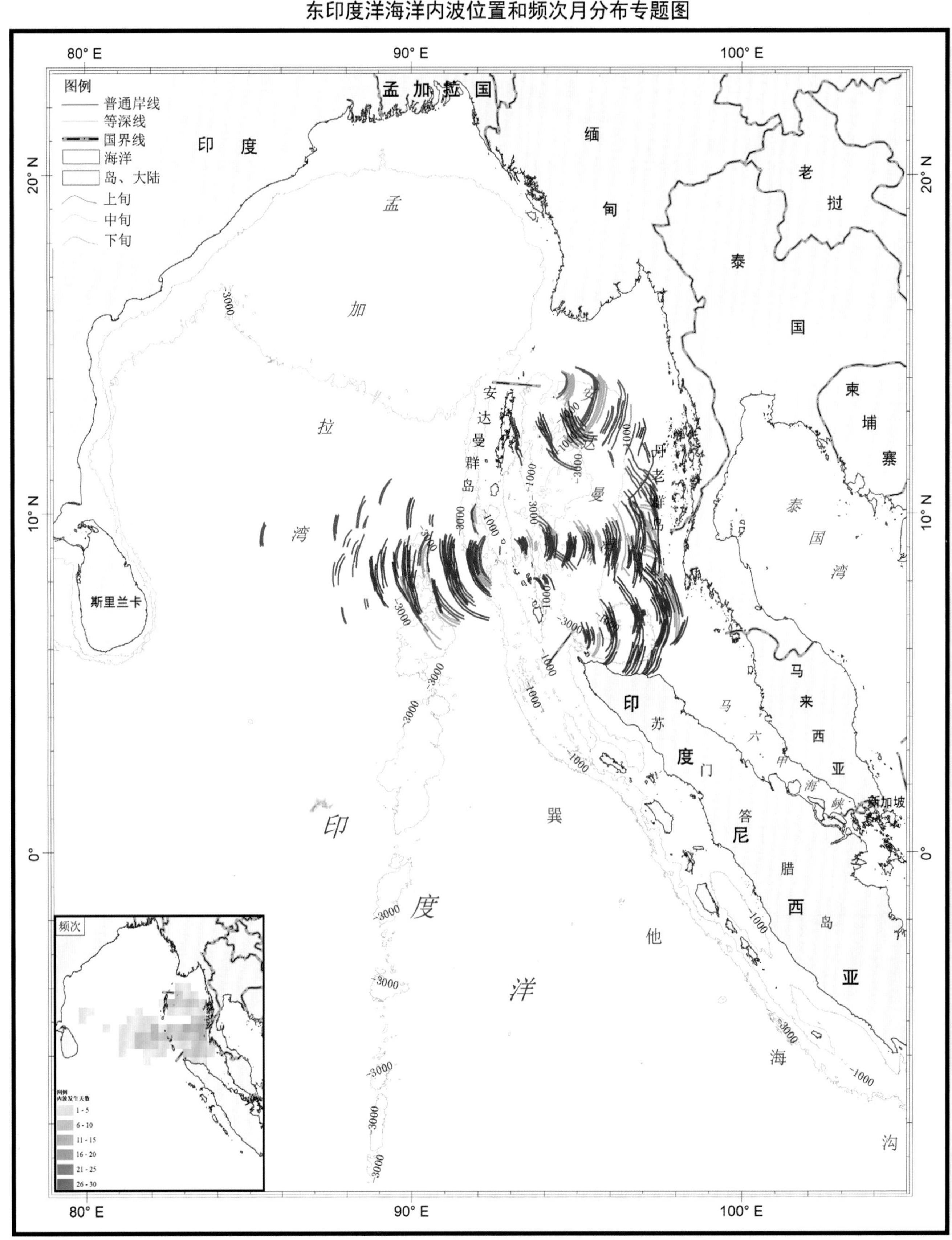

调查数据源：MODIS、SAR数据
数据空间分辨率：250m
数据时间：2015年4月

比例尺：1:14 000 000
坐标系：CGCS2000
投影信息：墨卡托投影

高程基准：1985国家高程基准
制图单位：自然资源部第一海洋研究所
制图时间：2022年1月

东印度洋海洋内波位置和频次月分布专题图

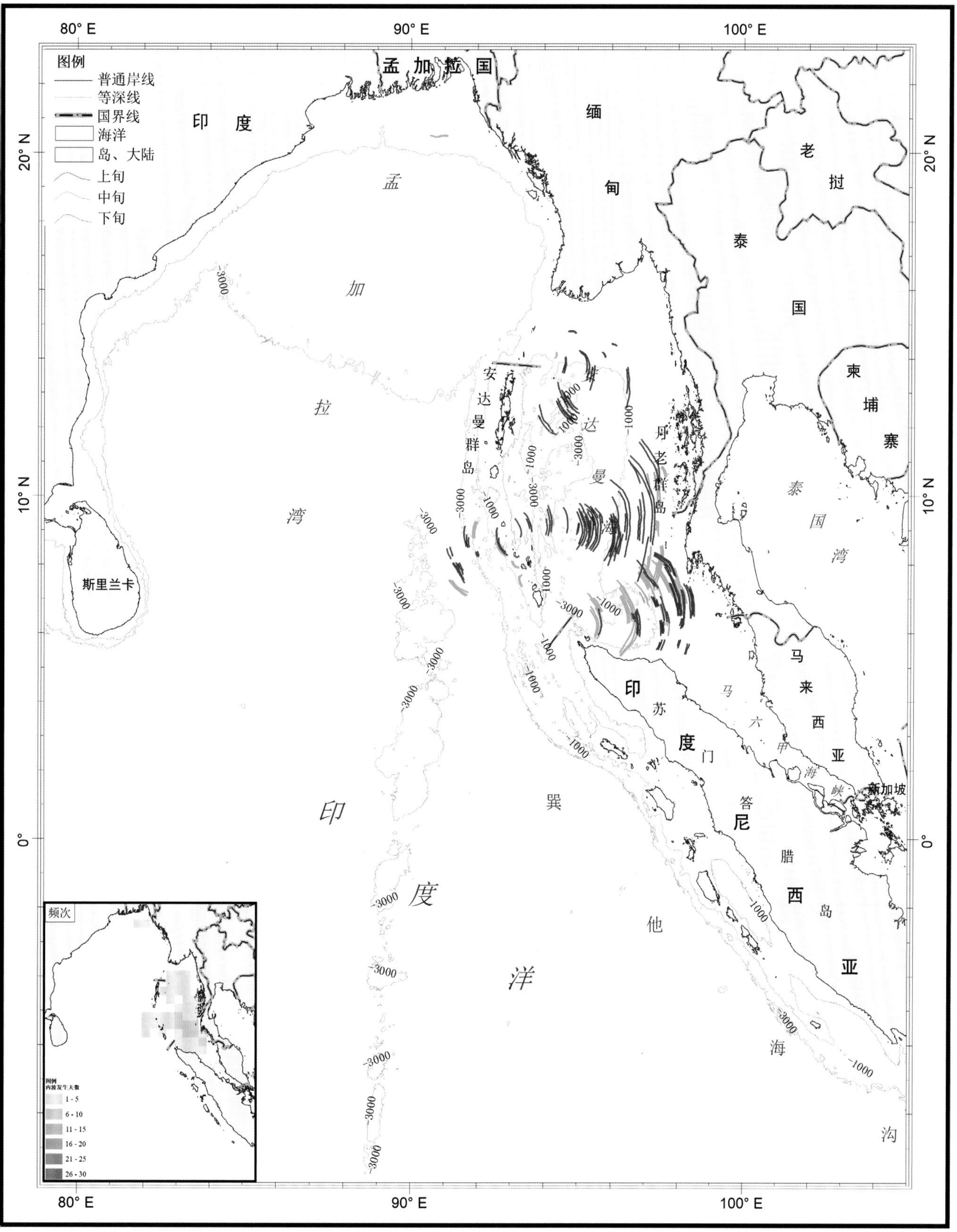

调查数据源：MODIS、SAR数据
数据空间分辨率：250m
数据时间：2015年5月

比例尺：1:14 000 000
坐标系：CGCS2000
投影信息：墨卡托投影

高程基准：1985国家高程基准
制图单位：自然资源部第一海洋研究所
制图时间：2022年1月

东印度洋海洋内波位置和频次月分布专题图

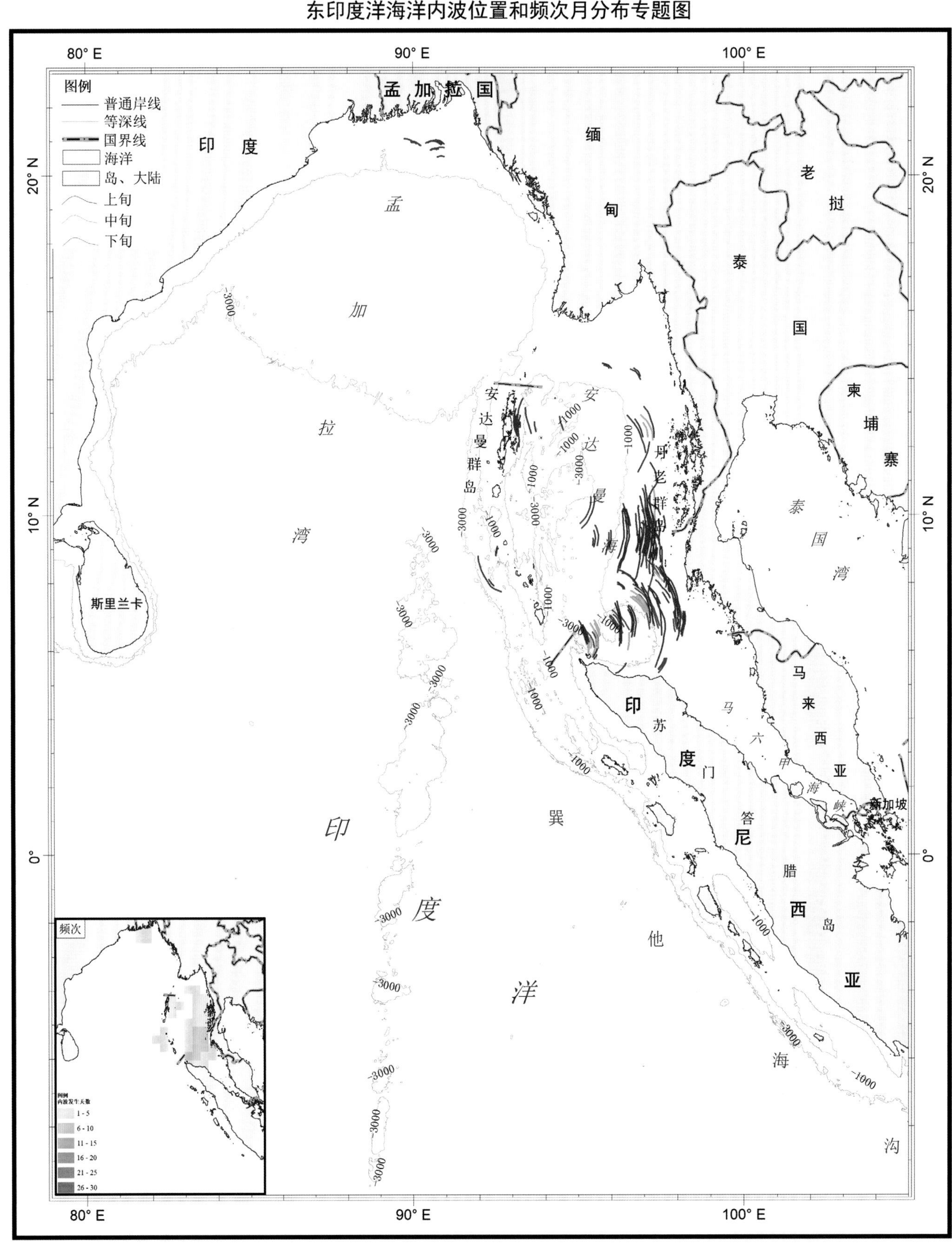

调查数据源：MODIS、SAR数据
数据空间分辨率：250m
数据时间：2015年6月

比例尺：1:14 000 000
坐标系：CGCS2000
投影信息：墨卡托投影

高程基准：1985国家高程基准
制图单位：自然资源部第一海洋研究所
制图时间：2022年1月

东印度洋海洋内波位置和频次月分布专题图

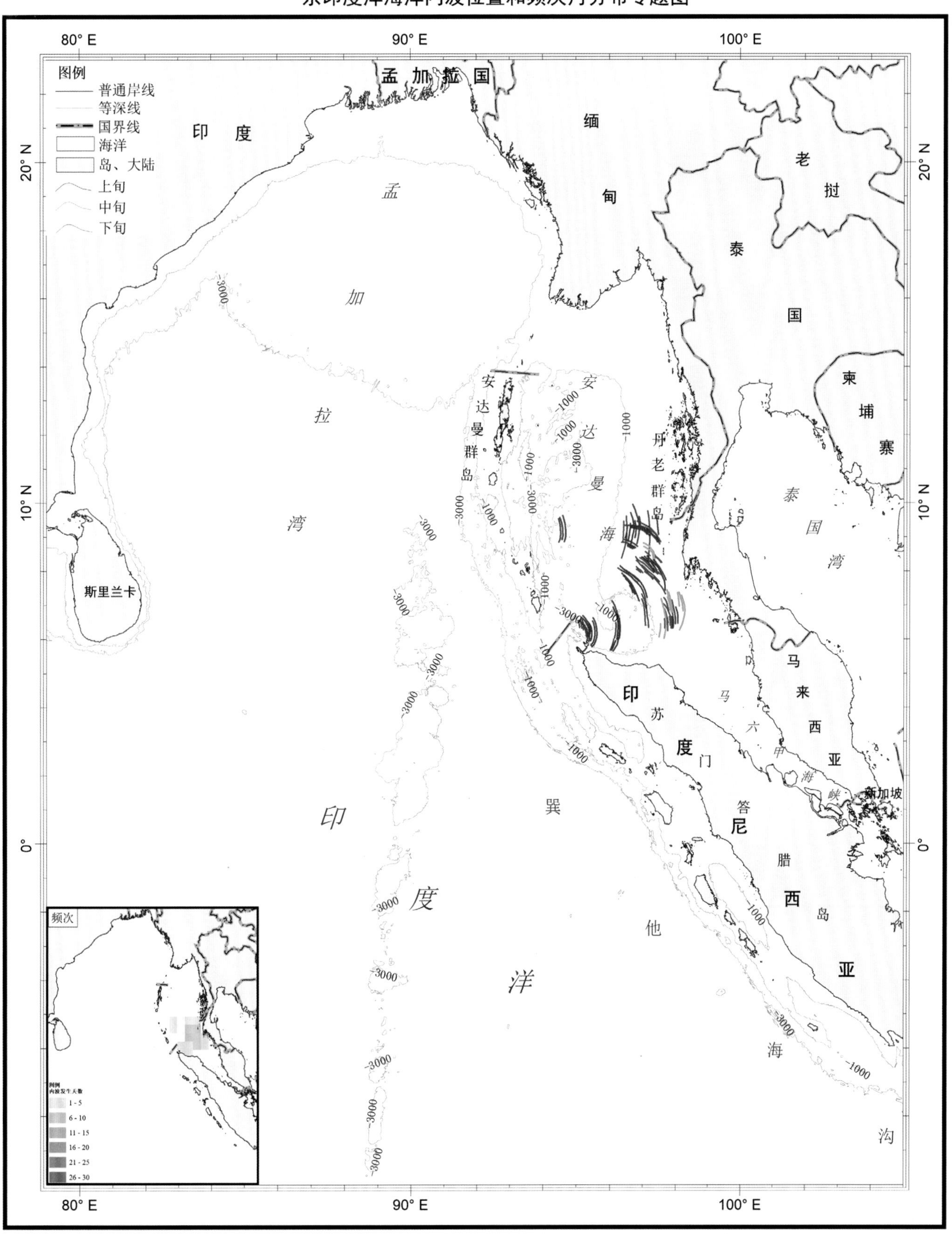

调查数据源：MODIS、SAR数据　　比例尺：1:14 000 000　　高程基准：1985国家高程基准
数据空间分辨率：250m　　坐标系：CGCS2000　　制图单位：自然资源部第一海洋研究所
数据时间：2015年7月　　投影信息：墨卡托投影　　制图时间：2022年1月

东印度洋海洋内波位置和频次月分布专题图

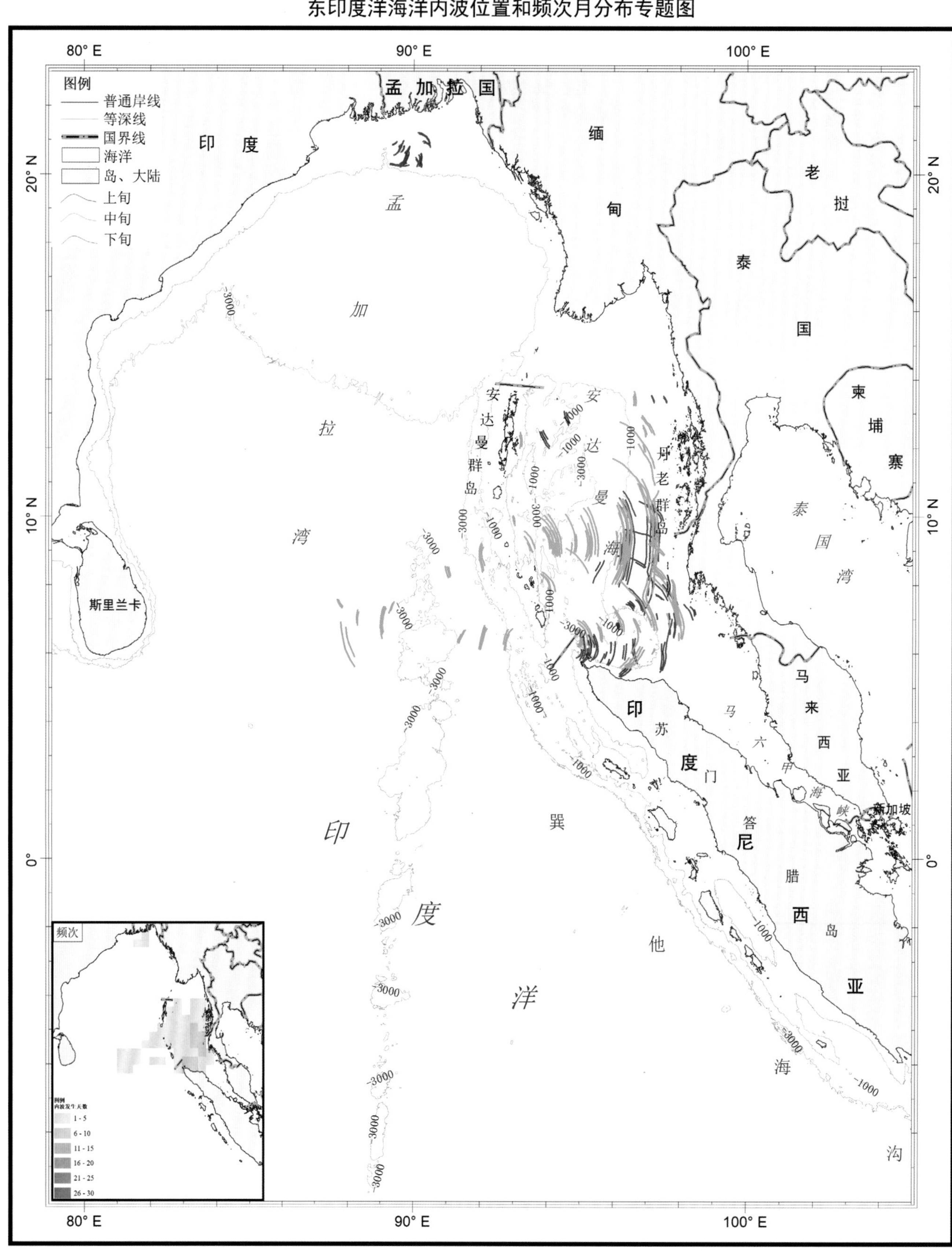

调查数据源：MODIS、SAR数据
数据空间分辨率：250m
数据时间：2015年8月

比例尺：1:14 000 000
坐标系：CGCS2000
投影信息：墨卡托投影

高程基准：1985国家高程基准
制图单位：自然资源部第一海洋研究所
制图时间：2022年1月

东印度洋海洋内波位置和频次月分布专题图

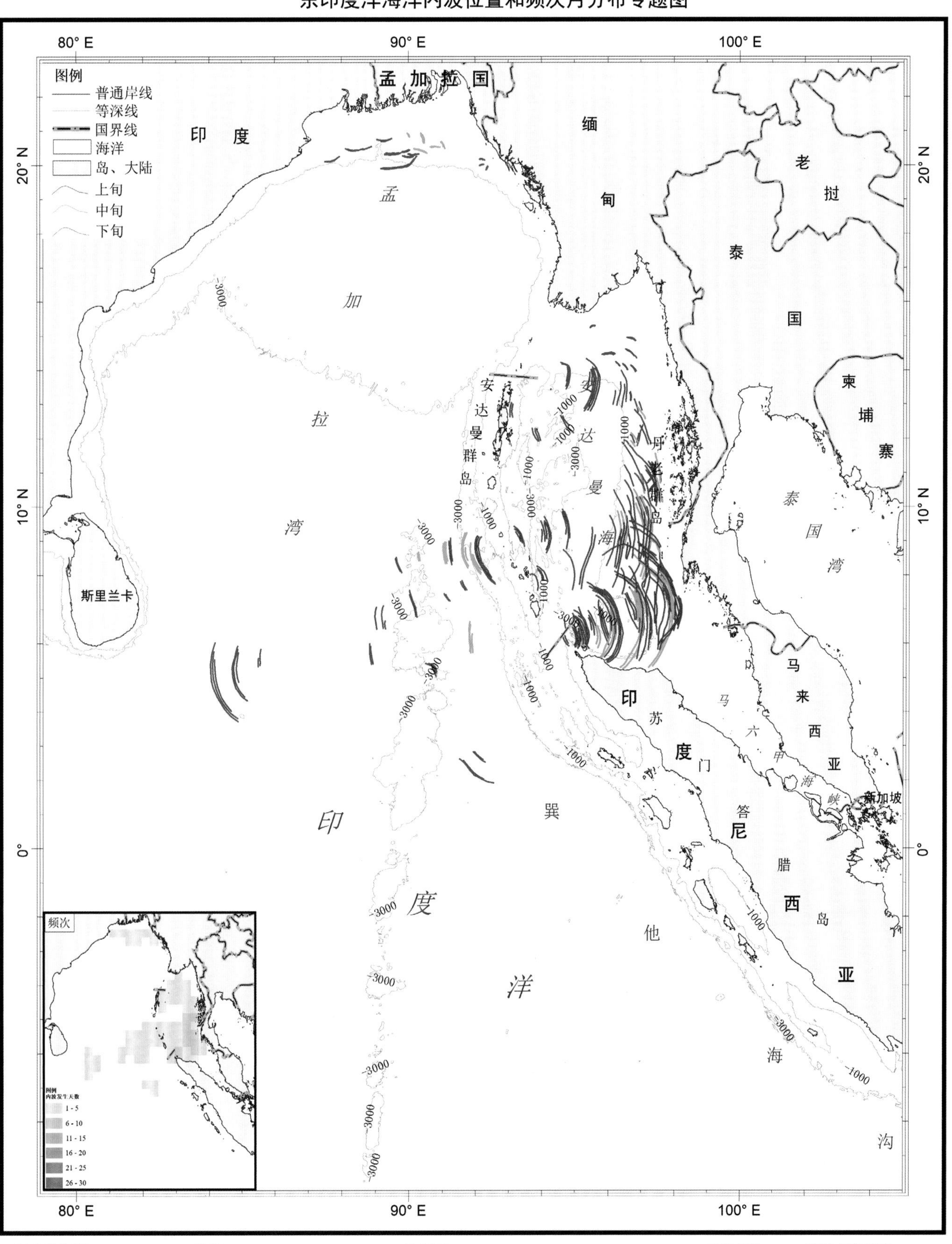

调查数据源：MODIS、SAR数据　比例尺：1:14 000 000　高程基准：1985国家高程基准

数据空间分辨率：250m　坐标系：CGCS2000　制图单位：自然资源部第一海洋研究所

数据时间：2015年9月　投影信息：墨卡托投影　制图时间：2022年1月

东印度洋海洋内波位置和频次月分布专题图

图例
普通岸线
等深线
国界线
海洋
岛、大陆
上旬
中旬
下旬

频次
图例
内波发生天数
1 - 5
6 - 10
11 - 15
16 - 20
21 - 25
26 - 30

调查数据源：MODIS、SAR数据
数据空间分辨率：250m
数据时间：2015年10月

比例尺：1:14 000 000
坐标系：CGCS2000
投影信息：墨卡托投影

高程基准：1985国家高程基准
制图单位：自然资源部第一海洋研究所
制图时间：2022年1月

东印度洋海洋内波位置和频次月分布专题图

图例
- 普通岸线
- 等深线
- 国界线
- 海洋
- 岛、大陆
- 上旬
- 中旬
- 下旬

频次

图例 内波发生天数
- 1 - 5
- 6 - 10
- 11 - 15
- 16 - 20
- 21 - 25
- 26 - 30

调查数据源：MODIS、SAR数据
数据空间分辨率：250m
数据时间：2015年11月

比例尺：1:14 000 000
坐标系：CGCS2000
投影信息：墨卡托投影

高程基准：1985国家高程基准
制图单位：自然资源部第一海洋研究所
制图时间：2022年1月

东印度洋海洋内波位置和频次月分布专题图

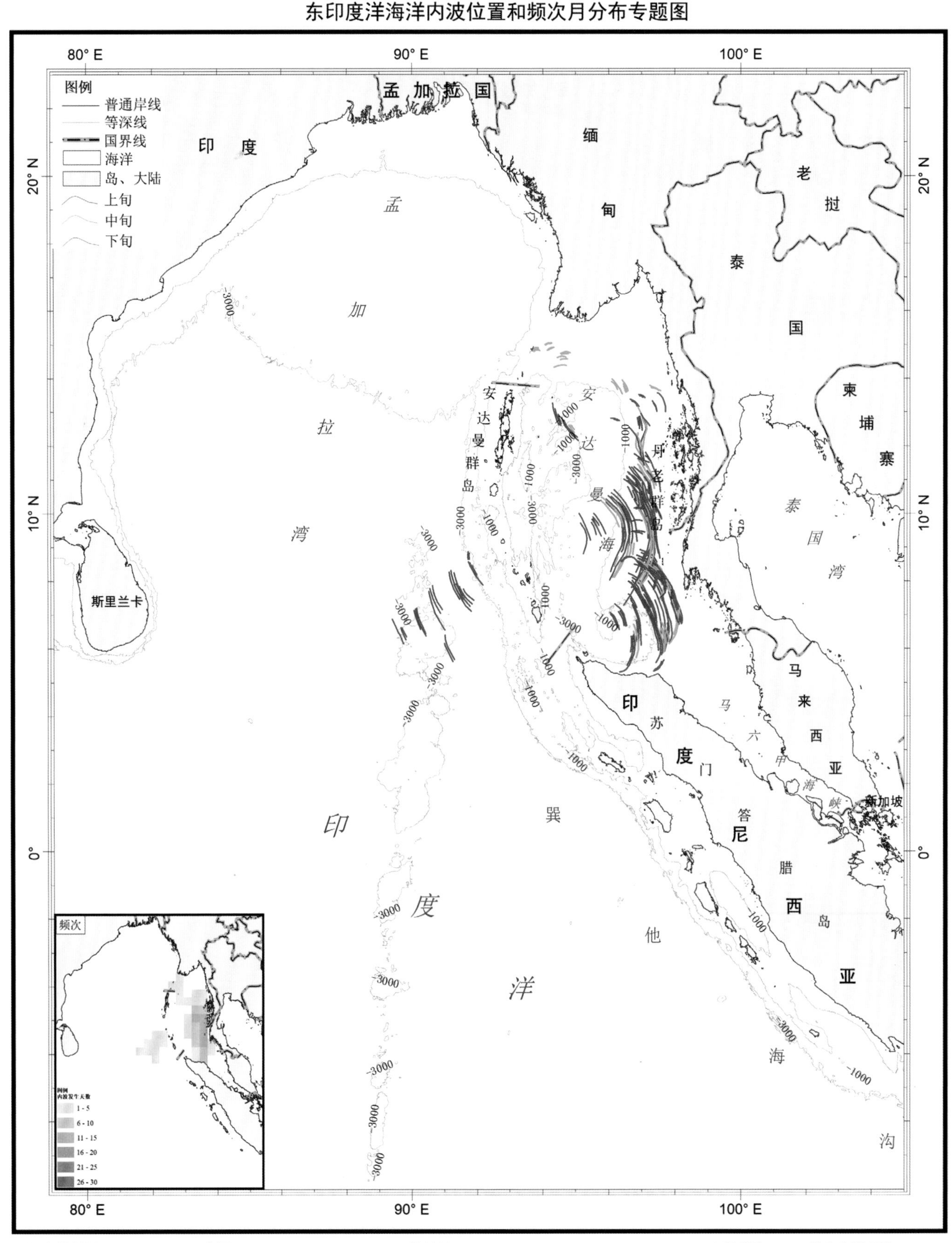

调查数据源：MODIS、SAR数据
数据空间分辨率：250m
数据时间：2015年12月

比例尺：1:14 000 000
坐标系：CGCS2000
投影信息：墨卡托投影

高程基准：1985国家高程基准
制图单位：自然资源部第一海洋研究所
制图时间：2022年1月

东印度洋海洋内波位置和频次季分布专题图

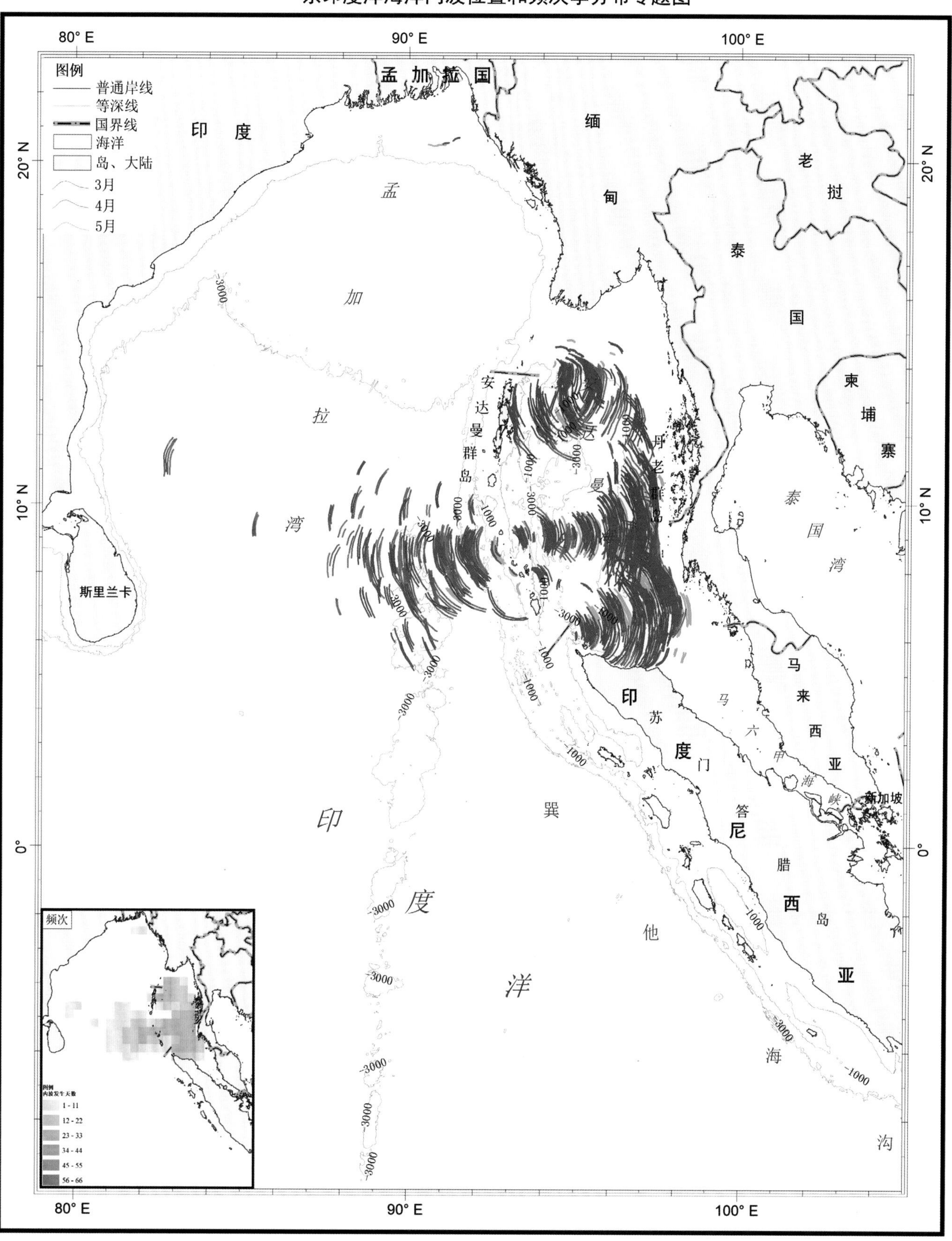

调查数据源：MODIS、SAR数据
数据空间分辨率：250m
数据时间：2015年春季

比例尺：1:14 000 000
坐标系：CGCS2000
投影信息：墨卡托投影

高程基准：1985国家高程基准
制图单位：自然资源部第一海洋研究所
制图时间：2022年1月

东印度洋海洋内波位置和频次季分布专题图

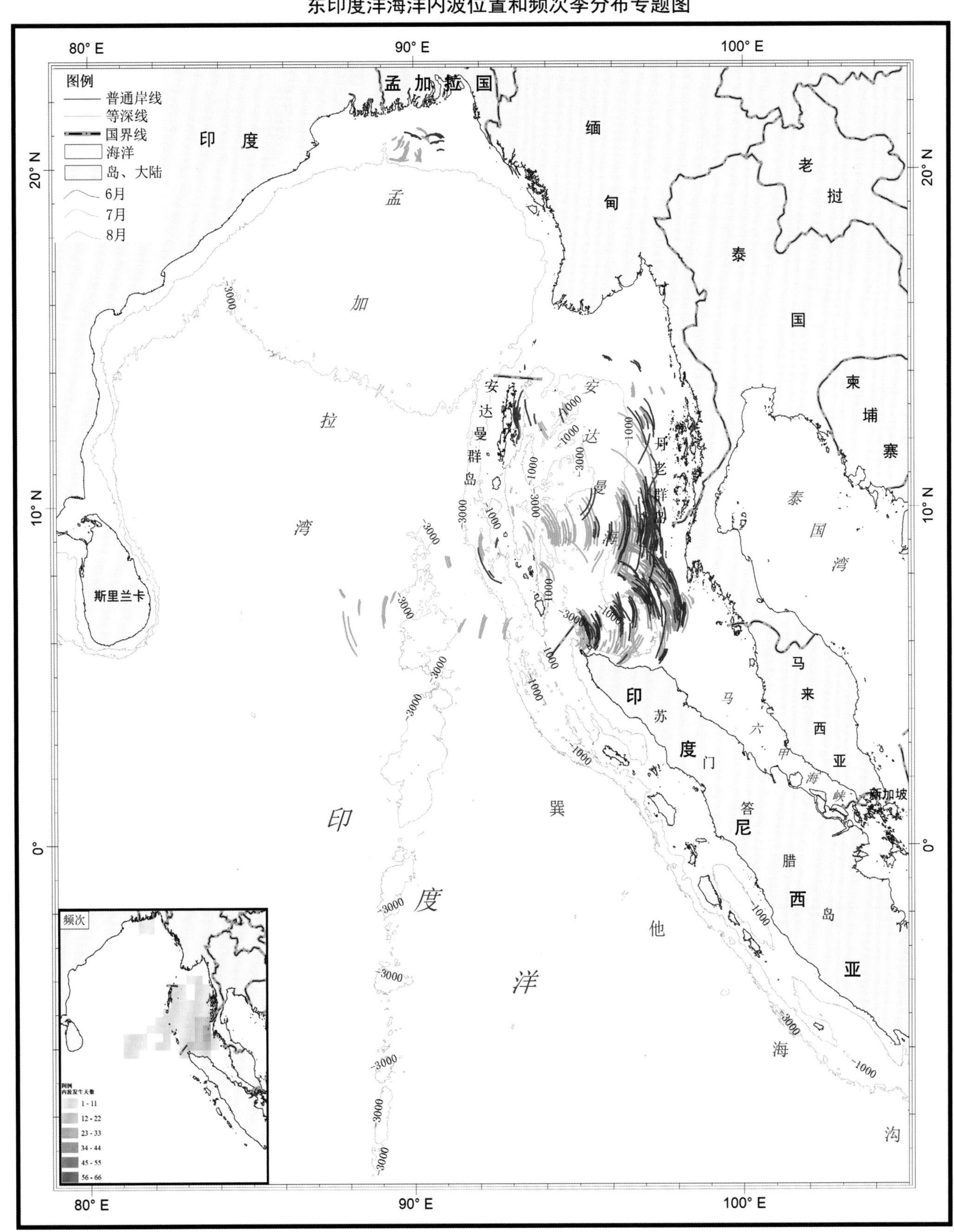

调查数据源：MODIS、SAR数据
数据空间分辨率：250m
数据时间：2015年夏季

比例尺：1:14 000 000
坐标系：CGCS2000
投影信息：墨卡托投影

高程基准：1985国家高程基准
制图单位：自然资源部第一海洋研究所
制图时间：2022年1月

东印度洋海洋内波位置和频次季分布专题图

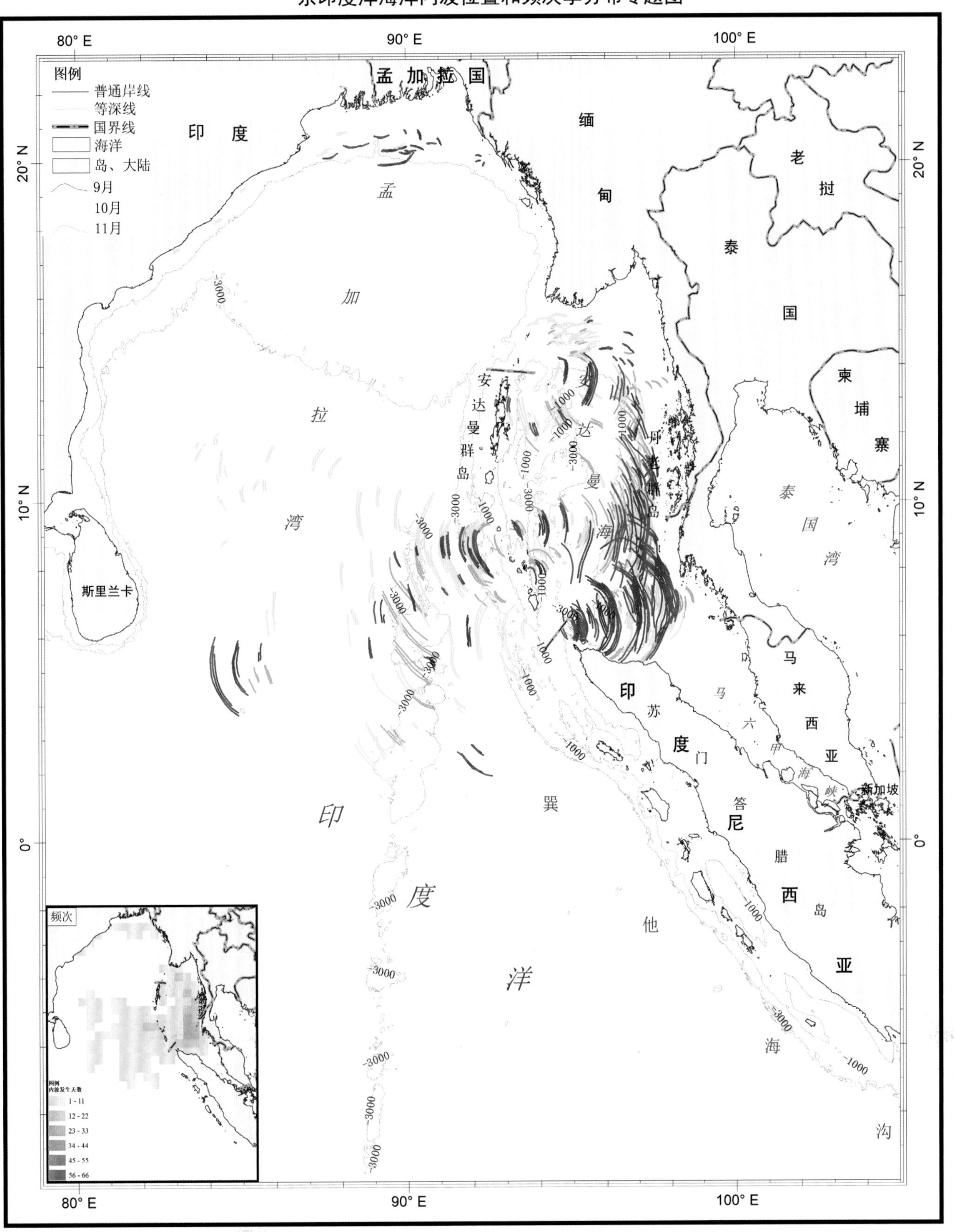

调查数据源：MODIS、SAR数据
数据空间分辨率：250m
数据时间：2015年秋季

比例尺：1:14 000 000
坐标系：CGCS2000
投影信息：墨卡托投影

高程基准：1985国家高程基准
制图单位：自然资源部第一海洋研究所
制图时间：2022年1月

东印度洋海洋内波位置和频次季分布专题图

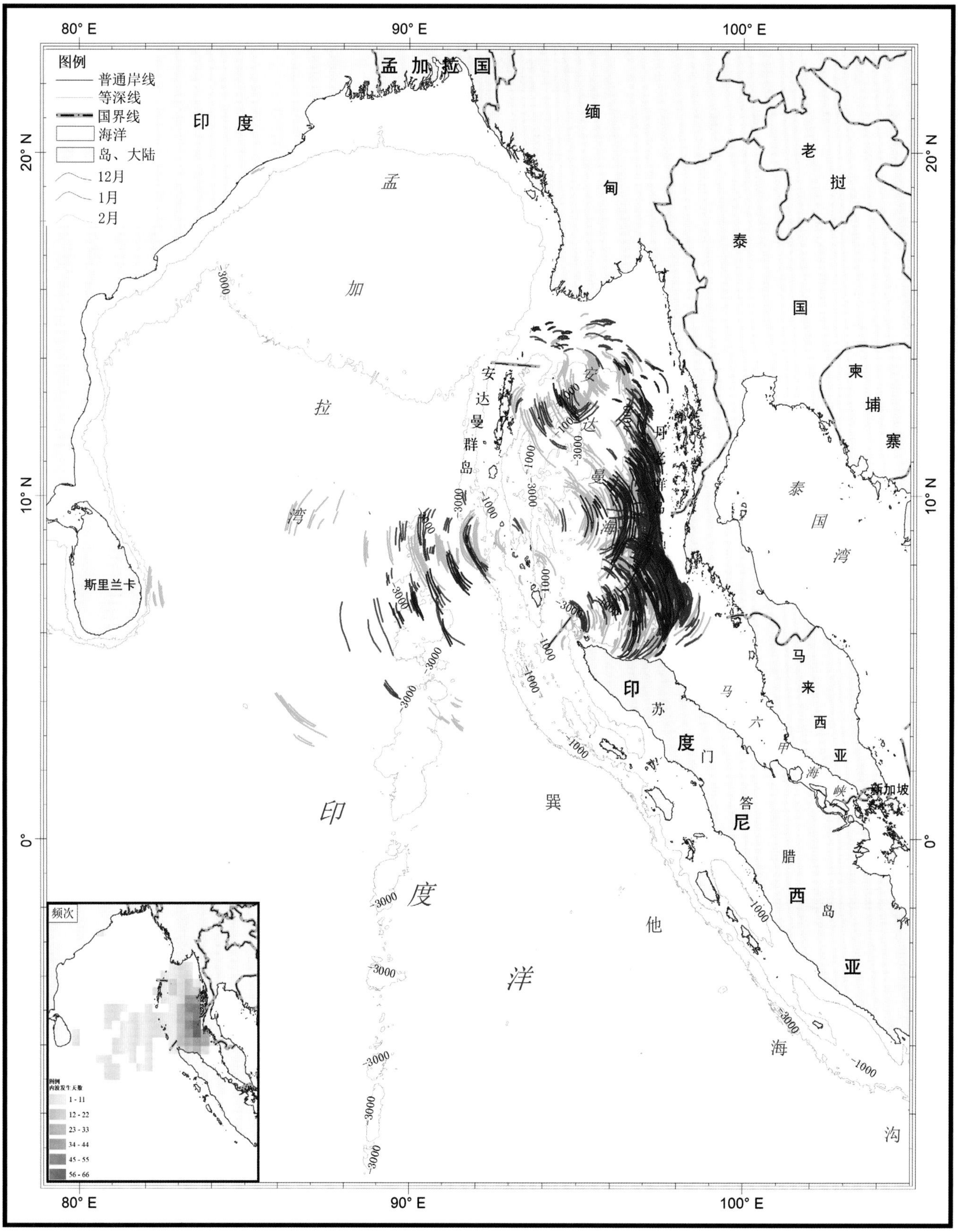

图例
普通岸线
等深线
国界线
海洋
岛、大陆
12月
1月
2月

80° E　90° E　100° E
20° N　10° N　0°

孟加拉国　印度　缅甸　老挝　泰国　柬埔寨　斯里兰卡　马来西亚　新加坡　印度尼西亚
孟加拉湾　安达曼群岛　安达曼海　泰国湾　马六甲海峡　苏门答腊岛　印度洋　巽他海沟

频次
图例
内波发生天数
1 - 11
12 - 22
23 - 33
34 - 44
45 - 55
56 - 66

调查数据源：MODIS、SAR数据
数据空间分辨率：250m
数据时间：2015年冬季

比例尺：1:14 000 000
坐标系：CGCS2000
投影信息：墨卡托投影

高程基准：1985国家高程基准
制图单位：自然资源部第一海洋研究所
制图时间：2022年1月

东印度洋海洋内波位置和频次半年分布专题图

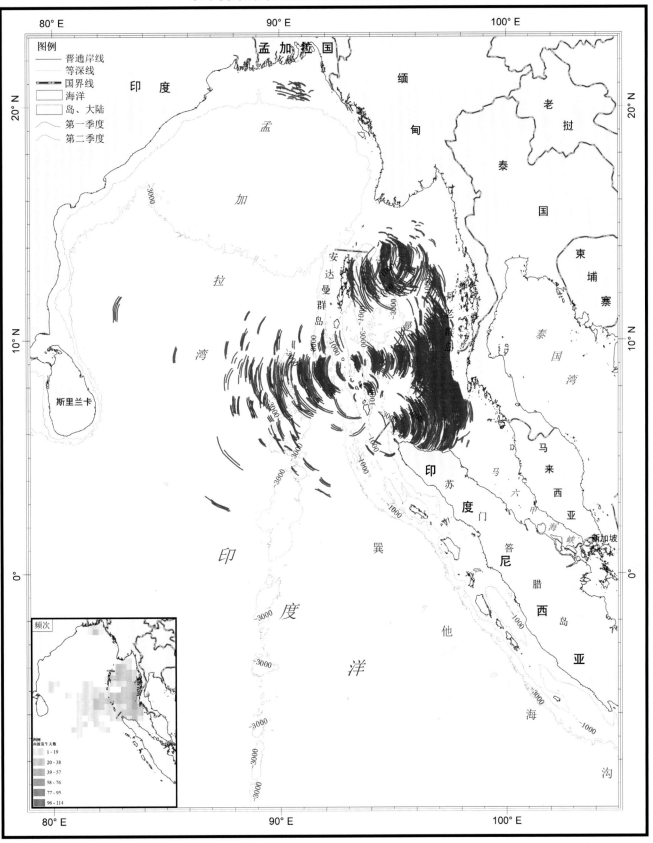

80° E　90° E　100° E
20° N　10° N　0°

图例
普通岸线
等深线
国界线
海洋
岛、大陆
第一季度
第二季度

孟加拉国
印度
缅甸
老挝
泰国
柬埔寨
孟加拉湾
安达曼群岛
安达曼海
丹老群岛
斯里兰卡
泰国湾
马来西亚
新加坡
马六甲海峡
印度尼西亚
苏门答腊岛
印度洋
巽他海沟

-3000　-1000

频次
图例
内波发生天数
1 - 19
20 - 38
39 - 57
58 - 76
77 - 95
96 - 114

调查数据源：MODIS、SAR数据
数据空间分辨率：250m
数据时间：2015年上半年

比例尺：1:14 000 000
坐标系：CGCS2000
投影信息：墨卡托投影

高程基准：1985国家高程基准
制图单位：自然资源部第一海洋研究所
制图时间：2022年1月

东印度洋海洋内波位置和频次半年分布专题图

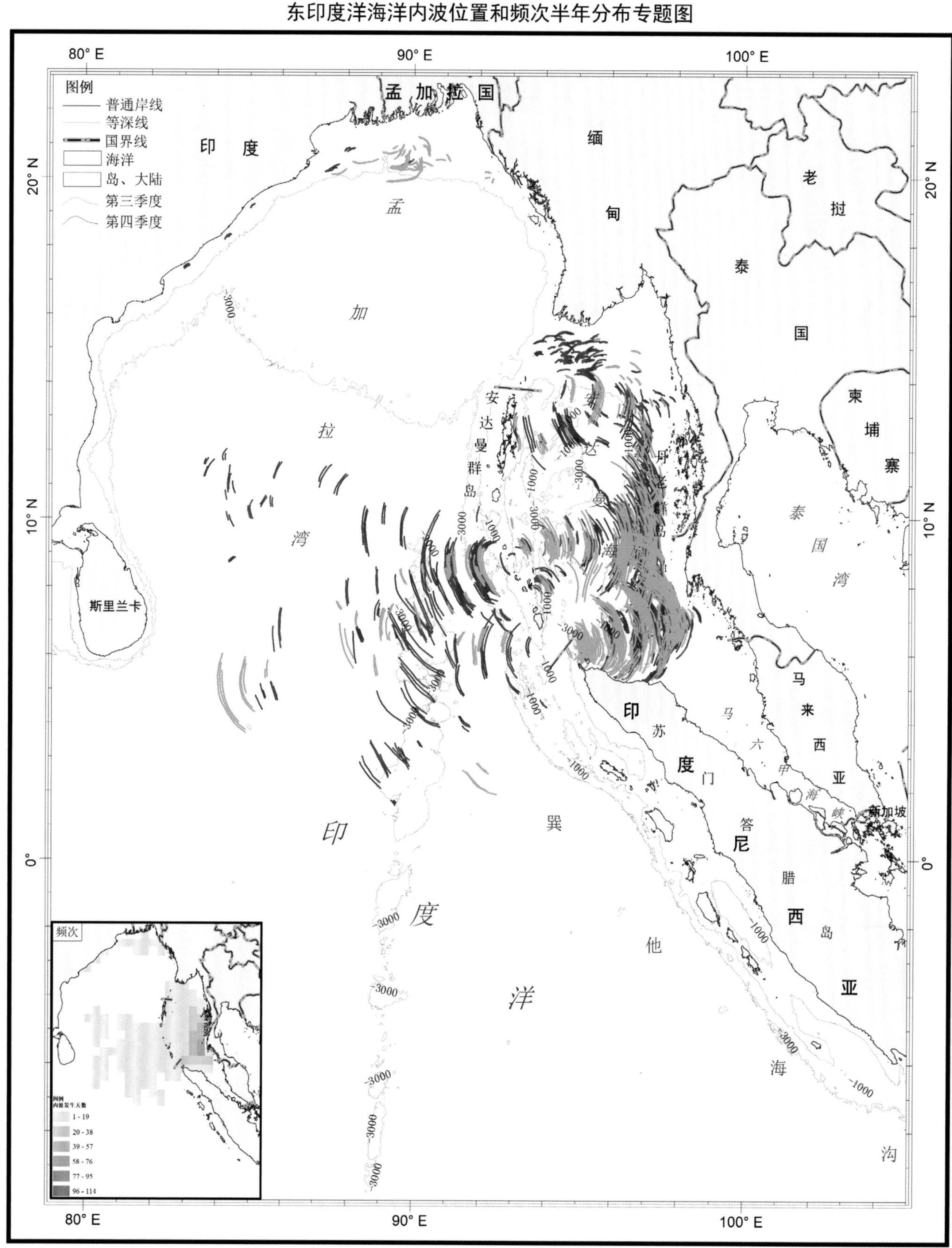

调查数据源：MODIS、SAR数据
数据空间分辨率：250m
数据时间：2015年下半年

比例尺：1:14 000 000
坐标系：CGCS2000
投影信息：墨卡托投影

高程基准：1985国家高程基准
制图单位：自然资源部第一海洋研究所
制图时间：2022年1月

东印度洋海洋内波位置和频次年分布专题图

图例
普通岸线
等深线
国界线
海洋
岛、大陆
上半年
下半年

频次
图例
内波发生大数
1 - 27
28 - 54
55 - 81
82 - 108
109 - 135
136 - 162

调查数据源：MODIS、SAR数据
数据空间分辨率：250m
数据时间：2015年全年

比例尺：1:14 000 000
坐标系：CGCS2000
投影信息：墨卡托投影

高程基准：1985国家高程基准
制图单位：自然资源部第一海洋研究所
制图时间：2022年1月

7.7 东印度洋内孤立波 2016 年分布图

东印度洋海洋内波位置和频次月分布专题图

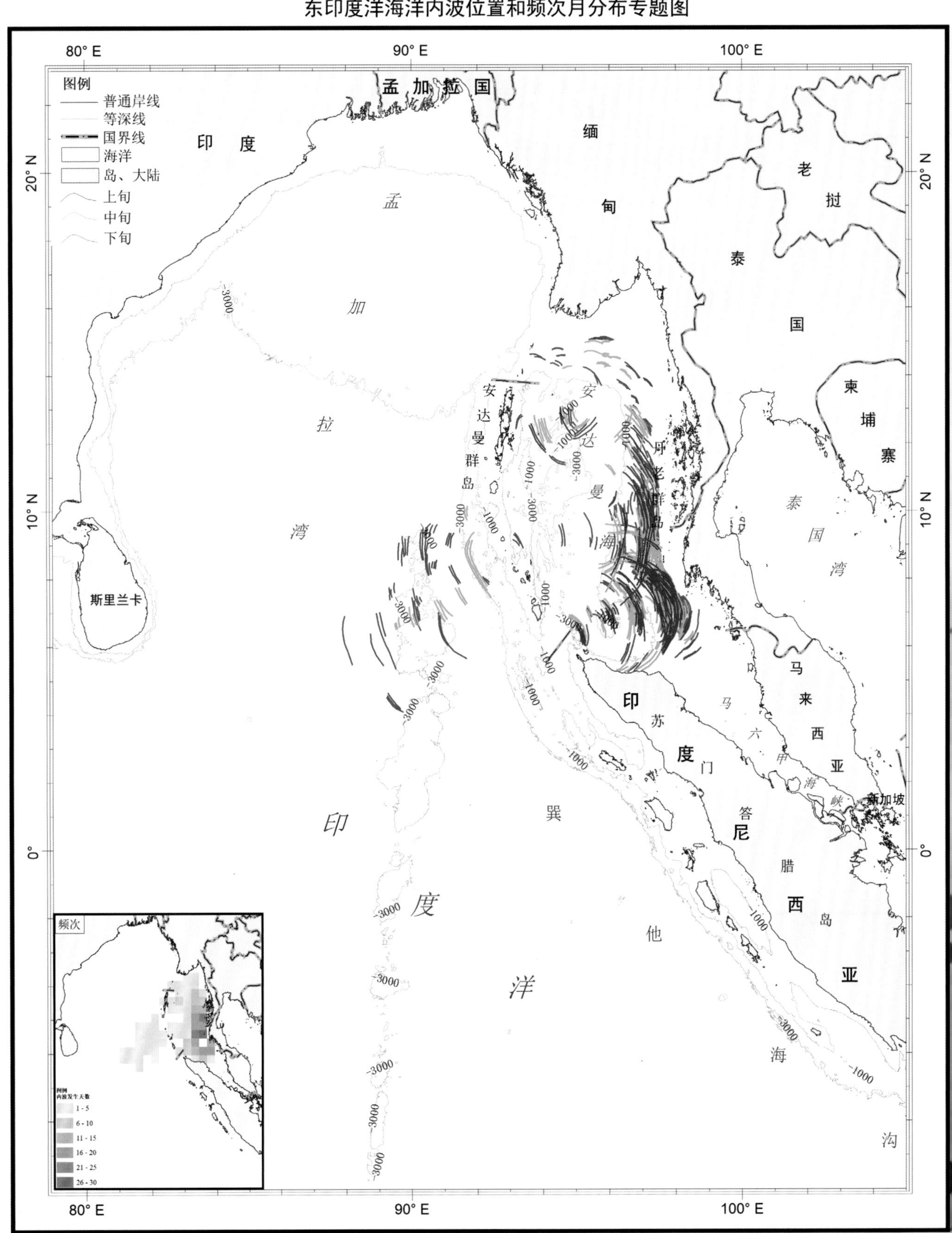

调查数据源：MODIS、SAR数据
数据空间分辨率：250m
数据时间：2016年1月
比例尺：1:14 000 000
坐标系：CGCS2000
投影信息：墨卡托投影
高程基准：1985国家高程基准
制图单位：自然资源部第一海洋研究所
制图时间：2022年1月

东印度洋海洋内波位置和频次月分布专题图

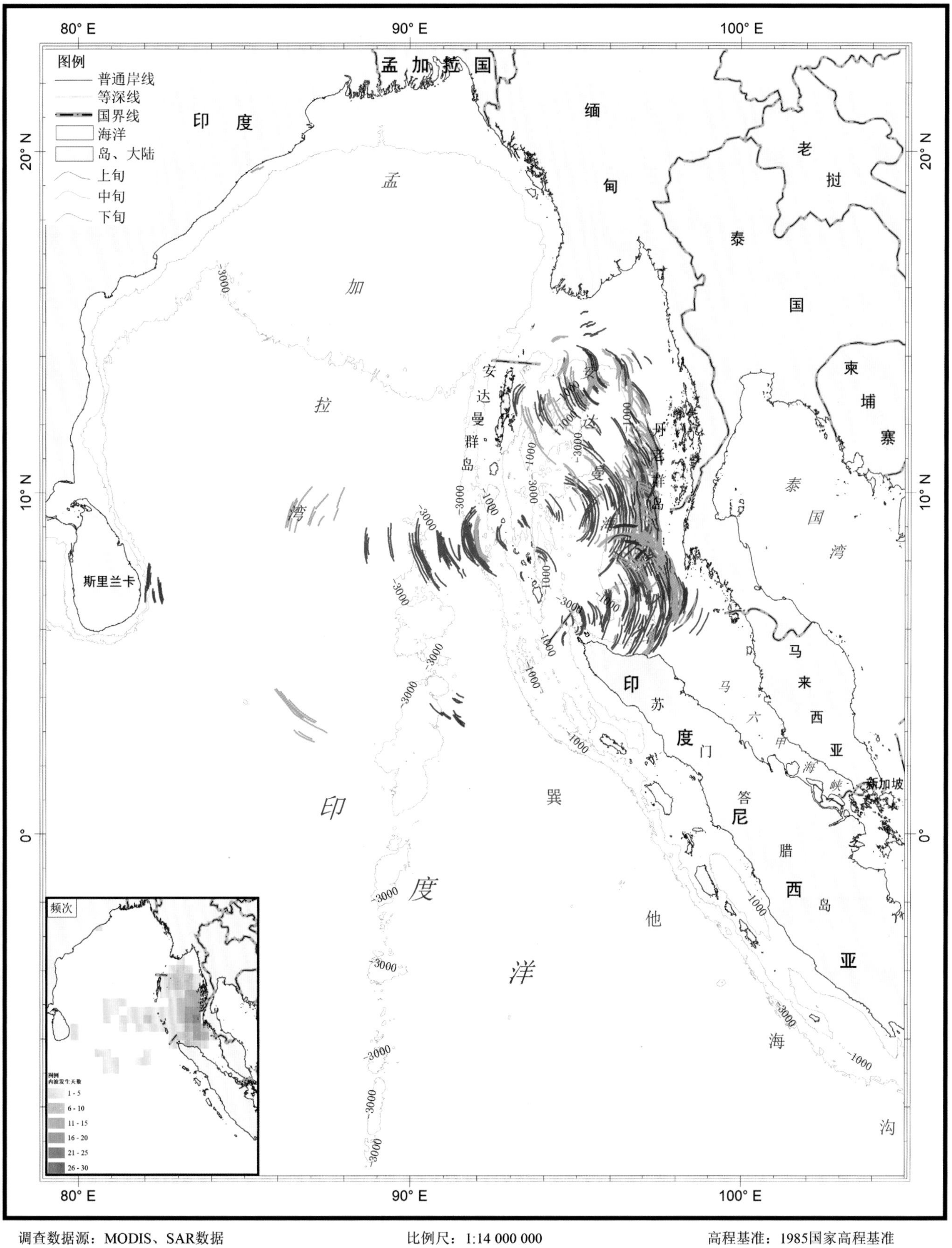

调查数据源：MODIS、SAR数据
数据空间分辨率：250m
数据时间：2016年2月

比例尺：1:14 000 000
坐标系：CGCS2000
投影信息：墨卡托投影

高程基准：1985国家高程基准
制图单位：自然资源部第一海洋研究所
制图时间：2022年1月

东印度洋海洋内波位置和频次月分布专题图

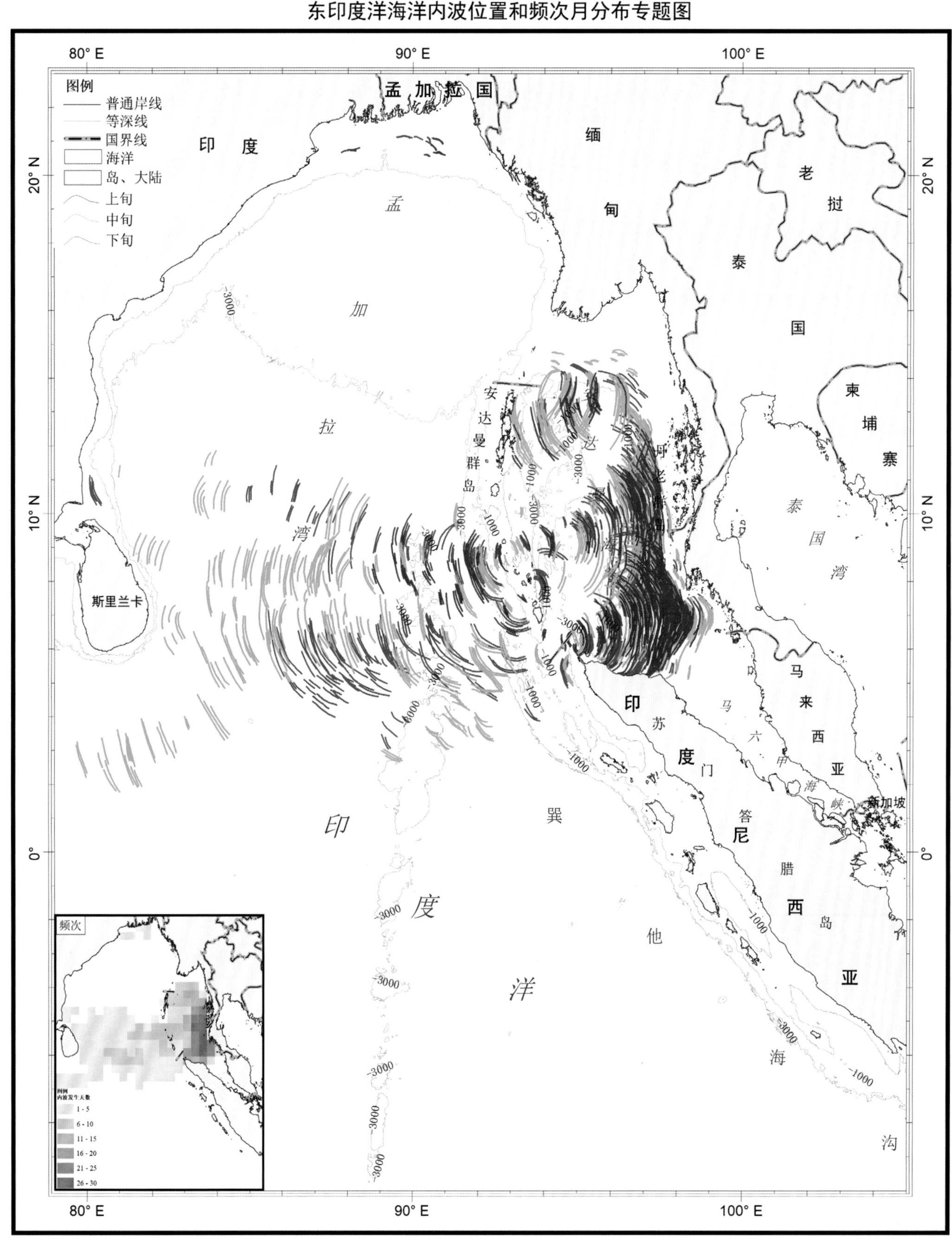

调查数据源：MODIS、SAR数据
数据空间分辨率：250m
数据时间：2016年3月

比例尺：1:14 000 000
坐标系：CGCS2000
投影信息：墨卡托投影

高程基准：1985国家高程基准
制图单位：自然资源部第一海洋研究所
制图时间：2022年1月

东印度洋海洋内波位置和频次月分布专题图

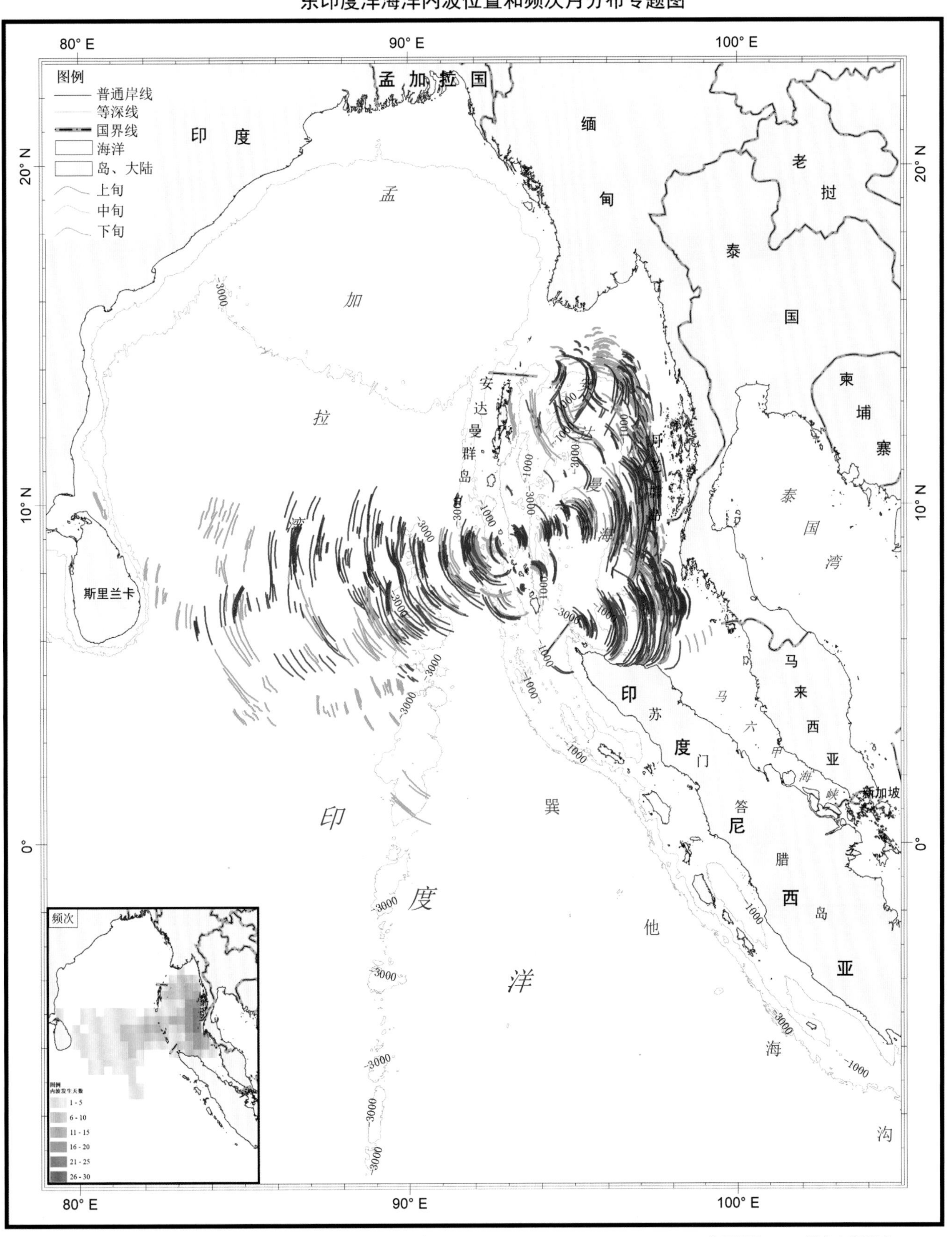

调查数据源：MODIS、SAR数据
数据空间分辨率：250m
数据时间：2016年4月

比例尺：1:14 000 000
坐标系：CGCS2000
投影信息：墨卡托投影

高程基准：1985国家高程基准
制图单位：自然资源部第一海洋研究所
制图时间：2022年1月

东印度洋海洋内波位置和频次月分布专题图

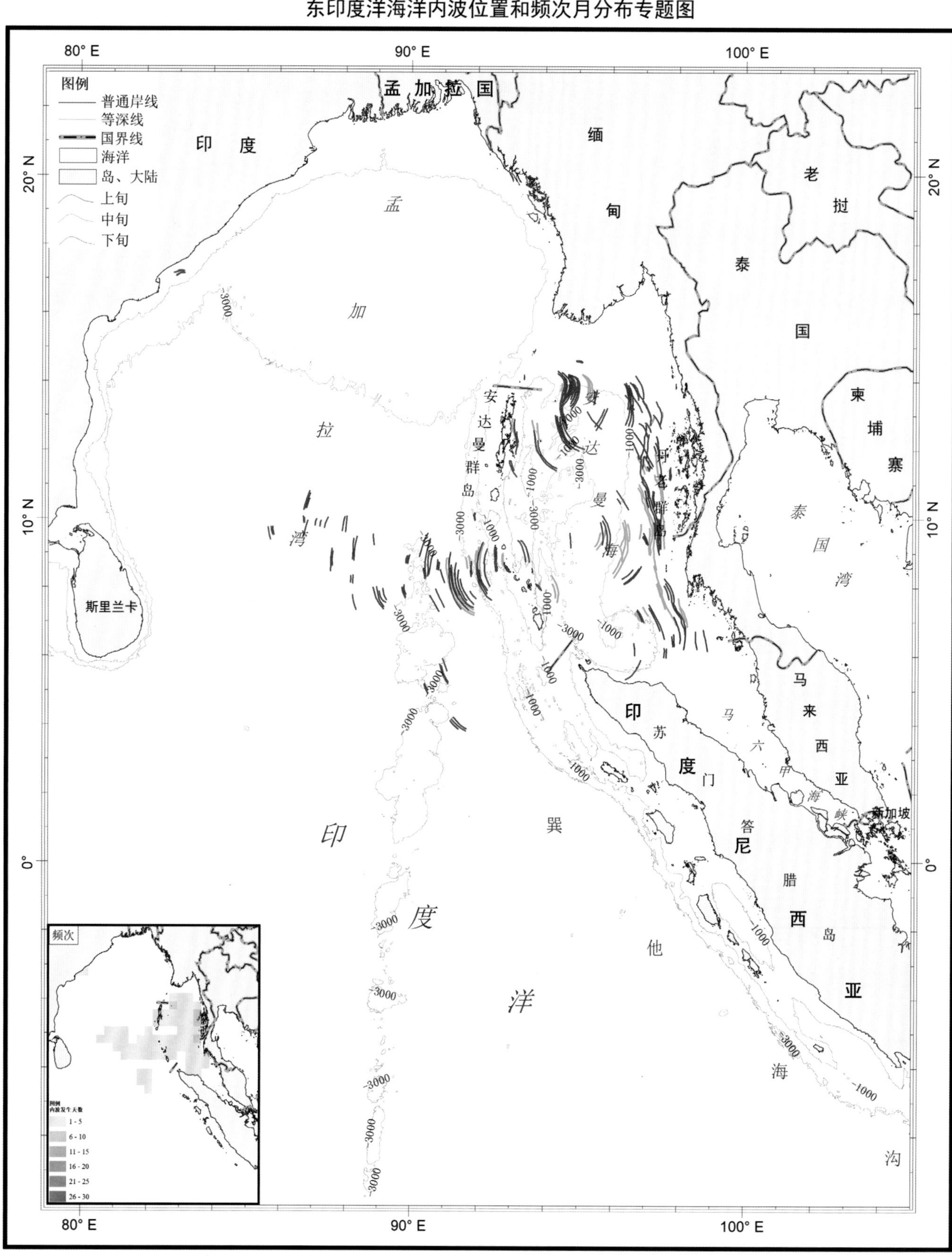

调查数据源：MODIS、SAR数据
数据空间分辨率：250m
数据时间：2016年5月

比例尺：1:14 000 000
坐标系：CGCS2000
投影信息：墨卡托投影

高程基准：1985国家高程基准
制图单位：自然资源部第一海洋研究所
制图时间：2022年1月

东印度洋海洋内波位置和频次月分布专题图

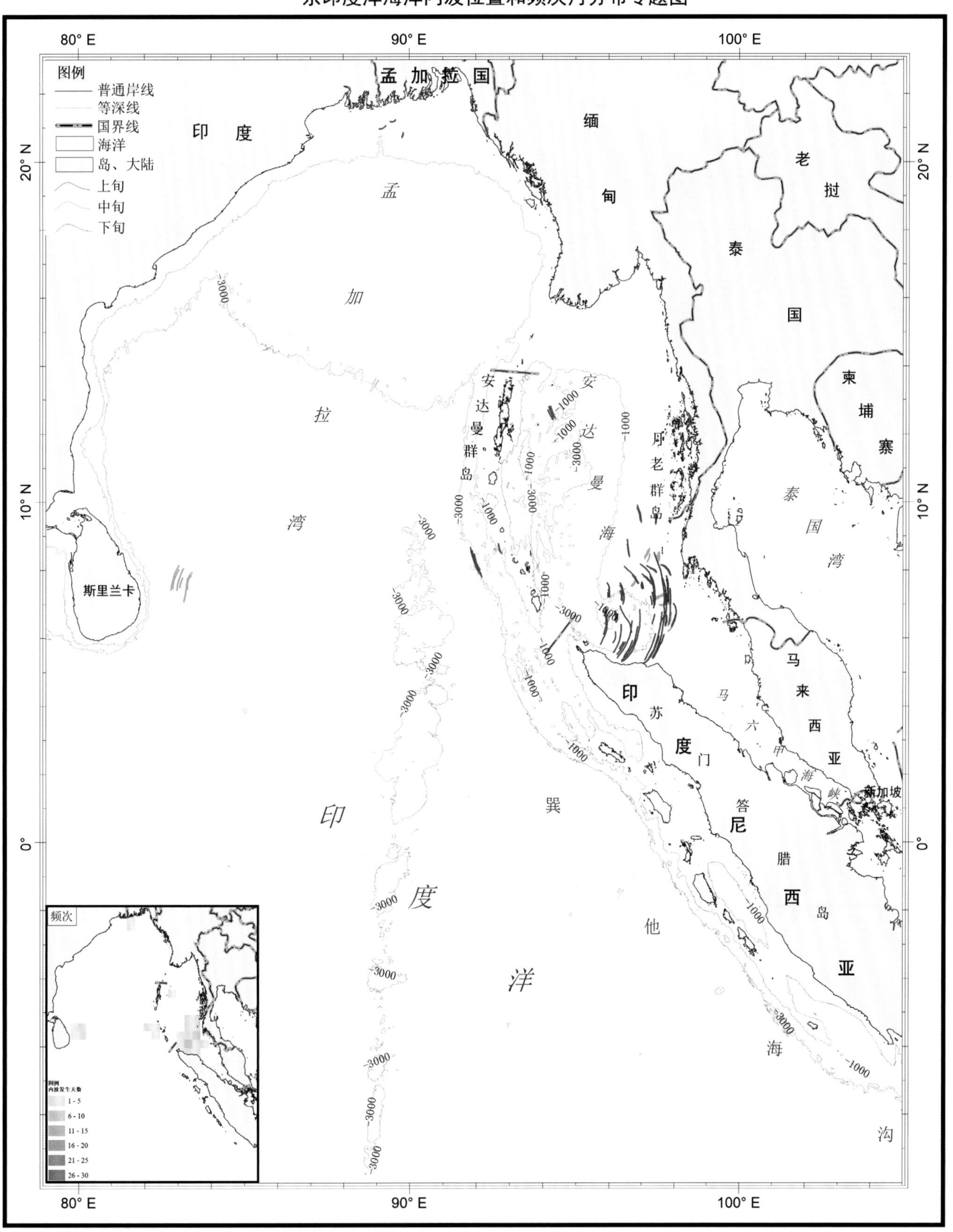

调查数据源：MODIS、SAR数据　　比例尺：1:14 000 000　　高程基准：1985国家高程基准

数据空间分辨率：250m　　坐标系：CGCS2000　　制图单位：自然资源部第一海洋研究所

数据时间：2016年6月　　投影信息：墨卡托投影　　制图时间：2022年1月

东印度洋海洋内波位置和频次月分布专题图

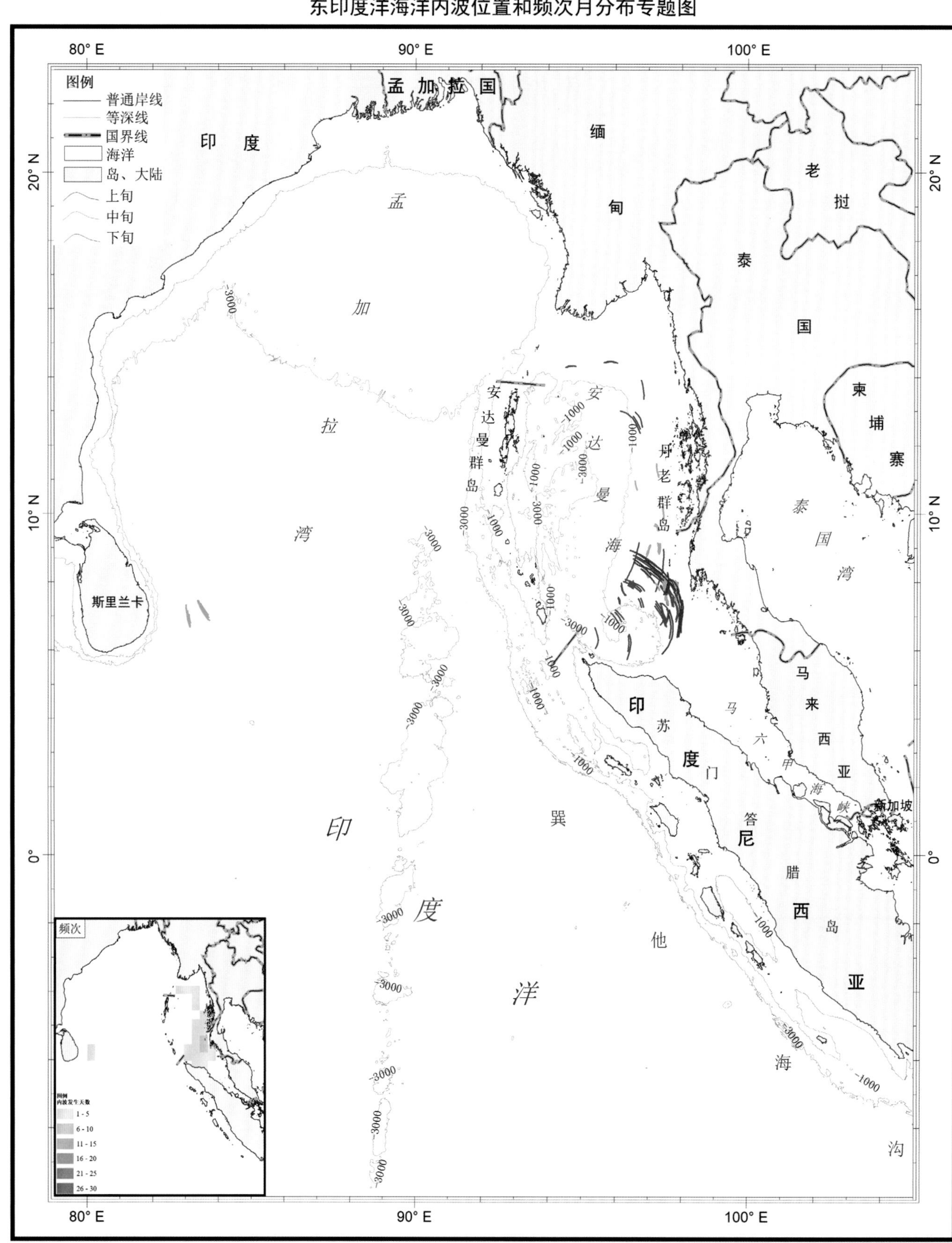

调查数据源：MODIS、SAR数据
数据空间分辨率：250m
数据时间：2016年7月

比例尺：1:14 000 000
坐标系：CGCS2000
投影信息：墨卡托投影

高程基准：1985国家高程基准
制图单位：自然资源部第一海洋研究所
制图时间：2022年1月

东印度洋海洋内波位置和频次月分布专题图

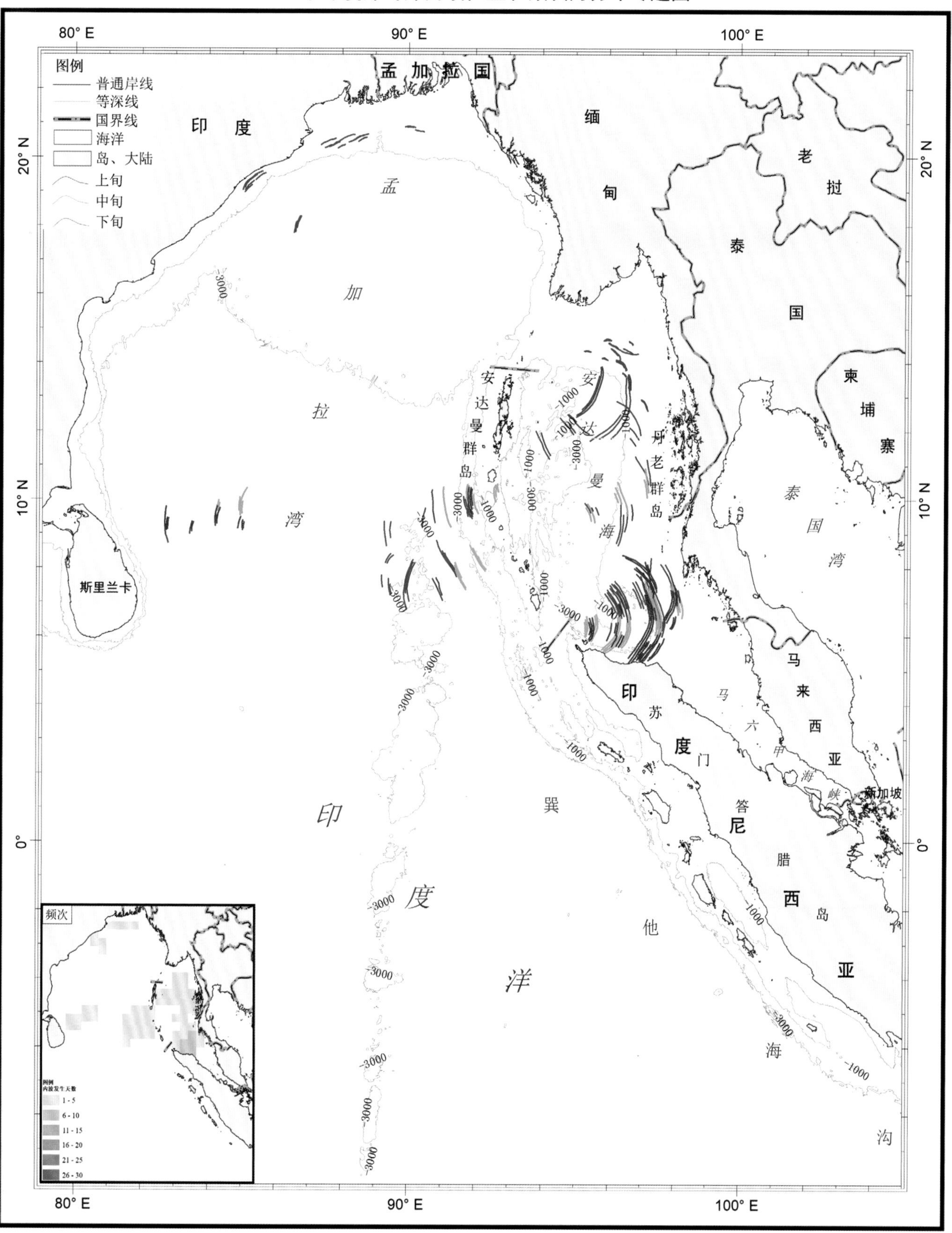

调查数据源：MODIS、SAR数据　　比例尺：1:14 000 000　　高程基准：1985国家高程基准

数据空间分辨率：250m　　坐标系：CGCS2000　　制图单位：自然资源部第一海洋研究所

数据时间：2016年8月　　投影信息：墨卡托投影　　制图时间：2022年1月

东印度洋海洋内波位置和频次月分布专题图

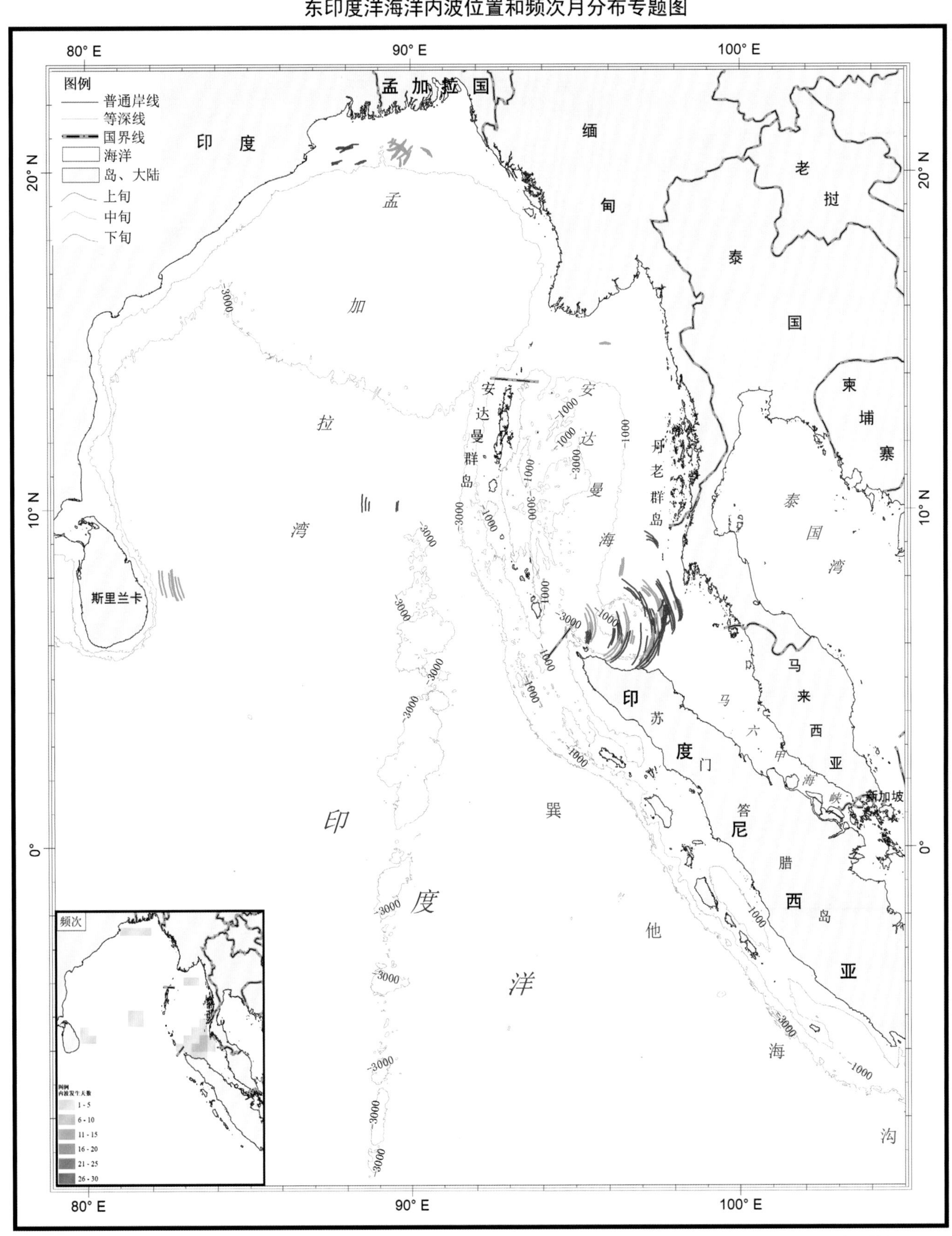

调查数据源：MODIS、SAR数据
数据空间分辨率：250m
数据时间：2016年9月

比例尺：1:14 000 000
坐标系：CGCS2000
投影信息：墨卡托投影

高程基准：1985国家高程基准
制图单位：自然资源部第一海洋研究所
制图时间：2022年1月

东印度洋海洋内波位置和频次月分布专题图

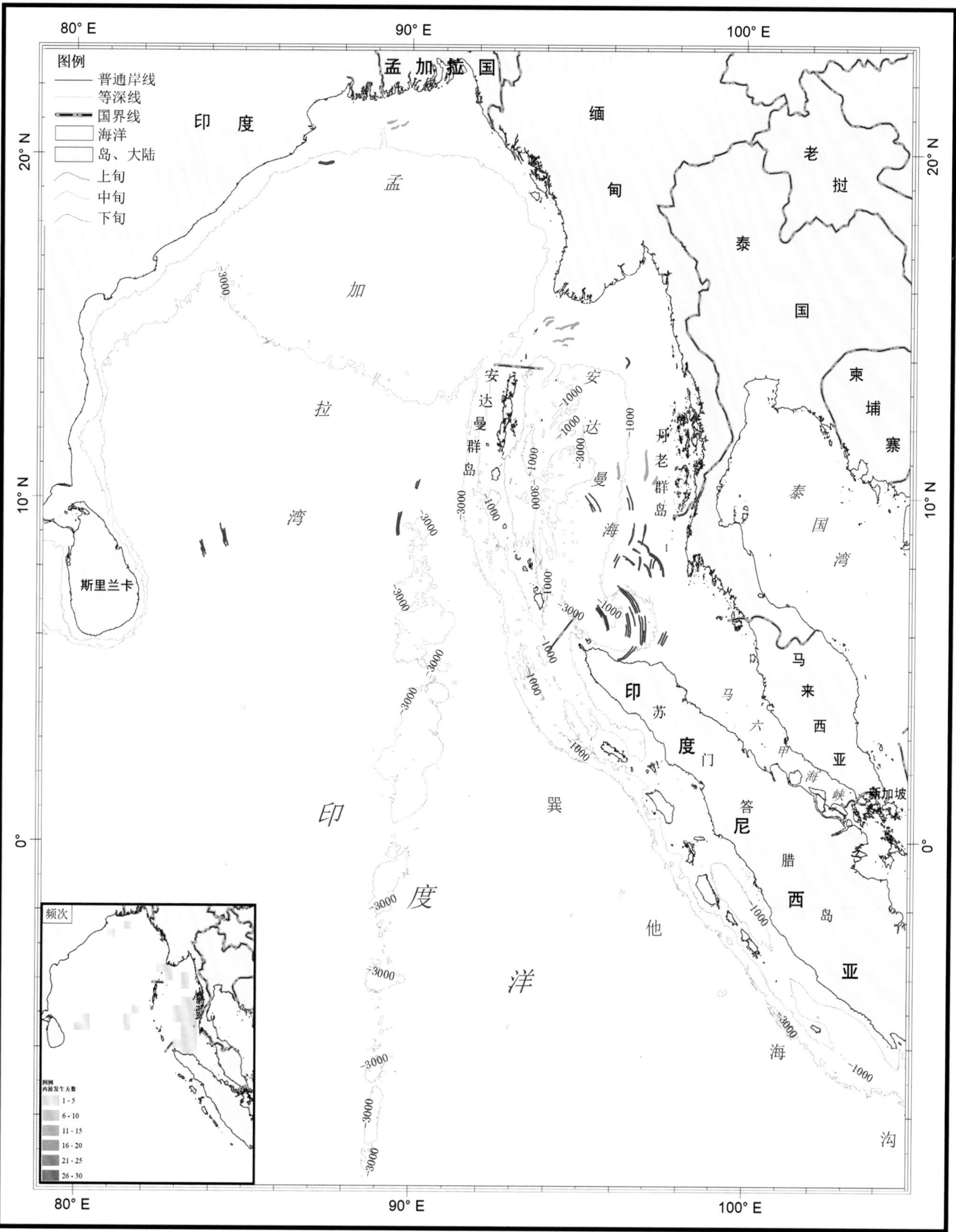

调查数据源：MODIS、SAR数据
数据空间分辨率：250m
数据时间：2016年10月

比例尺：1:14 000 000
坐标系：CGCS2000
投影信息：墨卡托投影

高程基准：1985国家高程基准
制图单位：自然资源部第一海洋研究所
制图时间：2022年1月

东印度洋海洋内波位置和频次月分布专题图

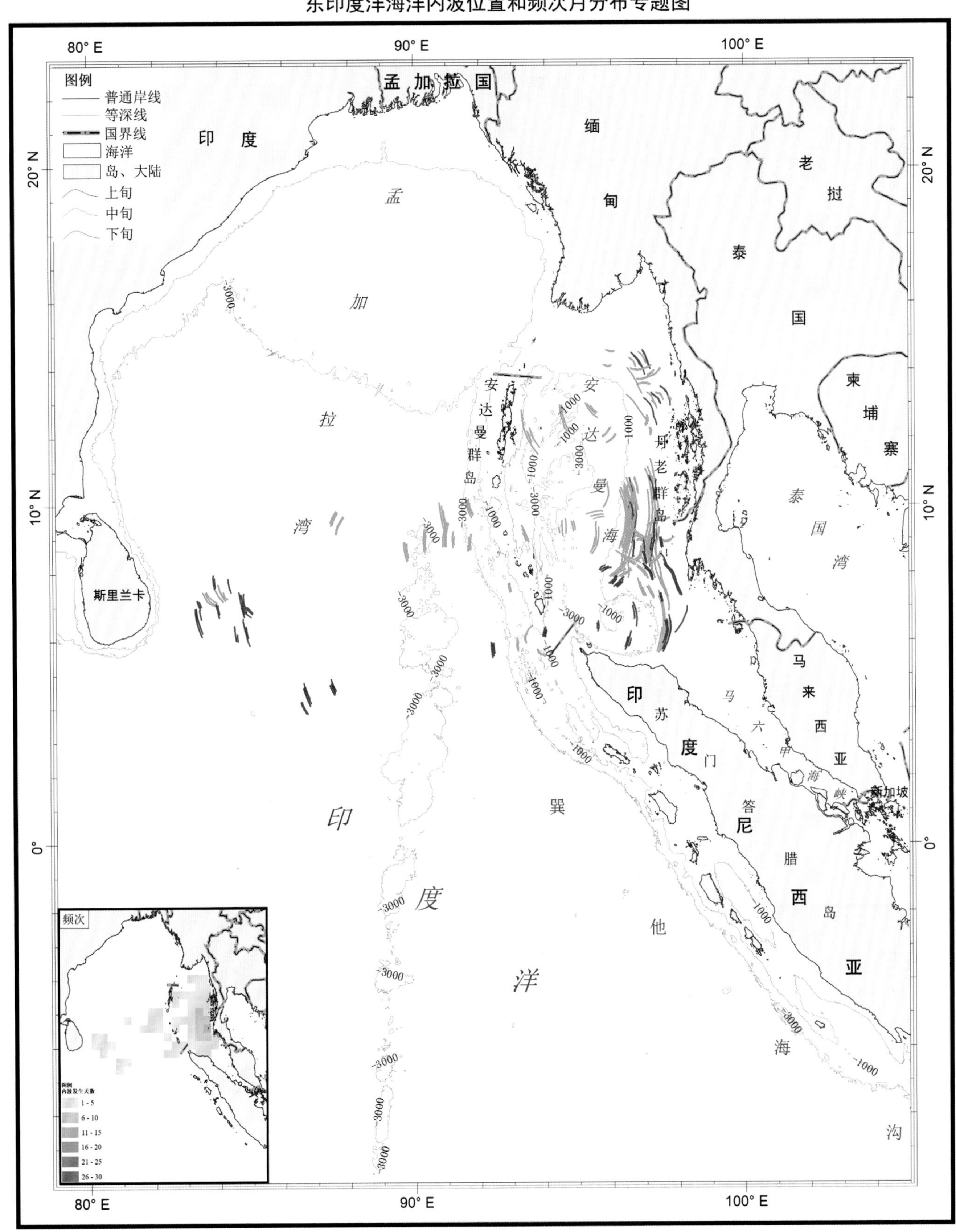

调查数据源：MODIS、SAR数据
数据空间分辨率：250m
数据时间：2016年11月

比例尺：1:14 000 000
坐标系：CGCS2000
投影信息：墨卡托投影

高程基准：1985国家高程基准
制图单位：自然资源部第一海洋研究所
制图时间：2022年1月

东印度洋海洋内波位置和频次月分布专题图

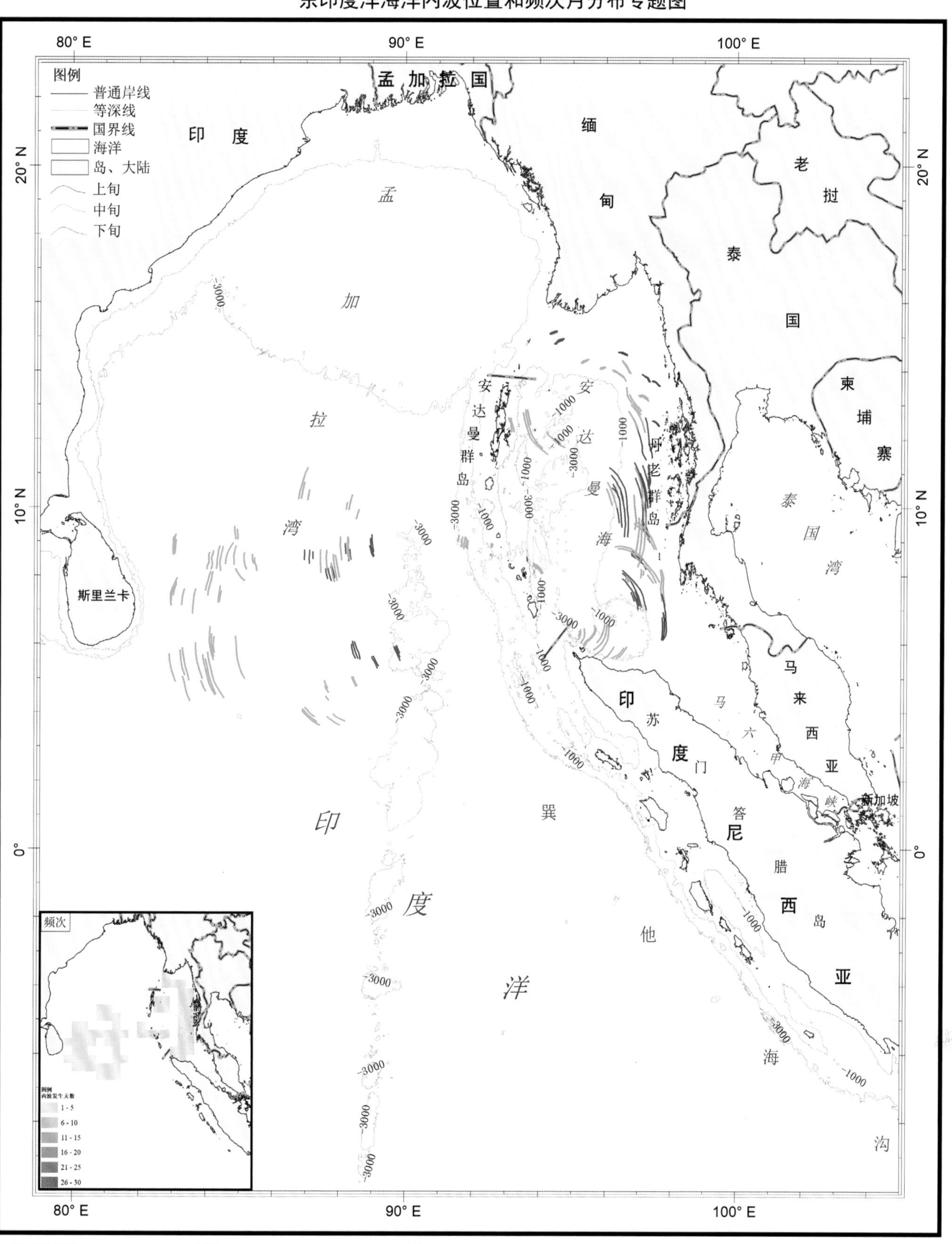

调查数据源：MODIS、SAR数据
数据空间分辨率：250m
数据时间：2016年12月

比例尺：1:14 000 000
坐标系：CGCS2000
投影信息：墨卡托投影

高程基准：1985国家高程基准
制图单位：自然资源部第一海洋研究所
制图时间：2022年1月

东印度洋海洋内波位置和频次季分布专题图

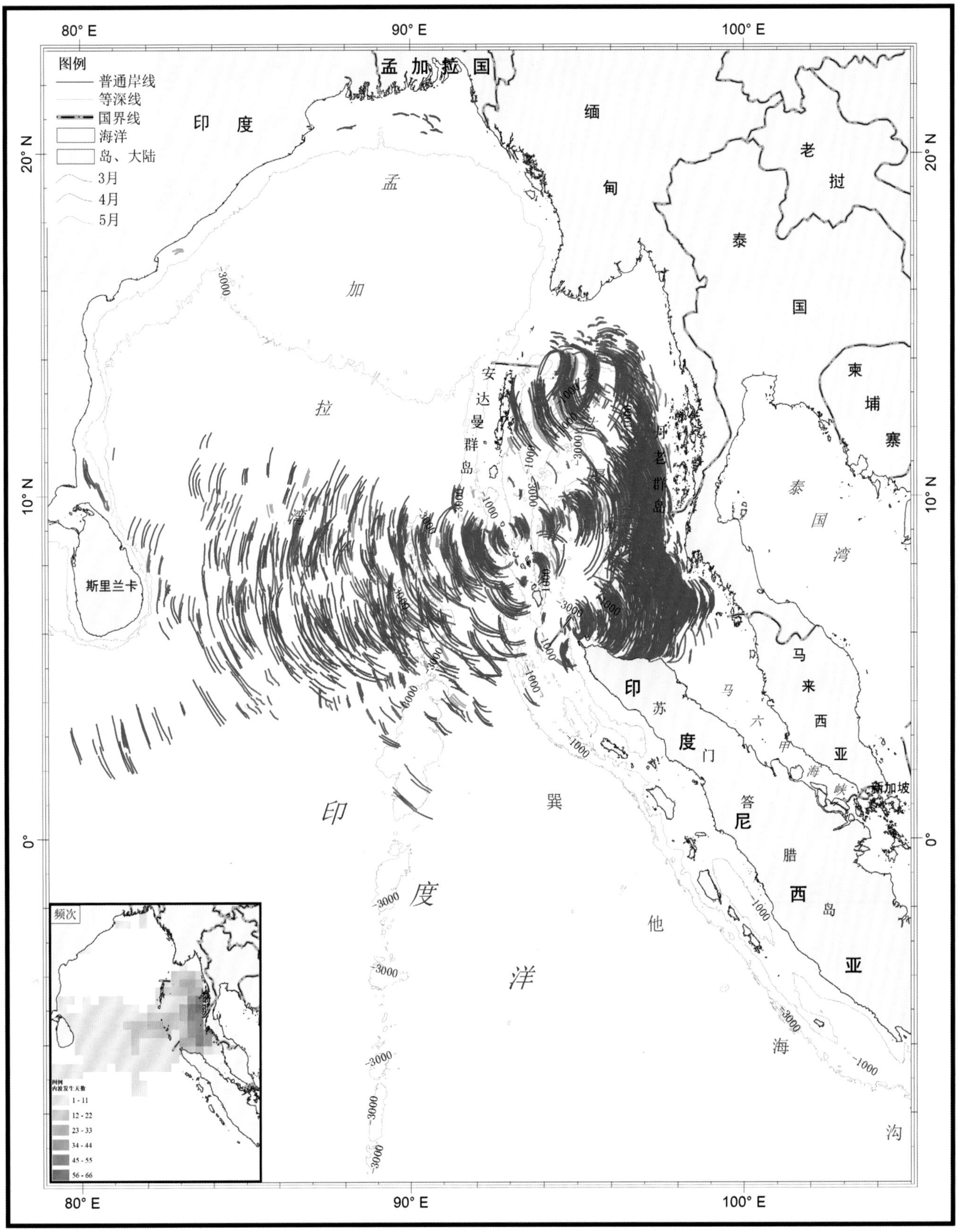

调查数据源：MODIS、SAR数据
数据空间分辨率：250m
数据时间：2016年春季

比例尺：1:14 000 000
坐标系：CGCS2000
投影信息：墨卡托投影

高程基准：1985国家高程基准
制图单位：自然资源部第一海洋研究所
制图时间：2022年1月

东印度洋海洋内波位置和频次季分布专题图

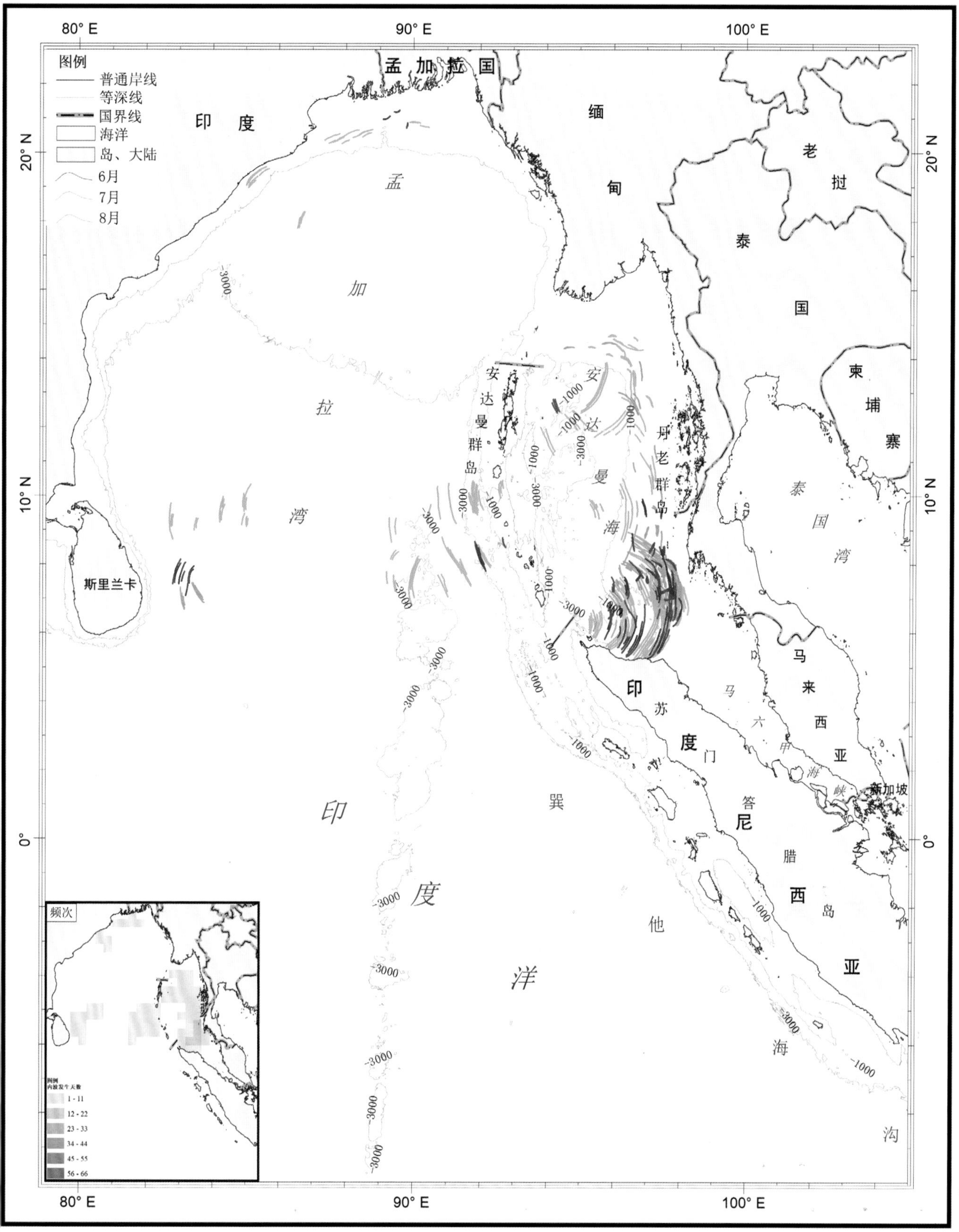

调查数据源：MODIS、SAR数据
数据空间分辨率：250m
数据时间：2016年夏季

比例尺：1:14 000 000
坐标系：CGCS2000
投影信息：墨卡托投影

高程基准：1985国家高程基准
制图单位：自然资源部第一海洋研究所
制图时间：2022年1月

东印度洋海洋内波位置和频次季分布专题图

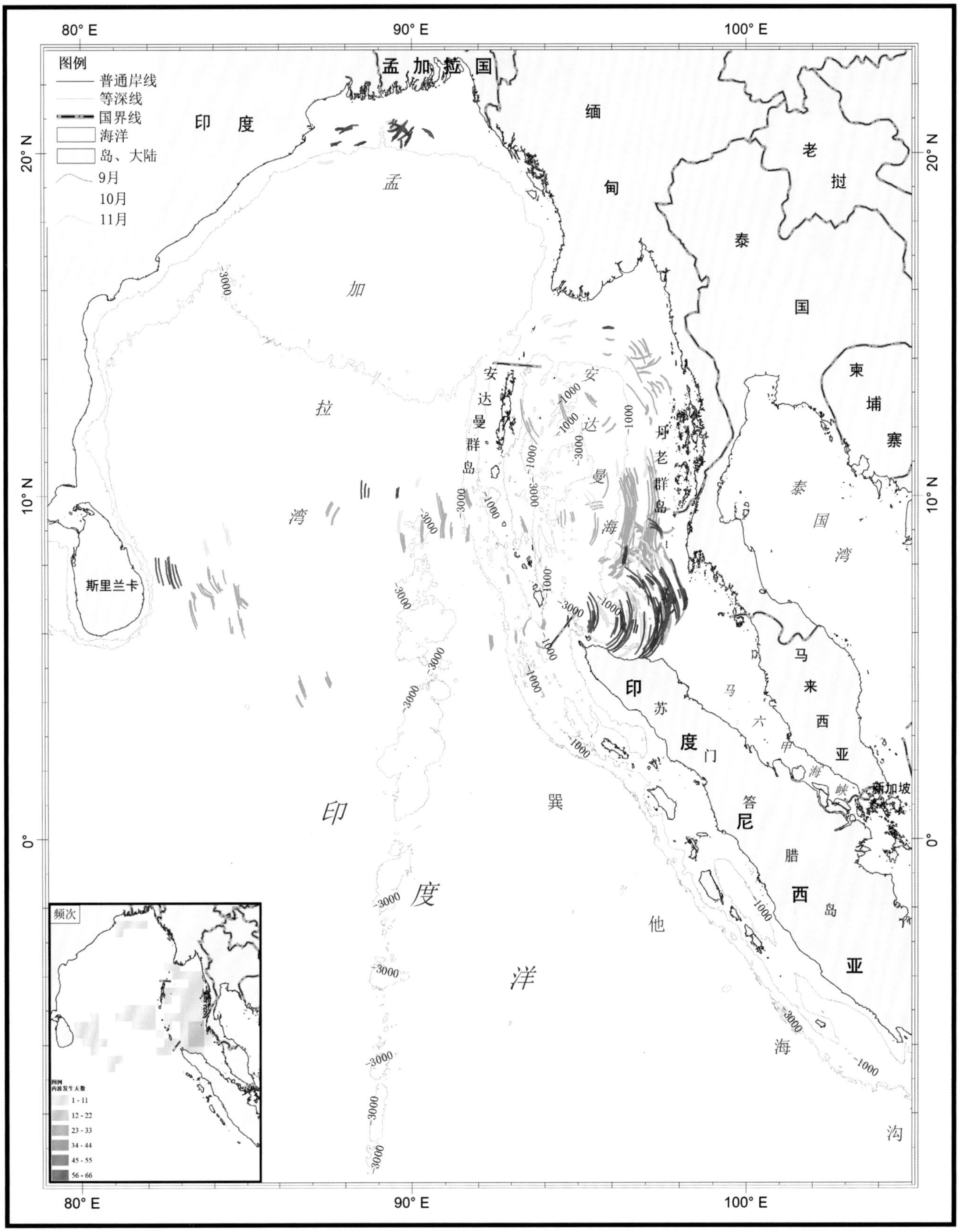

80° E
90° E
100° E
20° N
10° N
0°

图例
普通岸线
等深线
国界线
海洋
岛、大陆
9月
10月
11月

孟加拉国
印度
缅甸
老挝
泰国
柬埔寨
孟加拉湾
斯里兰卡
安达曼群岛
安达曼海
丹老群岛
泰国湾
马来西亚
新加坡
马六甲海峡
印度尼西亚
苏门答腊岛
巽他海沟
印度洋
-1000
-3000

频次
图例
内波发生天数
1 - 11
12 - 22
23 - 33
34 - 44
45 - 55
56 - 66

调查数据源：MODIS、SAR数据
数据空间分辨率：250m
数据时间：2016年秋季

比例尺：1:14 000 000
坐标系：CGCS2000
投影信息：墨卡托投影

高程基准：1985国家高程基准
制图单位：自然资源部第一海洋研究所
制图时间：2022年1月

东印度洋海洋内波位置和频次季分布专题图

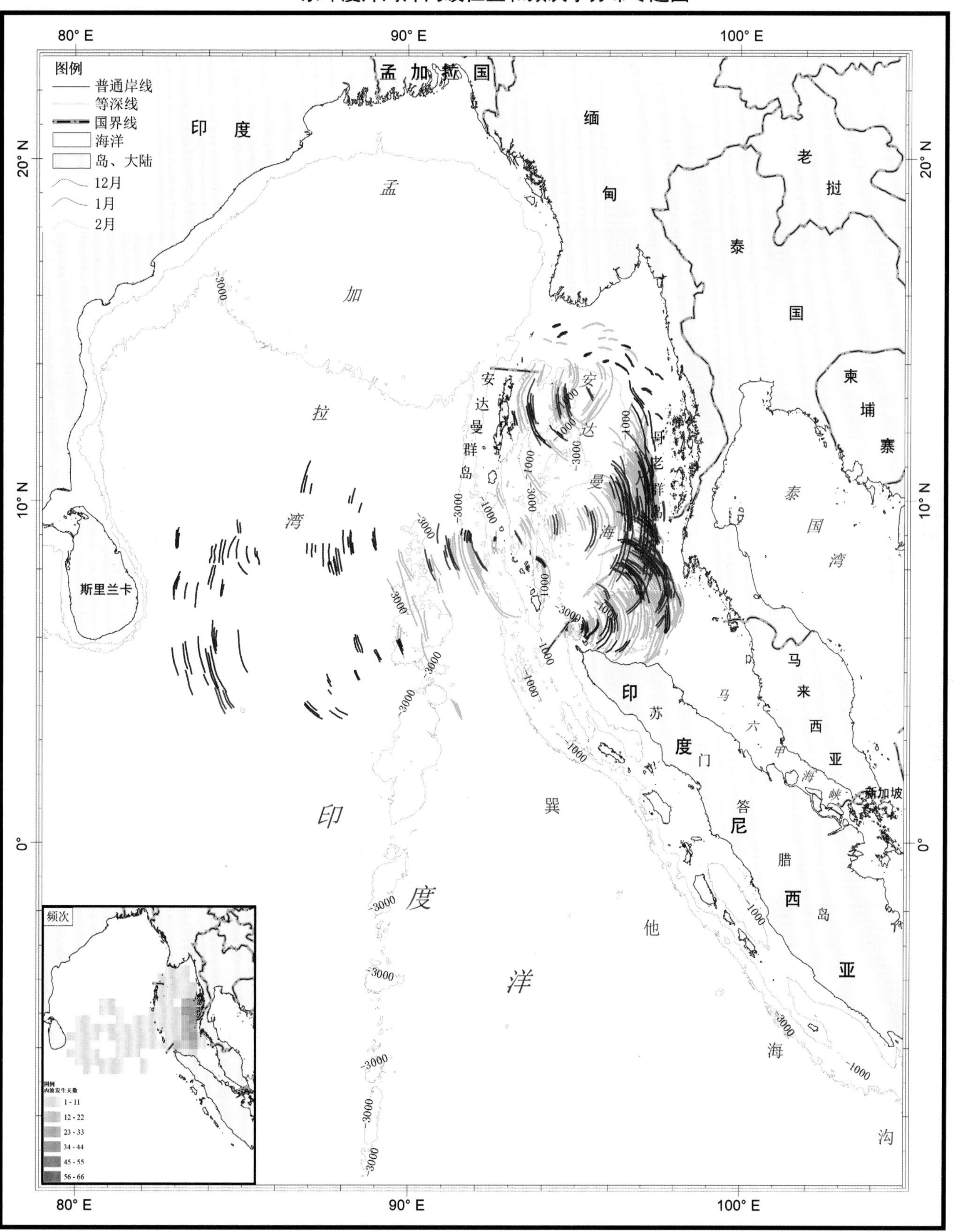

调查数据源：MODIS、SAR数据　　比例尺：1:14 000 000　　高程基准：1985国家高程基准

数据空间分辨率：250m　　坐标系：CGCS2000　　制图单位：自然资源部第一海洋研究所

数据时间：2016年冬季　　投影信息：墨卡托投影　　制图时间：2022年1月

东印度洋海洋内波位置和频次半年分布专题图

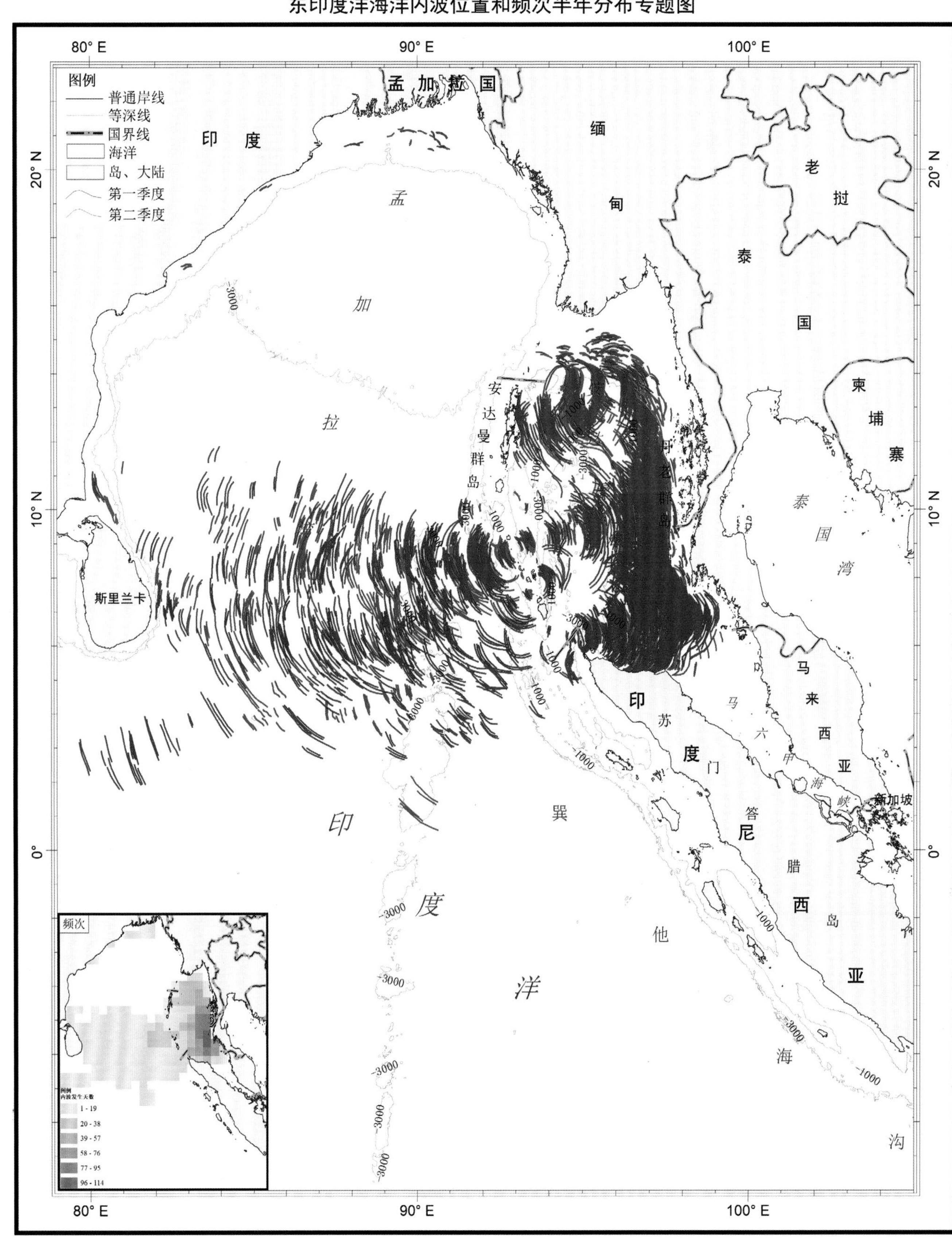

调查数据源：MODIS、SAR数据
数据空间分辨率：250m
数据时间：2016年上半年

比例尺：1:14 000 000
坐标系：CGCS2000
投影信息：墨卡托投影

高程基准：1985国家高程基准
制图单位：自然资源部第一海洋研究所
制图时间：2022年1月

东印度洋海洋内波位置和频次半年分布专题图

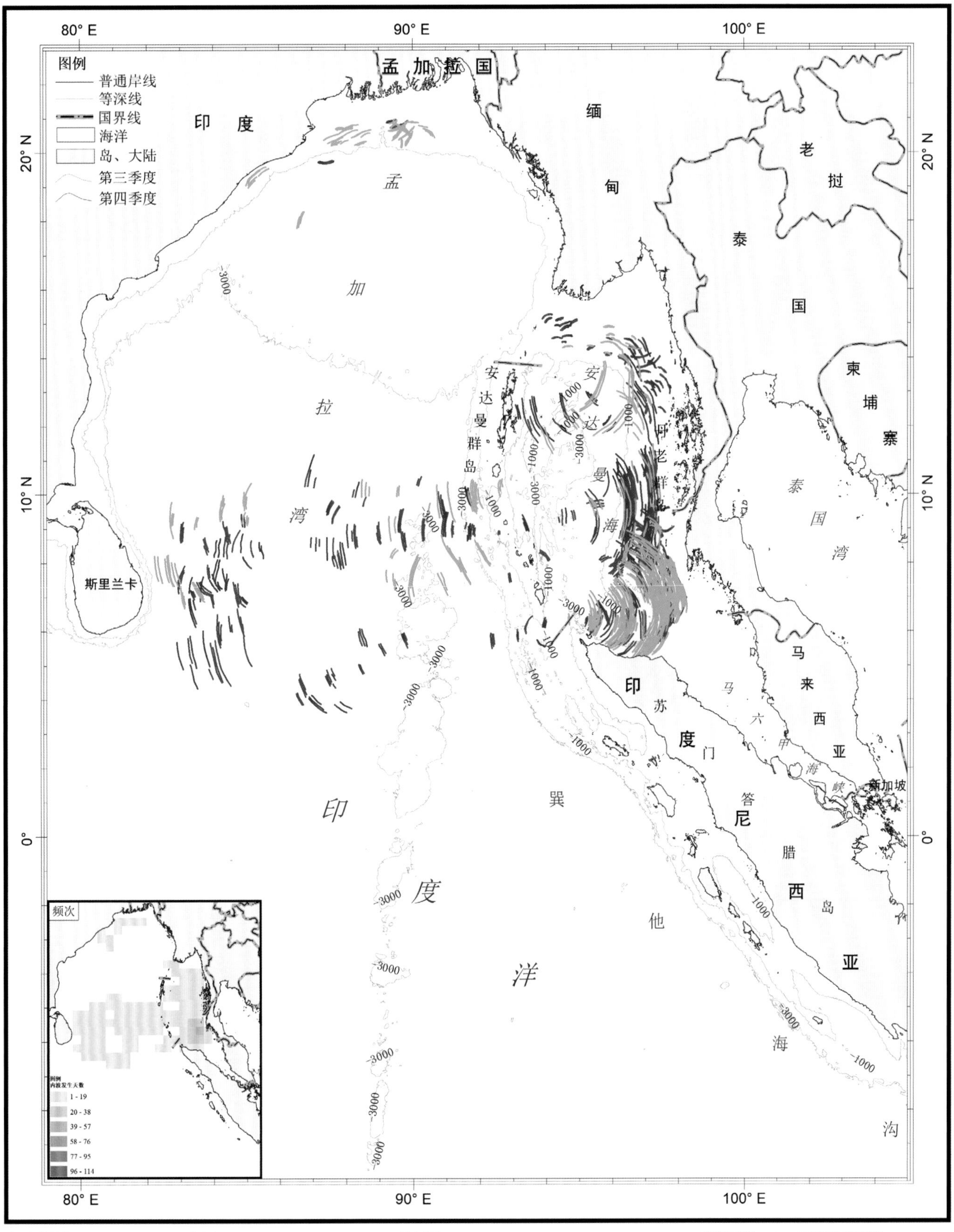

80° E　90° E　100° E

20° N　10° N　0°

图例
普通岸线
等深线
国界线
海洋
岛、大陆
第三季度
第四季度

孟加拉国　印度　缅甸　老挝　泰国　柬埔寨　斯里兰卡　马来西亚　新加坡　印度尼西亚

孟加拉湾　安达曼群岛　安达曼海　尼科巴群岛　泰国湾　马六甲海峡　苏门答腊岛　印度洋　巽他海沟

3000　1000

频次
图例
内波发生天数
1 - 19
20 - 38
39 - 57
58 - 76
77 - 95
96 - 114

调查数据源：MODIS、SAR数据
数据空间分辨率：250m
数据时间：2016年下半年

比例尺：1:14 000 000
坐标系：CGCS2000
投影信息：墨卡托投影

高程基准：1985国家高程基准
制图单位：自然资源部第一海洋研究所
制图时间：2022年1月

东印度洋海洋内波位置和频次年分布专题图

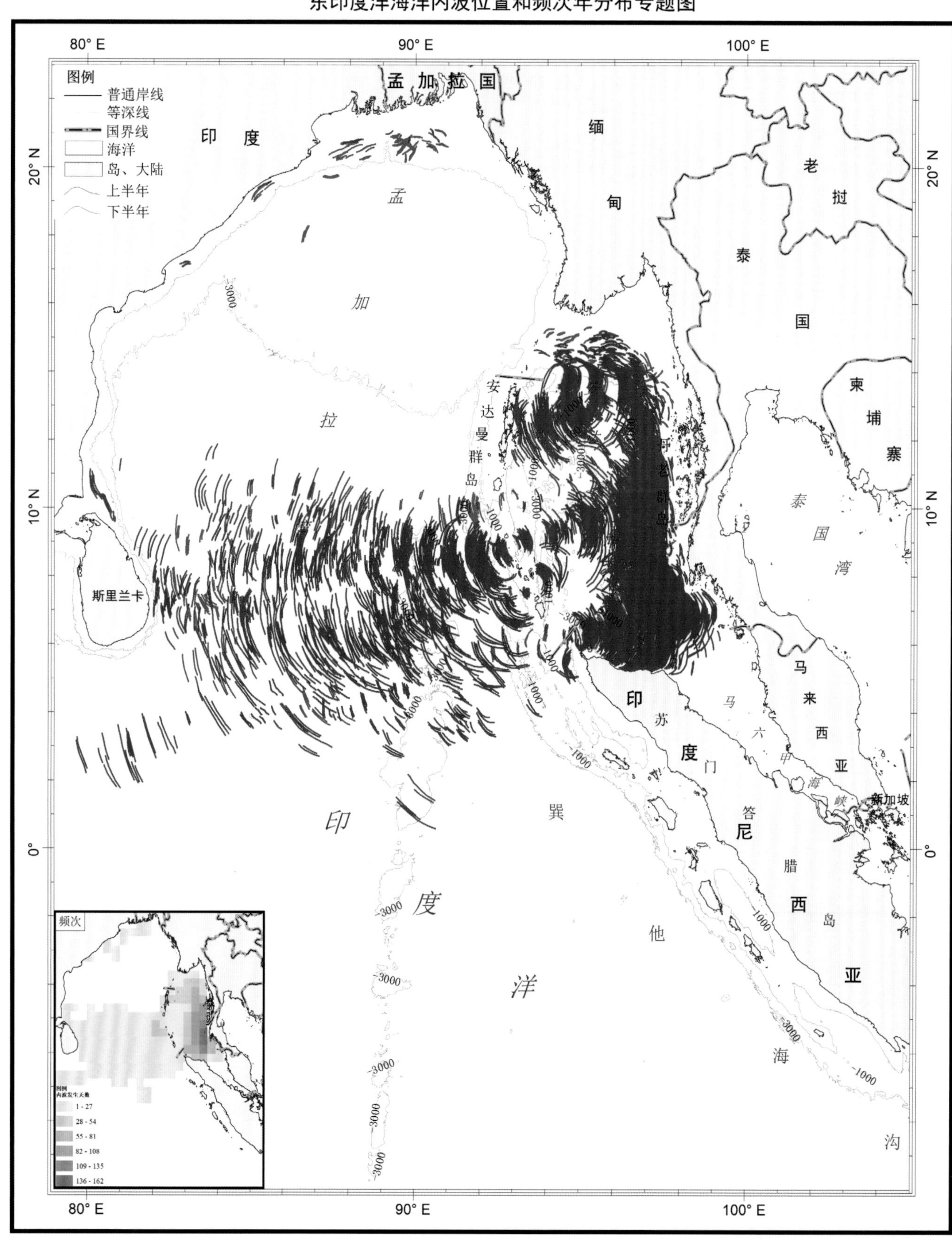

调查数据源：MODIS、SAR数据
数据空间分辨率：250m
数据时间：2016年全年

比例尺：1:14 000 000
坐标系：CGCS2000
投影信息：墨卡托投影

高程基准：1985国家高程基准
制图单位：自然资源部第一海洋研究所
制图时间：2022年1月

7.8　东印度洋内孤立波 2017 年分布图

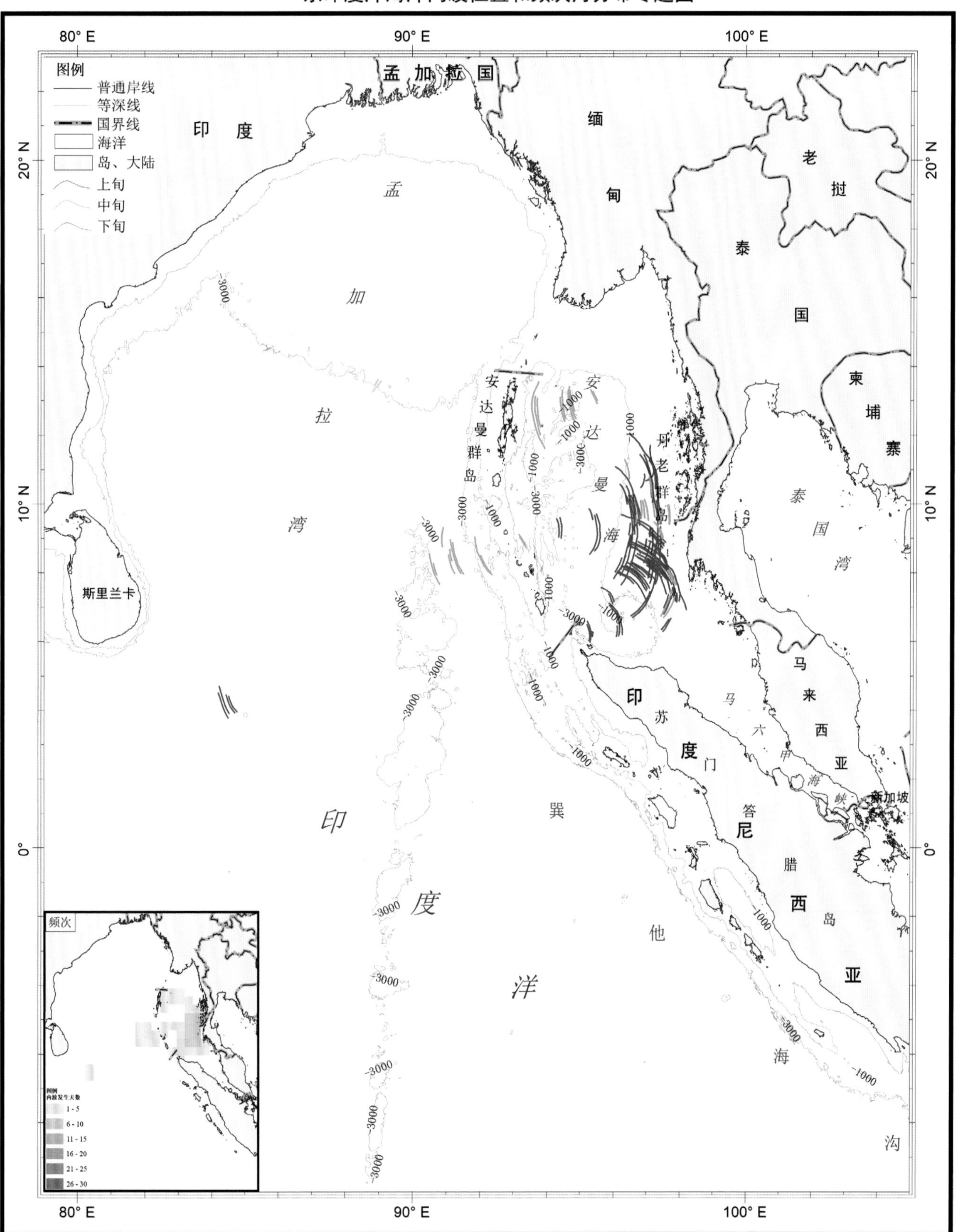

调查数据源：MODIS、SAR数据　　比例尺：1:14 000 000　　高程基准：1985国家高程基准

数据空间分辨率：250m　　坐标系：CGCS2000　　制图单位：自然资源部第一海洋研究所

数据时间：2017年1月　　投影信息：墨卡托投影　　制图时间：2022年1月

东印度洋海洋内波位置和频次月分布专题图

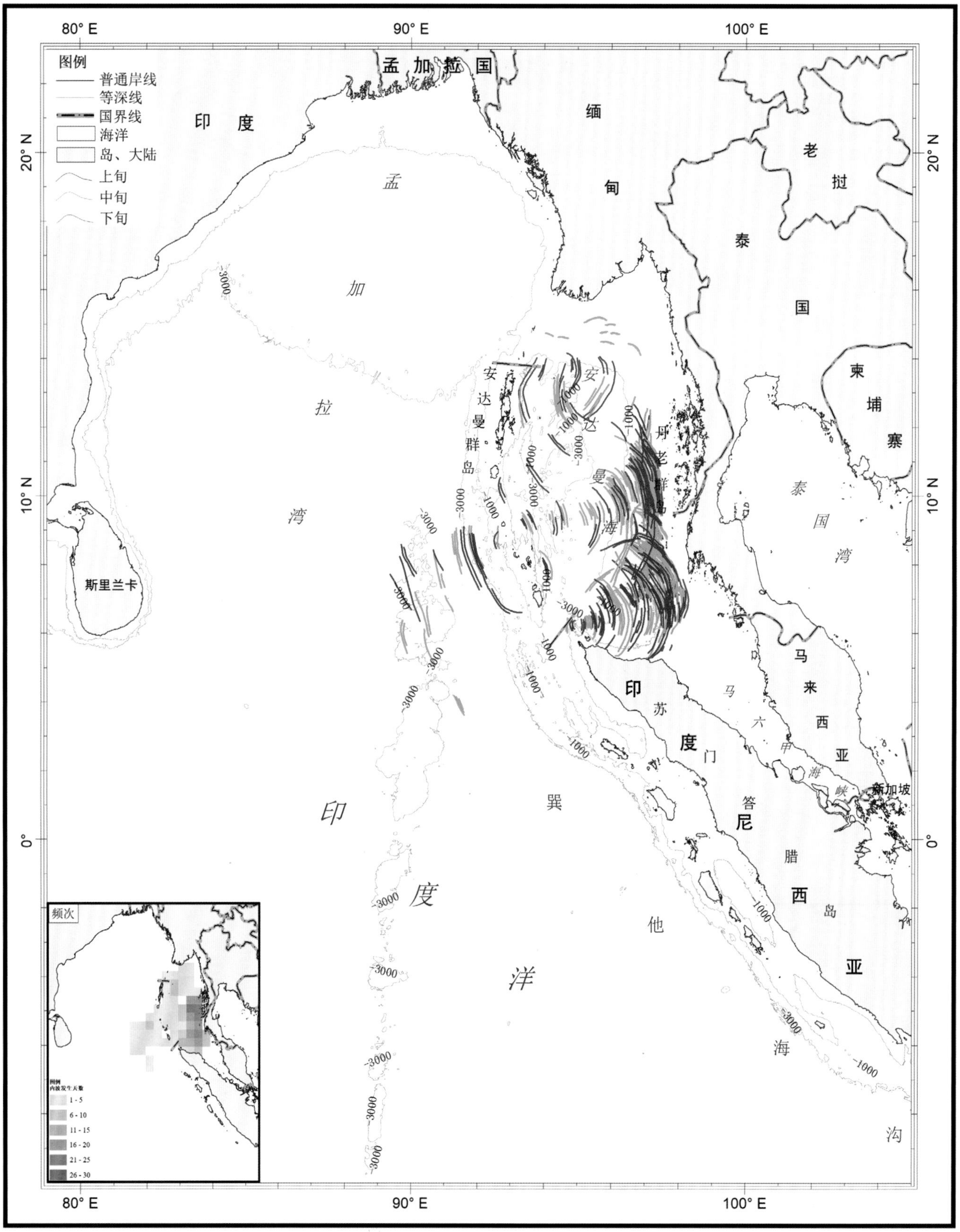

图例
- 普通岸线
- 等深线
- 国界线
- 海洋
- 岛、大陆
- 上旬
- 中旬
- 下旬

频次

图例
内波发生天数
- 1 - 5
- 6 - 10
- 11 - 15
- 16 - 20
- 21 - 25
- 26 - 30

调查数据源：MODIS、SAR数据
数据空间分辨率：250m
数据时间：2017年2月

比例尺：1:14 000 000
坐标系：CGCS2000
投影信息：墨卡托投影

高程基准：1985国家高程基准
制图单位：自然资源部第一海洋研究所
制图时间：2022年1月

东印度洋海洋内波位置和频次月分布专题图

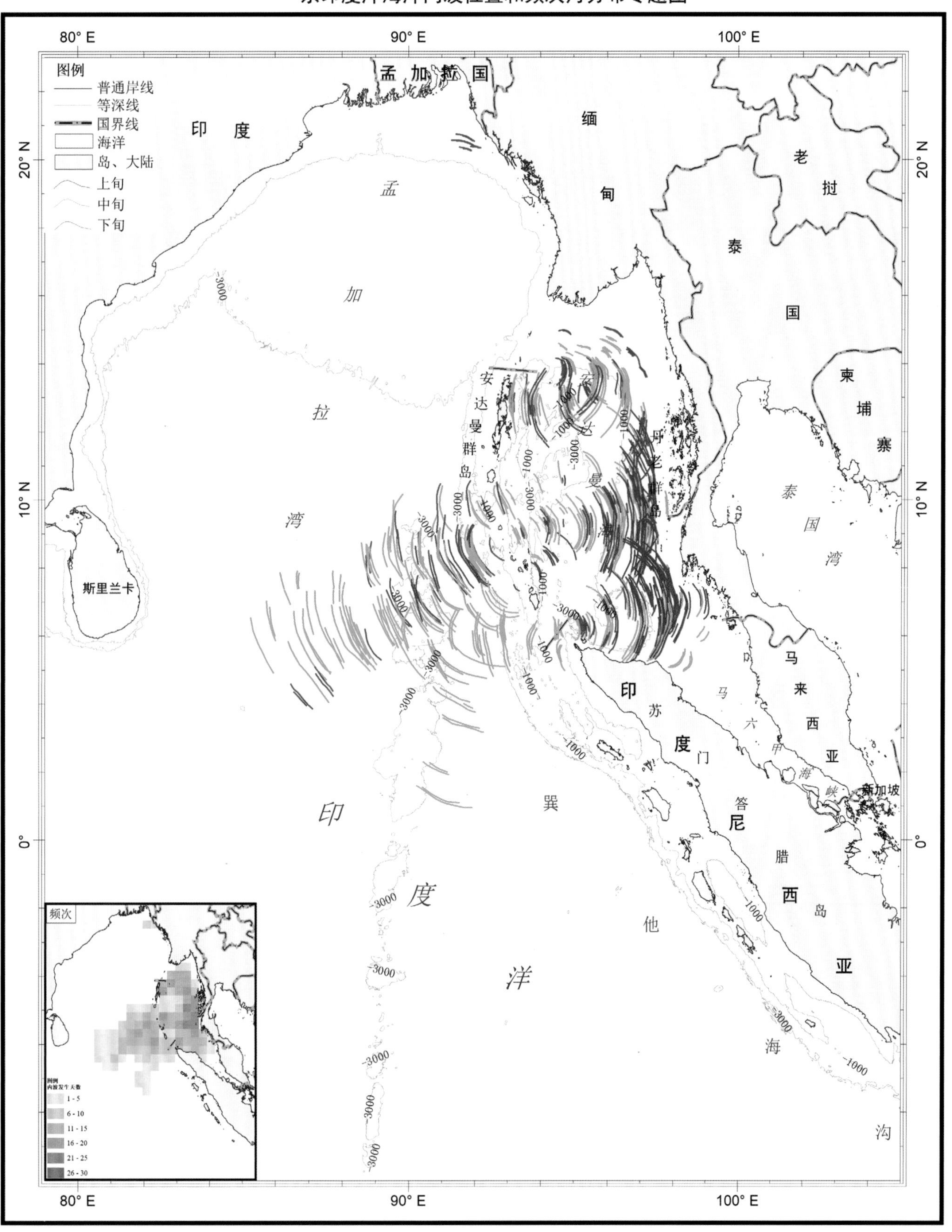

调查数据源：MODIS、SAR数据
数据空间分辨率：250m
数据时间：2017年3月

比例尺：1:14 000 000
坐标系：CGCS2000
投影信息：墨卡托投影

高程基准：1985国家高程基准
制图单位：自然资源部第一海洋研究所
制图时间：2022年1月

东印度洋海洋内波位置和频次月分布专题图

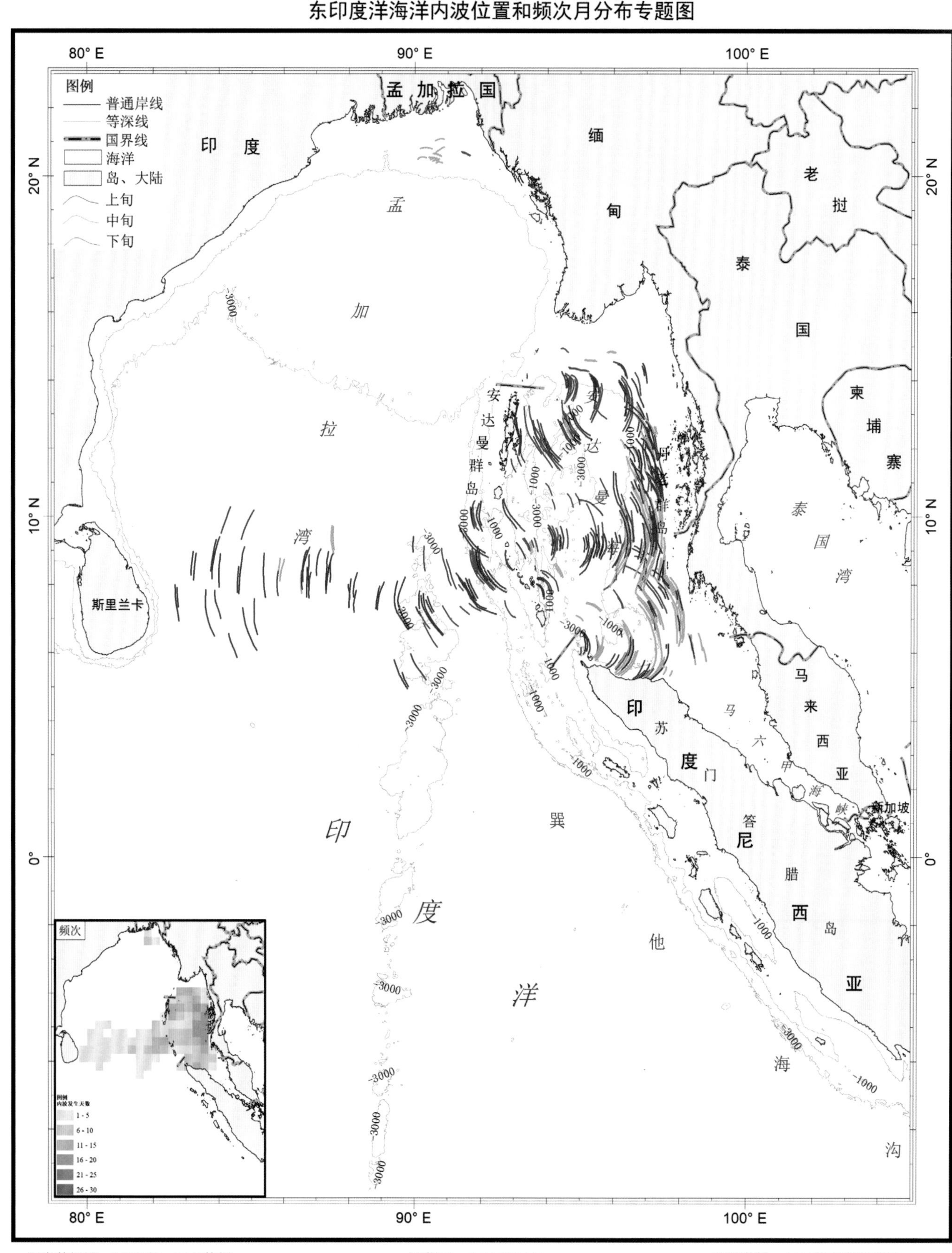

调查数据源：MODIS、SAR数据
数据空间分辨率：250m
数据时间：2017年4月

比例尺：1:14 000 000
坐标系：CGCS2000
投影信息：墨卡托投影

高程基准：1985国家高程基准
制图单位：自然资源部第一海洋研究所
制图时间：2022年1月

东印度洋海洋内波位置和频次月分布专题图

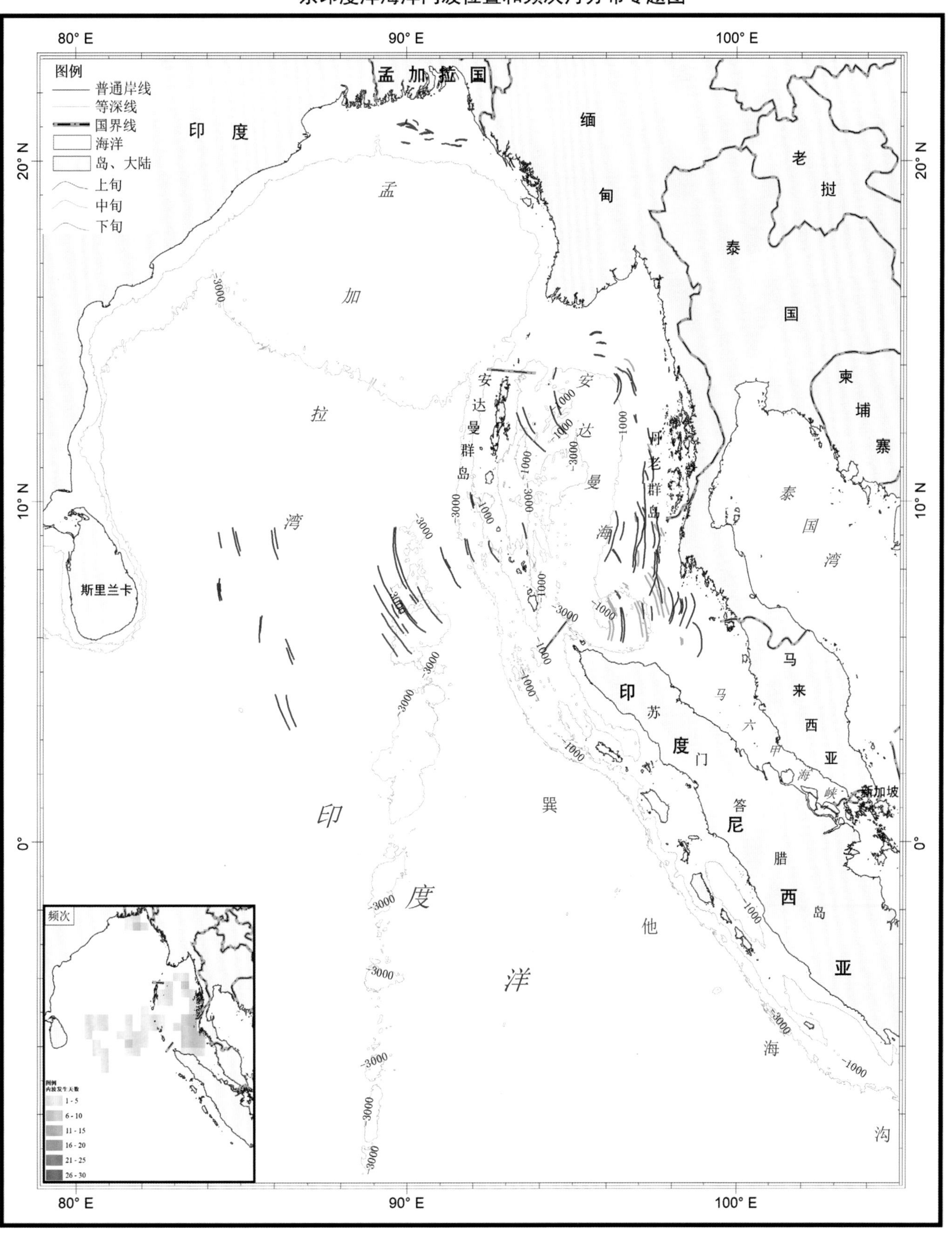

调查数据源：MODIS、SAR数据　　比例尺：1:14 000 000　　高程基准：1985国家高程基准

数据空间分辨率：250m　　坐标系：CGCS2000　　制图单位：自然资源部第一海洋研究所

数据时间：2017年5月　　投影信息：墨卡托投影　　制图时间：2022年1月

东印度洋海洋内波位置和频次月分布专题图

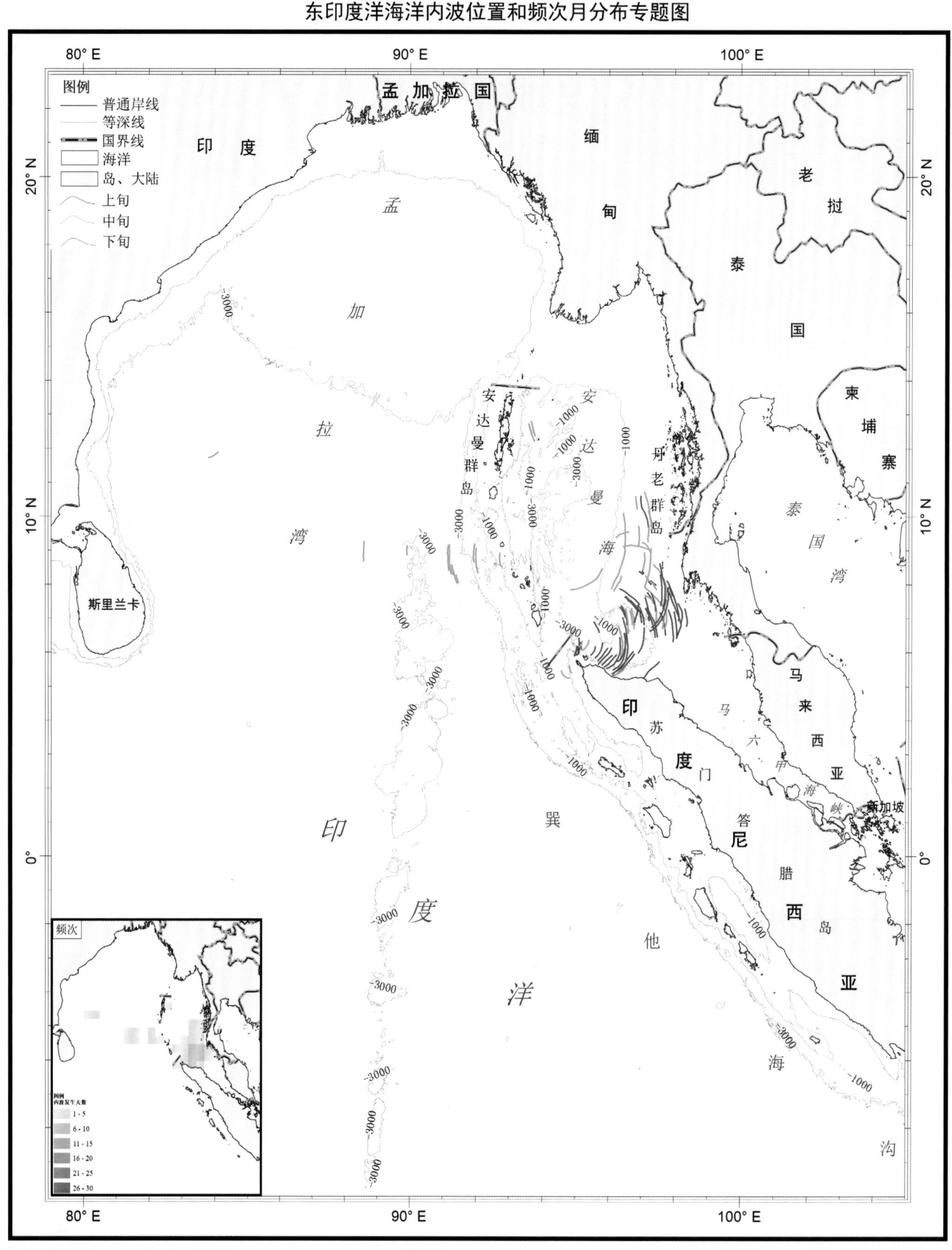

调查数据源：MODIS、SAR数据
数据空间分辨率：250m
数据时间：2017年6月

比例尺：1:14 000 000
坐标系：CGCS2000
投影信息：墨卡托投影

高程基准：1985国家高程基准
制图单位：自然资源部第一海洋研究所
制图时间：2022年1月

东印度洋海洋内波位置和频次月分布专题图

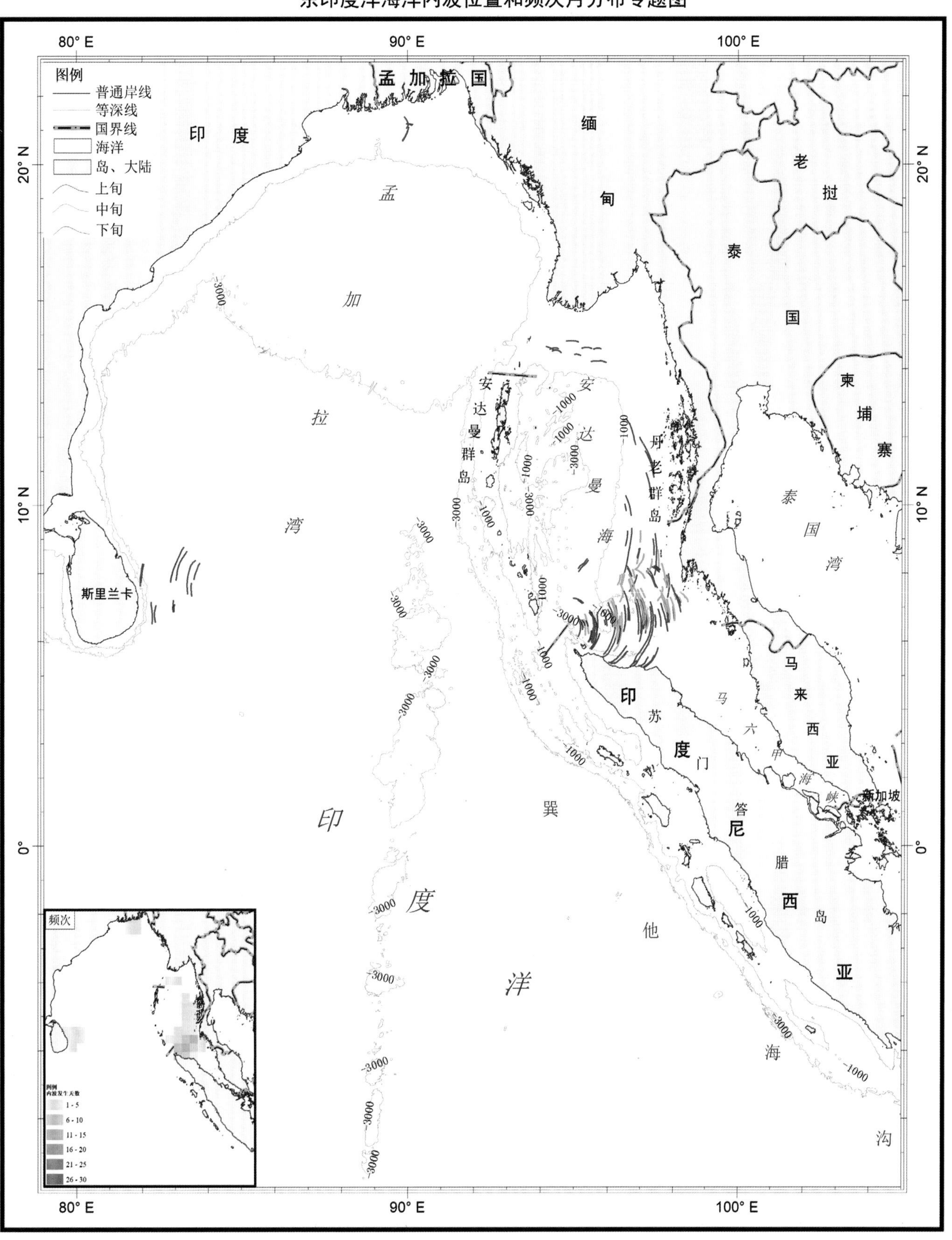

调查数据源：MODIS、SAR数据　　比例尺：1:14 000 000　　高程基准：1985国家高程基准

数据空间分辨率：250m　　坐标系：CGCS2000　　制图单位：自然资源部第一海洋研究所

数据时间：2017年7月　　投影信息：墨卡托投影　　制图时间：2022年1月

东印度洋海洋内波位置和频次月分布专题图

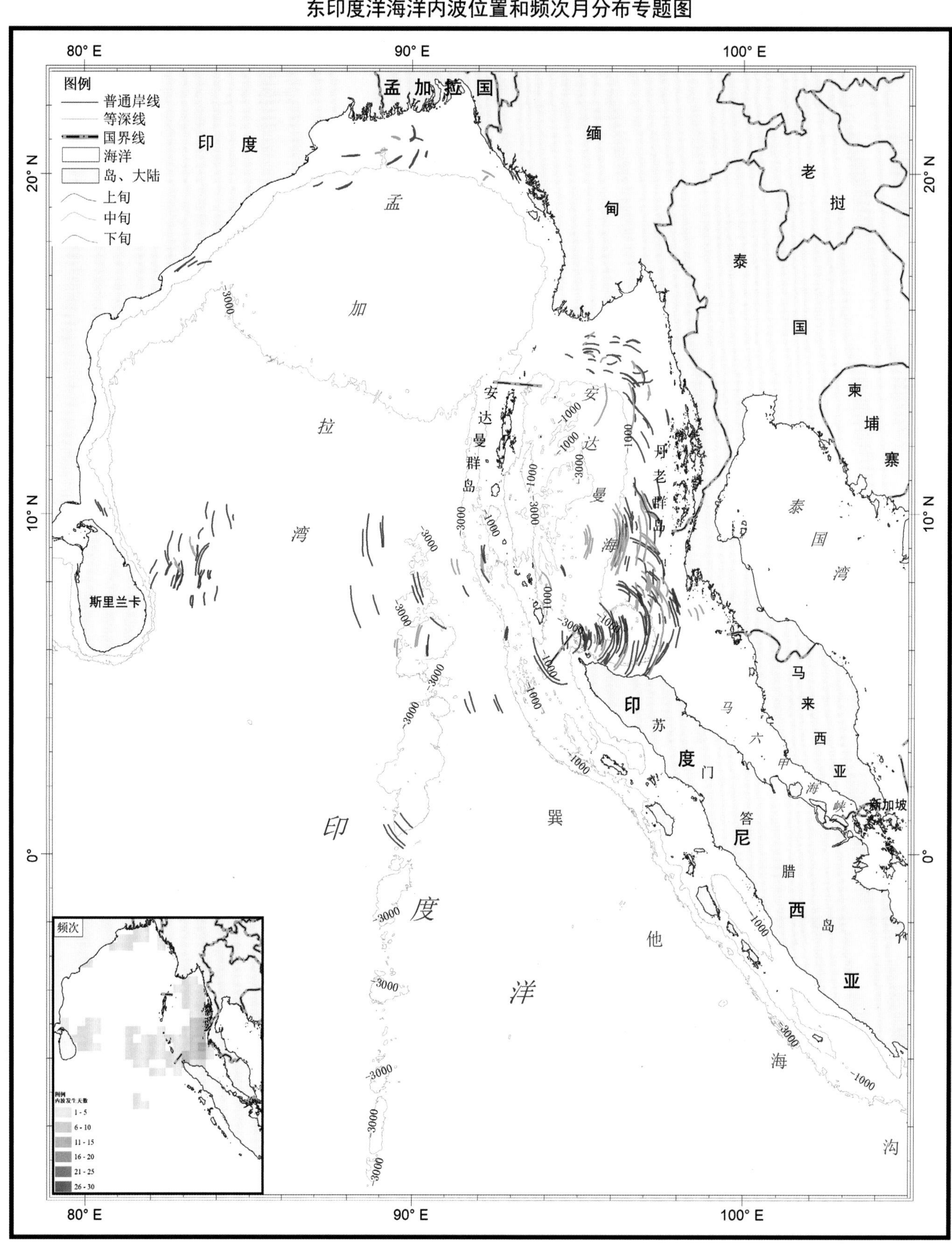

调查数据源：MODIS、SAR数据
数据空间分辨率：250m
数据时间：2017年8月

比例尺：1:14 000 000
坐标系：CGCS2000
投影信息：墨卡托投影

高程基准：1985国家高程基准
制图单位：自然资源部第一海洋研究所
制图时间：2022年1月

东印度洋海洋内波位置和频次月分布专题图

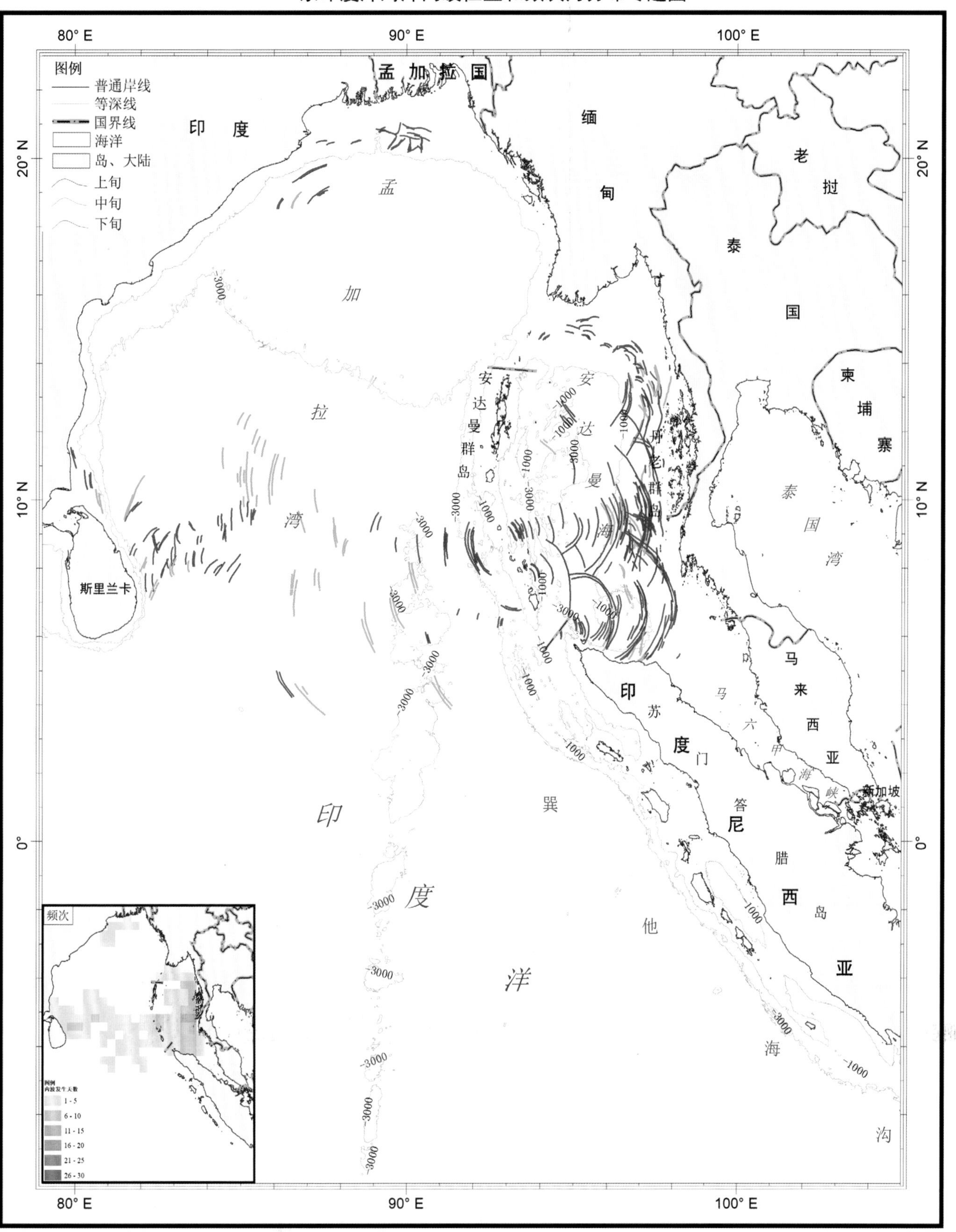

调查数据源：MODIS、SAR数据
数据空间分辨率：250m
数据时间：2017年9月

比例尺：1:14 000 000
坐标系：CGCS2000
投影信息：墨卡托投影

高程基准：1985国家高程基准
制图单位：自然资源部第一海洋研究所
制图时间：2022年1月

东印度洋海洋内波位置和频次月分布专题图

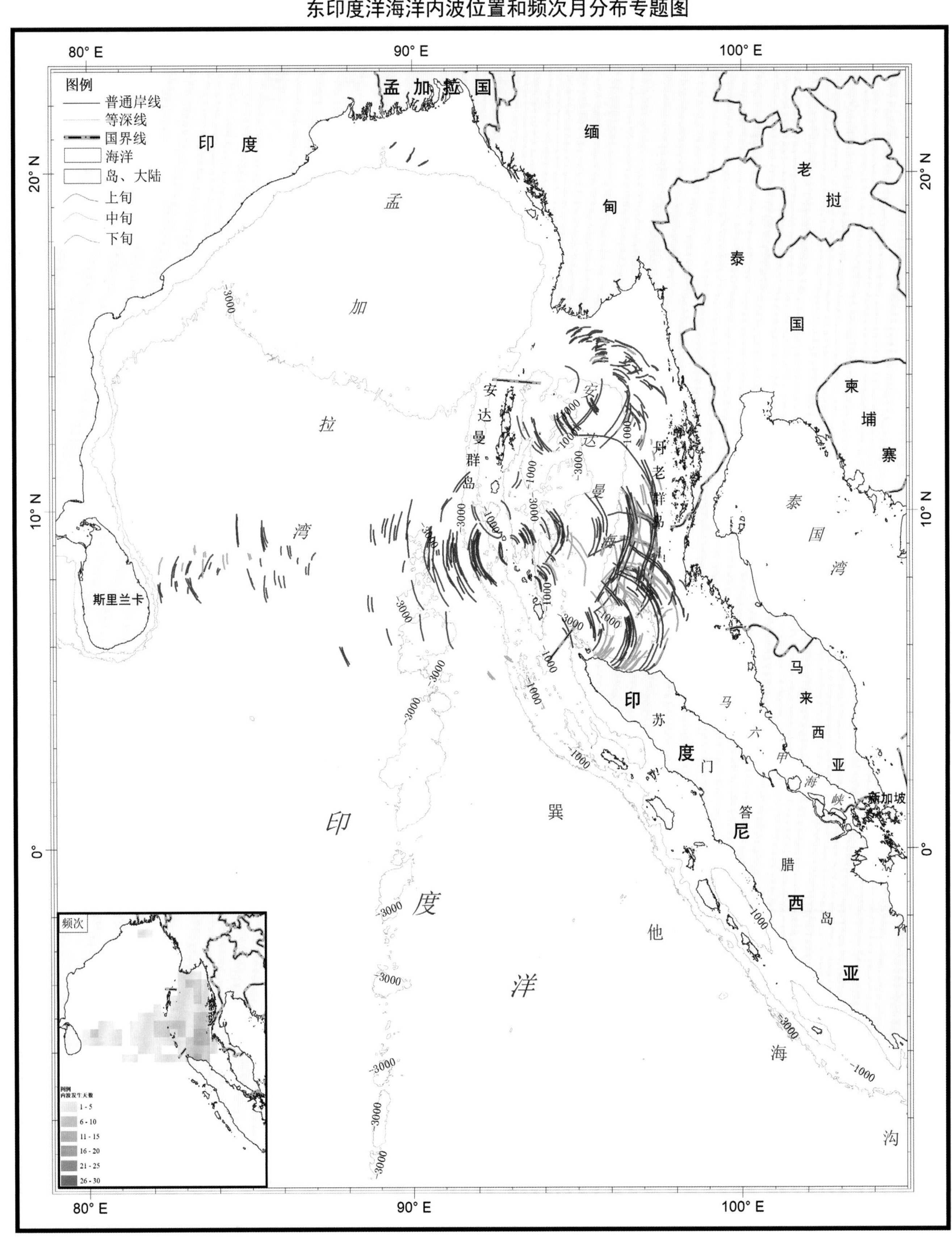

调查数据源：MODIS、SAR数据
数据空间分辨率：250m
数据时间：2017年10月

比例尺：1:14 000 000
坐标系：CGCS2000
投影信息：墨卡托投影

高程基准：1985国家高程基准
制图单位：自然资源部第一海洋研究所
制图时间：2022年1月

东印度洋海洋内波位置和频次月分布专题图

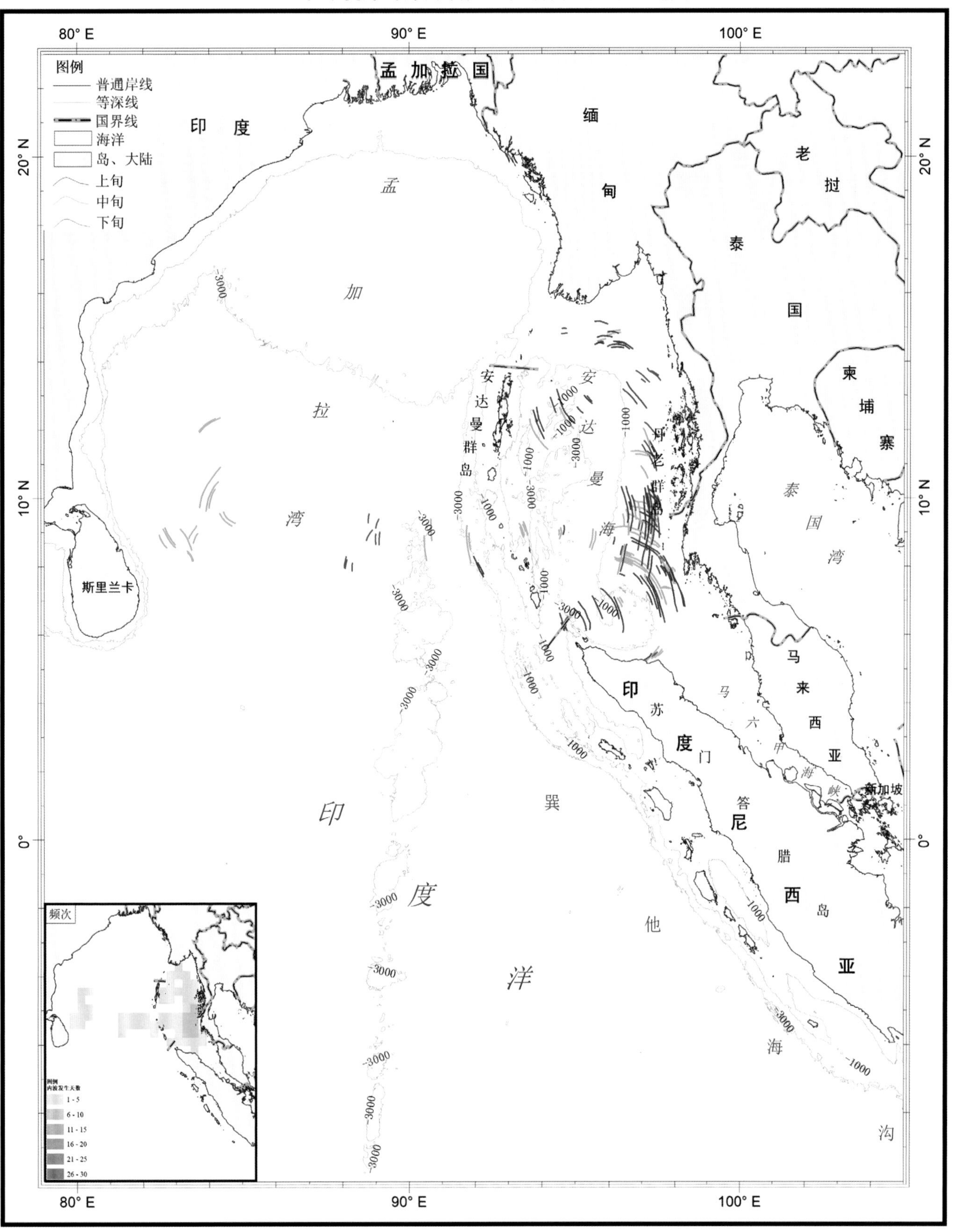

调查数据源：MODIS、SAR数据　　比例尺：1:14 000 000　　高程基准：1985国家高程基准

数据空间分辨率：250m　　坐标系：CGCS2000　　制图单位：自然资源部第一海洋研究所

数据时间：2017年11月　　投影信息：墨卡托投影　　制图时间：2022年1月

东印度洋海洋内波位置和频次月分布专题图

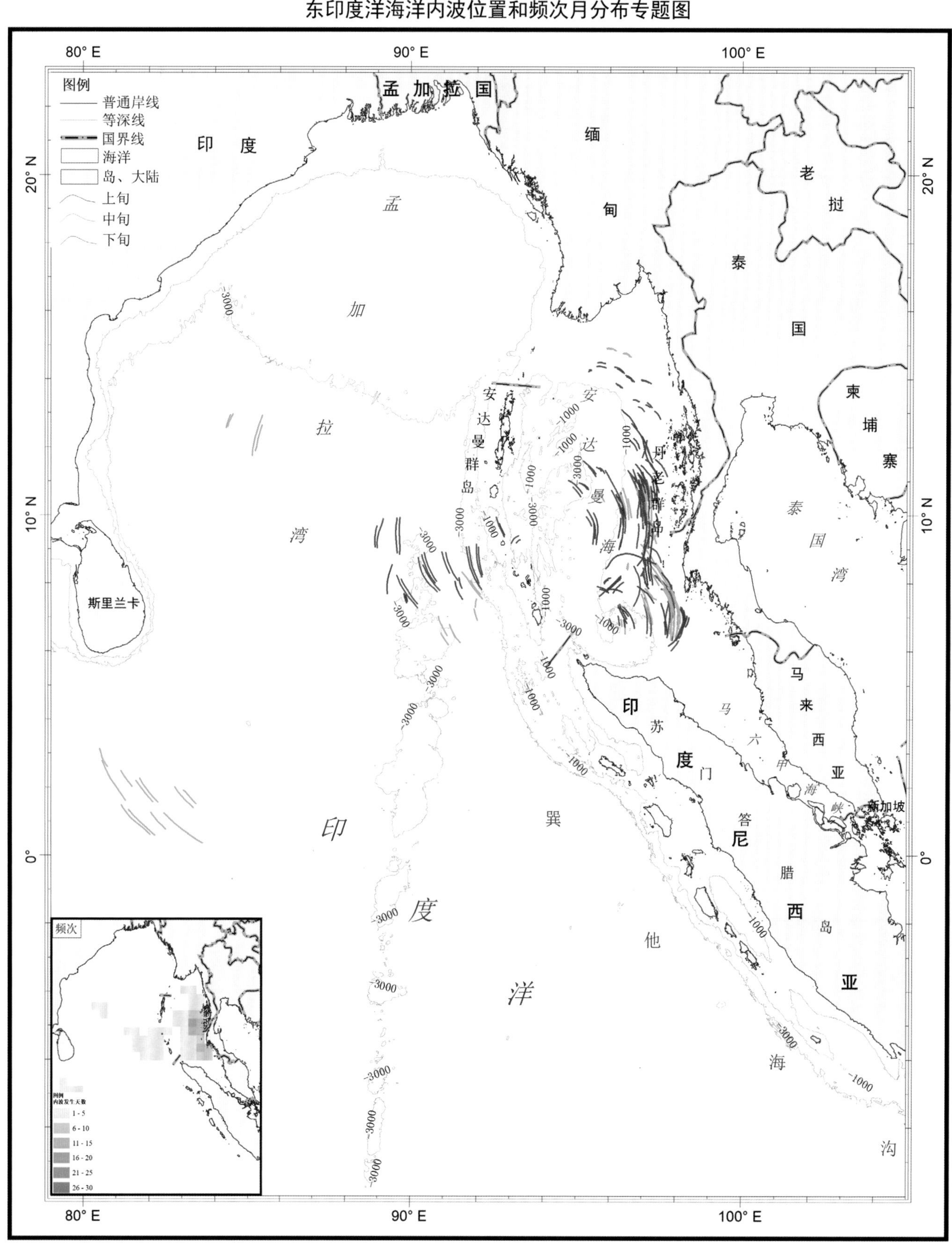

调查数据源：MODIS、SAR数据
数据空间分辨率：250m
数据时间：2017年12月

比例尺：1:14 000 000
坐标系：CGCS2000
投影信息：墨卡托投影

高程基准：1985国家高程基准
制图单位：自然资源部第一海洋研究所
制图时间：2022年1月

东印度洋海洋内波位置和频次季分布专题图

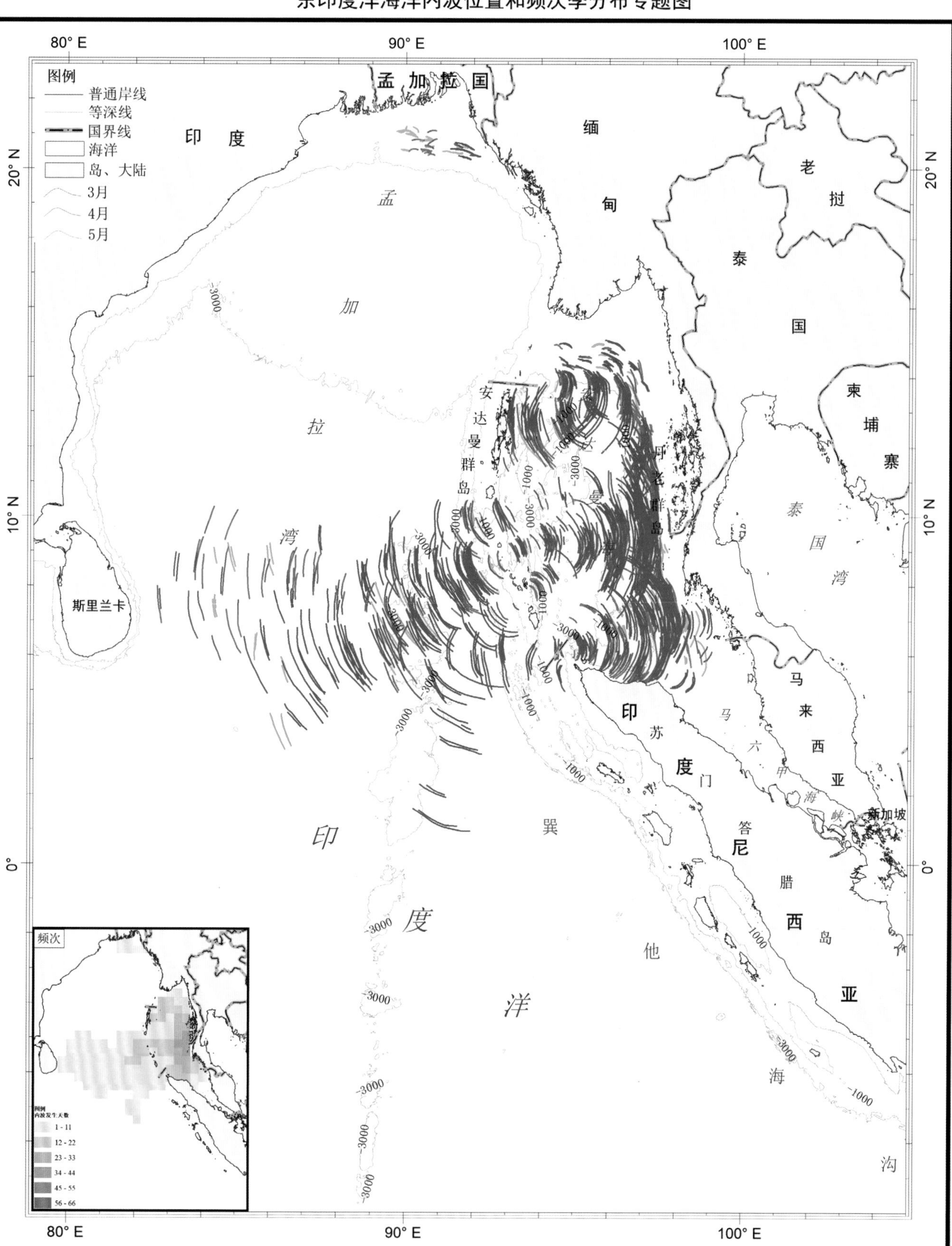

调查数据源：MODIS、SAR数据
数据空间分辨率：250m
数据时间：2017年春季

比例尺：1:14 000 000
坐标系：CGCS2000
投影信息：墨卡托投影

高程基准：1985国家高程基准
制图单位：自然资源部第一海洋研究所
制图时间：2022年1月

东印度洋海洋内波位置和频次季分布专题图

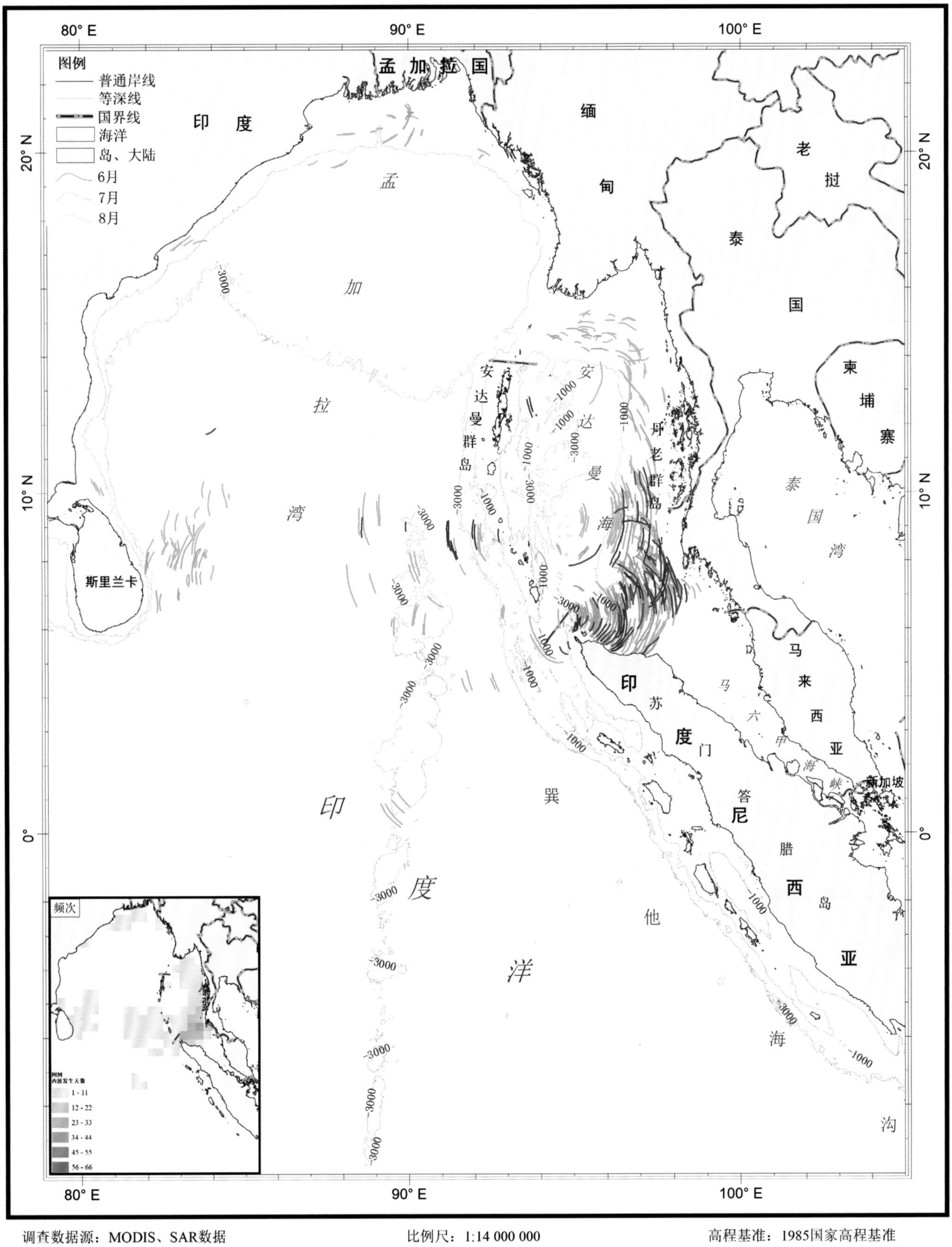

80° E　90° E　100° E

图例
普通岸线
等深线
国界线
海洋
岛、大陆
6月
7月
8月

孟加拉国
印度
缅甸
老挝
泰国
柬埔寨
孟加拉湾
安达曼群岛
安达曼海
丹老群岛
斯里兰卡
泰国湾
马来西亚
马六甲海峡
新加坡
印度尼西亚
苏门答腊
西苏门答腊岛
巽他海沟
印度洋

20° N　10° N　0°

-3000　-1000

频次
图例
内波发生天数
1 - 11
12 - 22
23 - 33
34 - 44
45 - 55
56 - 66

80° E　90° E　100° E

调查数据源：MODIS、SAR数据
数据空间分辨率：250m
数据时间：2017年夏季

比例尺：1:14 000 000
坐标系：CGCS2000
投影信息：墨卡托投影

高程基准：1985国家高程基准
制图单位：自然资源部第一海洋研究所
制图时间：2022年1月

东印度洋海洋内波位置和频次季分布专题图

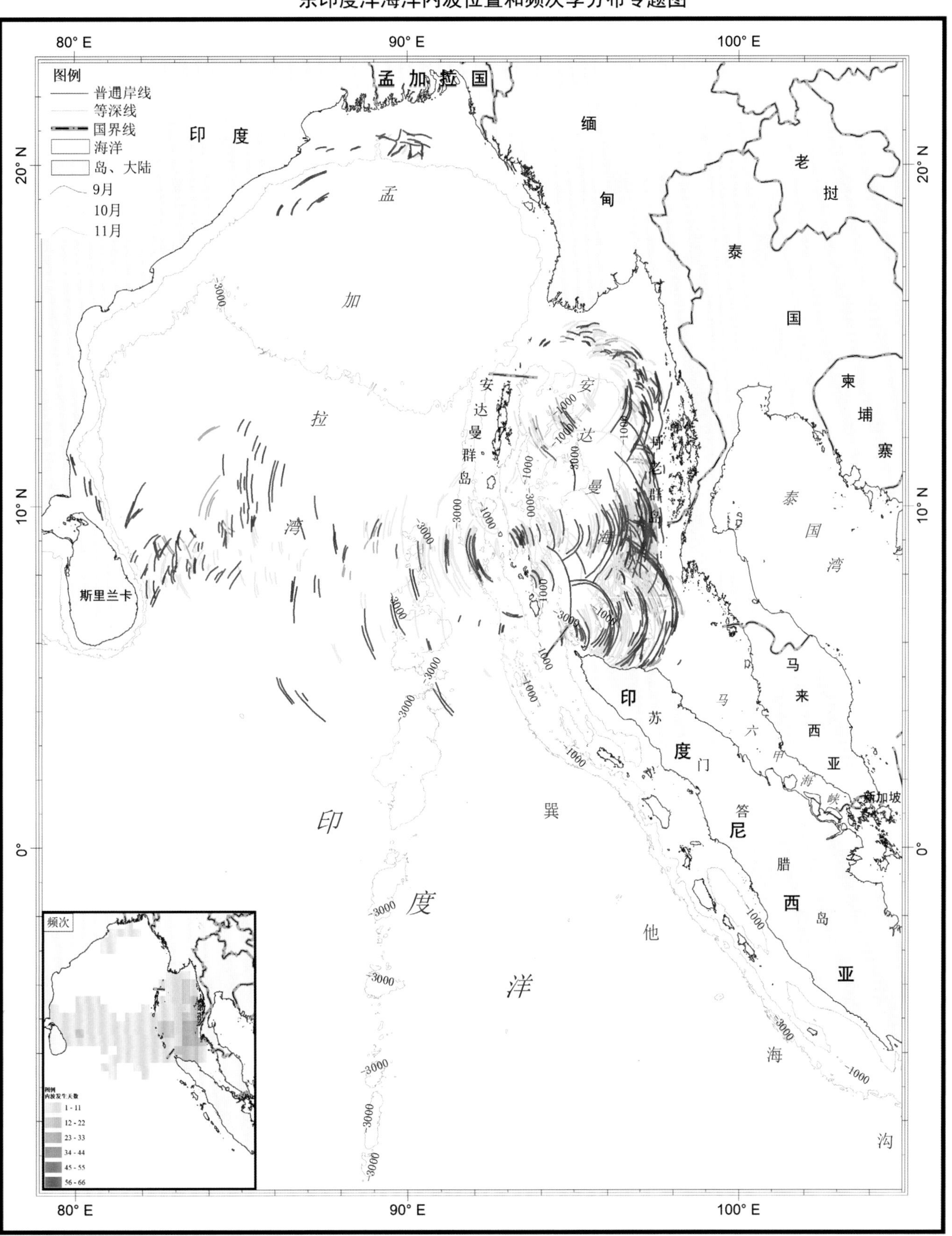

调查数据源：MODIS、SAR数据　　比例尺：1:14 000 000　　高程基准：1985国家高程基准

数据空间分辨率：250m　　坐标系：CGCS2000　　制图单位：自然资源部第一海洋研究所

数据时间：2017年秋季　　投影信息：墨卡托投影　　制图时间：2022年1月

东印度洋海洋内波位置和频次季分布专题图

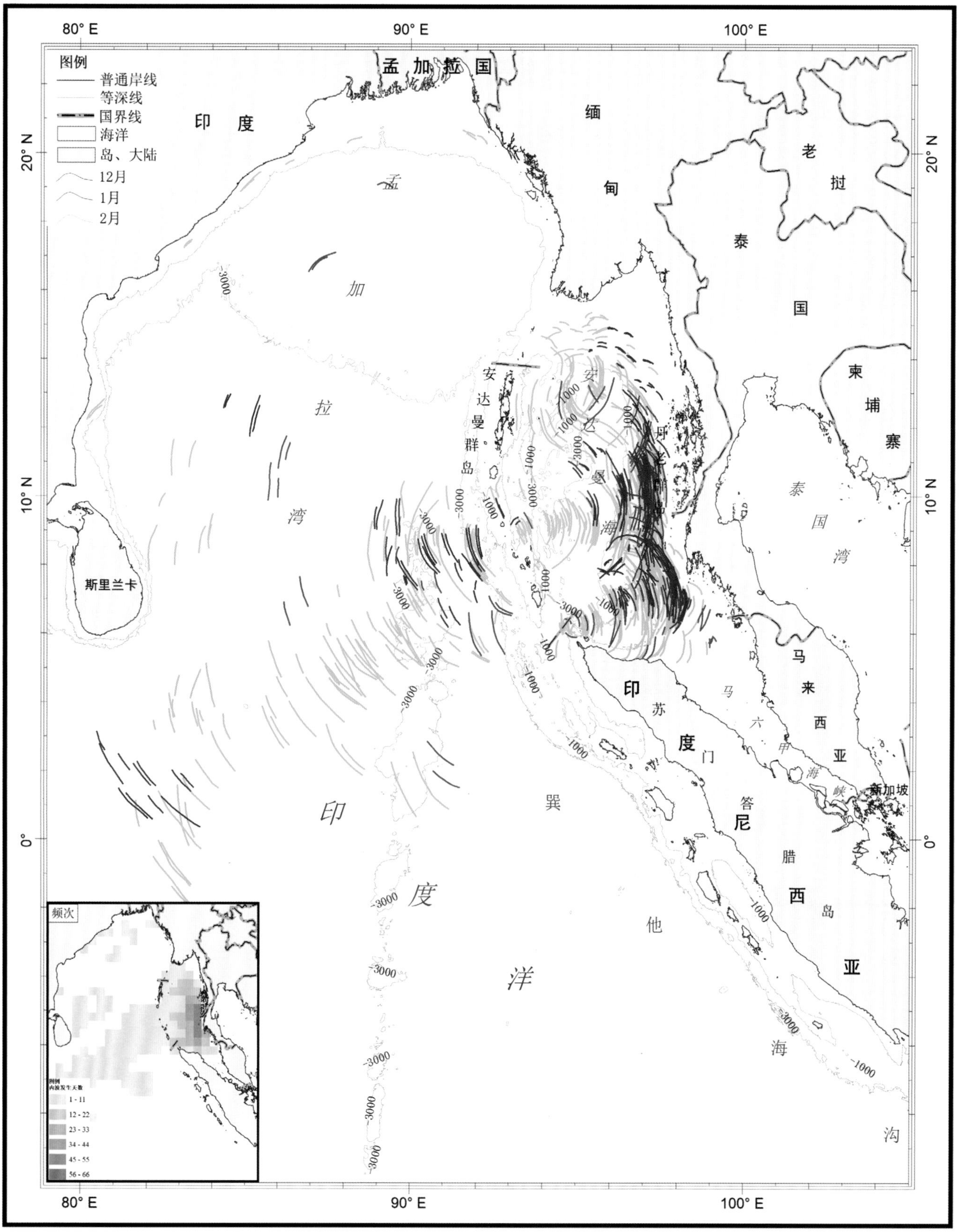

调查数据源：MODIS、SAR数据　　比例尺：1:14 000 000　　高程基准：1985国家高程基准

数据空间分辨率：250m　　坐标系：CGCS2000　　制图单位：自然资源部第一海洋研究所

数据时间：2017年冬季　　投影信息：墨卡托投影　　制图时间：2022年1月

东印度洋海洋内波位置和频次半年分布专题图

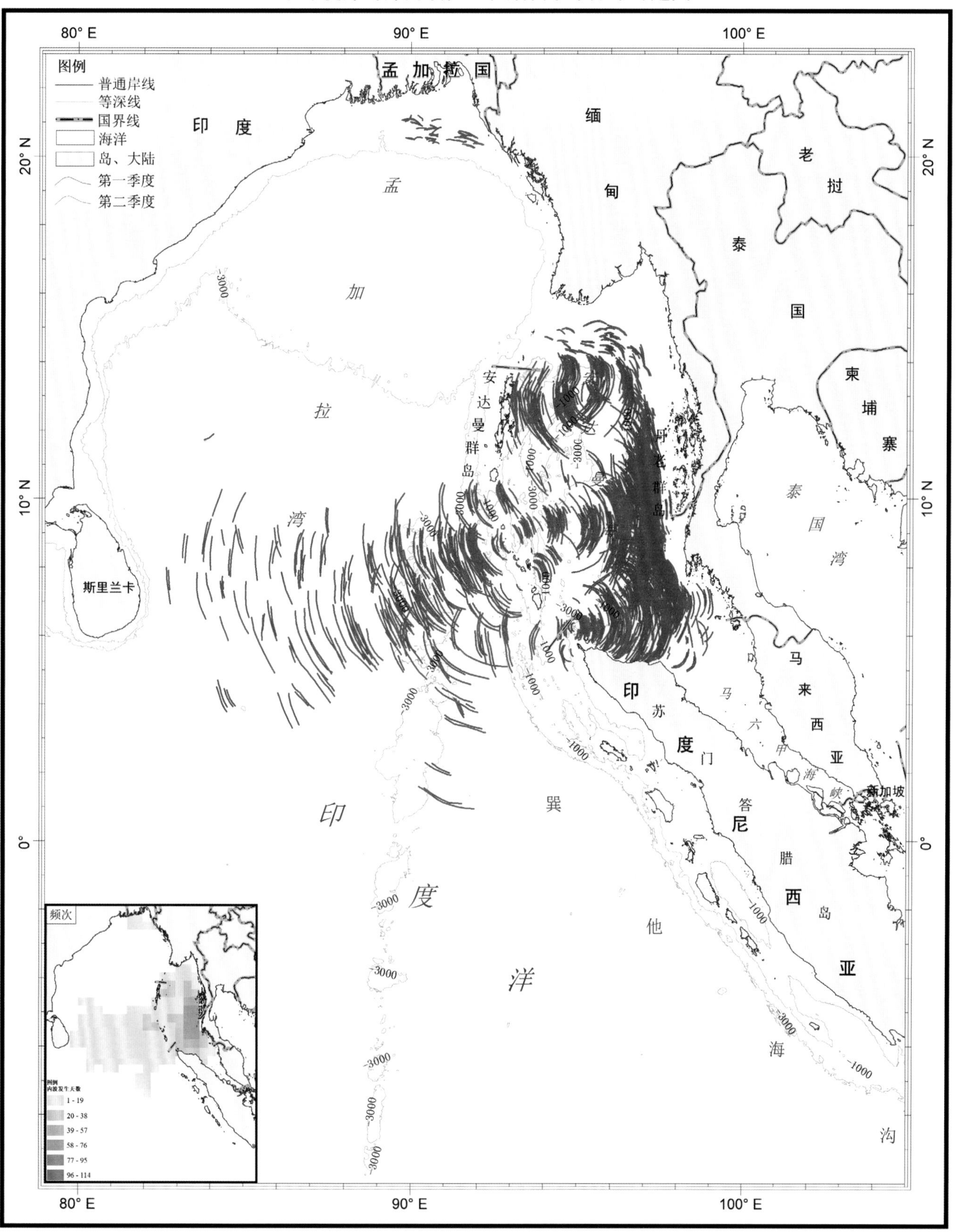

调查数据源：MODIS、SAR数据　　比例尺：1:14 000 000　　高程基准：1985国家高程基准

数据空间分辨率：250m　　坐标系：CGCS2000　　制图单位：自然资源部第一海洋研究所

数据时间：2017年上半年　　投影信息：墨卡托投影　　制图时间：2022年1月

东印度洋海洋内波位置和频次半年分布专题图

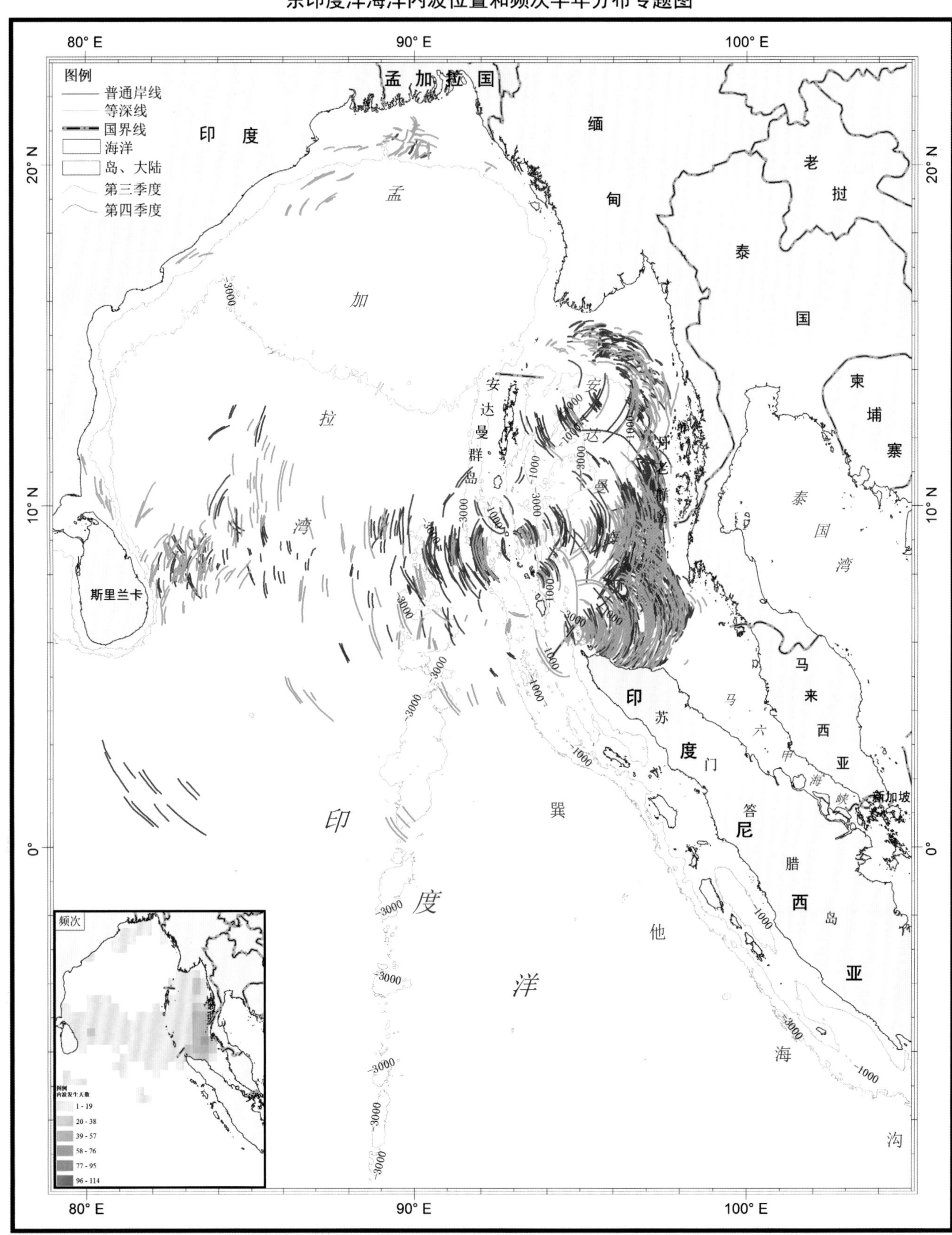

调查数据源：MODIS、SAR数据
数据空间分辨率：250m
数据时间：2017年下半年

比例尺：1:14 000 000
坐标系：CGCS2000
投影信息：墨卡托投影

高程基准：1985国家高程基准
制图单位：自然资源部第一海洋研究所
制图时间：2022年1月

东印度洋海洋内波位置和频次年分布专题图

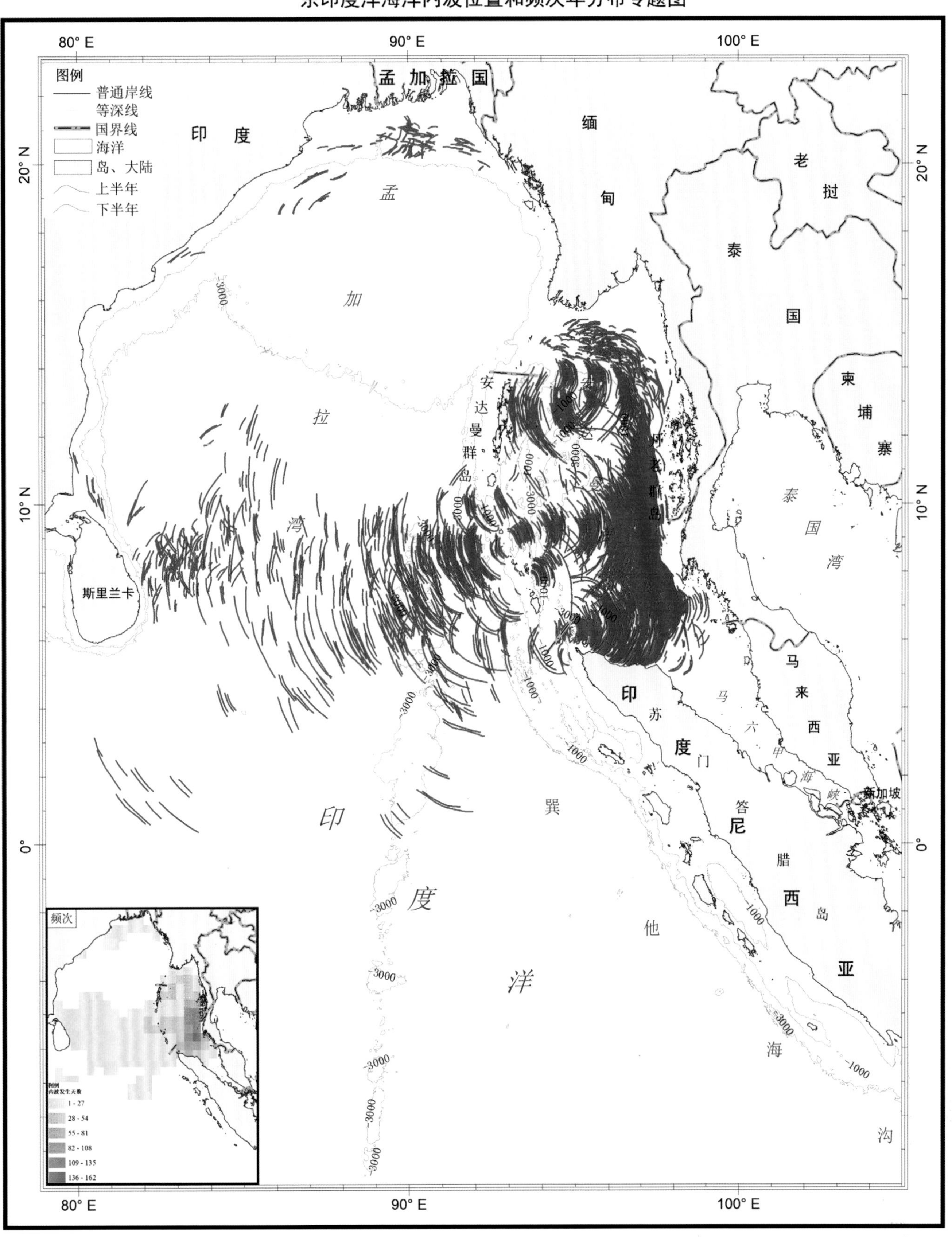

调查数据源：MODIS、SAR数据
数据空间分辨率：250m
数据时间：2017年全年

比例尺：1:14 000 000
坐标系：CGCS2000
投影信息：墨卡托投影

高程基准：1985国家高程基准
制图单位：自然资源部第一海洋研究所
制图时间：2022年1月

7.9 东印度洋内孤立波 2018 年分布图

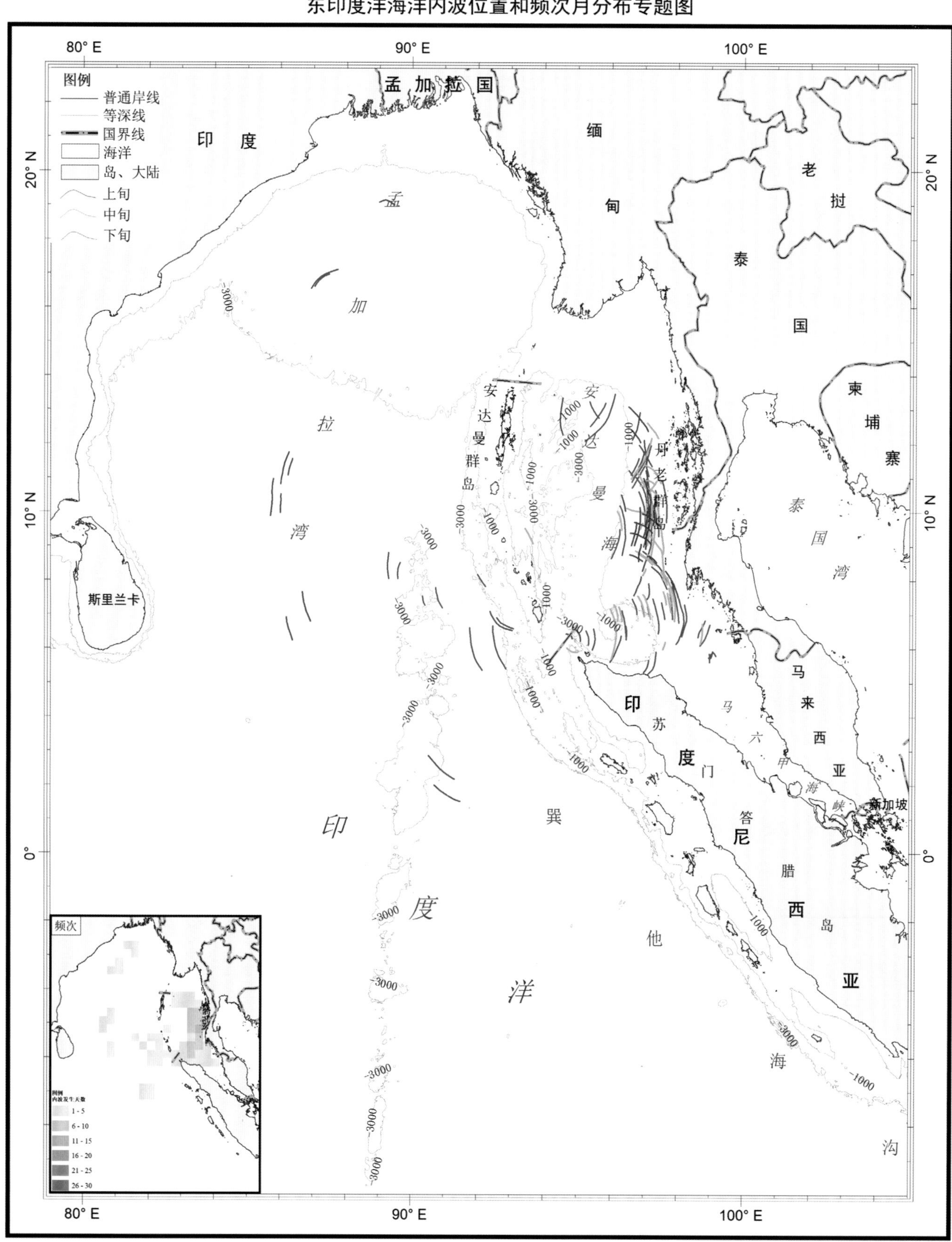

调查数据源：MODIS、SAR数据
数据空间分辨率：250m
数据时间：2018年1月

比例尺：1:14 000 000
坐标系：CGCS2000
投影信息：墨卡托投影

高程基准：1985国家高程基准
制图单位：自然资源部第一海洋研究所
制图时间：2022年1月

东印度洋海洋内波位置和频次月分布专题图

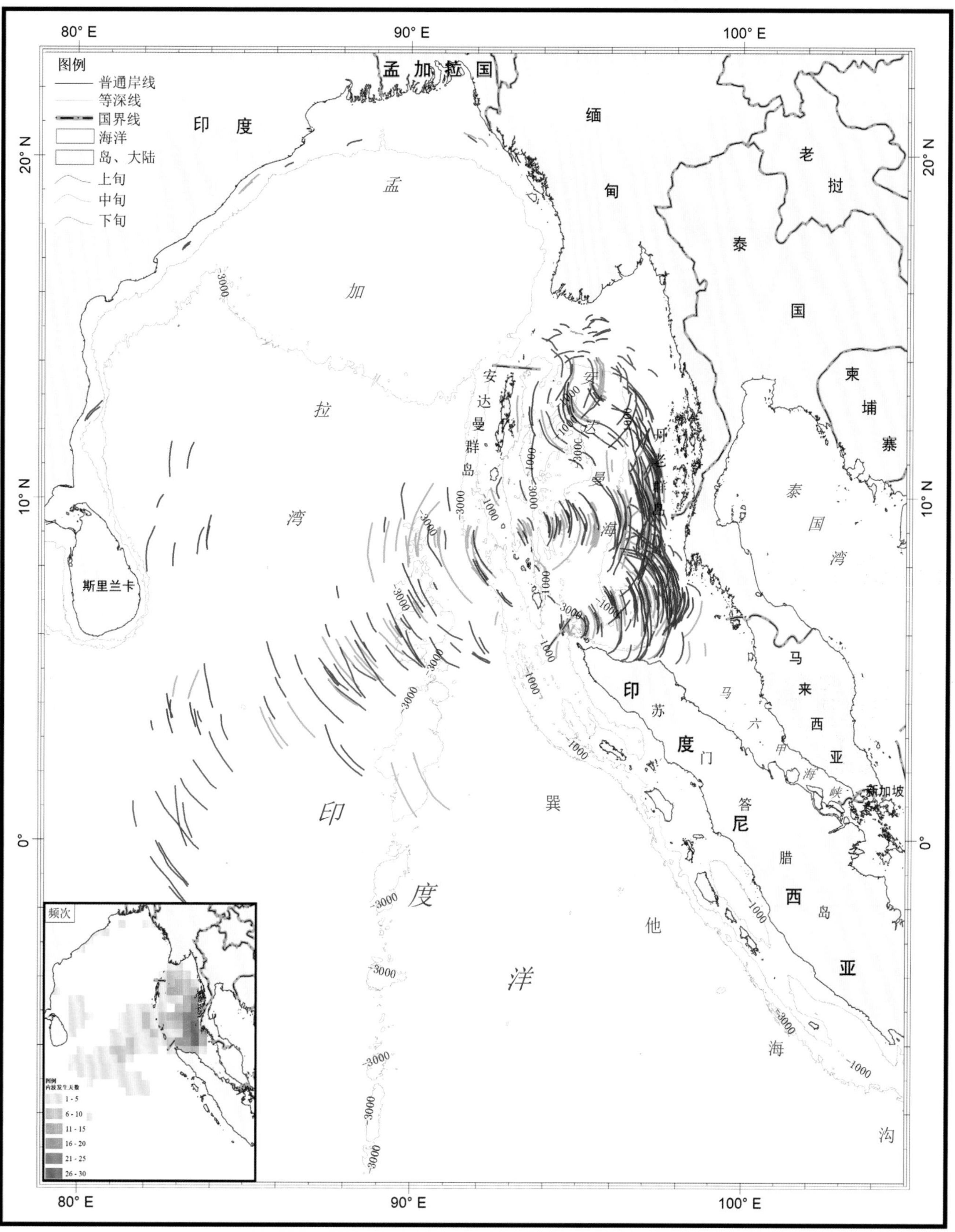

调查数据源：MODIS、SAR数据
数据空间分辨率：250m
数据时间：2018年2月

比例尺：1:14 000 000
坐标系：CGCS2000
投影信息：墨卡托投影

高程基准：1985国家高程基准
制图单位：自然资源部第一海洋研究所
制图时间：2022年1月

东印度洋海洋内波位置和频次月分布专题图

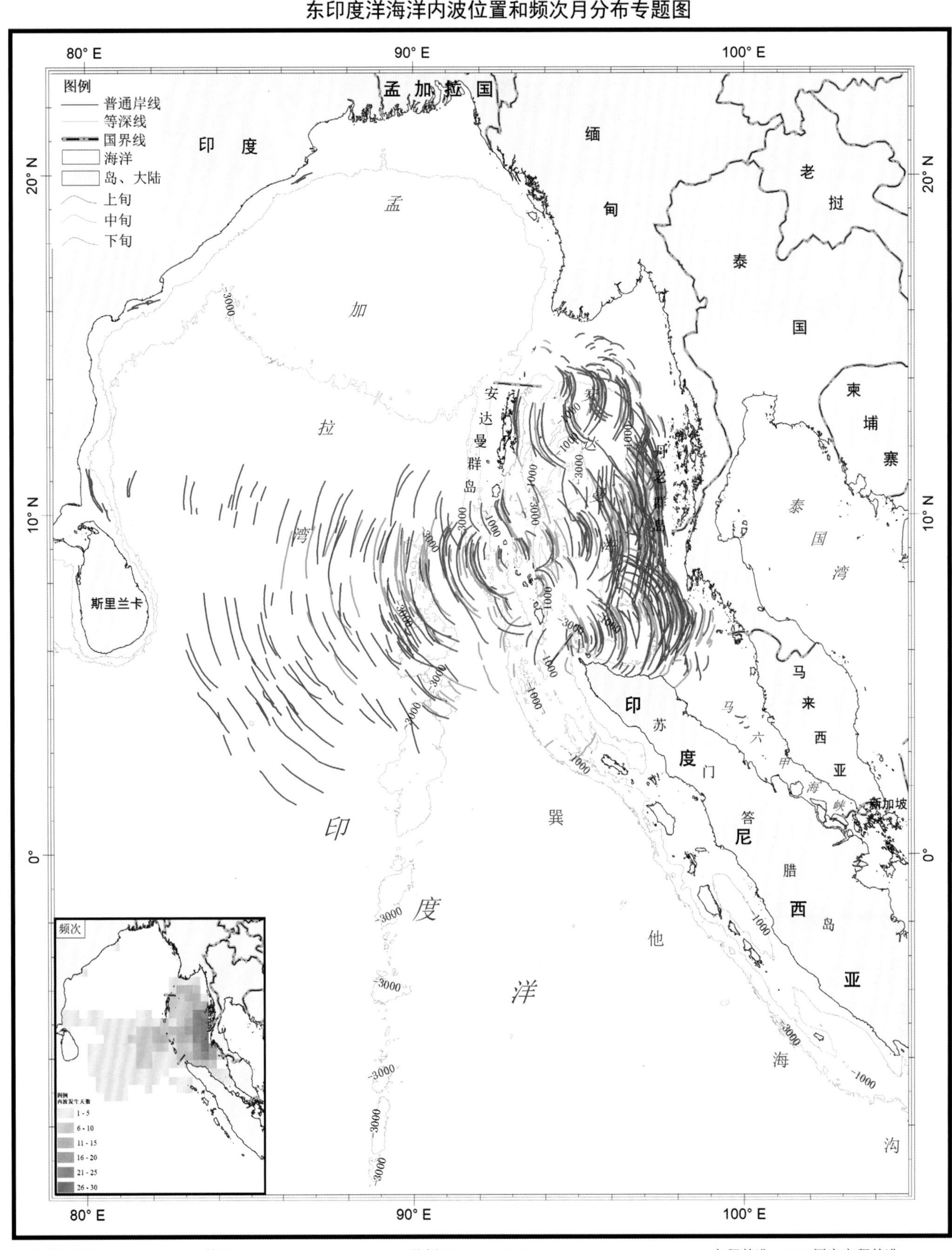

调查数据源：MODIS、SAR数据
数据空间分辨率：250m
数据时间：2018年3月

比例尺：1:14 000 000
坐标系：CGCS2000
投影信息：墨卡托投影

高程基准：1985国家高程基准
制图单位：自然资源部第一海洋研究所
制图时间：2022年1月

东印度洋海洋内波位置和频次月分布专题图

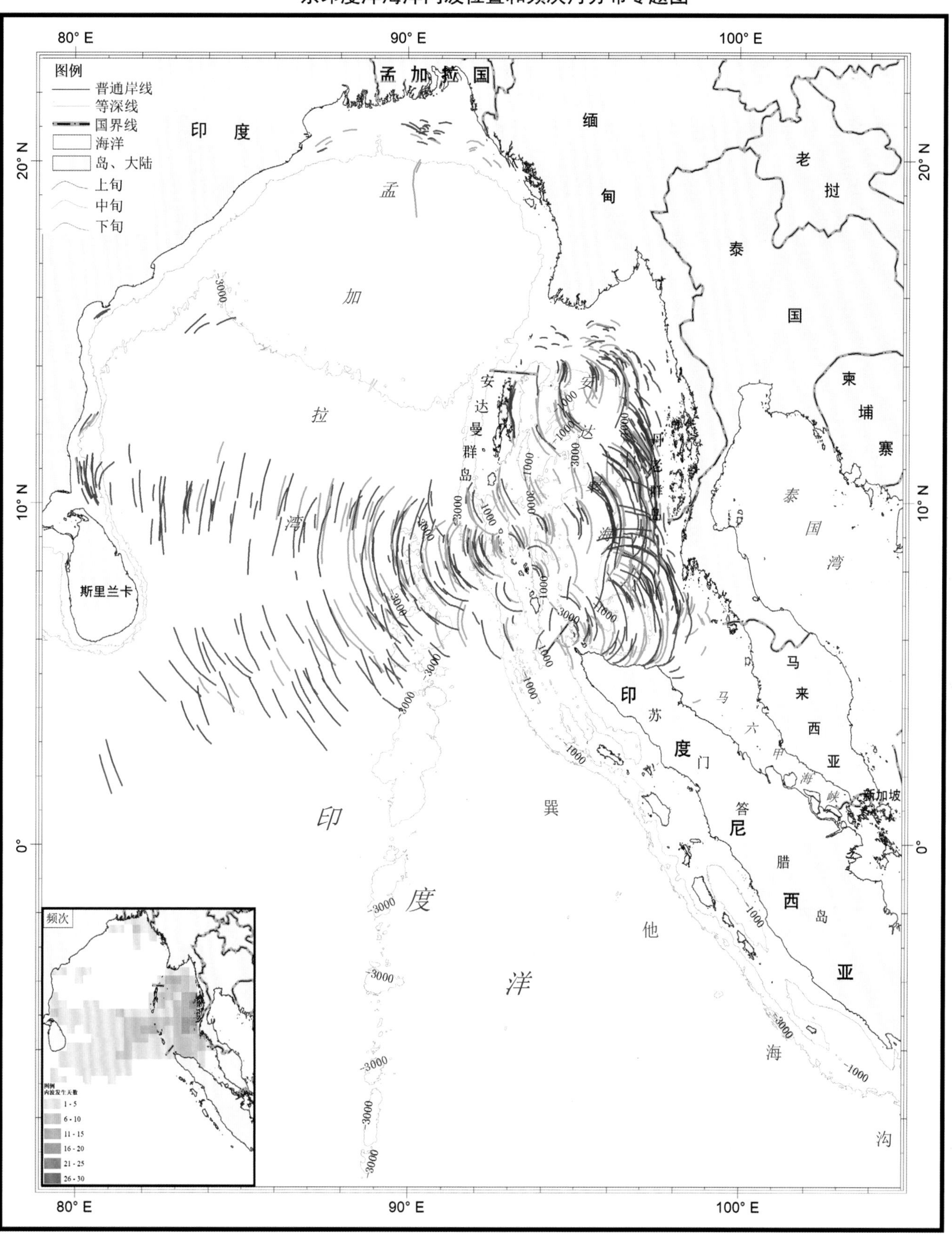

调查数据源：MODIS、SAR数据
数据空间分辨率：250m
数据时间：2018年4月

比例尺：1:14 000 000
坐标系：CGCS2000
投影信息：墨卡托投影

高程基准：1985国家高程基准
制图单位：自然资源部第一海洋研究所
制图时间：2022年1月

东印度洋海洋内波位置和频次月分布专题图

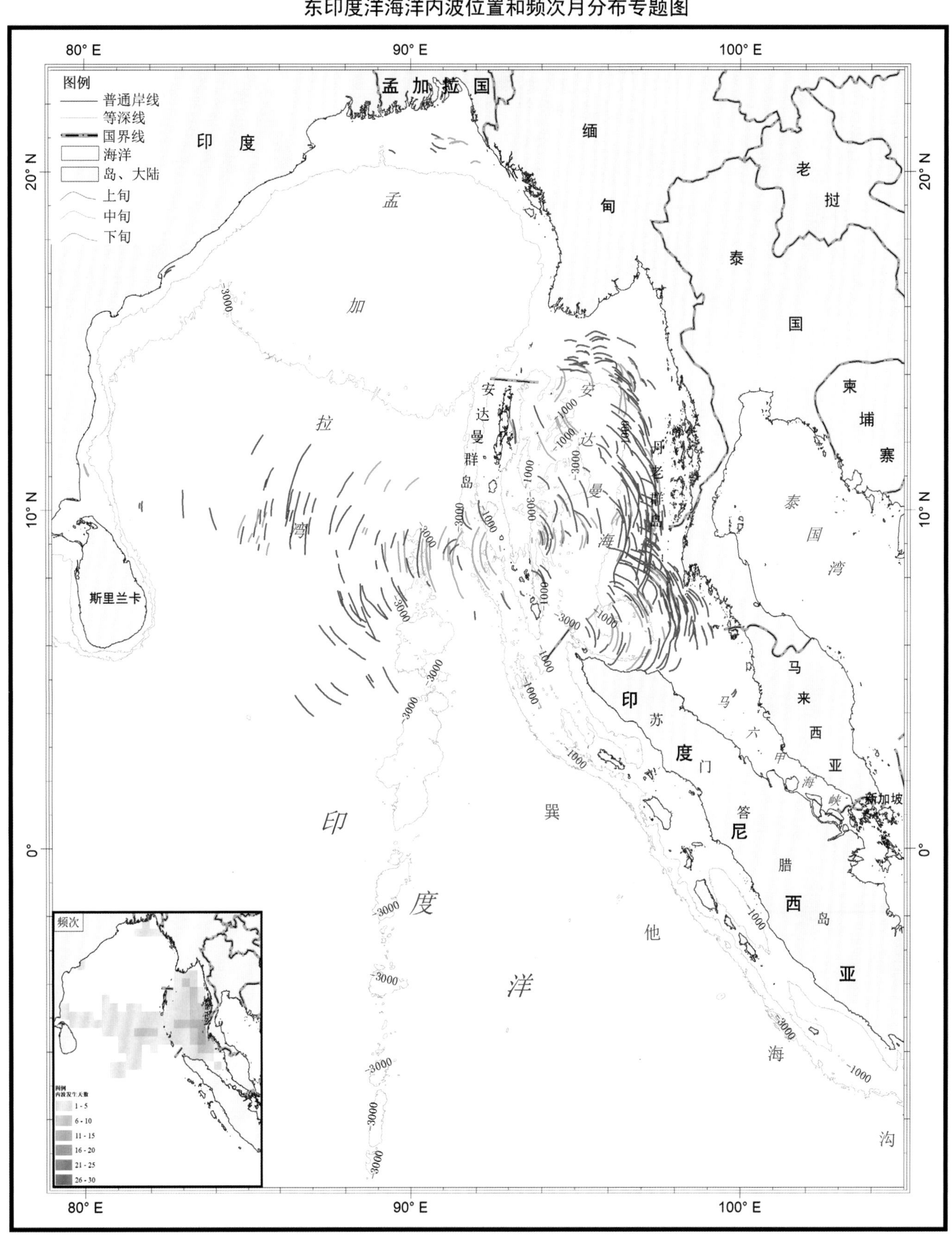

调查数据源：MODIS、SAR数据
数据空间分辨率：250m
数据时间：2018年5月

比例尺：1:14 000 000
坐标系：CGCS2000
投影信息：墨卡托投影

高程基准：1985国家高程基准
制图单位：自然资源部第一海洋研究所
制图时间：2022年1月

东印度洋海洋内波位置和频次月分布专题图

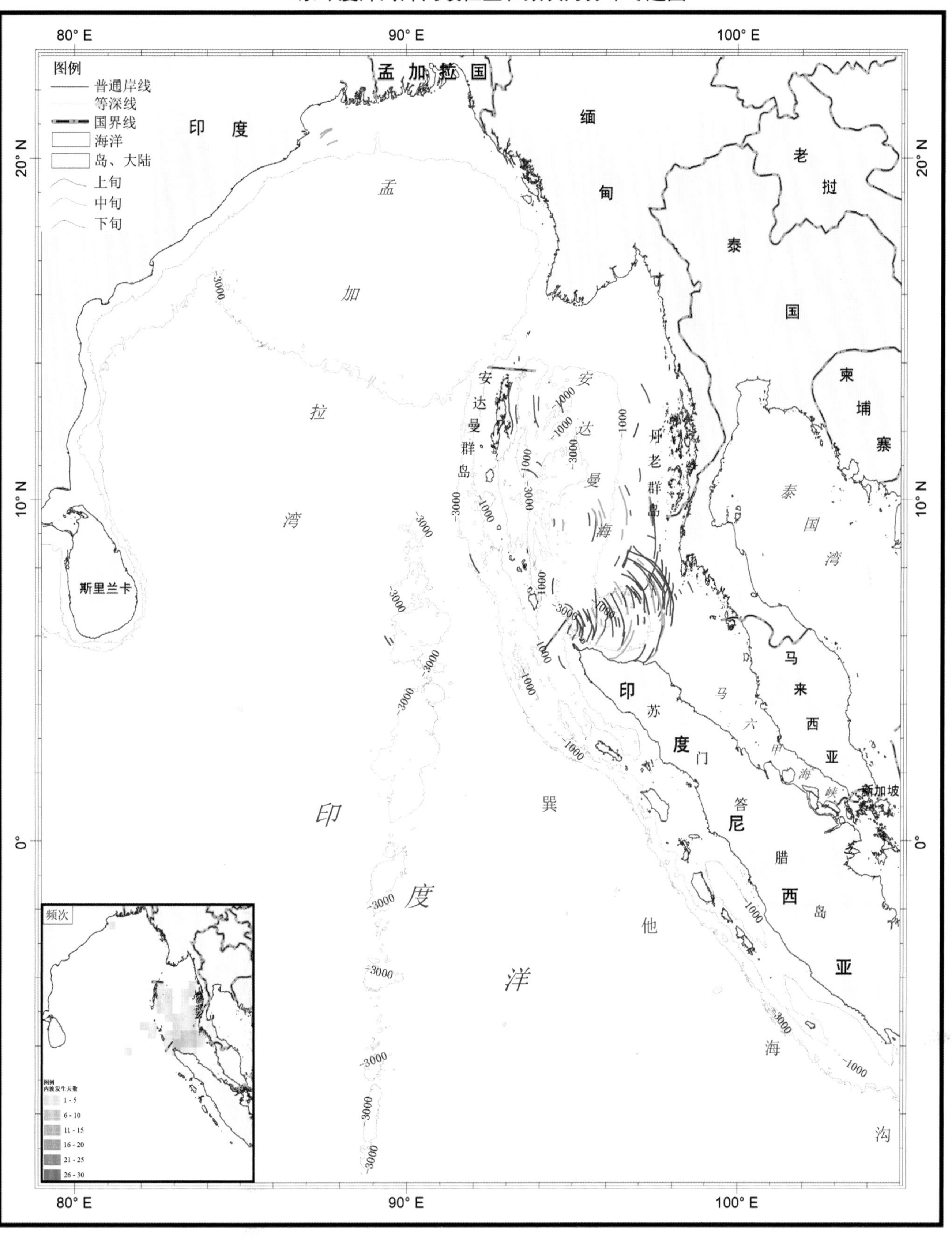

调查数据源：MODIS、SAR数据　　比例尺：1:14 000 000　　高程基准：1985国家高程基准

数据空间分辨率：250m　　坐标系：CGCS2000　　制图单位：自然资源部第一海洋研究所

数据时间：2018年6月　　投影信息：墨卡托投影　　制图时间：2022年1月

东印度洋海洋内波位置和频次月分布专题图

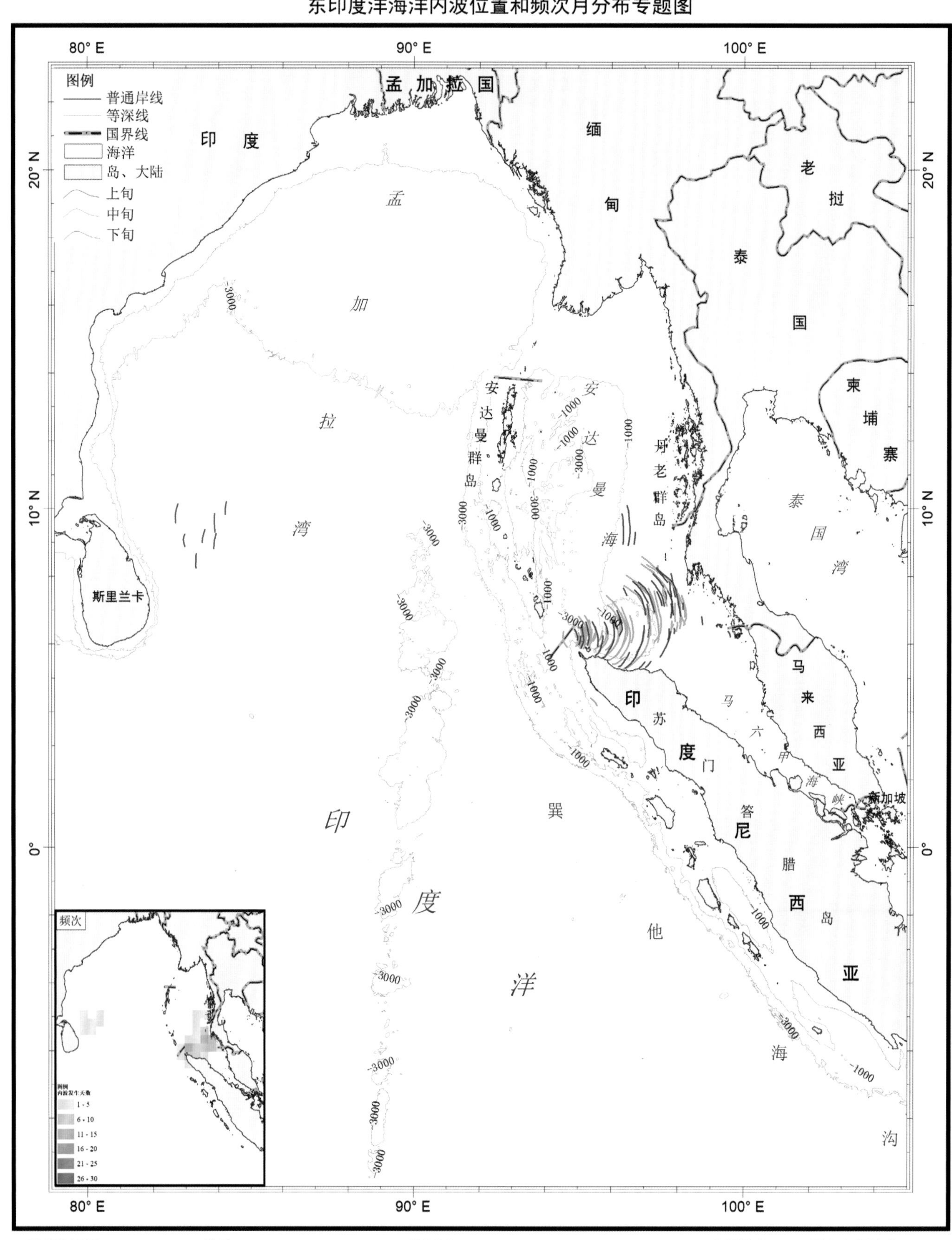

调查数据源：MODIS、SAR数据
数据空间分辨率：250m
数据时间：2018年7月

比例尺：1:14 000 000
坐标系：CGCS2000
投影信息：墨卡托投影

高程基准：1985国家高程基准
制图单位：自然资源部第一海洋研究所
制图时间：2022年1月

东印度洋海洋内波位置和频次月分布专题图

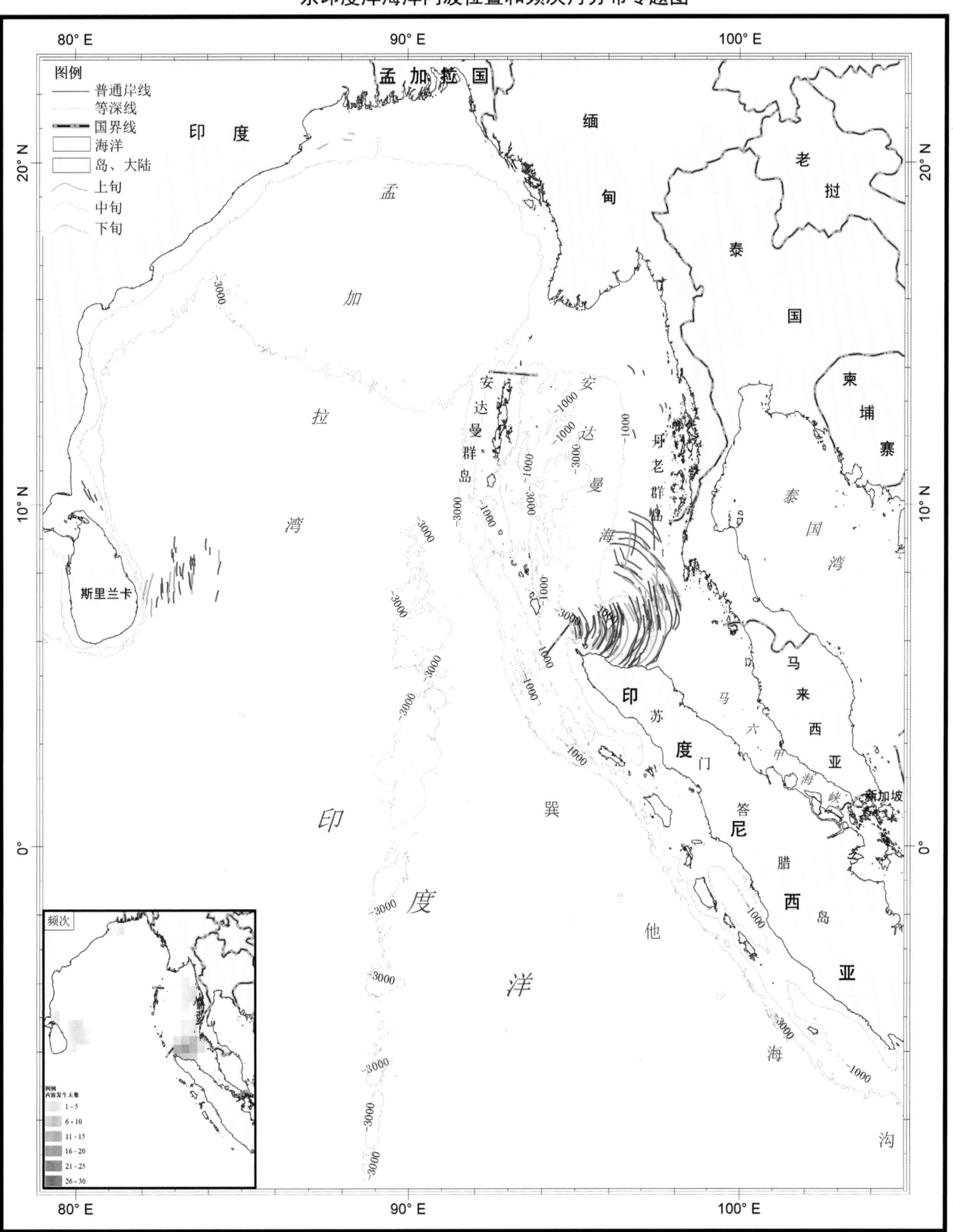

调查数据源：MODIS、SAR数据　　比例尺：1:14 000 000　　高程基准：1985国家高程基准
数据空间分辨率：250m　　坐标系：CGCS2000　　制图单位：自然资源部第一海洋研究所
数据时间：2018年8月　　投影信息：墨卡托投影　　制图时间：2022年1月

东印度洋海洋内波位置和频次月分布专题图

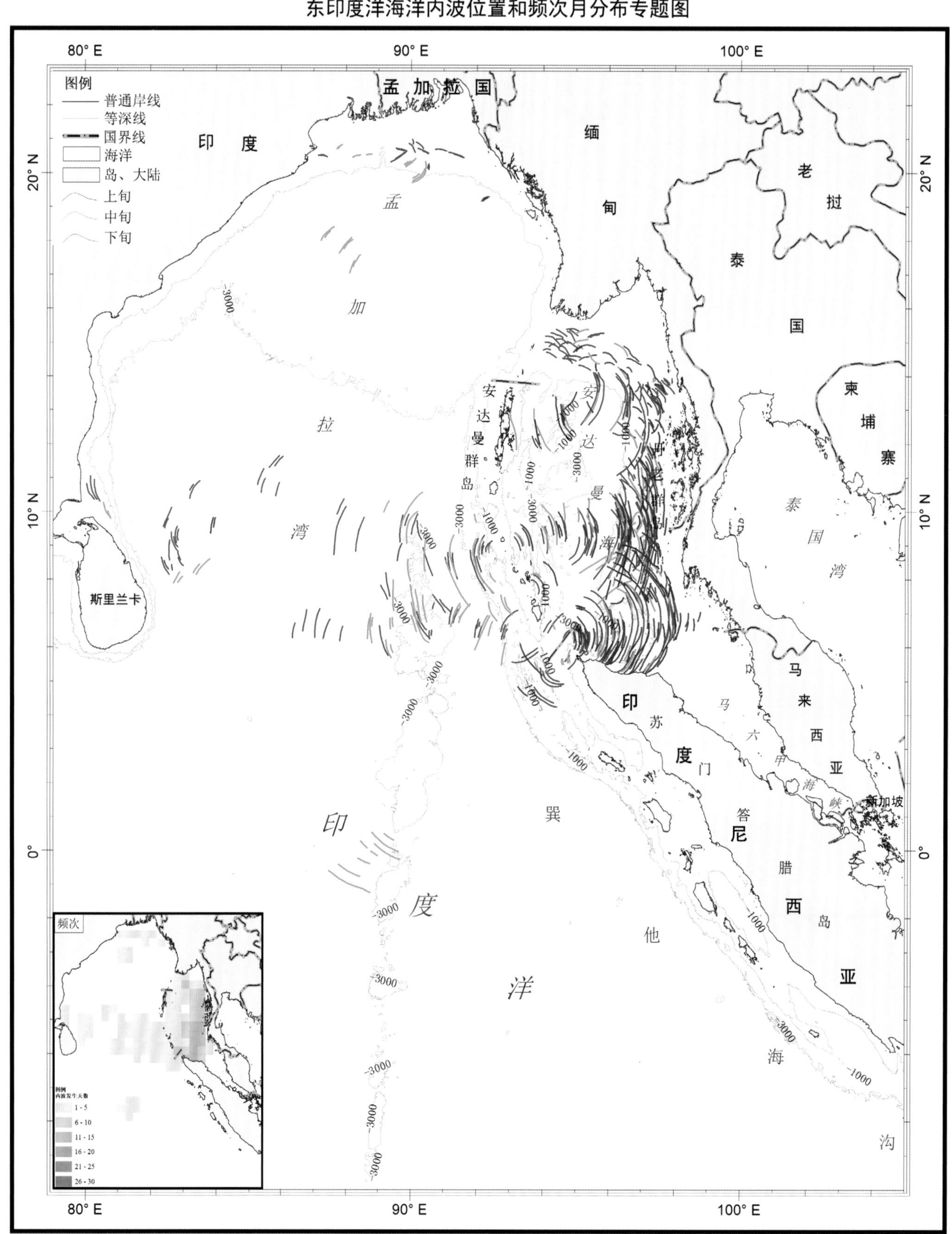

调查数据源：MODIS、SAR数据
数据空间分辨率：250m
数据时间：2018年9月

比例尺：1:14 000 000
坐标系：CGCS2000
投影信息：墨卡托投影

高程基准：1985国家高程基准
制图单位：自然资源部第一海洋研究所
制图时间：2022年1月

东印度洋海洋内波位置和频次月分布专题图

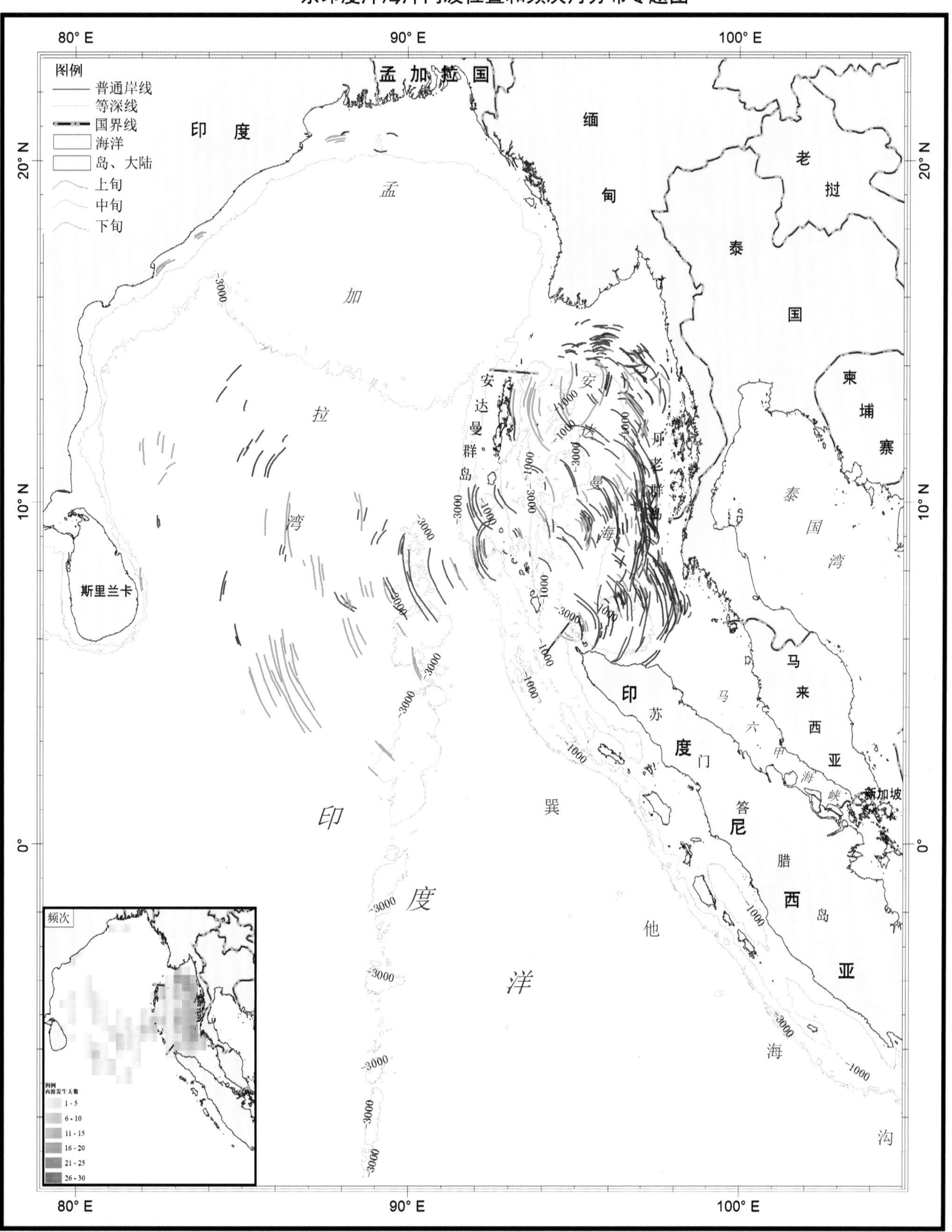

调查数据源：MODIS、SAR数据　　比例尺：1:14 000 000　　高程基准：1985国家高程基准

数据空间分辨率：250m　　坐标系：CGCS2000　　制图单位：自然资源部第一海洋研究所

数据时间：2018年10月　　投影信息：墨卡托投影　　制图时间：2022年1月

东印度洋海洋内波位置和频次月分布专题图

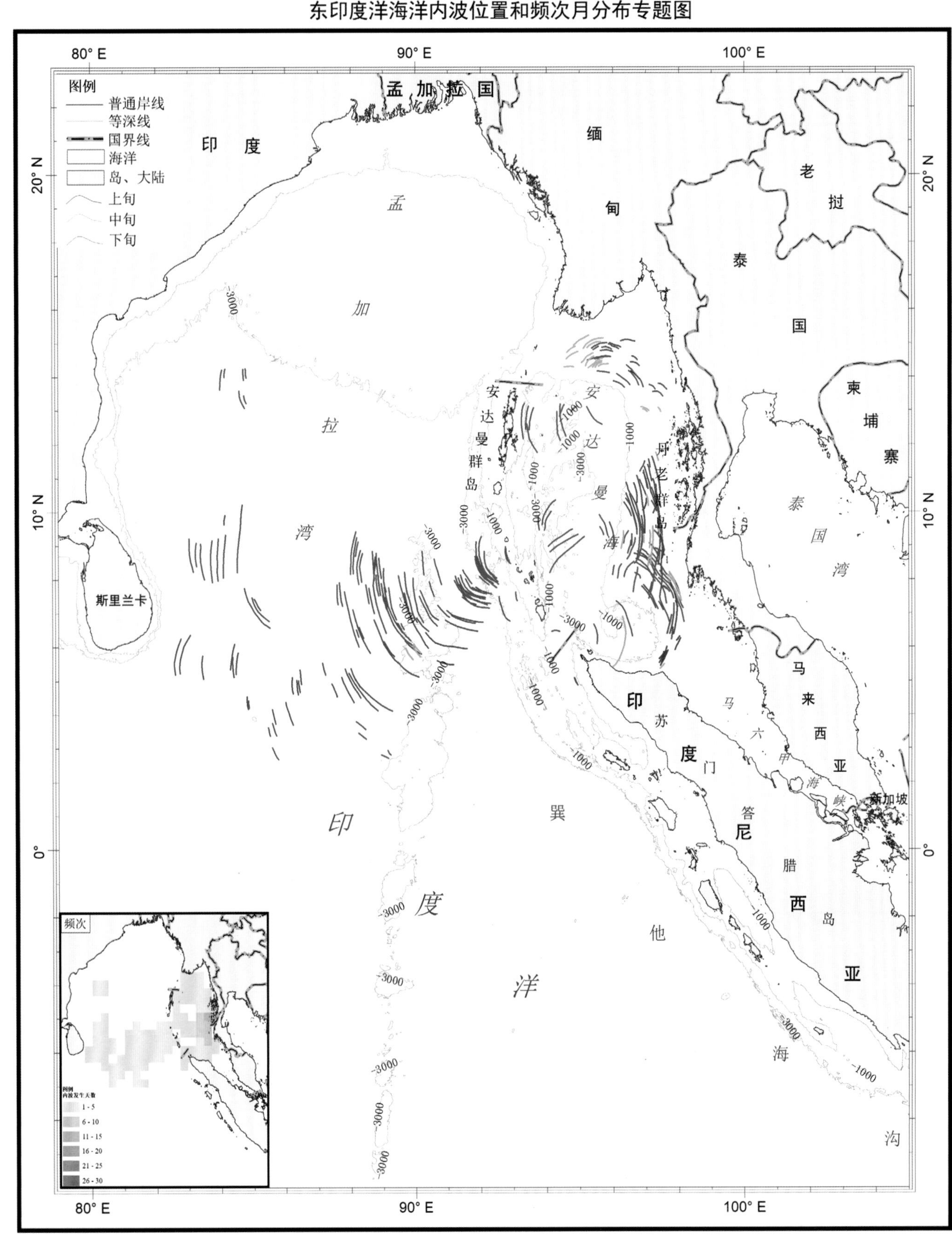

调查数据源：MODIS、SAR数据
数据空间分辨率：250m
数据时间：2018年11月

比例尺：1:14 000 000
坐标系：CGCS2000
投影信息：墨卡托投影

高程基准：1985国家高程基准
制图单位：自然资源部第一海洋研究所
制图时间：2022年1月

东印度洋海洋内波位置和频次月分布专题图

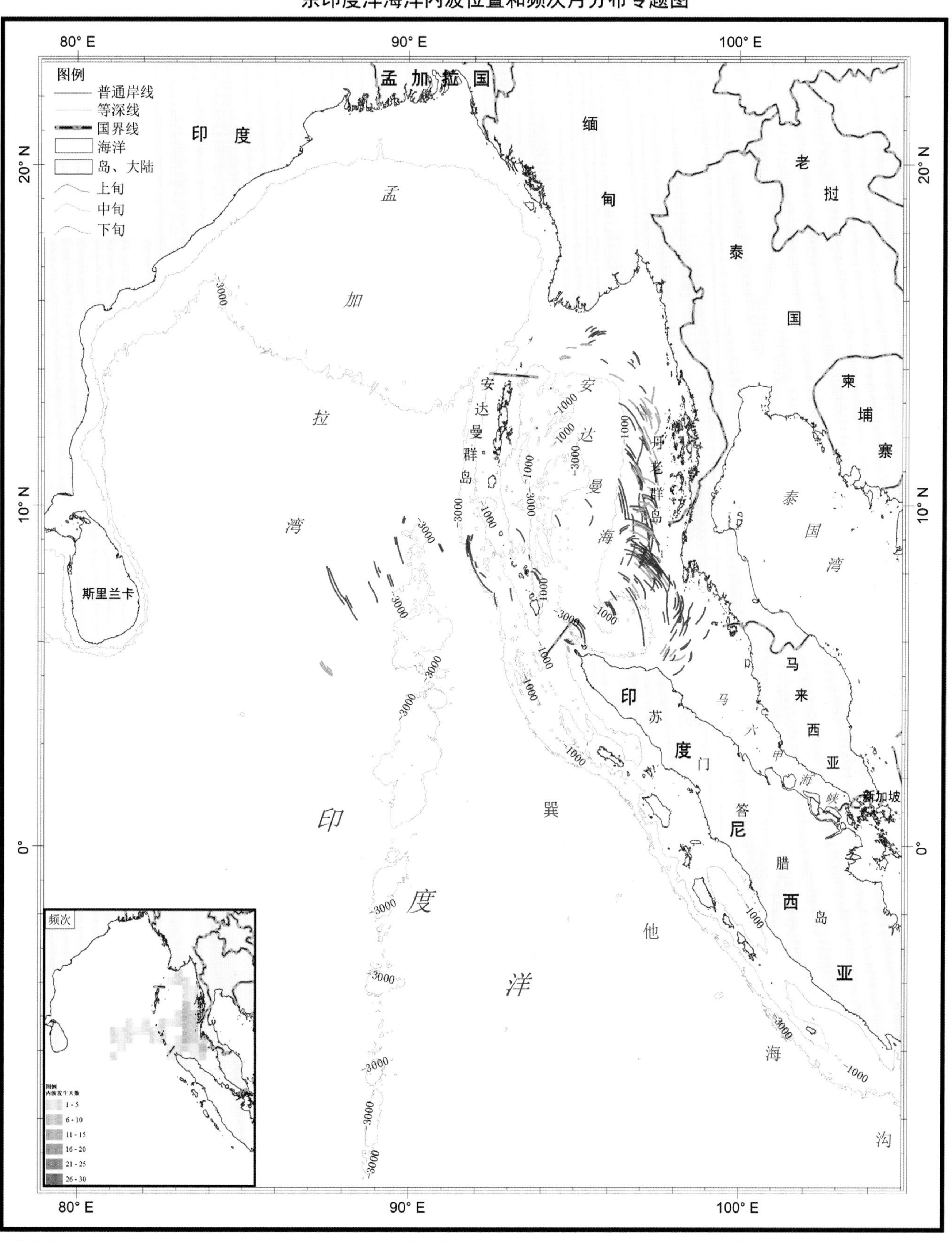

调查数据源：MODIS、SAR数据
数据空间分辨率：250m
数据时间：2018年12月

比例尺：1:14 000 000
坐标系：CGCS2000
投影信息：墨卡托投影

高程基准：1985国家高程基准
制图单位：自然资源部第一海洋研究所
制图时间：2022年1月

东印度洋海洋内波位置和频次季分布专题图

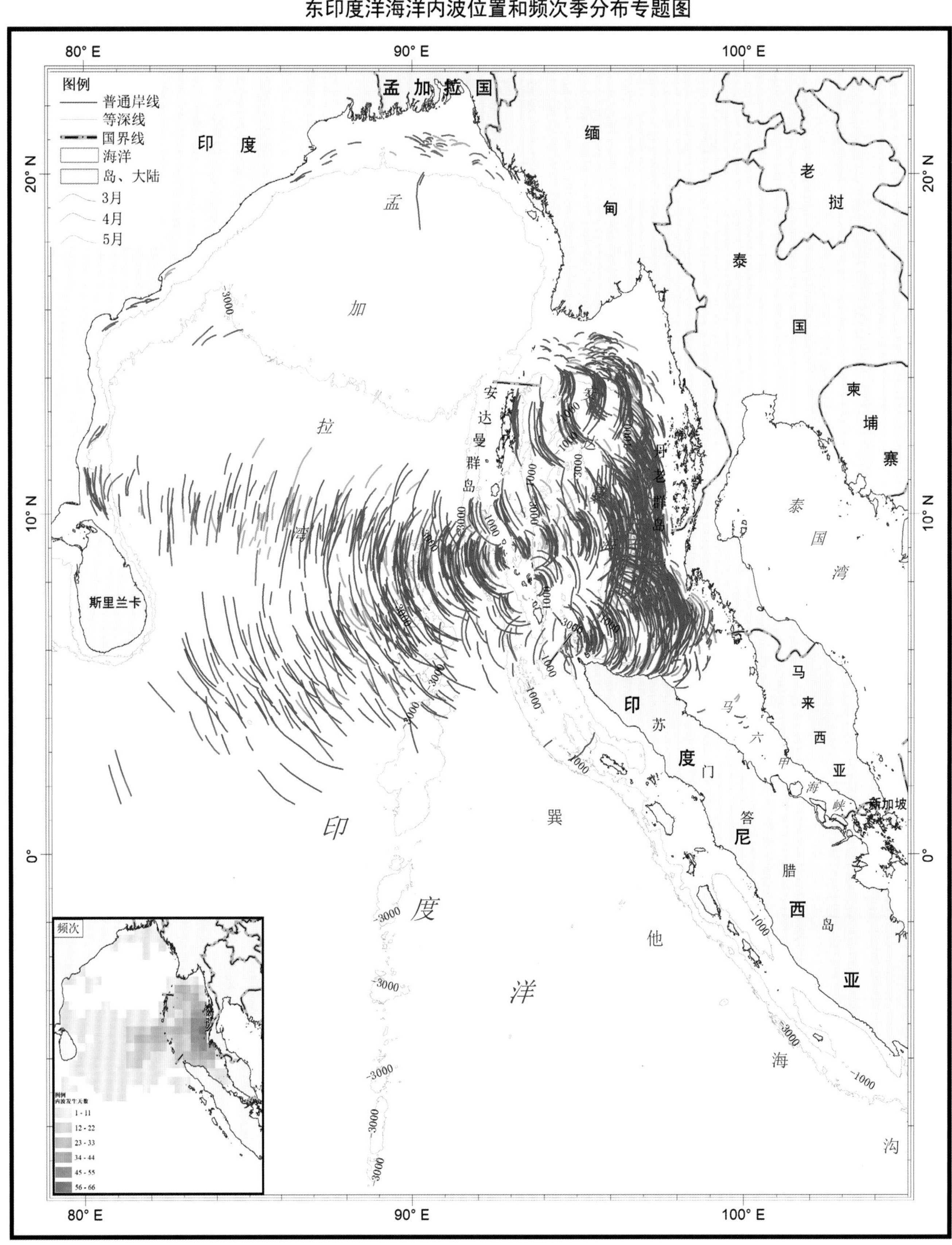

调查数据源：MODIS、SAR数据
数据空间分辨率：250m
数据时间：2018年春季

比例尺：1:14 000 000
坐标系：CGCS2000
投影信息：墨卡托投影

高程基准：1985国家高程基准
制图单位：自然资源部第一海洋研究所
制图时间：2022年1月

东印度洋海洋内波位置和频次季分布专题图

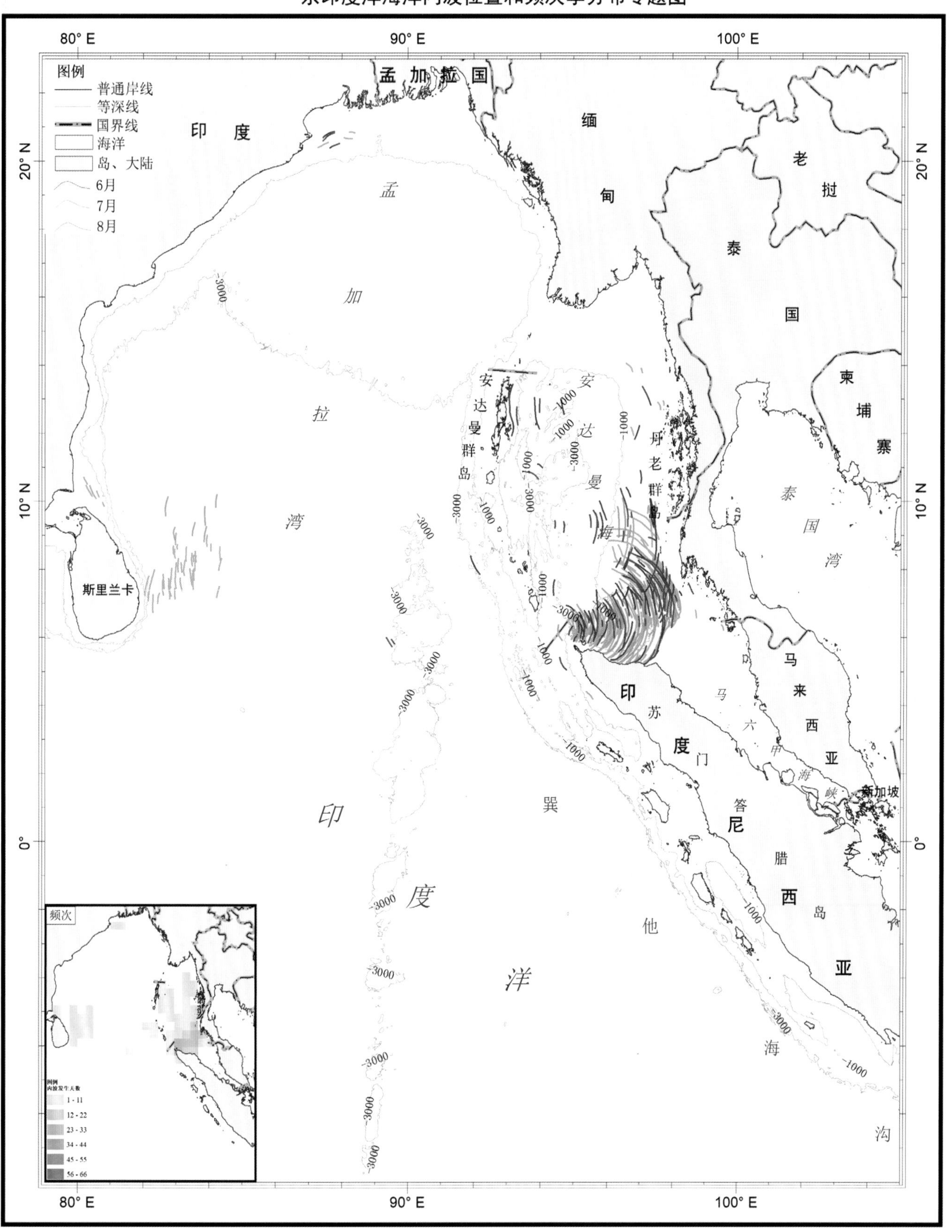

调查数据源：MODIS、SAR数据
数据空间分辨率：250m
数据时间：2018年夏季

比例尺：1:14 000 000
坐标系：CGCS2000
投影信息：墨卡托投影

高程基准：1985国家高程基准
制图单位：自然资源部第一海洋研究所
制图时间：2022年1月

东印度洋海洋内波位置和频次季分布专题图

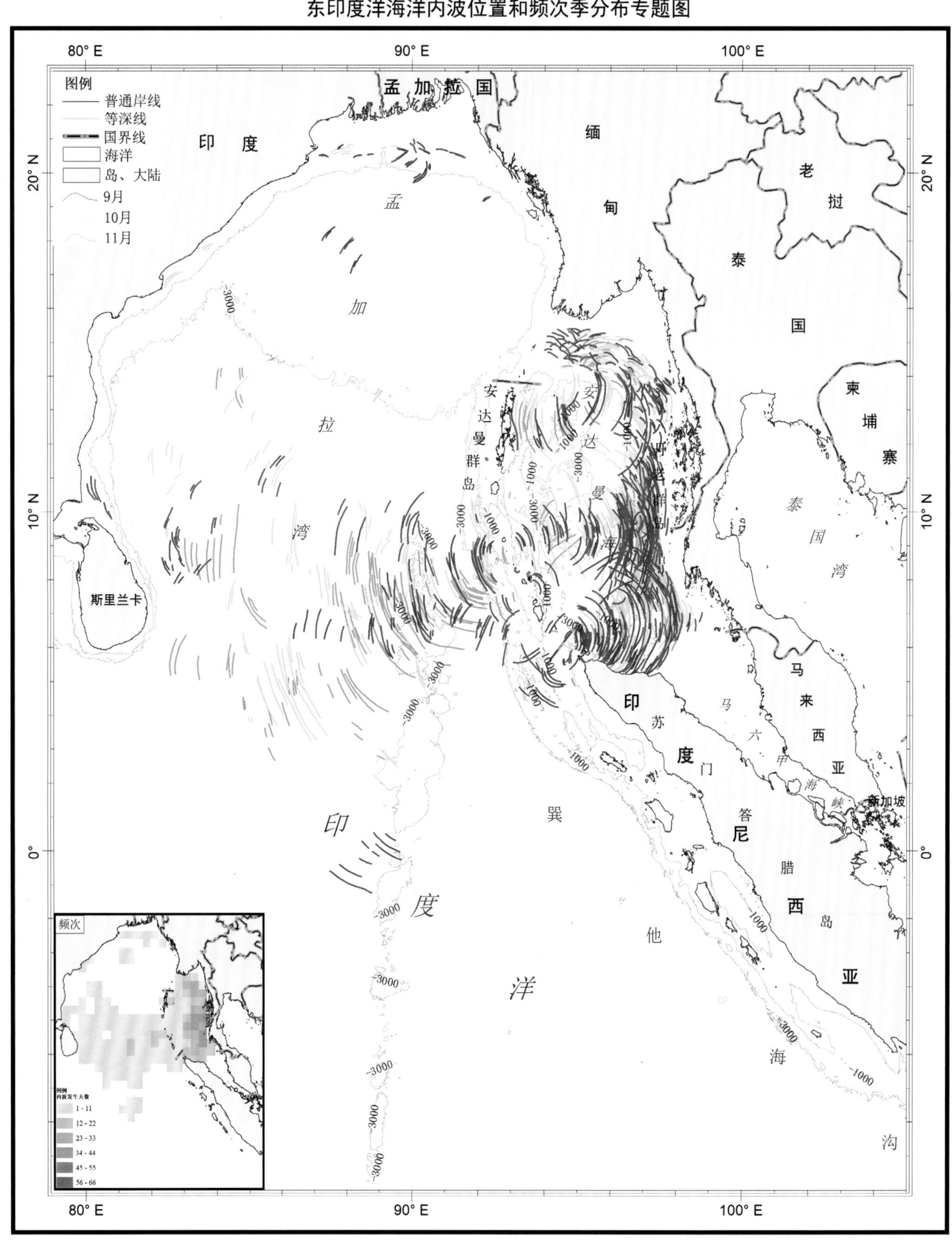

调查数据源：MODIS、SAR数据　　比例尺：1:14 000 000　　高程基准：1985国家高程基准

数据空间分辨率：250m　　坐标系：CGCS2000　　制图单位：自然资源部第一海洋研究所

数据时间：2018年秋季　　投影信息：墨卡托投影　　制图时间：2022年1月

东印度洋海洋内波位置和频次季分布专题图

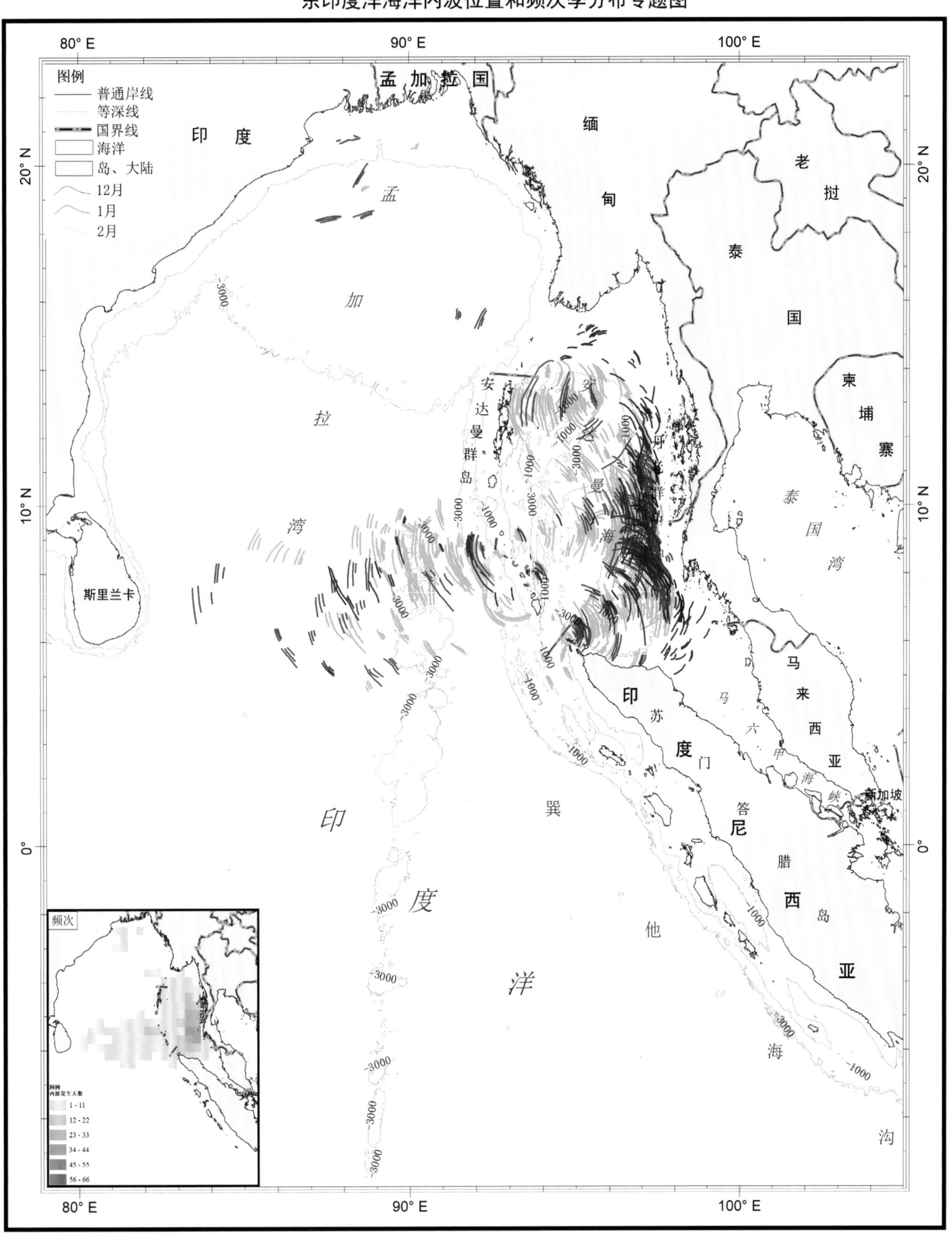

调查数据源：MODIS、SAR数据
数据空间分辨率：250m
数据时间：2018年冬季

比例尺：1:14 000 000
坐标系：CGCS2000
投影信息：墨卡托投影

高程基准：1985国家高程基准
制图单位：自然资源部第一海洋研究所
制图时间：2022年1月

东印度洋海洋内波位置和频次半年分布专题图

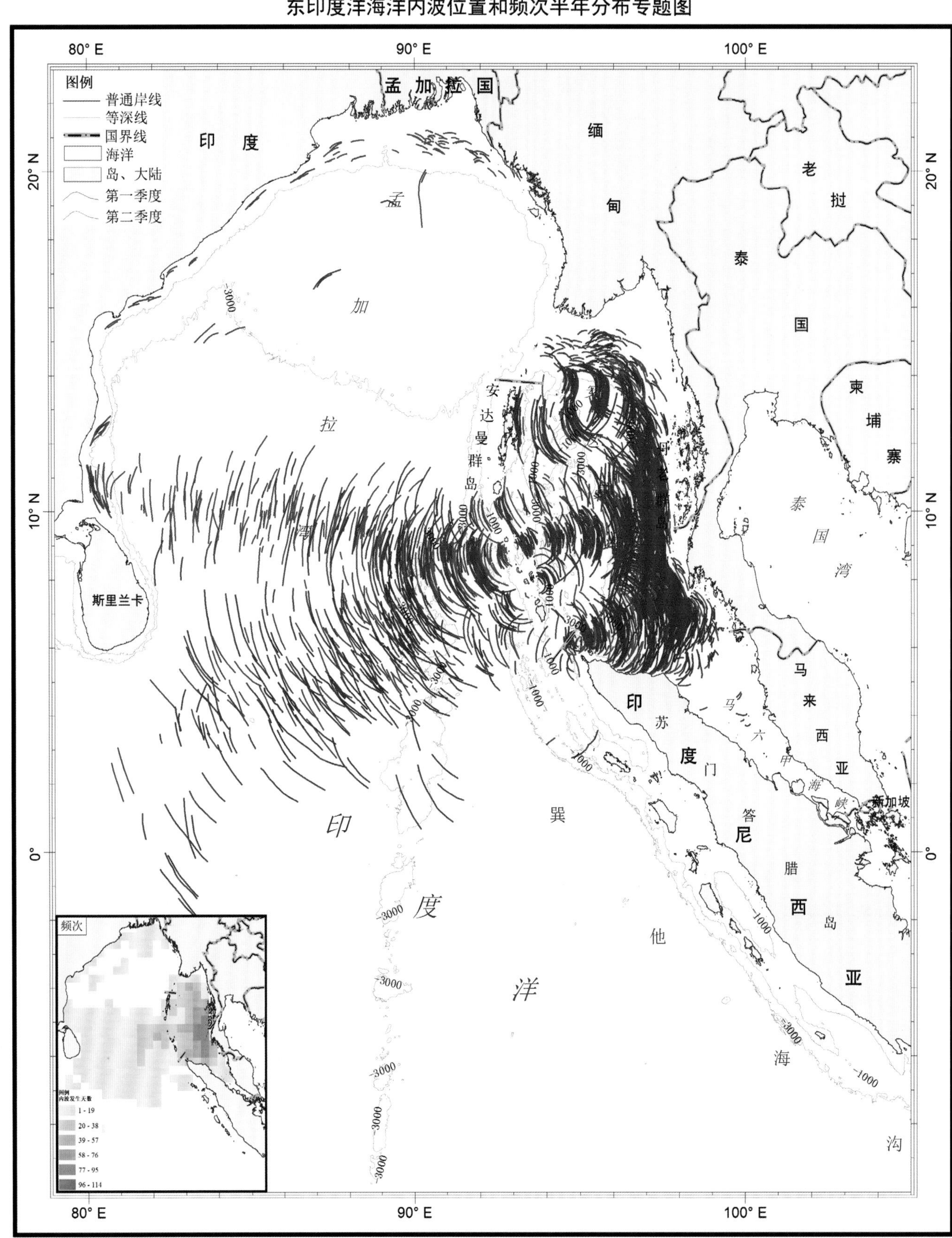

调查数据源：MODIS、SAR数据
数据空间分辨率：250m
数据时间：2018年上半年

比例尺：1:14 000 000
坐标系：CGCS2000
投影信息：墨卡托投影

高程基准：1985国家高程基准
制图单位：自然资源部第一海洋研究所
制图时间：2022年1月

东印度洋海洋内波位置和频次半年分布专题图

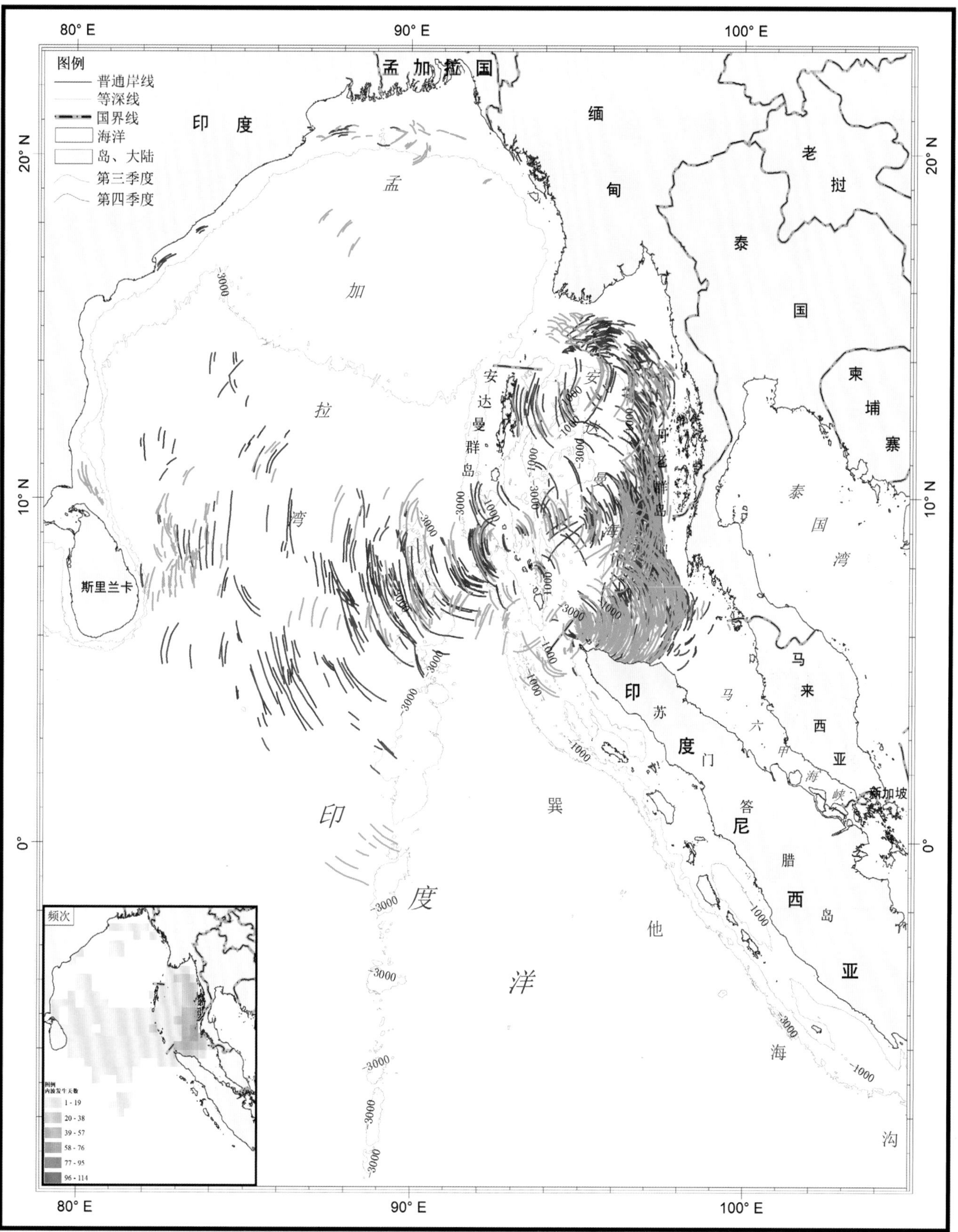

调查数据源：MODIS、SAR数据
数据空间分辨率：250m
数据时间：2018年下半年

比例尺：1:14 000 000
坐标系：CGCS2000
投影信息：墨卡托投影

高程基准：1985国家高程基准
制图单位：自然资源部第一海洋研究所
制图时间：2022年1月

东印度洋海洋内波位置和频次年分布专题图

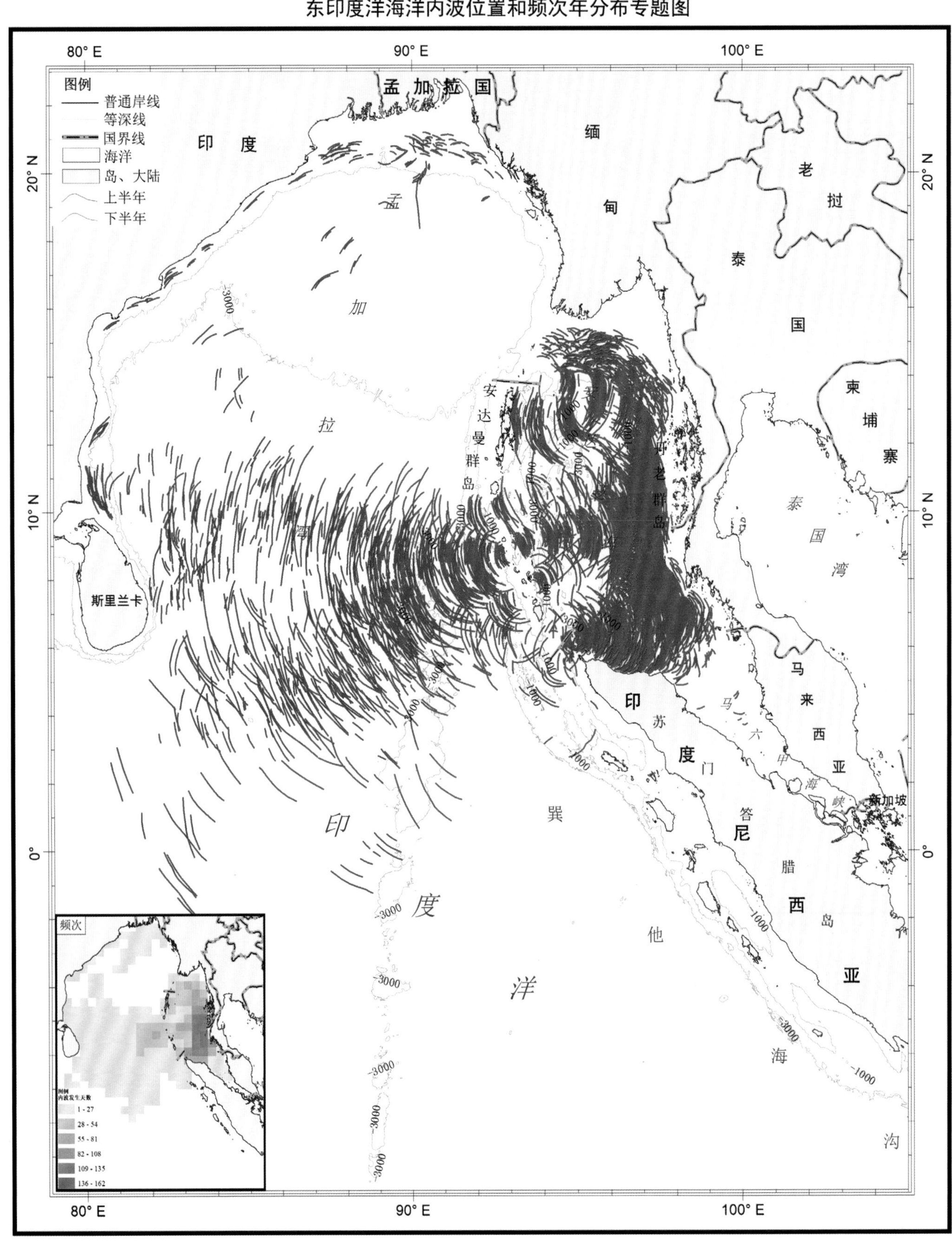

调查数据源：MODIS、SAR数据
数据空间分辨率：250m
数据时间：2018年全年

比例尺：1:14 000 000
坐标系：CGCS2000
投影信息：墨卡托投影

高程基准：1985国家高程基准
制图单位：自然资源部第一海洋研究所
制图时间：2022年1月

7.10　东印度洋内孤立波 2019 年分布图

东印度洋海洋内波位置和频次月分布专题图

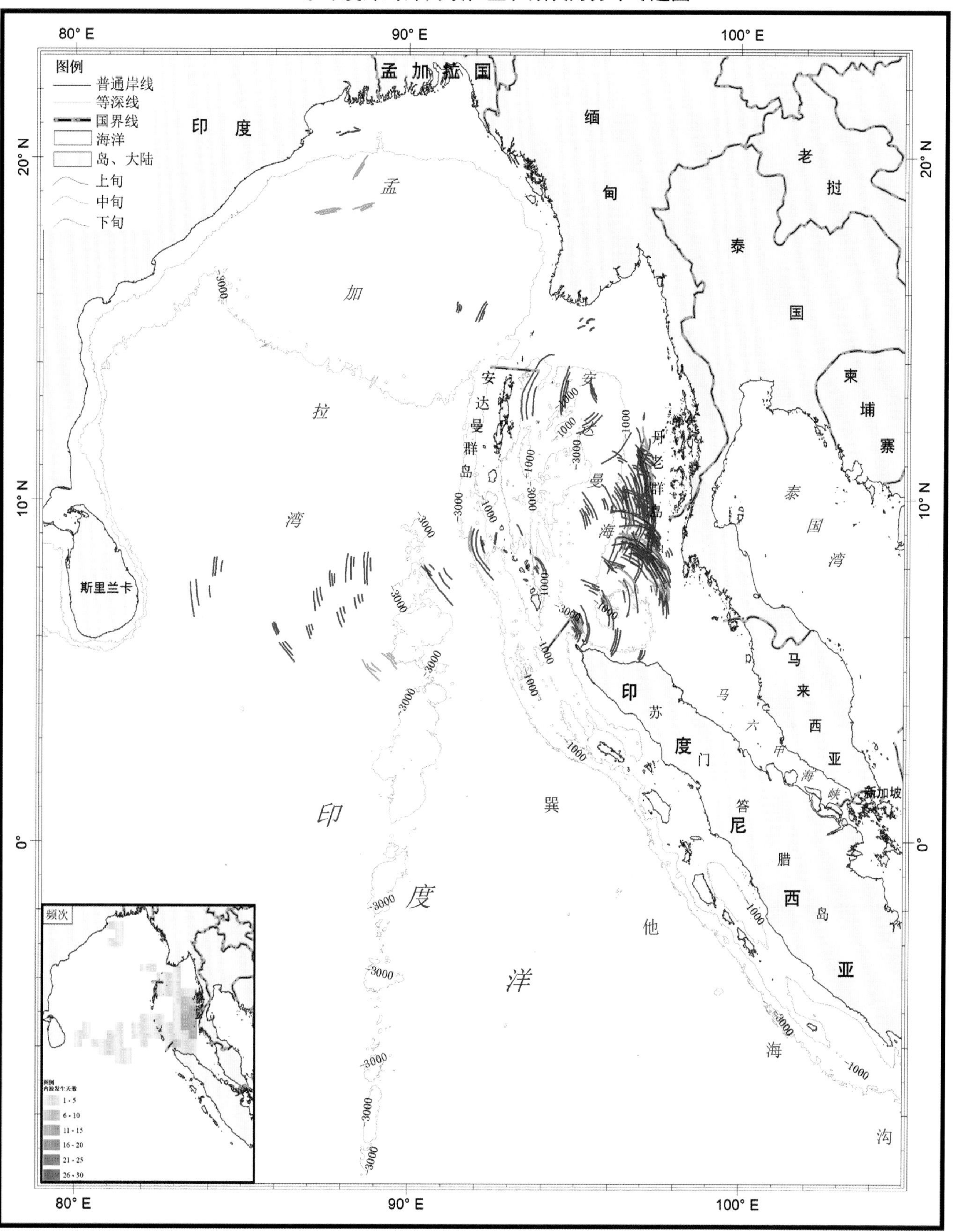

调查数据源：MODIS、SAR数据
数据空间分辨率：250m
数据时间：2019年1月

比例尺：1:14 000 000
坐标系：CGCS2000
投影信息：墨卡托投影

高程基准：1985国家高程基准
制图单位：自然资源部第一海洋研究所
制图时间：2022年1月

东印度洋海洋内波位置和频次月分布专题图

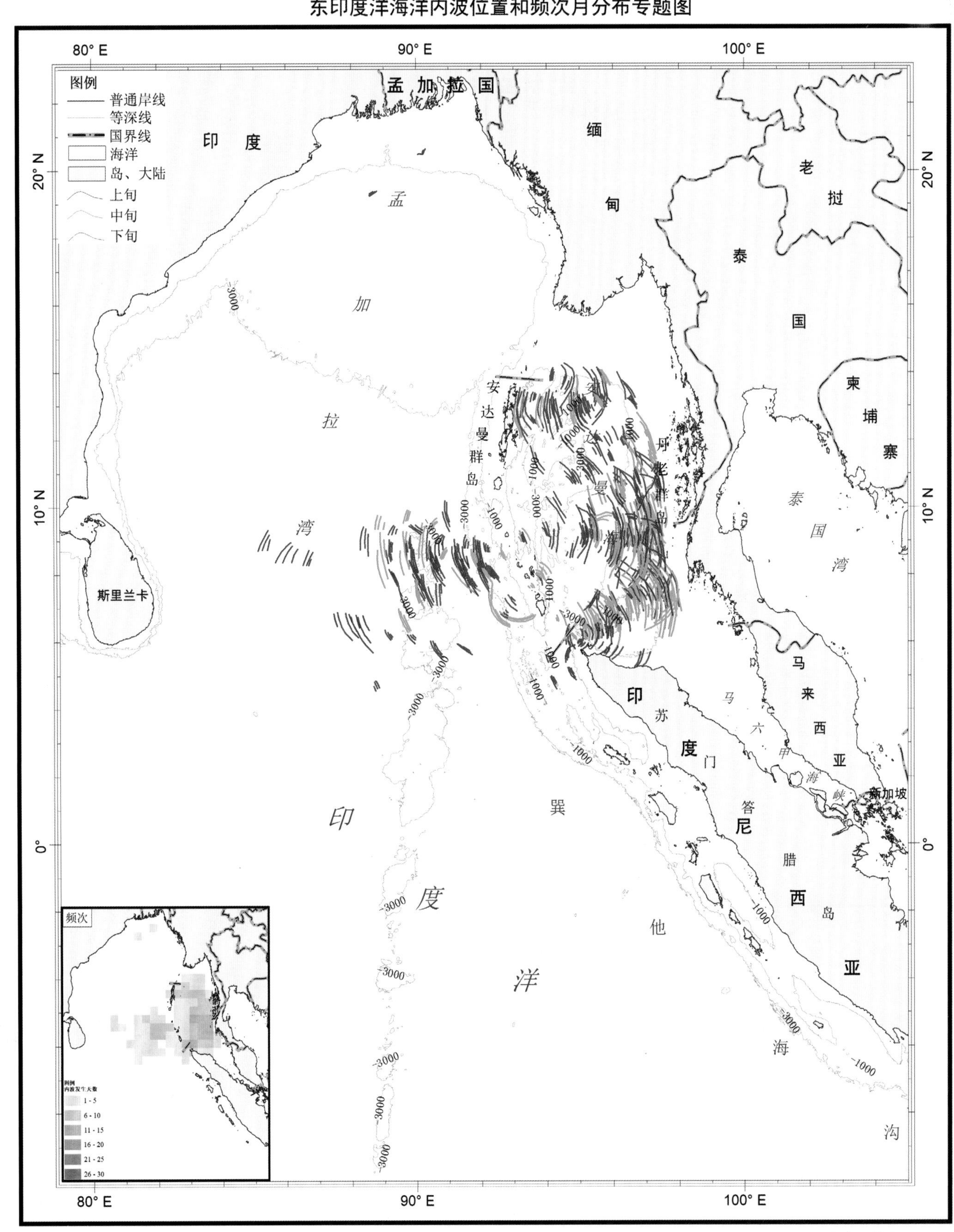

调查数据源：MODIS、SAR数据
数据空间分辨率：250m
数据时间：2019年2月

比例尺：1:14 000 000
坐标系：CGCS2000
投影信息：墨卡托投影

高程基准：1985国家高程基准
制图单位：自然资源部第一海洋研究所
制图时间：2022年1月

东印度洋海洋内波位置和频次月分布专题图

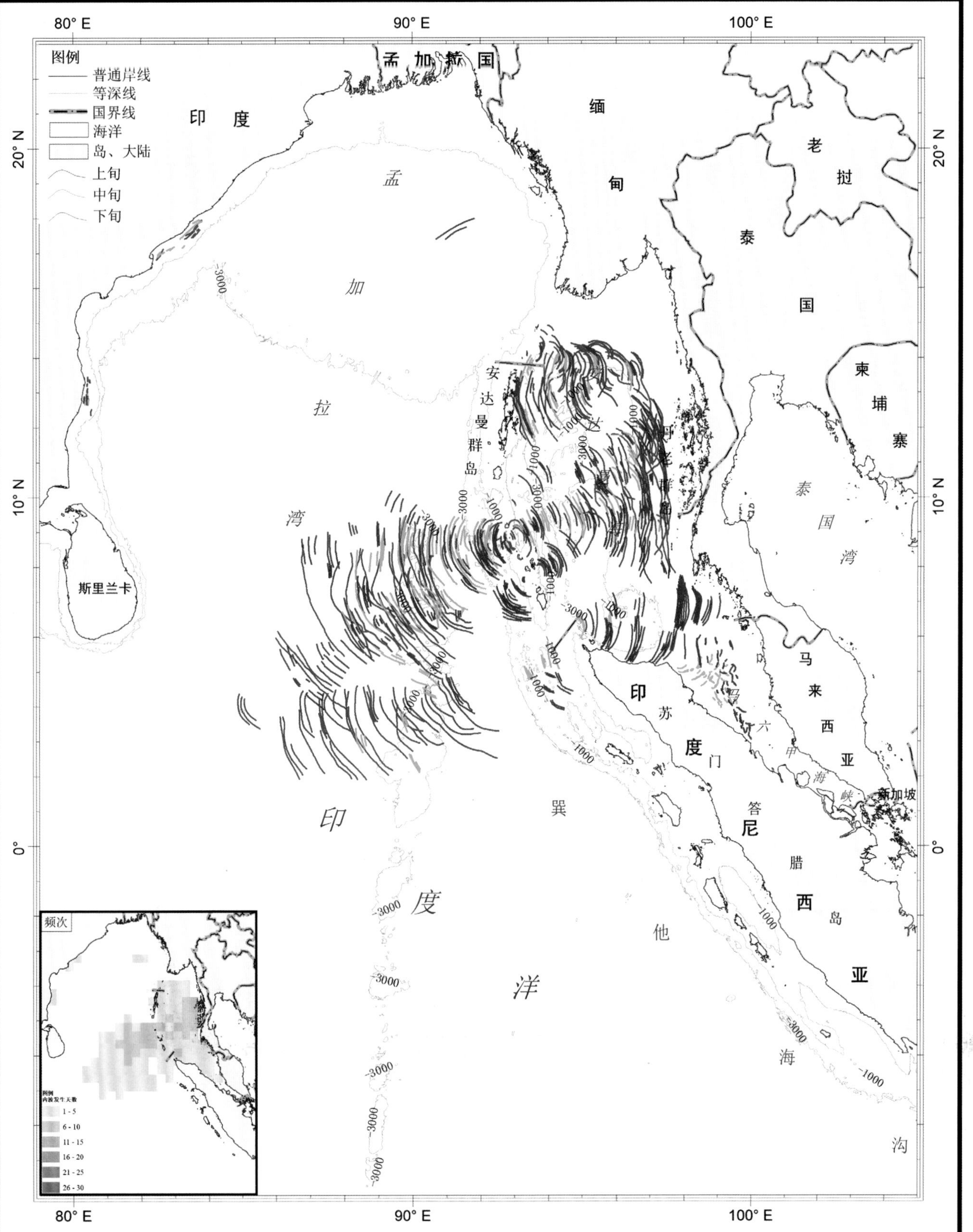

调查数据源：MODIS、SAR数据　　比例尺：1:14 000 000　　高程基准：1985国家高程基准

数据空间分辨率：250m　　坐标系：CGCS2000　　制图单位：自然资源部第一海洋研究所

数据时间：2019年3月　　投影信息：墨卡托投影　　制图时间：2022年1月

东印度洋海洋内波位置和频次月分布专题图

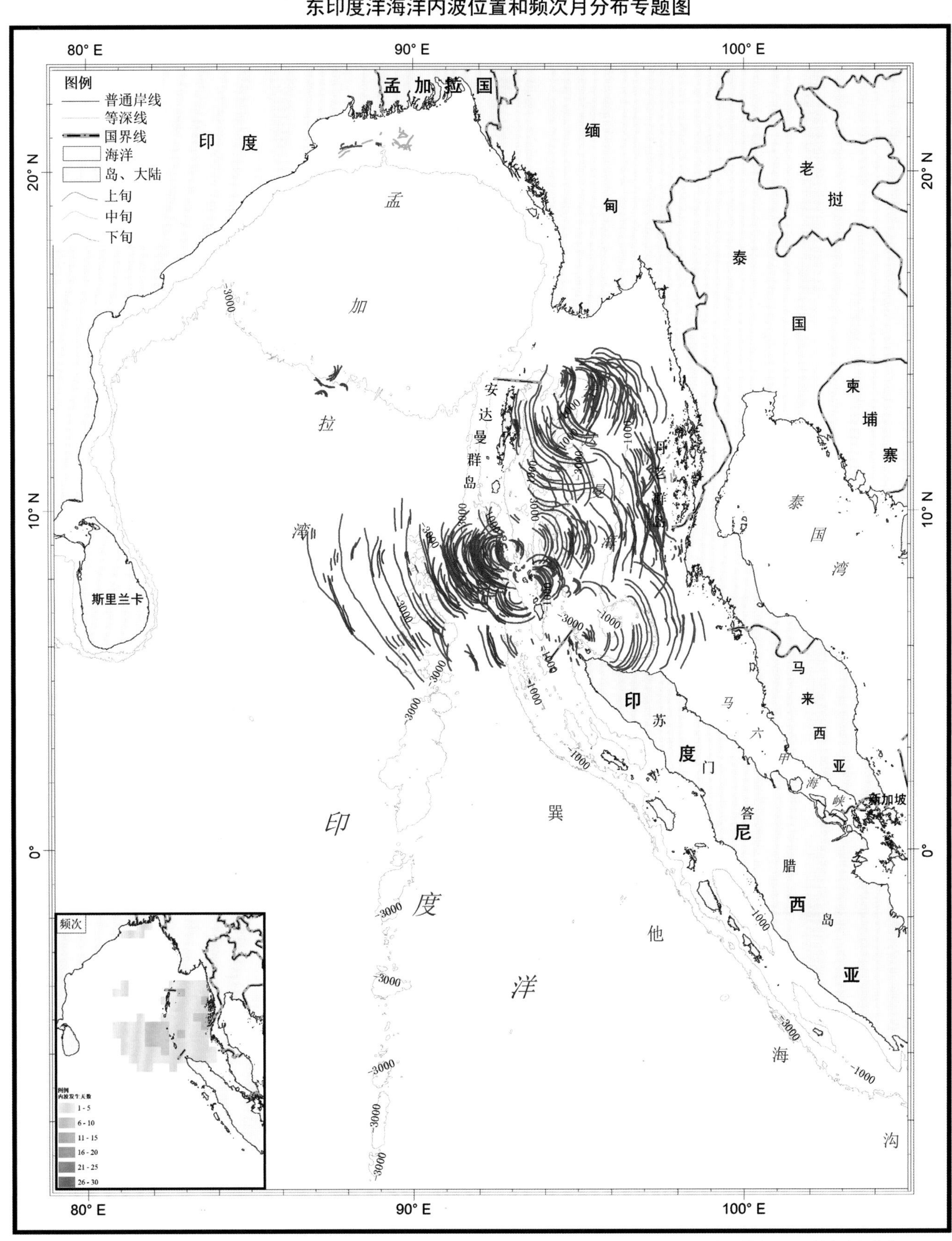

调查数据源：MODIS、SAR数据
数据空间分辨率：250m
数据时间：2019年4月

比例尺：1:14 000 000
坐标系：CGCS2000
投影信息：墨卡托投影

高程基准：1985国家高程基准
制图单位：自然资源部第一海洋研究所
制图时间：2022年1月

东印度洋海洋内波位置和频次月分布专题图

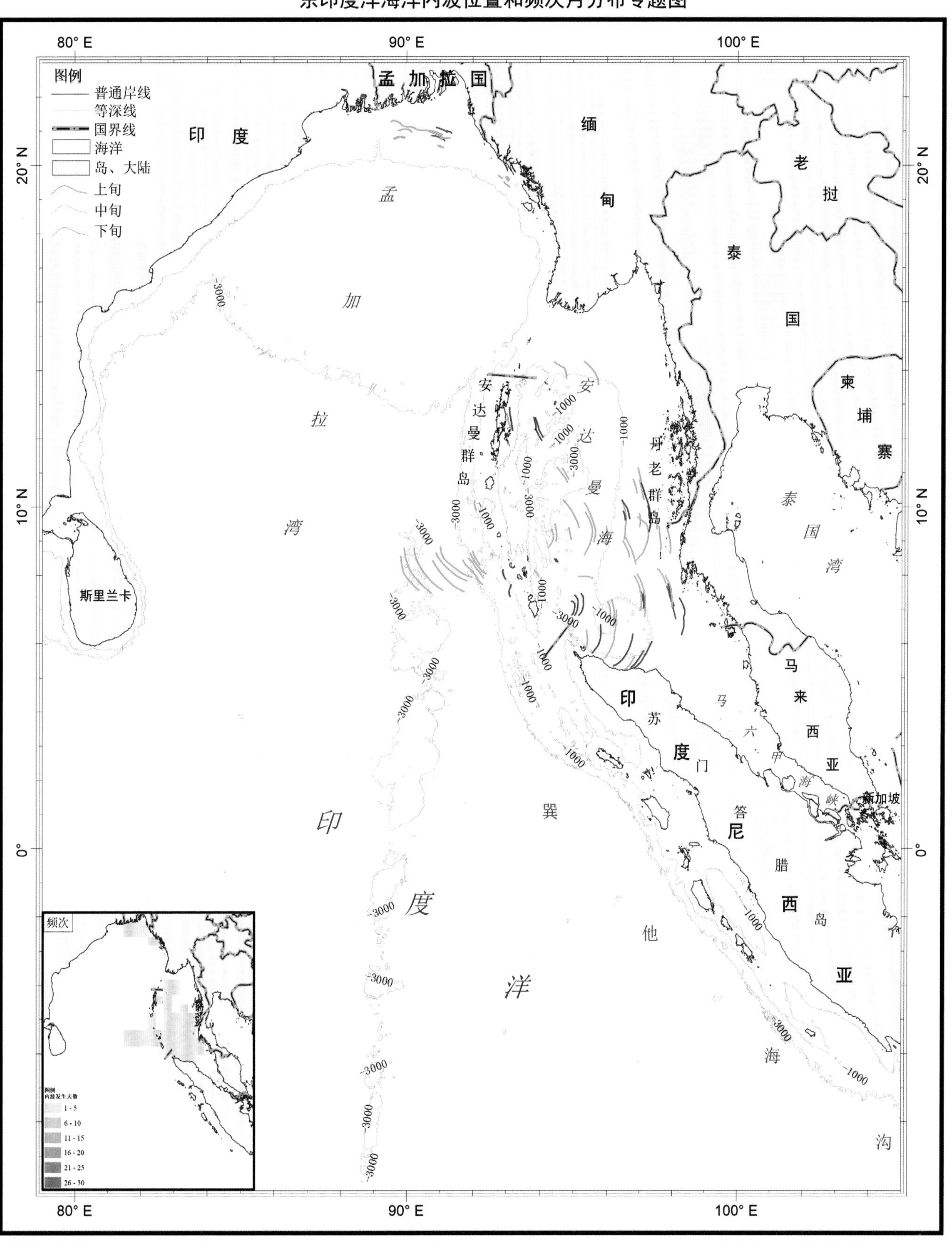

调查数据源：MODIS、SAR数据　　比例尺：1:14 000 000　　高程基准：1985国家高程基准
数据空间分辨率：250m　　坐标系：CGCS2000　　制图单位：自然资源部第一海洋研究所
数据时间：2019年5月　　投影信息：墨卡托投影　　制图时间：2022年1月

东印度洋海洋内波位置和频次月分布专题图

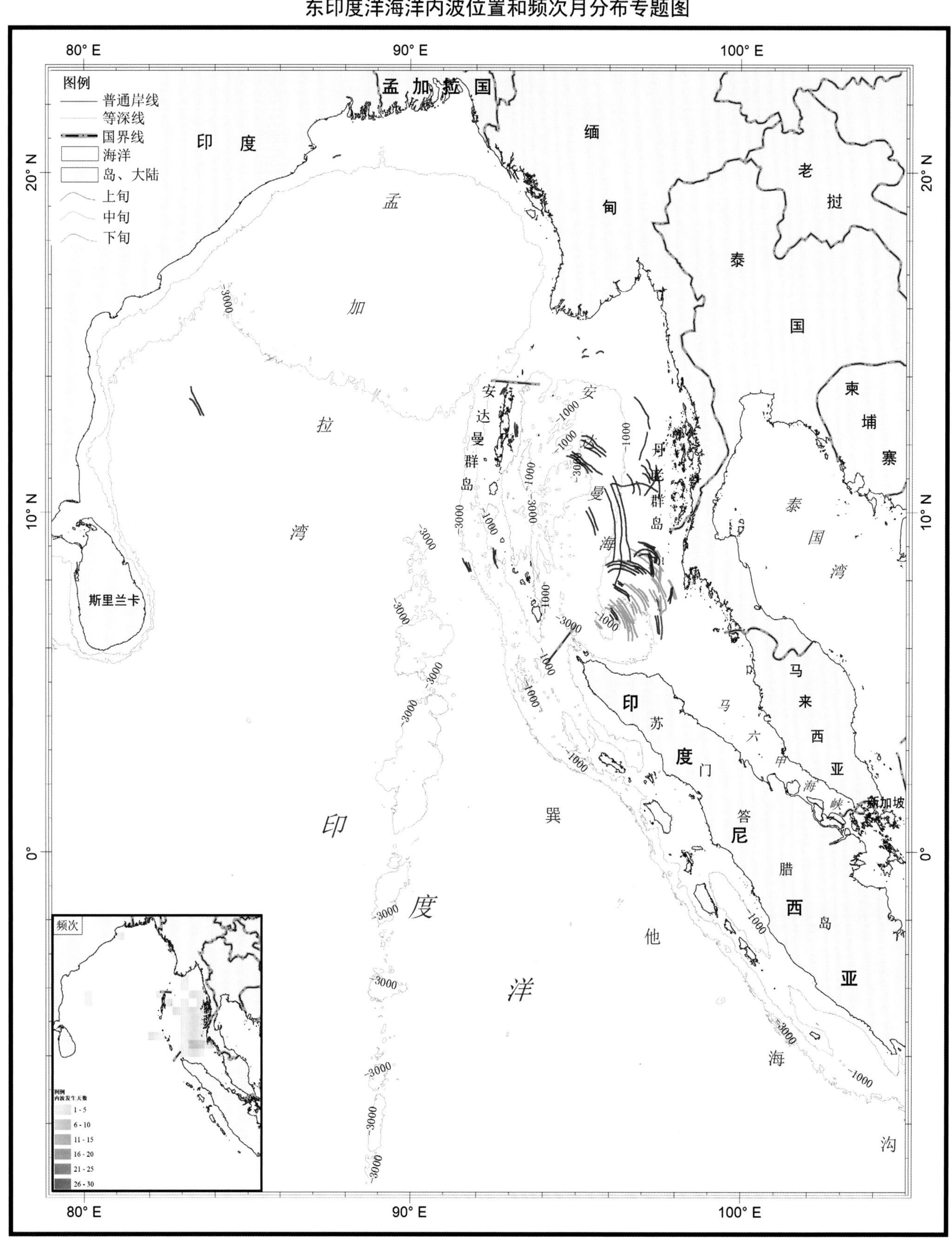

调查数据源：MODIS、SAR数据
数据空间分辨率：250m
数据时间：2019年6月

比例尺：1:14 000 000
坐标系：CGCS2000
投影信息：墨卡托投影

高程基准：1985国家高程基准
制图单位：自然资源部第一海洋研究所
制图时间：2022年1月

东印度洋海洋内波位置和频次月分布专题图

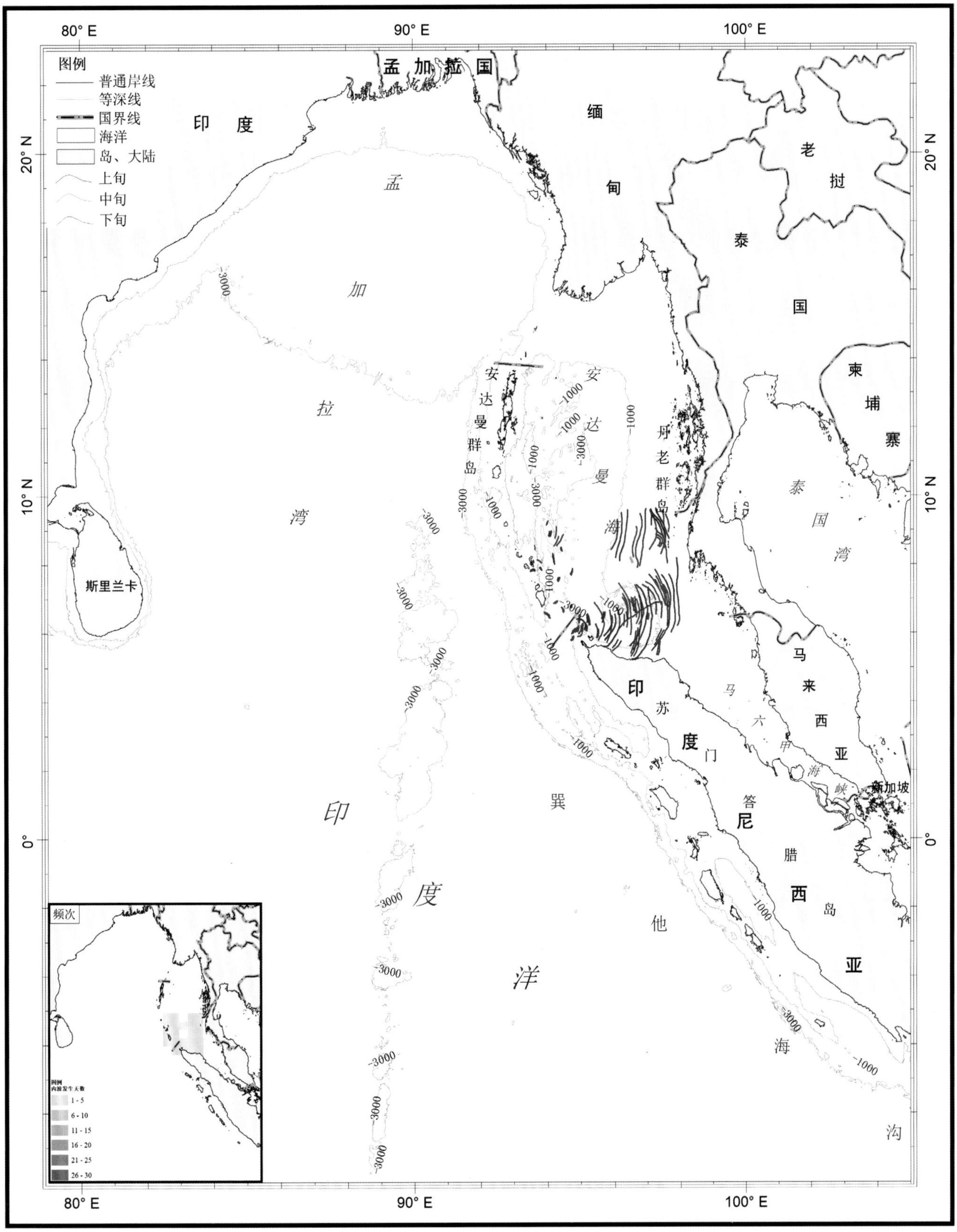

调查数据源：MODIS、SAR数据
数据空间分辨率：250m
数据时间：2019年7月

比例尺：1:14 000 000
坐标系：CGCS2000
投影信息：墨卡托投影

高程基准：1985国家高程基准
制图单位：自然资源部第一海洋研究所
制图时间：2022年1月

东印度洋海洋内波位置和频次月分布专题图

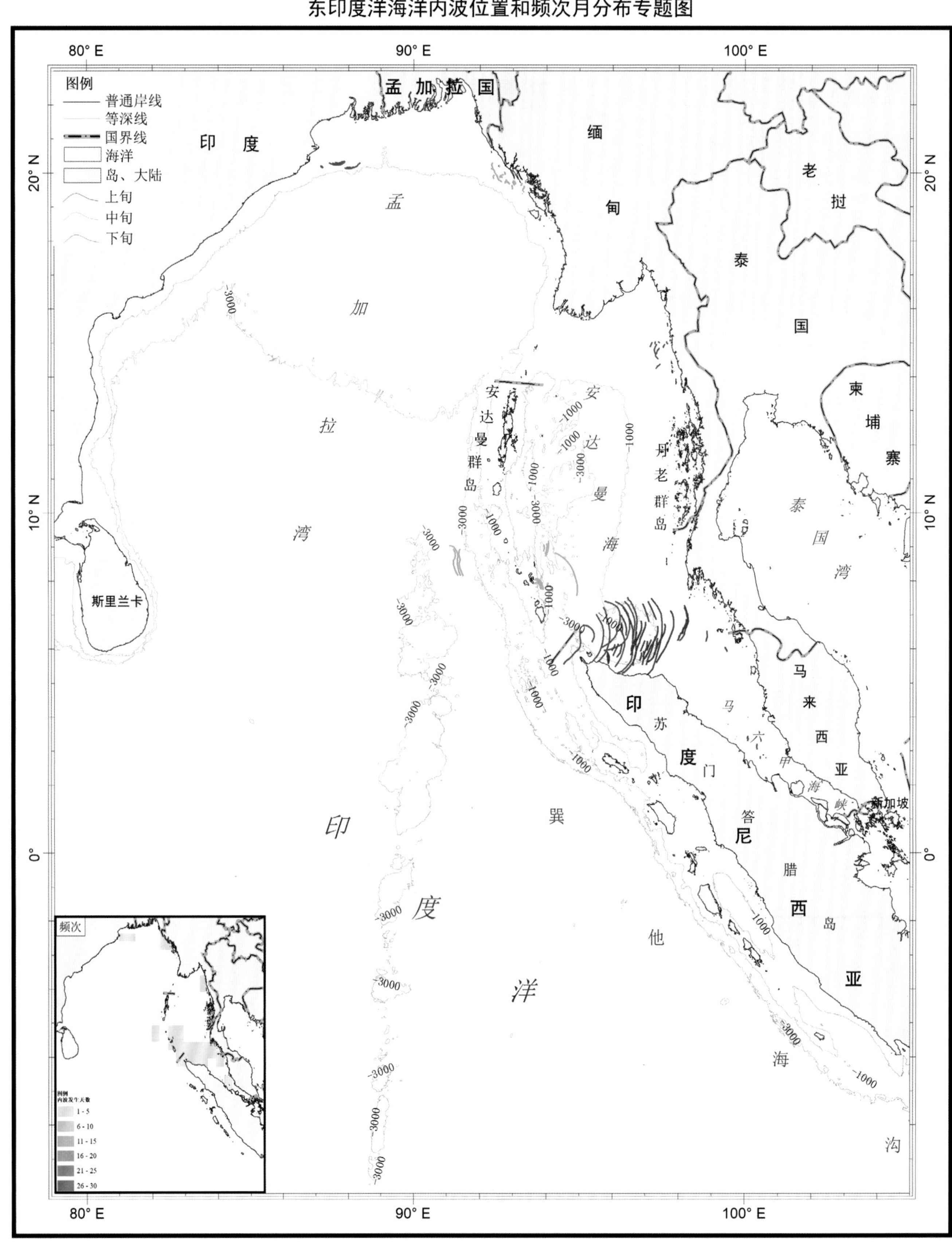

调查数据源：MODIS、SAR数据
数据空间分辨率：250m
数据时间：2019年8月

比例尺：1:14 000 000
坐标系：CGCS2000
投影信息：墨卡托投影

高程基准：1985国家高程基准
制图单位：自然资源部第一海洋研究所
制图时间：2022年1月

东印度洋海洋内波位置和频次月分布专题图

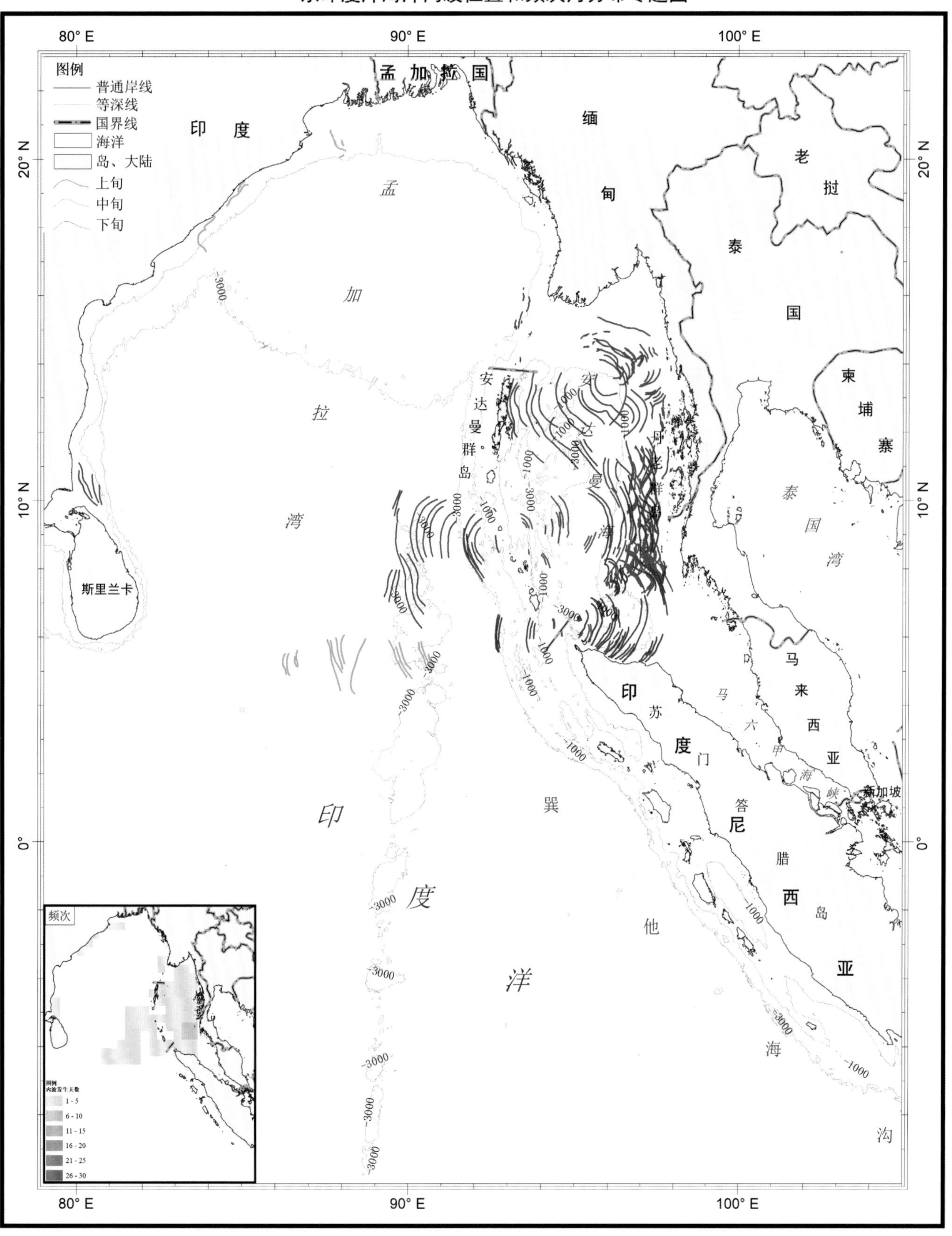

调查数据源：MODIS、SAR数据　　比例尺：1:14 000 000　　高程基准：1985国家高程基准

数据空间分辨率：250m　　坐标系：CGCS2000　　制图单位：自然资源部第一海洋研究所

数据时间：2019年9月　　投影信息：墨卡托投影　　制图时间：2022年1月

东印度洋海洋内波位置和频次月分布专题图

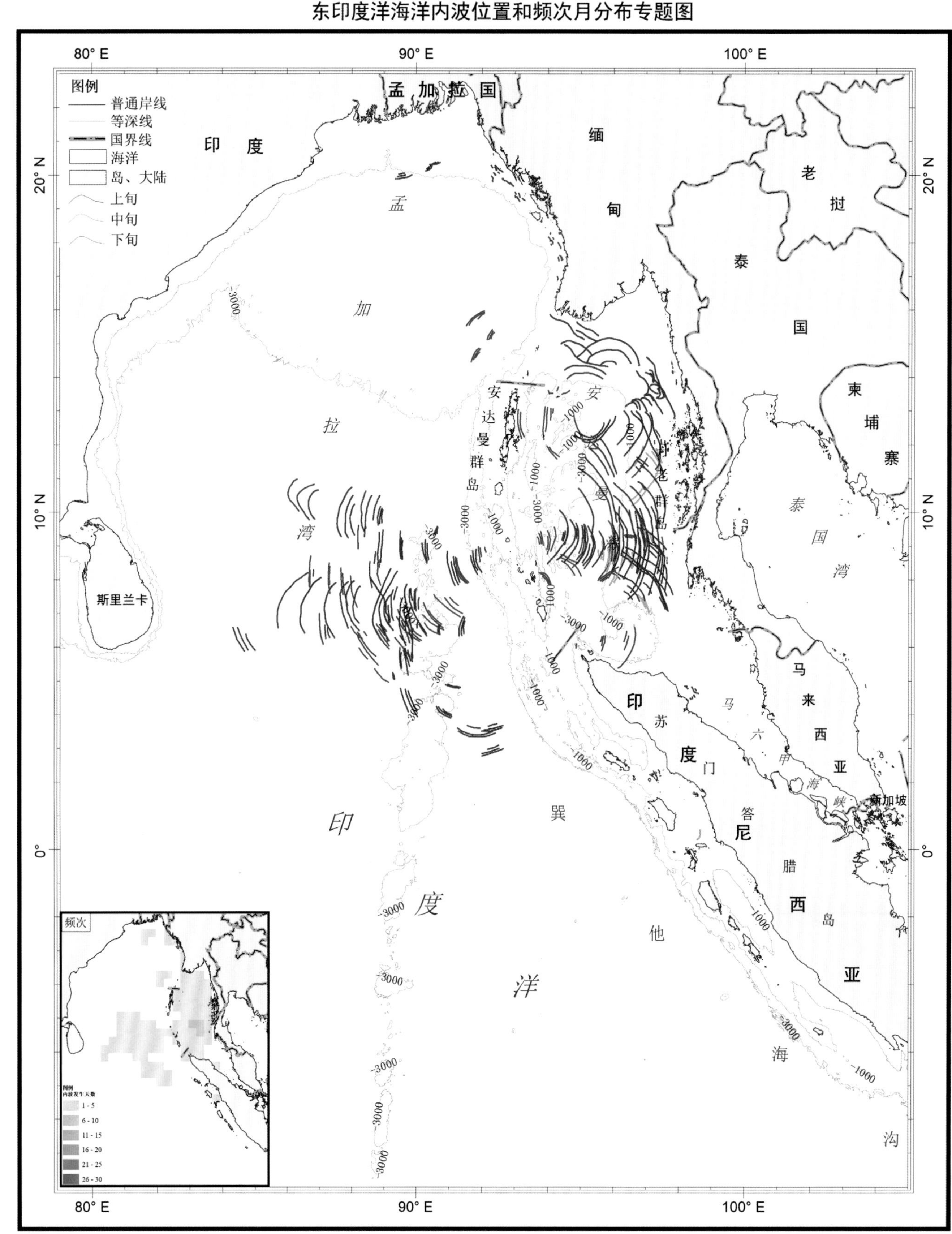

调查数据源：MODIS、SAR数据
数据空间分辨率：250m
数据时间：2019年10月

比例尺：1:14 000 000
坐标系：CGCS2000
投影信息：墨卡托投影

高程基准：1985国家高程基准
制图单位：自然资源部第一海洋研究所
制图时间：2022年1月

东印度洋海洋内波位置和频次月分布专题图

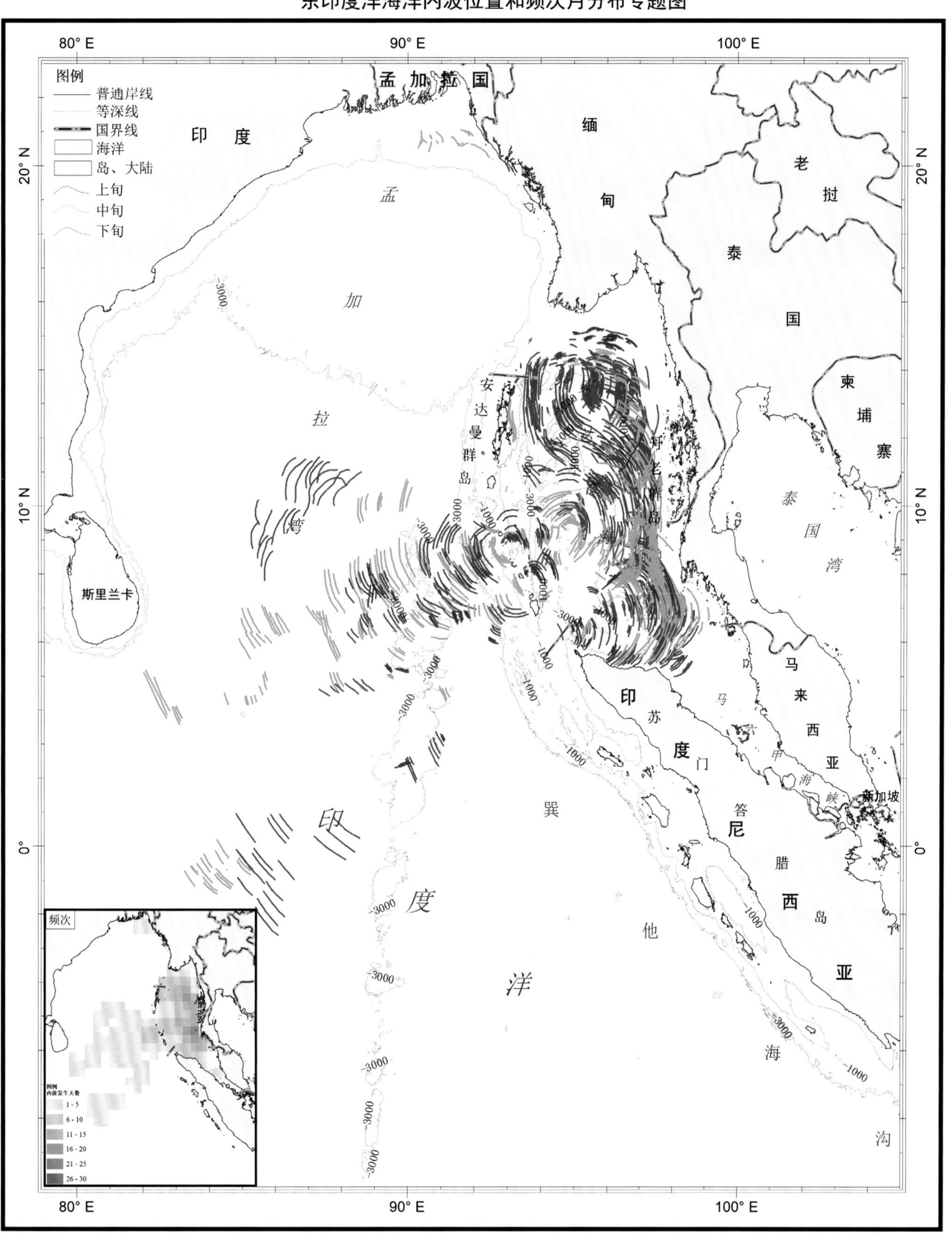

调查数据源：MODIS、SAR数据　　比例尺：1:14 000 000　　高程基准：1985国家高程基准

数据空间分辨率：250m　　坐标系：CGCS2000　　制图单位：自然资源部第一海洋研究所

数据时间：2019年11月　　投影信息：墨卡托投影　　制图时间：2022年1月

东印度洋海洋内波位置和频次月分布专题图

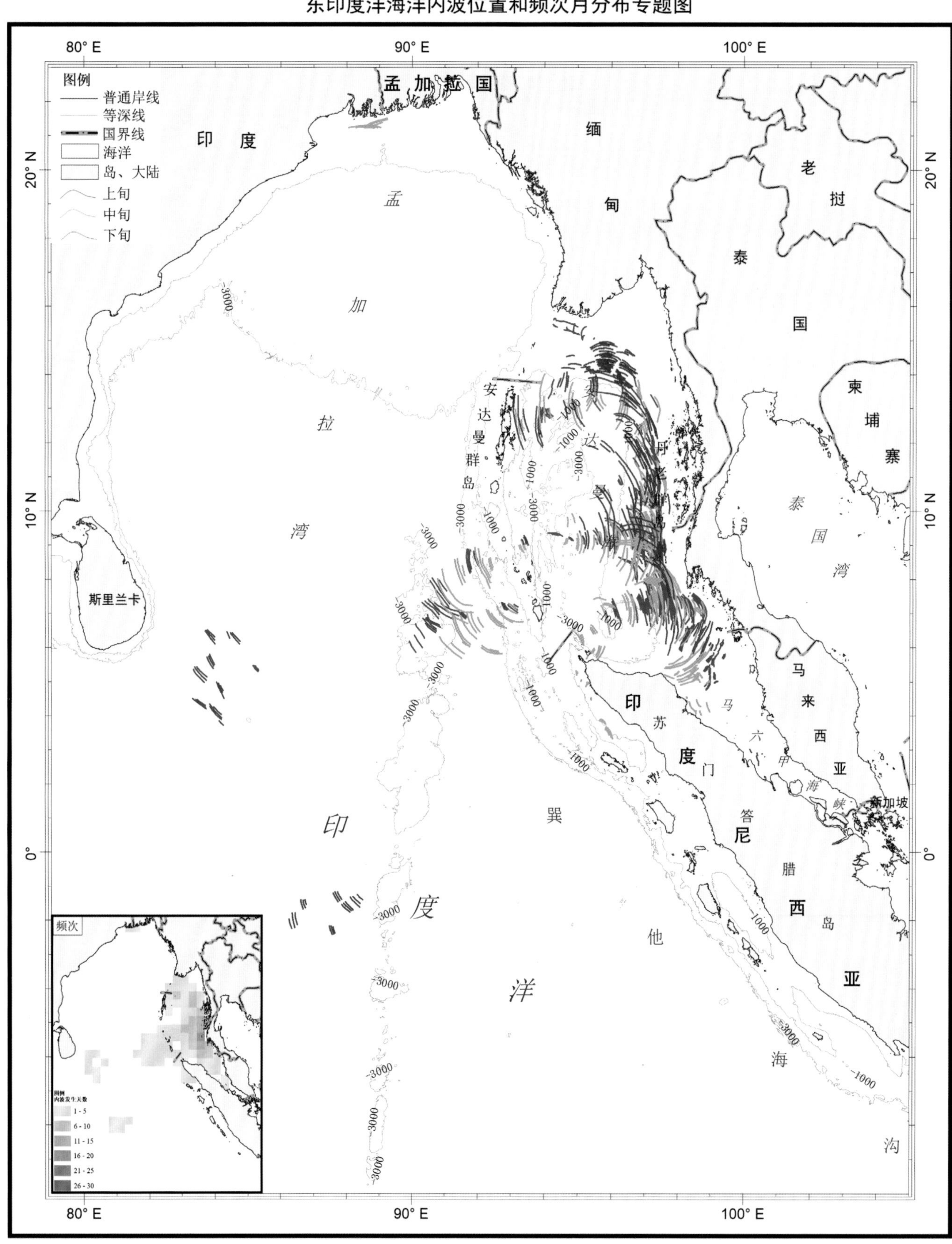

调查数据源：MODIS、SAR数据
数据空间分辨率：250m
数据时间：2019年12月

比例尺：1:14 000 000
坐标系：CGCS2000
投影信息：墨卡托投影

高程基准：1985国家高程基准
制图单位：自然资源部第一海洋研究所
制图时间：2022年1月

东印度洋海洋内波位置和频次季分布专题图

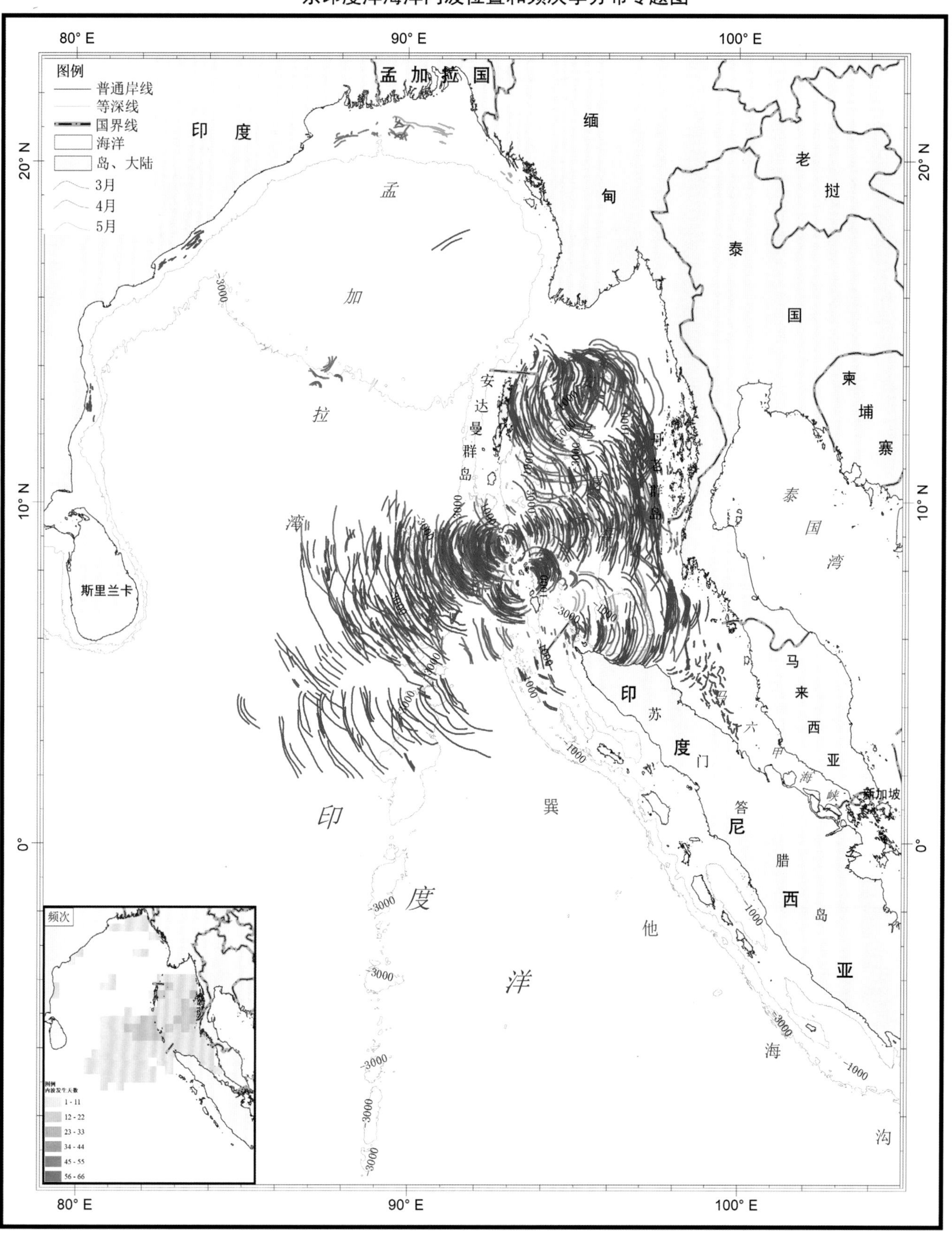

调查数据源：MODIS、SAR数据　　比例尺：1:14 000 000　　高程基准：1985国家高程基准
数据空间分辨率：250m　　坐标系：CGCS2000　　制图单位：自然资源部第一海洋研究所
数据时间：2019年春季　　投影信息：墨卡托投影　　制图时间：2022年1月

东印度洋海洋内波位置和频次季分布专题图

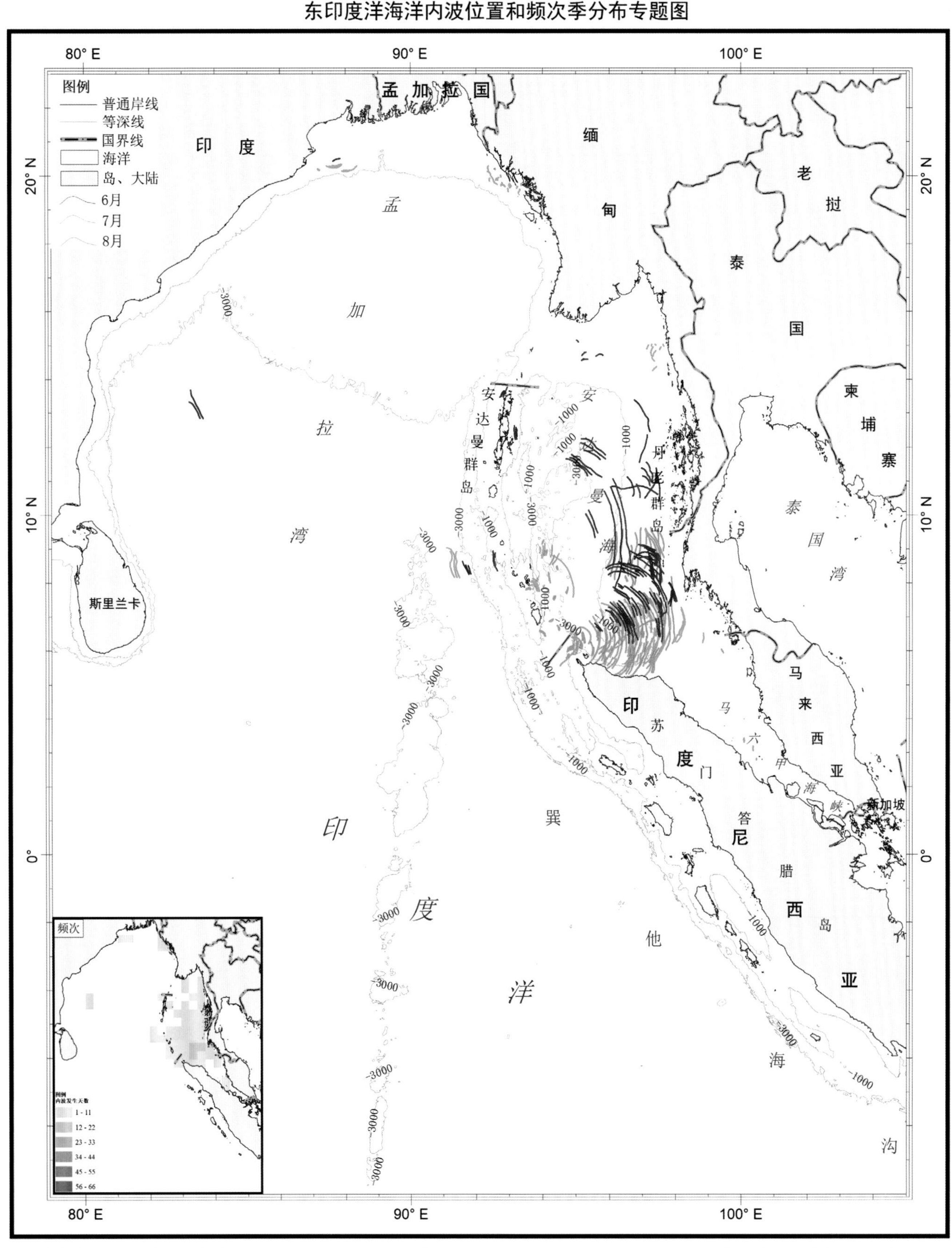

调查数据源：MODIS、SAR数据
数据空间分辨率：250m
数据时间：2019年夏季

比例尺：1:14 000 000
坐标系：CGCS2000
投影信息：墨卡托投影

高程基准：1985国家高程基准
制图单位：自然资源部第一海洋研究所
制图时间：2022年1月

东印度洋海洋内波位置和频次季分布专题图

图例：普通岸线、等深线、国界线、海洋、岛、大陆、9月、10月、11月

频次 图例 内波发生天数：1 - 11、12 - 22、23 - 33、34 - 44、45 - 55、56 - 66

调查数据源：MODIS、SAR数据
数据空间分辨率：250m
数据时间：2019年秋季

比例尺：1:14 000 000
坐标系：CGCS2000
投影信息：墨卡托投影

高程基准：1985国家高程基准
制图单位：自然资源部第一海洋研究所
制图时间：2022年1月

东印度洋海洋内波位置和频次季分布专题图

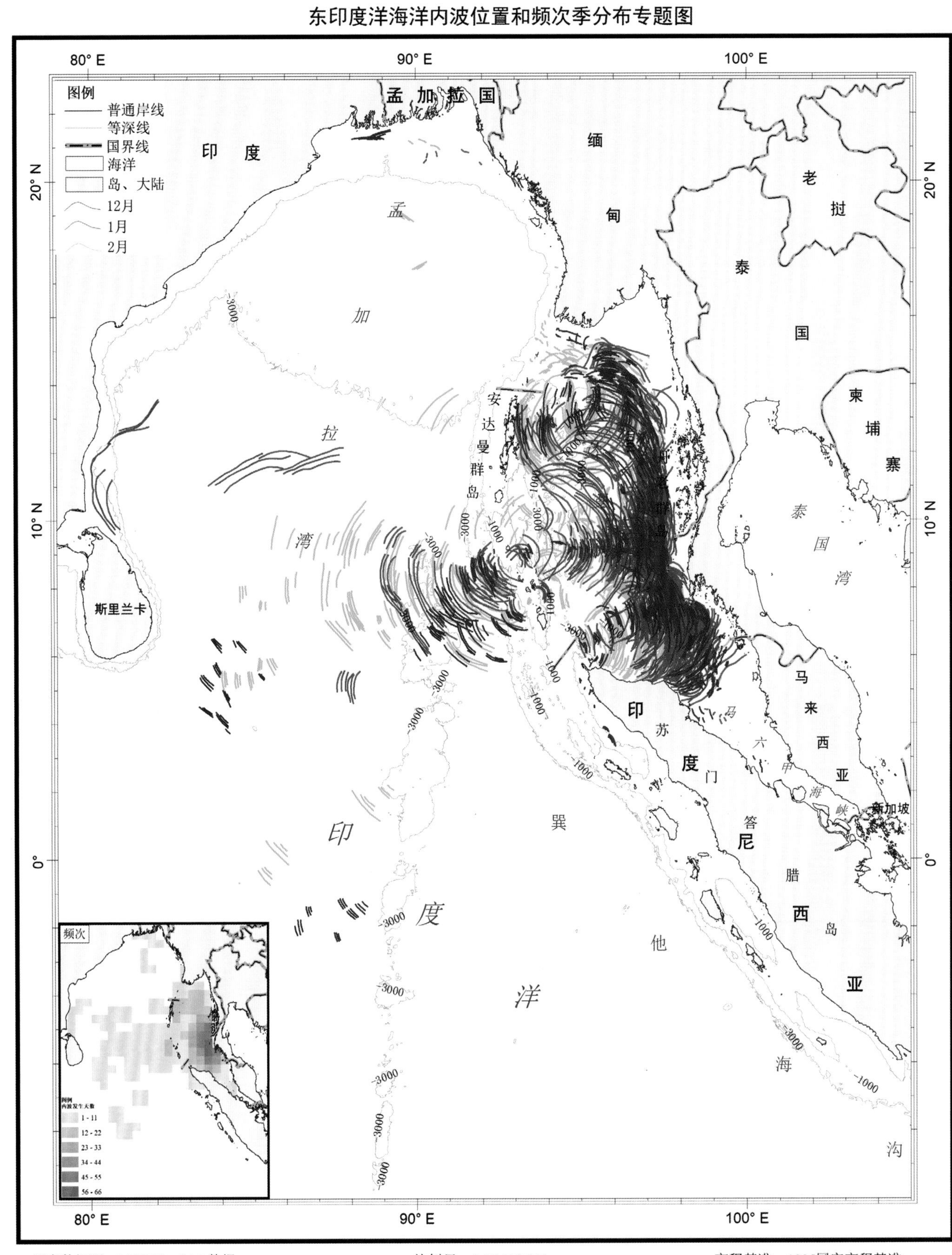

调查数据源：MODIS、SAR数据
数据空间分辨率：250m
数据时间：2019年冬季

比例尺：1:14 000 000
坐标系：CGCS2000
投影信息：墨卡托投影

高程基准：1985国家高程基准
制图单位：自然资源部第一海洋研究所
制图时间：2022年1月

东印度洋海洋内波位置和频次半年分布专题图

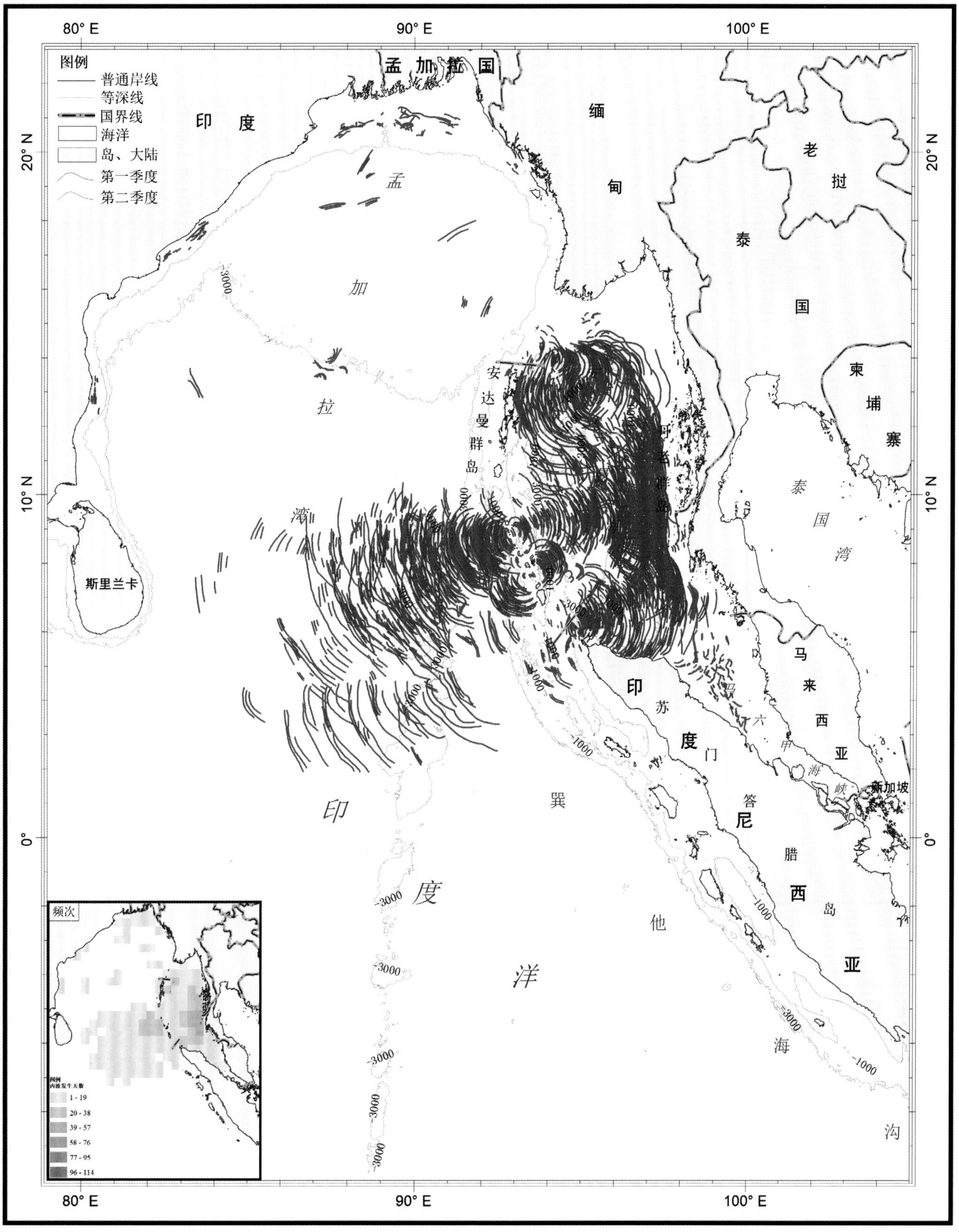

调查数据源：MODIS、SAR数据
数据空间分辨率：250m
数据时间：2019年上半年

比例尺：1:14 000 000
坐标系：CGCS2000
投影信息：墨卡托投影

高程基准：1985国家高程基准
制图单位：自然资源部第一海洋研究所
制图时间：2022年1月

东印度洋海洋内波位置和频次半年分布专题图

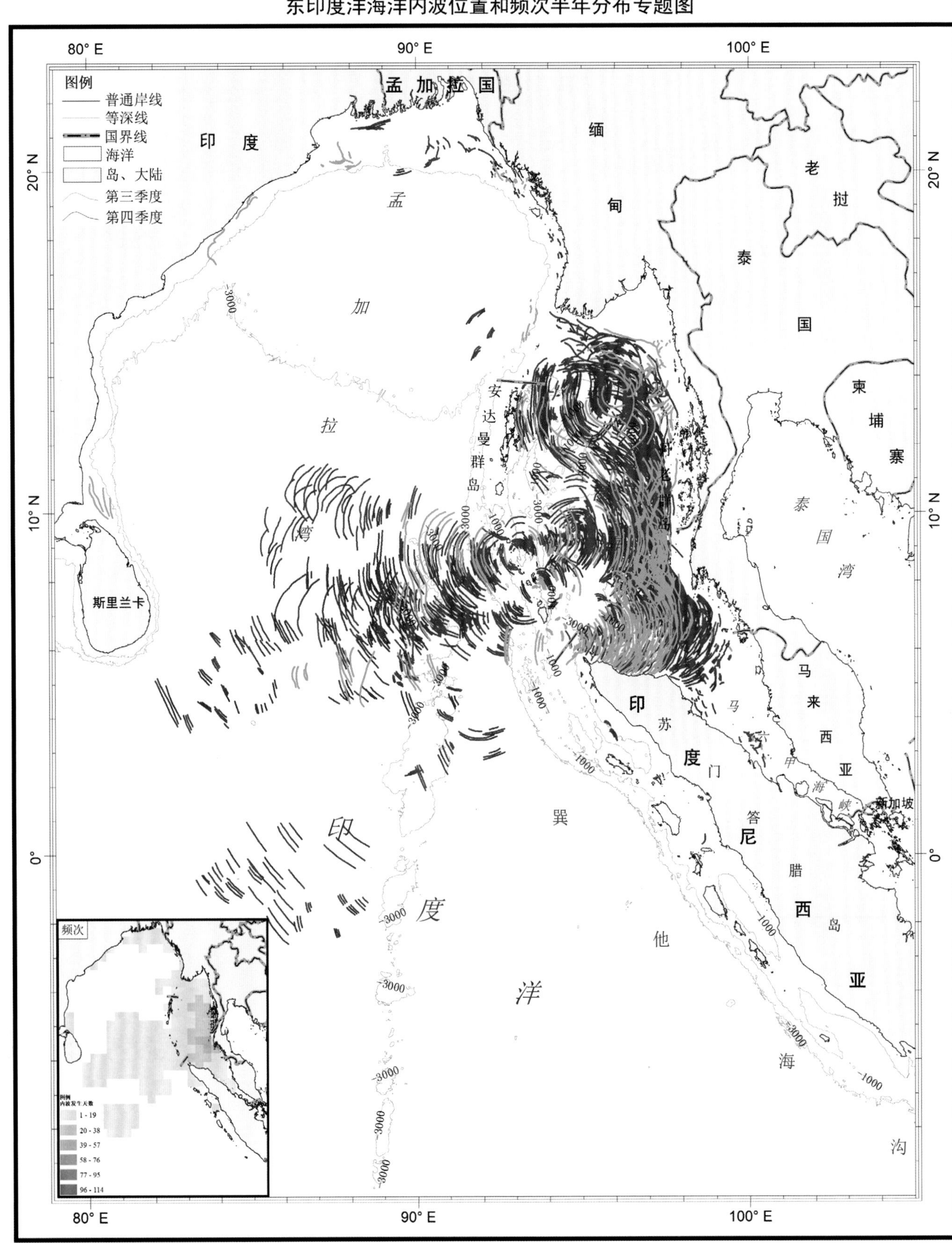

调查数据源：MODIS、SAR数据
数据空间分辨率：250m
数据时间：2019年下半年

比例尺：1:14 000 000
坐标系：CGCS2000
投影信息：墨卡托投影

高程基准：1985国家高程基准
制图单位：自然资源部第一海洋研究所
制图时间：2022年1月

东印度洋海洋内波位置和频次年分布专题图

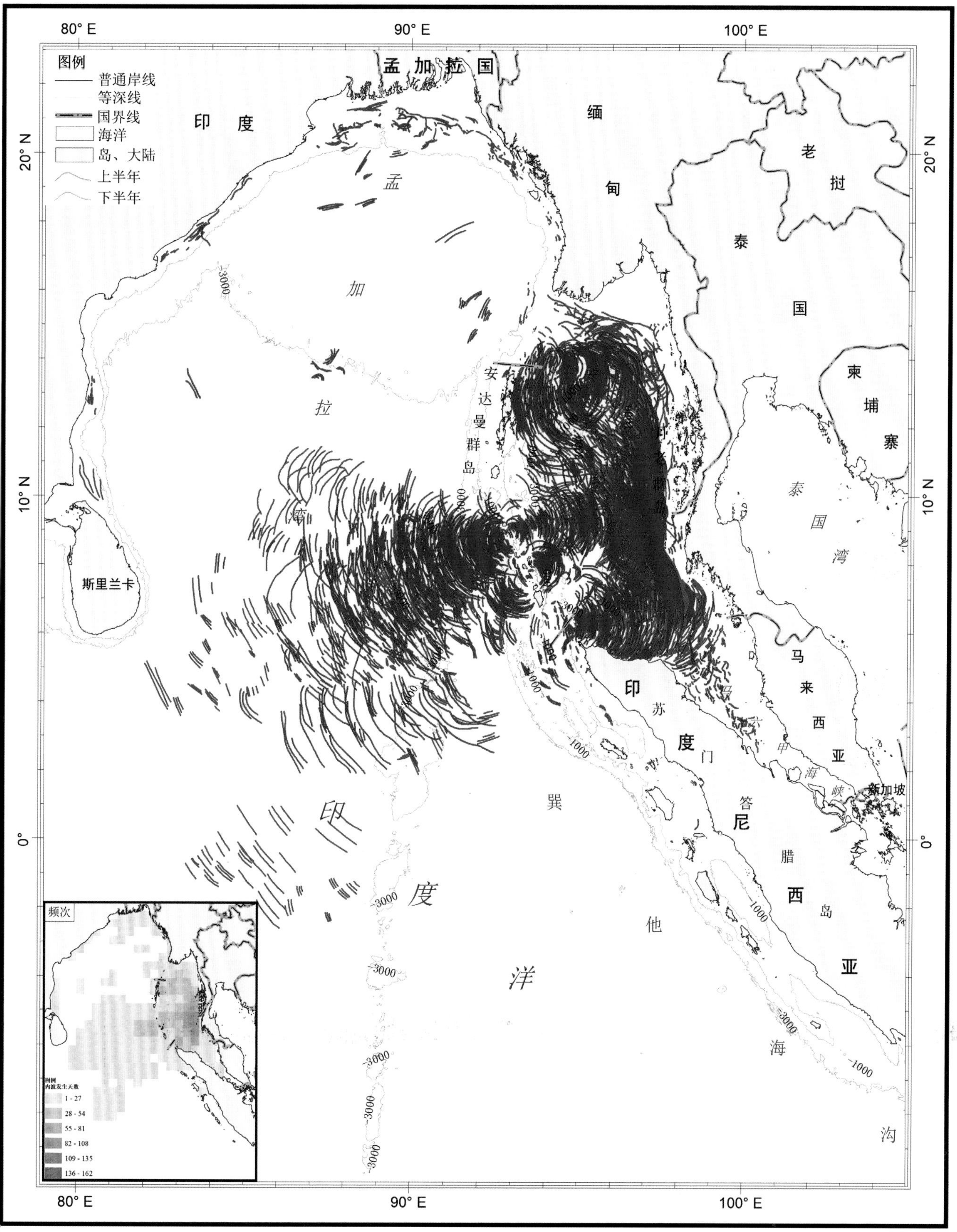

调查数据源：MODIS、SAR数据　　比例尺：1:14 000 000　　高程基准：1985国家高程基准

数据空间分辨率：250m　　坐标系：CGCS2000　　制图单位：自然资源部第一海洋研究所

数据时间：2019年全年　　投影信息：墨卡托投影　　制图时间：2022年1月

7.11 东印度洋内孤立波 2020 年分布图

东印度洋海洋内波位置和频次月分布专题图

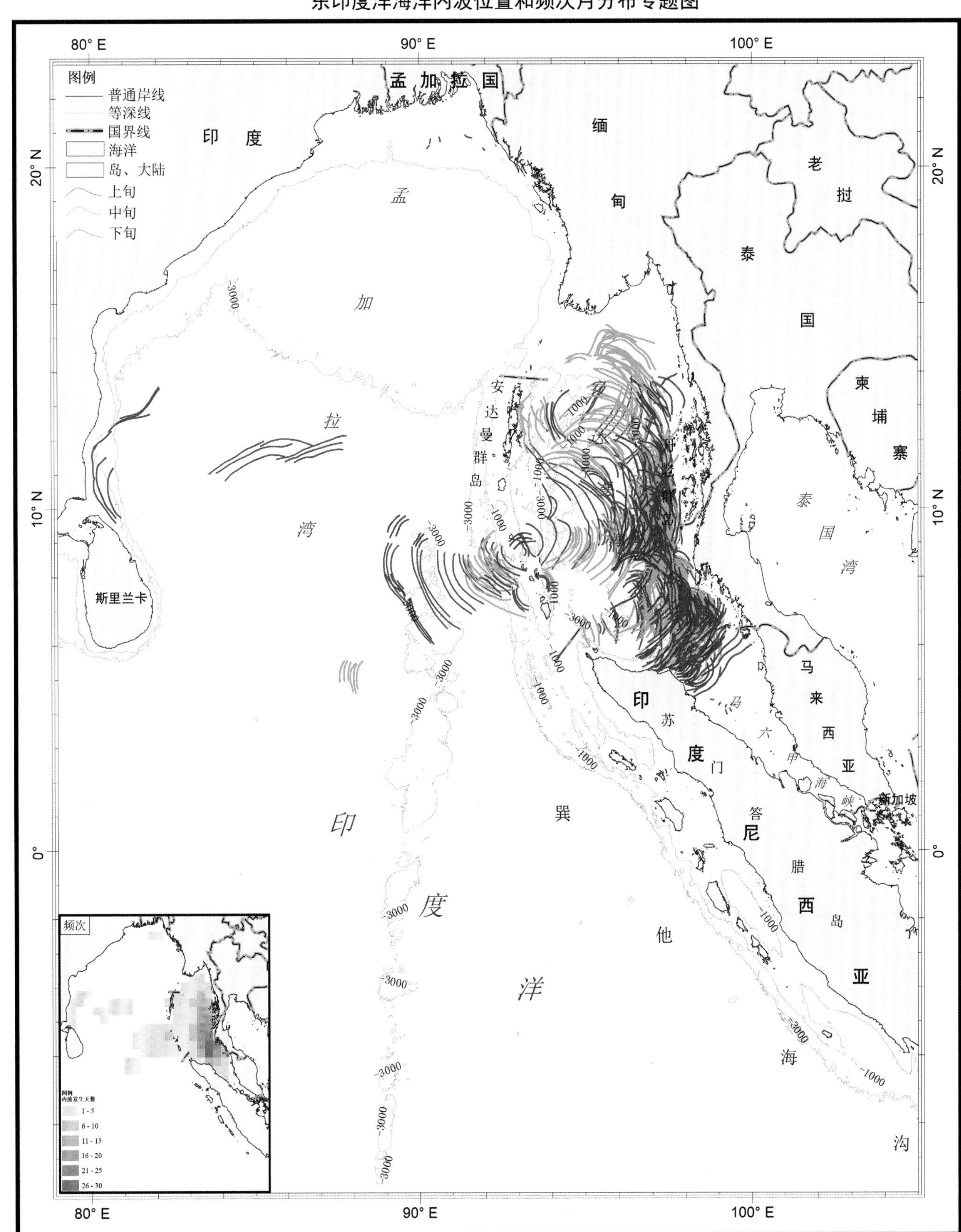

调查数据源：MODIS、SAR数据
数据空间分辨率：250m
数据时间：2020年1月

比例尺：1:14 000 000
坐标系：CGCS2000
投影信息：墨卡托投影

高程基准：1985国家高程基准
制图单位：自然资源部第一海洋研究所
制图时间：2022年1月

东印度洋海洋内波位置和频次月分布专题图

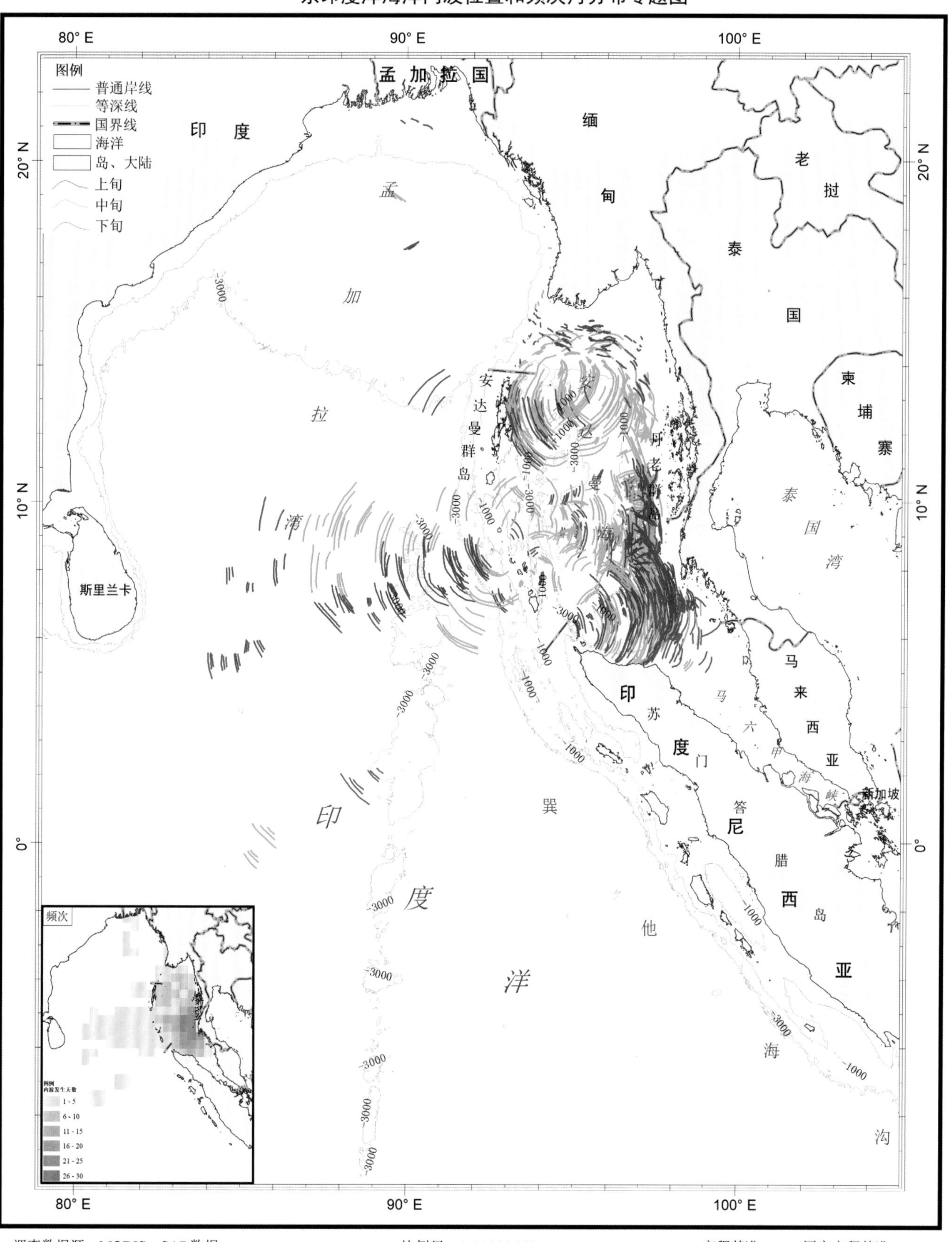

调查数据源：MODIS、SAR数据　　比例尺：1:14 000 000　　高程基准：1985国家高程基准

数据空间分辨率：250m　　坐标系：CGCS2000　　制图单位：自然资源部第一海洋研究所

数据时间：2020年2月　　投影信息：墨卡托投影　　制图时间：2022年1月

东印度洋海洋内波位置和频次月分布专题图

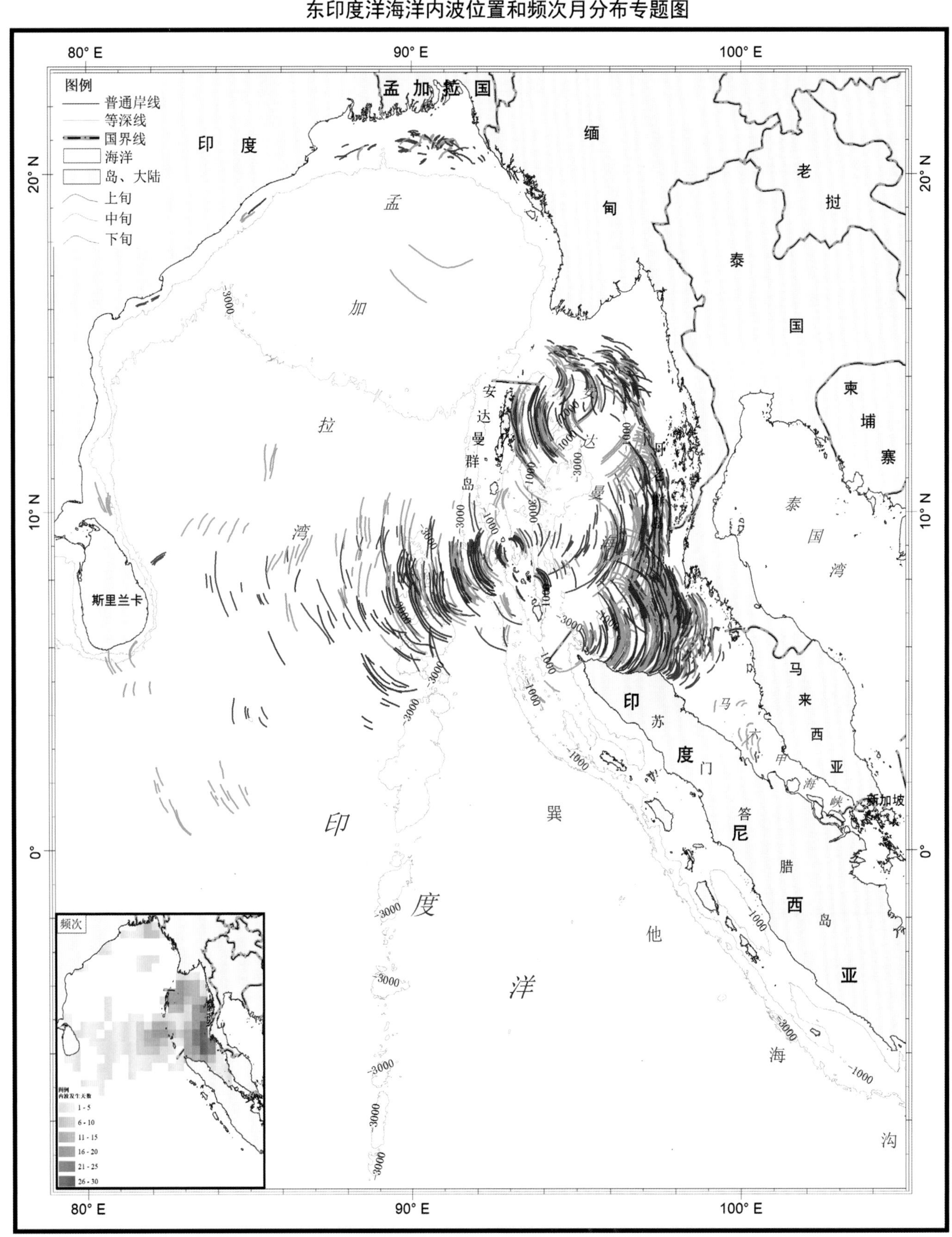

调查数据源：MODIS、SAR数据
数据空间分辨率：250m
数据时间：2020年3月

比例尺：1:14 000 000
坐标系：CGCS2000
投影信息：墨卡托投影

高程基准：1985国家高程基准
制图单位：自然资源部第一海洋研究所
制图时间：2022年1月

东印度洋海洋内波位置和频次月分布专题图

图例
普通岸线
等深线
国界线
海洋
岛、大陆
上旬
中旬
下旬

频次
图例
内波发生天数
1 - 5
6 - 10
11 - 15
16 - 20
21 - 25
26 - 30

调查数据源：MODIS、SAR数据
数据空间分辨率：250m
数据时间：2020年4月

比例尺：1:14 000 000
坐标系：CGCS2000
投影信息：墨卡托投影

高程基准：1985国家高程基准
制图单位：自然资源部第一海洋研究所
制图时间：2022年1月

东印度洋海洋内波位置和频次月分布专题图

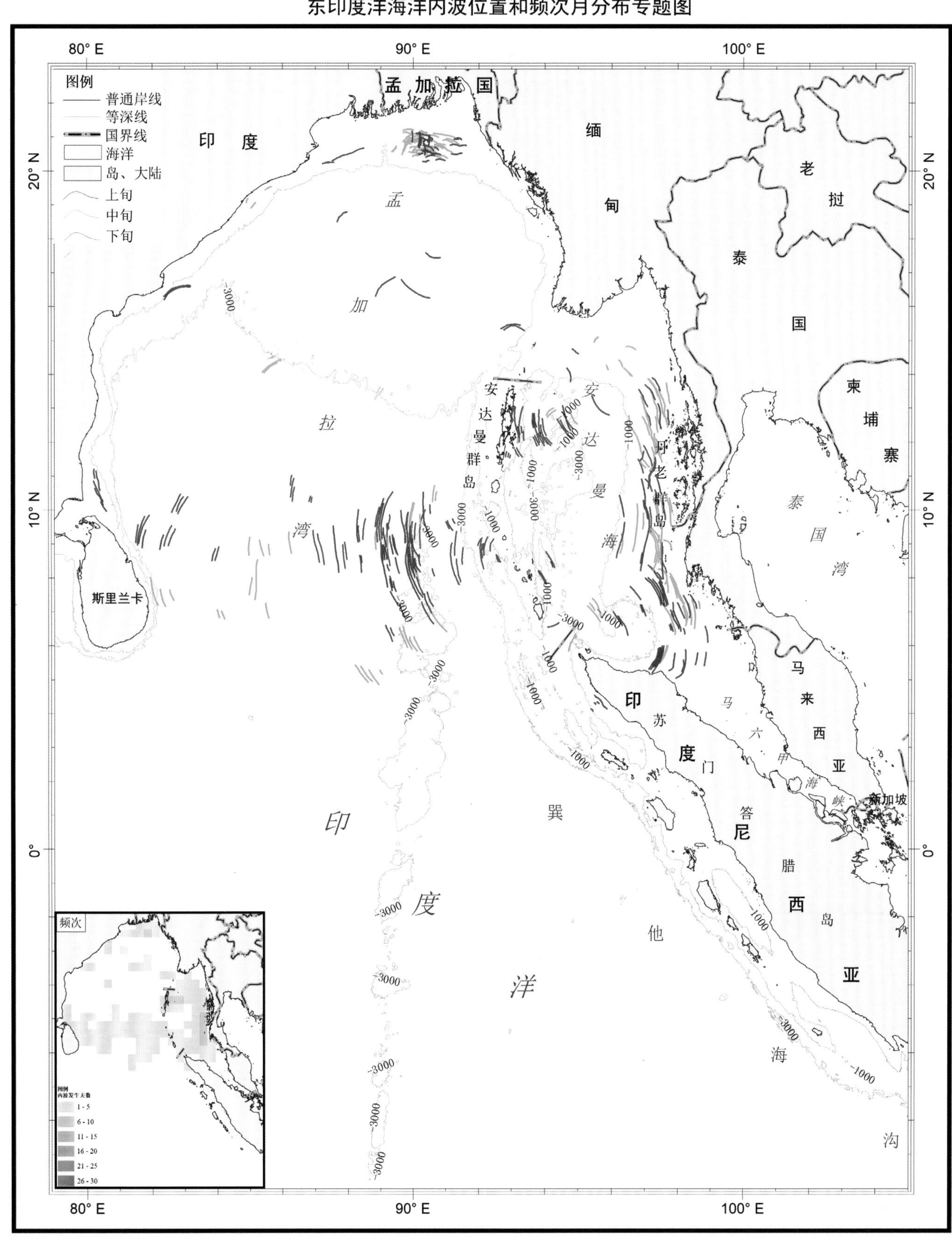

调查数据源：MODIS、SAR数据
数据空间分辨率：250m
数据时间：2020年5月

比例尺：1:14 000 000
坐标系：CGCS2000
投影信息：墨卡托投影

高程基准：1985国家高程基准
制图单位：自然资源部第一海洋研究所
制图时间：2022年1月

东印度洋海洋内波位置和频次季分布专题图

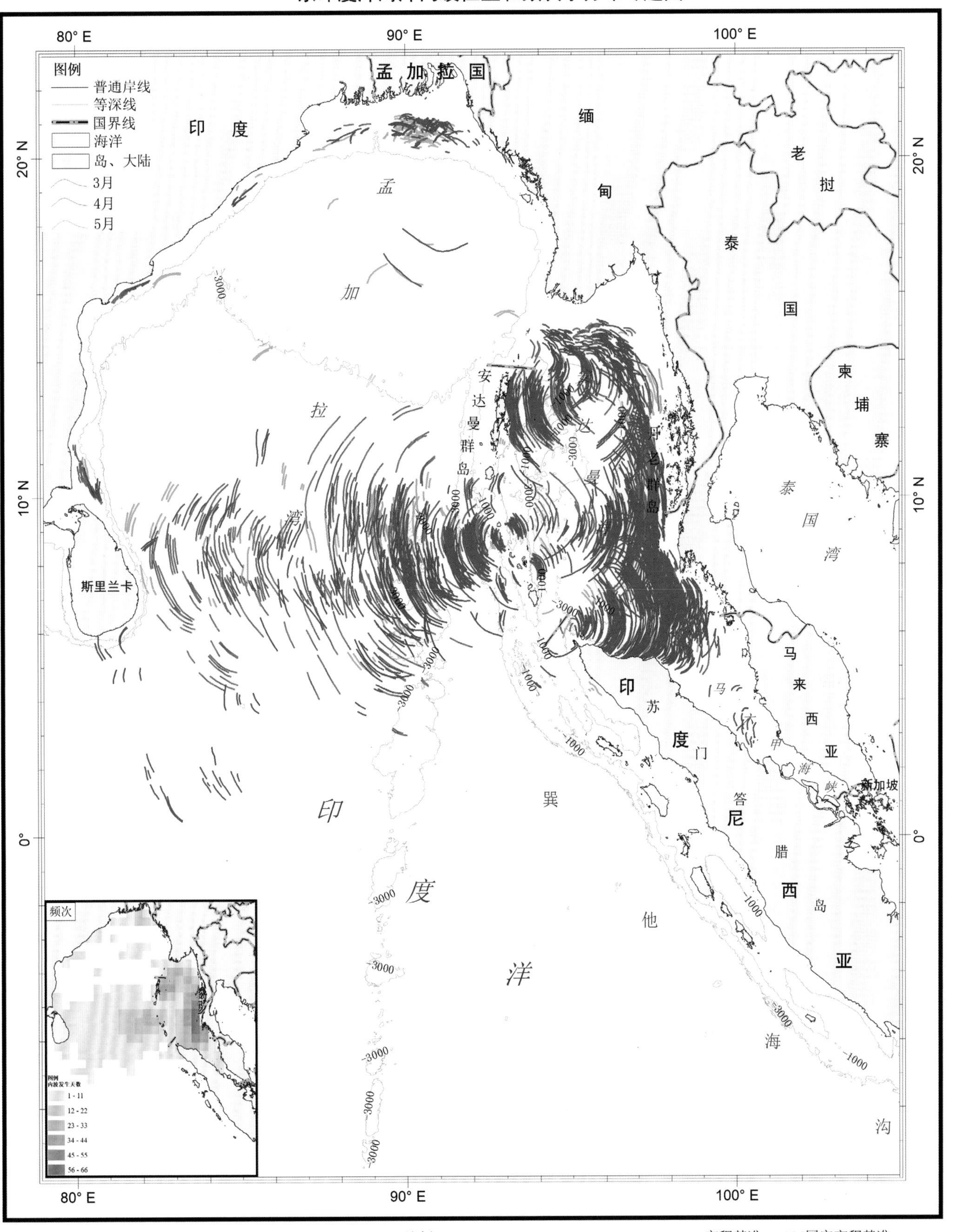

调查数据源：MODIS、SAR数据　　比例尺：1:14 000 000　　高程基准：1985国家高程基准

数据空间分辨率：250m　　坐标系：CGCS2000　　制图单位：自然资源部第一海洋研究所

数据时间：2020年春季　　投影信息：墨卡托投影　　制图时间：2022年1月

第 8 章　西太平洋海洋内孤立波分布图

西太平洋调查范围为 121°E—160°E，0°N—46°N。调查海域覆盖渤海、黄海、东海、日本海等内孤立波主要发生区。所用卫星遥感数据时间覆盖范围为 2010 年 5 月 30 日至 2020 年 5 月 30 日，光学卫星遥感图像和 SAR 遥感图像共计 3792 景，利用制作了西太平洋内孤立波月、季、半年以及年的位置和频次分布专题图 188 幅。所用光学遥感图像覆盖整个调查区域，SAR 图像覆盖范围如图 8.1 所示。

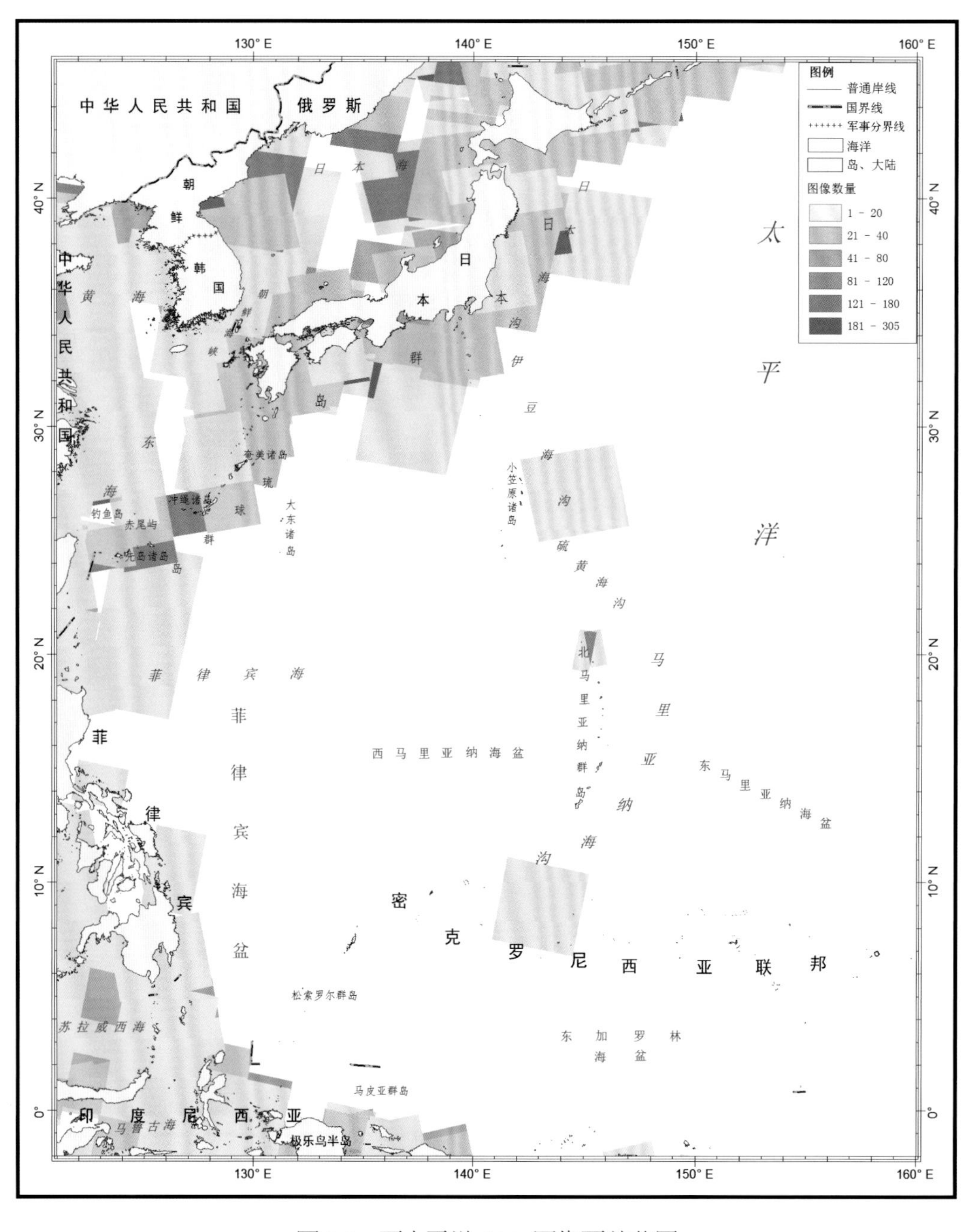

图 8.1　西太平洋 SAR 图像覆盖范围

8.1　西太平洋内孤立波 2010 年分布图

西太平洋海洋内波位置和频次月分布专题图

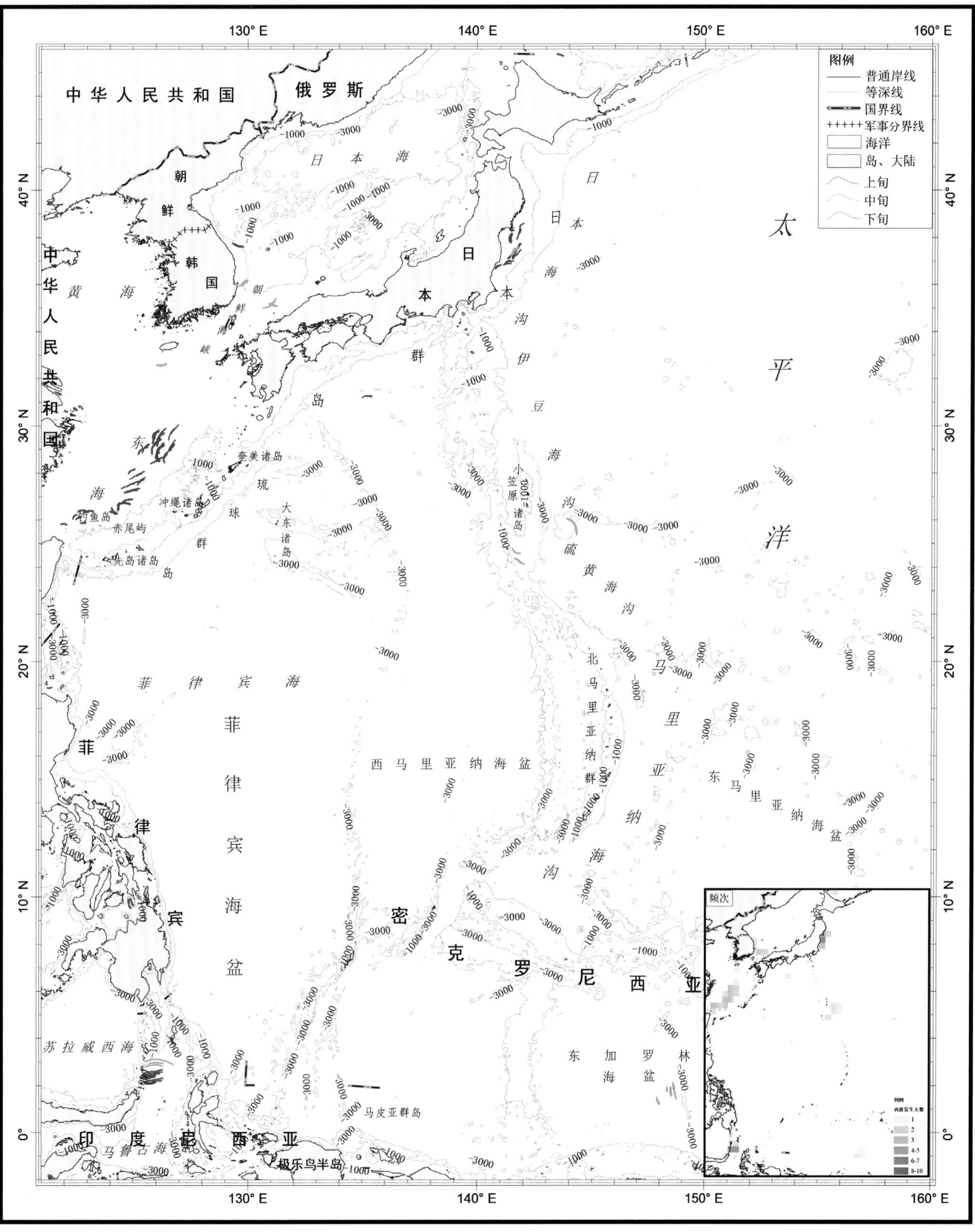

调查数据源：MODIS、SAR数据
数据空间分辨率：250m
数据时间：2010年6月

比例尺：1:18 000 000
坐标系：CGCS2000
投影信息：墨卡托投影

高程基准：1985国家高程基准
制图单位：自然资源部第一海洋研究所
制图时间：2022年1月

西太平洋海洋内波位置和频次月分布专题图

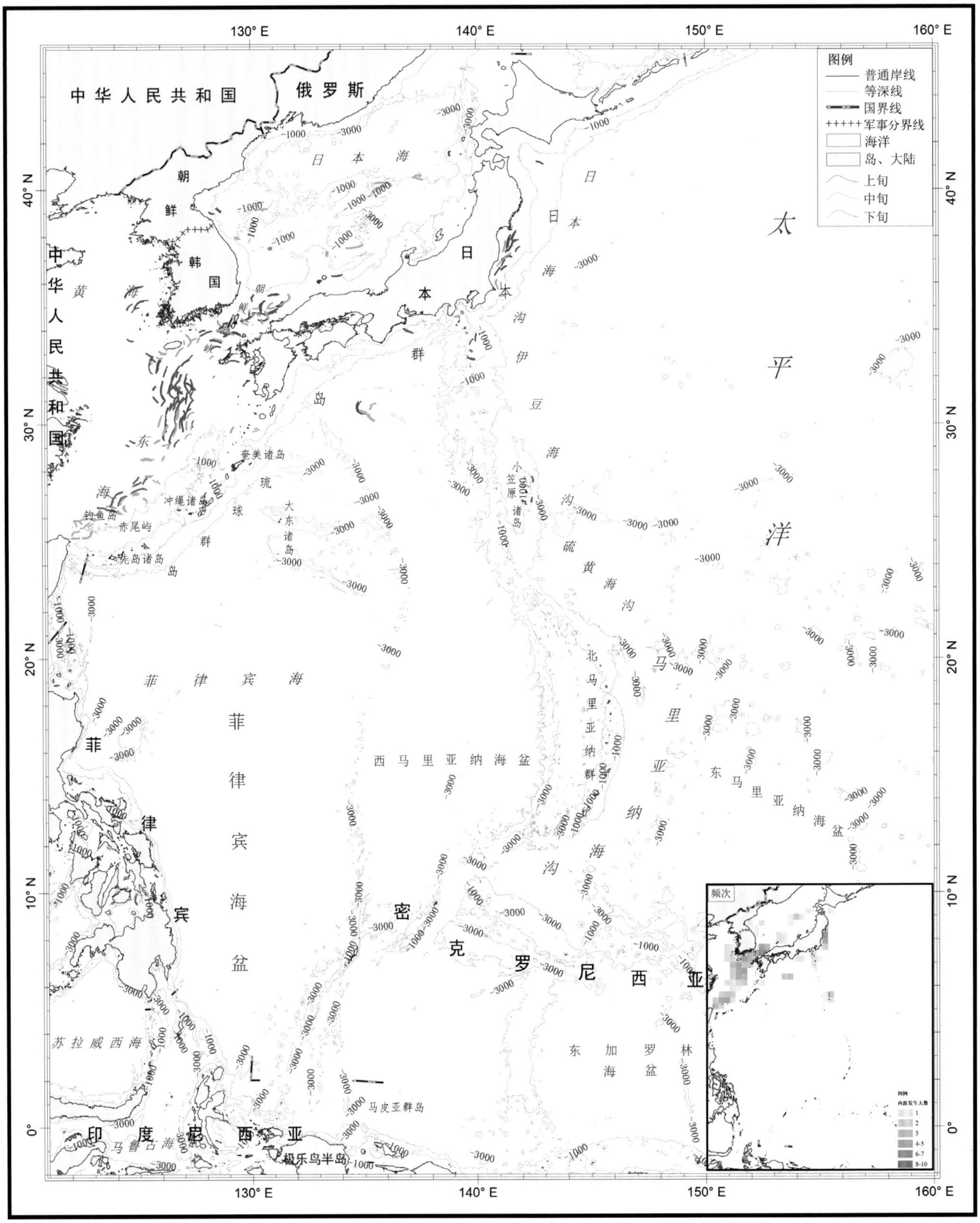

130° E 140° E 150° E 160° E

40° N 30° N 20° N 10° N 0°

图例
普通岸线
等深线
国界线
+++++ 军事分界线
海洋
岛、大陆
上旬
中旬
下旬

中华人民共和国 俄罗斯 朝鲜 韩国 日本 日本海 黄海 东海 朝鲜海峡 日本群岛 太平洋 日本海沟 伊豆海沟 小笠原诸岛 硫黄海沟 北马里亚纳群岛 马里亚纳海沟 东马里亚纳海盆 西马里亚纳海盆 菲律宾海 菲律宾海盆 菲律宾 琉球群岛 奄美诸岛 冲绳诸岛 大东诸岛 钓鱼岛 赤尾屿 先岛诸岛 密克罗尼西亚 东加罗林海盆 马皮亚群岛 苏拉威西海 马鲁古海 印度尼西亚 极乐鸟半岛

频次

图例
内波发生天数
1
2
3
4-5
6-7
8-10

调查数据源：MODIS、SAR数据
数据空间分辨率：250m
数据时间：2010年7月

比例尺：1:18 000 000
坐标系：CGCS2000
投影信息：墨卡托投影

高程基准：1985国家高程基准
制图单位：自然资源部第一海洋研究所
制图时间：2022年1月

西太平洋海洋内波位置和频次月分布专题图

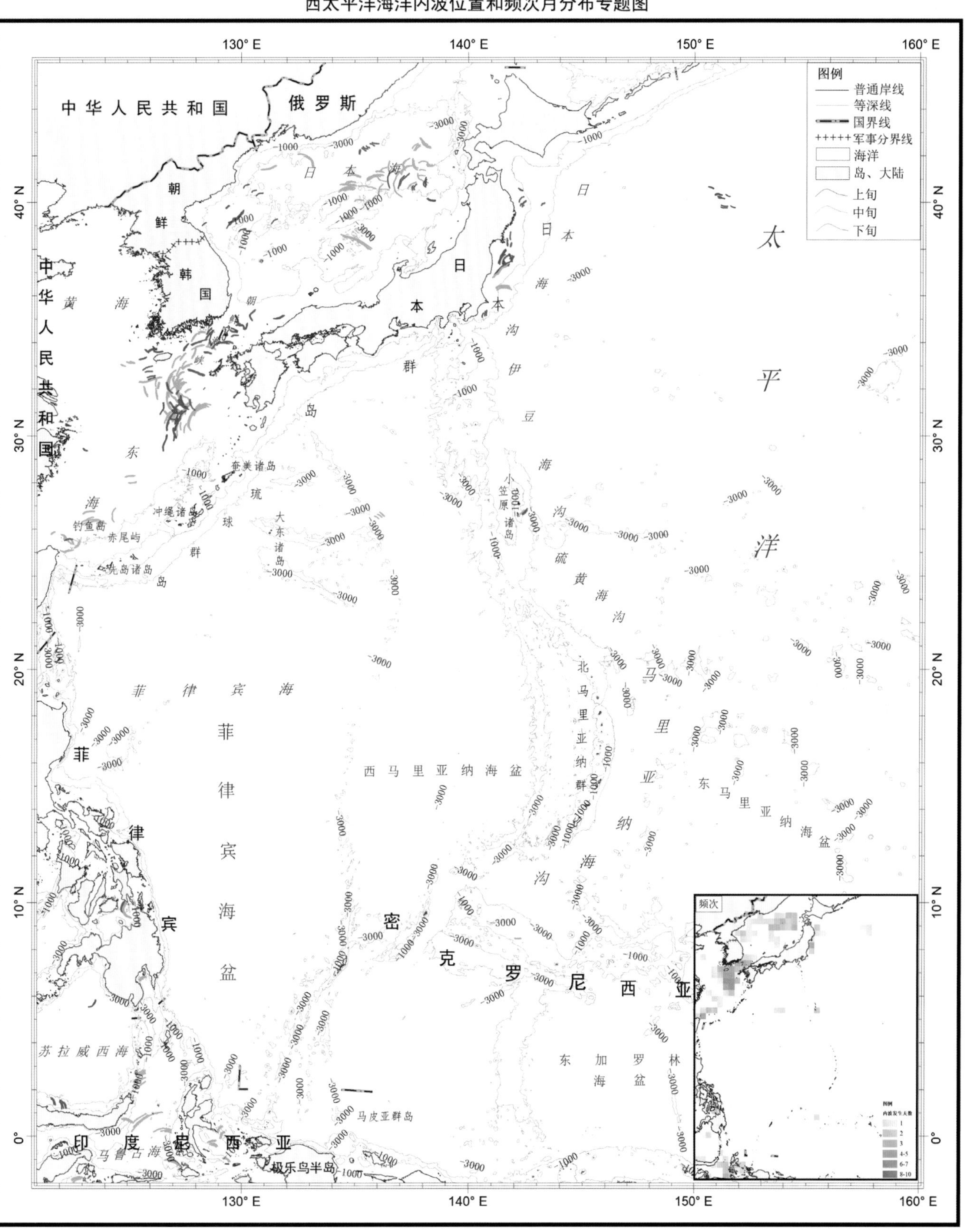

调查数据源：MODIS、SAR数据
数据空间分辨率：250m
数据时间：2010年8月

比例尺：1:18 000 000
坐标系：CGCS2000
投影信息：墨卡托投影

高程基准：1985国家高程基准
制图单位：自然资源部第一海洋研究所
制图时间：2022年1月

西太平洋海洋内波位置和频次月分布专题图

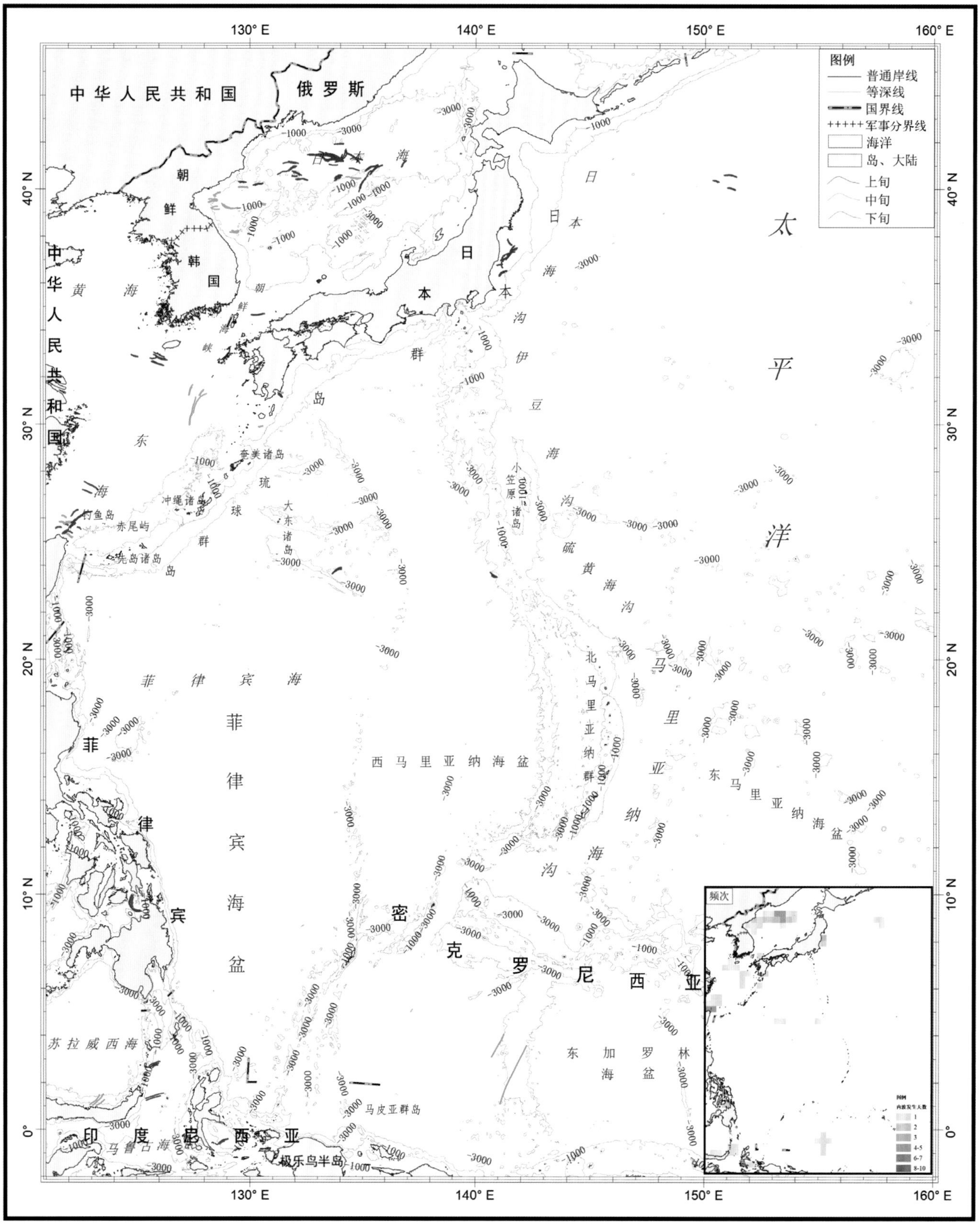

调查数据源：MODIS、SAR数据
数据空间分辨率：250m
数据时间：2010年9月

比例尺：1:18 000 000
坐标系：CGCS2000
投影信息：墨卡托投影

高程基准：1985国家高程基准
制图单位：自然资源部第一海洋研究所
制图时间：2022年1月

8

西太平洋海洋内波位置和频次月分布专题图

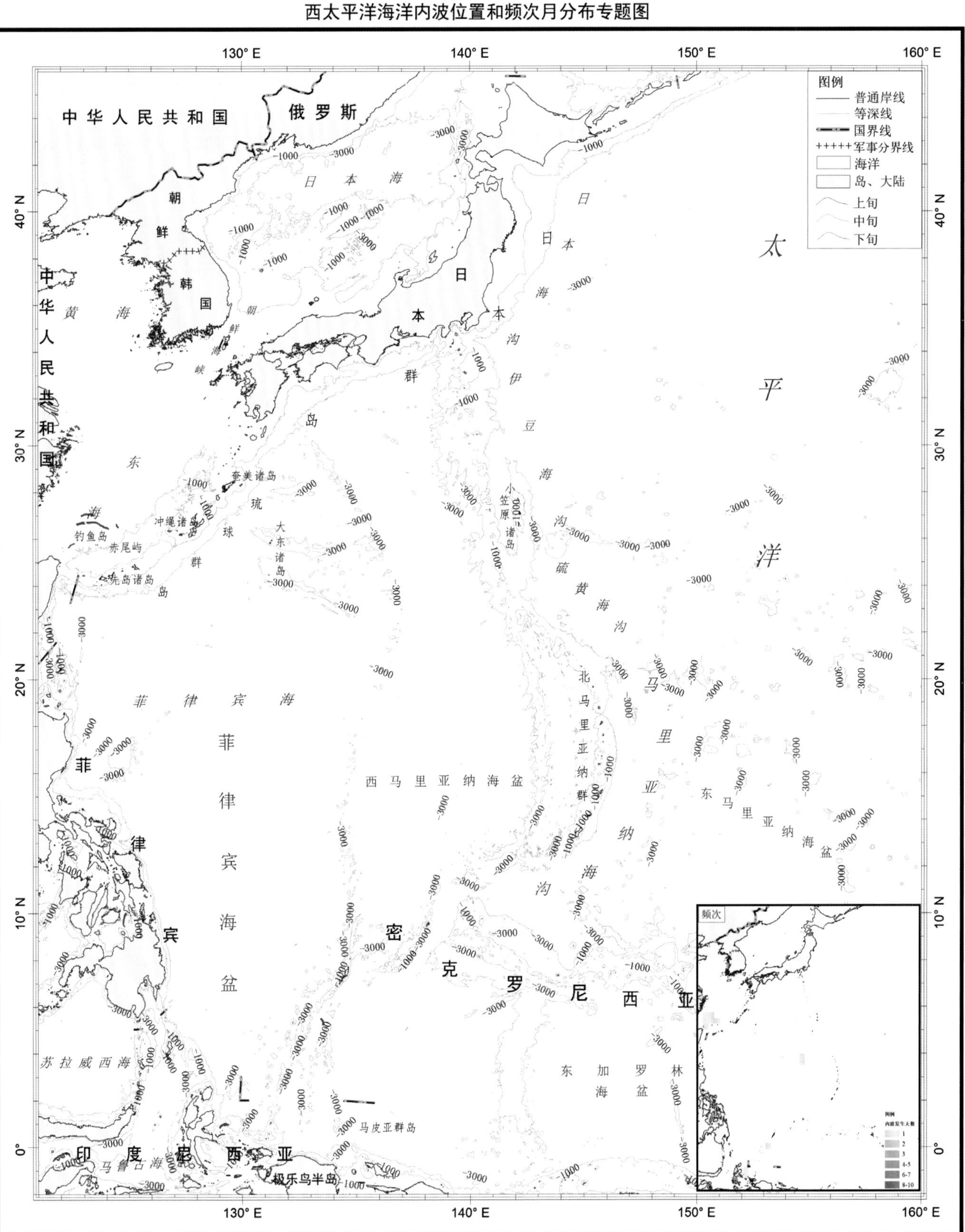

调查数据源：MODIS、SAR数据
数据空间分辨率：250m
数据时间：2010年10月

比例尺：1:18 000 000
坐标系：CGCS2000
投影信息：墨卡托投影

高程基准：1985国家高程基准
制图单位：自然资源部第一海洋研究所
制图时间：2022年1月

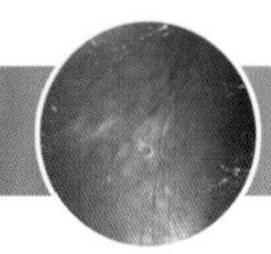

西太平洋海洋内波位置和频次月分布专题图

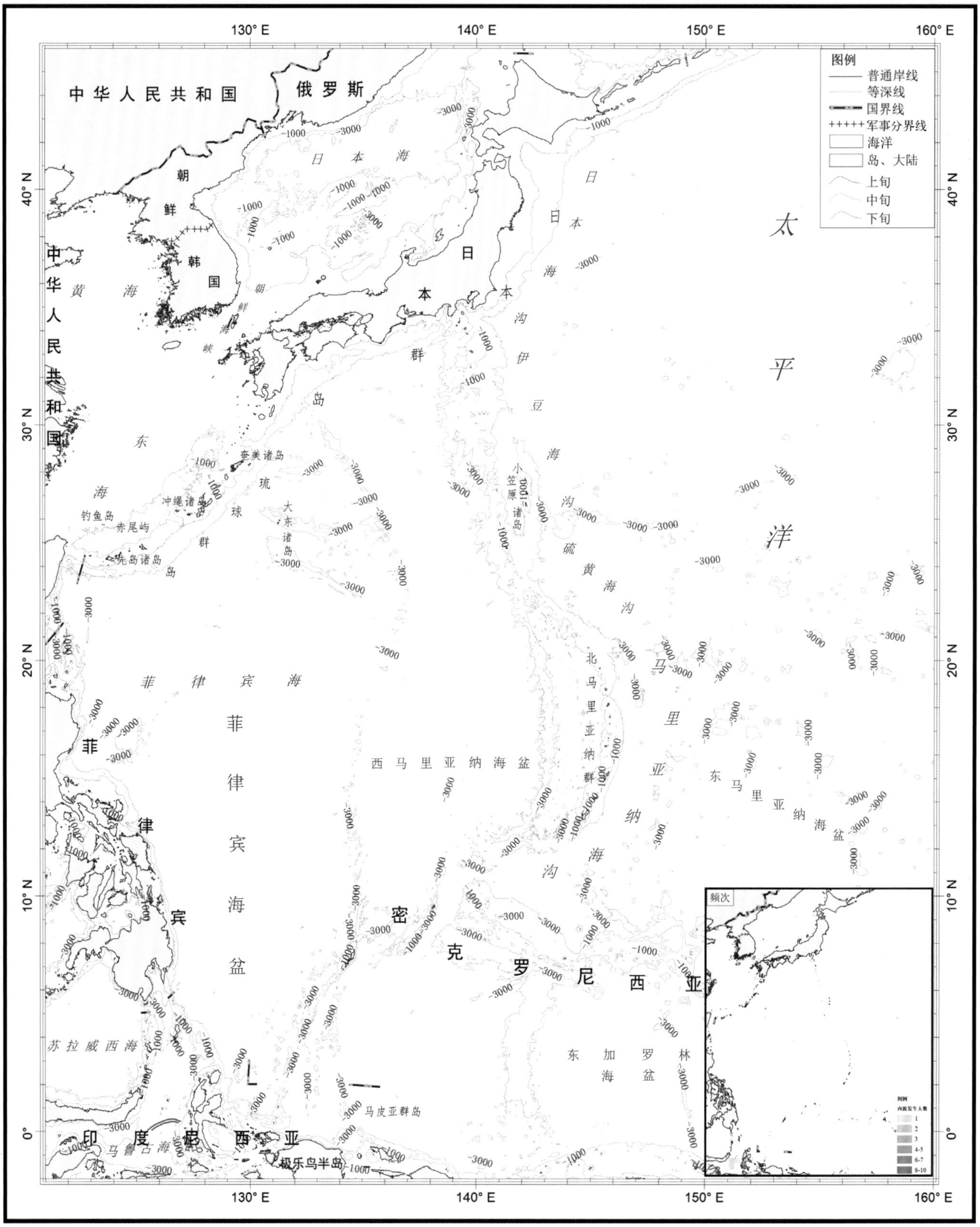

图例
普通岸线
等深线
国界线
+++++ 军事分界线
海洋
岛、大陆
上旬
中旬
下旬

频次

调查数据源：MODIS、SAR数据
数据空间分辨率：250m
数据时间：2010年11月

比例尺：1:18 000 000
坐标系：CGCS2000
投影信息：墨卡托投影

高程基准：1985国家高程基准
制图单位：自然资源部第一海洋研究所
制图时间：2022年1月

西太平洋海洋内波位置和频次月分布专题图

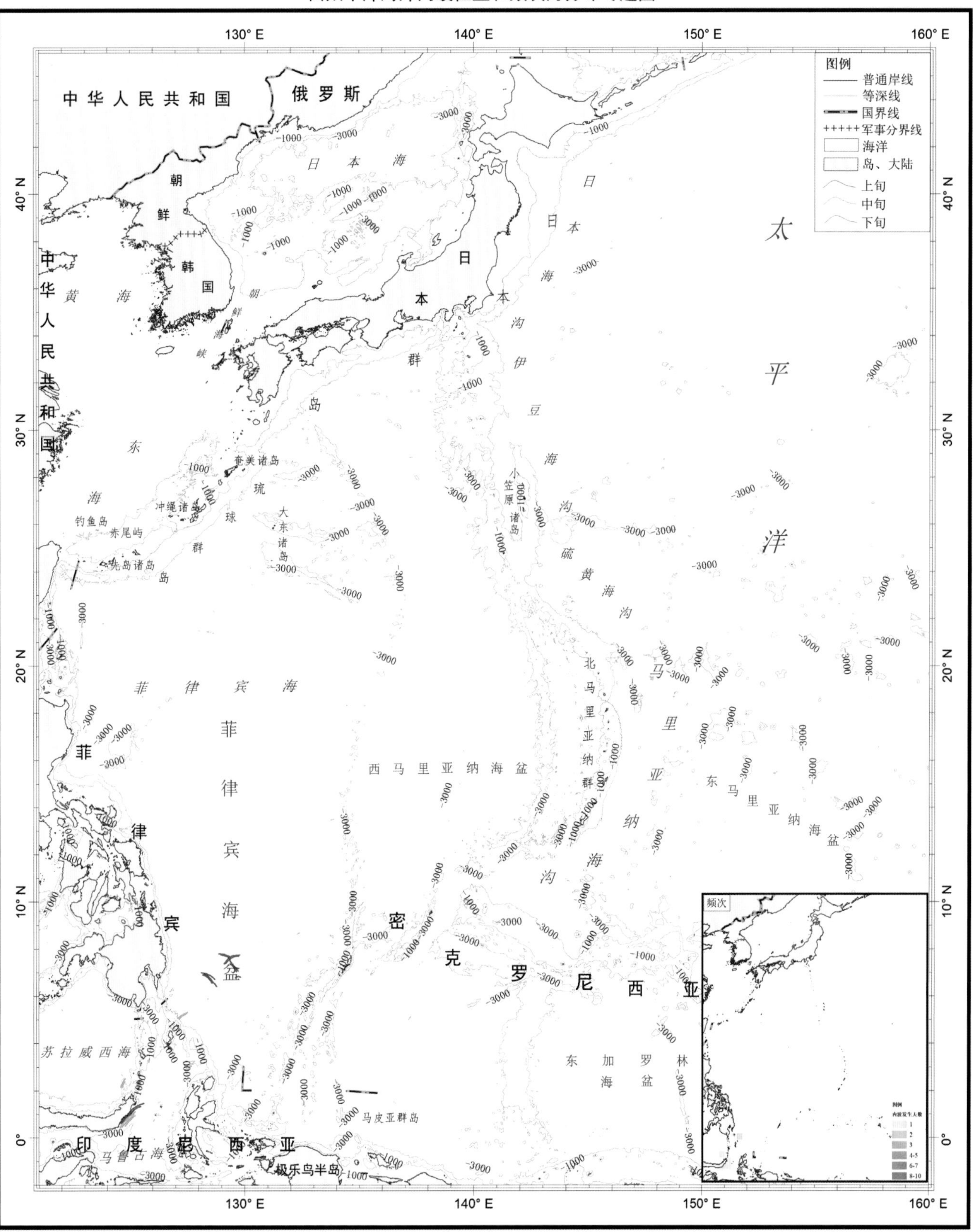

调查数据源：MODIS、SAR数据
数据空间分辨率：250m
数据时间：2010年12月

比例尺：1:18 000 000
坐标系：CGCS2000
投影信息：墨卡托投影

高程基准：1985国家高程基准
制图单位：自然资源部第一海洋研究所
制图时间：2022年1月

西太平洋海洋内波位置和频次季分布专题图

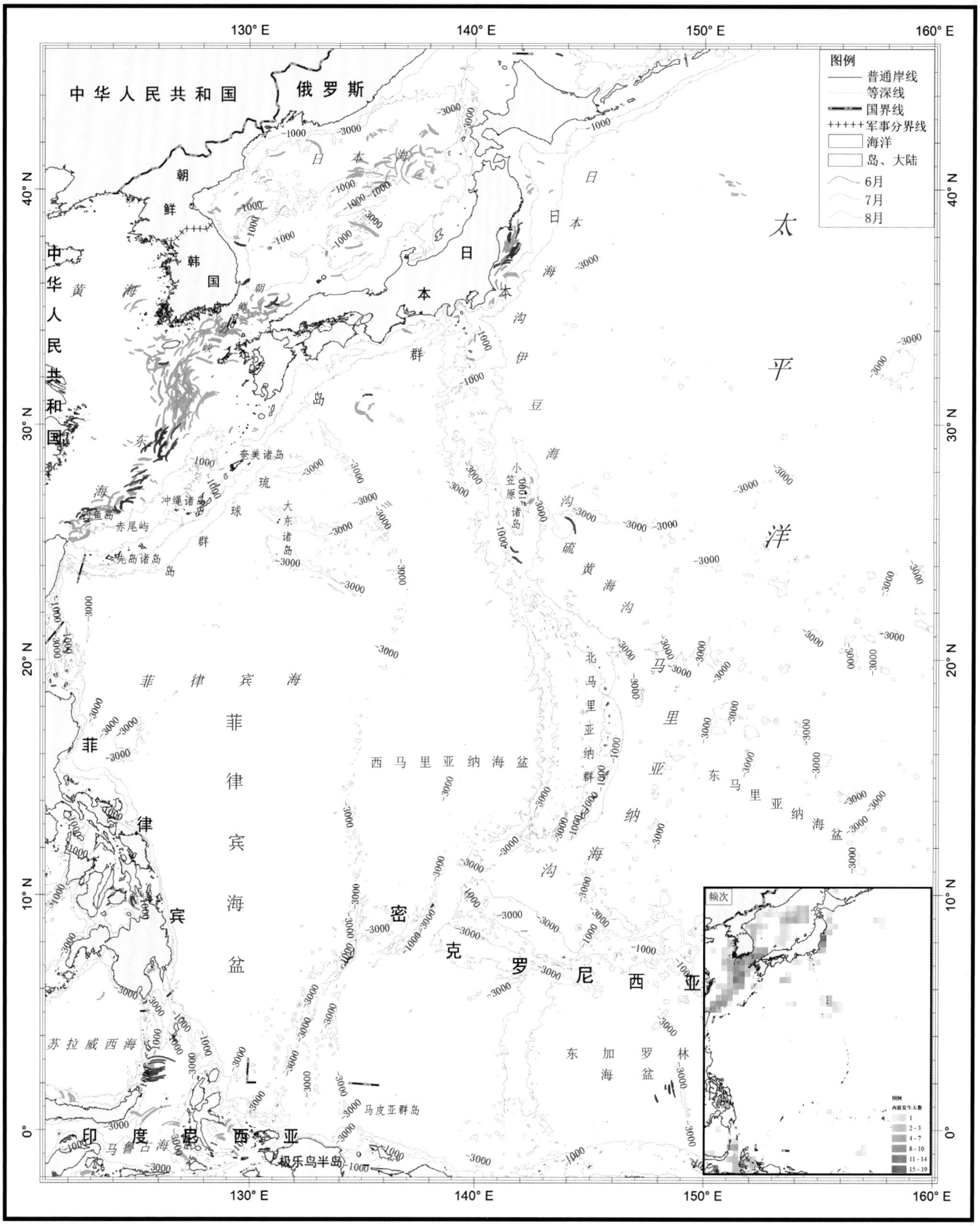

图例
普通岸线
等深线
国界线
+++++军事分界线
海洋
岛、大陆
6月
7月
8月

频次

图例
内波发生天数
1
2-3
4-7
8-10
11-14
15-19

调查数据源：MODIS、SAR数据
数据空间分辨率：250m
数据时间：2010年夏季

比例尺：1:18 000 000
坐标系：CGCS2000
投影信息：墨卡托投影

高程基准：1985国家高程基准
制图单位：自然资源部第一海洋研究所
制图时间：2022年1月

西太平洋海洋内波位置和频次季分布专题图

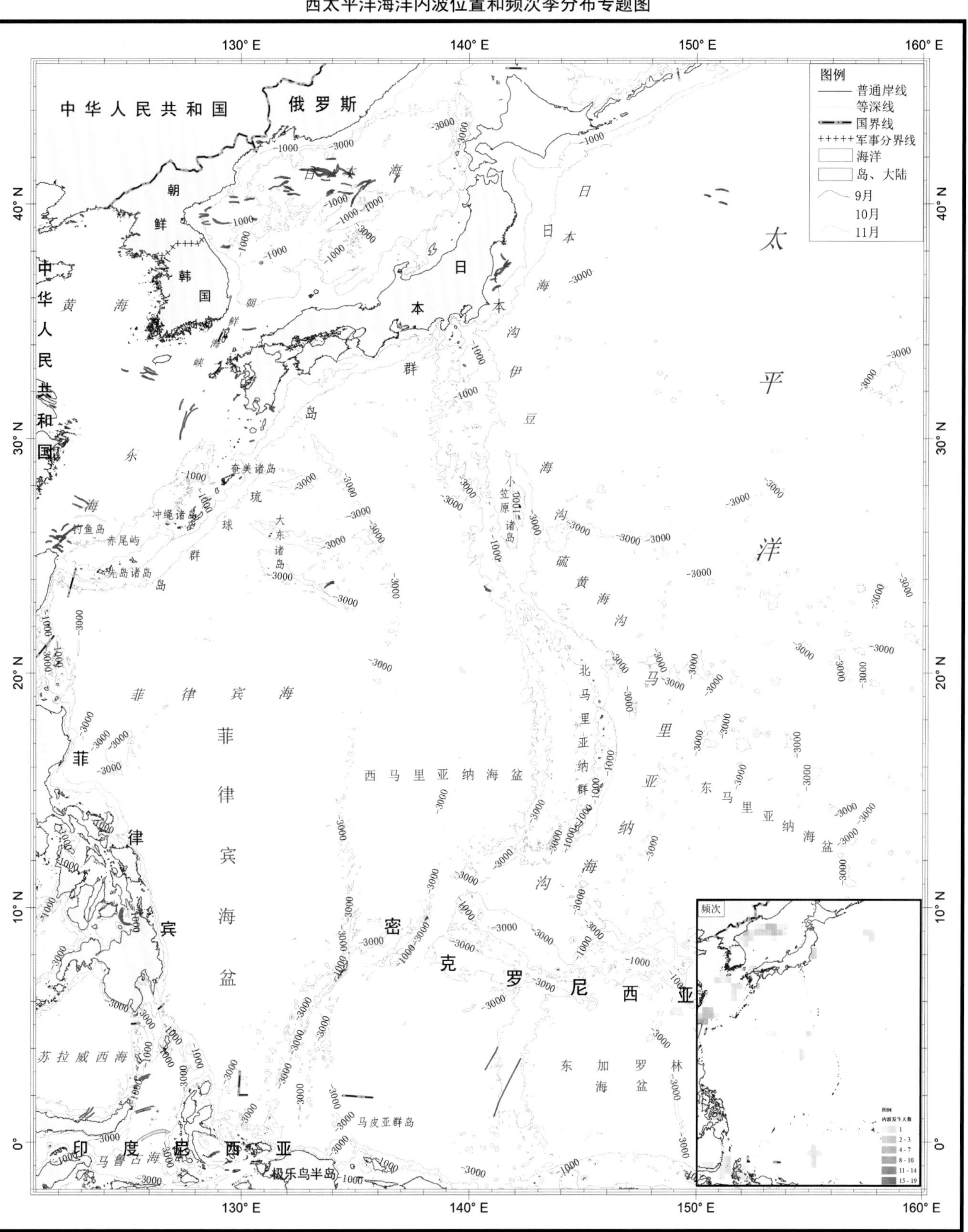

调查数据源：MODIS、SAR数据
数据空间分辨率：250m
数据时间：2010年秋季

比例尺：1:18 000 000
坐标系：CGCS2000
投影信息：墨卡托投影

高程基准：1985国家高程基准
制图单位：自然资源部第一海洋研究所
制图时间：2022年1月

西太平洋海洋内波位置和频次季分布专题图

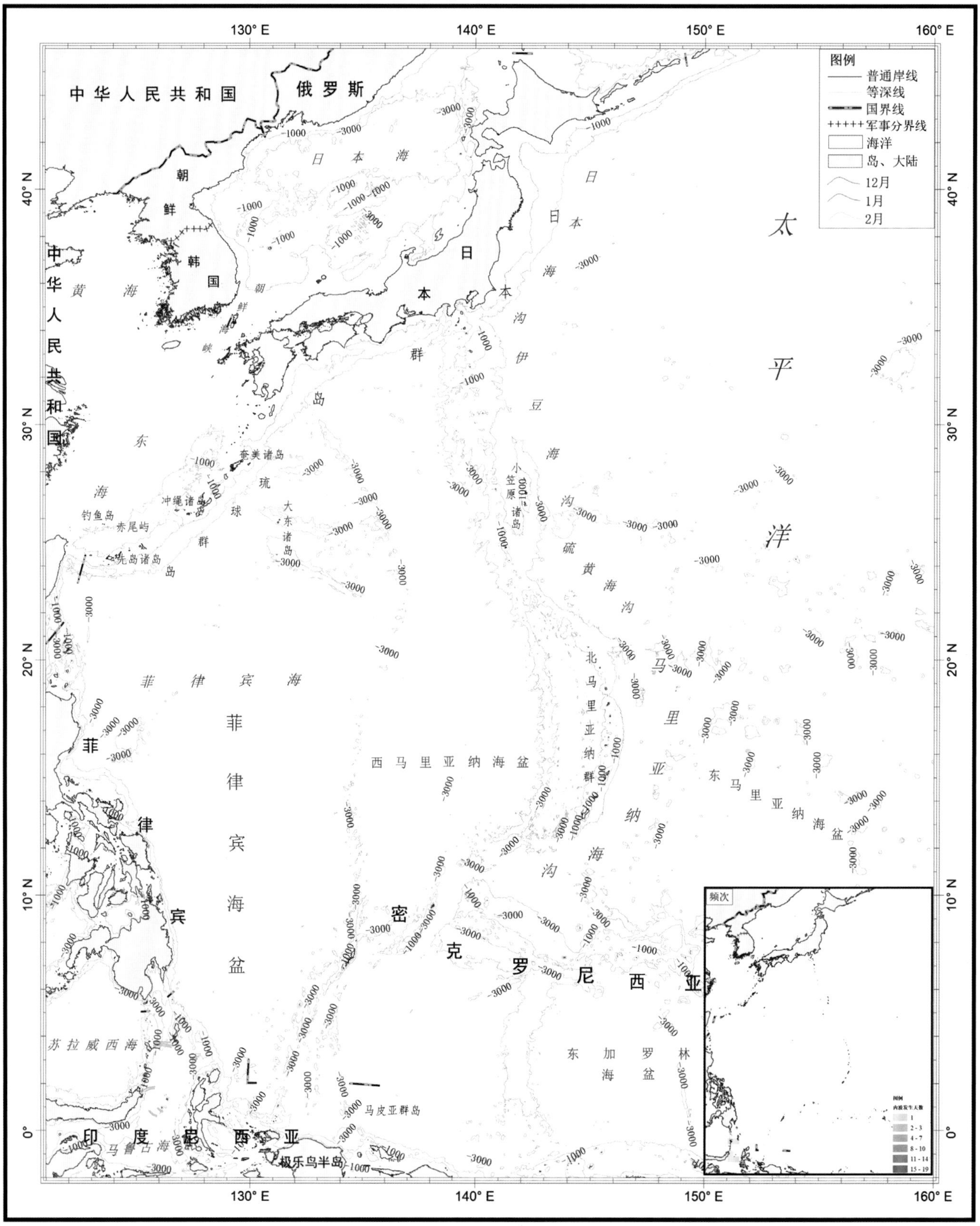

图例
普通岸线
等深线
国界线
+++++军事分界线
海洋
岛、大陆
12月
1月
2月

频次

调查数据源：MODIS、SAR数据
数据空间分辨率：250m
数据时间：2010年冬季

比例尺：1:18 000 000
坐标系：CGCS2000
投影信息：墨卡托投影

高程基准：1985国家高程基准
制图单位：自然资源部第一海洋研究所
制图时间：2022年1月

西太平洋海洋内波位置和频次半年分布专题图

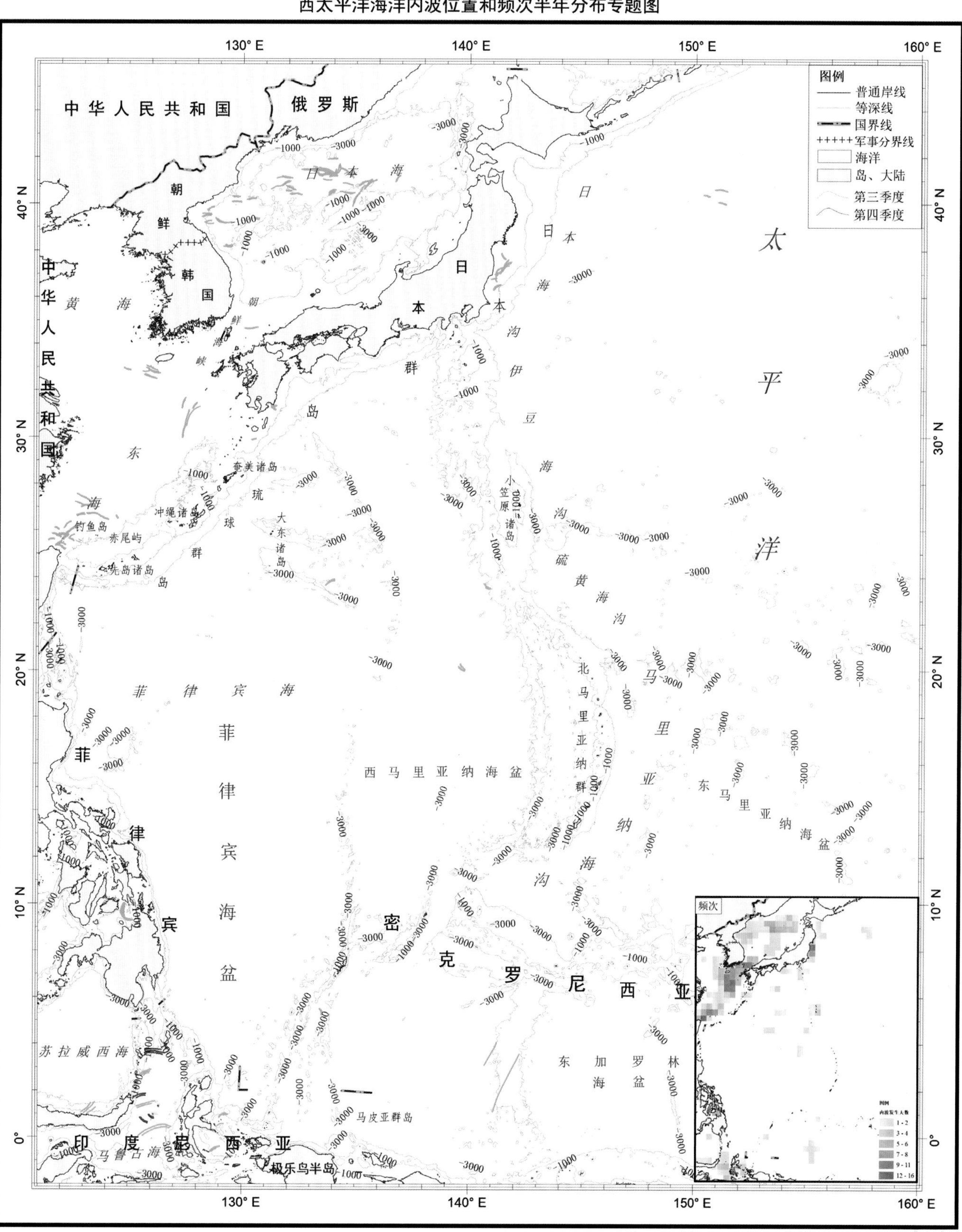

调查数据源：MODIS、SAR数据
数据空间分辨率：250m
数据时间：2010年下半年

比例尺：1:18 000 000
坐标系：CGCS2000
投影信息：墨卡托投影

高程基准：1985国家高程基准
制图单位：自然资源部第一海洋研究所
制图时间：2022年1月

8.2 西太平洋内孤立波 2011 年分布图

西太平洋海洋内波位置和频次月分布专题图

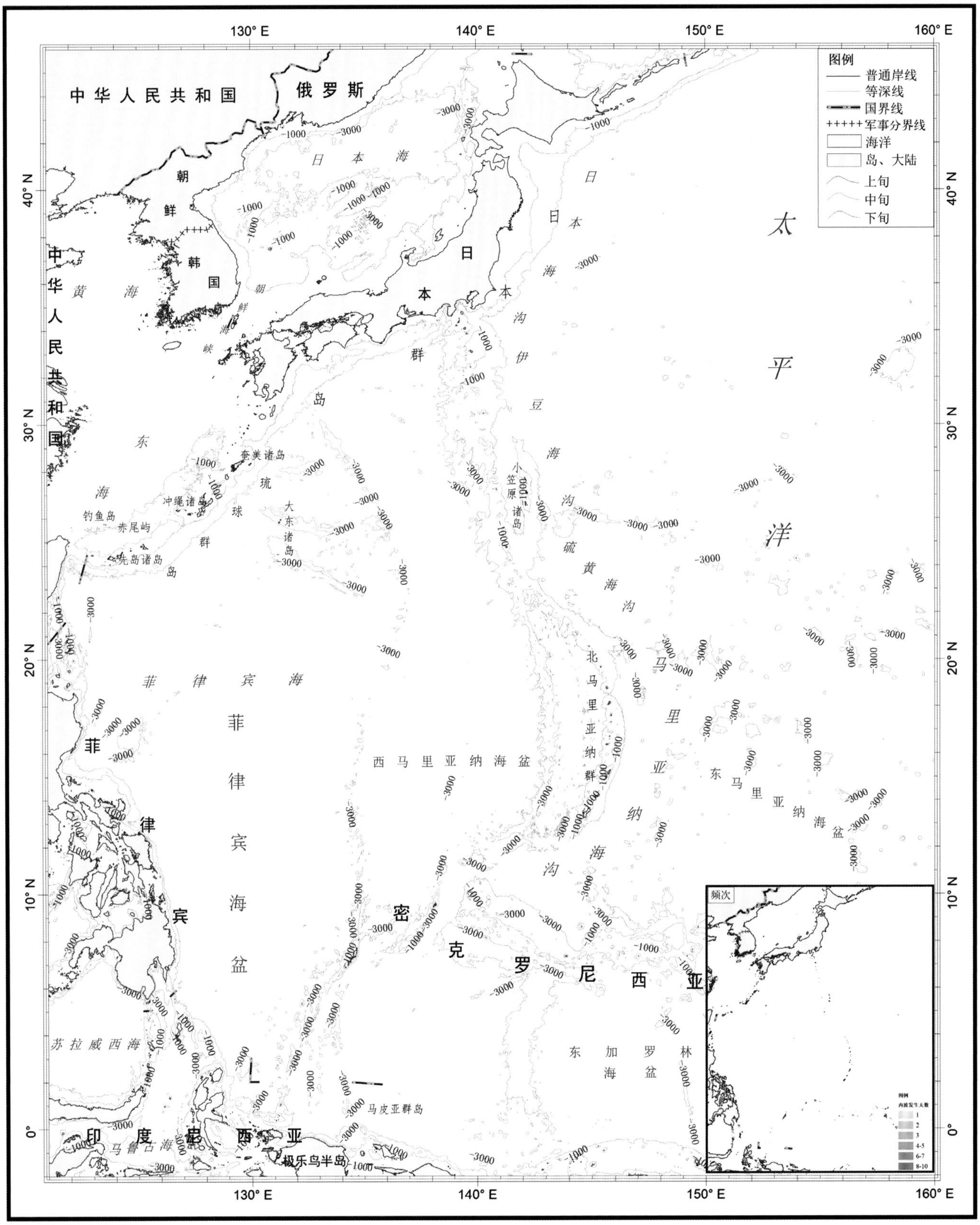

图例
普通岸线
等深线
国界线
+++++军事分界线
海洋
岛、大陆
上旬
中旬
下旬

频次

调查数据源：MODIS、SAR数据
数据空间分辨率：250m
数据时间：2011年1月

比例尺：1:18 000 000
坐标系：CGCS2000
投影信息：墨卡托投影

高程基准：1985国家高程基准
制图单位：自然资源部第一海洋研究所
制图时间：2022年1月

西太平洋海洋内波位置和频次月分布专题图

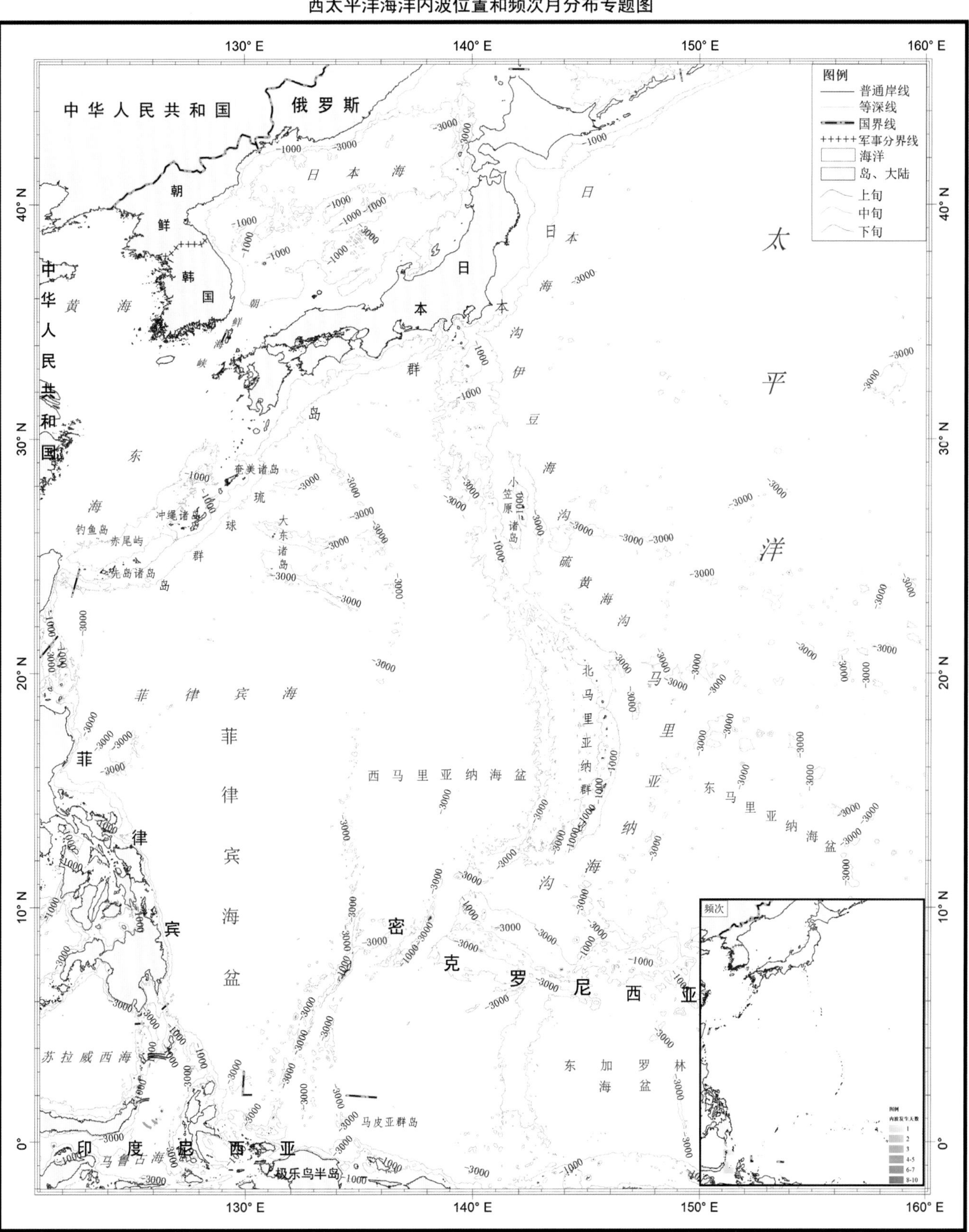

调查数据源：MODIS、SAR数据
数据空间分辨率：250m
数据时间：2011年2月

比例尺：1:18 000 000
坐标系：CGCS2000
投影信息：墨卡托投影

高程基准：1985国家高程基准
制图单位：自然资源部第一海洋研究所
制图时间：2022年1月

西太平洋海洋内波位置和频次月分布专题图

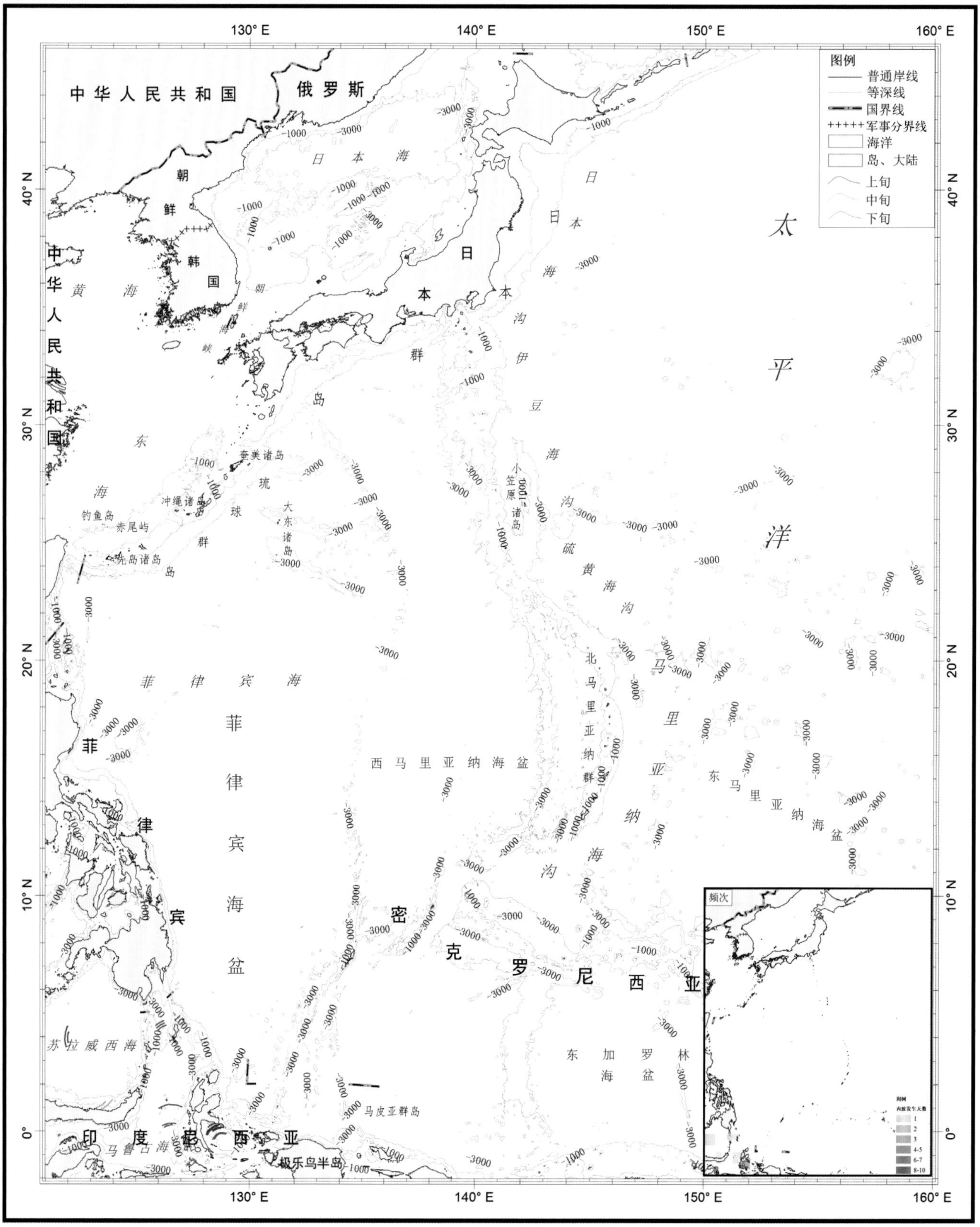

图例
普通岸线
等深线
国界线
+++++ 军事分界线
海洋
岛、大陆
上旬
中旬
下旬

中华人民共和国
俄罗斯
朝鲜
韩国
日本
日本海
太平洋
黄海
东海
菲律宾海
菲律宾
西马里亚纳海盆
东马里亚纳海盆
菲律宾海盆
密克罗尼西亚
东加罗林海盆
印度尼西亚
马皮亚群岛
极乐鸟半岛
苏拉威西海
马鲁古海
琉球群岛
大东诸岛
奄美诸岛
冲绳诸岛
钓鱼岛
赤尾屿
先岛诸岛
小笠原诸岛
日本沟
伊豆海沟
琉黄海沟
马里亚纳海沟
北马里亚纳群岛
日本群岛
朝鲜海峡

频次
图例
内波发生天数
1
2
3
4-5
6-7
8-10

调查数据源：MODIS、SAR数据
数据空间分辨率：250m
数据时间：2011年3月

比例尺：1:18 000 000
坐标系：CGCS2000
投影信息：墨卡托投影

高程基准：1985国家高程基准
制图单位：自然资源部第一海洋研究所
制图时间：2022年1月

西太平洋海洋内波位置和频次月分布专题图

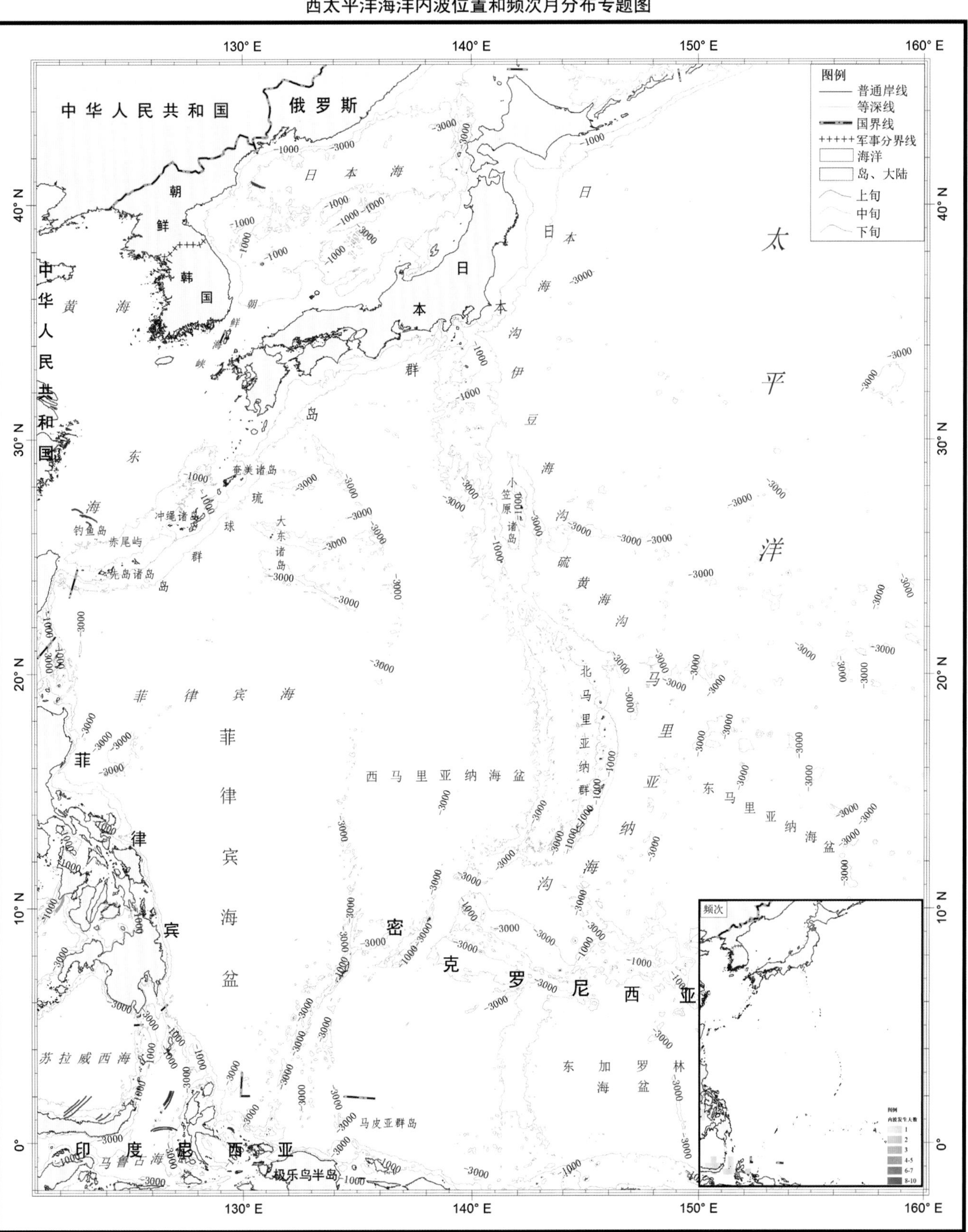

调查数据源：MODIS、SAR数据　　比例尺：1:18 000 000　　高程基准：1985国家高程基准

数据空间分辨率：250m　　坐标系：CGCS2000　　制图单位：自然资源部第一海洋研究所

数据时间：2011年4月　　投影信息：墨卡托投影　　制图时间：2022年1月

西太平洋海洋内波位置和频次月分布专题图

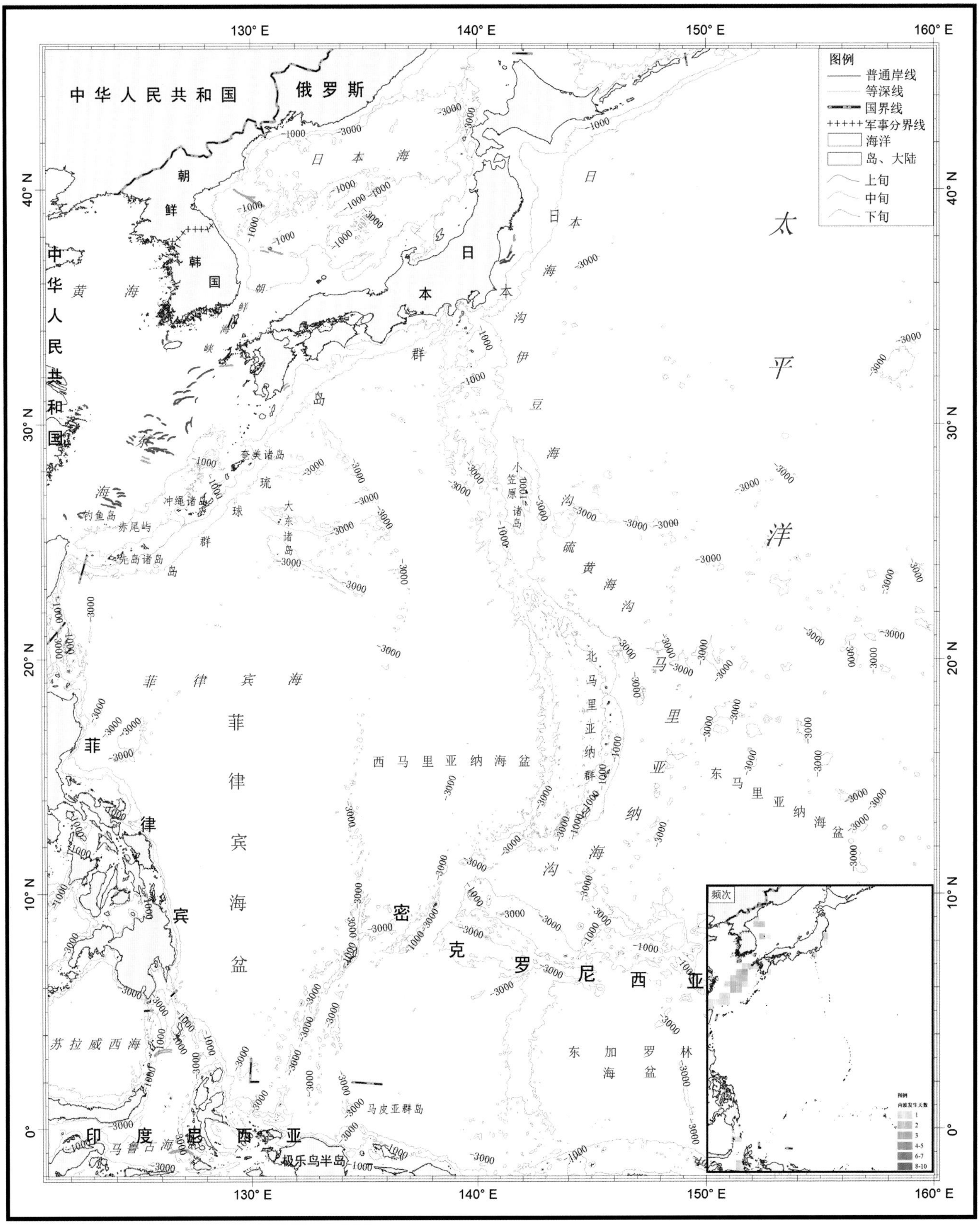

图例
普通岸线
等深线
国界线
+++++军事分界线
海洋
岛、大陆
上旬
中旬
下旬

频次

调查数据源：MODIS、SAR数据
数据空间分辨率：250m
数据时间：2011年5月

比例尺：1:18 000 000
坐标系：CGCS2000
投影信息：墨卡托投影

高程基准：1985国家高程基准
制图单位：自然资源部第一海洋研究所
制图时间：2022年1月

西太平洋海洋内波位置和频次月分布专题图

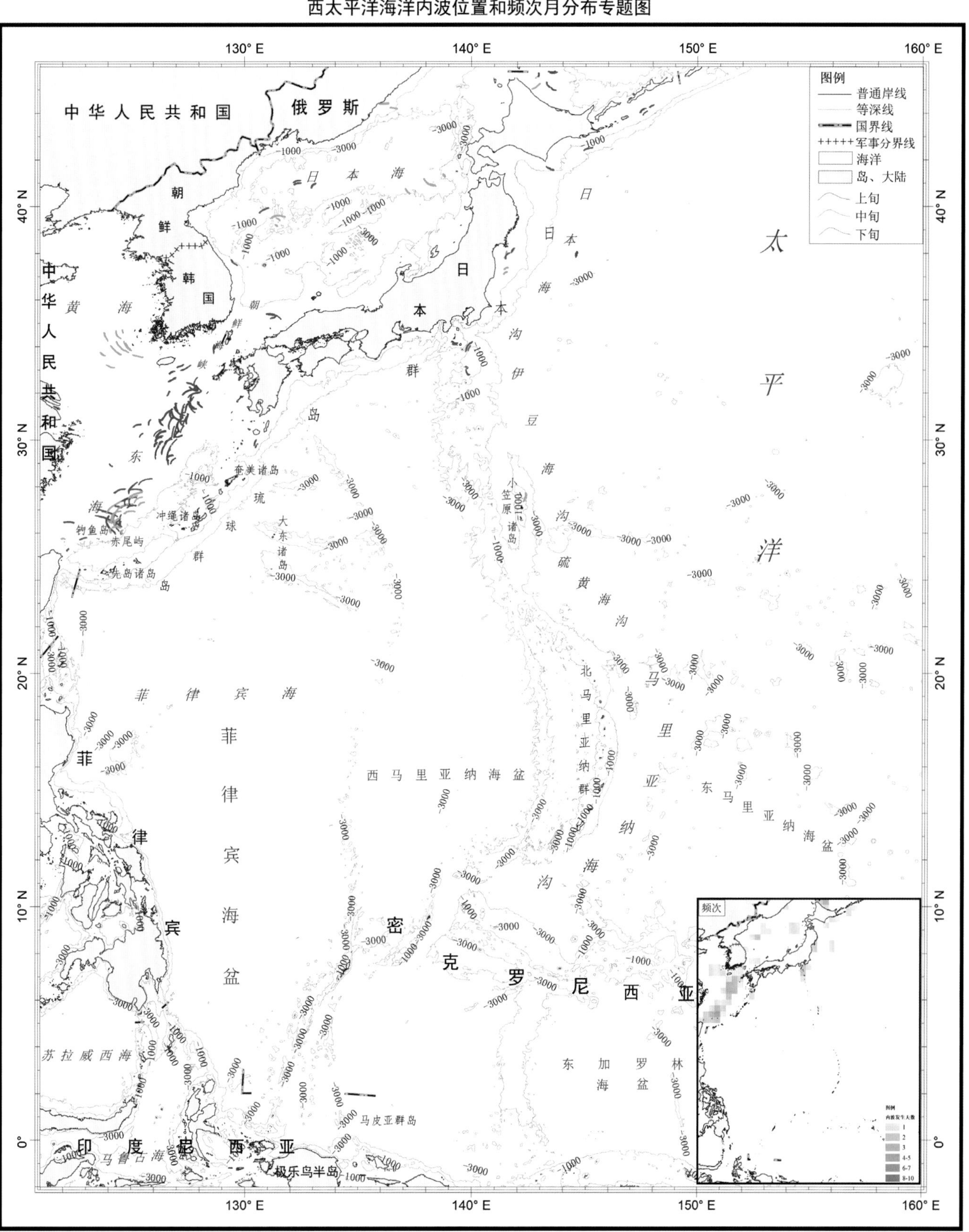

调查数据源：MODIS、SAR数据
数据空间分辨率：250m
数据时间：2011年6月

比例尺：1:18 000 000
坐标系：CGCS2000
投影信息：墨卡托投影

高程基准：1985国家高程基准
制图单位：自然资源部第一海洋研究所
制图时间：2022年1月

西太平洋海洋内波位置和频次月分布专题图

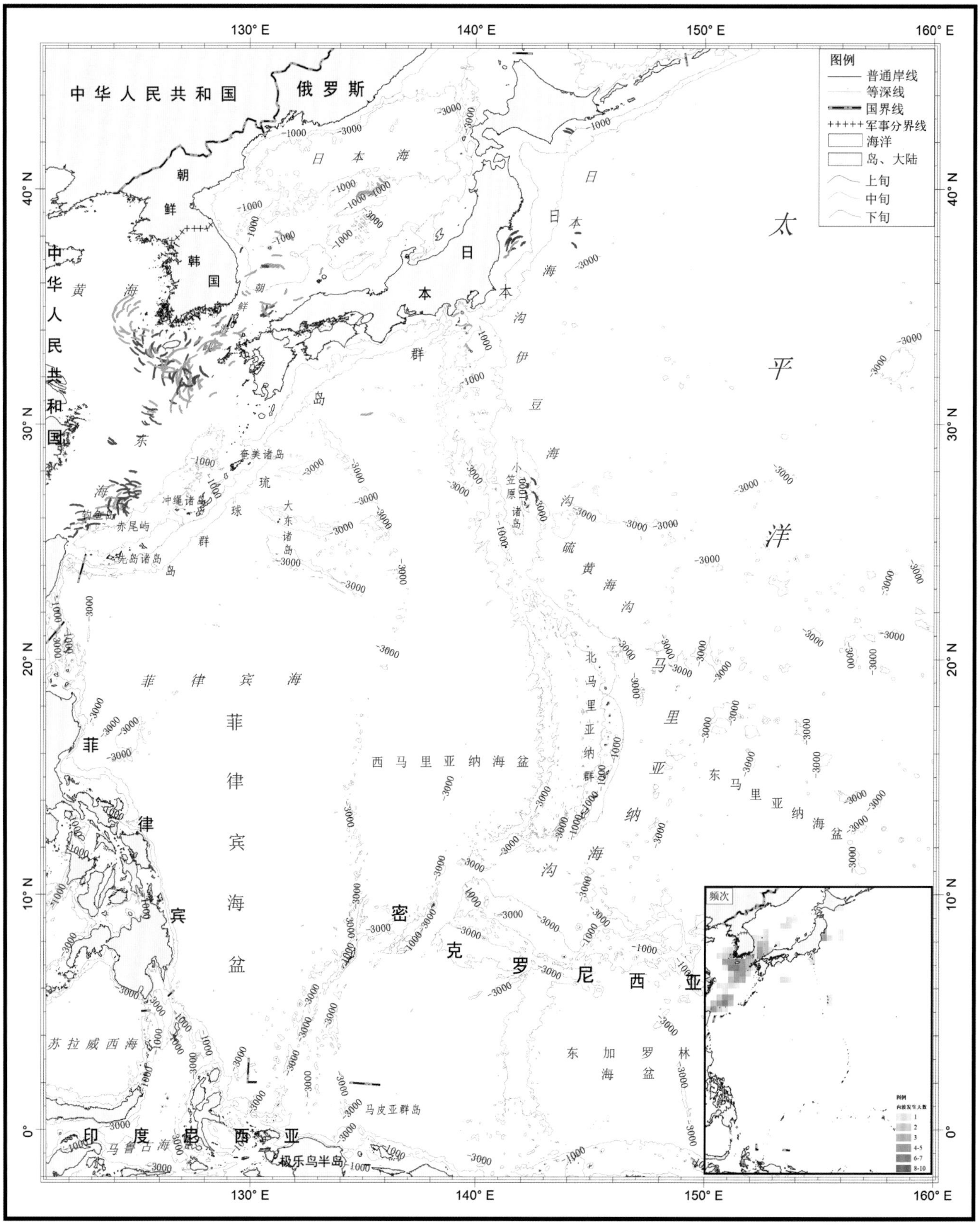

图例
- 普通岸线
- 等深线
- 国界线
- +++++军事分界线
- 海洋
- 岛、大陆
- 上旬
- 中旬
- 下旬

调查数据源：MODIS、SAR数据
数据空间分辨率：250m
数据时间：2011年7月

比例尺：1:18 000 000
坐标系：CGCS2000
投影信息：墨卡托投影

高程基准：1985国家高程基准
制图单位：自然资源部第一海洋研究所
制图时间：2022年1月

西太平洋海洋内波位置和频次月分布专题图

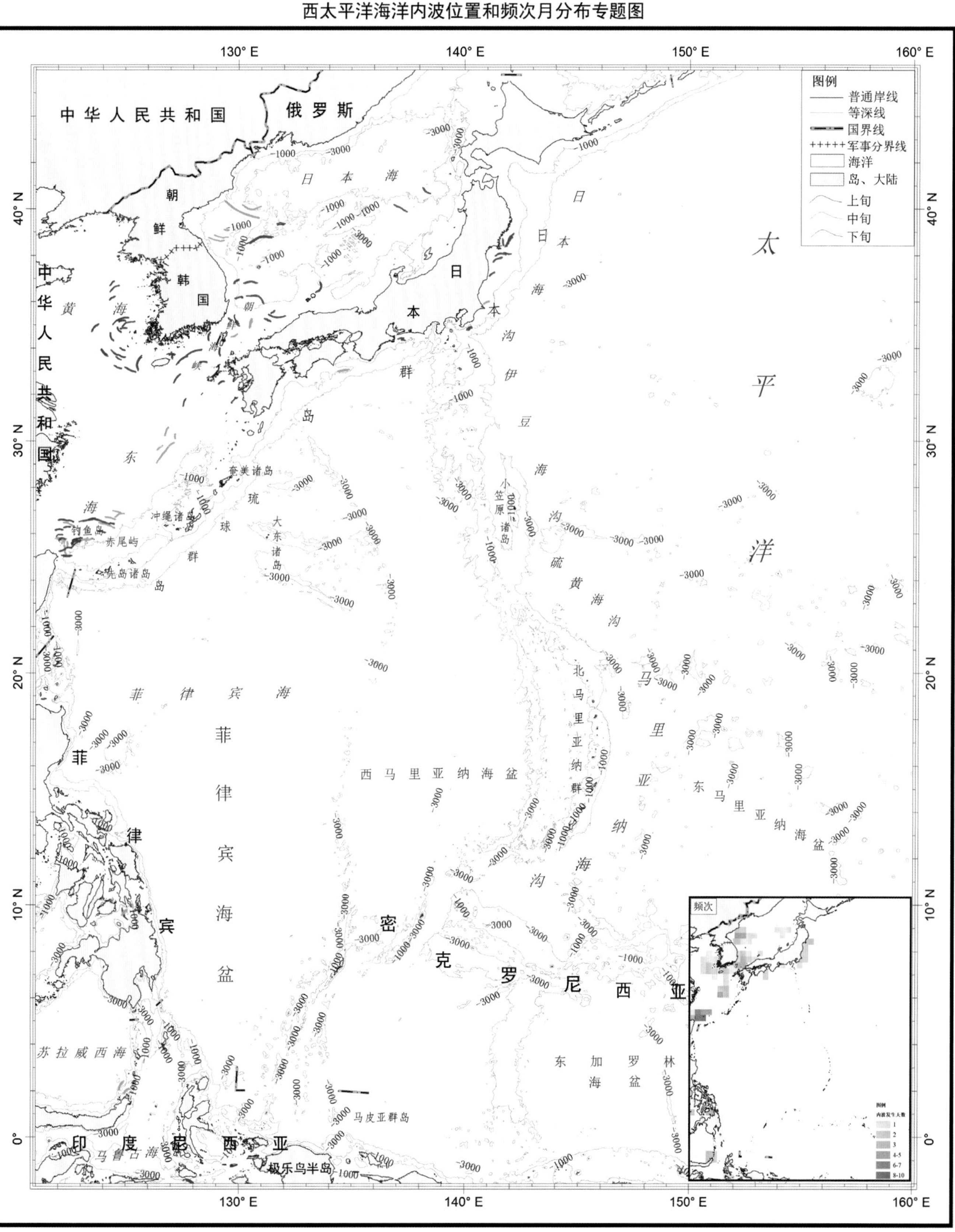

调查数据源：MODIS、SAR数据
数据空间分辨率：250m
数据时间：2011年8月

比例尺：1:18 000 000
坐标系：CGCS2000
投影信息：墨卡托投影

高程基准：1985国家高程基准
制图单位：自然资源部第一海洋研究所
制图时间：2022年1月

西太平洋海洋内波位置和频次月分布专题图

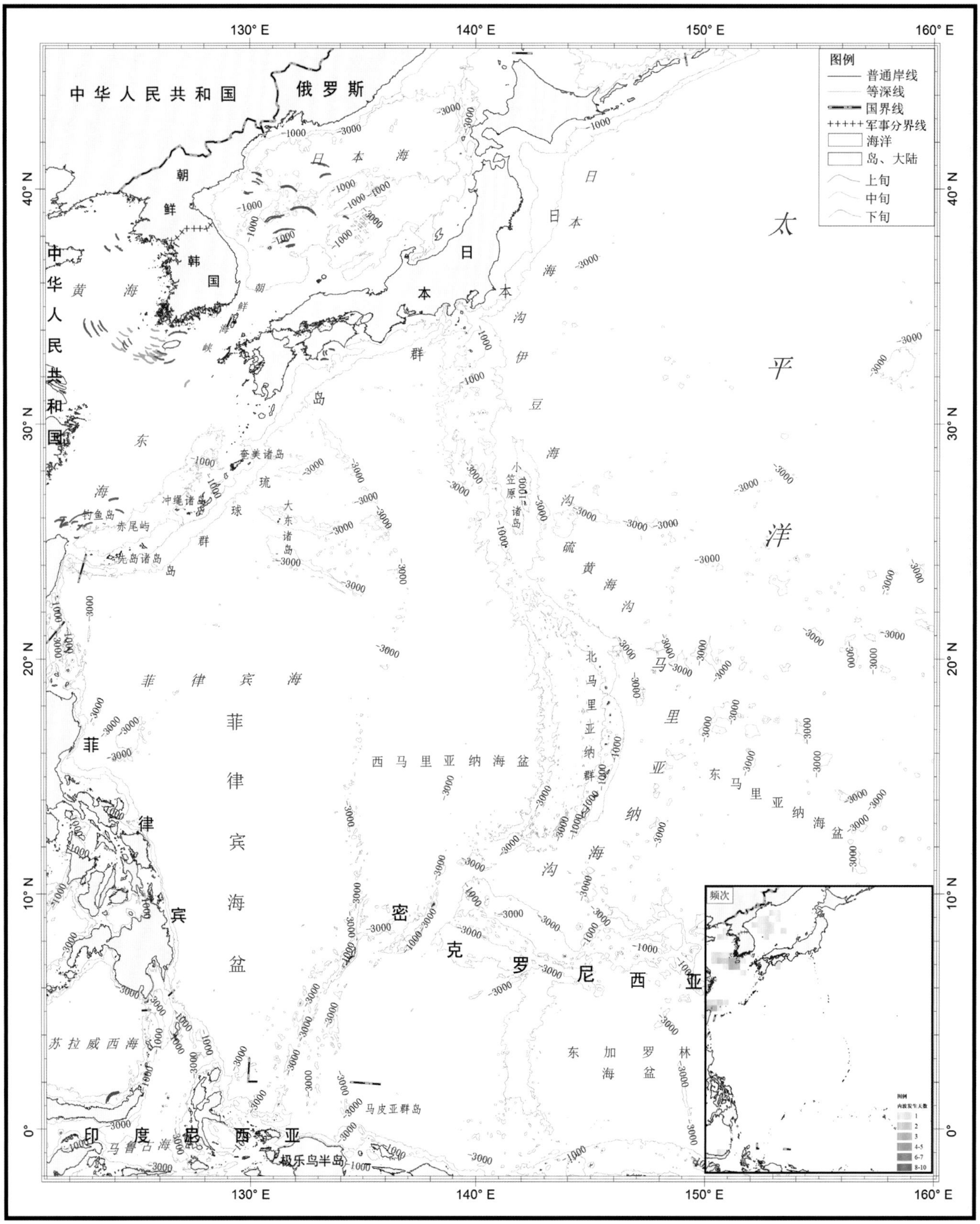

图例
普通岸线
等深线
国界线
军事分界线
海洋
岛、大陆
上旬
中旬
下旬

太平洋
日本海
黄海
东海
菲律宾海
西马里亚纳海盆
东马里亚纳海盆
菲律宾海盆
东加罗林海盆
日本海沟
伊豆海沟
硫黄海沟
马里亚纳海沟
苏拉威西海
马鲁古海
中华人民共和国
俄罗斯
朝鲜
韩国
日本
菲律宾
密克罗尼西亚
印度尼西亚
朝鲜海峡
日本群岛
琉球群岛
奄美诸岛
冲绳诸岛
钓鱼岛
赤尾屿
先岛诸岛
大东诸岛
小笠原诸岛
北马里亚纳群岛
马里亚纳群岛
马皮亚群岛
极乐鸟半岛

频次

调查数据源：MODIS、SAR数据
数据空间分辨率：250m
数据时间：2011年9月

比例尺：1:18 000 000
坐标系：CGCS2000
投影信息：墨卡托投影

高程基准：1985国家高程基准
制图单位：自然资源部第一海洋研究所
制图时间：2022年1月

西太平洋海洋内波位置和频次月分布专题图

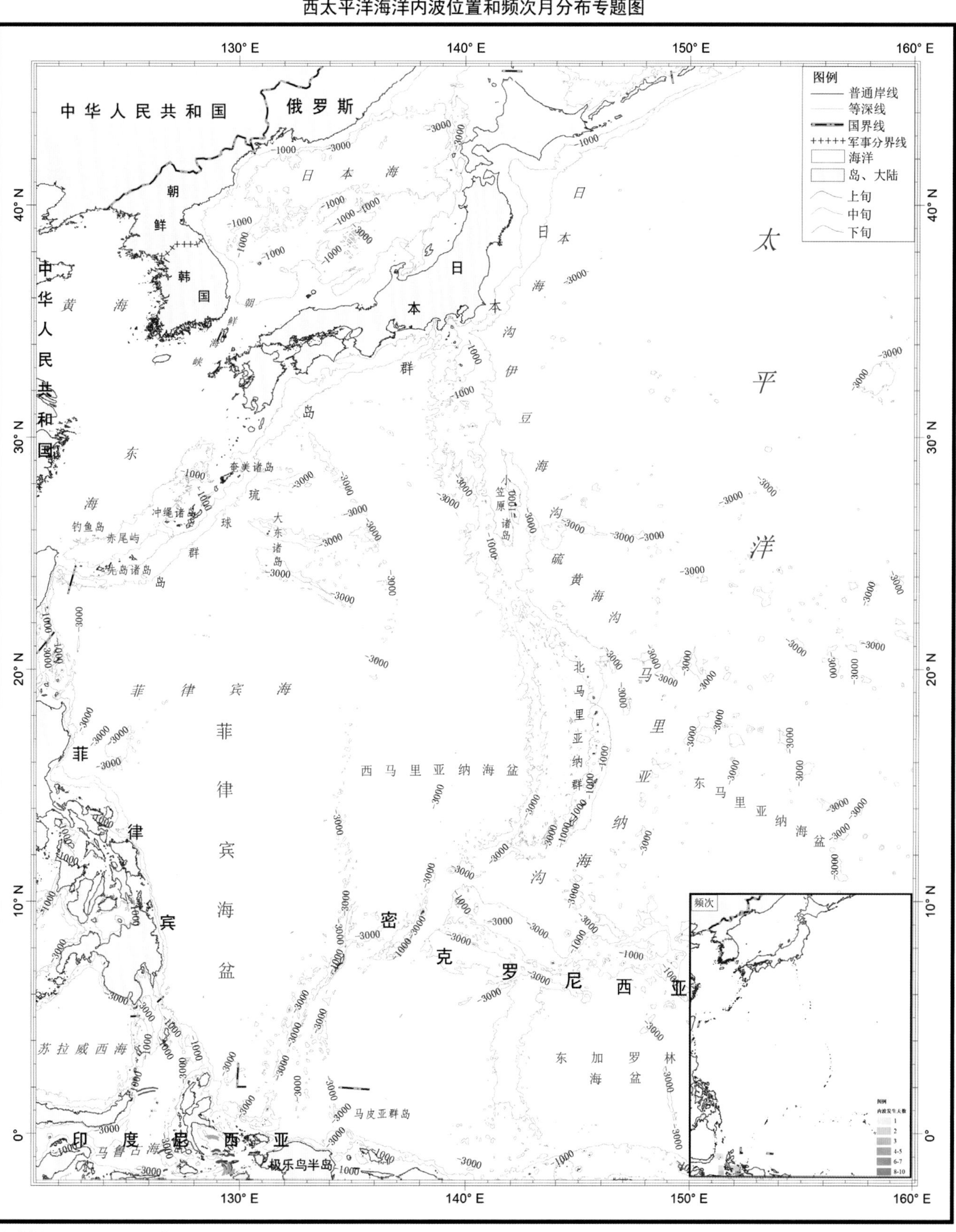

调查数据源：MODIS、SAR数据
数据空间分辨率：250m
数据时间：2011年11月

比例尺：1:18 000 000
坐标系：CGCS2000
投影信息：墨卡托投影

高程基准：1985国家高程基准
制图单位：自然资源部第一海洋研究所
制图时间：2022年1月

西太平洋海洋内波位置和频次月分布专题图

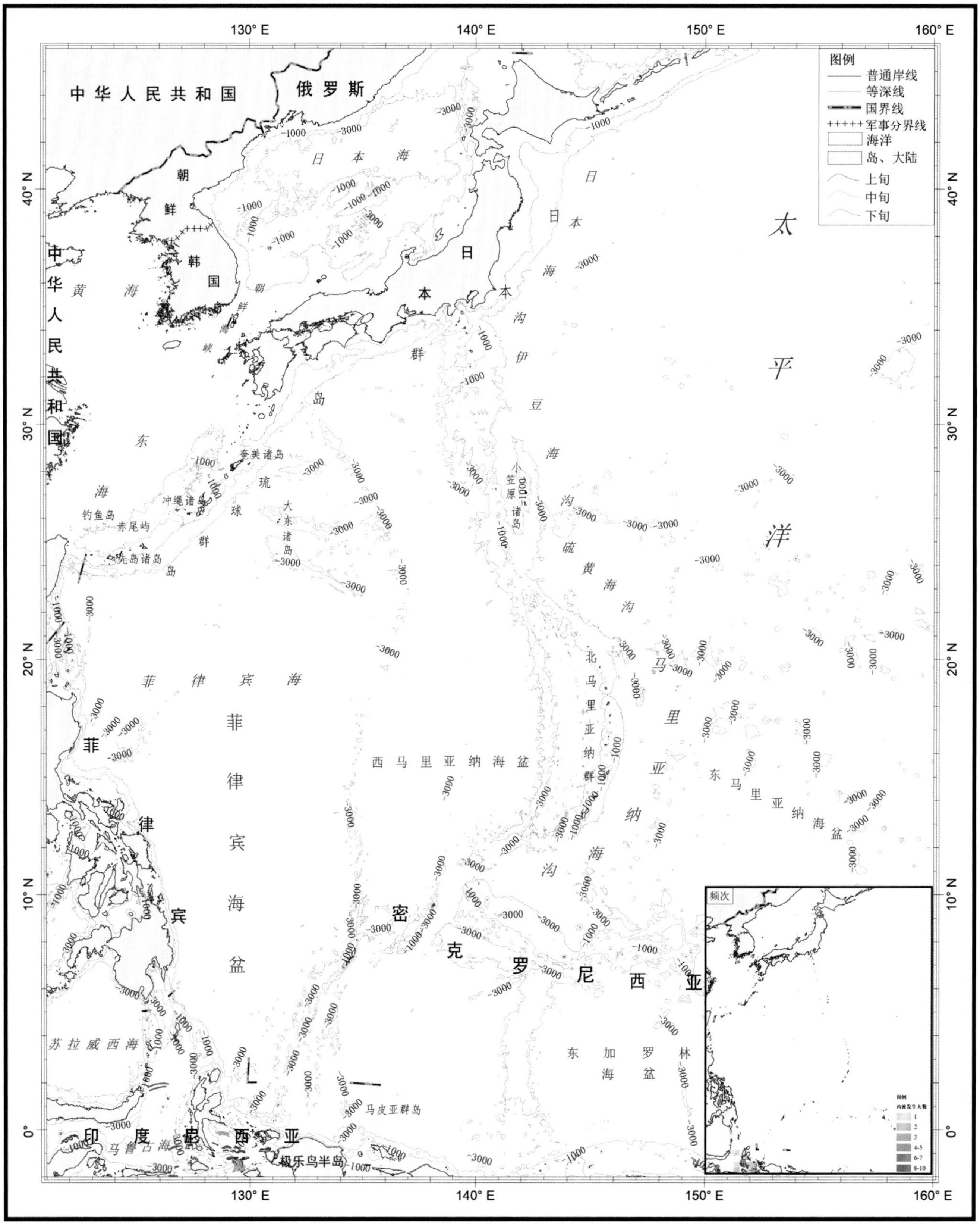

130° E 140° E 150° E 160° E

40° N 30° N 20° N 10° N 0°

中华人民共和国
俄罗斯
朝鲜
韩国
日本
日本海
日本海沟
日本群岛
黄海
朝鲜海峡
东海
奄美诸岛
冲绳诸岛
钓鱼岛
赤尾屿
先岛诸岛
琉球群岛
大东诸岛
小笠原诸岛
伊豆海沟
硫黄海沟
北马里亚纳群岛
马里亚纳海沟
太平洋
菲律宾海
菲律宾海盆
西马里亚纳海盆
东马里亚纳海盆
菲律宾
密克罗尼西亚
东加罗林海盆
苏拉威西海
马鲁古海
印度尼西亚
马皮亚群岛
极乐鸟半岛

图例
普通岸线
等深线
国界线
军事分界线
海洋
岛、大陆
上旬
中旬
下旬

频次
图例
内波发生天数
1
2
3
4-5
6-7
8-10

调查数据源：MODIS、SAR数据
数据空间分辨率：250m
数据时间：2011年11月

比例尺：1:18 000 000
坐标系：CGCS2000
投影信息：墨卡托投影

高程基准：1985国家高程基准
制图单位：自然资源部第一海洋研究所
制图时间：2022年1月

西太平洋海洋内波位置和频次月分布专题图

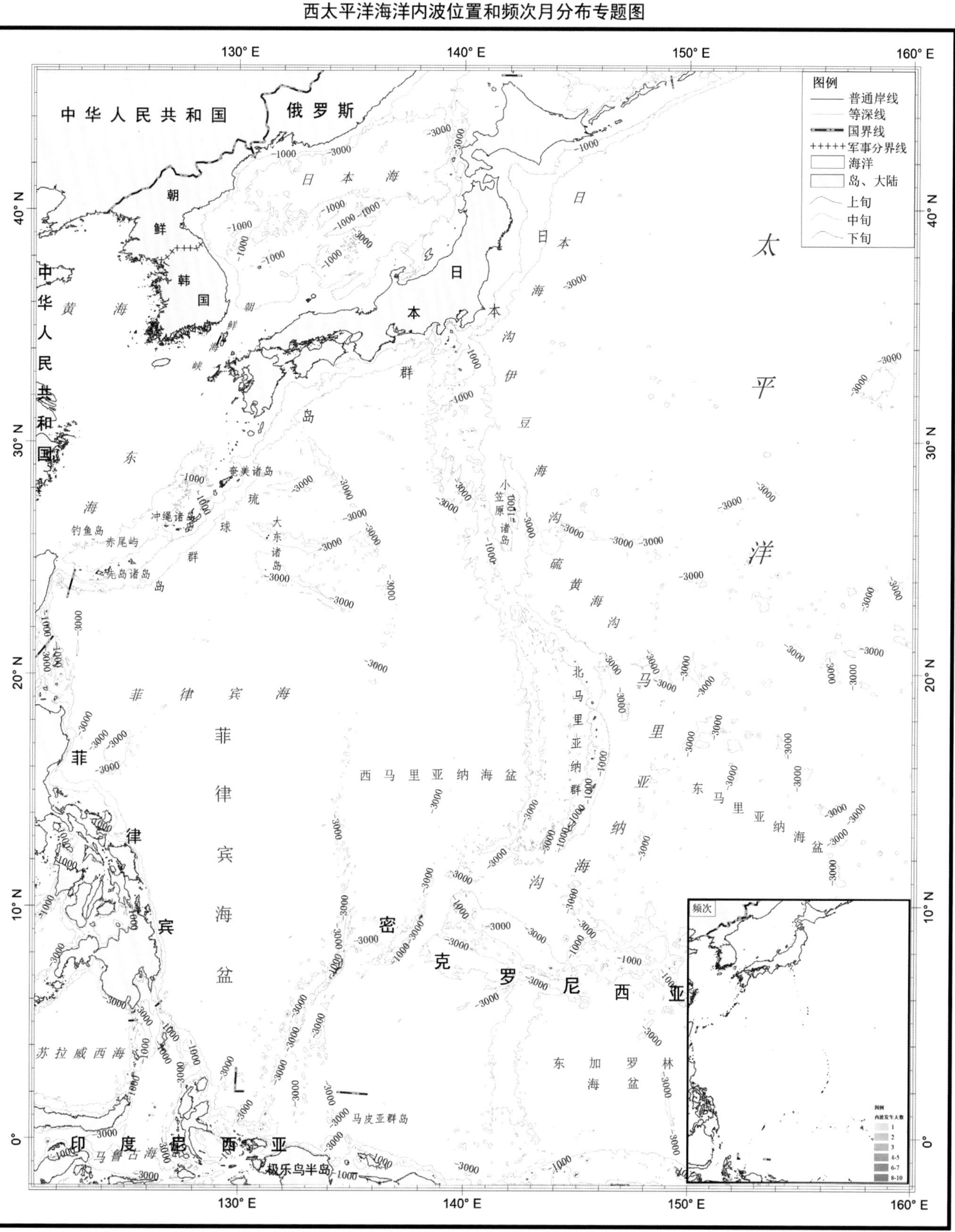

调查数据源：MODIS、SAR数据
数据空间分辨率：250m
数据时间：2011年12月

比例尺：1:18 000 000
坐标系：CGCS2000
投影信息：墨卡托投影

高程基准：1985国家高程基准
制图单位：自然资源部第一海洋研究所
制图时间：2022年1月

西太平洋海洋内波位置和频次季分布专题图

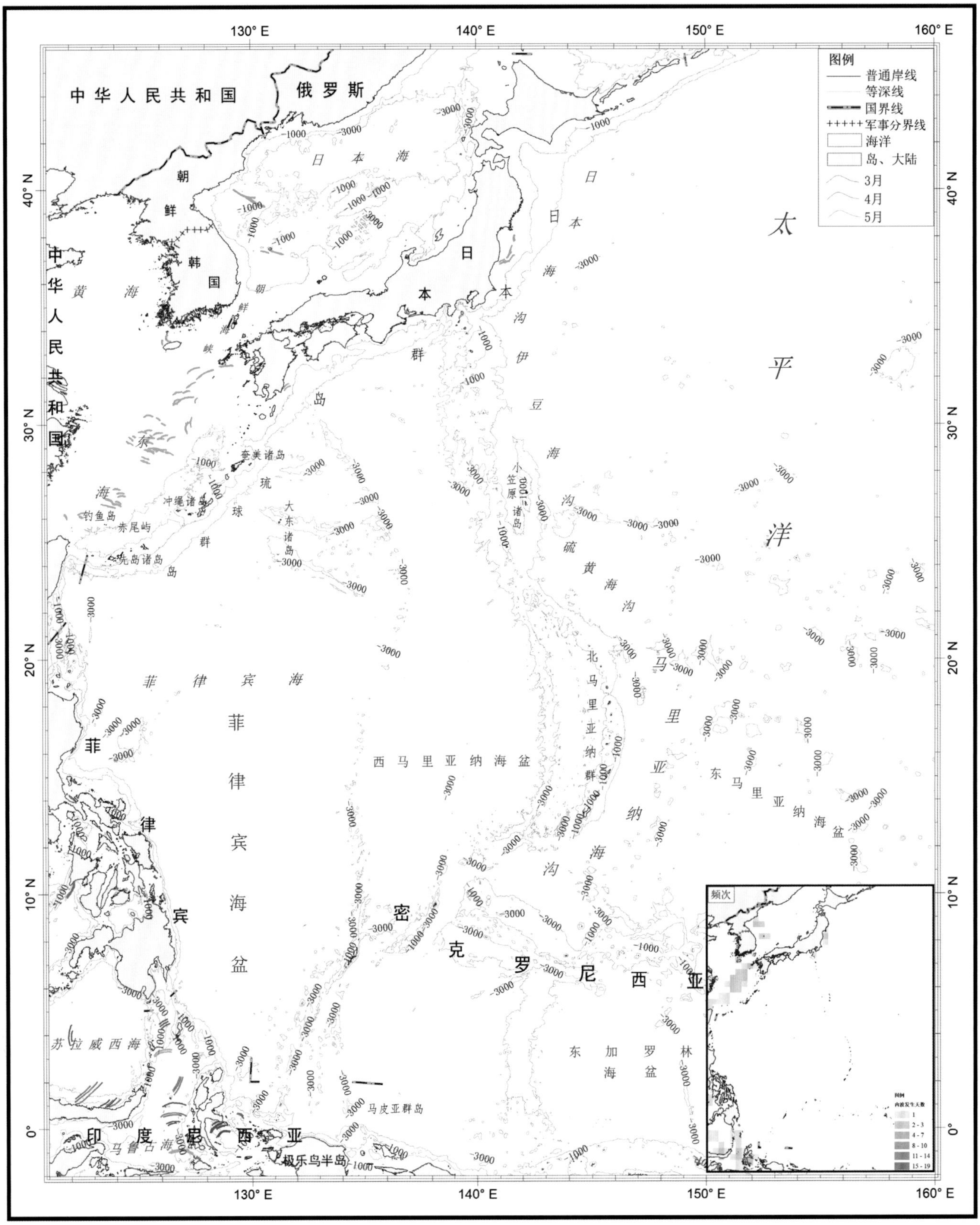

130° E　140° E　150° E　160° E

40° N　30° N　20° N　10° N　0°

中华人民共和国　俄罗斯　朝鲜　韩国　日本　菲律宾　印度尼西亚

黄海　东海　日本海　朝鲜海峡　日本群岛　日本海沟　伊豆海沟　小笠原诸岛　奄美诸岛　冲绳诸岛　钓鱼岛　赤尾屿　先岛诸岛　琉球群岛　大东诸岛　硫黄海沟　北马里亚纳群岛　马里亚纳海沟　东马里亚纳海盆　西马里亚纳海盆　菲律宾海　菲律宾海盆　密克罗尼西亚　东加罗林海盆　马皮亚群岛　苏拉威西海　马鲁古海　极乐鸟半岛　太平洋

-1000　-3000

图例

普通岸线
等深线
国界线
+++++军事分界线
海洋
岛、大陆
3月
4月
5月

频次

图例
内波发生天数
1
2-3
4-7
8-10
11-14
15-19

调查数据源：MODIS、SAR数据
数据空间分辨率：250m
数据时间：2011年春季

比例尺：1:18 000 000
坐标系：CGCS2000
投影信息：墨卡托投影

高程基准：1985国家高程基准
制图单位：自然资源部第一海洋研究所
制图时间：2022年1月

西太平洋海洋内波位置和频次季分布专题图

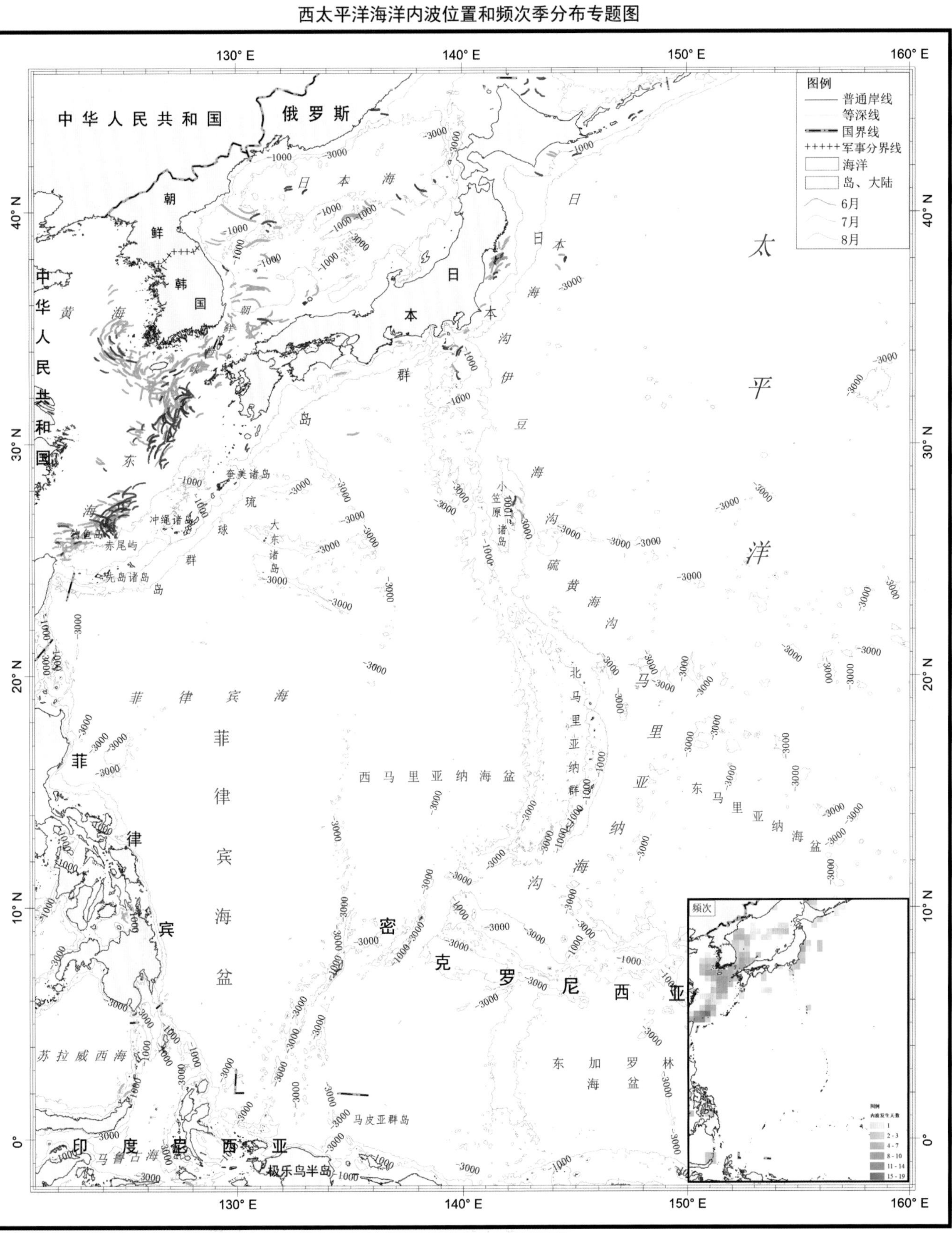

调查数据源：MODIS、SAR数据
数据空间分辨率：250m
数据时间：2011年夏季

比例尺：1:18 000 000
坐标系：CGCS2000
投影信息：墨卡托投影

高程基准：1985国家高程基准
制图单位：自然资源部第一海洋研究所
制图时间：2022年1月

西太平洋海洋内波位置和频次季分布专题图

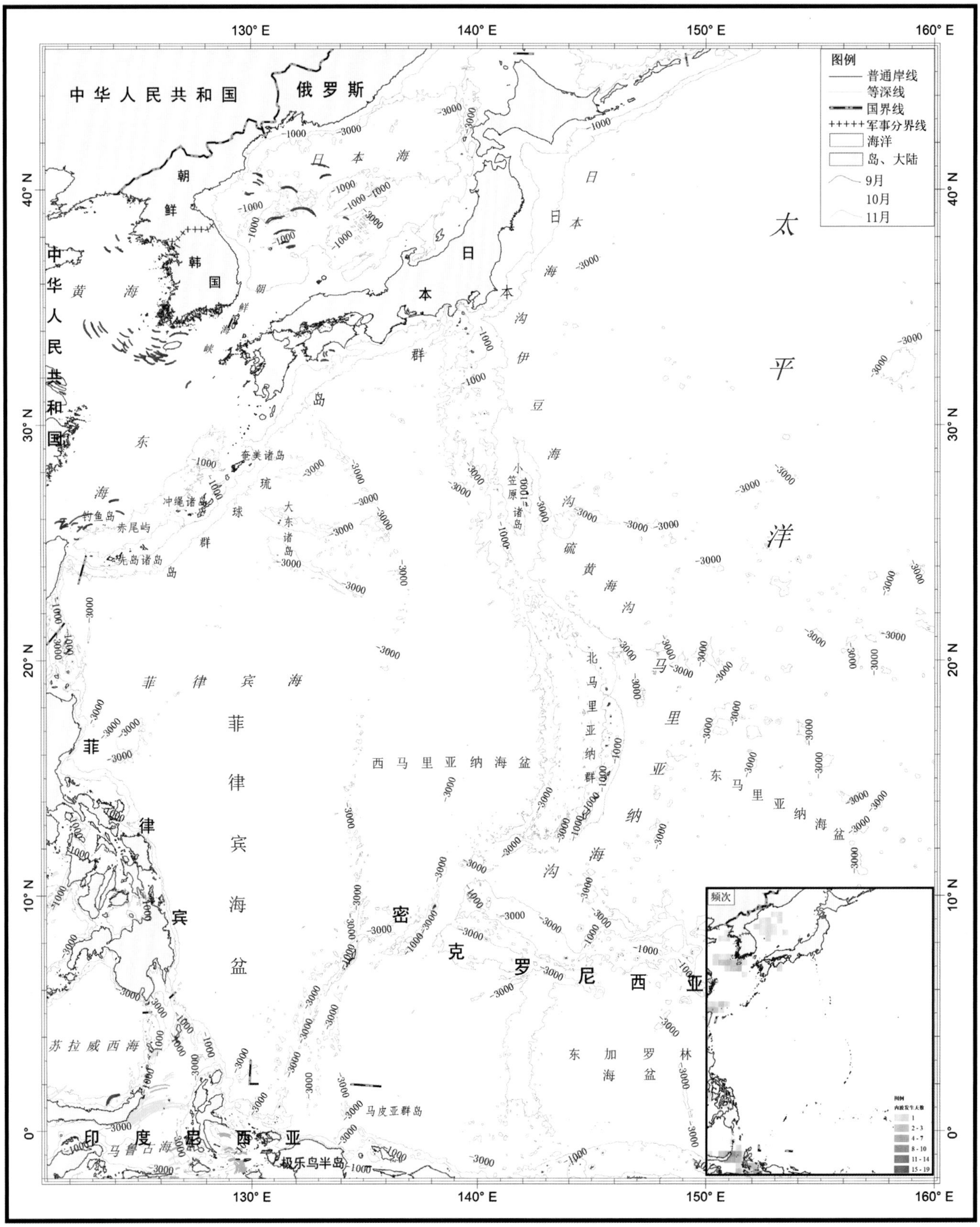

图例
普通岸线
等深线
国界线
+++++军事分界线
海洋
岛、大陆
9月
10月
11月

频次

调查数据源：MODIS、SAR数据
数据空间分辨率：250m
数据时间：2011年秋季

比例尺：1:18 000 000
坐标系：CGCS2000
投影信息：墨卡托投影

高程基准：1985国家高程基准
制图单位：自然资源部第一海洋研究所
制图时间：2022年1月

西太平洋海洋内波位置和频次季分布专题图

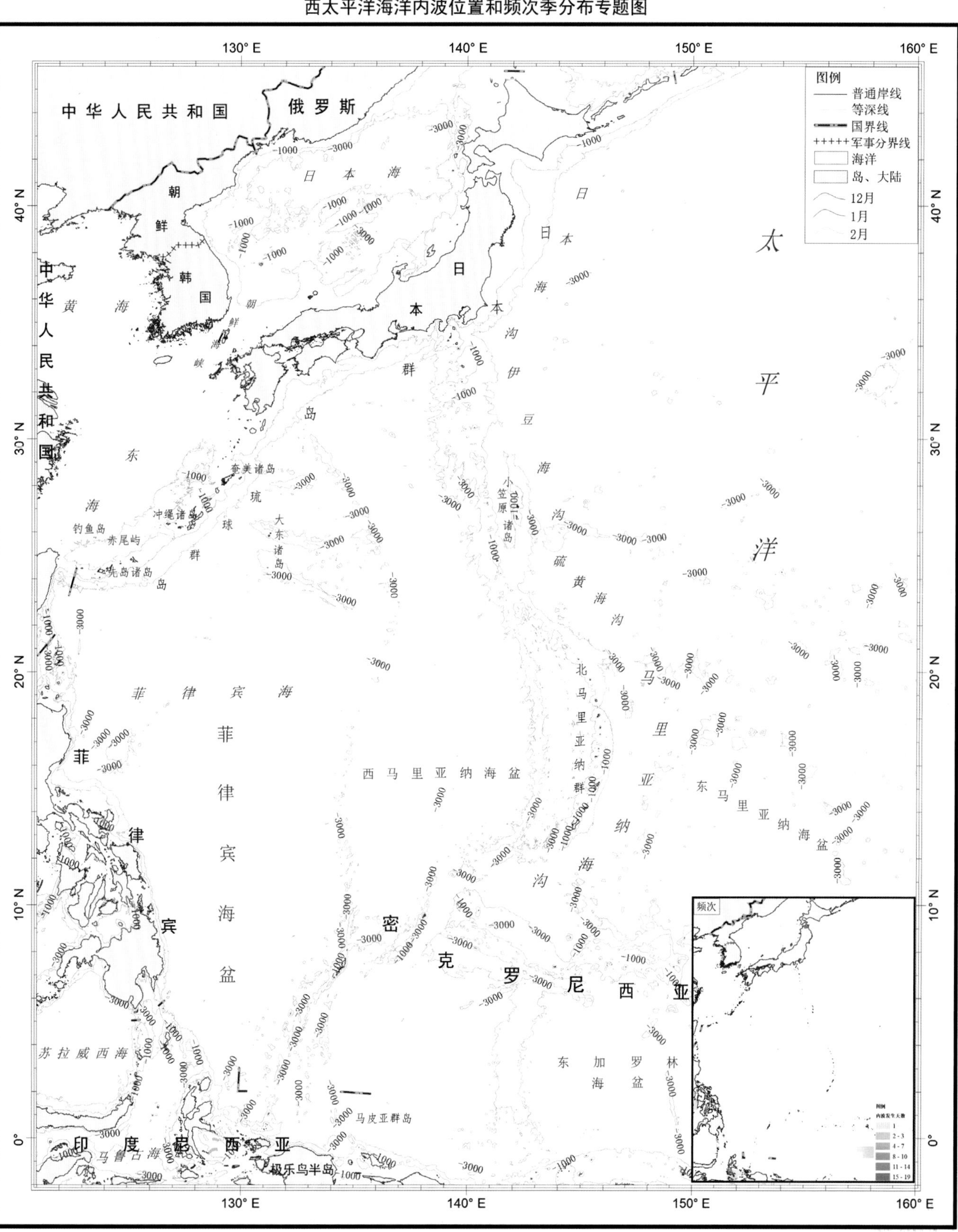

调查数据源：MODIS、SAR数据
数据空间分辨率：250m
数据时间：2011年冬季

比例尺：1:18 000 000
坐标系：CGCS2000
投影信息：墨卡托投影

高程基准：1985国家高程基准
制图单位：自然资源部第一海洋研究所
制图时间：2022年1月

西太平洋海洋内波位置和频次半年分布专题图

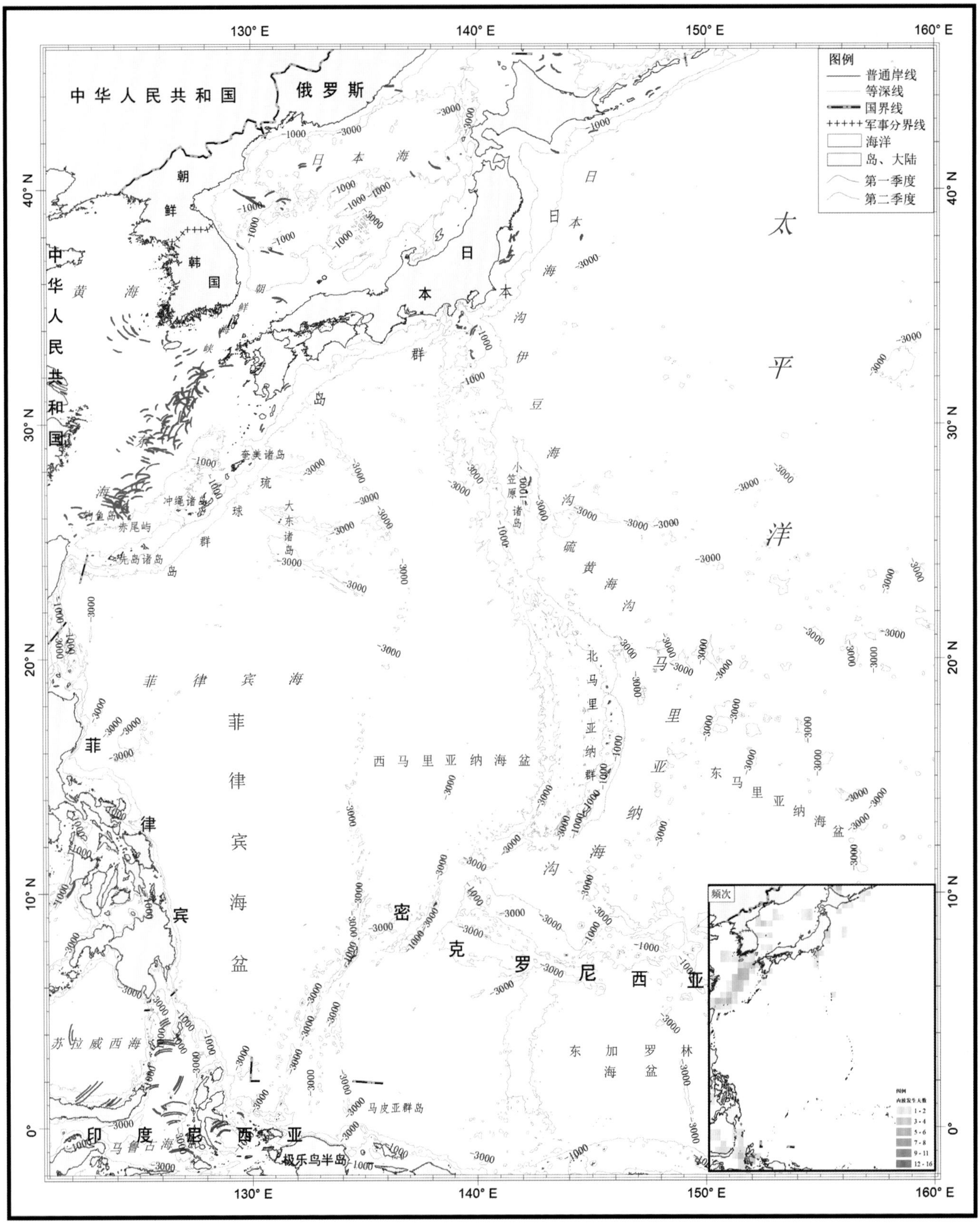

图例
普通岸线
等深线
国界线
+++++军事分界线
海洋
岛、大陆
第一季度
第二季度

频次

调查数据源：MODIS、SAR数据
数据空间分辨率：250m
数据时间：2011年上半年

比例尺：1:18 000 000
坐标系：CGCS2000
投影信息：墨卡托投影

高程基准：1985国家高程基准
制图单位：自然资源部第一海洋研究所
制图时间：2022年1月

西太平洋海洋内波位置和频次半年分布专题图

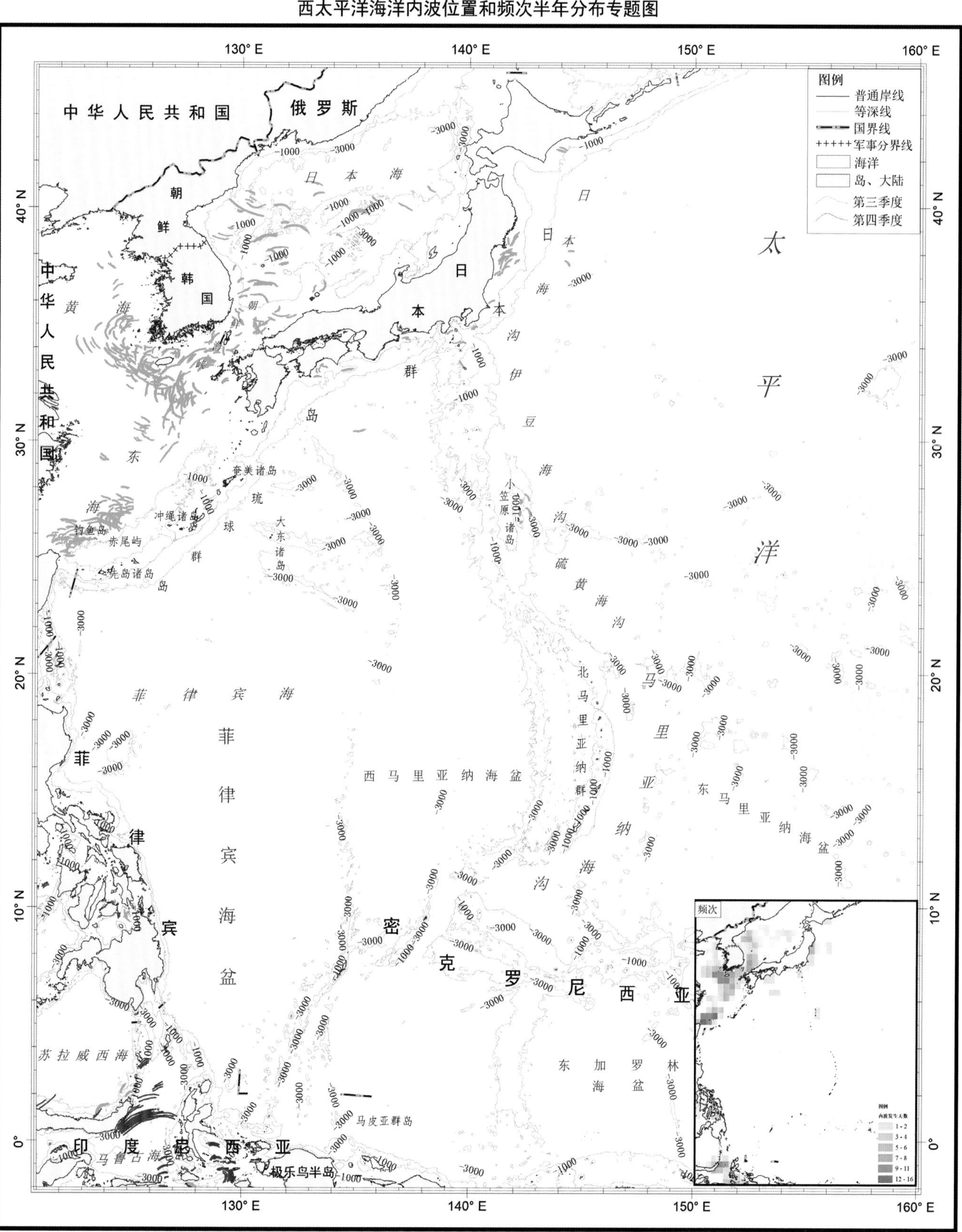

调查数据源：MODIS、SAR数据
数据空间分辨率：250m
数据时间：2011年下半年

比例尺：1:18 000 000
坐标系：CGCS2000
投影信息：墨卡托投影

高程基准：1985国家高程基准
制图单位：自然资源部第一海洋研究所
制图时间：2022年1月

西太平洋海洋内波位置和频次年分布专题图

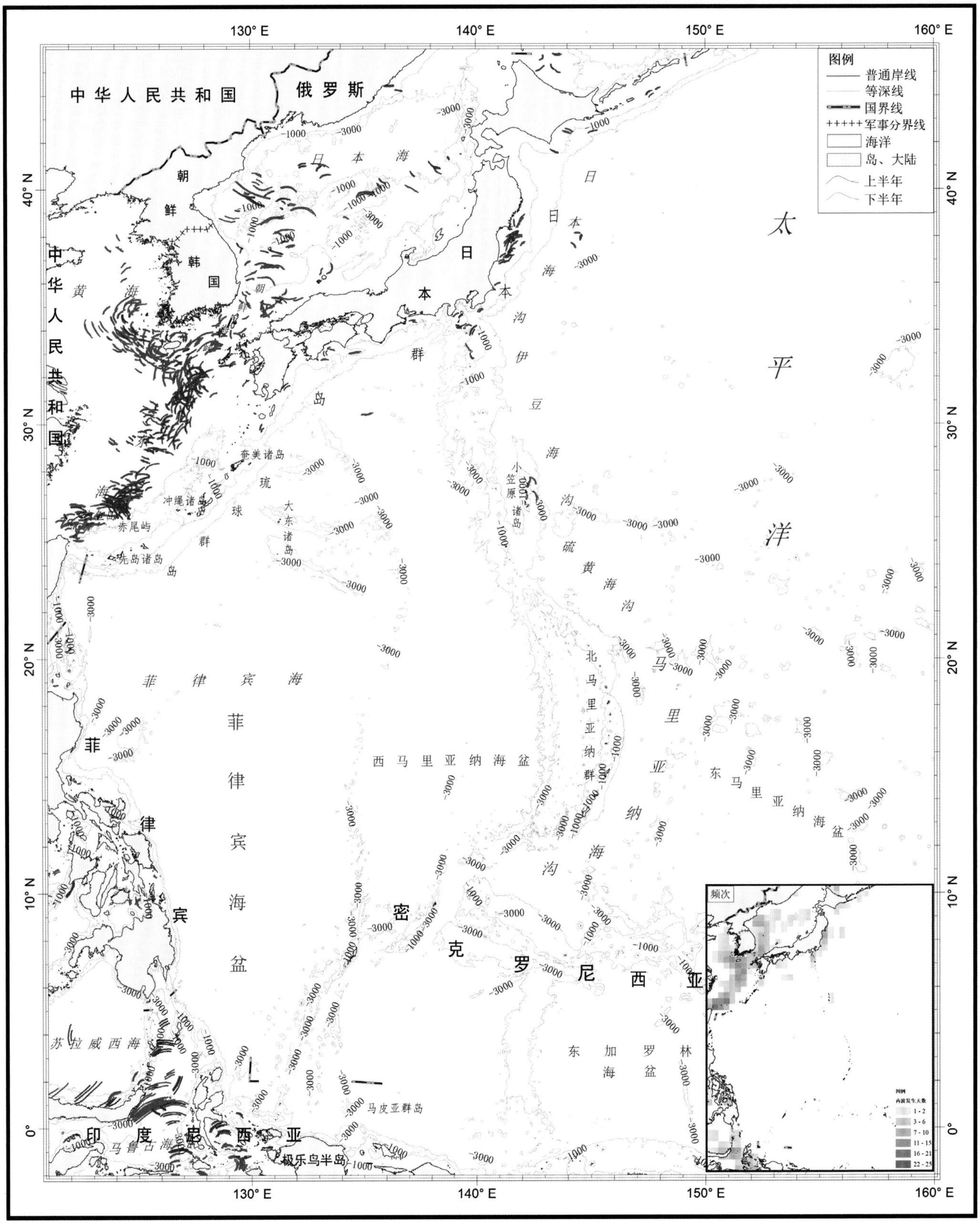

图例
普通岸线
等深线
国界线
+++++军事分界线
海洋
岛、大陆
上半年
下半年

130° E 140° E 150° E 160° E
40° N 30° N 20° N 10° N 0°

中华人民共和国
俄罗斯
朝鲜
韩国
日本
日本海
黄海
太平洋
日本沟
伊豆海沟
小笠原诸岛
琉球群岛
奄美诸岛
冲绳诸岛
大东诸岛
赤尾屿
先岛诸岛
硫黄海沟
北马里亚纳群岛
马里亚纳海沟
西马里亚纳海盆
东马里亚纳海盆
菲律宾海
菲律宾
菲律宾海盆
密克罗尼西亚
东加罗林海盆
苏拉威西海
马鲁古海
印度尼西亚
马皮亚群岛
极乐鸟半岛

频次
图例
内波发生天数
1-2
3-6
7-10
11-15
16-21
22-25

调查数据源：MODIS、SAR数据
数据空间分辨率：250m
数据时间：2011年全年

比例尺：1:18 000 000
坐标系：CGCS2000
投影信息：墨卡托投影

高程基准：1985国家高程基准
制图单位：自然资源部第一海洋研究所
制图时间：2022年1月

8.3　西太平洋内孤立波 2012 年分布图

西太平洋海洋内波位置和频次月分布专题图

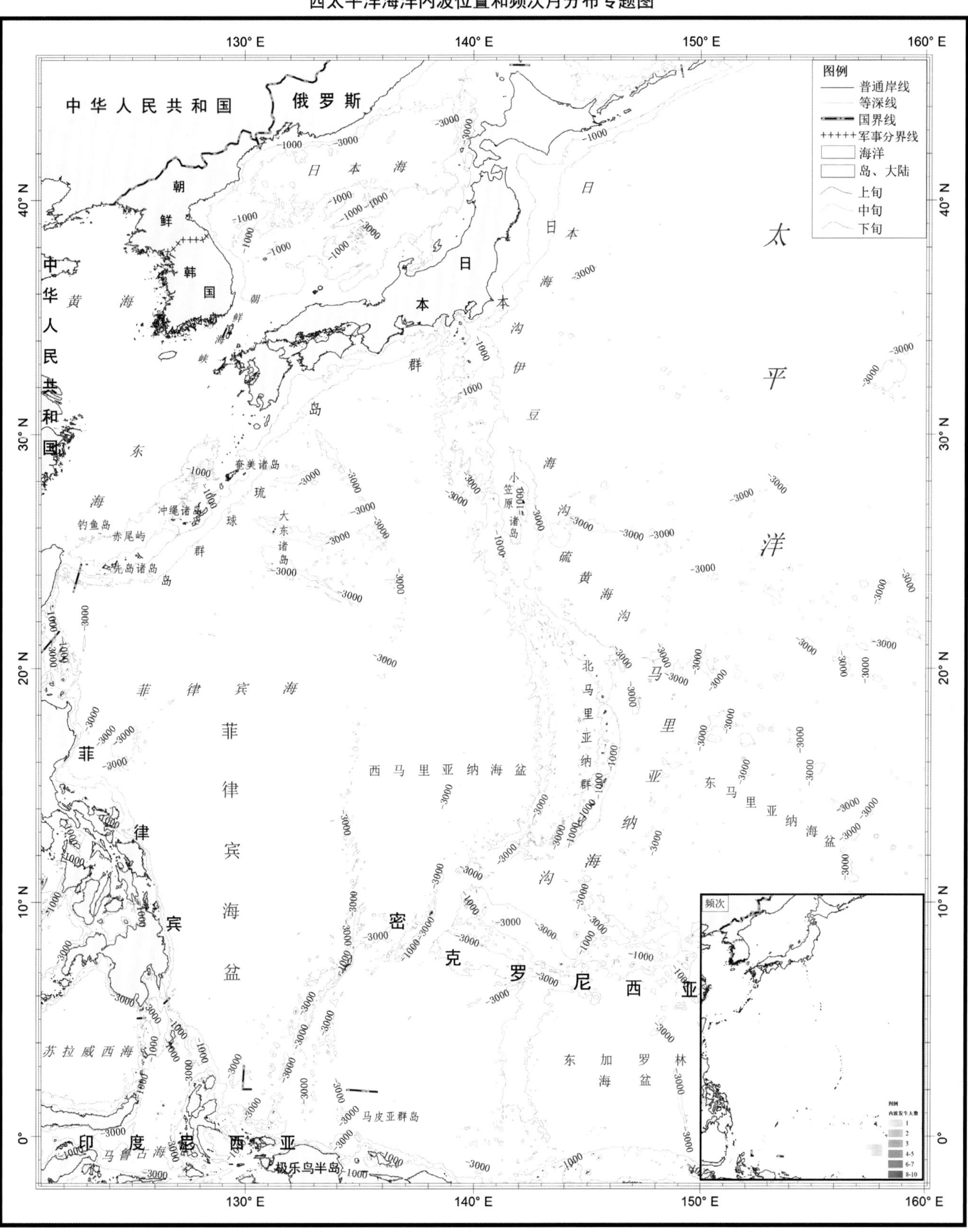

调查数据源：MODIS、SAR数据
数据空间分辨率：250m
数据时间：2012年1月

比例尺：1:18 000 000
坐标系：CGCS2000
投影信息：墨卡托投影

高程基准：1985国家高程基准
制图单位：自然资源部第一海洋研究所
制图时间：2022年1月

西太平洋海洋内波位置和频次月分布专题图

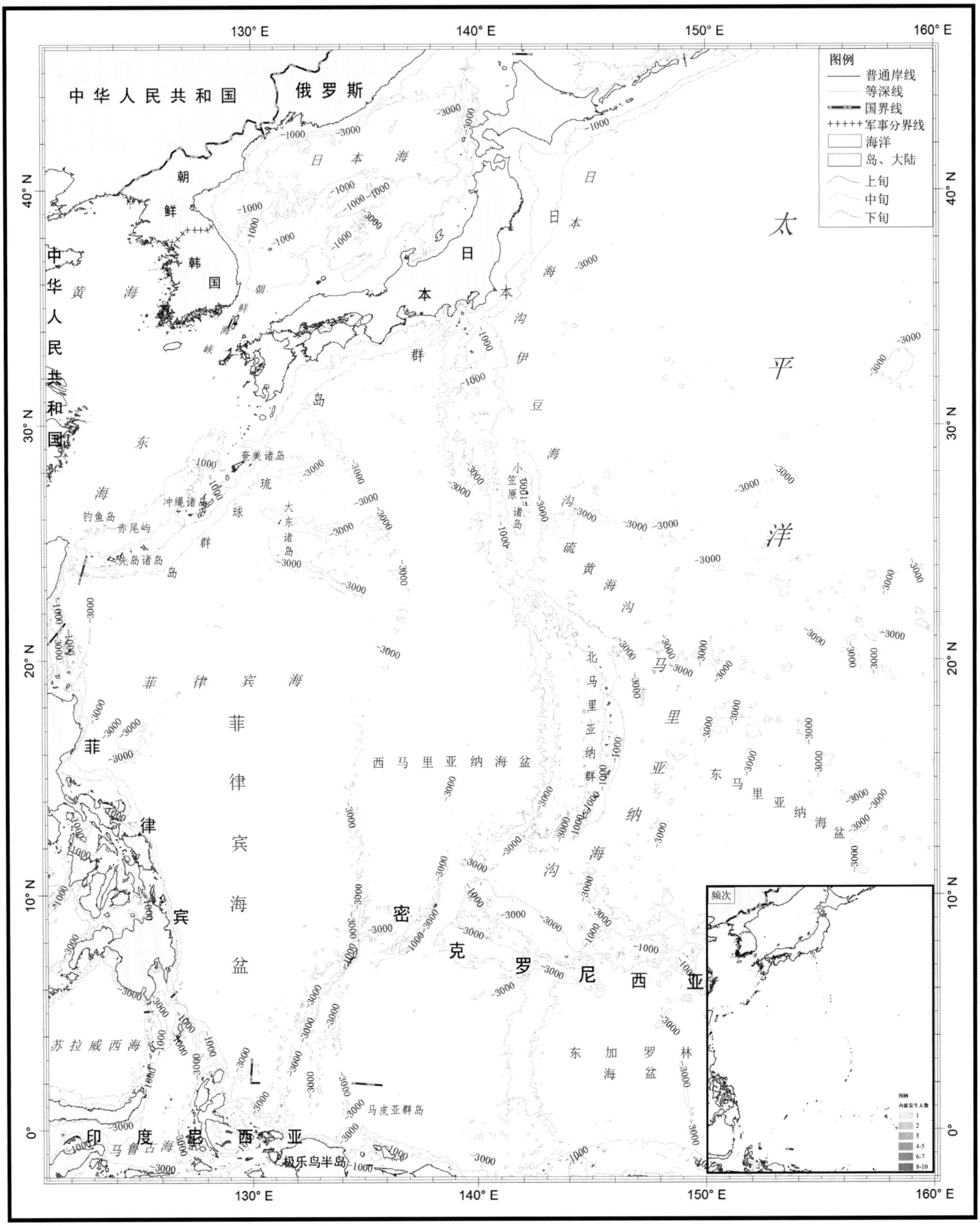

图例
普通岸线
等深线
国界线
+++++ 军事分界线
海洋
岛、大陆
上旬
中旬
下旬

频次

调查数据源：MODIS、SAR数据
数据空间分辨率：250m
数据时间：2012年2月

比例尺：1:18 000 000
坐标系：CGCS2000
投影信息：墨卡托投影

高程基准：1985国家高程基准
制图单位：自然资源部第一海洋研究所
制图时间：2022年1月

西太平洋海洋内波位置和频次月分布专题图

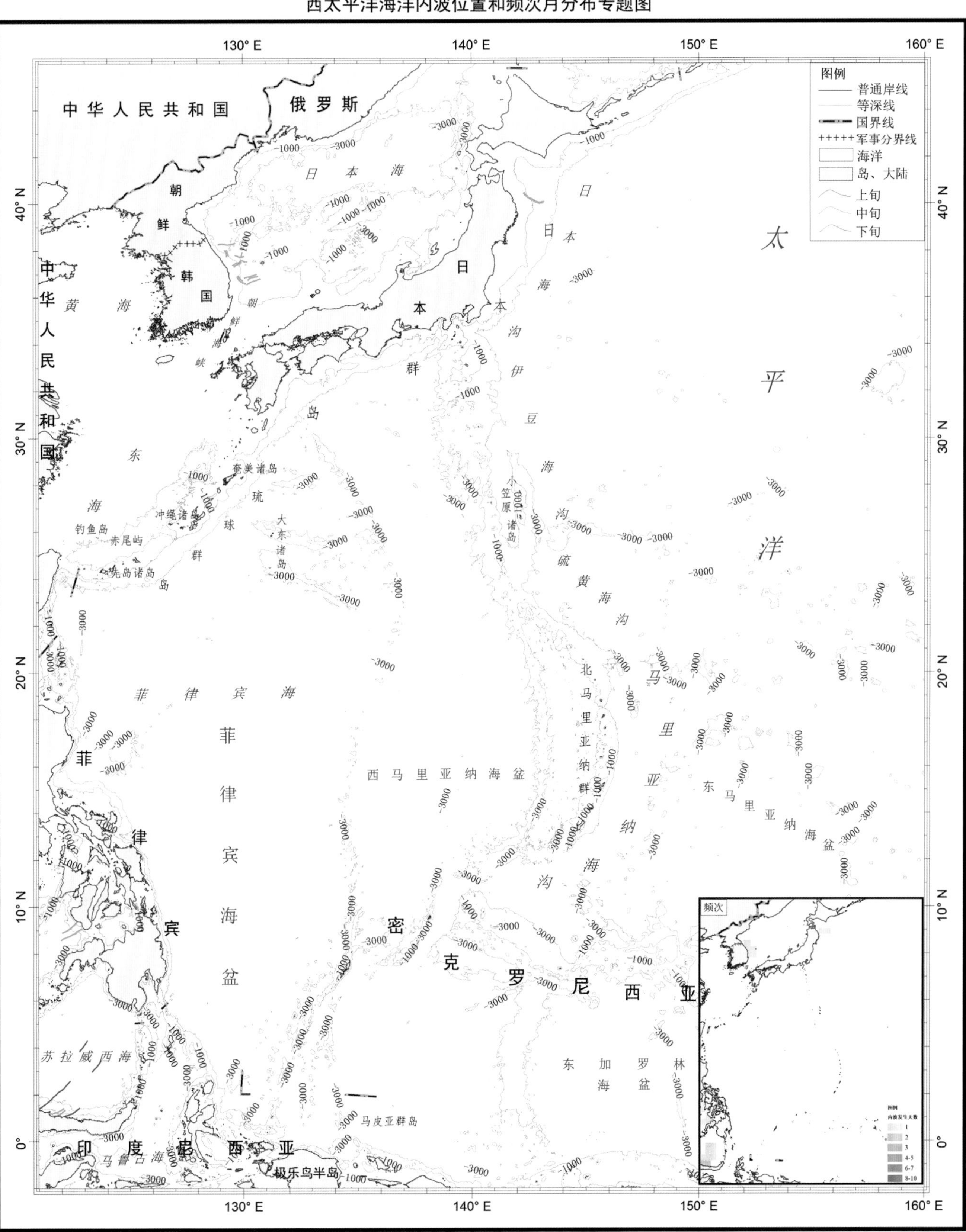

调查数据源：MODIS、SAR数据
数据空间分辨率：250m
数据时间：2012年3月

比例尺：1:18 000 000
坐标系：CGCS2000
投影信息：墨卡托投影

高程基准：1985国家高程基准
制图单位：自然资源部第一海洋研究所
制图时间：2022年1月

西太平洋海洋内波位置和频次月分布专题图

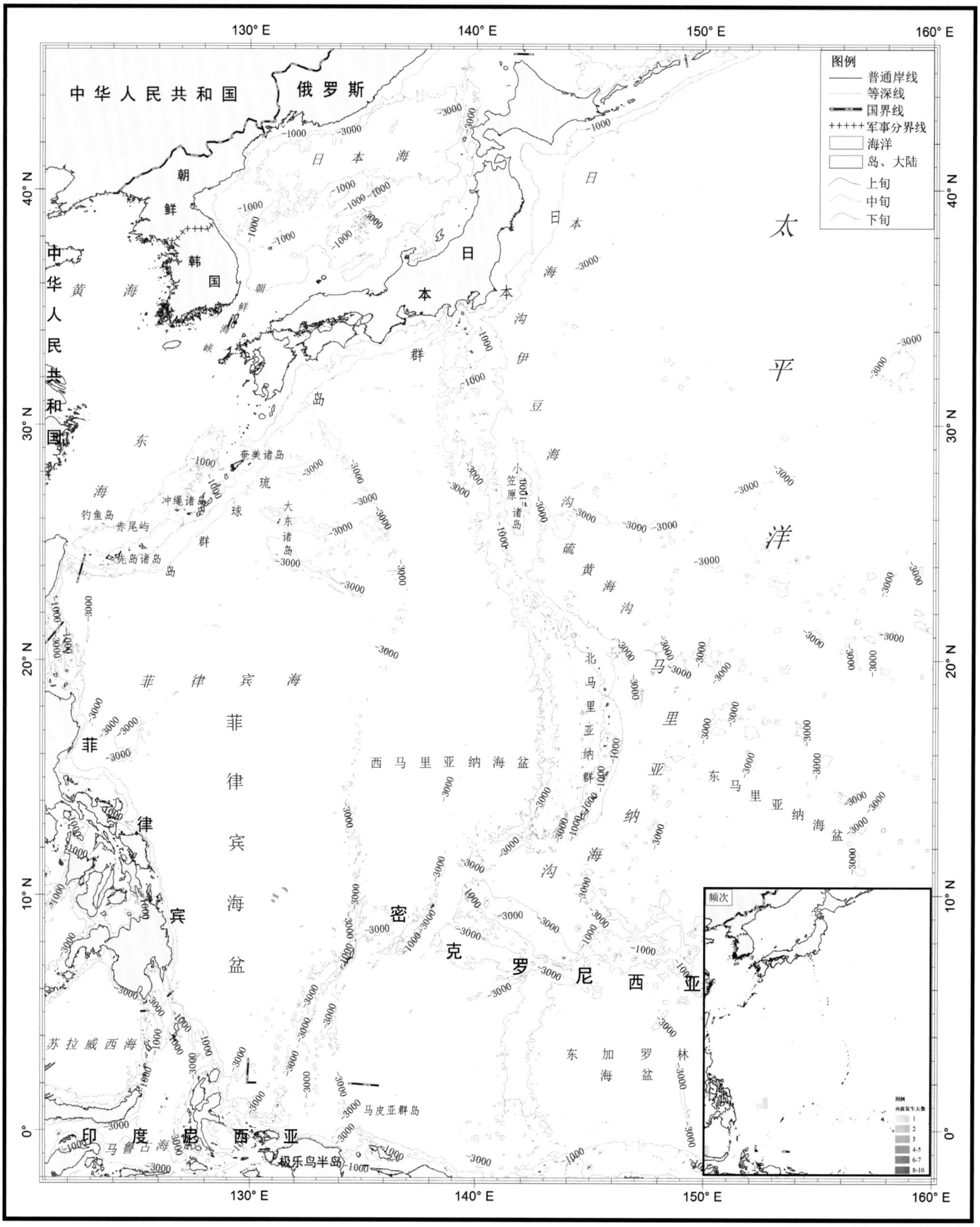

图例
- 普通岸线
- 等深线
- 国界线
- +++++ 军事分界线
- 海洋
- 岛、大陆
- 上旬
- 中旬
- 下旬

频次

调查数据源：MODIS、SAR数据
数据空间分辨率：250m
数据时间：2012年4月

比例尺：1:18 000 000
坐标系：CGCS2000
投影信息：墨卡托投影

高程基准：1985国家高程基准
制图单位：自然资源部第一海洋研究所
制图时间：2022年1月

西太平洋海洋内波位置和频次月分布专题图

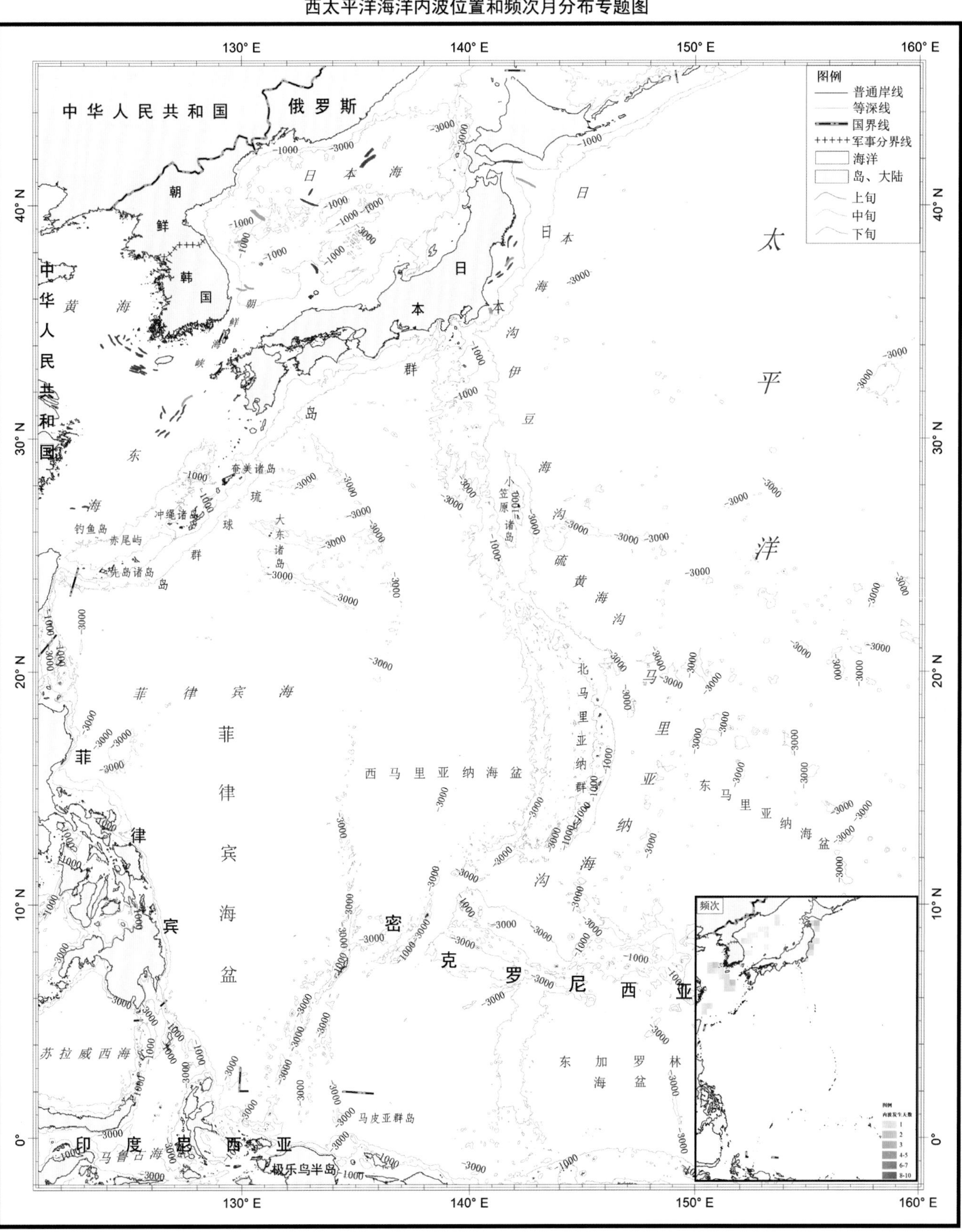

调查数据源：MODIS、SAR数据　　比例尺：1:18 000 000　　高程基准：1985国家高程基准
数据空间分辨率：250m　　坐标系：CGCS2000　　制图单位：自然资源部第一海洋研究所
数据时间：2012年5月　　投影信息：墨卡托投影　　制图时间：2022年1月

西太平洋海洋内波位置和频次月分布专题图

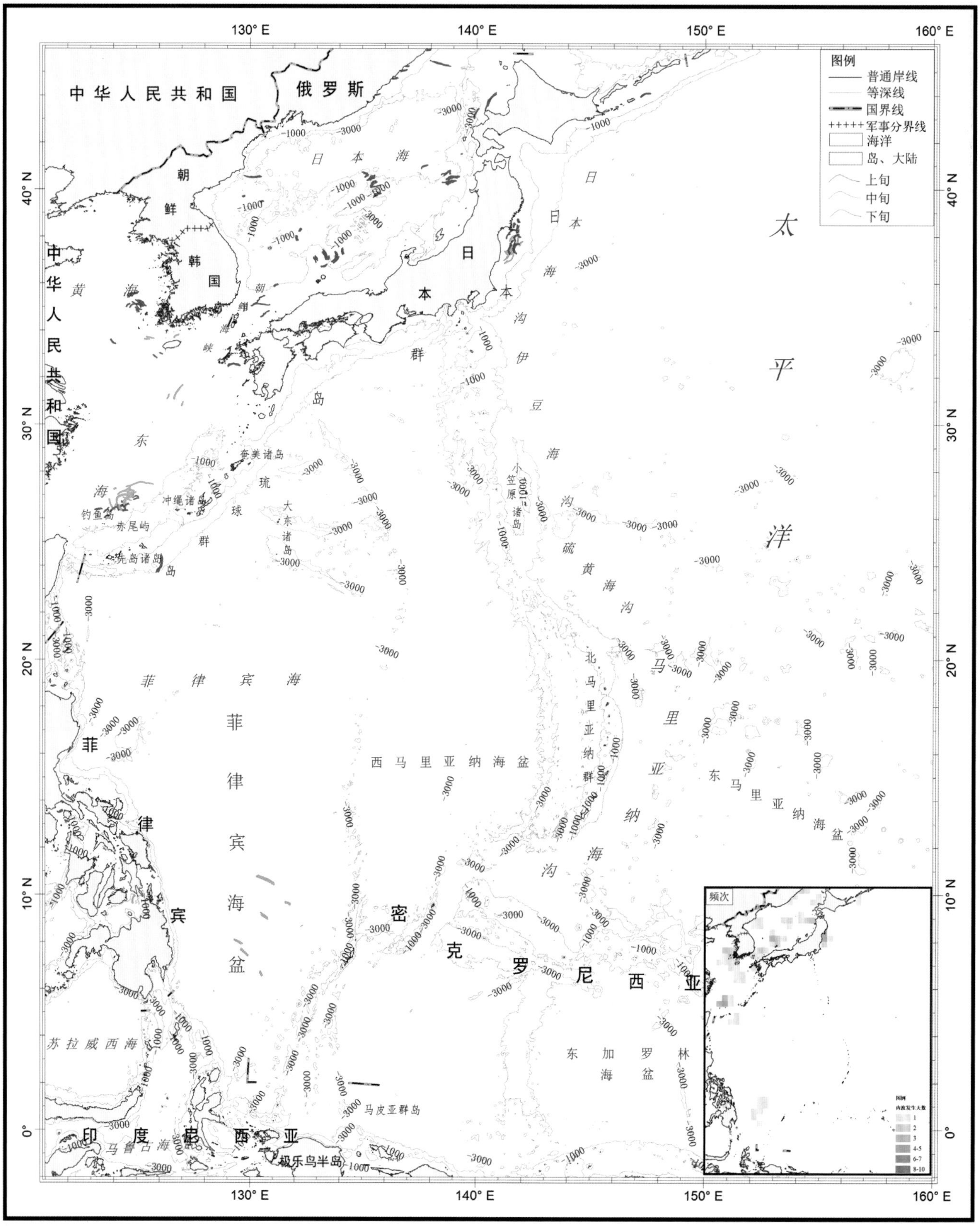

130° E　140° E　150° E　160° E

40° N　30° N　20° N　10° N　0°

图例
普通岸线
等深线
国界线
军事分界线
海洋
岛、大陆
上旬
中旬
下旬

中华人民共和国　俄罗斯　朝鲜　韩国　日本　日本海　黄海　东海　朝鲜海峡　日本群岛　日本海沟　伊豆海沟　小笠原诸岛　琉球群岛　奄美诸岛　冲绳诸岛　钓鱼岛　赤尾屿　先岛诸岛　大东诸岛　硫黄海沟　太平洋　菲律宾海　菲律宾　菲律宾海盆　西马里亚纳海盆　北马里亚纳群岛　马里亚纳海沟　东马里亚纳海盆　密克罗尼西亚　东加罗林海盆　马皮亚群岛　苏拉威西海　马鲁古海　印度尼西亚　极乐鸟半岛

频次
图例
内波发生天数
1
2
3
4-5
6-7
8-10

调查数据源：MODIS、SAR数据
数据空间分辨率：250m
数据时间：2012年6月

比例尺：1:18 000 000
坐标系：CGCS2000
投影信息：墨卡托投影

高程基准：1985国家高程基准
制图单位：自然资源部第一海洋研究所
制图时间：2022年1月

8

西太平洋海洋内波位置和频次月分布专题图

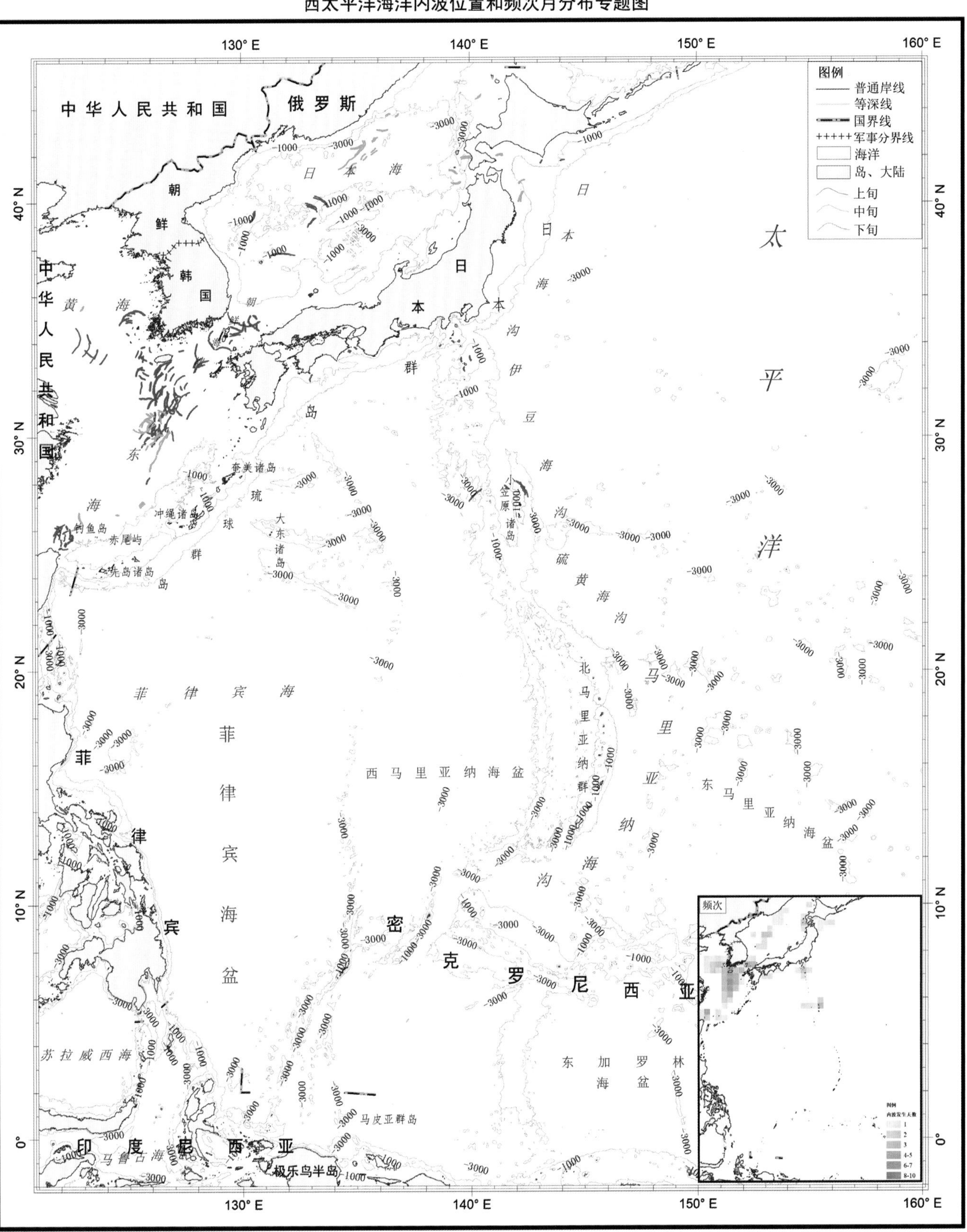

调查数据源：MODIS、SAR数据
数据空间分辨率：250m
数据时间：2012年7月

比例尺：1:18 000 000
坐标系：CGCS2000
投影信息：墨卡托投影

高程基准：1985国家高程基准
制图单位：自然资源部第一海洋研究所
制图时间：2022年1月

西太平洋海洋内波位置和频次月分布专题图

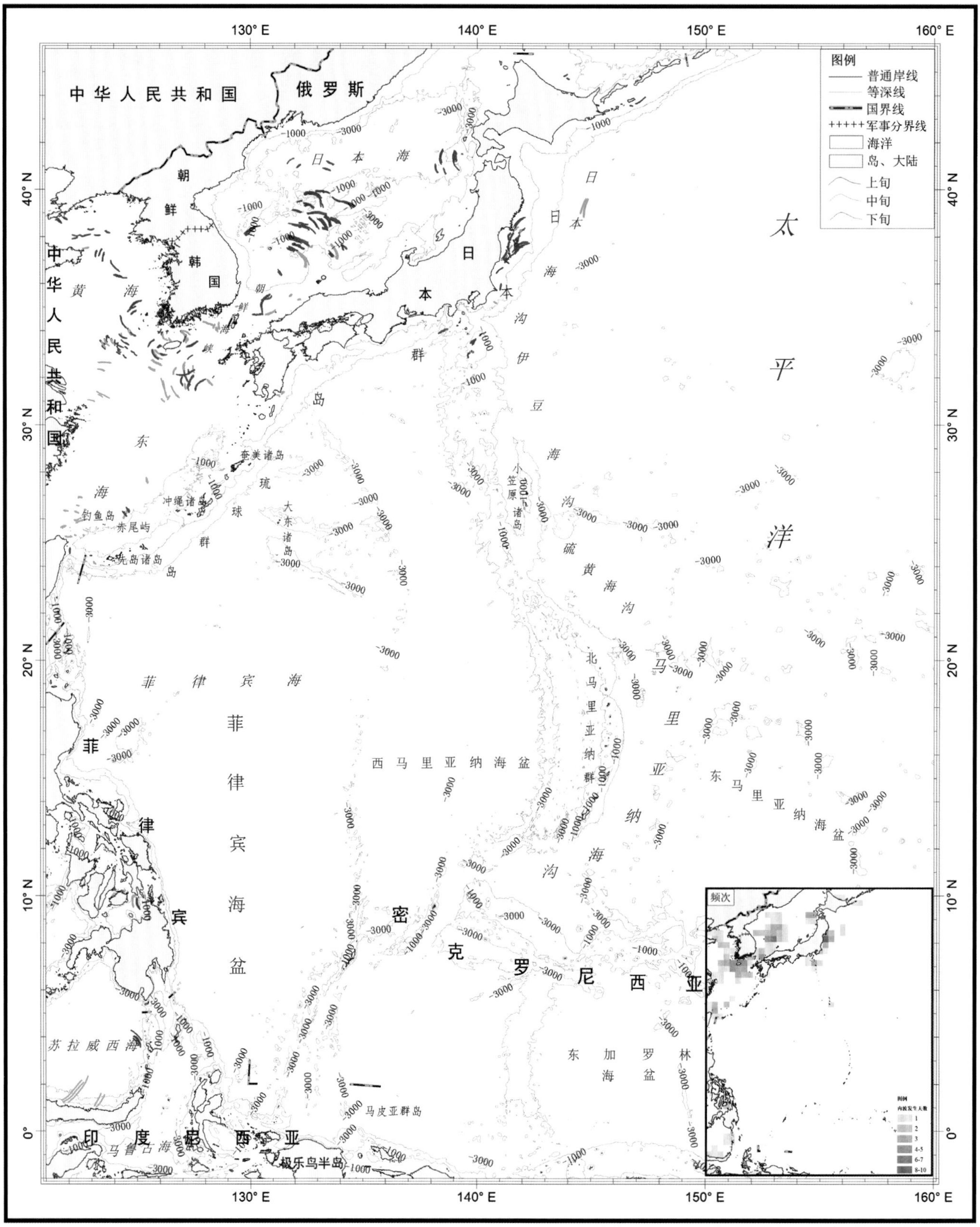

130° E　140° E　150° E　160° E

40° N　30° N　20° N　10° N　0°

中华人民共和国　俄罗斯　朝鲜　韩国　日本　日本海　黄海　东海　太平洋　日本群岛　日本海沟　伊豆海沟　小笠原诸岛　奄美诸岛　冲绳诸岛　钓鱼岛　赤尾屿　先岛诸岛　琉球群岛　大东诸岛　硫黄海沟　菲律宾海　菲律宾　菲律宾海盆　西马里亚纳海盆　北马里亚纳群岛　马里亚纳海沟　东马里亚纳海盆　密克罗尼西亚　东加罗林海盆　苏拉威西海　马鲁古海　马皮亚群岛　印度尼西亚　极乐鸟半岛

图例
普通岸线
等深线
国界线
+++++ 军事分界线
海洋
岛、大陆
上旬
中旬
下旬

频次

调查数据源：MODIS、SAR数据
数据空间分辨率：250m
数据时间：2012年8月

比例尺：1:18 000 000
坐标系：CGCS2000
投影信息：墨卡托投影

高程基准：1985国家高程基准
制图单位：自然资源部第一海洋研究所
制图时间：2022年1月

西太平洋海洋内波位置和频次月分布专题图

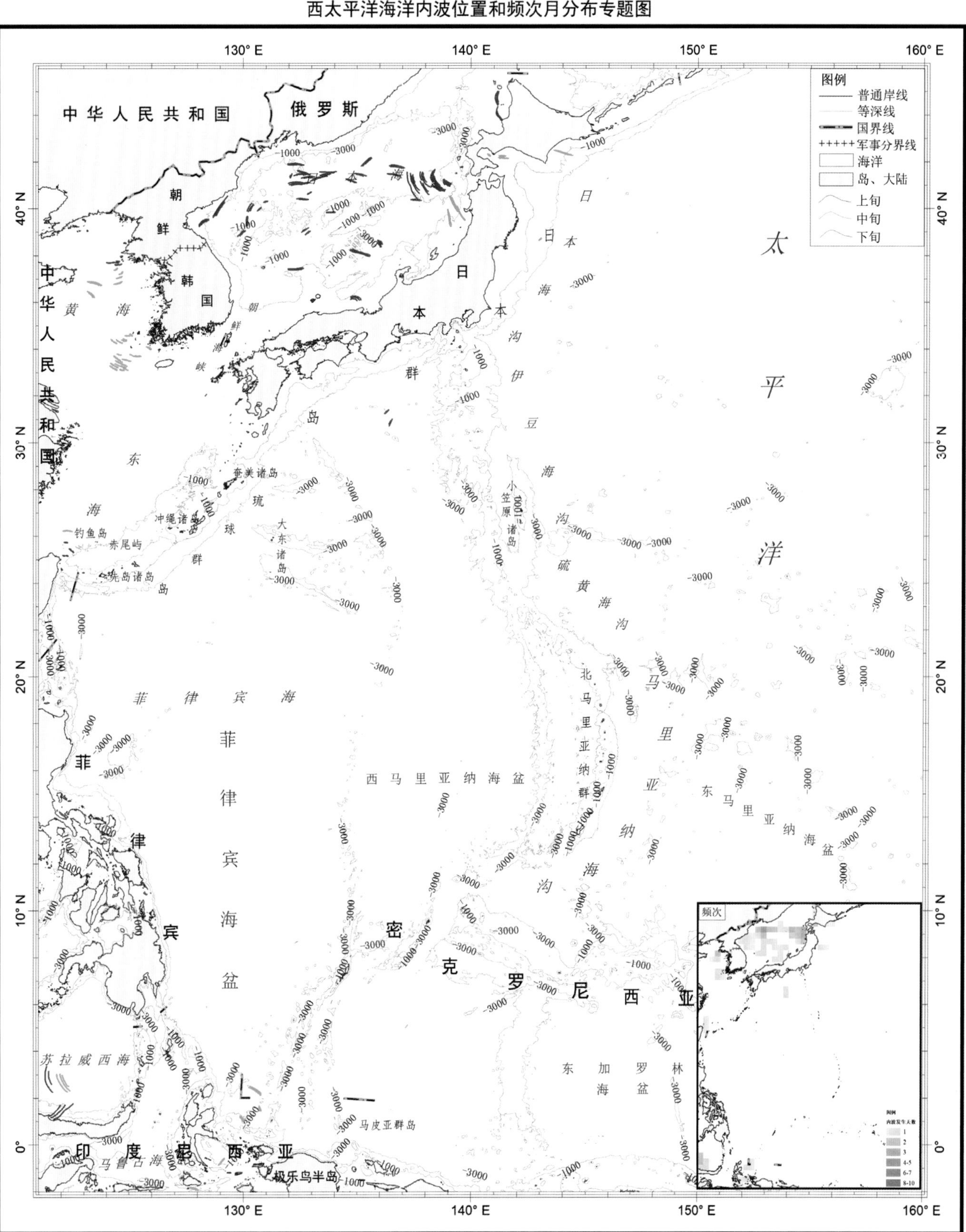

调查数据源：MODIS、SAR数据
数据空间分辨率：250m
数据时间：2012年9月

比例尺：1:18 000 000
坐标系：CGCS2000
投影信息：墨卡托投影

高程基准：1985国家高程基准
制图单位：自然资源部第一海洋研究所
制图时间：2022年1月

西太平洋海洋内波位置和频次月分布专题图

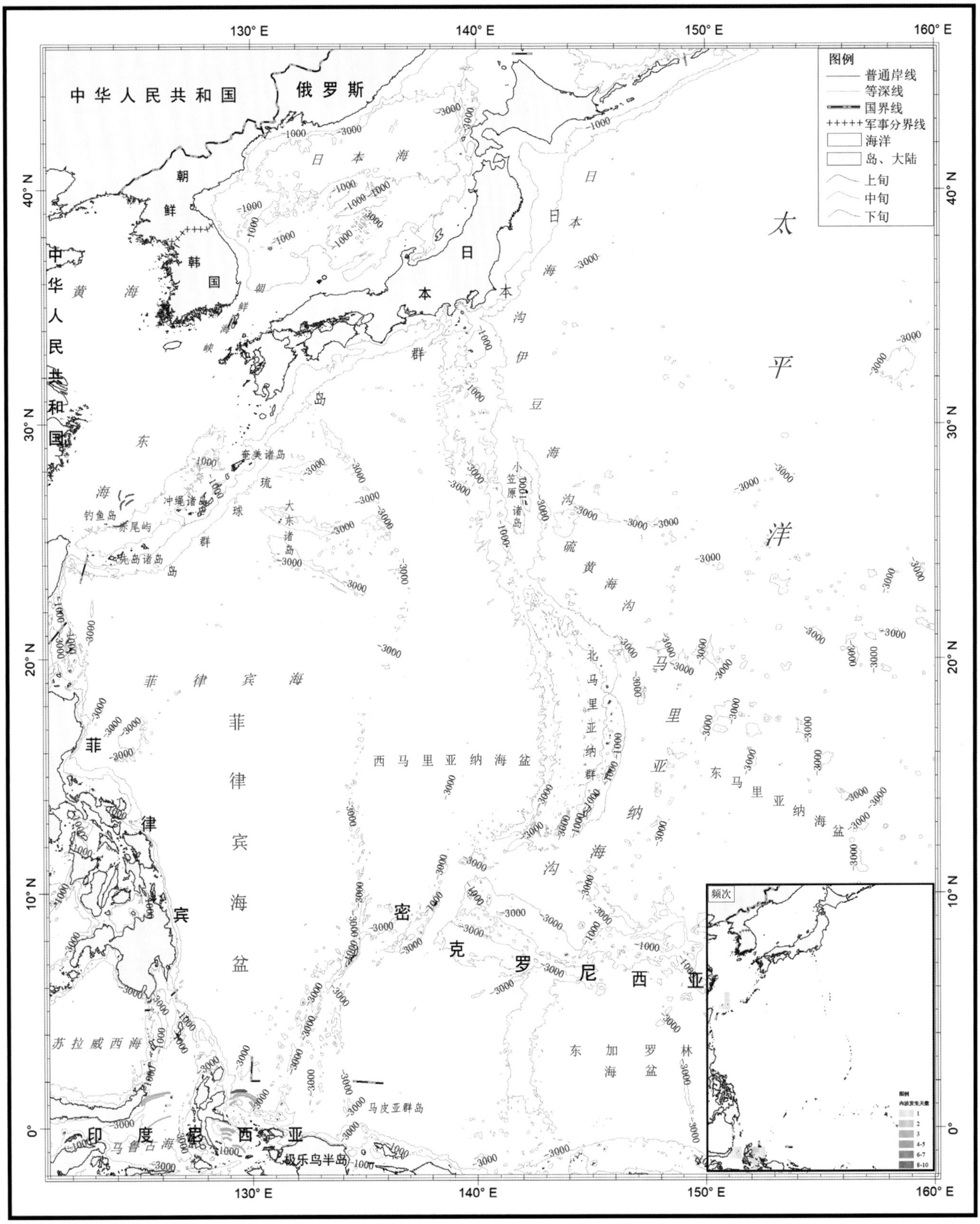

图例
普通岸线
等深线
国界线
+++++军事分界线
海洋
岛、大陆
上旬
中旬
下旬

调查数据源：MODIS、SAR数据
数据空间分辨率：250m
数据时间：2012年10月

比例尺：1:18 000 000
坐标系：CGCS2000
投影信息：墨卡托投影

高程基准：1985国家高程基准
制图单位：自然资源部第一海洋研究所
制图时间：2022年1月

西太平洋海洋内波位置和频次月分布专题图

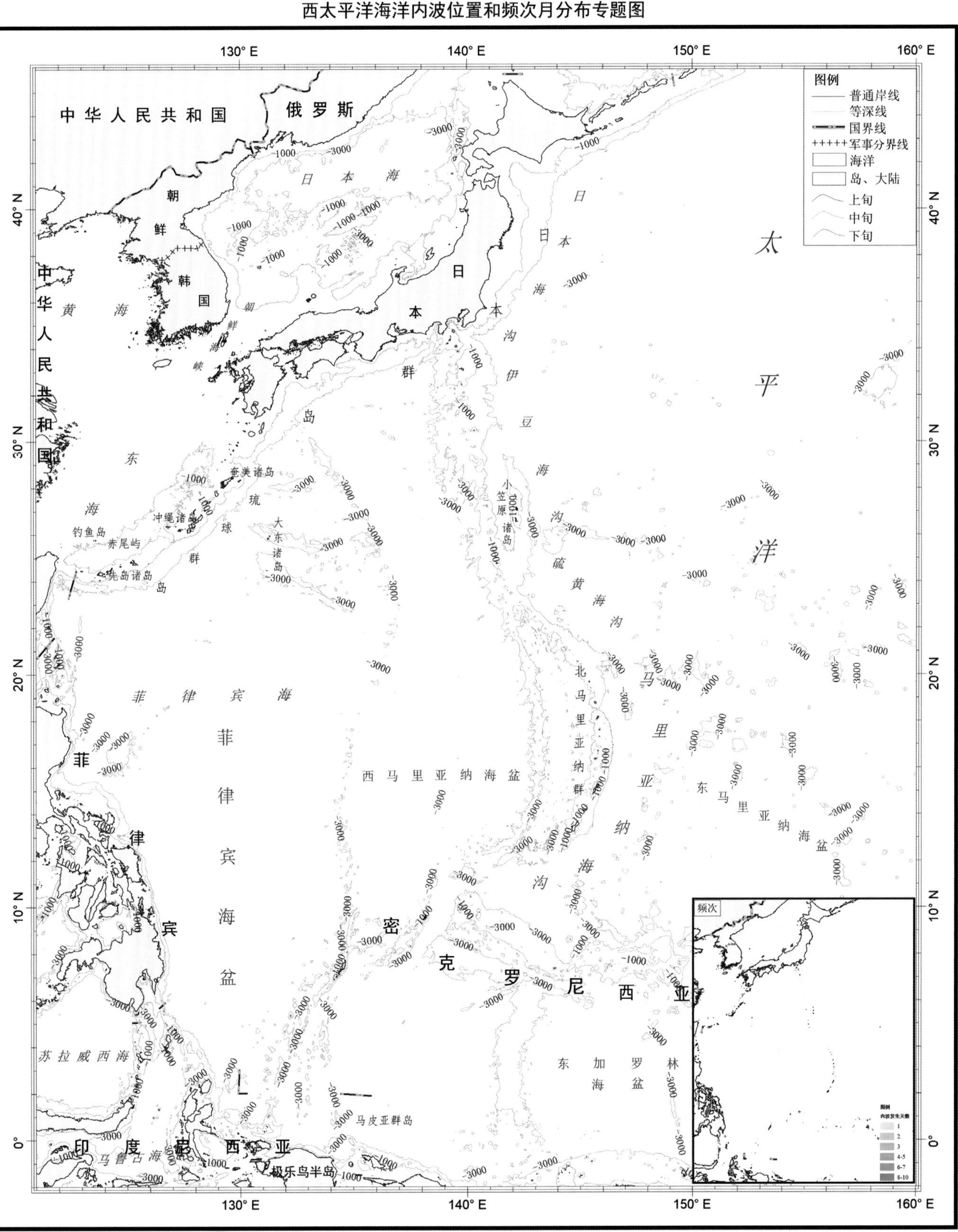

调查数据源：MODIS、SAR数据
数据空间分辨率：250m
数据时间：2012年11月

比例尺：1:18 000 000
坐标系：CGCS2000
投影信息：墨卡托投影

高程基准：1985国家高程基准
制图单位：自然资源部第一海洋研究所
制图时间：2022年1月

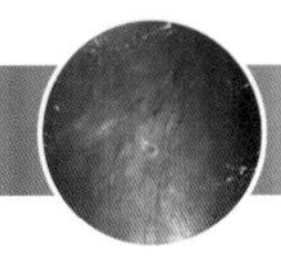

西太平洋海洋内波位置和频次月分布专题图

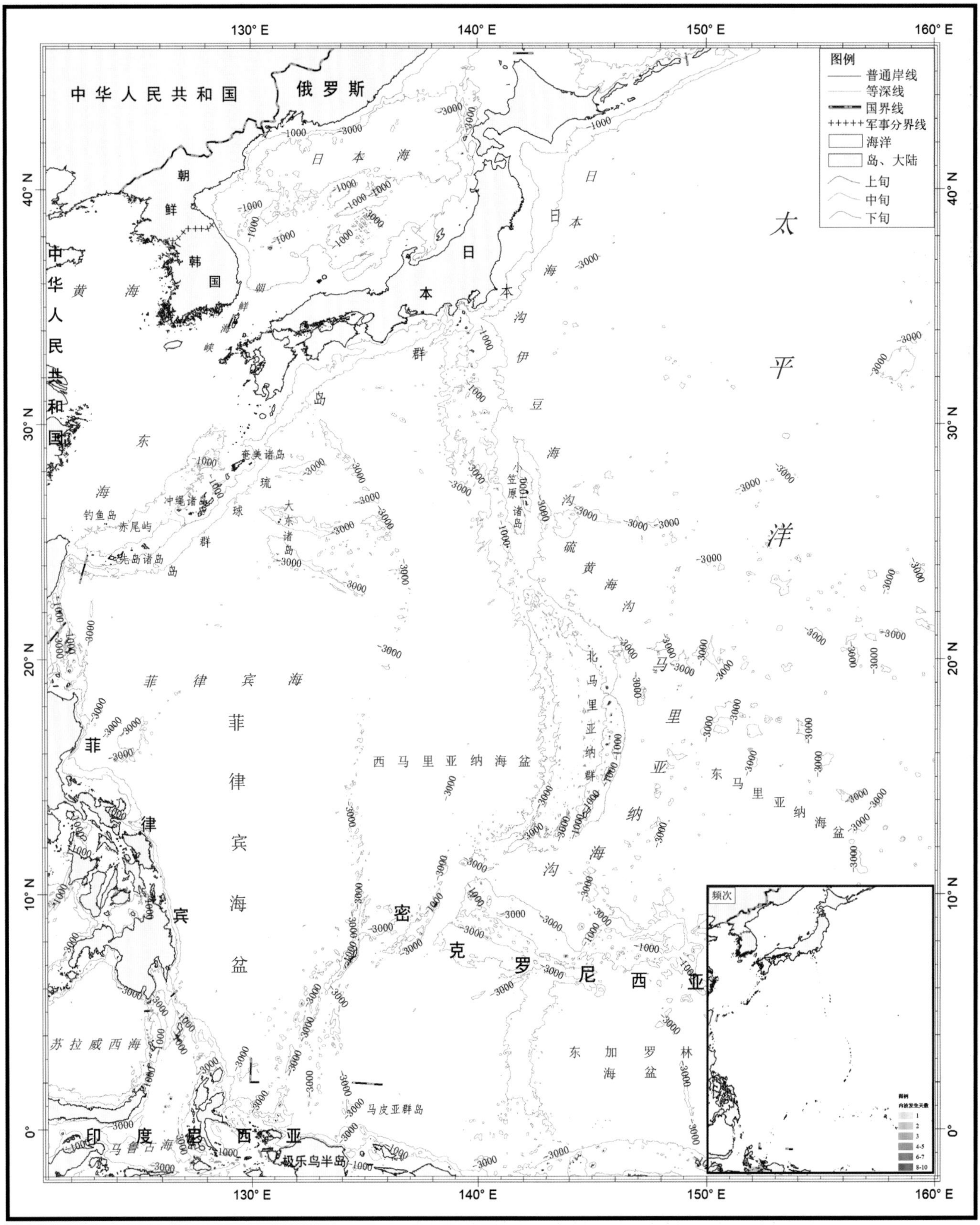

图例
- 普通岸线
- 等深线
- 国界线
- +++++军事分界线
- 海洋
- 岛、大陆
- 上旬
- 中旬
- 下旬

调查数据源：MODIS、SAR数据
数据空间分辨率：250m
数据时间：2012年12月

比例尺：1:18 000 000
坐标系：CGCS2000
投影信息：墨卡托投影

高程基准：1985国家高程基准
制图单位：自然资源部第一海洋研究所
制图时间：2022年1月

西太平洋海洋内波位置和频次季分布专题图

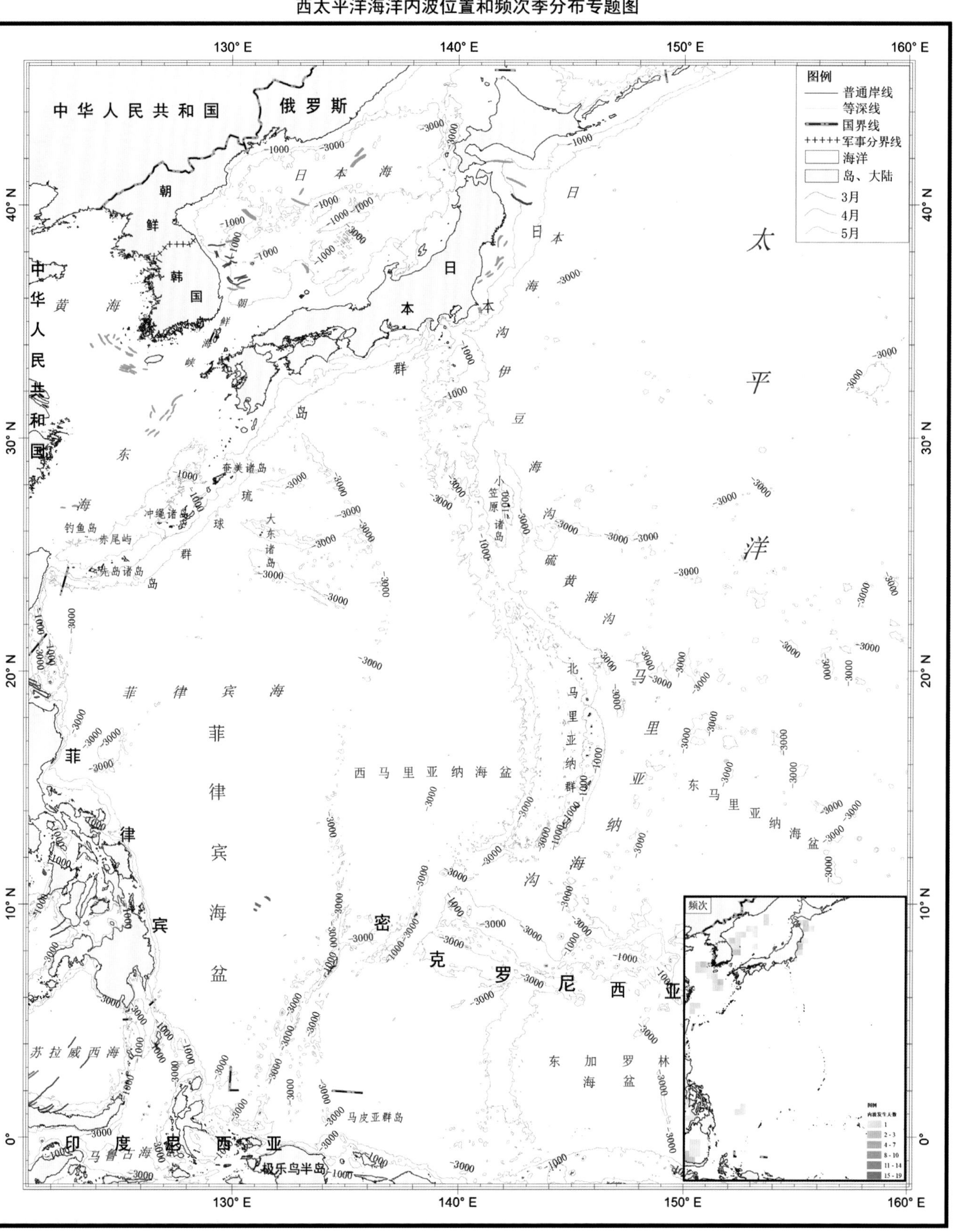

调查数据源：MODIS、SAR数据
数据空间分辨率：250m
数据时间：2012年春季

比例尺：1:18 000 000
坐标系：CGCS2000
投影信息：墨卡托投影

高程基准：1985国家高程基准
制图单位：自然资源部第一海洋研究所
制图时间：2022年1月

西太平洋海洋内波位置和频次季分布专题图

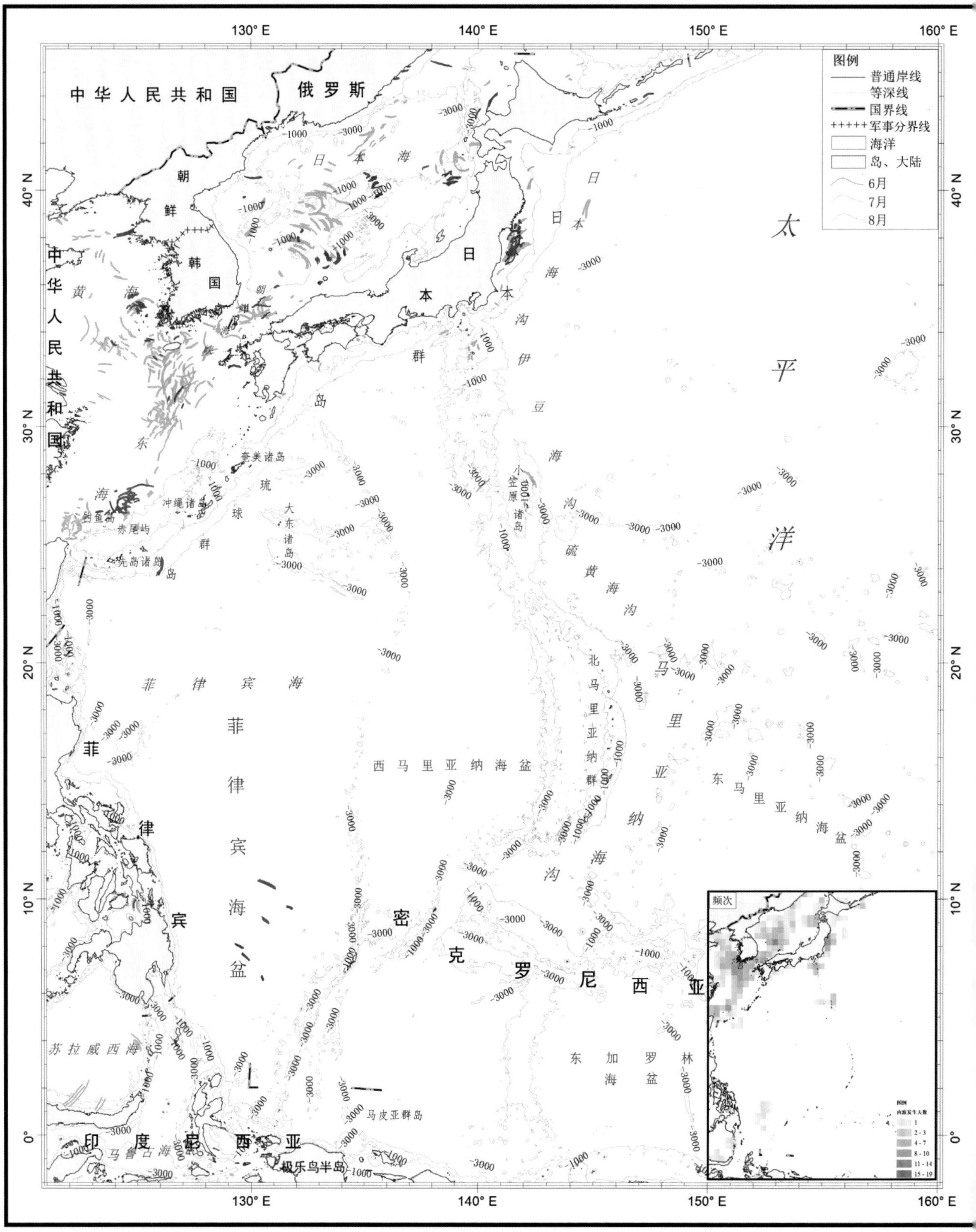

图例
- 普通岸线
- 等深线
- 国界线
- +++++军事分界线
- 海洋
- 岛、大陆
- 6月
- 7月
- 8月

调查数据源：MODIS、SAR数据
数据空间分辨率：250m
数据时间：2012年夏季

比例尺：1:18 000 000
坐标系：CGCS2000
投影信息：墨卡托投影

高程基准：1985国家高程基准
制图单位：自然资源部第一海洋研究所
制图时间：2022年1月

西太平洋海洋内波位置和频次季分布专题图

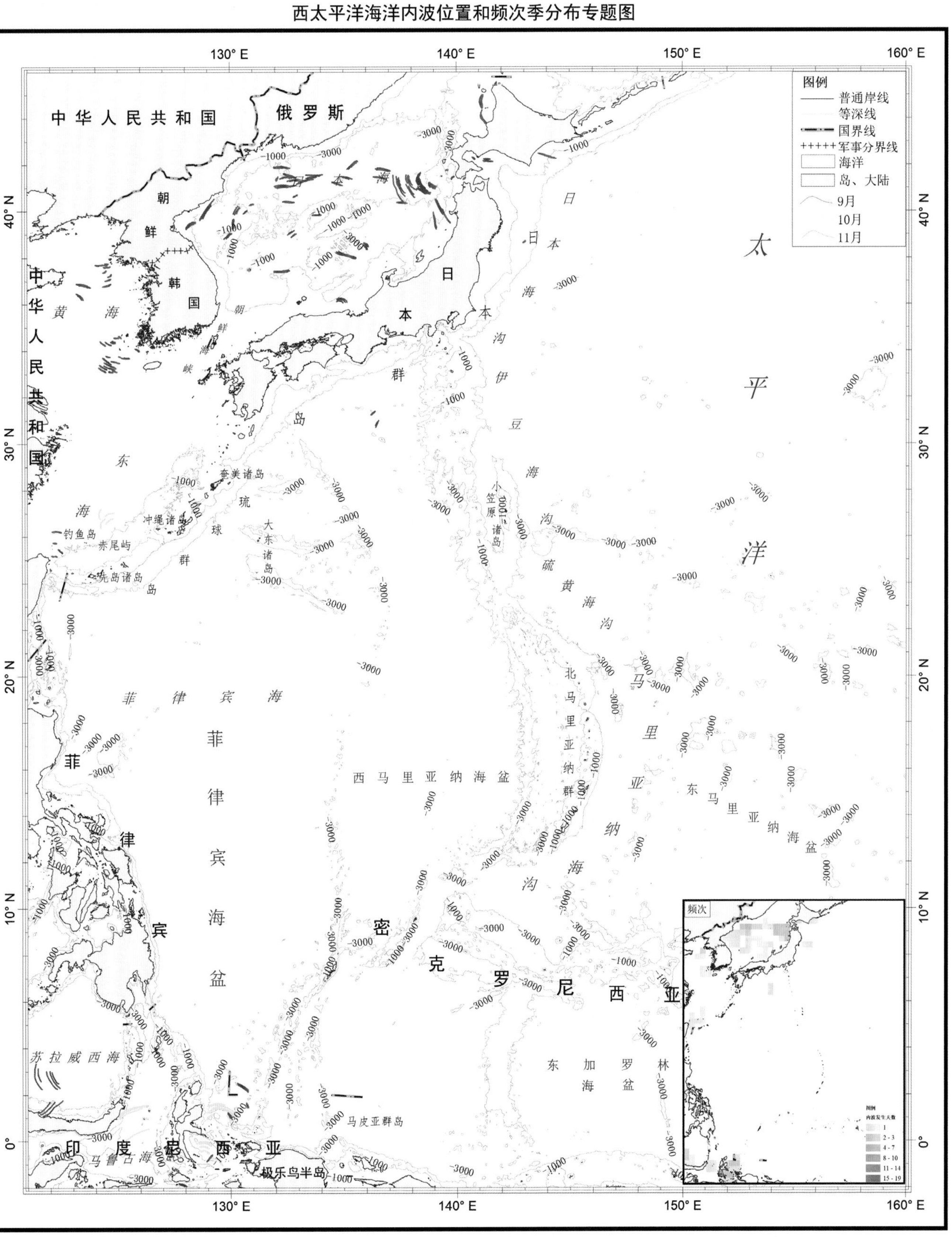

调查数据源：MODIS、SAR数据
数据空间分辨率：250m
数据时间：2012年秋季

比例尺：1:18 000 000
坐标系：CGCS2000
投影信息：墨卡托投影

高程基准：1985国家高程基准
制图单位：自然资源部第一海洋研究所
制图时间：2022年1月

西太平洋海洋内波位置和频次季分布专题图

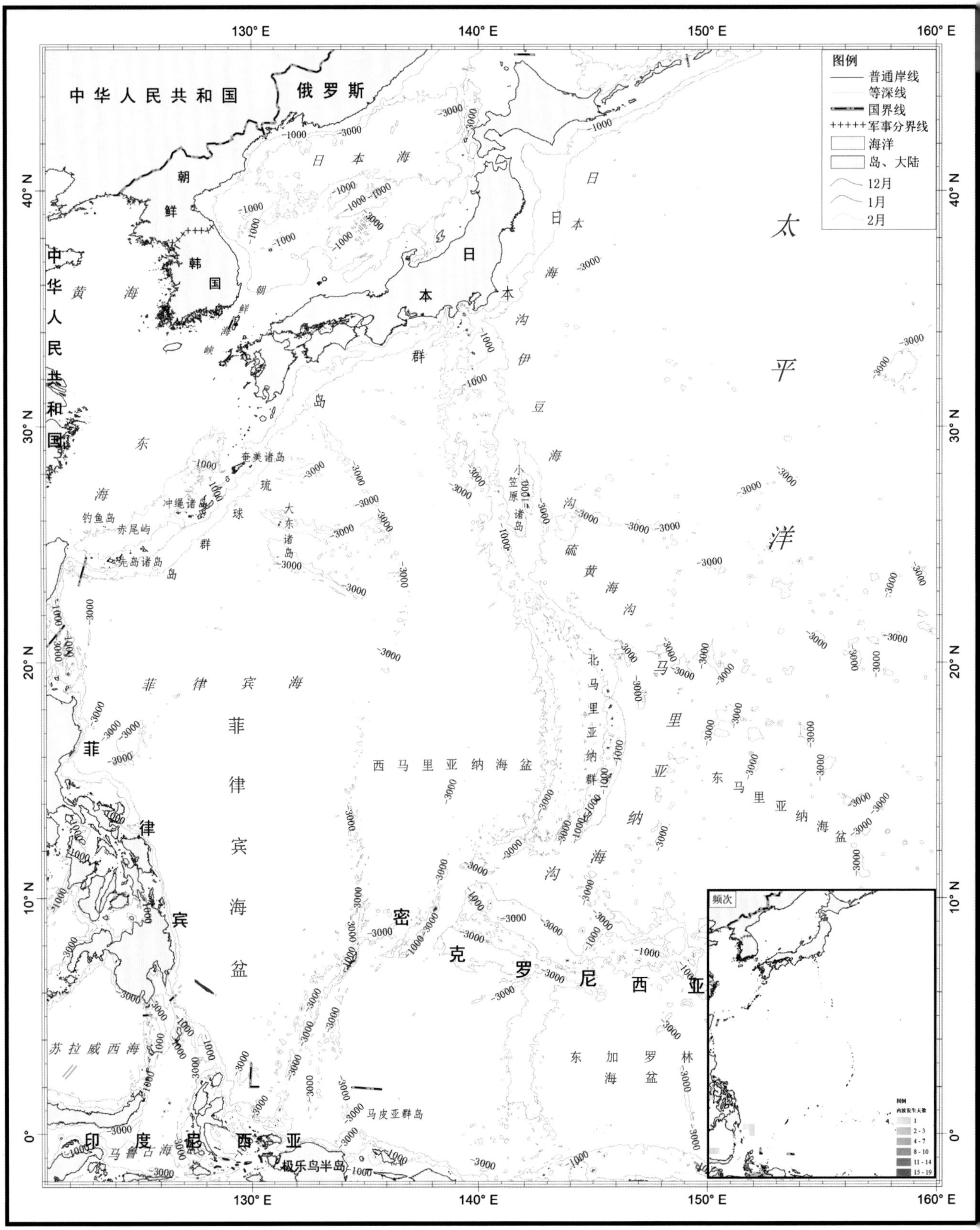

图例
普通岸线
等深线
国界线
+++++军事分界线
海洋
岛、大陆
12月
1月
2月

频次

调查数据源：MODIS、SAR数据
数据空间分辨率：250m
数据时间：2012年冬季

比例尺：1:18 000 000
坐标系：CGCS2000
投影信息：墨卡托投影

高程基准：1985国家高程基准
制图单位：自然资源部第一海洋研究所
制图时间：2022年1月

西太平洋海洋内波位置和频次半年分布专题图

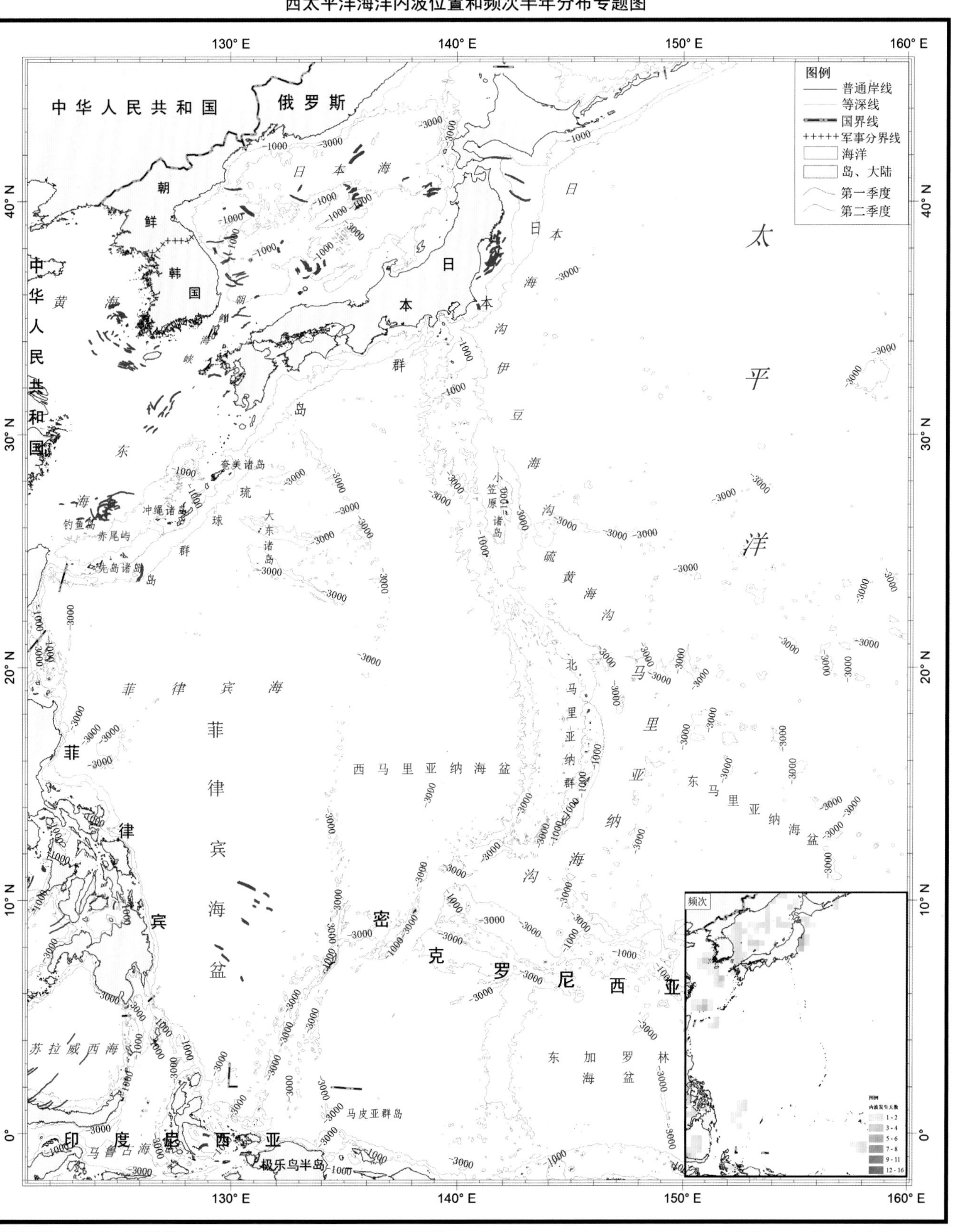

调查数据源：MODIS、SAR数据
数据空间分辨率：250m
数据时间：2012年上半年

比例尺：1:18 000 000
坐标系：CGCS2000
投影信息：墨卡托投影

高程基准：1985国家高程基准
制图单位：自然资源部第一海洋研究所
制图时间：2022年1月

西太平洋海洋内波位置和频次半年分布专题图

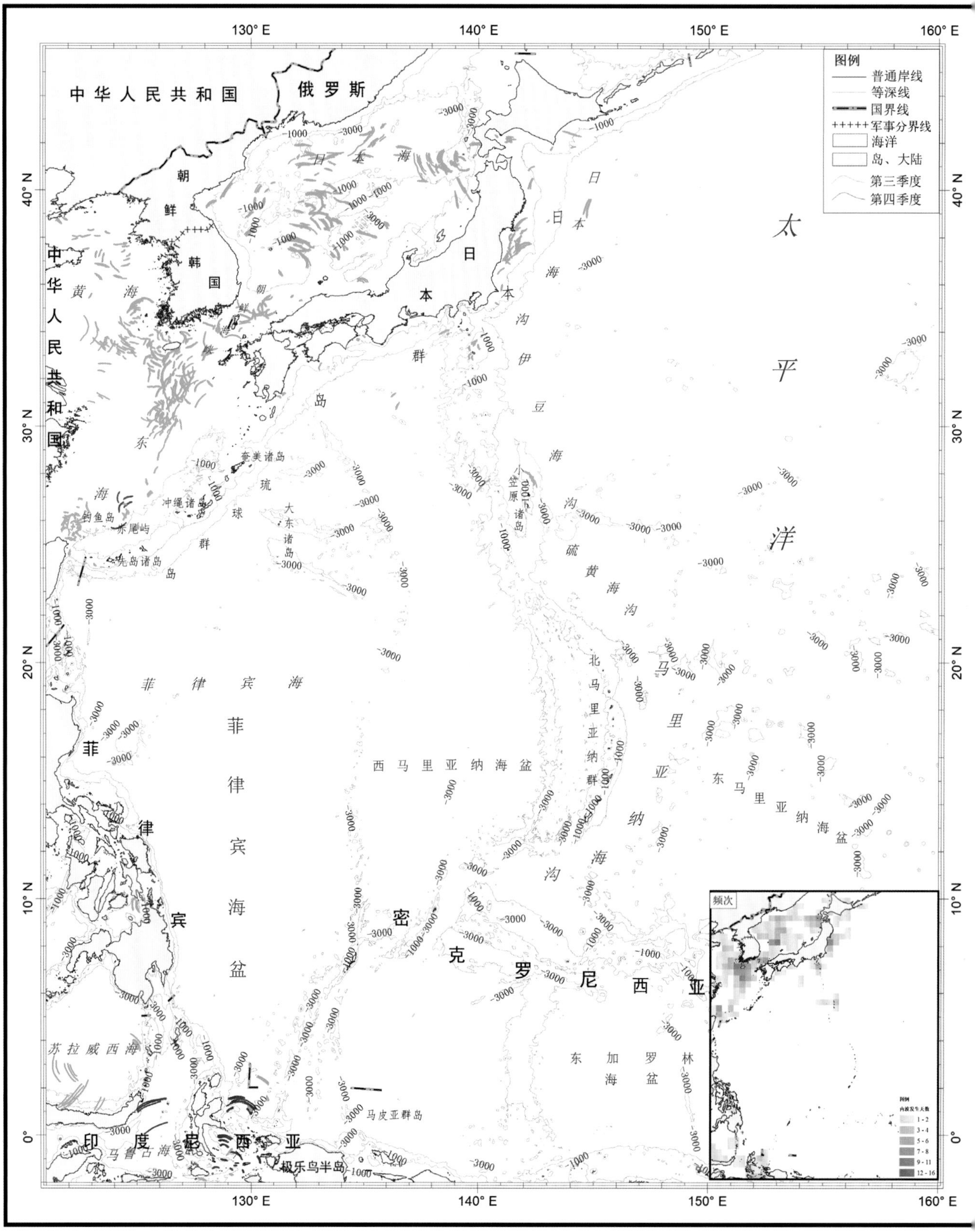

130° E 140° E 150° E 160° E

40° N 30° N 20° N 10° N 0°

图例
普通岸线
等深线
国界线
+++++军事分界线
海洋
岛、大陆
第三季度
第四季度

中华人民共和国
俄罗斯
朝鲜
韩国
日本
日本海
黄海
东海
太平洋
日本海沟
伊豆海沟
小笠原诸岛
琉球群岛
奄美诸岛
冲绳诸岛
钓鱼岛
赤尾屿
先岛诸岛
大东诸岛
硫黄海沟
菲律宾海
菲律宾海盆
菲律宾
西马里亚纳海盆
北马里亚纳群岛
马里亚纳海沟
东马里亚纳海盆
密克罗尼西亚
东加罗林海盆
苏拉威西海
马鲁古海
印度尼西亚
马皮亚群岛
极乐鸟半岛

频次
图例
内波发生天数
1-2
3-4
5-6
7-8
9-11
12-16

调查数据源：MODIS、SAR数据
数据空间分辨率：250m
数据时间：2012年下半年

比例尺：1:18 000 000
坐标系：CGCS2000
投影信息：墨卡托投影

高程基准：1985国家高程基准
制图单位：自然资源部第一海洋研究所
制图时间：2022年1月

西太平洋海洋内波位置和频次年分布专题图

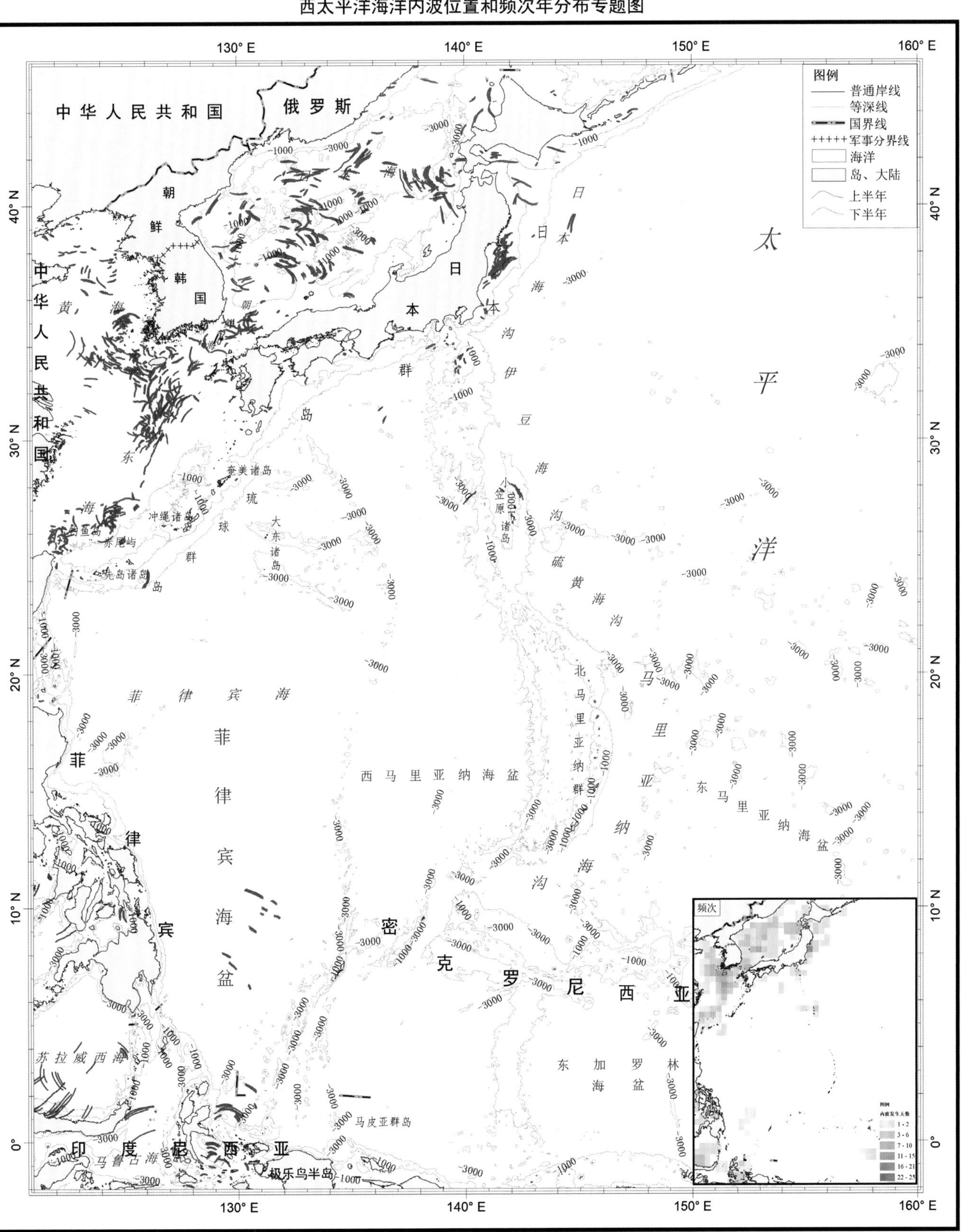

调查数据源：MODIS、SAR数据
数据空间分辨率：250m
数据时间：2012年全年

比例尺：1:18 000 000
坐标系：CGCS2000
投影信息：墨卡托投影

高程基准：1985国家高程基准
制图单位：自然资源部第一海洋研究所
制图时间：2022年1月

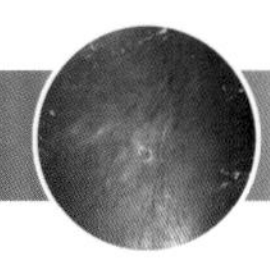

8.4 西太平洋内孤立波 2013 年分布图

西太平洋海洋内波位置和频次月分布专题图

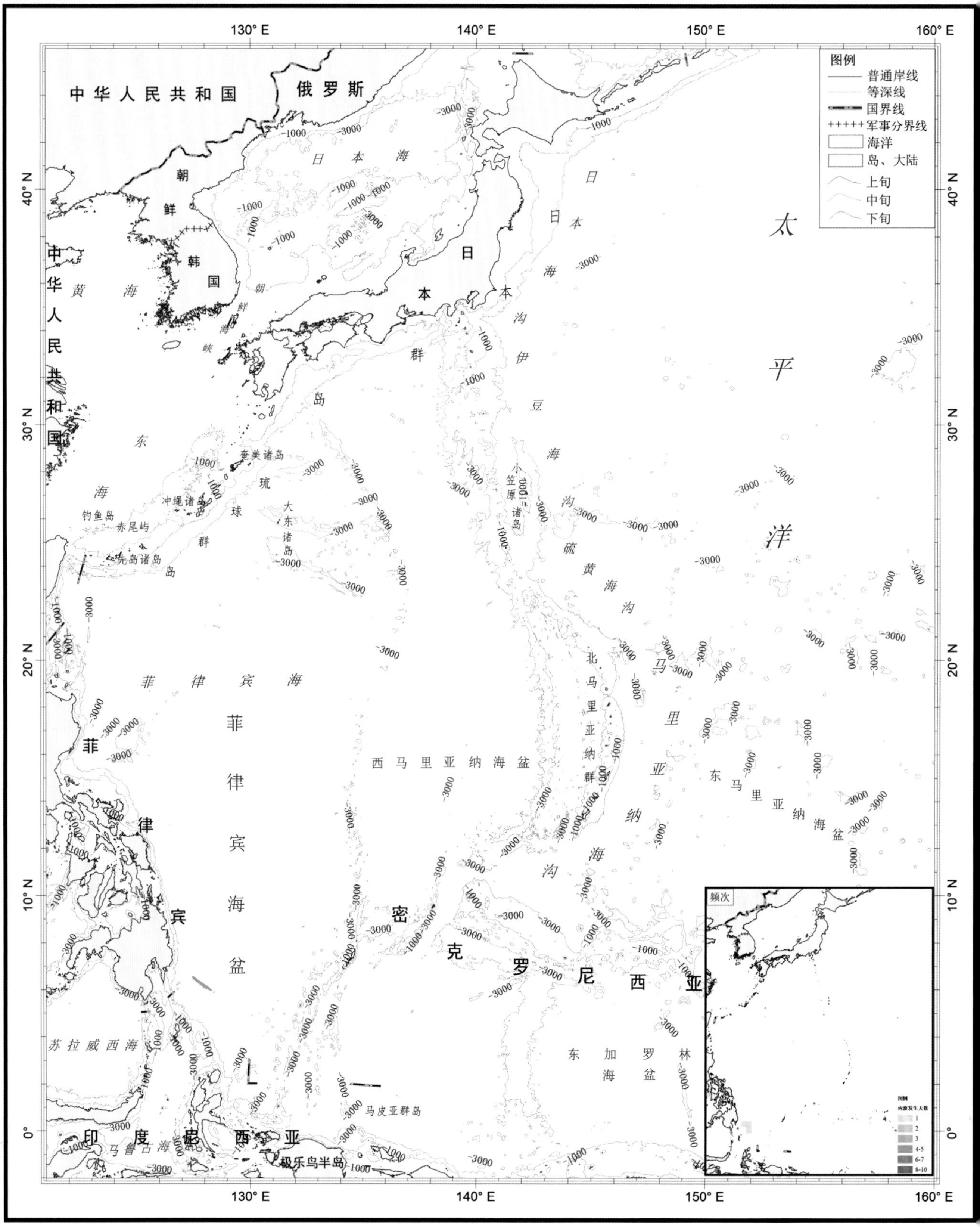

图例
普通岸线
等深线
国界线
+++++军事分界线
海洋
岛、大陆
上旬
中旬
下旬

调查数据源：MODIS、SAR数据
数据空间分辨率：250m
数据时间：2013年1月

比例尺：1:18 000 000
坐标系：CGCS2000
投影信息：墨卡托投影

高程基准：1985国家高程基准
制图单位：自然资源部第一海洋研究所
制图时间：2022年1月

西太平洋海洋内波位置和频次月分布专题图

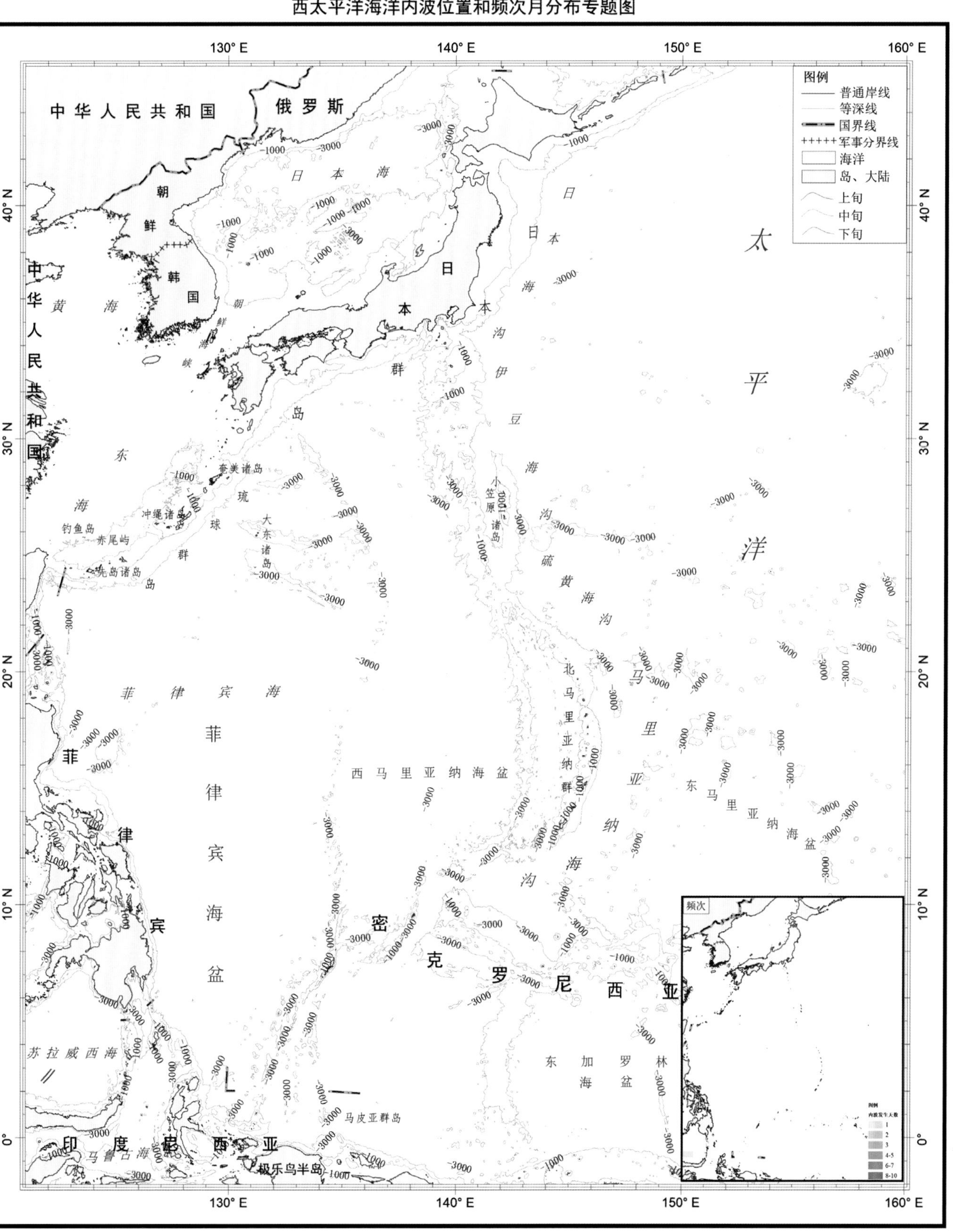

调查数据源：MODIS、SAR数据
数据空间分辨率：250m
数据时间：2013年2月

比例尺：1:18 000 000
坐标系：CGCS2000
投影信息：墨卡托投影

高程基准：1985国家高程基准
制图单位：自然资源部第一海洋研究所
制图时间：2022年1月

西太平洋海洋内波位置和频次月分布专题图

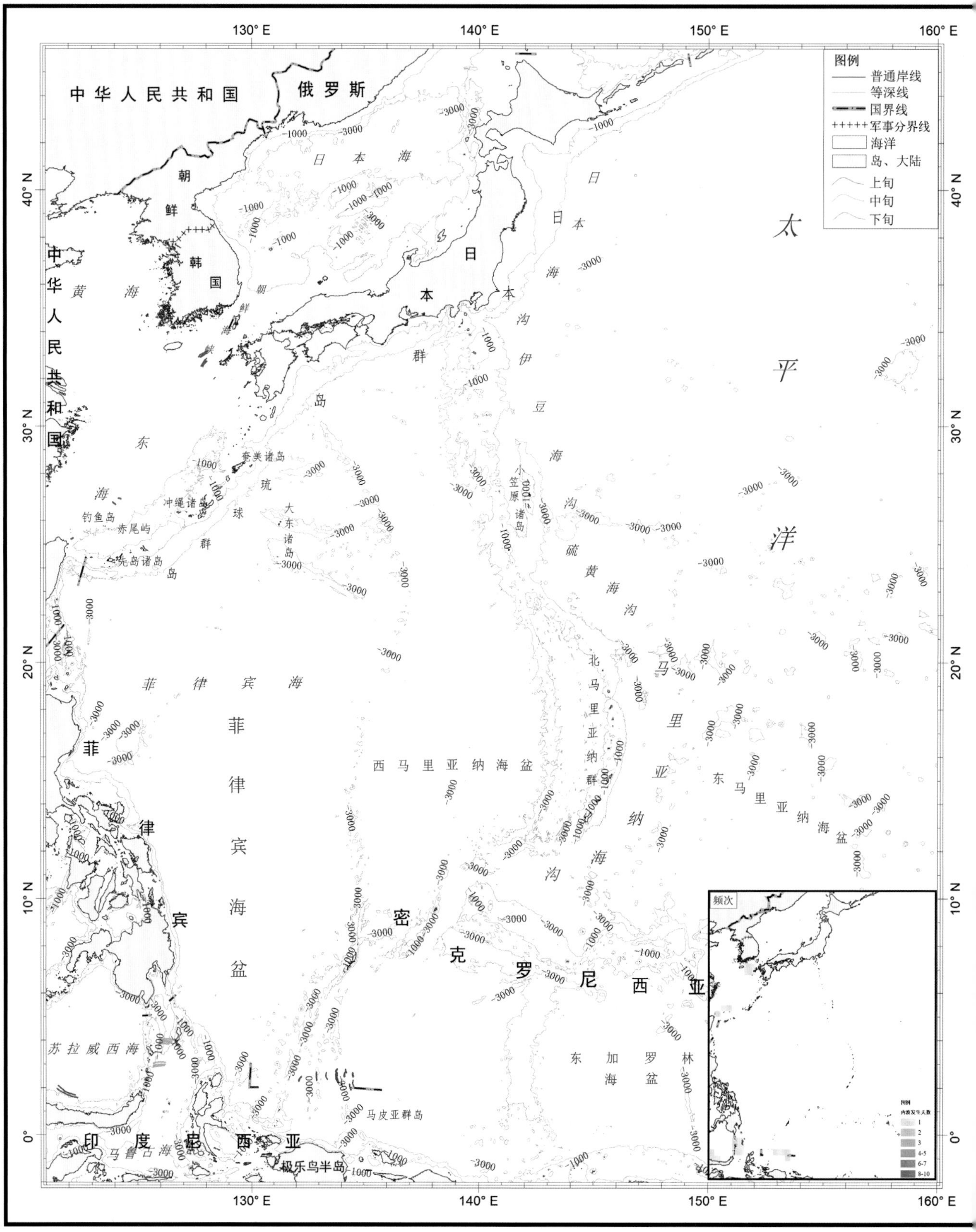

图例
普通岸线
等深线
国界线
+++++军事分界线
海洋
岛、大陆
上旬
中旬
下旬

中华人民共和国　俄罗斯　朝鲜　韩国　日本　日本海　黄海　东海　太平洋　菲律宾海　菲律宾　印度尼西亚　密克罗尼西亚
日本海沟　伊豆海沟　琉球群岛　奄美诸岛　冲绳诸岛　大东诸岛　小笠原诸岛　先岛诸岛　钓鱼岛　赤尾屿　硫黄海沟　北马里亚纳群岛　马里亚纳海沟　西马里亚纳海盆　东马里亚纳海盆　菲律宾海盆　东加罗林海盆　苏拉威西海　马鲁古海　马皮亚群岛　极乐鸟半岛

频次
内波发生天数：1　2　3　4-5　6-7　8-10

调查数据源：MODIS、SAR数据
数据空间分辨率：250m
数据时间：2013年3月

比例尺：1:18 000 000
坐标系：CGCS2000
投影信息：墨卡托投影

高程基准：1985国家高程基准
制图单位：自然资源部第一海洋研究所
制图时间：2022年1月

西太平洋海洋内波位置和频次月分布专题图

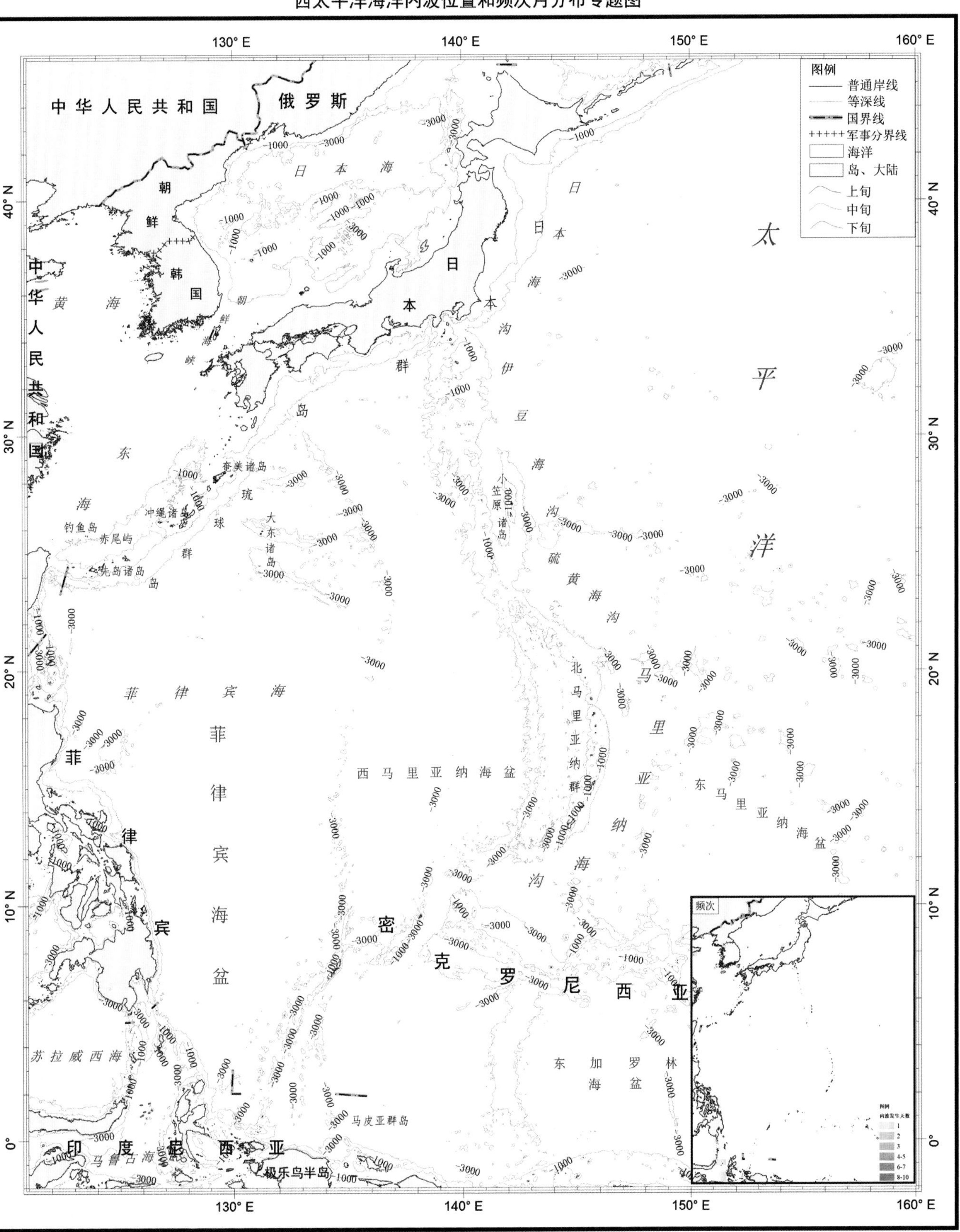

调查数据源：MODIS、SAR数据
数据空间分辨率：250m
数据时间：2013年4月

比例尺：1:18 000 000
坐标系：CGCS2000
投影信息：墨卡托投影

高程基准：1985国家高程基准
制图单位：自然资源部第一海洋研究所
制图时间：2022年1月

西太平洋海洋内波位置和频次月分布专题图

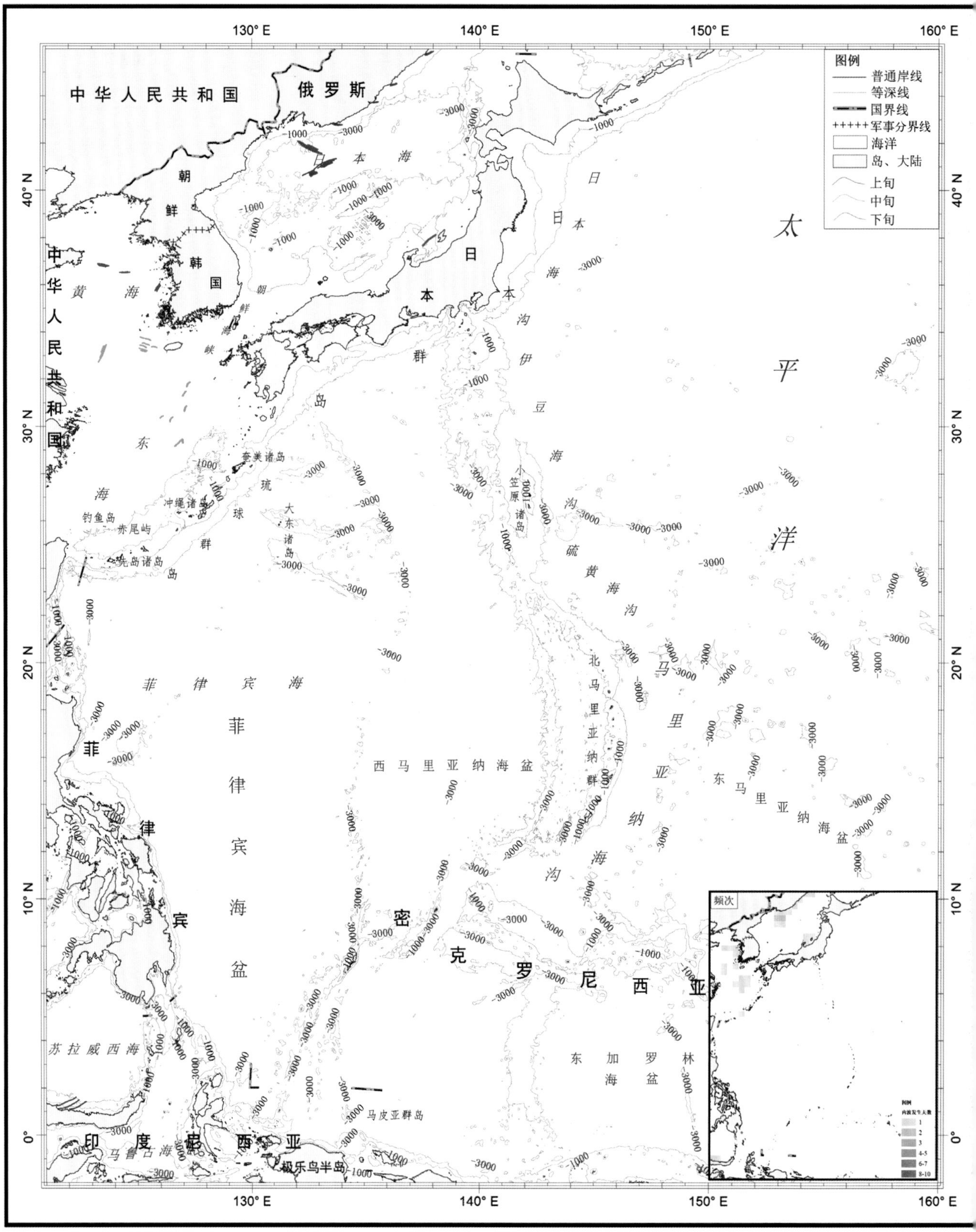

调查数据源：MODIS、SAR数据
数据空间分辨率：250m
数据时间：2013年5月

比例尺：1:18 000 000
坐标系：CGCS2000
投影信息：墨卡托投影

高程基准：1985国家高程基准
制图单位：自然资源部第一海洋研究所
制图时间：2022年1月

西太平洋海洋内波位置和频次月分布专题图

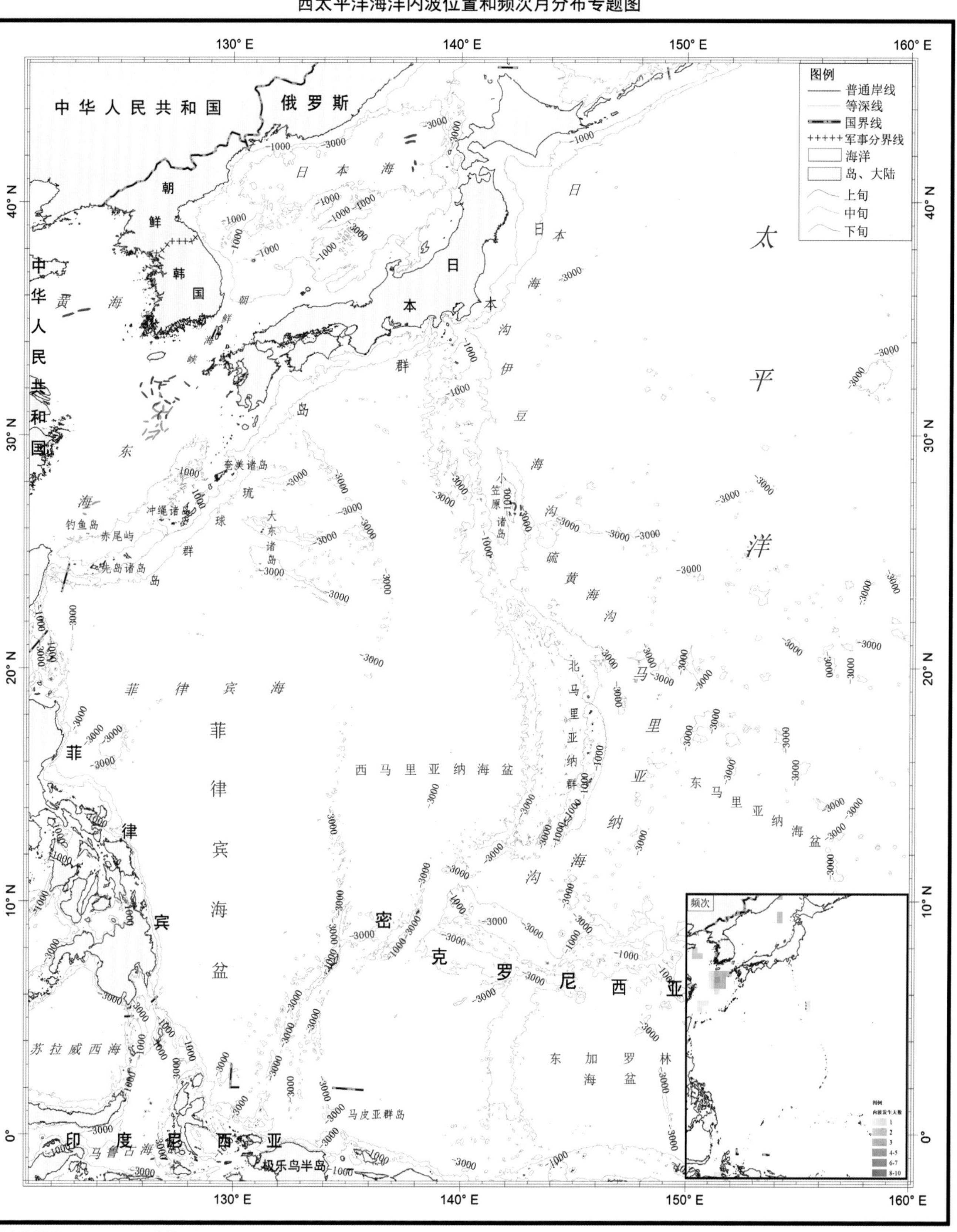

调查数据源：MODIS、SAR数据
数据空间分辨率：250m
数据时间：2013年6月

比例尺：1:18 000 000
坐标系：CGCS2000
投影信息：墨卡托投影

高程基准：1985国家高程基准
制图单位：自然资源部第一海洋研究所
制图时间：2022年1月

西太平洋海洋内波位置和频次月分布专题图

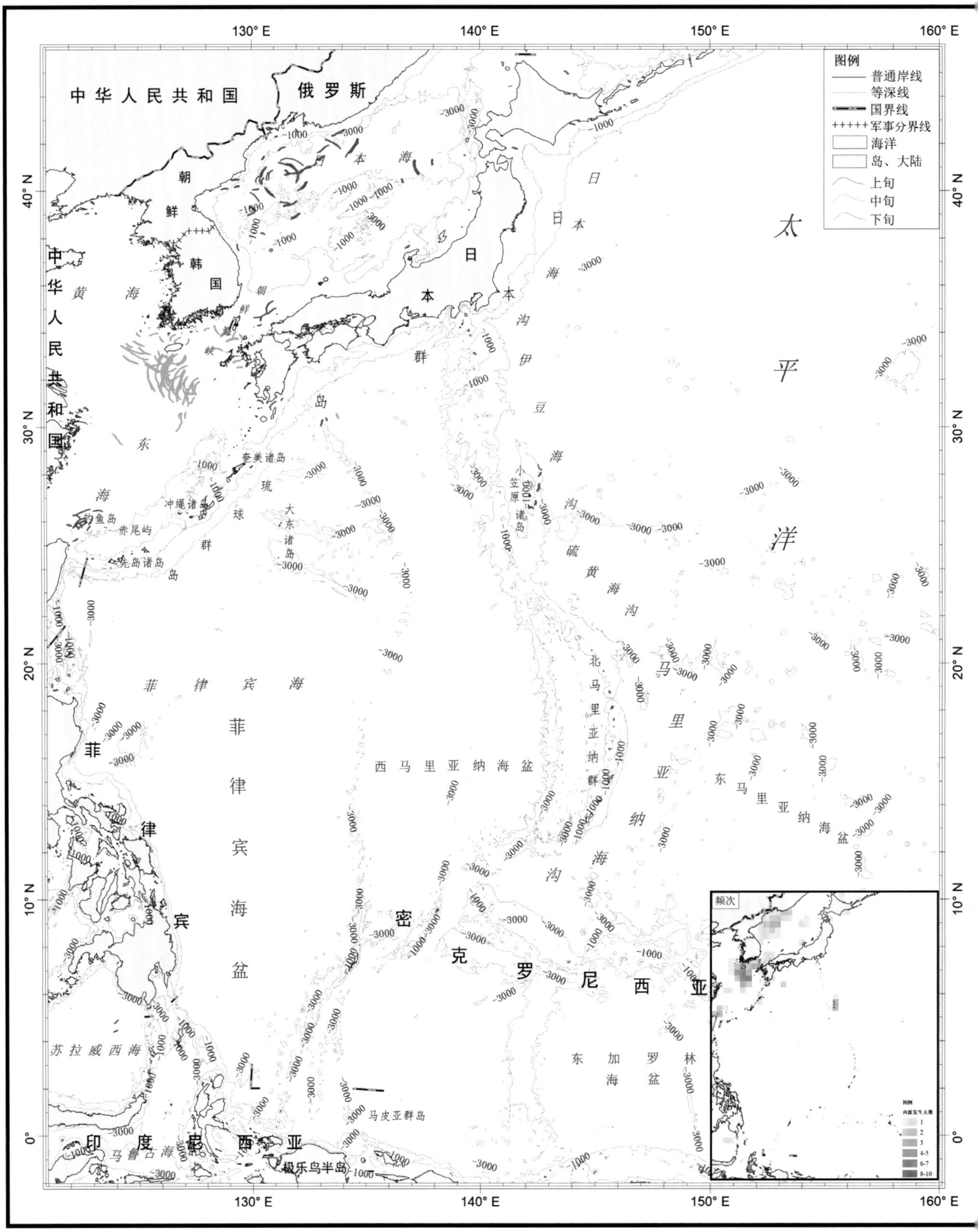

调查数据源：MODIS、SAR数据
数据空间分辨率：250m
数据时间：2013年7月

比例尺：1:18 000 000
坐标系：CGCS2000
投影信息：墨卡托投影

高程基准：1985国家高程基准
制图单位：自然资源部第一海洋研究所
制图时间：2022年1月

西太平洋海洋内波位置和频次月分布专题图

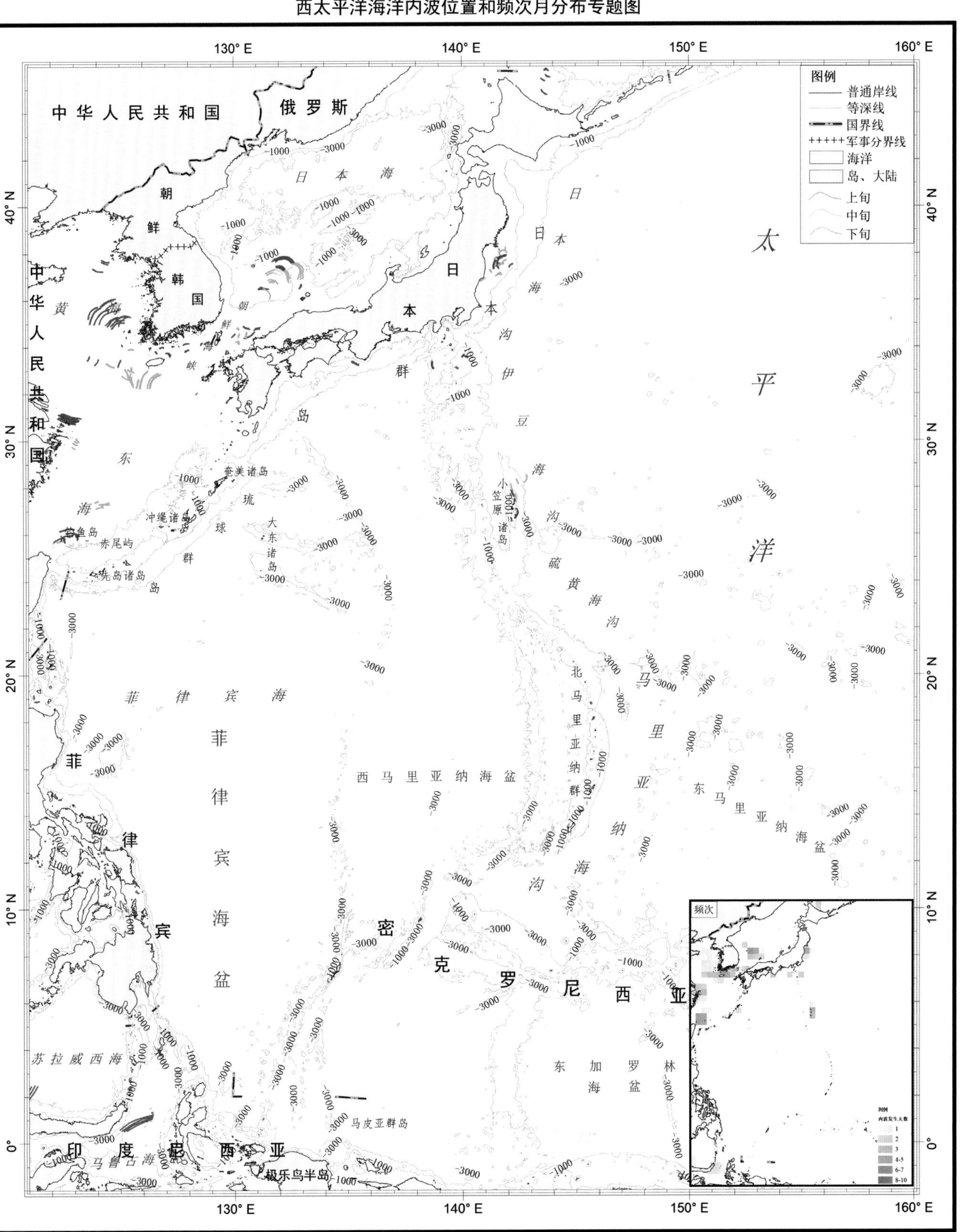

调查数据源：MODIS、SAR数据
数据空间分辨率：250m
数据时间：2013年8月

比例尺：1:18 000 000
坐标系：CGCS2000
投影信息：墨卡托投影

高程基准：1985国家高程基准
制图单位：自然资源部第一海洋研究所
制图时间：2022年1月

西太平洋海洋内波位置和频次月分布专题图

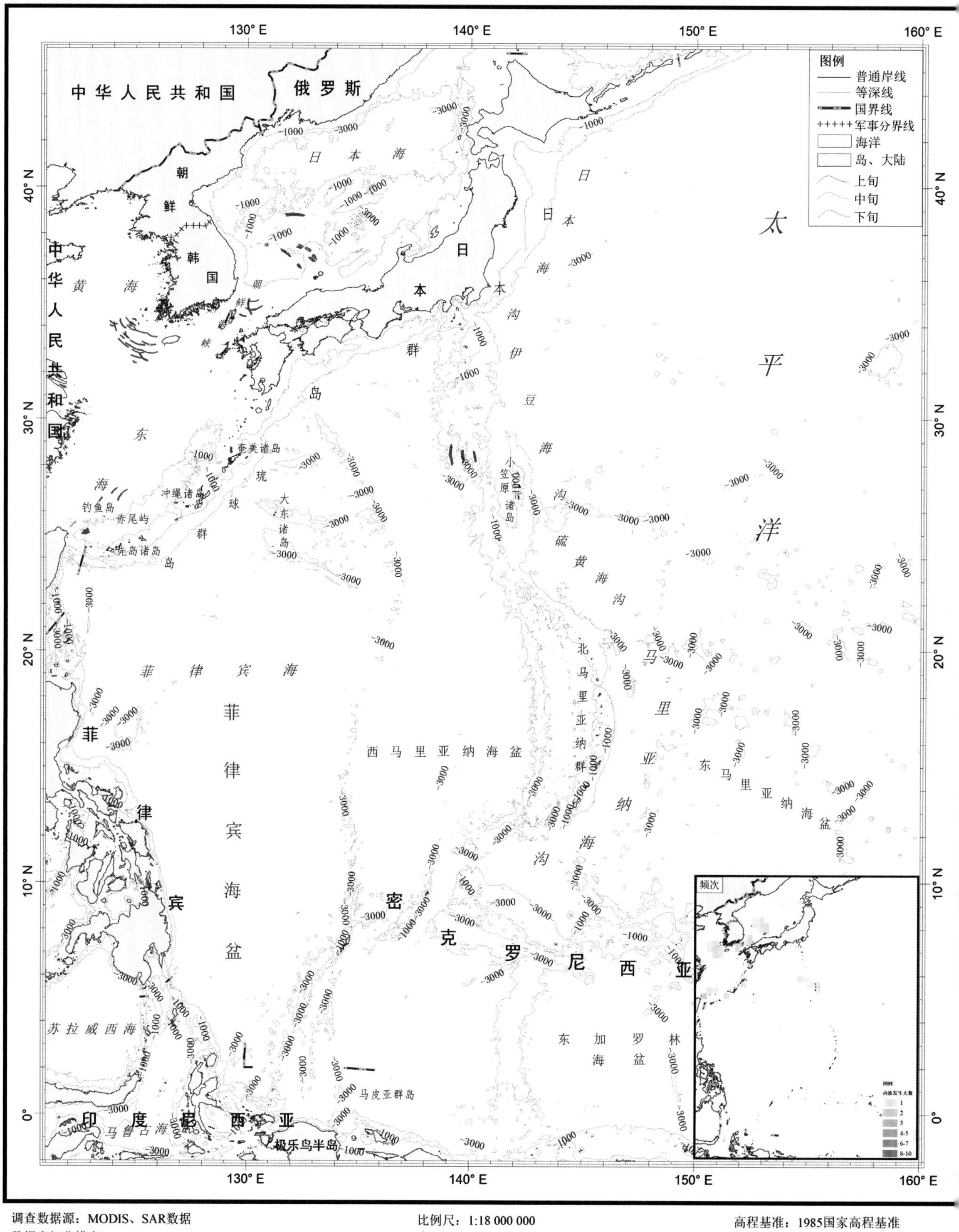

130° E　140° E　150° E　160° E

40° N　30° N　20° N　10° N　0°

图例
普通岸线
等深线
国界线
+++++军事分界线
海洋
岛、大陆
上旬
中旬
下旬

中华人民共和国　俄罗斯　朝鲜　韩国　日本　黄海　日本海　朝鲜海峡　日本群岛　东海　日本海沟　伊豆海沟　太平洋　奄美诸岛　琉球群岛　冲绳诸岛　钓鱼岛　赤尾屿　先岛诸岛　大东诸岛　小笠原诸岛　硫黄海沟　菲律宾海　菲律宾海盆　西马里亚纳海盆　北马里亚纳群岛　马里亚纳海沟　东马里亚纳海盆　菲律宾　密克罗尼西亚　东加罗林海盆　苏拉威西海　马鲁古海　印度尼西亚　马皮亚群岛　极乐鸟半岛

频次

调查数据源：MODIS、SAR数据
数据空间分辨率：250m
数据时间：2013年9月

比例尺：1:18 000 000
坐标系：CGCS2000
投影信息：墨卡托投影

高程基准：1985国家高程基准
制图单位：自然资源部第一海洋研究所
制图时间：2022年1月

西太平洋海洋内波位置和频次月分布专题图

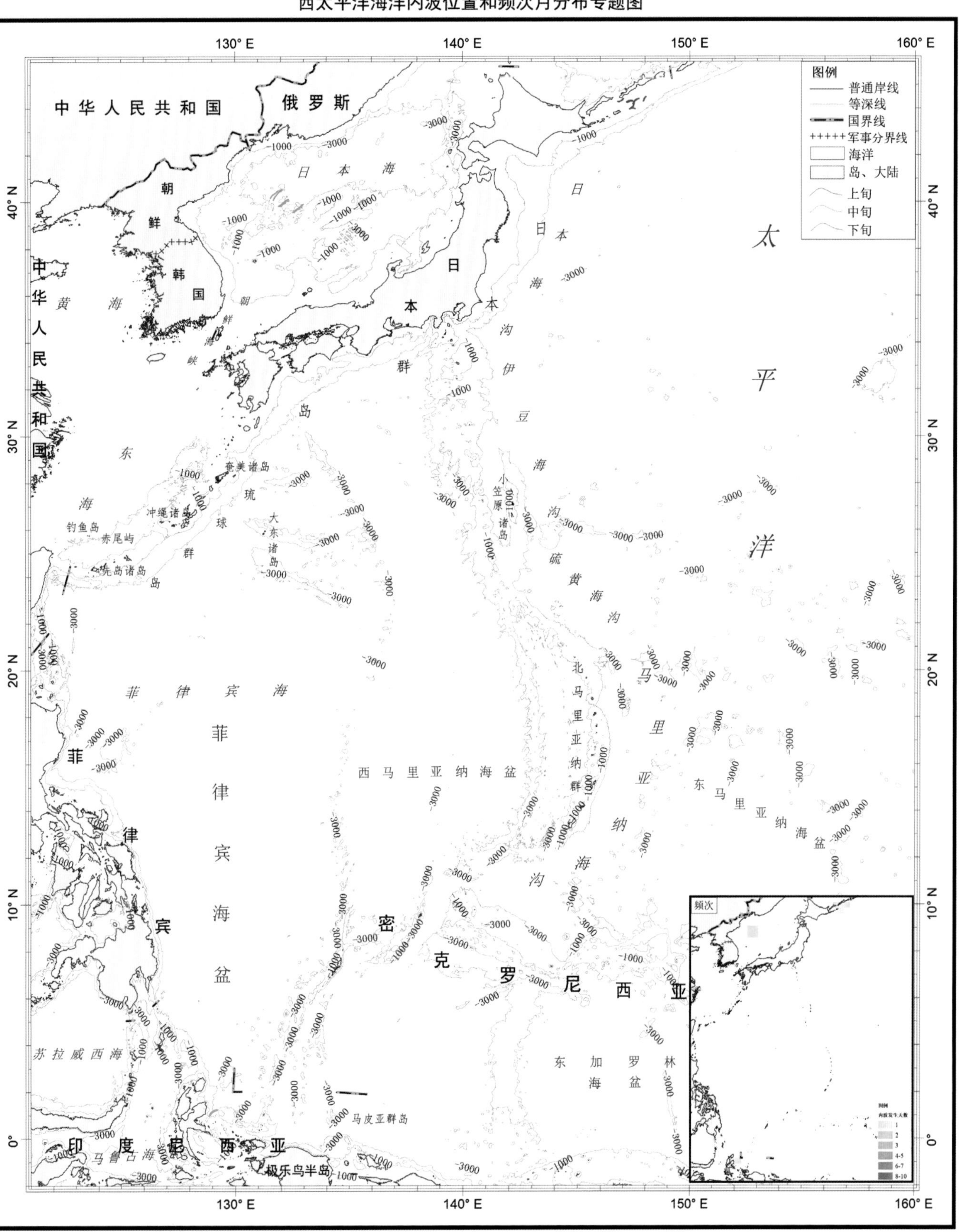

调查数据源：MODIS、SAR数据
数据空间分辨率：250m
数据时间：2013年10月

比例尺：1:18 000 000
坐标系：CGCS2000
投影信息：墨卡托投影

高程基准：1985国家高程基准
制图单位：自然资源部第一海洋研究所
制图时间：2022年1月

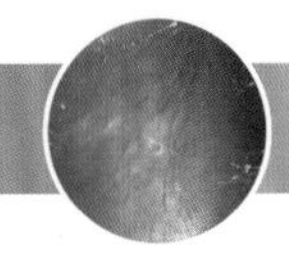

西太平洋海洋内波位置和频次月分布专题图

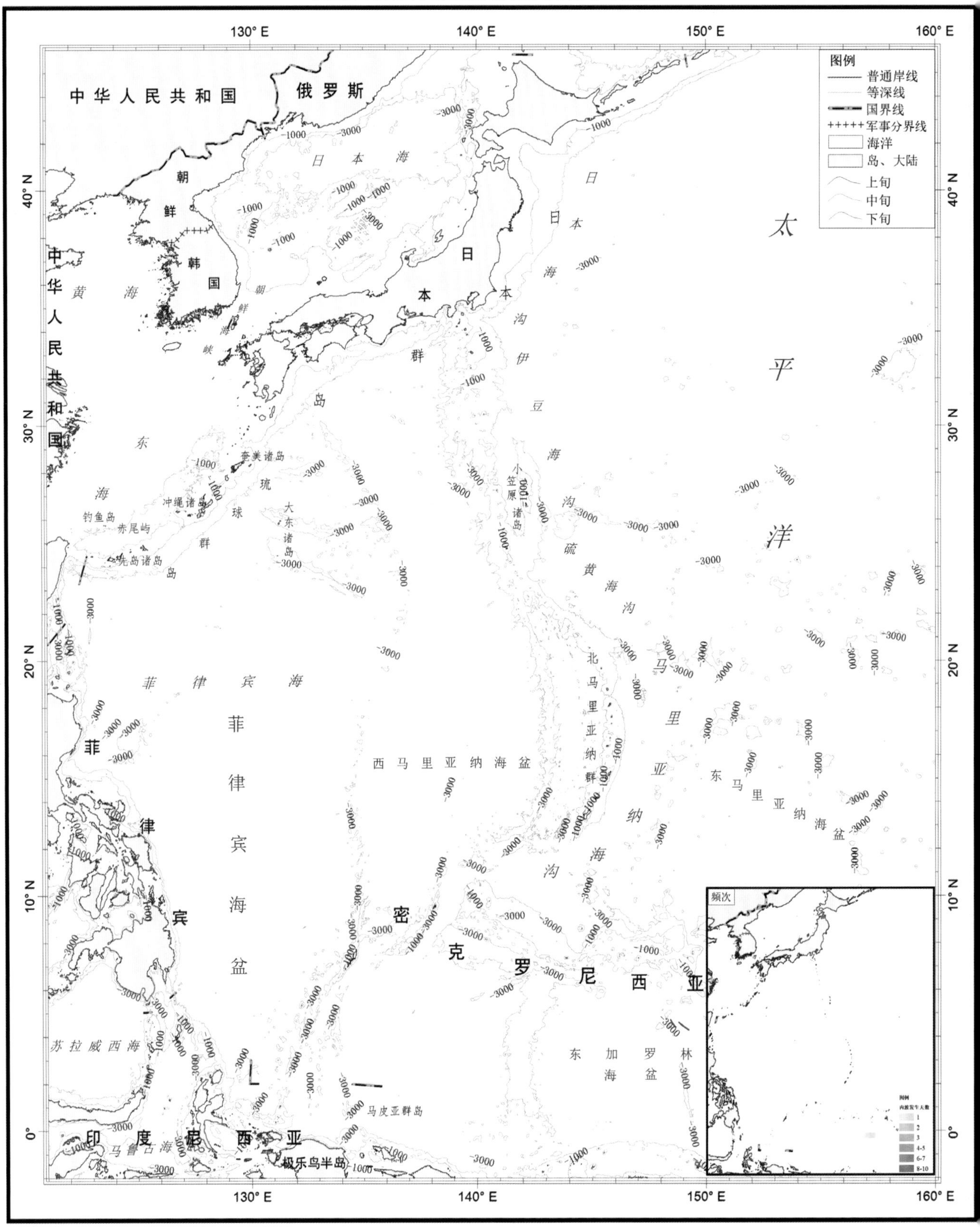

图例
- 普通岸线
- 等深线
- 国界线
- +++++军事分界线
- 海洋
- 岛、大陆
- 上旬
- 中旬
- 下旬

频次

中华人民共和国　俄罗斯　朝鲜　韩国　日本　日本海　黄海　东海　日本群岛　琉球群岛　奄美诸岛　冲绳诸岛　钓鱼岛　赤尾屿　先岛诸岛　大东诸岛　小笠原诸岛　日本海沟　伊豆海沟　硫黄海沟　马里亚纳海沟　北马里亚纳群岛　太平洋　菲律宾海　菲律宾海盆　西马里亚纳海盆　东马里亚纳海盆　菲律宾　密克罗尼西亚　东加罗林海盆　马皮亚群岛　苏拉威西海　马鲁古海　印度尼西亚　极乐鸟半岛

调查数据源：MODIS、SAR数据
数据空间分辨率：250m
数据时间：2013年11月

比例尺：1:18 000 000
坐标系：CGCS2000
投影信息：墨卡托投影

高程基准：1985国家高程基准
制图单位：自然资源部第一海洋研究所
制图时间：2022年1月

西太平洋海洋内波位置和频次月分布专题图

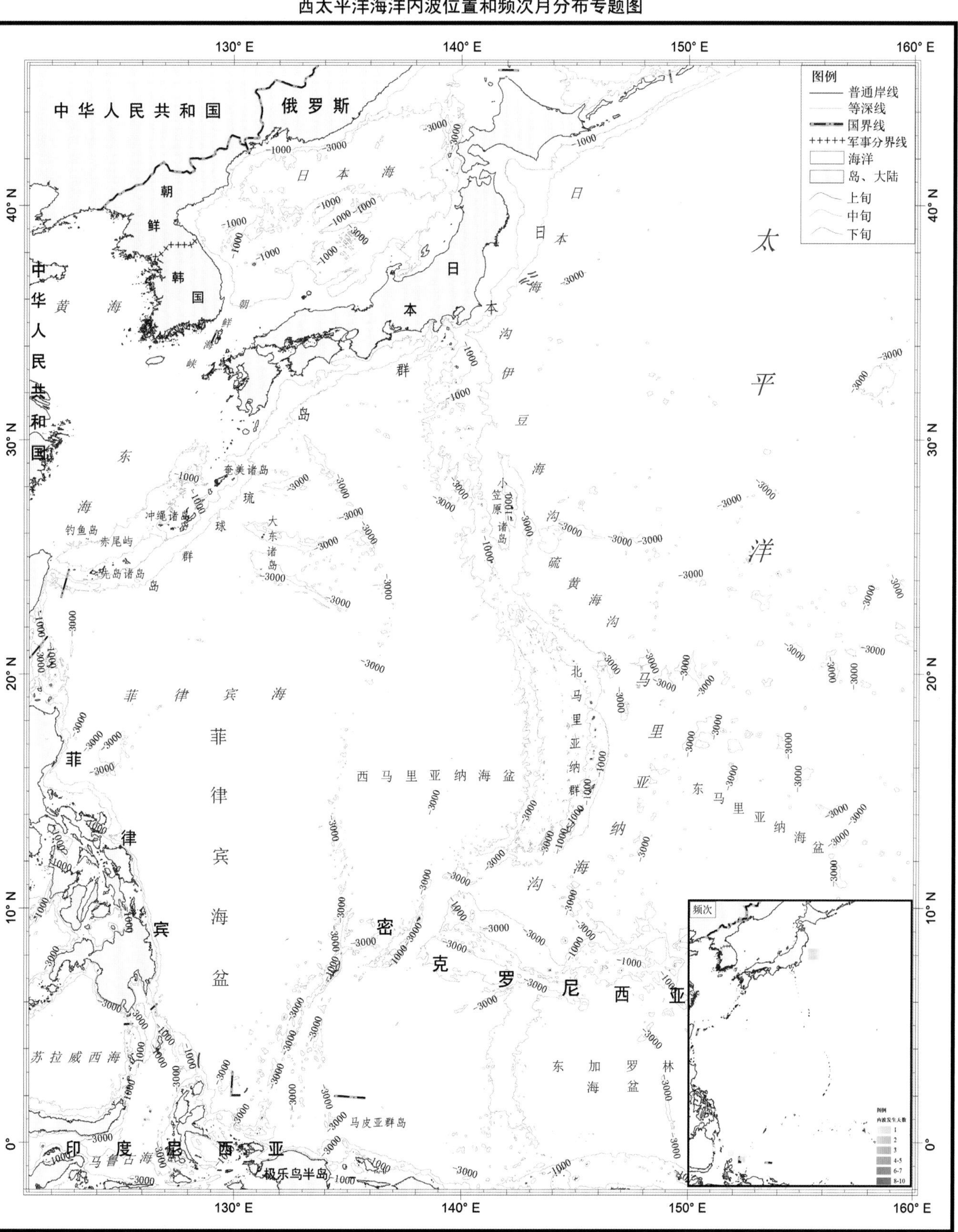

调查数据源：MODIS、SAR数据
数据空间分辨率：250m
数据时间：2013年12月

比例尺：1:18 000 000
坐标系：CGCS2000
投影信息：墨卡托投影

高程基准：1985国家高程基准
制图单位：自然资源部第一海洋研究所
制图时间：2022年1月

西太平洋海洋内波位置和频次季分布专题图

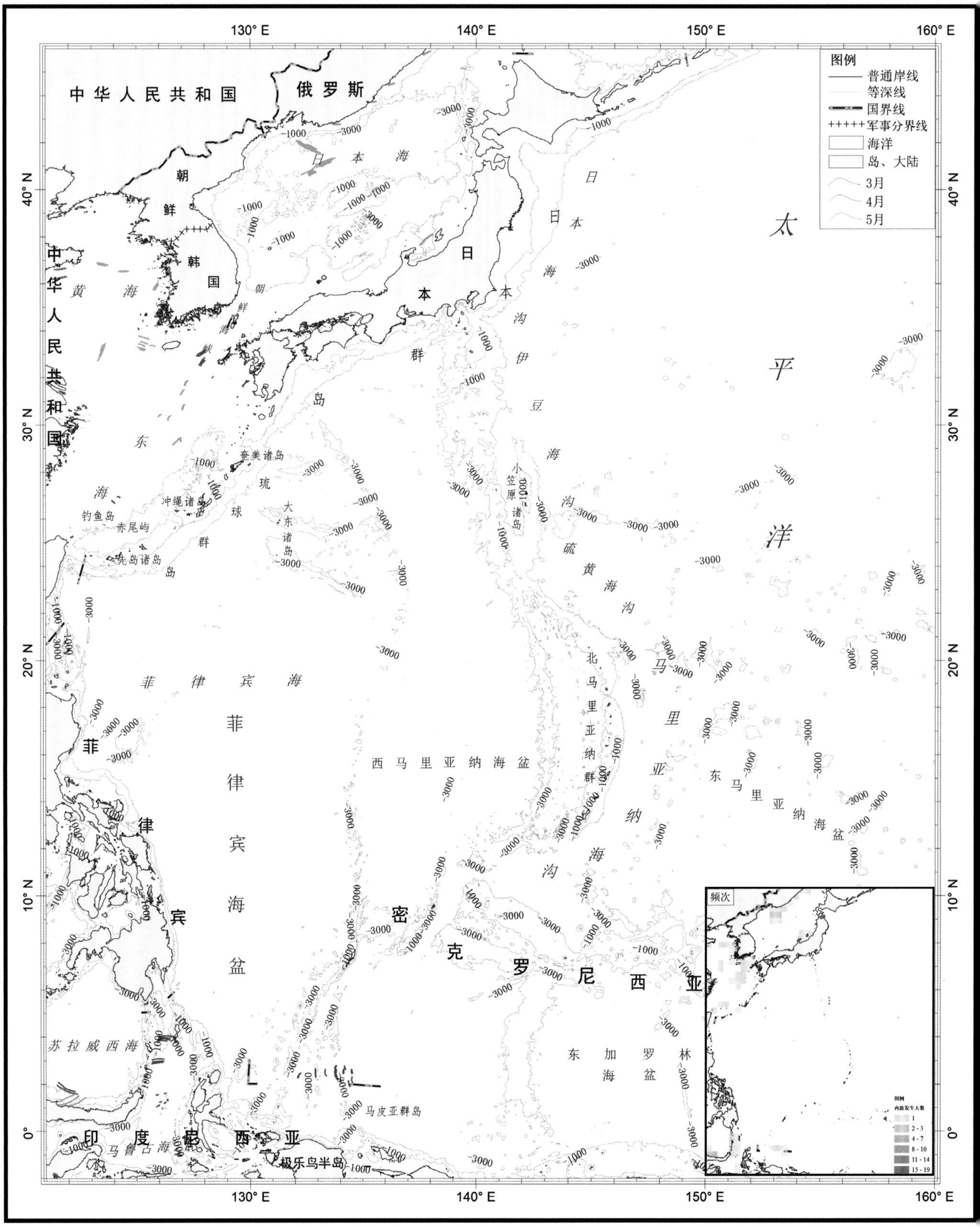

图例
普通岸线
等深线
国界线
+++++军事分界线
海洋
岛、大陆
3月
4月
5月

频次

图例 内波发生天数
1
2-3
4-7
8-10
11-14
15-19

调查数据源：MODIS、SAR数据
数据空间分辨率：250m
数据时间：2013年春季

比例尺：1:18 000 000
坐标系：CGCS2000
投影信息：墨卡托投影

高程基准：1985国家高程基准
制图单位：自然资源部第一海洋研究所
制图时间：2022年1月

西太平洋海洋内波位置和频次季分布专题图

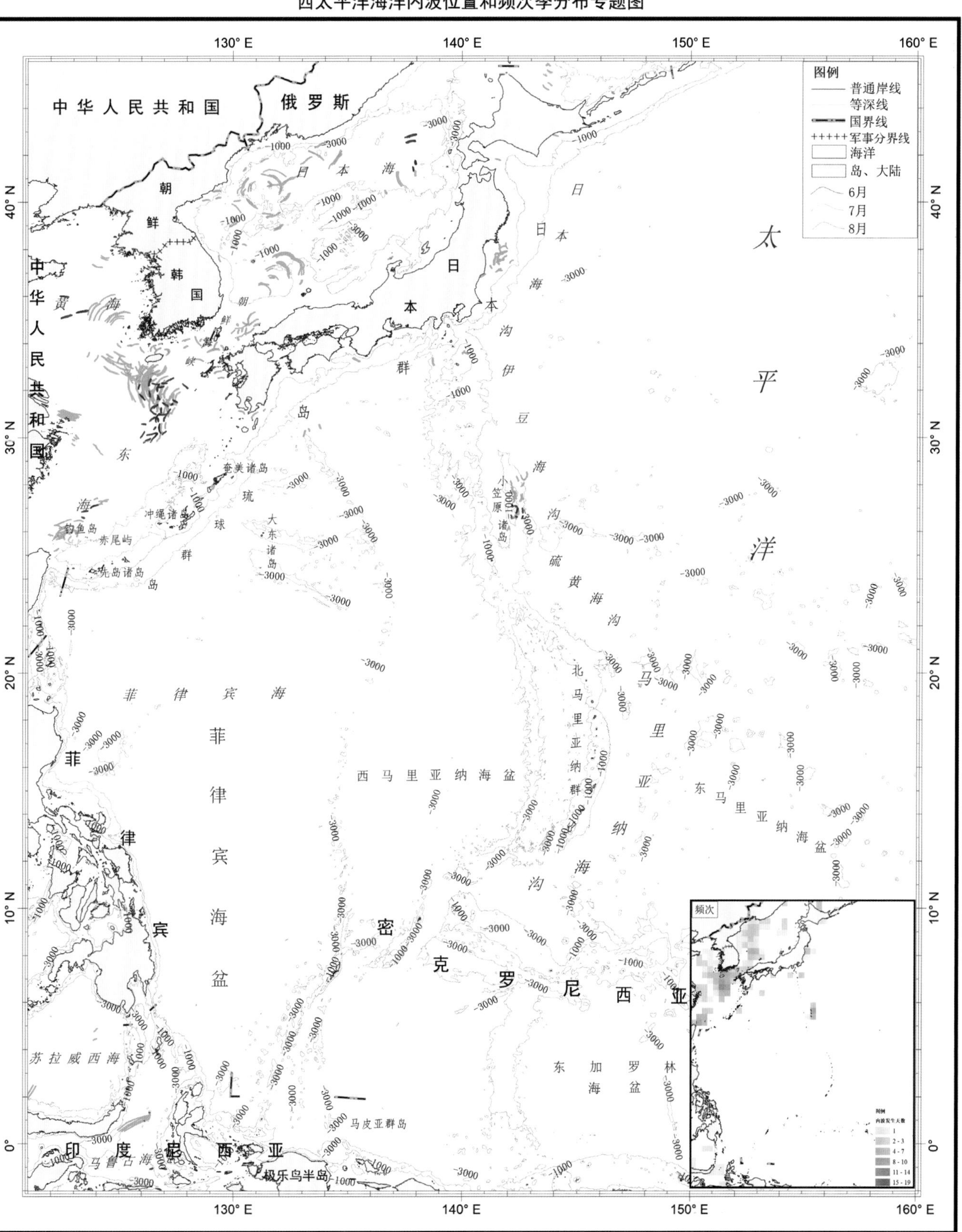

调查数据源：MODIS、SAR数据
数据空间分辨率：250m
数据时间：2013年夏季

比例尺：1:18 000 000
坐标系：CGCS2000
投影信息：墨卡托投影

高程基准：1985国家高程基准
制图单位：自然资源部第一海洋研究所
制图时间：2022年1月

西太平洋海洋内波位置和频次季分布专题图

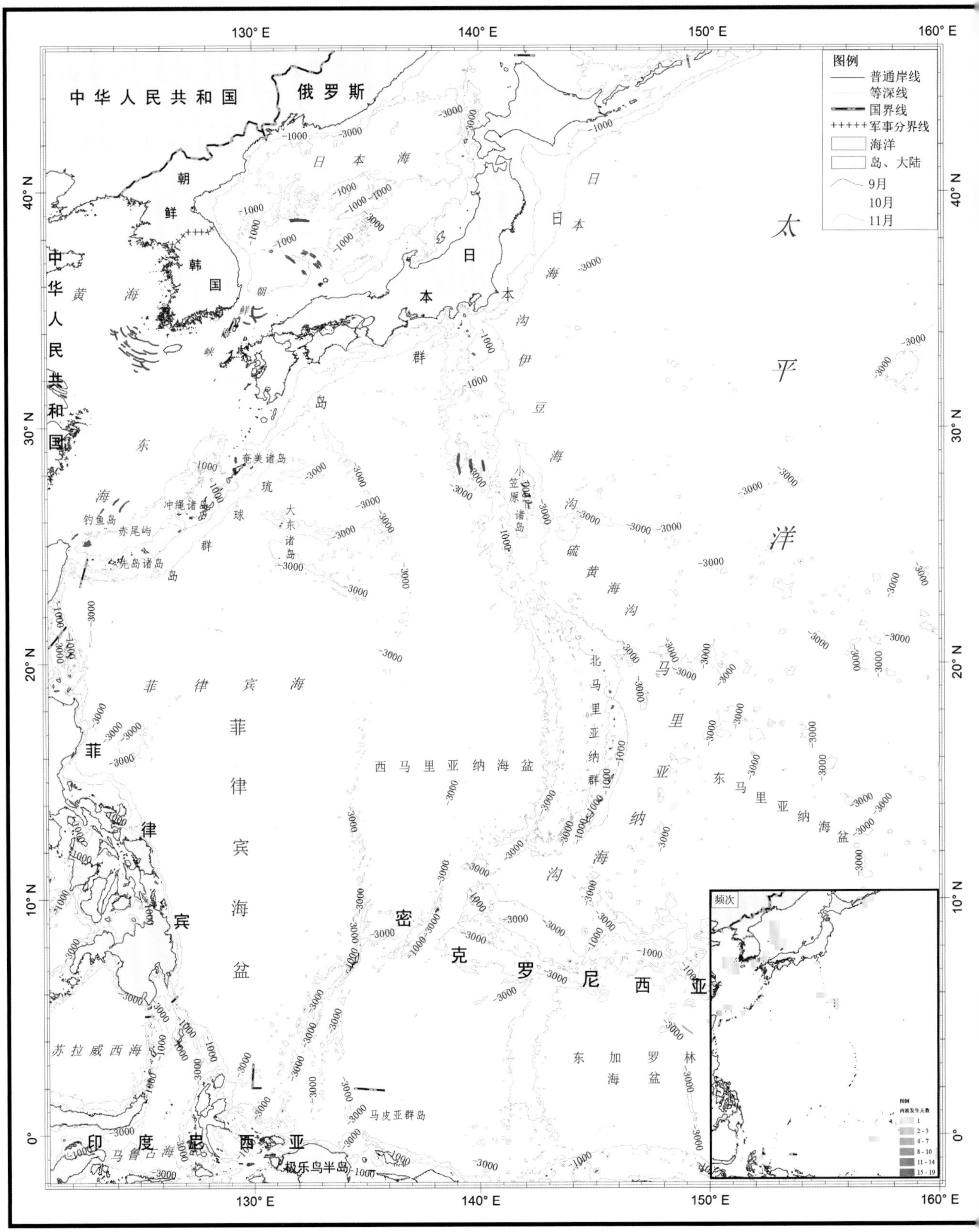
130° E
140° E
150° E
160° E
40° N
30° N
20° N
10° N
0°
图例
普通岸线
等深线
国界线
+++++军事分界线
海洋
岛、大陆
9月
10月
11月
中华人民共和国
俄罗斯
朝鲜
韩国
日本海
日本
日本群岛
日本海沟
太平洋
黄海
朝鲜海峡
东海
钓鱼岛
赤尾屿
先岛诸岛
冲绳诸岛
奄美诸岛
琉球群岛
大东诸岛
小笠原诸岛
伊豆海沟
硫黄海沟
北马里亚纳群岛
马里亚纳海沟
菲律宾海
菲律宾海盆
西马里亚纳海盆
东马里亚纳海盆
菲律宾
密克罗尼西亚
东加罗林海盆
苏拉威西海
马鲁古海
印度尼西亚
马皮亚群岛
极乐鸟半岛
频次
图例
内波发生天数
1
2-3
4-7
8-10
11-14
15-19

调查数据源：MODIS、SAR数据
数据空间分辨率：250m
数据时间：2013年秋季

比例尺：1:18 000 000
坐标系：CGCS2000
投影信息：墨卡托投影

高程基准：1985国家高程基准
制图单位：自然资源部第一海洋研究所
制图时间：2022年1月

西太平洋海洋内波位置和频次季分布专题图

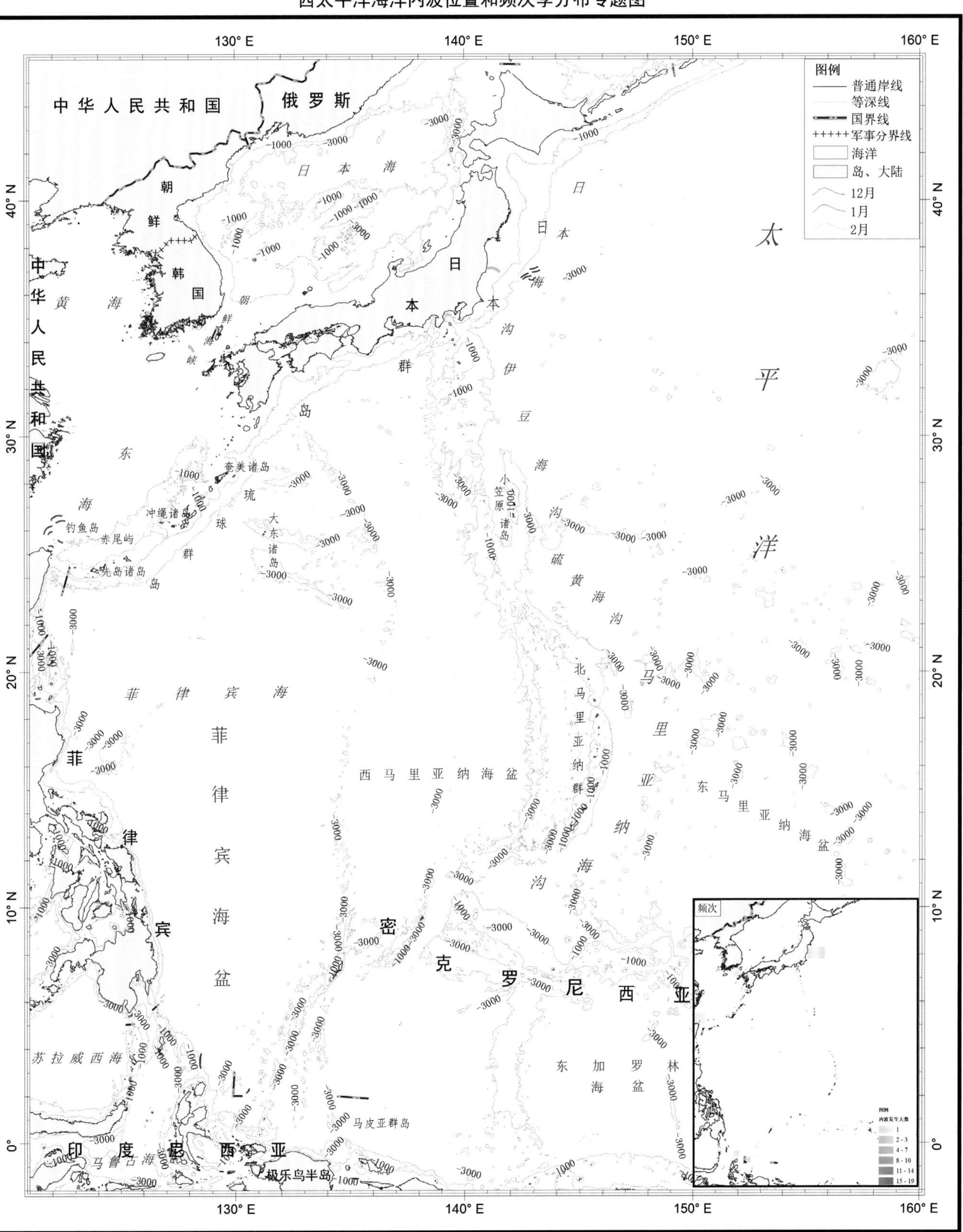

调查数据源：MODIS、SAR数据
数据空间分辨率：250m
数据时间：2013年冬季

比例尺：1:18 000 000
坐标系：CGCS2000
投影信息：墨卡托投影

高程基准：1985国家高程基准
制图单位：自然资源部第一海洋研究所
制图时间：2022年1月

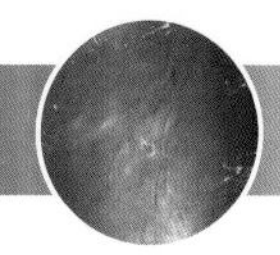

西太平洋海洋内波位置和频次半年分布专题图

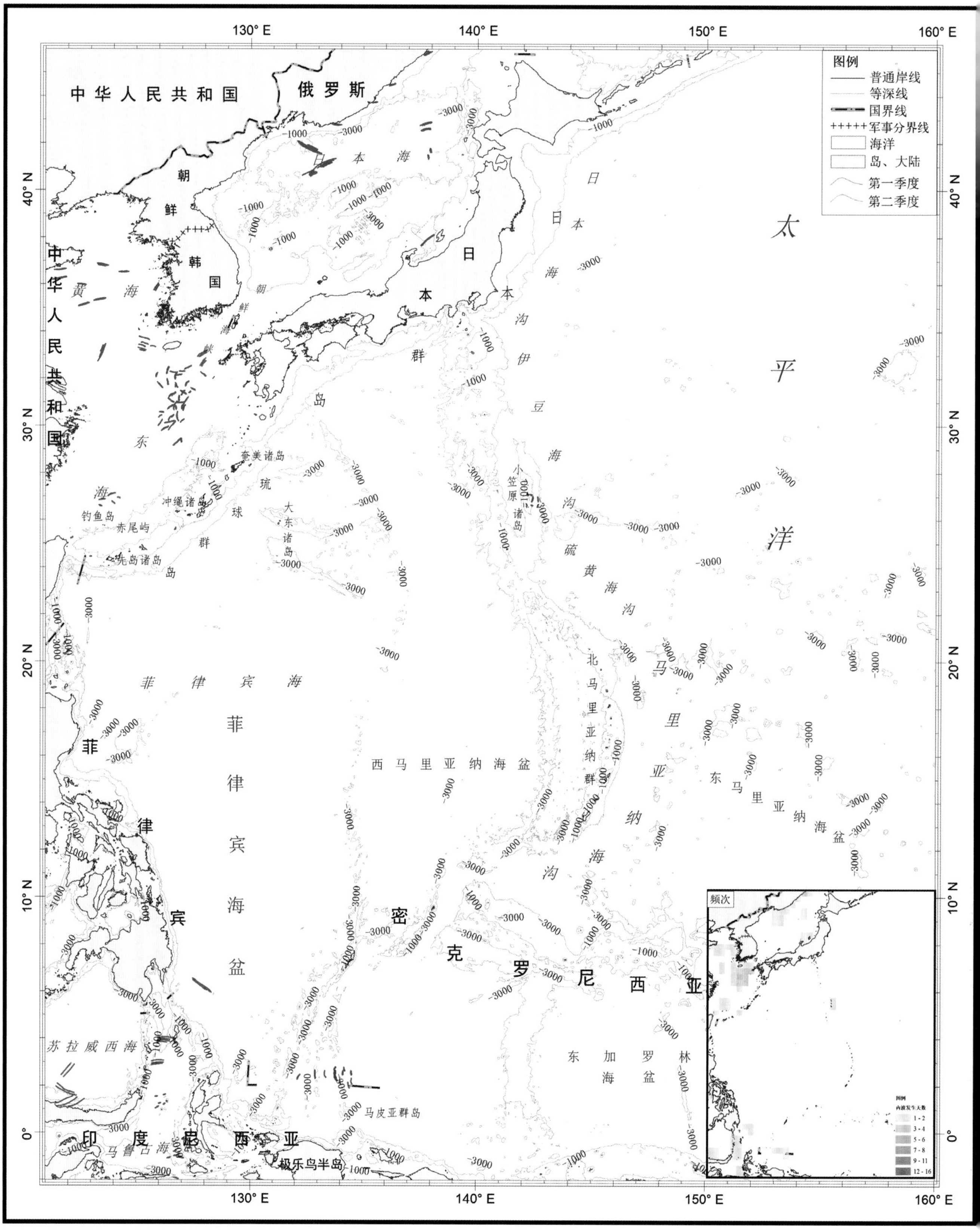

图例
- 普通岸线
- 等深线
- 国界线
- +++++军事分界线
- 海洋
- 岛、大陆
- 第一季度
- 第二季度

调查数据源：MODIS、SAR数据
数据空间分辨率：250m
数据时间：2013年上半年

比例尺：1:18 000 000
坐标系：CGCS2000
投影信息：墨卡托投影

高程基准：1985国家高程基准
制图单位：自然资源部第一海洋研究所
制图时间：2022年1月

西太平洋海洋内波位置和频次半年分布专题图

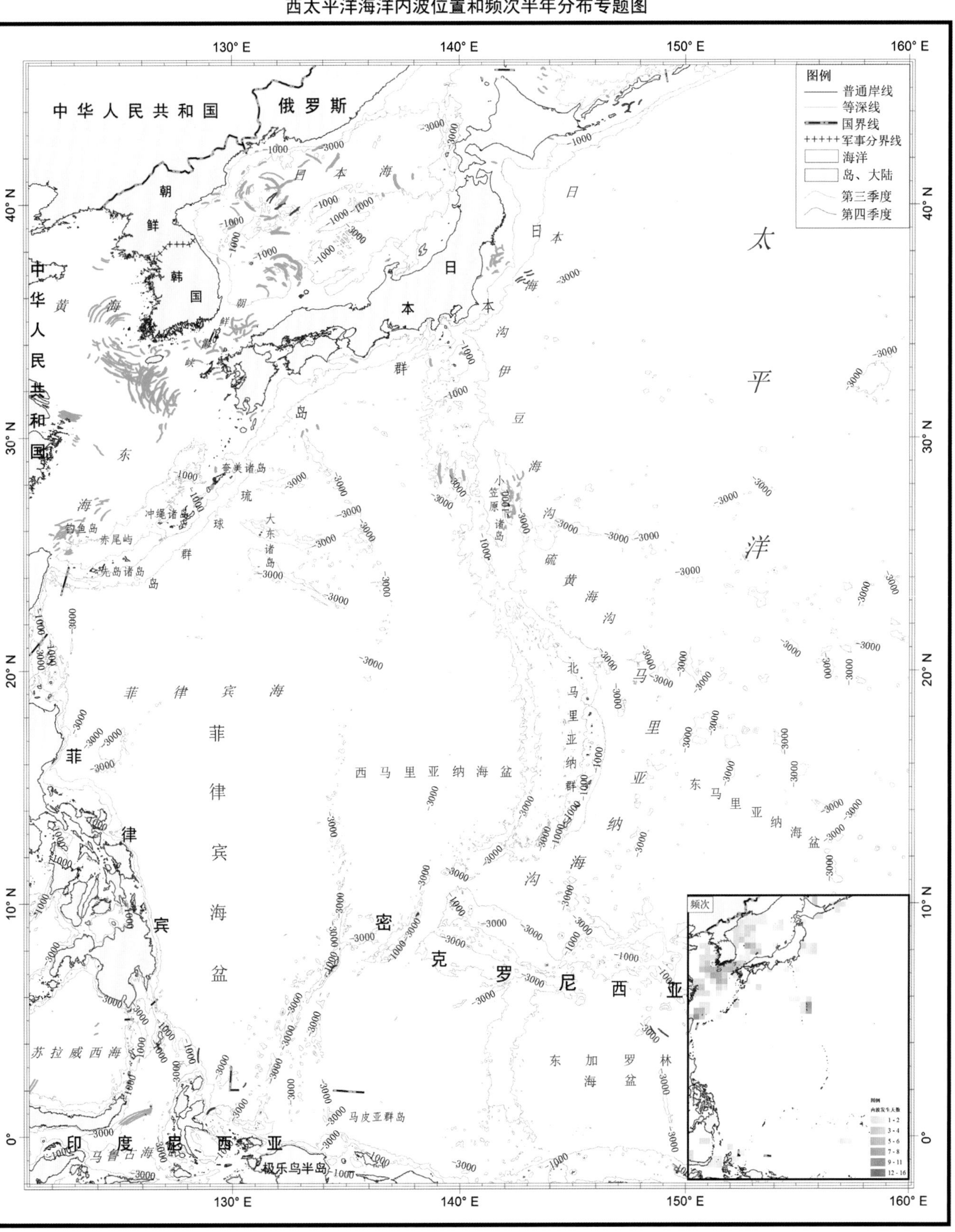

调查数据源：MODIS、SAR数据
数据空间分辨率：250m
数据时间：2013年下半年

比例尺：1:18 000 000
坐标系：CGCS2000
投影信息：墨卡托投影

高程基准：1985国家高程基准
制图单位：自然资源部第一海洋研究所
制图时间：2022年1月

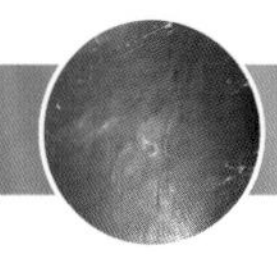

西太平洋海洋内波位置和频次年分布专题图

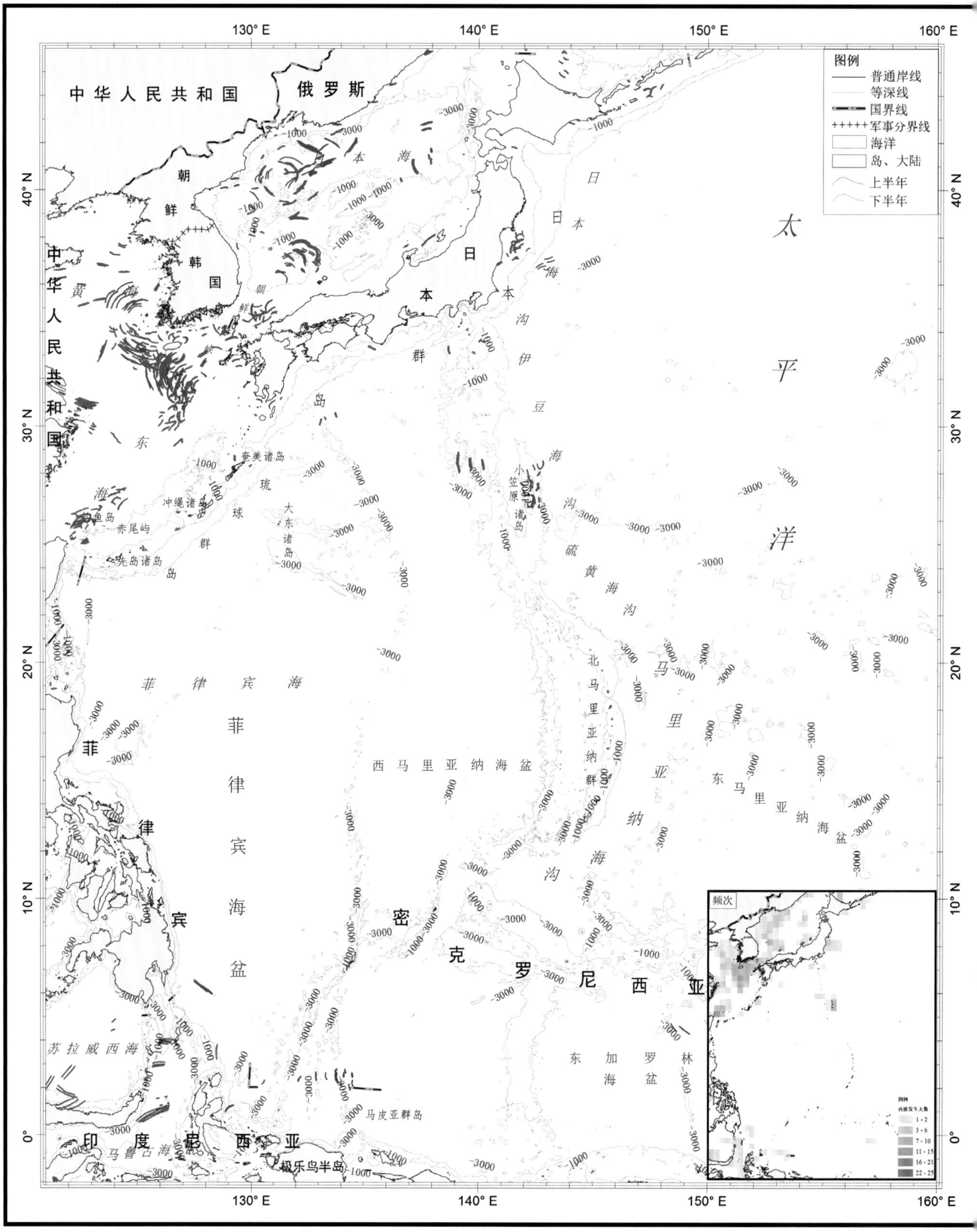

130° E
140° E
150° E
160° E
40° N
30° N
20° N
10° N
0°
图例
普通岸线
等深线
国界线
+++++军事分界线
海洋
岛、大陆
上半年
下半年
中华人民共和国
俄罗斯
朝鲜
韩国
日本
日本海
朝鲜
黄海
东海
日本群岛
日本海沟
伊豆海沟
小笠原诸岛
奄美诸岛
冲绳诸岛
琉球群岛
大东诸岛
钓鱼岛
赤尾屿
先岛诸岛
太平洋
硫黄海沟
北马里亚纳群岛
马里亚纳海沟
东马里亚纳海盆
西马里亚纳海盆
菲律宾海
菲律宾海盆
菲律宾
苏拉威西海
密克罗尼西亚
东加罗林海盆
马皮亚群岛
印度尼西亚
马鲁古海
极乐鸟半岛
-1000
-3000
频次
图例
内波发生天数
1 - 2
3 - 6
7 - 10
11 - 15
16 - 21
22 - 25

调查数据源：MODIS、SAR数据
数据空间分辨率：250m
数据时间：2013年全年

比例尺：1:18 000 000
坐标系：CGCS2000
投影信息：墨卡托投影

高程基准：1985国家高程基准
制图单位：自然资源部第一海洋研究所
制图时间：2022年1月

8.5　西太平洋内孤立波 2014 年分布图

西太平洋海洋内波位置和频次月分布专题图

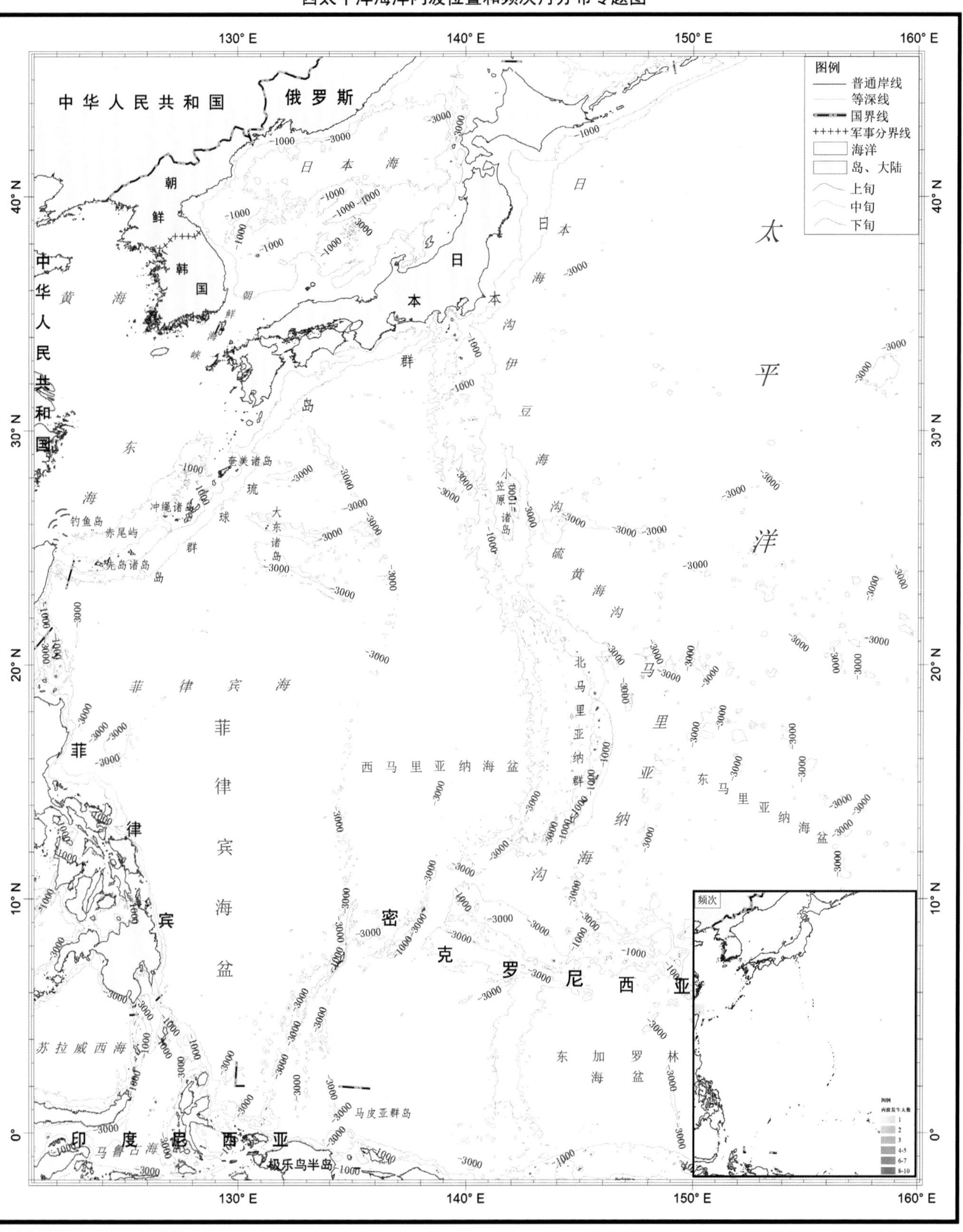

调查数据源：MODIS、SAR数据
数据空间分辨率：250m
数据时间：2014年1月

比例尺：1:18 000 000
坐标系：CGCS2000
投影信息：墨卡托投影

高程基准：1985国家高程基准
制图单位：自然资源部第一海洋研究所
制图时间：2022年1月

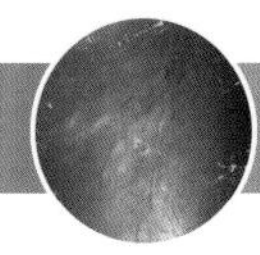

西太平洋海洋内波位置和频次月分布专题图

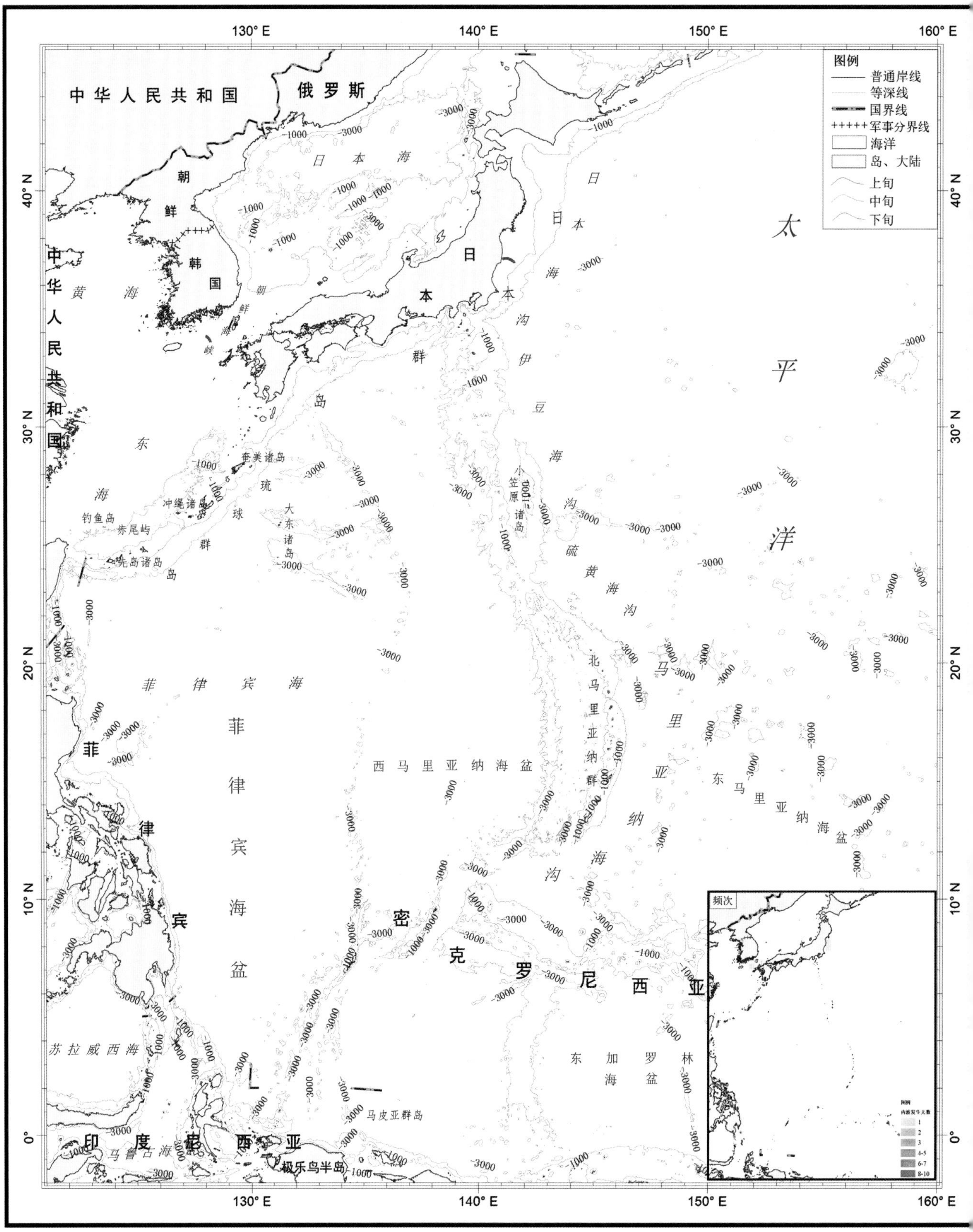

图例

普通岸线

等深线

国界线

+++++ 军事分界线

海洋

岛、大陆

上旬

中旬

下旬

调查数据源：MODIS、SAR数据

数据空间分辨率：250m

数据时间：2014年2月

比例尺：1:18 000 000

坐标系：CGCS2000

投影信息：墨卡托投影

高程基准：1985国家高程基准

制图单位：自然资源部第一海洋研究所

制图时间：2022年1月

西太平洋海洋内波位置和频次月分布专题图

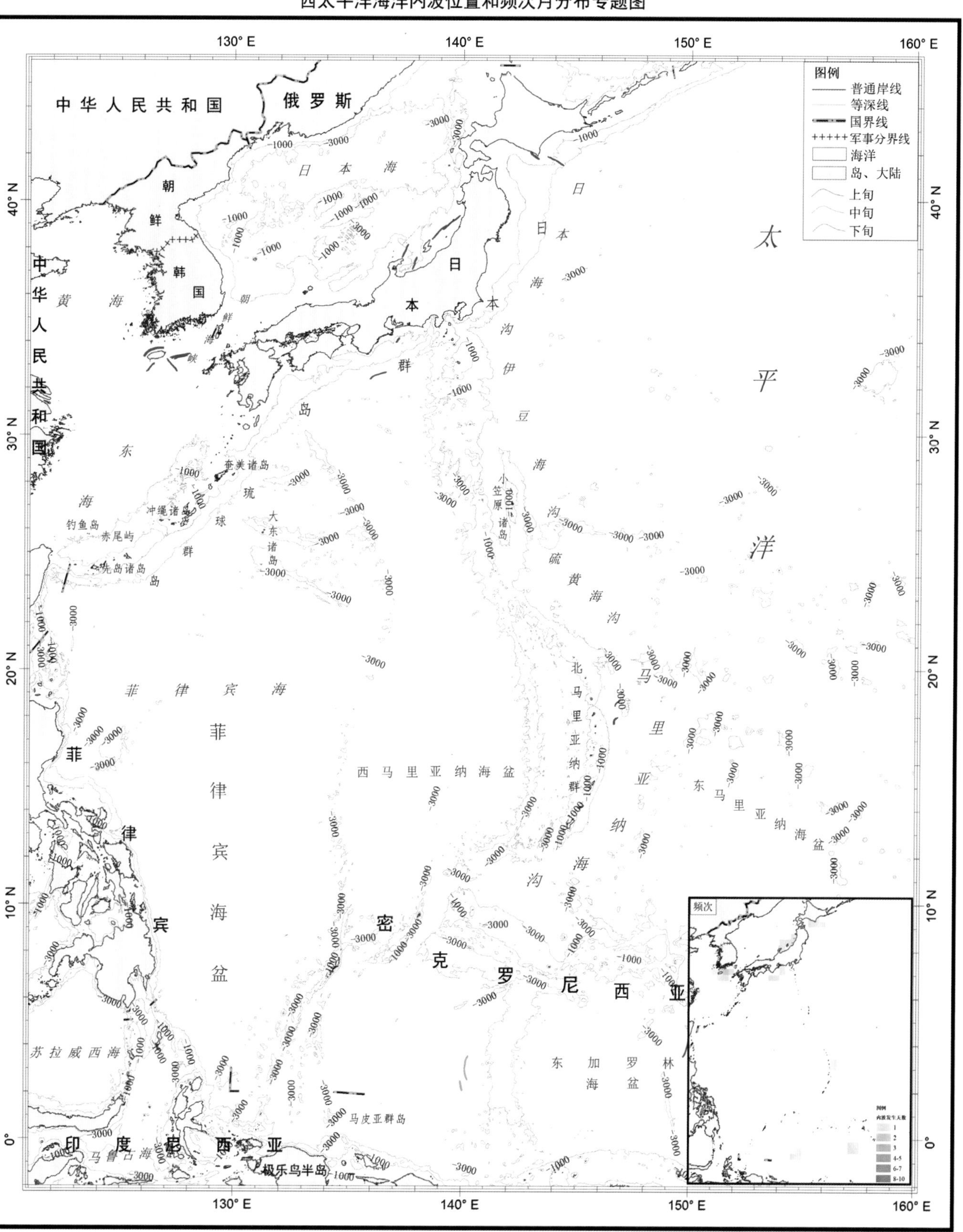

调查数据源：MODIS、SAR数据
数据空间分辨率：250m
数据时间：2014年3月

比例尺：1:18 000 000
坐标系：CGCS2000
投影信息：墨卡托投影

高程基准：1985国家高程基准
制图单位：自然资源部第一海洋研究所
制图时间：2022年1月

西太平洋海洋内波位置和频次月分布专题图

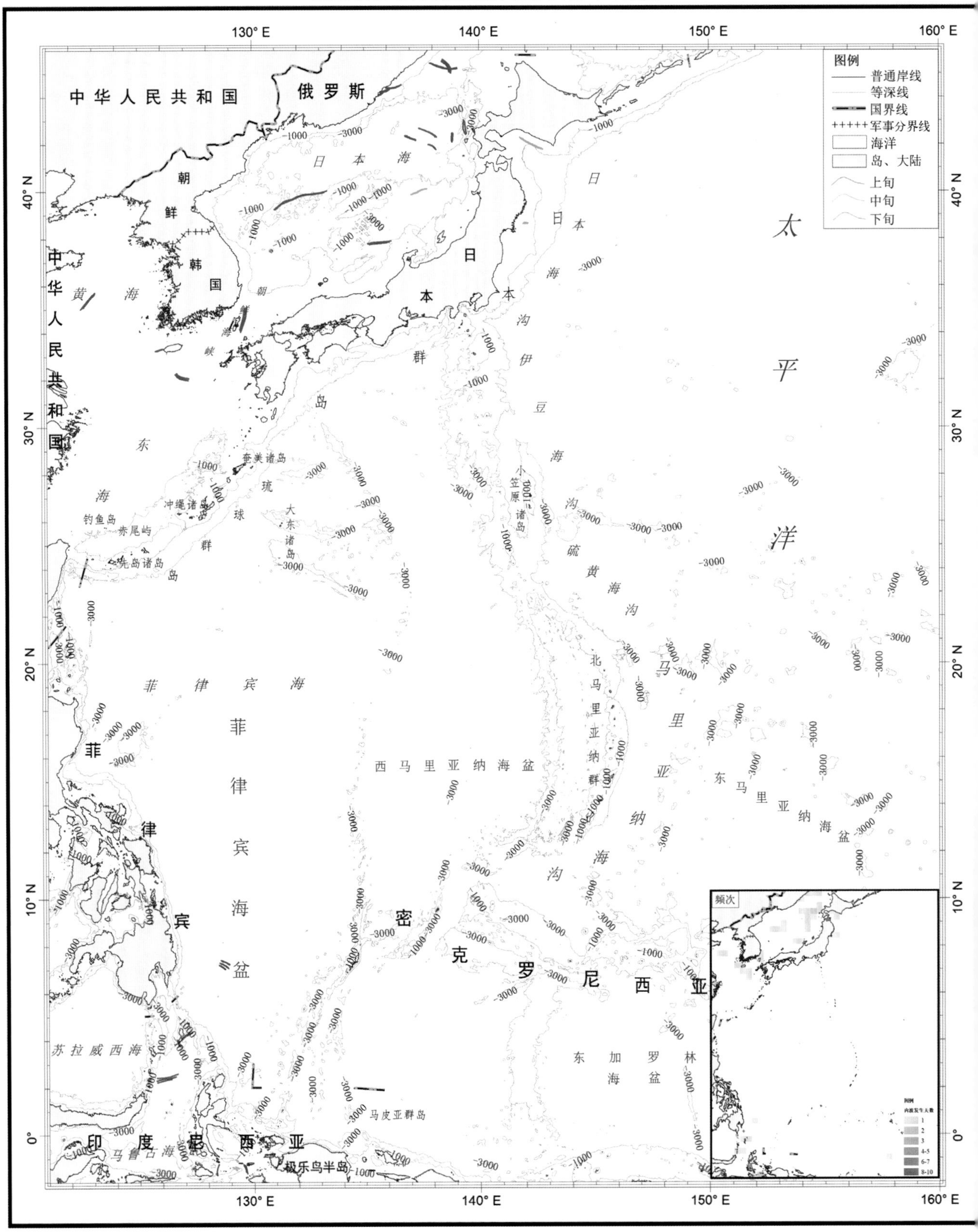

130° E　140° E　150° E　160° E

40° N　30° N　20° N　10° N　0°

图例
普通岸线
等深线
国界线
+++++军事分界线
海洋
岛、大陆
上旬
中旬
下旬

中华人民共和国　俄罗斯　朝鲜　韩国　日本　日本海　黄海　东海　朝鲜海峡　日本群岛　日本海沟　伊豆海沟　小笠原诸岛　琉球群岛　奄美诸岛　冲绳诸岛　钓鱼岛　赤尾屿　先岛诸岛　大东诸岛　硫黄海沟　太平洋　菲律宾海　菲律宾海盆　西马里亚纳海盆　北马里亚纳群岛　马里亚纳海沟　东马里亚纳海盆　菲律宾　密克罗尼西亚　东加罗林海盆　苏拉威西海　马鲁古海　印度尼西亚　马皮亚群岛　极乐鸟半岛

频次

调查数据源：MODIS、SAR数据
数据空间分辨率：250m
数据时间：2014年4月

比例尺：1:18 000 000
坐标系：CGCS2000
投影信息：墨卡托投影

高程基准：1985国家高程基准
制图单位：自然资源部第一海洋研究所
制图时间：2022年1月

西太平洋海洋内波位置和频次月分布专题图

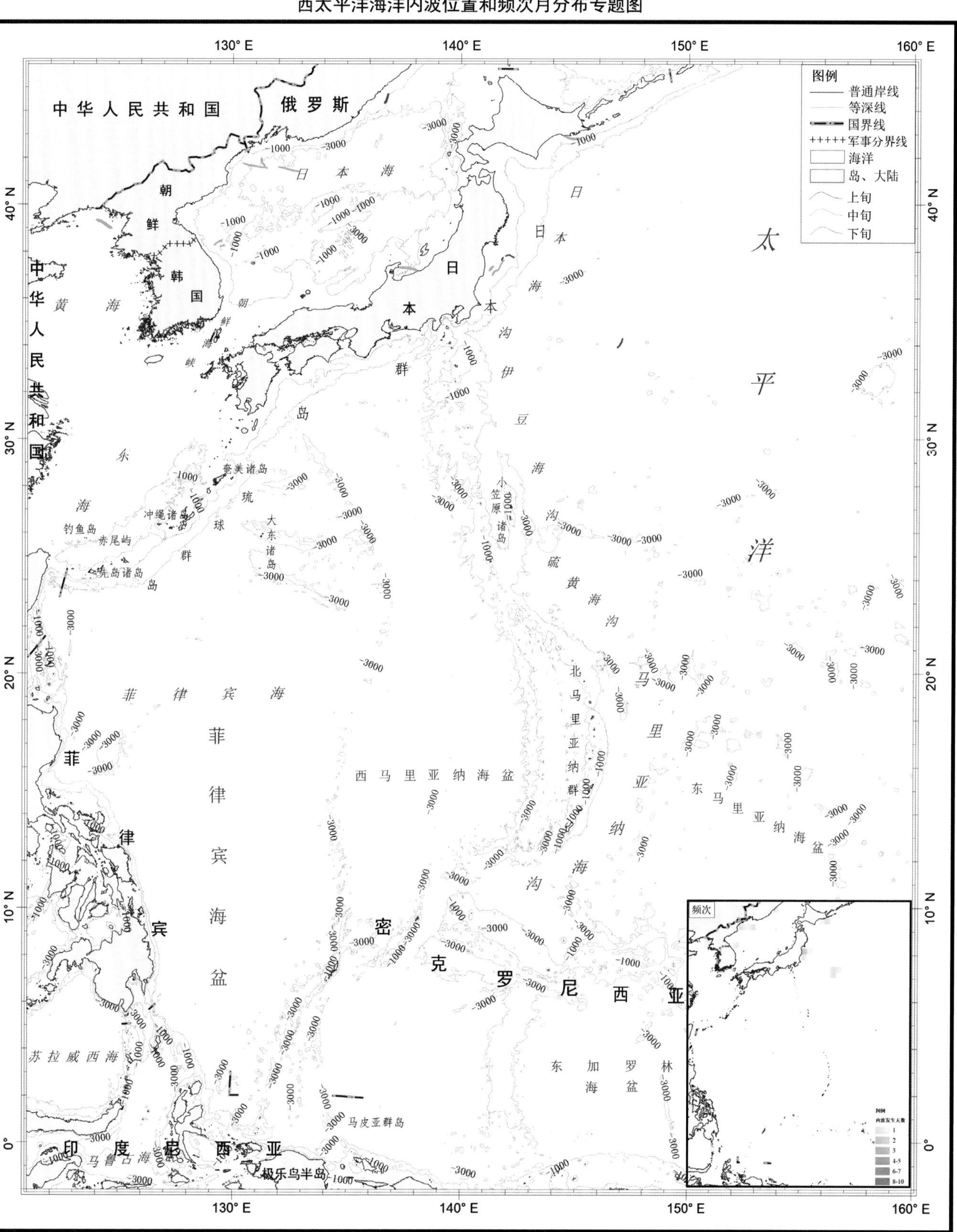

调查数据源：MODIS、SAR数据
数据空间分辨率：250m
数据时间：2014年5月

比例尺：1:18 000 000
坐标系：CGCS2000
投影信息：墨卡托投影

高程基准：1985国家高程基准
制图单位：自然资源部第一海洋研究所
制图时间：2022年1月

西太平洋海洋内波位置和频次月分布专题图

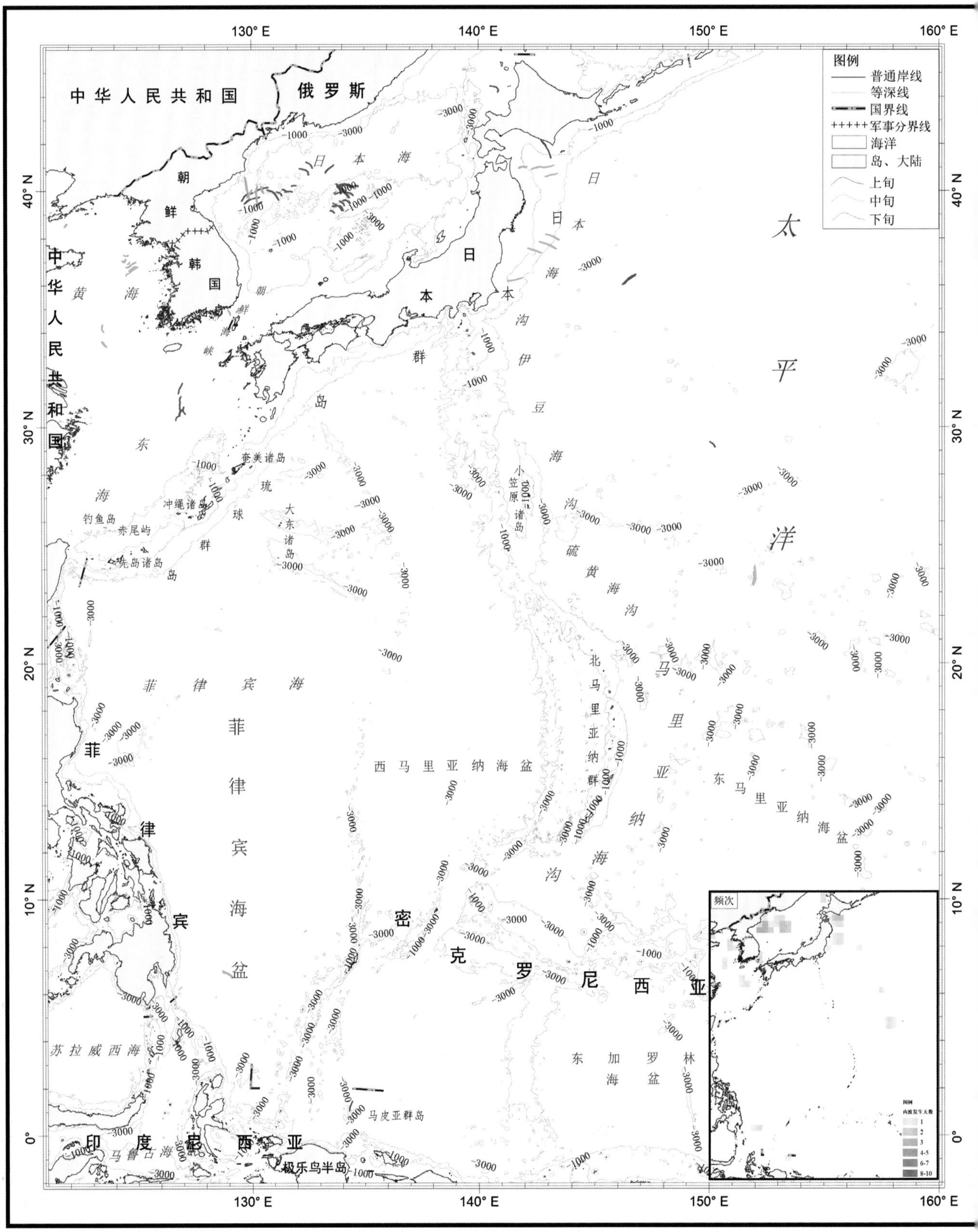

130° E　140° E　150° E　160° E

40° N　30° N　20° N　10° N　0°

图例
普通岸线
等深线
国界线
+++++军事分界线
海洋
岛、大陆
上旬
中旬
下旬

中华人民共和国　俄罗斯　朝鲜　韩国　日本　日本海　黄海　东海　太平洋　菲律宾　菲律宾海　菲律宾海盆　西马里亚纳海盆　东马里亚纳海盆　东加罗林海盆　密克罗尼西亚　印度尼西亚　马鲁古海　苏拉威西海　极乐鸟半岛　马皮亚群岛　日本群岛　琉球群岛　大东诸岛　小笠原诸岛　北马里亚纳群岛　奄美诸岛　冲绳诸岛　先岛诸岛　钓鱼岛　赤尾屿　日本海沟　伊豆海沟　硫黄海沟　马里亚纳海沟　朝鲜海峡

频次

调查数据源：MODIS、SAR数据
数据空间分辨率：250m
数据时间：2014年6月

比例尺：1:18 000 000
坐标系：CGCS2000
投影信息：墨卡托投影

高程基准：1985国家高程基准
制图单位：自然资源部第一海洋研究所
制图时间：2022年1月

西太平洋海洋内波位置和频次月分布专题图

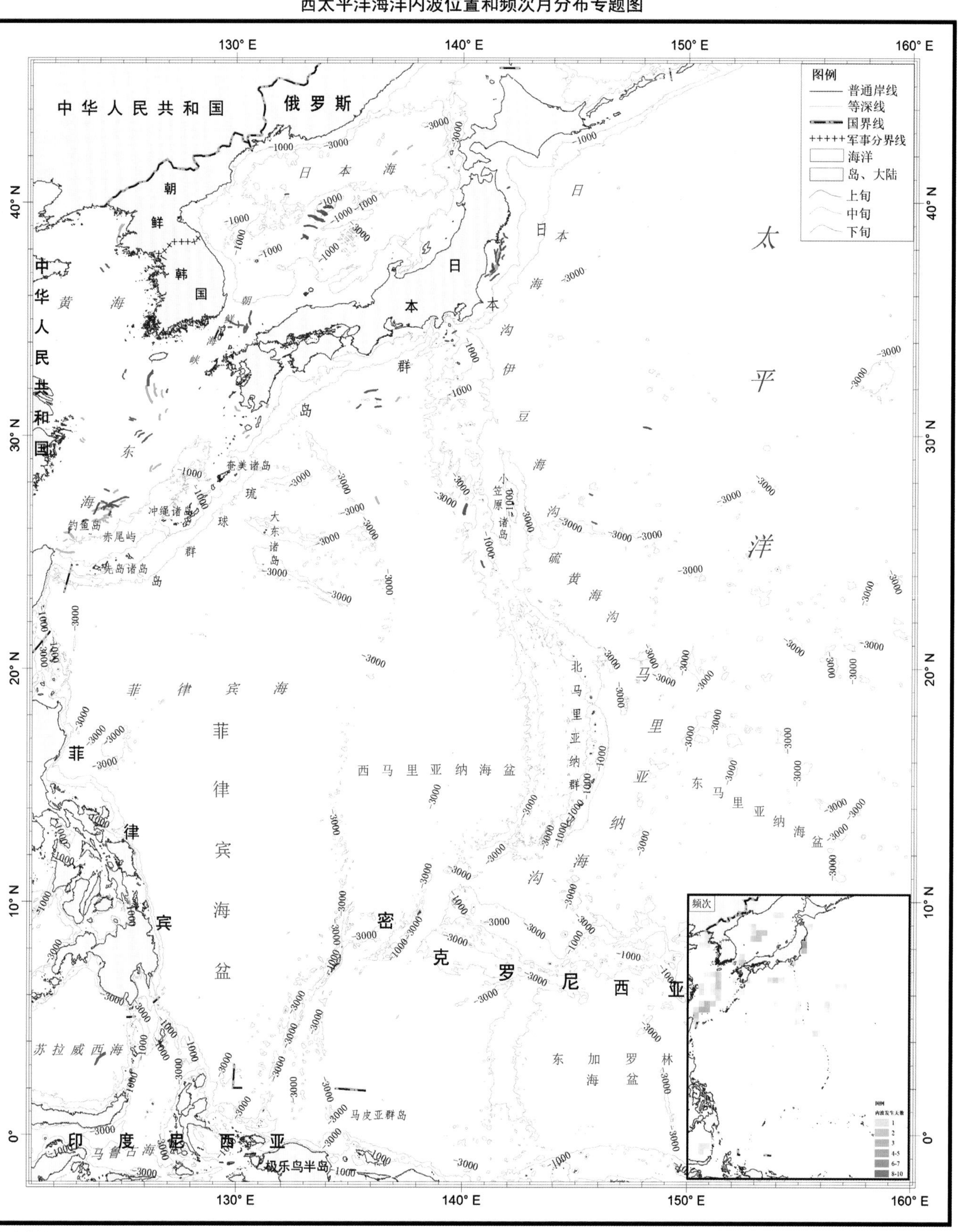

调查数据源：MODIS、SAR数据
数据空间分辨率：250m
数据时间：2014年7月

比例尺：1:18 000 000
坐标系：CGCS2000
投影信息：墨卡托投影

高程基准：1985国家高程基准
制图单位：自然资源部第一海洋研究所
制图时间：2022年1月

西太平洋海洋内波位置和频次月分布专题图

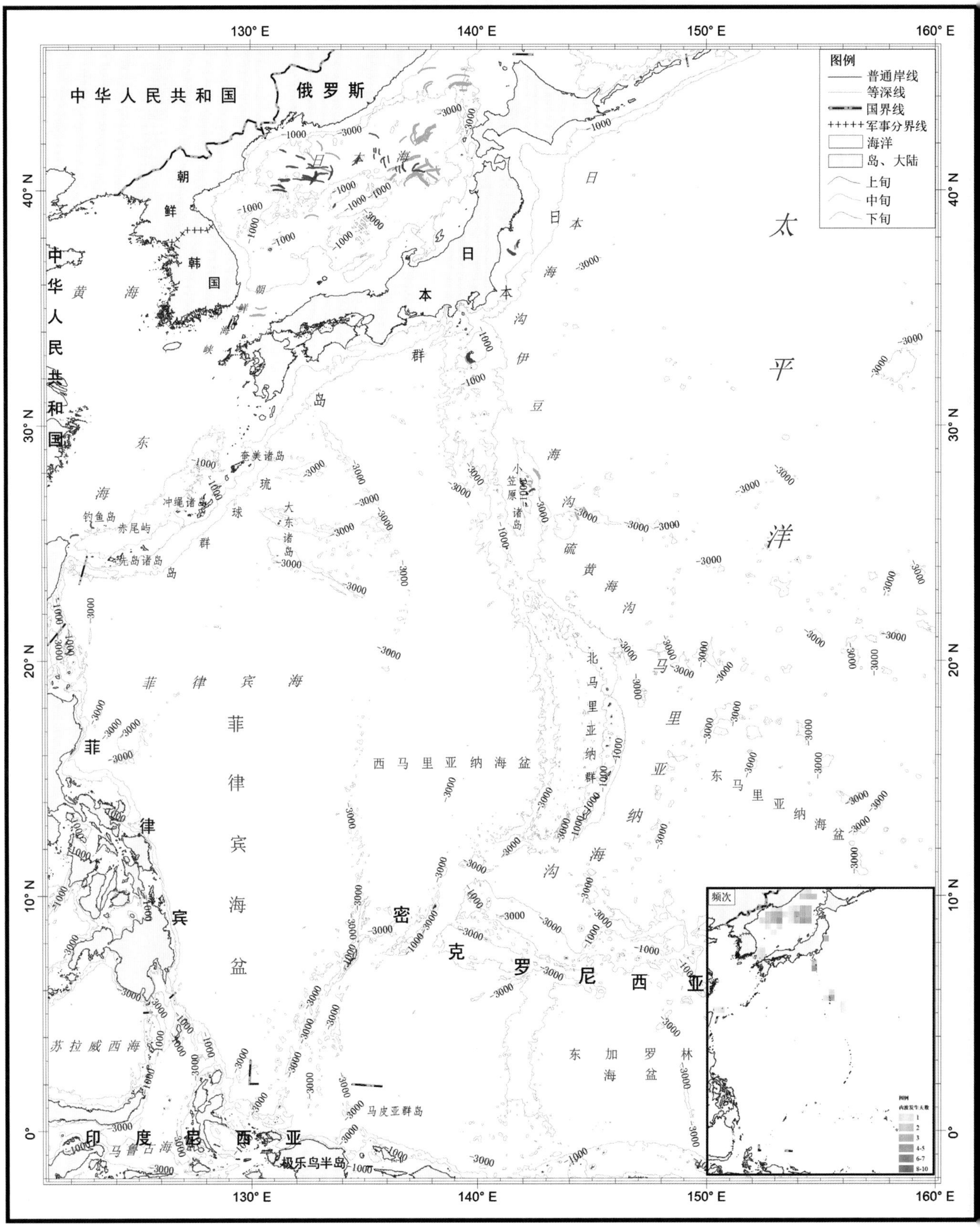

调查数据源：MODIS、SAR数据
数据空间分辨率：250m
数据时间：2014年8月

比例尺：1:18 000 000
坐标系：CGCS2000
投影信息：墨卡托投影

高程基准：1985国家高程基准
制图单位：自然资源部第一海洋研究所
制图时间：2022年1月

西太平洋海洋内波位置和频次月分布专题图

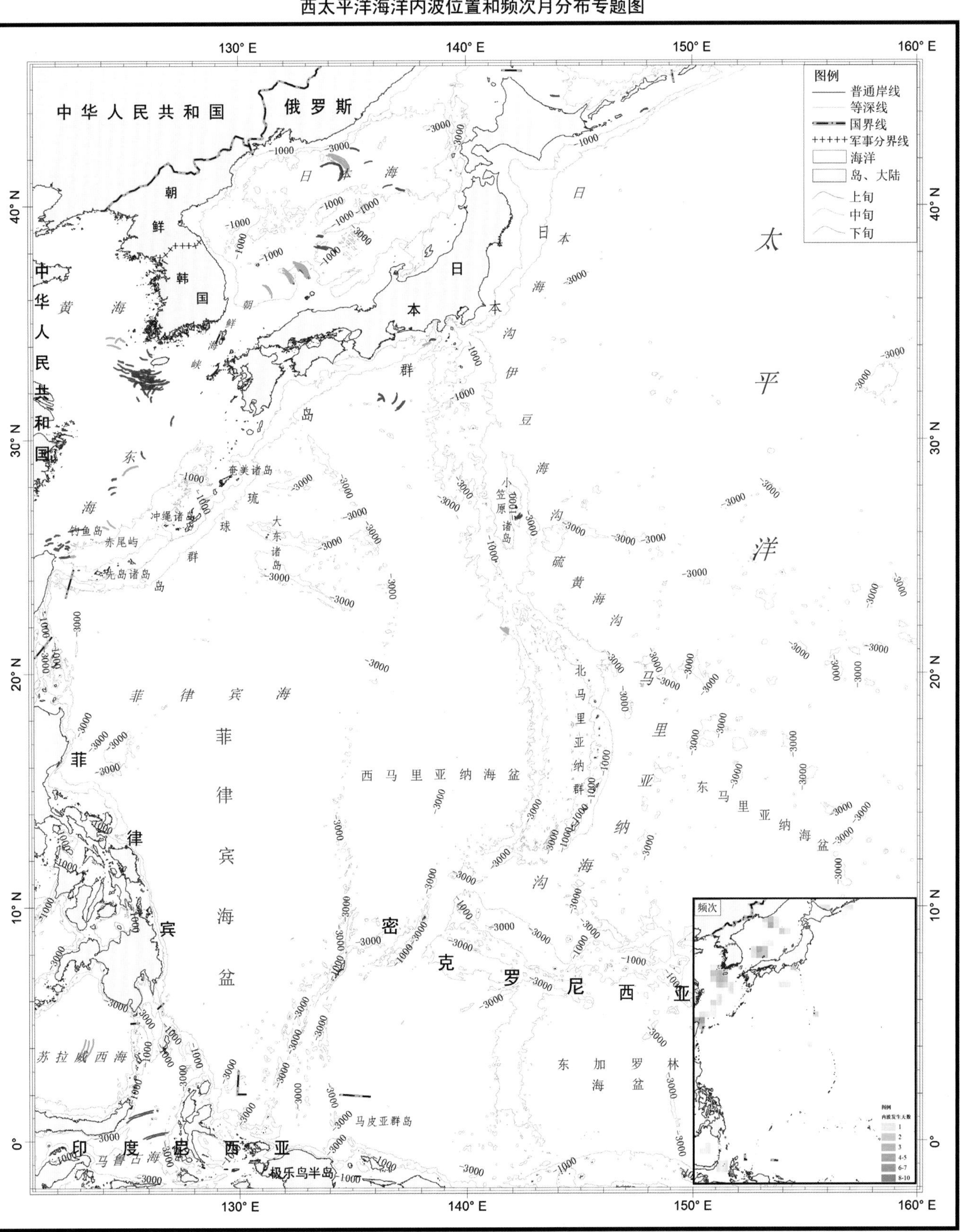

调查数据源：MODIS、SAR数据
数据空间分辨率：250m
数据时间：2014年9月

比例尺：1:18 000 000
坐标系：CGCS2000
投影信息：墨卡托投影

高程基准：1985国家高程基准
制图单位：自然资源部第一海洋研究所
制图时间：2022年1月

西太平洋海洋内波位置和频次月分布专题图

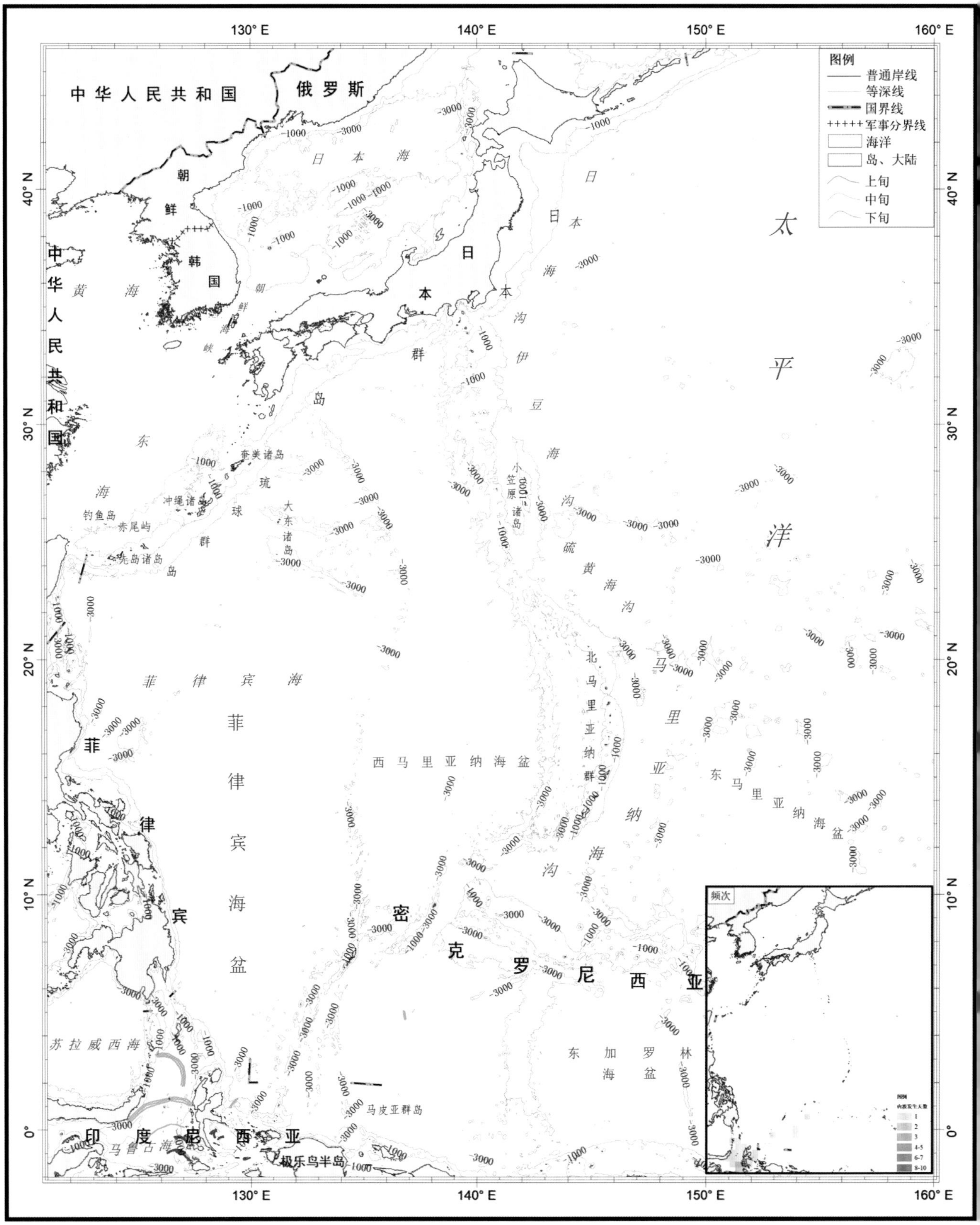

图例
普通岸线
等深线
国界线
+++++军事分界线
海洋
岛、大陆
上旬
中旬
下旬

中华人民共和国
俄罗斯
朝鲜
韩国
日本
日本海
黄海
东海
朝鲜海峡
日本群岛
日本海沟
伊豆海沟
小笠原诸岛
琉球群岛
奄美诸岛
冲绳诸岛
钓鱼岛
赤尾屿
先岛诸岛
大东诸岛
硫黄海沟
北马里亚纳群岛
马里亚纳海沟
西马里亚纳海盆
东马里亚纳海盆
太平洋
菲律宾海
菲律宾
菲律宾海盆
密克罗尼西亚
东加罗林海盆
苏拉威西海
马鲁古海
印度尼西亚
马皮亚群岛
极乐鸟半岛

频次

调查数据源：MODIS、SAR数据
数据空间分辨率：250m
数据时间：2014年10月

比例尺：1:18 000 000
坐标系：CGCS2000
投影信息：墨卡托投影

高程基准：1985国家高程基准
制图单位：自然资源部第一海洋研究所
制图时间：2022年1月

西太平洋海洋内波位置和频次月分布专题图

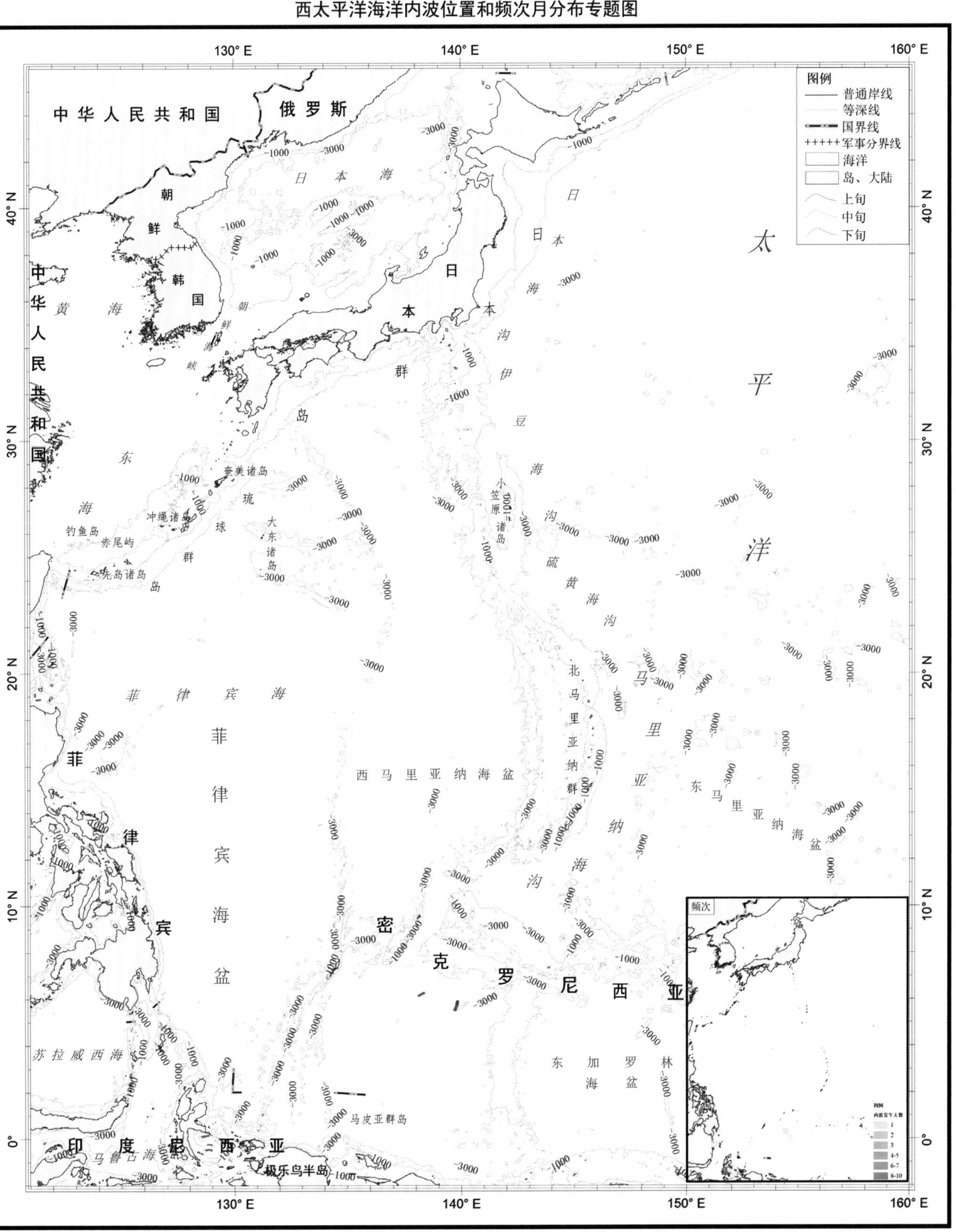

调查数据源：MODIS、SAR数据
数据空间分辨率：250m
数据时间：2014年11月

比例尺：1:18 000 000
坐标系：CGCS2000
投影信息：墨卡托投影

高程基准：1985国家高程基准
制图单位：自然资源部第一海洋研究所
制图时间：2022年1月

西太平洋海洋内波位置和频次月分布专题图

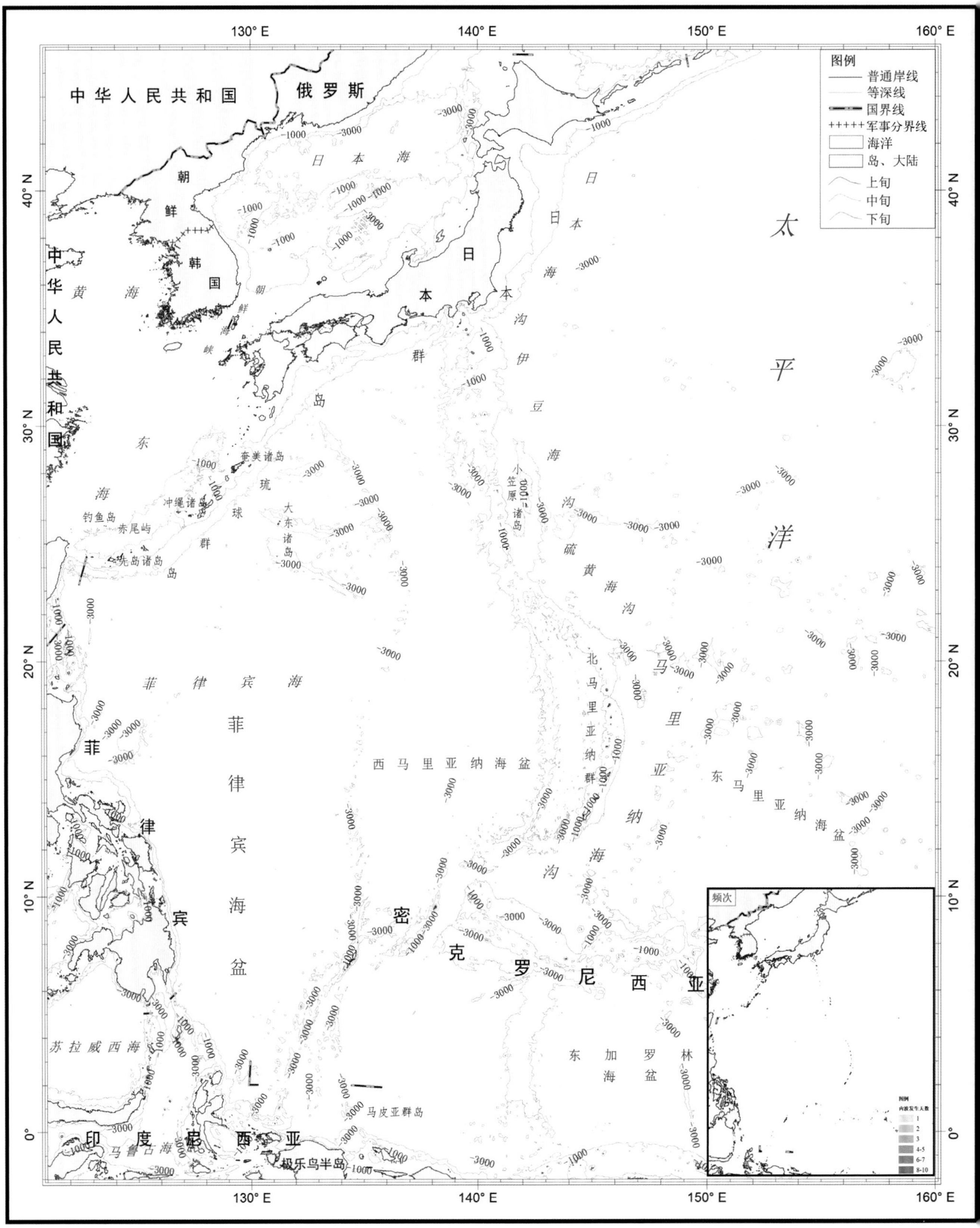

调查数据源：MODIS、SAR数据
数据空间分辨率：250m
数据时间：2014年12月

比例尺：1:18 000 000
坐标系：CGCS2000
投影信息：墨卡托投影

高程基准：1985国家高程基准
制图单位：自然资源部第一海洋研究所
制图时间：2022年1月

西太平洋海洋内波位置和频次季分布专题图

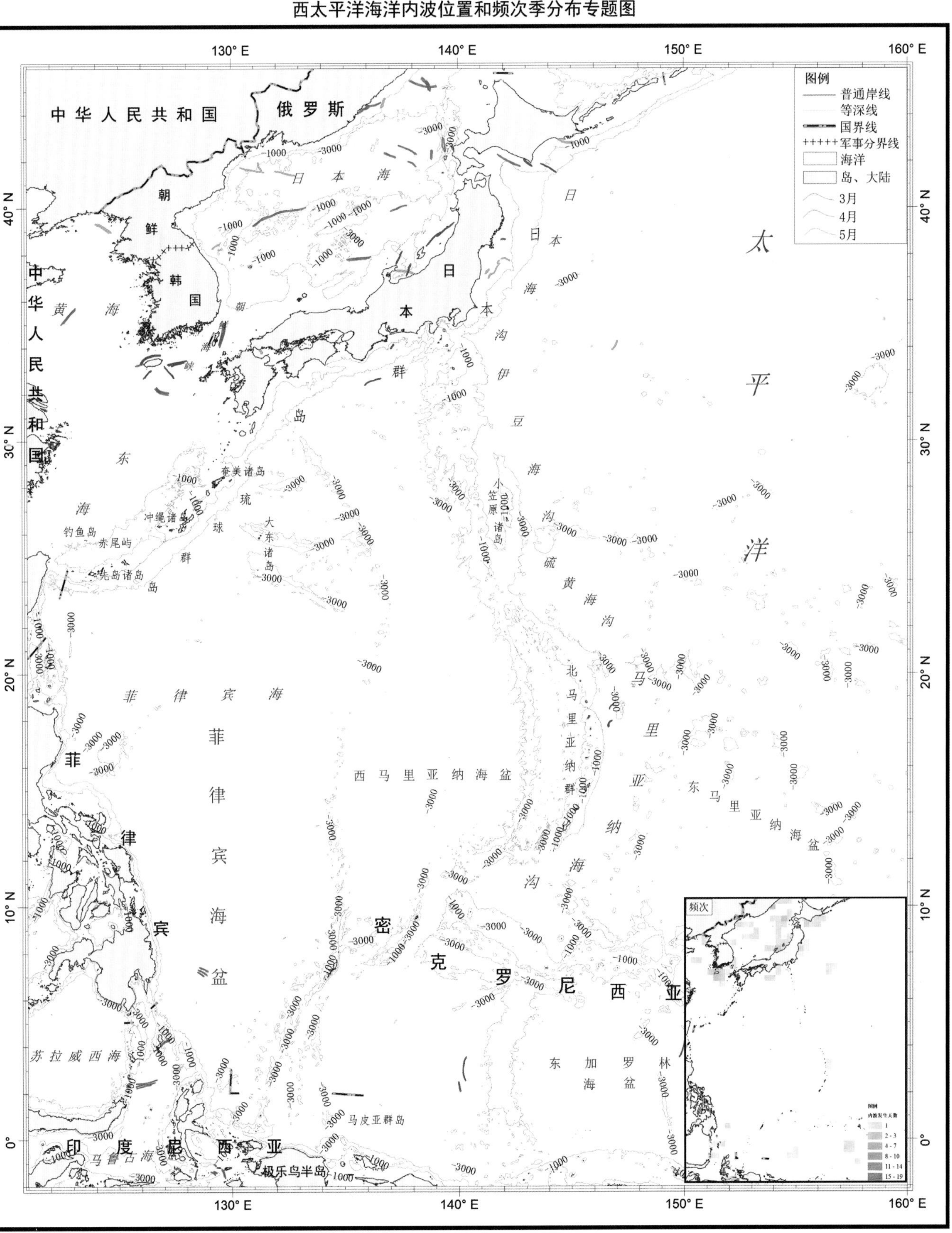

调查数据源：MODIS、SAR数据　　比例尺：1:18 000 000　　高程基准：1985国家高程基准

数据空间分辨率：250m　　坐标系：CGCS2000　　制图单位：自然资源部第一海洋研究所

数据时间：2014年春季　　投影信息：墨卡托投影　　制图时间：2022年1月

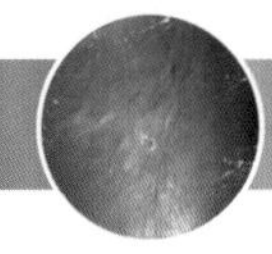

西太平洋海洋内波位置和频次季分布专题图

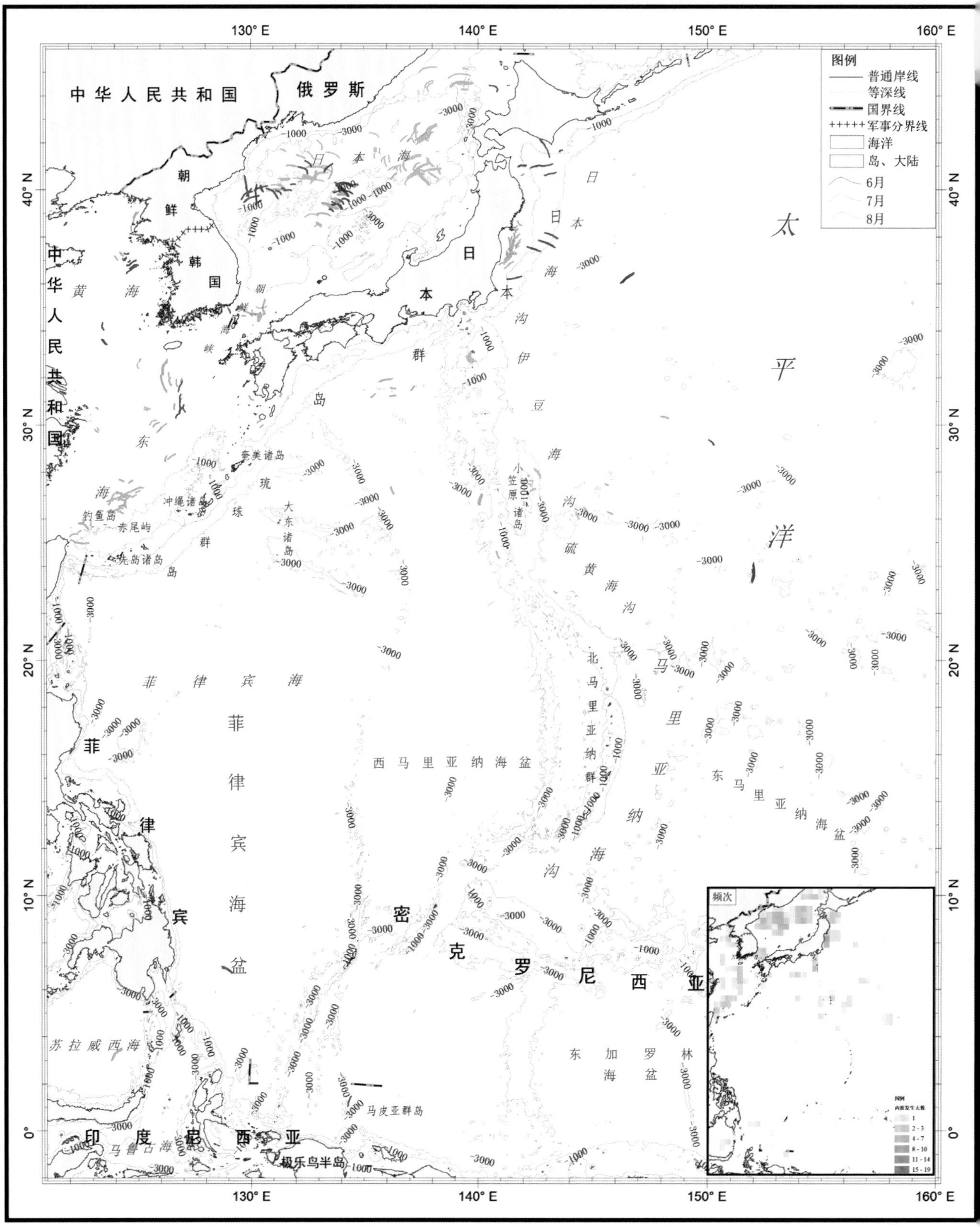

图例
普通岸线
等深线
国界线
+++++军事分界线
海洋
岛、大陆
6月
7月
8月

频次

图例
内波发生次数
1
2-3
4-7
8-10
11-14
15-19

调查数据源：MODIS、SAR数据
数据空间分辨率：250m
数据时间：2014年夏季

比例尺：1:18 000 000
坐标系：CGCS2000
投影信息：墨卡托投影

高程基准：1985国家高程基准
制图单位：自然资源部第一海洋研究所
制图时间：2022年1月

西太平洋海洋内波位置和频次季分布专题图

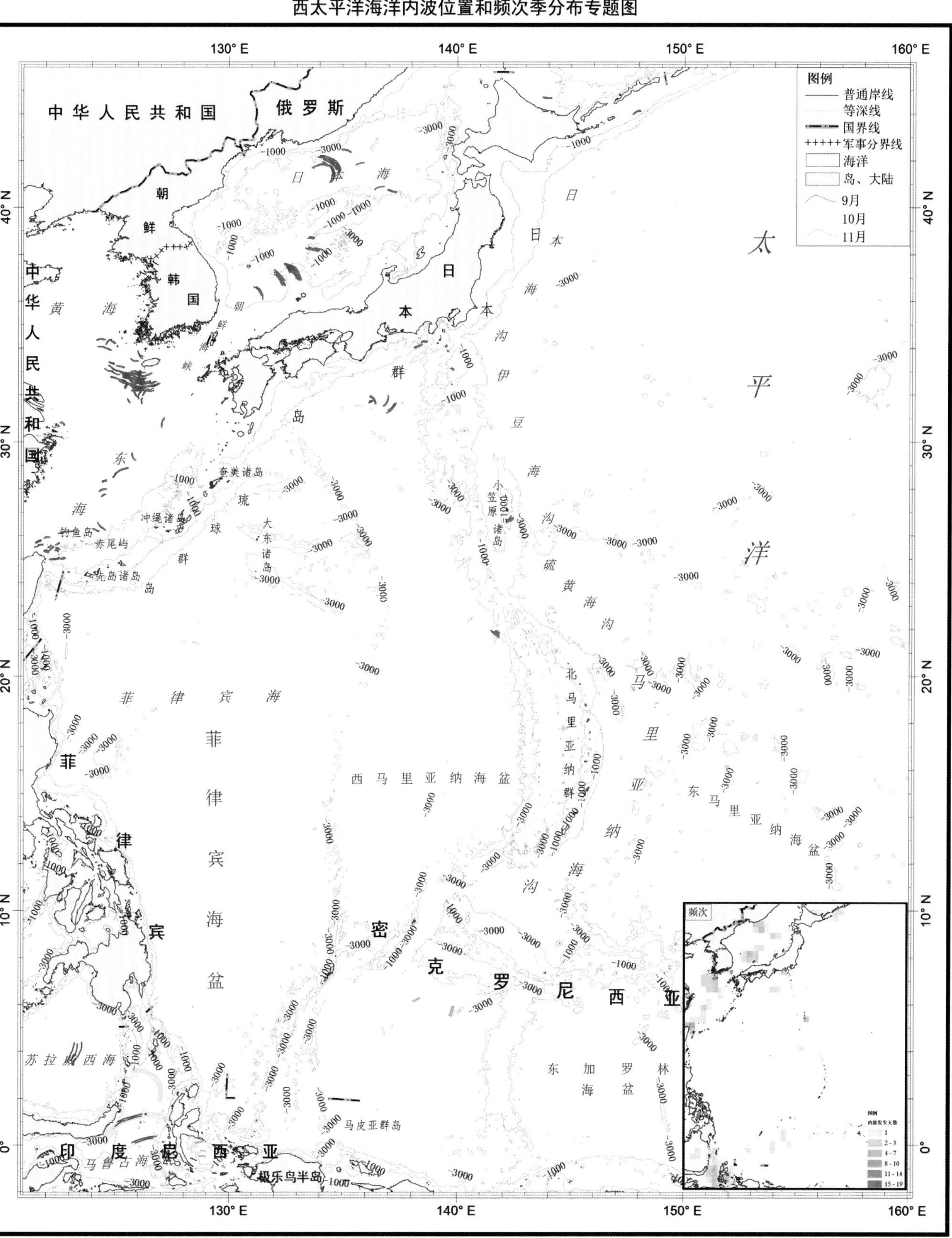

调查数据源：MODIS、SAR数据
数据空间分辨率：250m
数据时间：2014年秋季

比例尺：1:18 000 000
坐标系：CGCS2000
投影信息：墨卡托投影

高程基准：1985国家高程基准
制图单位：自然资源部第一海洋研究所
制图时间：2022年1月

西太平洋海洋内波位置和频次季分布专题图

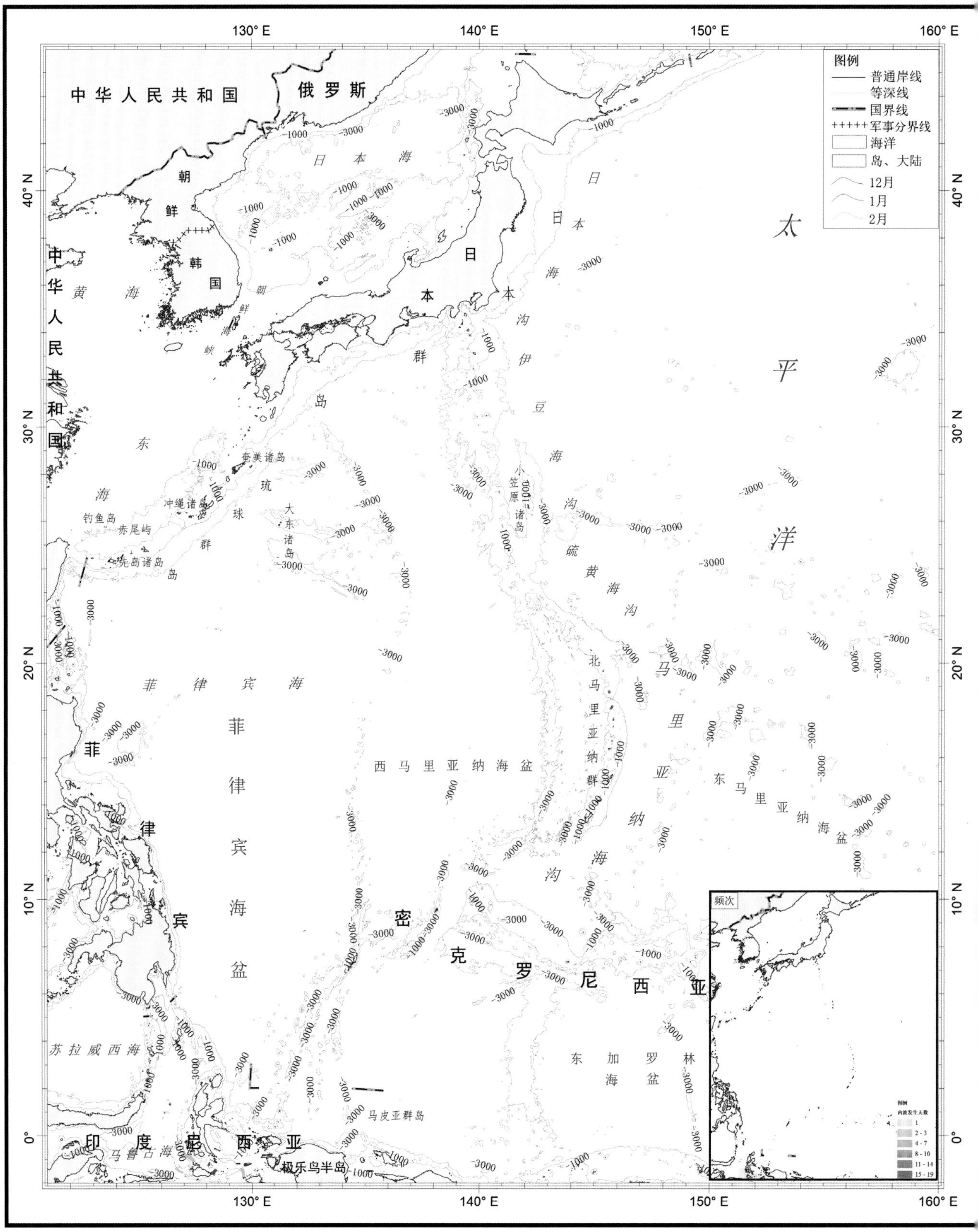

图例
普通岸线
等深线
国界线
+++++军事分界线
海洋
岛、大陆
12月
1月
2月

调查数据源：MODIS、SAR数据
数据空间分辨率：250m
数据时间：2014年冬季

比例尺：1:18 000 000
坐标系：CGCS2000
投影信息：墨卡托投影

高程基准：1985国家高程基准
制图单位：自然资源部第一海洋研究所
制图时间：2022年1月

西太平洋海洋内波位置和频次半年分布专题图

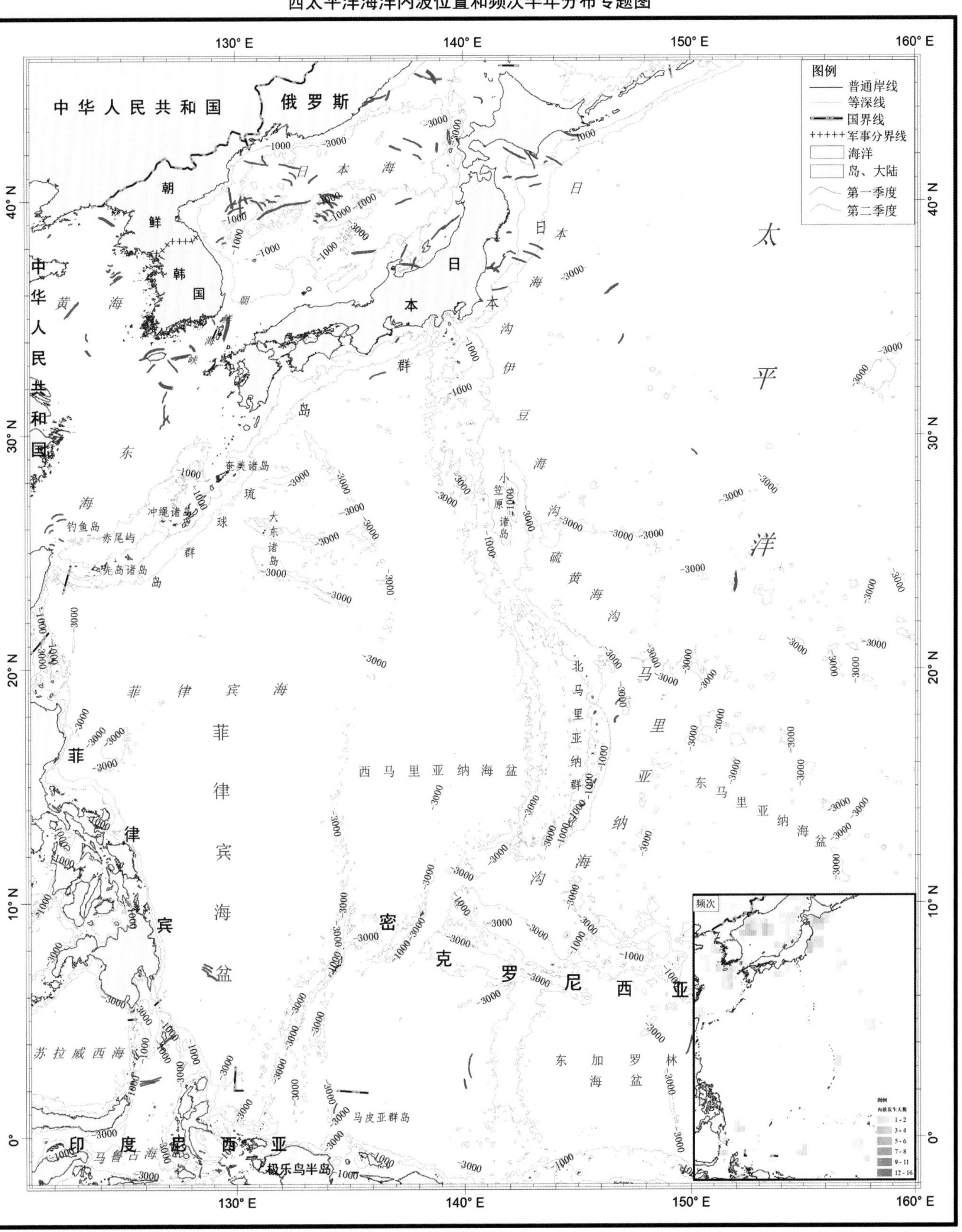

调查数据源：MODIS、SAR数据　　比例尺：1:18 000 000　　高程基准：1985国家高程基准
数据空间分辨率：250m　　坐标系：CGCS2000　　制图单位：自然资源部第一海洋研究所
数据时间：2014年上半年　　投影信息：墨卡托投影　　制图时间：2022年1月

西太平洋海洋内波位置和频次半年分布专题图

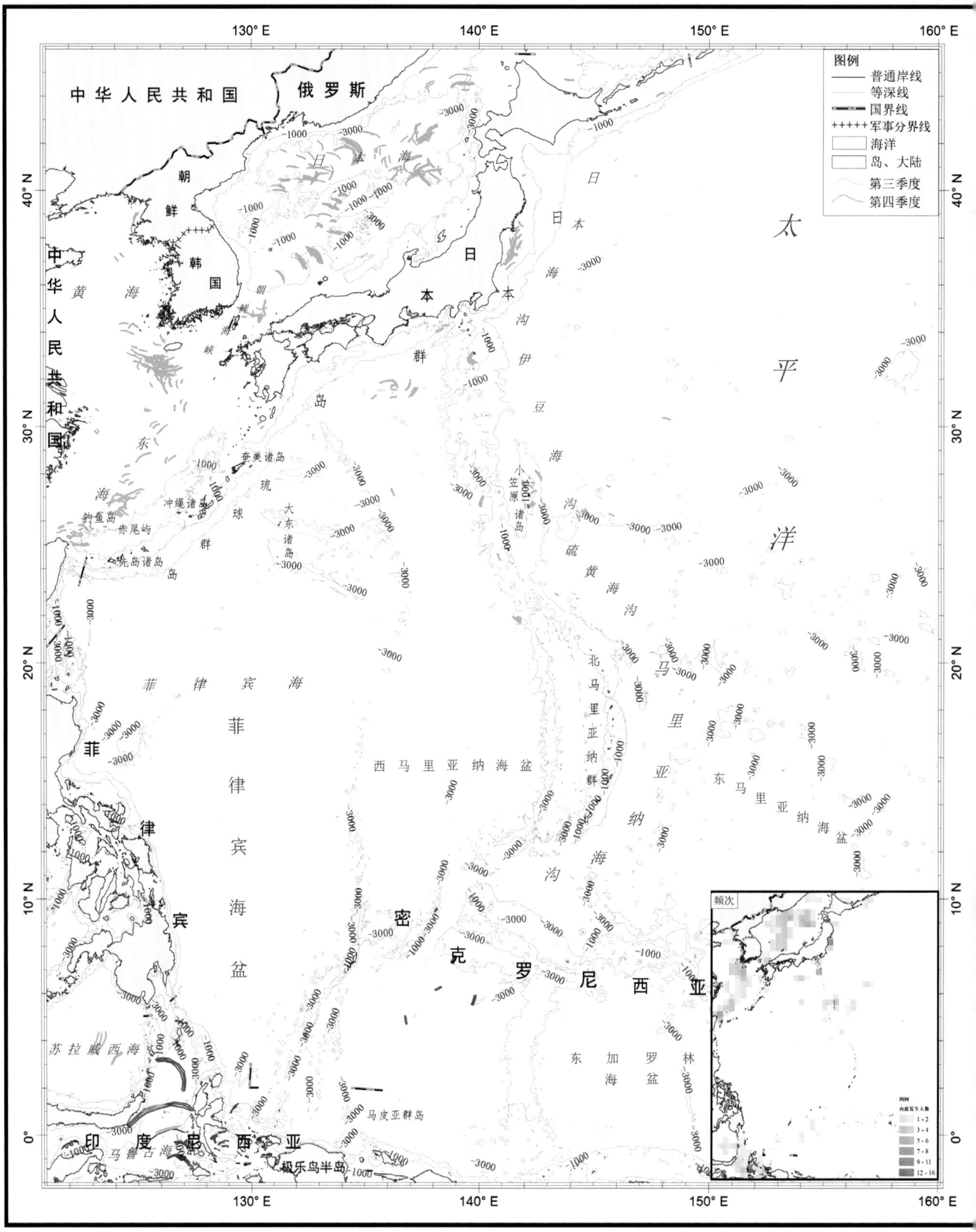

图例
普通岸线
等深线
国界线
+++++军事分界线
海洋
岛、大陆
第三季度
第四季度

调查数据源：MODIS、SAR数据
数据空间分辨率：250m
数据时间：2014年下半年

比例尺：1:18 000 000
坐标系：CGCS2000
投影信息：墨卡托投影

高程基准：1985国家高程基准
制图单位：自然资源部第一海洋研究所
制图时间：2022年1月

西太平洋海洋内波位置和频次年分布专题图

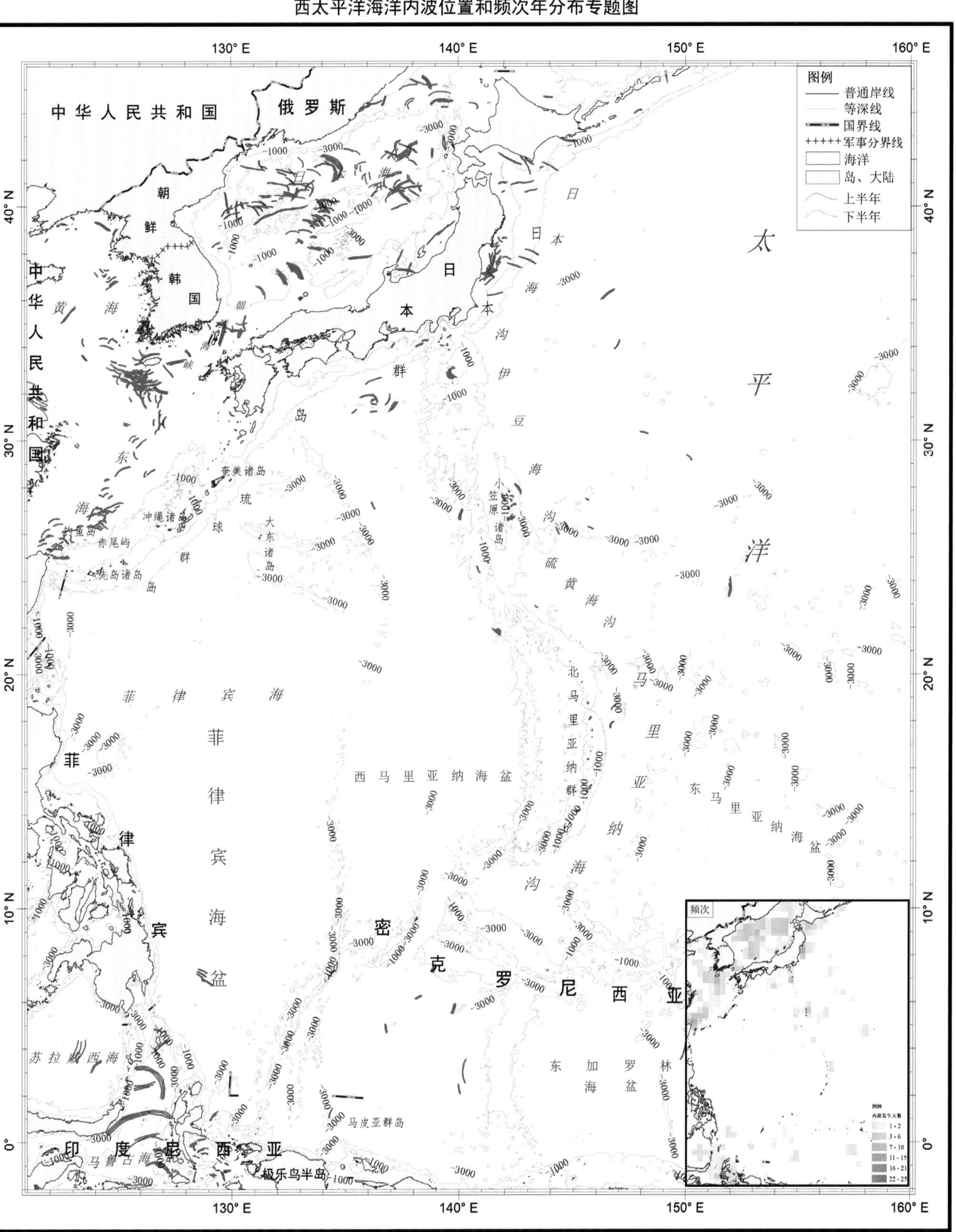

调查数据源：MODIS、SAR数据
数据空间分辨率：250m
数据时间：2014年全年

比例尺：1:18 000 000
坐标系：CGCS2000
投影信息：墨卡托投影

高程基准：1985国家高程基准
制图单位：自然资源部第一海洋研究所
制图时间：2022年1月

8.6 西太平洋内孤立波 2015 年分布图

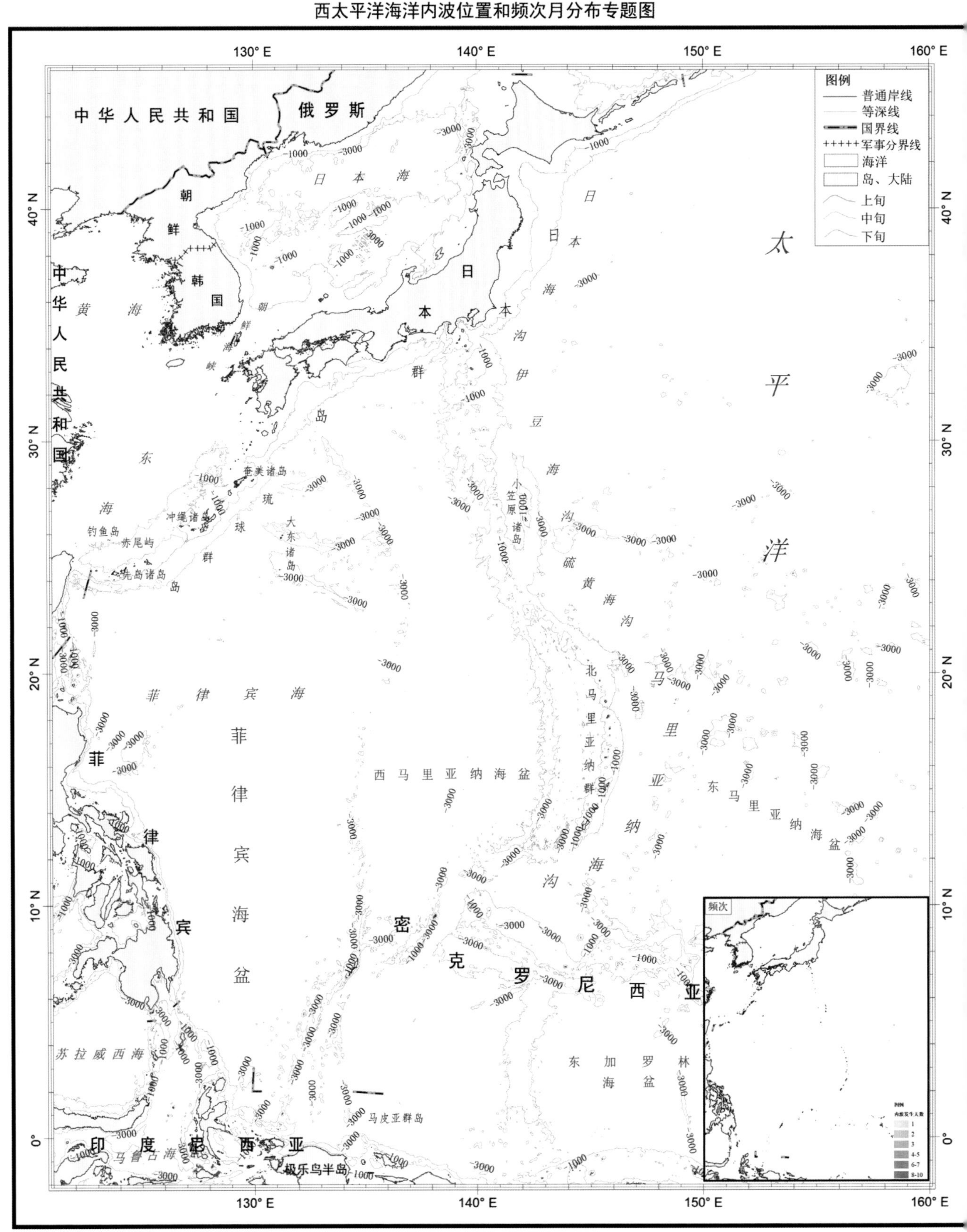

调查数据源：MODIS、SAR数据
数据空间分辨率：250m
数据时间：2015年1月

比例尺：1:18 000 000
坐标系：CGCS2000
投影信息：墨卡托投影

高程基准：1985国家高程基准
制图单位：自然资源部第一海洋研究所
制图时间：2022年1月

西太平洋海洋内波位置和频次月分布专题图

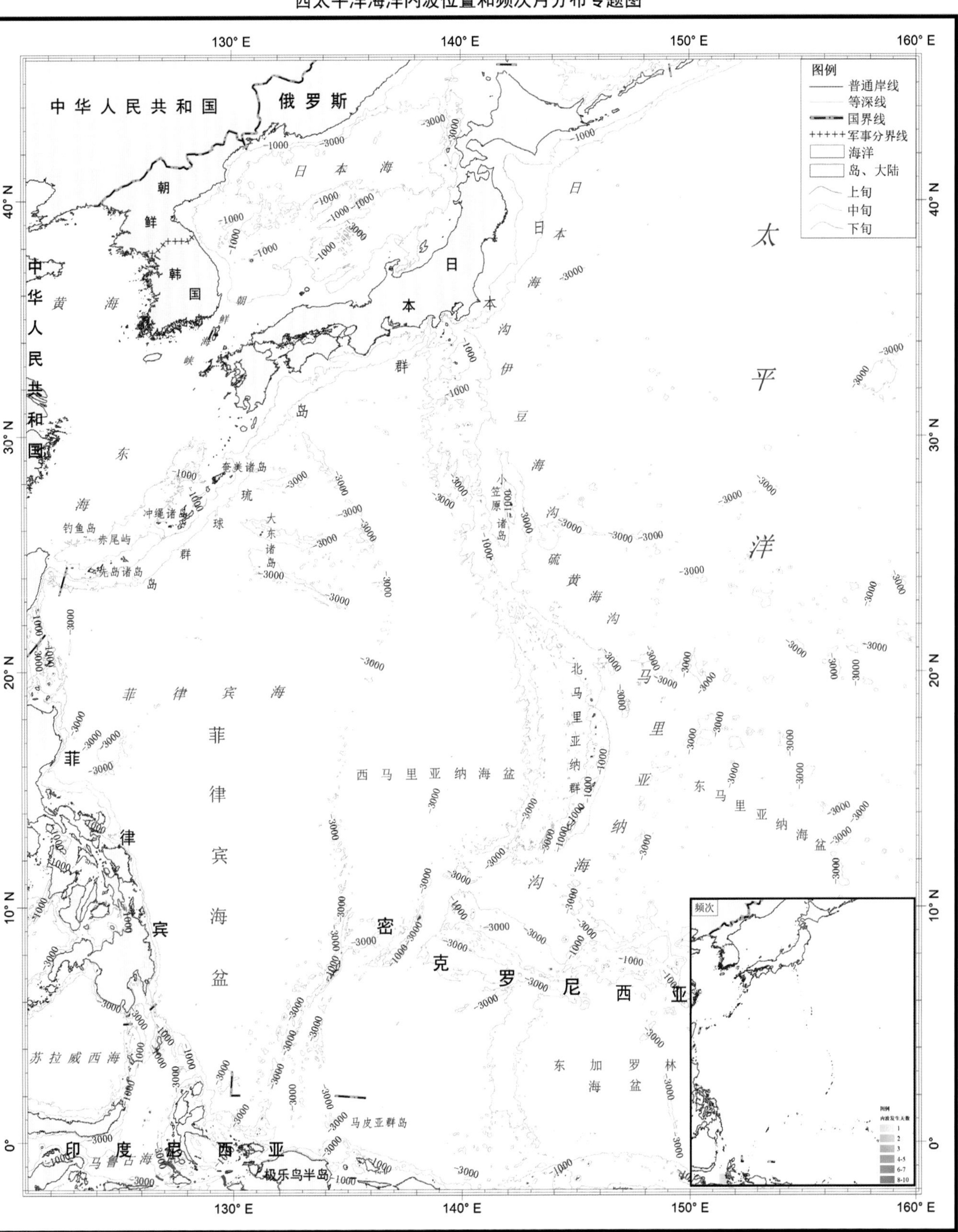

调查数据源：MODIS、SAR数据
数据空间分辨率：250m
数据时间：2015年2月

比例尺：1:18 000 000
坐标系：CGCS2000
投影信息：墨卡托投影

高程基准：1985国家高程基准
制图单位：自然资源部第一海洋研究所
制图时间：2022年1月

西太平洋海洋内波位置和频次月分布专题图

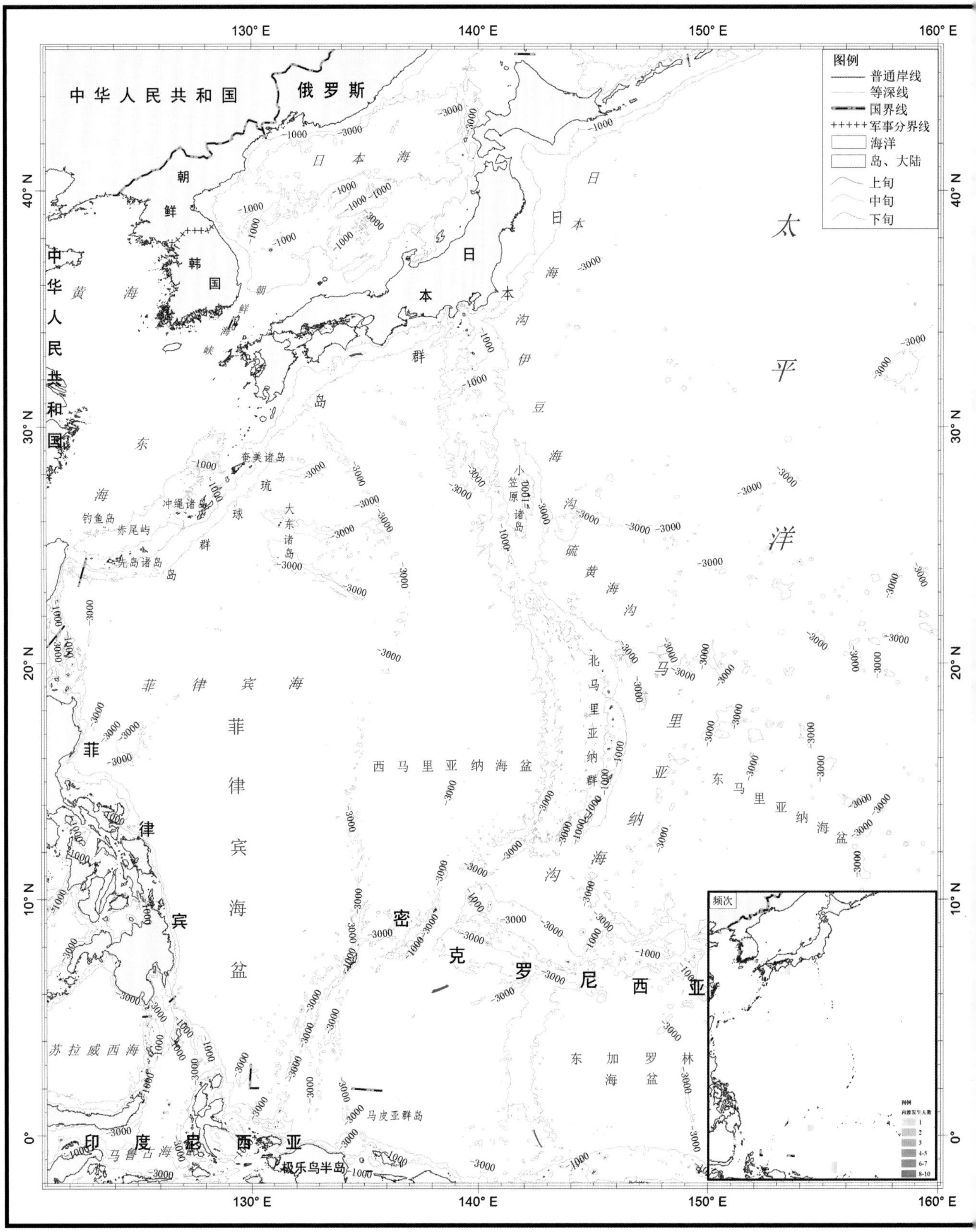

图例
- 普通岸线
- 等深线
- 国界线
- +++++ 军事分界线
- 海洋
- 岛、大陆
- 上旬
- 中旬
- 下旬

频次

图例
内波发生天数
1
2
3
4-5
6-7
8-10

调查数据源：MODIS、SAR数据
数据空间分辨率：250m
数据时间：2015年3月

比例尺：1:18 000 000
坐标系：CGCS2000
投影信息：墨卡托投影

高程基准：1985国家高程基准
制图单位：自然资源部第一海洋研究所
制图时间：2022年1月

西太平洋海洋内波位置和频次月分布专题图

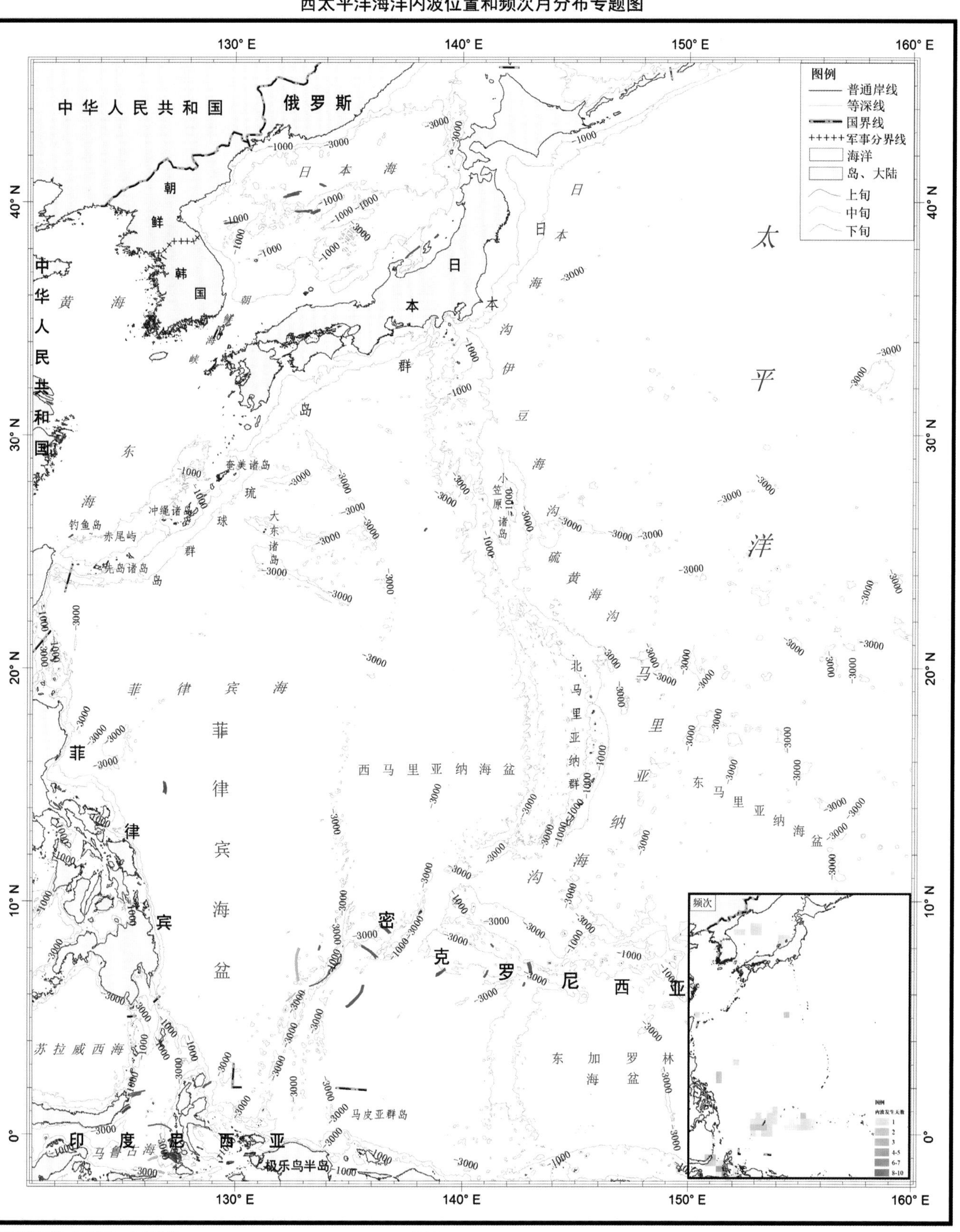

调查数据源：MODIS、SAR数据
数据空间分辨率：250m
数据时间：2015年4月

比例尺：1:18 000 000
坐标系：CGCS2000
投影信息：墨卡托投影

高程基准：1985国家高程基准
制图单位：自然资源部第一海洋研究所
制图时间：2022年1月

西太平洋海洋内波位置和频次月分布专题图

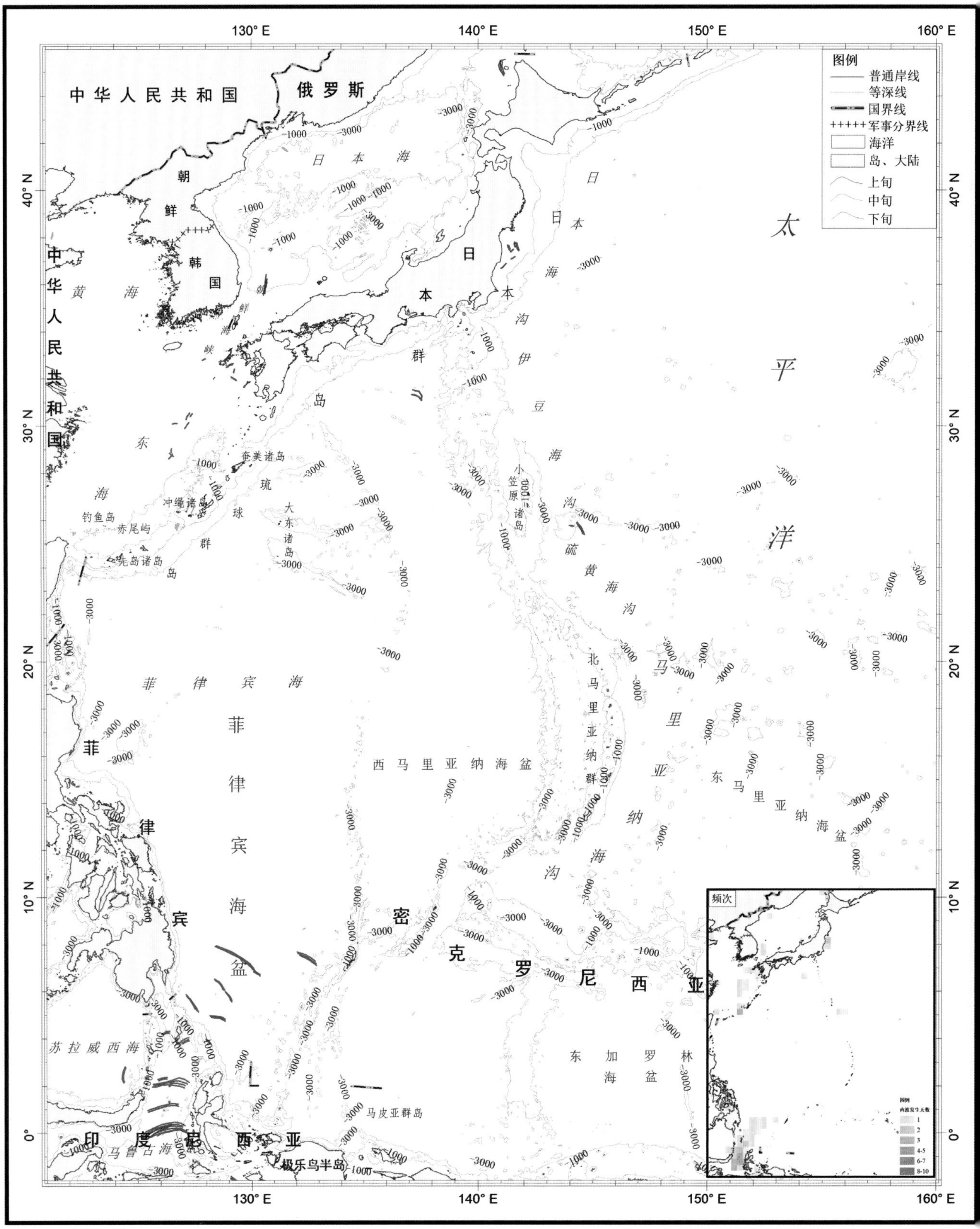

图例
普通岸线
等深线
国界线
+++++军事分界线
海洋
岛、大陆
上旬
中旬
下旬

中华人民共和国
俄罗斯
朝鲜
韩国
日本
日本海
黄海
东海
钓鱼岛
赤尾屿
先岛诸岛
冲绳诸岛
奄美诸岛
琉球群岛
大东诸岛
日本群岛
小笠原诸岛
日本海沟
伊豆海沟
琉黄海沟
马里亚纳海沟
北马里亚纳群岛
西马里亚纳海盆
东马里亚纳海盆
太平洋
菲律宾海
菲律宾海盆
菲律宾
苏拉威西海
马鲁古海
印度尼西西亚
极乐鸟半岛
马皮亚群岛
密克罗尼西亚
东加罗林海盆

频次

130° E 140° E 150° E 160° E
40° N 30° N 20° N 10° N 0°

调查数据源：MODIS、SAR数据
数据空间分辨率：250m
数据时间：2015年5月

比例尺：1:18 000 000
坐标系：CGCS2000
投影信息：墨卡托投影

高程基准：1985国家高程基准
制图单位：自然资源部第一海洋研究所
制图时间：2022年1月

西太平洋海洋内波位置和频次月分布专题图

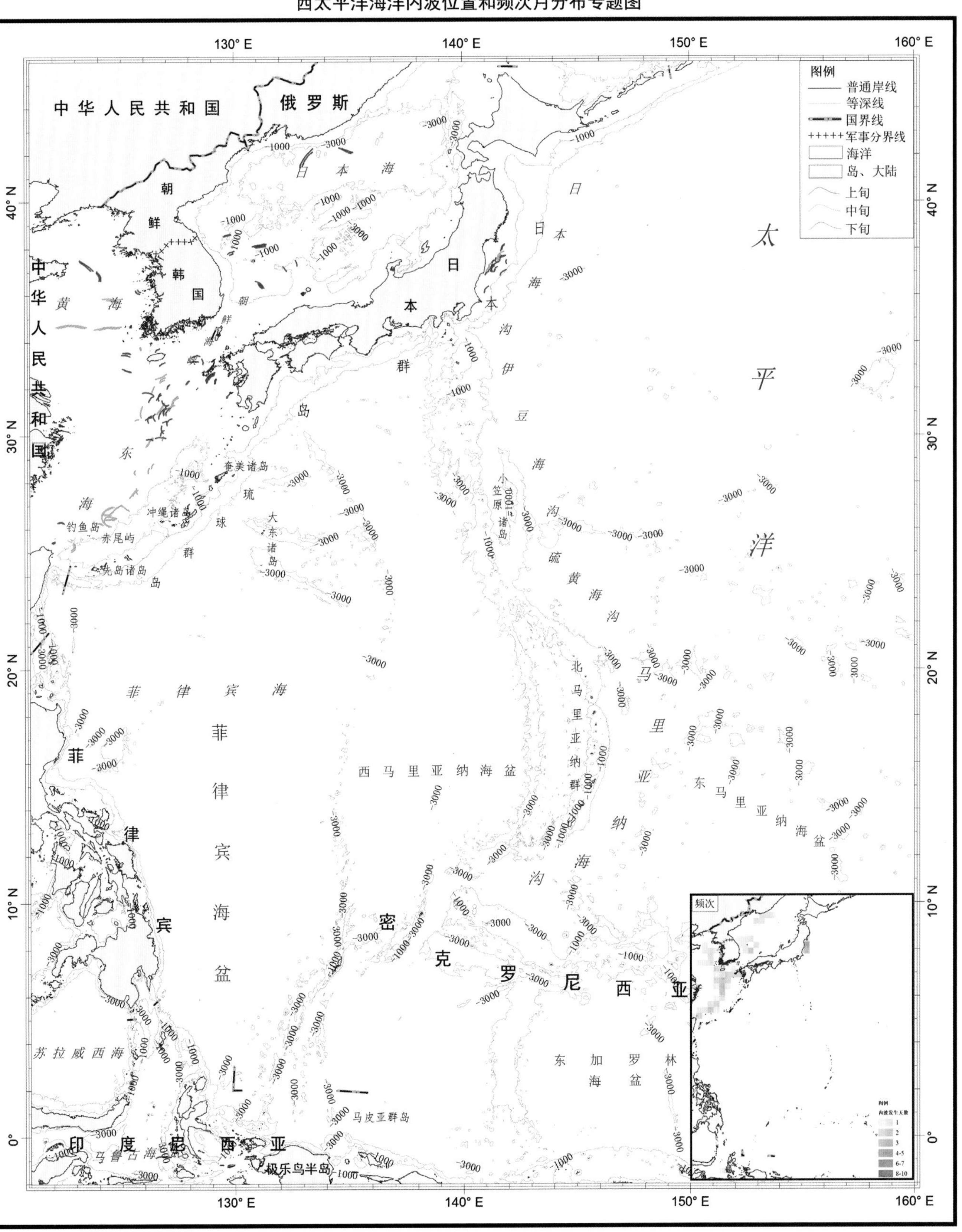

调查数据源：MODIS、SAR数据
数据空间分辨率：250m
数据时间：2015年6月

比例尺：1:18 000 000
坐标系：CGCS2000
投影信息：墨卡托投影

高程基准：1985国家高程基准
制图单位：自然资源部第一海洋研究所
制图时间：2022年1月

西太平洋海洋内波位置和频次月分布专题图

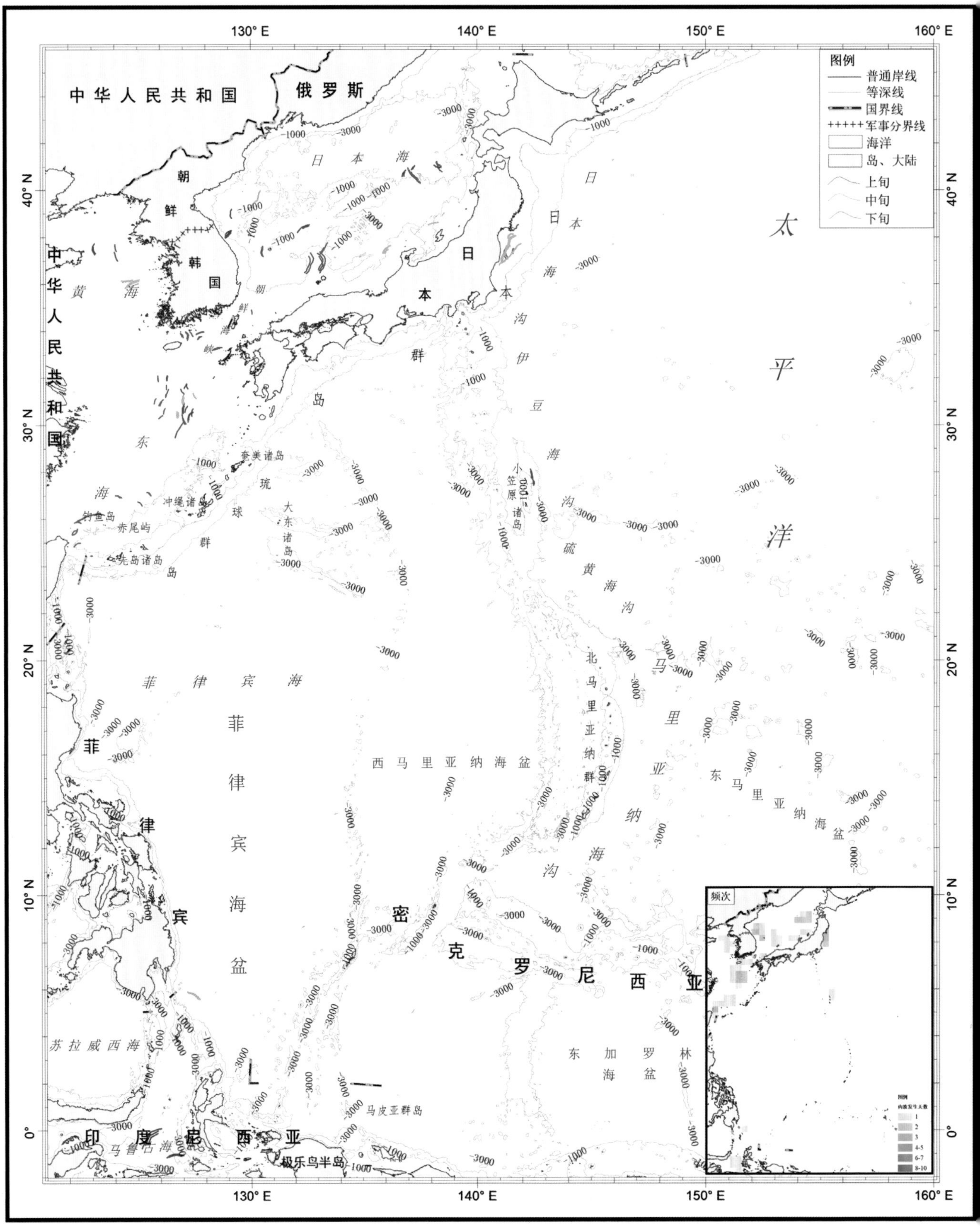

图例
普通岸线
等深线
国界线
+++++军事分界线
海洋
岛、大陆
上旬
中旬
下旬

频次

调查数据源：MODIS、SAR数据
数据空间分辨率：250m
数据时间：2015年7月

比例尺：1:18 000 000
坐标系：CGCS2000
投影信息：墨卡托投影

高程基准：1985国家高程基准
制图单位：自然资源部第一海洋研究所
制图时间：2022年1月

西太平洋海洋内波位置和频次月分布专题图

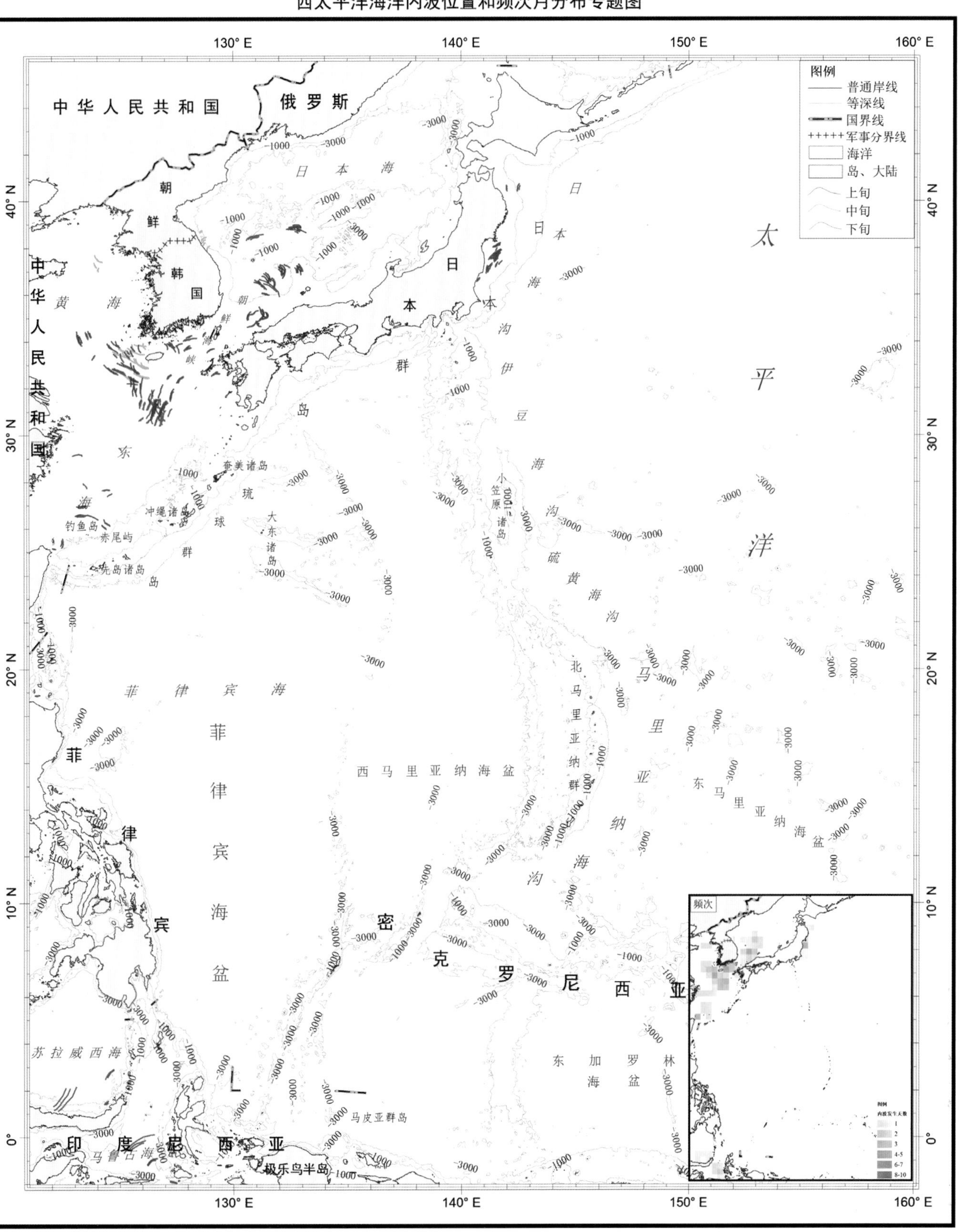

调查数据源：MODIS、SAR数据
数据空间分辨率：250m
数据时间：2015年8月

比例尺：1:18 000 000
坐标系：CGCS2000
投影信息：墨卡托投影

高程基准：1985国家高程基准
制图单位：自然资源部第一海洋研究所
制图时间：2022年1月

西太平洋海洋内波位置和频次月分布专题图

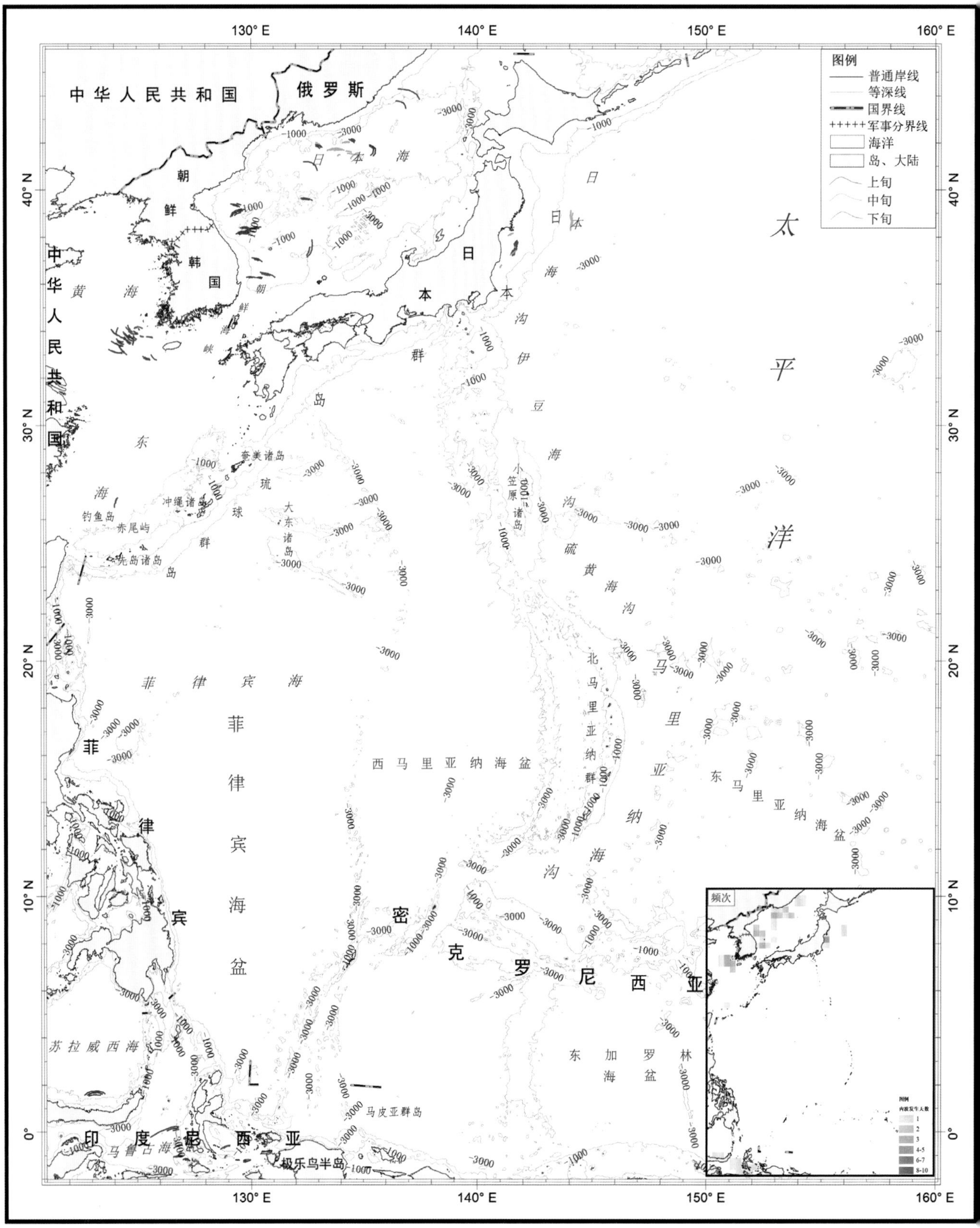

图例
普通岸线
等深线
国界线
+++++军事分界线
海洋
岛、大陆
上旬
中旬
下旬

频次

调查数据源：MODIS、SAR数据
数据空间分辨率：250m
数据时间：2015年9月

比例尺：1:18 000 000
坐标系：CGCS2000
投影信息：墨卡托投影

高程基准：1985国家高程基准
制图单位：自然资源部第一海洋研究所
制图时间：2022年1月

西太平洋海洋内波位置和频次月分布专题图

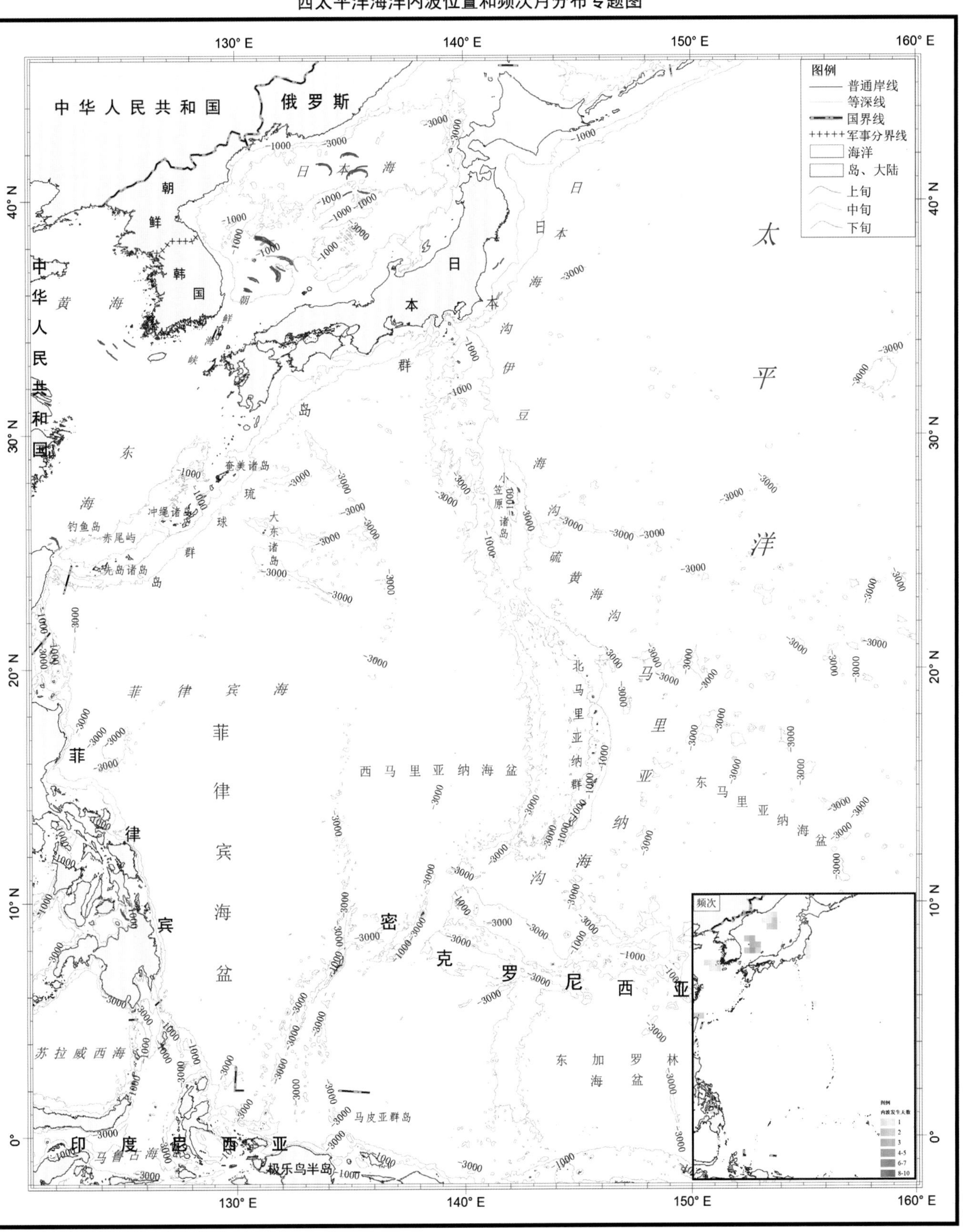

调查数据源：MODIS、SAR数据
数据空间分辨率：250m
数据时间：2015年10月

比例尺：1:18 000 000
坐标系：CGCS2000
投影信息：墨卡托投影

高程基准：1985国家高程基准
制图单位：自然资源部第一海洋研究所
制图时间：2022年1月

西太平洋海洋内波位置和频次月分布专题图

图例

- 普通岸线
- 等深线
- 国界线
- +++++军事分界线
- 海洋
- 岛、大陆
- 上旬
- 中旬
- 下旬

调查数据源：MODIS、SAR数据
数据空间分辨率：250m
数据时间：2015年11月

比例尺：1:18 000 000
坐标系：CGCS2000
投影信息：墨卡托投影

高程基准：1985国家高程基准
制图单位：自然资源部第一海洋研究所
制图时间：2022年1月

西太平洋海洋内波位置和频次月分布专题图

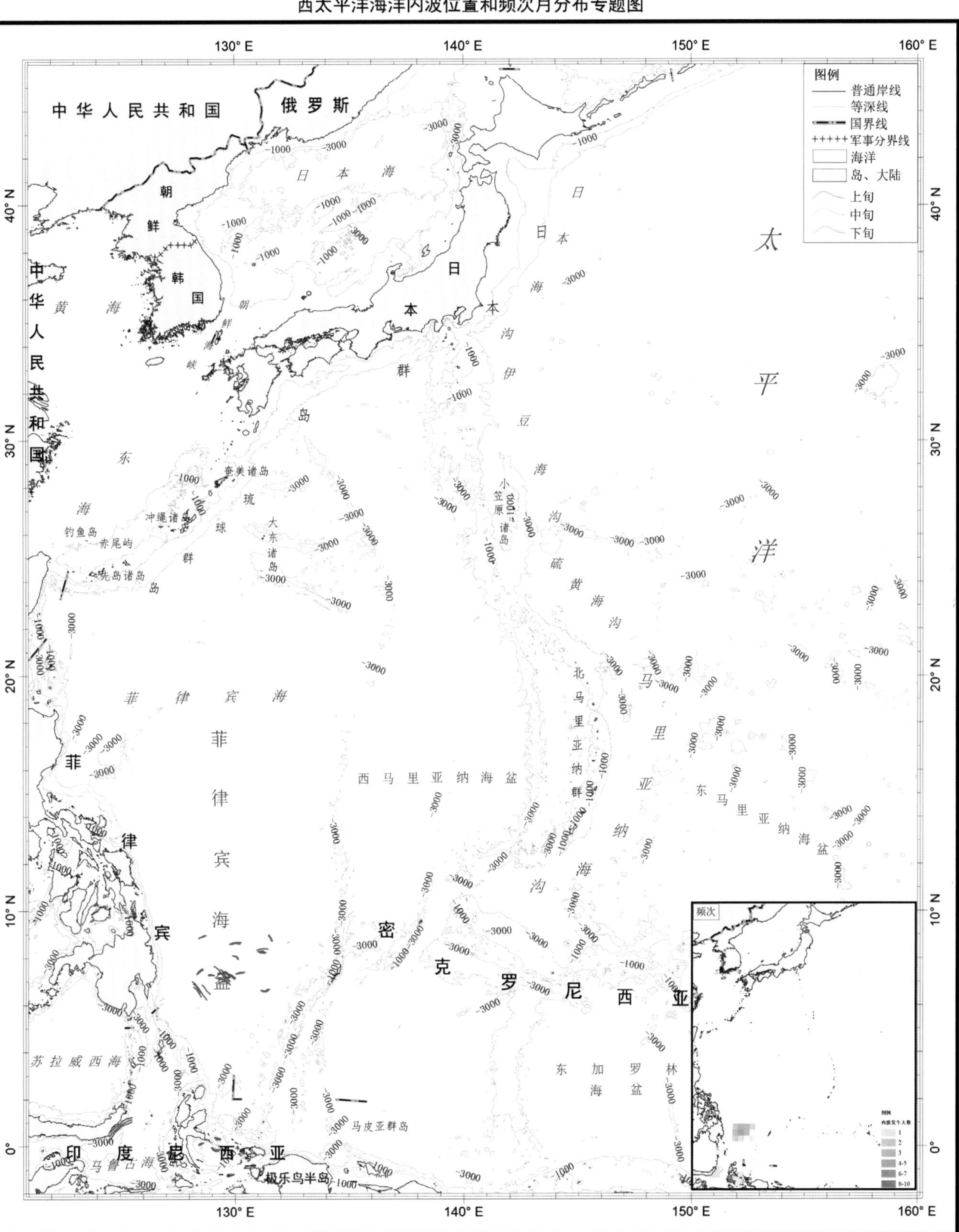

调查数据源：MODIS、SAR数据
数据空间分辨率：250m
数据时间：2015年12月

比例尺：1:18 000 000
坐标系：CGCS2000
投影信息：墨卡托投影

高程基准：1985国家高程基准
制图单位：自然资源部第一海洋研究所
制图时间：2022年1月

西太平洋海洋内波位置和频次季分布专题图

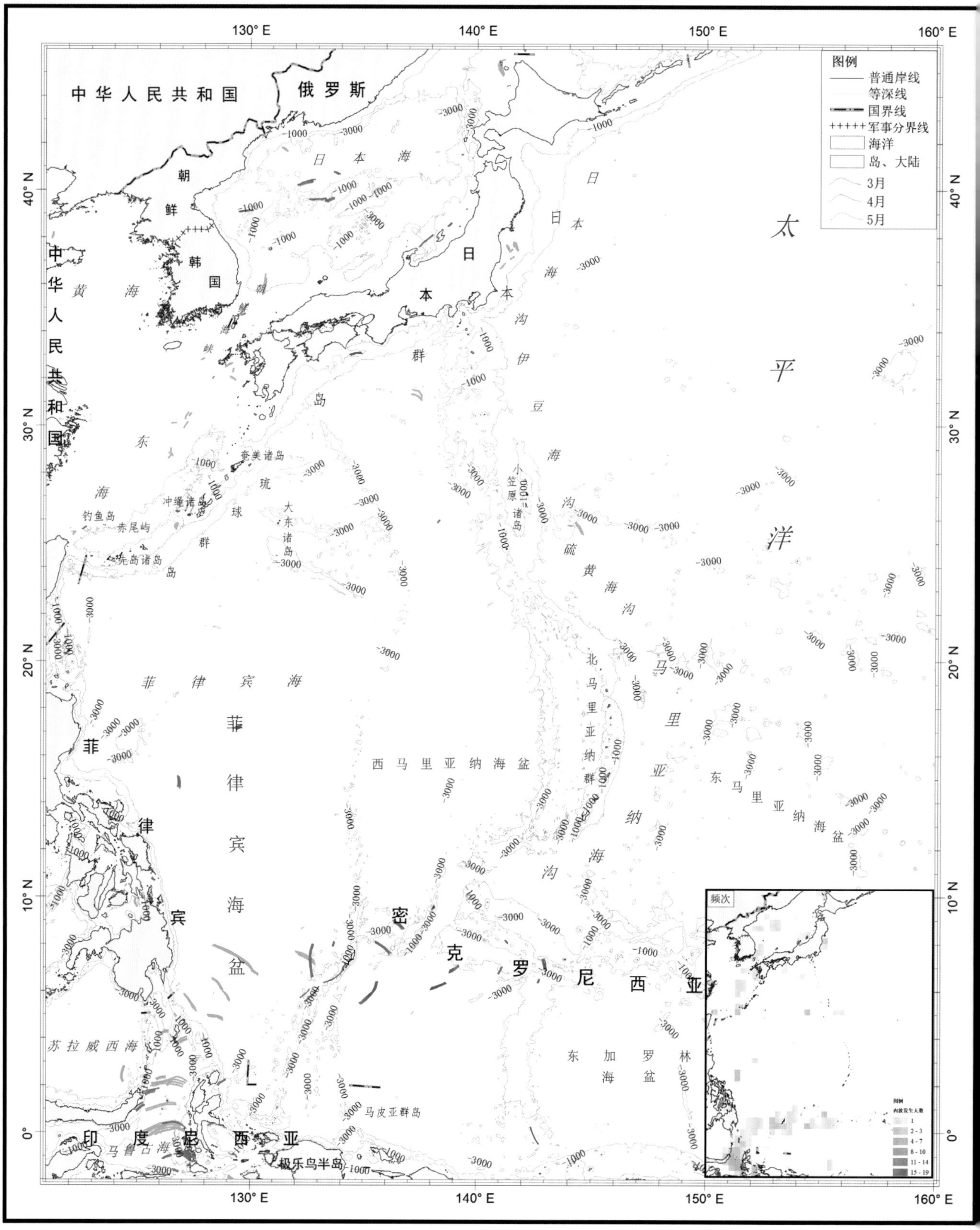

130° E 140° E 150° E 160° E

40° N 30° N 20° N 10° N 0°

图例
普通岸线
等深线
国界线
+++++ 军事分界线
海洋
岛、大陆
3月
4月
5月

中华人民共和国 俄罗斯 朝鲜 韩国 日本
日本海 黄海 东海 太平洋 菲律宾海 苏拉威西海
日本海沟 伊豆海沟 小笠原海沟 硫黄海沟 马里亚纳海沟
日本群岛 奄美诸岛 琉球群岛 冲绳诸岛 大东诸岛 钓鱼岛 赤尾屿 先岛诸岛 小笠原诸岛 北马里亚纳群岛 马皮亚群岛
菲律宾 密克罗尼西亚 印度尼西亚 马鲁古海 极乐鸟半岛
菲律宾海盆 西马里亚纳海盆 东马里亚纳海盆 东加罗林海盆

频次
图例
内波发生次数
1
2 - 3
4 - 7
8 - 10
11 - 14
15 - 19

调查数据源：MODIS、SAR数据
数据空间分辨率：250m
数据时间：2015年春季

比例尺：1:18 000 000
坐标系：CGCS2000
投影信息：墨卡托投影

高程基准：1985国家高程基准
制图单位：自然资源部第一海洋研究所
制图时间：2022年1月

西太平洋海洋内波位置和频次季分布专题图

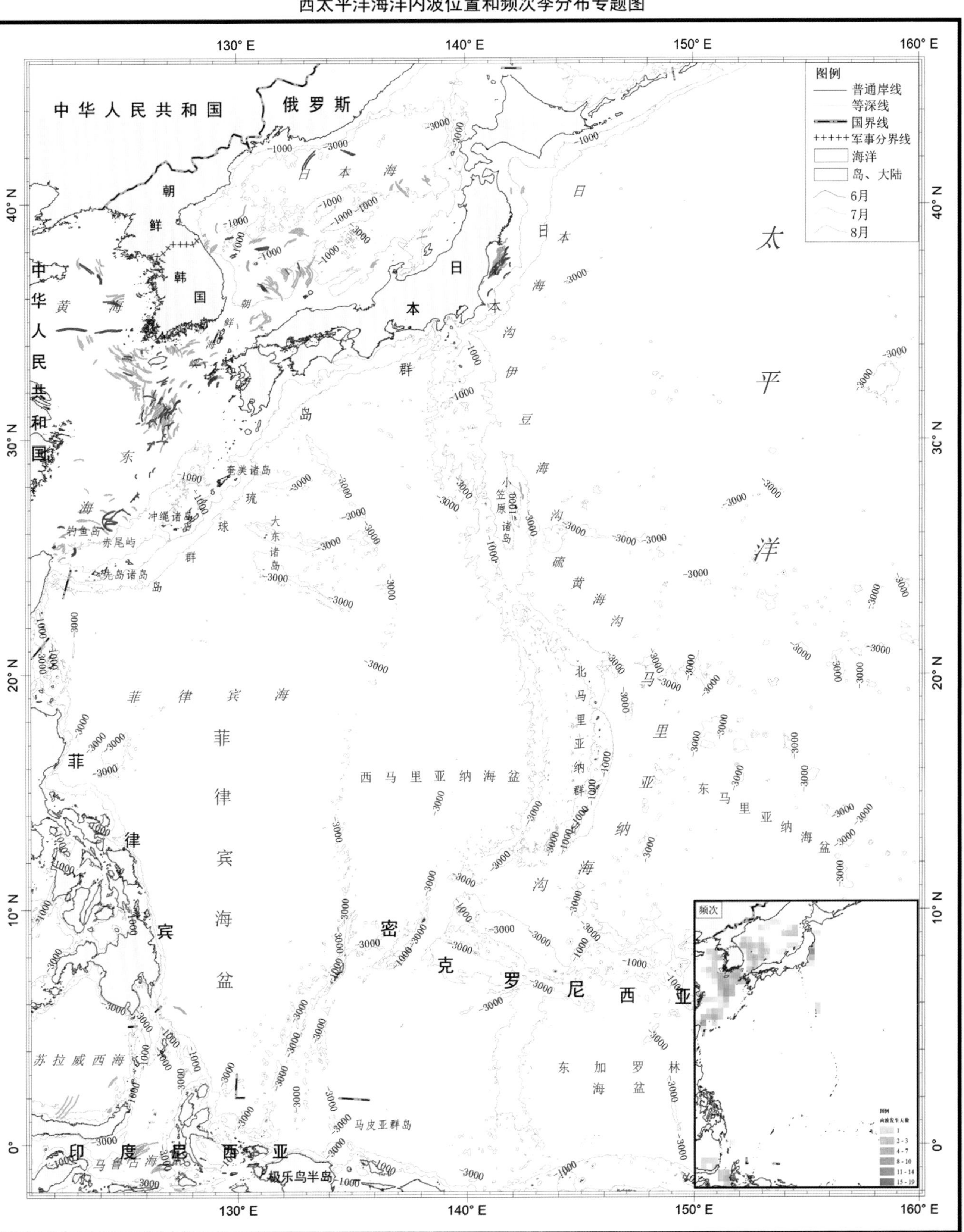

调查数据源：MODIS、SAR数据
数据空间分辨率：250m
数据时间：2015年夏季

比例尺：1:18 000 000
坐标系：CGCS2000
投影信息：墨卡托投影

高程基准：1985国家高程基准
制图单位：自然资源部第一海洋研究所
制图时间：2022年1月

西太平洋海洋内波位置和频次季分布专题图

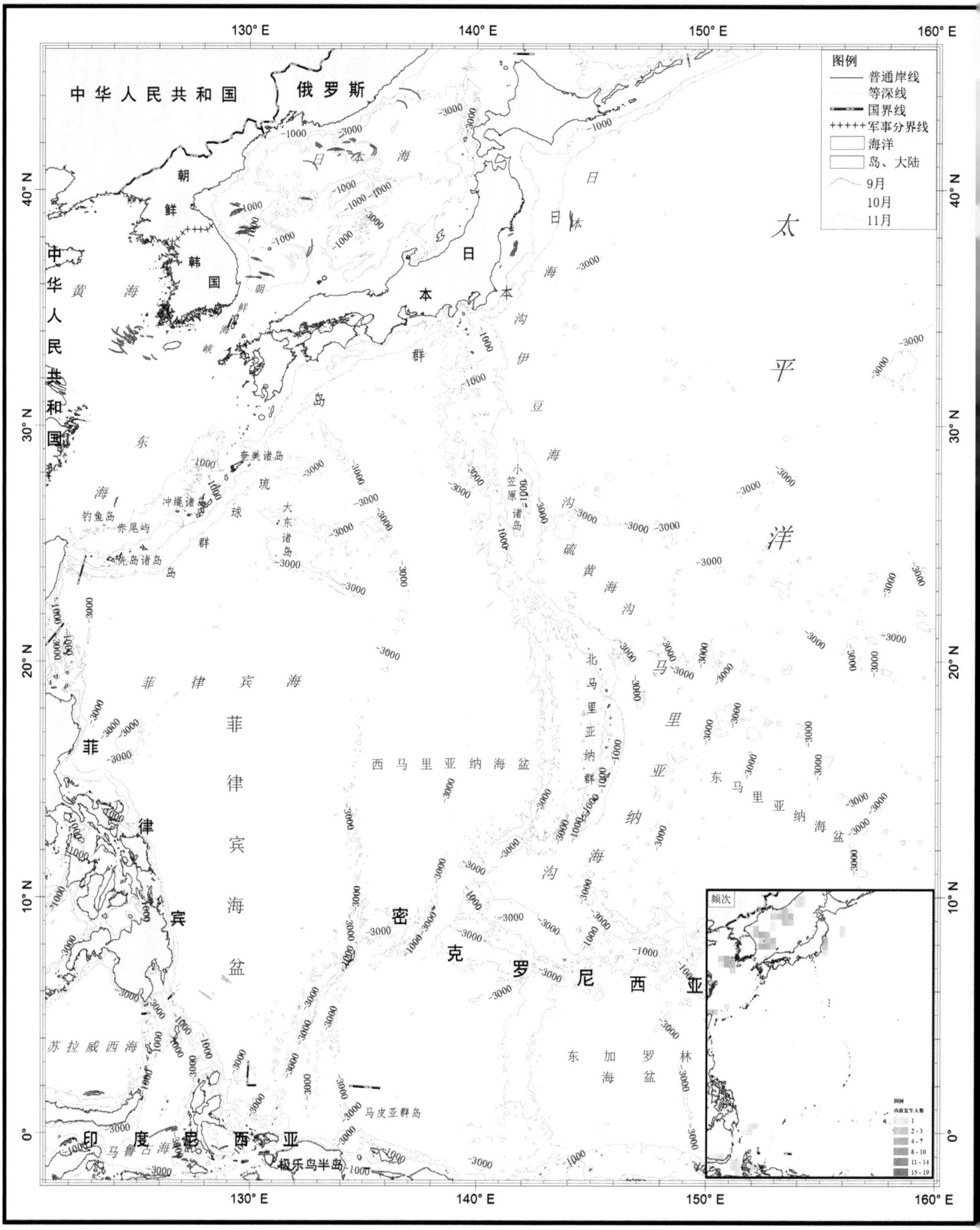

图例
- 普通岸线
- 等深线
- 国界线
- +++++军事分界线
- 海洋
- 岛、大陆
- 9月
- 10月
- 11月

频次

调查数据源：MODIS、SAR数据	比例尺：1:18 000 000	高程基准：1985国家高程基准
数据空间分辨率：250m	坐标系：CGCS2000	制图单位：自然资源部第一海洋研究所
数据时间：2015年秋季	投影信息：墨卡托投影	制图时间：2022年1月

西太平洋海洋内波位置和频次季分布专题图

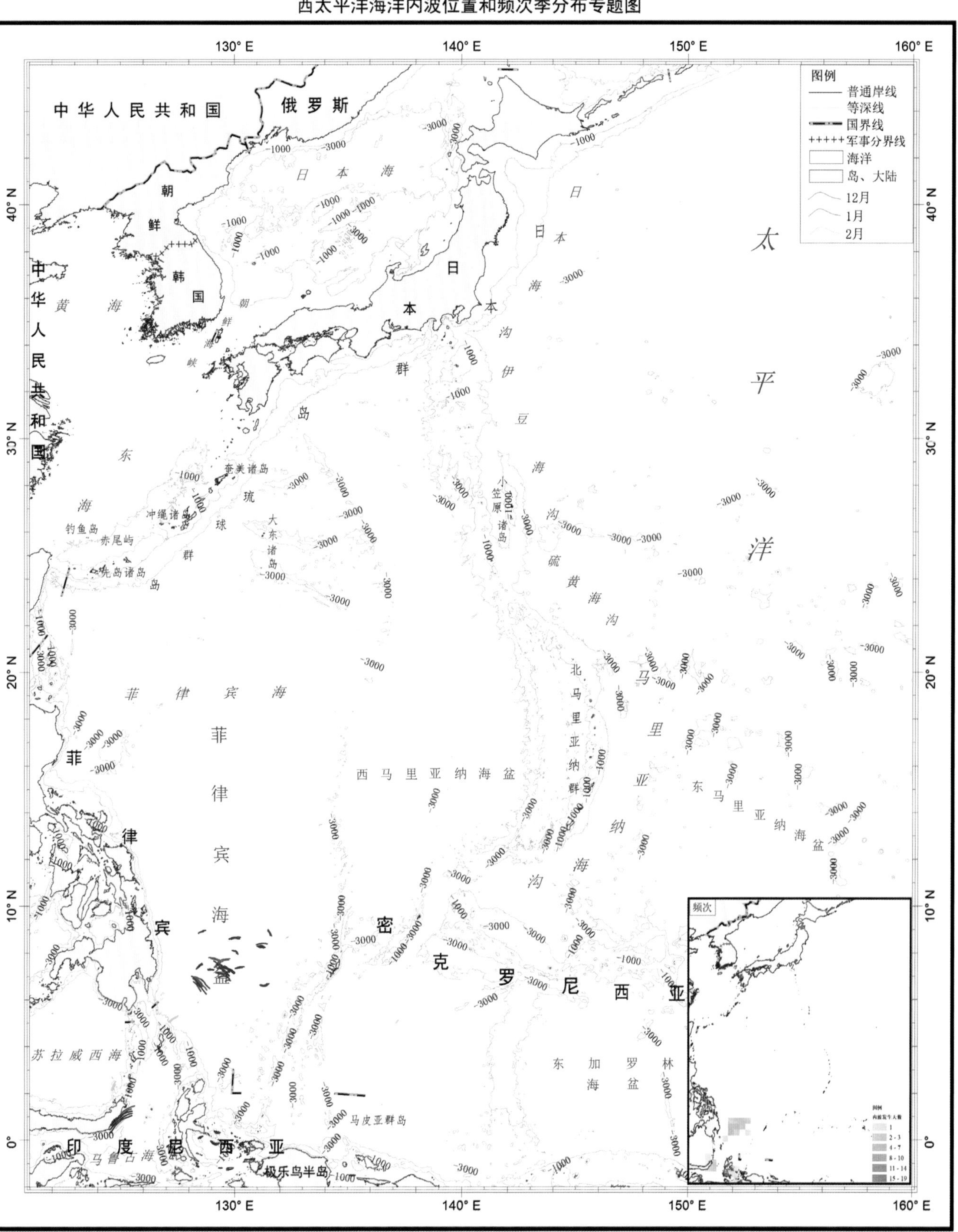

调查数据源：MODIS、SAR数据
数据空间分辨率：250m
数据时间：2015年冬季

比例尺：1:18 000 000
坐标系：CGCS2000
投影信息：墨卡托投影

高程基准：1985国家高程基准
制图单位：自然资源部第一海洋研究所
制图时间：2022年1月

西太平洋海洋内波位置和频次半年分布专题图

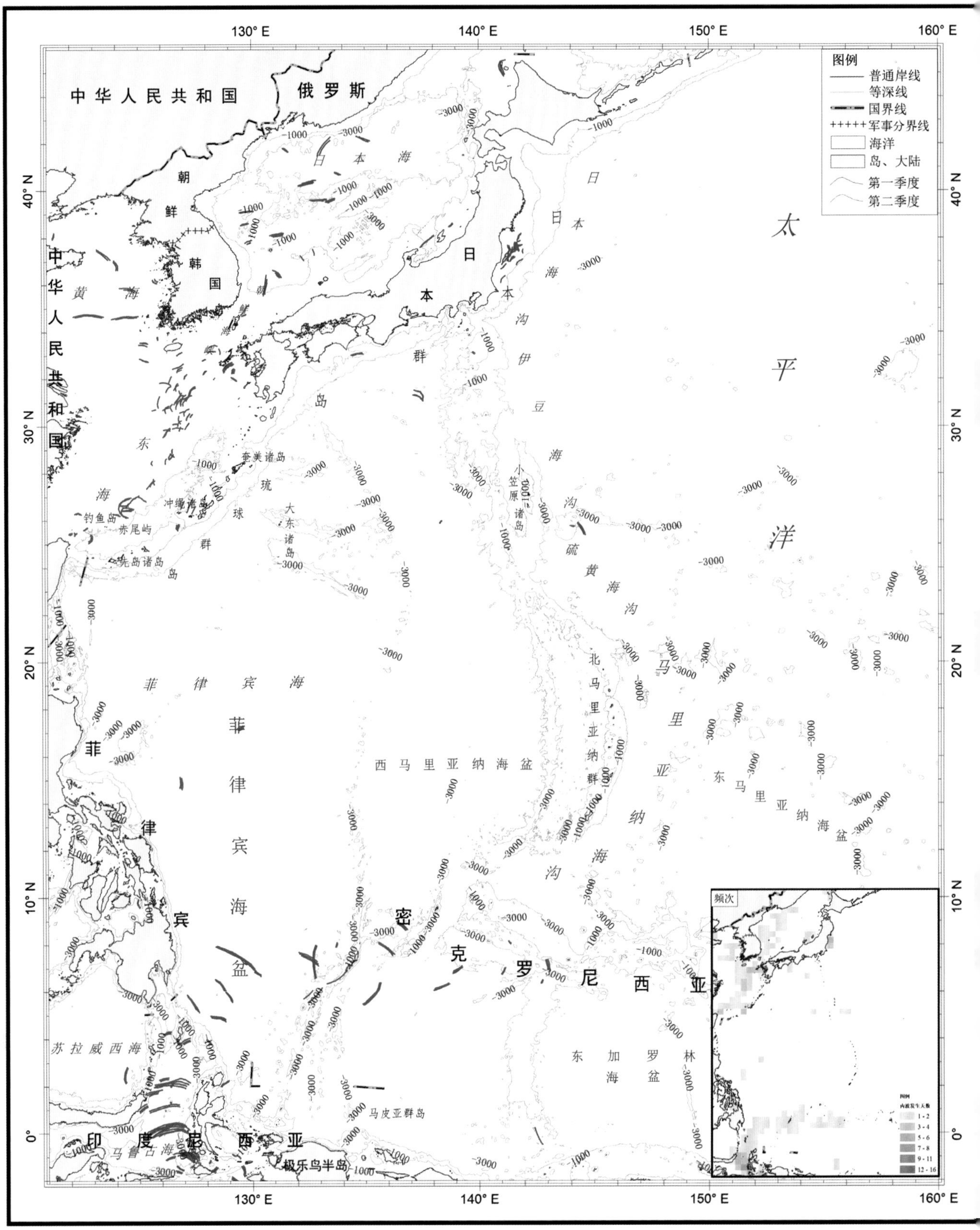

图例
普通岸线
等深线
国界线
+++++军事分界线
海洋
岛、大陆
第一季度
第二季度

频次

调查数据源：MODIS、SAR数据
数据空间分辨率：250m
数据时间：2015年上半年

比例尺：1:18 000 000
坐标系：CGCS2000
投影信息：墨卡托投影

高程基准：1985国家高程基准
制图单位：自然资源部第一海洋研究所
制图时间：2022年1月

西太平洋海洋内波位置和频次半年分布专题图

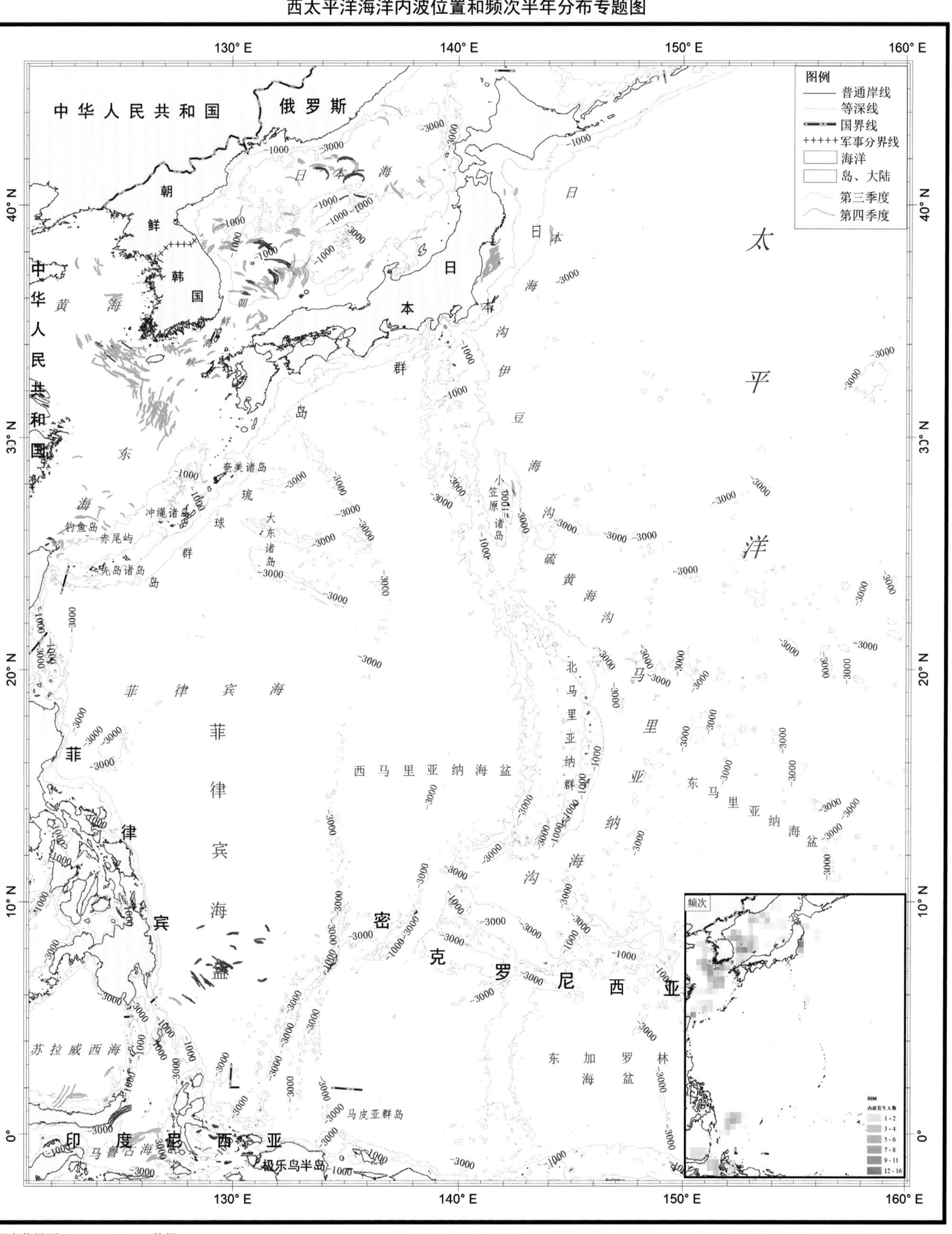

调查数据源：MODIS、SAR数据
数据空间分辨率：250m
数据时间：2015年下半年

比例尺：1:18 000 000
坐标系：CGCS2000
投影信息：墨卡托投影

高程基准：1985国家高程基准
制图单位：自然资源部第一海洋研究所
制图时间：2022年1月

西太平洋海洋内波位置和频次年分布专题图

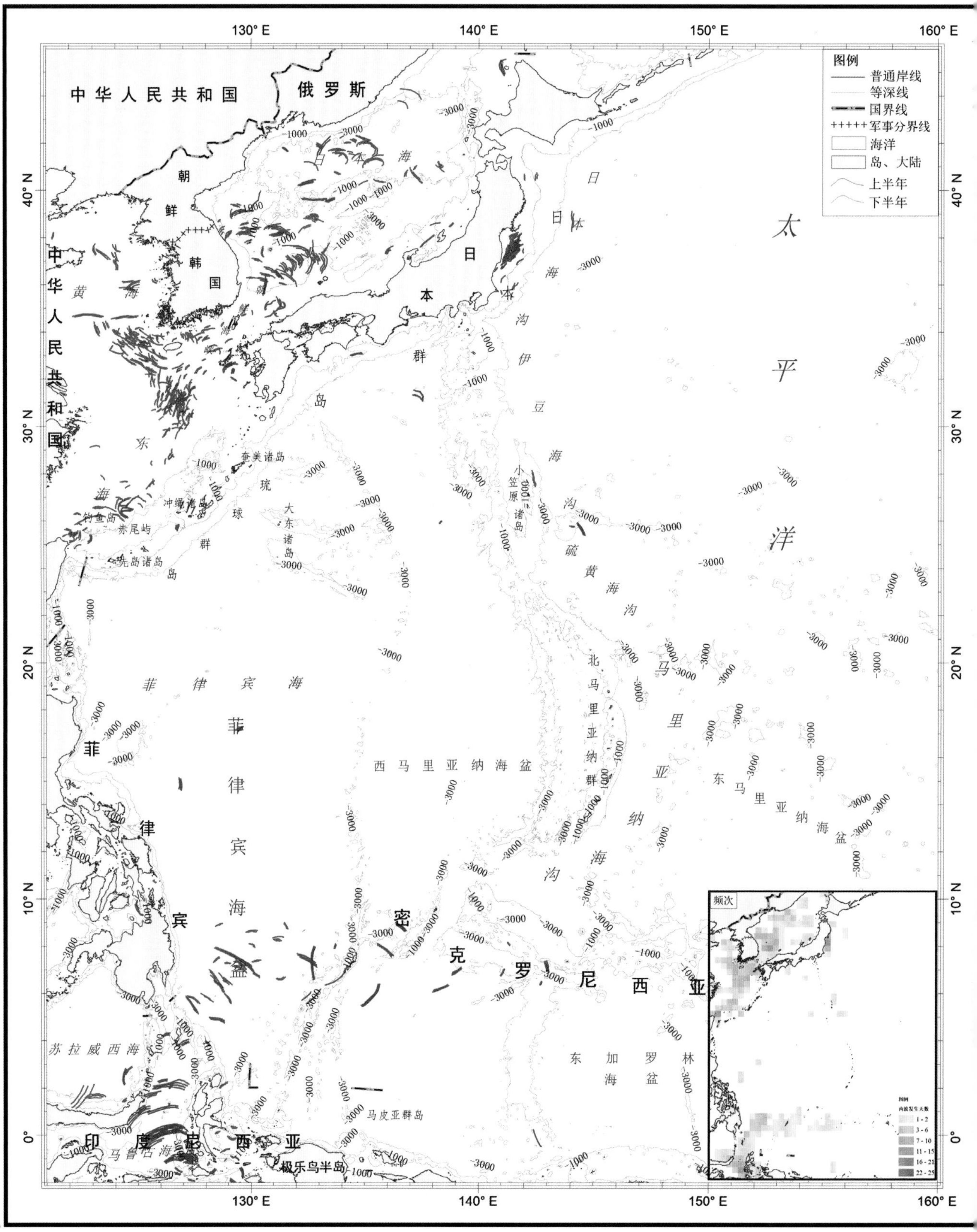

图例
- 普通岸线
- 等深线
- 国界线
- +++++ 军事分界线
- 海洋
- 岛、大陆
- 上半年
- 下半年

频次

调查数据源：MODIS、SAR数据
数据空间分辨率：250m
数据时间：2015年全年

比例尺：1:18 000 000
坐标系：CGCS2000
投影信息：墨卡托投影

高程基准：1985国家高程基准
制图单位：自然资源部第一海洋研究所
制图时间：2022年1月

8.7　西太平洋内孤立波 2016 年分布图

西太平洋海洋内波位置和频次月分布专题图

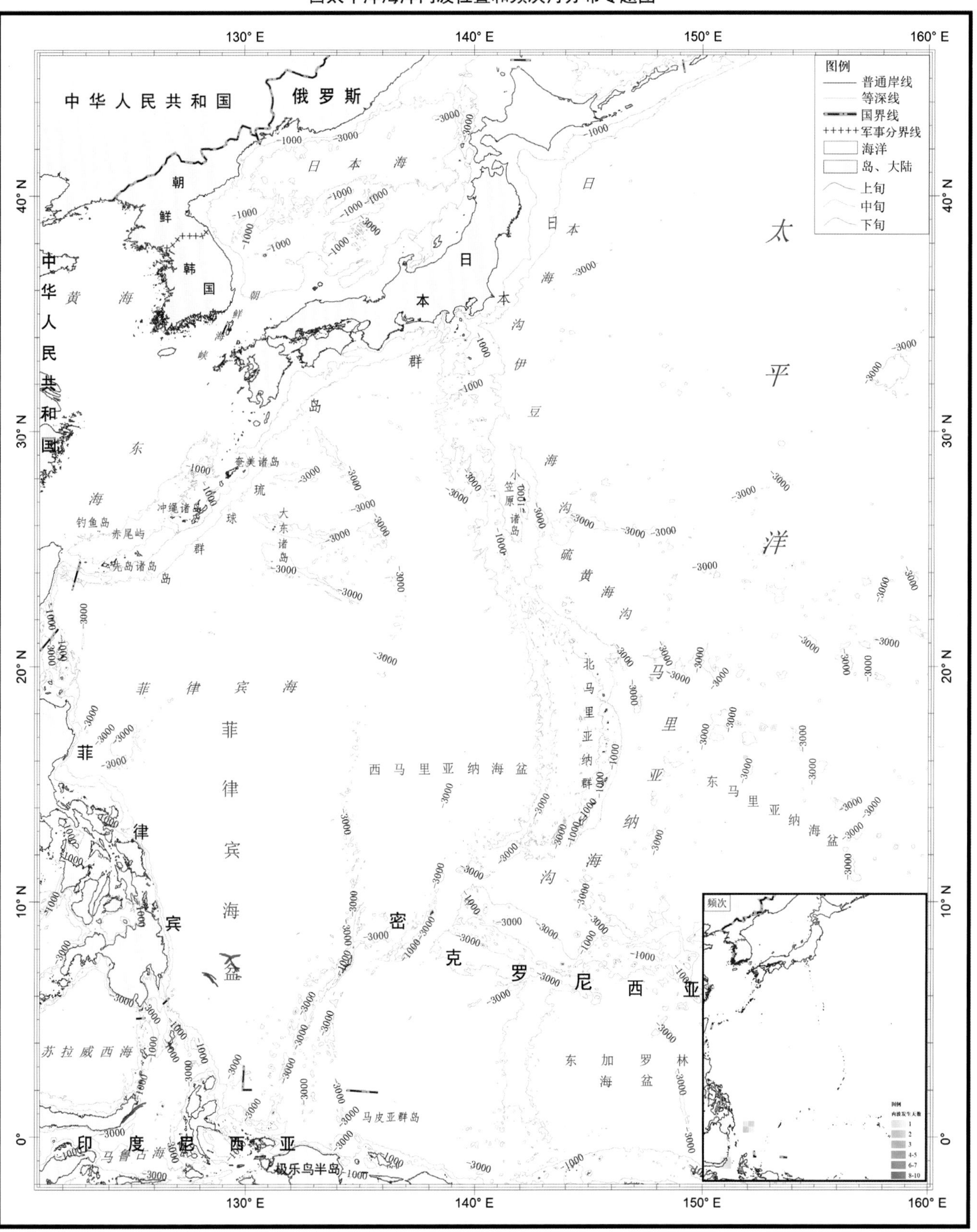

调查数据源：MODIS、SAR数据
数据空间分辨率：250m
数据时间：2016年1月

比例尺：1:18 000 000
坐标系：CGCS2000
投影信息：墨卡托投影

高程基准：1985国家高程基准
制图单位：自然资源部第一海洋研究所
制图时间：2022年1月

西太平洋海洋内波位置和频次月分布专题图

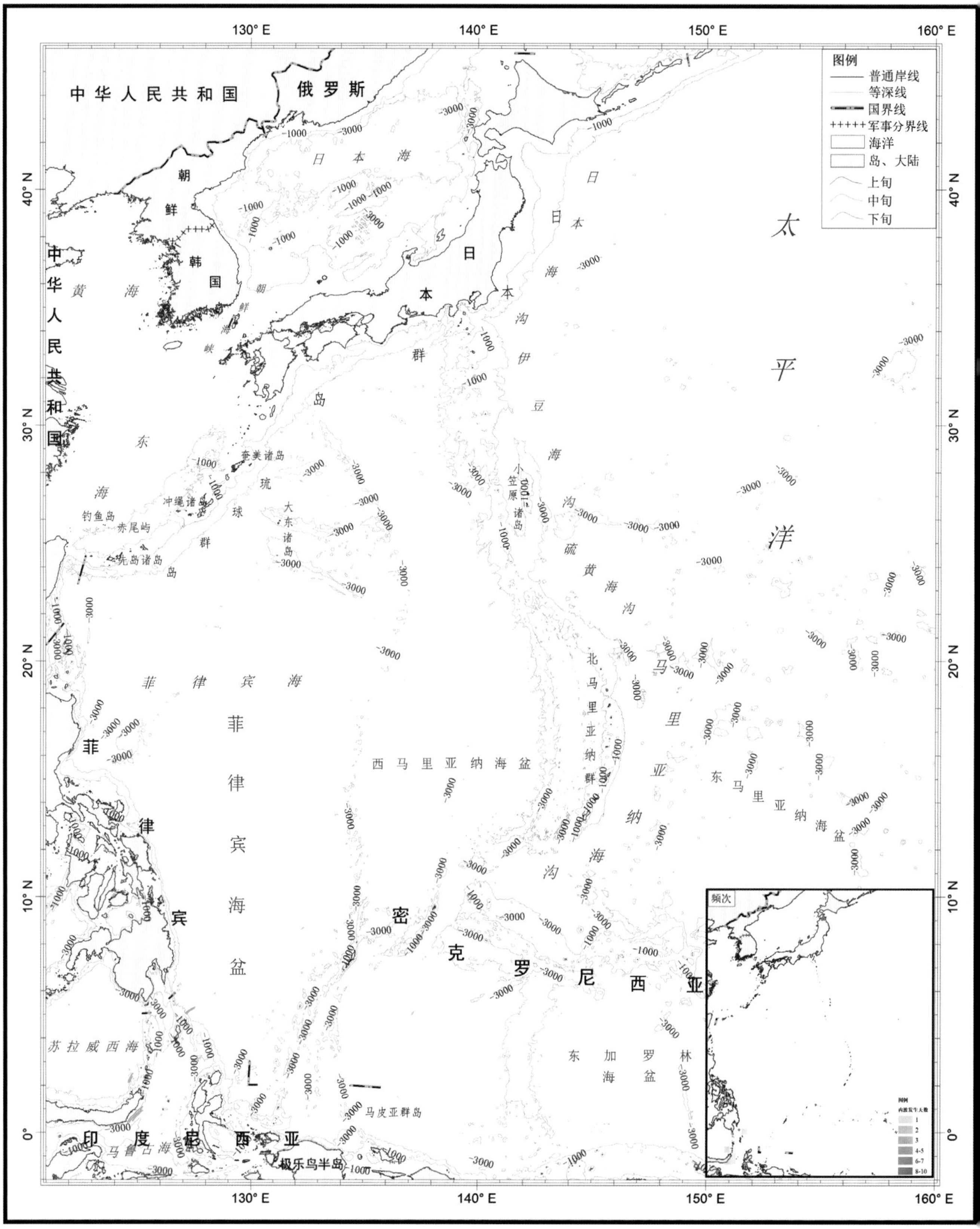

调查数据源：MODIS、SAR数据
数据空间分辨率：250m
数据时间：2016年2月

比例尺：1:18 000 000
坐标系：CGCS2000
投影信息：墨卡托投影

高程基准：1985国家高程基准
制图单位：自然资源部第一海洋研究所
制图时间：2022年1月

西太平洋海洋内波位置和频次月分布专题图

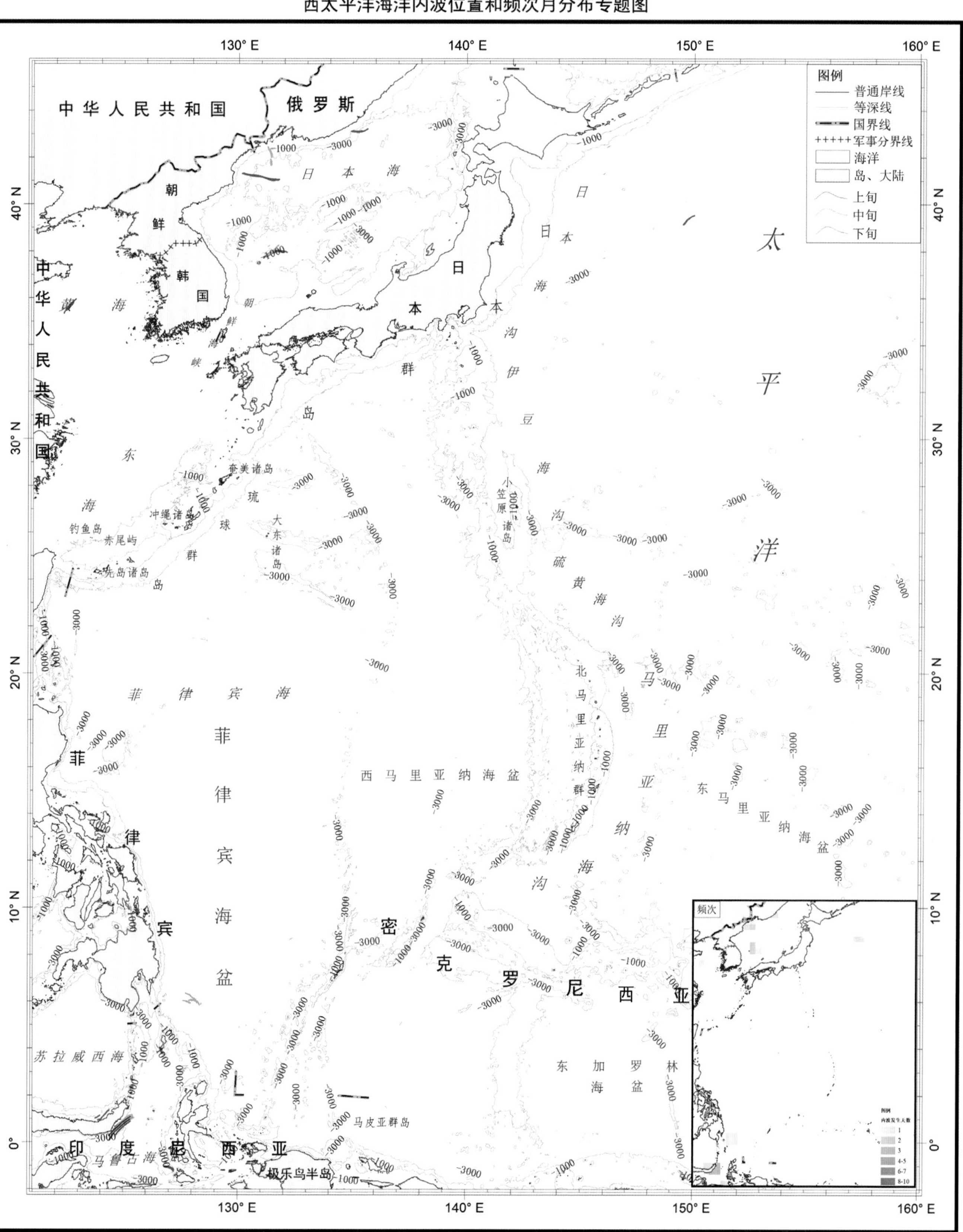

调查数据源：MODIS、SAR数据
数据空间分辨率：250m
数据时间：2016年3月

比例尺：1:18 000 000
坐标系：CGCS2000
投影信息：墨卡托投影

高程基准：1985国家高程基准
制图单位：自然资源部第一海洋研究所
制图时间：2022年1月

西太平洋海洋内波位置和频次月分布专题图

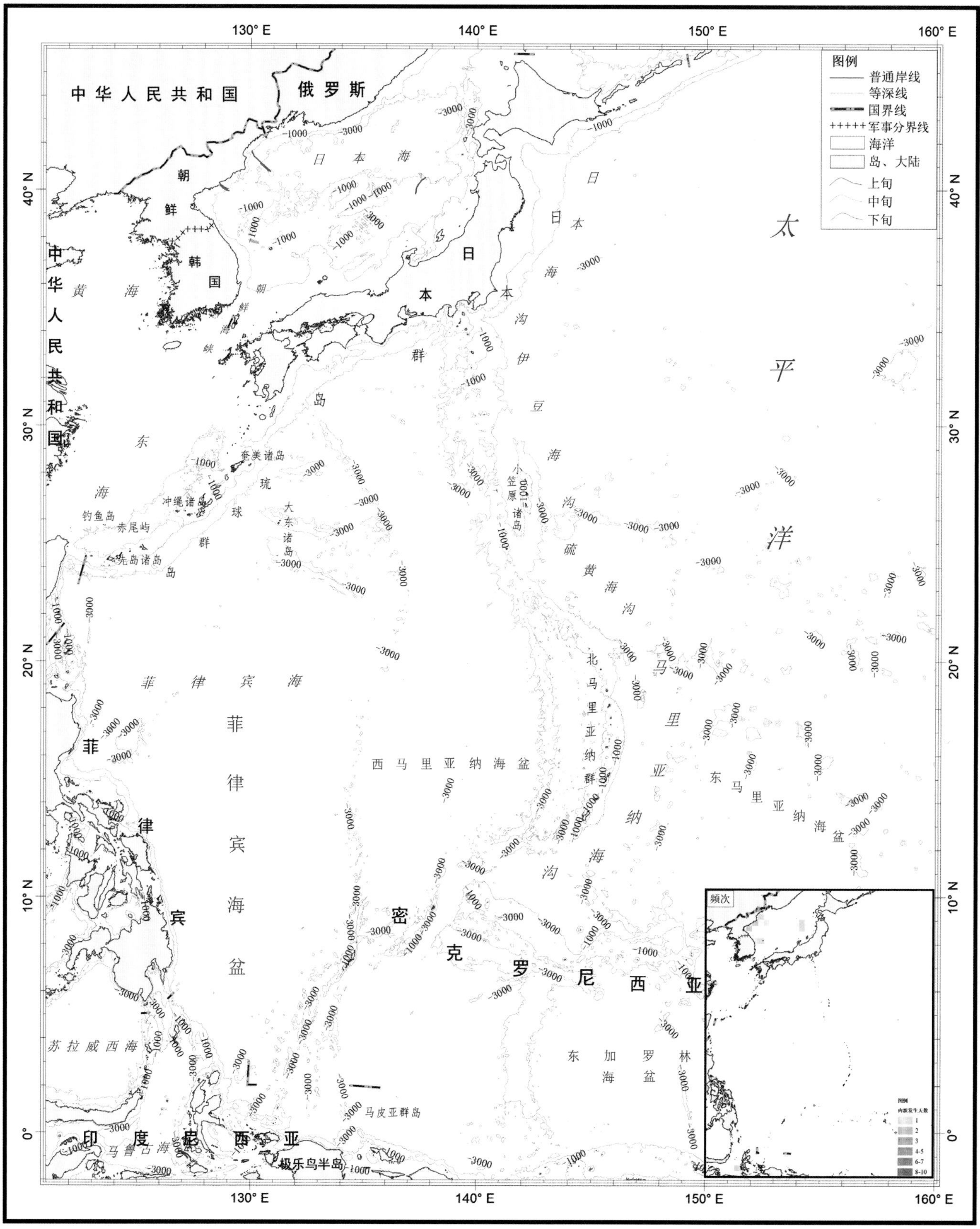

图例
普通岸线
等深线
国界线
+++++军事分界线
海洋
岛、大陆
上旬
中旬
下旬

调查数据源：MODIS、SAR数据
数据空间分辨率：250m
数据时间：2016年4月

比例尺：1:18 000 000
坐标系：CGCS2000
投影信息：墨卡托投影

高程基准：1985国家高程基准
制图单位：自然资源部第一海洋研究所
制图时间：2022年1月

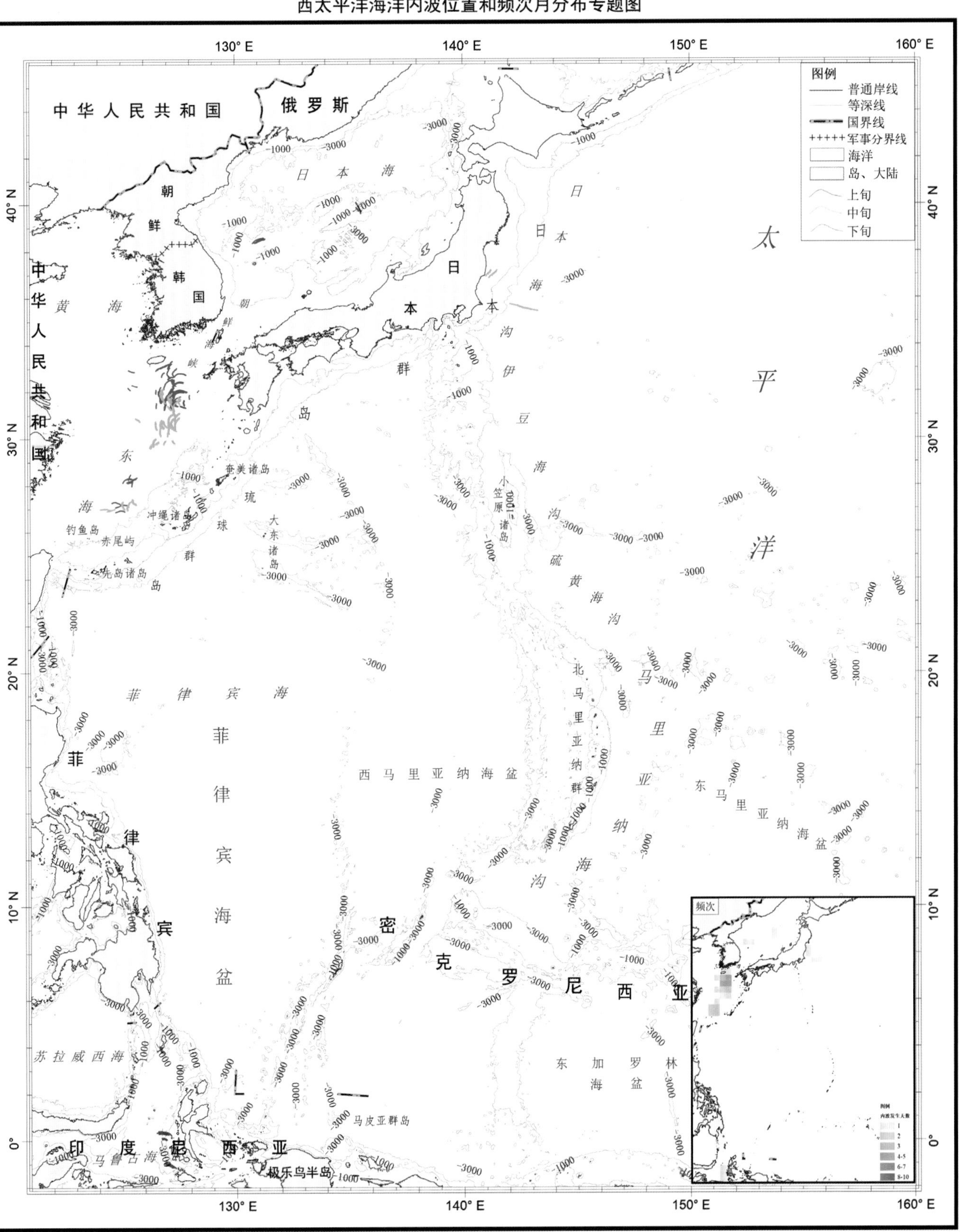

调查数据源：MODIS、SAR数据
数据空间分辨率：250m
数据时间：2016年5月

比例尺：1:18 000 000
坐标系：CGCS2000
投影信息：墨卡托投影

高程基准：1985国家高程基准
制图单位：自然资源部第一海洋研究所
制图时间：2022年1月

西太平洋海洋内波位置和频次月分布专题图

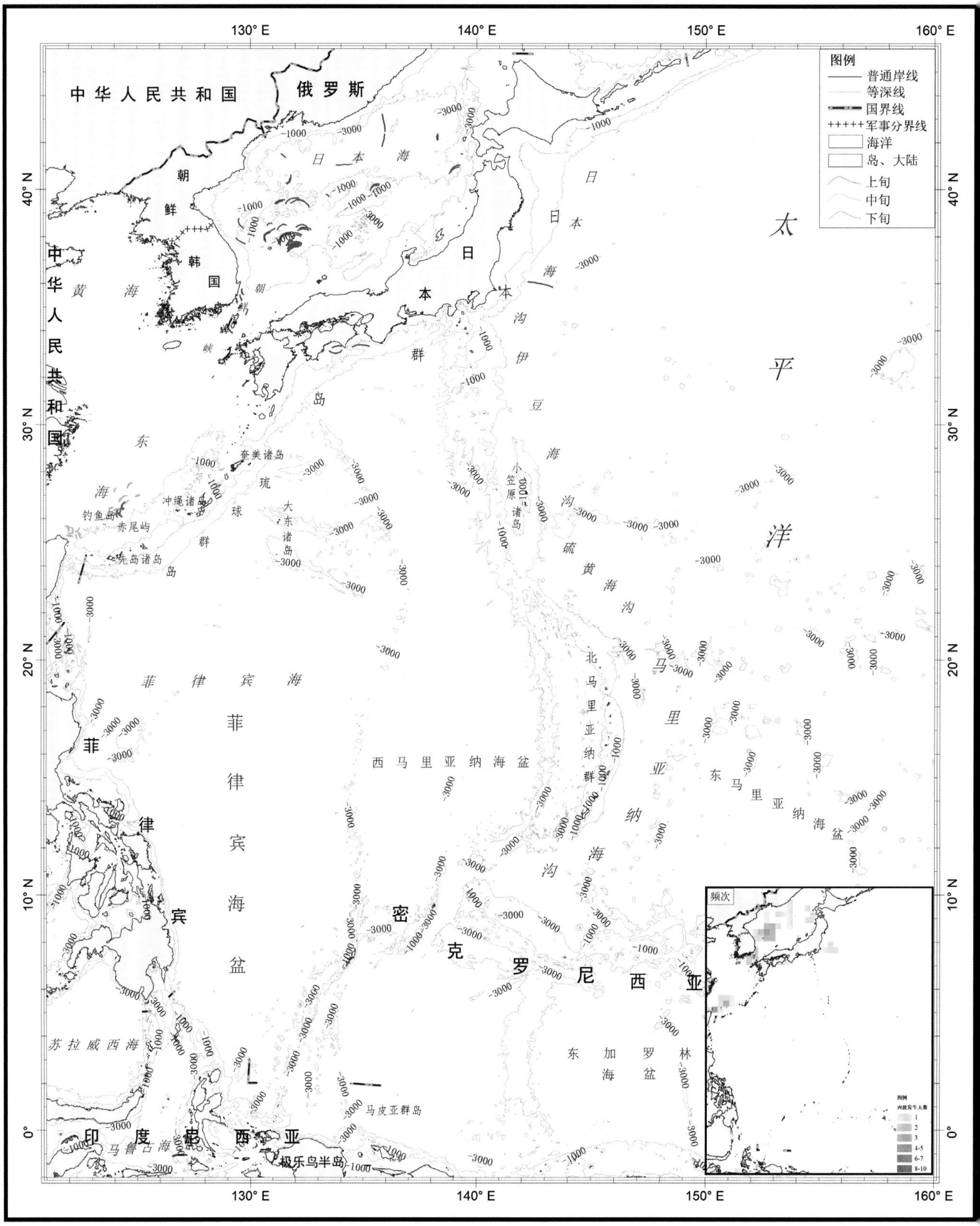

图例
- 普通岸线
- 等深线
- 国界线
- +++++军事分界线
- 海洋
- 岛、大陆
- 上旬
- 中旬
- 下旬

频次

内波发生天数：1、2、3、4-5、6-7、8-10

调查数据源：MODIS、SAR数据
数据空间分辨率：250m
数据时间：2016年6月

比例尺：1:18 000 000
坐标系：CGCS2000
投影信息：墨卡托投影

高程基准：1985国家高程基准
制图单位：自然资源部第一海洋研究所
制图时间：2022年1月

西太平洋海洋内波位置和频次月分布专题图

图例
普通岸线
等深线
国界线
+++++ 军事分界线
海洋
岛、大陆
上旬
中旬
下旬

频次

调查数据源：MODIS、SAR数据
数据空间分辨率：250m
数据时间：2016年7月

比例尺：1:18 000 000
坐标系：CGCS2000
投影信息：墨卡托投影

高程基准：1985国家高程基准
制图单位：自然资源部第一海洋研究所
制图时间：2022年1月

西太平洋海洋内波位置和频次月分布专题图

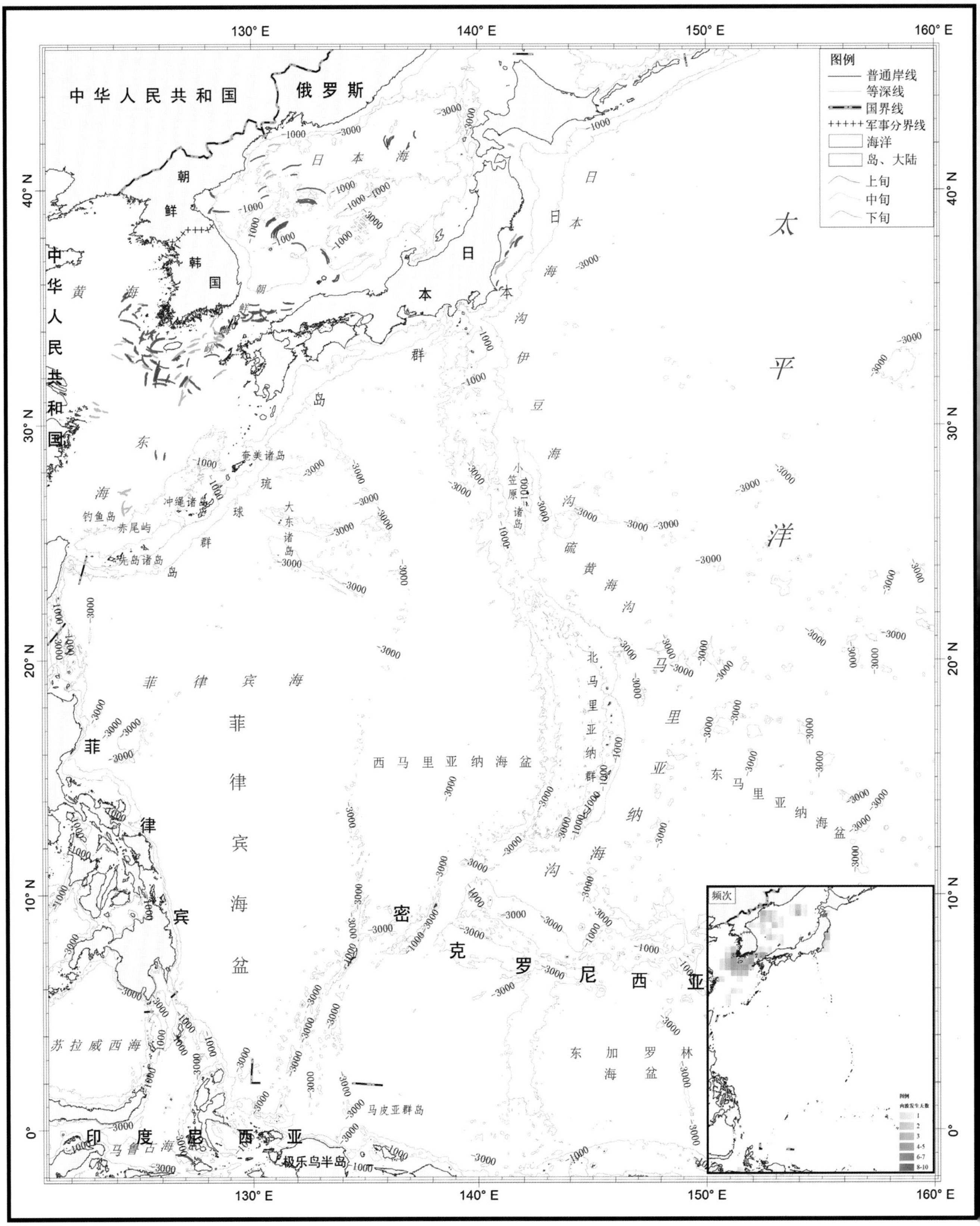

图例
普通岸线
等深线
国界线
军事分界线
海洋
岛、大陆
上旬
中旬
下旬

频次

调查数据源：MODIS、SAR数据
数据空间分辨率：250m
数据时间：2016年8月

比例尺：1:18 000 000
坐标系：CGCS2000
投影信息：墨卡托投影

高程基准：1985国家高程基准
制图单位：自然资源部第一海洋研究所
制图时间：2022年1月

西太平洋海洋内波位置和频次月分布专题图

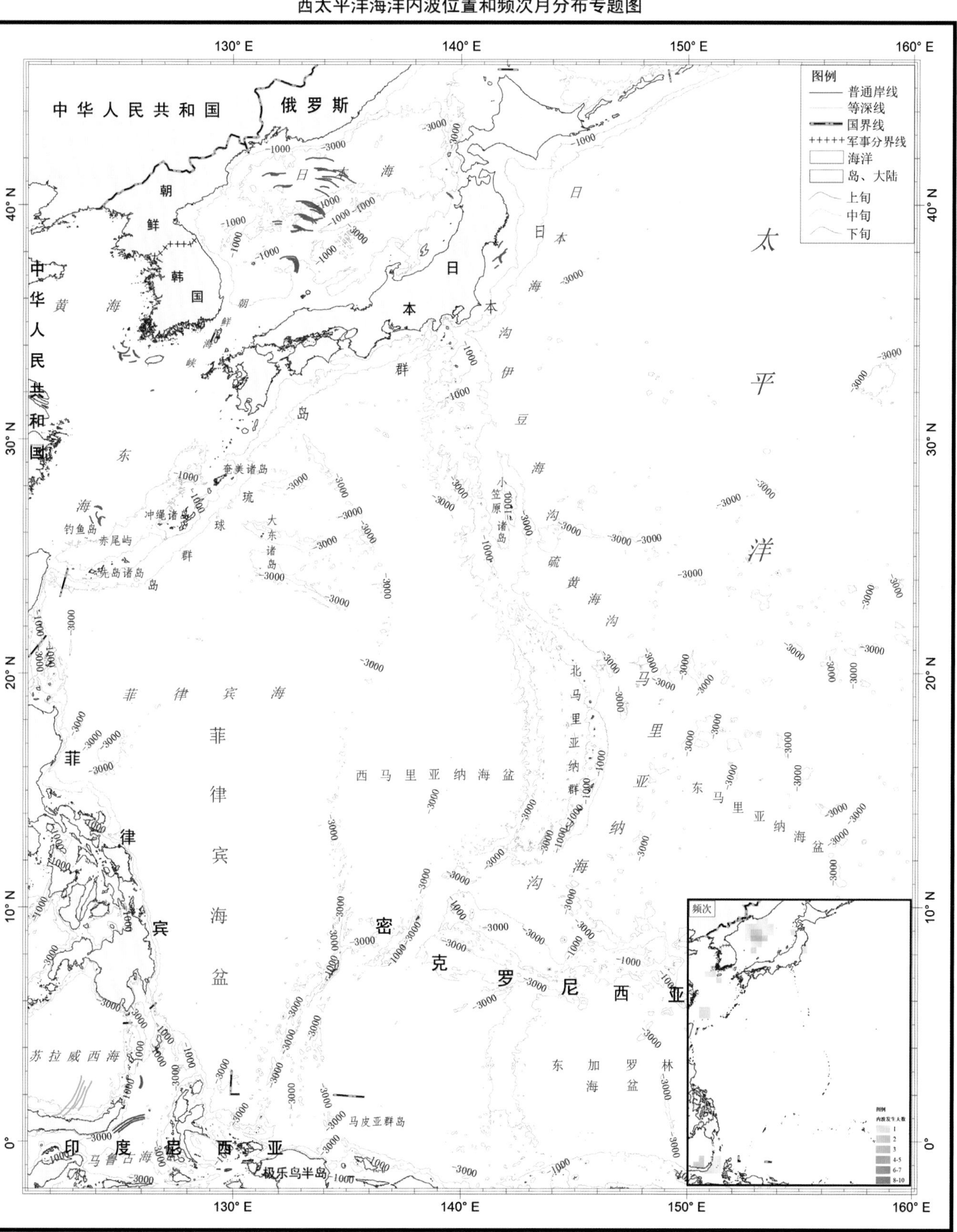

调查数据源：MODIS、SAR数据
数据空间分辨率：250m
数据时间：2016年9月

比例尺：1:18 000 000
坐标系：CGCS2000
投影信息：墨卡托投影

高程基准：1985国家高程基准
制图单位：自然资源部第一海洋研究所
制图时间：2022年1月

西太平洋海洋内波位置和频次月分布专题图

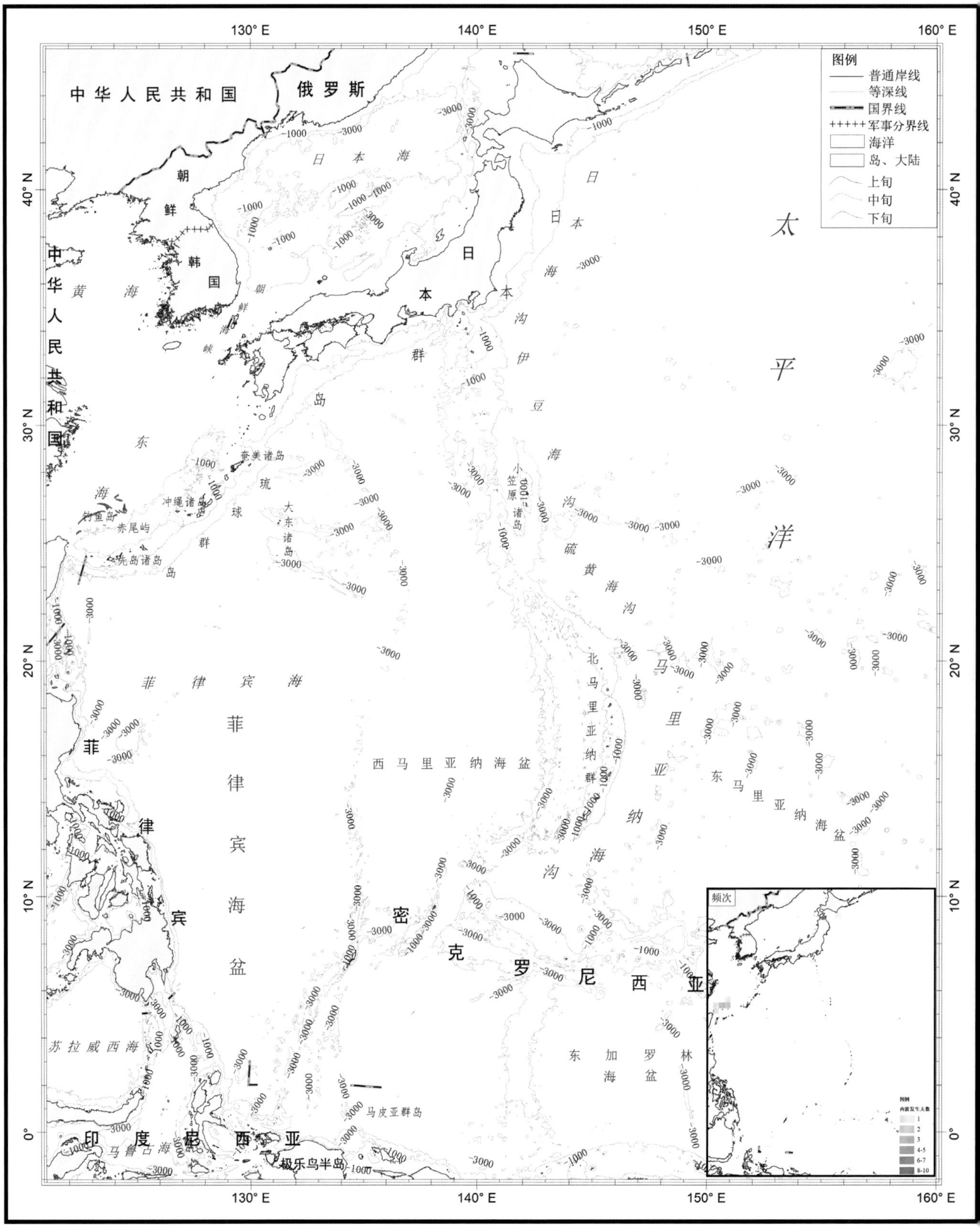

130° E　140° E　150° E　160° E

40° N　30° N　20° N　10° N　0°

中华人民共和国
俄罗斯
朝鲜
韩国
日本
日本海
黄海
东海
朝鲜海峡
日本群岛
日本海沟
伊豆海沟
小笠原诸岛
奄美诸岛
冲绳诸岛
钓鱼岛
赤尾屿
先岛诸岛
琉球群岛
大东诸岛
琉球海沟
菲律宾海
菲律宾
菲律宾海盆
西马里亚纳海盆
北马里亚纳群岛
马里亚纳海沟
东马里亚纳海盆
太平洋
密克罗尼西亚
东加罗林海盆
苏拉威西海
马鲁古海
印度尼西亚
马皮亚群岛
极乐鸟半岛

图例
普通岸线
等深线
国界线
军事分界线
海洋
岛、大陆
上旬
中旬
下旬

频次
图例
内波发生天数
1
2
3
4-5
6-7
8-10

调查数据源：MODIS、SAR数据
数据空间分辨率：250m
数据时间：2016年10月

比例尺：1:18 000 000
坐标系：CGCS2000
投影信息：墨卡托投影

高程基准：1985国家高程基准
制图单位：自然资源部第一海洋研究所
制图时间：2022年1月

西太平洋海洋内波位置和频次月分布专题图

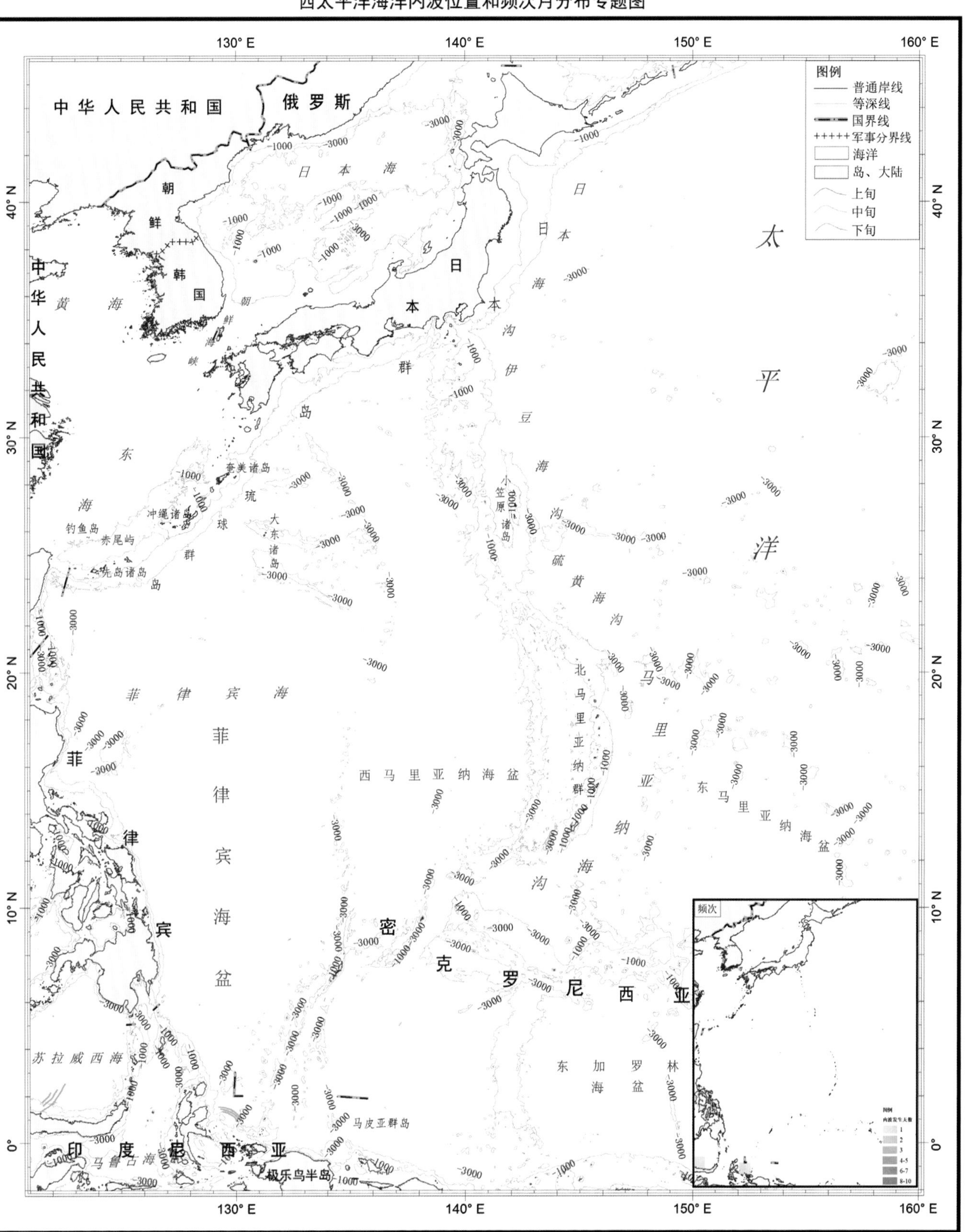

调查数据源：MODIS、SAR数据
数据空间分辨率：250m
数据时间：2016年11月

比例尺：1:18 000 000
坐标系：CGCS2000
投影信息：墨卡托投影

高程基准：1985国家高程基准
制图单位：自然资源部第一海洋研究所
制图时间：2022年1月

西太平洋海洋内波位置和频次月分布专题图

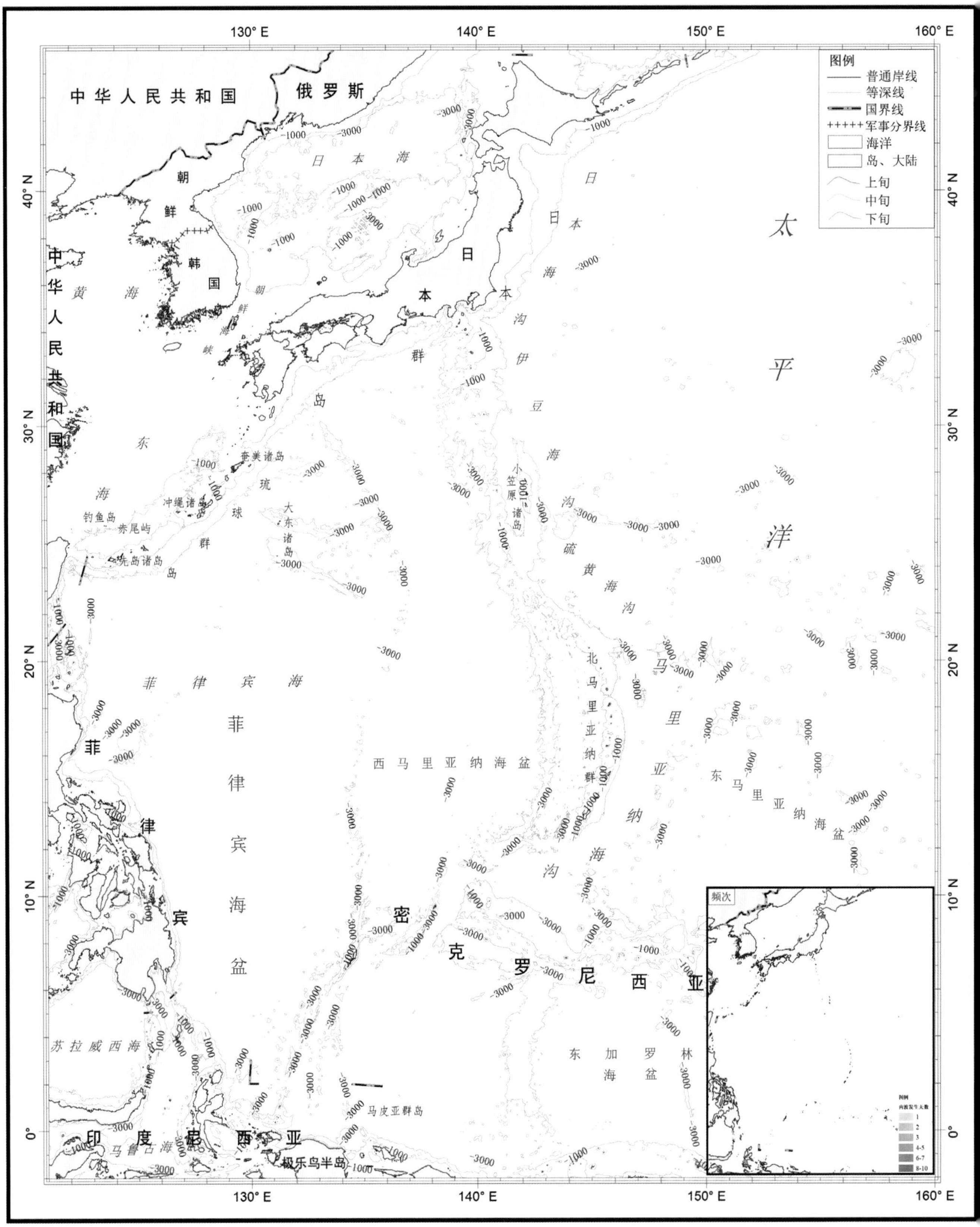

图例
普通岸线
等深线
国界线
+++++军事分界线
海洋
岛、大陆
上旬
中旬
下旬

频次

调查数据源：MODIS、SAR数据
数据空间分辨率：250m
数据时间：2016年12月

比例尺：1:18 000 000
坐标系：CGCS2000
投影信息：墨卡托投影

高程基准：1985国家高程基准
制图单位：自然资源部第一海洋研究所
制图时间：2022年1月

西太平洋海洋内波位置和频次季分布专题图

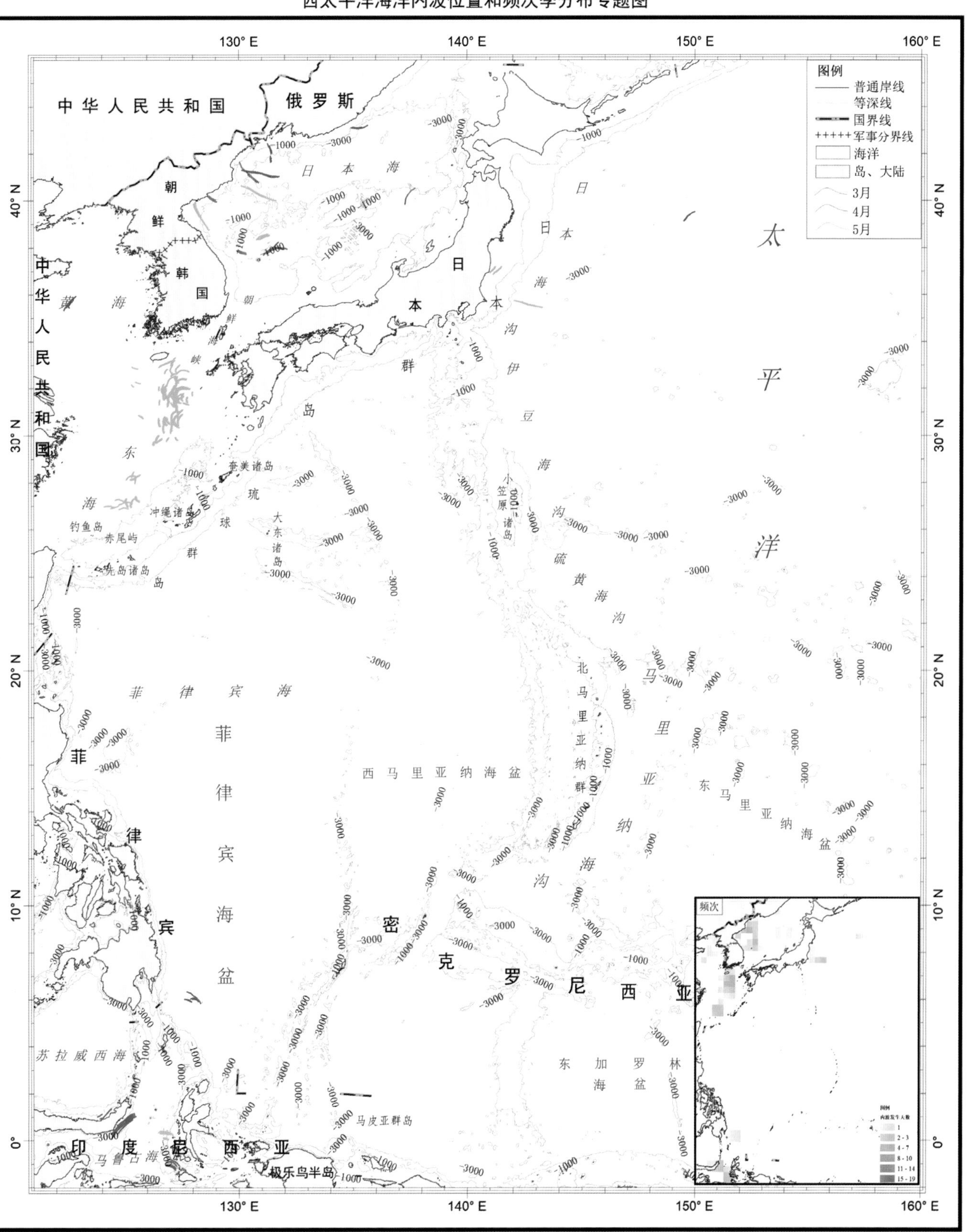

调查数据源：MODIS、SAR数据
数据空间分辨率：250m
数据时间：2016年春季

比例尺：1:18 000 000
坐标系：CGCS2000
投影信息：墨卡托投影

高程基准：1985国家高程基准
制图单位：自然资源部第一海洋研究所
制图时间：2022年1月

西太平洋海洋内波位置和频次季分布专题图

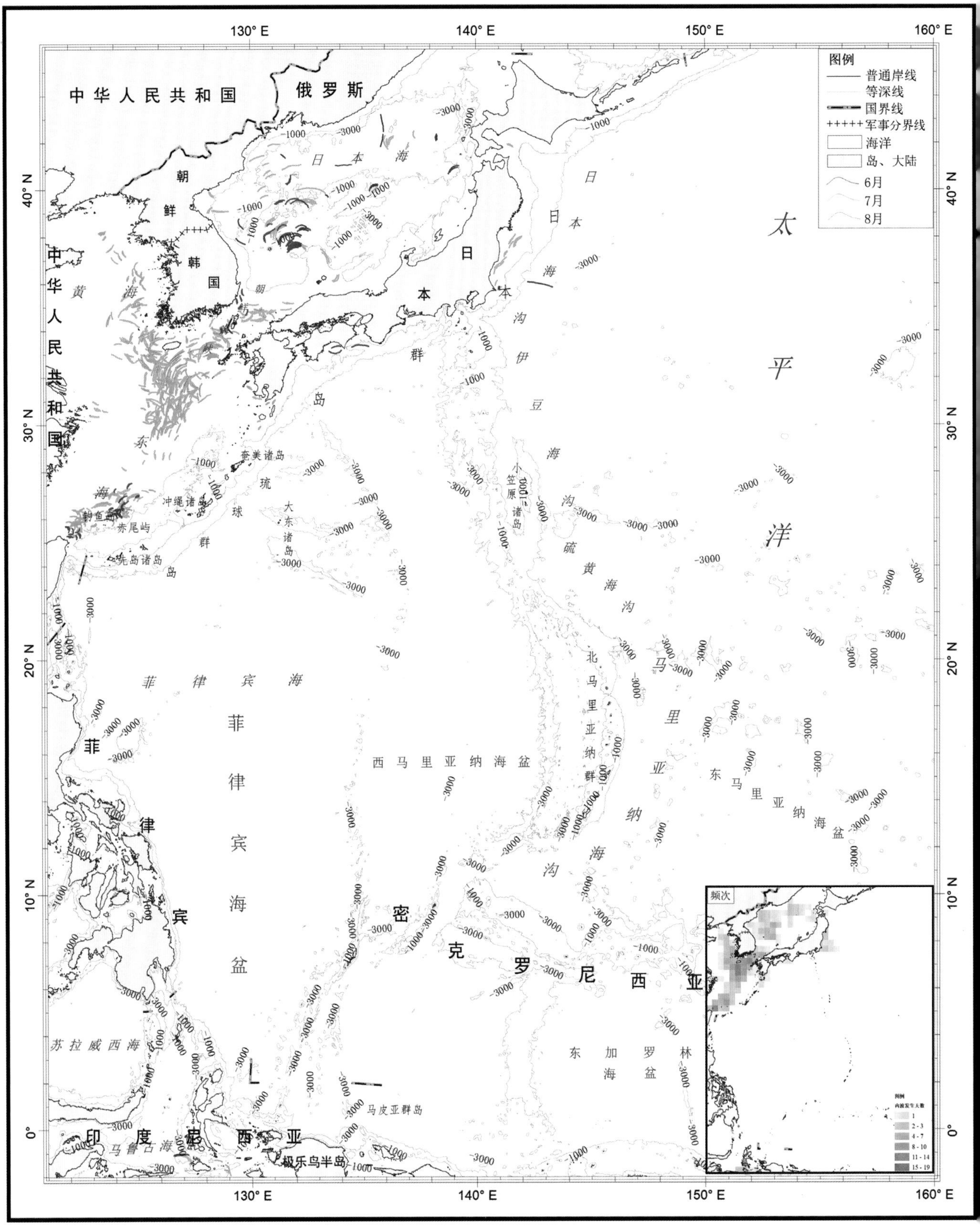

图例
普通岸线
等深线
国界线
+++++ 军事分界线
海洋
岛、大陆
6月
7月
8月

频次

调查数据源：MODIS、SAR数据
数据空间分辨率：250m
数据时间：2016年夏季

比例尺：1:18 000 000
坐标系：CGCS2000
投影信息：墨卡托投影

高程基准：1985国家高程基准
制图单位：自然资源部第一海洋研究所
制图时间：2022年1月

西太平洋海洋内波位置和频次季分布专题图

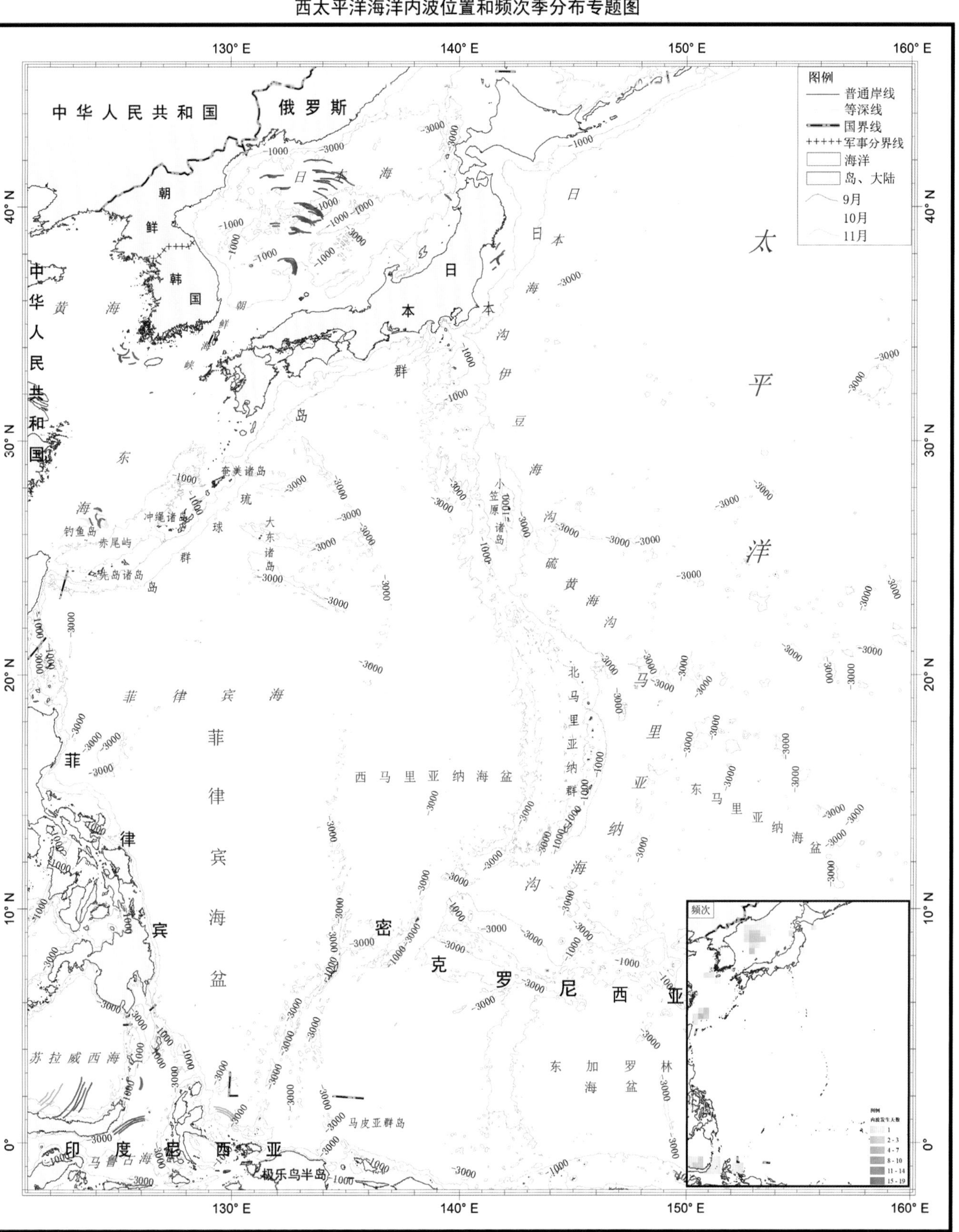

调查数据源：MODIS、SAR数据
数据空间分辨率：250m
数据时间：2016年秋季

比例尺：1:18 000 000
坐标系：CGCS2000
投影信息：墨卡托投影

高程基准：1985国家高程基准
制图单位：自然资源部第一海洋研究所
制图时间：2022年1月

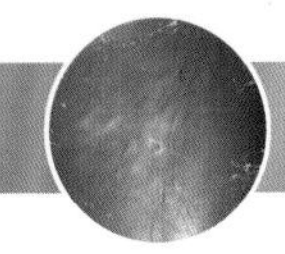

西太平洋海洋内波位置和频次季分布专题图

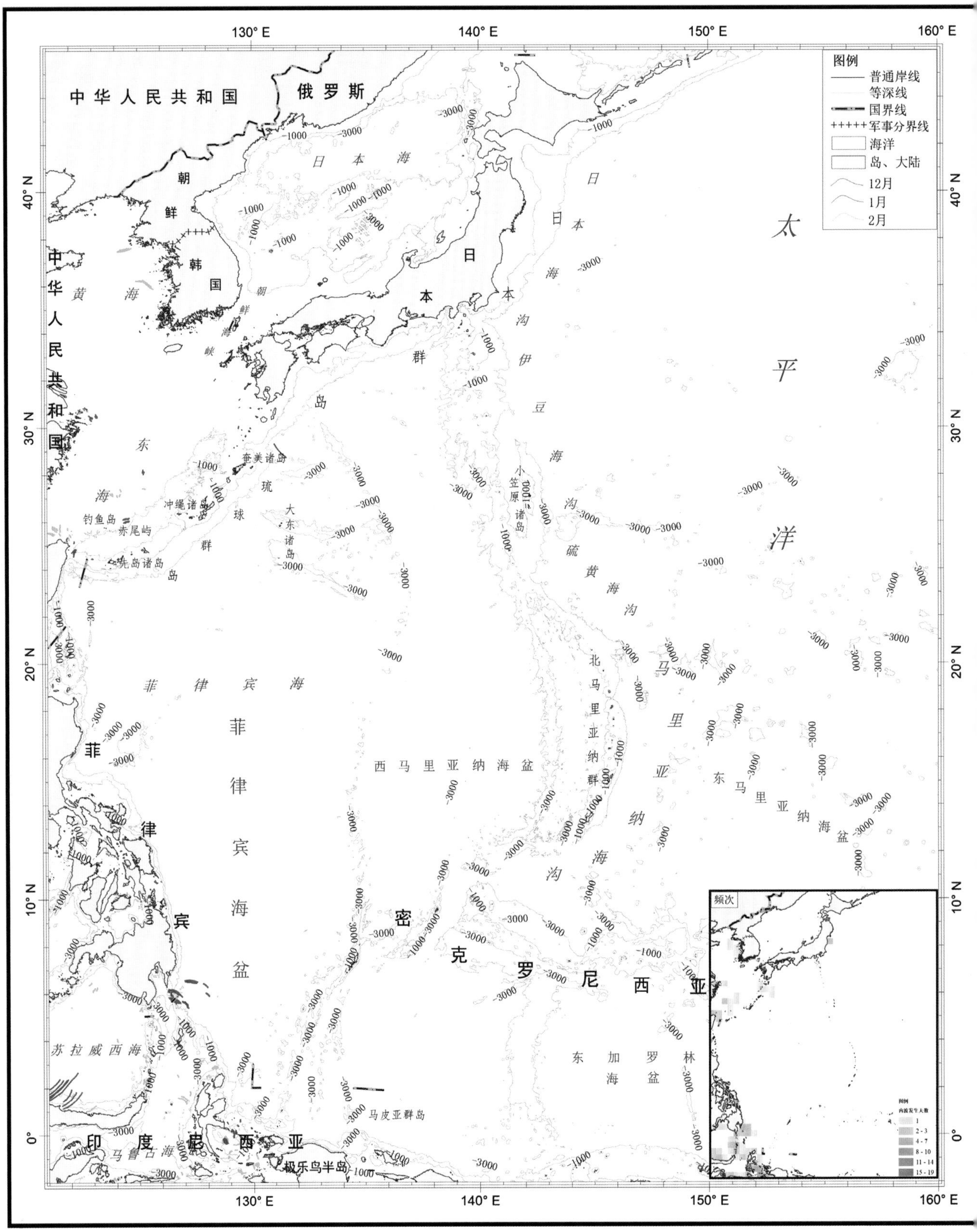

图例

- 普通岸线
- 等深线
- 国界线
- +++++ 军事分界线
- 海洋
- 岛、大陆
- 12月
- 1月
- 2月

频次

图例

内波发生天数

1

2-3

4-7

8-10

11-14

15-19

调查数据源：MODIS、SAR数据
数据空间分辨率：250m
数据时间：2016年冬季

比例尺：1:18 000 000
坐标系：CGCS2000
投影信息：墨卡托投影

高程基准：1985国家高程基准
制图单位：自然资源部第一海洋研究所
制图时间：2022年1月

西太平洋海洋内波位置和频次半年分布专题图

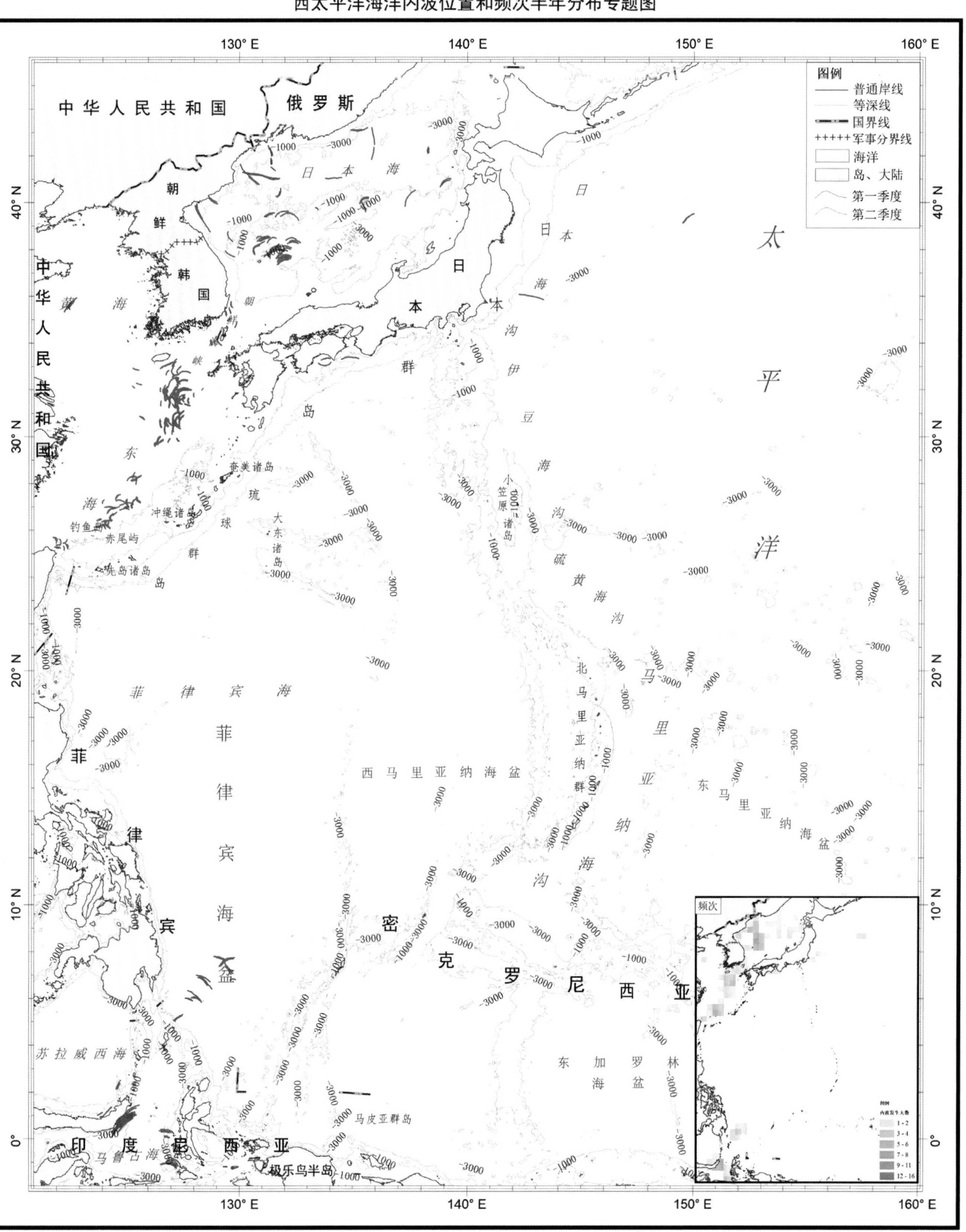

调查数据源：MODIS、SAR数据
数据空间分辨率：250m
数据时间：2016年上半年

比例尺：1:18 000 000
坐标系：CGCS2000
投影信息：墨卡托投影

高程基准：1985国家高程基准
制图单位：自然资源部第一海洋研究所
制图时间：2022年1月

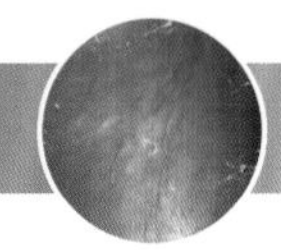

西太平洋海洋内波位置和频次半年分布专题图

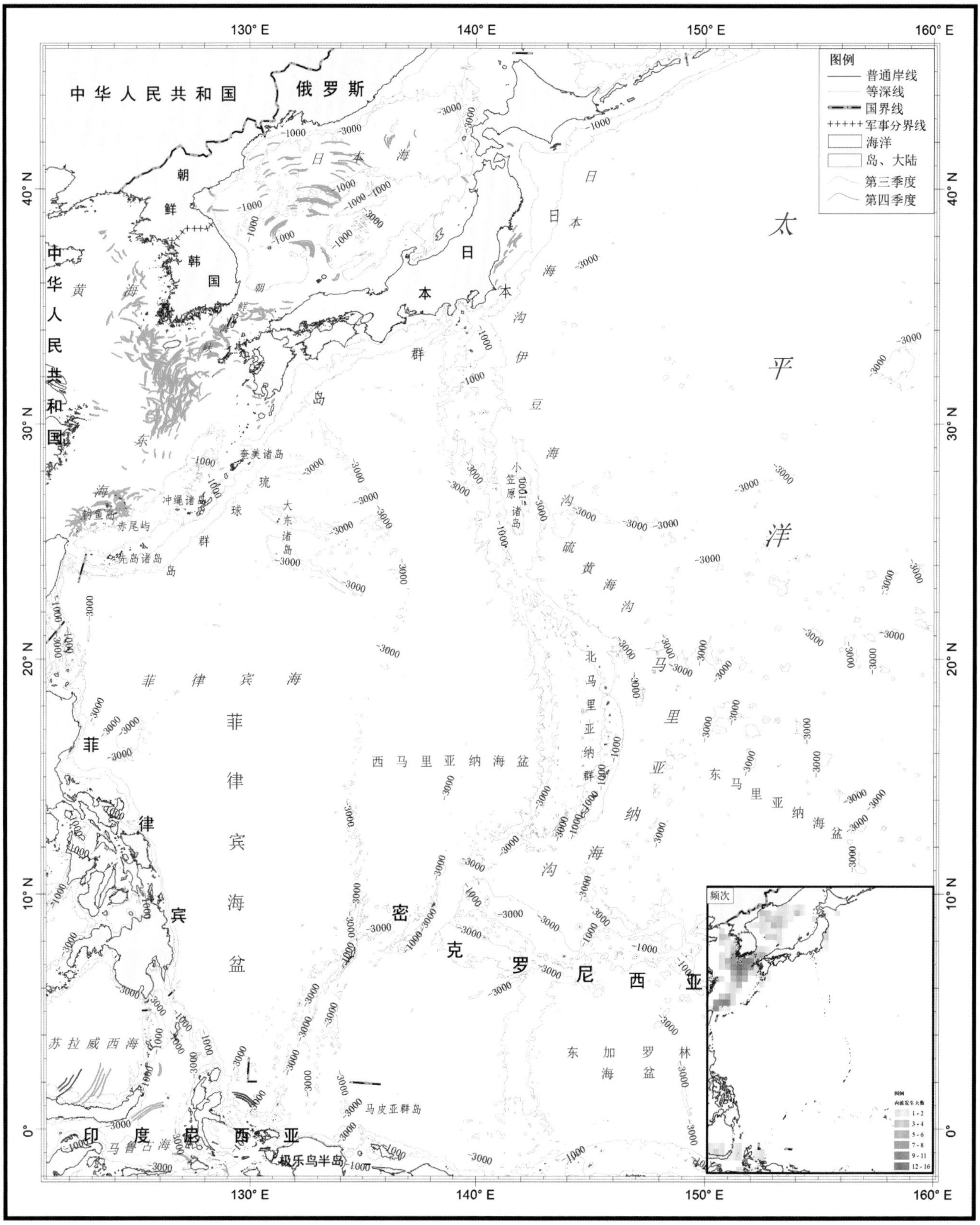

图例
普通岸线
等深线
国界线
+++++军事分界线
海洋
岛、大陆
第三季度
第四季度

频次

调查数据源：MODIS、SAR数据
数据空间分辨率：250m
数据时间：2016年下半年

比例尺：1:18 000 000
坐标系：CGCS2000
投影信息：墨卡托投影

高程基准：1985国家高程基准
制图单位：自然资源部第一海洋研究所
制图时间：2022年1月

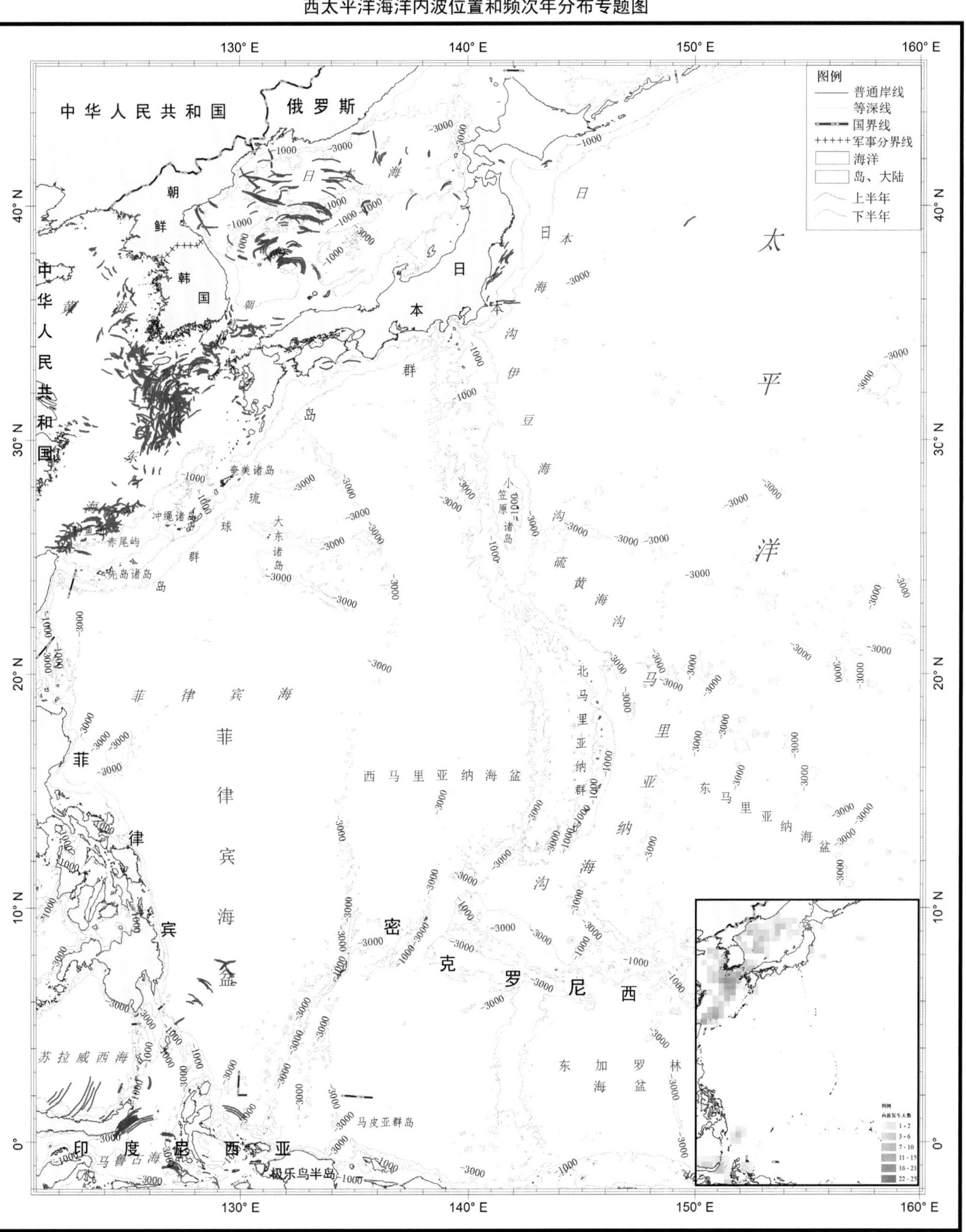

调查数据源：MODIS、SAR数据
数据空间分辨率：250m
数据时间：2016年全年

比例尺：1:18 000 000
坐标系：CGCS2000
投影信息：墨卡托投影

高程基准：1985国家高程基准
制图单位：自然资源部第一海洋研究所
制图时间：2022年1月

8.8 西太平洋内孤立波 2017 年分布图

西太平洋海洋内波位置和频次月分布专题图

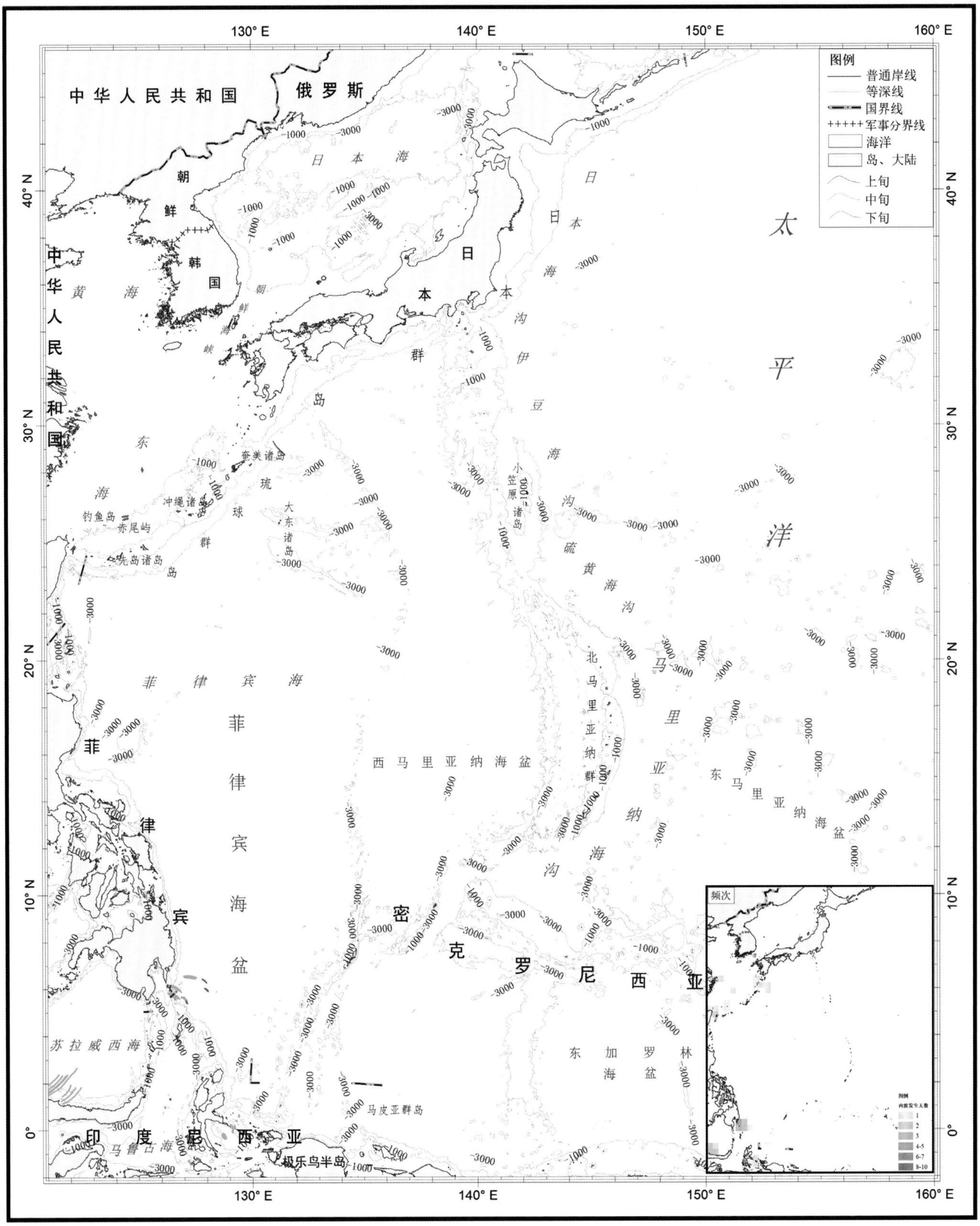

图例

普通岸线

等深线

国界线

+++++军事分界线

海洋

岛、大陆

上旬

中旬

下旬

频次

图例

内波发生天数

1

2

3

4-5

6-7

8-10

调查数据源：MODIS、SAR数据	比例尺：1:18 000 000	高程基准：1985国家高程基准
数据空间分辨率：250m	坐标系：CGCS2000	制图单位：自然资源部第一海洋研究所
数据时间：2017年1月	投影信息：墨卡托投影	制图时间：2022年1月

西太平洋海洋内波位置和频次月分布专题图

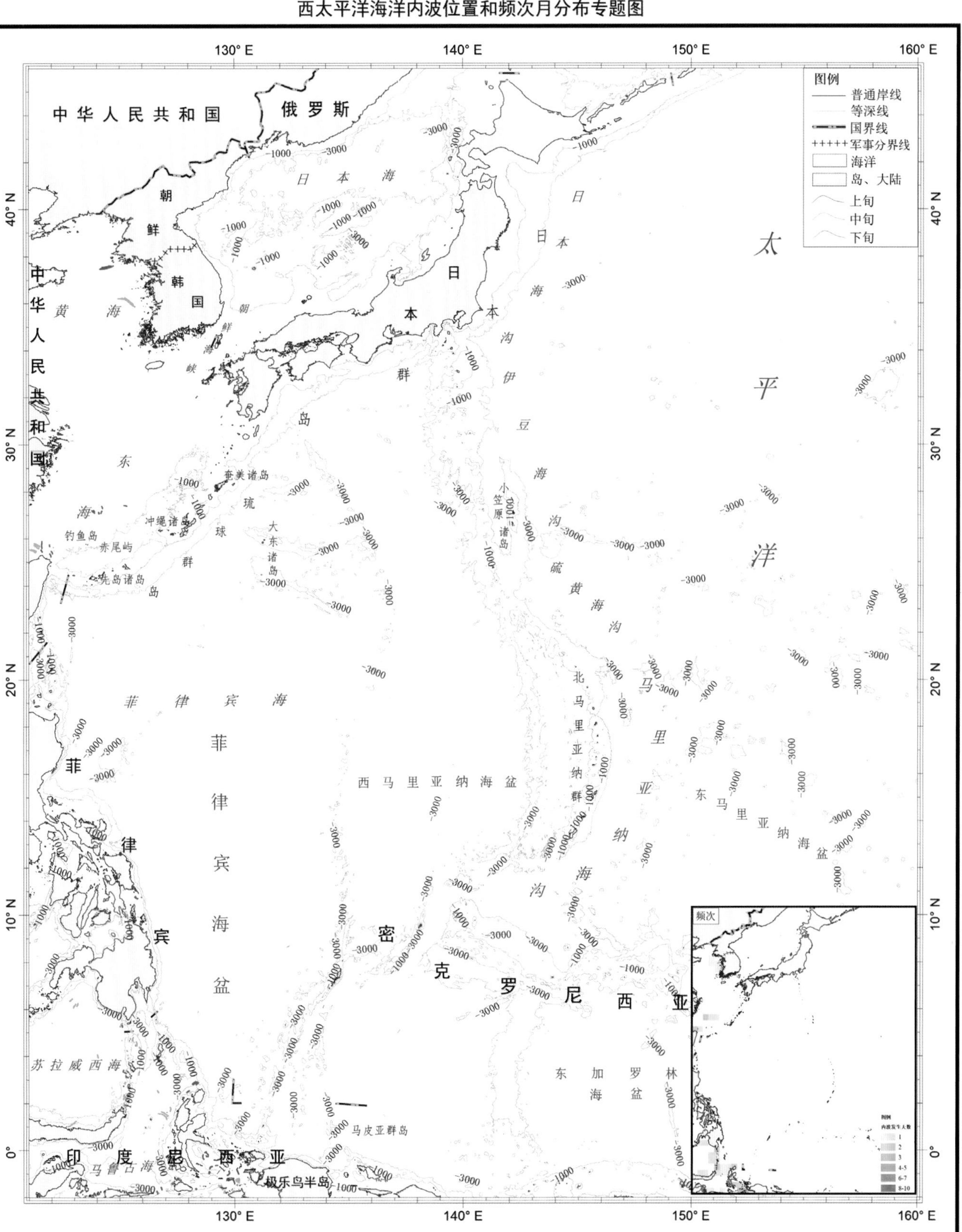

调查数据源：MODIS、SAR数据
数据空间分辨率：250m
数据时间：2017年2月

比例尺：1:18 000 000
坐标系：CGCS2000
投影信息：墨卡托投影

高程基准：1985国家高程基准
制图单位：自然资源部第一海洋研究所
制图时间：2022年1月

西太平洋海洋内波位置和频次月分布专题图

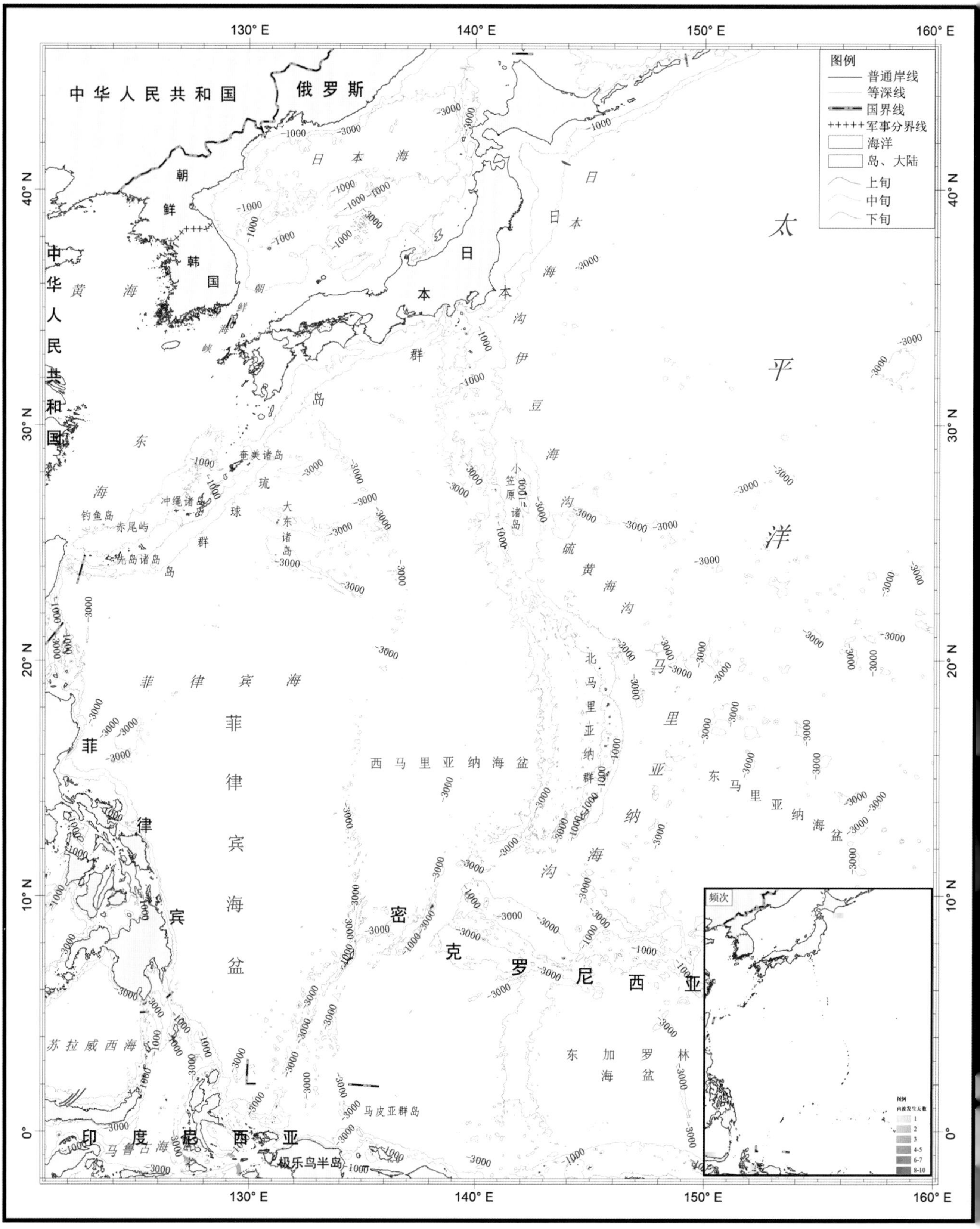

130° E　140° E　150° E　160° E

40° N　30° N　20° N　10° N　0°

图例
普通岸线
等深线
国界线
+++++军事分界线
海洋
岛、大陆
上旬
中旬
下旬

中华人民共和国　俄罗斯　朝鲜　韩国　日本　黄海　日本海　朝鲜海峡　日本群岛　日本海沟　伊豆海沟　小笠原诸岛　太平洋　东海　奄美诸岛　冲绳诸岛　琉球群岛　大东诸岛　钓鱼岛　赤尾屿　先岛诸岛　硫黄海沟　北马里亚纳群岛　马里亚纳海沟　东马里亚纳海盆　西马里亚纳海盆　菲律宾海　菲律宾海盆　菲律宾　密克罗尼西亚　东加罗林海盆　马皮亚群岛　苏拉威西海　马鲁古海　印度尼西亚　极乐鸟半岛

频次
图例
内波发生次数
1
2
3
4-5
6-7
8-10

调查数据源：MODIS、SAR数据
数据空间分辨率：250m
数据时间：2017年3月

比例尺：1:18 000 000
坐标系：CGCS2000
投影信息：墨卡托投影

高程基准：1985国家高程基准
制图单位：自然资源部第一海洋研究所
制图时间：2022年1月

西太平洋海洋内波位置和频次月分布专题图

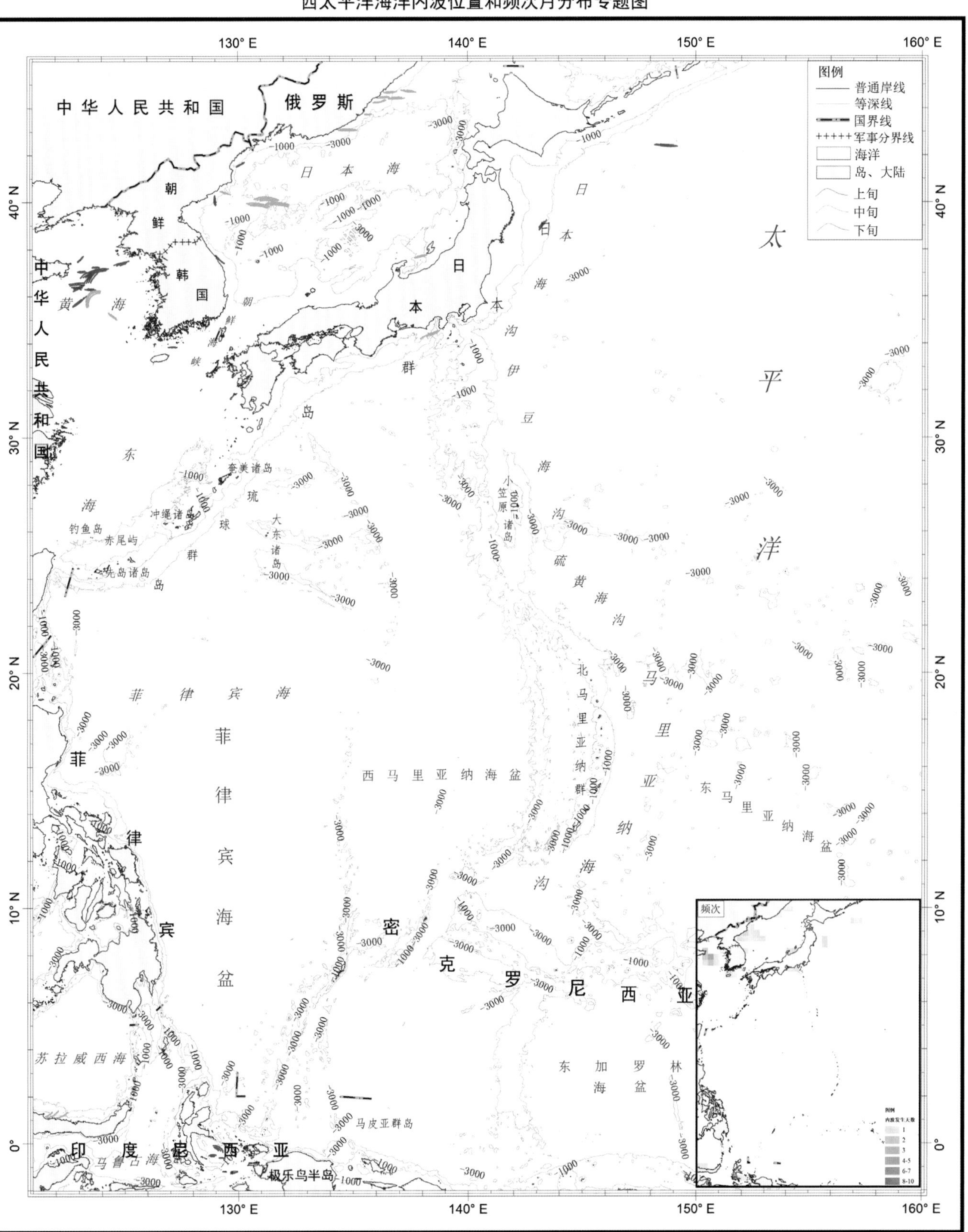

调查数据源：MODIS、SAR数据
数据空间分辨率：250m
数据时间：2017年4月

比例尺：1:18 000 000
坐标系：CGCS2000
投影信息：墨卡托投影

高程基准：1985国家高程基准
制图单位：自然资源部第一海洋研究所
制图时间：2022年1月

西太平洋海洋内波位置和频次月分布专题图

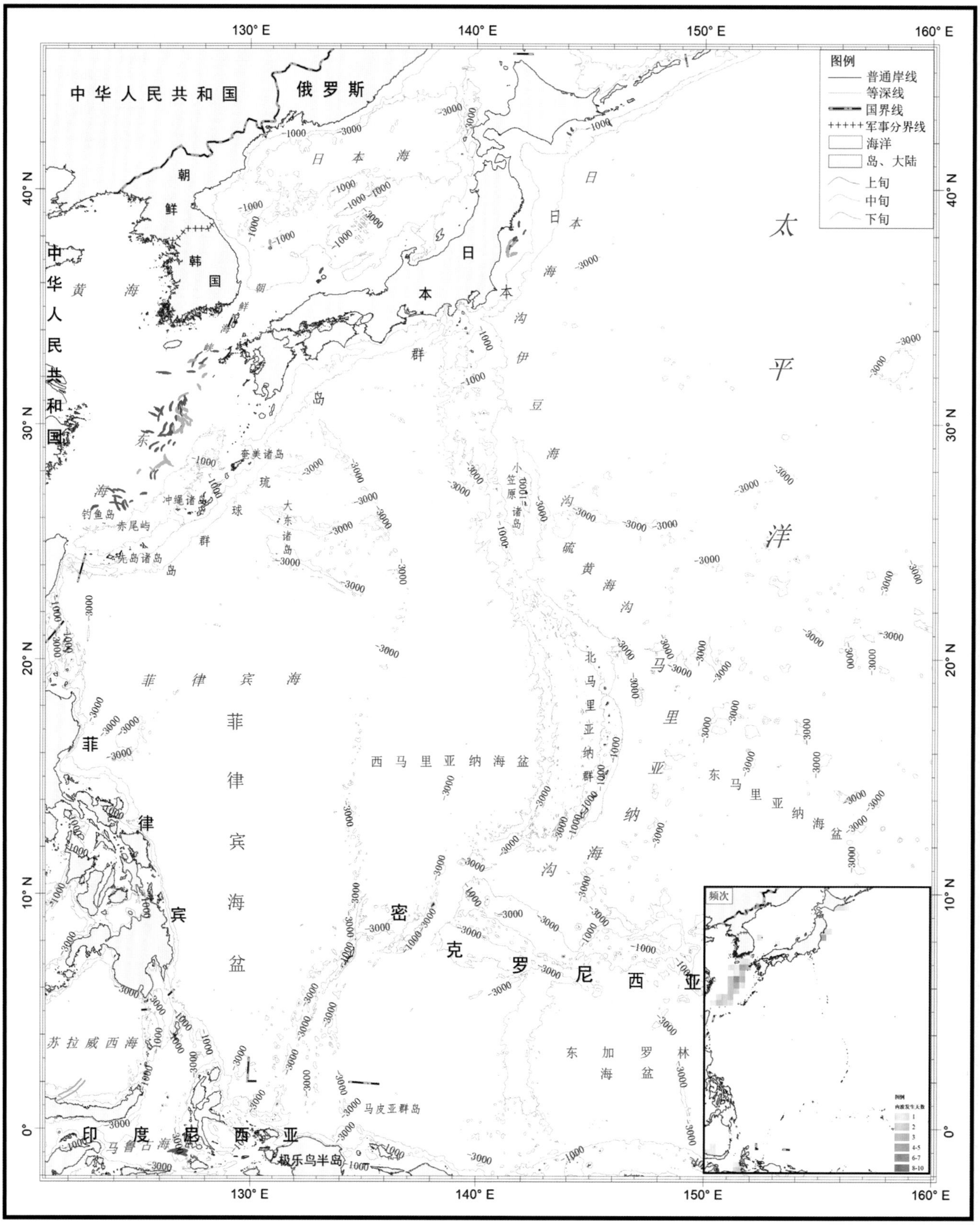

图例
普通岸线
等深线
国界线
军事分界线
海洋
岛、大陆
上旬
中旬
下旬

调查数据源：MODIS、SAR数据
数据空间分辨率：250m
数据时间：2017年5月

比例尺：1:18 000 000
坐标系：CGCS2000
投影信息：墨卡托投影

高程基准：1985国家高程基准
制图单位：自然资源部第一海洋研究所
制图时间：2022年1月

西太平洋海洋内波位置和频次月分布专题图

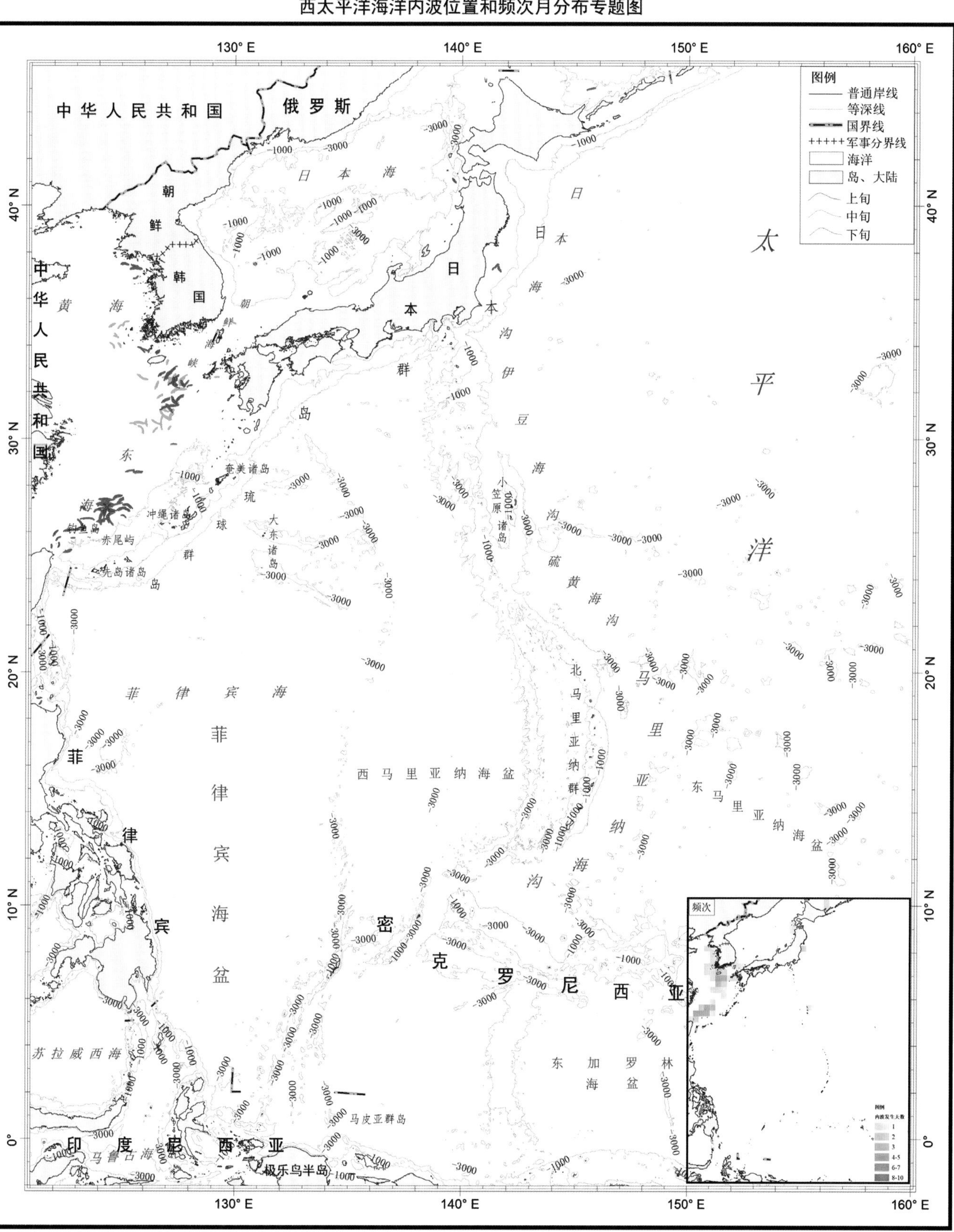

调查数据源：MODIS、SAR数据
数据空间分辨率：250m
数据时间：2017年6月

比例尺：1:18 000 000
坐标系：CGCS2000
投影信息：墨卡托投影

高程基准：1985国家高程基准
制图单位：自然资源部第一海洋研究所
制图时间：2022年1月

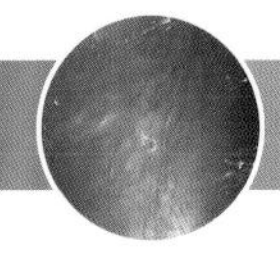

西太平洋海洋内波位置和频次月分布专题图

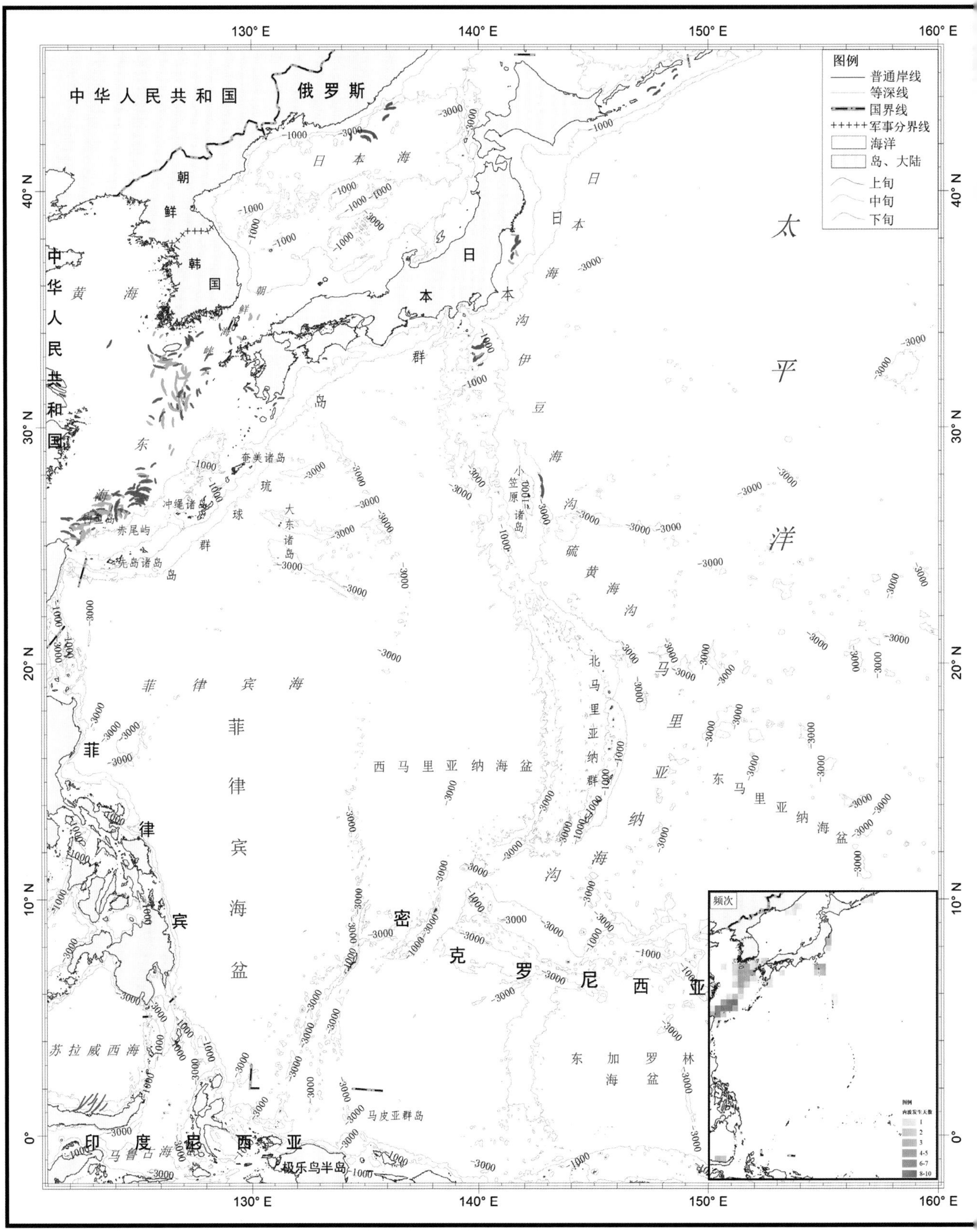

图例
普通岸线
等深线
国界线
+++++军事分界线
海洋
岛、大陆
上旬
中旬
下旬

频次

调查数据源：MODIS、SAR数据
数据空间分辨率：250m
数据时间：2017年7月

比例尺：1:18 000 000
坐标系：CGCS2000
投影信息：墨卡托投影

高程基准：1985国家高程基准
制图单位：自然资源部第一海洋研究所
制图时间：2022年1月

西太平洋海洋内波位置和频次月分布专题图

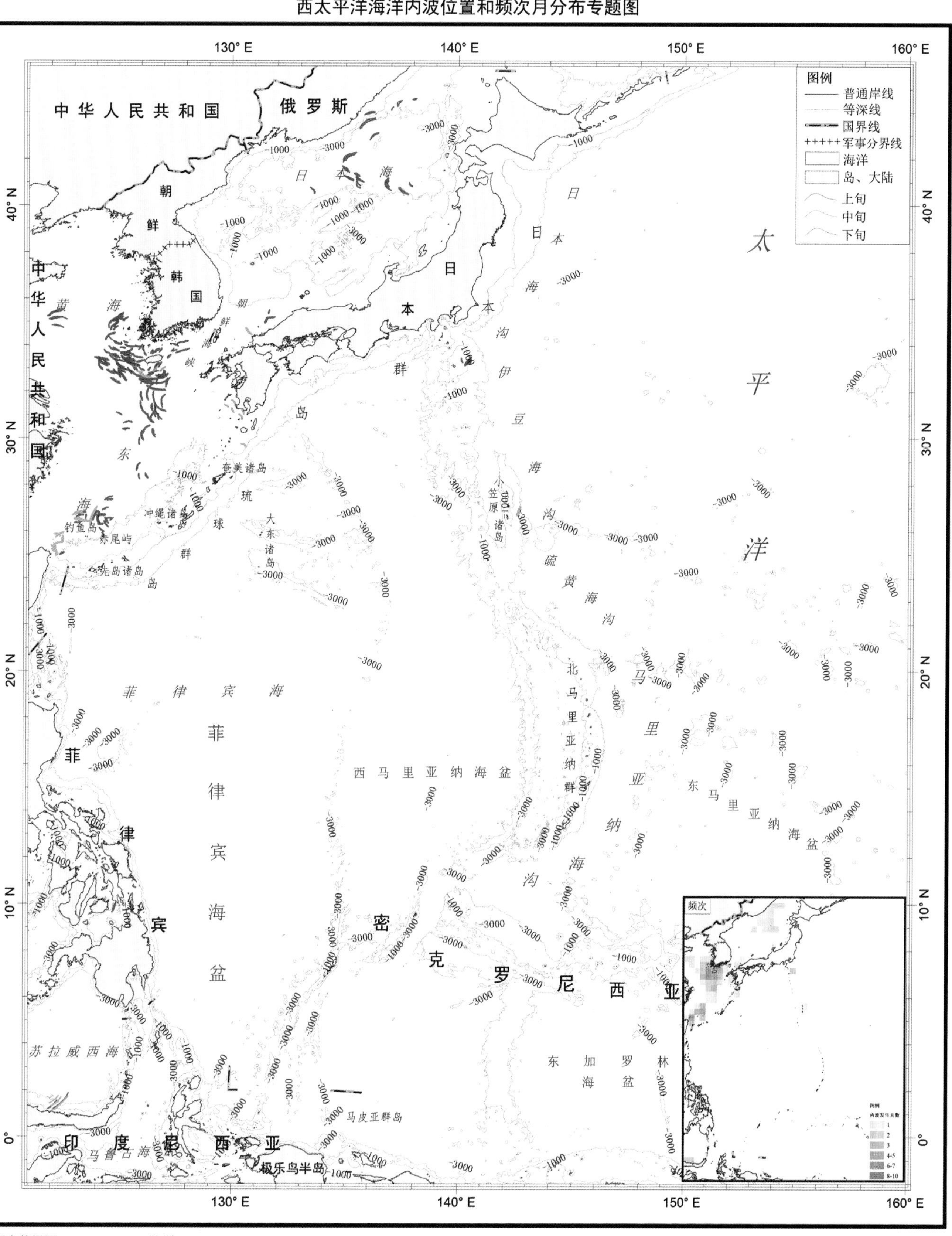

调查数据源：MODIS、SAR数据
数据空间分辨率：250m
数据时间：2017年8月

比例尺：1:18 000 000
坐标系：CGCS2000
投影信息：墨卡托投影

高程基准：1985国家高程基准
制图单位：自然资源部第一海洋研究所
制图时间：2022年1月

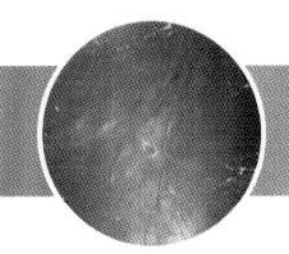

西太平洋海洋内波位置和频次月分布专题图

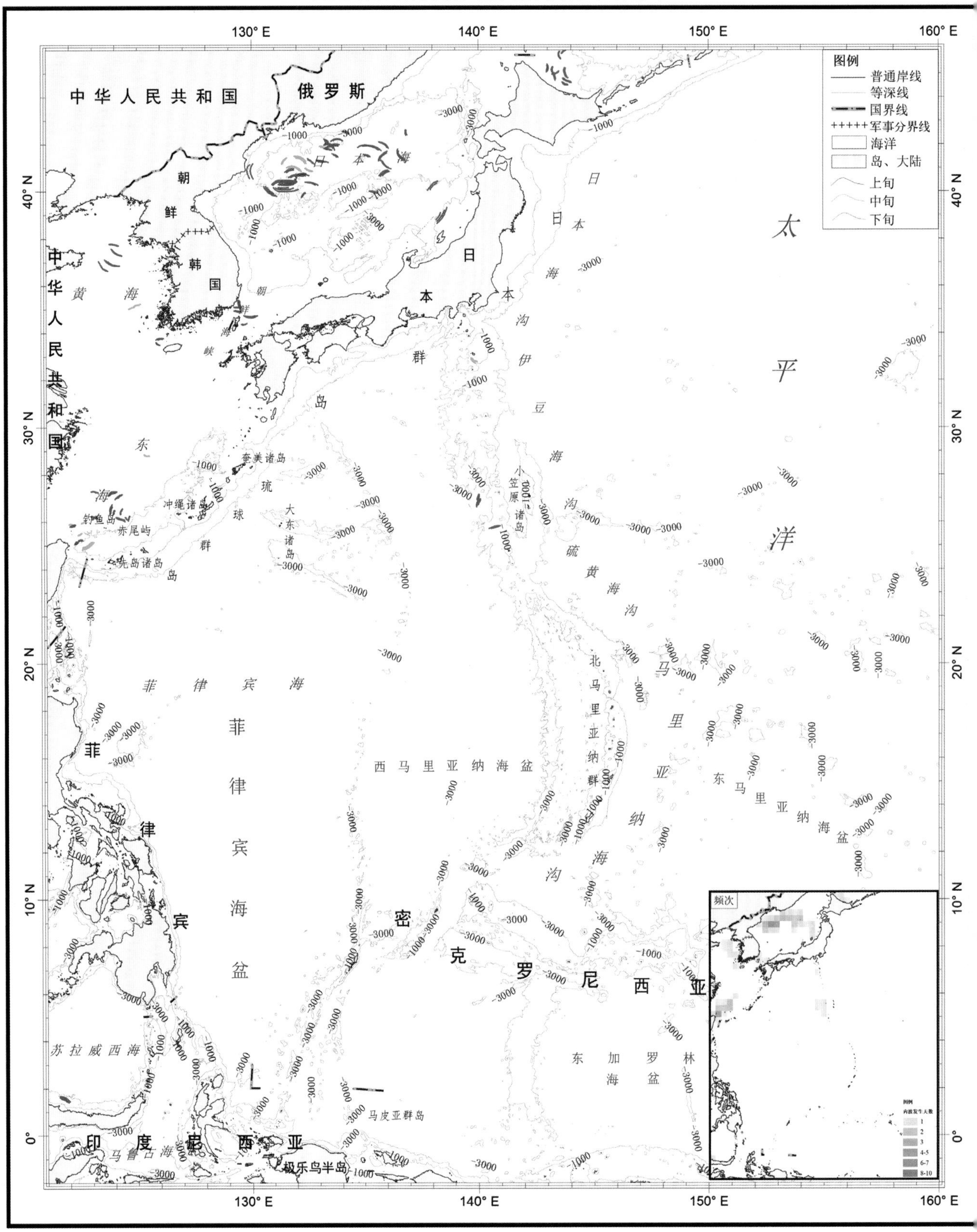

图例
普通岸线
等深线
国界线
+++++军事分界线
海洋
岛、大陆
上旬
中旬
下旬

中华人民共和国
俄罗斯
朝鲜
韩国
日本
日本海
黄海
朝鲜海峡
东海
日本群岛
日本海沟
伊豆海沟
太平洋
琉球群岛
奄美诸岛
冲绳诸岛
钓鱼岛
赤尾屿
先岛诸岛
大东诸岛
小笠原诸岛
硫黄海沟
北马里亚纳群岛
马里亚纳海沟
东马里亚纳海盆
西马里亚纳海盆
菲律宾海
菲律宾海盆
菲律宾
密克罗尼西亚
东加罗林海盆
马皮亚群岛
苏拉威西海
马鲁古海
印度尼西亚
极乐鸟半岛

频次

130° E 140° E 150° E 160° E
40° N 30° N 20° N 10° N 0°

调查数据源：MODIS、SAR数据
数据空间分辨率：250m
数据时间：2017年9月

比例尺：1:18 000 000
坐标系：CGCS2000
投影信息：墨卡托投影

高程基准：1985国家高程基准
制图单位：自然资源部第一海洋研究所
制图时间：2022年1月

西太平洋海洋内波位置和频次月分布专题图

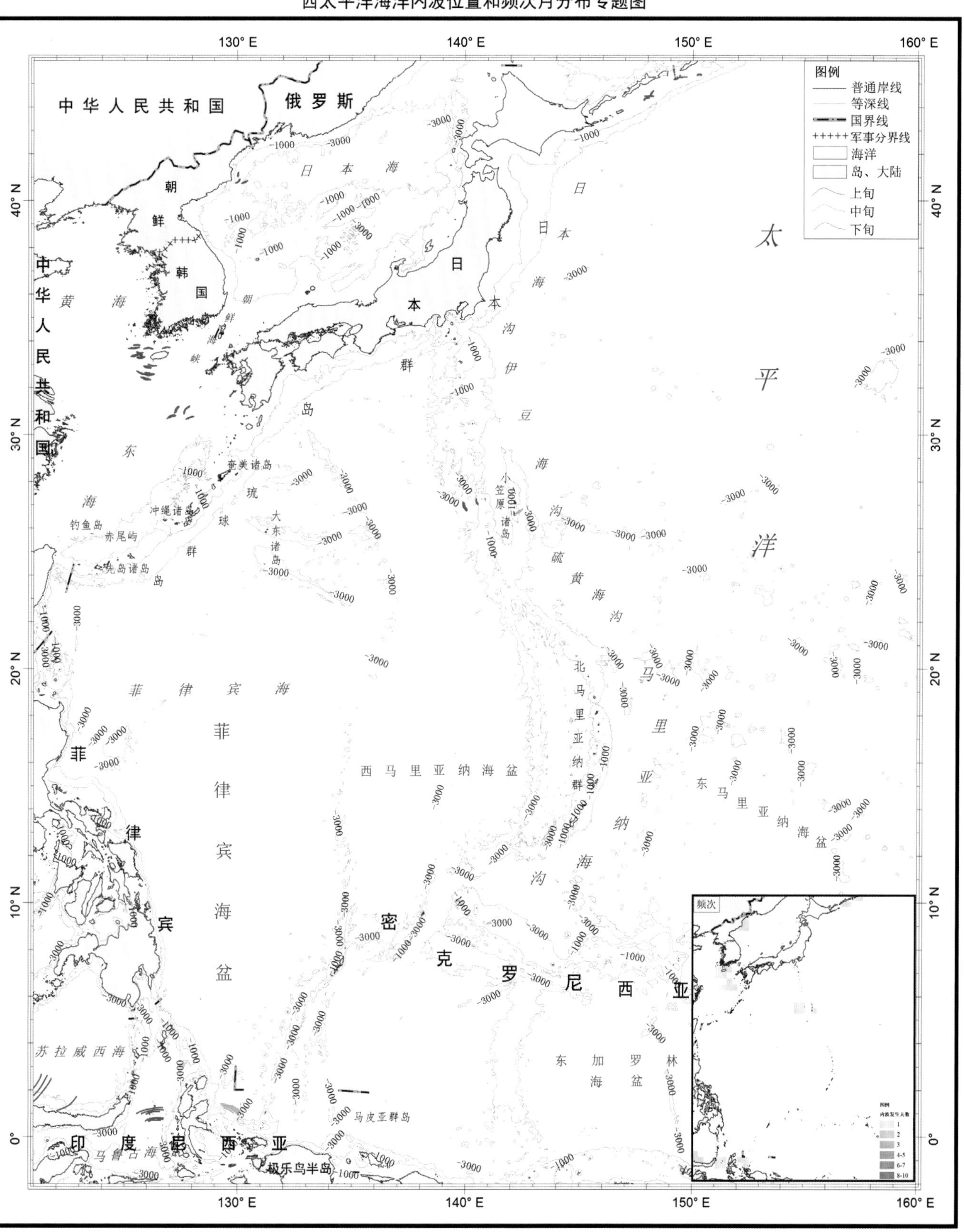

调查数据源：MODIS、SAR数据
数据空间分辨率：250m
数据时间：2017年10月

比例尺：1:18 000 000
坐标系：CGCS2000
投影信息：墨卡托投影

高程基准：1985国家高程基准
制图单位：自然资源部第一海洋研究所
制图时间：2022年1月

西太平洋海洋内波位置和频次月分布专题图

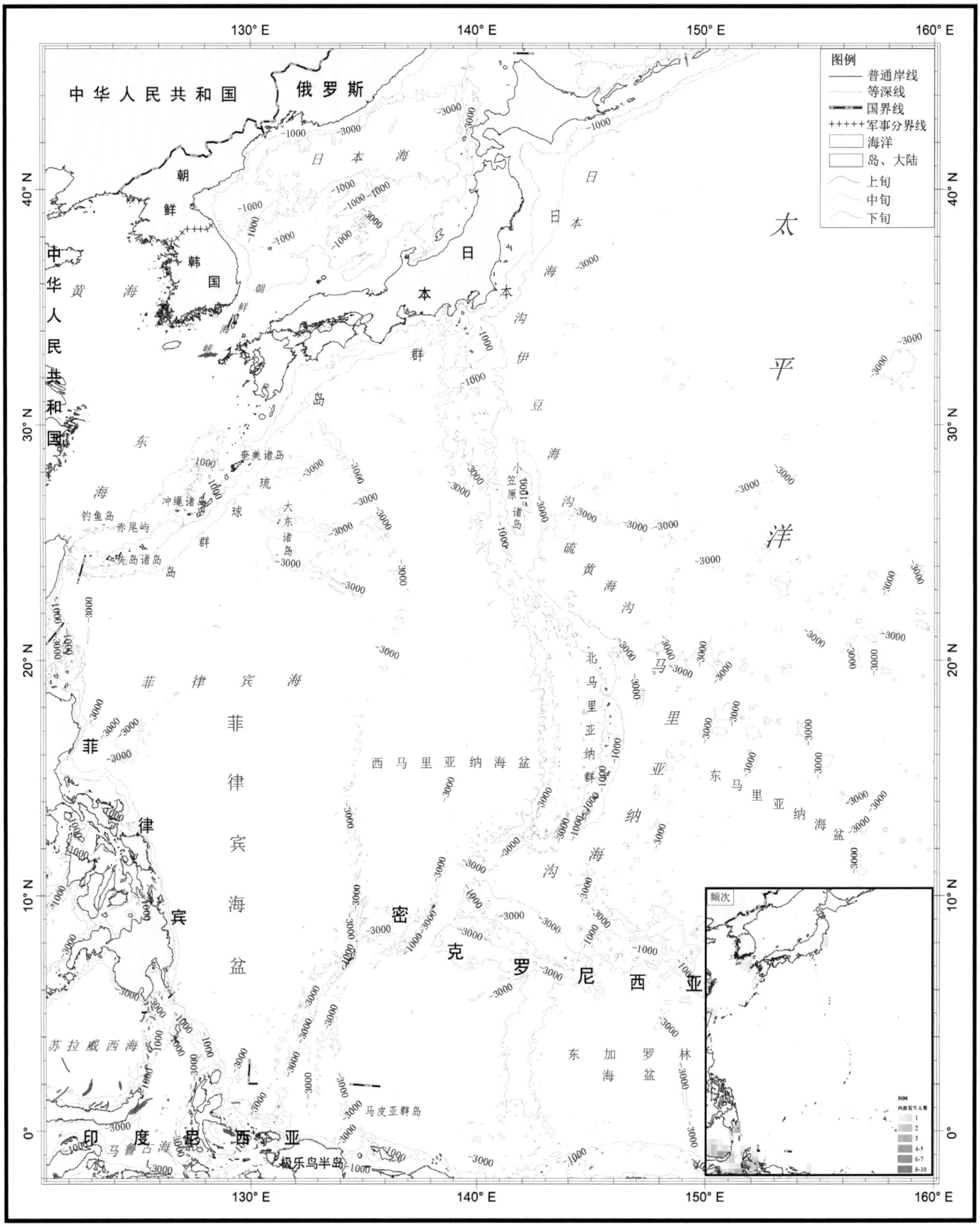

图例
普通岸线
等深线
国界线
+++++军事分界线
海洋
岛、大陆
上旬
中旬
下旬

频次

调查数据源：MODIS、SAR数据
数据空间分辨率：250m
数据时间：2017年11月

比例尺：1:18 000 000
坐标系：CGCS2000
投影信息：墨卡托投影

高程基准：1985国家高程基准
制图单位：自然资源部第一海洋研究所
制图时间：2022年1月

西太平洋海洋内波位置和频次月分布专题图

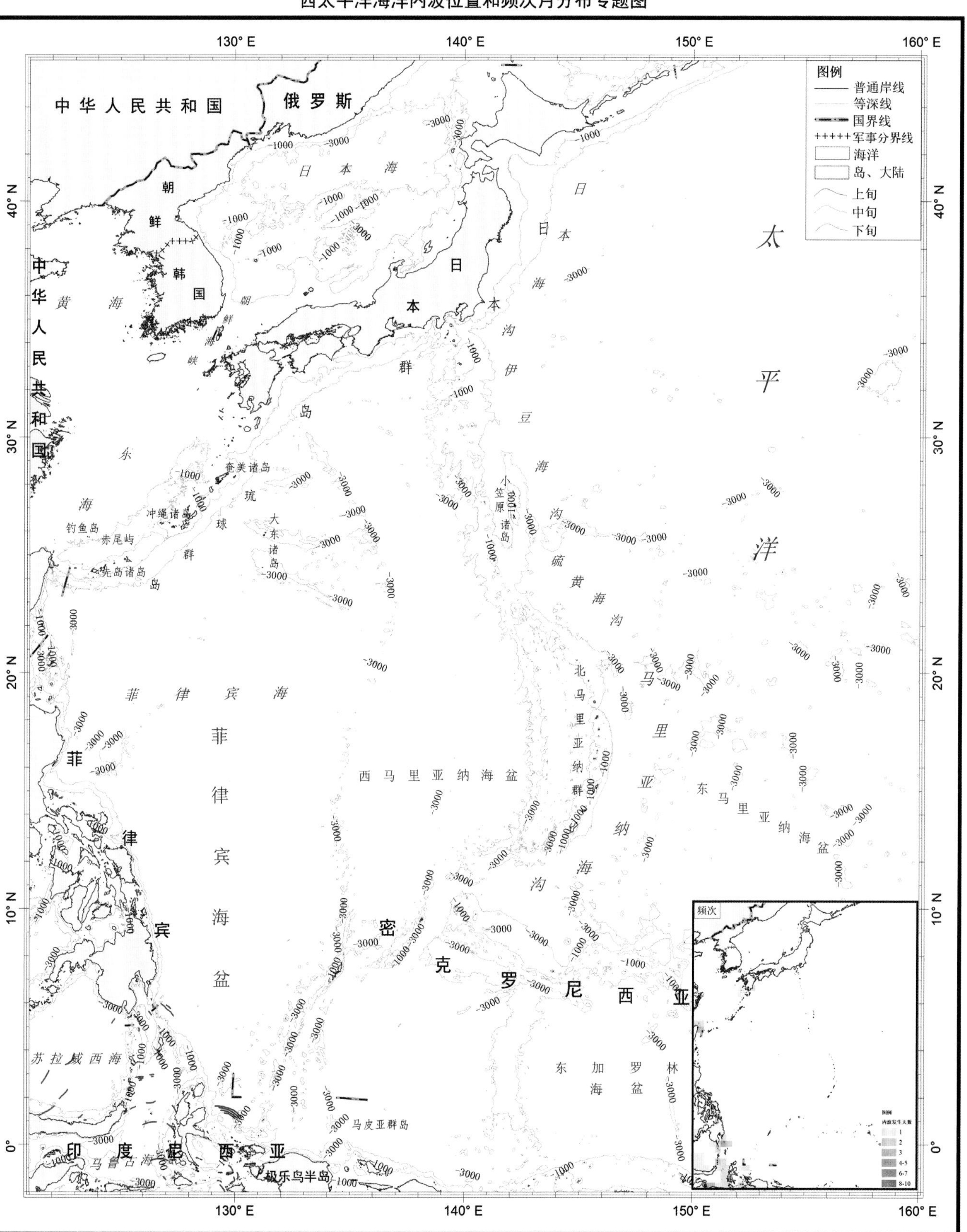

调查数据源：MODIS、SAR数据
数据空间分辨率：250m
数据时间：2017年12月

比例尺：1:18 000 000
坐标系：CGCS2000
投影信息：墨卡托投影

高程基准：1985国家高程基准
制图单位：自然资源部第一海洋研究所
制图时间：2022年1月

西太平洋海洋内波位置和频次季分布专题图

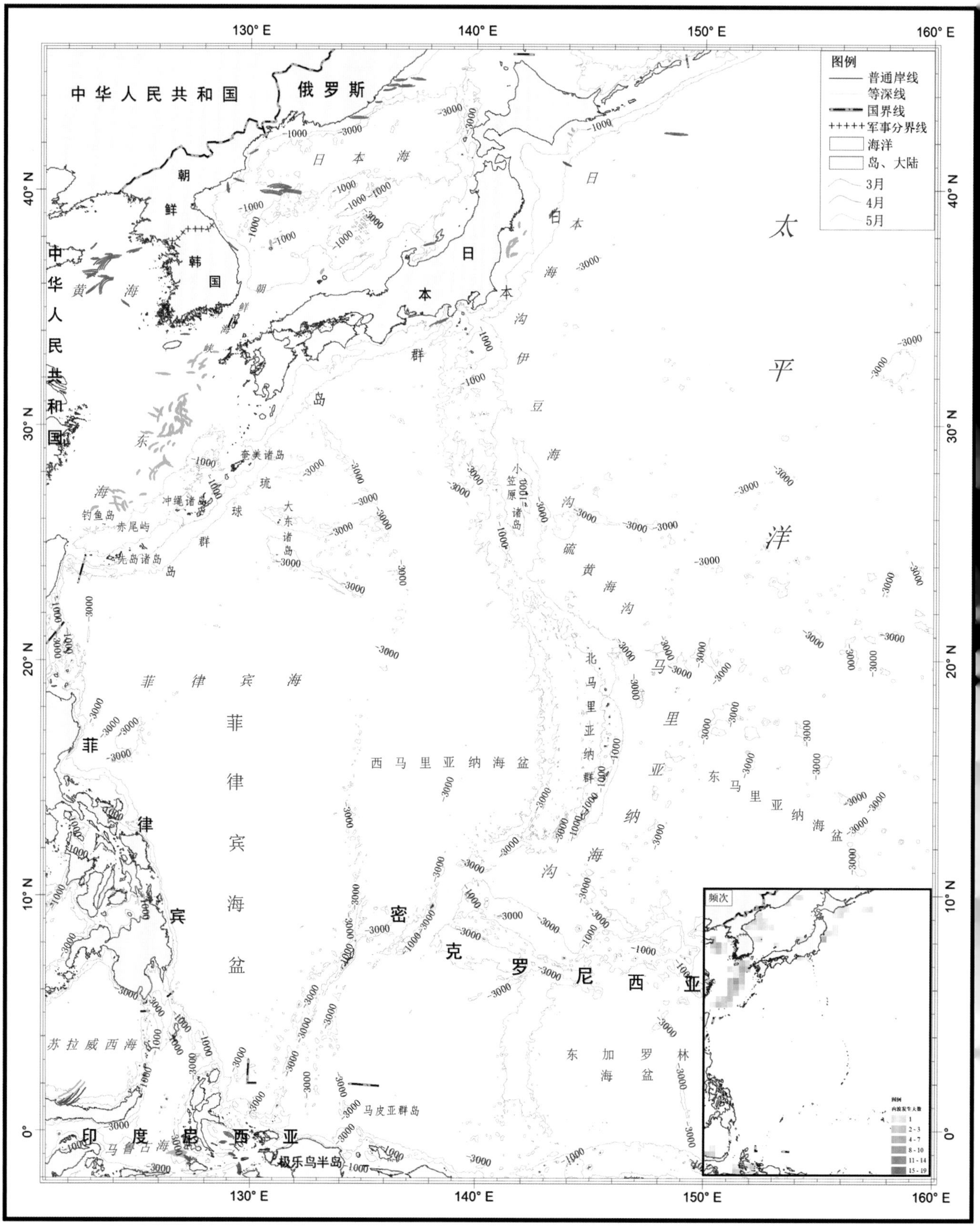

图例
普通岸线
等深线
国界线
+++++军事分界线
海洋
岛、大陆
3月
4月
5月

中华人民共和国
俄罗斯
朝鲜
韩国
日本
日本海
黄海
东海
朝鲜海峡
日本群岛
日本海沟
伊豆海沟
小笠原诸岛
硫黄海沟
太平洋
奄美诸岛
琉球群岛
冲绳诸岛
钓鱼岛
赤尾屿
先岛诸岛
大东诸岛
菲律宾海
菲律宾海盆
西马里亚纳海盆
北马里亚纳群岛
马里亚纳海沟
东马里亚纳海盆
菲律宾
密克罗尼西亚
东加罗林海盆
苏拉威西海
马鲁古海
印度尼西亚
马皮亚群岛
极乐鸟半岛

频次

调查数据源：MODIS、SAR数据
数据空间分辨率：250m
数据时间：2017年春季

比例尺：1:18 000 000
坐标系：CGCS2000
投影信息：墨卡托投影

高程基准：1985国家高程基准
制图单位：自然资源部第一海洋研究所
制图时间：2022年1月

西太平洋海洋内波位置和频次季分布专题图

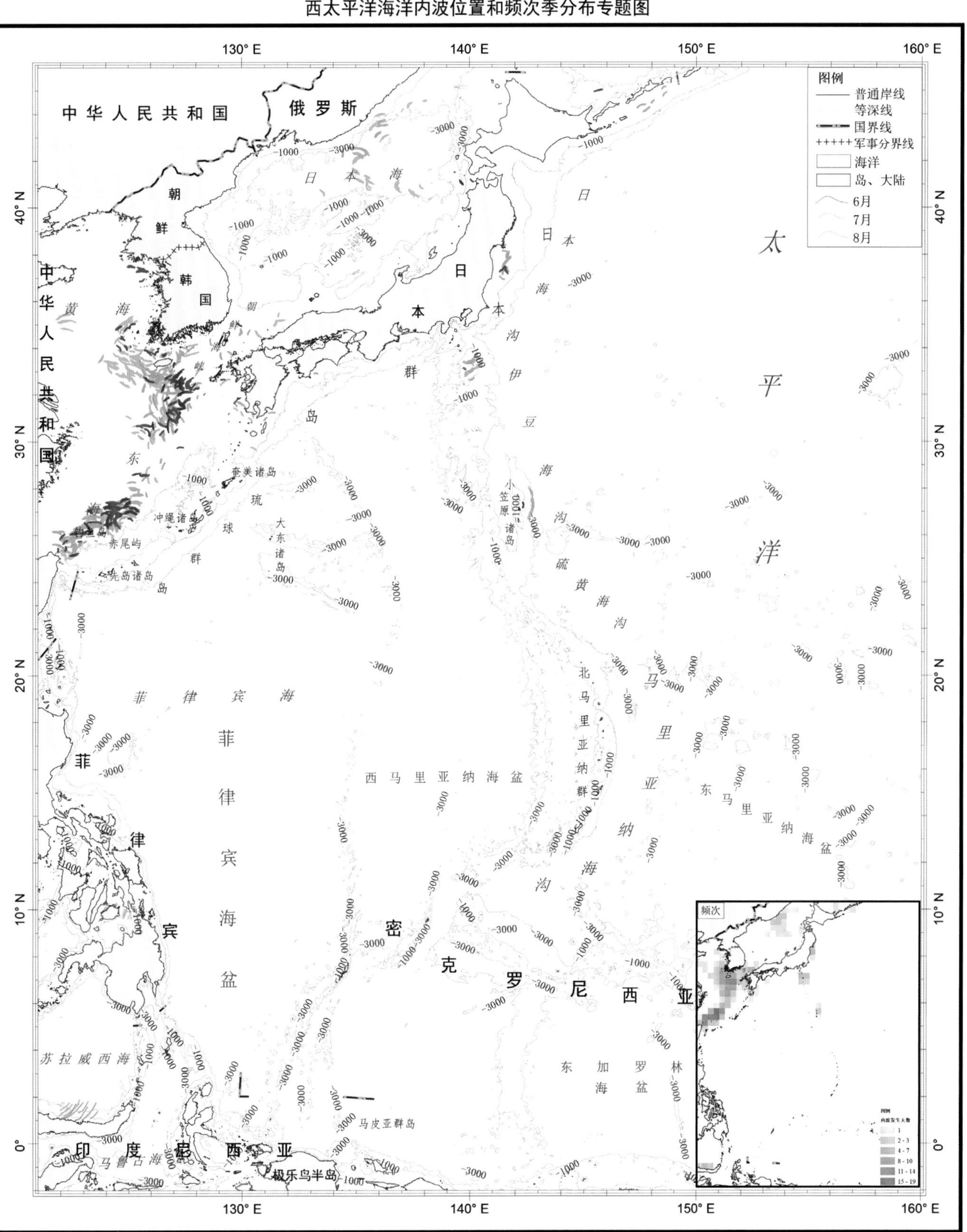

调查数据源：MODIS、SAR数据
数据空间分辨率：250m
数据时间：2017年夏季

比例尺：1:18 000 000
坐标系：CGCS2000
投影信息：墨卡托投影

高程基准：1985国家高程基准
制图单位：自然资源部第一海洋研究所
制图时间：2022年1月

西太平洋海洋内波位置和频次季分布专题图

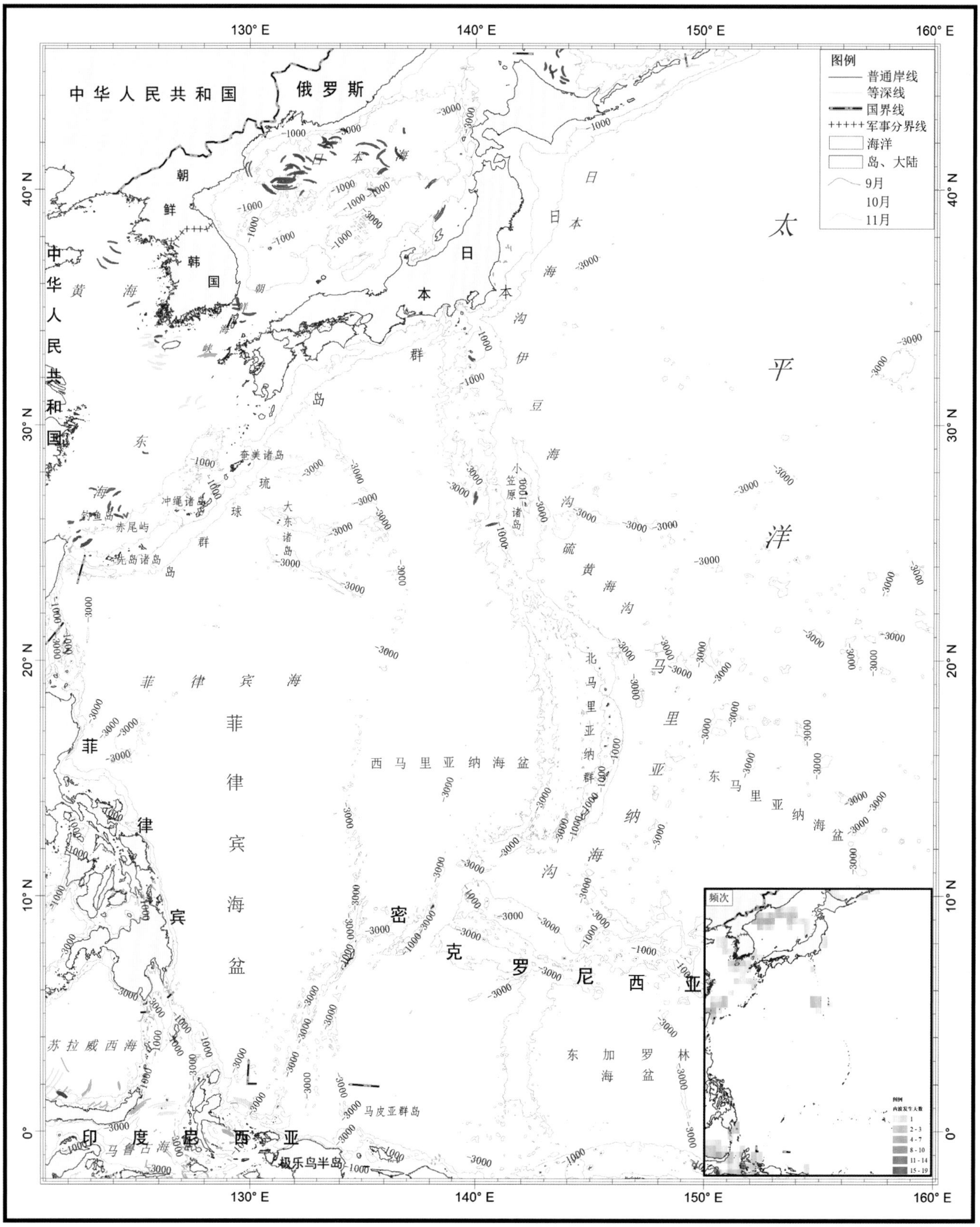

图例
普通岸线
等深线
国界线
+++++军事分界线
海洋
岛、大陆
9月
10月
11月

频次
图例
内波发生天数
1
2-3
4-7
8-10
11-14
15-19

中华人民共和国
俄罗斯
朝鲜
韩国
日本
日本海
黄海
东海
太平洋
日本海沟
伊豆海沟
小笠原诸岛
硫黄海沟
北马里亚纳群岛
马里亚纳海沟
东马里亚纳海盆
西马里亚纳海盆
菲律宾海
菲律宾海盆
菲律宾
密克罗尼西亚
东加罗林海盆
马皮亚群岛
印度尼西亚
苏拉威西海
马鲁古海
极乐鸟半岛
奄美诸岛
冲绳诸岛
琉球群岛
大东诸岛
钓鱼岛
赤尾屿
先岛诸岛
日本群岛

调查数据源：MODIS、SAR数据
数据空间分辨率：250m
数据时间：2017年秋季

比例尺：1:18 000 000
坐标系：CGCS2000
投影信息：墨卡托投影

高程基准：1985国家高程基准
制图单位：自然资源部第一海洋研究所
制图时间：2022年1月

西太平洋海洋内波位置和频次季分布专题图

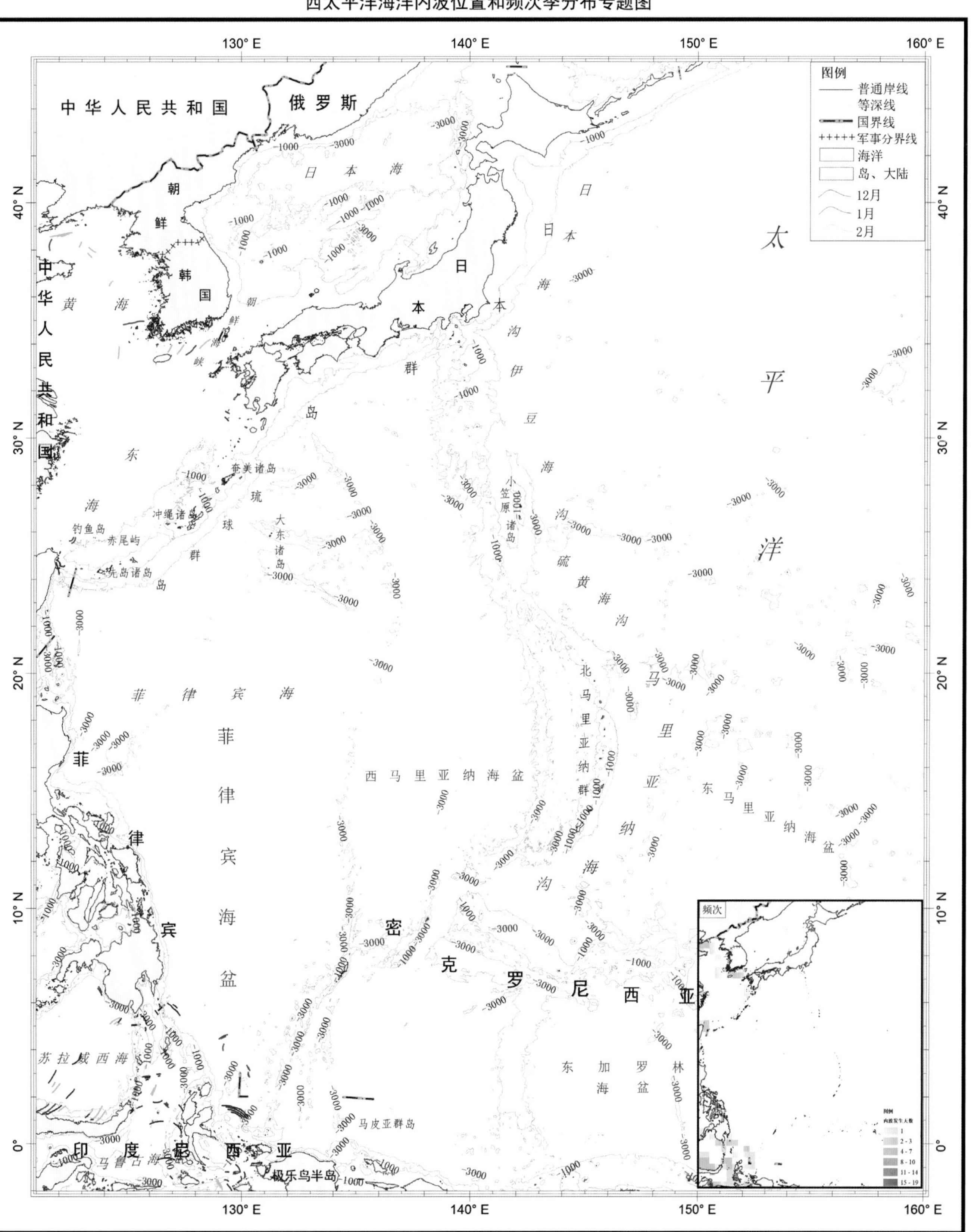

调查数据源：MODIS、SAR数据
数据空间分辨率：250m
数据时间：2017年冬季

比例尺：1:18 000 000
坐标系：CGCS2000
投影信息：墨卡托投影

高程基准：1985国家高程基准
制图单位：自然资源部第一海洋研究所
制图时间：2022年1月

西太平洋海洋内波位置和频次半年分布专题图

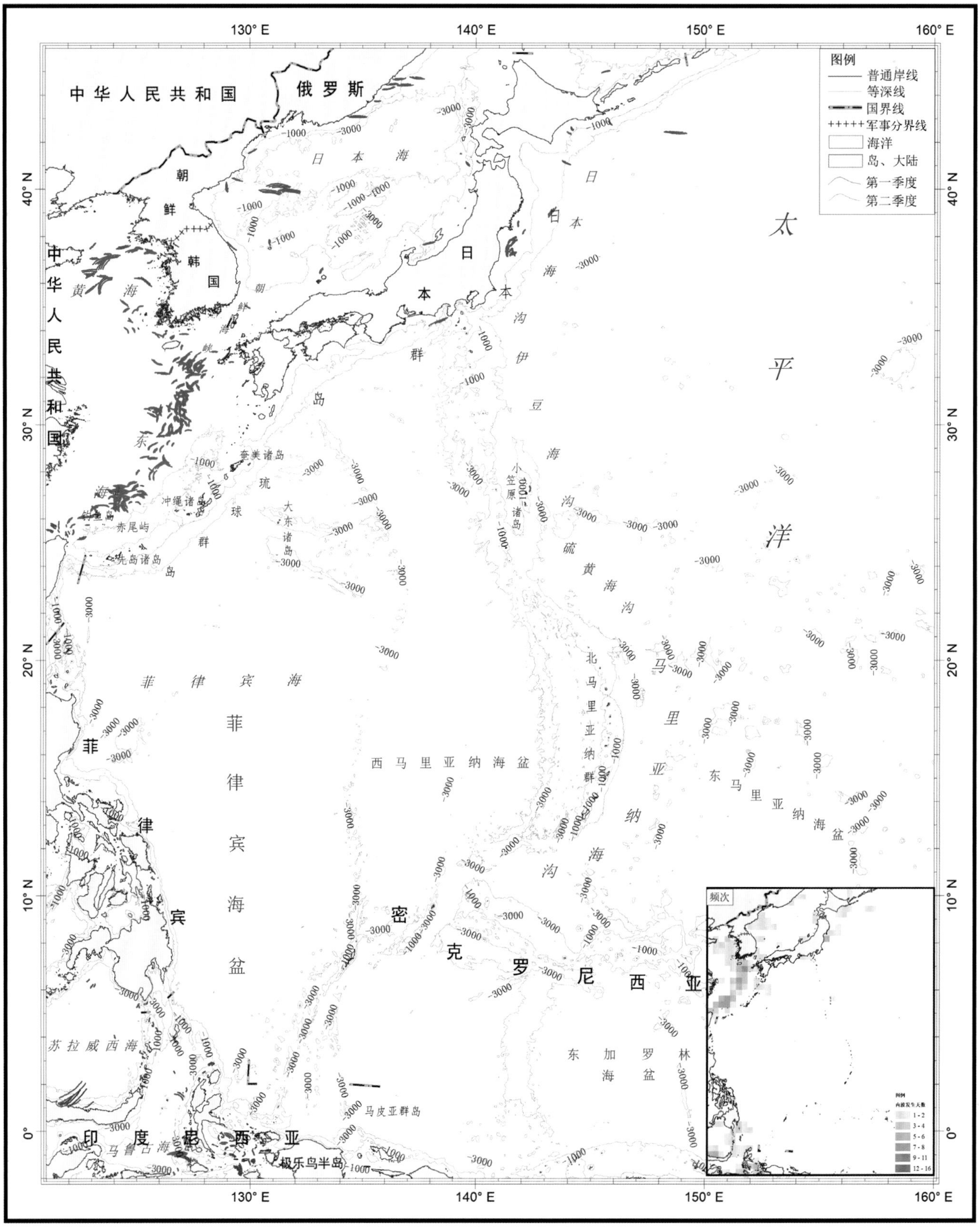

图例
普通岸线
等深线
国界线
+++++ 军事分界线
海洋
岛、大陆
第一季度
第二季度

频次

调查数据源：MODIS、SAR数据
数据空间分辨率：250m
数据时间：2017年上半年

比例尺：1:18 000 000
坐标系：CGCS2000
投影信息：墨卡托投影

高程基准：1985国家高程基准
制图单位：自然资源部第一海洋研究所
制图时间：2022年1月

西太平洋海洋内波位置和频次半年分布专题图

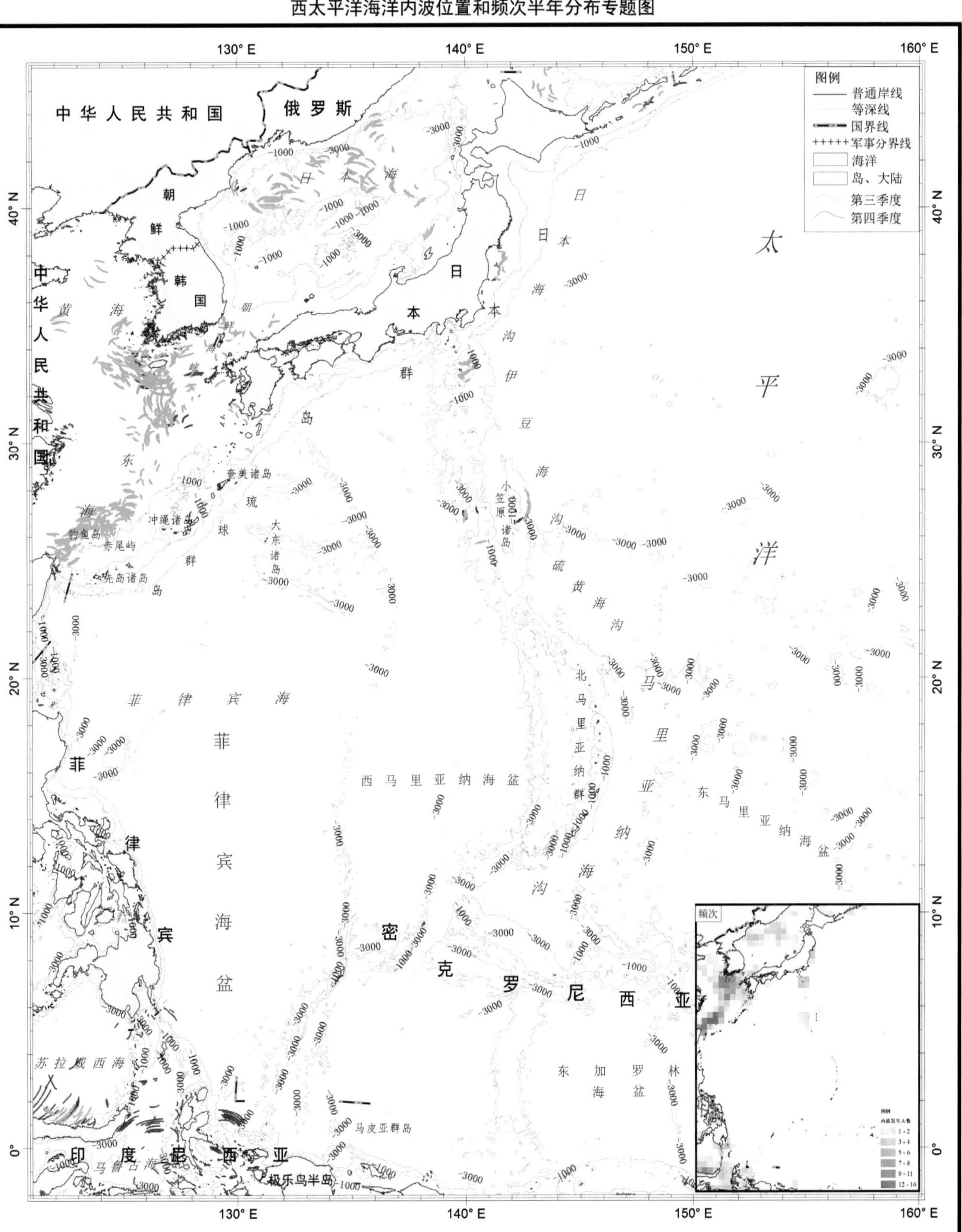

调查数据源：MODIS、SAR数据
数据空间分辨率：250m
数据时间：2017年下半年

比例尺：1:18 000 000
坐标系：CGCS2000
投影信息：墨卡托投影

高程基准：1985国家高程基准
制图单位：自然资源部第一海洋研究所
制图时间：2022年1月

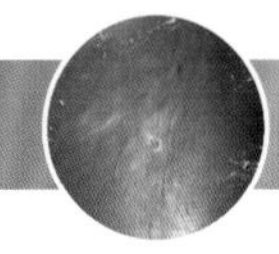

西太平洋海洋内波位置和频次年分布专题图

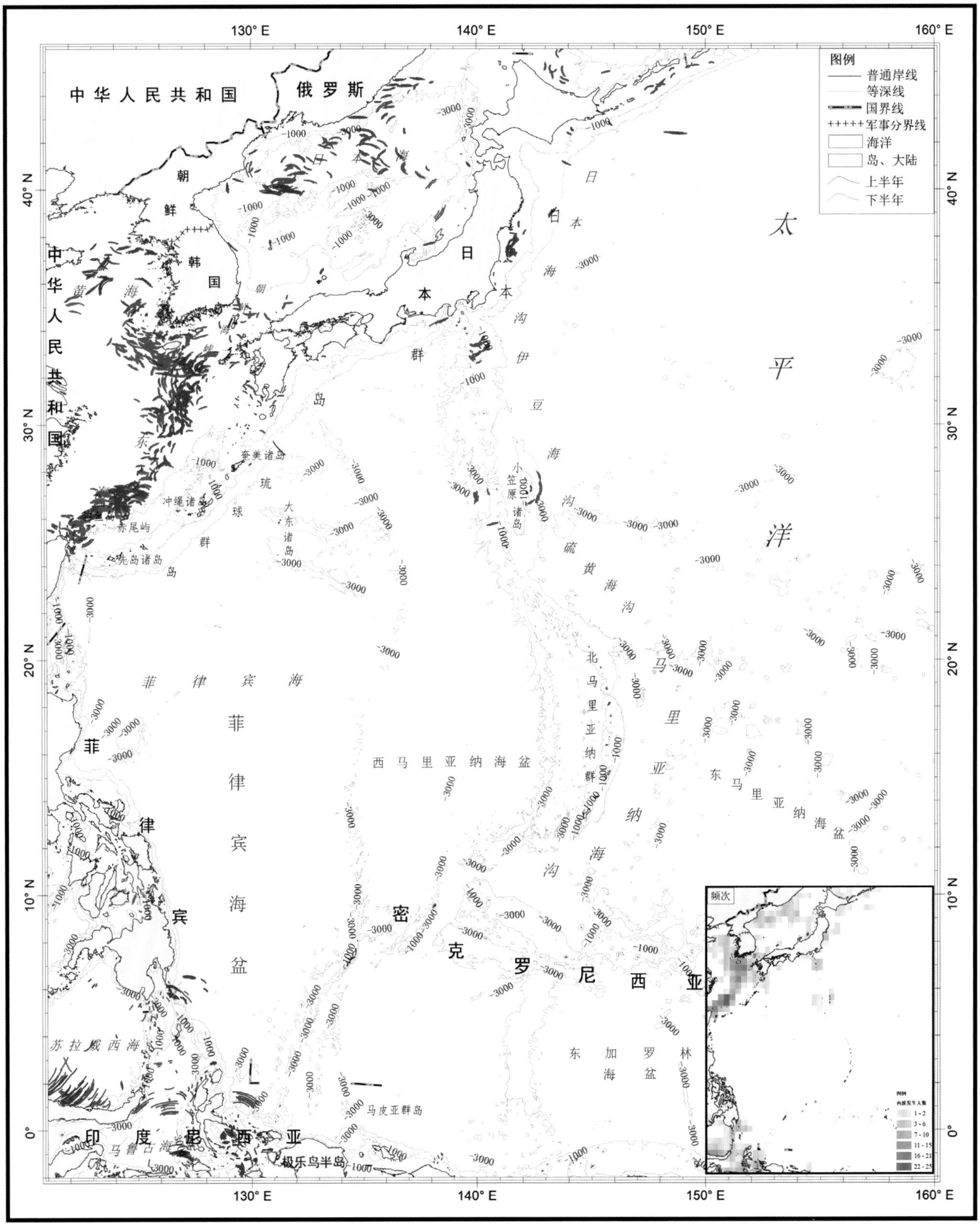

图例
- 普通岸线
- 等深线
- 国界线
- +++++ 军事分界线
- 海洋
- 岛、大陆
- 上半年
- 下半年

调查数据源：MODIS、SAR数据
数据空间分辨率：250m
数据时间：2017年全年

比例尺：1:18 000 000
坐标系：CGCS2000
投影信息：墨卡托投影

高程基准：1985国家高程基准
制图单位：自然资源部第一海洋研究所
制图时间：2022年1月

8.9　西太平洋内孤立波 2018 年分布图

西太平洋海洋内波位置和频次月分布专题图

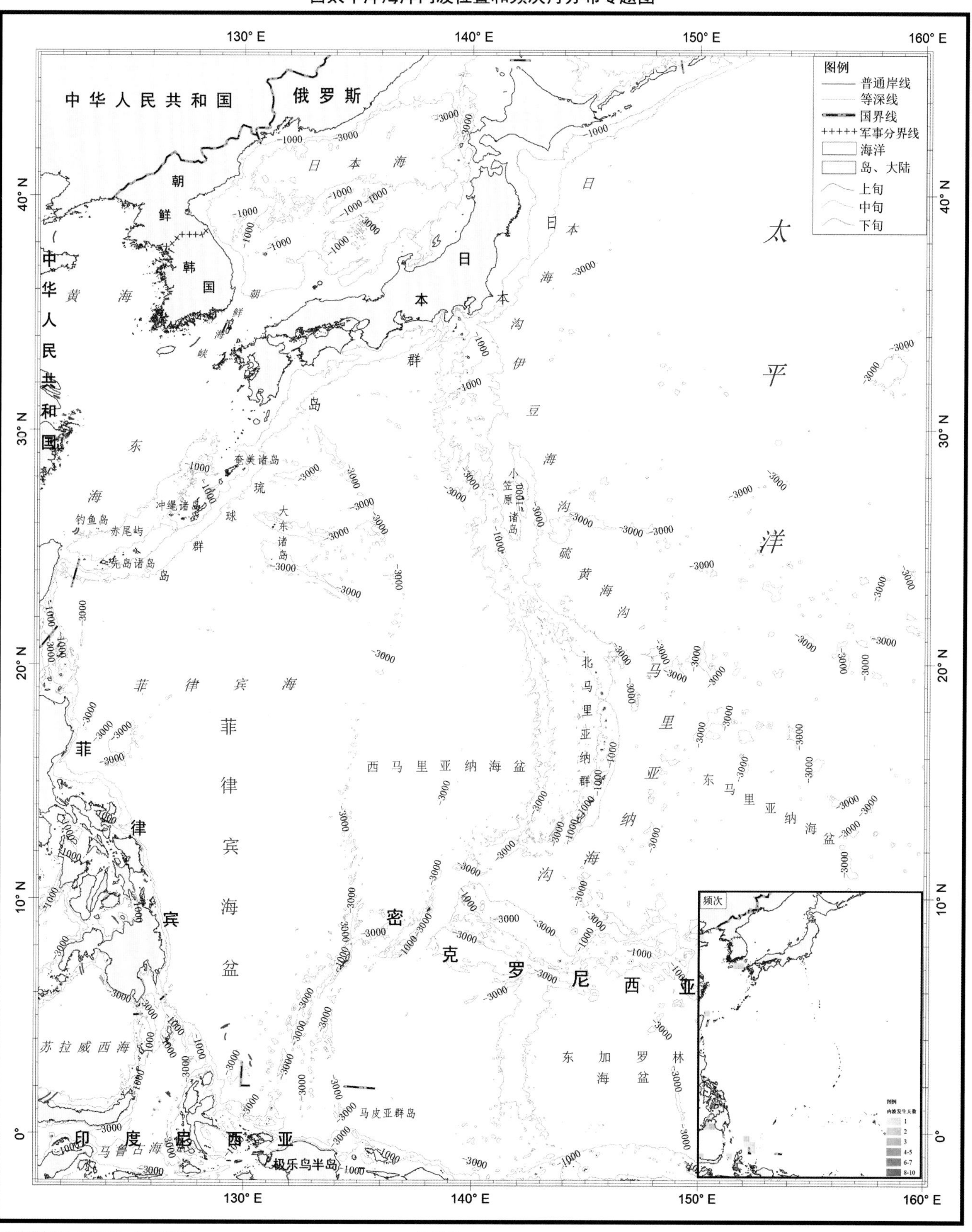

调查数据源：MODIS、SAR数据
数据空间分辨率：250m
数据时间：2018年1月

比例尺：1:18 000 000
坐标系：CGCS2000
投影信息：墨卡托投影

高程基准：1985国家高程基准
制图单位：自然资源部第一海洋研究所
制图时间：2022年1月

西太平洋海洋内波位置和频次月分布专题图

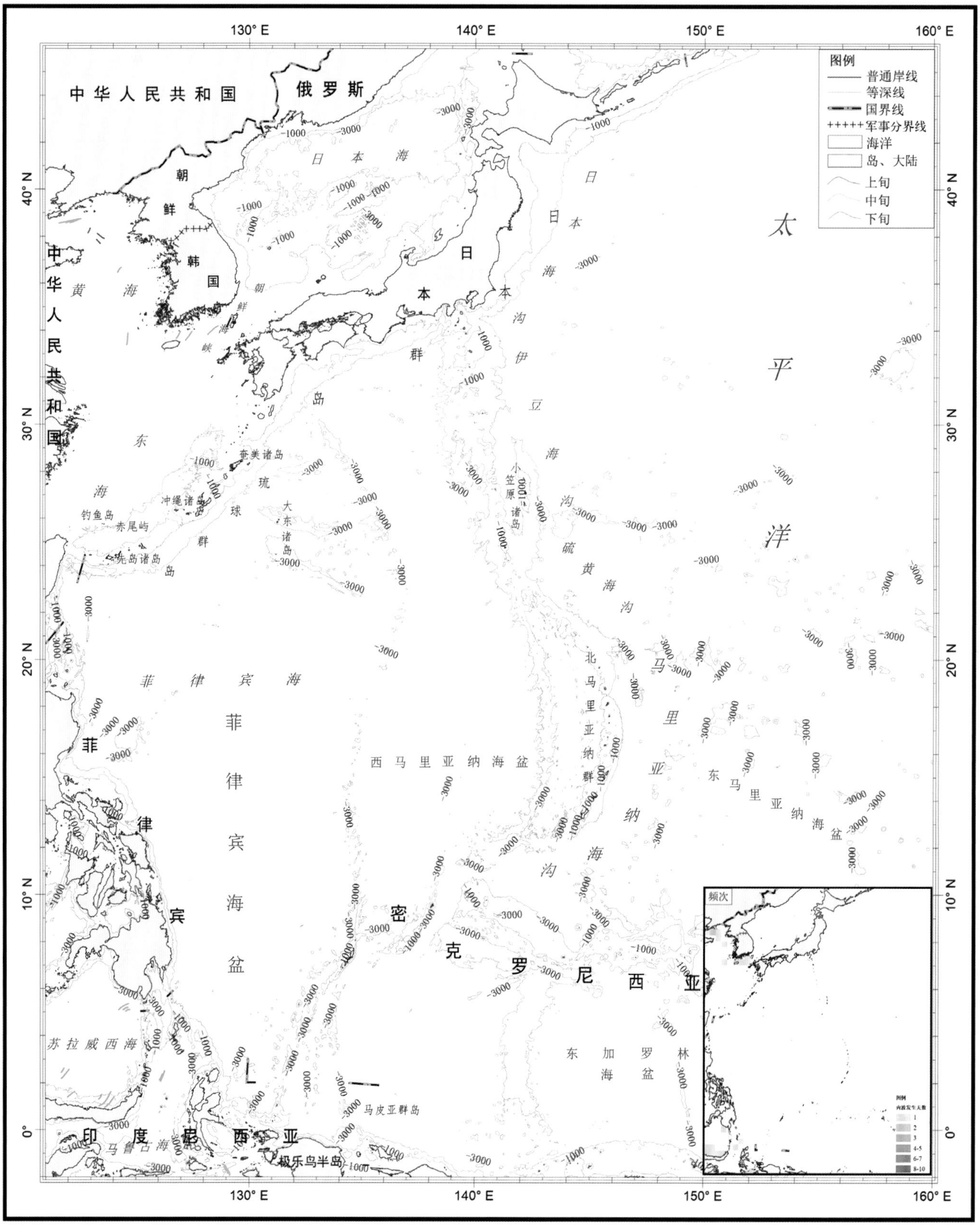

130° E 140° E 150° E 160° E

40° N 30° N 20° N 10° N 0°

图例
普通岸线
等深线
国界线
+++++军事分界线
海洋
岛、大陆
上旬
中旬
下旬

中华人民共和国 俄罗斯 朝鲜 韩国 日本 日本海 太平洋 黄海 东海 朝鲜海峡 日本群岛 日本海沟 伊豆海沟 小笠原诸岛 奄美诸岛 琉球群岛 冲绳诸岛 大东诸岛 钓鱼岛 赤尾屿 先岛诸岛 硫黄海沟 北马里亚纳群岛 马里亚纳海沟 东马里亚纳海盆 西马里亚纳海盆 菲律宾海 菲律宾海盆 菲律宾 密克罗尼西亚 东加罗林海盆 苏拉威西海 马鲁古海 印度尼西亚 马皮亚群岛 极乐鸟半岛

频次

图例
内波发生天数
1
2
3
4-5
6-7
8-10

调查数据源：MODIS、SAR数据
数据空间分辨率：250m
数据时间：2018年2月

比例尺：1:18 000 000
坐标系：CGCS2000
投影信息：墨卡托投影

高程基准：1985国家高程基准
制图单位：自然资源部第一海洋研究所
制图时间：2022年1月

西太平洋海洋内波位置和频次月分布专题图

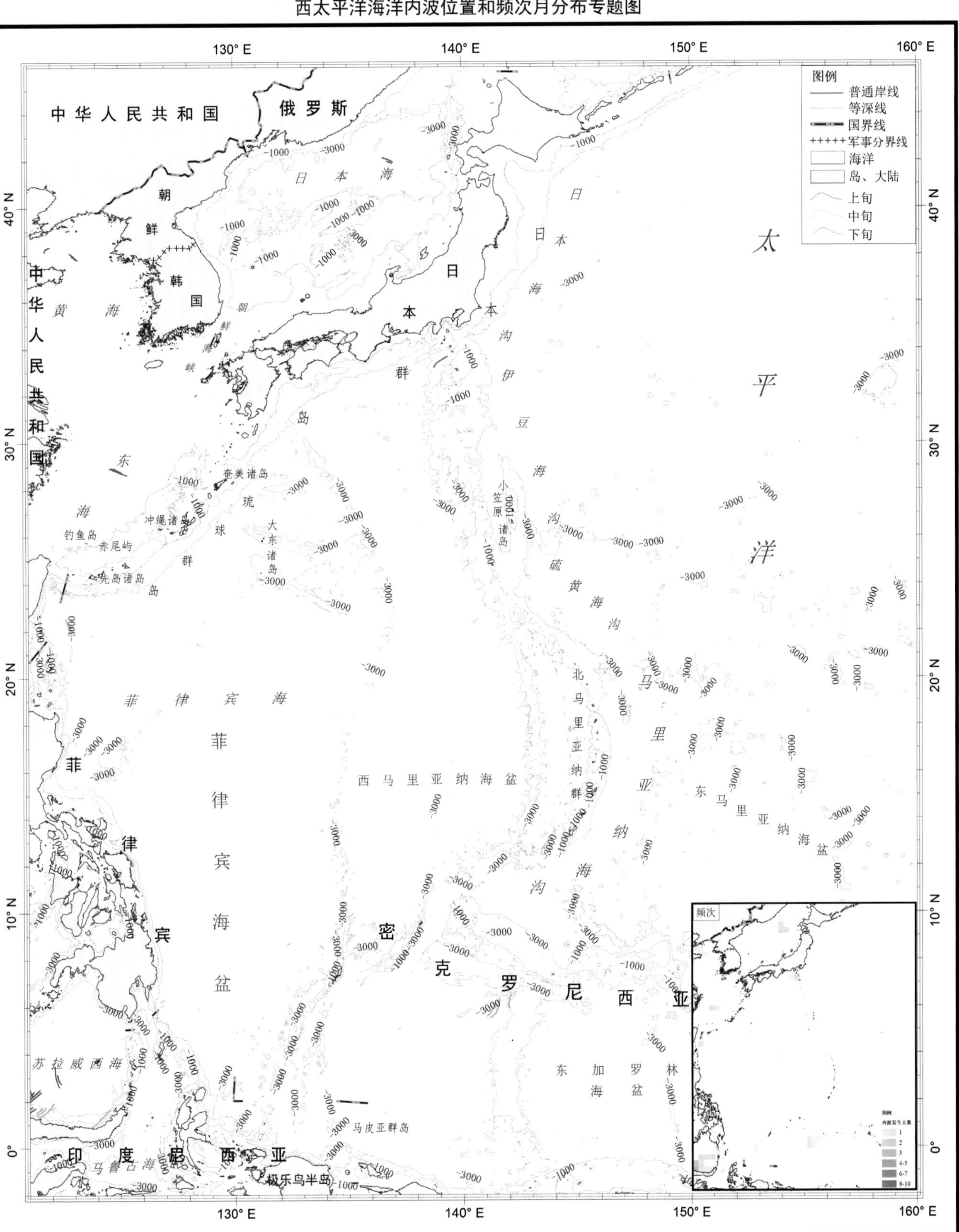

调查数据源：MODIS、SAR数据
数据空间分辨率：250m
数据时间：2018年3月

比例尺：1:18 000 000
坐标系：CGCS2000
投影信息：墨卡托投影

高程基准：1985国家高程基准
制图单位：自然资源部第一海洋研究所
制图时间：2022年1月

西太平洋海洋内波位置和频次月分布专题图

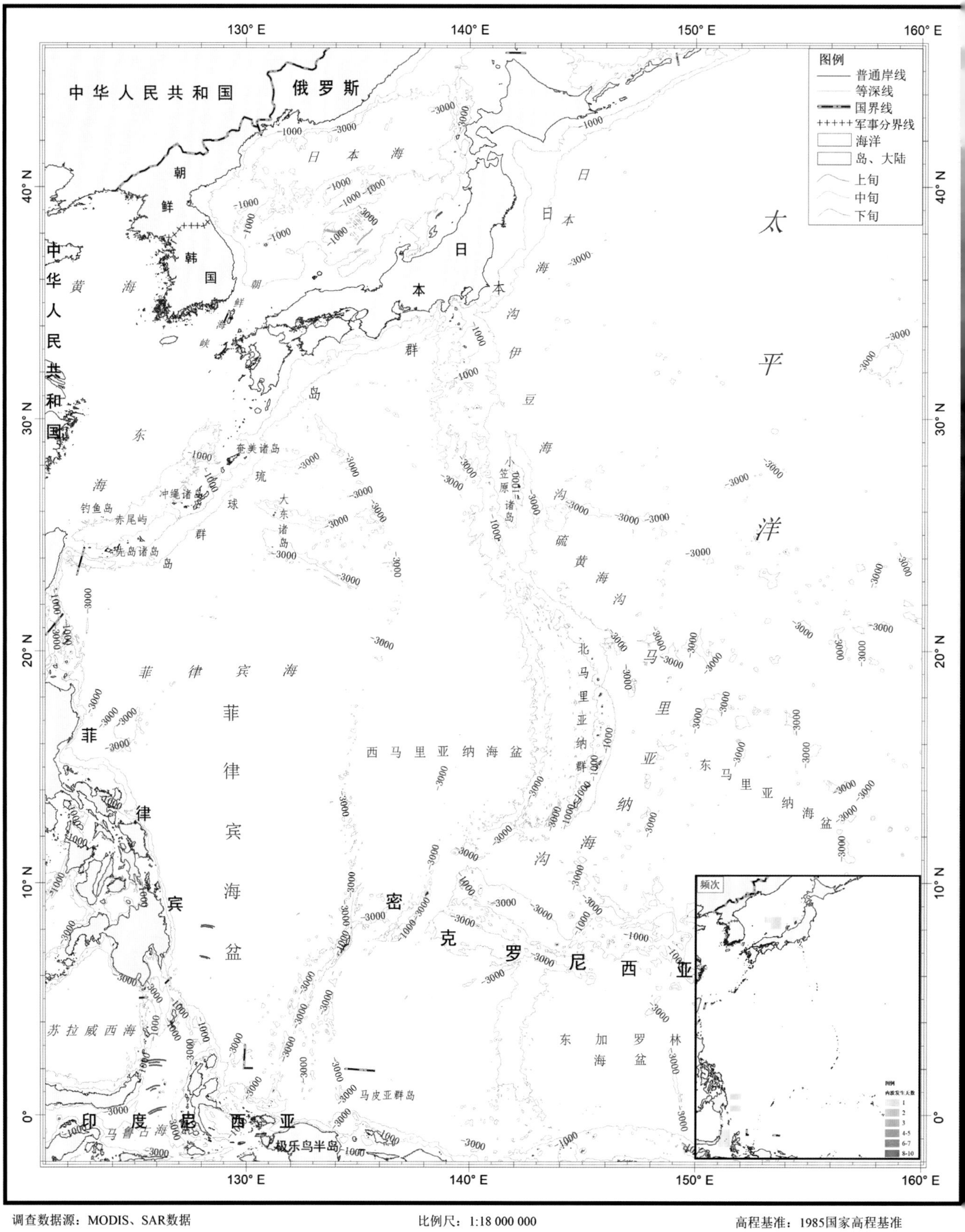

130° E 140° E 150° E 160° E

40° N 30° N 20° N 10° N 0°

图例
普通岸线
等深线
国界线
+++++ 军事分界线
海洋
岛、大陆
上旬
中旬
下旬

中华人民共和国 俄罗斯 朝鲜 韩国 日本 日本海 黄海 朝鲜海峡 东海 日本群岛 伊豆海沟 日本海沟 小笠原诸岛 硫黄海沟 奄美诸岛 冲绳诸岛 琉球群岛 钓鱼岛 赤尾屿 先岛诸岛 大东诸岛 太平洋 菲律宾海 菲律宾 菲律宾海盆 西马里亚纳海盆 北马里亚纳群岛 马里亚纳海沟 东马里亚纳海盆 密克罗尼西亚 东加罗林海盆 马皮亚群岛 苏拉威西海 马鲁古海 印度尼西亚 极乐鸟半岛

频次

图例
内波发生天数
1
2
3
4-5
6-7
8-10

调查数据源：MODIS、SAR数据
数据空间分辨率：250m
数据时间：2018年4月

比例尺：1:18 000 000
坐标系：CGCS2000
投影信息：墨卡托投影

高程基准：1985国家高程基准
制图单位：自然资源部第一海洋研究所
制图时间：2022年1月

西太平洋海洋内波位置和频次月分布专题图

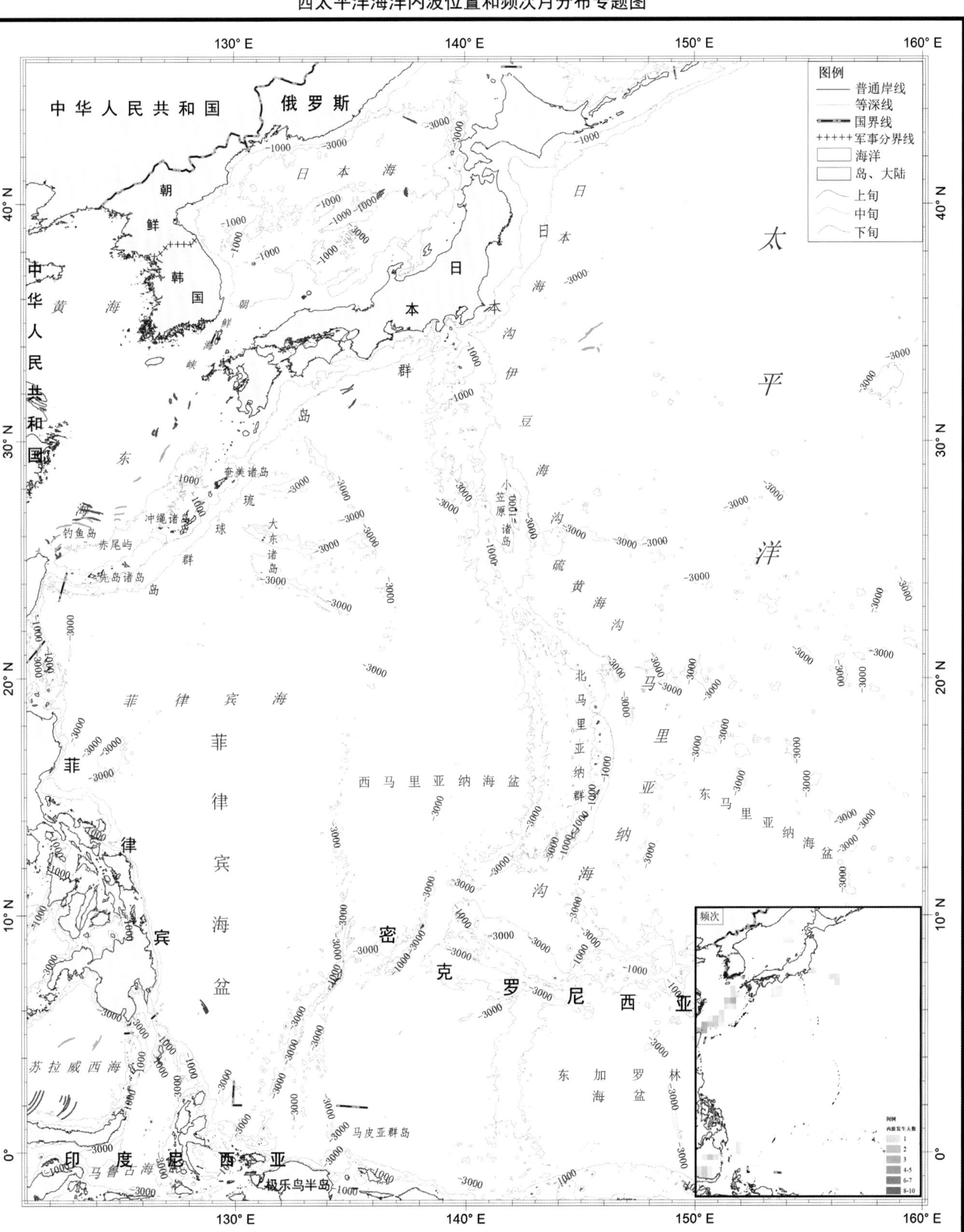

调查数据源：MODIS、SAR数据
数据空间分辨率：250m
数据时间：2018年5月

比例尺：1:18 000 000
坐标系：CGCS2000
投影信息：墨卡托投影

高程基准：1985国家高程基准
制图单位：自然资源部第一海洋研究所
制图时间：2022年1月

西太平洋海洋内波位置和频次月分布专题图

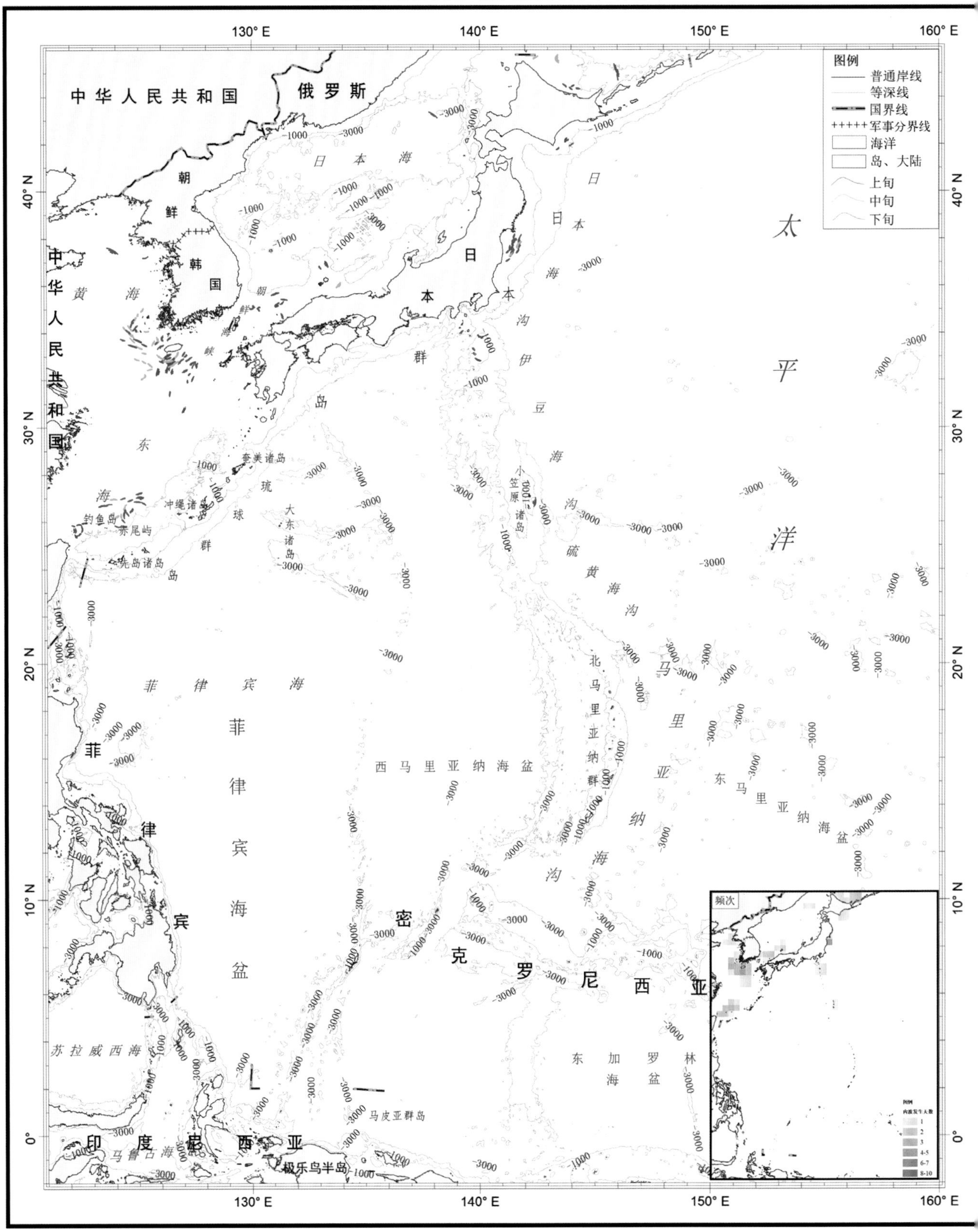

调查数据源：MODIS、SAR数据
数据空间分辨率：250m
数据时间：2018年6月

比例尺：1:18 000 000
坐标系：CGCS2000
投影信息：墨卡托投影

高程基准：1985国家高程基准
制图单位：自然资源部第一海洋研究所
制图时间：2022年1月

西太平洋海洋内波位置和频次月分布专题图

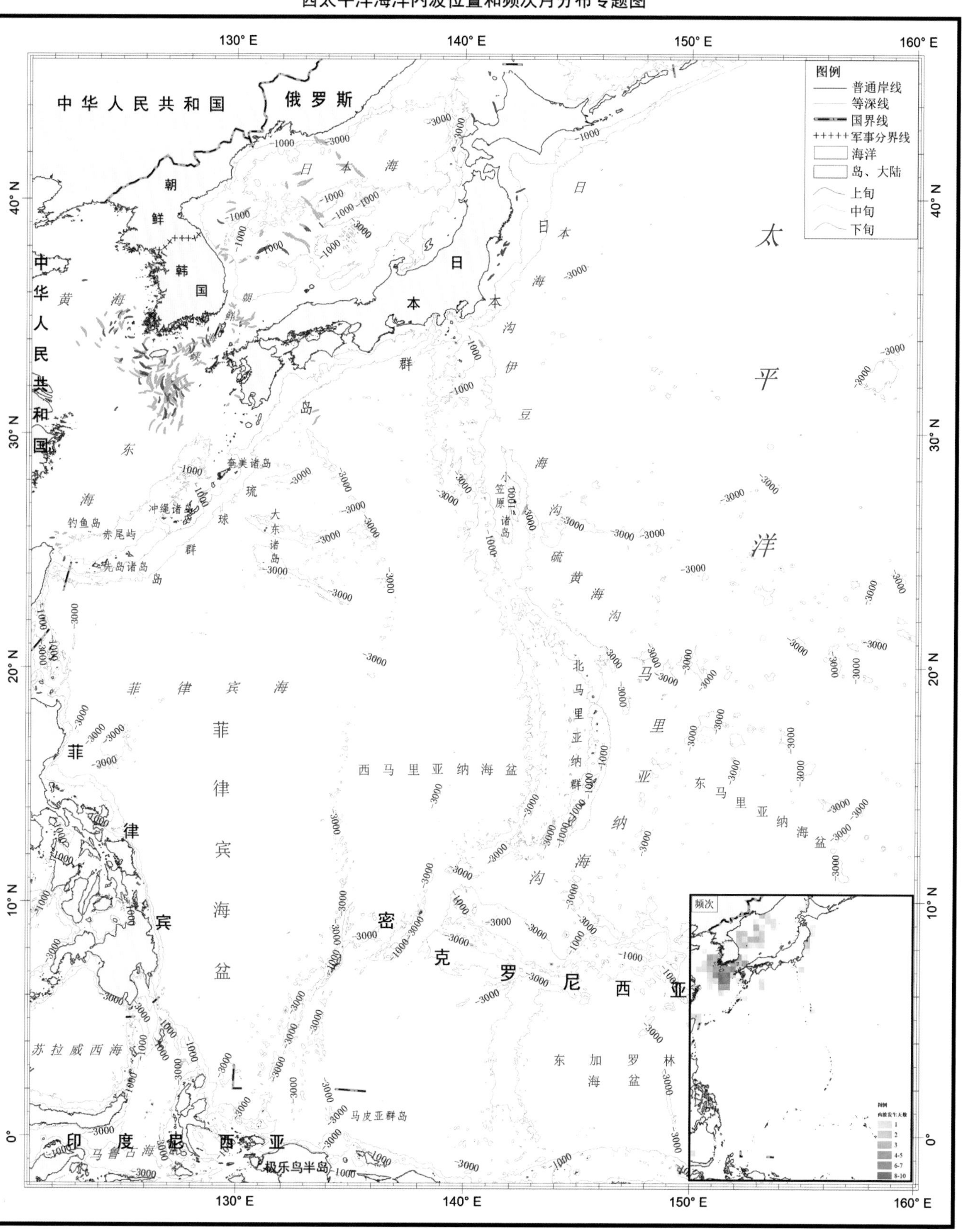

调查数据源：MODIS、SAR数据
数据空间分辨率：250m
数据时间：2018年7月

比例尺：1:18 000 000
坐标系：CGCS2000
投影信息：墨卡托投影

高程基准：1985国家高程基准
制图单位：自然资源部第一海洋研究所
制图时间：2022年1月

西太平洋海洋内波位置和频次月分布专题图

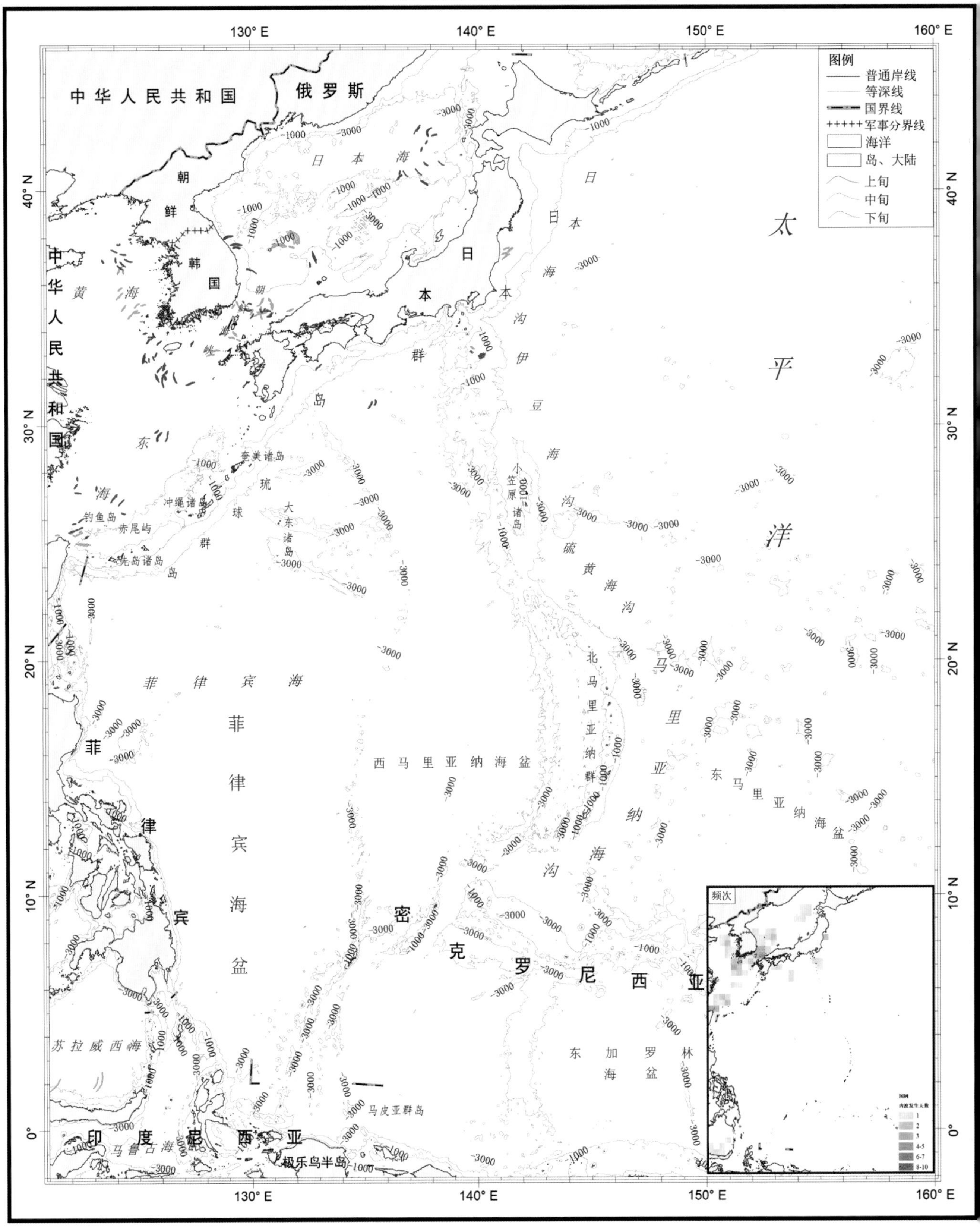

图例
- 普通岸线
- 等深线
- 国界线
- +++++军事分界线
- 海洋
- 岛、大陆
- 上旬
- 中旬
- 下旬

调查数据源：MODIS、SAR数据
数据空间分辨率：250m
数据时间：2018年8月

比例尺：1:18 000 000
坐标系：CGCS2000
投影信息：墨卡托投影

高程基准：1985国家高程基准
制图单位：自然资源部第一海洋研究所
制图时间：2022年1月

西太平洋海洋内波位置和频次月分布专题图

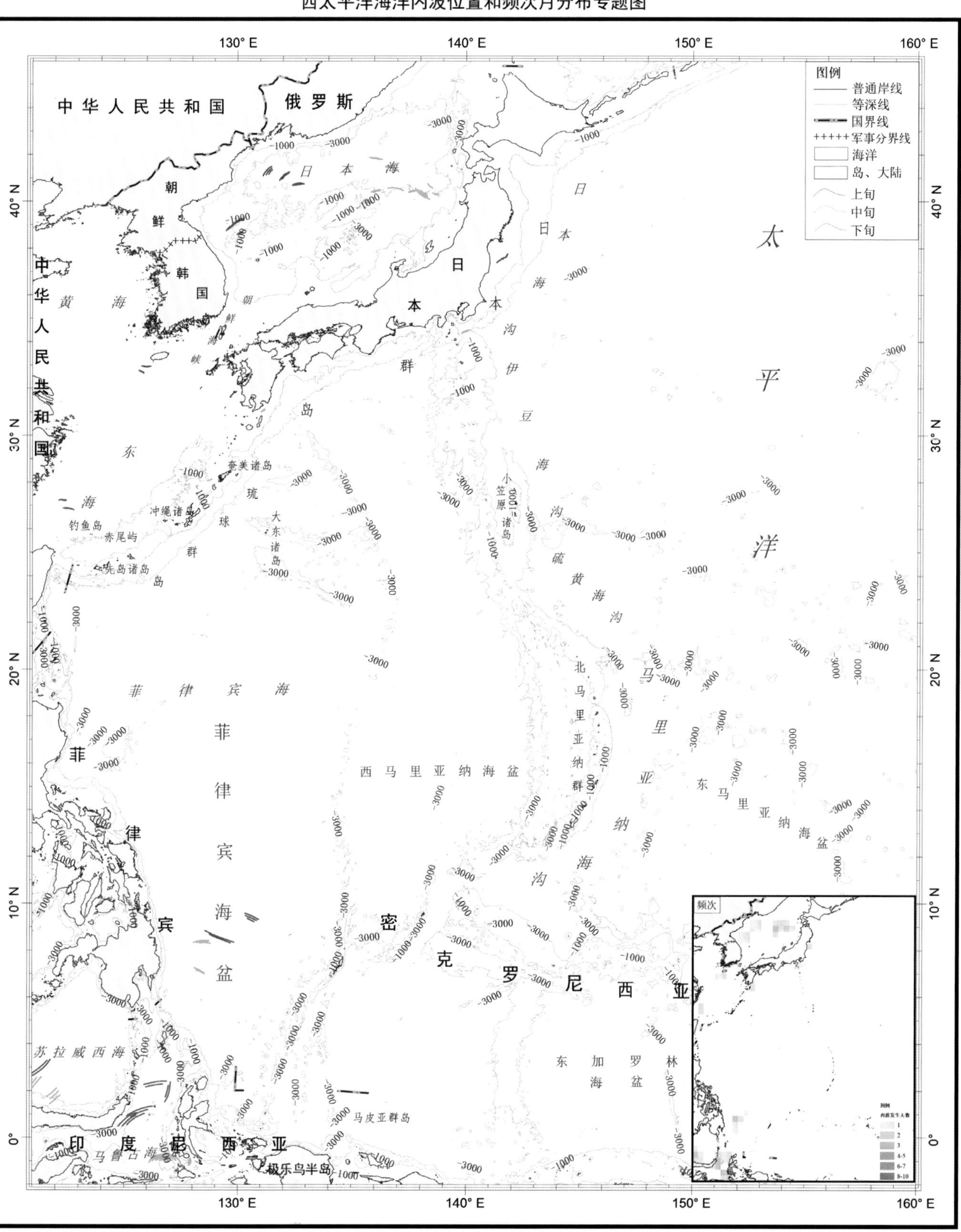

调查数据源：MODIS、SAR数据
数据空间分辨率：250m
数据时间：2018年9月

比例尺：1:18 000 000
坐标系：CGCS2000
投影信息：墨卡托投影

高程基准：1985国家高程基准
制图单位：自然资源部第一海洋研究所
制图时间：2022年1月

西太平洋海洋内波位置和频次月分布专题图

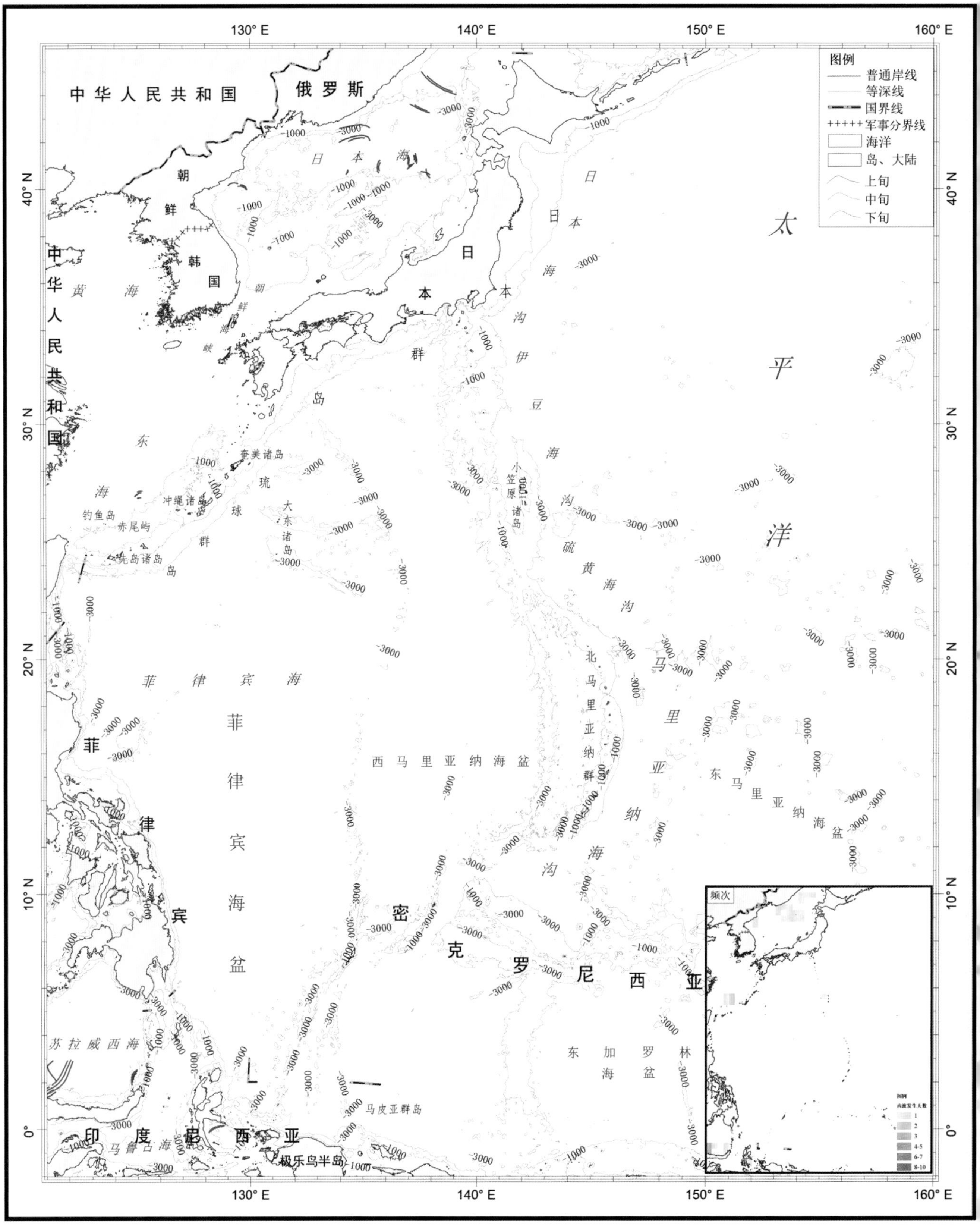

调查数据源：MODIS、SAR数据
数据空间分辨率：250m
数据时间：2018年10月

比例尺：1:18 000 000
坐标系：CGCS2000
投影信息：墨卡托投影

高程基准：1985国家高程基准
制图单位：自然资源部第一海洋研究所
制图时间：2022年1月

西太平洋海洋内波位置和频次月分布专题图

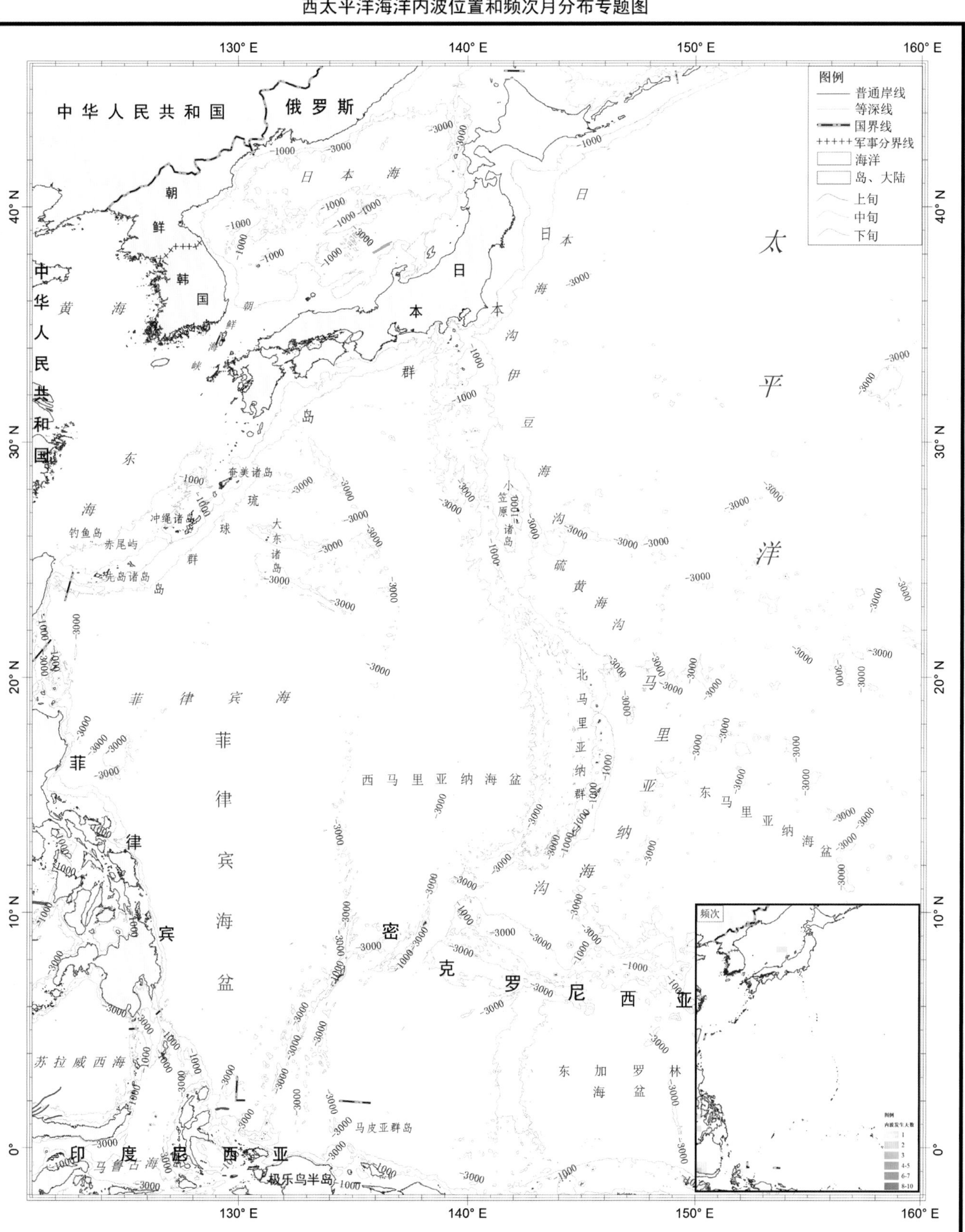

调查数据源：MODIS、SAR数据
数据空间分辨率：250m
数据时间：2018年11月

比例尺：1:18 000 000
坐标系：CGCS2000
投影信息：墨卡托投影

高程基准：1985国家高程基准
制图单位：自然资源部第一海洋研究所
制图时间：2022年1月

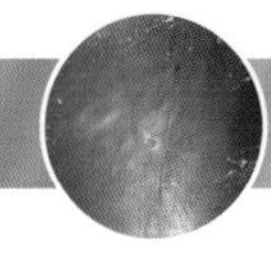

西太平洋海洋内波位置和频次月分布专题图

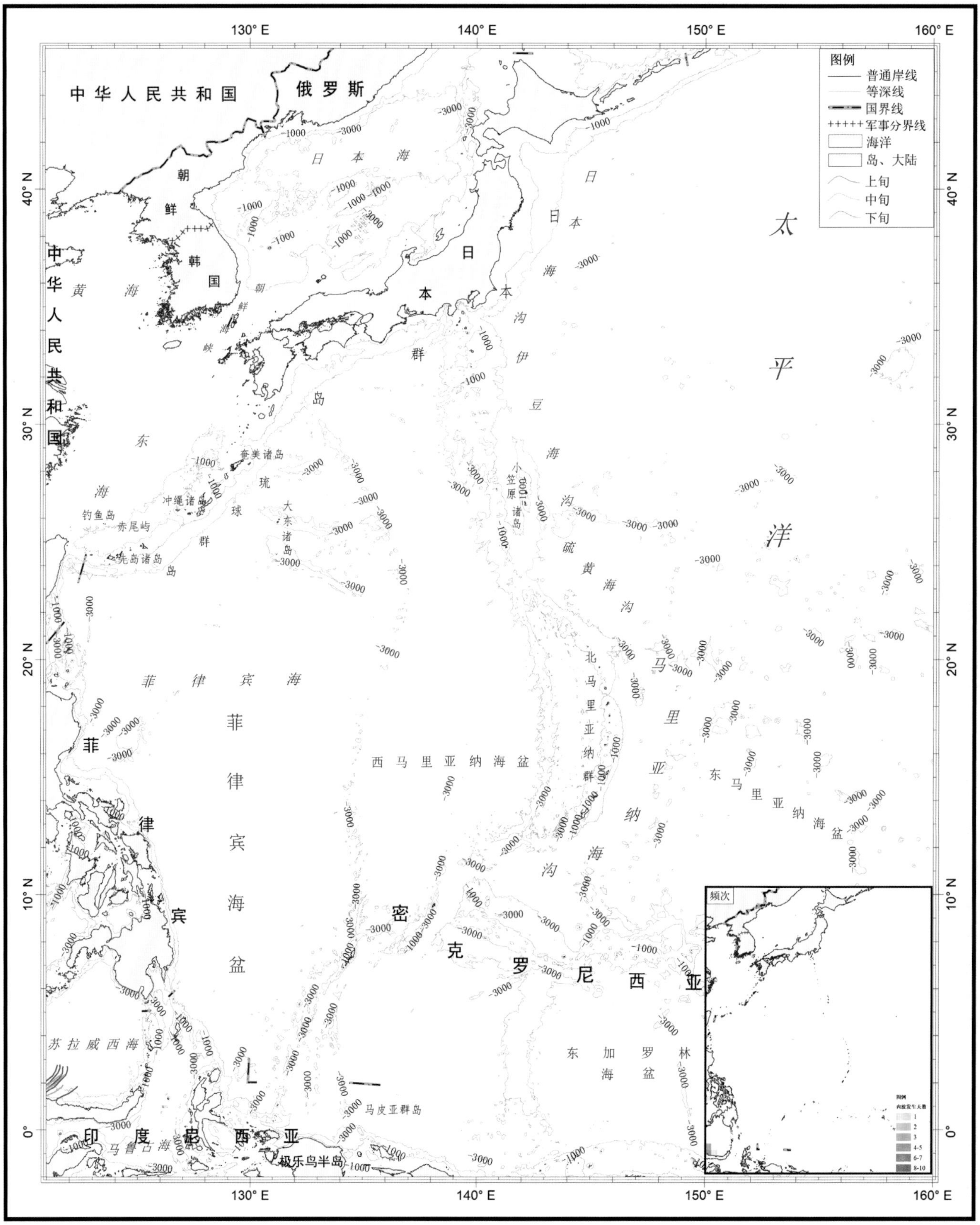

图例
- 普通岸线
- 等深线
- 国界线
- +++++ 军事分界线
- 海洋
- 岛、大陆
- 上旬
- 中旬
- 下旬

频次

调查数据源：MODIS、SAR数据
数据空间分辨率：250m
数据时间：2018年12月

比例尺：1:18 000 000
坐标系：CGCS2000
投影信息：墨卡托投影

高程基准：1985国家高程基准
制图单位：自然资源部第一海洋研究所
制图时间：2022年1月

西太平洋海洋内波位置和频次季分布专题图

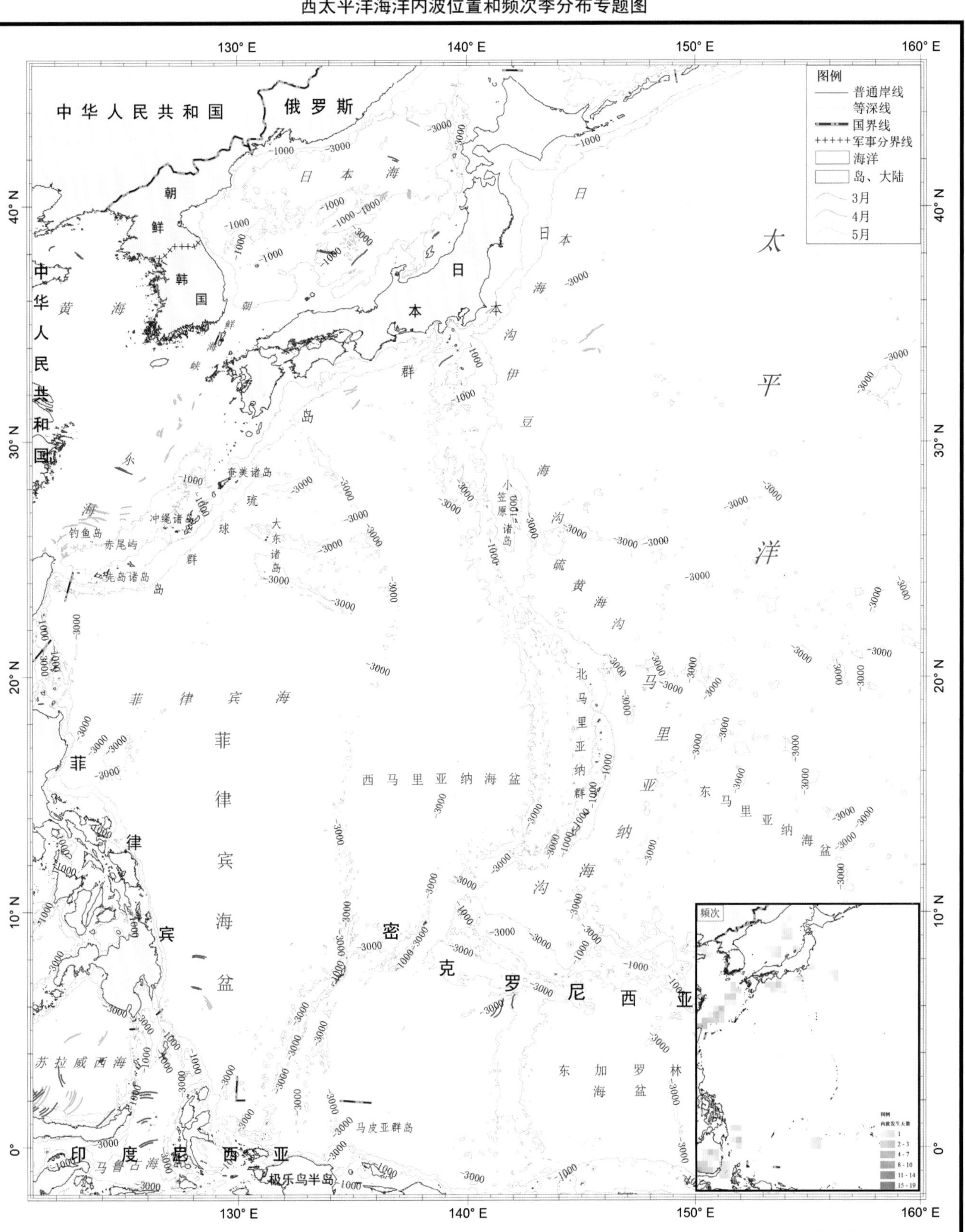

调查数据源：MODIS、SAR数据
数据空间分辨率：250m
数据时间：2018年春季

比例尺：1:18 000 000
坐标系：CGCS2000
投影信息：墨卡托投影

高程基准：1985国家高程基准
制图单位：自然资源部第一海洋研究所
制图时间：2022年1月

西太平洋海洋内波位置和频次季分布专题图

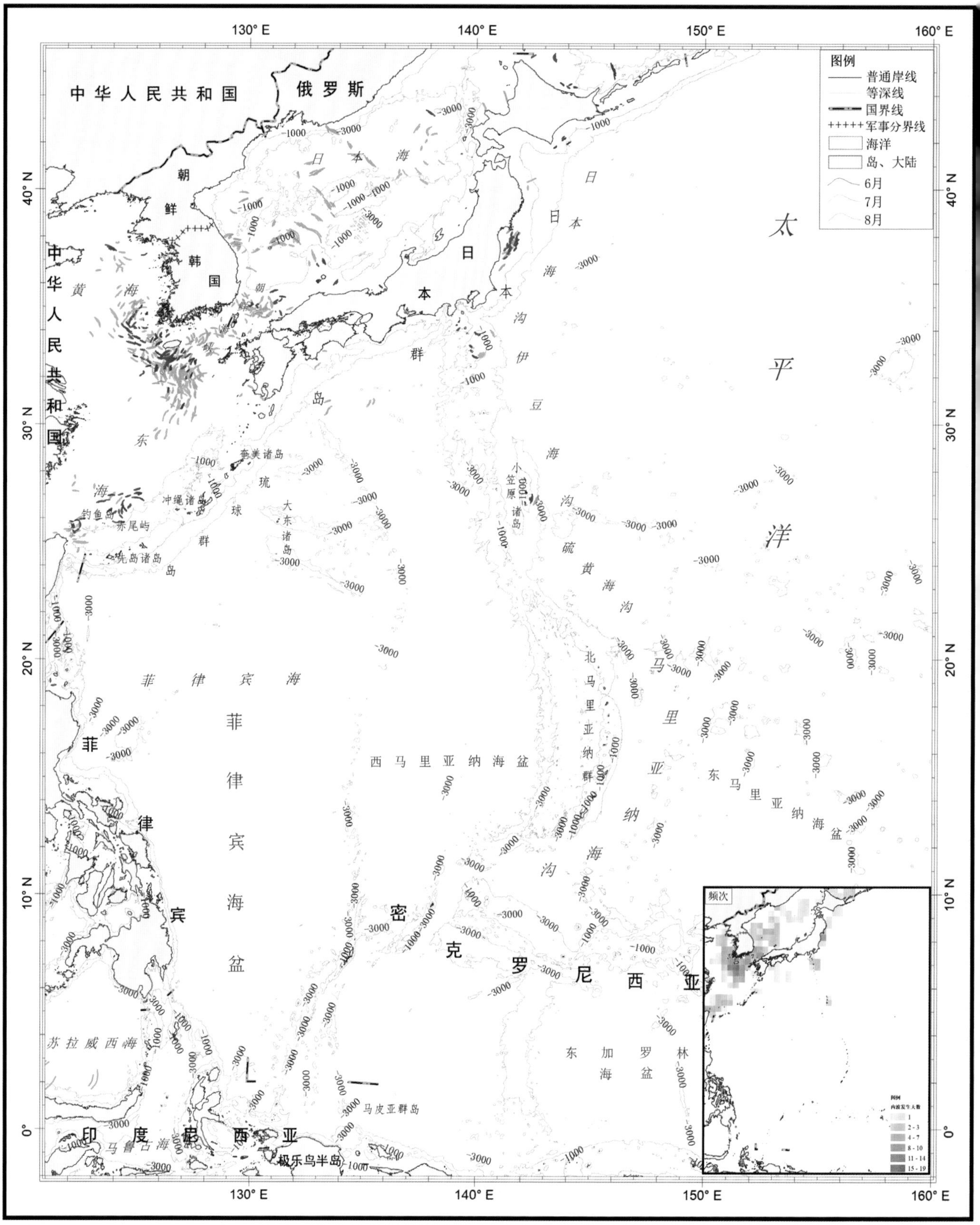

图例

- 普通岸线
- 等深线
- 国界线
- +++++军事分界线
- 海洋
- 岛、大陆
- 6月
- 7月
- 8月

调查数据源：MODIS、SAR数据
数据空间分辨率：250m
数据时间：2018年夏季

比例尺：1:18 000 000
坐标系：CGCS2000
投影信息：墨卡托投影

高程基准：1985国家高程基准
制图单位：自然资源部第一海洋研究所
制图时间：2022年1月

西太平洋海洋内波位置和频次季分布专题图

图例
普通岸线
等深线
国界线
+++++ 军事分界线
海洋
岛、大陆
9月
10月
11月

中华人民共和国　俄罗斯　朝鲜　韩国　日本　日本海　黄海　东海　太平洋　菲律宾海　菲律宾海盆　西马里亚纳海盆　东马里亚纳海盆　东加罗林海盆　密克罗尼西亚　印度尼西亚　菲律宾

频次

调查数据源：MODIS、SAR数据
数据空间分辨率：250m
数据时间：2018年秋季

比例尺：1:18 000 000
坐标系：CGCS2000
投影信息：墨卡托投影

高程基准：1985国家高程基准
制图单位：自然资源部第一海洋研究所
制图时间：2022年1月

西太平洋海洋内波位置和频次季分布专题图

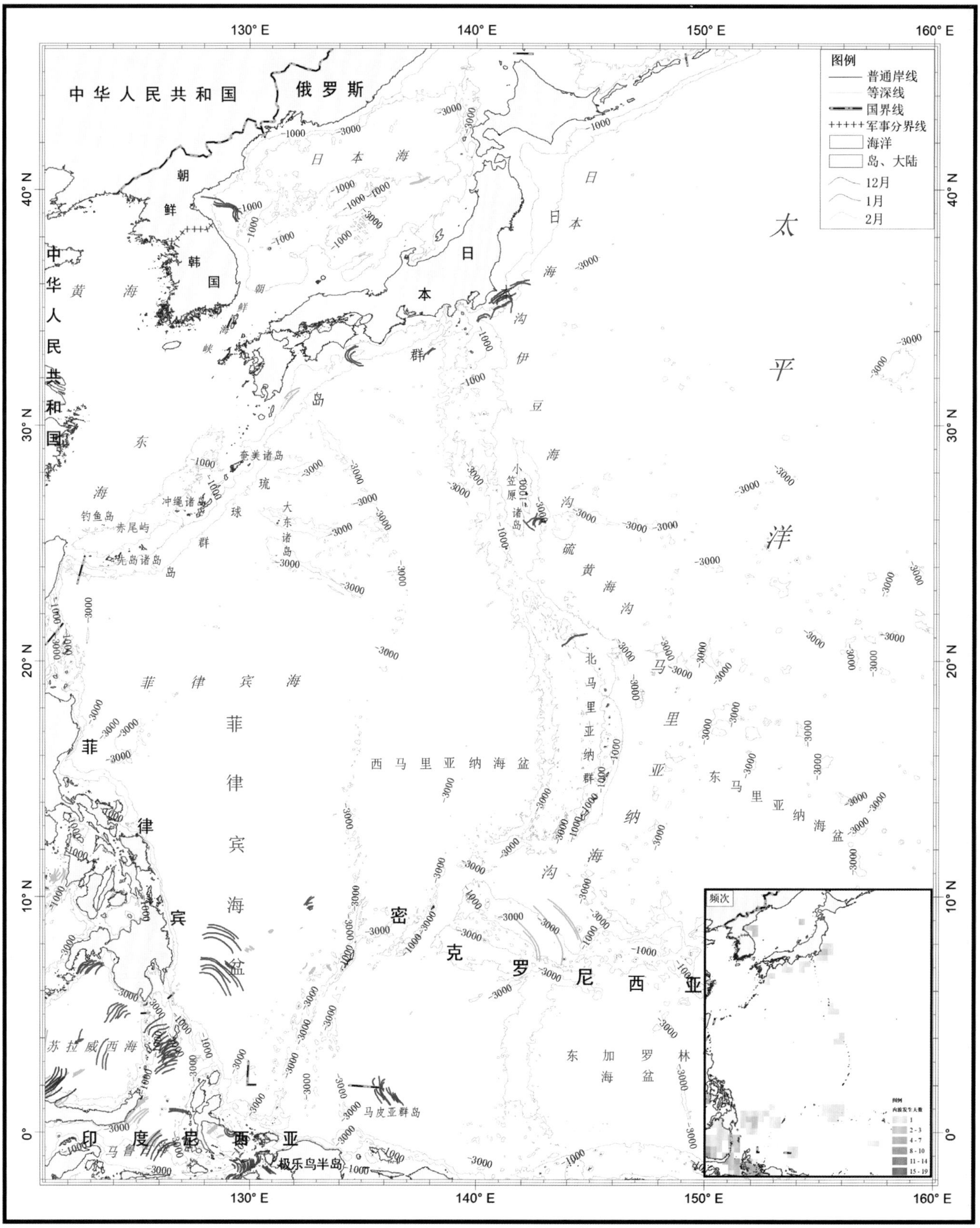

调查数据源：MODIS、SAR数据
数据空间分辨率：250m
数据时间：2018年冬季

比例尺：1:18 000 000
坐标系：CGCS2000
投影信息：墨卡托投影

高程基准：1985国家高程基准
制图单位：自然资源部第一海洋研究所
制图时间：2022年1月

西太平洋海洋内波位置和频次半年分布专题图

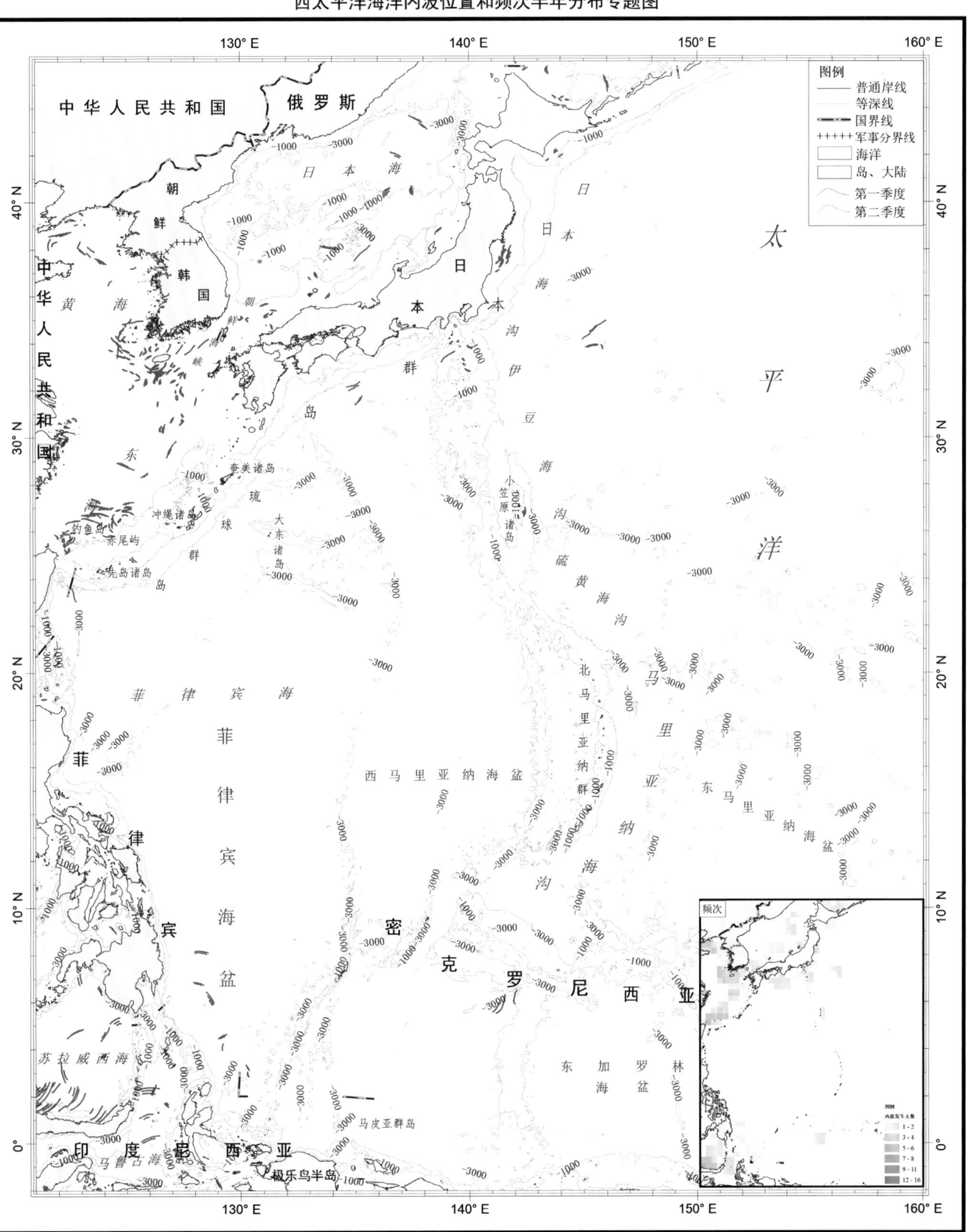

调查数据源：MODIS、SAR数据
数据空间分辨率：250m
数据时间：2018年上半年

比例尺：1:18 000 000
坐标系：CGCS2000
投影信息：墨卡托投影

高程基准：1985国家高程基准
制图单位：自然资源部第一海洋研究所
制图时间：2022年1月

西太平洋海洋内波位置和频次半年分布专题图

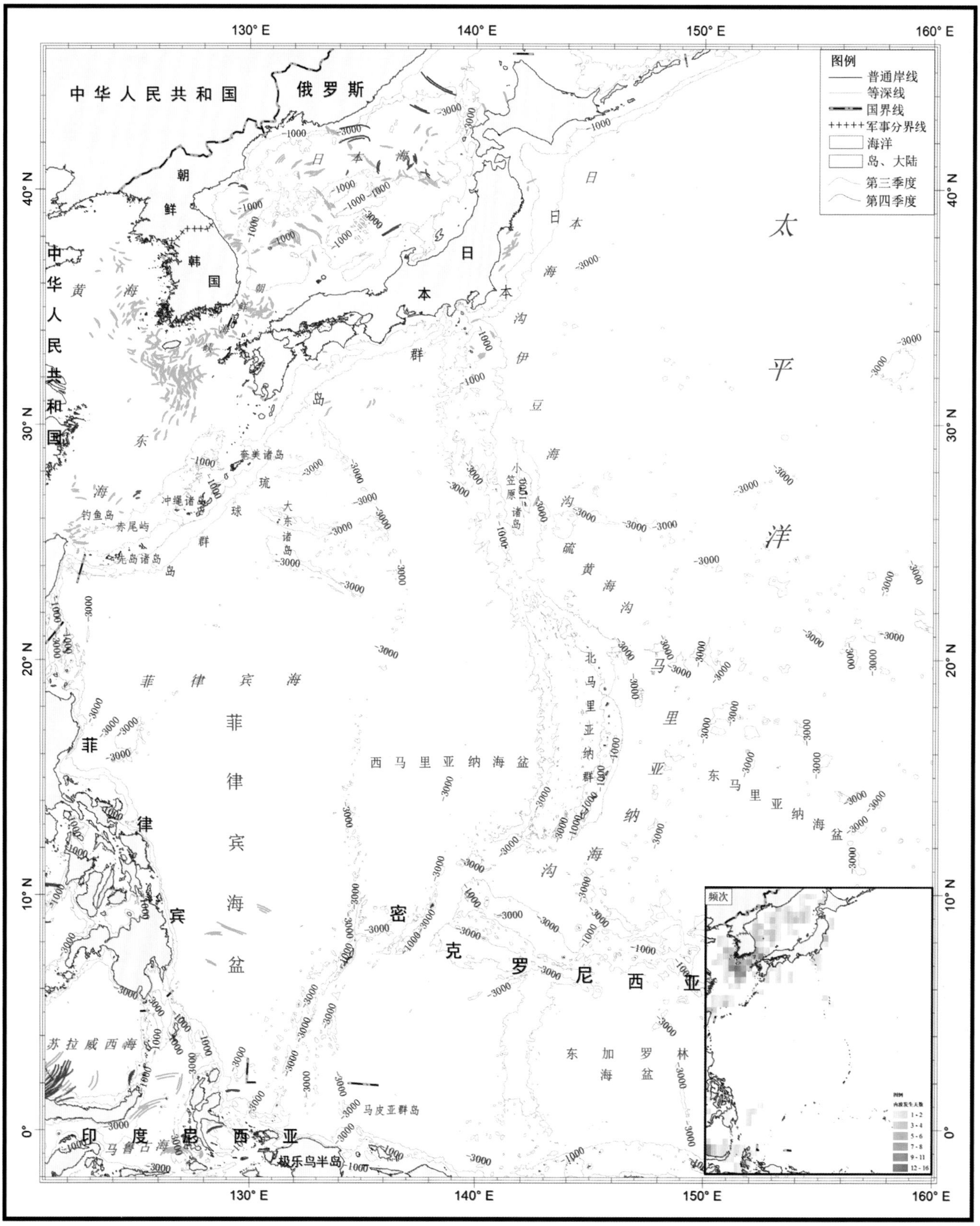

图例

普通岸线

等深线

国界线

+++++军事分界线

海洋

岛、大陆

第三季度

第四季度

频次

调查数据源：MODIS、SAR数据

数据空间分辨率：250m

数据时间：2018年下半年

比例尺：1:18 000 000

坐标系：CGCS2000

投影信息：墨卡托投影

高程基准：1985国家高程基准

制图单位：自然资源部第一海洋研究所

制图时间：2022年1月

西太平洋海洋内波位置和频次年分布专题图

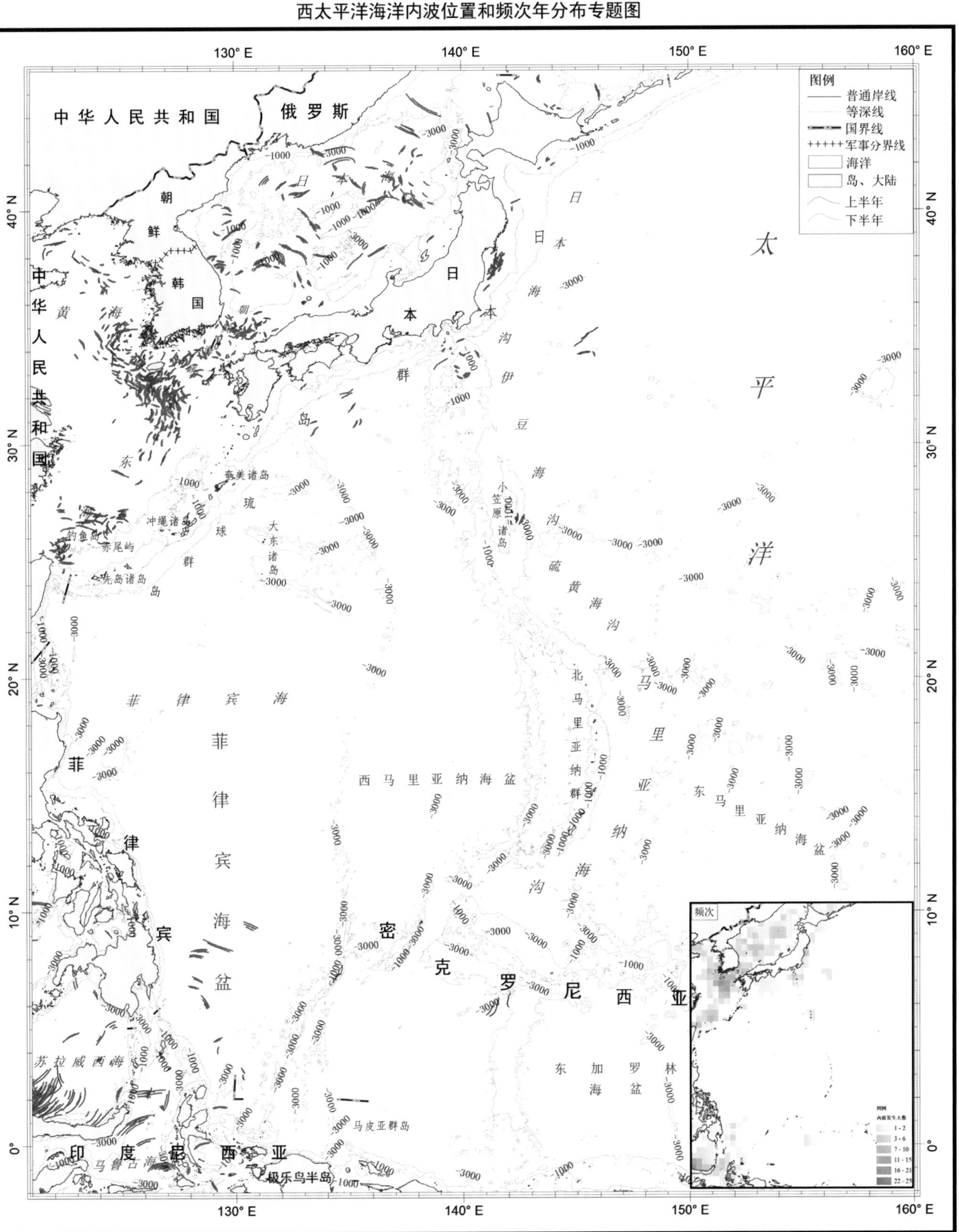

调查数据源：MODIS、SAR数据　　比例尺：1:18 000 000　　高程基准：1985国家高程基准

数据空间分辨率：250m　　坐标系：CGCS2000　　制图单位：自然资源部第一海洋研究所

数据时间：2018年全年　　投影信息：墨卡托投影　　制图时间：2022年1月

8.10 西太平洋内孤立波 2019 年分布图

西太平洋海洋内波位置和频次月分布专题图

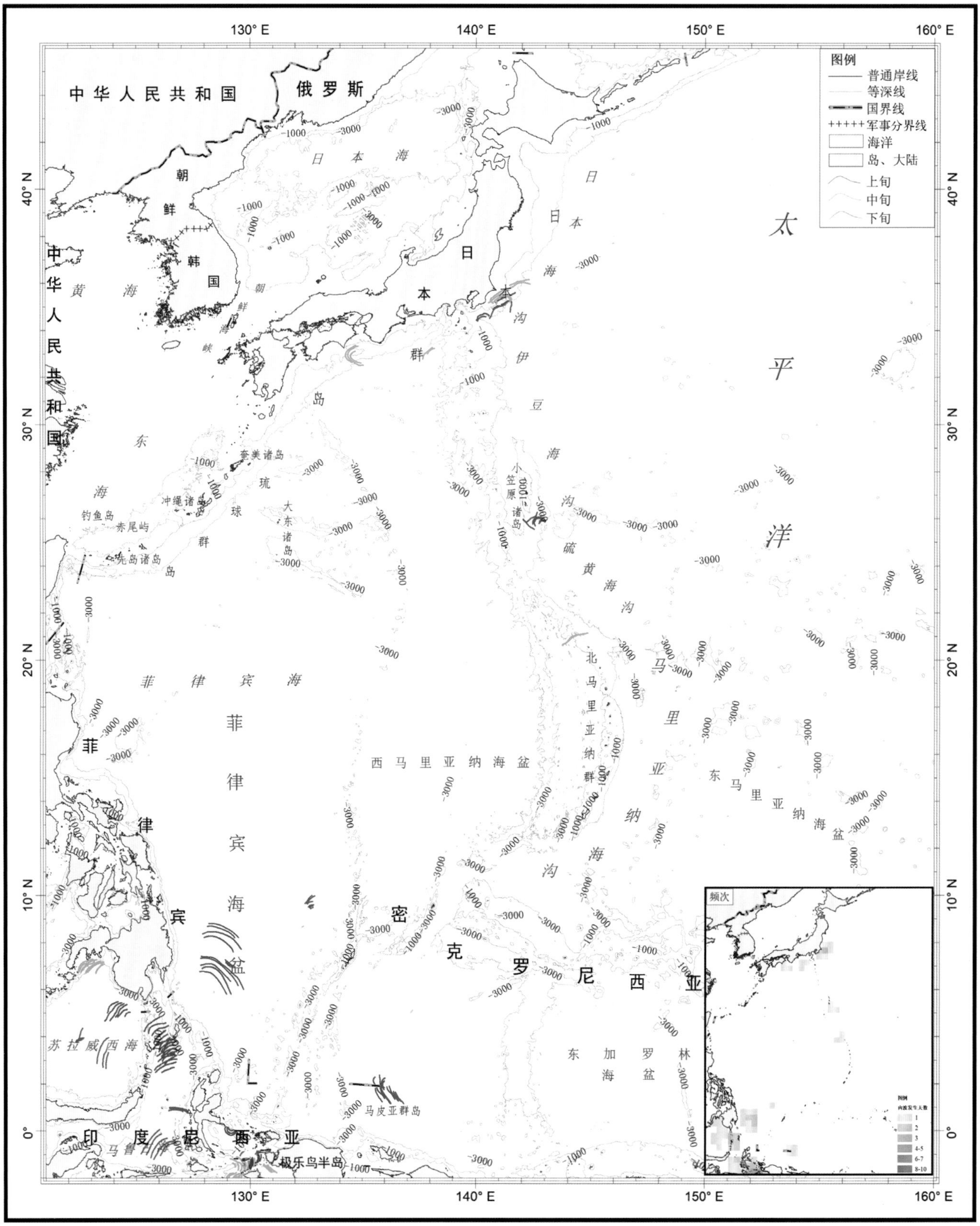

调查数据源：MODIS、SAR数据
数据空间分辨率：250m
数据时间：2019年1月

比例尺：1:18 000 000
坐标系：CGCS2000
投影信息：墨卡托投影

高程基准：1985国家高程基准
制图单位：自然资源部第一海洋研究所
制图时间：2022年1月

西太平洋海洋内波位置和频次月分布专题图

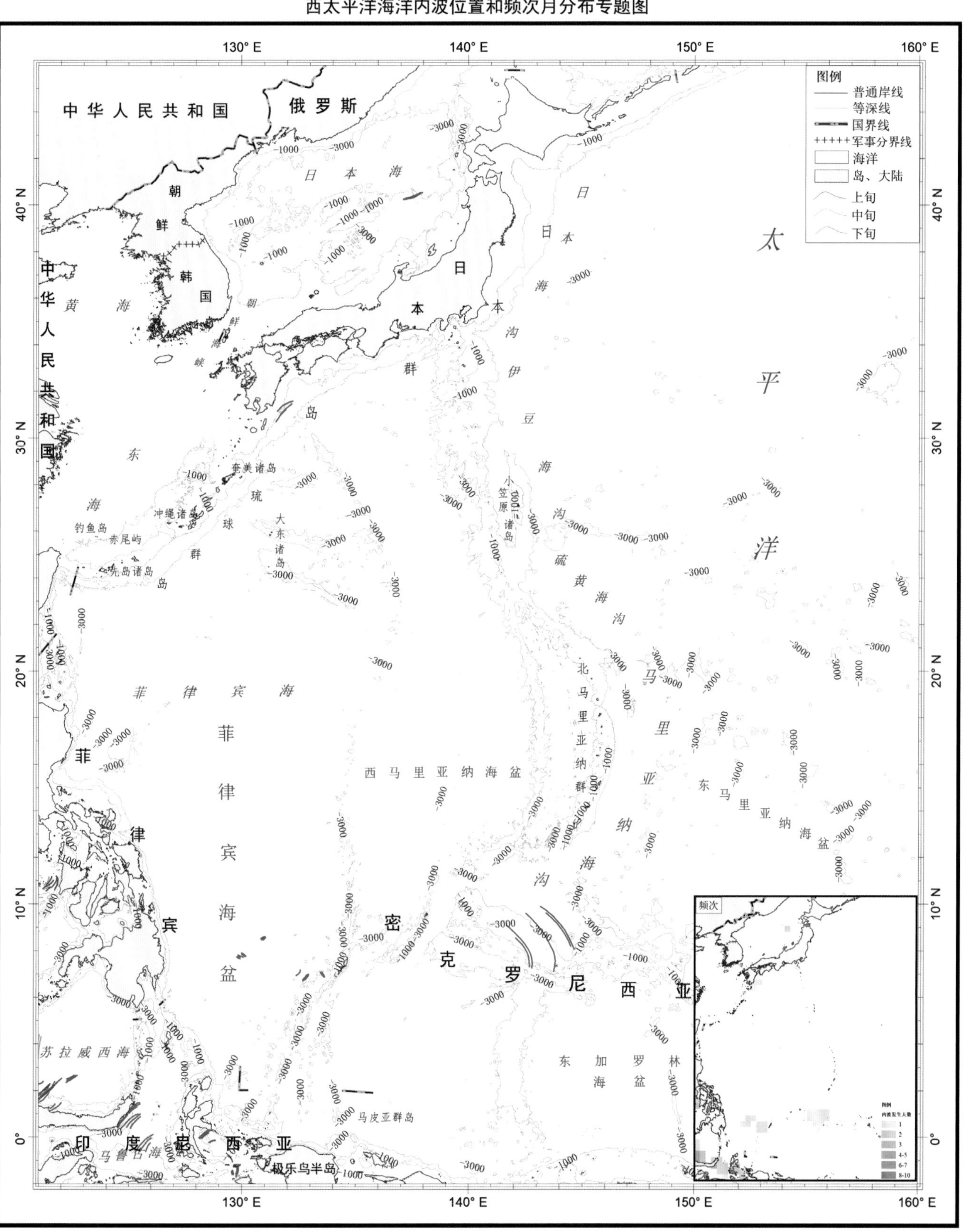

调查数据源：MODIS、SAR数据
数据空间分辨率：250m
数据时间：2019年2月

比例尺：1:18 000 000
坐标系：CGCS2000
投影信息：墨卡托投影

高程基准：1985国家高程基准
制图单位：自然资源部第一海洋研究所
制图时间：2022年1月

西太平洋海洋内波位置和频次月分布专题图

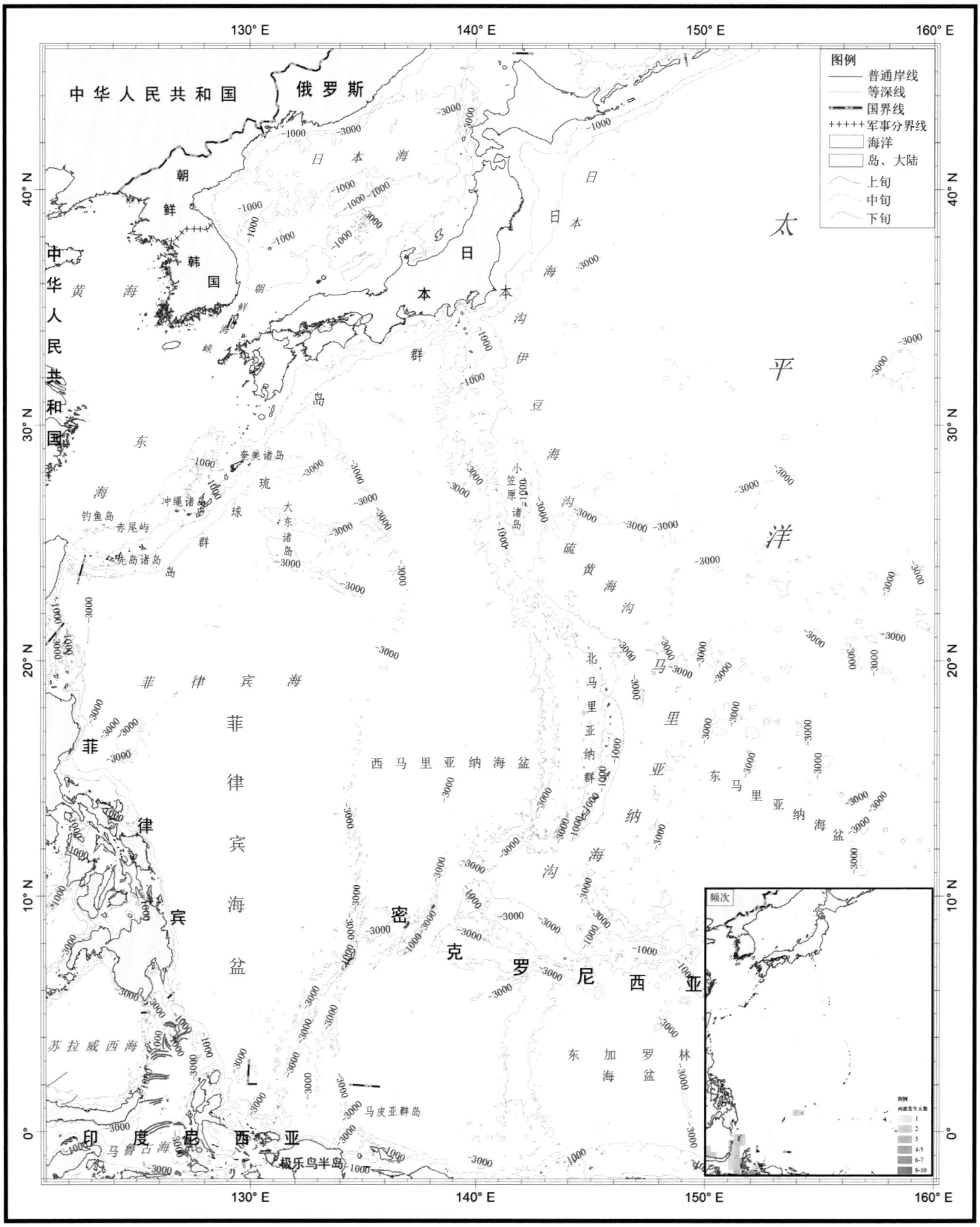

图例
普通岸线
等深线
国界线
+++++ 军事分界线
海洋
岛、大陆
上旬
中旬
下旬

频次

调查数据源：MODIS、SAR数据
数据空间分辨率：250m
数据时间：2019年3月

比例尺：1:18 000 000
坐标系：CGCS2000
投影信息：墨卡托投影

高程基准：1985国家高程基准
制图单位：自然资源部第一海洋研究所
制图时间：2022年1月

西太平洋海洋内波位置和频次月分布专题图

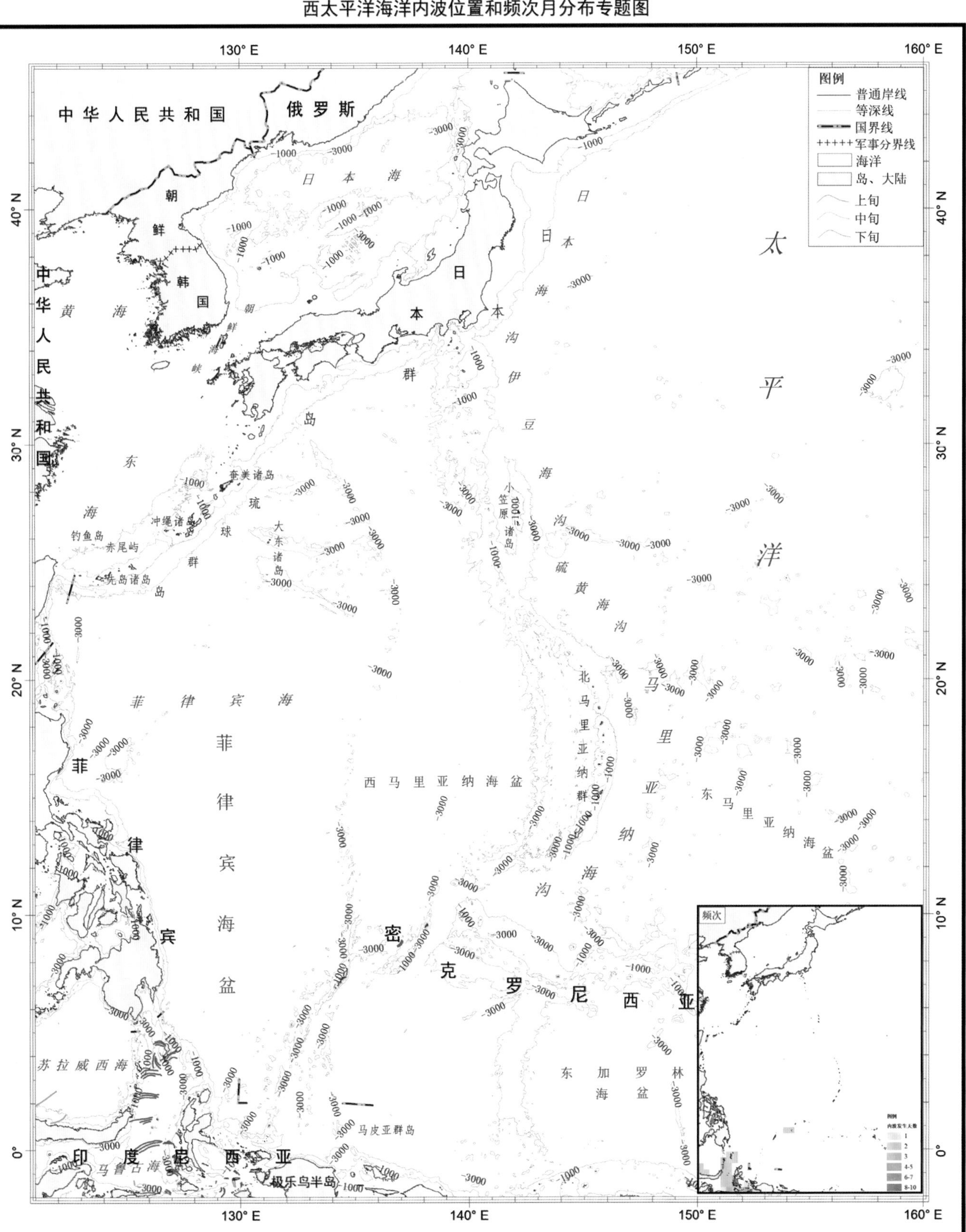

调查数据源：MODIS、SAR数据
数据空间分辨率：250m
数据时间：2019年4月

比例尺：1:18 000 000
坐标系：CGCS2000
投影信息：墨卡托投影

高程基准：1985国家高程基准
制图单位：自然资源部第一海洋研究所
制图时间：2022年1月

西太平洋海洋内波位置和频次月分布专题图

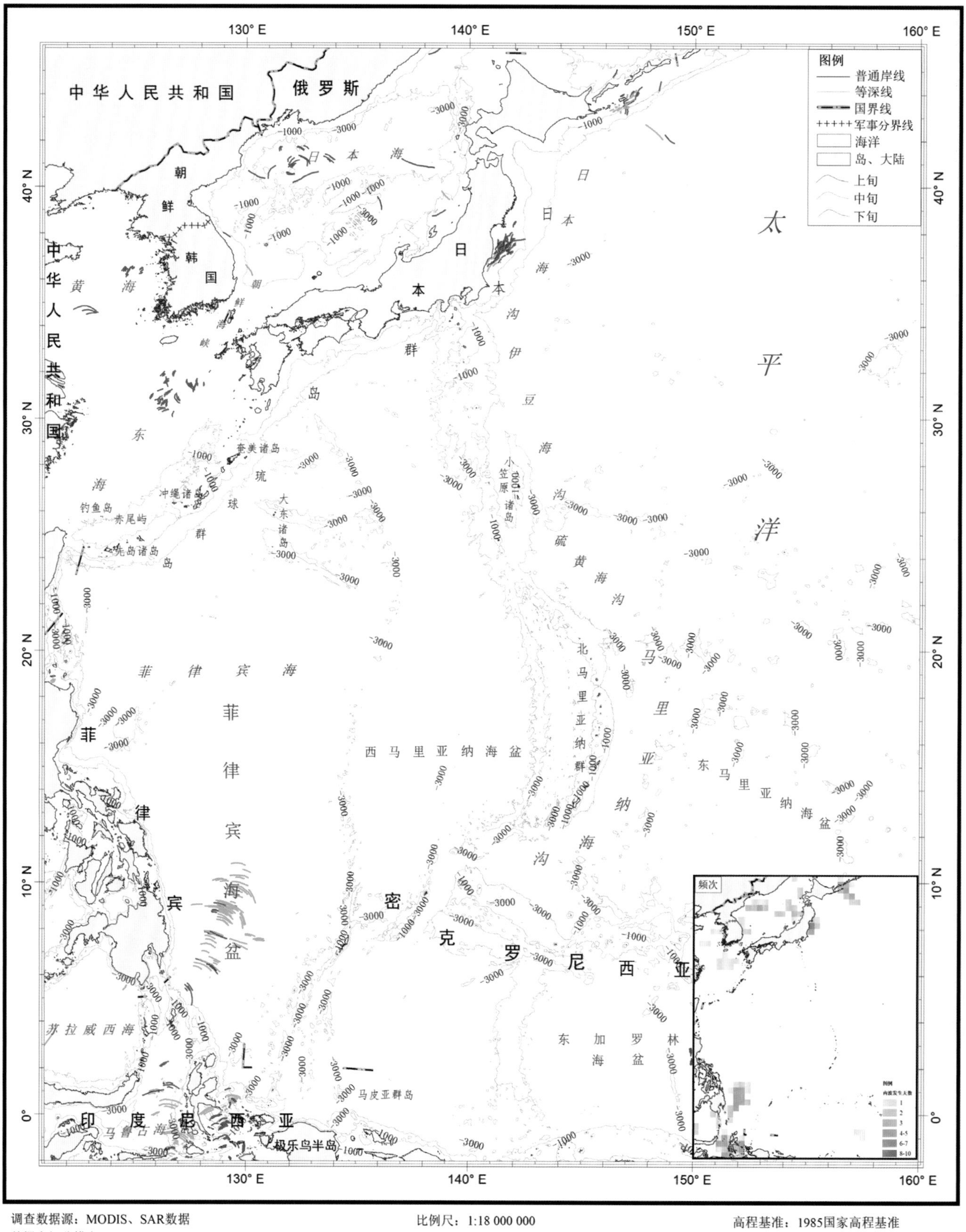

调查数据源：MODIS、SAR数据
数据空间分辨率：250m
数据时间：2019年5月

比例尺：1:18 000 000
坐标系：CGCS2000
投影信息：墨卡托投影

高程基准：1985国家高程基准
制图单位：自然资源部第一海洋研究所
制图时间：2022年1月

西太平洋海洋内波位置和频次月分布专题图

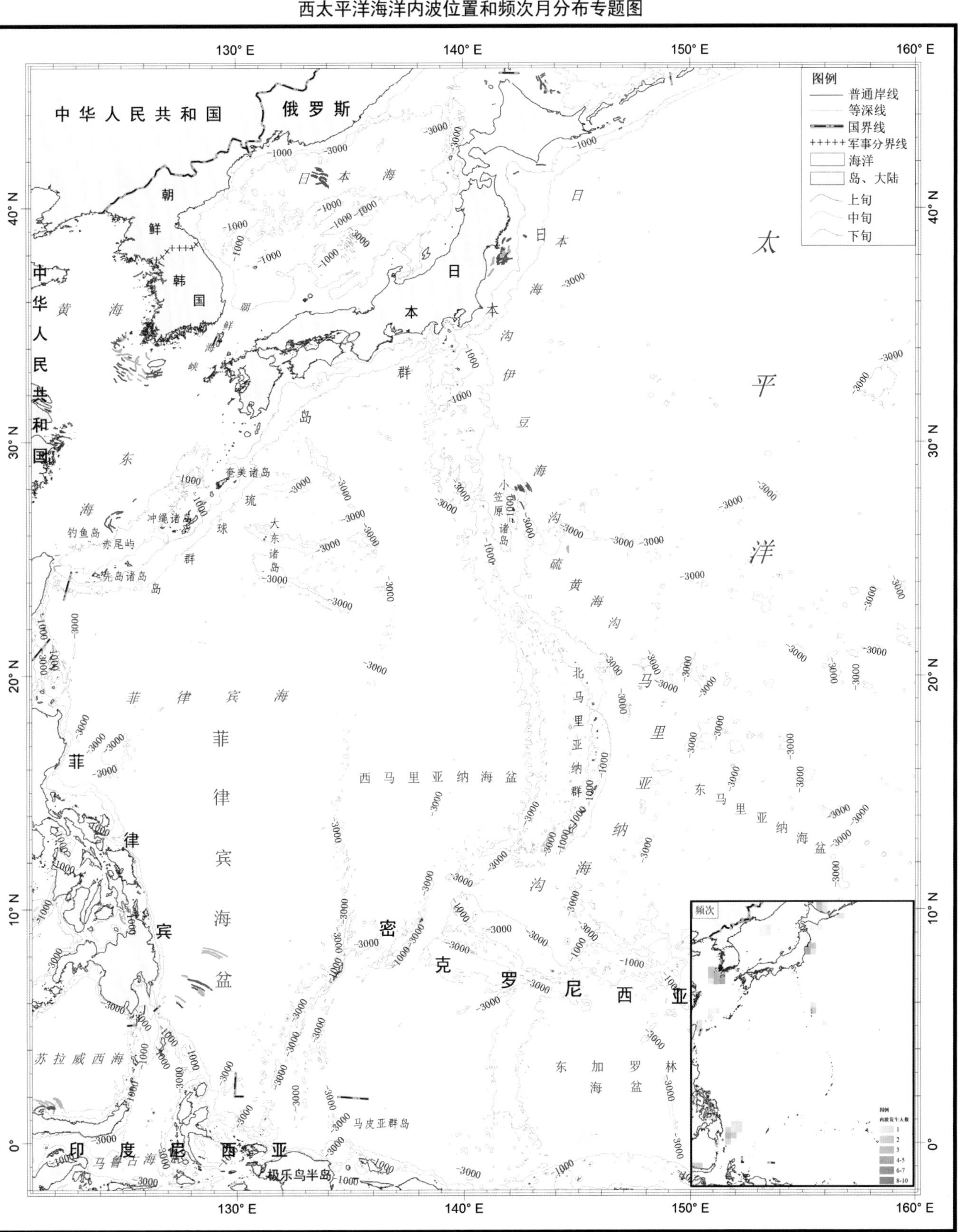

调查数据源：MODIS、SAR数据
数据空间分辨率：250m
数据时间：2019年6月

比例尺：1:18 000 000
坐标系：CGCS2000
投影信息：墨卡托投影

高程基准：1985国家高程基准
制图单位：自然资源部第一海洋研究所
制图时间：2022年1月

西太平洋海洋内波位置和频次月分布专题图

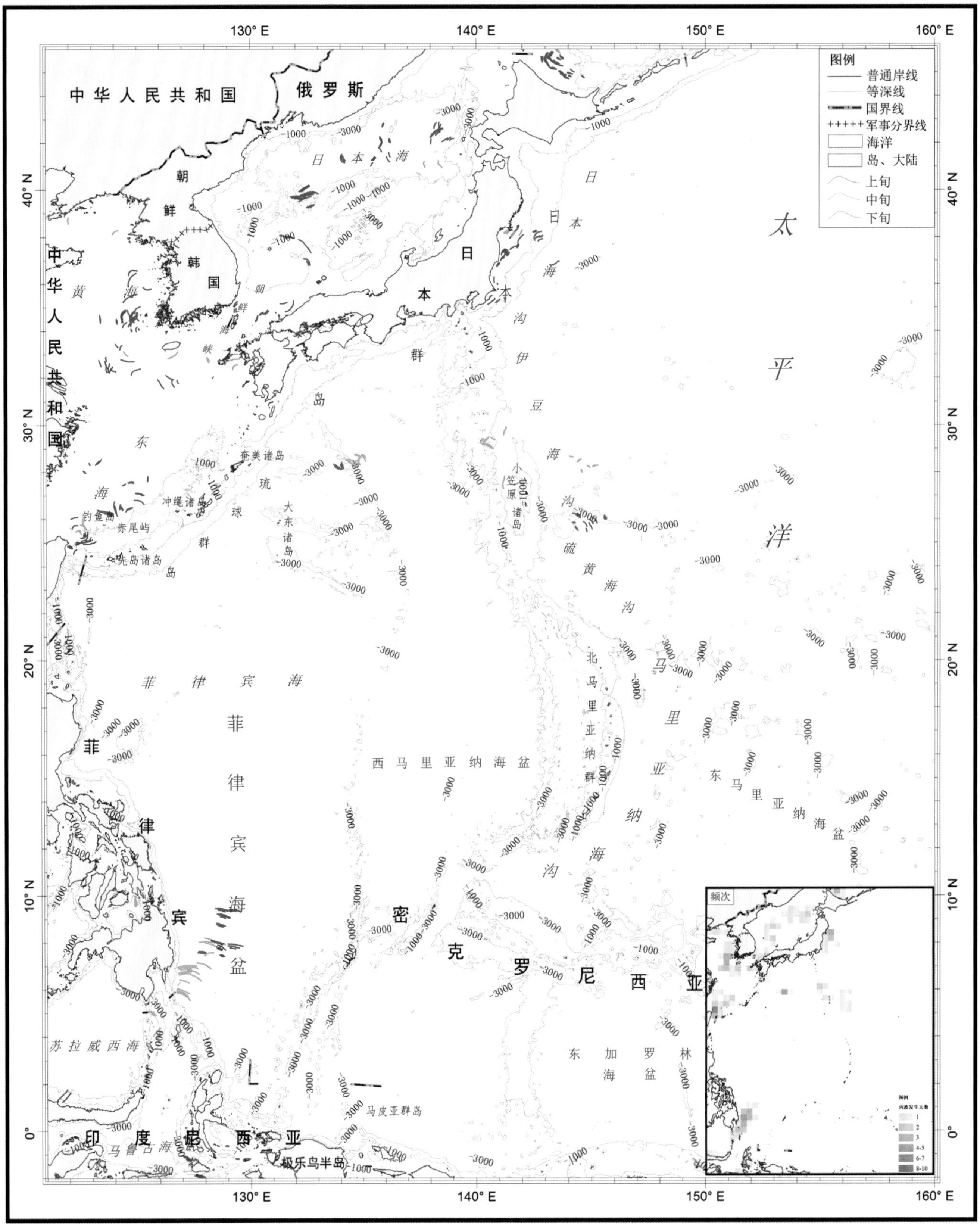

调查数据源：MODIS、SAR数据
数据空间分辨率：250m
数据时间：2019年7月

比例尺：1:18 000 000
坐标系：CGCS2000
投影信息：墨卡托投影

高程基准：1985国家高程基准
制图单位：自然资源部第一海洋研究所
制图时间：2022年1月

西太平洋海洋内波位置和频次月分布专题图

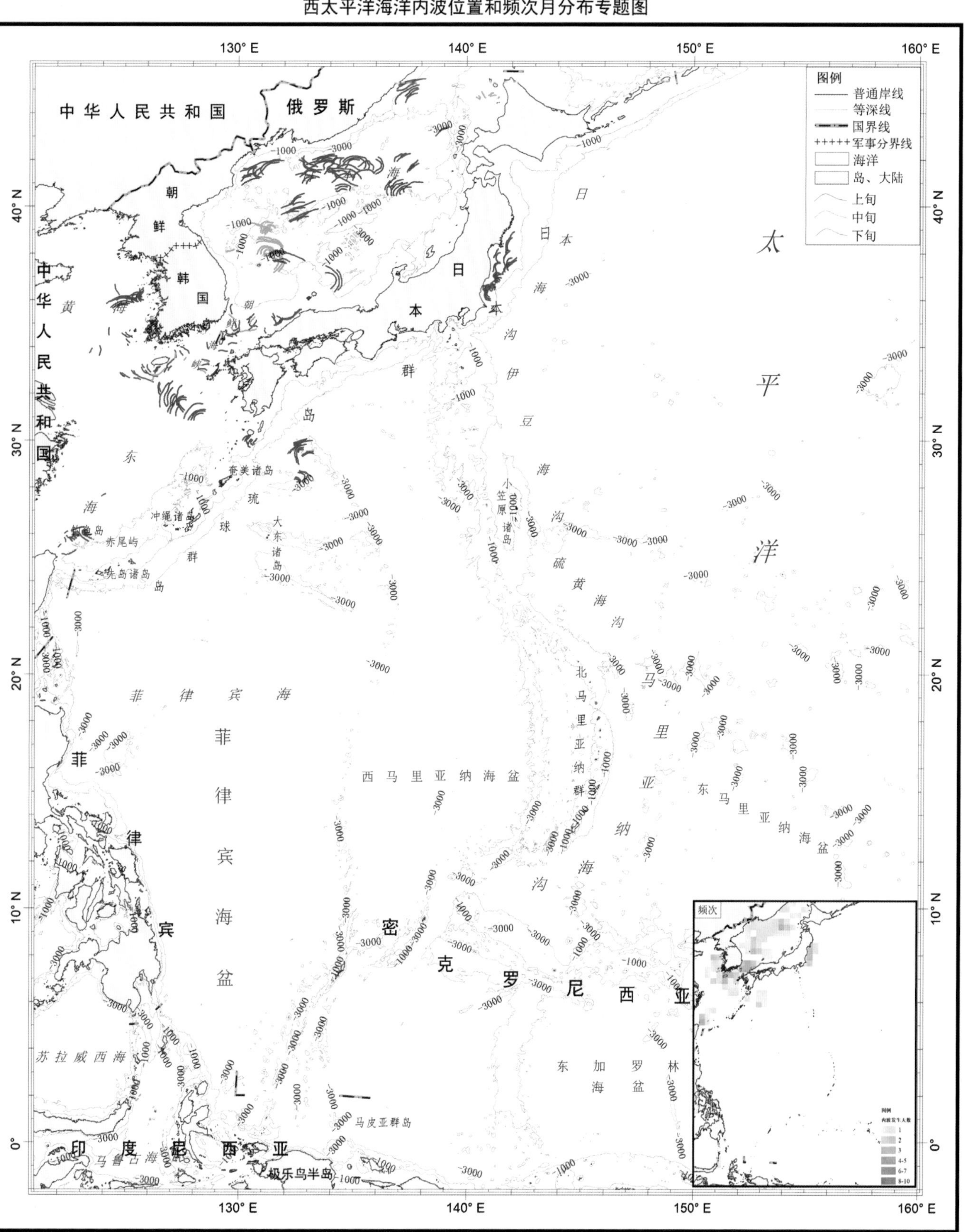

调查数据源：MODIS、SAR数据
数据空间分辨率：250m
数据时间：2019年8月

比例尺：1:18 000 000
坐标系：CGCS2000
投影信息：墨卡托投影

高程基准：1985国家高程基准
制图单位：自然资源部第一海洋研究所
制图时间：2022年1月

西太平洋海洋内波位置和频次月分布专题图

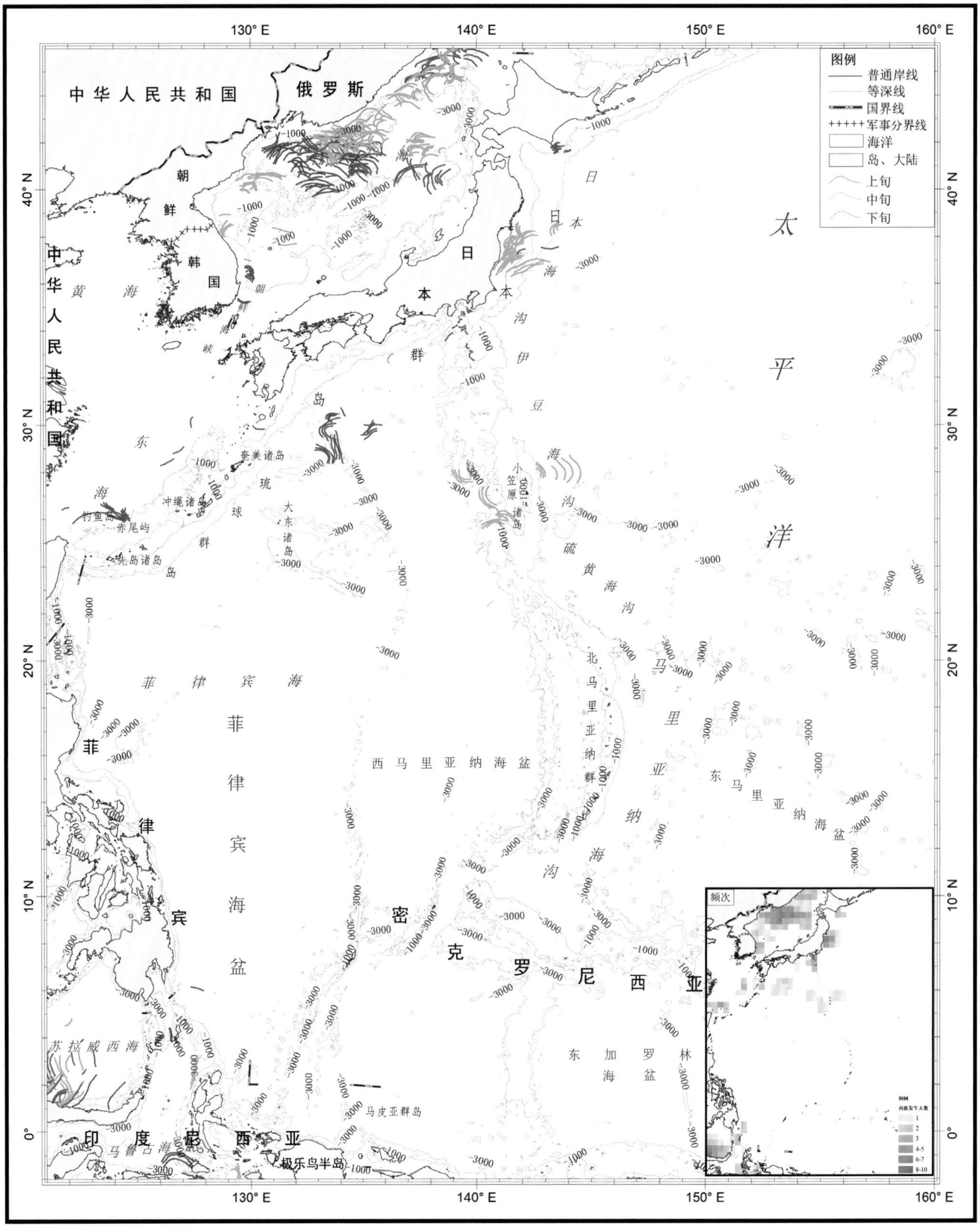

图例
普通岸线
等深线
国界线
+++++ 军事分界线
海洋
岛、大陆
上旬
中旬
下旬

中华人民共和国
俄罗斯
朝鲜
韩国
日本
日本海
黄海
东海
太平洋
菲律宾海
菲律宾海盆
西马里亚纳海盆
东马里亚纳海盆
东加罗林海盆
马里亚纳海沟
北马里亚纳群岛
伊豆海沟
日本海沟
硫黄海沟
琉球群岛
大东诸岛
小笠原诸岛
奄美诸岛
冲绳诸岛
先岛诸岛
钓鱼岛
赤尾屿
菲律宾
密克罗尼西亚
印度尼西亚
苏拉威西海
马鲁古海
马皮亚群岛
极乐鸟半岛

频次
内波发生天数
1
2
3
4-5
6-7
8-10

调查数据源：MODIS、SAR数据	比例尺：1:18 000 000	高程基准：1985国家高程基准
数据空间分辨率：250m	坐标系：CGCS2000	制图单位：自然资源部第一海洋研究所
数据时间：2019年9月	投影信息：墨卡托投影	制图时间：2022年1月

西太平洋海洋内波位置和频次月分布专题图

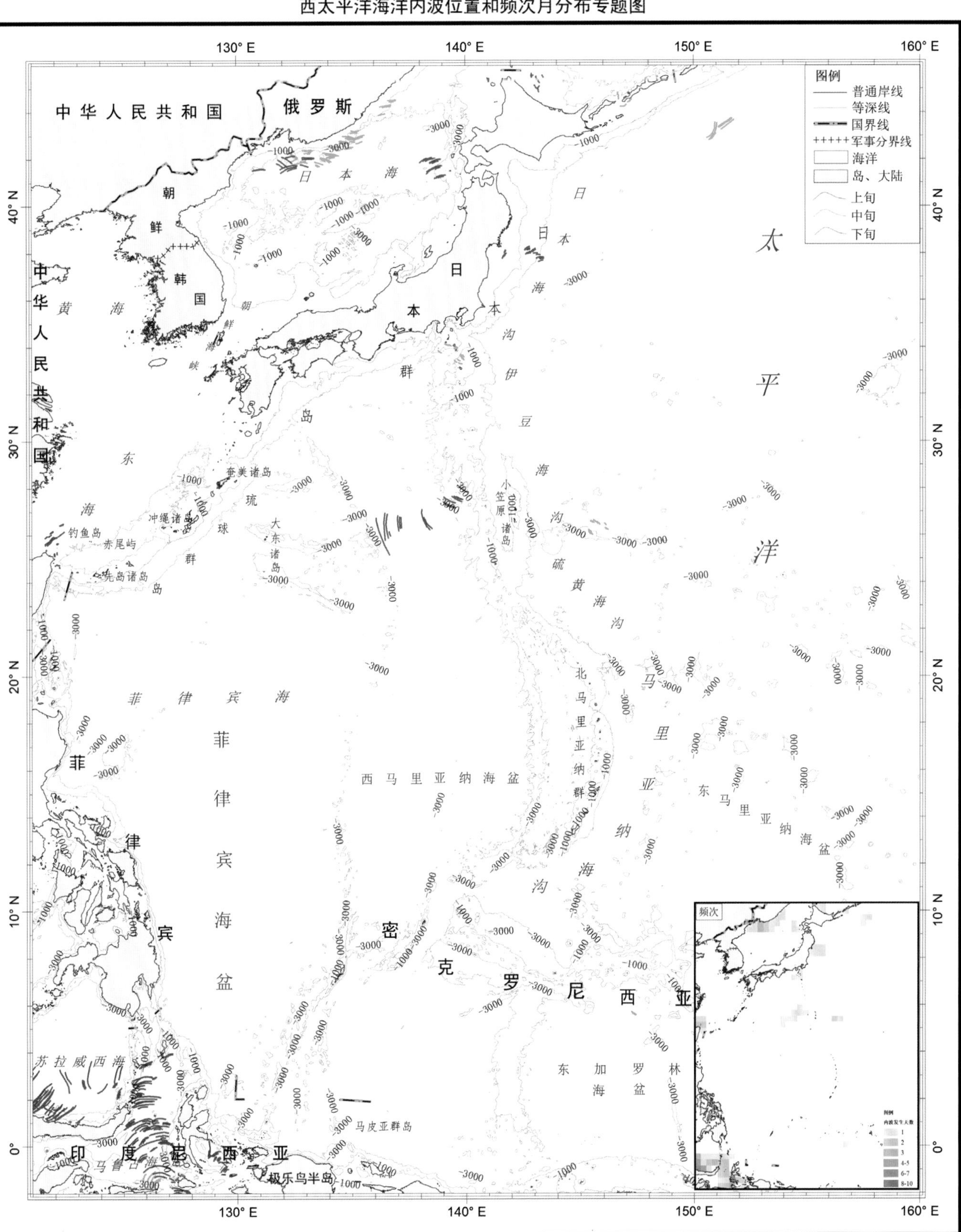

调查数据源：MODIS、SAR数据
数据空间分辨率：250m
数据时间：2019年10月

比例尺：1:18 000 000
坐标系：CGCS2000
投影信息：墨卡托投影

高程基准：1985国家高程基准
制图单位：自然资源部第一海洋研究所
制图时间：2022年1月

西太平洋海洋内波位置和频次月分布专题图

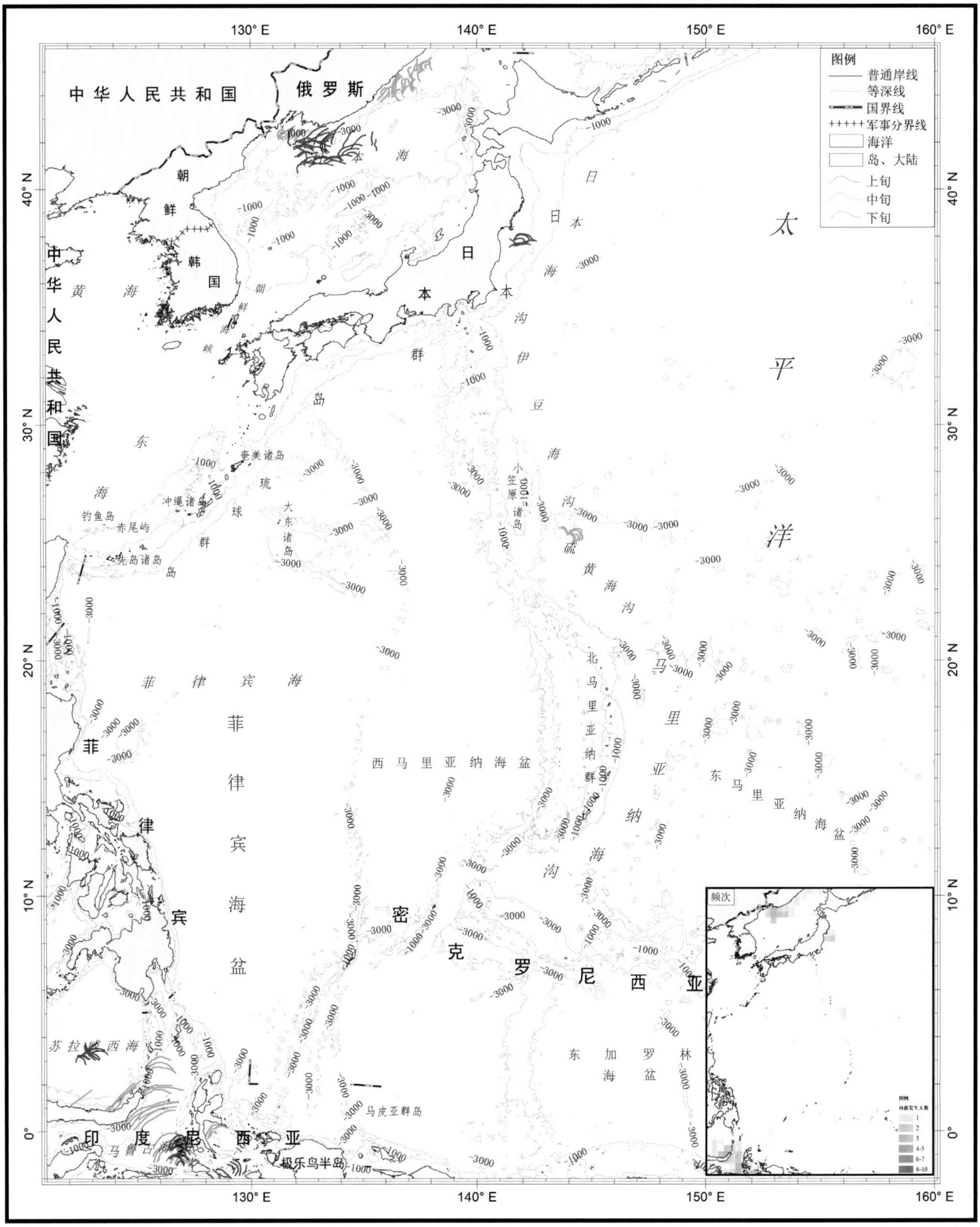

调查数据源：MODIS、SAR数据
数据空间分辨率：250m
数据时间：2019年11月

比例尺：1:18 000 000
坐标系：CGCS2000
投影信息：墨卡托投影

高程基准：1985国家高程基准
制图单位：自然资源部第一海洋研究所
制图时间：2022年1月

西太平洋海洋内波位置和频次月分布专题图

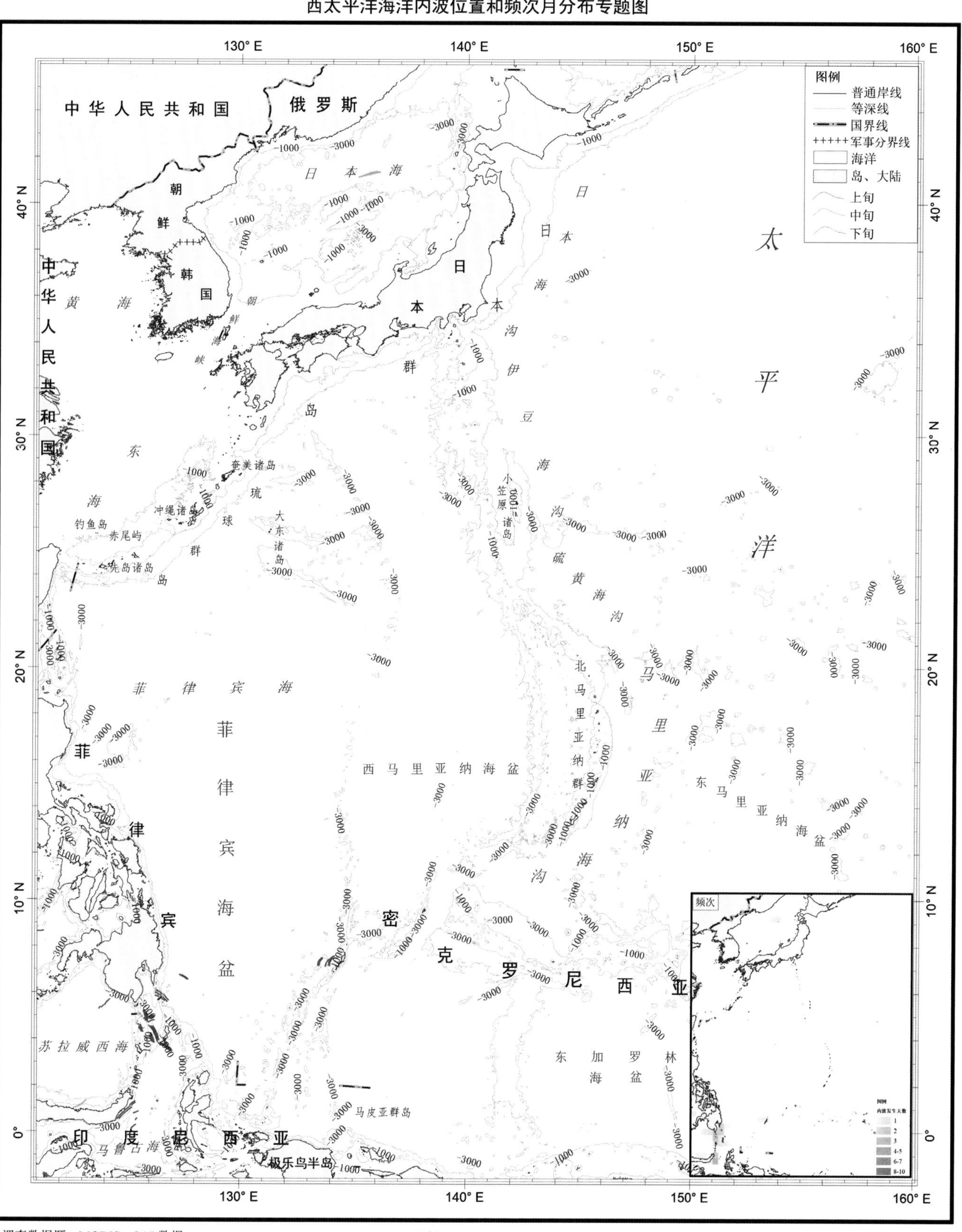

调查数据源：MODIS、SAR数据
数据空间分辨率：250m
数据时间：2019年12月

比例尺：1:18 000 000
坐标系：CGCS2000
投影信息：墨卡托投影

高程基准：1985国家高程基准
制图单位：自然资源部第一海洋研究所
制图时间：2022年1月

西太平洋海洋内波位置和频次季分布专题图

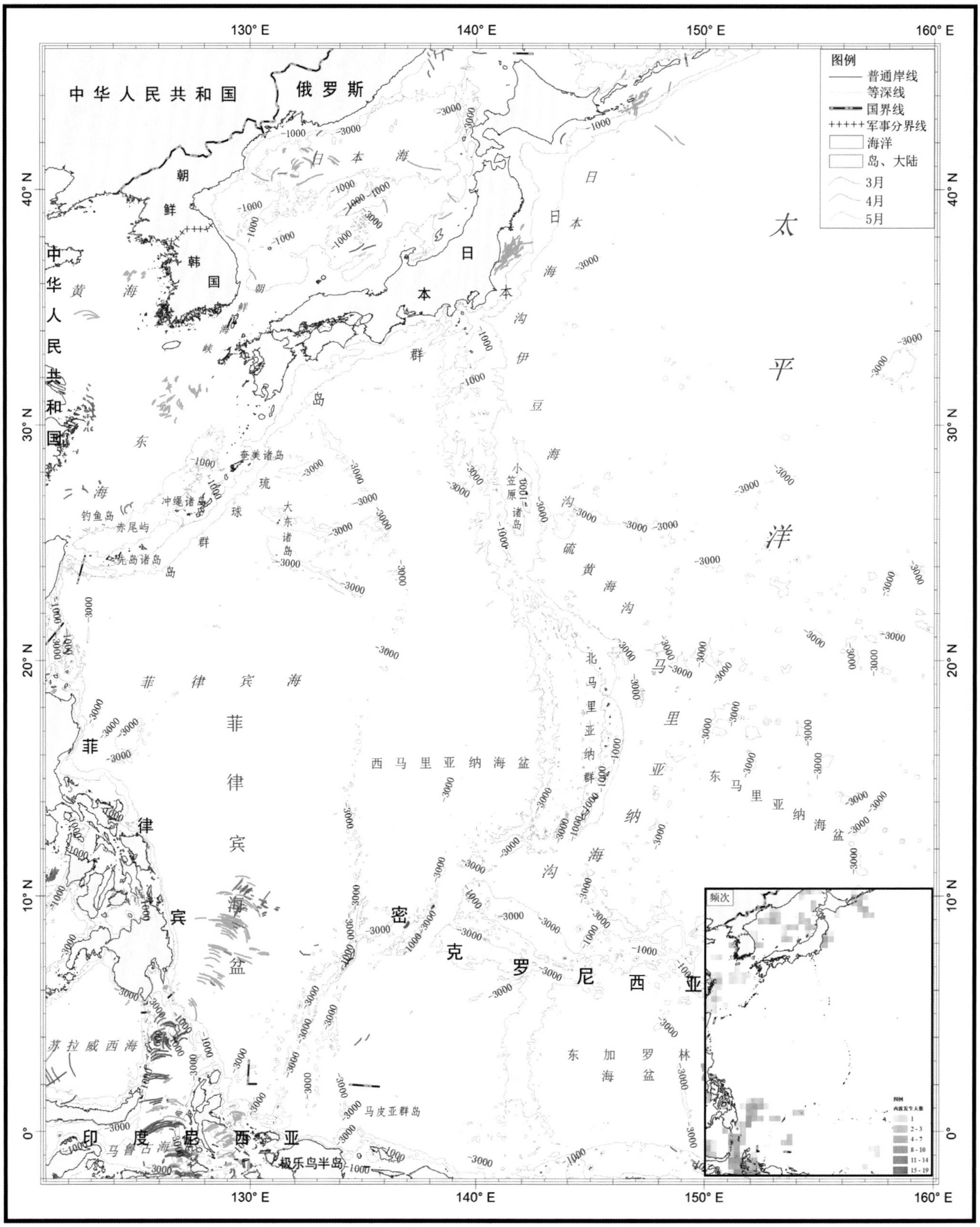

130° E 140° E 150° E 160° E

40° N 30° N 20° N 10° N 0°

图例
普通岸线
等深线
国界线
+++++ 军事分界线
海洋
岛、大陆
3月
4月
5月

中华人民共和国 俄罗斯 朝鲜 韩国 日本 日本海 黄海 东海 朝鲜海峡 日本群岛 太平洋 日本海沟 伊豆海沟 小笠原诸岛 硫黄海沟 琉球群岛 奄美诸岛 冲绳诸岛 大东诸岛 钓鱼岛 赤尾屿 先岛诸岛 菲律宾海 菲律宾海盆 西马里亚纳海盆 北马里亚纳群岛 马里亚纳海沟 东马里亚纳海盆 菲律宾 密克罗尼西亚 东加罗林海盆 苏拉威西海 马鲁古海 印度尼西亚 马皮亚群岛 极乐鸟半岛

频次

调查数据源：MODIS、SAR数据
数据空间分辨率：250m
数据时间：2019年春季

比例尺：1:18 000 000
坐标系：CGCS2000
投影信息：墨卡托投影

高程基准：1985国家高程基准
制图单位：自然资源部第一海洋研究所
制图时间：2022年1月

西太平洋海洋内波位置和频次季分布专题图

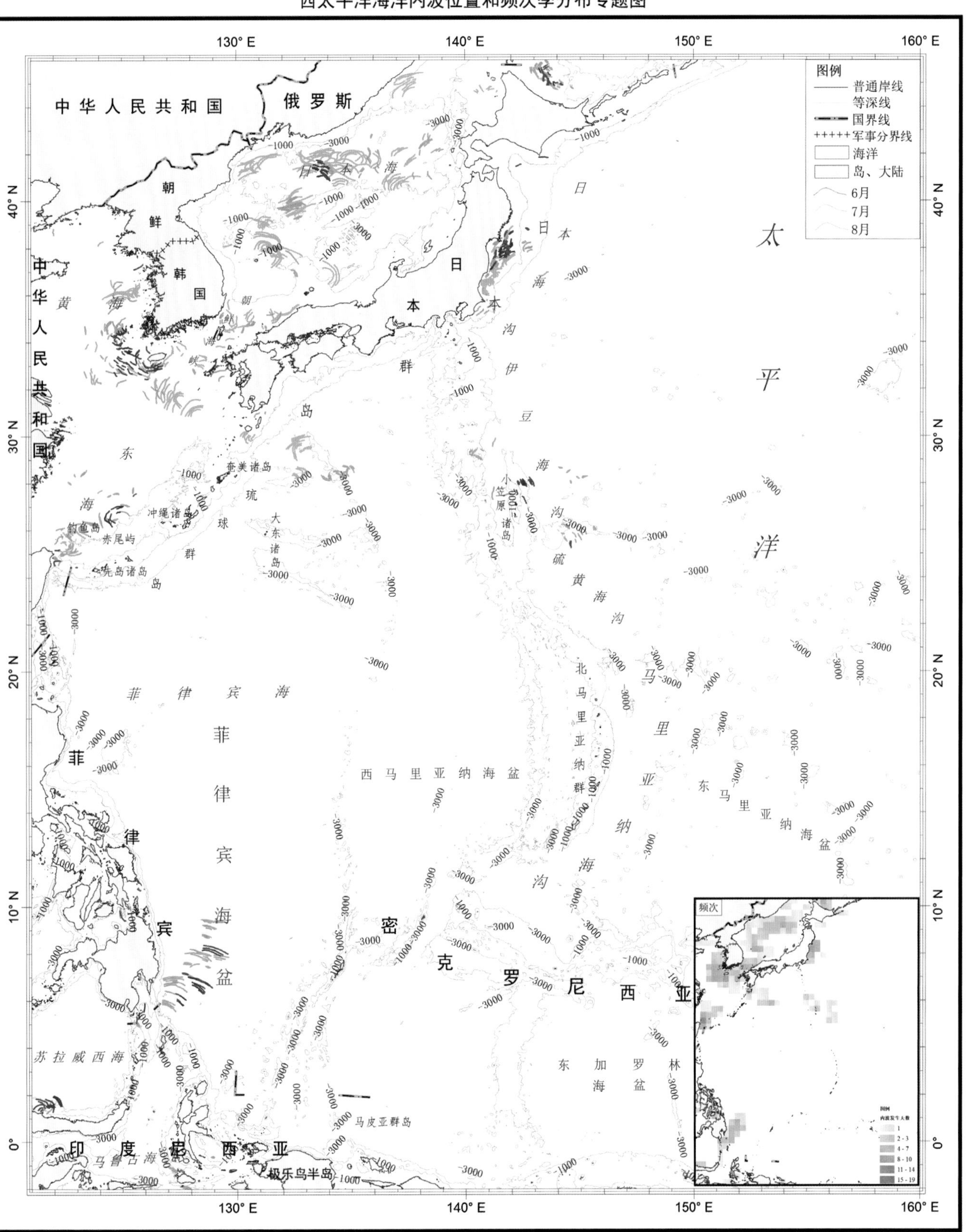

调查数据源：MODIS、SAR数据
数据空间分辨率：250m
数据时间：2019年夏季

比例尺：1:18 000 000
坐标系：CGCS2000
投影信息：墨卡托投影

高程基准：1985国家高程基准
制图单位：自然资源部第一海洋研究所
制图时间：2022年1月

8

西太平洋海洋内波位置和频次季分布专题图

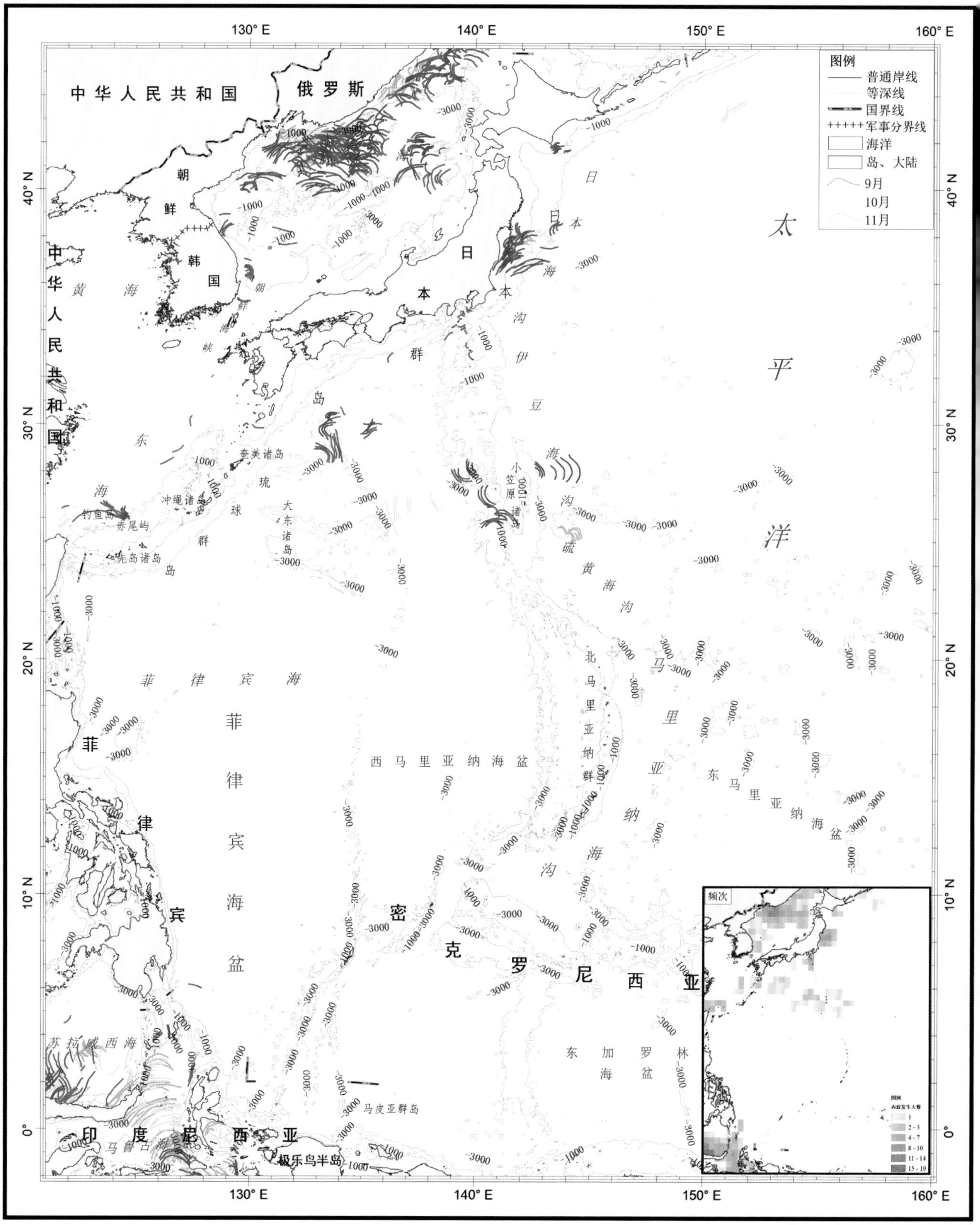

图例
普通岸线
等深线
国界线
+++++军事分界线
海洋
岛、大陆
9月
10月
11月

频次

图例
内波发生天数
1
2-3
4-7
8-10
11-14
15-19

调查数据源：MODIS、SAR数据
数据空间分辨率：250m
数据时间：2019年秋季

比例尺：1:18 000 000
坐标系：CGCS2000
投影信息：墨卡托投影

高程基准：1985国家高程基准
制图单位：自然资源部第一海洋研究所
制图时间：2022年1月

西太平洋海洋内波位置和频次季分布专题图

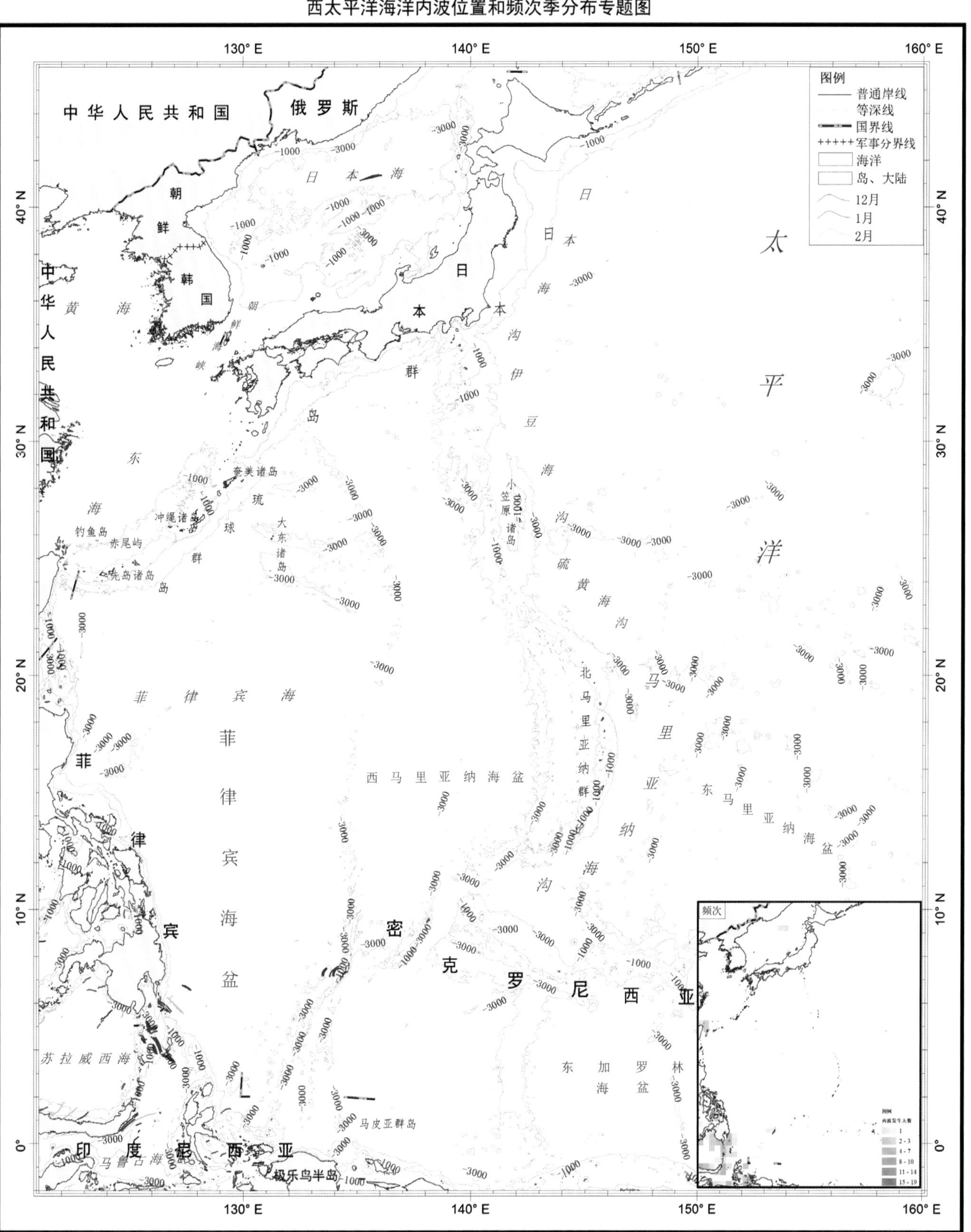

调查数据源：MODIS、SAR数据
数据空间分辨率：250m
数据时间：2019年冬季

比例尺：1:18 000 000
坐标系：CGCS2000
投影信息：墨卡托投影

高程基准：1985国家高程基准
制图单位：自然资源部第一海洋研究所
制图时间：2022年1月

西太平洋海洋内波位置和频次半年分布专题图

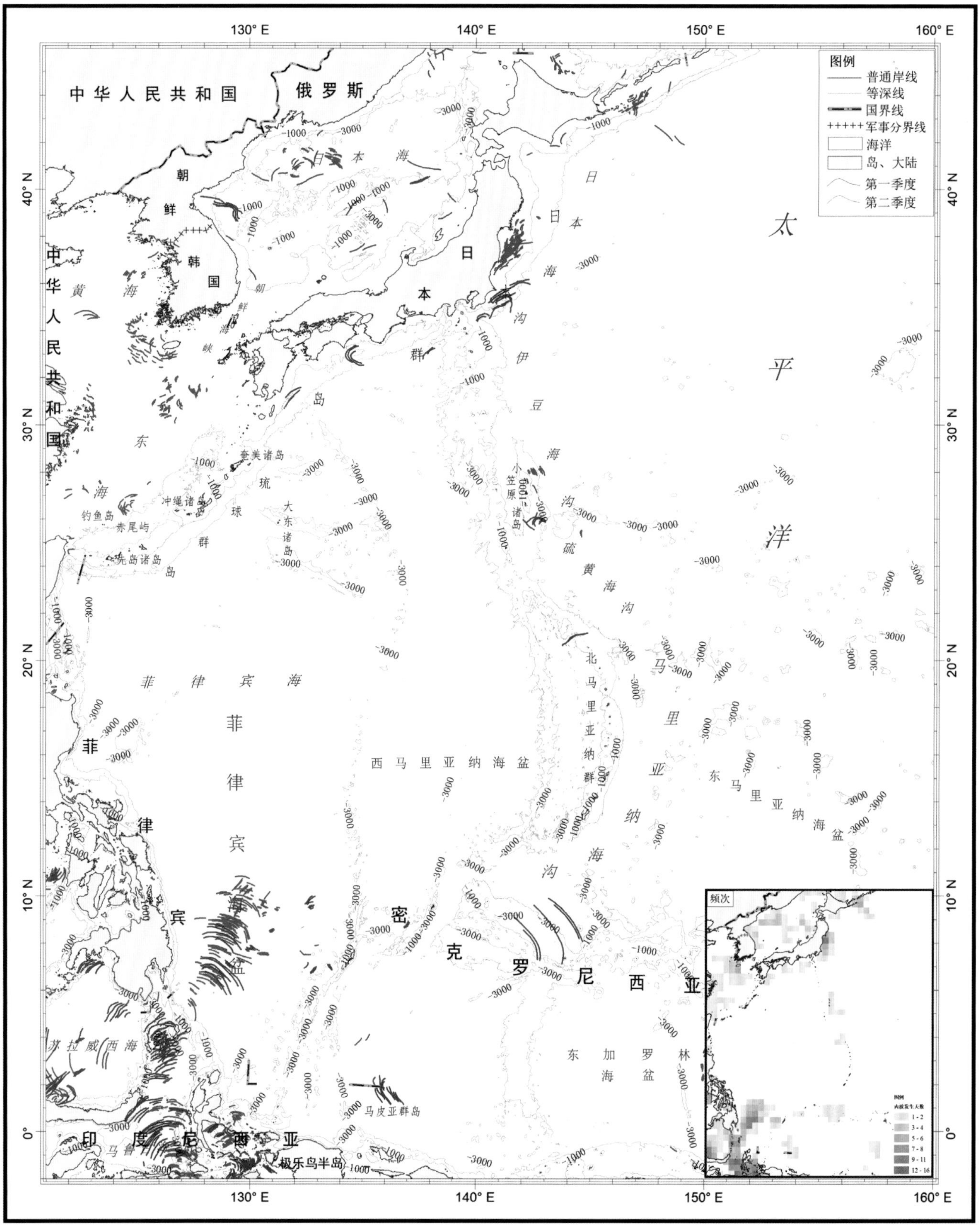

图例

- 普通岸线
- 等深线
- 国界线
- +++++军事分界线
- 海洋
- 岛、大陆
- 第一季度
- 第二季度

频次

调查数据源：MODIS、SAR数据
数据空间分辨率：250m
数据时间：2019年上半年

比例尺：1:18 000 000
坐标系：CGCS2000
投影信息：墨卡托投影

高程基准：1985国家高程基准
制图单位：自然资源部第一海洋研究所
制图时间：2022年1月

西太平洋海洋内波位置和频次半年分布专题图

图例
普通岸线
等深线
国界线
+++++ 军事分界线
海洋
岛、大陆
第三季度
第四季度

频次

调查数据源：MODIS、SAR数据
数据空间分辨率：250m
数据时间：2019年下半年

比例尺：1:18 000 000
坐标系：CGCS2000
投影信息：墨卡托投影

高程基准：1985国家高程基准
制图单位：自然资源部第一海洋研究所
制图时间：2022年1月

西太平洋海洋内波位置和频次年分布专题图

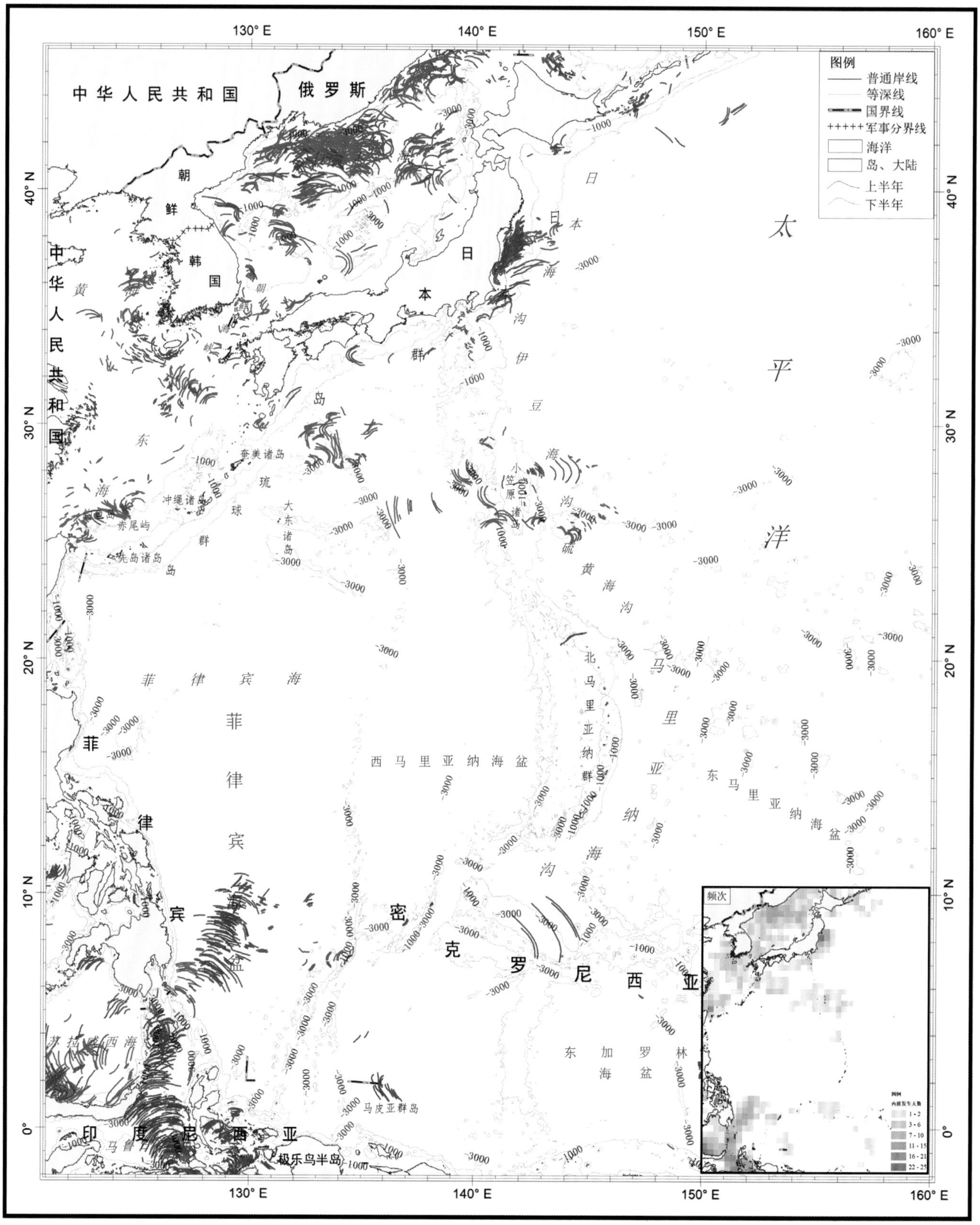

图例

普通岸线
等深线
国界线
+++++军事分界线
海洋
岛、大陆
上半年
下半年

调查数据源：MODIS、SAR数据
数据空间分辨率：250m
数据时间：2019年全年

比例尺：1:18 000 000
坐标系：CGCS2000
投影信息：墨卡托投影

高程基准：1985国家高程基准
制图单位：自然资源部第一海洋研究所
制图时间：2022年1月

8.11　西太平洋内孤立波 2020 年分布图

西太平洋海洋内波位置和频次月分布专题图

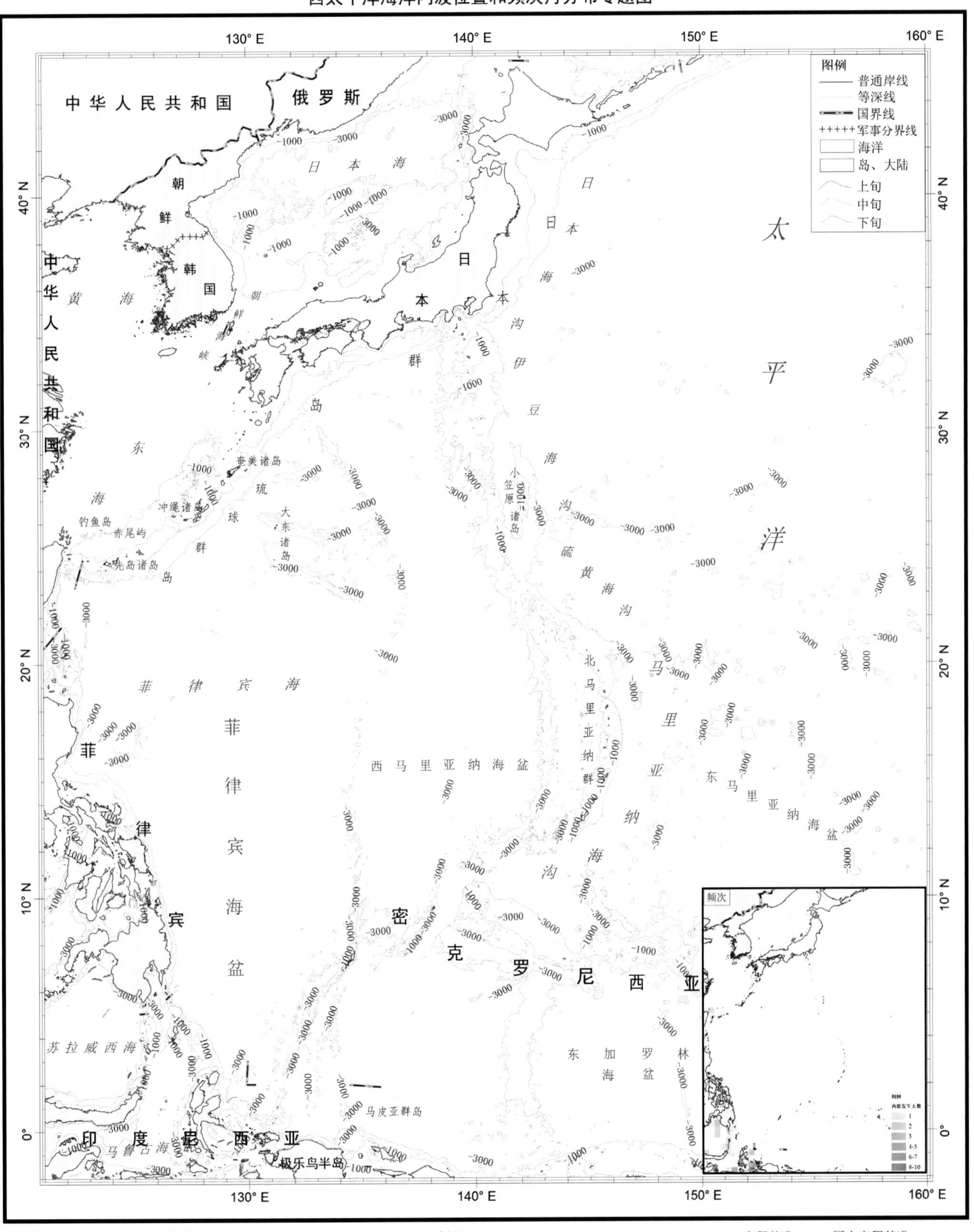

调查数据源：MODIS、SAR数据
数据空间分辨率：250m
数据时间：2020年1月

比例尺：1:18 000 000
坐标系：CGCS2000
投影信息：墨卡托投影

高程基准：1985国家高程基准
制图单位：自然资源部第一海洋研究所
制图时间：2022年1月

8

西太平洋海洋内波位置和频次月分布专题图

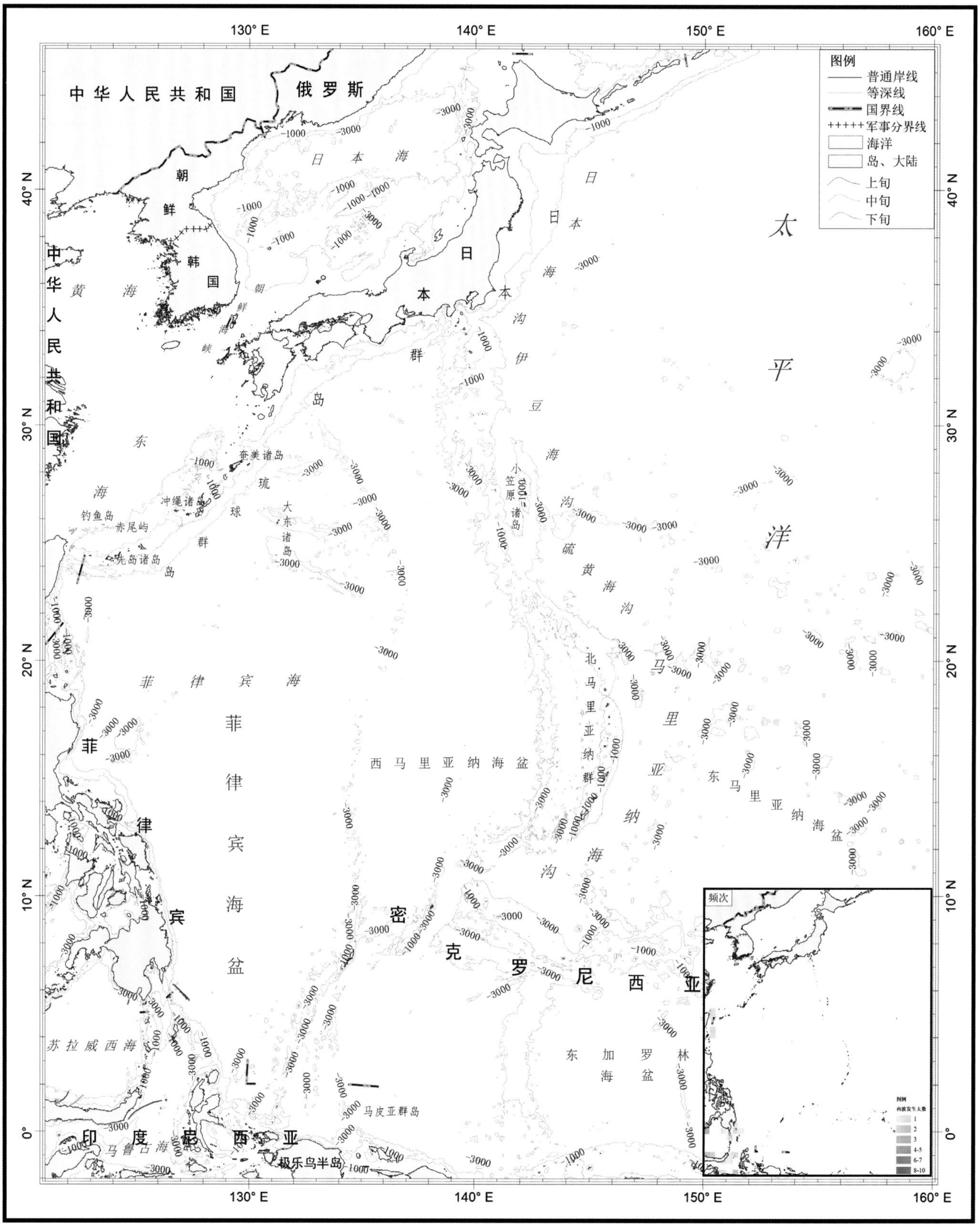

图例
普通岸线
等深线
国界线
+++++军事分界线
海洋
岛、大陆
上旬
中旬
下旬

调查数据源：MODIS、SAR数据
数据空间分辨率：250m
数据时间：2020年2月

比例尺：1:18 000 000
坐标系：CGCS2000
投影信息：墨卡托投影

高程基准：1985国家高程基准
制图单位：自然资源部第一海洋研究所
制图时间：2022年1月

西太平洋海洋内波位置和频次月分布专题图

图例
- 普通岸线
- 等深线
- 国界线
- 军事分界线
- 海洋
- 岛、大陆
- 上旬
- 中旬
- 下旬

频次

图例 内波发生天数：1、2、3、4-5、6-7、8-10

调查数据源：MODIS、SAR数据
数据空间分辨率：250m
数据时间：2020年3月

比例尺：1:18 000 000
坐标系：CGCS2000
投影信息：墨卡托投影

高程基准：1985国家高程基准
制图单位：自然资源部第一海洋研究所
制图时间：2022年1月

西太平洋海洋内波位置和频次月分布专题图

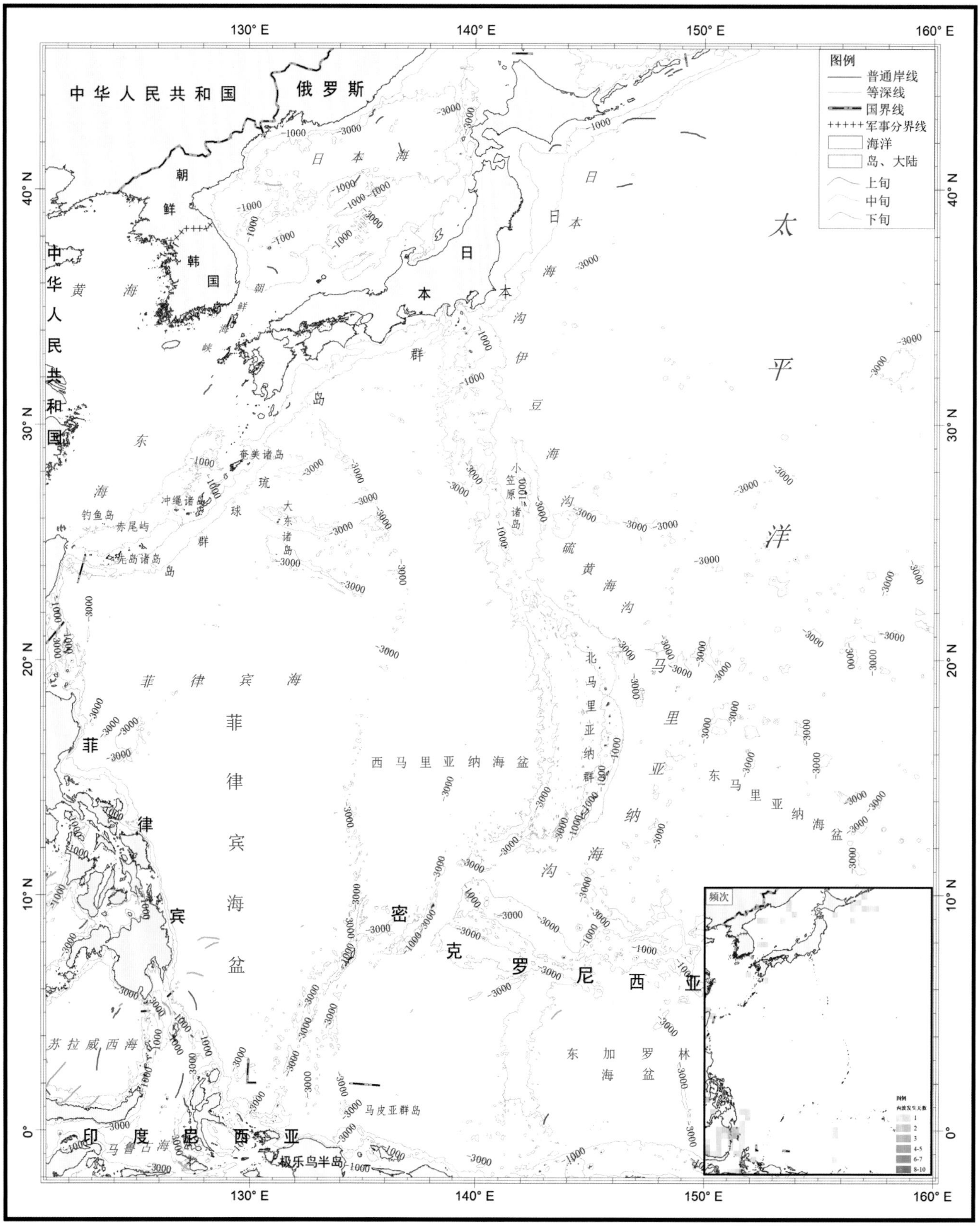

130° E 140° E 150° E 160° E

40° N 30° N 20° N 10° N 0°

图例
普通岸线
等深线
国界线
+++++军事分界线
海洋
岛、大陆
上旬
中旬
下旬

中华人民共和国
俄罗斯
朝鲜
韩国
日本
日本海
黄海
朝鲜海峡
日本群岛
日本海沟
伊豆海沟
东海
琉球群岛
奄美诸岛
冲绳诸岛
钓鱼岛
赤尾屿
先岛诸岛
大东诸岛
小笠原诸岛
硫黄海沟
太平洋
菲律宾海
菲律宾
菲律宾海盆
西马里亚纳海盆
北马里亚纳群岛
马里亚纳海沟
东马里亚纳海盆
密克罗尼西亚
东加罗林海盆
苏拉威西海
马鲁古海
马皮亚群岛
印度尼西亚
极乐鸟半岛
频次

调查数据源：MODIS、SAR数据
数据空间分辨率：250m
数据时间：2020年4月

比例尺：1:18 000 000
坐标系：CGCS2000
投影信息：墨卡托投影

高程基准：1985国家高程基准
制图单位：自然资源部第一海洋研究所
制图时间：2022年1月

西太平洋海洋内波位置和频次月分布专题图

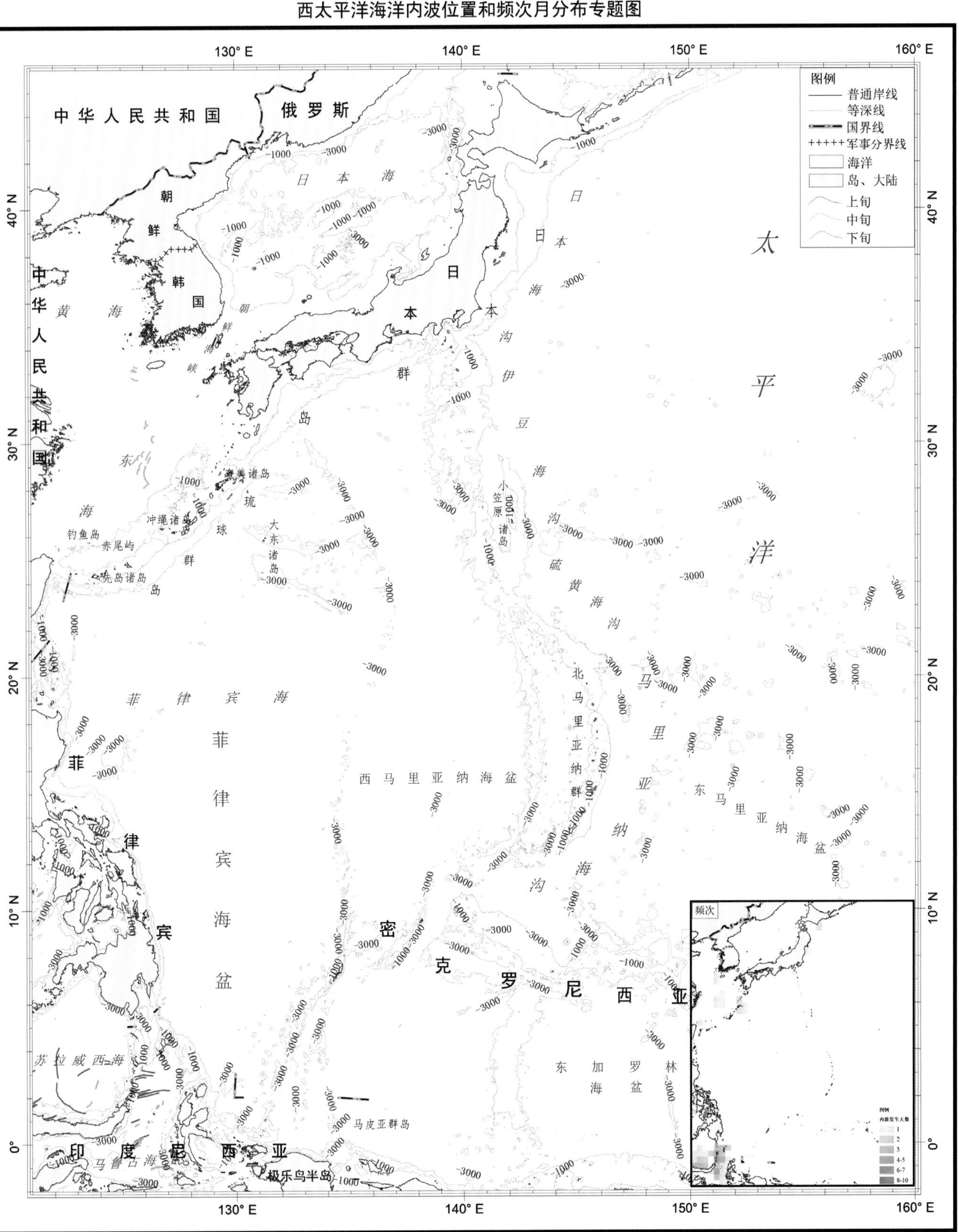

调查数据源：MODIS、SAR数据
数据空间分辨率：250m
数据时间：2020年5月

比例尺：1:18 000 000
坐标系：CGCS2000
投影信息：墨卡托投影

高程基准：1985国家高程基准
制图单位：自然资源部第一海洋研究所
制图时间：2022年1月

西太平洋海洋内波位置和频次季分布专题图

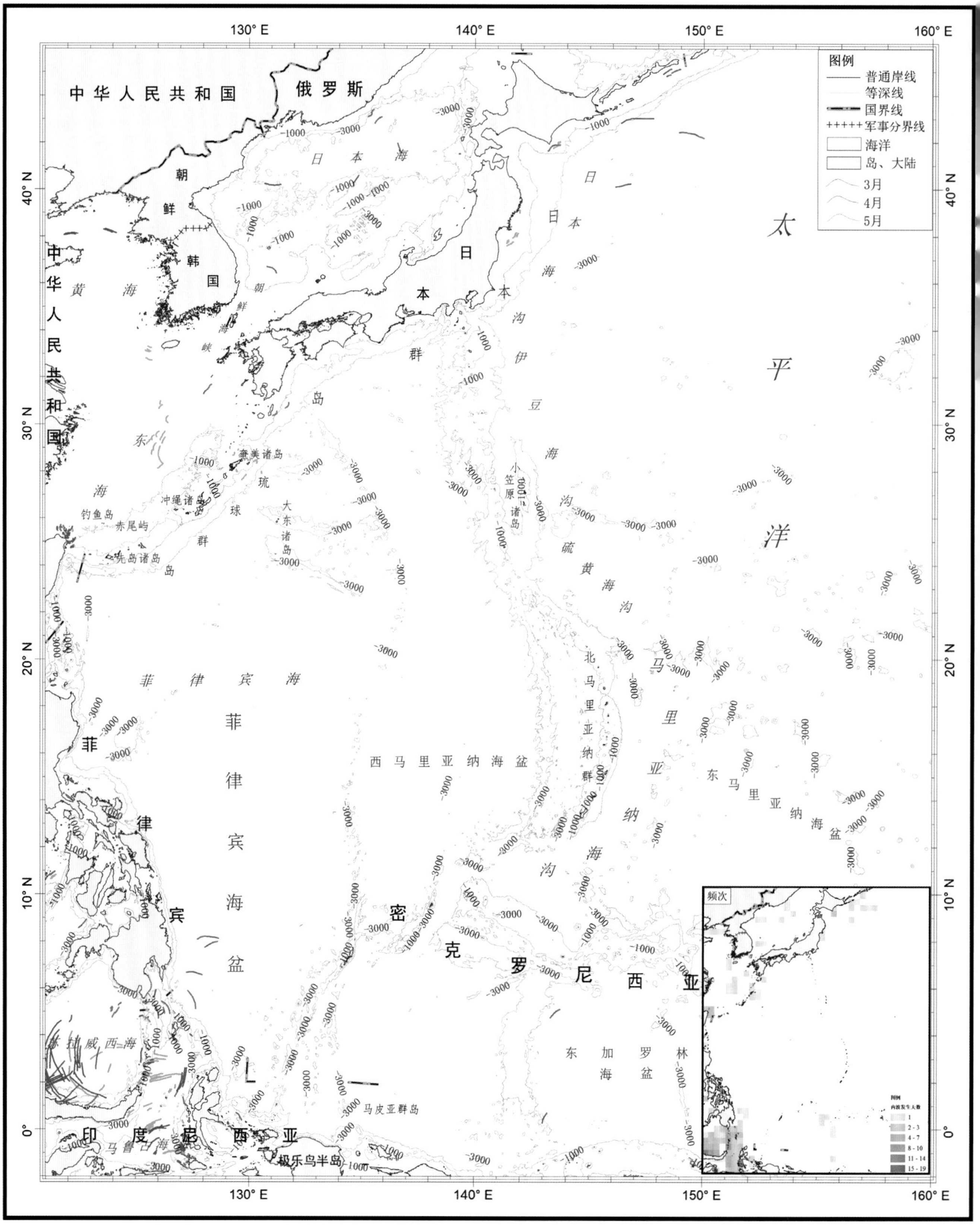

130° E　140° E　150° E　160° E

40° N　30° N　20° N　10° N　0°

图例
普通岸线
等深线
国界线
+++++军事分界线
海洋
岛、大陆
3月
4月
5月

中华人民共和国　俄罗斯　朝鲜　韩国　日本　日本海　日本海沟　黄海　朝鲜海峡　日本群岛　伊豆海沟　东海　奄美诸岛　冲绳诸岛　琉球群岛　大东诸岛　小笠原诸岛　硫黄海沟　钓鱼岛　赤尾屿　先岛诸岛　太平洋　菲律宾海　菲律宾海盆　西马里亚纳海盆　北马里亚纳群岛　马里亚纳海沟　东马里亚纳海盆　菲律宾　密克罗尼西亚　东加罗林海盆　马皮亚群岛　印度尼西亚　苏拉威西海　马鲁古海　极乐鸟半岛

频次
图例 内波发生天数
1
2-3
4-7
8-10
11-14
15-19

调查数据源：MODIS、SAR数据
数据空间分辨率：250m
数据时间：2020年春季

比例尺：1:18 000 000
坐标系：CGCS2000
投影信息：墨卡托投影

高程基准：1985国家高程基准
制图单位：自然资源部第一海洋研究所
制图时间：2022年1月

参考文献

蔡树群，何建玲，谢皆烁，2011. 近 10 年来南海孤立内波的研究进展 [J]. 地球科学进展，26(7): 703-710.

崔海吉，李志鑫，张猛，等，2021. 南海东沙岛北部第二模态内孤立波特性研究 [J]. 中国海洋大学学报(自然科学版), 51(11): 16-21.

孟俊敏，2002. 利用 SAR 影像提取海洋内波信息的技术研究 [D]. 青岛：中国海洋大学.

孙丽娜，张杰，孟俊敏，2019. 2010—2015 年南海和苏禄海内孤立波时空分布特征分析 [J]. 海洋科学进展，37(3):11.

孙丽娜，张杰，孟俊敏，等，2018. 基于多源遥感数据的日本海内波特征研究 [J]. 海洋学报，40(3): 102-111.

王隽，2012. 基于卫星遥感观测的南海内波发生源与传播路径分析 [D]. 青岛：中国海洋大学.

张昊，孟俊敏，孙丽娜，2020. 基于 MODIS 遥感影像的安达曼海内波特征参数分布及生成周期研究 [J]. 海洋学报，42(9): 110- 118.

张涛，张旭东，2020. 基于 MODIS 和 VIIRS 遥感图像的苏禄 - 苏拉威西海内孤立波特征研究 [J]. 海洋与湖沼，51(5):29-38.

ACHARYULU P S N, VENKATESWARLU C, GIREESH B, et al., 2020. Study of internal wave characteristics off northwest Bay of Bengal using synthetic aperture radar[J]. Natural Hazards. 104: 2451-2460.

ALPERS W, HE M X, ZENG K, et al., 2005. The distribution of internal waves in the East China Sea and the Yellow Sea studied by multi-sensor satellite images[C]//2005 IEEE International Geoscience and Remote Sensing Symposium. IEEE, 7: 4784-4787.

ALPERS W, 1985. Theory of radar imaging of internal waves[J]. Nature, 314(6008): 245-247.

BAI X, LI X, LAMB K G, et al., 2017. Internal Solitary Wave Reflection Near Dongsha Atoll, the South China Sea[J]. Journal of Geophysical Research: Oceans, 122(10): 7978-7991.

CAI S, XIE J, HE J, 2012. An overview of internal solitary waves in the South China Sea[J]. Surveys in Geophysics, 33(5): 927-943.

CHEN L, XIONG X, ZHENG Q, et al., 2020. Mooring observed mode-2 internal solitary waves in the northern South China Sea[J]. Acta Oceanologica Sinica, 39(11): 44-51.

FARMER D M, ALFORD M H, LIEN R C., et al, 2011. From Luzon Strait to Dongsha Plateau: Stages in the life of an internal wave[J]. Oceanography, 24(4): 64-77.

FU K H, WANG Y H, LAURENT L S, et al., 2012. Shoaling of large-amplitude nonlinear internal waves at Dongsha Atoll in the northern South China Sea[J]. Continental Shelf Research, 37: 1-7.

LI L, WANG C, GRIMSHAW R, 2015. Observation of internal wave polarity conversion generated by a rising tide[J]. Geophysical Research Letters, 42(10):4007-4013.

LI X, JACKSON C R, PICHEL W G, 2013. Internal solitary wave refraction at Dongsha Atoll, South China Sea[J]. Geophysical Research Letters, 40(12): 3128-3132.

LIU CHO-TENG, MITNIK L M, HSU MING-KUANG, et al., 1994. Oceanic phenomena northeast of Taiwan from Almaz SAR image[J]. Terrestrial, Atmospheric and Oceanic Sciences, 5(4): 557-571.

MATTHEWS J P, AIKI H, MASUDA S, et al., 2011. Monsoon regulation of Lombok Strait internal waves[J]. Journal of Geophysical Research: Oceans, 116:C05007.

MITNIK L M, HSU MING-KUANG, LIU CHO-TENG, 1996. ERS-1 SAR observations of dynamic features in the southern East-China Sea[J]. Lamer, 34: 215-225.

NING JING, SUN LINA, CUI HAIJI, et al., 2020. Study on characteristics of internal solitary waves in the Malacca Strait based on Sentinel-1 and GF-3 satellite SAR data[J]. Acta Oceanologica Sinica, 39(5): 151-156.

NOVOTRYASOV V V, KARNAUKHOV A S, 2009. Nonlinear interaction of internal waves in the coastal zone of the Sea of Japan[J]. Atmospheric and Oceanic Physics, 45(2):262-270.

SUN LINA, ZHANG JIE, MENG JUNMIN, 2019. A study of the spatial-temporal distribution and propagation characteristics of internal waves in the Andaman Sea using MODIS[J]. Acta Oceanologica Sinica, 38(7):121-128.

WALLACE A R, 1869. The Malay Archipelago[M]. Dover Publications, 370-374.

YAROSHCHUK I O, LEONT’EV A P, KOSHELEVA A V, et al., 2016. On intense internal waves in the coastal zone of the Peter the Great Bay (the Sea of Japan)[J]. Russian Meteorology and Hydrology, 41(9):629-634.

ZHANG H, MENG J, SUN L, et al., 2022. Observations of Reflected Internal Solitary Waves near the Continental Shelf of the Dongsha Atoll[J]. Journal of Marine Science and Engineering, 10(6): 763.

ZHAO Z, LIU B, LI X, 2014. Internal solitary waves in the China seas observed using satellite remote-sensing techniques: a review and perspectives[J]. International journal of remote sensing, 35(11-12):3926-3946.